U0415670

装备科技译著出版基金

流致噪声与振动原理

Mechanics of Flow-Induced Sound and Vibration

(Second Edition)

（第2版）

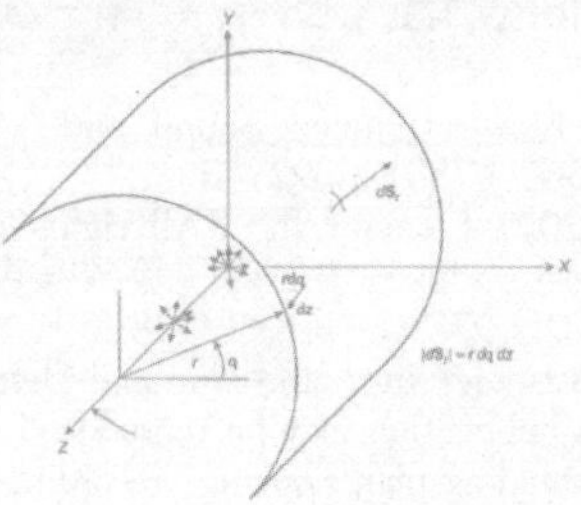

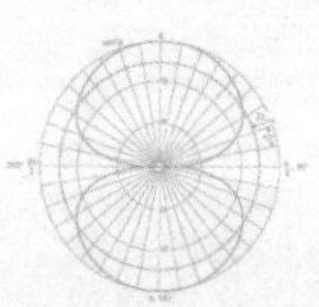

Volume 1 ·第1卷·

General Concepts and Elementary Sources

基本概念与原理

[英]威廉·K. 布莱克（William K. Blake）／著

杨党国　吴军强　王显圣　王　玉／译

著作权合同登记　图字：军-2019-049 号

Mechanics of Flow-Induced Sound and Vibration, Second Edition, William K. Blake, ISBN: 9780128092736, 9780128092743
Copyright © 2017 Elsevier Inc. All rights reserved. Authorized Chinese translation published by National Defense Industry Press. 《流致噪声与振动原理（第 2 版）》（杨党国 吴军强 王显圣 王玉 译）ISBN：978-7-118-13138-3
Copyright © Elsevier Inc. and National Defense Industry Press. All rights reserved.
No part of this publication may be reproduced or transmitted in any form or by any means, electronic or mechanical, including photocopying, recording, or any information storage and retrieval system, without permission in writing from Elsevier Ltd. Details on how to seek permission, further information about the Elsevier's permissions policies and arrangements with organizations such as the Copyright Clearance Center and the Copyright Licensing Agency, can be found at our website: www.elsevier.com/permissions.
This book and the individual contributions contained in it are protected under copyright by Elsevier Inc. and National Defense Industry Press (other than as may be noted herein).
This edition of Mechanics of Flow-Induced Sound and Vibration is published by National Defense Industry Press under arrangement with ELSEVIER INC.
This edition is authorized for sale in China only, excluding Hong Kong, Macau and Taiwan. Unauthorized export of this edition is a violation of the Copyright Act. Violation of this Law is subject to Civil and Criminal Penalties.
本书简体中文版由 ELSEVIER INC 授予国防工业出版社在中国大陆地区（不包括香港、澳门以及台湾地区）出版与发行。本版仅限在中国大陆地区（不包括香港、澳门以及台湾地区）出版及标价销售。未经许可之出口，视为违反著作权法，将受民事及刑事法律之制裁。本书封底贴有 Elsevier 防伪标签，无标签者不得销售。

注意

本书涉及领域的知识和实践标准在不断变化。新的研究和经验拓展我们的理解，因此须对研究方法、专业实践或医疗方法作出调整。从业者和研究人员必须始终依靠自身经验和知识来评估和使用本书中提到的所有信息、方法、化合物或本书中描述的实验。在使用这些信息或方法时，他们应注意自身和他人的安全，包括注意他们负有专业责任的当事人的安全。在法律允许的最大范围内，爱思唯尔、译文的原文作者、原文编辑及原文内容提供者均不对因产品责任、疏忽或其他人身或财产伤害及/或损失承担责任，亦不对由于使用或操作文中提到的方法、产品、说明或思想而导致的人身或财产伤害及/或损失承担责任。

图书在版编目（CIP）数据

流致噪声与振动原理：第 2 版 /（英）威廉·K. 布莱克（William K. Blake）著；杨党国等译. -- 北京：国防工业出版社，2024. 8. -- ISBN 978-7-118-13138-3

Ⅰ. O427.5

中国国家版本馆 CIP 数据核字第 2024EX9971 号

（根据版权贸易合同著录原书版权声明等项目）

※

国防工業出版社 出版发行
（北京市海淀区紫竹院南路 23 号　邮政编码 100048）
雅迪云印（天津）科技有限公司印刷
新华书店经售

*

开本 710×1000　1/16　**印张** 27　**字数** 472 千字
2024 年 8 月第 2 版第 1 次印刷　**印数** 1—2000 册　**定价** 526.00 元（全 2 卷）

（本书如有印装错误，我社负责调换）

国防书店：(010) 88540777　　书店传真：(010) 88540776
发行业务：(010) 88540717　　发行传真：(010) 88540762

第2版前言

本书第1版出版至今已有31年了。我认为气动声学-水声学的基础和基本原理在第1版出版时已基本确定。然而，自出版以来，尽管这些基本原理有所发展，但是随着计算工具、个人计算机、数据采集硬软件和传感器的发展，应用和应用方法也在广泛增长，在编制第1版时，这些设备还不可用。事实上，现在已广泛用于学术和商业应用的个人工具（包括 Matlab、Mathematica、Mathcad 和 Labview），但当时读者无法使用。同时采集的多通道传感器阵列的使用大大地促进了气动声学-水声学的发展。最后，在以下多个因素的共同推动下，应用范围逐渐扩大：消费者对噪声和振动的认识增强，容忍度降低；公共立法的颁布，规定了噪声控制要求；军事需求。

计算工具促成了研究的直接数值模拟和详细设计工程应用。我选择性地将第1版的覆盖范围扩展到这些新的发展领域，但同时保持本书结构和理念不变，并未大幅增加本书篇幅。在某些领域，凭借新开发的数值技术，可成功进行“数值实验”。数值实验与物理实验平行且相辅相成，可充分发挥出这两种实验的效用。本书列举了射流噪声、边界层噪声和旋翼噪声领域的部分实例，阐明了数值技术的应用。但本书并未介绍任何数值方法，因为目前市面上存在大量关于计算流体力学、大涡模拟和有限元方法的书籍，本书将不再赘述。

本书的发展形式适用于在个人计算机上进行评估，但也给出了闭式渐近解，以提供及时解释，便于理解数据趋势。本书虽然可以用作教学工具，但主要还是作为参考书而编写。读者将能获得经逐步推导得出的理论结果。这些逐步推导过程确定了所做的任何假设。对于尽可能多的噪声源，每一章都采用了前导公式、测量数据和数值模拟结果之间的比较来进行阐述。

第1版中提供了各重点领域参考文献的完整列表。每一篇文献我都读过，并整合到了正文中。本来也打算采取这种方式编写第2版，但我很快意识到这种方式不可行，因为目前在任何领域发表的论文都不计其数。某期刊提供了一个搜索引擎，用户可通过该引擎选定任一领域，查看此领域发表论文的逐年分布情况。从1999年到2000年，该期刊某一领域的年出版率增加了10倍。因此，第 2 版的参考文献列表扩大了许多，但确实没有第 1 版详尽。

如上所述，第 2 版保留了第 1 版呈现的理念和结构。第 1 卷的核心是基本原理，第 2 卷的主题是复杂度更高的几何形状以及流体与结构耦合作用。对于第 1 卷，在第 1 卷第 3 章中增加并变更了一个领域（变更并扩大了其中湍流统计和射流噪声的讨论部分），这就需要在第 1 卷第 2 章中额外增加关于源对流和多普勒效应的部分。更新了第 1 卷中第 4 章和第 5 章，以满足其他章节需求，针对这些章节提供了基本原理。修改了第 1 卷第 6 章，介绍了空化泡动力学、空化初期和泡状介质中声传播的最新观点。对于第 2 卷，修改了章节编号，但未变更章节主题。因此，目前第 2 卷第 1 章“水动力诱导的空化和空化噪声”讨论了螺旋桨大范围空化引起的船体压力脉动相关现象。大幅修改了第 2 章“壁湍流压力脉动响应”和第 3 章“阵列与结构对壁湍流和随机噪声的响应”。第 2 章“壁湍流压力脉动响应”中关于传感器和阵列的使用已移至第 3 章“阵列与结构对壁湍流和随机噪声的响应”。现在第 2 章只讨论边界层压力，第 3 章涉及传感器、传感器阵列和弹性结构的响应。这些章节共同介绍了关于以下多个方面的现代观点：低波数下湍流边界层壁压脉动、辐射噪声、粗糙壁面边界层，以及台阶和间隙对噪声的影响。第 4 章“管道和涵道系统的声辐射”提供了一个更为全面的弹性圆柱流动激励源和辐射声处理方法，包括涵道和壳体。此覆盖范围确认了通过个人计算机获得模态解的能力。修改了第 5 章“无空化升力部分”和第 6 章“旋转机械噪声”，但修改量较小。在编写第 1 版时，还未充分了解湍流诱导噪声。第 2 版提出了升力面和螺旋桨风扇的扩展处理方法。第 2 版第 6 章“旋转机械噪声”提供了更多的理论和测量结果比较实例。

如果没有这一领域大量专业人员的持续协作、帮助和支持，就不可能有如此规模的作品。我很荣幸能与这些专业人员一起工作，但遗憾的是，其中许多人已不再从事相关行业。在我已故的导师中，与 Patrick Leehey、Maurice Sevik、Gideon Maidanik、George Chertock 和 Murry Strasberg 的关系特别密切。我与许多当代的朋友和合作者进行了讨论，并发表了研究成果。这些研究成果推动了本书中许多概念的发展。其中包括 Hafiz Atassi、David Feit、Stewart Glegg、Jason Anderson、Marvin Goldstein、Rudolph Martinez、John Muench、Ki Han Kim、Robert Minniti、Denis Lynch、John Wojno、Joseph Katz、Theodore Farabee、Lawrence Maga、Irek Zawadzki、Jonathan Gershfeld、Matthew Craun、William Devenport、Meng、Wang、Douglas Noll、Peter Chang、Yu Tai Lee、

Thomas Mueller、Scott Morris、Yaoi Guan 和 William Bonness。在此特别感谢 Christine Kuhn，她对本书的部分内容予以了深入透彻的评论。

最后，我对我的爱妻 Donna 充满感激，感激她在本书重编过程中一如既往的爱、支持和耐心。此外，还要感激我们的女儿 Kristen 和 Helen，感激她们在此次修订过程中的积极支持。

第 1 版前言

尽管在许多工程应用中，流致振动与噪声现象均有出现，但却是所有工程科学中最鲜为人知的现象。该领域也是最多样化的领域之一，涵盖了许多其他较窄的学科：流体力学、结构动力学、振动、声学和统计学。而矛盾的是，这种多样化的性质使得大部分人都认为这一学科是专家和专业人士的专属。因此，本书旨在对各类流体运动引起的振动和噪声的各个主要来源进行分类与审查，并统一描述各来源所需涉及的学科。

本书介绍了许多亚声速流工程应用中频繁遇到的各种流源选择，并提供了各流源的物理分析和数学分析。涉及的流源包括射流噪声、流动诱导声音和自激振动、刚性和柔性声学致密面的偶极子声、流激板和圆柱壳的随机振动、空化噪声、含气泡液体中声传播特性和声辐射、飞溅噪声、节流和通风系统噪声、升力面流噪声和振动，以及旋转机械的音调和宽带声音。这种理论技术体系适用于计算机建模分析，也同时强调数学上的渐近求解。本书的许多特性在某种程度上是基于作者的认识和需求演变而来的，即将学科基础原理与低噪声振动机械的多种设计实用性相结合。

为了实现本书的领域统一性目标，第 2 章提供了气动声学和水声学经典理论的综合分析发展，从运动方程开始，推导各种形式的波动方程，最后确定对边界附近源有效的积分解形式。本书的其余部分扩展了正式的处理方法，并应用于各种实际的源类型。激发流体在空间和时间上的随机性，是实际源处理过程的一个重要特征。因此，在某些章节中引入了统计方法，以阐明这些情况下的噪声和振动产生过程。总之，本书讨论了以下要素：流体扰动如何在无局部表面的情况下产生噪声；具有现实意义的流体如何激发物体振动；被激发表面如何辐射噪声。

一旦存在流致表面运动的数学表达式，设计工程师就可以直接扩展本书内容进行建模，以解决其他问题，如结构中的流致应力和疲劳。在介绍的每种情况下，本书中的派生关系均根据作者获得的经验数据（包括实验室和现场测试结果）进行测试，以检验理论的局限性。此外，还结合了流体性质和传统噪声控制方法，对这些检验结果进行核查，以阐明控制噪声和振动的有效方法。因此，本书结果也可用于深入了解实现基本静音运行的整个过程设计。

本书虽然可用作教学工具，但主要还是作为参考书而编写。读者将能获得经逐步推导得出的合理复杂结果。这些逐步推导过程确定了所做的任何假设。每一章都采用了主要公式和测量数据之间的比较来进行阐述。参考列表虽然并非详尽无遗，但内容广泛，为本书的所有阶段提供了支持，包括最新背景和附加信息。由于噪声和振动的物理源是从基本原理发展而来的，所以精通机器设计或任何相关工程科学的读者应该能够在其工作中应用本书所述原理，尝试并使用其他工程领域的标准数学符号。

前 6 章（第 1 卷的内容）侧重于流体力学、振动和声学的要素，探讨了更基本的流噪声源。因此，第 1 卷可能适合于以下课程体系：包含应用数学、声学、振动和材料强度课程，但缺乏关于振动和降噪物理原理的相对通用课程。另外，第 2 卷涉及更高级和实用的领域。第 1 卷和第 2 卷都可作为振动、噪声控制、声学和过程设计工程研究生课程的参考书。作者在美国天主教大学（Catholic University of America）声学专题研究生课程和短期课程中使用了本书的部分草稿。

由于本书中流致振动与噪声领域的跨学科性质，所以普通读者不太可能都精通所有组成学科——应用数学、流体力学、振动、材料强度、声学和统计方法。因此，本书读者至少应学完高级应用数学、材料强度以及上述任一其余学科。在认为可能缺乏事先培训的情况下，试图粗略地回顾某些概念。对任何一个领域都不熟悉的读者可以阅读现有代表性文章的参考文献。已尝试整合各种数学方面的发展，以便不打算获取分析细节的读者可以关注到源的物理属性。在这些情况下，插图通常可以加深读者对各种源参数依赖性的理解。

作者在此感谢 David Taylor Naval Ship Research and Development Center、学术界和行业内的同事们对本书的持续关注。特别感谢麻省理工学院（Massachusetts Institute of Technology）Patrick Leehey 教授给予的指导和带来的启发，也感谢 Maurice Sevik 博士在本书编写过程中提供的鼓励。与下列人员的交谈以及他们提供的信息也为本书的编写提供了莫大的帮助：A. Powell、J. T. C. Shen、G. Maidanik、G. Franz、M. Strasberg、F. C. DeMetz、W. T. Reader、S. Blazek、A. Paladino、T. Brooks、L. J. Maga、R. Schlinker、J. E. Ffowcs Williams、I. ver、A. Fagerlund 和 G. Reethoff。感谢受邀审阅相关章节的各方面专家：M. Casarella、D. Crighton、M. S. Howe、R. E. A. Arndt、R. Armstrong、F. B. Peterson、

A. Kilcullen、D. Feit、M. C. Junger、F. E. Geib、R. Henderson、R. A. Cumming、W. B. Morgan 和 R. E. Biancardi。也要感谢 C. Knisely、D. Paladino 和 J. Gershfeld，他们阅读了全部或部分手稿，发现了许多不一致和错误。

最后，我对我的爱妻 Donna 充满感激，感激她最初提出这个项目，用一如既往的爱、支持和耐心支撑着我完成了本书的编写。此外，还要感激我们的女儿 Kristen 和 Helen，感激她们在陪伴本书长大时带来的欢声笑语。

符　号　表

AR	纵横比
A_p	面板或水动力旋翼的面积
B	旋翼或螺旋桨中叶片的数量
b	间隙开口（第1卷第3章）
C	叶弦
C_D, C_L, C_f, C_p	阻力系数、升力系数、摩擦系数和压力系数
c	波速，下标：0——声学；b——塑性弯曲；g——组（第1卷第5章）、气体（第1卷第6章，以及第2卷第1章“水动力诱导的空化和空化噪声”）；L——巴；l——纵向；m——膜（第1卷第5章）、混合物（第1卷第3章、第5章和第6章）
D	稳定阻力
D	直径（第1卷第3章中的射流、第2卷第1章“水动力诱导的空化和空化噪声”中的螺旋桨、第2卷第6章“旋转机械噪声”中的旋翼）
d	圆柱直径、横截面
$E_{(x)}$	x 预期值（$=\bar{x}$）
f	频率
$F_i(t)$	i 方向的力
F''_i, F'''_i	单位面积的力、单位体积的力
Fr	弗劳德数
$G(x,y)$	格林函数
$G(x,y,\omega)$	沿 i 轴
$H_n(\xi)$	圆柱汉开尔函数（n 阶）
h	板的厚度，或后缘、水动力旋翼、螺旋桨叶片的厚度
h_m	翼型最大厚度
I	声强

J	螺旋桨进速系数
$\mathrm{J}_n(\xi)$	n 阶第一类贝塞尔函数
K	空化指数$(P_\infty - P_\mathrm{v})/q_\infty$
k, k_i	波数；i——i 方向；k_{13}——1，3 平面
k_g	几何粗糙高度
k_n, k_{mn}	第 n 或 m、n 模式的波数
k_p	板弯曲波数($k_\mathrm{p} = \omega/c_\mathrm{b}$)
k_s	等效水动力沙粗糙度高度
k_T, k	螺旋桨和旋翼的推力与扭矩系数（第 2 卷式（6.20）和式（6.21））
k_0	声波数 ω/c_0
L	定常升力
L, L'	非定常升力和单位跨度升力（第 2 卷第 6 章“旋转机械噪声”）
L, L_3	跨水流长度、跨度
L_i	i 方向上的几何长度
l_c, l_f	展向相关长度、涡流形成长度
l_0	与流体运动有关的长度尺度，无规格
M, M_c, M_T, M_∞	马赫数：对流（c）、叶梢（T）和自由流（∞）
M	质量
m_m, m_{mn}	m 或 mn 振动模式下，每单位面积的流体附加质量
M_s	每单位面积的结构镀层质量
N	每单位流体体积的空化泡数量
$n(k)$, $n(\omega)$	模式数密度
n, n_i	单位法向量
n_s	轴速度（r/s）
$n(R)$	每半径增量范围内每流体体积空化泡的分布密度数量
$\mathbb{P}$, $\mathbb{P}(\omega, \Delta\omega)$	总功率、带宽 $\Delta\omega$ 下功率
$\mathbb{P}_\mathrm{rad}$	辐射声功率
P	平均压力
P_i	旋翼桨距
P_∞	上游压力
p	波动压力；为清楚起见，偶尔下标：a——声学；b——边界层；h——水动力

L	扭矩
q	每单位体积的质量引射速率
q_∞，q_T	基于 U_∞ 和 U_T 的动态压力
R_L 或 $\Re_L$	基于任何给定长度尺度($L=U_\infty L/\nu$)的雷诺数；确定下标的选择方式，避免与“R”的其他用法相混淆
R	半径，用于第 2 卷第 1 章“水动力诱导的空化和空化噪声”、第 2 章“壁湍流压力脉动响应”（通用空化泡半径）和第 6 章“旋转机械噪声”（螺旋桨半径坐标）
R_b	空化泡半径
R_{ij}	速度脉动 u_i 和 u_j 的归一化相关函数
R_{pp}	压力的归一化相关函数
$\hat{R}$	非归一化相关函数（第 1 卷 2.6.2 节）
R_T，R_H	风扇叶梢和桨毂半径
r，r_i	相关点分离，正文标明了其与 r 的区别
r	声程，偶尔下标用以明确特殊源点场标识
S	斯特劳哈尔数 $f_s l_0/U$，其中 l_0 和 U 取决于脱落体
S_e，S_{2d}	一维和二维 Sear 函数
$S_{mn}(\boldsymbol{k})$	模态谱函数
$S_p(r,\omega)$	第 1 卷第 6 章中使用的谱函数，定义参见 6.4.1 节
T	平均时间
T，$T(t)$	稳定推力和不稳定推力
$\boldsymbol{T}_{ij}$	第 1 卷中 Lighthill 应力张量式（2.47）
t	时间
U	平均速度，下标：a——前进；c——对流；s——脱落（$=U_\infty\sqrt{1-C_{pb}}$）；T——叶梢；τ——水动力摩擦（$=\sqrt{t_w/\rho_0}$）；∞——自由流
u，u_i	波动速度
V	静叶数（第 2 卷第 6 章“旋转机械的噪声”）
$\boldsymbol{v}$	体积脉动
$\nu(t)$	振动板、梁、水动力旋翼横向速度
We	韦伯数（第 2 卷第 1 章“水动力诱导的空化和空化噪声”）
x，x_i	声场点坐标

γ	绝热气体常数（第 1 卷第 6 章）、旋翼叶片桨距角（第 2 卷第 6 章“旋转机械噪声”）
y，y_i	声源点坐标
y_i	尾流中最大流向速度脉动点处的横向尾流剪切层厚度(第 2 卷图 5-1 和图 5-18)
α	复波数，用于稳定性分析，作为哑变量
α_s	交错角
β	体积浓度（第 1 卷第 3 章、第 2 卷第 1 章“水动力诱导的空化和空化噪声”）、流体负荷因数 $\rho_0 c_0/\rho_p\, h\omega$ (第 1 卷第 1 章和第 5 章，第 2 卷第 3 章“阵列与结构对壁湍流和随机噪声的响应”和第 5 章“无空化升力部分”)、水动力桨距角（第 2 卷第 6 章“旋转机械噪声”）
ε_m	若 $m=0$，则为（1/2）；若 $m\neq0$，则 $=1$
δ	边界层或剪切层厚度，也是 δ（0.99）和 δ（0.995）
$\delta(x)$	两个狄拉克函数中的任何一个
δ^*	边界（剪切）层位移厚度
η_i，η_p	出力效率；i——理想值；p——螺旋桨
η_T，η_{rad}，η_m，η_v，η_h	损耗因数：T——总计；rad——辐射；m——机械；v——黏性；h——水动力
Γ，Γ_0	涡流循环（0）、涡流强度均方根，见第 2 卷第 5 章“无空化升力部分”
κ	冯·卡曼常数（第 2 卷第 2 章“壁湍流压力脉动响应”）、振动板 $h/\sqrt{12}$、梁、水动力旋翼的回转半径(第 2 卷第 3 章“阵列与结构对壁湍流和随机噪声的响应”、第 4 章“管道和涵道系统的声辐射”和第 5 章“无空化升力部分”)
κ，κ_{13}	虚拟波数变量
Λ	积分相关长度，用于 i 方向的空间分离（Λ_i）
λ	波长（也是第 2 卷第 5 章“无空化升力部分”中的湍流微尺度）
μ	黏度
μ_p	泊松比，若能够轻易区分出此参数与黏度的差异，则此参数可与 μ 互换使用

$\pi(\omega)$	功率谱密度
$\Phi_{pp}(\mathrm{k},\omega)$	波数、压力频谱
$\Phi_{vv}(\omega)$	$v(t)$ 自功率谱密度；下标：p——$p(t)$；i——$u_i(t)$；f——$F(t)$
$\Phi_{vv}(y,\omega)$	$v(t)$ 自功率谱密度，强调对位置 y 的依赖性；其他下标同上
ϕ	角坐标
$\phi(y)$，$\phi(y_i)$	潜在功能
$\phi_i(k_j)$	速度脉动 u_i 的波数谱（归一化）
$\phi_{ij}(r,\omega)$	$u_i(\boldsymbol{y},t)$ 和 $u_j(\boldsymbol{y}+\boldsymbol{r},t)$ 之间的互谱密度（归一化）
$\phi_m(\omega-U_c\cdot k)$	移动轴谱
$\Psi_{mn}(y)$，$\Psi_m(y)$	振型函数
$\psi(y)$	流函数
ρ	密度；ρ_0——平均流体；ρ_g——气体；ρ_m——混合物；ρ_p——板材
σ_d	粗糙度密度填充系数，见第 2 卷 3.6.2 节
σ_{mn}	mn 模式辐射效率，也为 σ_{rad}
τ	时间延迟、相关性
τ_w	壁剪应力
τ_{ij}	黏性剪切应力
θ	角坐标
θ_τ	湍流积分时间尺度
θ_m	移动轴时间尺度
Ω	轴速率
ω	圆频率
$\boldsymbol{\omega}$，$\boldsymbol{\omega}_i$	涡度矢量，i 方向上的分量
ω_c	相干频率
ω_{co}	管道声模态截止频率
ω_R	圆柱环频率

目　　录

第1章 概念介绍

1.1 流致噪声现象

流体中或流体与物体表面之间只要存在相对运动，就可能发出声音。例如，工业射流和阀门、汽车、飞机、直升机、木材切削机械、通风风扇、船用螺旋桨、家用旋转式割草机等中的流致噪声都是受人关注的对象。应用这些工具时，流体的湍流运动、结构振动、声学、机翼和机身的空气动力学等常见的物理过程是噪声产生的来源。本书将着眼这一系列主题，研究其中基本的等温机制。我们将针对多个目标，综合研究流致振动和噪声现象。首先，只有了解流体动力学和结构动力学中推动耦合的参数，才能理解流固耦合发声的机理；其次，必须了解各种耦合形式的参数，以便通过改变设计来有效控制噪声；最后，必须了解各类流体运动产生非定常流动的方式，从根本上改变流体/流体界面和流体/机身界面因扰动而产生的噪声。

对流体动力学的振动和声音的研究既凭经验，也靠分析。其分析性体现在，计算振动和声音变量在流体动力学、结构动力学以及声学过程等方面的相关参数时，需用到的公式根据运动定律确定。某些简单的经典问题涉及的相互作用极为简单，我们可以推导出非常精确的解析公式。但实际上多数情况下，要得出大量数值系数（尤其是流动的系数）还必须进行测量。要想完成测量，可进行缩尺模型实验，观察某一构型的声音或振动与流动速度的函数关系，并在实验室实验时着重测量研究可能主导最初噪声表现或振动问题特定的扰动机理。我们能对流动产生的噪声和力进行数值模拟的情况日益增多。射流机械的典型噪声源与作用到其部件（一个或多个）上的时变力系有关；流体对于这些力的反作用以及与流动接触时其结构产生强制震动都会发声。研究噪声控制应用最好的方式是考察如何将激振力最小化，考察机械对激振力的振动反应，或者通过以吸音材料环绕或覆盖结构来考查振动传播的效率。对大多数流致噪声源的控制都涉及这个共同的主题；不过，力产生的机理往往很复杂，需要在具体的实例中理解非定常流动的生成。因此，流体动力学中的噪声问题是一个跨学科的研究主题，需要同时研究流体力学、振动和噪声。要理解流动如何激发结构振动，就必须弄清流固耦合的哪些特性导致能量从流动传递到结构中，然后又通过结构转换为流体的声音。若没有结构，能量的传递则是从一种流体运动（流体动力的或者空气动力的）到另一种（声音）。因此，对流致噪声和振动的透彻研究必须关注湍流与非定常流动的产生和控制、结构动力学和振动、声学、声音的传播。

了解刚性体和弹性体的特点对于设计安静与节能的流体结构很重要，具体来讲，刚性体和弹性体的哪些特点决定了它们对声源和流动激振都有响应。实际上，这些结构充当了换能器，将流体动力（空气动力）的能量转换成了声音的能量。对于弹性体而言，用数学来表述流致结构响应，要看非定常流体力学能否表示一个随机的、局部的宽频激励器的系统（正如湍流边界层激励），或者表示一个几乎具有周期性的局部的力系（正如风声和某种后缘流动），其空间扰动的规模与该结构中空间响应的规模一致。因此，流致振动必须考虑多种模态的结构振动，尤其是振动边界相较于声学波长的大小。要恰当地描述声音沿运动表面辐射的特质，还必须了解声重合的空间尺度。

研究流动发声必须考虑两相介质的声传输特性。这是因为液压流动的声学介质多是起泡的，且噪声源自气泡或空泡动力学。这种流动是液体流动节流调节噪声以及船用螺旋桨噪声产生的重要原因。

1.2　流-固干扰发声现象

几乎所有因流动而产生的噪声问题中，发声的能量来源均为某种形式的非定常流动。这种非定常流动不一定总是湍流或不规则流动，因为涉及流体中的正弦扰动的声响有很多种，如口哨声、空腔噪声、螺旋桨噪声、涡轮叶片噪声。其他的流致发声或振动，尤其是在低速（低马赫数）时，大多涉及一个有限的湍流区域，该区域要么不存在固体边界（射流），要么与物体接触。涡旋是构成流动不稳定性的基本要素，它决定了非空化流和气泡流中噪声产生的效率。涡流或涡旋是局部旋转或螺旋的流体运动。我们可以假定，若位于涡流旋转中心的流体粒子凝聚成小冰块，则这些结冰粒子会以刚好是涡流涡量一半的角速度旋转。每个结冰粒子的旋转轴与涡流中心粒子的旋转中心的连接线相切。该连接线与中心重合，被视为涡线或者涡丝。涡运动通常与流动不连续的区域有关，这些区域出现在流体和固体有相对运动的界面，或者是在密度或速度不同的平行运动的流体之间。湍流中，涡旋会引发相对强烈的流体活动并形成混合区域。在第 2 章“声学理论与流致噪声”中，我们将论述低速（低马赫数）流动中涡流发声的理论，但现在可简单得出结论，即只要涡线相对于声介质加速或拉伸，就会产生声音。类似地，只要涡线相对于流体中的物体有加速或拉伸，就会有力作用于物体和流体的界面。这正是机翼升力产生的经典机制。

图 1-1 所举的例子展示了非定常流动中的升力面生成噪声的参数。这是本书讨论的噪声源的一个典型例子。这一典型例子也体现了风扇叶片在不均匀来流中旋转的流体激励参数。流动的不稳定性包括平均涡尺寸为 Λ_τ 的自由流湍流、长度范围为 Λ_f 的边界层湍流、后缘附近的流动分离以及其他位于尾部的平均尺寸为 Λ_s 的湍流。所有这些边界湍流、振动、边界层和近尾迹流动，都对物体表面施加压力 p_h。产生于后缘并随流动移动到下游的涡是否规则决定了由后缘尾流的流动分离产生的压力是否有音调。在表面压力的作用下，物体可能以波长 λ_p 振动。

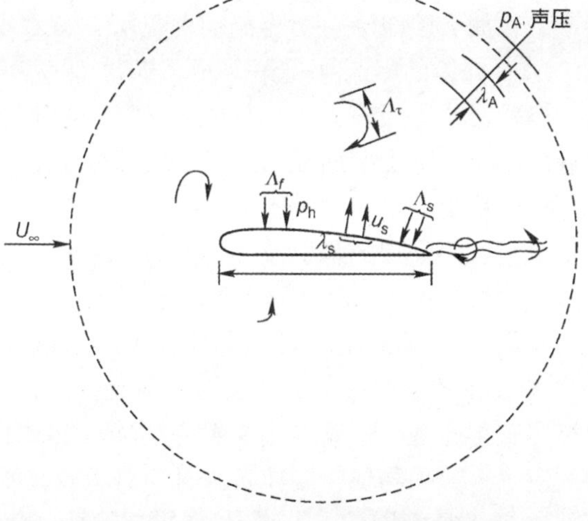

图 1-1　尺寸为 Λ_τ 的湍流作用下的物体

（因为长度范围为 Λ_f 的表面压力 p_h，引起物体以波长 Λ_s 振动 u_s）

于是，声压随着湍流本身、物体表面力的分布以及物体的运动辐射开来。这类净声压值取决于每个因素的振幅和相位，这些特征又取决于通过相对阻抗振动的频率，其中相对阻抗是这些运动的特点。

不考虑空穴现象，物体与流动介质相互作用的声学效应包括三个方面。第一，流动和物体的相互作用可能造成物体的净力施加于流体，声音以偶极的形式传播。第二，物体作为散射或者衍射表面，改变湍流带来的声场。第三，物体通过制造涡旋形式的其他扰动以及相关的物体与流体的作用力来改变流体本身。图 1-1 中所举的就是这样一个例子。如果物体不存在，那么声音的产生就是湍流混合的结果。一般来说，在低亚声速时，这种噪声会很低。物体的前缘在与湍流相互作用时，会生成分散的压力。这种相互作用也会带来气动表面压力，通常空气动力学者将之视为表面气动载荷。不过，这个气动载荷仅仅是该分散压力的近场。当流动经过物体时，会引起新的气动扰动，这样其他的噪声源会产生额外的噪声。应该注意的是，虽然高速升力表面的厚度噪声由势流造成（见第 2 卷第 6 章“旋转机械噪声”），但这些额外的扰动通常与流体的黏性相关。

图 1-2 对这些相互作用中做了归纳。图中把物体与流动作用发声的物理特性描述成一个由相互作用的因素构成的系统，在自由流中类似的相互作用也会发生。实线箭头表示的是主要存在因果关系的相互作用，虚线箭头表示该系统中的因素之间可能存在的反馈回路。各种形式的流体机械会产生非定常的流体运动和湍流。对第一类噪声源来说，两种平均速度不同的流体只要存在界面，就会生成扰动，正如空腔流动、射流流动（见第 3 章“剪切层不稳定性、单频音、射流噪声”）、钝体的尾流（见第 4 章“圆柱偶极声”）。这类流动本身就是不稳定的，经常会产生噪声，并且总体上对声波强化敏感。第二类噪声源是固体表面附近的湍流。这类壁面或边界层一般都存在湍流，会激发临近结构的挠性振动。流动不稳定性不是这类噪声产生的基本条件。壁面层在表面不连贯的情况下可能也会发生强烈的辐射效应，如后缘的情况（见第 2 卷第 5 章“无空化升力部分”）。噪声还可能由表面受上游湍流或是由入口导流叶片产生的扰动冲击引起（见第 2 卷第 5 章“无空化升力部分”和第 2 卷第 6 章“旋转机械噪声”）。在不存在物体的前提下（如自由射流），自由剪切层产生的脉动流速可作为四极声直接传播。但若前提是存在物体（如风），剪切层会导致同样可传播的表面应力。如果物体为刚体，并且相对于声波波长较小，那么这些表面应力在局部的量级是相同的，与流体的方向相反，会形成经典的偶极声。临近物体表面的振动产生额外的噪声，也受到相同表面力的激励（如果表面是绝对平整、刚性和在流动的平面可以无限扩展的，平面的应力就不会发出偶极声；见 2.4.4 节）。

主要有两种途径实现对流动的反馈。第一，物体的运动可在剪切流中生成直接的扰动激励。第二，与发声有关的流体粒子的运动可能传播回到气动扰动开始的区域。在低速情况下，这样的流体路径反馈可能是流体动力学的。结构反馈的例子有涡轮叶片的振鸣、风声，以及某些空腔噪声。流体路径反馈的例子有射流音、锋边音、赫姆霍兹共鸣器的流致激发、其他的空腔噪声以及某些后缘噪声。几乎所有这些回馈现象的共同特点是产生了音调或近似声调的速度脉动。这一特点常常伴随着在有限的流动速度范围内的增强反应。

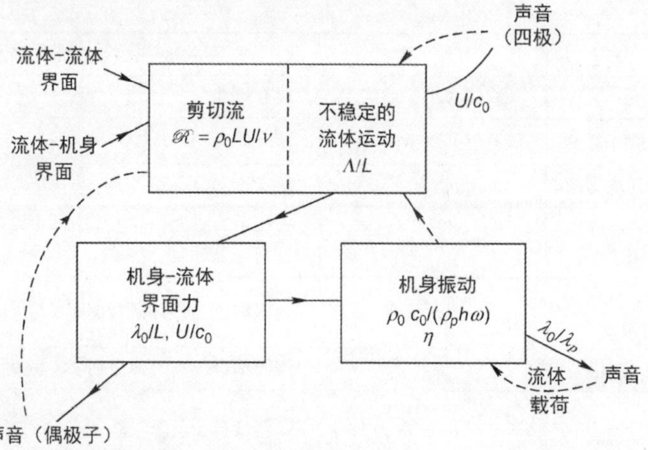

图 1–2　产生相对运动和声音的流体相互作用的理想化功能

（虚线表示预期的反馈路径。Λ 表示湍流的空间尺度，其他符号如表 1–1 所示）

图 1–2 中所示的相互作用在某种意义上同样适用于空腔噪声和气泡噪声，不过在此情况下，物体振动与气泡壁的呼吸模式有关。流体–物体界面力的传递通常是可以忽略的。

1.3　噪声产生的量纲分析

正如上文所述，这是一个非常依赖经验知识的主题。即便对于相关的物理过程没有深入的理解，还是可以从相互作用的一般性质入手，完成从一种情况到另一种情况的实验评估和参数缩放。这种考量方式称为相似性，是以力作用的方式和媒介的反馈为基础的。通过保持几何相似性，可以保持力的位置和总体方向。动态相似性要求力和运动的关系（大小和相位）固定不变。对于流固耦合而言，这是难以实现的。

实际控制或预测声音和振动取决于经验数据的收集。这些数据被仔细、系统地积累起来，并根据理论或假设做出取舍，从而构成工程预测方案的基础。因此，理解流体力学、结构动力学和声学的法则与局限性就很重要。表 1–1 总结了重要的无量纲参数，这些参数支配着符合以上法则的相似性。

表 1–1　满足相似性要求的无量纲比率

相　似　性	参　　数	应用范围（常用名）
惯性力/黏性力	$Re=\rho UL/\mu$	所有流动（雷诺数）

续表

相　似　性	参　　数	应用范围（常用名）
几何尺寸	物体大小、形状	所有流动
整体表面光洁度	$(k_g/L)_1=(k_g/L)_2$	所有流动
惯性应力/压应力	$Ma=U/c$	所有流动（马赫数）
材料（流体）可压缩性，比率	$(\rho c^2)_1/(\rho c^2)_2$	流体 1 与流体 2，以及流体 1 与结构 2 的相互作用（可压缩性）
流体（声学）阻抗/结构质量阻抗	$\rho c/(\rho_p h\omega)$	流固耦合（流体载荷因素）
消散能量/动能	η	流固耦合、水力弹性耦合、振动（损耗系数）
压应力/惯性应力	$K=(\rho_\infty-\rho_v)/\left(\frac{1}{2}\rho U^2\right)$	空穴（数字）
惯性力/重力	$Fr=U/\sqrt{gL}$	浮力效应和流体静力学效应（弗劳德数）
气体惯性应力/表面张力	$We=\rho U_g^2L/S$	气体射流在液体中分解，气泡分离（韦伯数）

注：ρ 为质量密度；U 为平均速度；c 为声音或振动的相速度；h 为平板厚度；L 为物体尺寸；k_g 为几何粗糙度重量；η 为损耗系数；P 为静压；S 为表面张力；g 为重力常数；$\mu/p=v$，$\omega/(2\pi)$ 为频率；$\lambda=2\pi c/\omega$ 为波长。下标：p 表示平板；g 表示气体；1 表示介质 1；2 表示介质 2。

下文相关章节将对这些因子的重要性进行进一步初步引导性讨论。表 1-1 列出了决定图 1-2 中界面的相似量。

首先，流体运动产生的噪声和振动涉及流体与固体对于随时间变化的流动导致的应力的反馈（如压力）。流致扰动为人所知的第一个特点是流动通常被视为平均值与波动值之和。也就是说，某一点的局部速度可能被当作平均值与一个即时的波动值的叠加。因此，流体中某一点的速度可被当作一个和，即

$$\overline{U}=\overline{U}+u(t)$$

式中：$\overline{U}$为平均值；u 为取决于时间和在流动中的位置的不稳定值。在动力学相似的流动中，如模型与全尺寸的比较，比率

$$u(t)/\overline{U}$$

是常数，与$\overline{U}$的值无关。$\overline{U}$为速度波动在速度平均值上的分布。流动中要保持这一常数，必须让作用于流体粒子上的各类型的应力保持平衡。总的来说，这都是惯性应力和黏性应力的共同作用，雷诺数为流动中惯性应力与黏性应力的比值，即

$$R=\overline{U}L/v$$

式中：v 为流体的运动黏度；L 为引起流动或干扰流动的物体的长度。射流、圆柱体和管道的直径，或者机翼和螺旋桨叶片的弦长或厚度都被选用为典型的测量值。对于某一外形或流动，所产生的扰动的性质（如扰动为周期性的或

是湍流）很大程度取决于雷诺数。对所有流动来说都有一个关键值 R_{crit}，大于该值为湍流，小于该值为周期性的层流，或者流动至少是有序的。当 $R<R_{\text{crit}}$ 时，通常是 R 稍有变化，流动结构会发生非常明显的变化。不过，当 $R>R_{\text{crit}}$ 时，在湍流的范围内，R 的细微变化或者不同对流体的应力关系并不总会有显著影响。一般来说，湍流被惯性应力所主导。根据流动类型的不同，流体动力学在 R 方面的具体表现也是独特的。对这一点的认识很重要，后面的章节中也会讨论到。

上文提到的相似性的概念很重要，这是因为用 $|p|$ 表示的激发应力与下式成直接比例关系，激发应力使得某个类型的流动中产生声音或振动。

$$|P| \sim \frac{1}{2}\rho_0 \overline{U} = q$$

式中：ρ_0 为流体的质量密度；q 为动压。只要波动速度与平均速度成比例，上述比例关系就存在。由于激发声音和振动的应力与 q 成正比，这个量在所有章节中都会作为激发强度级别的度量频繁出现。流体的动压因此也可作为声音传播的标尺或参考压力。此外，动压也可以和其他因素一起作为流致振动级别的一个标尺。动态相似性也意味着流体动力扰动的长度 Λ 与物体或流体的大小 L 成正比也就是 $\Lambda \propto L$。

马赫数（$Ma=\overline{U}/c_0$）是将流体的气动或流体动力的惯性运动与和声音传播相关的粒子速度相结合的一个物理量。从某种意义上讲，这个量表征的是流体动力速度与声学粒子速度的比值。这样，雷诺数和马赫数这两个参数代表了流体的惯性应力、黏性应力和压应力的相对重要性。因此，在理想情况下，流体动力学和声学的相似性要求除了外形相似之外，雷诺数和马赫数相同。刚性结构的流致噪声只来源于流体与物体发生流体动力学作用时，动量和熵的交换。在第 3 章“剪切层不稳定性、单频音、射流噪声”和第 3 章“圆柱偶极声”中将详细探讨此类相互作用，以确定流动和物体相互作用的哪些特点造成了不同类型的流动扰动。第 4 章会以圆柱为例，从基本层面上探讨物体存在的声学（散射）影响。第 2 卷第 5 章“无空化升力部分”和第 2 卷第 6 章“旋转机械噪声”会涉及庞大结构（从声学的波长角度讲较大）的更加复杂的流体动力学和声学的相互作用，如机翼、旋翼、风扇和螺旋桨。对声音传播机制的讨论将基于对非定常流动内在的流体力学机制的理解。这一点，在第 3 章、第 4 章、第 2 卷第 4 章、第 2 卷第 2 章、第 2 卷第 5 章和第 2 卷第 6 章都会涉及。

在流固耦合中，结构的振动取决于其承受波的特性，因其与流体的非定常流体动力学和声学特质有关。在第 5 章“流致噪声与振动的基本原理”中，我们会看到最不重要的 4 个因素控制着结构对于激励的振动响应，以及其所引起的声学辐射。这 4 个因素是结构阻尼、结构质量、振动波在结构中传播与声波在流体中传播的相对速度、结构振动的波长与激励流体应力涡的尺寸 Λ 的相对大小。图 1-2 和表 1-1 给出了无量纲比值，该比值对描述结构与声学的匹配系数的相对量非常重要。这些比值包括流体加载因数、结构（弯曲波）速度与声波速度的比值，以及结构的损耗（阻尼）因数。第 5 章是对所有这些耦合参数的推导，并举例介绍其用途，相关例子来自受流动激励的一维结构（圆柱体）的声辐射。第 2 卷第 3 章“阵列与结构对壁湍流和随机噪声的响应”和第 2 卷第 4 章“管道和涵道系统的声辐射”将讨论延伸的二维结构的振动和噪声控制。这个领域的相似性会涉及与结构的压应力和剪切应力相关的其他形式的马赫数。

表 1-1 中所示的其余三种无量纲比值适用于两相流体（液体和气体），这在第 6 章“气泡动力学与空化”会作介绍，如弗劳德数表征了流体粒子上惯性力与重力的比值。在第 2 卷第 1 章“水动力诱导的空化和空化噪声”中我们会看到，流体中气泡的形成、弗劳德数和韦伯数相结合来表达相对惯性应力、表面拉应力和重力应力。空化数表明了流体由于局部稀薄区域而较易形成蒸汽空腔。在第 6 章和第 2 卷第 1 章，空化数是决定空化噪声产生的主要无量纲数。

1.4　振动与噪声的信号分析工具

本书的主题与信号分析和随机数据分析关系密切。所以，我们需要理解统计信号处理理论的基本知识。本节将总结信号分析理论的实际结果，以便读者熟悉并理解参量意义、条件和实际限制。读者透彻理解本书的内容，并不需要完全掌握该学科的背景知识。希望更深入了解本章主题的读者可找到很多参考资料。Beranek[1] 从经典的角度讨论了传感器、信号过滤、仪器和测量原则。对信号分析本身感兴趣的读者可以参考 Bendat 和 Piersol[2]、Davenport 和 Root[3]、Lee[4]、Newland[5]、Papoulis 和 Pillai[6]、Pierce[7] 的著作，其中涵盖了相关的多个主题。

1.4.1　简单实例：声波辐射器

为了展示这些想法的形成过程，我们将单一的物理过程看成之前讨论过的统计方法的应用。这里所选的例子是最简单的声波辐射器：脉振球体。下一章中将提到通过脉振球体在无边界可压缩介质中的膨胀理论推导的声压，其结果非常简单，很容易理解，也给这部分的数学运算赋予了物理意义。声源是一个球形外壳，它的整个表面都做均匀的小幅振动，如图 1-3 中同心的虚线所示。该球形外壳的平均半径为 a，距离球体中心为 r 位置的压力值为 $p(r,t)$。在球体表面辐射方向（垂直于球体表面）上的加速度为 $A(t)$。

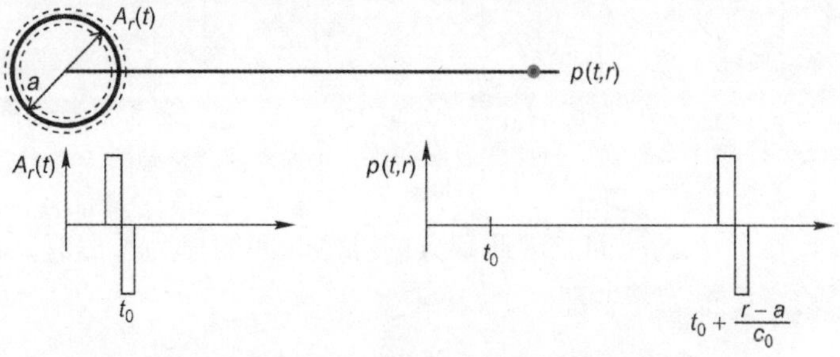

图 1-3　作为滞后的物理信号实例的加速度和压力脉冲

尽管这个例子简单，但许多实际声源的表现是近似的，如水下声源以及由夹带泡沫振动形成的飞溅噪声。

我们设想壁面加速度是瞬态的，即为时间 t_0时产生的一个脉冲，如图 1-3 所示。压力脉动以 c_0的速度通过流体到达位置 r 及更远处。位置 r 的压力也是一个与加速度的时间外形相同的脉冲，但是它产生了延迟时间$(r-a)/c_0$。脉冲需要这个时间从 r 在 a 的位置到达 r 位置。关于 r 位置的压力和时间 t 的公式（这个公式是线性声学得出的结果，适用于壁面速度远小于声速的情况）为

$$P(r,t)=\rho_0\left(\frac{a}{r}\right)aA\left(t-\frac{r-a}{c_0}\right) \tag{1.1}$$

式中：ρ_0为流体的密度。t 时的压力是更早时间 $t_p=(r-a)/c_0$时加速产生的。这个例子包括了所有声源的许多特征：产生声音的壁面加速、声压，以及造成这两个量之间延迟的转接时间。表面加速和流体压力是通常报道最多的声学与振动变量。

1.4.2　相关性分析的基本原理

1.4.2.1　简单实例：经典相关性分析

假设我们的目的是实验验证式（1.1）中的传播时间。这实际上是测量声速 c_0的一个途径。假设如图 1-4 所示，加速脉冲的正负值相等，因此时间积分为零，也就是平均加速度为

$$\bar{A}=\frac{1}{T_{\mathrm{p}}}\int_{-\infty}^{\infty}A(t)\,\mathrm{d}t=\frac{1}{T_{\mathrm{p}}}\int_{t_0-\frac{T_{\mathrm{p}}}{2}}^{t_0+\frac{T_{\mathrm{p}}}{2}}A(t)\,\mathrm{d}t=0 \tag{1.2}$$

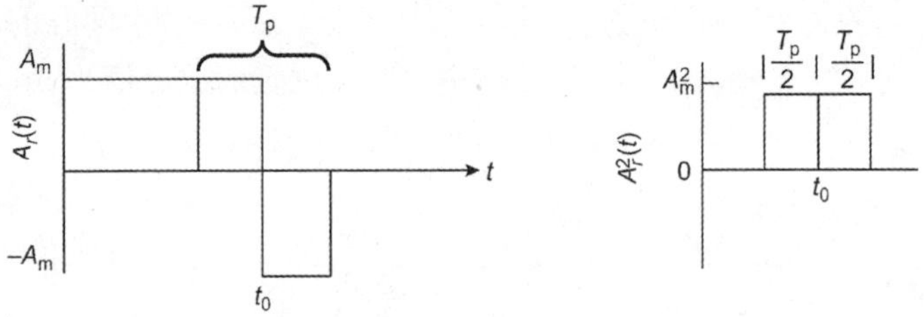

图 1-4　加速脉冲的波形细节，压力脉冲形状相同

脉冲仅存在了 T_p 的时间，因此积分的总体时间缩短为过程时间的定积分。相应地，平均声压也为零，即

$$\overline{P}(r) = \frac{1}{T_p}\int_{t_0-\frac{T_p}{2}}^{t_0+\frac{T_p}{2}} P(r,t)\,dt \tag{1.3}$$

在加速度的平方或压力的平方的时间内的积分不为零，即为

$$\begin{aligned}\overline{A^2} &= \frac{1}{T_p}\int_{t_0-T_p/2}^{t_0+T_p/2} A^2(t)\,dt \\ &= A_m^2\end{aligned} \tag{1.4}$$

类似地，有

$$\overline{P^2}(r) = P_m^2 \tag{1.5}$$

通过式（1.1），有

$$P_m^2 = \rho_0^2(a/r)^2 a^2 A_m^2 \tag{1.6}$$

这些量为加速度和压力的均方值，它们的大小在这个问题中通过式（1.1）中的表述在数学上相关。

从这个例子可以看到，讨论平均加速度或者平均压力通常没有意义，因为这两个平均值可能接近为零。不过讨论均方值 $\overline{A^2}$ 和 $\overline{p^2}(r)$ 最合适不过，因为这些值非零且容易测量。后面的章节我们将看到这些量与声学能量或功率相关，因此其对描述声学系统中的能量平衡也很有用，这些声学系统的压力、速度或加速度的时间平均值一般为零。对于平均值为零的信号，其均方值也称为统计方差。

信号分析非常重要的一个函数是自相关，这一函数与瞬间信号相关。

$$R_{AA}(\tau) = \int_{-\infty}^{\infty} A(t)A(t+\tau)\,dt \tag{1.7}$$

后面会看到，函数包括关于信号频率的所有信息。延迟时间 τ 可以设置为连续变化。$\tau=0$ 时，自相关函数与均方值乘以脉冲长度完全相同，即

$$R_{AA}(\tau=0) = \overline{A^2}T_p \tag{1.8}$$

这个例子中，图 1-5 所示时间延迟的其他值，自相关函数反映了脉冲的总体表现。它关于 $\tau=0$ 是对称的，在 $|\tau|>T_p$ 时为零。由于加速度和压力的时间脉冲形状完全相同，量级分别为 A_m^2 和 P_m^2。这里，关于加速度和压力的互相关函数更具有启发性，定义为

$$R_{Ap}(\tau)=\int_{-\infty}^{\infty}A(t)p(r,t+\tau)\mathrm{d}t \tag{1.9}$$

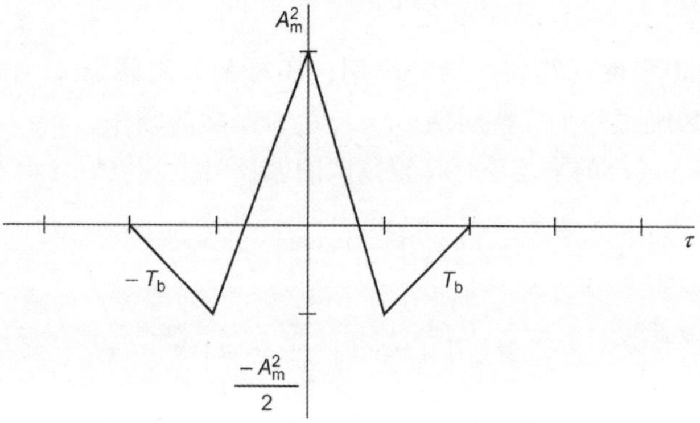

图 1-5　加速度脉冲的自相关函数

这个函数将反映脉冲和从声源到声场点 r 的传递时间的一般性质。在式（1.1）中可以看到

$$R_{Ap}(\tau)=\rho_0\left(\frac{a}{r}\right)a\int_{-\infty}^{\infty}A(t)A\left(t-\frac{r-a}{c_0}+\tau\right)\mathrm{d}t$$

或

$$R_{Ap}(\tau)=\rho_0\left(\frac{a}{r}\right)aR_{AA}\left(\tau-\frac{r-a}{c_0}\right) \tag{1.10}$$

互相关函数 $R_{Ap}(\tau)$ 将和加速度的自相关函数的形状相同。但是，互相关函数的中心位于时间延迟 $\tau_m=(r-a)/c_0$。因此，互相关函数也具有这些问题的传播特点，从互相关函数可以确定速度 $c_0=(r-a)/\tau_m$。事实上，这也是互相关分析的常见用途（尤其在流体力学方面）。由在两个合适的位置测得的流动特性（如湍流速度脉动）的互相关得出的速度可以得到“对流速度”，$U_c=r/\tau_m$，其中 r 是传感器的分离。

本节所讲的时间函数为单个脉冲，仅在有限的时间段里存在。这些信号称为“非周期性”信号，所有的瞬态信号都属于这类信号。实际出现的其他信号时间上更为连续，这种信号可看成稳态信号，还有周期信号和随机信号，两种极端的类型。随机信号的值从一个时刻到另一个时刻有出现的可能性，但没

有具体可预测的值；而周期信号有明确的出现频率。下面将讨论它们的相关性。

1.4.2.2　稳态信号的相关函数

1. 周期信号

最为常见的周期信号为正弦和余弦函数，即

$$v(t)=v_0\cos\left[\frac{2\pi t}{T_p}+\phi\right] \tag{1.11}$$

式中：ϕ 为等相角度；T_p 为振动的周期，在每个时间间隔 $\Delta t=2nT_p$（n 为整数），余弦函数经过一个完整周期；$f=1/T_p$ 为振动的频率，$\omega=2\pi/T_p=2\pi f$ 为信号的角频率。$v(t)$ 的平均值存在整数次的循环时，其值恒等于零，即

$$\begin{aligned}\overline{v(t)}&=\lim_{T\to\infty}\frac{1}{T}\int_{-T/2}^{T/2}v_0\cos\left(\frac{2\pi t}{T_p}+\phi\right)\mathrm{d}t\\&=\frac{1}{T_p}\int_{-\frac{T_p}{2}}^{\frac{T_p}{2}}v_0\cos\left(\frac{2\pi t}{T_p}+\phi\right)\mathrm{d}t\\&=0\end{aligned} \tag{1.12}$$

从不确定的平均时间 T 到具体的时间 T_p，转变是成立的，这是因为在 $T>T_p$ 时，T 可以记为 nT_p+t，其中 n 为整数，t 在时间间隔 $-T_p/2<t<T_p/2$ 内是连续的。对于每一个 n，函数会自身重复，因此延长平均值超过一个周期并不会有所收获。和之前一样，均方值不会消失，即

$$\overline{v^2(t)}=\frac{1}{T_p}\int_{-\frac{T_p}{2}}^{\frac{T_p}{2}}v_0^2\cos^2\left(\frac{2\pi t}{T_p}+\phi\right)\mathrm{d}t$$

$$\overline{v^2(t)}=\frac{1}{2}v_0^2 \tag{1.13}$$

它可用来描述均方根：

$$\sqrt{\overline{v^2}}=v_{\mathrm{rms}}=(1/\sqrt{2})v_0 \tag{1.14}$$

自相关函数定义为

$$\begin{aligned}\hat{R}_{vv}(\tau)&=\overline{v(t)v(t+\tau)}\\&=\frac{1}{T_p}\int_{-\frac{T_p}{2}}^{\frac{T_p}{2}}v_0^2\cos[\omega t+\phi]\cos[\omega(t+\tau)+\phi]\mathrm{d}t\end{aligned} \tag{1.15}$$

它的值为

$$\hat{R}_{vv}(\tau)=\frac{1}{2}v_0^2\omega\tau \tag{1.16}$$

均方值由$\hat{R}_{vv}(\tau=0)$得出。值得注意的是，这里由 ϕ 所表达的相位信息没有出现在自相关函数中，而出现的只有振幅和频率信息。

在振动来源的例子中，如果加速存在稳态的余弦依赖，即

$$A(t)=A_m\cos(\omega t)$$

那么导致的压力为

$$p(r,t)=P_m\cos[\omega t-(r-a)/c_0]$$

式中：A_m和P_m通过式（1.1）相关。这些信号的互相关函数为

$$\hat{R}_{Ap}(\tau)=\frac{1}{2}A_m P_m\cos[\omega(\tau-(r-a)/c_0)] \tag{1.17}$$

和以前一样，它的相移与 $r-a$ 的距离成正比。从另一个角度讲，相位代表的范围是以声波波长数的倍数表示的。

$$\phi=\frac{\omega}{c_0}(r-a)=k_0(r-a)=2\pi(r-a)/\lambda_0$$

式中：$\lambda_0=c_0/f$ 为声波波长；$k_0=2\pi\lambda_0$为声波数。

2. 随机信号

随机信号是指不会以任何明显顺序重复，而又因其可能性必须描述的信号。信号的随机性可能源自某一振幅脉冲的持续时间和重复率的无序性、脉冲振幅的随机性，或者是稳态波形种类的无限性。图 1-6 给出了随机信号和脉冲的一些例子。

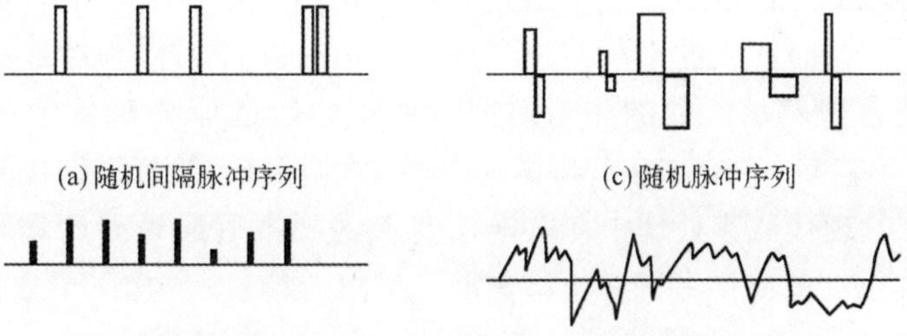

(a) 随机间隔脉冲序列　(c) 随机脉冲序列　(b) 随机振幅脉冲序列　(d) 稳定随机信号

图 1-6　随机信号函数的例子

平均分布的随机函数定义为极限函数：

$$\overline{v(t)}=\lim_{T\to\infty}\frac{1}{T}\int_{-\frac{T}{2}}^{\frac{T}{2}}v(t)\,dt \tag{1.18}$$

类似地，均方值为

$$\overline{v^2(t)}=\lim_{T\to\infty}\frac{1}{T}\int_{-\frac{T}{2}}^{\frac{T}{2}}v^2(t)\,dt \tag{1.19}$$

以及自相关函数：

$$\hat{R}_{vv}(\tau)=\overline{v(t)v(t+\tau)}=\lim_{T\to\infty}\frac{1}{T}\int_{-T/2}^{T/2}v(t)v(t+\tau)\,\mathrm{d}t \tag{1.20}$$

还可以定义两个随机信号 $v_1(t)$ 与 $v_2(t)$ 之间的互相关函数，如

$$\hat{R}_{v_1v_2}(\tau)=\overline{v_1(t)v_2(t+\tau)}=\lim_{T\to\infty}\frac{1}{T}\int_{-T/2}^{T/2}v_1(t)v_2(t+\tau)\,\mathrm{d}t \tag{1.21}$$

对图 1-6（c）、（d）中的信号来说，平均速度$\bar{v}$为零，均方为信号振幅的最低阶的统计度量。在理论极限法 $T\to\infty$ 中，稳态信号假定具有所有可能的值，这样式（1.18）~式（1.21）中所表达的平均值才是完整的。虽然单独的时间序列 $v(t)$ 不能确定，但平均后的$\bar{v}$、$\overline{v^2}$和$\hat{R}_{vv}(\tau)$都有明确的值，因此可以作为衡量 $v(t)$ 的重要因素。正如周期函数和瞬态函数的自相关揭示了原始信号的重要特点，如持续时间、周期性、均方振幅以及出现正负值的可能性（需要注意，对于周期波及图 1-5 中的脉冲相关，τ 的积分为零，体现出该时间序列出现正值和负值的可能性相同），随机现象的自相关函数也可以给出这些量度。

实际上，平均时间 T 不是无限的，而是有一个合适的时间跨度，如 T_1，由此，可以将式（1.20）中的定义替换为

$$\hat{R}_{vv}(\tau;T_1,t_0)=\frac{1}{T_1}\int_{t_0}^{t_0/T_1}v(t)v(t+\tau)\,\mathrm{d}t$$

以及其他类似的统计度量。这个表达式中，指出了相关函数对 T_1 可能存在依赖，并指出起始时间 t_0 的平均数。当然，目标是以对 T_1 依赖性最小的方式完成测量，因为它表示函数的测量时间。关于如何选择 T_1 的细节是抽样法理论[2-5]涉及的范畴。1.4.3.2 节将讲述选择 T_1 的标准，该标准取决于时间函数的频率极限。现代数字处理中，取样长度 T_1 经离散后成为 N 个增量，时间间隔为 $\Delta t=T_1/N$。时间间隔同样也被离散，得出[2,5]

$$\hat{R}_{vv}(\tau_j;N,t_0)-\frac{1}{N}\sum_{i=1}^{N}v(i\Delta t)v(i\Delta t_i+\tau_j)$$

总的来说，$\hat{R}_{vv}(\tau;T_1,t_0)$ 可以是即时时间 t_0 的函数，在 t_0 时会出现数据的平均数或采样。这种依赖性在数据采样中被理想地最小化了。$\hat{R}_{vv}(\tau;T_1,t_0)$ 如果和 t_0 无关，$v(t)$ 在统计上被认为是不变的。如果测量的过程足够长，以至 $\hat{R}_{vv}(\tau,T_1)$ 与采样的时长无关，那么 T_1 会足够大，即

$$\hat{R}_{vv}(\tau;T_1,t_0)=\hat{R}_{vv}(\tau) \tag{1.22}$$

因此，测得的相关函数与实验中生成信号的时间相关函数相对应。如果不断

重复实验，对不同的 T_1 求平均，这些 T_1 的长度都可以满足式（1.22），如果 $\hat{R}_{vv}(\tau)$ 的所有取样和其他的统计手段都类似，那么这个过程称为遍历。这些平均值称为整体平均值，在遍历的假设条件下，可以用式（1.21）来替换式（1.18），如通过

$$\begin{gathered}\langle v(t)\rangle=\overline{v(t)}=\bar{v}\\ \langle v^2(t)\rangle=\overline{v^2(t)}=\overline{v^2}\\ \langle v_1(t)v_2(t+\tau)\rangle=\overline{\langle v_1(t)v_2(t+\tau)\rangle}=\hat{R}_{v_1v_2}(\tau)\end{gathered}\tag{1.23}$$

式中：“〈〉”表示数量的整体平均。此处对遍历的定义更具实用性和启发性，但不够严谨，读者可以在 Bendat 与 Piersol[2]、Lee[4]、Cremer 与 Ledbedder[8]，以及 Wiener[9] 的研究中找到更为严谨和完整的讨论。

总结一下，随机变量的自相关函数有以下总体属性：

（1）$\overline{v^2}=\hat{R}_{vv}(0)\geqslant\hat{R}_{vv}(\tau)$。

（2）$\lim\limits_{T\to\infty}\hat{R}_{vv}(\tau)=(\bar{v})^2$。

（3）$\hat{R}_{vv}(-\tau)=\hat{R}_{vv}(\tau)$。

（4）$\hat{R}_{vv}(\tau)$ 对所有的 τ 都是连续的。

对于 τ 来说，互相关函数或相关变量，随机变量的函数都是连续的，但不一定满足上面的限制条件（1）或（3）。事实上，跨谱线密度的最大值可能出现在滞后的时间 $\tau_m\neq0$，这样有

（5）$\hat{R}_{v_1v_2}(\tau_m)\geqslant\hat{R}_{v_1v_2}(\tau)$。

这种不均的含义会在 1.4.3.2 节中体现得更为明显。

1.4.3　傅里叶级数与傅里叶积分的简要回顾

傅里叶分析是随机数据分析中和解决稳态声振问题时使用得最为广泛的强大工具。本书用傅里叶分析将信号的统计学属性与频率内容联系起来，本节我们将回顾傅里叶分析的多个基本方面。想要阅读对各论点更详尽和完整论述的读者可以参阅 Lighthill[10] 和 Titchmarsh[11] 的专著。希望参考数字技术和快速傅里叶变换（FFT）的读者可以阅读随机振动和信号处理的相关文本，如 Bendat 与 Piersol[2]、Newland[5] 以及 Pierce[7]。

1.4.3.1　周期信号

周期信号可以通过正弦和余弦函数来表达，即如果 $v(t)$ 为周期 T_p 的周期信号，那么我们可以将它记录为基本频率 $2\pi/T_p$ 的谐频的总和。

$$v(t) - \frac{a_0}{2} + \sum_{n=1}^{\infty} a_n \cos\left(\frac{2\pi nt}{T_p}\right) + b_n \sin\left(\frac{2\pi nt}{T_p}\right) \tag{1.24}$$

其中，

$$a_n = \frac{2}{T_p}\int_{-T_p/2}^{T_p/2} v(t)\cos\left(\frac{2\pi nt}{T_p}\right) \mathrm{d}t \tag{1.25}$$

$$b_n = \frac{2}{T_p}\int_{-T_p/2}^{T_p/2} v(t)\sin\left(\frac{2\pi nt}{T_p}\right) \mathrm{d}t \tag{1.26}$$

除了其他条件，只要

$$\int_{-T_p/2}^{T_p/2} |v(t)| \mathrm{d}t$$

是有限的，那么这些方程式都是收敛的。举个例子，这个谐频分析在描述风扇转子对来流畸变的反馈时很好用（见第 2 卷第 6 章“旋转机械噪声”）。风扇叶片每旋转一周，会周期性地对其来流的不均匀性做出响应。周期性 T_p 为 n_s^{-1}，其中 n_s 为旋转速度（转数/时间）。这样 $v(t)$ 的周期 $T_p = n_s^{-1}$，并且可以用频率 mn_s 谐频的求和来表达。

如果把正弦和余弦函数替换成指数等效，以上的表达式看起来会更常见：

$$\cos x = (e^{ix} + e^{-ix})/2$$

$$\sin x = (e^{ix} + e^{-ix})/2i$$

那么式（1.24）被替换为

$$v(t) = \frac{1}{2}\sum_{-\infty}^{\infty} (a_n + ib_n) e^{-in\omega_1 t}$$

式中：$\omega_1 = 2\pi/T_p$；系数 $a_n + ib_n$ 可以写为

$$a_n + ib_n = \frac{2}{T_p}\int_{-T_p/2}^{T_p/2} v(t) e^{-in\omega_1 t} \mathrm{d}t$$

需要注意 $a_n = a_{-n} b_n = -b_{-n}$。对应地，假设：

$$V_n = \frac{1}{2}(a_n + ib_n)$$

可以将整个正负值 n 范围的傅里叶变换对写成

$$v(t) = \sum_{-\infty}^{\infty} V_n e^{-in\omega_1 t} \tag{1.27}$$

和

$$V_n = \frac{1}{T_p}\int_{-T_p/2}^{T_p/2} v(t) e^{in\omega_1 t} \mathrm{d}t \tag{1.28}$$

式中：V_n 为复数，可以写成

$$V_n = |V_n| e^{i\phi_n} \tag{1.29}$$

由式（1.15）定义并在式（1.27）中展开的周期信号的相关函数为

$$\hat{R}_{vv}(\tau)=\frac{1}{T_p}\int_{-T_p/2}^{T_p/2}\left[\left(\sum_n V_n^* e^{in\omega_1 t}\right)\left(\sum_m V_m e^{-in\omega_1(t+\tau)}\right)\right]dt \tag{1.30}$$

式中："*"代表共轭复数（即 $z=x+iy$ 和 $z^*=x-iy$）。然后，相关函数简化为

$$\hat{R}_{vv}(\tau)=\sum_{-\infty}^{\infty}|V_n|^2 e^{-in\omega_1 t} \tag{1.31}$$

因为

$$\frac{1}{T_p}\int_{-T_p/2}^{T_p/2}\cos[(m\pm n)\omega_1 t]dt=\begin{cases}1, & m\pm n=0\\0, & m\pm n\neq 0\end{cases}$$

$\sin[(m\pm n)\omega_1 t]$的平均值也是类似的。

式（1.31）中，对自相关有贡献的只有 $V_m^* V_n$值的所有可能组合的对角线项，而非对角线项 $m\neq n$ 不做贡献。式（1.31）的反方程来自式（1.28）。

$$|V_n|^2=\frac{1}{T_p}\int_{-T_p/2}^{T_p/2}\hat{R}_{vv}(\tau)e^{-in\omega_1 t}d\tau,\quad -\infty<n<\infty \tag{1.32}$$

互相关函数也有类似的傅里叶变换对的定义。

这些关系显示，对于相关函数$\hat{R}_{vv}(\tau)$来说，存在一个谱函数$|V_n|^2$，为周期 $\omega_1=2\pi/T_p$的每个谐频 n 贡献。第 2 卷第 6 章"旋转机械噪声"将讨论到这些函数。

1.4.3.2　随机信号

随机信号无法以明确的数学关系来表达。某个时间的信号值只可能用发生概率来表述。相应地，频率的连续性可以用于表征该函数。与式（1.31）和式（1.32）类似的傅里叶变换为

$$\hat{R}_{vv}(\tau)=\int_{-\infty}^{\infty}\Phi_{vv}(\omega)e^{-i\omega\tau}d\omega \tag{1.33}$$

$$\Phi_{vv}(\omega)=\frac{1}{2\pi}\int_{-\infty}^{\infty}\hat{R}_{vv}(\tau)e^{i\omega\tau}d\tau \tag{1.34a}$$

v 的均方值可以通过比较式（1.19）、式（1.20）和式（1.33）得到，即

$$\overline{v^2}=\int_{-\infty}^{\infty}\Phi_{vv}(\omega)d\omega \tag{1.34b}$$

$\Phi_{vv}(\omega)d\omega$ 代表了$|V_n|^2$的不连续分布，且不受 n 的积分值限制。它通常称为"两侧"频谱，意思是在$-\infty<\omega<\infty$ 整个频率矢量范围内定义。互相关函数提供了相应的跨频谱密度

$$\Phi_{v_1v_2}(\omega)=\frac{1}{2\pi}\int_{-\infty}^{\infty}\hat{R}_{v_1v_2}(\tau)e^{i\omega\tau}d\tau \tag{1.35}$$

如果相关函数并不关于 $\tau=0$ 对称，即如果$\hat{R}_{v_1v_2}(\tau)\neq\hat{R}_{v_1v_2}(-\tau)$，那么 $\Phi_{v_1v_2}(\omega)$ 为复数。也就是说，它的振幅和相位是可以表达的，即

$$\Phi_{v_1v_2}(\omega)=\left|\Phi_{v_1v_2}(\omega)\right|\mathrm{e}^{\mathrm{i}\phi(\omega)}$$

图 1-7 列举了各种随机和周期信号的相关函数和频谱的例子。周期信号是一般性变换对式（1.33）和式（1.34a）的特例。这类函数的相关性也是周期性的，如式（1.16）。通过下面的推导可以看得更清楚。对于周期为 $T_\mathrm{p}=2\pi/\omega_1$ 的周期函数，频谱通过用式（1.34a）替换式（1.16）得到

$$\Phi_{vv}(\omega)=\frac{1}{2\pi}\frac{v_0^2}{2}\int_{-\infty}^{\infty}\mathrm{e}^{\mathrm{i}\omega\tau}\cos(\omega_1\tau)\,\mathrm{d}\tau$$

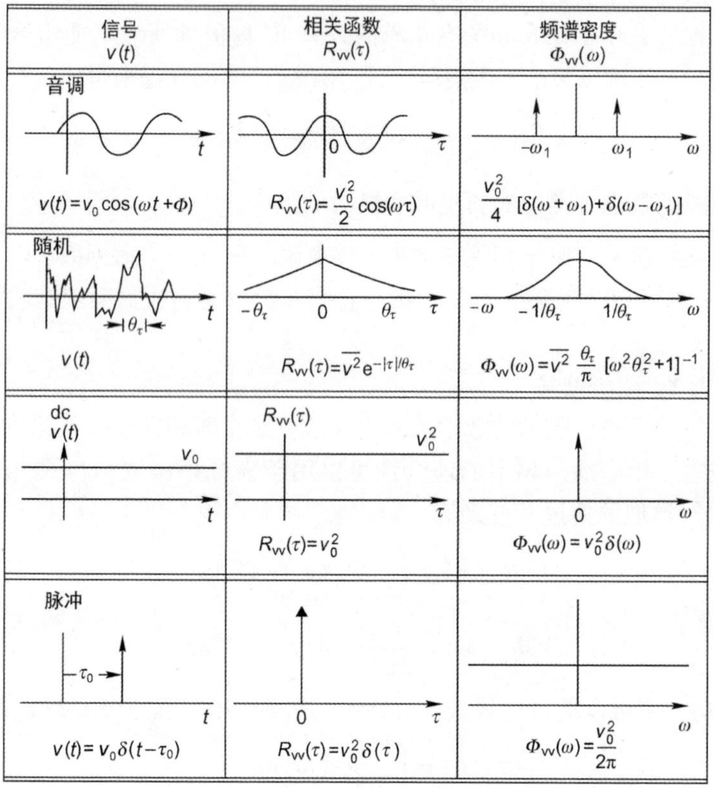

图 1-7　普通信号类型及其自相关函数和频谱密度函数图解

因为周期为 T_p，相关函数可以被扩展为有限区间等于周期的一系列函数；就像我们对式（1.13）所做的一样，即

$$\cos(\omega_1\tau) = \sum_{n=-\infty}^{\infty}\cos[\omega_1(\tau - nT_p)], \quad -\frac{T_p}{2} < \tau < \frac{T_p}{2}$$

频谱简化为求和：

$$\Phi_{vv}(\omega) = \frac{v_0^2}{2}\frac{1}{2\pi}\sum_{n=-\infty}^{\infty}e^{inT_p\omega}\int_{-T_p/2}^{T_p/2}e^{i\omega\xi}\cos(\omega\xi)\,d\xi$$

泊松求和公式[10]给出了恒等式：

$$\frac{T_p}{2\pi}\sum_{n=-\infty}^{\infty}e^{i(nT_p)\omega} = \sum_{m=-\infty}^{\infty}\delta\left[\omega - m\left(\frac{2\pi}{T_p}\right)\right] \tag{1.36}$$

式中：$\delta[\omega]$为 1.6.4 节定义的狄拉克函数。对应地，频谱只在 ω_1 的整数倍时才赋值。即

$$\Phi_{vv}(\omega = n\omega_1) = \frac{v_0^2}{2}\left\{\frac{1}{T_p}\int_{-T_p/2}^{T_p/2}e^{in\omega_1\xi}\cos(\omega_1\xi)\,d\xi\right\}$$

或者对于这一纯音连续信号的特例，即

$$\Phi_{vv}(\omega) = \frac{v_0^2}{4}\delta(\omega \pm \omega_1) \tag{1.37}$$

这正是使用式（1.25）和式（1.26）可能得到的结果。这也可以解释图 1-7 中，当 $\omega=\omega_1$ 和 $-\omega_1$ 时出现的两个相等的峰值。读者可以自己计算图 1-7 中其他的例子。

对于时空相关性而言，互相关函数在互相关不是关于 $\tau=0$ 对称时，会给出复杂的互谱密度。如对脉冲源来说，图 1-3 中的行波脉冲的互谱，$A_r(t)$ 和 $p(r,t)$ 之间的交叉谱函数是通过式（1.34a）和式（1.10）产生：

$$\Phi_{Ap}(r,\omega) = \rho_0\left(\frac{a}{r}\right)a\frac{1}{2\pi}\int_{-\infty}^{\infty}e^{i\omega\tau}\,\hat{R}_{AA}\left(\tau - \frac{r-a}{c_0}\right)d\tau$$

或者以 $\xi=\tau-(r-a)/c_0$ 改变变量：

$$\Phi_{Ap}(r,\omega) = \rho_0\left(\frac{a}{r}\right)a e^{jk_0(r-a)}\frac{1}{2\pi}\int_{-\infty}^{\infty}e^{i\omega\xi}\,\hat{R}_{AA}(\xi)\,d\xi$$

所以

$$\Phi_{Ap}(\omega) = \rho_0\left(\frac{a}{r}\right)a\Phi_{AA}(\omega)e^{ik_0(r-a)} \tag{1.38}$$

其中，用到了表面加速 $\Phi_{AA}(\omega)$的自成谱。通过式（1.33），自成谱 $\Phi_{AA}(\omega)$总体频率的积分得出 $R_{AA}(0)$，在此例中是均方加速度$\overline{A^2}$，如图 1-8 所示，相位在式（1.38）中是一个连续增长的函数 $\omega=k_0c_0$，该图展示了湍流统计数据中通常出现的函数形式。图 1-8 的其他实例显示了完全关于 $\tau=0$ 对称的相关函数的零相位，以及相关函数不关于 $\tau=\tau_m$ 对称时（此时值为最大）的相位-频

率变化曲线。函数：

$$\frac{\Phi_{Ap}(r,\omega)}{\Phi_{AA}(\omega)}=\rho_0\left(\frac{a}{\gamma}\right)a\mathrm{e}^{\mathrm{i}k_0(r-a)} \tag{1.39}$$

通常称为声压与表面振动的“传递函数”。通过比较式（1.39）和式（1.1），可以看到传递函数包括了将表面加速度“转为” r 位置的压力所有重要的特点。传播速度由相位决定，如 $c_0=\omega_a[\mathrm{Real}(k_0a)]^{-1}$。该传递函数的真实部分也是传播介质的自由空间格林函数的量级。式（1.38）（或式（1.39））与式（1.10）包含的信息一致。在理想情况下，我们可以应用任一测量方法辨别关于源场的所有物理学信息。然而，噪声源的特性是关于频率的函数（相关信息之后可以在各种应用中用于评估声学特性），如果你对此有兴趣，我们见到的对于频率的自成谱和交叉谱分析要比相关性分析更多。脉冲信号的相关性分析常被用于识别能量传输路径。

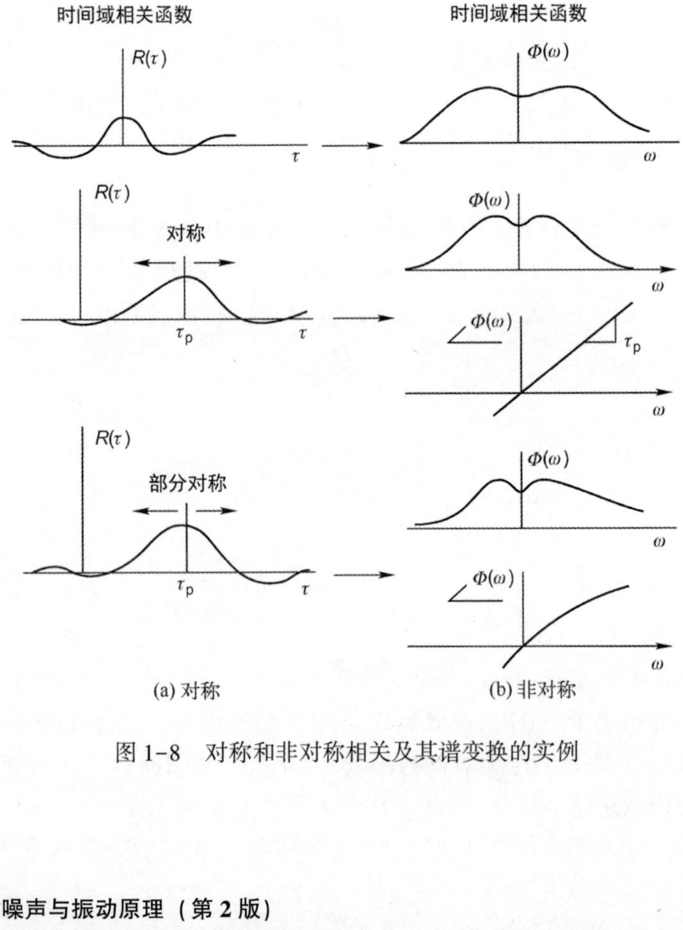

图1-8　对称和非对称相关及其谱变换的实例

1.4.4　简单滤波理论的总结

1.4.4.1　线性带通滤波器

我们现在用经典的方法来审视测量自成谱和交叉谱密度的手段。图 1-9 所示为电子操作图解。我们这里的讨论仍具有操作性和解释性，而缺乏缜密性，将用于本书的几乎所有的信号分析。参考文献［2-7］给出了过滤理论的经典处理。参考文献［2，5］讨论了高速数字取样的方法。不论用哪种处理(类比或 FFT)，这里的讨论都适用。实际的物理排列见图顶端两个传感器提供的电压 $v_1(t)$ 和 $v_2(t)$。所有的相关性和总体特性将在 1.4.2 节和 1.4.3 节中讨论，应用电压 $v_1(t)$ 和 $v_2(t)$。

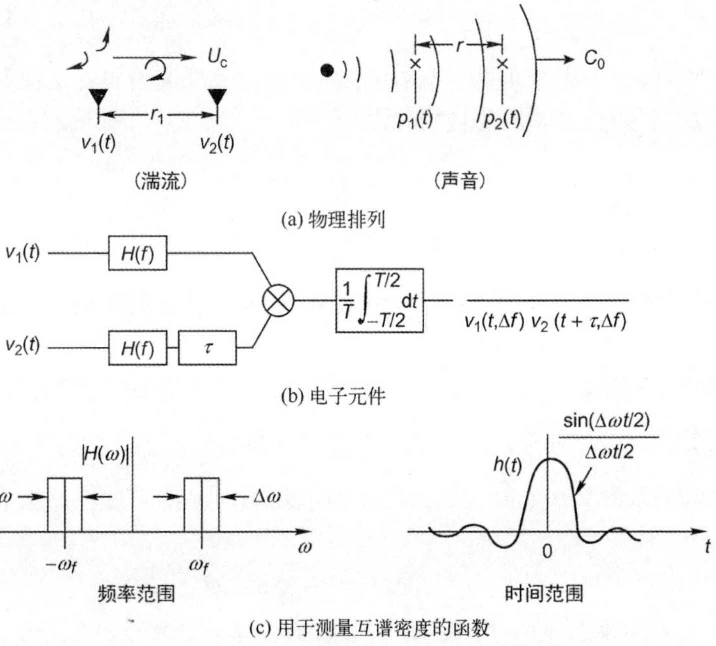

图 1-9　电子操作图解

下面我们把和分析相关的双面声谱 $\Phi_{vv}(\omega)$ 与可以通过线性带通滤波器获得的单面自成谱密度 $G_{vv}(f)$ 联系起来。信号会通过频率为 $f_f=\omega_f/2\pi$、带宽为 $\Delta f=\Delta\omega/2\pi$ 的带通滤波器。信号 $v_1(t)$ 和 $v_2(t)$ 为稳态的周期信号或傅里叶变换的随机信号，类似于 $v_2(t)$（随机参数变换有效的条件不在本章讨论的范围，不过根据 Batchelor[13]、Cremer 和 Ledbedder[8] 的说法，变换一般都是存在的)。

$$v_1(\omega)=\frac{1}{2\pi}\int_{-\infty}^{\infty}v_1(t)\mathrm{e}^{\mathrm{i}\omega\tau}\mathrm{d}t \tag{1.40}$$

从参考文献［9］可以看出（见第 2 章“声学理论与流致噪声”）$v_1(t)$和$v_2(t)$的两侧互谱密度与$v_1(\omega)$和$v_2(\omega)$的乘积集合相关即

$$\Phi_{12}(\omega)\delta(\omega-\omega')=\langle v_1(\omega)v_2^*(\omega')\rangle,\quad -\infty<\omega,\quad \omega'<\infty \tag{1.41}$$

与每一个自成谱相关

$$\Phi_{vv}(\omega)\delta(\omega-\omega')=\langle v(\omega)v^*(\omega')\rangle \tag{1.42}$$

式中：$\delta(\omega-\omega')$对$\omega=\omega'$来说是 1 或 0。理想的矩形过滤器具有的响应特性见图 1-9，所有频率在$\omega_f-\Delta\omega/2<\omega<-\omega_f+\Delta\omega/2$及$\omega_f-\Delta\omega/2<\omega<\omega_f+\Delta\omega/2$范围内的信号可以通过，这样如果输入为$v_1(t)$，经过滤的输出记为

$$v_1(t,\Delta f)=\int_{-\infty}^{\infty}\mathrm{e}^{-\mathrm{i}\omega\tau}v_1(\omega)H(\omega)\mathrm{d}\omega \tag{1.43a}$$

式中：$\Delta f=\Delta\omega/(2\pi)$，而$H(\omega)$为图 1-9 下部带有反向傅里叶变换$h(t)$的过滤器响应特性。经过滤输出的自相关为

$$\langle v^*(t,\Delta f)v(t+\tau,\Delta f)\rangle=\int_{-\infty}^{\infty}\mathrm{e}^{\mathrm{i}\omega'\tau}v_1^*(\omega')H^*(\omega')\mathrm{d}\omega'\cdot\int_{-\infty}^{\infty}\mathrm{e}^{-\mathrm{i}\omega(t+\tau)}v_1(\omega)H(\omega)\mathrm{d}\omega\rangle$$

$$\langle v^*(t,\Delta f)v(t+\tau,\Delta f)\rangle=\int_{-\infty}^{\infty}\mathrm{e}^{-\mathrm{i}\omega\tau}\Phi_{vv}(\omega)\,|H(\omega)|^2\mathrm{d}\omega \tag{1.43b}$$

这里用式（1.40）消去ω'。如图 1-9 所示，过滤后的信号中的其中一个引入了延时。

无延时获得的过滤信号的均方值，类似于式（1.34b），即

$$\overline{v^2}(f,\Delta f)=\int_{-\infty}^{\infty}\Phi_{vv}(\omega)\,|H(\omega)|^2\mathrm{d}\omega \tag{1.44}$$

只要两侧频谱$\Phi_{vv}(\omega)$在频率$\Delta\omega$的小间隔内保持不变，那么表达式就可以求近似，即

$$\overline{v^2}(f,\Delta f)\approx 2\Phi_{vv}(\omega)\Delta\omega \tag{1.45}$$

因为$\Phi_{vv}(-\omega)=\Phi_{vv}(\omega)$，所以$|H(\omega)|^2$可视为$\Delta\omega$的统一。

测量系统只在正频率的条件下工作，如$0<f<\infty$，所以测量得到的频谱密度是单侧的。类似于式（1.42）～式（1.45），我们将单侧的频谱密度定义为

$$G_{vv}(f)=\lim_{\Delta f\to 0}\frac{\overline{v^2}(f,\Delta f)}{\Delta f} \tag{1.46}$$

因为$\Delta f=\Delta\omega/(2\pi)$，测得的频谱密度与“理论”的两侧频谱通过下式相关联

$$G_{vv}(f)=4\pi\Phi_{vv}(\omega),\quad f\geqslant 0 \tag{1.47}$$

均方是式（1.34b）的延伸：

$$\overline{v^2}=\int_0^{\infty}G_{vv}(f)\,\mathrm{d}f \tag{1.48}$$

为确定互谱密度，可能用到过滤信号 $v_1(t)$ 和 $v_2(t)$ 的互相关函数。利用式（1.43）~式（1.45）找到互相关函数，进而找到在 $|\Phi_{12}(\omega)|=|\Phi_{12}(-\omega)|$ 以及 $\phi(\omega)=\phi(-\omega)$ 的假设前提下窄带的等效值。

$$\hat{R}_{v_1v_2}(r,\tau;f,\Delta f)=\lim_{\Delta\omega\to 0}2|\Phi_{12}(\omega)|\cos(\phi(\omega)-\omega\tau)\Delta\omega \tag{1.49}$$

在脉动球的例子中，如果 v_1 为表面加速度，v_2 为场压力，那么相位的形式将像之前介绍的那样，$\phi=\omega(r-a)/c_0$。式（1.49）的一种形式与式（1.47）一致，它还提供了从测量结果中提取互功率谱的方法：

$$\begin{aligned}|G_{12}(f)|\cos(\phi-2\pi f\tau)&=\lim_{\Delta f\to 0}\frac{\hat{R}_{v_1v_2}(r,\tau;f,\Delta f)}{\Delta f}\\&=4\pi|\Phi_{12}(\omega)|\cos(\phi-\omega\tau),\quad f\geqslant 0\end{aligned} \tag{1.50}$$

式中：4π 包括如式（1.47）中一样只在 $f\geqslant 0$ 时定义的 $G(f)$。互谱密度还可以写成

$$\Phi_{12}(\omega)=|\Phi_{12}(\omega)|[\cos\phi+\mathrm{i}\sin\phi] \tag{1.51a}$$

共谱：

$$C_0[G_{12}(f)]=4\pi|\Phi_{12}(\omega)|\cos\phi,\quad f\geqslant 0 \tag{1.51b}$$

正交频谱：

$$\mathrm{Quad}[G_{12}(f)]=4\pi|\Phi_{12}(\omega)|\sin\phi,\quad f\geqslant 0 \tag{1.51c}$$

共谱可以通过设 $\tau=0$ 由相关函数得到，正交频谱可通过设置一个依据频率的时间迟滞，由式（1.49）实现。

$$\tau=\pi\times\frac{\omega}{2}=\frac{1}{4}f$$

也就是在频道之间设置一个 90°的相移。相位角为

$$\phi=\arctan\left[\frac{\mathrm{Quad}[G_{12}(f)]}{C_0[G_{12}(f)]}\right] \tag{1.51d}$$

尽管这一方法在整个 20 世纪 60 年代都被使用，目前的 FFT 技术是直接计算复杂频谱的。不过，对其物理意义的理解有助于解释这一点。

1.4.4.2　空间滤波与波数变换

随着数字数据采集技术的发展，空间变换在实验声学和振动研究中的应用更为普遍。例如，使用水听器和加速器的多通道数据采集已用于获取多数实验数据，本书随后将讨论到这点。这些数据的使用切中了流体与结构之间空间接

口的要害。空间接口支配着流固的声耦合、从流体到结构的流体激振，或者流体到流体的射源效率。这一类型的传感器阵列常常置于一个可以用调和函数描述的表面，即平面、圆柱面、球面、长球面等。在图 1-10 的例子中，我们看到 x-y 平面上有 25 个等距的传感器。将这些传感器看作压力传感器或者其他形式运动的传感器，感知信号的应力或张力传感器，如 $v(x_{i,j},\omega)$。假设在坐标 $x_{i,j}$ 得到 $v(x_{i,j},\omega)$，并以 1.4.4.1 节中的方式进行频率过滤。由于 $x_{i,j}$ 物理性质的变化，每个信号都存在确定或随机的相位表现。

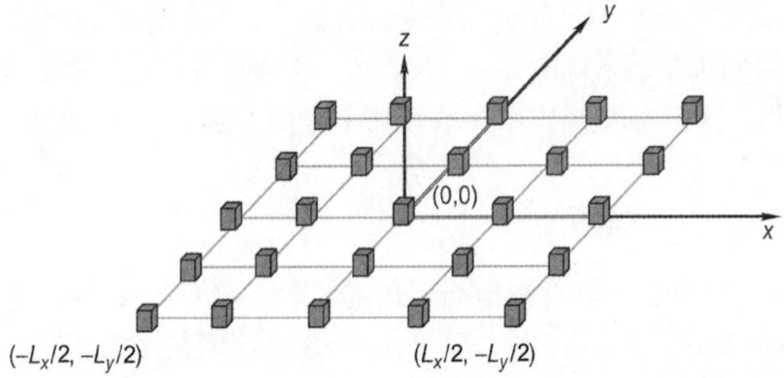

图 1-10　（x，y）轴上的二维等距传感器阵列概念图

（在 $z\neq0$ 的体积或在 $z=0$ 的表面因为扰动感知到场）

假设 $v(\bar{x},\omega)$ 可以描述为类似于式（1.40）的倒数的二维傅里叶变换，即

$$v(\boldsymbol{x},\omega)=\int_{-\infty}^{\infty}\int_{-\infty}^{\infty}V(\boldsymbol{k},\omega)\,\mathrm{e}^{\mathrm{i}\boldsymbol{k}\cdot\boldsymbol{x}}\mathrm{d}\boldsymbol{k}$$

$$v(k,\omega)=\int_{-\infty}^{\infty}\int_{-\infty}^{\infty}v(\boldsymbol{k},\omega)\,\mathrm{e}^{-\mathrm{i}\boldsymbol{k}\cdot\boldsymbol{x}}\mathrm{d}^2\boldsymbol{x}$$

矢量 $\boldsymbol{k}_i$ 在整个轴 $-\infty<\boldsymbol{k}_i<\infty$ 的范围定义中。变量 $v(x_{i,j},\omega)$ 和 $V(x_{i,j},\omega)$ 和时间-频率域的变量一样，都受到相同的平稳性的限制。如图 1-10 所示，$x_{i,j}$ 在平面上间隔均匀，与式（1.43a）、式（1.43b）类似的协方差的整体平均为

$$\langle v(x_{i,j},\omega)v^*(x'_{k,l},\omega)\rangle=\left\langle\int_{-\infty}^{\infty}\int_{-\infty}^{\infty}V(\boldsymbol{k},\omega)\,\mathrm{e}^{\mathrm{i}\boldsymbol{k}\cdot\boldsymbol{x}}\mathrm{d}^2\boldsymbol{k}\right.$$
$$\left.\int_{-\infty}^{\infty}\int_{-\infty}^{\infty}V^*(\boldsymbol{k},\omega)\,\mathrm{e}^{-\mathrm{i}\boldsymbol{k}'\cdot\boldsymbol{x}'}\mathrm{d}^2\boldsymbol{k}'\right\rangle$$

传感器的坐标定位为

$$x=rd_x-L_x/2\ 和\ x'=pd_x-L_x/2$$
$$y=sd_y-L_{xy}/2\ 和\ y'=qd_y-L_y/2$$

替换这些坐标，则

$$\langle v(x_{r,s},\omega)v^*(x'_{p,q},\omega)\rangle=\int_{-\infty}^{\infty}\int_{-\infty}^{\infty}\int_{-\infty}^{\infty}\int_{-\infty}^{\infty}\langle V(\boldsymbol{k},\omega)V^*(\boldsymbol{k}',\omega)\rangle$$
$$(\mathrm{e}^{\mathrm{i}rd_xk_x}\mathrm{e}^{-\mathrm{i}pd_xk'_x})(\mathrm{e}^{\mathrm{i}sd_yk_y}\mathrm{e}^{-\mathrm{i}qd_yk'_y})\mathrm{d}k_x\mathrm{d}k_y\mathrm{d}k'_x\mathrm{d}k'_y \tag{1.52}$$

在 2.6.2 节和 3.5.2 节，如果变量 $v(\bar{x},\omega)$ 对于 $\bar{x}$ 来说是连续和同质的，那么波数域的乘积集合为

$$\langle V(\boldsymbol{k},\omega)V^*(\boldsymbol{k}',\omega)\rangle=\Phi_{\mathrm{vv}}(\boldsymbol{k},\omega)\delta(\boldsymbol{k}-\boldsymbol{k}') \tag{1.53}$$

式中：$\delta(\boldsymbol{k}-\boldsymbol{k}')$ 为狄拉克三角函数，见 1.6 节。引入这一谱函数并对其中一个波数求积分，则

$$\langle v(x_{r,s},\omega)v^*(x'_{p,q},\omega)\rangle=\int_{-\infty}^{\infty}\int_{-\infty}^{\infty}\Phi_{\mathrm{vv}}(\boldsymbol{\kappa},\omega)(\mathrm{e}^{-\mathrm{i}(s-p)d_x\kappa_x})(\mathrm{e}^{-\mathrm{i}(r-q)d_y\kappa_y})\mathrm{d}\kappa_x\mathrm{d}\kappa_y \tag{1.54}$$

如果在 x 坐标上，协方差矩阵 $\langle v(x_{i,j},\omega)v^*(x'_{k,l},\omega)\rangle$ 是 N_x 乘以 N_x 的子矩阵，带有指数 s 和 p，在 y 坐标上是 N_y 乘以 N_y 的子矩阵，带有指数 r 和 q，r 和 q 在频率域是式（1.41）的类比量。如果变换矩阵 $\langle v(x_{r,s},\omega)v^*(x'_{p,q},\omega)\rangle$，便会创造出二维空间滤波。为此，首先注意到，对于空间变量，式（1.28）的傅里叶变换的数位等效针对一个空间维度。

$$V(k_x,\omega)=\frac{1}{L_x}\cdot\int_{-L_x/2}^{L_x/2}-v(x,\omega)\mathrm{e}^{\mathrm{i}k_xx}\mathrm{d}x$$

数位等效是通过辛普森积分法得到的，由 d_x 求 $\mathrm{d}x$ 的近似，由 N_xd_x 求 L_x 的近似。

$$[V(k_x,\omega)]_{\mathrm{est}}=\frac{1}{N_x}\sum_{r=0}^{N_x-1}v(rd_x-L_x/2,\omega)\mathrm{e}^{\mathrm{i}k_x(rd_x-L_x/2)}$$

注意，这里是为了方便而采用积分近似，其他方法如快速傅里叶变换可以在实践中采用。

将此变换用于每一个变量，得到一个谱估计。

$$[\Phi_{vv}(\boldsymbol{k},\omega)]_{\mathrm{est}}=$$
$$\frac{1}{N_x^2N_y^2}\sum_{r=1}^{N_x}\sum_{p=1}^{N_x}\sum_{s=1}^{N_y}\sum_{q=1}^{N_y}\langle v(x_{r,s},\omega)v^*(x'_{p,q},\omega)\rangle(\mathrm{e}^{-\mathrm{i}(r-p)d_xk_x})(\mathrm{e}^{\mathrm{i}(s-q)d_yk_y})=$$
$$=\frac{1}{N_x^2N_y^2}\sum_{r=1}^{N_x}\sum_{p=1}^{N_x}\sum_{s=1}^{N_y}\sum_{q=1}^{N_y}\left[\int_{-\infty}^{\infty}\int_{-\infty}^{\infty}\Phi_{\mathrm{vv}}(\boldsymbol{\kappa},\omega)(\mathrm{e}^{-\mathrm{i}(r-p)d_x\kappa_x})(\mathrm{e}^{-\mathrm{i}(s-q)d_y\kappa_y})\mathrm{d}k_x\mathrm{d}k_y\right]$$
$$(\mathrm{e}^{\mathrm{i}(r-p)d_xk_x})(\mathrm{e}^{\mathrm{i}(s-q)d_yk_y})$$

求和经重新排列，形成单独的函数，以符号 $A_x(k_xd_x)$ 来代表，其中

$$A_x(k_xd_x)=\frac{1}{N_x}\sum_{r=1}^{N_x}\exp(\mathrm{i}r(k_x-\kappa_x)d_x)$$

$$= \frac{\sin\left[\frac{1}{2}(k_x - \boldsymbol{\kappa}_x)\,d_x\right]}{[N_x(k_x - \boldsymbol{\kappa}_x)\,d_x]} \mathrm{e}^{\mathrm{i}(N_x-1)\frac{1}{2}(k_x-\kappa_x)d_x} \tag{1.55}$$

替换得到

$$[\boldsymbol{\Phi}_{vv}(\boldsymbol{k},\omega)]_{est} = \int_{-\infty}^{\infty}\int_{-\infty}^{\infty} \boldsymbol{\Phi}_{vv}(\boldsymbol{k},\omega)\,|A_x((k_x - \boldsymbol{\kappa}_x)d_x/2)|^2 \, |A_y((k_y - \boldsymbol{\kappa}_y)d_y/2)|^2 \mathrm{d}\boldsymbol{\kappa}_x \mathrm{d}\boldsymbol{\kappa}_y \tag{1.56}$$

这一积分说明对真实波数谱的估计是由元素间协方差的离散傅里叶变换得到的。图 1-11 是滤波函数的一个例子，即

$$|A_{xy}(\boldsymbol{\kappa}\cdot\boldsymbol{d})| = |A_x((\boldsymbol{\kappa}_x)d_x/2)|^2\,|A_y((k_y)d_y/2)|^2$$

在这个具体实例中元素是 9×9 的阵列。图 1-11（a）是原点 $k=0$ 附近的波瓣图的三维视图。图中可见原点处的主波瓣幅度及其周围一系列的小波瓣。这些小波瓣的幅度随着阵列中元素的增加而减小。由于阵列为矩形，波瓣也呈正交模式。环形阵列将得到环形小波瓣围绕中心主波瓣的结果，主波瓣的幅度始终一致。传感器还采用了其他的分布形式，以实现测量所需的具体的波瓣结构[14]。

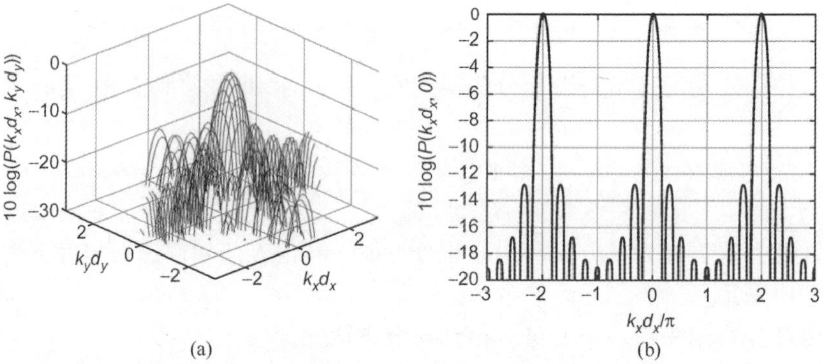

图 1-11　波数分辨函数图

（以 9×9 的元素阵列，矩形网格中布置等距传感器为例。图（a）为原点附近的三维图，显示出光栅波瓣的模式。图（b）是沿 k_x 的视图，波数范围更广，出现了效果失真的波瓣）

对波数谱的估计由协方差空间分离增量的积分得到。波数分辨函数之后“扫描”真实谱。这一表现与频域过滤函数完全类似。波数分辨的应用很多，在光学中称为“点分布函数”，在水声学中称为“阵列波束图”。

对式（1.56）谱估计的积分是这一小节的主要结果。图 1-11 中可以看到光栅波瓣和混叠波瓣，这会影响谱估计的结果。相应地，空间阵列的设计将依

据实际波数谱的预期特点。例如，随流动的信号对流会在 $\boldsymbol{k}=\omega/\boldsymbol{U}$ 带来波数特点；振动会在结构的某些空间尺度的倒数具有波数特点；声音具有传播波数。对这些特点的考虑将决定阵列中传感器的间距和长度（口径）。大阵列适合于求解低波数，小间距的使用则是出于求解更高的波数。

1.4.4.3　误差分析

尽管信号处理中统计误差的总体分析较为复杂，但就平均时间 T_1 而言，有一个简单的原则可用于快速评估测量精度。T_1 的时间如果足够长，就可以识别测得的统计特点，这些分析得出的特点通常以所涉及数量的遍历性为前提。下面将总结对连续和稳态随机信号来说求平均时间的最低要求。

具体地讲，我们有意对必要的平均时间 T_1 设一个极限，这样式（1.22）和式（1.23）就可以通过平均平方或相关性的估计达成。这些估计都以时间平均来代替整体平均，即

$$\langle b \rangle = \frac{1}{T_1}\int_{-T_1/2}^{T_1/2} b(t)\,\mathrm{d}t$$

我们为 T_1 界定一个条件，以便使这一替换有效。

假设随机信号呈高斯分布，实际观察的结果也是如此。高斯（或正常）概率分布假设都可以简化统计理论的数学模型，并且具有某种重要的统计学意义。针对高斯分布的情况，预估频谱 $G(f)$，则

$$\varepsilon = 1/\sqrt{T_1 \Delta f} \tag{1.57}$$

频率为 f 的宽带信号在频率带宽 Δf 中，在平均速度 $\bar{v}$ 为零前提下，将呈现标准误差。ε^2 是估计值的归一化方差，即

$$\varepsilon^2 = \langle (\overline{G}(f) - G(f))^2 \rangle / (G(f))^2$$

式中：$\overline{G}(f)$ 为波谱的测量值或估值；$G(f)$ 为“真实”值。简单讲，对高斯分布信号，预计误差小于 ε 的可信度约为 85%，有

$$|\overline{G}(f) - G(f)| / G(f) < \varepsilon$$

而误差小于 2ε 的可信度达到 98%。对于互谱密度，可以得出类似的关系，不过

$$\varepsilon = 1/\sqrt{2T_1 \Delta f}$$

相关函数中，时间变量 τ 与频率变量 ω 之间存在关联。事实上，在最低频率 f'，谱 $G_{vv}(f)$ 的值不为零，f' 处于 $1/\tau'$ 的水平，τ' 为 $\hat{R}_{vv}(\tau)$ 接近于零的最长时间。平均时间 T_1 应确定超过 τ'，因此它也决定了频率的极限 f'。

相关性预测的标准误差有一个实际的标准，当时间滞后为 τ 时，这个标准可由 Bendat 和 Piersol[2] 得出

$$\varepsilon \approx \frac{1}{\sqrt{2T_1 \Delta f}}\left[1+\frac{\hat{R}(0)}{\hat{R}(\tau)}\right]^{1/2}$$

式中：Δf 为相关信号频谱的带宽；$\hat{R}(\tau)$ 为真实的相关函数；$\hat{R}(0)$ 为信号的均方。从这个表达中我们可以看到，在 $\hat{R}(\tau)\to 0$ 时，误差可以很大。粗略地理解，τ 较大时，$\hat{R}(\tau)$ 由谱密度 $G(f)$ 或者 $\boldsymbol{\Phi}(\omega)$ 最低频的分量控制。

1.5　测量声音的表示

尽管第 2 章“声学理论与流致噪声”中会探究声音的产生及其物理性质，我们在此还是要总结一下量化声学变量已有的手段。

1.5.1　声级

1.5.1.1　声压级

测得声音的主要属性为某一点的压力 P。由于声音是一个动态现象，声学诱导的压力也是一个随时间改变的量。通常报道的声压量度是压力平方的时间平均值，即

$$\overline{p^2} = \frac{1}{T}\int_{-T/2}^{T/2} p^2(t)\,\mathrm{d}t$$

时间平均值为零时，$\bar{p}=0$。我们可在第 2 章“声学理论与流致噪声”里看到，这仅仅与声音的强度和功率级相关。由上面确定的声压水平为

$$L_{\mathrm{s}} = 10\log(\overline{p^2}/p_{\mathrm{ref}}^2)$$

其中，对于气体中的声音，p_{ref} 为 $2\times10^{-5}\,\mathrm{N/m^2} = 20\mu\mathrm{Pa}$；对于液体中的声音，$p_{\mathrm{ref}}$ 为 $20^{-6}\,\mathrm{N/m^2} = 1\mu\mathrm{Pa}$。

声音的传播通常被认为是以功率为基础的，声功率级如上面所定义的为

$$L_{\mathrm{n}} = 10\log(\mathbb{P}/\mathbb{P}_{\mathrm{ref}})$$

式中：$\mathbb{P}$ 为声音在某个表面传播的功率；$\mathbb{P}_{\mathrm{ref}}$ 为参考量，一般视作 $10^{-12}\,\mathrm{W}$。我们将在第 2 章“声学理论与流致噪声”描述：经面积为 A_{s} 的球面辐射的来自各个方向的声功率与声压的关系为

$$L_{\mathrm{n}} = L_{\mathrm{s}} + 10\log(p_{\mathrm{ref}}^2 A_{\mathrm{s}}/\rho_0 c_0 p_{\mathrm{ref}})$$

声强级可以从下式得出

$$L_I = 10\log(I/I_{\mathrm{ref}})$$

其中，声强与压力均方通过

$$I=\overline{p^2}/\rho_0 c_0$$

和 $I_{ref}=10^{-12}\mathrm{W/m^2}$ 关联。实际上声强具有矢量的性质。我们在下一章中将看到，在离声源足够远的地方，在声源周围的球面上，声音能量的强度将垂直于表面。这样，对远场而言，I 是从声源的中心辐射出来的。

声压可以通过

$$\overline{p^2}=p_{ref}^2 10^{L_s/10}$$

从声压级中得出，声功率级也类似。

1.5.1.2　无量纲频谱级应用实例

一般在处理流致噪声（流致振动也类似）问题时，将辐射的声压归为流体动力压力是合适的，即

$$q=\frac{1}{2}\rho_0 U^2$$

式中：U 为流动的参考速度。这种归一法讲得通是因为产生声音流体的力量随流体速度以二次方增加；因此，固定的参考压力不会使得在不同流动速度下的测量值骤降。无量纲的声压形式为

$$10\log\ (\overline{p^2}/q^2)$$

因此

$$L_s=10\log(\overline{p^2}/q^2)+L_q \tag{1.58}$$

其中

$$L_q=20\log(q/p_{ref})$$

图 1-12 给出了用于计算 $20\log(q/p_{ref})$ 的列线图，流体的密度和速度是指定的。

1.5.1.3　传递函数

因为

$$10\log(AB)=10\log A+10\log B$$

因此，由量计算得出的声压级常常可作为对数求和，很容易计算出来。例如，对于一个量

$$10\log\frac{\overline{p^2}}{q^2M^2A/r^2}$$

式中：A 为面积系数；$\overline{p^2}$ 为距离声源为 r 的声压的均方。

对于一个新的马赫数 $M=U/c_0$，可得

$$L_s=10\log\frac{\overline{p^2}}{q^2M^2A/r^2}+20\log\frac{q}{p_{ref}}+20\log M+10\log\frac{A}{r^2} \tag{1.59}$$

式中：第一系数已经给出，第二系数可以在图 1-12 中找到，第三和第四系数

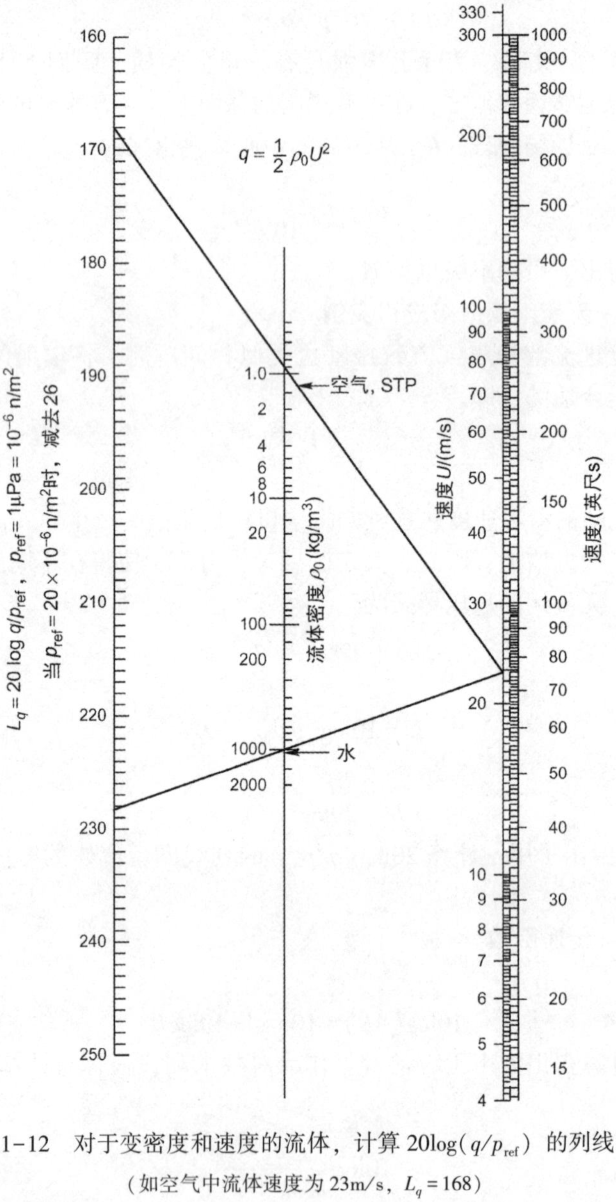

图 1-12　对于变密度和速度的流体，计算 $20\log(q/p_{ref})$ 的列线图

（如空气中流体速度为 23m/s，$L_q = 168$）

可以通过计算得到。

如果我们对传递损失有兴趣，可以表达为

$$\overline{p^2} = \overline{p_{in}^2}/\tau$$

式中：$\overline{p_{in}^2}$ 为结构中的均方压力。结构之外的声压级由下式得

$$(L_s)=(L_s)_{in}+TL$$

式中：TL=10log（$1/\tau$）。式（1.39）给出的例子中也体现出类似的关系，单侧谱函数可像 1.4.4.1 节中所述那样表达，只要两侧谱函数是关于$\pm\omega$对称的。

1.5.2　无量纲频谱级应用实例

本书中多个分析流程都以无量纲的使用为核心。为说明观点，我们考察了图 1-7 中随机信号类型的两侧谱密度函数的各种无量纲形式。在我们的例子中，有

$$\Phi_p(\omega)=\frac{\overline{p^2}\theta_t}{\pi}\frac{1}{(\omega\theta_t)^2+1},\quad -\infty<\omega<\infty$$

这个谱的形式对许多常见的现象来说都是典型的。假设整体声压$\overline{p^2}$和时间尺度θ_t取决于速度与长度，如

$$\frac{\overline{p^2}}{\left[\frac{1}{2}\rho_0U^2\right]^2M^2(L/r)^2}=\alpha^2$$

以及

$$\theta_tU/L=\beta^{-1}$$

式中：α和β为常数；M为马赫数；L为声源的尺寸。这些形式在流动产生的现象中十分典型。事实上，这个例子与第 4 章“圆柱偶极声”的材料直接相关。上述比例解释了量纲p和ω（或f）随流动参数的物理可变性。α和β都是无量纲的常数，将被当作常量，普遍适用于与目前讨论的流动在外形和动力学上类似的流动。它们可能是流动的无量纲参数的函数，如马赫数和雷诺数。

将这些参数融入频谱，可以得出上面频谱的替代表达式：

$$\Phi_p(\omega)=\frac{\alpha^2\beta}{\pi}q^2\frac{L}{U}\left(\frac{U}{c_0}\right)^2\left(\frac{L}{r}\right)^2\frac{1}{(\omega L/U)^2+\beta^2}\tag{1.60a}$$

$\Phi_p(\omega)$的单位是（压力）^{2}（时间），它的无量纲形式为

$$\frac{\Phi_p(\omega L/U)}{q^2M^2(L/r)^2}=\frac{\alpha^2\beta}{\pi}\left[\left(\frac{\omega L}{U}\right)^2+\beta^2\right]^{-1}\tag{1.60b}$$

其中

$$\Phi_p(\omega)\equiv L/U\Phi_p(\omega L/U)\tag{1.60c}$$

频谱也可以是完全无量纲的简约表达法：

$$\frac{\Phi_p(\Omega)}{q^2M^2(L/r)^2}=\frac{\alpha^2\beta/\pi}{\Omega^2+\beta^2}\tag{1.60d}$$

式中：Ω为无量纲的频率，即

$$\Omega=\omega L/U$$

这样无量纲化的结果对于速度关系有直接的影响。在这个例子中式（1.60a）~式（1.60c）表明当 $\Omega\ll\beta$ 时（对应于 $U\gg\omega L/\beta$），$\Phi_p(\omega)$ 在 ω 固定时与 U 的关系为

$$\Phi_p(\omega)\propto U^5$$

当 $\Omega\gg\beta$ 时（对应于 $U\ll\omega L/\beta$），固定频率的频谱水平随速度升高

$$\Phi_p(\omega)\propto U^7$$

整体压力水平可通过求整体频率的积分得到，与速度的关系为

$$\overline{p^2}\propto U^6$$

作为无量纲化的例子，图 1-13 提供了谱函数的各种形式，包括有或无量纲的形式。从实际的角度讲，建立频带级 $G(f)\Delta f=\overline{p^2}(f,\Delta f)$（或者反过来）的无量纲频谱，如 $\Phi(\Omega)/q^2M^2(L/r)^2$，是对测量进行物理解释的重要一步。这些函数通过式（1.60c）以及本节中提及的其他关系相关联。

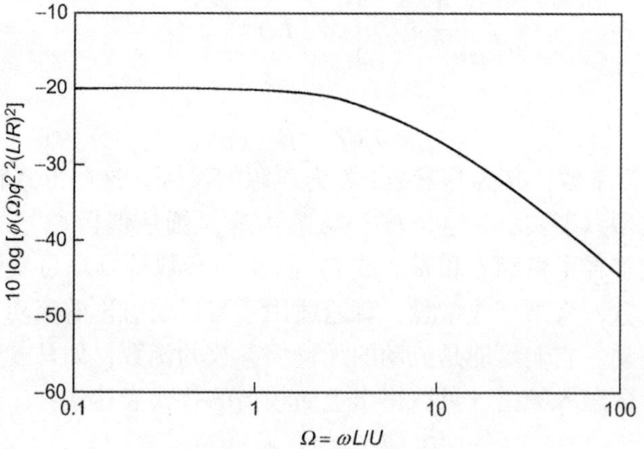

(a) 归一化谱密度

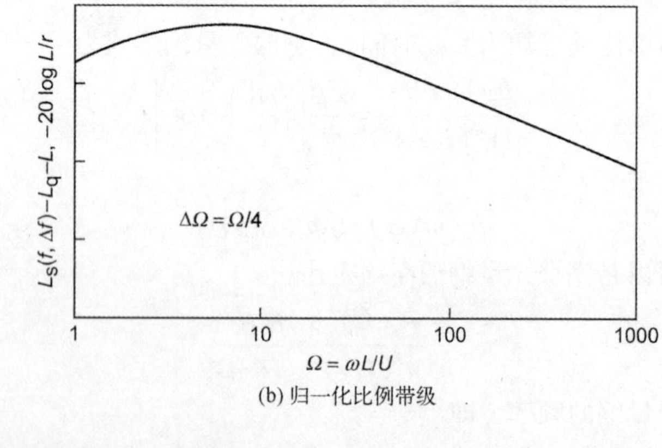

(b) 归一化比例带级

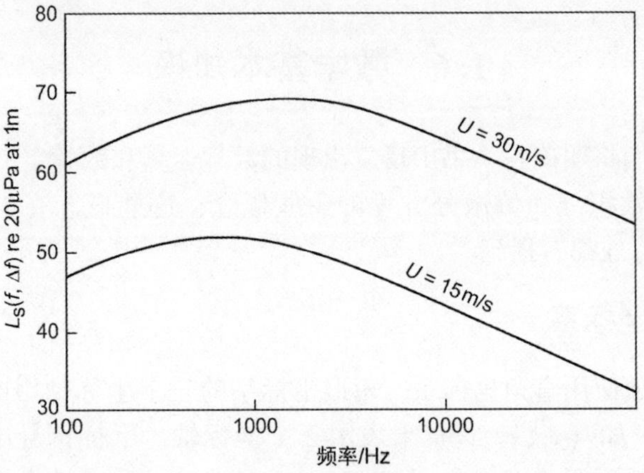

(c) 1/3倍频带级

图 1-13　空气中依赖于速度的声音的各种谱函数

（参数：$\alpha^2=1/10$，$\beta=5$，$L=2.5\mathrm{cm}$，$R=1\mathrm{m}$，$U=15\mathrm{m/s}$，$30\mathrm{m/s}$）

通过定义

$$L_s(f,\Delta f)=10\log[G(f)\Delta f/p_{\mathrm{ref}}^2]$$

替换式（1.45）和式（1.60a），得到

$$L_s(f,\Delta f)=L_q+10\log\frac{\Phi(\Omega)}{q^2}+10\log\frac{2\Delta\Omega L}{U}$$

或者其扩展形式

$$L_s(f,\Delta f)=L_q+L_{\mathrm{M}}+20\log\frac{L}{r}+10\log\left\{\frac{\Phi(\Omega)}{q^2M^2(L/r)^2}\right\}+$$

$$+10\log\frac{4\pi L}{U}+10\log\Delta f$$

其中
$$L_{\mathrm{M}}=20\log M$$

频率和无量纲频率通过下式关联：

$$f=(\Omega/2\pi)U/L$$

可以从图 1-12 中的列线图找到给定速度的 L_q 的值。整体声压级可以从与式（1.59）类似的公式中得出：

$$L_s=L_q+L_{\mathrm{M}}+20\log(L/r)+20\log\alpha$$

整体压力可从下式得出：

$$\overline{p^2}=\alpha^2q^2(L/r)^2M^2$$

1.6　数学基本知识

本节中我们将明确在本书中反复出现的数学运算和数学定义。目的是帮助读者回顾高等微积分和偏微分方程的一些概念，这些概念在参考文献［11-12，15-17］等处都有提到。

1.6.1　坐标系

我们将单独使用直角坐标系。矩形坐标系的三个坐标轴用(x,y,z)或下标$(1,2,3)$标记，如(x_1,x_2,x_3)来表示三个坐标轴。下标符号出现的会很多，这是因为经常需要用到三个矢量，如$\boldsymbol{x}$、$\boldsymbol{y}$和$\boldsymbol{r}=\boldsymbol{x}-\boldsymbol{y}$。在涉及流动的情况，1方向几乎总是对应于主要的流动方向。在表示不明确的直角坐标系时，会用到索引表示法或张量符号，这样$\boldsymbol{x}=x_i,x_j,x_k$。例如，$\boldsymbol{x}_{1,2}$代表平面 1 和 2 的二维矢量，矢量使用粗体字。

1.6.2　微分算子

使用倒三角形或张量符号取决于哪种符号更简洁。这样，在笛卡儿坐标中，梯度为

$$\nabla\phi=\frac{\partial\phi}{\partial x_1}\boldsymbol{i}+\frac{\partial\phi}{\partial x_2}\boldsymbol{j}+\frac{\partial\phi}{\partial x_3}\boldsymbol{k}\text{ 或}(\nabla\phi)_i=\frac{\partial\phi}{\partial x_i}$$

散度为

$$\nabla\cdot\boldsymbol{u}=\frac{\partial u_1}{\partial x_1}+\frac{\partial u_2}{\partial x_2}+\frac{\partial u_3}{\partial x_3}=\frac{\partial u_j}{\partial x_i}$$

旋度为

$$\nabla\times\boldsymbol{u}=\left(\frac{\partial u_3}{\partial x_2}-\frac{\partial u_2}{\partial x_3}\right)\boldsymbol{i}+\left(\frac{\partial u_1}{\partial x_3}-\frac{\partial u_3}{\partial x_1}\right)\boldsymbol{j}+\left(\frac{\partial u_2}{\partial x_1}-\frac{\partial u_1}{\partial x_2}\right)\boldsymbol{k}$$

或者

$$(\nabla\times\boldsymbol{u})_i=\frac{\partial u_k}{\partial x_j}-\frac{\partial u_j}{\partial x_k}$$

式中：$\boldsymbol{i}$，$\boldsymbol{j}$，$\boldsymbol{k}$为方向 1，2，3 上的单位矢量。在张量系统中，三维矢量由下式代表：

$$\boldsymbol{a}\equiv a_i\text{和 }\boldsymbol{a}\times\boldsymbol{b}=a_jb_k-a_kb_j$$

其中，索引要么单独出现，要么组合出现且不重复。重复的索引表示点或者标量积。

$$\boldsymbol{a}\cdot\boldsymbol{b}=a_i b_i$$

克罗内克三角函数为

$$\delta_{ij}=\begin{cases}1, & i=j\\0, & i\neq j\end{cases} \tag{1.61}$$

常用于结合标量和张量，如

$$\tau_{ij}=\tau'_{ij}+p\delta_{ij}$$

拉普拉斯算子的替代表达为

$$\nabla^2 a=\frac{\partial^2 a}{\partial x_i^2}$$

双调和算子，如在笛卡儿坐标系中

$$\nabla^4=\frac{\partial^4}{\partial x^4}+2\frac{\partial^4}{\partial x^2\partial z^2}+\frac{\partial^4}{\partial z^4}$$

出现在伯努利-欧拉塔板式（见第 5 章“流致噪声与振动的基本原理”）。

1.6.3　积分定理

线积分频繁出现，如

$$I_L(x)=\int f(x,y)\,\mathrm{d}y$$

其他定义的面积分：

$$I_S(x)=\iint_S f(\boldsymbol{x},\boldsymbol{y})\,\mathrm{d}S(\boldsymbol{y})=\iint_S f(\boldsymbol{x},\boldsymbol{y})\,\mathrm{d}^2\boldsymbol{y}$$

体积积分：

$$I_V(x)=\iiint_V f(\boldsymbol{x},\boldsymbol{y})\,\mathrm{d}V(\boldsymbol{y})=\iiint_V f(\boldsymbol{x},\boldsymbol{y})\,\mathrm{d}^3\boldsymbol{y}$$

每种情况下积分符号的数量表示积分的维数。这种记法可以区分某些影响函数中出现的两种可能的空间变量。关于定理的细节，参见关于场和势的数学的参考文献，如参考文献［7，15-17］。

两个常见的矢量积分恒等式被频繁使用[7,15-17]。

（1）高斯定理或散度定理：

$$\iiint_V(\nabla\cdot\boldsymbol{u})\,\mathrm{d}V(\boldsymbol{y})=\iint_S(\boldsymbol{u}\cdot\boldsymbol{n})\,\mathrm{d}S(\boldsymbol{y})=\iint_S=u_n\,\mathrm{d}S(\boldsymbol{y})$$

或者

$$\iiint_V\nabla\phi\,\mathrm{d}V(y)=\iint_S\phi\,\mathrm{d}s=\iint_S\phi\boldsymbol{n}\,\mathrm{d}S(\boldsymbol{y})$$

式中：V 为被封闭面 S 包围的封闭区域；$\boldsymbol{n}$ 为向外的法向量。

（2）斯托克斯定理：

$$\iint_S (\nabla \times \boldsymbol{u})_n \mathrm{d}S(\boldsymbol{y}) = \oint \boldsymbol{u} \cdot \mathrm{d}\boldsymbol{l}(\boldsymbol{y})$$

式中：S 为以封闭曲线 C 为边界的表面；$\mathrm{d}\boldsymbol{l}$ 为 C 的切线的一个元素。$(\nabla\times\boldsymbol{u})_n$ 垂直于表面。流体力学的这一定理将涡量与速度关联起来。

1.6.4　狄拉克函数

之前在式（1.36）中介绍的狄拉克三角函数，是本书中使用最广的广义函数。它作为积分被正式定义，即

$$\int_{-\infty}^{\infty} G(t)\delta(t - t_0)\mathrm{d}x = G(t_0) \tag{1.62}$$

积分的极限可能是有限的，并且$-T \leqslant t_0 \leqslant T$。三角函数通常被视为 $t=t_0$时不确定量级的激增，但其积分是一致的。这样我们通常见到[15-17]

$$\lim_{f\to t_0}\delta(t-t_0)=\infty$$

以及

$$\delta(t)=0,\quad t\neq 0$$

以上条件意味着积分：

$$\int_{0}^{\infty} \delta(t - t_0)\mathrm{d}t = 1 \tag{1.63}$$

三角函数的傅里叶变换为

$$F[\delta] = \frac{1}{2\pi}\int_{-\infty}^{\infty} \mathrm{e}^{\mathrm{i}\omega t}\delta(t - t_0)\mathrm{d}t = \frac{1}{2\pi}\mathrm{e}^{\mathrm{i}\omega t_0} \tag{1.64}$$

于是，逆变换可以作为三角函数的替代定义，将在后面的章节中用到，即

$$\delta(t - t_0) - \frac{1}{2\pi}\int_{-\infty}^{\infty} \mathrm{e}^{\mathrm{i}\omega(t_0-t)}\mathrm{d}\omega \tag{1.65}$$

多维三角函数可用于生成格林函数，描述局部源以及力的分布。为了这个目的，使用笛卡儿坐标，则

$$\delta(\boldsymbol{x}-\boldsymbol{x}_0)-\delta(x-x_0)\delta(y-y_0)\delta(z-z_0) \tag{1.66}$$

如果 ΔV 包含 $\boldsymbol{x}$ 和 $\boldsymbol{x}_0$，那么

$$\iiint_{\Delta V} \delta(\boldsymbol{x} - \boldsymbol{x}_0)\mathrm{d}^3\boldsymbol{x} = 1 \tag{1.67}$$

如果 ΔV 不包含 $\boldsymbol{x}$，那么

$$\iiint_{\Delta V} \delta(\boldsymbol{x} - \boldsymbol{x}_0)\mathrm{d}^3\boldsymbol{x} = 0 \tag{1.68}$$

$1/(\boldsymbol{x}-\boldsymbol{x}_0)$的拉普拉斯算子可以表述为狄拉克函数：

$$\nabla^2(1/(\boldsymbol{x}-\boldsymbol{x}_0))=-4\pi\delta(\boldsymbol{x}-\boldsymbol{x}_0) \tag{1.69}$$

$\boldsymbol{x}\neq\boldsymbol{x}_0$时，$\nabla^2(1/(\boldsymbol{x}-\boldsymbol{x}_0))=0$，体积积分为

$$\iiint_{\Delta V}\nabla^2\left(\frac{1}{\boldsymbol{x}-\boldsymbol{x}_0}\right)\mathrm{d}^3\boldsymbol{x}=-4\pi \tag{1.70}$$

参 考 文 献

[1] Beranek L. Noise and vibration control. New York: McGraw-Hill; 1971.

[2] Bendat JS, Piersol AG. Random data analysis and measurement procedures. 4th ed. New York: Wiley; 2010.

[3] Davinport WB, Root WL. An introduction to the theory of random signals and noise. New York: McGraw-Hill; 1958.

[4] Lee YW. Statistical theory of communication. New York: Wiley; 1964.

[5] Newland DE. Introduction to random vibration, spectral and wavelet analysis. 4th ed. New York: Dover Publications; 2005.

[6] Papoulis A, Pillai SU. Probability, random variables, and stochastic processes. 4th ed. New York: McGraw-Hill; 2002.

[7] Pierce AD. Acoustics: an introduction to its physical principles and applications. New York: American Institute of Physics; 1989.

[8] Cremer H, Ledbedder MR. Stationary and related stochastic processes. New York: Wiley; 1967.

[9] Wiener N. The Fourier integral and certain of its applications. New York: Dover Publications; 1933.

[10] Lighthill MJ. Fourier analysis and generalized functions. London and New York: Cambridge University Press; 1964.

[11] Titchmarsh EC. Introduction to the theory of Fourier integrals. London: Oxford University Press; 1948.

[12] Jones DS. Generalized functions. New York: McGraw-Hill; 1966.

[13] Batchelor GK. The theory of homogeneous turbulence. London and New York: Cambridge University Press; 1960.

[14] Mueller TJ, editor. Aeroacoustic measurements. Springer; 2002.

[15] Kreyszig E. Advanced engineering mathematics. 10th ed. New York: Wiley Interscience; 2010.

[16] Jackson JD. Classical electrodynamics. 3rd ed. New York: Wiley; 1999.

[17] Kinsler LE, Frey AR, Coppens AB, Sanders JV. Fundamentals of acoustics. 4th Ed., New York: Wiley; 2000.

第 2 章　声学理论与流致噪声

本章将讨论一些理论并推导方程，这是理论水声学的基础，主要涉及亚声速流动及其弹性表面激励。一般关系将在后面的章节中进行专门讨论，以应用于实验声学。首先，本章将探讨线性声学理论的共同关系，以强调多极源类型的基本性质。其次，将推导流体诱导噪声产生的一般理论，并将重点放在源类型的分类、噪声机理以及各种类型的固体边界对辐射强度的影响上。

2.1　线性声学理论的基本原理

2.1.1　声波方程

我们从无黏流体运动的连续性和动量方程开始。在许多基本流体力学文献中，它都是以这种形式推导得出的，其中包括 Milne Thompson[1]、Batchelor[2]、Sabersky 等[3]、White[4] 和 Kundu 等[5] 的公式。在张量表示法中，分别为

$$\frac{\partial \rho}{\partial t}+\frac{\partial}{\partial x_i}(\rho u_i)=0 \tag{2.1}$$

和

$$\rho \frac{\partial u_i}{\partial t}+\rho u_j \frac{\partial u_i}{\partial x_j}=-\frac{\partial p}{\partial x_i} \tag{2.2}$$

正压流体之所以如此定义，是因为密度是一种热力学性质，是压力的函数。瞬时流体密度为 ρ，压力为 p，三维局部流体速度为 u_i，空间和时间变量分别为 x_i 和 t。在本章后面和书中的其他地方，我们有机会应用 ∇ 算子来处理这些方程。∇ 算子为

$$\nabla=\frac{\partial}{\partial x}\boldsymbol{i}+\frac{\partial}{\partial y}\boldsymbol{j}+\frac{\partial}{\partial z}\boldsymbol{k}$$

在三维中，$\boldsymbol{i}$、$\boldsymbol{j}$、$\boldsymbol{k}$ 分别是 (x,y,z) 方向上的单位向量。在这种表示方法中，连续性和动量方程分别为

$$\frac{\partial \rho}{\partial t}+\nabla(\rho \boldsymbol{u})=0 \tag{2.3}$$

和

$$\rho \frac{\partial \boldsymbol{u}}{\partial t}+\rho(\boldsymbol{u} \cdot \nabla) \boldsymbol{u}=-\nabla p \tag{2.4}$$

其中

$$\boldsymbol{u}=(u_x \boldsymbol{i}+u_y \boldsymbol{j}+u_z \boldsymbol{k})=(u_i)$$

这些方程适用于不产生局部质量或动量且不受重力（或体积力）影响的流体区域。对于正压流体，可以用密度来表示压力

$$p-p_0=\text{const}\ (\rho-\rho_0)^{\alpha}$$

式中：α 具有特定值，该特定值具体取决于流体的热力学状态方程。许多声学文献中都已经推导出了声学中的声波方程，如 Morse 和 Ingard [6]、Pierce [7]、Fahey 等[9]、Kinsler 等的著作[8]。对于经历等温膨胀的理想气体，$\alpha=1$；相反，对于绝热膨胀（相邻流体元素之间的传热消失），$\alpha=\gamma=c_p/c_v$，其中 c_p、c_v 分别表示在恒定压力和恒定体积下的比热。液体的状态方程形式更为复杂；然而，压力和密度的变化可以通过流体的可压缩性来关联。对于理想双原子气体，如空气 $\gamma=1.4$。

流体中的绝热声速是由等熵时压力与密度的变化率确定的，关系式为

$$c_0^2=\left(\frac{\partial p}{\partial \rho}\right)_s=\gamma p_0\left(\frac{\rho}{\rho_0}\right)^{\gamma-1} \tag{2.5}$$

就目前而言，我们考虑的范围限于声压膨胀过程是绝热的无损（或黏性）流体。线性声学近似是由以下假设得出的：局部速度 u 远小于流体中的声速。即使对于真正的流体来说，如果扰动声波的波长足够长，那么流体梯度就很小，以至出现了几乎绝热膨胀的现象。在这些条件下，压力和密度与其稳态值的微小偏差可以表示为

$$p-p_0=c_0^2(\rho-\rho_0) \tag{2.6}$$

式中：p_0、ρ_0 分别为压力和密度的稳态值。

利用式（2.1）的时间导数和式（2.2）的梯度 $\frac{\partial p}{\partial x_i}$，可以得到低马赫数的线性声波方程。结合这些方程，并忽略二阶项（第 2.3.1 节），就可以得到声波方程，并定义均质流体中密度波动的微分波算子为

$$\left(\frac{\partial}{\partial t}+U \cdot \nabla\right)^2 \rho-c_0^2 \frac{\partial^2 \rho}{\partial x_i^2} \equiv \Box^2 \rho=0 \tag{2.7}$$

或

$$\left(\frac{\partial}{\partial t}+U\cdot\nabla\right)^2 p-c_0^2\frac{\partial^2 p}{\partial x_i^2}\equiv\Box^2 p=0 \tag{2.8}$$

对于压力波动，其中，$\partial^2/\partial x_i^2=\nabla^2$是拉普拉斯算子。

声波方程解的具体函数形式取决于流体区域的几何维度（一维、二维或三维）。解也明显地依赖于流体边界的时空特征。考虑到在距离振动体一定距离 r 处的声场，在给定时刻的声压是描述表面运动的每个空间波谐和描述每个空间谐波随时间变化的所有频率的声学贡献的线性叠加。然而，在少数情况下，声学能量学的注意事项可以简化。这可以分为两种情况：一是运动在表面上是空间均匀的，即零阶空间谐波；二是运动具有给定谐波的特定空间变化，并且具有单一频率。在所有其他更一般的情况下，变化范围内的时间波形将取决于 r。

2.1.2　平面声波与声强

远离弯曲的辐射面，声压的范围远大于物体的大小和声波的波长，声压在局部是一维的；也就是说，传播是沿着源区的半径传播的。因此，我们将于下文进行一维声场基本特性的研究。非平均运动流体中的声场变量是粒子速度 $\boldsymbol{u}$ 和声压 $\boldsymbol{p}$。在三维条件下，对于流体中的等熵声扰动，其中无平均流，且有均匀的环境压力和密度，相比于 $\boldsymbol{p}$ 和 $\boldsymbol{u}$，可以忽略 $|\boldsymbol{u}|^2$，则式（2.4）的线性化形式为

$$\rho_0\frac{\partial \boldsymbol{u}}{\partial t}=-\nabla p \tag{2.9}$$

在式（2.4）的线性化中，忽略的非线性项代表了由声场产生的声扰动加速度。对于简谐时间依赖性，压力可以写成复指数形式，即

$$p(\boldsymbol{x},t)=p_0(\boldsymbol{x})\mathrm{e}^{-\mathrm{i}2\pi ft}$$

或者写成实数形式，即

$$p(\boldsymbol{x},t)=p_0(\boldsymbol{x})\cos(2\pi ft)$$

式中：f 为声波的频率。对于指数时间依赖性，线性化方程采用形式为

$$\nabla p=\mathrm{i}(2\pi f)\rho_0\boldsymbol{u} \tag{2.10}$$

波动方程采用形式为

$$\frac{\partial^2 p}{\partial x_i^2}+k_0^2 p=0 \tag{2.11}$$

式中：$k_0=2\pi f/c_0=2\pi/\lambda_a$为波数，$\lambda_a$为波长。

一维声场是最基础的声场，如今，这些关系的效用将用于深入研究一维声场的特殊情况。一维场压力或速度扰动只依赖于一个空间维度，如 x 和时间 t，

并且独立于其他两个坐标。这些一维扰动称为平面波。这样的场可以在低频的长导管中得到物理实现，良好的吸收器阻挡了末端反射。式（2.4）的线性化形式现在变成了一个空间维度：

$$\frac{\partial p}{\partial x}=-p_0\frac{\partial u_x}{\partial t}$$

式中：u_x为现在 x 方向上的速度。简谐波随时间的波动方程为

$$\frac{\partial^2 p}{\partial x^2}+k_0^2p=0$$

我们将把压力描述为

$$p=p(x)\cos(\omega t)$$

其中，我们采用了圆频率 $\omega=2\pi f$ 。

波动方程的一个解为

$$p(x)=A\cos(kx)$$

式中：k 为波数。压强对 x 的二阶导数为

$$\frac{\partial^2 p}{\partial x^2}=-Ak^2\cos(kx)=-k^2p$$

这样波动方程就变为

$$(k_0^2-k^2)p=0$$

这就要求波数 k 与声数 k_0相同。

现在压强为

$$p(x,t)=p_0\cos(k_0x-\omega t)$$

可以展开成两项：

$$p(x,t)=\frac{1}{2}[\cos(k_0x-\omega t)+\cos(k_0x+\omega t)]$$

这代表了两个波的叠加，当$(k_0x-\omega t)$或$(k_0x+\omega t)$保持不变时，两个余弦函数都是常数。因此，第一项代表了波在 x 正方向的传播，第二项代表了一波又一波的振幅朝$-x$ 方向传播。因此，当问题涉及在没有反射的介质中由单一源所产生的行波时，就必须排除方程中的一项。这是因为，由单一声源辐射到不反射声音的流体区域的声音，只在远离声源的地方传播。对于正在讨论的一维问题，我们将使源从左向右辐射；即扰动传播是由阶段方面描述（$k_0x-\omega t$）从零增加 x 和 t。因此，只有当 $k_0x-\omega t=\phi$ 恒定时，干扰的大小才会恒定。这就要求用$(k_0x-\omega t)$函数来描述扰动，并放弃其他组合。在 2.2 节中，对入射波的这种拒绝将被视为一种更常规辐射的特殊情况。因此，解决方案限制在函数中

$$p(x,t)=p_0\cos(k_0x-\omega t)$$

式中：p_0 表示压力的振幅。声粒子速度 $\boldsymbol{u}$ 由式（2.4）的线性化形式给出。

$$\frac{\partial p}{\partial x}=p_0k_0\sin(k_0x-\omega t)=\rho_0\frac{\partial u_x}{\partial t}$$

所以通过整合

$$\rho_0u_x=p_0\frac{k_0}{\omega}\cos(k_0x-\omega t)=\frac{k_0}{\omega}p(x,t)$$

或者

$$p(x,t)=\rho_0c_0u_x(x,t) \tag{2.12}$$

式（2.12）给出了声波在波传播方向上的声粒子速度的声压。在这种情况下，波沿 $x>0$ 方向传播，粒子速度定向于 x 方向，ρ_0c_0是流体的比声阻抗。

在更常规的三维场情况下，将由单位向量 $\boldsymbol{n}_r$来表示传播方向，用 r 表示来自源头的径向矢量的方向 $\boldsymbol{r}$，即

$$\boldsymbol{r}/|\boldsymbol{r}|=\boldsymbol{n}_r$$

粒子运动是 $\boldsymbol{u}$，所以式（2.12）可以重写为式（2.10）和式（2.11）的一个解，即

$$p(\boldsymbol{x},t)=\rho_0c_0\boldsymbol{n}_r\cdot\boldsymbol{u}(\boldsymbol{x},t) \tag{2.13a}$$

或者

$$p(\boldsymbol{x},t)=\rho_0c_0u_r(\boldsymbol{x},t) \tag{2.13b}$$

声压与声粒子速度之间的这种关系是所有远场声学的基础。

在静止的或几乎静止的($U/c_0\ll 1$)介质中，瞬时声强是声压和粒子速度的乘积，即

$$\boldsymbol{I}(\boldsymbol{x},t)=p(\boldsymbol{x},t)\boldsymbol{u}(\boldsymbol{x},t) \tag{2.14}$$

强度是通过一个表面的瞬时功率通量，声能得以传播。例如，通过一个表面 S_0的一段时间 T 内，强度是由 T 和 S_0上的积分构成所得到的，即

$$E_a=\int_0^T\mathrm{d}t\iint_{S_0}\boldsymbol{I}(\boldsymbol{x},t)\cdot\mathrm{d}\boldsymbol{S}(\boldsymbol{x})$$

式中：$\mathrm{d}\boldsymbol{S}(\boldsymbol{x})$为元素表面矢量，并定向到表面，代替任何一个等式。式（2.13a）或式（2.13b）代入到式（2.14）中，得到强度的表达式为

$$\boldsymbol{I}(\boldsymbol{x})=\frac{\overline{p^2(x)}}{\rho_0c_0}\boldsymbol{n}_r(\boldsymbol{x}) \tag{2.15}$$

式中：$\boldsymbol{n}_r(\boldsymbol{x})$仍然是单位矢量传播方向。时间平均声功率被定义为平均能量通过 S，可得

$$\mathbb{P}_{\mathrm{rad}}=\frac{1}{T}E_a$$

或者

$$\mathbb{P}_{\mathrm{rad}}=\frac{1}{T}\int_0^T \mathrm{d}t \iint_{S_0} \frac{p^2(\boldsymbol{x},t)}{\rho_0 c_0}\boldsymbol{n}_r(\boldsymbol{x})\cdot \mathrm{d}\boldsymbol{S}(\boldsymbol{x})$$

或者

$$\mathbb{P}_{\mathrm{rad}}=\iint_{S_0} \frac{\overline{p^2}(\boldsymbol{x})}{\rho_0 c_0} d\boldsymbol{S}_r \tag{2.16}$$

式中：S_0表示功率通量感兴趣的源周围的表面。

由于式（2.16）的使用意味着式（2.14）也成立，因此表面必须在源的远场中。$\boldsymbol{S}_r$表示垂直于波传播方向和声射线方向的S_0元。在远场中，声源区周围的封闭表面通常对声功率感兴趣。这种曲面的例子如图 2-1（a）、（b）所示，分别表示圆柱坐标系和球面坐标系。一般来说，如 2.1.3 节中具体例子所示，远场声辐射是沿物体内一点（声中心）测量的半径矢量 $\boldsymbol{r}$ 方向指向远场点的。

对于辐射源周围的球面，通过计算求出其平均功率，即

$$\mathbb{P}_{\mathrm{rad}}=\iint_{S} \frac{\overline{p^2}(\boldsymbol{x})}{\rho_0 c_0} r^2 \sin\phi \mathrm{d}\phi \mathrm{d}\theta \tag{2.17}$$

积分在球面上，如图 2-1（b）所示。

2.1.3　声波辐射的基本特征

在本章整个分析处理中，会将公式解释为简单来源的组合。在下面的分析中，将表明这些源组合可以通过局部时变体积（或膨胀）变化或力或力偶来表示流体的驱动。一个几乎静止的($U/c_0 \ll 1$)介质也将纳入注意事项范畴。

2.1.3.1　单极子声源

首先，推导出体积脉动声辐射的关系。从物理上讲，这个源可以表示来自辐射的声音轴对称气泡振动。假设压力在单个频率 ω 的时变特性为

$$p(r,t)=\tilde{p}(r,\omega)\mathrm{e}^{-\mathrm{i}\omega t} \tag{2.18}$$

式中：$\tilde{p}(r,\omega)$为一个复杂的压力振幅。声源的运动完全是径向的，因此在轴对称球坐标中引入拉普拉斯方程可以得到辐射声压的波动方程，即

$$\frac{1}{r^2}\frac{\partial}{\partial r}\left[r^2\frac{\partial \tilde{p}(r,\omega)}{\partial r}\right]+\frac{\omega^2}{c_0^2}\tilde{p}(r,\omega)=0 \tag{2.19a}$$

相当于

$$\frac{\partial^2[r\tilde{p}(r,\omega)]}{\partial r^2}+\left(\frac{\omega}{c_0}\right)^2[r\tilde{p}(r,\omega)]=0 \tag{2.19b}$$

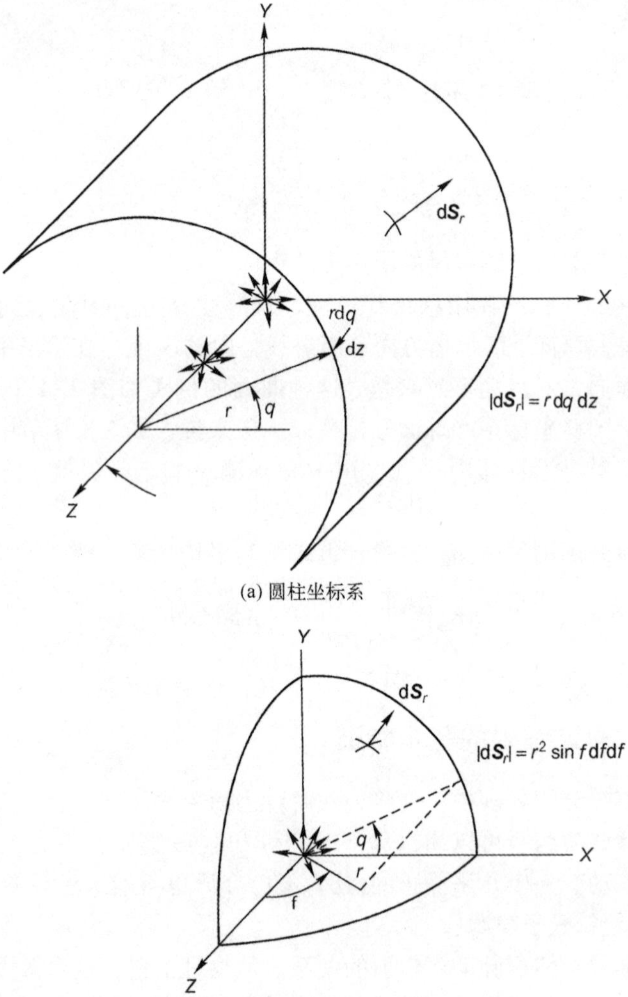

(a) 圆柱坐标系

(b) 球面坐标系

图 2-1　圆柱坐标系和球面坐标系

声波数为

$$k_0 = \omega / c_0 \tag{2.20}$$

以及方程的解决方案。表示行波的式（2.19b）为

$$\widetilde{p}(r,\omega) = (A/r)\,e^{\pm i k_0 r} \tag{2.21}$$

如上所述，对于平面波，外行波选择 $\sqrt{-1} = i$ 根上的正号，符合式（2.18）中所假设的时间依赖性。半径为 a 的球的瞬时体积为

$$Q=\frac{4}{3}\pi a^3$$

体积变化时间速率的（小，线性）振幅为

$$\dot{Q}(\omega)=4\pi a^2 u_r(\omega) \tag{2.22}$$

为了使这种线性化表达式有效，表面的径向运动幅度必须小于球体的半径。对于源的简单谐波运动，式（2.9）给出了表面的线性化边界条件，即

$$\mathrm{i}\omega\rho_0\boldsymbol{u}=\nabla p=\frac{\partial p}{\partial r}=\mathrm{i}\omega\rho_0 u_r(\omega)$$

结合式（2.9）、式（2.21）和式（2.22）有

$$A\left[\frac{1}{a^2}-\frac{\mathrm{i}k_0}{a}\right]\mathrm{e}^{+\mathrm{i}k_0 a}=\mathrm{i}\omega\rho_0 u_r(\omega)$$

可得

$$A=\frac{-\mathrm{i}\omega\rho_0\dot{Q}(\omega)}{4\pi(1+\mathrm{i}k_0 a)}\mathrm{e}^{-\mathrm{i}k_0 a} \tag{2.23}$$

还有

$$p(r,t)=\frac{-\mathrm{i}\omega\rho_0\dot{Q}(\omega)}{4\pi r}\mathrm{e}^{+\mathrm{i}k_0(r-a)-\mathrm{i}\omega t} \tag{2.24a}$$

是 $k_0 a \ll 1$ 时源的辐射压力。这一条件表明，与声波波长相比，球体的直径是很小的，即 $\lambda_0=2\pi/k_0$，所以 $2a/\lambda_0 \ll 1/\pi$。

根据式（2.24a），流体中任意位置的线性化声粒子速度都由式（2.9）推导而出。因此

$$\boldsymbol{u}(r,t)=u_r(r,t)=\frac{-\mathrm{i}\omega\dot{Q}(\omega)}{4\pi c_0 r}\left[1+\frac{\mathrm{i}}{k_0 r}\right]\mathrm{e}^{\mathrm{i}[k_0(r-a)-\omega t]}$$

在极限 $k_0 r \gg 1$，该质点速度表达式可简化为式（2.13a）和式（2.13b）。因此，在距离 r 处建立了点体积源的远场，使得 $2\pi r/\lambda_0 \gg 1$。

对于周期或非周期体积脉动方程。式（2.24a）在完全时域中有一个模拟，这是通过逆傅里叶变换（式（1.40））找到的。

$$p(r,t)=\frac{\rho_0\ddot{V}(t-(r-a)/c_0)}{4\pi r} \tag{2.24b}$$

式中：$\ddot{V}(t)$ 为源和 $t-(r-a)/c_0$ 的瞬时体积加速度是一个延迟或推迟时间。延迟解释了时间 t 的压力脉冲是在早期由源运动 $(r-a)/c_0$ 引起的。

2.1.3.2　偶极声源

源复杂度的下一个顺序是偶极，它可以由一对与 z 轴对齐的简单源表示，

如图 2-2（a）所示。这类来源必须得到详细斟酌，因为在许多实际情况中它至关重要。这些源可以像上面那样在谐波运动中振荡，但有所限制，要么在相位中，要么在相位外。如果它们振荡 π 出相，那么在任何时刻都没有质量净流入流体空间。这种一对汇的源仅仅只是流体的来回振荡。运动关于 z 轴对称，关于角 ϕ 不对称。

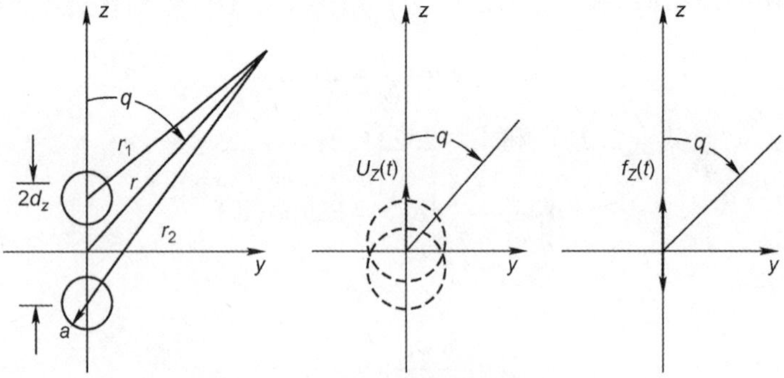

(a) 源的图像系统　(b) 振荡球体　(c) 点力

图 2-2　等效偶极子形式

源之间的矢量距离为 $2d_z$。系统质心的场点位于坐标 r，ϕ，具有单独的范围 r_1 和 r_2。由此产生的声压由单个贡献之和（相移 k_0a 假定很小）：

$$\widetilde{p}(r,\phi)=\frac{-\mathrm{i}\omega\rho_0\dot{Q}(\omega)}{4\pi}\left[\frac{\mathrm{e}^{+\mathrm{i}k_0r_1}}{r_1}\pm\frac{\mathrm{e}^{+\mathrm{i}k_0r_2}}{r_2}\right] \tag{2.25}$$

该标志适用于源的分阶段，无论是在相位（+）还是在相位（-）之外。用于分离 $d_z \ll r$，我们可以调用两个范围 r_1 和 r_2 的限制表达式。这样我们就可以写为

$$r_{\frac{1}{2}}^2=r^2+d_z^2\mp 2rd_z\cos\phi=r^2\left(1+\left(\frac{d_z}{r}\right)^2\right)\mp 2\left(\frac{d_z}{r}\right)\cos\phi$$

从 $r\gg d_z$ 开始，每个范围形式为

$$r_i=r\sqrt{1+\varepsilon_i^2}$$

式中：ε_i 比单位小得多。这个参数具有近似值

$$r_i\approx r(1+\varepsilon_i^2/2)$$

因此，这两个范围为

$$r_{\frac{1}{2}}\approx r\mp d_z\cos\phi$$

式中：$(d_z/r)^2\ll(d_zr)$，且一直被忽略。将 r_1 和 r_2 代入，得到的远场声压为

$$\widetilde{p}(r,\phi)=\frac{-2\omega\rho_0\dot{Q}(\omega)}{4\pi r}\begin{Bmatrix}+\cos(k_0d_z\cos\phi)\\-\mathrm{i}\sin(k_0d_z\cos\phi)\end{Bmatrix}\mathrm{e}^{+\mathrm{i}k_0r} \tag{2.26}$$

式中：余弦和正弦的交替使用分别适用于相位和相位外的源。

由于来源仅仅是相互加强的，所以在 $k_0d_z \ll 1$ 的情况下，$\cos(k_0d_z\cos\phi)$ 在所有角度都被统一取代。从我们的角度来看，对于 $k_0d_z \ll 1$ 而言，这个有趣的函数是 $\sin(k_0d_z\cos\phi)$ 变成了 $k_0d_z\cos\phi$。在这种情况下，产生的声压为

$$\widetilde{p}(r,\phi)\approx\rho_0c_0k_0^3[2d_z\dot{Q}(\omega)]\cos\phi\,\frac{\mathrm{e}^{+\mathrm{i}(k_0r+\pi/2)}}{4\pi k_0r} \tag{2.27}$$

式中：$2d_z\dot{Q}(\omega)$ 为偶极强度。

偶极远场声辐射的模式由 $\cos\phi$ 决定，因此在 $z-y$ 平面上具有角指向性模式，如图 2-3 所示，即在含有偶极轴的平面上。它在 $x-y$ 平面上也是全方位的，即垂直于偶极轴的平面上。因此，与单极场不同的简单偶极场的性质，由沿偶极轴的梯度产生，有两个方面：第一，辐射场的两裂结构；第二，也是更为重要的一点，声压对声速的依赖性，见式（2.27）。

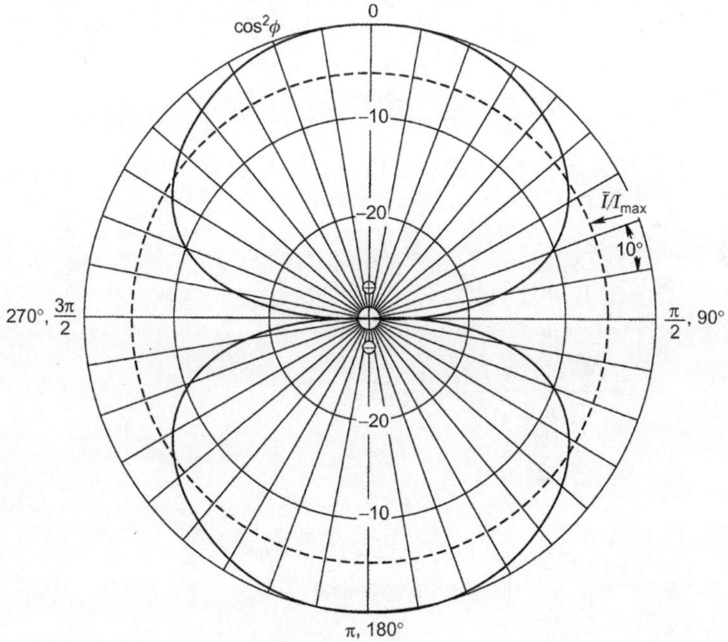

图 2-3　紧凑型偶极远场中的指向性模式

（$10\log \bar{I}=I_{\max}$）

这个结果对于边界附近声源辐射的声压有重要的意义[7,10]，在图 2-2（a）所示的情况下，x-y 平面是源相时的刚性边界模型。通过评估切向梯度 $(1/r)[\partial\tilde{p}(r,\phi)/\partial\phi]$，$\phi=\pi/2$，以及注意到它于此消失，该结果才会了然。因此我们看到，在 $z=0$ 平面上的法向速度到处都消失了，就像它在物理上的刚性表面一样。相反地，反相源在 $z=0$ 平面上给予消失压力和最大速度。这是它在自由表面上的情况。因此，只要 $4hk_0\ll\pi$，其中 h 是源深度，那么在靠近表面的水中，一个紧凑的简单源（即最大维数小于声波波长的源）就将被期望表现为一个简单的偶极。这是一个实际的限制，允许 $\sin(k_0h\cos\phi)$ 和 $k_0h\cos\phi$ 的替代品在 10%以内。换句话说，这个极限就是 $h/\lambda_0<1/8$ 或者位于表面 1/8 波长范围内的光源强度会因表面反射而改变。因此，如下文所述，它们的声功率输出也会改变。

利用式（1.13）、式（2.24a）和式（2.17），得到了简单源的时间平均、远场声功率谱密度：

$$\mathbb{P}_{\mathrm{M}}=\frac{1}{2}\int_0^{2\pi}\mathrm{d}\theta\int_0^{\pi}\mathrm{d}\phi\,\frac{\rho_0^2\omega^2\mid\dot{Q}(\omega)\mid^2}{\rho_0c_016\pi^2}\sin\phi$$

$$=\frac{\rho_0^2\omega^2\mid\dot{Q}(\omega)\mid^2}{8\pi\rho_0c_0}$$

式中：1/2 因子占时间平均（式（1.13））。同样，对于偶极，使用式（2.27）可得

$$\mathbb{P}_{\mathrm{D}}=\frac{1}{2}\int_0^{2\pi}\mathrm{d}\theta\int_0^{\pi}\mathrm{d}\phi\,\frac{\rho_0^2\omega^2\mid\dot{Q}(\omega)\mid^2[2k_0d_z]^2}{\rho_0c_016\,\pi^2}\cos^2\phi\sin\phi$$

$$=\frac{\rho_0^2\omega^2\mid\dot{Q}(\omega)\mid^2}{8\pi\rho_0c_0}\,\frac{1}{3}[2k_0d_z]^2$$

$$=\mathbb{P}_{\mathrm{M}}\frac{1}{3}[2k_0d_z]^2 \tag{2.28a}$$

$$=\frac{1}{3}(4\pi r^2)\left[\frac{\rho_0c_0k_0^2\mid\dot{Q}(\omega)\mid^2(2k_0d_z)^2}{32\,\pi^2r^2}\right] \tag{2.28b}$$

自由（压力释放）表面的存在降低了单极子的功率输出因素 $\frac{1}{3}(2k_0d_z)^2$。在一个简单的实验中，一个小的球形声源被放置在水面下不同深度 $H/2$ 中，这种声功率的降低也因此得到了证实（图 2-4）。当深度沉浸 $(k_0H\gg2)$ 来自声

源的声功率是$\mathbb{P}_M$，这是自由字段值。根据式（2.28a），随着 k_0H 缩小到很小值，功率辐射下降。相比之下，式（2.26）表明，当 $k_0d_z<\pi/4$ 时，刚性表面的存在使声功率输出增加了 2^2（或 6dB）。式（2.28b）表示，总平均声功率为远场辐射面积 $4\pi r^2$、远场时间平均强度的最大值（即 $\phi=0$）和一个数值因子 1/3 的乘积，该数值因子可以解释远场控制表面指向性的空间平均。这种关系还给出了一个简单的公式，从一个点上的最大时间平均强度来估计远场辐射功率；1/3 的因子占压力平方的平均面积。

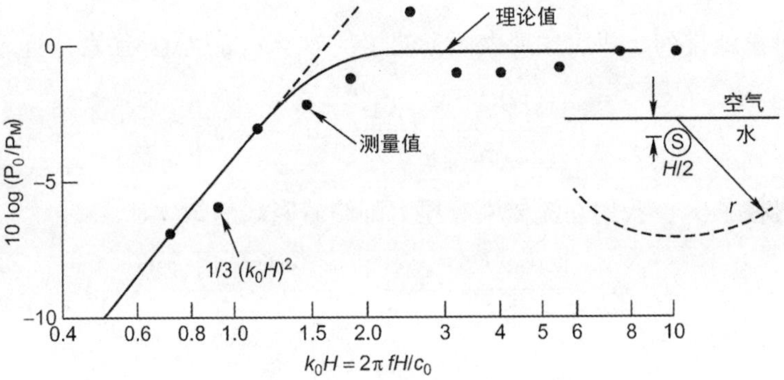

图 2-4　声源的强度与功率关系

（由一个简单的源在接近自由表面的情况下辐射的声功率降低，该自由表面可以解释为偶极功率与单极功率比）

更一般地偶极与之对齐的声场陈述 $\boldsymbol{y}_i$ 轴可以由式（2.27）表示，即相当于

$$\tilde{p}(r,\phi)=\frac{-\mathrm{i}\omega\rho_0\dot{Q}_i}{4\pi}\left[\frac{\mathrm{d}}{\mathrm{d}y_i}\left(\frac{\mathrm{e}^{ik_0r}}{\gamma}\right)\right] \tag{2.29}$$

式中：Q_i代表偶极强度。在上述问题中，$Q_z=Qd_z$是沿着 z 轴定向的。这种替代关系揭示了偶极声音的一个重要特征的起源：它对声速的依赖。与来自简单源的声压形成对比，偶极声压与 c_0^{-1}成正比。从替换 ω/c_0中，对于式（2.27）中的 k_0可以收集到类似的术语。这种依赖是方程（2.29）中表示的空间梯度的直接结果，也是式（2.25）的本质。梯度也解释了 $\cos\phi$ 对方向性的依赖。

我们可以用式（2.29）确定从起伏球体辐射的声音，如图 2-2（b）所示。表面假定为不透水。流体在 r 方向的速度（u_r）与线性化式（2.9）的压力有关，即

$$\mathrm{i}\omega u_r=\frac{1}{\rho_0}\frac{\partial p}{\partial r}=\mathrm{i}\omega u_z\cos\phi \tag{2.30}$$

式中：u_z为流体和球体上任何地方 z 方向的粒子速度。从上面看，由于 $dr/dz=z/r=\cos\phi$，压力为

$$\tilde{p}(r,\phi)=\frac{-i\omega\rho_0\dot{Q}_i}{4\pi}\frac{e^{ik_0r}}{r^2}(ik_0r-1)\cos\phi$$

在离表面的距离 r 处的径向定向速度为

$$u_r(r,\phi)=\frac{-\dot{Q}_i}{4\pi}\frac{e^{ik_0r}}{r}\left[\frac{2}{r^2}-\frac{2ik_0}{r}-k_0^2\right]\cos\phi$$

然后通过重新排列，我们发现表面上的速度 $U_z=u_z(a)$与$\dot{Q}_i$有关。通过

$$U_z=\frac{-\dot{Q}_i e^{ik_0a}}{2\pi a^3}\left[1-\frac{1}{2}(k_0a)^2-ik_0a\right] \tag{2.31}$$

这样就代替了$\dot{Q}_i$，我们在流体中有压力围绕着隆起的球体：

$$\tilde{p}(r,\phi)=\frac{i\omega\rho_0a^3U_z}{2}\cdot\frac{e^{ik_0(r-a)}}{r}\frac{[ik_0r-1]\cos\phi}{\left[1-\frac{1}{2}(k_0a)^2-ik_0a\right]} \tag{2.32}$$

表达式（2.32）通常与由其他方法[7,10]导出的表达式一致。流体在 z 方向上的合力可以通过 $dS(a,\phi)=a^2\sin\phi d\theta d\phi$ 找到

$$\begin{aligned}F_z&=\iint_S\tilde{p}(a,\phi)n_z dS(a,\phi)\\&=\int_{\theta=0}^{2\pi}\int_{\phi=0}^{\pi}\left\{\frac{ia\omega U_z\cos\phi}{2}\frac{ik_0a-1}{\left[1-\frac{1}{2}(k_0a)^2-ik_0a\right]}\right\}\cos\phi[a^2\sin\phi d\theta d\phi]\end{aligned}$$

$k_0a\ll1$（即声波波长远小于球体半径）的极限为

$$F_z=\frac{2\pi}{3}\rho_0\omega a^3U_z[-i+(k_0a)^3]$$

现在，可以定义一个流体阻抗：

$$Z_z=\left(\rho_0\frac{4}{3}\pi a^3\right)\left(-\frac{1}{2}i\omega\right)+\frac{1}{6}(4\pi a^2)\rho_0c_0(k_0a)^4$$

第一项是质量类，已知球体的附加质量为 $2\pi p_0a^3/3$。第二项是电阻性的，表示辐射阻尼，因为它考虑了从球体中提取的能量作为声音辐射。如果将单位面积的声阻抗定义为方程的真实或电阻分量式（2.32），即

$$Z_a=\mathrm{Re}\{p(a,\phi)/u_n(\phi)\} \tag{2.33}$$

式中：Re{}代表“实部”，然后当 $k_0a\ll1$ 时，有

$$Z_a=\frac{1}{4}\rho_0c_0(k_0a)^4$$

这是振荡模式下球体单位面积的辐射阻抗，使正常表面速度为

$$u_n(\phi)=u_r(a,\phi)=U_zn_z(\phi)=U_z\cos\phi$$

上面定义的力阻抗与这种声阻抗的关系为

$$\mathrm{Re}\{Z_z\}=Z_a\iint_S n_z(\phi)\,\mathrm{d}^2S(a,\phi)$$

通过进行必要的替换可以很容易地看到这一关系。

随着产品(k_0a)增加，声阻抗 Z_a 表明球体成为一个更“有效”的散热器。上述问题中的声功率辐射式（2.28a）和式（2.28b）也简单地写成

$$\mathbb{P}_{\mathrm{D}}=\frac{1}{2}Z_a\overline{u_n^2}S \tag{2.34}$$

式中：$S=4\pi a^2$为表面积；$\overline{u_n^2}$为表面平均速度的平方，或

$$u_n^2=\frac{1}{S}\iint u_n^2(\phi)\,\mathrm{d}^2S(a,\phi)$$

还有

$$\overline{u_n^2}=\frac{1}{3}U_z^2$$

在这个例子中，式（2.33）和式（2.34）是本节具体结果的一般说明，将在第 5 章“流致噪声与振动的基本原理”中进行更充分的使用和讨论。

2.1.3.3　四极子声源

四极子与偶极对的组成如图 2-5 所示。在图 2-5（a）中，四极子表示为 4 个简单源的阵列，或者表示为 $z-y$ 距离为 $2d_y$ 的平面中的两个偶极。在示意图 2-5（b）中，四极子表示为一对距离为 $2d_y$ 和 $2d_x$ 的力偶极，这对力偶极不施加任何净力矩。这两个偶极的取向，施加流体矩对，称为横向四极。力在直线上的偶极的另一个方向称为纵向四极，如图 2-5（c）所示。

在许多流体应用中，横向四极更为重要，现在将推导出其远场指向性。图 2-5（a）中偶极系统的远场压力幅值可以用式（2.34）的形式来写。

$$\tilde{p}(r,\phi,\theta)\approx\frac{\rho_0c_0k_0^3}{4\pi k_0}[2d_z\dot{Q}(\omega)]\cos\phi\left[\frac{\mathrm{e}^{+ik_0r_1}}{r_1}-\frac{\mathrm{e}^{+ik_0r_2}}{r_2}\right] \tag{2.35}$$

在频域，式（2.18）适用，同对偶极的分析一样，我们写为

$$r_{\frac{1}{2}}\approx r\pm d_y\sin\phi\sin\theta$$

对于 $r\gg d_y$，代入式（2.35）得

$$\tilde{p}(r,\phi,\theta)\approx\frac{\mathrm{i}}{2}\rho_0c_0k_0^4[2d_z2d_y\dot{Q}(\omega)]\sin2\phi\sin\theta\,\frac{\mathrm{e}^{+ik_0r}}{4\pi k_0r} \tag{2.36}$$

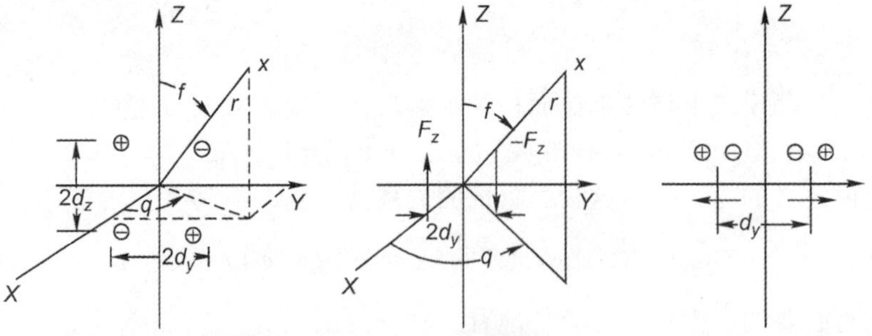

(a) 4个简单源横向四极　　(b) 力偶横向四极　　(c) 纵向四极

图 2-5　等效四极形式

式中：$2d_z2d_y\dot{Q}(\omega)$为四极强度。这可以用式（2.31）偶极力来表达为

$$2d_z2d_y\dot{Q}(\omega)=\frac{-3\mathrm{i}}{\rho_0k_0c_0}2d_yF_z$$

所以

$$\tilde{p}(r,\phi,\theta)\approx-\frac{3}{2}k_0^2[2d_yF_z]\sin2\phi\sin\theta\frac{\mathrm{e}^{+\mathrm{i}k_0r}}{4\pi r}\tag{2.37a}$$

表达式（2.37a）表明，四极压力为 $2k_0d_y$ 小于等效偶极压力。因此，由两个紧密间隔的偶极表示的空间梯度与偶极辐射相比，将产生一个额外的 k_0 依赖性。在其他术语中，与简单单极辐射相比，由 4 个单极子表示的两个空间梯度给出了 k_0^2依赖性。但由于从每个偶极发射的流体扰动不能完全抵消，流体上的净力也是瞬间为零：声音仍然是辐射的。上述单极成像的状态说明同样适用于偶极的成像。从四极发出的声音指向性集中在 4 个裂片上，4 个裂片的指向 ϕ 分别为 $\phi=(2n+1)\pi/4$，$n=1,2,3,4$。在 $x-y$ 和 $x-z$ 平面上，声压级为零。

对于沿 i 和 j 轴移位的源极，式（2.35）可以改写为 $d_z/rd/r,\ll1$

$$\tilde{p}(r,\phi,\theta)=\frac{-\mathrm{i}\rho_0\omega\dot{Q}(\omega)}{4\pi}\frac{\mathrm{d}^2}{\mathrm{d}y_i\mathrm{d}y_j}\left\{\frac{\mathrm{e}^{\mathrm{i}k_0r}}{r}\right\}(2d_i2d_j)\tag{2.37b}$$

但对空间导数进行评估，这就等同于式（2.36）和式（2.37a）。再次注意，范围 r 等于$|\boldsymbol{x}-\boldsymbol{y}|$，其中 $\boldsymbol{x}$ 在远场。读者应该比较式（2.24a）、式（2.29）和式（2.37b），以及式（2.24a）、式（2.27）和式（2.36），以便清楚地看到与多极空间梯度平行的声速的渐进依赖性。这种行为将在后面的章节中进行展示，以确定辐射声音对流动诱导的偶极和四极源的速度依赖性。

简单的四极子可以形成两幅辐射图，这取决于组成的偶极是平行的

（图 2-5（a））还是直线的（图 2-5（c））。这些备选模式如图 2-6 所示。平行形式（侧向）四极在 y-z 平面上有 4 个裂片（$\theta=\pm\pi/2$）；在锥面上（$\phi=\pi/4$），如式（2.37a）显示，方向性模式将取决于 θ，如图 2-3 所示。直线（纵向）形式只有两个裂片，它在平行于 z 平面的平面上具有均匀的方向性。

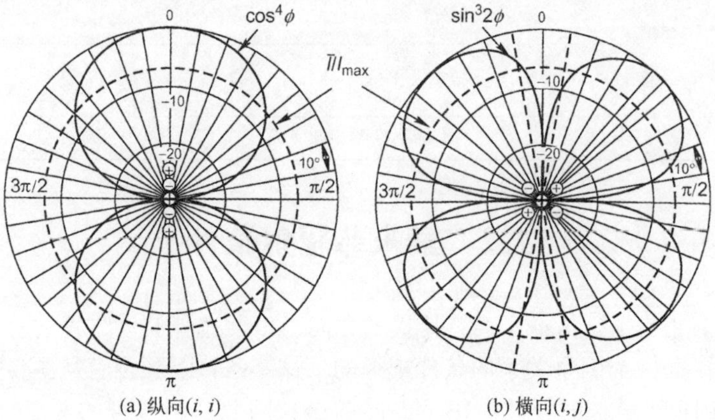

(a) 纵向(i, i)　　(b) 横向(i, j)

图 2-6　指向模式

2.1.3.4　平均声强

在上述所有情况下，声学远场强度都可以用一般形式写成

$$I=I_{\max}g(\theta,\phi)$$

式中：指向性因子 $g(\theta,\phi)$ 与源的距离无关；$g(\theta,\phi)=1$ 用于单极辐射；多极辐射 $g(\theta_m,\phi_m)=1$ 在 θ_m 的角度为 ϕ_m，最大强度为 $I_{\max}$。通常，正如前面讨论过的与紧偶极有关，我们对来自多极源的均方声音的空间平均强度和声压强感兴趣。场点的最大强度 $I_{\max}$ 将依据源强给出，$\boldsymbol{I}$ 的空间平均 $\boldsymbol{I}$ 将是该最大值的一部分。使用式（2.15）和式（2.17）可以得到这些数量的空间平均值。空间平均均方声压与空间平均强度 $\bar{I}$ 有关，见式（2.15）。

$$\overline{p^2}=\bar{I}\rho_0c_0$$

从式（2.16）可知，声功率与 $\bar{I}$ 有关。

$$\mathbb{P}_{\text{rad}}=4\pi r^2\bar{I}$$

表 2-1 总结了基本源类型远场声强的指向性因子。这些计算表明，空间平均声强一般在局部最大值的 1/3～1/5（57dB）。

表 2-1　多极源的指向性系数

源	$\bar{I}/I_{\max}$	$I(\theta,\phi)/I_{\max}=g(\theta,\phi)$
单极子	1.0	1.0

续表

源	$\bar{I}/I_{max}$	$I(\theta,\phi)/I_{max}=g(\theta,\phi)$
偶极，紧凑型	1/3	$\cos^2\phi$
四极，横向	4/15	$\sin^2 2\phi\sin^2\theta$
四极，纵向	1/5	$\cos^4\phi$
偶极，半平面	π/8	$\sin^2\dfrac{\theta}{2}\mid\sin\phi\mid$
坐标系见图 2-1（b）		

2.2　索末菲辐射条件

在 2.1.2 节中，考虑了声音传播的方向，以便选择波动方程的解。这个解决方案是根据一个因果关系的条件选择的，这个条件需要声音从源传播到接收器，如当时间 t 增加时，波沿正 x 方向前进。因此，波方程的两个可能解 $\cos(k_0x-\omega t)$ 和 $\cos(k_0x+\omega t)$，只有前者适用。这只是一个使用辐射条件的示例案例，将于下文进行概括。

在声场中没有反射面的情况下，位于源区之外的多极源的远场辐射已被证明其取决于与源的距离 $e^{ik_0r}/(4\pi r)$。这可通过引用式（2.24a）、式（2.36）、式（2.37a）和式（2.37b）来表明对于向外运动的波，一般的球面波传播由下式给出

$$g(r-c_0t)=\frac{1}{4\pi r}e^{ik_0(r-c_0t)}$$

因此，对于这些向外运动的波浪，有远场条件：

$$\lim_{r\to\infty}r\left(\frac{\partial p}{\partial r}-ik_0p\right)=0 \tag{2.38}$$

或者，对于内游的波浪，有

$$g(r+c_0t)=\frac{1}{4\pi r}e^{ik_0(r+c_0t)}$$

可得

$$\lim_{r\to\infty}r\left(\frac{\partial p}{\partial r}+ik_0r\right)=0 \tag{2.39}$$

后一种条件被索默菲尔德称为“吸收条件”[11]。

这些辐射条件已经被 Sommerfeld[11] 所证明，也见 Piece[7] 和 Howe[12] 的工作，是波动方程解的唯一性的必需工作。二维中，辐射条件为

$$\lim_{r\to\infty}\sqrt{r}\left(\frac{\partial p}{\partial r}-\mathrm{i}k_0 r\right)=0$$

并且对于吸收条件类似。很简单，辐射条件确保了对于辐射到远场的单源分布，波动方程的解排除了内向辐射。它相当于一个远场边界条件。同样，在向内部辐射的表面源分布的情况下，吸收条件排除了向外辐射的任何内部源。

延迟时间的使用如式（2.24b）中所介绍，它意味着辐射条件的说明。延迟的时间只是量化了扰动以速度 c_0 在距离 r 上传播所需的时间延迟。

2.3　气动噪声的 Lighthill 理论

2.3.1　波动方程

我们现在将确定由湍流运动引起的声压波动方程。对于湍流流体运动的空间集中区域，Lighthill 的[13-15]公式（另见参考文献［6-7］）是独一无二的，因为他认为这个区域是一个驱动周围的流体的声源。分析的起点将再次是应用于流体区域的连续性和动量方程，如图 2-7 所示。然而，速度扰动既包括声学的，也包括在有限的区域内的水动力贡献。不假定湍流区域内有无黏运动。

在这种情况下，连续性方程为

$$\frac{\partial\rho}{\partial t}+\frac{\partial}{\partial y_i}(\rho u_i)=q \tag{2.40}$$

其中，$q(=\partial\rho/\partial t)$ 被添加为单位体积的质量注入速率，只要可以说质量以零速度注入湍流介质，动量方程就写成

$$\frac{\partial\rho u_i}{\partial t}=+\frac{\partial\boldsymbol{\tau}_{ij}}{\partial y_j}-\frac{\partial(\rho u_i u_j)}{\partial y_j} \tag{2.41}$$

式中：τ_{ij} 为托斯应力张量，如参考文献［2-5，12，16］。这个应力张量写为

$$\boldsymbol{\tau}_{ij}=p\delta_{ij}-\boldsymbol{\tau}'_{ij} \tag{2.42}$$

$$\boldsymbol{\tau}'_{ij}=2\mu\left(\varepsilon_{ij}-\frac{1}{3}\varepsilon_{kk}\delta_{ij}\right)$$

其中

$$\epsilon_{ij}=\frac{1}{2}\left(\frac{\partial u_i}{\partial y_j}+\frac{\partial u_j}{\partial y_i}\right) \tag{2.43}$$

和以前一样，流体压力为 p 和 ϵ_{ij} 是零的黏度流体中的流体应变速率。动量方程可以用式（2.2）的形式重写为

$$u_i q+\rho\frac{\partial u_i}{\partial t}=-\frac{\partial \boldsymbol{\tau}_{ij}}{\partial y_j}-\rho u_j\frac{\partial u_i}{\partial y_j} \tag{2.44}$$

式中：$u_i q$ 为单位体积内注入质量的对流加速度。当流体为无黏流体和 $q=0$ 时，式（2.44）恢复为式（2.2）。因此，取式（2.41）的散度和式（2.1）的时间导数，得

$$\frac{\partial^2\rho}{\partial t^2}=\frac{\partial^2\boldsymbol{\tau}_{ij}}{\partial y_i\partial y_j}+\frac{\partial^2}{\partial y_j\partial y_i}(\rho u_i u_j)+\frac{\partial q}{\partial t}$$

根据恒等式

$$c_0^2\nabla^2\rho=\frac{\partial^2[\rho c_0^2\delta_{ij}]}{\partial y_i y_j}$$

得

$$\frac{\partial^2\rho}{\partial t^2}-c_0^2\nabla^2\rho=\frac{\partial^2}{\partial y_i\partial y_j}[\boldsymbol{\tau}_{ij}+\rho u_i u-c_0^2\rho\delta_{ij}]+\frac{\partial q}{\partial t} \tag{2.45}$$

$$\boldsymbol{\tau}_{ij}=-p\delta_{ij}+\boldsymbol{\tau}'_{ij}$$

利用式（2.42），可以分离黏性应力和压力或法向应力的贡献，从而得到最终形式的波动方程为

$$\frac{\partial^2\rho}{\partial t^2}-c_0^2\nabla^2\rho=\frac{\partial^2\boldsymbol{T}_{ij}}{\partial y_i\partial y_j}+\frac{\partial q}{\partial t} \tag{2.46}$$

其中

$$\boldsymbol{T}_{ij}=\rho u_i u_j+(p-c_0^2\rho)\delta_{ij}-\boldsymbol{\tau}'_{ij} \tag{2.47a}$$

$$\boldsymbol{T}_{ij}=\rho u_i u_j+[(p-p_0)-(\rho-\rho_0)c_0^2]\delta_{ij}-\boldsymbol{\tau}'_{ij} \tag{2.47b}$$

为 Lighthill 应力张量。张量 $\rho u_i u_j$ 称为雷诺应力，它表达了声源区湍流的强度。其中，$\boldsymbol{\tau}'_{ij}$ 是 Stokes 应力张量（式（2.42））的黏性部分，$p-c_0^2\rho$ 表示以 c_0 为特征的环境流体介质中实际压力波动与热传导源之间的差值。p、ρ 是流体的局部瞬时压力和密度。

流体场产生噪声的特性是在扰动的特定区域之外。

$$\frac{\partial^2\boldsymbol{T}_{ij}}{\partial y_i\partial y_j}\equiv 0$$

目前，远场环境未受扰动流体的压力和密度分别为 p_0 和 ρ_0，这些量是恒定的，即

$$\frac{\partial\rho_0}{\partial t}\text{ 和 }\frac{\partial^2\rho_0}{\partial y_i\partial y_j}$$

都是 0，p_0 也是一样。由此可以写出瞬时密度起伏的波动方程，从而得到最终

形式的 Lighthill 方程：

$$\frac{\partial^2}{\partial t^2}(\rho-\rho_0)-c_0^2\nabla^2(\rho-\rho_0)=\frac{\partial^2}{\partial y_i\partial y_j}\{\boldsymbol{\tau}_{ij}\}+\frac{\partial q}{\partial t} \tag{2.48}$$

现在引入压强 $p-p_0$ 的波动变成应力张量。如果流体区域各处的压力波动是一个随声速 c_0 等熵波动的热力学变量，那么压力和密度波动可以通过式（2.6）来平衡。在这种情况下，式（2.48）中的压力和密度项相等地消去。通常有湍流雷诺应力的大小支配湍流运动中的黏滞应力，因此黏滞应力可以忽略不计。在没有质量注入的情况下，波动方程可以简化为更为简便的形式，即

$$\frac{\partial^2(\rho-\rho_0)}{\partial t^2}-c_0^2\nabla^2(\rho-\rho_0)=\frac{\partial^2(\rho u_i u_j)}{\partial y_i\partial y_j} \tag{2.49}$$

结果表明，声场是受脉动雷诺应力区驱动的。在雷诺应力波动区域之外，速度波动是声波的。

这样，在紊流运动区域之外，Lighthill 方程就简化为线性声学理论的波动方程。正如我们将在本章后面看到的，在声源区域的应力张量 $\boldsymbol{T}_{ij}$ 的行为对声辐射的分析建模是至关重要的。在这方面，式（2.46）仅仅是将运动方程改写成非齐次波动方程形式的一种重述。源项实际上是非线性流体运动。简化后的式（2.49）显然就是这种情况。在这种投射中，非线性湍流波动被假定作为线性响应环境声介质的源。如果对比方程式（2.7）和式（2.9）再结合式（2.46）的推导过程，就可以进一步推导出“源” $\boldsymbol{T}_{ij}$ 的意义。对于无黏等熵流体运动，$\boldsymbol{T}_{ij}$ 减为 $\rho u_i u_j$，即 2.1 节和 2.2 节中忽略的动量方程和连续性方程组合的非线性残差。因此，应用式（2.49）描述来自湍流运动区域的声音可能涉及一个相当大的假设，即非线性项实际上代表声源。当我们讨论非定常质量注入时，这一点将在第 3 章“剪切层不稳定性、单频音、射流噪声”中得到深入探讨。

2.3.2　基尔霍夫积分方程与延迟势

从一个声源分布区域向外辐射到自由空间中一点的声场是组成该区域的每个声源所产生的单个贡献的总和。在物理总和发生的过程中，贡献加强和干涉取决于不同的源之间的瞬时相位关系。在基本意义上，这个求和过程已经在 2.1.2 节中得到演示，用于确定偶极和四极子源的声场分布。在更复杂的物理情况下，声辐射是由声源分布的加权积分确定的。该积分必须将声源分布元素间的声相相互作用以及向远场的传播纳入考虑范畴。在下面描述的数学积分公式中，这是通过使用延迟势来完成的。同样，在下面的分析中，假设声源相对于场介质是静止的，或者至少以一个小到可以忽略的马赫数运动。2.5 节将讨

论相对于介质的源对流对流动噪声的影响。

用 Bateman[17] 的方式开始推导密度扰动 $\rho_a = \rho - \rho_0$ 积分方程，尽管 Stratton[18]、Jaekson[19] 和 Jones[20] 有不同的衍生内容（作者感谢已故麻省理工学院（MIT）教授帕特里克•利希（Patrick Leehey）对这一推导的贡献），将无限大均匀流体中绝热声场的波动方程写成

$$\nabla^2\rho_a - \frac{1}{c_0^2}\frac{\partial^2\rho_a}{\partial t^2} = \frac{\sigma(\boldsymbol{y},t)}{c_0^2} \tag{2.50}$$

式中：$\sigma(\boldsymbol{y},t)$ 为式（2.48）或式（2.49）的源项，指定在图 2-7 所示的控制体积 V 中包含的体积 V_0 上。点 $\boldsymbol{x}$ 被认为是被一个小表面 S_x，而点 $\boldsymbol{y}$ 坐落的地方为区域内的 V，其被表面 $\boldsymbol{\Sigma}$ 包围。定义为 $v(x,y,z,t) = \rho_a(x,y,z,t-r/c_0)$ 的函数，其中 $r = |\boldsymbol{x}-\boldsymbol{y}|$，可以表示为[11]满足方程：

$$\nabla^2 v + \frac{2r}{c_0}\left\{\frac{\partial}{\partial y_i}\left(\frac{r_i}{r^2}\frac{\partial v}{\partial t}\right)\right\} + \frac{\sigma(\boldsymbol{y},t-r/c_0)}{c_0^2} = 0 \tag{2.51}$$

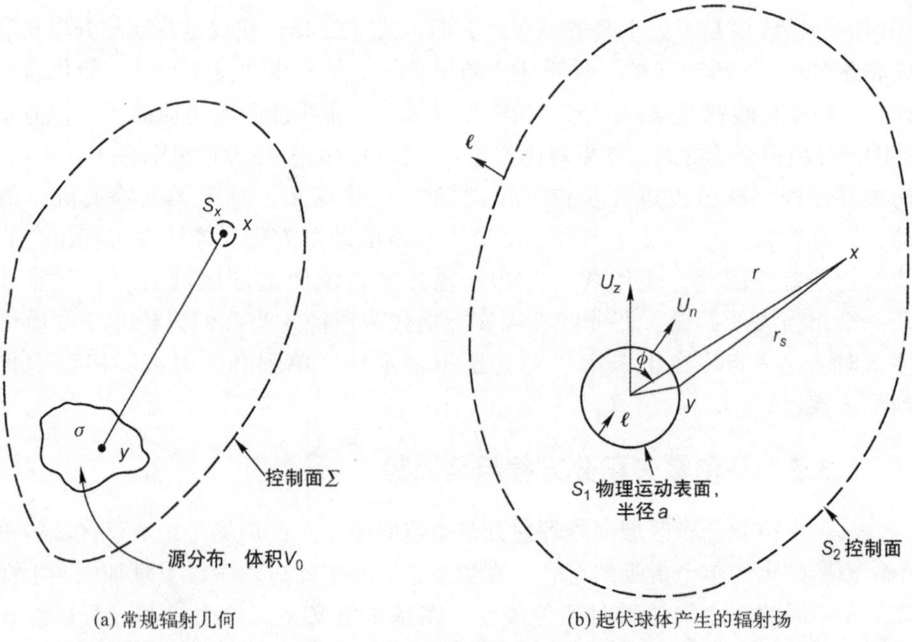

图 2-7　源区和感兴趣的领域周围的控制体示意图

将式（2.51）代入式（2.50），且与 $1/r$ 相乘，并对包含在曲面 $\boldsymbol{\Sigma}$ 内的整个控制体积进行积分

$$
\iiint_V \frac{1}{r}\nabla^2 v \mathrm{d}V(\boldsymbol{y}) + \frac{2}{c_0}\iiint_V \frac{\partial}{\partial y_i}\left[\frac{r_i}{r^2}\frac{\partial v}{\partial t}\right]\mathrm{d}V(\boldsymbol{y}) +
$$

$$
\frac{1}{c_0^2}\iiint_V \frac{\sigma(\boldsymbol{y},t-r/c_0)}{r}\mathrm{d}V(\boldsymbol{y}) = 0
$$

由格林公式可得

$$
\iiint_V \left\{\frac{1}{r}\nabla^2 v - v\nabla^2\left(\frac{1}{r}\right)\right\}\mathrm{d}V(\boldsymbol{y}) = \iint_{\Sigma+s_x}\left\{\frac{1}{r}\frac{\partial v}{\partial n} - v\frac{\partial}{\partial n}\left(\frac{1}{r}\right)\right\}\mathrm{d}S(\boldsymbol{y})
$$

因此，结合式（2.51）可得

$$
\iiint_V \left\{\frac{1}{r}\nabla^2 v - v\nabla^2\left(\frac{1}{r}\right)\right\}\mathrm{d}V(\boldsymbol{y}) = \iint_{\Sigma+s_x}\left\{\frac{1}{r}\frac{\partial v}{\partial n} - v\frac{\partial}{\partial n}\left(\frac{1}{r}\right)\right\}\mathrm{d}S(\boldsymbol{y})
$$

$$
= \frac{-1}{c_0^2}\iiint_V \frac{\sigma\left(x,y,z,t-\dfrac{r}{c_0}\right)}{r}\mathrm{d}V(\boldsymbol{y}) - \frac{2}{c_0}\iint_{\Sigma+s_x} n_i\frac{r_i}{r^2}\left(\frac{\partial v}{\partial t}\right)\mathrm{d}S(\boldsymbol{y})
$$

曲面积分包括所有曲面。如果 $\boldsymbol{x}$ 位于外接曲面 $\boldsymbol{\Sigma}$ 内，且该点被半径为消失半径的曲面 s_x 所包围，那么

$$
\iint_{s_x} v\frac{\partial}{\partial n}\left(\frac{1}{r}\right)\mathrm{d}S(\boldsymbol{y}) = v(\boldsymbol{x})\lim_{r\to 0}\iint_{\Omega}\frac{\partial}{\partial n}\left(\frac{1}{r}\right)r^2\mathrm{d}\Omega
$$

$$
= 4\pi v(\boldsymbol{x})
$$

但是，如果 x 不在 s_x 内部，则

$$
\iint_{s_x} v\frac{\partial}{\partial n}\left(\frac{1}{r}\right)\mathrm{d}S(\boldsymbol{y}) \equiv 0
$$

因此，可以得到

$$
4\pi v(\boldsymbol{x}) = \frac{1}{c_0^2}\iiint_V \frac{\sigma(\boldsymbol{y},t-r/c_0)}{r}\mathrm{d}V(\boldsymbol{y}) +
$$

$$
\iint_{\Sigma}\left\{\frac{2}{c_0}\frac{1}{r}\frac{\partial r}{\partial n}\left(\frac{\partial v}{\partial t}\right) + \frac{1}{r}\frac{\partial v}{\partial n} - v\frac{\partial}{\partial n}\left(\frac{1}{r}\right)\right\}\mathrm{d}S(\boldsymbol{y})
$$

x 在外接曲面内

$$
0 = \frac{1}{c_0^2}\iiint_V \frac{\sigma\left(\boldsymbol{y},t-\dfrac{r}{c_0}\right)}{r}\mathrm{d}V(\boldsymbol{y})
$$

$$
+ \iint_{\Sigma}\left\{\frac{2}{c_0}\frac{1}{r}\frac{\partial r}{\partial n}\left(\frac{\partial v}{\partial t}\right) + \frac{1}{r}\frac{\partial v}{\partial n} - v\frac{\partial}{\partial n}\left(\frac{1}{r}\right)\right\}\mathrm{d}S(\boldsymbol{y})
$$

x 在外接曲面外只考虑 x 在于 $\boldsymbol{\Sigma}$，有 $v(\boldsymbol{x},t)=\rho_{\mathrm{a}}(\boldsymbol{x},t)$，还有

$$\frac{\partial v}{\partial n}=\frac{\partial}{\partial n}\left[\rho_{\mathrm{a}}\left(\boldsymbol{y},t-\frac{r}{c_0}\right)\right]=\left[\frac{\partial \rho_a}{\partial n}\right]-\frac{1}{c_0}\frac{\partial r}{\partial n}\left[\frac{\partial \rho_a}{\partial t}\right]$$

方括号表示函数在延迟时间 t 处取值 $t-r/c_0$，即 $[f]=f(t-r/c_0)$。现在使用这个函数会产生瞬时密度涨落，即

$$4\pi\rho_{\mathrm{a}}(\boldsymbol{x},t)=\frac{1}{c_0^2}\iiint\frac{[\sigma(\boldsymbol{y})]}{r}\mathrm{d}V(\boldsymbol{y})+\iint_{\Sigma}\left\{\frac{1}{c_0 r}\frac{\partial r}{\partial n}\left[\frac{\partial \rho_{\mathrm{a}}}{\partial t}\right]-[\rho_{\mathrm{a}}]\frac{\partial(1/r)}{\partial n}+\frac{1}{r}\left[\frac{\partial \rho_{\mathrm{a}}}{\partial n}\right]\right\}\mathrm{d}S(\boldsymbol{y}) \tag{2.52}$$

这就是波动流体密度的基尔霍夫方程。所有连续的表面进行积分被称为体积度量，后续会介绍体积 V_0；在 V_0 之外假定声源密度消失。除非其他表面存在，边界 Σ 可以无限扩展远离 V_0 和 $\boldsymbol{x}$，使得曲面积分逐渐消失。值得注意的是，如果扰动开始于 $t=t_0$，在距离 $\rho_{\mathrm{a}}(t-r/c_0)$ 及其衍生物恒等消失的源很远的地方，可以选择适当的表面 Σ。这个条件辐射条件相等。因此，瞬时密度涨落由体积积分给出，即

$$4\pi\rho_{\mathrm{a}}(\boldsymbol{x},t)=\frac{1}{c_0^2}\iiint\frac{[\sigma(y)]}{r}\mathrm{d}V(\boldsymbol{y}) \tag{2.53}$$

如果源体积 V_0 是有限的，那么根据经典的球形扩展定律，表明 $\rho_{\mathrm{a}}(\boldsymbol{x},t)\sim 1/r$ 离 V_0 足够远。

现在，通过对式（2.46）、式（2.50）、式（2.53）的比较。由 Lighthill 波动方程得到的基尔霍夫公式为

$$4\pi[\rho(\boldsymbol{x},t)-\rho_0]=\frac{1}{c_0^2}\iiint_{V_0}\frac{1}{r}\left[\frac{\partial^2 \boldsymbol{T}_{ij}}{\partial y_i\,\partial y_j}\right]\mathrm{d}V(\boldsymbol{y}) \tag{2.54}$$

当 $c_0^2(\rho(\boldsymbol{x},t)-\rho_0=p_{\mathrm{a}}(x,t))$，在式（2.6）的假定条件下没有不稳定的大规模注入体积。如前所述，被积函数中的括号表示使用了延迟时间。被积函数包括所需的延迟或相位效应导致了复杂源区域的多极特性，因此这个方程是本节的中心结果。

式（2.46）、式（2.49）和式（2.54）中的源项涉及两个空间梯度。现在从 2.1.2 节中可以看到，四极辐射来自两个空间流体梯度，见式（2.37 b）。Lighthill 的源项因此被解释为具有四极的性质。此外，源项由引起应力张量 $\boldsymbol{T}_{ij}$ 的相关流体速度确定。从物理角度来看，这些局部应力为直线应力或侧向应力，如图 2-5 所示。因此，压缩应力 $\boldsymbol{T}_{ii}$，$\boldsymbol{T}_{jj}$，$\boldsymbol{T}_{kk}$ 代表纵向四极，而剪应力 $\boldsymbol{T}_{ij}(i\neq k)$ 代表横向四极。

在 2.4.2 节中对偶极场的研究中，注意到式（2.54）目前的形式是很难评估的，因为源函数既包括声延迟效应，也包括空间梯度。当光源处于自由空

间（即不被反射面包围）时，可修改该方程以分离空间梯度和延迟效应。为了做到这一点，我们重新整理式（2.54），当不存在固体表面时，来自有限区域的源的辐射声强得到准许进行估计。如后续章节所述，这一估计仍将取决于湍流源的适当统计表示。考虑以下延迟函数$[F]=F(\boldsymbol{y},t-r/c_0)$及其导数，因此

$$\frac{\partial}{\partial y_i}\left(\frac{1}{|x-y|}\right)=-\frac{(x-y)_i}{|\boldsymbol{x}-\boldsymbol{y}|^3} \tag{2.55a}$$

那么

$$\frac{\partial}{\partial x_i}\iiint\frac{F_i\left(\boldsymbol{y},t-\dfrac{r}{c_0}\right)}{r}\mathrm{d}V(\boldsymbol{y})=\iiint\left\{\left[\frac{\partial F_i}{\partial t}\right]\left(\frac{-1}{c_0}\right)\frac{r_i}{r^2}-\frac{[F_i]}{r^2}\frac{r_i}{r}\right\}\mathrm{d}\boldsymbol{V}(\boldsymbol{y}) \tag{2.55b}$$

和

$$\iiint\frac{\partial}{\partial y_i}\left[\frac{F_i}{r}\right]\mathrm{d}V(\boldsymbol{y})$$
$$=\iiint\left[\frac{\partial F_i}{\partial y_i}\right]\frac{\mathrm{d}V(\boldsymbol{y})}{r}\mathrm{d}V(y)+\iiint\left\{\left[\frac{\partial F_i}{\partial t}\right]\frac{1}{c_0}\frac{r_i}{r^2}+\frac{[F_i]}{r^2}\frac{r_i}{r}\right\}\mathrm{d}V(\boldsymbol{y})$$

所以有

$$\iiint\frac{\partial}{\partial y_i}\left[\frac{F_i}{r}\right]\mathrm{d}V(\boldsymbol{y})=\iiint\left[\frac{\partial F_i}{\partial y_i}\right]\frac{\mathrm{d}V(\boldsymbol{y})}{r}-\frac{\partial}{\partial y_i}\iiint\frac{F_i}{r}\mathrm{d}V(\boldsymbol{y}) \tag{2.55c}$$

高斯定理证明了这一点，即

$$\iiint\frac{\partial}{\partial y_i}\left[\frac{F_i}{r}\right]\mathrm{d}V(\boldsymbol{y})=\iint_{\Sigma}n_i\frac{F}{r}\mathrm{d}S(\boldsymbol{y})$$

式中：n_i为从控制体积向外垂直于表面$\boldsymbol{\Sigma}$的单位。因为这个表面可以任意选择一个离震源足够远的距离r_Σ，向外传播的波还没有达到$r_\Sigma>c_0t$，我们可以让曲面积分等于零。这样就有了恒等式（在自由空间中，没有反射表面）：

$$\iiint\left[\frac{\partial F_i}{\partial y_i}\right]\frac{\mathrm{d}V(\boldsymbol{y})}{r}=\frac{\partial}{\partial y_i}\iiint\left[\frac{F_i}{r}\right]\mathrm{d}V(\boldsymbol{y}) \tag{2.56}$$

这个关系是导致式（2.27）运算的正式数学表述，它将在本书的其他推导中得到频繁应用。回想一下，对于两个相位相反的紧密距离源的远保持辐射的表达式，以及涉及单一简单源辐射表达式的梯度。同样地，通过这些操作的反复应用，可得

$$4\pi(\rho(\boldsymbol{x},t)-\rho_0)=\frac{1}{c_0}\frac{\partial^2}{\partial x_i\,\partial x_j}\iiint_{V_0}\frac{[T_{ij}]}{r}\mathrm{d}V(\boldsymbol{y}) \tag{2.57}$$

作为一种替代形式的 Lighthill 方程只适用于当没有被表面 Σ 封闭的固体表面时。读者现在应该比较一下式（2.37b）和式（2.57）对于两个空间梯度的存在。进一步假设源体积的最大线性维数相对于范围 r 较小，且相对于 c_0 源关于接收器的速度较慢，若$\partial^2\overline{\boldsymbol{T}}_{ij}/\partial t^2=0$,则式（2.56）中的导数可得

$$4\pi(\rho(\boldsymbol{x},t)-\rho_0)=\frac{1}{c_0^4}\iiint_{V_0}\frac{(x_i-y_i)(x_j-y_j)}{r^3}\left[\frac{\partial^2 T_{ij}}{\partial t^2}\right]\mathrm{d}V(\boldsymbol{y})$$

$$=\frac{1}{c_0^4}\frac{x_ix_j}{r^3}\iiint_{V_0}\left[\frac{\partial^2\boldsymbol{T}_{ij}}{\partial t^2}\right]\mathrm{d}V(\boldsymbol{y}) \tag{2.58}$$

与 r^{-1}阶项相比，r^{-3}阶项的近场项被忽略了。

2.3.3　自由湍流紧致区声辐射

本主题将在第 3 章“剪切层不稳定性、单频音射流噪声”中得到详细讨论，但在这里我们使用式（2.58）启发式地发展某些类似的一般规则，这些规则控制来自小区域亚声速湍流的声功率。对这种性质的第一次处理是由 Proudman[21] 提出的。虽然下面的推导不够严密，但它阐释了声学理论与统计湍流理论的结合。这一发展进一步说明了流四极的经典量纲分析。

时间平均强度为（式（2.6）和式（2.15））

$$I(\boldsymbol{x})=\frac{c_0}{\rho_0}\overline{(\rho-\rho_0)^2}$$

或者，使用式（2.57），得

$$I(\boldsymbol{x})=\frac{1}{(4\pi)^2\rho_0c_0^5}\left(\frac{x_ix_j}{r^3}\right)\left(\frac{x_kx_j}{r^3}\right)\times$$
$$\iiint_{V_0}\cdot\iiint_{V_0}\left\{\overline{\frac{\partial^2\boldsymbol{\tau}'_{ij}(y_1,t-r_1/c_0)}{\partial t^2}\frac{\partial^2\boldsymbol{T}'_{kl}(y_2,t-r_2/c_0)}{\partial t^2}}\right\}\mathrm{d}V(\boldsymbol{y}_1)\mathrm{d}V(\boldsymbol{y}_2) \tag{2.59}$$

其中

$$\boldsymbol{T}'_{ij}=\boldsymbol{T}_{ij}-\overline{\boldsymbol{T}}_{ij}$$

为了使体积积分收敛，$\boldsymbol{T}'_{ij}$必须至少与$|y|^{-3}$和$|y|\to\infty$一样快（参见 Crow[22]）。括号中的项为缓变应力张量的空间协方差，缓变应力张量是位置向量 $\boldsymbol{y}_1$ 和 $\boldsymbol{y}_2$ 的函数。对这两个向量的积分延伸到源体积 V_0上。应力张量的协方差包括形式的速度波动的乘积：

$$\overline{\left[\frac{\partial^2\boldsymbol{T}'_{ij}}{\partial t^2}\right]\left[\frac{\partial^2\boldsymbol{T}'_{kl}}{\partial t^2}\right]}=\overline{\left[\frac{\partial^2}{\partial t^2}(\rho u_iu_j)_{y=y_1}\right]\left[\frac{\partial^2}{\partial t^2}(\rho u_ku_l)_{y=y_2}\right]}$$

在$(\rho u_i u_j)=\rho u_i u_j-\rho_0\overline{u_j u_i}$我们使用了式（2.49）中引入的源项。

我们将在以后的章节中把协方差函数的特殊形式的数学结果纳入考虑范畴。然而，现在我们要发展一些适用于紊流的一般概念。假设干扰是一组典型相关性长度为 Λ 的旋涡集合不规则运动的结果。这个长度解释为流量中两个速度传感器的限制分离，以至于与每个信号的时间平均值相比，来自传感器的信号乘积的时间平均值可以忽略不计。比如，可以这样说，在体积 V_0 内的两个点 i 和 k 方向的速度是 $u_i(\boldsymbol{y}_1,t)$ 和 $u_k(\boldsymbol{y}_2,t)$，与 $\boldsymbol{y}_2=\boldsymbol{y}_1+\boldsymbol{\xi}$

$$\overline{u_i^2(y_1,t)}\approx\overline{u_k^2(y_1+\Lambda,t)}\gg\overline{u_i(y_1,t)u_k(y_1+\Lambda,t+\tau_r)}\tag{2.60}$$

即意味着广场的独立信号的协方差超过信号 $\xi_i\geqslant\Lambda_i$。在这个方程中，τ_r表示延迟时间$(r_2-r_1)/c_0$的差值。对于小的分离 $\xi\ll\Lambda$，协方差接近分离信号的根均方的乘积，即

$$\lim_{|\xi|\to 0}\left[\overline{u_i(\boldsymbol{y}_1,t)u_k(\boldsymbol{y}_1+\xi,t+\tau_r)}\right]\approx\left[\overline{u_i^2(\boldsymbol{y}_1,t)u_k^2(\boldsymbol{y}_1+\xi,t)}\right]^{\frac{1}{2}}\tag{2.61}$$

u_i和 u_k的协方差是 ξ 连续函数。现在，假设湍流斑以恒定的速度 U_c 平移，该速度在整个 V_0中是均匀的（但马赫数仍然是极小的）。在此假设下，根据公式 $x-U_c t=$常数，个别涡流局部以波状方式平移。因此，测量时间变化的方法为

$$\frac{\partial}{\partial t}\sim\frac{U_c}{\Lambda}$$

现在，进一步假设$\overline{u_i^2}\sim U_c^2$，也就是 $U_c\ll c_0$，所有空间时间的统计特征尺度在 Λ 和 U_c 上。在这些简化条件下，可以将式（2.59）写成参数化地依赖于流动特性，即

$$\boldsymbol{I}(\boldsymbol{x})\sim\frac{1}{(4\pi)^2\rho_0 c_0^5}\frac{1}{r^2}\left(\frac{U_c}{\Lambda}\right)^4(\rho_0 U_c^2)^2\Lambda^3 V_0\tag{2.62}$$

这个结果直接遵循式（2.60），其中包含表示法

$$\overline{\boldsymbol{T}'_{ij}\left(y_1,t-\frac{|x-y_1|}{c_0}\right)\boldsymbol{T}'_{kl}\left(y_1+\xi,t-\frac{|\xi|}{c_0}\right)}\sim\rho_0^2\overline{u_k^2u_k^2}R(\boldsymbol{y},\boldsymbol{\xi})\tag{2.63}$$

式中：$R(\boldsymbol{y},\boldsymbol{\xi})$为应力张量波动的相关函数，分离变量 $\boldsymbol{\xi}$ 决定推迟时间延迟的大小。根据定义 $R(\boldsymbol{y},0)\equiv 1$ 和$\lim_{L\to\infty}R(\boldsymbol{y},\boldsymbol{L})\approx 0$。最后，在 $\boldsymbol{\xi}$ 上的集成包括了集成的滞后效应。

$$\iiint\overline{\frac{\partial^2}{\partial t^2}(\boldsymbol{T}_{ij})_1\frac{\partial^2}{\partial t^2}(\boldsymbol{T}_{kl})_2}\mathrm{d}V(\boldsymbol{\xi})\sim\rho_0^2\left(\frac{U_c}{\Lambda}\right)^4\overline{u_i^2}\,\overline{u_k^2}\iiint R(\boldsymbol{y},\boldsymbol{\xi})\mathrm{d}V(\boldsymbol{\xi})$$

$$\sim\rho_0^2\left(\frac{U_c}{\Lambda}\right)^4\overline{u_i^2u_k^2}\Lambda^3$$

该参数表达式不包括声速；它假设只要旋涡相关性长度 Λ 和特征长度尺

度 V_0 远小于一个声波波长，U_c 远小于声波传播速度，综合相关的价值只取决于 Λ。将式（2.62）重新排列为

$$\boldsymbol{I}(\boldsymbol{x}) \sim \frac{1}{(4\pi)^2}\rho_0 \frac{U_c^8}{c_0^5}\frac{V_0}{\Lambda r^2} \tag{2.64}$$

为了强调自由对流湍流的声强，作为自由四极体的分布随对流速度的 8 次幂而增加，并与湍流的声致密体积大小成线性比例。回顾推导式（2.58）的过程可以发现，在声源紧致理论中，两个空间梯度的存在导致了声强中 c_0^{-4} 的依赖性。因此，马赫数的高指数是由源项的双梯度引起的。

这个基本结果给出了常引用的 8 次幂速度依赖于自由湍流辐射功率。式（2.64）是一个非常简化的关系，它给出了一些适用于自由射流和尾流噪声的可变依赖关系。第 3 章“剪切层不稳定、单频音、射流噪声”将考虑一些更精确的理论，来说明相关函数 $R(\boldsymbol{y},\boldsymbol{\xi})$ 的显式形式，湍流对流对辐射效率和运动扩展的影响。

2.4　壁面对流致噪声的影响

必须强调的是，上一节给出的来自流体应力波动限制区域的声辐射表达式仅适用于未把反射边界纳入考虑范畴内的情况。当边界存在且其表面阻抗不等于流体的表面阻抗时，它不但能够通过引起声反射从而在物理上改变声场，而且也可能扰乱局部的流动，造成表面压力，作为辐射的偶极。这类情况的数学基础是由 Curle[23] 和 Powell[24] 提出的。

2.4.1　Lighthill 方程的科尔改进

在我们的讨论中已经为考虑这些影响做出了规定。式（2.52）是一个通用公式，只要观测点 $\boldsymbol{x}$ 保持在控制面内的某个位置，我们指定声学介质为 Σ，如图 2-7（a）所示。继续假设所有流体速度都是低马赫数。

Σ 不必远离干扰尚未抵达的源头地区 $r_\Sigma = c_0 t$。这是我们以前在 Σ 上条件上的一种放松，它允许从控制体积中的一些表面反射。式（2.52）表达了声学密度波动源区域的体积积分+曲面积分 Σ 密度的波动。若积分表面与物理边界重合，则积分表面可以体现反射的影响。现在改写流体中密度波动公式（2.52）为

$$4\pi(\rho(\boldsymbol{x},t) - \rho_0) = \frac{1}{c_0^2}\iiint_V \left[\frac{\partial^2 \boldsymbol{T}_{ij}}{\partial y_i\,\partial y_j}\right]\frac{\mathrm{d}V(\boldsymbol{y})}{r}$$

$$+\iint_{\Sigma}\left\{\frac{1}{c_0 r}\frac{\partial r}{\partial n}\left[\frac{\partial\rho}{\partial t}\right]-[\rho]\frac{\partial\left(\frac{1}{r}\right)}{\partial n}+\frac{1}{r}\left[\frac{\partial\rho}{\partial n}\right]\right\}\mathrm{d}S(\boldsymbol{y}) \tag{2.65}$$

重新引入控制体积 V 并明确表示源项。由于周围介质密度 ρ_0 的所有导数都必然为 0，我们可以交替使用 ρ_a 和 ρ。设 $\boldsymbol{\Sigma}$ 为同时包含 V_0 和观测点 $\boldsymbol{x}$ 的任何封闭区域，将散度定理应用到给定的体积积分式（2.55a）-（c）中。我们得

$$\iiint_V\left[\frac{\partial^2\boldsymbol{T}_{ij}}{\partial y_i\,\partial y_j}\right]\frac{\mathrm{d}V(\boldsymbol{y})}{r}=\frac{\partial^2}{\partial x_i\,\partial x_j}\iiint_{V_0}\frac{[T_{ij}]}{r}\mathrm{d}V(\boldsymbol{y})+$$
$$\iint_{\Sigma}l_i\left[\frac{\partial\boldsymbol{T}_{ij}}{\partial y_j}\right]\frac{\mathrm{d}S(\boldsymbol{y})}{r}+\frac{\partial}{\partial x_i}\iint_{\Sigma}l_i[\boldsymbol{T}_{ij}]\frac{\mathrm{d}S(\boldsymbol{y})}{r} \tag{2.66}$$

其中，表面 $\boldsymbol{\Sigma}$ 包括物理表面和控制体积边界表面，并且在 V 内，如果 V_0 就只有一部分区域 $\boldsymbol{T}_{ij}\neq 0$。方向余弦是垂直于指向控制体积外的表面单位。

将式（2.66）代入式（2.65），得

$$4\pi(\rho(\boldsymbol{x},t)-\rho_0)=\frac{1}{c_0^2}\frac{\partial^2}{\partial x_i\,\partial x_j}\iiint_{V_0}\frac{[\boldsymbol{T}_{ij}]}{r}\mathrm{d}V(\boldsymbol{y})+$$
$$\frac{1}{c_0^2}\iint_{\Sigma}\frac{l_i}{r}\left[\frac{\partial}{\partial y_i}(\boldsymbol{T}_{ij}+\rho c_0^2\delta_{ij})\right]\mathrm{d}S(\boldsymbol{y})+$$
$$\frac{1}{c_0^2}\frac{\partial}{\partial x_i}\iint_{\Sigma}\frac{l_i}{r}[\boldsymbol{T}_{ij}+\rho c_0^2\delta_{ij}]\mathrm{d}S(\boldsymbol{y}) \tag{2.67}$$

由于式（2.65）中的曲面积分可以改写为（$\partial r/\partial y_i=-\partial r/x_i$）

$$\iint_{\Sigma}\left\{\frac{l_i}{c_0 r}\frac{\partial r}{\partial y_i}\left[\frac{\partial\rho}{\partial t}\right]-l_i[\rho]\frac{\partial(1/r)}{\partial y_i}+\frac{l_i}{r}\left[\frac{\partial\rho}{\partial y_i}\right]\right\}\mathrm{d}S(\boldsymbol{y})$$
$$=\iint_{\Sigma}\left\{\frac{-l_i}{c_0 r}\frac{\partial r}{\partial y_i}\left[\frac{\partial\rho}{\partial t}\right]+l_i[\rho]\frac{\partial(1/r)}{\partial x_i}+\frac{l_i}{r}\left[\frac{\partial\rho}{\partial y_i}\right]\right\}\mathrm{d}S(\boldsymbol{y})$$
$$=\iint_{\Sigma}l_i\left\{\frac{\partial}{\partial x_i}\left(\frac{1}{r}[\rho]\right)+\frac{1}{r}\left[\frac{\partial\rho}{\partial y_i}\right]\right\}\mathrm{d}S(\boldsymbol{y})$$
$$=\iint_{\Sigma}l_i\left\{\frac{\partial}{\partial x_i}\left(\frac{1}{r}[\rho\delta_{ij}]\right)+\frac{1}{r}\left[\frac{\partial\rho\delta_{ij}}{\partial y_i}\right]\right\}\mathrm{d}S(\boldsymbol{y}) \tag{2.68}$$

现在，由于 Lighthill 的应力张量由式（2.47）给出，通过代入式（2.67）得

$$4\pi c_0^2(\rho(\boldsymbol{x},t)-\rho_0)=\frac{\partial^2}{\partial x_i\,\partial x_j}\iiint_V\frac{[\boldsymbol{\tau}_{ij}]}{r}\mathrm{d}V(\boldsymbol{y})+$$
$$\iint_{\Sigma}\frac{l_i}{r}\left[\frac{\partial}{\partial y_i}(\rho u_i u_j-\boldsymbol{\tau}'_{ij}+p\delta_{ij})\right]\mathrm{d}S(\boldsymbol{y})+$$

$$\frac{\partial}{\partial x_i}\iint_{\Sigma}\frac{l_i}{r}[\rho u_i u_j - \boldsymbol{\tau}'_{ij} + p\delta_{ij}]\mathrm{d}S(\boldsymbol{y}) \tag{2.69}$$

这就是 Curle[23] 的结果。式（2.69）指出，声压直接辐射自四极体的体积分布加上存在于任何表面上的运动和应力的贡献。表面效应可以解释为偶极的分布，因为可以通过比较表面积分和式（2.29）中的偶极模型来推导得出。我们再次看到，导致式（2.37b）的运算，即自由空间格林函数在源中心之间矢量方向上的梯度的确定，是对式（2.69）中曲面积分运算的一种极限形式。这些积分提供的贡献与流体在表面上的合力成正比。

动量定理，式（2.41）改写为

$$l_i\frac{\partial}{\partial y_i}[\rho u_i u_j - \boldsymbol{\tau}'_{ij} + p\delta_{ij}] = -l_i\frac{\partial(\rho u_i)}{\partial t} \tag{2.70}$$

用于改变式（2.69）第一次曲面积分中的被积函数。因此

$$4\pi c_0^2(\rho(\boldsymbol{x},t) - \rho_0) = \frac{\partial^2}{\partial x_i\,\partial x_j}\iiint_V\frac{[\boldsymbol{\tau}_{ij}]}{r}\mathrm{d}V(\boldsymbol{y}) - \iint_{\Sigma}\frac{l_i}{r}\left[\frac{\partial(\rho u_i)}{\partial t}\right]\mathrm{d}S(\boldsymbol{y}) +$$

$$\frac{\partial}{\partial x_i}\iint_{\Sigma}\frac{l_i}{r}[\rho u_i u_j - \boldsymbol{\tau}'_{ij} + p\delta_{ij}]\mathrm{d}S(\boldsymbol{y}) \tag{2.71}$$

第二偶极子项是物体表面在垂直于其表面方向上的加速度的贡献。

因此，声压是三个贡献的结果：来自湍流领域的辐射，由于瞬时连续表面运动的辐射（包括相位抵消），来自作用于该区域的力量分布的辐射。式（2.71）也可以直接从式（2.53）推导出来，但是源项表示单极子、偶极和四极子源的叠加。等效的非齐次波动方程可写成式（2.6）。

$$\frac{1}{c_0^2}\frac{\partial^2 p_{\mathrm{a}}}{\partial t^2} - \nabla^2 p_{\mathrm{a}} = +\frac{\partial q}{\partial t} - \frac{\partial F_i}{\partial y_i} + \frac{\partial^2 \boldsymbol{T}_{ij}}{\partial y_i \partial y_j} \tag{2.72}$$

式中：q 为单位体积质量注入速率；F_i 为单位体积力矢量的第 i 个垂直于 i 的分量；$\boldsymbol{T}_{ij}$ 为应力张量。在使用式（2.72）时，q 表示所有的质量通量和作用于区域的所有力的 F_i 指示。在上面的积分形式中，F_i 包含所有的 $l_j(\rho u_i u_j + \boldsymbol{T}'_{ij} + p\delta_{ij})$。正如我们将在下文中看到的，Curle 的结果和式（2.72）在描述流诱导噪声性质时的有效性，尤其在所讨论的表面比声波波长小得多的情况下实现；$\partial F_i/\partial y_i$ 表示单位体积局部相互作用力作用于体表流体的散度。

2.4.2　科尔方程的说明1：集中式流体动力产生的声辐射

我们在此考虑声压紧刚体的远场，在其上施加一个已知的随时间变化的表面压力场。这一压力场的结果是施加一个随时间变化的集中力在流体上。图2-7（b）

的几何图形适用于这个问题，除了现在 S_1 是一个刚性表面 $u_i l_i = u_n = 0$。我们可以设想表面压力场是由表面周围的流动产生的，假设表面是稳定的，在 S_1 上产生一个稳定的动态压力。对于封闭刚性表面，如果忽略黏性表面应力 $\boldsymbol{\tau}'_{ij}$ 和雷诺应力在尾流中的贡献，式（2.71）简化为

$$4\pi c_0^2(\rho(\boldsymbol{x},t) - \rho_0) = \frac{\partial}{\partial x_j}\iint_{S_1} l_i p\left(\boldsymbol{y}, t - \frac{r}{c_0}\right)\frac{\mathrm{d}S(\boldsymbol{y})}{r} \tag{2.73a}$$

后一种简化在第 4 章"圆柱偶极声"中做了更详细的考虑。

对于尺寸远小于声波波长的任何表面，式（2.73）经简化，得到声压波动如下：

$$4\pi c_0^2(\rho(\boldsymbol{x},t) - \rho_0) = -\frac{\partial}{\partial x_i}\left[\frac{F_i}{r}\right] \tag{2.73b}$$

参见 1916 年版参考文献［45］中由于 Lamb 的结果。

式（2.6）和式（2.55a）扩展为

$$4\pi p_{\mathrm{a}}(\boldsymbol{x},t) = \frac{1}{c_0}\frac{x_i}{r^2}\left[\frac{\partial F_i}{\partial t}\right] \tag{2.74}$$

当集中力所产生的辐射压力在流体上燃烧时。注意，压力是在力的方向上产生的，因为 $x_i = r\cos\phi$。其中，ϕ 是从力的方向测得的角度，如图 2-2（c）所示。

在力为简谐函数的特殊情况下，有

$$[F_i(t)] = F_i \mathrm{e}^{-\mathrm{i}\omega(t - r/c_0)}$$

和

$$\frac{\partial F_i(t)}{\partial t} = -\mathrm{i}\omega F_i \mathrm{e}^{-\mathrm{i}\omega(t - r/c_0)}$$

使远场中的简谐声压具有标准偶极形式，即

$$p_{\mathrm{a}}(\boldsymbol{x},t) = -\mathrm{i}k_0 F_i \frac{x_i}{r}\frac{\mathrm{e}^{-\mathrm{i}\omega(t - r/c_0)}}{4\pi r} \tag{2.75}$$

式（2.74）和式（2.75）是紧凑源的经典空气动力学偶极声的等效形式，我们有理由在本书中多次使用它们。这些结果的应用局限于对力场 F_i 的精确认识以及低频率，以至于辐射器的空间范围小于声波波长的 1/4。

注意，我们可以通过用集中的力梯度替换式（2.50）来得到这个结果，即

$$\nabla^2 p_{\mathrm{a}} - \frac{1}{c_0^2}\frac{\partial^2 p_{\mathrm{a}}}{\partial t^2} = \frac{\partial F_i(t)}{\partial y_i}\delta(\boldsymbol{y} - y_0)$$

将式（2.53）和式（2.56）合并，直接得到式（2.74），这个结果也可以由式（2.72）推导出来。

2.4.3　科尔方程的说明 2：脉动球源产生的声辐射

半径为球面谐波的远场辐射以非常低的频率，使得 $\omega a/c_0 \ll 1$ 受式（2.71）中的两项支配。在无黏性流体的情况下，有

$$4\pi c_0^2(\rho(\boldsymbol{x},t-\rho_0)) = -\iint_{\Sigma} \frac{l_i}{r_s}\left[\frac{\partial(\rho u_i)}{\partial t}\right] dS(\boldsymbol{y}) + \frac{\partial}{\partial x_i}\iint_{\Sigma} \frac{l_i}{r_s}[p]\, dS(\boldsymbol{y})$$

第一个积分是由于图 2-7（b）所示的直接运动，第二个积分是由于球体周围的局部压力场由流体对振动的反应。这一项以与上面描述的相同方式计算，现在所需要的是将流体上的力与表面运动联系起来。如图 2-2（b）所示，球面中心沿 z 轴运动

$$U_z(t) = U_z e^{-i\omega t}$$

对于这样的低频振荡和低振幅的 $U_z/c_0 \ll 1$，因为运动只产生弱雷诺应力，所以四极项被忽略了。因此，第一个曲面项的贡献为

$$\begin{aligned} 4\pi p_{a_u}(\boldsymbol{x},t) &= -\iint_{S_1} \frac{l_i}{r_s}\left[\rho_0 \frac{\partial u_i(\boldsymbol{y},t)}{\partial t}\right] dS(\boldsymbol{y}) \\ &= +\iint_{S_1} \frac{1}{r_s}\left[\rho_0 \frac{\partial u_n(\boldsymbol{y},t)}{\partial t}\right] dS(y) \\ &= -\iint_{S_1} \frac{i\omega\rho_0 U_z \cos\phi(\boldsymbol{y})}{r_s} e^{-i\omega(t-r_s/c_0)}\, dS(\boldsymbol{y}) \end{aligned}$$

从 $l_i U_i = u_n'$ 波动速度是正常的表面，并指向流体。指向流体的表面法线是 $U_n = -u_n'$。延迟效应用 $r \ll a$ 近似为

$$r_s \approx r - a\cos(\phi - \phi(\boldsymbol{y}))$$

这样指数就变成了

$$e^{-i\omega\left(t-\frac{r_s}{c_0}\right)} \approx e^{-i\omega\left(t-\frac{r}{c_0}\right)}[1 - ik_0 a\cos(\phi-\phi(\boldsymbol{y}))] \tag{2.76}$$

式中：ϕ 为位置向量 $\boldsymbol{x}$ 与运动方向的夹角；$\phi(\boldsymbol{y})$ 是用 $\boldsymbol{y}$ 生成的角。这允许写入声压：

$$p_{a_u}(\boldsymbol{x},t) = \frac{-\rho_0 c_0 k_0^2 a^3 U_z}{4\pi r}\cos\phi\, e^{-i(\omega t - k_0 r)}\, 2\pi\int_0^{\pi} \cos^2\phi(y)\sin\phi(y)\, d\phi(y)$$

$$p_{a_u}(x,t) = \frac{-1}{3}\rho_0 c_0 k_0^2 U_z a^3 \cos\phi\, \frac{e^{-i(\omega t - k_0 r)}}{r}$$

从第二个表面积分获得的反作用力 p_{a_p} 是从式（2.73）写的。简谐运动提

供简谐力 f_2 在液体输送上：

$$4\pi p_{a_p}(\boldsymbol{x},t) = -\mathrm{i}k_0 f_2 \cos\phi \, \frac{\mathrm{e}^{-\mathrm{i}(\omega t-k_0 r)}}{r}$$

夹带流体的附加质量为

$$m_{\mathrm{a}} = \frac{2}{3}\rho_0 \pi a^3$$

由于球体是声学致密的，流体阻抗 $Z_\tau = Z_2$ 在式（2.33）之前主要是大体积的。

力 (f'_2) 在球体上的作用是相应的，有

$$(f'_2) = -\mathrm{i}\omega\left(\frac{2}{3}\rho_0 \pi a^3\right) U_z$$

所以从 $f_2 = -f'_2$ 开始有

$$p_{a_p}(\boldsymbol{x},t) = -\frac{1}{6}\rho_0 c_0 k_0^2 U_z a^3 \cos\phi \, \frac{\mathrm{e}^{-\mathrm{i}(\omega t-k_0 r)}}{r}$$

从起伏球体发出的净辐射声压是两种贡献之和，即 $P_{\mathrm{a}} = P_{\mathrm{a}_u} + P_{\mathrm{a}_{p'}}$，则

$$p_{\mathrm{a}}(\boldsymbol{x},t) = -\frac{1}{2}\rho_0 c_0 k_0^2 U_z a^3 \cos\phi \, \frac{\mathrm{e}^{-\mathrm{i}(\omega t-k_0 r)}}{r}$$

这个结果与 2.2 节中得到的结果相同；比较式（2.32）以 k 为界限 $k_0 a \to 0$ 和 $k_0 r \to \infty$ 。

需要注意的是，如果忽略了延迟效应，那么产生的表面积分涉及 U_z 会完全为零。因此，偶极辐射作为球体运动的二阶效应出现；这是方程级数展开的数学结果式（2.73a）和物理后果，即由于表面周围的声学延迟，球体对极处的过剩压力和吸力不会瞬间抵消。

2.4.4　Powell 反射定理

在图 2-8 中，我们指定边界表面与源区域接触；我们已经分割了 Σ，如图 2-8（b）所示。现在，我们对 Σ 完成解剖：

$$\sum = S_0 + S_1 + S_2$$

式中：S_2 是感兴趣区域的控制表面，S_1 是一个阻抗边界，可以反射声音，并与 S_2 相交远离 V_0；S_0 与扰动区域相邻，但不一定具有与 S_1 相同的阻抗。就像我们之前选择 S_2 一样，需要离 V_0 足够远，且这种干扰尚未达到 S_2。从 $\boldsymbol{T}_{ij} = 0$ 外，它在 S_1 上消失了但不是在 S_0 上。因此，使用式（2.57）和式（2.70），式（2.69）可以写为（从 $l_i u_i = l_n u_n = u_n$ 开始）

$$4\pi p_a(\boldsymbol{x},l)=\frac{\partial^2}{\partial y_i\,\partial y_j}\iiint_{V_0}\frac{[\boldsymbol{T}_{ij}]}{r}\mathrm{d}V(\boldsymbol{y})-\iint_{S_0}\frac{l_n}{r}\left[\rho\frac{\partial u_n}{\partial t}\right]\mathrm{d}S(\boldsymbol{y})+\frac{\partial}{\partial x_i}\iint_{S_0}\frac{1}{r}[\rho u_i u-\boldsymbol{\tau}'_{in}+p\delta_{in}]\mathrm{d}S(\boldsymbol{y})-\iint_{S_1}\frac{l_n}{r}\left[\rho\frac{\partial u_n}{\partial t}\right]\mathrm{d}S(\boldsymbol{y})+\frac{\partial}{\partial x_i}\iint_{S_1}\frac{l_i}{r}[p_a(\boldsymbol{y},t)]\mathrm{d}S(\boldsymbol{y})\tag{2.77}$$

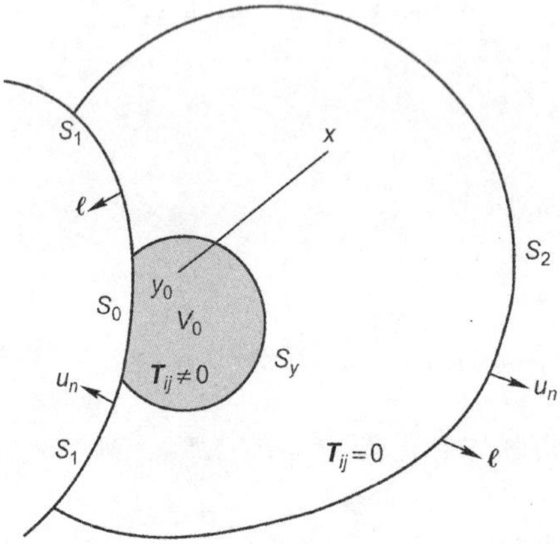

(a) 包括与流体扰动区域相邻表面的简单边界

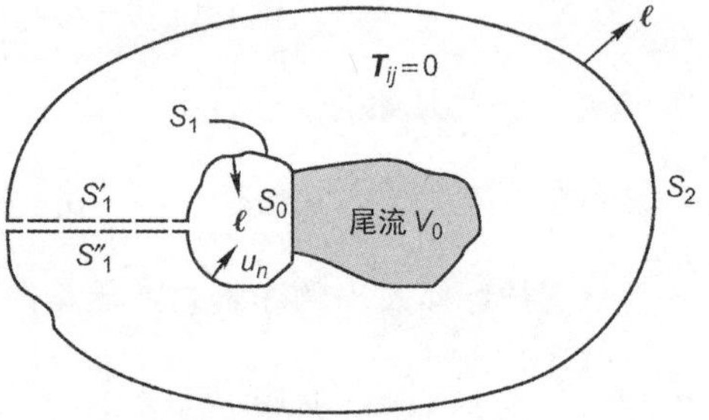

(b) 物理封闭反射体附近的流体应力区

图 2-8　用于说明 Powell 分析表面对辐射影响分析的表面几何形状

式（2-17）实际上只是对式（2.71）的重述，强调相邻边界的多重影响。

式（2.77）的这个积分关系最初由 Powell[24] 推导得出，是 Curle[23] 结果的延伸，它强调与湍流应力区域相邻边界的影响。结果是综合性的，它包括了对流体区域的所有声学和水动力效应。虽然结果适用于任何形状的边界，但在后面的章节中会对看到式（2.77）的评估。并非微不足道，即在第 2 卷第 3 章“阵列与结构对壁湍流和随机噪声的响应”中，这一积分关系将进一步研究应用于湍流边界层噪声。当湍流区域包围一个物理体时，如图 2-8（b）所示，物体的表面由 S_0 以及 S_1 的一部分组成，它延伸在消失厚度的条带的两侧，连接到控制表面 S_2。显然，连接表面 S_1' 和 S_1'' 的贡献必须取消。这种分析情况法可适用于流动中物体后面的尾流所产生的噪声。在与源体积相邻的边界上，与表面垂直方向的加速度产生一个贡献 $\partial u_n/\partial t$。另一个贡献来自表面的分布应力，即 $l_j[\rho u_i u_j-\boldsymbol{T}'_{ij}+p\delta_{ij}]=\rho u_i u_n-\boldsymbol{T}'_{in}+p\delta_{in}$。流体压力波动既包括流体动力贡献，也包括声学贡献，它们与地表的法向应力有关。黏性应力 $\boldsymbol{T}'_{ij}$ 和雷诺应力 $\rho u_i u_j$ 涉及正常运动和表面梯度的辐射，来自相邻表面 S_1 的贡献包括该表面的正常

运动以及声压 P_a 的散射。

另一种情况可能出现在表面 S_1' 和 S_1'' 与楔形体的物理边界重合上。在这种情况下，表面 S_1+S_0 在（图 2-8）中，减少到楔形顶点处的一个点，湍流区域可以位于楔形表面附近。这一问题包括关于尖顶的声衍射，这将在第 2 卷第 5 章“无空化升力部分”中进一步讨论。

由 V_0 构成的情况与平面边界相邻，适用于边界层诱导噪声。Powell[24] 考虑了这一问题，其结果对大曲率半径边界附近的任何流动区域都有重要的综合意义。

Powell 问题的例子如图 2-9 所示，平面 S_0+S_1 将真实流体区域与其虚拟图像分离，用素数表示。该图像系统是为了解释边界 S_0+S_1。图像应力系统 $\boldsymbol{T}_{ij}'$ 受到表面 $S_0'+S_1'+S_2'$ 包围，$\boldsymbol{x}$ 点外的声场恒等消失。表面平面上的速度波动由 u_s 指定。利用式（2.77）得

$$
\begin{aligned}
0 = {} & \frac{\partial^2}{\partial x_i' \, \partial x_j'} \iiint_{V_0'} \frac{[\boldsymbol{T}_{ij}']}{r'} \mathrm{d}V(\boldsymbol{y}') - \\
& \iint_{S_0'} \frac{l_n'}{r} \left[\rho' \frac{\partial_{u_n'}}{\partial t} \right] \mathrm{d}S(\boldsymbol{y}') + \frac{\partial}{\partial x_j} \iint_{S_0'} \frac{1}{r'} [\rho u_i' u_n' - \tau_{in}' + p' \delta_{in}] \mathrm{d}S(\boldsymbol{y}') - \\
& \iint_{S_1'} \frac{l_n'}{r} \left[\rho' \frac{\partial_{u_n'}}{\partial t} \right] \mathrm{d}S(\boldsymbol{y}') + \frac{\partial}{\partial x_j} \iint_{S_1'} \frac{l_i'}{r'} [\rho_a'(y', t)] \mathrm{d}S(\boldsymbol{y}')
\end{aligned}
\tag{2.78}
$$

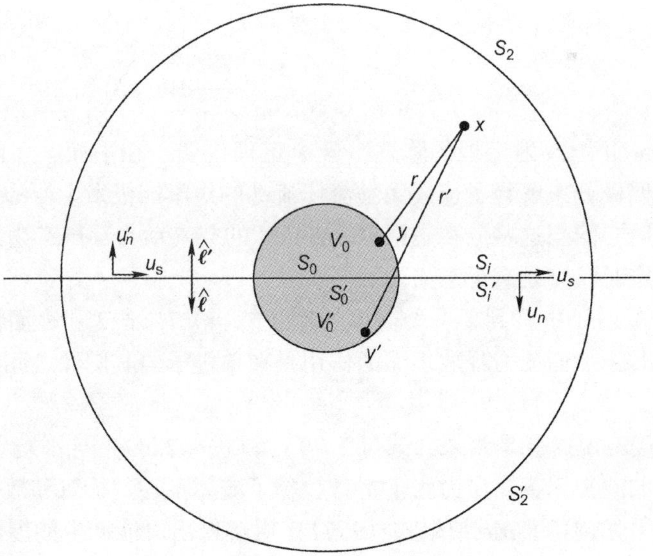

图 2-9　Powell 反射定理的说明

将式（2.78）添加到式（2.77）中。在边界和体积 V_0+V_0' 有

$$l=-l',\quad u_n=-u'_n,\quad u_s=u'_s$$

$$p=p',\quad \frac{\partial}{\partial y_n}=-\frac{\partial}{\partial y'_n}$$

但是

$$l_n u_n=l'_n u'_n$$

所以得

$$\frac{\partial}{\partial x_i}\int_S[\rho u_i u_n-\tau'_{in}]\frac{\mathrm{d}S(\boldsymbol{y})}{r}=\frac{\partial}{\partial x_i}\int_{S'}[\rho u'_i u'_n-(\tau'_{in})']\frac{\mathrm{d}S(\boldsymbol{y}')}{r},\quad i\neq j$$

和

$$\frac{\partial}{\partial x_n}\int_S[\rho u_n^2-\tau'_{nn}+p]\frac{\mathrm{d}S(\boldsymbol{y})}{r}=-\frac{\partial}{\partial x_n}\int_{S'}[\rho u_n^2-,\tau'_{nn},+,p]'\frac{\mathrm{d}S(\boldsymbol{y})}{r'}$$

所以

$$\begin{aligned}4\pi p_{\mathrm{a}}(\boldsymbol{x},t)=&\frac{\partial^2}{\partial x_i\,\partial x_j}\iiint_{V_0+V_0'}\frac{[\boldsymbol{T}_{ij}]}{r}\mathrm{d}V_0(\boldsymbol{y})-\\&\iint_{S_0}\frac{2}{r}\left[\rho\frac{\partial u_n}{\partial t}\right]\mathrm{d}S(\boldsymbol{y})-\iint_{S_1}\frac{2}{r}\left[\rho\frac{\partial u_n}{\partial t}\right]\mathrm{d}S(\boldsymbol{y})+\\&\frac{\partial}{\partial x_s}\iint_{S_0}\frac{2}{r}[\rho u_s u_n-\tau'_{sn}]\mathrm{d}S(\boldsymbol{y})\end{aligned}\tag{2.79}$$

当表面 S_1+S_0 刚性光滑，且流体处于黏性 T'_{sn} 时，我们得出一个简单的结果：

$$4\pi p_{\mathrm{a}}(x,t)=\frac{\partial^2}{\partial x_i\,\partial x_j}\iiint_{V_0+V_0'}\frac{[\boldsymbol{T}_i]}{r}\mathrm{d}V_0(\boldsymbol{y})\tag{2.80}$$

这是 Powell[24] 反射定理的陈述。这个定理说明：在平面、无限和刚性表面上的压力偶极分布解释了连续无黏流体流动的声学四极发生器的体积分布在该表面的反射，而当这些分布是根据 Lighthill 的空气动力噪声产生及其自然延伸的概念确定时，则是毫无意义的。

我们在图 2-4 中看到了一个简单的例子。当 $k_0H<\pi/2$ 和表面没有引入任何其他来源时，平面压力释放表面的作用是在单极子与其图像之间引入破坏性干扰。

Powell 接着说这就是结果，式（2.79）和式（2.80）与平均流动的马赫数以及声音的波长无关。应力张量本身解释了流体不均匀折射和散射的所有影响。上述结果强调了 Curle 结果式（2.71）所解释出可能产生的混乱。表面与湍流区域相邻，会产生三个物理上不同的声源。显然，与声波波长相比，连续表面较大时，无论表面是否可能对湍流引起的应力做出反应，情况都并非

如此。

在一般情况下，式（2.79）将在表面平面上定向分离偶极的重要性，其强度被平面加倍。例如，Ffowcs Williams[26]将非刚性、平面、均匀边界上的流源区域的情况纳入注意事项内容中，来考虑非常软边界的简单情况和方程之间的差异。取式（2.77）和式（2.78），即

$$4\pi p_{\mathrm{a}}(\boldsymbol{x},t)=\frac{\partial}{\partial x_i\,\partial x_j}\iiint_{V_0}\frac{[\boldsymbol{T}_{ij}]}{r}\mathrm{d}V_0(\boldsymbol{y})+\frac{\partial}{\partial x_n}\iint_{S_0}\frac{2}{r}[\rho u_n^2-\boldsymbol{\tau}'_{nn}+p]\mathrm{d}S(\boldsymbol{y})+\frac{\partial}{\partial x_n}\iint_{S_1}\frac{2}{r}[p]\mathrm{d}S(\boldsymbol{y}) \tag{2.81}$$

如果表面太软，不能保持正常应力，那么 $p=0$（即压力释放）在 S_0上。表面 S_1 Ffowcs Williams 离源区域的距离足够远，其积分就会消失。然后，声场由主源场对其负图像的干扰组成，除了增加涉及诱导表面运动的术语外（如上文所述）。这个术语 Ffowcs Williams 推测是二阶的。对于阻抗介于硬和软之间的更复杂的边界，Ffowcs Williams 表明，这种效果仍然只是通过添加主波场来修改声场，这是由 V_0上的积分给出的反射波以及 V_0上的积分给出的。因此，适合于表面阻抗的反射系数会导致相移，但不会共振。因此，在任何平面均匀表面上的湍流流动所产生的声音基本上是四极或更高的阶，辐射的物理机制没有改变，除非剪切应力偶极的可能贡献。这含义广泛，因为增强声场所需的是表面阻抗（散射体）的不均匀或表面应力的不均匀。由于构成来源扰动的程度和阶段的基本（有时是微妙的）不平衡，所以对于任何实际的流动表面相互作用来说，式（2.81）的应用必须从仔细考虑第一原则开始，以便精准识别正确的单极偶极四极类似物。这些影响将在第 2 卷第 3 章“阵列与结构对壁湍流和随机噪声的响应”中得到更详细的讨论。

式（2.80）和式（2.81）提出了成像多极源的一个有趣方面。考虑应力层在与表面正常方向上的厚度比声波波长小得多。然后，见图 2-5 所示，使用理想化的横向和纵向四极，很容易看出刚性表面会引起横向四极的破坏性干扰（称为八极），但纵向四极的声音加倍。相反，在软边界附近的四极源是正确的。类似地，我们可以推断出替代的增强物在硬表面或软表面附近的偶极。因此，在式（2.81）中体积积分不会抵消，但某些取向的多极，并非其他不同取向的多极，可能会因表面反射率而增强。

2.5　声源运动对流致噪声的影响

前面的讨论研究了源的声场和相对于观察者而言静止表面的平均位置。然而，大量的应用都涉及了源的平移或对流，主要例子包括：

（1）“古丁”的声音，见参考文献［27］，螺旋桨干净、无黏且稳定流动，其中空气动力负荷压力的运动，是稳定的和固定的旋转叶片，但是相对一个遥远的固定观察者旋转，见第2卷第6章“旋转机械噪声”。

（2）在射流噪声中，相对于观察者而言，声源通过射流中的局部平均流动进行卷积，见第3章“剪切层不稳定性、单频音、射流噪声”。

（3）固定在相对于固定位置观测器运动表面上的湍流源的运动。

（4）移动叶片的体积位移引起的空气膨胀引发了旋转速率高的螺旋桨产生厚度噪声。

多亏了众所周知的多普勒，源的运动得以放大来影响声音的传播，这一课题非常复杂，且会影响源的机制。在本节中，我们将讨论运动的一些基本特征，并举例说明一些例子，以便读者能够粗略预测它的影响。Howe[12]、Goldstein[28]、Glegg 和 Devenport[29]提供了该理论更详细的推导，也许是对源运动影响最一般的处理，以及形成1968年以后研究起点的是 Ffowcs Williams 和 Hawkings[30]，他们对 Lowson[31]第一次系统处理进行了扩展。Dowling[32]和 Crighton 等[33]提供了有用的例子，能够清晰地区分声源强度和传播特性之间的关联。

在最初和最普遍的背景下[30]理论解释了源不是刚性的，可能不受流动的影响，并且相对于观察者来说也不是稳定的运动。相反，Lighthill-Curle 理论（如式（2.72）和式（2.81））适用于对观察者而言是静止的且可能是刚性的物体。Ffows Williams-Hawkings 方程为

$$4\pi c_0^2(\rho(\boldsymbol{x},t)-\rho_0)=\frac{\partial}{\partial x_i\,\partial x_j}\iiint_{V_0}\frac{[\boldsymbol{T}_{ij}]}{r}\mathrm{d}V_0(\boldsymbol{\eta})+\frac{\partial}{\partial x_i}\iint_{S_0}\frac{1}{r|1-\mathrm{M}_r|}[\rho u_i(u_j-u_j)-\boldsymbol{T}'_{ij}+p\delta_{ij}]n_j\mathrm{d}S(\boldsymbol{\eta})-\frac{\partial}{\partial t}\iint_{S_1}\frac{2}{r|1-\mathrm{M}_r|}[pu_j]n_j\mathrm{d}S(\boldsymbol{\eta}) \tag{2.82}$$

其中，相对于运动体的大小而言，假设运动的振幅较小，并且环境流体密度是恒定的。同样，［ ］表示在延迟时间内计算函数 $\tau=t-r(x,t)/c_0$，变量 η 表示与物体固定的运动坐标系，假定物体的中心以速度 $c_0\boldsymbol{M}$ 平移，坐标

$\boldsymbol{y}(\tau)=\boldsymbol{y}(t)-\boldsymbol{U}(r(\boldsymbol{x},t)/c_0)\boldsymbol{y}(\tau)=\boldsymbol{y}(t)-\boldsymbol{M}r(\boldsymbol{x},t)$ 是源的初始位置；$\boldsymbol{y}(t)$是源在观察者时间的位置 t；第三项是源在从源到观察者的传播时间发生的位置变化 $r(x,t)/c_0$。图 2-10 显示了几何形状。向观测器方向投影的马赫数与亚声速 $M_r=M\cos\theta$。

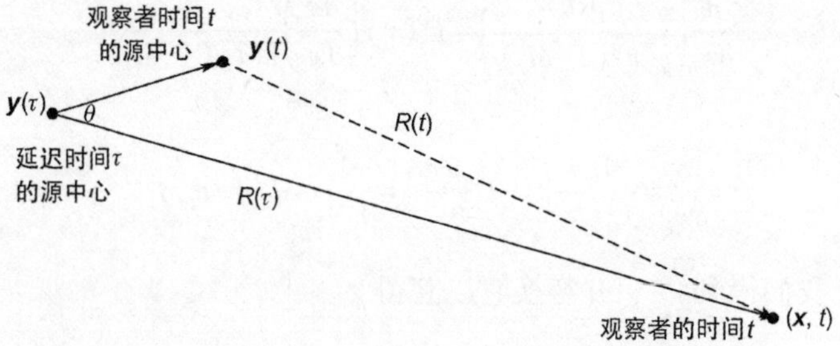

图 2-10　用于描述移动源-观察器几何形状的坐标系

因此，积分是在表面 S_0上和体积 V_0 上，附着在移动的物体上。当物体表面是刚性时，移动公式为

$$\begin{aligned}4\pi c_0^2(\rho(\boldsymbol{x},t)-\rho_0)=&\frac{\partial}{\partial x_i\,\partial x_j}\iiint_{V_0}\frac{[\boldsymbol{T}_{ij}]}{r|1-\mathrm{M}_r|}\mathrm{d}V_0(\boldsymbol{\eta})+\\&\frac{\partial}{\partial x_i}\iint_{S_0}\left[\frac{1}{r|1-M_r|}(p\delta_{ij}-\boldsymbol{\tau}'_{ij})\right]n_j\mathrm{d}S(\boldsymbol{\eta})-\\&\frac{\partial}{\partial t}\iint_{S_1}\left[\frac{2}{r|1-M_r|}pu_j\right]n_j\mathrm{d}S(\boldsymbol{\eta})\end{aligned}\tag{2.83}$$

这些关系是运动的相关模拟。式（2.69）和式（2.71）纳入多普勒因子，我们认为 $1-M_r$是“刚体”运动的一种效应，不同于运动可能对源的强度产生任何影响。这些效应增加了观察者领域的复杂性，如参考文献［12，30，32］中的例子所示。上述方程中的每个分量项都包括积分前面的导数，这些导数在进行积分时会引起多普勒因子的额外功率。提供一个例子的一些细节是有用的，这个例子就是偶极项，设$[p\delta_{ij}-\boldsymbol{\tau}'_{ij}]l_j=F_i(t)\delta(\boldsymbol{y}(t)-\boldsymbol{\eta}(t))$是一个紧力偶极：

$$4\pi c_0^2(\rho(\boldsymbol{x},t)-\rho_0)=\frac{\partial}{\partial x_i}\iint_{S_0}\frac{F_i(\tau=t-|\boldsymbol{x}-\boldsymbol{y}(\tau)|/c_0)\delta(\boldsymbol{\eta}-\boldsymbol{y}(\tau))}{|\boldsymbol{x}-\boldsymbol{y}(\tau=t-|\boldsymbol{x}-\boldsymbol{y}(\tau)|/c_0)\|1-\mathrm{M}_r|}n_j\mathrm{d}S(\boldsymbol{\eta})$$

或者，设 $\tau=t-|\boldsymbol{x}-\boldsymbol{y}(\tau)|/c_0$和 $r(t)=|\boldsymbol{x}-\boldsymbol{y}(\tau)|$，可以用更压缩的形式写为

$$4\pi c_0^2(\rho(\boldsymbol{x},t)-\rho_0)=\frac{\partial}{\partial x_i}\left(\frac{F_i(\tau)}{r(t)(1-\mathrm{M}_r)}\right)$$

并展开关于 x_i的导数，得

$$\frac{\partial}{\partial x_j}\left(\frac{F_i(\tau)}{r(t)(1-M_r)}\right)=\frac{\partial F_i}{\partial \tau}\frac{\partial \tau}{\partial x_i}\frac{1}{r(t)(1-M_r)}-F_i\left(\frac{1}{r^2}\frac{\partial(r(1-M_r))}{\partial x_i}\right)$$

右边的第二项将消失，假设观察者在远场，并且源的运动相对于观察者是稳定的。这就留下了扩展到的第一项：

$$\frac{\partial}{\partial x_i}\left(\frac{F_i(\tau)}{r(t)(1-M_r)}\right)=F_i(\tau)\left(\frac{\partial \tau}{\partial x_i}\right)\frac{1}{r(t)(1-M_r)}$$

但是

$$\frac{\partial \tau}{\partial x_i}=\frac{-1}{c_0}\frac{r_i}{r}\left(1-U_i\frac{\partial \tau}{\partial x_i}\right)=\frac{-1}{c_0}\cos\theta_i(1-c_0M_r)$$

关于重排，我们得到$\dfrac{\partial \tau}{\partial x_i}$，并替换它以获得

$$\frac{\partial}{\partial x_i}\left(\frac{F_i(\tau)}{r(t)(1-M_r)}\right)=F_i(\tau)\left(\frac{-\cos\theta_i}{c_0(1-M_r)}\right)\frac{1}{r(t)(1-M_r)}$$

给出期望的结果：

$$4\pi c_0^2(\rho(\boldsymbol{x},t)-\rho_0)=\frac{\boldsymbol{F}\left(t-\dfrac{r}{c_0}\right)\cdot \boldsymbol{r}}{c_0r^2(1-M_r)^2} \tag{2.84}$$

在远场，$r\to\infty$。

对于一个紧凑的对流四极杆，我们应用关于 i 和 j 的导数来获得

$$4\pi c_0^2(\rho(\boldsymbol{x},t)-\rho_0)=\frac{r_ir_j}{r^3}\frac{1}{c_0^2}\iint_V\int\frac{\partial^2\boldsymbol{T}_{ij}\left(y,\tau=t-\dfrac{r}{c_0}\right)}{\partial t^2}\frac{\mathrm{d}V(\boldsymbol{y})}{(1-M_r)^3} \tag{2.85}$$

在远场，$r\to\infty$。这两个表达式都可以在参考文献［12］中找到类似的推导。式（2.84）和式（2.85）适用于对于远场中的观察者做非加速运动中的紧凑源，假设该运动不影响源特性。这些假设与通常对湍流源所做的假设相同，其中静止和运动中源的湍流是相同的，并且源的相关体积很小。

其他简单的对流源项，源分布和强度不受源对流的影响，产生了类似的多普勒因子逆功率，表征了有序流动声压与无序流动声压比值

$$\frac{\{p_a(\boldsymbol{x},t)\}_M}{\{p_a(\boldsymbol{x},t)\}_{M=0}}\sim\frac{1}{(1-M_r)^n} \tag{2.86}$$

其中，对于这个基本理论，对于一个弯曲的脉动偶极 n 是 2，对于一个弯曲的四极 n 是 3 [12]。这些结果忽略了源和添加附加源的平均流之间的任何潜在的场相互作用。

更复杂但概念上简单的基准例子是由 Dowling 给出的精确解[32-33]，他已经

检查了声学致密的球体在体积呼吸脉冲或起伏刚体振荡中产生的声音，每个都有一个亚声速的径向表面速度。在呼吸模式振荡的情况下，传播效应出现为多普勒因子 $|1-M_r|^{-3}$ 加上一个新的偶极源，其强度与马赫数和脉冲球的夹带惯性成正比。结果说明了这些来源

$$4\pi c_0^2(\rho(\boldsymbol{x},t)-\rho_0)\sim\frac{\rho_0[\ddot{V}]}{(|1-M\cos\theta|)^3}\left\{1+\frac{x_i}{r}\alpha \mathrm{M}\right\}+O(\mathrm{M}^2)$$

$$=\frac{\rho_0[\ddot{V}]}{r(1-M\cos\theta)^{7/2}}+O(M^2) \tag{2.87}$$

式中：$[\ddot{V}]$ 为球体的延迟时间体积加速度，如式（2.24a）、式（2.24b）和 $\alpha=1/2$ 是与运动流中球体振荡的位移体积有关的夹带质量系数。

Dowling[32] 的第二个例子是刚体升沉振荡中的平移球，我们在 2.1.3.2 节和 2.4.2 节中作为固定源进行了研究。这种类型的稳定移动源的场是两个偶极分量的和：

$$4\pi c_0^2(\rho(\boldsymbol{x},t)-\rho_0)=\frac{\rho_0 V_0[\ddot{U}_r](1+\alpha)\cos\theta}{c_0 r}\left\{\frac{1}{|1-M\cos\theta|^4}-\frac{\alpha}{1+\alpha}M\right\} \tag{2.88}$$

因子 $\alpha=1/2$（见 2.4.2 节）是添加的质量系数。括号外的术语是固定源的字段，式（2.32）和括号内的术语是源的运动效应。括号中的第一项模拟方程给出的对流放大式（2.84），但多普勒因子被提升到第四幂。第二项没有指向性，与马赫数成比例增加。这两种结果都指定了源运动，但没有指定运动框架中的偶极强度，显示了比指定偶极强度时更强的多普勒效应。

在本节的开头列举了一些例子，包括第 3 章“剪切层不稳定性、单频音、射流噪声”，其结果类似于式（2.85）及第 2 卷第 6 章“旋转机械噪声”中的厚度噪声和“古丁”声音[27]。这些例子也将纳入后续章节的考虑范畴内。同时，正如这几个例子所表明的，对流的放大效应可以取决于源的具体情况，但是却没有一个结果适用于所有情况。因此，当源对流的影响可能成为相关的，而不考虑细节，通过一个粗略的数量级指标就可以推断出修正的稳定卷积四极，这也是典型的亚声速射流噪声 $n=3$，如图 2-11 所示。超过选定的角度和马赫数范围时，其他影响（如折射）将进一步改变振级。然而，图 2-11 给出了对流何时可能重要或可能不重要的指示。可以看到，在马赫数高于约 0.125 时，在 45°以内，可以观察到超过 3dB 的效应。

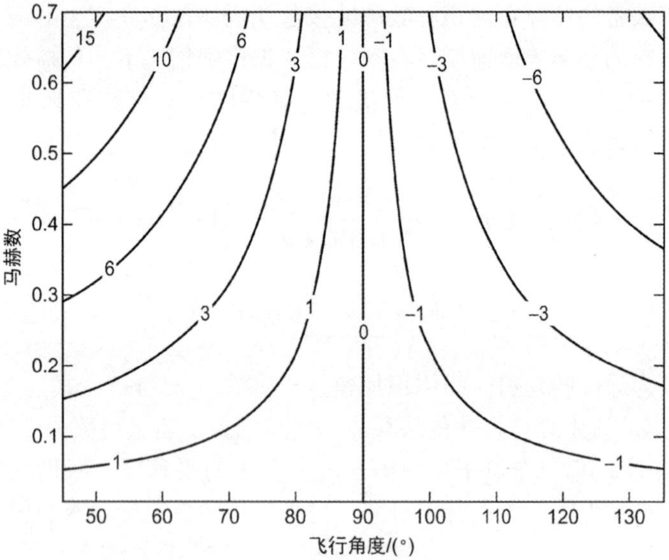

图 2-11　多普勒因子 $-20\log|1-M\cos\theta|^3$ 对于 ±45° 之间的角度正常飞行方向

2.6　Powell 涡声理论

2.6.1　基本含义

涡流运动区域作为声源的形成是对湍流噪声物理理解的一个重要步骤。

然而，考虑声压力作为雷诺应力的体积积分，对产生噪声的涡旋动力学的细节启示却不大。Lighthill 似乎受到激励，根据湍流源区域的统计特征来对声音强度进行描述。使用可被测量的速度相关性和长度尺度所取代的表示是有必要的。此外，将源场的声学特征识别为四极分布，并建立涡流对流对声压影响的子量，都是旨在了解射流噪声的观测声学方面。

另外，Powell[34] 对引起噪声的流动结构的空气动力（水动力）方面感兴趣，他希望了解涡流运动的哪些特性实际上产生噪声。从这个角度来看，Powell 考察了涡旋运动与声音产生之间的联系，确定了流动中涡的形成是产生噪声的基本机制，也是本分析的结果。

2.6.2　涡动力源声波方程推导

在我们的讨论中，首先将得出 Powell[32] 形式的源术语，然后再讨论其物理意义。和以前一样，我们认为流体运动是等熵的。Powell 使用了著名的向量恒等式：

$$\begin{aligned}\nabla\left(\frac{1}{2}u^2\right) &= u_j\frac{\partial u_i}{\partial x_j}-\left[\left(\frac{\partial u_k}{\partial x_i}-\frac{\partial u_i}{\partial x_k}\right)u_k-\left(\frac{\partial u_j}{\partial x_i}-\frac{\partial u_i}{\partial x_j}\right)u_j\right]\\ &= (\boldsymbol{u}\cdot\nabla)\boldsymbol{u}-(\nabla\times\boldsymbol{u})\times\boldsymbol{u}\\ &= (\boldsymbol{u}\cdot\nabla)\boldsymbol{u}-\omega\times\boldsymbol{u}\end{aligned}\tag{2.89}$$

还有

$$\nabla^2 u_i-\frac{\partial}{\partial x_i}\left(\frac{\partial u_j}{\partial x_j}\right)=-\frac{\partial}{\partial x_j}\left(\frac{\partial u_j}{\partial x_i}-\frac{\partial u_i}{\partial x_j}\right)-\frac{\partial}{\partial x_k}\left(\frac{\partial u_k}{\partial x_i}-\frac{\partial u_j}{\partial x_k}\right)\tag{2.90}$$

或者

$$-\nabla^2\boldsymbol{u}+\nabla(\nabla\cdot\boldsymbol{u})=\nabla\times(\nabla\times\boldsymbol{u})$$

速度$\nabla\times\boldsymbol{u}$ 的旋度是速度矢量 $\boldsymbol{\omega}$。用这些关系式将连续性和动量方程转换为

$$\frac{\partial\rho}{\partial t}+(\boldsymbol{u}\cdot\nabla)\rho+\rho\,\nabla\cdot\boldsymbol{u}=0\tag{2.91}$$

还有

$$\rho\,\frac{\partial\boldsymbol{u}}{\partial t}+\rho(\boldsymbol{\omega}\times\boldsymbol{u})+\nabla\left(\frac{\rho u^2}{2}\right)=-\nabla\,p\tag{2.92}$$

矢量符号和张量符号都已显示出来，以使读者从一个符号容易过渡到另一个符号。在下面，我们将自由地使用向量表示法，以便压缩处理旋度运算的表达式。式（2.91）和式（2.92）的组合可以与 2.2 节相同的方式执行，以获得密度的波动方程：

$$\frac{\partial^2\rho}{\partial t^2}-c_0^2\nabla^2\rho=\nabla\cdot\left\{\rho(\boldsymbol{\omega}\times\boldsymbol{u})+\nabla\left(\rho\,\frac{u^2}{2}\right)-\boldsymbol{u}\,\frac{\partial\rho}{\partial t}-\frac{u^2}{2}\nabla\,p+\nabla(p-\rho c_0^2)\right\}\tag{2.93}$$

这个方程类似于 Lighthill 式（2.46），$\dot{q}=0$，其中发散项与 Lighthill 的源项相同。除了忽略黏性应力张量 $\boldsymbol{\tau}$ 外，它也是精确的 $\boldsymbol{\tau}'_{ij}$，但上述表示暴露了涡度变化对辐射密度波动的影响。这个术语 $\boldsymbol{\omega}\times\boldsymbol{u}$ 包含了由于由施加的速度 $\boldsymbol{u}$ 拉伸涡旋细丝。术语 $\boldsymbol{u}\partial\rho/\partial t$ 是由密度扰动的局部对流引起的贡献，当$|\boldsymbol{u}|\ll c_0$ 时，一般为二阶。术语$\nabla(p+\rho u^2/2)$包括水动力和声压。在源区内，如果流动是完全不旋转的，即到处都是 $\boldsymbol{\omega}=0$，则源区水动力压力的伯努利方程为

$$\frac{p}{\rho}+\frac{u^2}{2}+\frac{\partial\phi_h}{\partial t}=\text{常数}\tag{2.94}$$

式中：φ_h 为流体势。因此

$$\nabla\left(\frac{p}{\rho}+\frac{u^2}{2}\right)=-\frac{\partial}{\partial t}\nabla\,\phi_h$$

由于$\nabla^2\phi_h=0$仅对于不可旋转的不可压缩流动，这一项只有在$\boldsymbol{\omega}=0$时才能被合理地忽略。关于声压，我们注意到当$c_0^2\gg u^2/2$（在大多数情况下，涉及低马赫数的流动）声压完全平衡ρc_0^2。因此，式（2.93）现在可以只写一阶项：

$$\nabla^2 p_a-\frac{1}{c_0^2}\frac{\partial^2 p_a}{\partial t^2}=-\nabla\cdot\left\{\rho(\boldsymbol{\omega}\times\boldsymbol{u})+\nabla\left(p-c_0^2\rho+\rho\frac{u^2}{2}\right)\right\} \tag{2.95}$$

给出声压的波动方程。式（2.95）应与式（2.46）（附$P_a=(\rho-\rho_a)c_0^2$和$q=0$）进行比较；它本质上是由 Powell 导出的，在精确性方面，它偏离了 Lighthill 对黏性应力的忽视，$\boldsymbol{\tau}'_{ij}$以及$u\ll c_0$的术语。类似形式的式（2.93）和式（2.95）随后由 Howe[35]导出，用于非等熵流中较一般的卷积源情况；它是通过结合连续性、动量和热力学第一定律的方程并重新定义焓来导出的声学变量：

$$B=\int\frac{\mathrm{d}p}{\rho}+\frac{1}{2}u^2$$

以获得

$$\left\{\frac{D}{Dt}\left(\frac{1}{c_0^2}\frac{D}{Dt}\right)+\frac{1}{c_0^2}\frac{D\boldsymbol{u}}{Dt}\cdot\nabla-\nabla^2\right\}B=\nabla\cdot\{\boldsymbol{\omega}\times\boldsymbol{u}-T\nabla S\}-$$
$$\frac{1}{c_0^2}\frac{D\boldsymbol{u}}{Dt}\cdot\{\boldsymbol{\omega}\times\boldsymbol{u}-T\nabla S\}+\frac{D}{Dt}\left(\frac{T}{c_0^2}\frac{DS}{Dt}\right)+\frac{\partial}{\partial t}\left(c_p\frac{DS}{Dt}\right)$$

在这个方程中，$D/Dt=\partial/\partial t+\boldsymbol{u}\cdot\nabla$，$S$是熵，$C_p$是恒压下的比热，$T$是温度。Howe 方程的推导在本章的范围外，需要一些矢量替换和引入比 2.1.1 节中使用的更一般的理想气体状态方程。

在一个等熵，缓慢弯曲的亚声速源场，$|\boldsymbol{u}|/c_0\to 0$的方程线性化：

$$\frac{1}{c_0^2}\frac{\partial^2\boldsymbol{B}}{\partial t^2}-\nabla^2\boldsymbol{B}=\nabla\cdot\boldsymbol{\omega}\times\boldsymbol{u} \tag{2.96}$$

其中

$$\boldsymbol{B}=p/\rho+\frac{1}{2}u^2$$

这与 Powell 的方程非常相似，但“源项”只包括涡度。式（2.96）可以很容易地导出等熵流使用式（2.91）和式（2.95），忽略波动量的所有项乘以$p/(\rho c_0^2)$或u/c_0。在$p/\rho\gg u^2$范围内，并在低速流动的进一步线性化中，式（2.95）和式（2.96）可视为相互接近。

2.6.3　涡源的物理意义

为了认识涡度作为声源的重要性，Powell 考虑了孤立环运动所产生的流体扰动。在涡度的变化和流体动量的变化之间寻求等价，这些变化可以解释为偶极和四极声源。

不可压缩流体速度 $\boldsymbol{u}(\boldsymbol{x})$ 的著名的关系（参考文献［25］，第 149 条）是由涡旋灯丝产生的

$$\boldsymbol{u}(\boldsymbol{x}) = -\frac{1}{4\pi}\oint \Gamma \frac{\boldsymbol{r} \times \mathrm{d}\boldsymbol{l}(\boldsymbol{y})}{r^3} = -\frac{1}{4\pi}\oint \nabla_y\left(\frac{\Gamma}{r}\right) \times \mathrm{d}\boldsymbol{l}(\boldsymbol{y}) \qquad (2.97)$$

如图 2-12（a）所示。从源点到场点 $\boldsymbol{r}=\boldsymbol{x}-\boldsymbol{y}$，$\mathrm{d}\boldsymbol{l}(\boldsymbol{y})$ 的矢量是涡度涡旋丝的增量（注意 $\boldsymbol{\omega}\times\mathrm{d}\boldsymbol{l}\equiv 0$）。按定义流通为

$$\Gamma = \oint_{C'} \boldsymbol{u} \cdot \mathrm{d}\boldsymbol{C}'$$

式中：$\boldsymbol{C}'$ 为流体中的闭路。只要 $\boldsymbol{C}'$ 包围涡旋灯丝，如图 2-12（a）所示，循环为非零；否则，就等于零。斯托克斯定理指出，对于向量 $\boldsymbol{A}$，由 $\boldsymbol{C}$ 包围的 $\boldsymbol{S}$ 上的线积分 $\mathrm{d}\boldsymbol{l}$ 和面积积分由与下积分恒等式有关：

$$\oint_C \mathrm{d}\boldsymbol{l} \cdot \boldsymbol{A} = \iint_S (\mathrm{d}\boldsymbol{S} \times \nabla) \cdot \boldsymbol{A} = \iint_S \mathrm{d}\boldsymbol{S} \cdot (\nabla \times \boldsymbol{A})$$

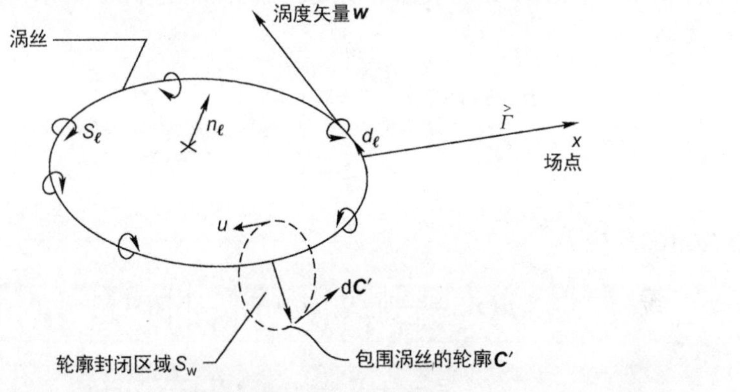

(a) 斯托克斯定理应用的几何解释

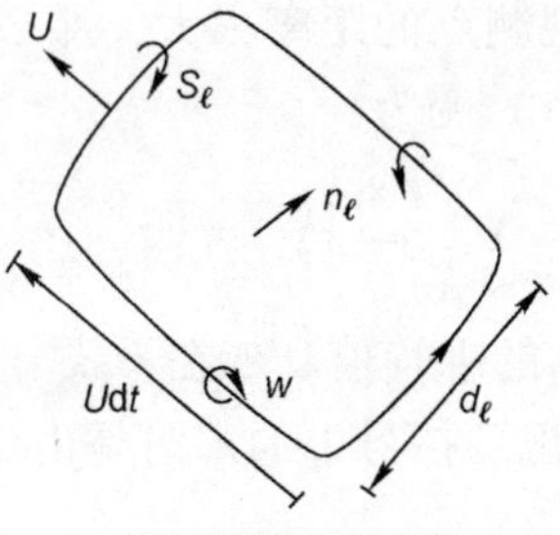

(b) 涡丝拉伸的理想状态

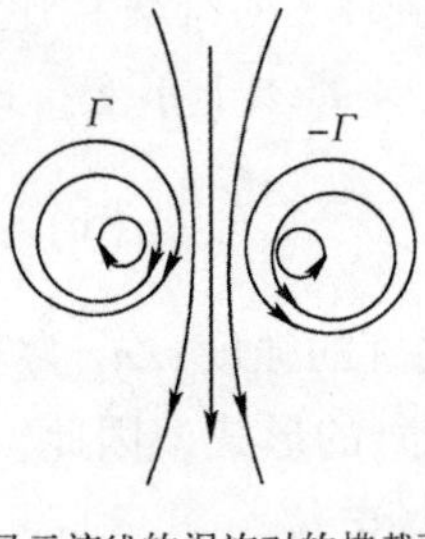

(c) 显示流线的涡旋对的横截面

图 2-12　涡丝的几何形状

还有

$$\oint_C \mathrm{d}\boldsymbol{l} \times \boldsymbol{A} = \iint_S (\mathrm{d}\boldsymbol{S} \times \nabla) \times \boldsymbol{A}$$

因此

$$\Gamma = \oint_{C'} \boldsymbol{u} \cdot \mathrm{d}\boldsymbol{C}' = \iint_{S_\omega} \boldsymbol{n}_\omega \cdot (\nabla \times \boldsymbol{u}) \mathrm{d}S \tag{2.98}$$

$$= \iint_{S_\omega} \boldsymbol{n}_\omega \cdot \boldsymbol{\omega} \mathrm{d}S = \int_{S_\omega} |\boldsymbol{\omega}| \mathrm{d}S_\omega \tag{2.99}$$

式中：$\mathrm{d}S_\omega$为电路$\boldsymbol{C}'$所包围的表面上的元素；$\boldsymbol{n}_\omega$为该表面的法向矢量在 $\mathrm{d}\boldsymbol{l}$（或 $\boldsymbol{\omega}$）方向上的分量；$\boldsymbol{S}_\omega$为投影在垂直于涡度矢量 $\boldsymbol{\omega}$ 的平面上 S 的分量。假设 Γ 沿涡丝 $\boldsymbol{I}(\boldsymbol{y})$是常数。此外，根据斯托克斯定理，有

$$u(\boldsymbol{x}) = \frac{1}{4\pi}\oint \mathrm{d}\boldsymbol{l}(\boldsymbol{y}) \times \nabla_y\left(\frac{\Gamma}{r}\right) = \frac{1}{4\pi}\iint_{S_\omega} (\boldsymbol{n}_l \times \nabla_y) \times \nabla_y\left(\frac{\Gamma}{r}\right) \mathrm{d}S(\boldsymbol{y})$$

$$= -\frac{1}{4\pi}\iint_{S_l} (\nabla_y \times \boldsymbol{n}_l) \times \nabla_y\left(\frac{\Gamma}{r}\right) \mathrm{d}\boldsymbol{S}(\boldsymbol{y}) \tag{2.100}$$

式中：S_l由涡丝限制，$\boldsymbol{n}_l$为表面的法线，如图 2-12（b）所示。现在通过矢量恒等式：

$$(\boldsymbol{n}_l \times \nabla_y) \times \nabla_y\left(\frac{\Gamma}{r}\right) = \nabla_y\left(\boldsymbol{n}_l \nabla_y\left(\frac{\Gamma}{r}\right) - \boldsymbol{n}_l \nabla^2\left(\frac{\Gamma}{r}\right)\right)$$

$$= \nabla_y\left(\boldsymbol{n}_l \cdot \nabla_y\left(\frac{\Gamma}{r}\right)\right)$$

式（2.100）变为

$$u(\boldsymbol{x}) = \frac{1}{4\pi}\iint_{S_l} \nabla_y\left(\boldsymbol{n}_l \cdot \nabla_y\left(\frac{\Gamma}{r}\right)\right) \mathrm{d}S(\boldsymbol{y})$$

$$= -\frac{1}{4\pi} \nabla_x \iint_{S_l} - \boldsymbol{n}_l \cdot \nabla_x\left(\frac{\Gamma}{r}\right) \mathrm{d}S(\boldsymbol{y}) \tag{2.101}$$

如果与涡旋环 r 的维数相比，其到观测点的距离很大，那么在整个 S_l 上的积分过程中，r 基本上不变。式（2.101）变为

$$u(\boldsymbol{x}) = \nabla_x\left\{\frac{1}{4\pi}\boldsymbol{n}_l \cdot \nabla_x\left(\frac{\Gamma S_l}{r}\right)\right\} \tag{2.102}$$

式中：ΓS_l为涡旋的强度；n_L 为表面积 S_l的平均值。现在，式（2.102）是电位梯度 $\boldsymbol{u} = \nabla_x(\phi)$的形式，因此，我们认识到括号中的术语是由于涡旋灯丝集中而产生的远场电位。

Powell 认识到式（2.102）的模拟是分析的重要一步，对于稍微可压缩的流动为

$$u(\boldsymbol{x},t)=\nabla_x\left\{\frac{1}{4\pi}\nabla_x\cdot\frac{[\boldsymbol{n}_l\Gamma S_l]}{r}\right\} \tag{2.103}$$

式中："[ ]"中的术语现在在延迟时间 $t-r/c_0$ 内进行评估。只要声音的波长远大于涡环，式（2.103）就成立，这意味着微可压缩流动中的涡旋流线与流体是不可压缩的。这是一个重要的概念，它指出流场是水动力建立的，而声音是水动力运动的副产品。

远场的压力扰动是通过进行所指示的操作来发现的，并注意到 $p_a=\rho_0c_0u_r$，其中 u_r 沿 $\boldsymbol{r}$ 的速度为

$$p_a(\boldsymbol{x},t)=\frac{\rho_0}{4\pi c_0}\frac{\boldsymbol{r}}{r^2}\cdot\left[\frac{\partial^2\boldsymbol{n}_l\Gamma S_l}{\partial t^2}\right] \tag{2.104}$$

因此，远场压力与涡旋强度变化率的时间差成正比。此外，由于与涡旋环相关的流体动量为

$$\boldsymbol{M}=\rho_0\Gamma\boldsymbol{n}_lS_l$$

速度扰动也与流体动量变化率在观测方向上的时间导数成正比。涡环运动对流体施加的力与动量变化率有关，即

$$\boldsymbol{F}=\frac{\partial\boldsymbol{M}}{\partial t}$$

因此，式（2.104）可以重写为

$$p_a(\boldsymbol{x},t)=\frac{\rho_0}{4\pi c_0}\left[\frac{\boldsymbol{r}}{r^2}\cdot\frac{\partial\boldsymbol{F}}{\partial t}\right] \tag{2.105}$$

和式（2.74）一样，辐射压力是由涡旋运动对流体施加的力的变化率决定的。这一关系将在第 4 章"圆柱偶极声"中进行详细阐述，它是偶极声辐射的基本关系。

如果涡环的面积为 S_l 保持不变，强度随循环变化，从而给出压力扰动为

$$p_a(\boldsymbol{x},t)=\frac{\rho_0}{4\pi c_0}\frac{\boldsymbol{n}_l\cdot\boldsymbol{r}S_l}{r^2}\left[\frac{\partial^2\Gamma}{\partial t^2}\right]$$

在恒定循环的替代实例中，Γ 仍在变化的区域 S_l，速度扰动与 $\partial^2S_l/\partial t^2$ 成正比。这种变化可能会出现从涡线拉伸流动，如图 2-10（b）所示。涡旋线在速度 $\boldsymbol{u}$ 处由于平移而延伸，从而使封闭矢量区域 $\boldsymbol{n}_l\delta S_l$ 的变化在时间间隔内 δt 是 $\boldsymbol{n}_1\delta S_l=(\boldsymbol{u}\delta t)\times\mathrm{d}\boldsymbol{l}$。因此，式（2.104）变成

$$p_a(\boldsymbol{x},t)=\frac{\rho_0}{4\pi c_0}\frac{\boldsymbol{r}}{r^2}\cdot\left[\frac{\partial}{\partial t}\oint\Gamma\boldsymbol{u}\times\mathrm{d}\boldsymbol{l}\right]$$

如果我们认为涡旋线存在于整个流动区域，并引入式（2.99），就会发现

$$p_a(\boldsymbol{x},t)=\frac{\rho_0}{4\pi c_0}\frac{\boldsymbol{r}}{r^2}\cdot\left[\frac{\partial}{\partial t}\oint\!\!\iint(\boldsymbol{n}_\omega\cdot\boldsymbol{\omega}\mathrm{d}S_\omega)\boldsymbol{u}\times\mathrm{d}\boldsymbol{l}\right]$$

$$=-\frac{\rho_0}{4\pi c_0^2}\frac{r}{r^2}\cdot\left[\frac{\partial}{\partial t}\iiint_V(\boldsymbol{\omega}\times\boldsymbol{u})\mathrm{d}v\right] \tag{2.106}$$

由此，$(\boldsymbol{n}_\omega.\boldsymbol{\omega}\mathrm{d}S_\omega)\boldsymbol{U}\times\mathrm{d}\boldsymbol{I}=(\boldsymbol{U}\times\boldsymbol{\omega})\boldsymbol{n}_\omega.\mathrm{d}\boldsymbol{I}\mathrm{d}\boldsymbol{S}_\omega$因为 $\mathrm{d}\boldsymbol{I}$ 和 $\boldsymbol{\omega}$ 向量是一致的。这表明，压力扰动与流体涡旋拉伸速率的变化成正比。强度在与矢量 $\boldsymbol{\omega}\times\boldsymbol{u}$ 的平面上是最大的，即与涡度 $\boldsymbol{\omega}$ 的涡环所包围的表面是正常的。Powell 提出了“涡旋声”一词，是指来自涡度有限区域的远场声辐射，因为它来自该区域的净涡强度的变化。

式（2.106）中的积分也被认为是式（2.93）和式（2.95）的第一个源项。这种等价性补充了源项 2.4.1 节末尾给出的解释，因此我们现在得到了一个完整的物理解释。涡旋线的拉伸和与该区域动力学相关的流体势变化率引起了湍流不稳定局部区域的声辐射。

涡旋声产生的一个重要物理例子是横流中从圆柱体辐射的风成音调。在这种情况下，如图 2-13 所示（在第 4 章“圆柱偶极声”中详细讨论），流体稳定地流过圆柱体，使流体运动的方向垂直于圆柱体的轴线。在气缸的下游，有

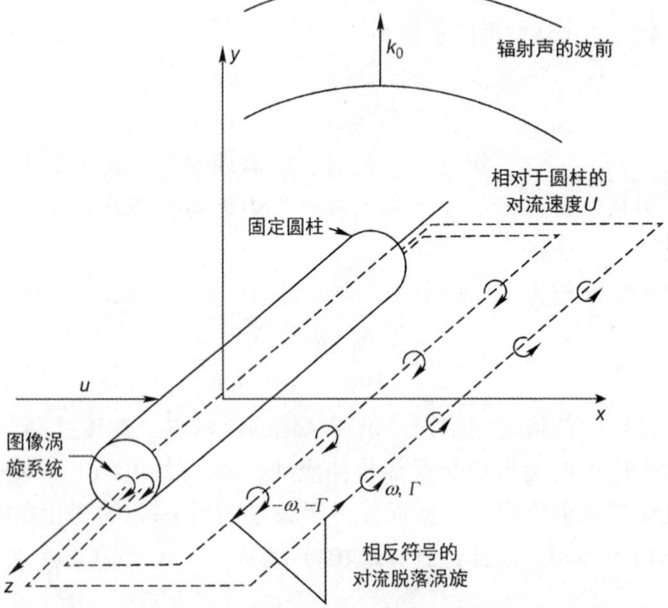

图 2-13　侧风中圆柱体及其涡旋系统

交替变化的符号。由于入射到气缸上的流体元素的循环为零，因此流缸系统中的净循环在气缸下游必须保持为零，这就要求在流体中形成的每一个涡旋都必须在圆柱体中形成图像涡旋。得到的涡旋对由一个封闭环的两条腿组成，如图 2-12（c）和图 2-13 所示。通过这种方式，我们可以看到涡旋对的周期性形成，一个束缚在圆柱体上形成，另一个束缚在尾流中形成，并在下游弯曲，导致涡旋强度的类似周期性变化，因此声音向与涡环平面正常的方向辐射。这个方向也是垂直于流动矢量和轴形成平面气缸的。声音在这个方向上的大小与形成的涡旋的循环($\pm\Gamma$)和涡旋形成的时间周期倒数的平方成正比。在第 4 章“圆柱偶极声”中，将讨论式（2.106）的另一个推导。

2.6.4　固壁边界对涡声的影响

我们现在把注意力转向类似于式（2.69）和式（2.77）的波动方程的积分形式，并纳入 Powell 的来源术语，结合式（2.65）和式（2.95），得到声压为

$$4\pi p_a(\boldsymbol{x},t) = \iiint_V \left[\frac{\partial}{\partial y_i}(p(\boldsymbol{\omega}\times\boldsymbol{u})_i)\right]\frac{\mathrm{d}V(\boldsymbol{y})}{r} + \iiint_V \frac{\partial^2}{\partial y_i^2}\left[p - \rho c_0^2 + \frac{1}{2}\rho u^2\right]\frac{\mathrm{d}V(\boldsymbol{y})}{r} + \iint_\Sigma \left\{\frac{1}{c_{0\gamma}}\frac{\partial r}{\partial n}\left[\frac{\partial \rho c_0^2}{\partial t}\right] - \frac{\partial(1/r)}{\partial n}[\rho c_0^2] + \frac{1}{r}\left[\frac{\partial \rho c_0^2}{\partial n}\right]\right\}\mathrm{d}S(\boldsymbol{y}) \tag{2.107a}$$

式中，Σ 为包围源体积和观察点的总表面，如图 2.7（a）所示。前两项相当于上述四极子体积分布和表面积分模拟的综合效应。请注意，$\partial r/\partial n = \partial r/\partial y_n = -\partial r/\partial x_n$，使用 2.3.3 节开头和式（2.65）的散度定理，并使用式（2.83），远场声压为

$$4\pi p_a(\boldsymbol{x},t) = \frac{\partial}{\partial x_i}\iiint_V \frac{[\rho(\boldsymbol{\omega}\times\boldsymbol{u})_i]}{r}\mathrm{d}V(\boldsymbol{y}) + \frac{1}{c_0^2}\frac{\partial^2}{\partial t^2}\iiint_V \left[p - \rho c_0^2 + \frac{1}{2}\rho u^2\right]\frac{\mathrm{d}V(\boldsymbol{y})}{r} + \frac{\partial}{\partial x_n}\iint_\Sigma \left[p + \frac{1}{2}\rho u^2\right]\frac{\mathrm{d}S(\boldsymbol{y})}{r} - \iint_\Sigma \left[\rho\frac{\partial u_n}{\partial t}\right]\frac{\mathrm{d}S(\boldsymbol{y})}{r} \tag{2.107b}$$

式（2.107b）应与式（2.71）进行比较。在两个方程中，积分相同，(小）黏性应力被忽略。表面 Σ 可以解释为与特定应用有关，如 Powell[34] 解释的那样，如图 2-8 所示，式（2.107b）将声压作为 4 个贡献的总和：

（1）与 $\boldsymbol{\omega}\times\boldsymbol{u}$ 成正比的偶极的体积分布。

(2) 非定向源的体积分布

$$\partial^2\left[p-\rho c_0^2+\frac{1}{2}\rho u^2\right]/\partial t^2$$

对于等熵音，$p=\rho c_0^2$。

(3) 偶极的表面分布，其强度与表面上的伯努利压力成正比，$p+\frac{1}{2}\rho u^2$。

(4) 一种单极分布，其强度与表面和自身正常的加速度成正比，$\partial u_n/\partial t$。

此外，表面积分项等价于式（2.69）和式（2.77）中的项（注意到当前问题的无黏性），而体积分布已重新表示。与其他术语相比，第 2 卷积分涉及订单数量$(u/c_0)^2$和$p(\rho c_0^2)^{-1}$，对于低马赫数流量，这可以忽略。因此，雷诺应力分布的相关性质涉及涡强度的变化。

2.6.5 Powell 方程与 Lighthill 方程的关系——科尔理论

为了表明这三种理论公式之间的形式关系，将使用延迟源的替代扩展来显式地暴露 Lighthill 或 Curl 形式。

在等熵流体的线性声限下，且在没有任何表面的情况下，式（2.107a）以线性化形式减少到

$$p_a(\boldsymbol{x},t)=\frac{1}{4\pi}\iiint_V\left[\frac{\partial}{\partial y^2}(\rho(\boldsymbol{\omega}\times\boldsymbol{u})_i)\right]\frac{\mathrm{d}V(\boldsymbol{y})}{r} \tag{2.108}$$

还有一个问题是，这种形式的涡旋声理论如何以式（2.54）的形式与 Lighthill 的理论联系在一起。上述线性化在等熵流中是合理的，其中源区的声速也与介质中的声速相同（其中$p_a=(\rho-\rho_0)c_0^2$），以及ρu^2的变化与声压的变化相比，是马赫数的平方阶。因子$\rho(\boldsymbol{\omega}\times\boldsymbol{u})$在不可压缩流体$c_0\to\infty$中没有任何延迟，表示流体元素体积$\delta v$中动量的变化率，即

$$\delta\left\{\frac{\partial\boldsymbol{M}}{\partial t}\right\}=\rho_0(\boldsymbol{\omega}\times\boldsymbol{u})\delta_v$$

式中：$\boldsymbol{M}$为流体的动量。在自由和无界流体中（如表示混合剪切层中的自由四极区），流体上没有净力。因此，对流体的净动量交换率为零。

$$\frac{\partial\boldsymbol{M}}{\partial t}=\iiint_V\rho_0(\boldsymbol{\omega}\times\boldsymbol{u})\mathrm{d}V(\boldsymbol{y})=0$$

忽略延迟效应，声学方程中源项的积分将产生零压力。
如 Powell[34] 所述，与 Lighthill 源的数学联系可能是通过将$[\rho(\boldsymbol{\omega}\times\boldsymbol{u})]$扩展到$\boldsymbol{y}$中约为$\boldsymbol{y}=0$的泰勒级，即设$L_i=\rho(\boldsymbol{\omega}\times\boldsymbol{u})$，有

$$[L_i]=L_i\left(\boldsymbol{y},t-\frac{\gamma}{c_0}\right)$$

$$\approx L_i\left(\boldsymbol{y},t-\frac{x}{c_0}\right)+\frac{\partial L_i\left(\boldsymbol{y},t-\frac{x}{c_0}\right)}{\partial t}\left(\frac{-1}{c_0}\frac{\partial r}{\partial y_j}\right)y_j$$

回顾这一点

$$\frac{\partial r}{\partial y_j}=-\frac{x_j-y_j}{r}\approx\frac{-x_j}{r}$$

$$[L_i]\approx L_i\left(\boldsymbol{y},t-\frac{X}{c_0}\right)+L_i'\left(\boldsymbol{y},t-\frac{x}{c_0}\right)\frac{y_j}{c_0}\frac{\chi_j}{r}$$

其中，素数表示相对于时间的微分。调用式（2.56），并且注意到关于 x 的导数可以转化为关于时间的导数，就得到了与式（2.58）的平行式。

$$p_{\mathrm{a}}(\boldsymbol{x},t)=\frac{1}{4\pi}\frac{x_i}{c_0 r}\iiint_V\left[\frac{\partial}{\partial t}\rho(\boldsymbol{\omega}\times\boldsymbol{u})_i\right]\frac{\mathrm{d}V(\boldsymbol{y})}{r}$$

若距离 $|\boldsymbol{x}|$ 远大于源区的大小，则泰勒级数的替换产生：

$$p_{\mathrm{a}}(\boldsymbol{x},t)\approx\frac{1}{4\pi}\frac{x_i}{c_0 r}\left\{\frac{1}{r}\frac{\partial}{\partial t}\iiint_V L_i\left(\boldsymbol{y},t-\frac{x}{c_0}\right)\mathrm{d}V(\boldsymbol{y})+\frac{1}{c_0}\iiint_V y_j\frac{x_j}{r}L'\left(\boldsymbol{y},t-\frac{x}{c_0}\right)\frac{\mathrm{d}V(\boldsymbol{y})}{r}\right\}$$

由于假定流体上没有瞬时净力，所以第一项是相同的零。第二项中的被积函数包括以下类型的项

$$y_jL_i'=\rho y_j\omega_j u_l=\rho y_j\frac{\delta u_k}{\partial y_j}u_i=\rho u_k u_l$$

然后，在消失马赫数的限制下，声压减小到

$$p_{\mathrm{a}}(\boldsymbol{x},t)\approx\frac{1}{4\pi}\frac{x_ix_j}{r^3c_0^2}\iiint_V\left[\frac{\partial^2}{\partial t^2}(\rho u_iu_j)\right]\mathrm{d}V(y)$$

它类似于式（2.58）由 Lighthill 式（2.6）（适当考虑方程）得出的结果。在泰勒级数中，第二项相对于第一阶马赫数，附加阶项随 $\boldsymbol{M}^2$，$\boldsymbol{M}^3$ 等的增加而增加。这可以从 $\Delta y_i\to 0$ 的极限中看出

$$\frac{1}{c_0}\Delta y_j\frac{\partial L_i'}{\partial t}\sim\boldsymbol{M}_i[\delta L_j]$$

因此，上述近似等于马赫数展开的第二项，在无界介质上的零净力条件下，其中膨胀中的第一项消失。然而，在上面所示的简单分析中缺乏正式的同一性，因为没有证明被忽视的术语是完全一致的。Lauvstad[36] 就这一点进行了讨论，集中在这样一个事实，即在低马赫数下，积分的运算是通过仔细考虑高

阶项之间的平衡来控制的。空气动力声音理论的其他方法以马赫数的顺序展开，也就是 Crow[22]、Obermeier[37] 和 MöHring 等[38-39] 的方法。

比较 Powell 和低马赫数流过刚体的 Curle 理论的起点是式（2.108）的简化形式，即

$$4\pi p_{\mathrm{a}}(\boldsymbol{x},t)=\frac{\partial}{\partial x_i}\iiint_V\frac{[\rho_0(\boldsymbol{\omega}\times\boldsymbol{u})_i]}{r}\mathrm{d}V(\boldsymbol{y})+\frac{\partial}{\partial x_n}\iint_\Sigma\left[p+\frac{1}{2}\rho_0u^2\right]\frac{\mathrm{d}S(\boldsymbol{y})}{r}$$

代替 $\rho_0(\boldsymbol{\omega}\times\boldsymbol{u})$，使用式（2.92）利用发散定理式（2.55c）的特殊形式

$$\iiint_V[\rho_0(\boldsymbol{\omega}\times\boldsymbol{u})_i]\frac{\mathrm{d}V(\boldsymbol{y})}{r}=-\frac{\partial}{\partial x_i}\iiint_V\left[p+\frac{1}{2}\rho_0u^2\right]\frac{\mathrm{d}V(\boldsymbol{y})}{r}-\iint_\Sigma n_i\left[p+\frac{1}{2}\rho_0u^2\right]\frac{\mathrm{d}S(\boldsymbol{y})}{r}-\iiint_V\left[\rho_0\frac{\partial u_i}{\partial t}\right]\frac{\mathrm{d}V(\boldsymbol{y})}{r}$$

由于取消了两个表面积分，只保留两个项。因此

$$4\pi p_{\mathrm{a}}(\boldsymbol{x},t)=-\frac{\partial}{\partial x_i}\iiint_V[\rho_0\,\dot{u}_i]\frac{\mathrm{d}V(\boldsymbol{y})}{r}-\frac{1}{c_0^2}\iiint_V\frac{\partial^2}{\partial t^2}\left[p+\frac{1}{2}\rho_0u^2\right]\frac{\mathrm{d}V(\boldsymbol{y})}{r}$$

第二项对于第一项是 M 阶，可以忽略，因为它与上面导出的四极源有关。在第一项中，延迟变量在泰勒级数中展开，得到

$$4\pi p_{\mathrm{a}}(\boldsymbol{x},t)\approx-\frac{\partial}{\partial x_i}\iiint\rho_0\,\dot{u}_i\left(\boldsymbol{y},t-\frac{|\boldsymbol{x}|}{c_0}\right)\frac{\mathrm{d}V(\boldsymbol{y})}{r}-\frac{\rho_0}{c_0}\iiint\boldsymbol{y}\cdot\frac{\partial^3\boldsymbol{u}}{\partial t^3}\left(\boldsymbol{y},t-\frac{|\boldsymbol{x}|}{c_0}\right)\frac{\mathrm{d}V(\boldsymbol{y})}{r}$$

其中，泰勒系列在

$$u_i\left(\boldsymbol{y},t-\frac{\boldsymbol{r}}{c_0}\right)=u_i\left(\boldsymbol{y},t-\frac{\boldsymbol{x}}{c_0}\right)-\frac{\partial u_i}{\partial t}\left(\boldsymbol{y}-\frac{\boldsymbol{x}}{c_0}\right)\left(\frac{x_i}{r}\right)\frac{y_i}{c_0}+\cdots$$

现在，第二个项是有序的，即

$$\rho_0\frac{u^2}{c_0^2}u^2\sim\rho_0u^2\boldsymbol{M}^2$$

由于 $y_i\partial/\partial t\sim u_i$ 也作为通常的四极源贡献，而第一项是有序的，即

$$\rho_0\frac{u}{c_0}u^2\sim\rho_0u^2\boldsymbol{M}$$

是通常的偶极源贡献。当一个时间相关的力被施加到流体上时，第一项非零，就像通过无涡周围流体的动量方程与流体相互作用一样：

$$F_i\left(t-\frac{|\boldsymbol{x}|}{c_0}\right)=\iiint_V \rho_0 \frac{\partial u_i}{\partial t}\left(\boldsymbol{y},t-\frac{|x|}{c_0}\right)\mathrm{d}V(\boldsymbol{y})$$

因此，对于围绕刚性表面的紧凑源区，辐射声音由一阶项给出

$$p_{\mathrm{a}}(\boldsymbol{x},t)=\frac{-1}{4\pi}\frac{\partial}{\partial x_i}\left[F_i(t-\frac{|\boldsymbol{x}|}{c_0})\right](1+O[M])$$

这就是式（2.74）。

2.7　频率和波数域的表示

当本章的积分关系用于特定物理问题的求解时，通常可以方便地调用各种类型的谐波分析。在本节中，傅里叶变换适用于时间和空间变量，专门用于其他变换时，需要进行谐波分析。使用简化的傅里叶分析形式来指定时间特征 $\mathrm{e}^{-\mathrm{i}\omega t}$。

2.7.1　亥姆霍兹方程

我们首先推导出类似形式的方程。使用时间傅里叶变换式（2.50）和式（2.65）。傅里叶变换 $V(\omega)$（见 1.4.3 节：简要回顾傅里叶级数和傅里叶积分，或 Tichmarsh[40]一篇完整的论文的变量 $v(t)$ 是

$$V(\omega)=\frac{1}{2\pi}\int_{-\infty}^{\infty}\mathrm{e}^{+\mathrm{i}\omega t}v(t)\,\mathrm{d}t \tag{2.109}$$

它的逆是

$$v(t)=\int_{-\infty}^{\infty}\mathrm{e}^{+\mathrm{i}\omega t}V(\omega)\,\mathrm{d}\omega \tag{2.110}$$

然后设 $p_{\mathrm{a}}(\boldsymbol{x},t)=c_0^2\rho_{\mathrm{a}}(\boldsymbol{x},t)$，非均匀的变换波动方程，式（2.50）为

$$\nabla^2 P_{\mathrm{a}}(\boldsymbol{y},\omega)+k_0^2 P_{\mathrm{a}}(\boldsymbol{y},\omega)=-\widetilde{\sigma}(\boldsymbol{y},\omega) \tag{2.111}$$

式中：$k_0=\omega/c_0$ 为声波数和 $\widetilde{\sigma}(\boldsymbol{y},\omega)$ 的大小，是傅里叶变换 $\boldsymbol{\sigma}(\boldsymbol{y},t)$。齐次波动方程的解是形式的，即

$$P_{\mathrm{a}}(\boldsymbol{y},\omega)=A(\mathrm{e}^{\pm\mathrm{i}k_0 r}/r)$$

适合在自由空间中传播，因此，函数：

$$g(\boldsymbol{r},\omega)=\mathrm{e}^{\pm\mathrm{i}k_0|\boldsymbol{r}-\boldsymbol{r}_0|}/4\pi|\boldsymbol{r}-\boldsymbol{r}_0| \tag{2.112a}$$

解

$$\nabla^2 g(\boldsymbol{r},\boldsymbol{\omega})+k_0^2 g(\boldsymbol{r},\omega)=-\delta(\boldsymbol{r}-\boldsymbol{r}_0) \tag{2.112b}$$

有着“自由空间格林函数”的称号。+i 和−i 的选择取决于传播波的辐射或吸收条件的调用（见 2.2 节）。对于向外旅行波，由于 t 从参考时间增加，所以

选择 Convenation1i，并将旅行波前表示为在恒定相位下向右移动($r>0$)。因此，延迟电位是由

$$v\left(t-\frac{r}{c_0}\right)=\int_{-\infty}^{\infty}\mathrm{e}^{-\mathrm{i}\omega t}\mathrm{e}^{+\mathrm{i}k_0 r}V(\omega)\,\mathrm{d}\omega \tag{2.113}$$

取代逆傅里叶变换，式（2.113）转化为式（2.65），为这个例子给出了 Lighthill 源：

$$P_{\mathrm{a}}(\boldsymbol{x},\omega)=\iiint_{V_0}\frac{\partial^2\widetilde{\boldsymbol{T}}_{ij}(\boldsymbol{y},\omega)}{\partial y_i\,\partial y_j}\frac{\mathrm{e}^{+\mathrm{i}k_0 r}}{4\pi r}\mathrm{d}V(\boldsymbol{y})+$$
$$\iint_{\Sigma}\left\{\frac{\mathrm{e}^{+\mathrm{i}k_0 r}}{4\pi r}\frac{\partial P_{\mathrm{a}}(\boldsymbol{y},\omega)}{\partial n}-P_{\mathrm{a}}(\boldsymbol{y},\omega)\frac{\partial}{\partial n}\left(\frac{\mathrm{e}^{+\mathrm{i}k_0 r}}{4\pi r}\right)\right\}\mathrm{d}S(\boldsymbol{y}) \tag{2.114}$$

我们让$\widetilde{\boldsymbol{T}}_{ij}(\boldsymbol{y},\omega)$的傅里叶变换 $\boldsymbol{T}_{ij}(\boldsymbol{y},t)$ 使用~和更改的自变量表示变换。式（2.114）是 Helmholtz 积分方程。它可能是[6-7,12] 从式（2.111）中推导出的。利用发散定理和方程：

$$\nabla_y^2 g(|\boldsymbol{x}-\boldsymbol{y}|,\omega)+k_0^2 g(|\boldsymbol{x}-\boldsymbol{y}|,\omega)=-\delta(\boldsymbol{x}-\boldsymbol{y}) \tag{2.115}$$

对于自由空间格林函数（式（2.112a）和式（2.112b））：

$$g(|\boldsymbol{x}-\boldsymbol{y}|)=\mathrm{e}^{\pm\mathrm{i}k_0|\boldsymbol{x}-\boldsymbol{y}|}/4\pi|\boldsymbol{x}-\boldsymbol{y}|$$

当∇_y^2仅表示相对于变量 $\boldsymbol{y}$ 的拉普拉斯运算。

由式（2.114）和图 2-7 可知，如果 $\boldsymbol{\Sigma}$ 是一个控制面，与体积 V_0的紧凑源区域距离为 R，那么

$$P_{\mathrm{a}}(\boldsymbol{x},\omega)=\iiint_{V}\frac{\partial^2\widetilde{\boldsymbol{T}}_{ij}(\boldsymbol{y},\omega)}{\partial y_i\,\partial y_j}\frac{\mathrm{e}^{+\mathrm{i}k_0 r}}{4\pi r}\mathrm{d}V(\boldsymbol{y}) \tag{2.116}$$

如果

$$\lim_{R\to\infty}\left(-\mathrm{i}k_0 R P_{\mathrm{a}}(R,\omega)+R\frac{\partial P_{\mathrm{a}}(R,\omega)}{\partial r}\right)=0$$

回想一下，最后一个条件只是索默菲尔德的辐射条件（2.2 节）。式（2.116）是式（2.54）的频域等价。

Helmholtz 积分方程一个更普遍的用途是应用于在控制体积中存在阻抗边界或表面的情况。在这种情况下，方程的自由空间格林函数。式（2.112a）和式（2.112b）被 $G(\boldsymbol{x},\boldsymbol{y},\omega)$所取代，文献［6-7，10，12］的解决方案为

$$\nabla_y^2 G(\boldsymbol{x},\boldsymbol{y},\omega)+k_0^2 G(\boldsymbol{x},\boldsymbol{y},\omega)=-\delta(\boldsymbol{x}-\boldsymbol{y}) \tag{2.117}$$

与自由空间格林函数相比，函数 $G(\boldsymbol{x},\boldsymbol{y},\omega)$是为所考虑的几何形状确定的，并受一定的边界条件的限制。简化波动式（2.111）对应的 Helmholtz 积分方程为

$$P_a(\boldsymbol{x},w) = \iiint_V \widetilde{\sigma}(\boldsymbol{y},\omega) G(\boldsymbol{x},\boldsymbol{y},w) \mathrm{d}V(\boldsymbol{y}) +$$
$$\iint_S \left\{ G(\boldsymbol{x},\boldsymbol{y},\omega) \frac{\partial P_a(\boldsymbol{y},\omega)}{\partial n} - P_a(\boldsymbol{y},\omega) \frac{\partial G(\boldsymbol{x},\boldsymbol{y},\omega)}{\partial n} \right\} \mathrm{d}S(\boldsymbol{y}) \tag{2.118}$$

此方程对于式（2.103）中的表面和体积源分布同样适用，其中 S 表示存在边界的表面，如图 2-8 中的 S_1+S_0，通过调用辐射条件来消除控制表面 S_2 上的积分。现在，如果已知 $P_a(\boldsymbol{y},\omega)$ 在表面上，然后在 S 上的边界条件 $G(\boldsymbol{x},\boldsymbol{y},\omega)=0$ 中将式（2.118）变成已知的函数形式。这种边界条件[4]称为 Dirichlet 边界条件（见参考文献［6-7，12，18-20，41］）。或者，如果已知正常梯度 $\partial P_a(\boldsymbol{y},\omega)/\partial n$ 在 S 上，然后在 S 上的边界条件 $\partial G(\boldsymbol{x},\boldsymbol{y},\omega)/\partial n=0$，称为 Neumann 边界条件[6-7,12,18-29,41]，给出了式（2.118）形成可评估的表格。如果考虑刚性边界的情况，那么该方法的作用是特别明显的。在这种类型的问题中，正常到表面 u_n 的速度是零。因此，$\partial P_a(\boldsymbol{y},\omega)/\partial n=0$，以便强加一个诺依曼边界条件来降低式（2.118）为

$$P_a(\boldsymbol{x},\omega) = \iiint_V \widetilde{\sigma}(\boldsymbol{y},\omega) G(\boldsymbol{x},\boldsymbol{y},\omega) \mathrm{d}V(\boldsymbol{y}) \tag{2.119}$$

格林函数 $G(\boldsymbol{x},\boldsymbol{y},\omega)$ 现在将边界的阻抗和几何形状同时纳入了考虑范畴。

通常，Green 函数可能是可分离的，如在范围 $r=|\boldsymbol{x}|$ 的情况下，或者在特殊几何包围的情况下，远大于源区域 $|\boldsymbol{y}|$ 的范围。然后

$$G(\boldsymbol{x},\boldsymbol{y},\omega) = G_x(\boldsymbol{x},\omega) G_y(\boldsymbol{y},\omega) \tag{2.120}$$

因此，如果边界是刚性的，$G_y(\boldsymbol{y},\omega)$ 选择

$$\partial G_y(\boldsymbol{y},w)/\partial y_n = 0$$

在所有 S 边界上；然后自刚性边界 $\partial P_a/\partial n=0$ 起，在式（2.46）和式（2.72）中出现的灯塔源项给出

$$P_a(\boldsymbol{x},\omega) = G_x(\boldsymbol{x},\omega) \iiint_V \widetilde{\boldsymbol{T}}_{ij}(\boldsymbol{y},\omega) \frac{\partial^2 G_y(\boldsymbol{y},\omega)}{\partial y_i \, \partial y_j} \mathrm{d}V(\boldsymbol{y}) \tag{2.121a}$$

由于 u_n 在 S 上消失，从 $\widetilde{\boldsymbol{T}}_{in}(\boldsymbol{y},\omega)$ 在全矩阵的元素也在此是零。以类似的方式对式（2.93）的偶极源，位于刚性边界附近，式（2.112a）的适当形式是

调用身份 $\partial/\partial n = n_i \partial/\partial y_i = \boldsymbol{n} \cdot \nabla$，

$$P_a(\boldsymbol{x},w) = -Gx(\boldsymbol{x},\omega) \iiint_V F_i(\boldsymbol{y},w) \frac{\partial G_y(\boldsymbol{y},\boldsymbol{\omega})}{\partial y_i} \mathrm{d}V(\boldsymbol{y}) \tag{2.121b}$$

从那以后

$$\iint_{S_s} F_n(\boldsymbol{y},\omega) G(\boldsymbol{y},\omega) \mathrm{d}S(\boldsymbol{y}) = 0$$

在那里 S_s 是围绕源区的表面 $\nabla\cdot\boldsymbol{F}(\boldsymbol{y},t)$ 代表式（2.93）的右边。

Ffowcs Williams 和 Hall[42] 运用该方法来确定半平面上湍流的声场。Howe[35]、Chase[43-44]、Davies 和 Ffowcs Williams[45]、Crighton 和 Ffowcs Williams 也用这种方法处理其他空气动力噪声问题；见第 2 卷第 5 章“无空化升力部分”。

对于平面边界的情况，可以看到格林函数用于 Neumann 边界条件的简化例子。式（2.117）的解对于刚性平面边界是有效的，由下列方程给出

$$G(\boldsymbol{x},\boldsymbol{y},\omega)=\frac{\mathrm{e}^{+\mathrm{i}k_0r_1}}{4\pi r_1}+\frac{\mathrm{e}^{+\mathrm{i}k_0r_2}}{4\pi r_2} \tag{2.122}$$

式中：$r_1^2=(x_1-x_2)^2+(y_1-y_2)^2+(z_1-z_2)^2$ 和 $r_2^2=(x_1-x_2)^2+(y_1-y_2)^2+(z_1+z_2)^2$。范围 r_1、r_2 与图 2-2（c）中所示的主要和图像源系统的范围相同，并且它们对应于（图 2-9）中的 r、r'。场点为 $\boldsymbol{x}=(x_1,y_1,z_1)$，以及源点为 $\boldsymbol{y}=(x_2,y_2,z_2)$。此外，它可以很容易地显示在表面 $z_2=0$

$$\left.\frac{\partial G(\boldsymbol{x},\boldsymbol{y},\omega)}{\partial n}\right|_{z_2=0}=\left.\frac{\partial G(\boldsymbol{x},\boldsymbol{y},\omega)}{\partial z_2}\right|_{z_2=0}=0$$

对于 $k_0z_2\ll1$，式（2.122）简化为式（2.33）的函数形式。对于 Lighthill 源项的收益，将式（2.122）替代为式（2.119），则

$$P_{\mathrm{a}}(\boldsymbol{x},\omega)=\iiint_{V_{0_1}+V_{0_2}}\frac{\partial^2\boldsymbol{T}_{ij}(\boldsymbol{y},\omega)}{\partial y_i\,\partial y_j}\,\frac{\mathrm{e}^{+\mathrm{i}k_0|x-y|}}{4\pi|\boldsymbol{x}-\boldsymbol{y}|}\mathrm{d}V(\boldsymbol{y}) \tag{2.123}$$

其中，如今整合并扩展到物理源分布及其图像分布，如 2.4.4 节所讨论的那样，式（2.123）与式（2.80）相同，这种整合的机制必须考虑关于 $y=0$ 的 $\boldsymbol{T}_{ij}$ 的对称和非对称反射。其他已知适用于各种几何图形的函数 $G(\boldsymbol{x},\boldsymbol{y},\omega)$，Morse 和 Feshbach[41]、Morse 和 Ingard[6]、Junger 和 Feit 以及本书其他地方都有所提及。一般情况下，圆柱体、球体、无限平面都存在简单的封闭形式函数。对于狭缝、半平面和球体的分析，也存在更复杂的函数。

2.7.2　广义变换与随机变量

在 1.4.2 节中，介绍了相关分析的基本原理，在 2.3.3 节中，我们利用应力张量的相关函数来确定远离湍流区时的平均声强式（2.59）。因为速度波动的时空变化是不确定的，但在一定的概率范围内发生，所以该分析引入了相关函数。例如，任何瞬间和位置的速度都可以表示为

$$u_i'(\boldsymbol{x},t)=U(\boldsymbol{x})+u_i(\boldsymbol{x},t)$$

式中：$U(\boldsymbol{x})$ 为时间平均速度；$u_i(\boldsymbol{x},t)$ 为具有零均值的随机速度波动，即

$$\overline{u_i(\boldsymbol{x},t)} = \lim_{T\to\infty}\frac{1}{T}\int_{-T/2}^{T/2} u_i(\boldsymbol{x},t)\,\mathrm{d}t = \lim_{V\to\infty}\frac{1}{V}\iiint_V u_i(\boldsymbol{x},t)\,\mathrm{d}V(\boldsymbol{x}) \equiv 0 \quad (2.124)$$

式中：T 为平均时间；V 为瞬时采样速度的体积。式（2.124）等价的流体场满足一个条件，即场在统计上是均匀的。时间均方速度波动为

$$\begin{aligned}\overline{u_i'2(\boldsymbol{x},t)}^{t} &= \overline{(U(\boldsymbol{x}) + u_i(\boldsymbol{x},t))^2}^{t} \\ &= \lim_{T\to\infty}\frac{1}{T}\int_{-T/2}^{T/2}(U(\boldsymbol{x}) + u_i(\boldsymbol{x},t))^2\mathrm{d}t \\ &= \overline{U^2(\boldsymbol{x})} + \overline{u_i^2(\boldsymbol{x},t)}^{t}\end{aligned} \quad (2.125)$$

如果流体区域是真正均匀的，那么

$$\overline{u_i^2(\boldsymbol{x},t)}^{t} = \overline{u_i^2(\boldsymbol{x},t)}^{x} = \overline{u_i^2}$$

如果它是遍历的，它也等于集合平均数：

$$\overline{u_i^2(\boldsymbol{x},t)}^{t} = \langle u_i^2(\boldsymbol{x},t)\rangle$$

需要注意的是，在均匀湍流场中，在任何时刻波动速度的空间平均都将为零。现在我们介绍了 vincula $\overline{\quad}^{t}$ 和 $\overline{\quad}^{x}$ 来分别正式区分时间和空间平均。同质性的另一个条件是相关函数与 $\boldsymbol{x}$、$\boldsymbol{y}$ 或 t 变量的基准无关，依赖于差异 $\boldsymbol{y}-\boldsymbol{x}$ 和 τ。因此，具有时空同质性的场具有满足的相关函数：

$$\hat{R}_{uu}(\boldsymbol{y},\boldsymbol{x},\tau) = \hat{R}_{uu}(\boldsymbol{y}-\boldsymbol{x},\tau) = \hat{R}_{uu}(\boldsymbol{r},\tau)$$

其中

$$\hat{R}_{uu}(\boldsymbol{r},\tau) = \lim_{T\to\infty}\frac{1}{2T}\int_{-T}^{T} u(\boldsymbol{x},t+\tau)u(\boldsymbol{x},t)\,\mathrm{d}t$$

我们现在把湍流场及其产生声音的一般表示纳入考虑范畴内。式（2.124）构成积分上的有界性 $u_i(\boldsymbol{x},t)$，允许广义傅里叶变换[40,47]的定义，应该写为

$$\tilde{u}_i(\boldsymbol{x},\omega) = \frac{1}{2\pi}\int_{-\infty}^{\infty}\mathrm{e}^{+\mathrm{i}\omega t}u_i(\boldsymbol{x},t)\,\mathrm{d}t \quad (2.126\mathrm{a})$$

还有

$$u_i(\boldsymbol{x},t) = \int_{-\infty}^{\infty}\mathrm{e}^{-\mathrm{i}\omega t}\,\tilde{u}_i(\boldsymbol{x},\omega)\,\mathrm{d}\omega \quad (2.126\mathrm{b})$$

速度波动的空间时间协方差由 Batchelor[47]、Lin[48] 和 Kinsman[49] 给出

$$\hat{R}_{u_iu_j}(\boldsymbol{y},\boldsymbol{x},\tau) = \int_{-\infty}^{\infty}\mathrm{d}\omega\int_{-\infty}^{\infty}\mathrm{d}\omega'\left[\lim_{T\to\infty}\frac{1}{2T}\int_{-T}^{T}\mathrm{e}^{\mathrm{i}(\omega-\omega')t}\mathrm{d}t\right]u_i(\boldsymbol{x},\omega)u_j^*(\boldsymbol{y},\omega)\mathrm{e}^{-\mathrm{i}\omega\tau} \quad (2.127)$$

在 $\hat{R}_{u_iu_j}(\boldsymbol{x},\boldsymbol{x},0) = \hat{R}_{u_iu_j}(\boldsymbol{y},\boldsymbol{y},0) = \overline{u_i^2} > \hat{R}_{u_iu_j}(\boldsymbol{y},\boldsymbol{x},0)$。我们已经更换了物理速度波动由式（2.126b）的反变换。

通过调用 Dirac δ 函数，可以清除复杂的积分：

$$\frac{1}{T}\int_{-T/2}^{T/2} \mathrm{e}^{\mathrm{i}(\omega-\omega')}\mathrm{d}t = \frac{1}{T}\;\frac{\mathrm{e}^{\mathrm{i}(\omega-\omega')T/2} - \mathrm{e}^{-\mathrm{j}(\omega-\omega')T/2}}{2\mathrm{i}(\omega-\omega')} = \frac{\sin(\omega-\omega')T/2}{\frac{1}{2}T(\omega-\omega')}$$

随着 T 的增加，该函数在 $\omega=\omega'$ 附近越来越达到峰值 0，因此，如果所有频率 $-\infty<\omega<\infty$ 的积分相等，可以写为

$$\lim_{T\to\infty}\frac{\sin(\omega-\omega')T/2}{(\omega-\omega')T/2}=\frac{2\pi}{T}\delta(\omega-\omega') \tag{2.128}$$

等价

$$\delta(\omega-\omega')=\frac{1}{2\pi}\int_{-\infty}^{\infty}\mathrm{e}^{\pm\mathrm{i}(\omega-\omega')t}\mathrm{d}t \tag{2.129}$$

也可以通过 Dirac δ 函数式（1.64）的傅里叶变换来定义并建立。这种等价转换了式（2.127）到表格（在限额内 $T\to\infty$）

$$\hat{R}_{u_iu_j}(\boldsymbol{y},\boldsymbol{x},\tau)=2\pi\int_{-\infty}^{\infty}\int_{-\infty}^{\infty}\frac{\delta(\omega-\omega')}{T}\mathrm{e}^{-\mathrm{i}\omega\tau}\,\tilde{u}_i^*(\boldsymbol{x},\omega')\,\tilde{u}_j(\boldsymbol{y},\omega)\,\mathrm{d}\omega\mathrm{d}\omega'$$

$$=\int_{-\infty}^{\infty}\mathrm{e}^{-\mathrm{i}\omega\tau}\left\{\frac{2\pi}{T}\tilde{u}_i^*(\boldsymbol{x},\omega)\,\tilde{u}_j(\boldsymbol{y},\omega)\right\}\mathrm{d}\omega$$

协方差函数定义为函数的逆傅里叶变换[12,28,47-51]，我们称其为速度波动的两点交叉谱密度，并将这个函数写为

$$\lim_{T\to\infty}\left\{\frac{2\pi}{T}\tilde{u}_i^*(\boldsymbol{x},\omega)\tilde{u}_j(\boldsymbol{y},\omega')\right\}=\Phi_{u_iu_j}(\boldsymbol{y},\boldsymbol{x},\omega)\delta(\omega-\omega') \tag{2.130}$$

因此，空间时间协方差 $R(\boldsymbol{y},\boldsymbol{x},\tau)$ 和两点交叉光谱密度是傅里叶变换对：

$$\Phi_{u_iu_j}(\boldsymbol{y},\boldsymbol{x},\omega)=\frac{1}{2\pi}\int_{-\infty}^{\infty}\mathrm{e}^{\mathrm{i}\omega\tau}\;\overline{u_i(\boldsymbol{y},t)u_j(\boldsymbol{x},t-\tau)}^{t}\mathrm{d}t \tag{2.131}$$

以及

$$\overline{u_i(\boldsymbol{y},t)u_j(\boldsymbol{x},t-\tau)}^{t}=\int_{-\infty}^{\infty}\mathrm{e}^{-\mathrm{i}\omega\tau}\Phi_{u_iu_j}(\boldsymbol{y},\boldsymbol{x},\omega)\,\mathrm{d}\omega$$

在接下来的章节中，将使用多维空间时间傅里叶变换。这是定义：

$$u(k_1,\cdots,k_n,\omega)=\frac{1}{(2\pi)}\;\frac{1}{(2\pi)^n}\int_{-\infty}^{\infty}\mathrm{d}y_1\cdots\int_{-\infty}^{\infty}\mathrm{d}y_n\int_{-\infty}^{\infty}\mathrm{d}t\;\times$$
$$u(y,t)\,\mathrm{e}^{-\mathrm{i}(k_1y_1+\cdots+k_ny_n)}\cdots\mathrm{e}^{\mathrm{i}\omega t}$$

式中：n 从一个到三个空间维度不等。对于空间和时间均匀的湍流场，与式（2.130）相等的关系既需要空间平均，也需要时间平均。在的极限 $k_iL_i\to\infty$ 和 $\omega T\to\infty$ 情况下，使用式（2.128）及其对空间积分的类比，得到了期望的结果：

$$\Phi_{uu}(k_1,\cdots,k_n,\omega)\delta(\omega-\omega')\delta(k_1-k_1')\cdots\delta(k_n-k_n')$$

$$=\frac{(2\pi)^n}{L_1\cdots L_n}\frac{2\pi}{T}\{u_1(k_1,\cdots,k_n,\omega)u_2^*(k_1',\cdots,k_n',\omega)\} \tag{2.132}$$

函数 $\Phi_{uu}(k_1,\cdots,k_n,\omega)$ 称为扰动 u 的波数、频谱密度和频谱 $\Phi_{uu}(\omega)$ 是积分 $\Phi(k_1,\cdots,k_n,\omega)$ 在所有波数上公式的推广。使用集合平均值的式（2.130）和式（2.132）

$$\langle u_1(k_1,\cdots,k_n,\omega)u_2^*(k_1',\cdots,k_n',\omega)\rangle=\Phi_{u_1u_2}(\boldsymbol{k},\omega)\delta(\boldsymbol{k}-\boldsymbol{k}')\delta(\omega-\omega') \tag{2.133}$$

对于 n 维波数频谱，这种关系可以在 u 时使用 $u_1(\boldsymbol{x},t)$ 和 $u_2(\boldsymbol{x},t)$ 在空间和时间上是均匀的。这种同质性有效地暗示了无限域 $\boldsymbol{x}$ 和持续时间 t，并正式排除了由于初始条件而产生的空间边缘效应和瞬变。实际上，当相关长度 Λ 或相关时间 θ 远小于空间范围 L 或持续时间 T 时，通常可以假定这种同质性。参见 3.6 节描述湍流源时使用的相关和频谱函数的回顾。

在上述推导中，变量 $u_i(\boldsymbol{y},t)$ 和 $u_j(\boldsymbol{x},t)$ 用于定义时间和位置的任意两个随机变量。实际上，这种相关性可能就像流体和表面运动对压力、速度、加速度或任何其他物理测量性质之间的相关性一样。频谱函数与傅里叶变换的乘积之间没有普遍使用的等价性。Crandall[50] 和 Goldstein[28] 都已采用上述等价定义，而文献［47-49，51］则采用两个量的集合平均值的略有不同的表达。因为傅里叶变换的乘积将出现在等号的两边，所以在给定的分析中使用哪个定义并不重要。在本书中，采用引入式（2.132）的定义，因为它在取经验时间平均值方面具有物理意义。

我们现在可以回顾统计齐次随机变量的时空平均之间的等价[47-49,51]。可以编写集合平均值、时间平均值和空间平均值（另见 3.5.2 节“随机变量的相关函数”）：

$$\langle u_i(\boldsymbol{y}+\boldsymbol{r},t+\tau)u_j\boldsymbol{y}(\boldsymbol{y},t)\rangle=\lim_{T\to\infty}\int_{-T/2}^{T/2}u_i(\boldsymbol{y}+\boldsymbol{r},t+\tau)u_j(\boldsymbol{y},t)\,\mathrm{d}t$$

$$=\lim_{L_i\to\infty}\frac{1}{L_j}\int_{-\frac{L_j}{2}}^{\frac{L_i}{2}}u_i(\boldsymbol{y}+\boldsymbol{r},t+\tau)u_j(\boldsymbol{y},t)\,\mathrm{d}y_i$$

只要 u_i 场在时间和空间上是平稳的。也就是说，平均乘积只依赖于分离变量 $\boldsymbol{r}$ 和 τ，而不依赖于平均时间或 $\boldsymbol{y}$ 的空间轨迹。集合平均是指在一个集合 $\boldsymbol{y}$ 和 t 中，理想地构造大量样本的指示产品。当 N 变大时，在极限中为 N 个样本构造平均值。当可以假定集合平均值与其他平均值之间等价时，这个过程认为是遍历的；另见 1.4.2 节和 3.5 节，即“相关分析的基本原理”和“湍流的随机性”。在稳态流体力学的统计中，我们主要处理的是时间平均值而不是空间平均值；在某些特殊情况下，空间的均匀性只是近似达到的，但时间平稳性往往是可以实现的。通常，可以安全地假定空间平稳性的例子是在完全发育的湍流边界层平面上的二维中，或沿平移提升表面的跨度或沿圆柱体轴线的一维中。在其他情况下，空间相似性可能只表现为局部特征，并只有在空间尺度大于湍流特性积分尺度的前提下会保持不变。必须清楚地记住，这种近似有一定的局限性。有关这方面的一个具体例子将在第 3 章“剪切层不稳定性、单频音、射流噪声”时，我们处理湍流射流噪声问题时进行阐述。

我们还可以进一步发展相关性和谱函数之间的关系，见 1.4.2 节“相关分析的基本原理”。自谱 $\Phi(\omega)$、交叉谱 $\Phi(\boldsymbol{r},\omega)$ 和波数频谱 $\Phi(\boldsymbol{k},\omega)$ 与相关函数有关。这些关系将在本书中广泛使用。时间自相关为

$$\langle u(\boldsymbol{y},t)u(\boldsymbol{y},t+\tau)\rangle=\hat{R}_{uu}(\tau) \tag{2.134}$$

所以自动频谱函数为

$$\boldsymbol{\Phi}_{uu}(\omega)=\frac{1}{2\pi}\int_{-\infty}^{\infty}\mathrm{e}^{\mathrm{i}\omega t}\,\hat{R}_{uu}(\tau)\,\mathrm{d}\tau \tag{2.135}$$

式中：u 可以表示物理变量、预确定、速度、加速度、位移等的任意组合。

通过式（2.130）将交叉光谱密度和波数谱与空间均匀场的两个变量 a 和 b 的时空相关性相关

$$\boldsymbol{\Phi}_{ab}(r,\omega)=\frac{1}{2\pi}\int_{-\infty}^{\infty}\mathrm{e}^{\mathrm{i}\omega t}\,\hat{R}_{ab}(r,\tau)\,\mathrm{d}\tau \tag{2.136}$$

对于空间非齐次场，关联式的方程出现在式（2.126a）和式（2.126b）之前不成立，因此相互关系不是分离的函数，而是通常分别为 $\boldsymbol{y}$ 和 $\boldsymbol{y}+\boldsymbol{r}$ 变量的函数。偶尔，为了简单起见，非同质性的处理办法是在均方变量中保持对 $\boldsymbol{y}$ 和 $\boldsymbol{y}+\boldsymbol{r}$ 的独立依赖性，并保留 $\hat{R}_{ab}(\boldsymbol{y},\boldsymbol{y}+\boldsymbol{r},\tau)$，$\tau$ 仅在局部作为 $\boldsymbol{r}$ 和 τ 的函数，即 $\hat{R}_{ab}(\boldsymbol{r},\tau,\boldsymbol{y})$。从这个意义上说，相关函数将具有与流 $\boldsymbol{y}$ 中的位置无关的相似形式，但它与 $\boldsymbol{r}$ 的行为可能尺度在局部积分相关长度上，而局部积分相关长度本身可能取决于 $\boldsymbol{y}$。

n 维波数谱与空间时间相关函数有关：

$$\boldsymbol{\Phi}_{ab}(k_1,\cdots,k_n,\omega)=\frac{1}{(2\pi)^{n+1}}\int_{-\infty}^{\infty}\cdots\int_{-\infty}^{\infty}\mathrm{e}^{\mathrm{i}[\omega\tau-(k_1r_1+\cdots+k_nr_n)]}\times$$
$$\hat{R}_{ab}(\boldsymbol{r},\tau)\,\mathrm{d}r_1\cdots\mathrm{d}r_n\mathrm{d}\tau \tag{2.137}$$

式中：$n=1,2,$或 3 表示 n 维 $\boldsymbol{r}$。上述惯例允许我们将相关函数表示为 y_1、y_3 的齐次函数和$(y_2,y_2')=(y_2,y_2+r_2)$的非齐次函数。本书中使用的惯例一般将平均流矢量沿（1）轴放置，横向方向沿（3）轴放置，（2）方向为流正向。在圆柱形流动中，（3）方向是切向的，（2）方向是径向的，$\mathrm{d}U/\mathrm{d}y_3=0$，一般为周向均匀流动。在横流方向中 U 通常变化产生剪切（即 $\mathrm{d}U/\mathrm{d}y_2\neq0$），给出了

(2) 轴或径向 (r) 方向。尤其是在 y_2或者 r 方向上，统计均匀性在切变流中不成立。那么式 (2.137) 可能只涉及在 r_1和 r_3上转换，提出 $\Phi_{ab}(k_1,\omega,y_2,y_2')$ 作为合适的频谱。在这些条件下，式 (2.137) 的逆变换可以恢复频谱和互相关，即

$$\Phi_{ab}(r,\omega)=\int_{-\infty}^{\infty}\cdots\int_{-\infty}^{\infty}\Phi_{ab}(k_1,\cdots,k_n,\omega)\mathrm{e}^{\mathrm{i}(k_1r_1+\cdots+k_nr_n)}\mathrm{d}^3\boldsymbol{k}$$

还有

$$\hat{R}_{ab}(\boldsymbol{r},t)=\sqrt{\langle a^2\rangle\langle b^2\rangle}R_{ab}(\boldsymbol{r},t)=\int_{-\infty}^{\infty}\mathrm{e}^{-\mathrm{i}\omega\tau}\Phi_{ab}(\boldsymbol{r},\omega)\mathrm{d}\omega$$

本书中使用的相关函数通常在统计齐次变量的均方上具有归一化。因此，我们定义了归一化函数

$$R_{ab}(\boldsymbol{r},\tau)=\langle a(\boldsymbol{y},t)b(\boldsymbol{y}+\boldsymbol{r},t+\tau)\rangle/[\langle a^2\rangle\langle b^2\rangle]^{\frac{1}{2}} \tag{2.138}$$

其中有极限

$$\lim_{r\to 0}R_{ab}(\boldsymbol{r},\tau)=R_{ab}(0,\tau)=R_{ab}(\tau) \tag{2.139}$$

还有

$$\lim_{\tau\to 0}R(\tau)=R(0)=1.0 \tag{2.140}$$

申请只要$\langle a^2(\boldsymbol{y},t)\rangle=\langle a^2(\boldsymbol{x},t)\rangle$和类似的$\langle b^2(\boldsymbol{x},t)\rangle$。

齐次统计量的谱密度函数具有积分值：

$$[\langle a^2\rangle\langle b^2\rangle]^{1/2}=\int_{-\infty}^{\infty}\mathrm{d}\omega\iiint_{\mathrm{All}k}\mathrm{d}^3\boldsymbol{k}\Phi_{ab}(\boldsymbol{k},\omega) \tag{2.141}$$

还有

$$\Phi_{ab}(\omega)=\iiint_{\mathrm{All}k}\mathrm{d}^3\boldsymbol{k}\Phi_{ab}(\boldsymbol{k},\omega) \tag{2.142}$$

在本书中，频谱函数将在$[\langle a^2\rangle\langle b^2\rangle]^{1/2}$上归一化，因此，式 (2.141) 将是统一的。在这种情况下，将用小写符号 ϕ 而不是 Φ 来指定归一化频谱函数，其归一化为

$$\int_{-\infty}^{\infty}\phi(\omega)\mathrm{d}\omega=1$$

2.7.3　声压的等价积分表示

在本节中，将推导出基本的输入输出关系，将流致噪声问题作为线性确定性声学或结构介质的随机激励，这将通过继续分析亚声速下自由四极的声场来完成。式 (2.118) 表明，声压是声源体积和表面分布贡献的线性叠加。通常，格林函数可以被选择，这样即使表面存在（特别是如果表面是刚性的），方程也可以简化为体积或表面上的简单积分。当然，如果表面不存在，S 上的

积分就会消失。源通常是多极的一些组合，见式（2.72）。

因此，从一个源区域发出的声压可以用式（2.119）表示。其中，格林函数可以由式（2.112a）和式（2.112b）给出。在自由空间中源的情况下，或者在源与边界相邻的情况下，通过其他函数式（2.119）表明，声压要求在变量 $\boldsymbol{y}$ 上，在 $G(\boldsymbol{x},\boldsymbol{y},\omega)$ 的特征和源的特征之间进行一定的空间匹配。如通常假设的那样，源在时间和空间上都是随机的，那么方程必须使用 2.7.2 节的表示来处理，如式（2.119）就是如此。我们将指出使用式（2.119）处理这些问题的方法为例，但它们显然也适用于一维和二维源字段。

因此，对于式（2.119）中声压的傅里叶变换，就必须考虑到与我们对速度所做的同样广义。因此，场点 $\boldsymbol{x}$ 处的声压谱密度为

$$\Phi_{\mathrm{pp}}(\boldsymbol{x},\omega)=\lim_{T\to\infty}\frac{2\pi}{T}\{P_{\mathrm{a}}(\boldsymbol{x},\omega)P_{\mathrm{a}}^{*}(\boldsymbol{x},\omega)\} \tag{2.143}$$

并根据所有频率上频谱密度的积分进行归一化

$$\int_{-\infty}^{\infty}\Phi_{\mathrm{pp}}(\boldsymbol{x},\omega)\,\mathrm{d}\omega=\overline{p_{\mathrm{a}}^{2}}$$

在湍流区辐射声的特定情况下，压力谱密度与源项的交叉谱密度有关，则

$$\Phi_{\sigma\sigma}(\boldsymbol{y}_1,\boldsymbol{y}_2,\omega)=\lim_{T\to\infty}\frac{2\pi}{T}\{\tilde{\sigma}(\boldsymbol{y}_1,\omega)\tilde{\sigma}^{*}(\boldsymbol{y}_2,\omega)\}$$

通过一个类似于确定性过程的积分关系式（2.119），有

$$\Phi_{\mathrm{pp}}(\boldsymbol{x},\omega)=\iiint_V\cdot\iiint_V\Phi_{\sigma\sigma}(\boldsymbol{y}_1,\boldsymbol{y}_2,\omega)G^{*}(\boldsymbol{x},\boldsymbol{y}_1,\omega)G(\boldsymbol{x},\boldsymbol{y}_2,\omega)\,\mathrm{d}^3\boldsymbol{y}_1\mathrm{d}^3\boldsymbol{y}_2 \tag{2.144}$$

式（2.144）本质上是声压的光谱表示，它是积分函数在时域中组合的光谱模拟，其中式（2.59）是格林函数为自由空间的示例。实际上是方程形式的积分式（2.144），但涉及表面积分也经常出现（读者可以通过将必要的替换转换为任何一个式（2.59）或式（2.144）来理解等价性）。式（2.144）的重要性在于，湍流的协方差和交叉光谱密度（理论上）在物理上是可识别和可测量的量，但是，瞬时源是时间和空间的随机变量，所以其分布不一定是一个实际的物理量。光谱表示的效用在于，在许多应用中，重要的往往是特定频率的声学强度，而不是总体强度。在后面的章节中将使用许多形式的式（2.144），其中涉及一些替代源函数。例如，它可能适合调用式（2.72）中出现的任何源项的交叉谱，取决于所涉及的流动或流动体相互作用的类型。广泛使用式（2.144）或获得它的方法将是其余章节的基本特征。我们将在本书的其余部分中自由地使用本节的随机表达。大多数非定常流体动力过程也是湍流的。它们的随机性使这些或类似的时间（或空间）平均量成为表示流动

性质的唯一有用手段。然而，从本章的研究中可以看出，声学传播特性往往是确定的。在这些情况下，远场声功率只是一个卷积积分，涉及一个可测量的协方差或交叉光谱函数和一个几何影响的确定性格林函数。在由局部湍流密度和速度波动引起声反射和折射的情况下，甚至传播特性也必须在随机意义上加以考虑。

特别是当涉及远场声谱时，广义的随机表示囊括空间和时间，这其实很简单。把我们的注意力限制在一个频率和远场距离上，该距离远远大于源体积的尺寸，格林函数 $G(\boldsymbol{x},\boldsymbol{y},\omega)$ 分解成源坐标（表示源与管道模式的耦合）和场坐标（表示远离源区的传播）的函数的乘积，即式（2.120）和式（2.144）变成

$$\Phi_{\mathrm{pp}}(\boldsymbol{x},\omega)=|G_x(\boldsymbol{x},\omega)|^2\iiint_V\cdot\iiint_V\Phi_{\sigma\sigma}(\boldsymbol{y}_1,\boldsymbol{y}_2,\omega)G_y(\boldsymbol{y}_1,\omega)G_y(\boldsymbol{y}_2,\omega)\mathrm{d}^3\boldsymbol{y}_1\mathrm{d}^3\boldsymbol{y}_2 \tag{2.145}$$

即只要场点在远场 $|\boldsymbol{x}|\gg|\boldsymbol{y}|$ 和 $k_0|\boldsymbol{x}|\to\infty$。我们介绍了源格林函数的空间傅里叶变换对

$$\widetilde{G}_y(\boldsymbol{k},\omega)=\iiint_{-\infty}^{\infty}G_y(\boldsymbol{y},\omega)\mathrm{e}^{\mathrm{i}\boldsymbol{k}\cdot\boldsymbol{y}}\mathrm{d}^3\boldsymbol{y}$$

还有

$$G_y(\boldsymbol{y},\omega)=\frac{1}{(2\pi)^3}\iiint_{-\infty}^{\infty}\widetilde{G}_y(\boldsymbol{k},\omega)\mathrm{e}^{-\mathrm{i}\boldsymbol{k}\cdot\boldsymbol{y}}\mathrm{d}^3\boldsymbol{k} \tag{2.146}$$

用复共轭

$$G_y^*(\boldsymbol{y},\omega)=\frac{1}{(2\pi)^3}\iiint_{-\infty}^{\infty}\widetilde{G}_y^*(\boldsymbol{k},\omega)\mathrm{e}^{\mathrm{i}\boldsymbol{k}\cdot\boldsymbol{y}}\mathrm{d}^3\boldsymbol{k} \tag{2.147}$$

将式（2.120）和式（2.146）代入式（2.144），有

$$\begin{aligned}\Phi_{\mathrm{pp}}(\boldsymbol{x},\omega)=&|G_x(\boldsymbol{x},\omega)|^2\iiint_{-\infty}^{\infty}\mathrm{d}^3k\iiint_{-\infty}^{\infty}\mathrm{d}^3\boldsymbol{\kappa}\times\\&\left[\iiint_{-\infty}^{\infty}\mathrm{d}^3\boldsymbol{y}_1\iiint_{-\infty}^{\infty}\mathrm{d}^3y_2\Phi_{\sigma\sigma}(\boldsymbol{y}_1,\boldsymbol{y}_2,\omega)\mathrm{e}^{-\mathrm{i}(k\cdot y_1-\kappa\cdot y_2)}\right]\times\\&\widetilde{G}_y(\boldsymbol{k},\omega)\widetilde{G}_y^*(\boldsymbol{\kappa},\omega)\end{aligned} \tag{2.148}$$

如果湍流源场的统计量在空间上是均匀的，那么远场声谱的这个积分表达式可以大大简化

$$\Phi_{\sigma\sigma}(\boldsymbol{y}_1,\boldsymbol{y}_2,\omega)=\Phi_{\sigma\sigma}(\boldsymbol{y}_2,\boldsymbol{y}_1,\omega)=\Phi_{\sigma\sigma}(\boldsymbol{y}_2-\boldsymbol{y}_1,\omega) \tag{2.149}$$

在这种情况下，源函数的交叉光谱密度只是分离变量差异的函数。然后，设

$$\boldsymbol{y}_2=\boldsymbol{y}_1+\boldsymbol{r},\quad \mathrm{d}^3\boldsymbol{y}_2=\mathrm{d}^3\boldsymbol{r}$$

式（2.148）可以重写为

$$\Phi_{\mathrm{pp}}(\boldsymbol{x},\omega)=|G_x(\boldsymbol{x},\omega)|^2\int_{-\infty}^{\infty}\mathrm{d}^3k\int_{-\infty}^{\infty}\mathrm{d}^3\boldsymbol{\kappa}\widetilde{G}_y(\boldsymbol{k},\omega)\widetilde{G}_y^*(\boldsymbol{\kappa},\omega)\times$$
$$\frac{1}{(2\pi)^3}\int_{-\infty}^{\infty}\Phi_{\sigma\sigma}(\boldsymbol{r},\omega)\mathrm{e}^{\mathrm{i}\boldsymbol{\kappa}\cdot\boldsymbol{r}}\mathrm{d}^3\boldsymbol{r}\frac{1}{(2\pi)^3}\int_{-\infty}^{\infty}\mathrm{e}^{\mathrm{i}(\boldsymbol{k}-\boldsymbol{\kappa})\cdot\boldsymbol{y}_1}\mathrm{d}^3\boldsymbol{y}_1 \tag{2.150}$$

关于$\boldsymbol{y}_1$的积分生成增量函数（参见 1.6.4 节“狄拉克函数”）

$$\frac{1}{(2\pi)^3}\iiint_{-\infty}^{\infty}\mathrm{e}^{\mathrm{i}(\boldsymbol{k}-\boldsymbol{\kappa})\cdot\boldsymbol{y}_1}\mathrm{d}^3\boldsymbol{y}_1=\delta(\boldsymbol{k}-\boldsymbol{\kappa}) \tag{2.151}$$

现在，引入波数谱密度

$$\Phi_{\sigma\sigma}(\boldsymbol{k},\omega)=\frac{1}{(2\pi)^3}\iiint_{-\infty}^{\infty}\Phi_{\sigma\sigma}(\boldsymbol{r},\omega)\mathrm{e}^{\mathrm{i}\boldsymbol{k}\cdot\boldsymbol{r}}\mathrm{d}^3\boldsymbol{r} \tag{2.152}$$

式（2.150）简化为简单形式

$$\Phi_{\mathrm{pp}}(\boldsymbol{x},\omega)=|G_x(\boldsymbol{x},\omega)|^2\iiint_{-\infty}^{\infty}\Phi_{\sigma\sigma}(\boldsymbol{k},\omega)|\widetilde{G}_y(\boldsymbol{k},\omega)|^2\mathrm{d}^3\boldsymbol{k} \tag{2.153}$$

这个方程是式（2.144）的频谱模拟，适用于空间和时间均匀源分布的声远场压力。这两种关系之间的等价性是 Parseval 定理的一种形式，允许插入式（2.120）变成式（2.144）（见参考文献［7，51］）。

在后面的章节中，我们将考虑线性系统的输入和输出频谱函数之间的阻抗关系。例如，设$a(t)$和$b(t)$分别是输入变量和输出变量，$A(\omega)$和$B(\omega)$是它们的广义傅里叶变换。若$a(t)$与$b(t)$呈线性关系

$$B(\omega)=Z(\omega)A(\omega)$$

式中：$Z(\omega)$为阻抗函数，然后通过调用关系式（2.143）。我们发现

$$\Phi_{BB}(\omega)=|Z(\omega)|^2\Phi_{AA}(\omega)$$

在该方程中，光谱密度$\Phi(\omega)$与方程的自相关函数式（2.135）有关。

式（2.179）和式（2.120）的有用组合是从上面导出的 Lighthill 应力张量，即

$$P_{\mathrm{a}}(\boldsymbol{x},\omega)=G_x(\boldsymbol{x},\omega)\iiint_{-\infty}^{\infty}\left\{\sum\nolimits_{ij}(\boldsymbol{k},\omega)\right\}G_y(\boldsymbol{k},\omega)\mathrm{d}^3\boldsymbol{k} \tag{2.154}$$

其中

$$\left\{\sum\nolimits_{ij}(\boldsymbol{k},\omega)\right\}=\frac{1}{(2\pi)^3}\iiint\frac{\partial^2\boldsymbol{T}_{ij}^{\sim}(\boldsymbol{y},\omega)}{\partial y_i\,\partial y_j}\mathrm{e}^{\mathrm{i}\boldsymbol{k}\cdot\boldsymbol{r}}\mathrm{d}^3\boldsymbol{r} \tag{2.155}$$

是源密度的广义傅里叶变换。结合 2.7.2 节的定理，在湍流区域均匀性的假设下，将得到式（2.153）。

在定义了声压远场的声压谱密度后，我们可以使用式（2.153）的符号来

定义式（2.16）之后的声功率谱密度。

$$\mathbb{P}_{\text{rad}}(\omega)=\iint_{S_0}\frac{\Phi_{\text{pp}}(\boldsymbol{x},\omega)}{\rho_0 c_0}\mathrm{d}S(\boldsymbol{x}) \tag{2.156}$$

式中：$\mathbb{P}_{\text{rad}}(\omega)$为远场声功率谱密度。

式（2.145）和式（2.153）等效于空间和时间均相随机场。它们的等价性称为 Parseval 定理[7,51]。当声场或结构构件受到随机激励场线性激励时，它们将交替使用。式（2.153）表示反应取决于湍流和响应介质或结构的时空耦合。

因为式（2.145）的应用一般不限于激发场的统计均匀性，所以它一般比式（2.153）限制性低。这些关系将被用于预测射流噪声（第 3 章“剪切层不稳定、单频单、射流噪声”）、风成音调（第 4 章“圆柱偶极声”）、提升表面噪声（第 2 卷第 5 章“无空化升力部分”和第 6 章“旋转机械噪声”）、边界层诱导的声音和振动（第 2 卷第 2 章“壁湍流压力脉动响应”和第 3 章“阵列与结构对壁湍流和随机噪声的响应”）等。流动诱导声和振动的所有应用中，主要问题是建立以 $\Phi_{\sigma\sigma}(\boldsymbol{k},\omega)$为例激励函数的行为，和以 $G_y(\boldsymbol{k},\omega)$为例的响应内核。

2.8　管道声学

当声源放置在管道中时，辐射声功率取决于外壳和管道的声模耦合源本身的空间方向性（或周向顺序）。三个实际问题浮现出来：首先，声学多极源在什么条件下会在管道中产生传播扰动；其次，导管内传播声功率与源强有什么关系；最后，如果导管终止，辐射到导管开口外的远场声功率与导管内的声功率有什么关系。以上问题的完整答案不在本书范围内，但我们就每个问题的基本答案进行研究。Morse 和 Ingard[6] 对管道的声学进行了更详细的研究；关于管道中的吸收和传播更实际的考虑可以在 Beranek[52] 中找到。在本节中，我们将考虑硬壁管道中源的基本行为，采用前面的描述构建上下文。我们将考虑非均匀波动方程的解，如式（2.50）的形式，其中源分布 $\sigma(\boldsymbol{y},t)$可以假定式（2.48）、式（2.49）、式（2.72）、式（2.95）或式（2.111）中给出的任何显式形式。我们在零速度壁面边界条件下寻求格林函数，通过评估适当形式的式（2.119）来找到管道中的声压，也就是说

$$P_{\text{a}}(\boldsymbol{x},\omega)=\iiint_V \widetilde{\sigma}(\boldsymbol{y},\omega)G(\boldsymbol{x},\boldsymbol{y},\omega)\mathrm{d}V(\boldsymbol{y}) \tag{2.157}$$

2.8.1 基础管道声学

当声源在声学外壳中产生声音时，辐射声强取决于外壳的声模（由 $G(\boldsymbol{x},\boldsymbol{y},\omega)$ 表示）和源的空间质量（由 $\widetilde{\sigma}(\boldsymbol{y},\omega)$ 的耦合）。

有限截面影响声波在管道中传播，迫使声音作为驻波存在于管道截面上。只有某些模式产生沿轴传播的波；其他模式的压力随与源的轴向距离呈指数衰减。为了说明这一效果，需要考虑到单极源的声压可能存在于无限轴向范围的硬壁管道内，如图 2-14 矩形管道所示。频率 ω 波处的声压为 $p(\boldsymbol{x},\omega)$，由管道中 $\boldsymbol{y}$ 处的单位点源引起，这只是格林函数满足式（2.117）的一般形式，如 $\boldsymbol{x}=(x_1,x_2,x_3)$。

$$G(\boldsymbol{x},\boldsymbol{y},\omega)=\sum_{m,n}S_{mn}(x_1,x_2)S_{mn}(y_1,y_2)T_{mn}(x_3-y_3) \tag{2.158}$$

其中，对源位置的依赖嵌入在函数中。这个格林函数满足壁面零速度的条件，即在管道内表面上。

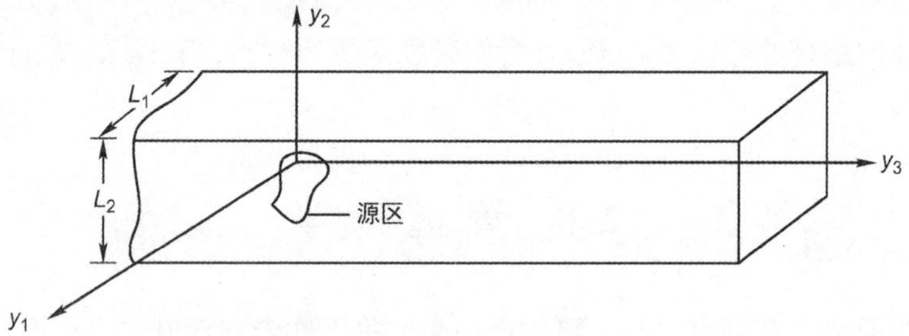

图 2-14　矩形管道中声场的坐标系

$$\frac{\partial}{\partial x_n}=0 \tag{2.159}$$

函数 $T_{mn}(x_3)$ 是一种模态传输，表示沿管道和轴的传播 $S_{mn}(x_1,x_2)$ 是管道横截面坐标的椭圆可分函数。因此，它们满足了拉普拉斯方程：

$$\nabla^2 S_{mn}(x_1,x_2)+k_{mn}^2 S_{mn}(x_1,x_2)=0 \tag{2.160}$$

式中：波参数 k_{mn}^2 的值就像我们将要看到的，模态系数是由边界条件决定的 Stants 方程，式（2.159）用于特定的横截面几何。

格林函数在式（2.118）中使用一般形式。首先，我们注意到 $S_{mn}(x_1,x_2)$ 的所有阶均在横截面的面积上进行归一化，以提供正交条件，即

$$\iint_{A_D} S_{mn}(x_1,x_2)S_{pq}(x_1,x_2)\mathrm{d}x_1,\quad \mathrm{d}x_2=\begin{cases}0, & m\neq p,n\neq q\\ A_D\Lambda_{mn}, & m=p,n=q\end{cases} \tag{2.161}$$

式中：A_D为管道横截面面积的具体形式，$S_{mn}(x_1,x_2)$和Λ_{mn}将在下面和第 2 卷第 4 章“管道和涵数系统的声辐射”中分别进行阐述。无限管道的传播函数$T_{mn}(x_3)$独立于具有可分离函数的内部势场的截面几何，并将在下面推导得出。将式（2.158）代入（2.117），然后将展开的拉普拉斯方程插入式（2.160），得

$$\sum_{m,n} S_{mn}(x_1,x_2)\left[\frac{\partial^2 T_{nm}(x_3)}{\partial x_3^2} + (k_0^2 - k_{mn}^2)\cdot T_{mn}(x_3)\right] = \delta(\boldsymbol{x} - \boldsymbol{x}_0)$$

用$S_{mn}(x_1,x_2)$乘以两边在管道的横截面区域上积分，并调用式（2.161）的正交条件和归一化，得

$$\frac{\partial^2 T_{nm}(x_3)}{\partial x_3^2}+(k_0^2-k_{mn}^2)\cdot T_{mn}(x_3)=\frac{S_{nm}(x_{10},x_{20})}{A_D\Lambda_{mn}}\delta(x_3-x_{30}) \tag{2.162}$$

$T_{mn}(x_3)$的形式为$A_{mn}\exp\left[\mathrm{i}\sqrt{k_0^2-k_{mn}^2}\,|x_3-x_{30}|\right]$

和

$$k_3=\sqrt{k_0^2-k_{nm}^2},\quad \sqrt{-1}=\mathrm{i} \tag{2.163}$$

是轴向传播波数。确定A_{mn}的标准方法（如参考文献［6］）就是整合式（2.162）超过$x_0-\zeta$到$x_0+\zeta$，在结果中，当ζ为零时，取其极限，注意指数参数的绝对值在$\mathrm{d}T/\mathrm{d}x_3$中产生符号变化作为$x_3$穿过$\zeta$。因此，可得

$$\lim_{|\xi|\to 0}\left[A_{mn}\left(\frac{\mathrm{d}Z}{\mathrm{d}x_3}\right)\right]_{-\xi}^{\xi}=A_{nm}2\mathrm{i}k_3=\frac{S_{mn}(y_1,y_2)}{A_D\Lambda_{nm}}$$

这给出了具有刚性壁面边界的直无限管道的单极格林函数，即

$$G(\boldsymbol{x},\boldsymbol{y},\boldsymbol{\omega}) = \sum_{m,n}\frac{S_{mn}(x_1,x_2)S_{mn}(y_1,y_2)}{\mathrm{i}2A_D\Lambda_{mn}\sqrt{k_0^2 - k_{mn}^2}}\exp(\sqrt{k_0^2 - k_{mn}^2}\,|x_3 - y_3|) \tag{2.164}$$

函数$S_{mn}(x_1,x_2)$以及Λ_{mn}的值是特定于交叉截面管道的几何形状，矩形截面的几何形状如下。

对于长度为L的矩形截面L_1和L_2，有

$$S_{mn}(x_1,x_2)=\begin{pmatrix}\cos & & \cos & \\ & k_m x_1 & & k_n x_2\\ \sin & & \sin & \end{pmatrix} \tag{2.165}$$

边界条件满足

$$k_m=2m\pi/L_1,\quad k_n=2n\pi/L_2,\quad m,n=0,1,2,\cdots\text{对于偶数模式}$$
$$k_m=m\pi/L_1,\quad k_n=n\pi/L_2,\quad m,n=1,3,5,\cdots\text{对于奇数模式}$$

余弦函数和正弦函数描述了管道截面上静止声波的模式形状。偶数模式是关于中心线的对称模，$x_1=0$ 和 $x_2=0$ 由余弦函数描述，奇数模式是反对称的，由正弦函数描述。

式（2.163）表明只要 k_{mn} 小于 k_0，波数 k_3 是实数，波传播不衰减。然而，如果 k_0 小于 k_{mn}，且 k_3 是虚数，有

$$k_3=\begin{cases}+\mathrm{i}\sqrt{k_{mn}^2-k_0^2}, & x_3>0\\ -\mathrm{i}\sqrt{k_{mn}^2-k_0^2}, & x_3<0\end{cases}$$

因此，对于给定的激发波数，如 $(k_{mn})_e=\sqrt{(k_m)_e^2+(k_n)_e^2}$，如果频率太低了，$k_0<(k_{m,n})_e$，声音就不会沿着管道传播。由此，频率 ω_c 满足

$$(k_{m,n})_e=k_0=\omega_c/c_0 \tag{2.166}$$

称为模式的截止频率。然而，有一种特殊的模式，其传播总是发生。当 $m=n=0$ 时，即当传播波是横过管道的平面波时，则 $k_3=k_0$ 也不会发生衰减。因此，平面波总是在管道中进行传播的。

通过插入模型函数方程，得到矩形截面风管中单位强度设置在 $\boldsymbol{y}$ 位置的单极子源的格林函数。式（2.165）改为式（2.161），得

$$A_{\mathrm{D}}\Lambda_{mn}=\frac{L_1L_2}{4\varepsilon_m\varepsilon_n}$$

其中

$$\varepsilon_m=\varepsilon_n=2,\quad m,n=0$$

$$\varepsilon_m=\varepsilon_n=1,\quad m,n\neq 0$$

因此，单位单极子源辐射的声压格林函数由式（2.164）给出。

$$G_m(\boldsymbol{x},\boldsymbol{y},\omega)=\frac{2\mathrm{i}}{L_1L_2}\sum_{mn}\frac{S_{mn}(y_1,y_2)S_{mn}(x_1,x_2)}{\varepsilon_m\varepsilon_n\sqrt{k_0^2-k_{mn}^2}}\mathrm{e}^{\mathrm{i}\sqrt{k_0^2-k_{mn}^2}\,|x_3-y_3|} \tag{2.167}$$

以类似的方式，对于沿管道轴排列的偶极分布，如强度 $\partial F_3/\partial x_3$，格林函数为

$$G_{d_3}(\boldsymbol{x},\boldsymbol{y},\omega)=\frac{\partial}{\partial y_3}(G_m(\boldsymbol{x},\boldsymbol{y},\omega)) \tag{2.168a}$$

$$G_{d_3}(\boldsymbol{x},\boldsymbol{y},\omega)=\frac{-2}{L_1L_2}\sum_{nm}\frac{S_{mn}(y_1,y_2)S_{mn}(x_1,x_2)}{\varepsilon_m\varepsilon_n}\mathrm{e}^{\mathrm{i}\sqrt{k_0^2-k_{mn}^2}\,|x_3-y_3|} \tag{2.168b}$$

对于一个偶极横向定向到管道的轴，如沿着图 2-14 中的“1”定向。

$$G_{1_3}(\boldsymbol{x},\boldsymbol{y},\omega)=\frac{\partial}{\partial y_1}(G_m(\boldsymbol{x},\boldsymbol{y},\omega)) \tag{2.169a}$$

还有

$$G_{d_1}(\boldsymbol{x},\boldsymbol{y},\omega)=\frac{2\mathrm{i}}{L_1L_2}\sum_{mn}\frac{\dfrac{\partial S_{mn}(y_1,y_2)}{\partial y_1}S_{mn}(x_1,x_2)}{\varepsilon_m\varepsilon_n\sqrt{k_0^2-k_{mn}^2}}\mathrm{e}^{\mathrm{i}\sqrt{k_0^2-k_{mn}^2}\,|x_3-y_3|}$$

(2.169b)

这些函数可以插入 Helmholtz 积分方程，即式（2.118）中，因此，声音的传播不仅取决于同声波数相关的激发模态的波数，而且还取决于管道局部的声源模态的形式：$S_{mn}(y_1,y_2)$。

2.8.2 无限长管道的多极子声辐射

当轴向偶极力$f_3(y_1,y_2,\omega)\delta(y_3)$集中在管道的轴线 $y_3=0$ 上，它发出的声压由式（2.121b）推出，使用式（2.168a）和式（2.168b）给出的格林函数。

$$P_{\mathrm{a}}(\boldsymbol{x},\omega)=\iint_{A_{\mathrm{s}}}G_{d_3}(\boldsymbol{x},y_1,y_2,y_3=0,\omega)f_3(y_1,y_2,\omega)\,\mathrm{d}y_1\mathrm{d}y_2 \tag{2.170}$$

式中：$f_3(\boldsymbol{y},\omega)$为沿管道轴投影的单位长度的力的分量。我们将设 A_{s}是在轴向投影的偶极的表面积。

在低频($k_0\sqrt{A_{\mathrm{D}}}\ll1$)下管道的一个重要后果是，对于 m 和 n 的低阶，如$k_0<k_{mn}(m,n>0)$导致在式（2.160）的条件下，防止了高阶模态进行传播。在这个截止频率之上，只有轴向的偶极才会辐射。因此，当 $m=n=0$ 时，式（2.152）将具备以下条件

$$\frac{\partial G_m}{\partial y_1}=\frac{\partial G_m}{\partial y_2}=0$$

式（2.170）给出

$$P_{\mathrm{a}}(\boldsymbol{x},\omega)=\frac{1}{2A_{\mathrm{D}}}F_3\mathrm{e}^{\pm ik_0x_3} \tag{2.171}$$

式（2.171）描述了振幅的平面波 $F_3/2A_{\mathrm{D}}$在管道中上下传播。由于 $P_{\mathrm{a}}(\boldsymbol{x},\omega)$与式（2.130）意义上的声压谱密度呈二次曲线关系，而 $F_3(\omega)$与力谱密度$\Phi_{\mathrm{FF}}(\omega)$呈二次曲线关系，所以辐射到声源一侧的管道中的声功率谱密度是式（2.156）。

$$[\mathbb{P}(\omega)]_{\mathrm{Duct}}=\frac{\Phi_{\mathrm{FF}}(\omega)}{4\rho_0c_0A_{\mathrm{D}}} \tag{2.172}$$

其中，k_0L_1和 k_0L_2都小于 1。辐射到两侧的总声音功率是这个值的两倍。

在自由空间中，相同的力偶极将产生从式（2.75）推导出的压力振幅。

$$P_{\mathrm{a}}(\boldsymbol{x},\omega)=\frac{k_0F_3cos\theta}{4\pi r}\mathrm{e}^{ik_0r}$$

所以，自由空间中力的声功率谱特性如式（2.156）和表 2-1 所示。

$$
\begin{aligned}
[\mathbb{P}(\omega)]_{\text{Free}} &= \frac{1}{3}\left(\frac{k_0}{4\pi r}\right)^2 \frac{\Phi_{\text{FF}}(\omega)}{\rho_0 c_0} 4\pi r^2 \\
&= \frac{k_0^2 \Phi_{\text{FF}}(\omega)}{12\pi\rho_0 c_0}
\end{aligned}
\tag{2.173}
$$

偶极声源辐射到自由空间的声功率与低频辐射到管道中的总功率之比为

$$
\frac{[\mathbb{P}(\omega)]_{\text{Free}}}{[\mathbb{P}(\omega)]_{\text{In duct}}} = \frac{k_0^2 A_{\text{D}}}{3\pi} \tag{2.174}
$$

$\sqrt{k_0^2 A_{\text{D}}} \ll 1$ 这一结果与管道截面的几何形状或源离壁面的距离无关。它要求壁面是硬的，偶极的轴与管道轴重合，并且在源和开口之间不发展驻波。在实践中，这可以通过壁面轻微吸收声音来实现。式（2.174）将用于推导出的源级转换，如通过管道或管壁上的压力传感器转换为等效的远场声压级。

在低频 $k_0^2 A_{\text{D}} \ll 1$ 下，封闭四极子在硬壁管道中的声功率不同于由相同声源辐射的声功率。Davies 和 Ffowcs Willams[45] 使用式（2.167）中给出的 $G(\boldsymbol{x},\boldsymbol{y},\omega)$ 证明了辐射的唯一四极子是轴向的，即仅为 $\Delta G = \partial\Delta/(\partial y_3) \neq 0$ 和 $\partial^2 T_{33}/\partial y_3^2 \neq 0$ 的 3，3 组合。这是因为平面波沿着管道的传播只可能发生在低频。四极的所有其他方向都不会在远离源的地方产生辐射。在消失马赫数的限制下，沿管道辐射的声音强度形式（以前在式（2.62）中）为

$$
I(x_3) \sim \frac{V_0}{\rho_0 c_0^3}[\rho_0 U_c^2]^2 \left[\frac{U_c}{\Lambda}\right]^2 \Lambda \tag{2.175}
$$

式中：Λ 为四极沿轴的相关长度；Λ/U_c 为湍流的时间尺度。这表明，管道中纵向轴向四极的辐射声功率比自由空间的辐射声功率提高了一个阶 $(M_c)^{-2}$ $(M_c \ll 1)$，但来自其他方向的辐射受到了抑制。在频率足够高的条件下，当声学交叉模式发生时，管道或管道中四极的辐射本质上是自由空间的辐射。

虽然对矩形截面的管道进行了上述分析，但圆形管道的行为与第 2 卷第 4 章“管道和涵道系统的声辐射”，以及第 6 章“旋转机械噪声”中所讨论的相似。对于具有声学反应壁的管道，必须按照方程的思路重新考虑式（2.118），其中可以建立关系 $P_{\text{a}}(\boldsymbol{y},\omega)$ 和 $\partial P_{\text{a}}(\boldsymbol{y},\omega)/\partial n$（见参考文献［45］）。

2.8.3　半无限长管道出口的声辐射

本节将检查声功率辐射到半无限管道的终端，并随后从管道的开口辐射到一个自由空间。Heller 和 Widnall[53] 已经考虑了该问题。平面管道模式的极限[54] 如图 2-15 所示，当一个源被放置在管道中时，距离 x_3 从开口端，向下辐

射到未终止端的功率等于将辐射到无限管的一侧的功率（在轴向偶极的情况下，见式（2.172））加上从开口端反射回来的功率。如果源头在管道内部足够远，$|x_3|>L_1L_2$，那么交叉模式将与负责模态函数式（2.173）中的模式 $S_{mn}(y_1,y_2)$ 相同。在开口处，$x_3=L$ 声波面对阻抗不连续，因此

$$P_a(L,\omega)=Z_a u(L,\omega) \tag{2.176}$$

式中：Z_a 为开口阻抗。如图 2-15 和图 2-16 所示，如果假定管道在挡板中终止，频率足够低，且只有平面波在管道中传播，那么流体在平面上的运动 $x_3=L$ 表示挡板中的活塞，其声阻抗为[27]

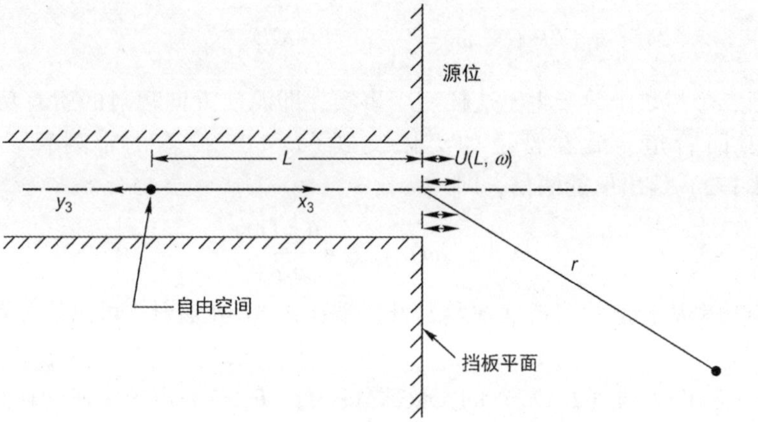

图 2-15　终止于无限刚性挡板的管道或管道的横截面
（y_3 表示源坐标，x_3 表示管道中的场坐标）

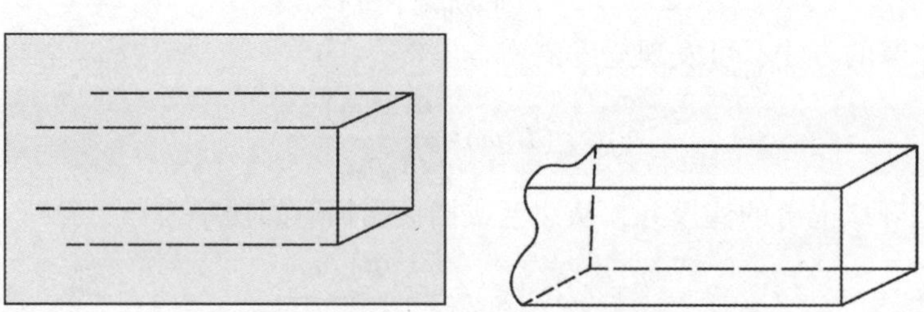

图 2-16　法兰和无法兰管道出口

$$Z_a=\rho_0 c_0\left\{\left(\frac{k_0^2 A_D}{2\pi}\right)+\mathrm{i}\,\frac{8(k_0^2 A_D)^{1/2}}{3\sqrt{\pi^3}}\right\} \tag{2.177}$$

从后面 5.5 节介绍的方法中可得出结构辐射的基本特征。因为 $\sqrt{k_0^2 A_D}\ll 1$，

$(Z_a/\rho_0 c_0)$是小到足以允许施加管道边界条件的 $P_a(x_3=L,\omega)/[\rho_0 c_0 u(x_3=L,\omega)]\approx 0$。

因此，对于分布在距离 y_3上的源位，位于距离所述端部的 L 处，其低频格林函数为

$$G_m(x_3,y_3,\omega)=\left(\frac{\mathrm{i}}{2k_3A_\mathrm{D}}\right)\begin{cases}\mathrm{e}^{\mathrm{i}k_3(x_3-y_3)}-\mathrm{e}^{\mathrm{i}k_3(x_3-y_3-2L)}, & x_3\geqslant y_3\\ \mathrm{e}^{-\mathrm{i}k_3(x_3-y_3)}(-\mathrm{e}^{2\mathrm{i}k_3(L-y_3)}), & x_3\leqslant y_3\end{cases} \tag{2.178}$$

其中，$\sqrt{k_0^2A_\mathrm{D}}\ll 1$。

以一种类似于上一节的方式，声压向开口端传播的振幅为

$$P_a(x_3,\omega)=\frac{F_3}{2A_\mathrm{D}}(\mathrm{e}^{\mathrm{i}k_0x_3}-\mathrm{e}^{-\mathrm{i}k_0(x_3-2L)}) \tag{2.179}$$

第二个指数函数产生于这样一个事实，即源向方向辐射的所有功率 $x_3>0$ 被反射回管道。沿着管道的无限支腿（$x_3<0$）传输的辐射声功率仅是式（2.172）给出值的两倍，即

$$[\mathbb{P}(\omega)]_\text{In duct}=\frac{\Phi_\mathrm{FF}(\omega)}{2\rho_0c_0A_\mathrm{D}} \tag{2.180}$$

声功率从管道的挡板（法兰）开口端在 $x_3=L$ 处辐射，可以从关系中找到

$$[\mathbb{P}(\omega)]_\text{Flanged}=(Z_a)_\text{ac}\Phi_{uu}(L,\omega)A_\mathrm{p}$$

式中：$(Z_a)_\text{ac}$为式（2.177）的实数部分；$\Phi_{uu}(L,\omega)$为声粒子速度在开口端的频谱密度，即

$$U(x_3,\omega)=\frac{1}{\mathrm{i}\omega\rho_0}\frac{\partial P_a(x_3,\omega)}{\partial x_3}$$

通过 2.7 节的方法，可发现速度谱为

$$\Phi_{uu}(L,\omega)=\frac{\Phi_\mathrm{FF}(\omega)}{A_\mathrm{D}\rho_0c_0}$$

由于管道开口上游的偶极井，从法兰或挡板端辐射的功率为

$$[\mathbb{P}(\omega)]_\text{Flanged}=\frac{k_0^2\Phi_\mathrm{FF}(\omega)}{2\pi\rho_0c_0} \tag{2.181}$$

对于$(k_0^2A_\mathrm{D})^{1/2}\ll 1$，从法兰（挡板）管道的开口处辐射的声功率与无限管道内的偶极产生的声功率比（在开口的上游）为

$$\frac{[\mathbb{P}(\omega)]_\text{Flanged}}{[\mathbb{P}(\omega)]_\text{In duct}}=\frac{k_0^2A_\mathrm{D}}{\pi} \tag{2.182}$$

式（2.181）表明，法兰管中的偶极辐射将是自由空间中相同强度偶极辐射的 6 倍（大于 8 dB），这一公式是一个重要的结果。然而，如果管道是展开

的，它将具有相同的频率依赖性（图 2-16）。Levine 和 Schwinger[55]（另见参考文献［6］和图 2-17）已经表明，从末端辐射出来的声功率只是从法兰管辐射出来的一半。因此，从展开端的偶极辐射为

$$[\mathbb{P}(\omega)]_{\text{Unflanged}}=\frac{k_0^2\Phi_{\text{FF}}(\omega)}{4\pi\rho_0c_0} \tag{2.183}$$

以及

$$\frac{[\mathbb{P}(\omega)]_{\text{Unflanged}}}{[\mathbb{P}(\omega)]_{\text{In duct}}}=\frac{k_0^2A_{\text{D}}}{2\pi} \tag{2.184}$$

在低于管道截止频率的频率，如果源的位置比末端 L_1 或 L_2 的倍数更远，那么对于自由偶极，从管道辐射的声功率受式（2.173）的限制。对于管道偶子，则受式（2.181）或式（2.183）的限制。在端部挡板的两种情况下，在自由空间中由封闭的轴向偶极从管道开口辐射到同一偶极的声功率比，对于法兰管道和无法兰管道分别为 3/2 和 3。

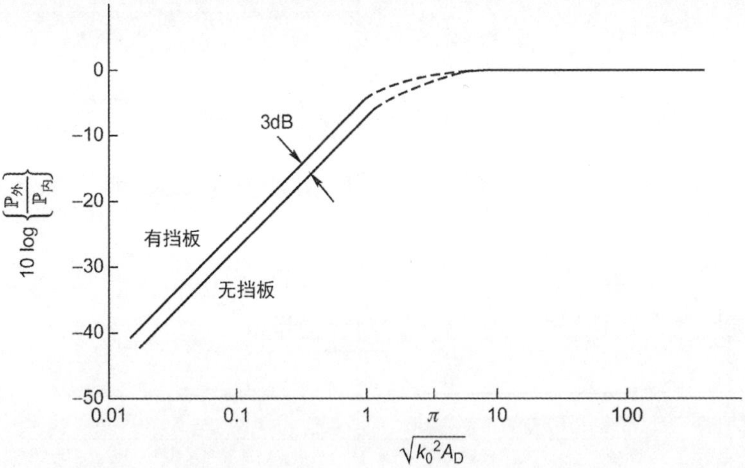

图 2-17　相对于管道内部形成的声功率，从半无限管道开口端发出的声功率（式（2.182）用于挡板，式（2.184）用于无挡板）

在截止频率以上的频率的相反极限，$\sqrt{k_0^2A_{\text{D}}}\gg1$，在式（2.176）中出现的声阻抗实际上是 ρ_0c_0。因此，管道出口没有发生内部反射。所有功率（除吸收外）辐射出开口端，是辐射源向 $x_3>0$ 的方向。就管道内产生的声功率而言，辐射将由式（2.166）给出的格林函数来进行控制。在这种情况下，因为 $(\partial G_y)/(\partial y_1)$ 和 $(\partial G_y)/(\partial y_2)$ 不一定为零（见第 2 卷 6.7 节），所以辐射不仅限于与管道轴线对齐的源。在非常高的频率下，管道尺寸远大于声波波长，并且

与管道尺寸相比，源尺寸很小，激发了管道的许多交叉模式。在这种情况下，Davies 和 Ffowcs Williams[45]已经证明辐射声功率与在自由空间发射的声音功率相同。

总之，图 2-18 说明了与自由空间中相同强度的偶极相比，管道中轴向偶极从开口端辐射的功率。低频和高频的比率将采取简单的数值显示。在$\sqrt{k_0^2 A_D}$的中间范围内，将存在一个取决于源的位置相对于管道的形状干扰模式。因此，这个 k_0范围内的声功率将取决于管道的几何形状。在管道中的偶极源辐射到自由空间的情况下，如图 2-14 所示，几何形状从法兰开口。对外界的辐射取决于管道内源的方向，如图 2-18 所示。当源在管道深处时，$L/D \gg 1$，只有那些与管道轴向一致的声源才会向外辐射声音。

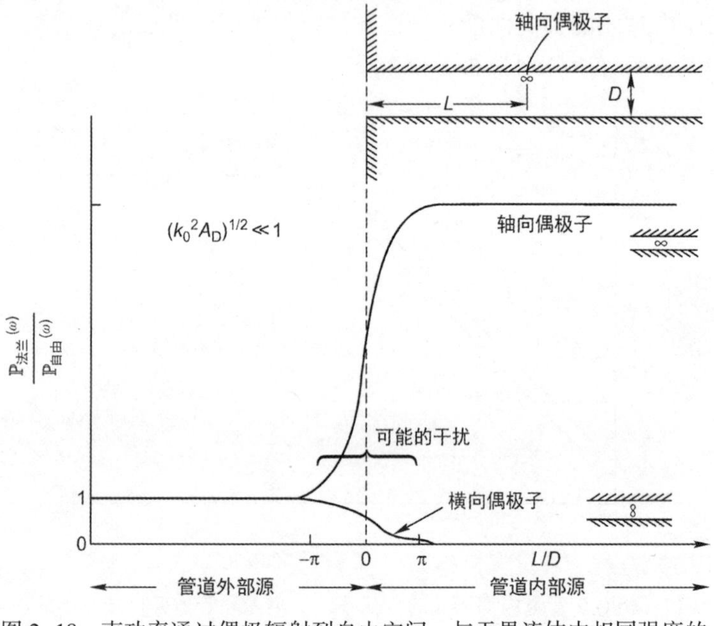

图 2-18　声功率通过偶极辐射到自由空间：与无界流体中相同强度的偶极辐射入管道内部的声功率相比

导管的作用是提高偶极的辐射效率。当源在管道内，但靠近开口时，辐射功率将受到来自开口边缘散射干扰的影响。当源在管道入口外时，与管道轴线对齐或横向对齐的偶极基本上会像在自由场中一样辐射。如第 2 卷第 4 章“管道和涵道系统的声辐射”和第 6 章“旋转机械噪声”中所讨论的那样，这些概念具有相当大的实际工程重要性[56]。

参考文献

[1] Milne-Thompson LM. Theoretical hydrodynamics. 4th ed. New York: Macmillan; 1960.

[2] Batchelor GK. An introduction to fluid dynamics. London and New York: Cambridge University Press; 2000.

[3] Sabersky RH, Acosta AJ, Hauptmann EG, Gates EM. Fluid flow. Upper Saddle River, N. J.: Prentice Hall; 1998.

[4] White FM. Fluid mechanics. 8th ed. New York: McGraw-Hill; 2015.

[5] Kundu PK, Cohen IM, Dowling D. Fluid mechanics. 6th ed. Waltham, Mass: Academic Press; 2015.

[6] Morse PM, Ingard KU. Theoretical acoustics. New York: McGraw-Hill; 1968.

[7] Pierce AD. Acoustics: an introduction to its physical principles and applications. New York: Acoustical Society of America; 1989.

[8] Kinsler LE, Frey AR, Coppens AB, Sanders JV. Fundamentals of acoustics. 4th ed. Hoboken, N. J.: Wiley; 2000.

[9] Fahey F, Gardonio P. Sound and structural vibration. 2nd ed. Waltham, Mass: Academic Press; 2007.

[10] Junger MC, Feit D. Sound structures and their interaction. Cambridge, MA: MIT Press; 1972.

[11] Sommerfeld A. "Partial differential equations in physics," lectures on theoretical physics, vol. 6. New York: Academic Press; 1964.

[12] Howe MS. Acoustics of fluid-structure interactions. Cambridge University Press; 1998.

[13] Lighthill MJ. On sound generated aerodynamically, I, General theory. Proc R Soc London, Ser A 1952; 211: 564-87.

[14] Lighthill MJ. On sound generated aerodynamically, II, Turbulence as a source of sound. Proc R Soc London, Ser A 1954; 222: 1-32.

[15] Lighthill MJ. Sound generated aerodynamically. Proc R Soc London, Ser A 1962; 267: 147-82.

[16] Schlichling H. Boundary layer theory. New York: McGraw-Hill; 1979.

[17] Bateman H. Partial differential equations of mathematical physics. London and New York: Cambridge University Press; 1959.

[18] Stratton JA. Electromagnetic theory. New York: McGraw-Hill; 1941.

[19] Jackson JD. Classical electrodynamics. 3rd ed. New York: Wiley; 1999.

[20] Jones DS. The theory of electromagnetism. Oxford: Pergamon; 1964.

[21] Proudman I. The generation of noise by isotropic turbulence. Proc R Soc London, Ser A 1952; 214: 119-32.

[22] Crow SC. Aerodynamic sound emission as a singular perturbation problem. Stud Appl Math 1970；49：21-44.

[23] Curle N. The influence of solid boundaries upon aerodynamic sound. Proc R Soc London, Ser A 1955；231：505-14.

[24] Powell A. Aerodynamic noise and the plane boundary. J Acoust Soc Am 1960；32：982-90.

[25] Lamb H. Hydrodynamics. 6th ed. New York：Dover；1945.

[26] Ffowcs Williams JE. Sound radiation from turbulent boundary layers formed on compliant surfaces. J Fluid Mech 1965；22：347-58.

[27] Gutin L. On the sound field of a rotating airscrew. Phys Z Sowjetunion A 1938；1：57 Translation NACA Tech Memo 1195, 1948.

[28] Goldstein ME. Aeroacoustics. New York：McGraw-Hill；1976.

[29] Glegg, S. , Devenport, W. The aeroacoustics of low Mach number flows：fundamentals, analysis, and measurements. Waltham, Mass：Academic Press；2017.

[30] Ffowcs Williams JE, Hawkings DL. Sound generation by turbulence and surfaces in motion. Phil Trans R Soc London, Ser A 1969；264A（1151）：321-42.

[31] Lowson MV. The sound field for singularities in motion. Proc R Soc, Ser A 1965；286：559-72.

[32] Dowling A. Convective amplification of real simple sources. J Fluid Mech 1976；74（Part 2）：529-46.

[33] Crighton DG, Dowling AP, Ffowcs Williams JE, Heckl MFG. Modern methods in analytical acoustics lecture notes. Springer-Verlag；1996.

[34] Powell A. Theory of vortex sound. J Acoust Soc Am 1964；36：177-95.

[35] Howe MS. Contributions to the theory of aerodynamic sound, with application to excess jet noise and the theory of the flute. J Fluid Mech 1975；71：625-73.

[36] Lauvstad VR. On nonuniform Mach number expansion of the Navier-Stokes equations and its relation to aerodynamically generated sound. J Sound Vib 1968；7：90-105.

[37] Obermeier F. Berechnung Aerodynamisch Erzeugter Schallfelder Mittels der Methode der "Matched asymptotic expansions"（L）. Acustica 1967；18：238-9.

[38] Möhring WF, Müller E-A, Obermeier F. Schallerzeugung durch instationäre Strömung als singuläres Störungsproblem. Acustica 1969；21：184-8.

[39] Obermeier F. On a new representation of aeroacoustic source distribution, I. General theory, II. Two-dimensional model flows. Acustica 1979；42：58-71.

[40] Tichmarsh EC. Introduction to the theory of Fourier integrals. 2nd ed. London：Oxford University Press；1948.

[41] Morse PM, Feshbach H. Methods of theoretical physics. New York：McGraw-Hill；1953.

[42] Ffowcs Williams JE, Hall LH. Aerodynamic sound generation by turbulent flow in the vicinity of a scattering half plane. J Fluid Mech 1970；40：657-70.

[43] Chase DM. Sound radiated by turbulent flow off a rigid half-plane as obtained from a wave-vector spectrum of hydrodynamic pressure. J Acoust Soc Am 1971; 52: 1011-23.

[44] Chase DM. Noise radiated from an edge in turbulent flow. AIAA J 1975; 13: 1041-7.

[45] Davies HG, Ffowcs Williams JE. Aerodynamic sound generation in a pipe. J Fluid Mech 1968; 32: 765-78.

[46] Crighton DG, Ffowcs Williams JE. Real space-time Green's functions applied to plate vibration induced by turbulent flow. J Fluid Mech 1969; 38: 305-13.

[47] Batchelor GK. The theory of homogeneous turbulence. London and New York: Cambridge University Press; 1960.

[48] Lin YK. Probabilistic theory of structural dynamics. New York: McGraw-Hill; 1967.

[49] Kinsman B. Wind waves. Englewood Cliffs, NJ: Prentice Hall; 1965.

[50] Crandall SH. Random vibration, vol. I. Cambridge, MA: MIT Press; 1958.

[51] Lee YW. Statistical theory of communication. New York: Wiley; 1960.

[52] Beranek LL, editor. Noise and vibration control. New York: McGraw-Hill; 1971.

[53] Heller HH, Widnall SE. Sound radiation from rigid flow spoilers correlated with fluctuating forces. J Acoust Soc Am 1970; 47: 924-36.

[54] Heller HH, Widnall SE, Gordon CG. Correlation of fluctuating forces with the sound radiation from rigid flow-spoilers. Bolt Beranek and Newman Inc. Rep. 1734; 1968.

[55] Levine H, Schwinger J. On the radiation of sound from an unflanged circular pipe. Phys Rev 1948; 73: 383-406.

[56] Guerin S, Thomy E, Wright MCM. Aeroacoustics of automotive vents. J Sound Vib 2005; 285: 859-75.

第3章 剪切层不稳定性、单频音、射流噪声

3.1 引 言

运动流体对于某些施加的振动（如入射声场，相邻表面振动还是上游湍流的抖振）是否稳定，在很大程度上与流动中平均速度分布的空间梯度和曲率有关。在施加的干扰下，包括射流、尾流和溢流腔在内的各种流动类型都不稳定。通常，这些类型的流所做流体运动的时间相关性主要由频率决定，该频率取决于流动区域的特征平均速度和特征线性尺寸。正如上一章所述（如式（2.46）和式（2.86a）），只要有一个充满干扰的流体区域，就有可能产生噪声。此外，如第2章“声学理论与流致噪声”中所述，表面的存在不仅提供了声反射，还修改了造成扰动区域主要流体的动力流场，从而使声场变得复杂。因此，在本章中，我们将以基本方式来考虑产生流体扰动所需的不稳定流动特性，并将这些特性与最终分解成规则和随机涡旋结构联系起来。我们还将介绍许多用于研究使流动扰动变得不规则或湍流所使用的分析和实验技术。

作为剪切层扰动通用理论的实际应用，我们将制定规则，以预测在孔、腔体和受阻射流中各种类型的涡流诱发涡激噪声。此外，还将介绍基本湍流中环境湍流所起的作用以及雷诺数对涡旋结构的影响。最后，将介绍控制湍流噪声的相似性原理中的一些基本概念，以及验证这些概念的一些试验方法，以此作为本章正文中要讨论的其他流类型的基础。气缸和水翼后尾流中的扰动本身非常重要，因此在以后章节中将分别进行阐述。

3.2 剪切流不稳定性与涡的产生

不稳定的流动通常是具有平均速度梯度的流动。图3-1展示了经过广泛调研分析和试验检验的经典类型。图（a）是Helmholtz在1868年首次从理论中检验所得，请参见Rayleigh[1]或Lamb[2]，他们表明该布置对于任何频率或

波长的干扰都是不稳定的。在这种情况下，y_2 中的速度梯度在界面 $y_2=0$ 处是奇异的，因此可以说该界面构成了一个涡旋片，即

$$\frac{\partial u_1}{\partial y_2}=\lim_{\varepsilon\to 0}\frac{U_1(y_2=\varepsilon)-U_1(y_2=-\varepsilon)}{2\varepsilon}=\omega_3\delta(y_2)$$

它描述了涡旋 $\omega_3=\partial u_1/\partial y_2$ 的分布，除了在表面处 $y_2=0$，该分布在各处均为 0。在更现实的情况下，两种运动流体之间的界面定义不够明确，如图 3-1（b）和（c）所示。在前一种情况下，在 $|y_2|<\delta$ 区域，线速度曲线内提供了恒定的涡度区域 $\omega_2=U_1/\delta$，这一结论在参考文献 Rayleigh[1]、Squire[3] 和 Esch[4] 中得到检验，且 Michalke[5-7]、Browand[8]、Esch[4]、Sato[9]、Schade[10]，以及 Tatsumi 和 Gotoh[11] 等随后对后一种情况进行了广泛的检验。Browand[8] 已通过试验检查了双曲正切轮廓，并将其实际应用于腔音的制作中。δ 是这样定义的，

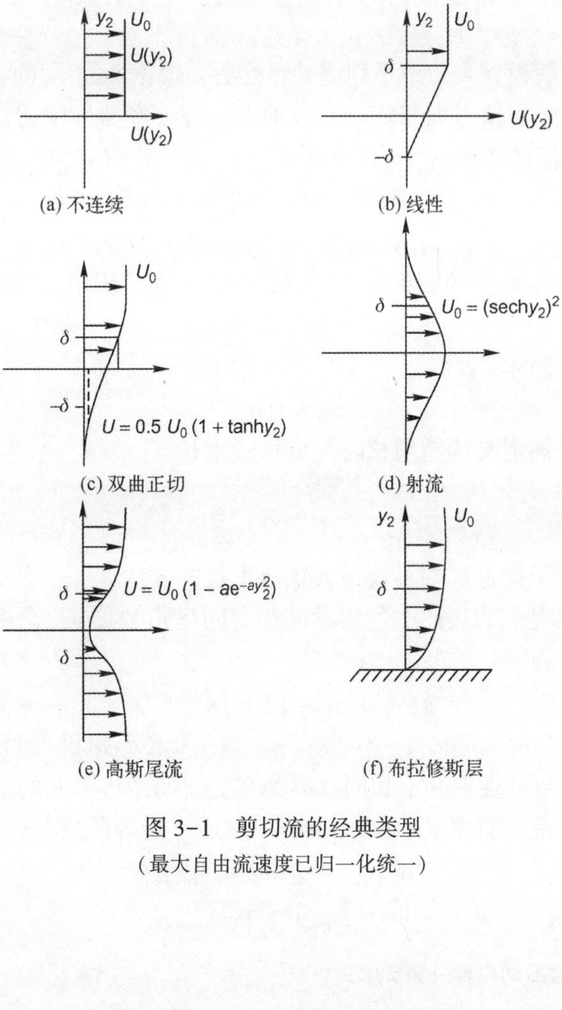

图 3-1　剪切流的经典类型
（最大自由流速度已归一化统一）

当 $d^3U(\delta)/dy^3$时，曲率是最大的。由双曲线割线平方近似的射流剖面 D，已由 Sato 和 Sakao[12]、Sato[13]检验过。Sato 和 Kuriki[14]已通过分析与试验研究了和高斯速度剖面近似的尾流 E。最后，对边界层平均速度分布的布拉索斯形式进行了详尽的分析和试验检验。对包括 Lin[15]、Betchov 和 Crimeal[16]、Schlichting[17]等的相关理论进行了广泛调研。我们将在第 2 卷第 2 章“壁湍流压力脉动响应”中保留有关边界层波和稳定性的更多论述。

流动稳定性的传统分析始于以下假设：流中存在小幅度扰动。Tam 和 Morris[240]提供了一个更全面的处理示例，但我们感兴趣的仍是随着时间或空间的干扰以及时间的推移而增长所剩余的流体。因此，总流体速度（平均值加波动）在二维平均流场中可表述为

$$\boldsymbol{U}=U_1(y_2)+\boldsymbol{u}(y,y_2,t) \tag{3.1}$$

式中：在无界介质中扰动 $\boldsymbol{u}(y_1,y_2,t)$消失为 $y_2\to\pm\infty$，并且在边界层中简单地为 $y_2\to\infty$。

这些问题一般设置为二维平均流动；然后，根据 Squires 的定理[3]，最不稳定的扰动波是那些传播方向与流向对齐的波。现在经典性中通常进一步假设干扰可以写为二维流函数 $\psi(y_1,y_2,t)=\Phi(y_2)e^{i\alpha(y_1-ct)}$ 和 $\boldsymbol{u}(y_1,y_2,t)=(u(y_1,y_2,t),v(y_1,y_2,t))=\nabla\psi(y_1,y_2,t)$的梯度。所以我们让 $u(y_2)=\partial\Phi/\partial y_2$，便可以得

$$u(y_1,y_2,t)=u(y_2)e^{i\alpha(y_1-ct)} \tag{3.2}$$

其中，实际波数 α 与波的频率有关行进以波速 c_r通过固定的观察点，则

$$w/\alpha=c_r \tag{3.3}$$

式中：c_r为复速度的实数部分。

$$c=c_r+ic_i \tag{3.4}$$

因此，扰动幅度被定义为随增长时间成指数增长

$$\frac{|u(y_1,y_2,t)|}{|u(y_2)|}=e^{\alpha c_i t}=e^{\alpha(c_i/c_r)y_1}$$

最小的稳定干扰是那些具有最大正值干扰的 c_i。

在另一种更现代的表述中，假设波在空间呈指数增长；不同于式（3.2），我们有

$$u(y_1,y_2,t)=u(y_2)e^{i(\alpha y_1-wt)}$$

式中：α 为复数（$\alpha=\alpha_r-i\alpha_i$）；$\omega$ 为实数，并且恒定相位保持为 $y_1=c_r t$。如 Gaster[18]所述，两种观点并不相同。因为在受空间条件限制的情况下干扰不会增加或减少。但是，只要 $c_i\ll c_r$或 $\alpha_i\ll\alpha_r$。然后，近等值成立

$$[\alpha_i]_{\text{Spatial}}\approx[\alpha c_1/c_r]_{\text{Temporal}}$$

$$[\alpha_r]]_{\text{Spatial}}\approx[\alpha]_{\text{Temporal}}$$

大多数早期的流体力学分析工作都使用时间增长率，尽管对于许多剪切流，由于值的 c_r 和 c_i 通常相似，这种等效性可能会失效。

当将式（3.1）和式（3.2）代入式（2.40）（$q=0$）和式（2.41），且如果将包括扰动幅度乘积的所有项相对于其他变量被忽略，那么所得方程仅保留线性一阶条件。它被称为经典的 Orr-Sommerfeld 方程：

$$(U(y)-c)(\phi''-\alpha^2\phi)-U''\phi+\frac{i}{\alpha R_\delta}(\phi^{iv}-2\alpha^2\phi''+\alpha^4\phi)=0 \tag{3.5}$$

用于平均速度的不可压缩剪切流中的小扰动分布 $U_1(y_2)$。在这个方程中，我们用式（3.2）中流函数 $\phi(y_2)$ 线性化地表达了波动垂直速度 $u_2(y_1, y_2, t)$，即

$$u_2(y_1, y_2, t)=\hat{u}_2(y_2)e^{i\alpha(y_1-ct)}$$

这可以用来引出流动方程

$$u_2(y_1, y_2, t)=-i\alpha\phi(y_2)e^{i\alpha}(y_1-ct) \tag{3.6}$$

假设波速 c 和波数 α 独立于 y_1 和 y_2。然而，c_r 和 c_i 之间的时间不稳定性或 α_r 和 α_i 之间的空间不稳定性，将取决于 $U_1(y_2)$ 的形状和雷诺数

$$R_\delta=U_0\delta/v$$

式中：U_0 为流动的特征速度。对于给定类型的流，存在一个 R_δ 的临界值，在该临界值以上 c_i（或 α_i）为正，并且扰动增大。对于自由剪切流类型 C-E，此临界值可以低至 30（参见图 3-15 的稳定性图），而对于 Blasius 刚性边界层，临界值大约为 2500。因此，相对于边界层，自由剪切层不稳定。此外，当 $R_\delta \gg (R_\delta)_{crit}$ 时，c_i（或 α_i）对雷诺数的依赖性减小，而 c_i（或 α_i）对波数 α 的依赖性仍然占主导地位。当 c_i（或 α_i）与雷诺数无关，在大雷诺数的限制下，图 3-1 中所有自由剪切层的生长速率如图 3-2 所示。当雷诺数远高于临界值时，不同剪切层扰动的相对不稳定性，可通过带入式（3.5）来表示。剖面 A 对所有波长的波都不稳定，而其余轮廓在波数限制范围内不稳定，通常大于零且小于 $2\delta^{-1}$。

与射流和尾流有关的巨大不稳定性由剪切层两侧上的一对拐点引起，使得这种流动类型对声和水动力刺激非常敏感。此外，波状运动的特征长度尺度取决于形状速度分布，这将会在后面的 3.4.1 节中讨论。

二维和三维射流具有两个自由度，两者均已在实验环境中观察到（详情请参阅 3.4 节）。最不稳定的模式是图 3-3（a）中的波形模式，图 3-3（b）中的模式要更稳定一些；两种模式通常都可以通过声音来增强[13]。不稳定射流也可以包含薄环形剪切层，当射流包含一个平均速度恒定的中心区域时，如图 3-3（c）所示，其平均速度是恒定的。这种喷射流由相对较短的射流产生。

在这些情况下，一个厚度为 δ 的环形剪切层经历了不稳定性，非常类似于单层自由剪切层。相对于射流的宽度或直径，这些波的长度比图 3-3（a）和图 3-3（b）所示的要短；但是，波的特征长度是 δ 而不是 D。在轴对称射流的情况下，正在生长的波，如 Brown[19] 及后来的 Becker 和 Massaro[20] 所述的，开始是“波峰”发展，如图 3-3（c）所示，从而导致存在颈部收缩特征。在后续的阶段收缩区域将连续地膨胀并分开，形成一个指环或“泡芙”的形态。每个泡芙都是环形旋涡。在非对称模式下，后续的发展结果会形成螺旋形涡流。模式的不稳定性决定了后来形成的涡流的初始空间尺度干扰。这些将在下面更清楚地看到。

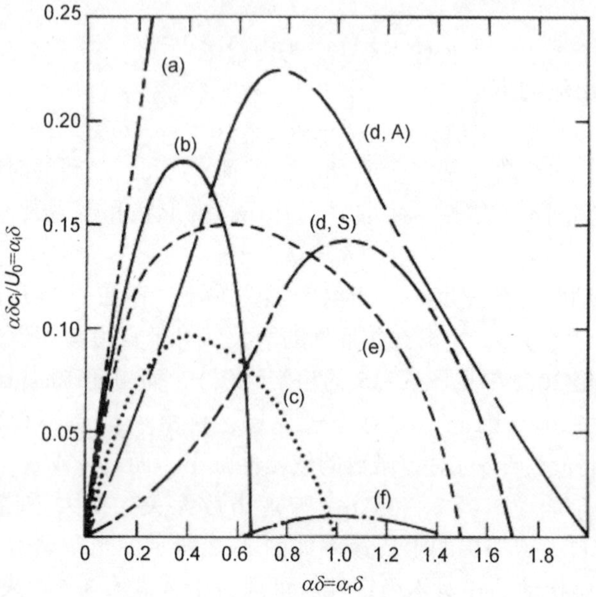

进一步说明：
A=反对称射流不稳定性
S=对称射流不稳定性

图 3-2　基于图 3-1 剪切层空间不稳定性的大雷诺数极限中的理论增长率

从特定的不稳定模式中发展涡旋结构是流致噪声产生的一个重要概念。它暗示着流类型和噪声量之间存在根本性的关系。声压对不稳定涡旋的依赖性使得式（2.95）中这种关系成为可能。流动类型越不稳定，越有可能产生涡旋声。然而，图 3-2 中表示的线性一阶不稳定性的模式与涡旋结构之间的数学形式联系，仅限于理想化的平面剪切层。这种剪切层包括一个或多个（图 3-1）A 型平行涡流片。在这种理想化条件下，物理剪切层集中成片。Rosenhead[21] 对单层的计算（图 3-4），展示了从一个波运动逐渐转变演化为一组涡运动的传播规律，y_1 中的点会变成离散的一组点涡。在 $y_2=0$ 处的涡度分布可表示为

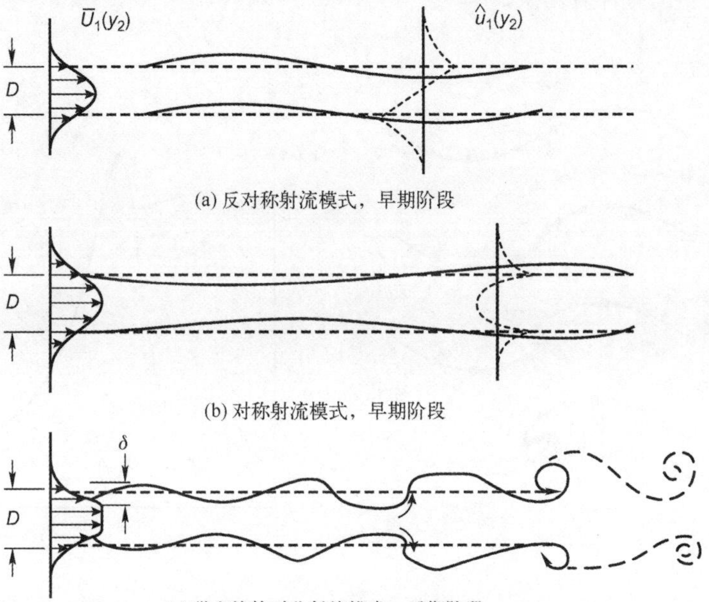

(a) 反对称射流模式，早期阶段

(b) 对称射流模式，早期阶段

(c) 带塞流的对称射流模式，后期阶段

图 3-3　射流模式示意图

$$\omega(\boldsymbol{y},t)=\gamma(y_1,0,t)\delta(y_2)$$

每个波在波峰的下游侧变陡，并最终形成一个单独的涡旋。流动的特性从由在 $tU/\lambda=0.30$ 峰值的正弦波变为在 $tU/\lambda=0.35t$ 处的涡旋。由涡导致的远场干扰由式（2.104）或式（2.106）给出，然后当由于涡度随时间的重新分布而导致的局部动量加速度最大化时，它最大。这发生在 $tU/\lambda=0.30$ 和 $tU/\lambda=0.35$ 之间。

图 3-4 中的数据还说明了声音对时间的依赖性，该图取自 Powell[22]。为了稍微量化插图，我们结合式（2.99）和式（2.104）得出声压为

$$p_{\mathrm{a}}(\boldsymbol{x},t)=\frac{\rho_0\lambda\cos\theta}{4\pi c_0\lambda}\frac{\partial^2}{\partial t^2}\int\gamma\left(y_1,0,t-\frac{|\boldsymbol{x}-y_1|}{c_0}\right)\mathrm{d}y_1$$

式中：θ 为 y_1 方向与场位置之间的角度。当流线开始相互回滚时，涡的瞬时空间分布迅速变化，即使总涡度和流体中的循环保持恒定。因此，流体粒子的诱

导运动相位随着涡旋的发展而变化，以至于上述积分不是瞬时为零，而是随时间变化的，其二阶导数如图 3-4 所示。正如图中所示，当环流分布随时间变化最大时，产生的噪声最大。噪声最大的是该循环分布随时间变化最大的时刻。其他剪切层运动已由 Michalke 在参考文献［5-7］中计算，通过利用由双曲正切轮廓建模的更现实的剪切层，它们显示了相似的环流区域，尽管远场的声学干扰还没有计算出来。

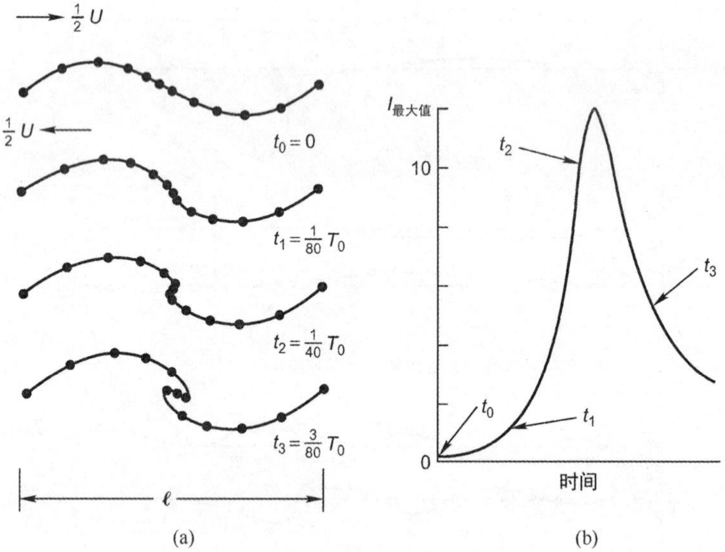

图 3-4　涡旋结构致噪变量图

（以一组点涡为代表的剪切层时间 t_0 是周期时间 $1/2U$。显示了所产生声场的最大强度：这两幅图分别由 t_0，t_1 等表示。Powell A. Flow noise：a perspective on some aspects of flow noise and of jet noise in particular. Noise Control Eng 1977；8：69-80，108-119.）

对于图 3-1（c）中的自由剪切层，Tam 和 Morris[240]已经计算到声学相关频率的不稳定模态，其中包括声辐射的计算。流线的变形量与 Rosenhead 计算得相似，由 Abernathy 和 Kronauer[23]、Boldman[24]等在计算机上计算一对类似尾流的平行涡片。在两个涡流片的情况下，每个波长导致两个涡度浓度的形成且有相反的符号；参见第 4 章“圆柱偶极声和第 2 卷第 5 章无空化升力部分”。Pletcher 等[243]和 Lilley 等[244]完成了更现代的对不稳定波和壁流过渡的检测实验，检测了流动中横向（螺旋）波的生长和破坏，见图 3-1（f）。

3.3　自由剪切层与空腔共鸣

3.3.1　概述

流动不稳定性概念的一个重要应用出现在流动通过墙壁上的槽、配合板之间的缝隙或某些其他开口时。这一领域引起人们持续关注，Blake 和 Powell[25]、Rockwell 和 Naudascher[26]、Ahuja 和 Mendoza[27]，以及 Rowley 和 Williams[28]等正在对现有的发展情况开展广泛的调研，并集中讨论了流体动力学的不稳定性、流动控制、声源机制。其工程应用基础广泛，包括汽车的开口（如参考文献 Ma[29]等）、阀门（如参考文献 Naudascher[30]），以及轮舱和其他机身开口（如参考文献 Ahuja 和 Mendoza[27]、Schmit 等[31]）。图 3-5 使用三个插图来共同识别各种能控制声调是否存在的流声学机制。流向开口外部的流动可能包括薄层边界层或可能更厚湍流边界层（相对于开口尺寸）。在开口后面是一个封闭的空腔，管道可能是也可能不是声学谐振器的某些开口。在许多实际感兴趣的情况中，都系统地披露了实验研究（如参考文献［27，32］），研究结果表明，根据开口上游的湍流边界层是层流还是湍流，将会有一种稍微不同的关系来支配声调的频率。流体的速度、开口尺寸、腔体的体积及其几何形状都起着重要作用，这在 Howe 的分析中已得到全面研究[33]。基于迄今为止的大量实验和分析工作，空腔声调的产生取决于开口的流体动力学和背衬体的声学（或弹性）特性的耦合（如参考文献［25，27-28，32-35］）。虽然谐振腔肯定会增强产生的声调，但更重要的是，腔为了产生自激音，不需要共振。一般认为，孔口外部的声音可能是由于单极和双极源机制造成的，如图 3-5（b）所示。前者是由空腔中的流体可压缩性引起的体积速度变化引起的，后者是由开口下游边缘处的剪切层冲击力引起的，如图 3-5（c）所示，并且不需要空腔中的流体可压缩性。

导致剪切层自维持模态的孔板内流动结构是由 Rossiter 首先提出的[36]，因此该术语称为“Rossiter 模式”。为了发展这些模式的论点，我们考虑图 3-5（a）沿开口流动的层流边界层的情况，其中，我们假定层流阻 δ_b 小于开口 b 的流向维数。流体超出上游边缘并穿过开口的过程类似于经典自由剪切的发展[27,29,32]。在理想条件下，我们目前假设剪切层在整个开口处不发生变化，并且与开口的长度相比保持较薄的厚度。这样的一层可由双曲正切轮廓[5,7-8]（图 3-1（c））很好地描述了，并且在理论上对扰动波最不稳定数量级（图 3-2）

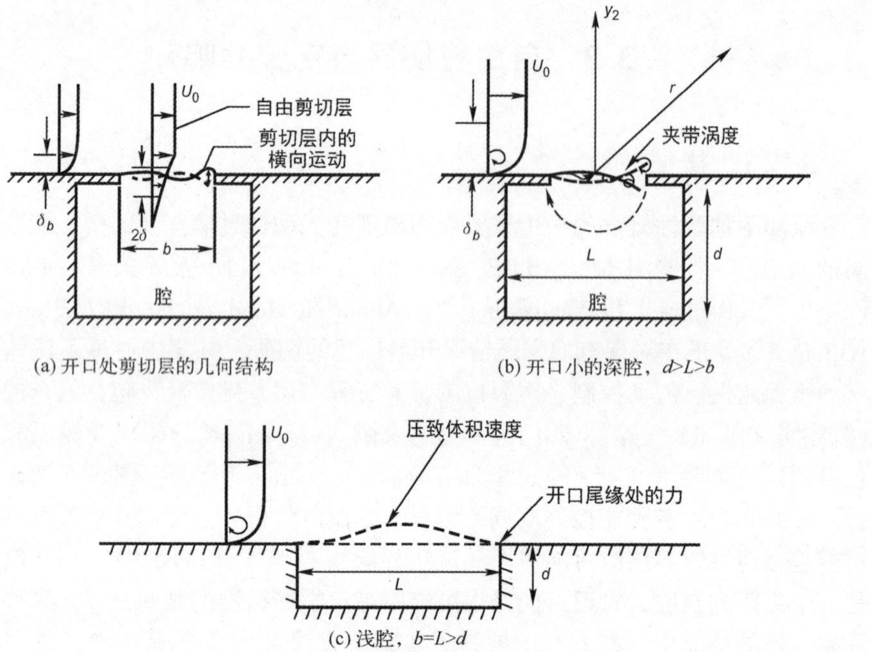

(a) 开口处剪切层的几何结构

(b) 开口小的深腔，$d>L>b$

(c) 浅腔，$b=L>d$

图 3-5　孔口外部声音图示

（通过腔的流动理想化，这些腔耦合到外部边界层通过缝隙、间隙或孔口）

$$\alpha\delta = 0.42 \tag{3.7}$$

其中，α 由式（3.3）给出。对于双曲切线速度剖面，动量厚度为

$$\theta = \int_{-\infty}^{\infty} \frac{U}{U_0}\left(1 - \frac{U}{U_0}\right) \mathrm{d}y_2$$

式中：U_0为局部自由流速度，等于 $\delta/2$。从理论上讲，自由剪切层中的波速等于速度曲线中拐点处的速度平均值，即

$$c_{\mathrm{r}} = \frac{1}{2}U_0 \tag{3.8}$$

所以，式（3.7）给出扰动从上游沿向下传播或对流的频率为

$$\frac{f\theta}{U_0} = 0.017 \tag{3.9}$$

在简化视图中，剪切层不会沿着开口宽度扩散，θ 和 c 是常数，式（3.9）也给出了干扰遇到下游边缘的频率。

3.3.2　开口流动及单频音的斯特劳哈尔数

现在，该剪切层的运动与其速度有关，图 3-5 坐标系中的 U_2，在线性干扰的近似值中，整个开口处几乎是弯曲的。在上游边缘，横向到平面的速度为零，从而避免了分离，即避免了 Kutta 条件的存在[33,37]，因此，如图 3-5 所示，流动将掠过边缘。在孔的下游边缘，横向速度在剪切层较大，并且在那里产生增强的活动。剪切层在该拐角的撞击引起向内和向外的交替运动，使得开口的下游边缘产生了一个小的振荡攻角，且伴随着外流中的涡旋脱落。流-边缘相互作用的细节取决于边缘的几何形状（拐角、薄板等）。在空腔中，下游拐角型腔中产生交替的压力凝结和罕见现象。这些脉动反馈到上游边缘，同步驱动剪切层。虽然上面给出理论上的剪切层动力学描述是一种普遍接受的理想化，但实际的流体力学由于许多因素而变得复杂，对流动细节的描述也不尽相同，如 DeMetz 和 Farabee[32] 等。Ahuja 和 Mendoza[27]、Ma 等[29]、Ronneberger[38]、Lucas 和 Rockwell[39]、Heller[40]、Oshkaia[41] 等，将在下面进一步讨论。然而，在进一步总结文献之前，为了初步确定观点，我们考虑了一个简单的孔板流动几何模型，该模型给出了与观察结果和广泛持有的观点大体一致的声调行为的条件。剪切层内的增长运动可通过式（3.2）表示为

$$u_2(y_1,y_2,t)=u_2(y_2)\mathrm{e}^{\alpha_i y_1}\mathrm{e}^{\mathrm{i}(\alpha_r y_1-\omega t)},\quad 0\leqslant y_1\leqslant b \tag{3.10}$$

式中：$\alpha_i y_1$表示沿着开口的空间增长运动。考虑到当前腔体不是谐振腔体，则同步基本模型规定，无论 $u_2(y_1)$ 在上游边缘是什么，在下游边缘它必须是这种形式，即

$$u_2(b)=u_2\mathrm{e}^{\alpha_i b}\mathrm{e}^{\mathrm{i}(\alpha_r b-\omega t)}$$

现在，最优的耦合将是当最大的流入发生在下游边缘（在腔内产生相对压力增加）时，上游边缘的横向速度将很小并且增加。因此，$u_2(b)$ 相对于 $u_2(0)$ 的相位 $\alpha_r b$ 应使其 $\pi/2$ 小于一个完整周期，即

$$\alpha_r b=2n\pi-\frac{\pi}{2},\quad n=1,2,\cdots$$

为最有利的同步。根据这个简化的模型，由于 $\alpha_r=5\omega/c_r$，则优选频率 $f_n=\omega_n/(2\pi)$ 可以由下式给出

$$\frac{f_n b}{c_r}=\left(n-\frac{1}{4}\right),\quad n=1,2,\cdots$$

这种关系实际上已经被相当多的实验所支持。下游边缘扰动的产生将取决于边缘的几何形状以及剪切层的实际流体力学[42]，内部和外部介质对流体的夹带以及反馈扰动的相位和强度也取决于腔的性质。相应地，关于同步条件更一般的表达为

$$\alpha_r b+\phi=2\pi\left(n\pm\frac{1}{4}\right),\quad n=1,2,\cdots \tag{3.11}$$

式中：ϕ 为任意相位角，它解释了遇到边缘干扰和剪切对此相遇做出的响应之间相位滞后的可能性，而正负号则表示允许运动进入或离开孔。流入下游腔体边缘的流动（$-1/4$ 及 $\phi=0$）表示（在几乎不可压缩的流体极限中，$\omega b/c_0 \ll 1$）由于开口下游边缘的向内速度波动，使得上游边缘的剪切层被挤出腔体。由于 $\alpha_r = 2\pi/\lambda$，其中 λ 是开口处水动力不稳定模式的波长宽度，我们有适合这种强化假设的条件

$$b/\lambda = n - \frac{1}{4} - \phi/(2\pi) \tag{3.12}$$

由式（3.3）可推导出波长与相位的关系

$$\frac{f_n b}{U_0} = \frac{C_r}{U_0}\left(n - \frac{1}{4} - \frac{\phi}{2\pi}\right), \quad n = 1, 2, \cdots \tag{3.13a}$$

作为整个开口处流体扰动驻波频率的可能条件；$\phi=0$ 时通常适用在低马赫数的情况下在壳体口处的剪切层。Rossiter[36] 推导出的剪切层振型的频率公式已在文献中广泛使用并优化。例如，对于有限的马赫数，一个可以接受的优化是由 Heller 等[40]完成的，以适应流体的可压缩性

$$\frac{f_n b}{U_0} = \frac{C_r}{U_0} \frac{(n - 1/4 - \phi/2\pi)}{1 + \left(\dfrac{C_r}{U_0}\right) M \Big/ \sqrt{1 - \dfrac{\gamma - 1}{2} M^2}}, \quad n = 1, 2, \cdots \tag{3.13b}$$

式中：γ 为腔中流体介质的绝热气体常数。值得注意的是，Rossiter[36] 提出了与式（3.13a）相同的关系，但是 $\phi = 2\pi f b/c_0$，其中 c_0 是流体中的声速，用于解释声向上游边缘的传播。

以上所述，导致稳定噪声建立的事件以及式（3.13a）和式（3.13b）所描述类型的频率条件说明了 Powell[43-44] 首先提出的流动音调产生的要点（参见 3.4.3 节）。这样的声调包括 4 个过程，这是流体共振器相互作用反馈回路所必需的，是所有自我持续的声调振动或声音辐射所共有的。

这些环路增益元素是：

（1）图 3-1 和图 3-2 所示类型的流体剪切层由上游前沿干扰，在这种情况下（图 3-1（b））有说明。

（2）如式（3.10）所示，扰动在穿过开口时被放大，直到它遇到下游边缘（或其他物体）。一般来说，上游的起爆面和下游的撞击面是平行的。

（3）在下游边缘以流体动量波动的形式开始第二种扰动。从下游边缘（表面）发射非定常压力。此行为由下游边缘的交变通量提供，它主要负责在空气动力过程中产生声音。

（4）这种压力向上传播回表面，而表面首先启动剪切层。在腔内声调产

生的情况下反馈路径位于腔内声调，但反馈路径可能与声学、弹性或流体力学性质的共振系统无关。

根据反馈扰动相对于初始扰动的相位，初始扰动将得到增强。在式（3.13a）和式（3.13b）中所设定的条件为大多数流调提供了适当的关系类型，而对于腔调则提供了 $\phi=\pi/4$。

至此，剪切层动力学的讨论一直是在剪切层的不稳定模式。然而，Dunham[45]提出了选择模态的存在，这些模态对应于孔板内截留的整数个涡旋。Oshkaia 等的后期工作[41]支持较大间隙开口这一想法。在这种情况下，涡旋板分解成一排涡旋，取代了前面讨论的“波”。Howe[46]对剪切层动力学的分析考虑（作为不连续的涡流片）与 Ronneberger[38]观测结果一致。且当至少一层离散的涡旋驱动开孔时，对于且在 $n=1$ 或 2，至少用 $\phi=0$ 证实了式（3.13a）和式（3.13b）的近似有效性。

另外，腔体的剪切层与体积波动耦合有关的解释涉及整个腔体开口的综合扰动情况。这类腔体是 King[47] 等提出的，与单极子空腔噪声有关，之后 Martin 等[48]和 Rockwell[49]对其进行了补充。在 Bilanin 和 Covert[50]之后，剪切层沿空腔的垂直位移 δ_2 按比例给出

$$\delta_2(y_2,t)\propto\delta e^{\alpha_i y_i}\cos(\alpha_r y_1-\omega t) \tag{3.14}$$

所以，施加在内部的每单位宽度的瞬时体积变化为

$$\delta V=\int_0^b\delta_2(y_1,t)\,dy_1 \tag{3.15}$$

这种波动的体积必须被流体或空腔结构的弹性吸收，但重要的是，负的体积变化会导致正压力。这个正压力加强了在剪切层起点处的正挠度值，即 $\delta_2(0,t)$。使用式（3.14）对式（3.15）积分，根据参数可以明确地给出体积变化 α_i、α_r 和 c。此外，$\alpha_i b>1$ 的条件提供了一个简单的关系，如式（3.13a）和式（3.13b）中的 $\phi=0$。Rockwell[49]将 $\alpha_r y_1$ 替换为整个开口处的积分值，更准确地处理这个关系。该过程说明了以下事实：对于长型腔，剪切层随 y_1 变化。例如，在式（3.13a）和式（3.13b）中，波速 c 是到开口前缘距离的函数。这一点我们将在下一节讨论喷射音现象时得到进一步的研究。

声调各种外部边界层、空腔长度、马赫数和空腔的共振特性的空腔声调频率已测量完成。首先，考虑到低马赫数下的流动，图 3-6（a）中的测量结果总体上显示，随着边界层厚度相对于开口流向维数的增加，斯特罗哈数普遍减小。所报告的数值适用于共振或非共振声腔的情况。DeMetz 和 Farabee[32]所得数据是在空气中的圆形开口和矩形狭缝上进行实验后获得的，Dunham[45]的结果是在有开槽的空气中实验后获得的（虽然他使用了一个水腔来可视化剪切

层动力学)。DeMetz 和 Farabee[32]、Dunham[45]、East[53]和 Harrington[51]的声调(都带有共振腔)都可以从 Dunham[45]和 Ma 等[29]的流动可视化中得到解释。这些频率与腔内的一个或两个涡的夹带腔口对应;如上所述,涡旋起源于上游唇下游剪切层不稳定性的迅速破坏。对于较小的 δ/b 值,相对于较长的空腔,报告中的 fb/U_0 值表明平均对流速度较高。这显然是可能的,因为在长间隙内更多的内部静止流和外部流动流的混合会使间隙的平均流变大。根据 DeMetz 和 Farabee 的报告,对于中等的热阻 δ/b 值,这些涡流在口部的表观平均对流速度为 $0.45U_0$,对于大的热阻 δ/b 值为 $\delta/b\to 0$ 和 $0.33U_0$。然后,每一阶模态的振荡都可由式(3.12)和 $0.33<c_r/U_0<0.45$ 及 $\phi=0$ 来预测。图 3-6(a)中的水平线显示了 $n-1/4$ 的各种模态,这些模态与观测到的 Strouhal 频率基本一致,它们代表了开口内的一个或两个驻波或涡。Heller 和 Bliss[52]、Heller 等[40]的测量结果是在很长很浅的空腔(不一定是共振)下得到的,似乎对应于更高阶的振型。

当外部边界层是层流时,DeMetz 和 Farabee[32]报告了一个不太明显的斯特劳哈尔数量化。相反,他们的结果表明在没有建立谐波的情况下频率随速度的增加也均匀增加。这种增加的形式与式(3.9)相似

$$f\theta/U_0=0.022$$

由 $c_r\approx 0.56U_0$ 的观察值决定。然而,一些加强的开放反馈是明显地关于条件式(3.13a)和式(3.13b)的 $n=1$ 模式。

所测得的 Strouhal 频率都是在低马赫数下获得的。早期文献,如参考文献[34, 40, 50, 52],提供了超过马赫数范围的测量,但后来的 Ahuja 和 Mendoza[27]提供了一个系统的、广泛的自由流效应检查马赫数。图 3-7 显示了前 4 个 Rossiter 模式的浅腔和深腔(一般非共振)的 Strouhal 频率与马赫数的函数关系。这些结果表明,虽然湍流边界层的相对厚度掠过开口,但频率对温度和边界层厚度相对不敏感。然而,研究发现,这些声调的声强度严重依赖于干扰,当 $\delta/b=0.038\sim 0.045$ 时会减弱数十分贝。

Ronneberger[38]通过对孔口剪切层动力学的观察对前面的孔口通量假说的局限性提出了见解。对于 Strouhal 数字 $fb/U_0>\sim 1$ 且对于层流掠流,剪切层动力学的染色条纹可视化揭示了通过式(3.14)预测的穿越开口的运动类型的存在。在空腔内部可以观察到一种与剪切层耦合的涡结构,这种涡结构是由空腔尾缘流场提供的。该系统可以通过活塞源的振动来增强腔体,只要满足 $f\theta/U_0<0.024(\overline{\omega}\theta/U_0<\sim 0.15)$ 且 fb/U_0 为 $>0.16\sim -1.11$。然而,在空腔开口内的净通量是由几乎相等的贡献通过开口的净通量(如上所述式(3.15))以及腔尾缘局部的通量组成的。因此,对于 $fb/U_0>\sim 1$ 和 $f\theta/U_0<\sim 0.15$,上述模型过于

肤浅，忽略了尾缘通量。由于槽的上游和下游边缘剪切层运动之间的声耦合，在腔的前缘和后缘之间存在需要这种磁通耦合的自激。因此，保持开口前缘的平行流（Kutta）条件和尾缘的有限位移值对自维持振荡的建模至关重要。

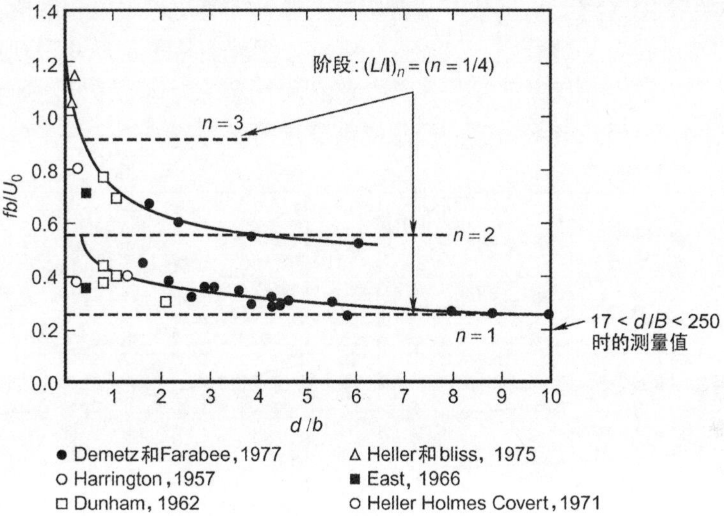

(a) 腔体共振频率

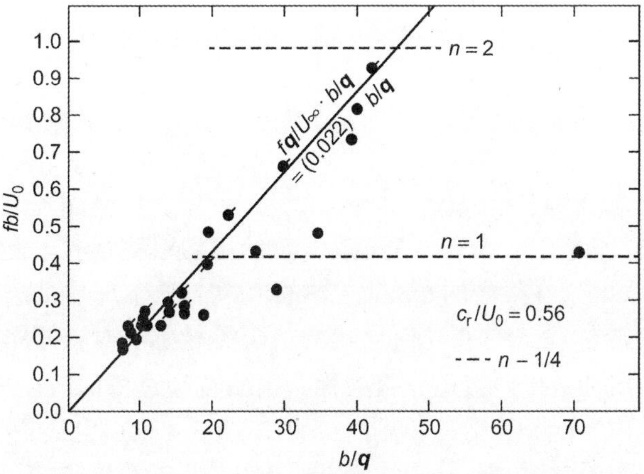

(b) 腔音频率

图 3-6　腔体共振频率及腔音频率示意图

((a) DeMetz 和 Farabee[32] 湍流边界层激发的腔体共振频率缩放。使用 $c_r/U_0 \approx 0.33$ 和 $fb/U_0 = c_r/U_0$；$n-\dfrac{1}{4}$ 的预测线（虚线）。(b) 层流边界层驱动的腔音频率。数据来源：DeMetz 和 Farabee[32]、Harrington[51]、Dunham[45]、Heller 和 Bliss[52]、East[53]、Heller 等[40]. Copyright American Institute of Aeronautics and Astronautics; reprinted with permission.)

当f_b/U_0落在相当狭窄的范围内时，自维持振荡的条件基本上可以归结为平均流量的声能量提取，该范围取决于声路径的性质，如空腔的存在与否。在$f\theta/U_0>0.024$且$b\gg\theta$时，Ronneberger 发现，在开始时不可能产生自我维持的振荡。在这些高的斯特劳哈尔数下，剪切层在遇到下游边缘之前分解成一列离散的涡旋，而涡旋在下游衰变。仅凭这一观察似乎就支持了这样一种观点，即包含水动力不稳定性和反馈回路的自激振荡必须在水动力运动中断之前发生形成的旋涡结构。下面几节将对这个概念提供充分的支持。

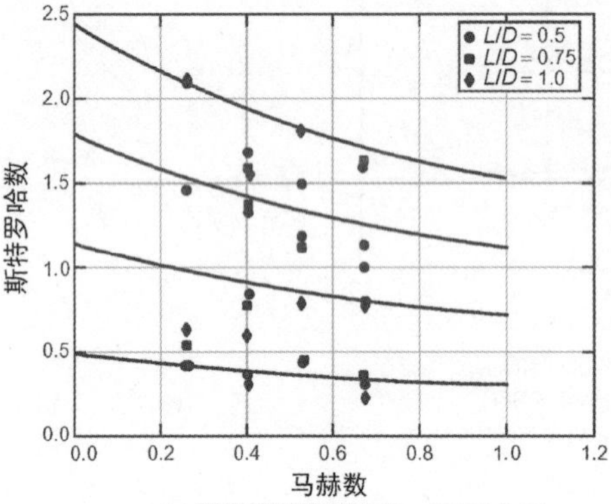

(a) 深腔的斯特罗哈数，U_c/U=0.65

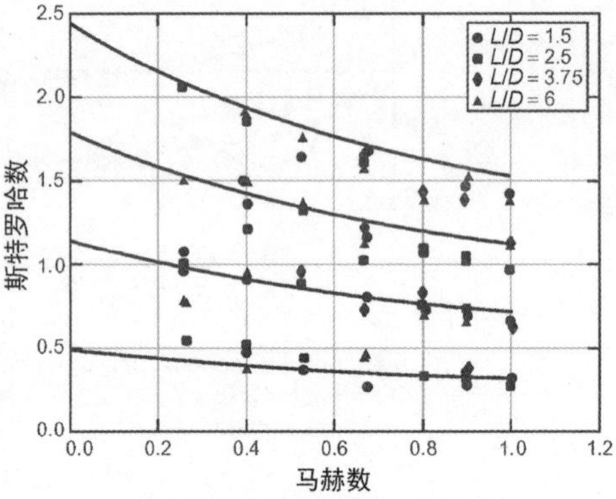

(b) 浅腔的斯特罗哈数，U_c/U=0.65

图 3-7　空腔共振频率预测线

（按一定比例绘制图 3-5（c）显示的由 Ahuja 和 Mendoza［27］提供的深腔（a）和浅腔（b）矩形空腔所得到的空腔共振频率预测线使用$c_r/U_0\approx0.65$和式（3.13b）。在这两种情况下，$\delta/b=d/L=0.038$。）

到目前为止，在本节中，我们只关心在开口的剪切层动力学，主要考虑了孔后的空腔体积的影响。在报告的 Strouhal 数的值中，研究人员间普遍一致证明了fb/U_0相对于空腔体积或空腔几何形状的一阶不敏感。对于矩形 U 形槽，Ethambabaoglu（由 Rockwell[49]报道）报告称，当槽宽超过槽深时，fb/U_0略微增加。腔调产生的相位条件以及式（3.13a）和式（3.13b）也适用于轴对称情况，参见上述提到的参考文献［41］。此外，Morel[54]发现这种 Strouhal 缩放适用于几何形状的圆形射流通过一个密封的外壳。特别是，人们发现$fL/U_J\approx(n-0.25-fL/c_0)U_c/U_J$，其中$U_c\approx0.6U_J$，$n=1,2,\cdots$，$L$为外壳的长度（射流射流平面与对面壁面激励孔之间的距离）。这个公式由 Rossiter[36]在式（3.13a）和式（3.13b）中实现。读者也可参阅 3.4 节中关于孔声调的讨论。

3.3.3　外部辐射噪声

3.3.3.1　概论

人们对外界场的物理声学的系统关注少于对开口剪切层运动学的关注。对 Block[34]、DeMetz 和 Farabee[32] 的测量首次表征了声学强度的罗西特模声调作为外部风速和模阶的函数。在 DeMetz 和 Farabee 的案例中，由于声调与声腔共振有关，他们的评估以及随后的 Elder[55-56] 和 Elder 等[57] 关注的是流腔耦合动力学和单极子源强度。在 Howe[33]（2004）之前的声源建模理论中，大多数都只考虑了嵌入刚性壁中的单极子声源。Hardin 和 Martin[58] 对声发射进行了理论建模，考虑了腔体的辐射特性和腔体的夹带涡。Ma 等[29] 研究了内部压力，并根据空腔开口内流动结构的细节来模拟其水平。

然而，这是迄今为止对远场声最全面的分析[33,37]，利用图 3-5（b）为壁面上方声场的外坐标系，推导出如图 3-5（c）所示的刚性壁面矩形空腔。内腔流体和外部运动介质在腔口被剪切层隔开。声音是由这个剪切层的不稳定性产生的，在开放的 Kutta 条件上游前缘迫使那里产生切向流。分析结果表明，单极子声源和偶极声源是否同时存在取决于壁腔是否维持声模。为了实现这一点，涡量被抛射到开口，在孔径上对流，并撞击后缘。无论空腔内的介质是否可压缩，这种冲击在下游边缘都诱导出一种作为偶极的力。因此，出现了两个来源：一是由于涡流冲击而施加到流体上的力分布，主要形势是包含在开口内的 $\omega\times u\approx\omega_3\sim k\times u$。该时变力在流动方向上，表现为脉动的阻力偶极矩。二是发生在壁面腔内的流体是可压缩的。然后，当存在一个穿过开口的非消失的时变净体积速度的内腔模式时，就会产生单极子源。

在图 3-5 中，远处 $r\gg b$ 的声音，在孔板上方（流动）区域的声压紧的空腔开口，$k_0b\ll 1$，从单极子和偶极的组合源，然后是频域形成

$$P_{\text{rad}}(\omega,\boldsymbol{r})=\frac{\rho(\pi b^2/4)\,\omega u_p(\omega)}{2\pi r}+\frac{\omega F_1(\omega)\sin\phi\cos\theta}{2\pi c_0 r}$$

忽略交叉积，谱密度为

$$\Phi_{\text{rad}}(\omega,r)=\omega^2\left\{\left[\frac{\rho(\pi b^2/4))}{2\pi r}\right]\Phi_{uu}(\omega)+\left|\frac{\sin\phi\cos\theta}{2\pi c_{0\gamma}}\right|^2\Phi_{11}(\omega)\right\}\tag{3.16}$$

函数 $\Phi_{uu}(\omega)$ 和 $\Phi_{11}(\omega)$ 分别表示腔口上的有效积分粒子速度谱密度和腔口下游边缘的非定常阻力谱密度。声腔开孔内的体积速度随声腔模的多自由度振子行为而有频谱窗状变化。虽然 Howe[33] 用孔板下游壁面的压力波动来模拟非定常阻力，但对其特性知之甚少。我们将在第 2 卷第 2 章“壁湍流压力脉动响应”中再次讨论这个来源在墙壁间隙的流动噪声背景下的壁压波动。

图 3-8 所示为浅层空腔的辐射声频谱及其指向性图算例，其马赫数为 $Ma=0.1$。频率谱级别都是相对于一个共同的参考。在这种情况下，耦合谐振腔发生在预期附近第二种 Rossiter 模式的 Strouhal 数如图 3-7 所示。在其他频率上，指向性明显地与气流方向一致。只有当共振发生时，单极子才会产生垂直于壁的声辐射。在分析中，阻力偶极的强度与开口尾缘下游壁面的压力大小有关。其谱值如图 3-8（a）中虚线所示；偶极声音的形状跟随谱的形状，因为腔的共振与这个光源无关。另外，单极子声音占据预期的窄带频率，因为它与声腔模式有关。除了以一种非常普遍的方式，这个理论并没有得到测量数据的支持。Ahuja 和 Mendoza[27] 提供了一组频率谱数据来配合他们报告的声调频率的观察。该数据显示了一个普通的宽带声级在 Rossiter 模式频率的窄频带声级序列基础上。它们的整体声压级的速度依赖被限制在 $U^4 \sim U^6$。

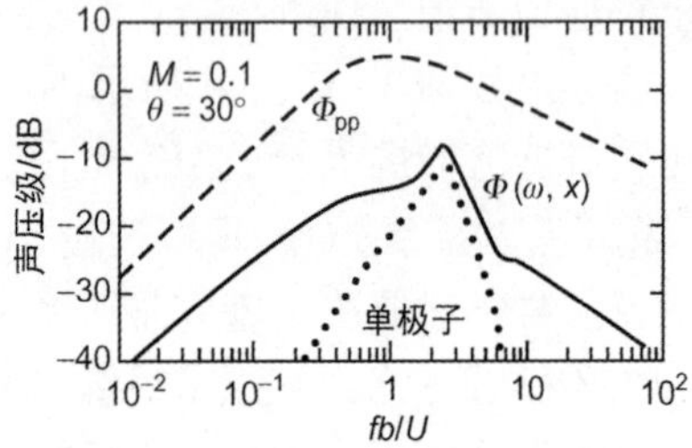

(a) θ=30°时的自谱

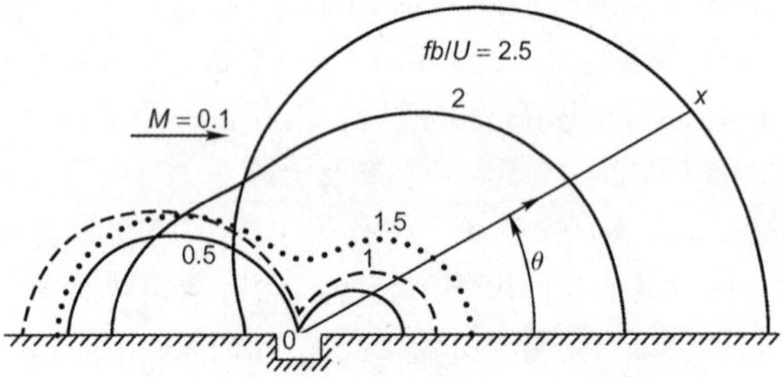

(b) 指示斯特劳哈尔数下的远场声学指向性模式

图 3-8　低马赫数下浅层空腔辐射声谱的示例特征

（Howe[33]，在图（b）中，数字标签为 fb/U 的值；在图（a）中，虚线自谱为壁压，实线和虚线分别为指示飞越角处偶极和单极子分量的辐射声级）

3.3.3.2　声学紧致空腔的单极子声源

声辐射物理分析的优势在于单极子声源的建模，我们将回顾在有致密截面的深空腔的情况下为单极子声源水平设定合理界限的一些研究。DeMetz 和 Farabee[32] 开展测量，利用圆柱形谐振（管状）制成 Helmholtz 谐振开口腔，

孔的中心位于腔体的轴线上。在腔室共振频率处测量到相对较大的压力振幅。在柱形空腔底部出现的极限最大压力幅值受到限制为

$$\overline{p_{\mathrm{cav}}^2}^{1/2}/q_0<1$$

其中

$$q_0=\frac{1}{2}\rho_0 U_0^2$$

在不等于谐振频率的干扰频率区，谐振腔压力可以低到 $10^{-3}q_0$。

腔内压力与远场声压有关。当腔的尺寸小于声波波长时，用图 3-5（b）表示，开口处流体的位移速度 u_{p} 表示刚性挡板上的活塞，并由此引起声压

$$p_{\mathrm{rad}}\approx\frac{\mathrm{i}\rho_0 wb^2 u_{\mathrm{p}}}{8\pi r}\mathrm{e}^{\mathrm{i}k_0 r} \tag{3.17}$$

其中，$k_0 b/2\ll 1$ 且壁面是一个无限大的平面，带有一个直径为 b 的孔。这个结果很容易从式（2.118）和式（2.119）推导出来，适用于那些刚性平面外的无源区域($\widetilde{\sigma}=\boldsymbol{T}_{ij}=0$)。因此，在 $y_2=0$ 时，有

$$\frac{\partial P_{\mathrm{a}}}{\partial n}=\frac{\partial P_{\mathrm{a}}}{\partial y_2}=\mathrm{i}\omega\rho_0 u_p$$

只有在小孔处，否则表面为零，然后式（2.118）给出了式（3.17）的结果，利用格林公式（2.122）且 $r_1=r_2=r$。

根据腔的大小，腔内的压力通过两种渐近形式中的任何一种与 u_{p} 相关。在任何一种情况下，如果介质是理想气体，单位体积分数变化时的压力变化为

$$\delta p=-\rho_0 c_0^2\delta V/V$$

若空腔比波长小，则 $\delta\dot{V}=\pi a^2 u_{\mathrm{p}}$ 和 $V=V_{\mathrm{cav}}$，由式（3.17）得出 $|\delta\dot{V}|=\omega|\delta V|$，其中 ω 是空腔的共振频率，可知

$$\frac{|p_{\mathrm{rad}}|}{|p_{\mathrm{cav}}|}\approx\frac{1}{2\pi}\frac{a}{r},\lambda_0\gg\text{空腔尺寸} \tag{3.18}$$

当我们利用 Helmholtz 频率（下文所示）并假设孔的半径比连接内外流体的孔的深度大得多。对于尺寸超过声波波长的空腔，可以写出另一种表达式。如果将该腔表示为半径为 a_{p} 的管状，单位体积压缩量是由声波波长决定的。因此，开口后的管状有效单位体积为

$$V=\lambda_0\pi a_{\mathrm{p}}$$

式中：λ_0 为声波的波长。管道中的压力波动为

$$\delta p_{\mathrm{cav}}\approx\rho_0 c_0 u_{\mathrm{p}}$$

且

$$\frac{|p_{\mathrm{rad}}|}{|p_{\mathrm{cav}}|}=\frac{\omega A_0}{c_0 r} \tag{3.19}$$

式中：A_0为管道或者空腔的开口面积。这个关系式由 Elder[55] 推导的，表明在全向声场声压级与声速成反比。因此，声压具有单极向指向性，但与波数有偶极关系。因子（$p_{\mathrm{cav}}A_0$）表示腔内压力对外部流体施加的力的时间变化率。因此，除指向性因子外，式（3.19）包含了与式（2.76）的幅值相同的参数。Howe[59] 和 Elder[56] 对流激发 Helmholtz 谐振器与其他谐振器进行了更广泛的阐述。

空腔结构的弹性特性一直没有得到足够的重视。然而，对于流体可压缩性控制刚度的刚性壁空腔，Rayleigh[1] 给出了其频率关系。经典的 Helmholtz 共振频率可以在许多参考文献中找到[1,60]。对于圆形开口，有

$$f_{\mathrm{r}}=\frac{c_0}{2\pi}\sqrt{\frac{\pi}{V}\,\frac{a^2}{L+\Delta R}} \tag{3.20}$$

式中：$a=b/2$ 为开口的半径；V 为空腔体积；L 为开口长度；ΔR 为末端校正，大约等于 $1.64a$。通过利用开口面积 S 和 ΔR 来代替 πa^2，这个公式可以推广到其他维度的开口。Dunham[45]、Covert[61]、Ingard 和 Dean[62]、Elder[55-56]、Elder 等[57] 考虑了空腔的一般阻抗特性，以及这些特性如何影响空腔与剪切层动力学的耦合。Miles 和 Watson[63] 测量了近圆柱形空腔中声模的流激压力，该空腔的轴线垂直于流动方向，并沿其长度进行了开槽。

3.3.3.3　空腔压力及声抑制方法

对流诱导腔声调的控制可以通过在任一点中断环路增益特征元件 1~4 来完成，这在 3.3.2 节中有过列举。第一种最有效的被动方法是最小化或避免相干剪切层扰动的发展，Ukeiley 等对此进行了研究[64]，这可以通过使用开启指栅或前缘扰流板来扰乱流动来实现。第二种最有效的方法是通过消除谐振器，或通过在腔内增加挡板或加强装置来打破或阻碍反馈回路。在超声速流动中，如参考文献［65］中所述，了解声学上较大空腔中的激波前缘结构可以为空腔谐振的抑制提供思路。

主动控制已被用来减弱内部腔声调，如 Kegerisea 等[66-67] 研究了一种自适应控制谐振腔内部压力的方法。在这种情况下，壁面上游表面的一部分，支持（浅）腔和开放的上游边缘是振荡与驱动器，以给予垂直速度 u_2到剪切层。尽管其他传感器位置可以纳入考虑，但是控制传感器还是被放置在腔的底部壁面上。这些位置可以包括剪切层中的探针或位于腔开口尾缘的压力传感器。实验结果验证了对三个亚声速马赫数 0.28~0.38 的前三种 Rossiter 模式的同步控制（频率范围为 500~1300Hz）。

3.4　射流自激噪声

3.4.1　射流纯音产生的基本原理

现在大家已很好地认识到，在产生过程中的射流中出现的扰动取决于射流的平均速度分布特征，因此在某种程度上取决于所使用的射流类型。简单来说，图 3-9（a）中的位流射流，其射流包含一个中等大小的势核，具有一个薄的（相对于射流半径）环形层流剪切层，故 $2\delta/D \ll 1$，其中 δ 是图 3-3（c）中所指的剪切层厚度。当射流直径加长数倍时，管内的流动被完全剪切，这样就可以得到形状与图 3-1（d）和图 3-3（a）、（b）相似的速度剖面（在这些剖面中，剪切层延伸到流动的中心线）。当雷诺数（UD/v）小于 1400 时，进入射流的入口形成良好，以避免射流内的流动分离，此时射流将是层流的。对于由如图 3-9（c）所示的矩形长孔产生的射流，只有在 R_D<600 时射流是层流的，这是因为在较大雷诺数的情况下，在进口处产生了由流动分离引起的涡。最后，在刀口情况下，由于射流中剪切层较薄，射流在雷诺数大于 600 时对扰动很敏感。图 3-9 中引用的参考文献在大雷诺数范围内进行了广泛的流动可视化和定量测量。当所引的临界雷诺数是发生弯曲的最小值时，所引的临界雷诺数是发生弯曲的最小值。这个雷诺数的临界值并没有明确的定义，因为它经常受到外来干扰的影响，而且它的识别也取决于实验细节和观察方式。一般来说，当雷诺数低至 100 时，射流对扰动是敏感的。

正如综述文章[25]所述以及其他研究不稳定的演变引起的更大尺度相干结构演化的参考文献（如参考文献［242，245-247］）所概述的那样，人们对射流扰动的可视化研究已经开展了 100 多年。Becker 和 Massaro[68]提供了圆形射流中烟雾可视化的一个很好的例子，他们观察了短射流形成的射流在大雷诺数范围内的轴对称扰动。在图 3-10 中很多图片显示了雷诺数的数量级。至少在 R_0中值之前，它们的射流是层流的，涡的增长过程非常明显。

图 3-10 中，射流（包括圆形和矩形）发展这种涡结构的倾向性使其在大范围雷诺数内对扰动敏感，因此射流调频具有非常重要的实际意义。物理上产生射流噪声的方法有很多，它们都可在 3.3.2 节中列举的流-声反馈元素中进行描述。其主要的因素是射流的自然不稳定性质，以及通常（虽然不总是）位于撞击表面附近的气流中某一点产生和反馈的诱导扰动。

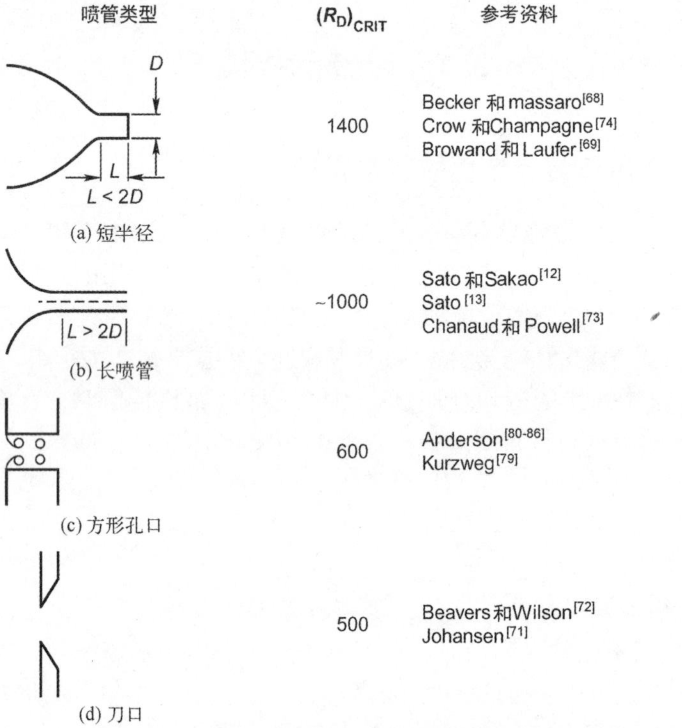

$(R_D)_{CRIT}$ = 射流中开始形成涡旋的雷诺数。雷诺数较低时会出现放大的弯曲扰动

图 3-9　产生射流音的喷管和孔口示意图

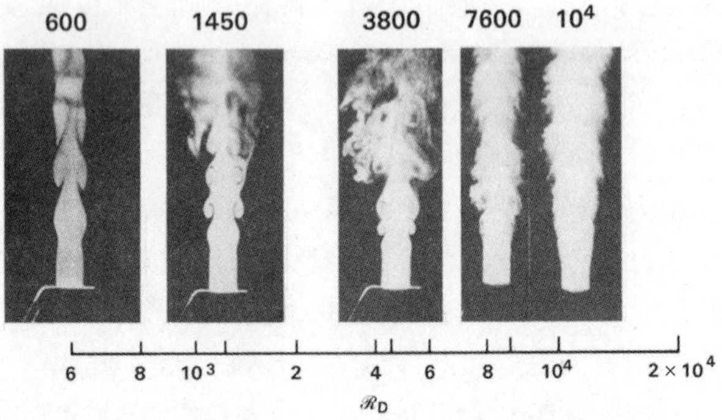

图 3-10　来自层流存在 ASME 短半径圆形喷管的烟雾射流

（图片转载自 Becker HA, Massaro TA. Vortex evolution in a round jet. J Fluid Mech 1968; 31: 435-48, by permission of Cambridge University Press.）

涉及撞击表面的喷射音的类别是边缘音、孔音和铃声。如图 3-11 所示，这些声调涉及楔板上的射流、挡板上的刀口，或与圆形射流轴线同心的环。同样这些类型中还包括壁面射流，其可看作带有 180°削磨的“边缘音”。尽管很容易设想一个类似于铃声的二维模态，但是所示的孔和铃声涉及射流的轴对称模态。反馈扰动主要由环上涡旋脱落产生的力偶极构成。这些偶极既可以是轴对称的，也可以是横向的，因此耦合成横向轴对称模。这些涡旋的形成和方向指示如图 3-11 所示。反馈扰动增强了孔和铃声中射流的轴对称模态。边缘音包含射流的非对称振荡，而二次扰动是由楔板两侧边缘顶端涡的交替形成产生的。声调不涉及撞击表面的射流声调，包括高速壅塞射流的尖叫声，以及在较高雷诺数时涉及某些收敛/发散射流流动分离的近乎声调现象。在单独处理这些类型的声调之前，将回顾射流扰动模式的特征频率，因为这些频率由射流声调共同持有。

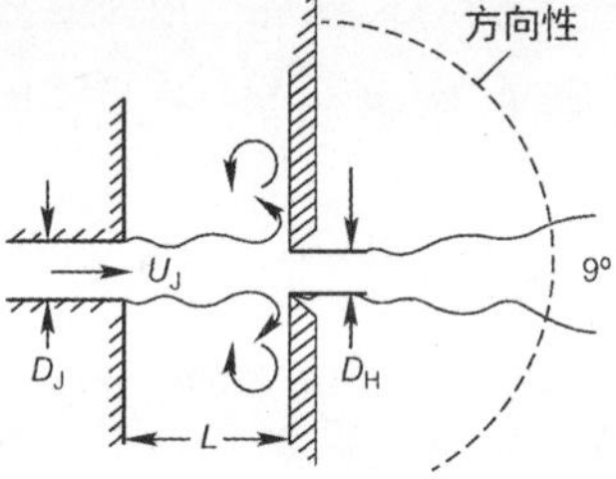

(a) 孔音

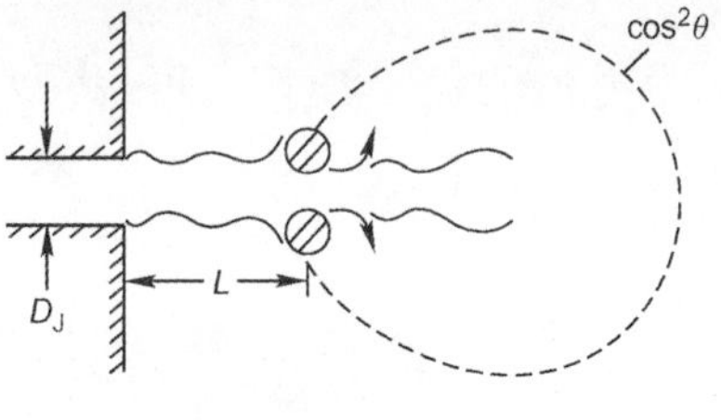

(b) 铃声

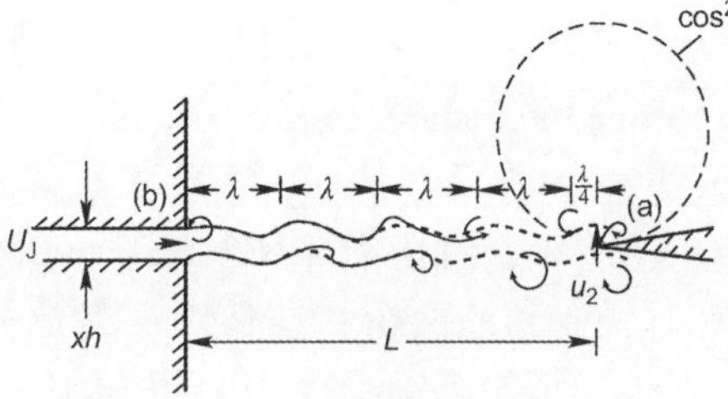

(c) 边缘音

图 3-11　孔音、铃声和边缘音系统示意图

3.4.2　射流噪声频率的无量纲化

经典的研究工作主要是研究圆形射流的轴对称模态，而对非轴对称模态的研究主要集中在宽高比矩形射流的边缘声调上。重新回顾 3.4.1 节开头部分是有用的，该部分描述了在射流中心平均速度变化很小的层流塞流周围的薄环形剪切流与在整个直径上完全剪切速度分布射流的区别。这些剖面上的

差异提供了不同的频率。在全剪切型面上，低雷诺数的层流可能产生声调，而长射流中的湍流不会产生声调。我们首先考虑圆形射流的流动不稳定性，该圆形射流涉及环形剪切层，该环形剪切层的厚度围绕均匀速度和直径 $D-2\delta$ 的区域。我们假定在随后的讨论中 $\delta \ll D$。扰动的频率取决于环形剪切层的厚度。因此，剪切层被认为是两个平行的双曲正切轮廓，因此环的不稳定波数对应于

$$\alpha_r \delta = 常数$$

现在，对于最初是由射流壁上的层状边界层产生的层状射流，剪切层的厚度将取决于雷诺数，近似为（参见第 2 卷第 2 章“壁湍流压力脉动响应”）

$$\frac{\delta}{D} \propto (R_D)^{-1/2}$$

因此，我们可以写成

$$\alpha_r = \frac{2\pi}{\lambda_c} = \frac{2\pi f}{c} \approx \frac{2\pi f}{U_J}$$

式中：U_J 为射流的流出速度，可以写出这些自然增长的射流不稳定性的 Strouhal 数，即

$$S_D = \frac{fD}{U_J} \propto (R_D)^{1/2} \tag{3.21}$$

这些干扰的可视化[68-70]揭示了从射流唇发出的短波长振荡。这些振荡随着它们向下游移动而合并，从而使成对的较大环形涡旋结构演变成最终的稳定模式。因此，唇部剪切层振荡是较大涡旋结构的胚，它们代表射流中最短的波长扰动，并形成了可能的 Strouhal 数的包络线的上限，如图 3-12 所示。所报告的流动可视化显示这些波长小于直径，并且在雷诺数大于 2000 时出现。这些扰动的 Strouhal 数遵循式（3.21），且比例常数在 0.012~0.02。

当雷诺数小于 2000 时，流动的两个特征使圆形射流的扰动与全剪切或塞流曲线相似。首先，每种类型轮廓的干扰波长至少约等于其直径长度或更长，第二种预测的 Strouhal 数相似。在雷诺数小于 10000 的情况下，可以使用流体动力学稳定性理论和类似于图 3-1（d）的轮廓来准确预测具有完全剪切速度轮廓的圆形和二维射流的轴对称模式。该轮廓在某种程度上也代表了较高雷诺数湍流射流下游发生的更平缓的剪切层，在该湍流射流中出现了更大尺度的涡旋结构。在雷诺数大于 3000 时，通常不会观察到具有完全剪切轮廓射流的层状层流扰动运动，因为产生的射流无疑会在射流产生之前发生湍流。

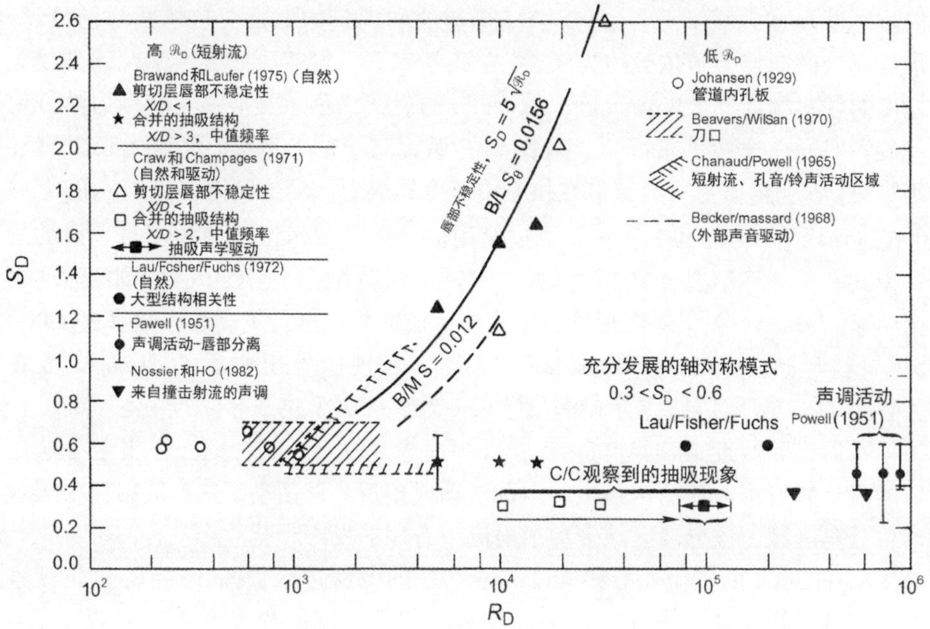

图 3-12　带轴对称扰动的圆形射流中涡旋形成的斯特劳哈尔数

在雷诺数范围的低端，对外部驱动的射流和经历自激振荡的射流进行了可视化。对于具有包括大部分直径的剪切层的射流，Sato 和 Sakao[12] 在二维射流上的测量显示，当 $2000<R_{2h}<10000$ 时，$S_{2h}\approx 0.14$ 给出的模式频率，而在较低的雷诺数下，他们发现

$$S_{2h}\sim(7.7\times10^{-5})\sqrt{R_{2h}}$$

式中：$2h$ 为射流的宽度。对于 $1500<R_{2h}<8000$，轴对称模式的频率[13] 遵循 $S_{2h}=0.23$；而在 R_{2h} 值约为 3×10^4 时，S_{2h} 约为 1.25。圆形刀口色调的 S_D 值与 R_D 恒定。Johansen[71]、Beavers 和 Wilson[72] 的流动可视化显示，射流模态是轴对称的。Chanaud 和 Powell[73] 观察到的空穴音被限定在 Strouhal 数之间，该常数恒定或与 $R_D^{1/2}$ 成比例。尽管孔音的频率取决于孔间距 L 与直径 L/D 的比值，且随后需通过检查来确定，但仅由于发生射流不稳的可用波长范围才有可能产生声调（图 3-2）。因此，图 3-12 中分支内的区域描述了可用的 Strouhal 扩增数。

当雷诺数超过 10^4 时，更大、更清晰的层流扰动生长波就不那么明显了，轴对称涡旋结构开始主导射流动力学。对于雷诺数超过 4×10^4 的情况，还没有观察到明确定义的环形唇部振动。在对 Crow 和 Champagne[74]（$10^4<R_0<4\times10^9$）的测量中，波状扰动在喷射聚结的边缘开始，随着它们向下游传播形成更长的波。经过两个阶段的合并后，波浪形扰动分解为涡流（或“抽吸”）。

射流下游（在区域 $y_1>(1-2)D$ 中）形成波和涡旋的斯特劳哈尔数都已显示。形成涡流的斯特劳哈尔数约为 0.3；在此频率下，射流可以被声学驱动到较大幅度的轴对称扰动。Browand 和 Laufer[69]的观察揭示了类似的波状动力学分解成旋涡对。在这两种情况下，观察到的涡旋离子的 Strouhal 数均为 0.5。Lau 等[75]的 R_D测量值更大时，潜在核心中速度和压力波动的频谱在 fD/U_J在 0.5~0.6 达到峰值。Lau 和 Fisher[76]通过使用信号调节技术证实该频率与大涡的规则模式有关。环形混合层中的这些大型轴对称涡旋使等速核中感应到的波动更为明显。Alenus 等[77]对圆形管道中收缩形成的射流进行了高雷诺数（200000）大涡模拟（Large Eddy Simulation，LES），发现所发出主音的 Strouhal 数在 0.4~0.43，与图 3-12 所示的测量结果一致且取决于狭窄部位的几何形状。

在雷诺数接近 10^6时，Powell[78]（另见参考文献［25］）已经报道了从发散的射流唇发出射流的声场中的声调活动或接近声调活动。这样的射流在唇缘产生分离区域，该分离区域带动了射流中有序的发声干扰。

Kurzweg[79]的尖锐孔板和 Anderson[80-86]的方形边缘板图 3-9（c）也观察到了声调干扰，基于孔直径 D 的斯特劳哈尔数、流速和流出速度 U 以及 Anderson 使用的实验装置的示意图均在图 3-13 中有显示。斜线表明数字是厚度与直径之比 t/D 的函数。对于参数的每个值

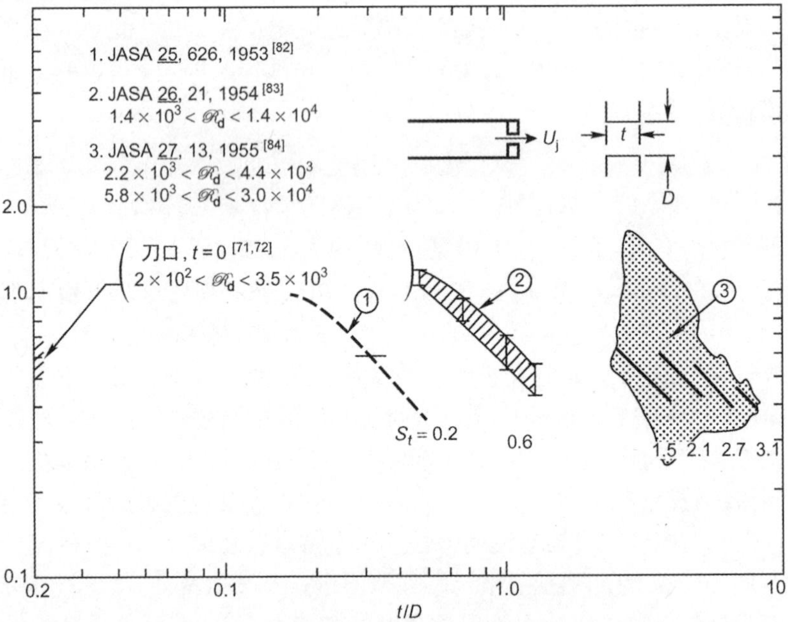

图 3-13　Anderson[82,84]终止管道的方形边缘孔板声调频率与 Johansen[71]、Beavers 和 Wilson[72]刀口 S_0的比较

$$S_t = ft/U_J$$

$S_D = fD/U$ 的值通常在 0.4~1.0 的范围内。该范围大致对应于在图 3-12 中观察到的自由层流射流的观察值范围。$t/D = 0$ 的极限对应于 Beavers 和 Wilson[72]、Johansen[71] 使用的刀口。在下一节的最后将讨论 S_D 对 t/D 的参数依赖性。

3.4.3　孔、环及边缘音

层流射流对噪声、振动以及反射的水动力和声干扰引起的外部刺激的一般敏感性已被公认是多年来观察到的多种声调的主要原因。请注意，人们通常会通过声激发火焰（Tyndall[87] 和 Rayleigh[1]）、鸟叫以及鸣笛茶壶（Rayleigh[1] 和 Chanaud 和 Powell[88]）、口哨声（Wilson 等[89]）、Pfeifentone（管道音）[80-86] 和各种乐器[1]（还有 Nyborg 等[90]、St. Helaire 等[91]、Elder[92]、Smith 和 Mercer[93]，这些都是最近的书，其中包括有趣的参考书目）等对这种不稳定性进行各种常见的观察所有这些声调的基本特征是，射流作为一个振荡系统，具有连续的“共振”频率，如图 3-11 所示，动态地耦合到另一个机械系统。

前面讨论过的孔音是在带有锐边的孔板与射流同轴放置时产生的。Rayleigh[1] 详细讨论了这种振荡器的构造，这是鸟鸣声、茶壶哨声和人哨声的来源。在孔处产生轴对称扰动，这会在流出处增强初始扰动。声音辐射是由第二块板的脉动射流引起的。在 Chanaud 和 Powell 的实验中[73]，第二块板大于发出声音的波长，因此辐射是全向的。铃声[71] 的工作原理与此相同。但是，该孔被同轴环代替。从环上散发出的环形涡流会在环上产生交变力。这些偶极沿射流轴的方向辐射。边缘音（图 3-11（c））涉及具有刚性边缘的射流非对称模式的相互作用离子。射流的来回振荡会在边缘上产生交变力。该力对射流有反作用。通常，已经针对宽度 w 与高度 h 之比较大的矩形射流检查了边缘音。近年来，由于边缘音色清楚地表明了射流稳定性和几何约束之间的关系，因而备受关注。尽管通常是通过不同的物理布置得出的，但 Curle[94] 和 Powell[43] 已经给出了今天普遍接受的声调频率和几何形状之间的关系。

由于其作为喷射色调行为的代表的根本重要性，现在将详细介绍边缘音。尽管多年来受到广泛关注，但直到 1961 年，Powell[44] 才对这种现象作为反馈驱动的流体动力射流不稳定性首次进行了全面分析。3.3 节已经针对自激腔音引入了该论点的要点。射流扰动的不稳定性遵循式（3.10），其值在下游边缘（图 3-11）。

$$u_2(L, y_2, t) = \hat{u}_2(y_2)\,\mathrm{e}^{\overline{\alpha_i}L}\,\mathrm{e}^{\mathrm{i}(\overline{\alpha_r}L - wt)} \tag{3.22}$$

式中：$\overline{\alpha}_r$和$\overline{\alpha}_i$为 L 上的平均特征值。偶极力 $F(t)$ 撞击射流在边缘产生的能量与横向成正比，射流中心线处的速度 $u_2(L,0)$，其表现为

$$F(t)=a_1\rho_0 U_J w\delta u_2(L,0,t)$$

式中：w、δ 分别为射流在撞击点上的宽度和高度；U_J 为射流在边缘位置的中心线速度；$a_1\approx 3$。该力在远离偶极有效中心的距离处感应出速度场 u'，该速度场取决于该质心和感兴趣的场点之间的距离。在 L 远小于声波波长且偶极的场点在射流出口处的情况下，感应出的速度本质上是空气动力学的，表现为

$$u'(0,t)=a_2\frac{F}{4\pi}\frac{e^{i\pi/2}}{w\rho_0 L^3}e^{-iwt}$$

式中：a_2 介于 1 和 2 之间，具体取决于 δ 和 L 之间的关系。这种关系很容易从等式前面的方程得出。式（2.31）给出强度为 $Q_i=Q_2$ 的偶极在声近场$(k_0\to 0)$中的压力和垂直速度（u_2）。与等式（2.75）相比，偶极强度和力与 $Q_2=-F_2/\rho_0$ 相关。由于在外流尖端处的切向流边界条件，施加的外场对射流 $u_2'(0,t)$ 的反应流干扰仅为

$$u_2'(0,t)+u'(0,t)=0$$

这样一来，$u_2'(0,t)$ 和 $u'(0,t)$ 是 π。加强式（3.22）的初始扰动 $u_2(0,y_2,t)$ 要求 $u_2'(0,t)$ 与 $u_2(0,y_2,t)$ 同相。因此，相位系数$\overline{\alpha_r}L$ 必须由各个相位的总和来控制，即 $u_2'(0,t)$ 与 $u_2(0,y_2,t)$ 之间的相位为

$$2\pi n=\alpha_r L+0+\frac{1}{2}\pi+\pi,\quad n=1,2,3$$

如前所示，有

$$\overline{\alpha}_r L=2\pi fL/\overline{c}_r$$

其中，$\overline{c}$是沿着 L 的扰动的平均相速度；它大致被参考文献［44］限制为 $0.3<\overline{c}/U_J<0.5$。对于自持振荡，环路增益，即 $u_2'(0,t)/u_2(0,y_2,t)$ 必须大于 1 个单元，因为环路所有部分的影响必定会导致外流扰动的净增加。

将自持振荡的允许频率无量纲化 $f_s L/c_r$，然后得

$$\frac{f_s L}{c_r}=\frac{1}{4},\quad 1\frac{1}{4},\quad 2\frac{1}{4},\quad 3\frac{1}{4}$$

这样我们就有了

$$\frac{f_s L}{U_J}=\frac{c_r}{U_J}\left(n+\frac{1}{4}\right),\quad n=0,1,2,\cdots \tag{3.23}$$

$n=0$ 模式尚未观察到。

Brown[95]、Powell[43] 和 Curle[94] 使用 $w/h\gg 1$ 的矩形射流提供了用于验证式（3.23）的最广泛数据，图 3-14 以绝对值和无量纲形式给出了此类数据的样

本。Brown[95]给出的由 $H=1\text{mm}$ 狭缝（$L=7.5\text{mm}$ 间隙）发出声调的绝对频率在 17～19m/s 处具有不连续性的跳跃。对于边缘音的参数，式（3.23）给出了 $n=1,2,3$ 中每个级的频率轨迹。总的来说，测量结果表明，在阶跃区域有一个滞后行为，如图 3-14（a）所示，虚线表示 f_s-U_J 行为降低速度。

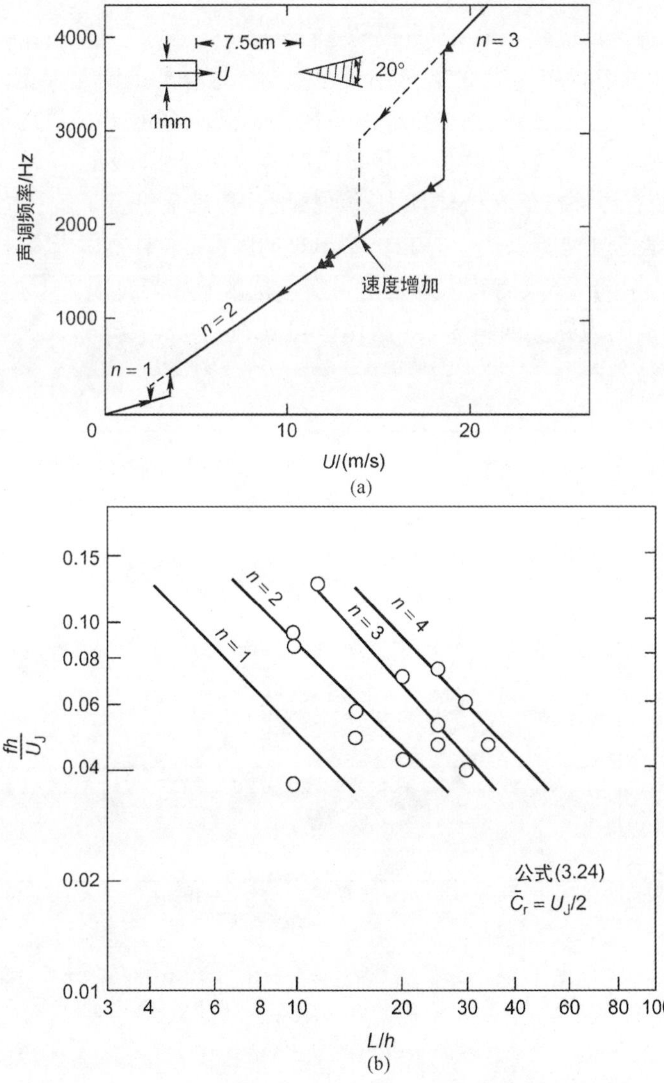

图 3-14　使用 $w/h\gg1$ 的矩形射流数据

（(a) Brown[95]观察到的边缘音范围，本情况以外的其他数据显示的磁滞区域；
(b) Brown[95]观察到的边缘音第一阶段的斯特劳哈尔数）

可以根据常规定义的 Strouhal 数来转换声调频率，将允许的频率设为

$$\frac{f_s L}{U_J}=\frac{c_r}{U_J}\frac{h}{L}\left(n+\frac{1}{4}\right),\quad n=0,1,2,\cdots \tag{3.24}$$

图 3-14（b）显示了布朗测量值的样本，该样本仅限于该范围

$$0.035<fh/U_J<0.15$$

图 3-15 所示的 Powell's[43]的测量结果也揭示了这样的范围是典型的，且该范围对雷诺数有一定的依赖性。在 S_D 的范围内，间隙宽度 L/h 随功能变化而变化。对于 L/h 或速度的某些值，可能同时存在两个阶段的声调。边缘声调 Strouhal 数的有界性已经在流体动力扰动幅度的基础上进行了解释[43]。由于环路增益必须大于 1，所以式（3.22）中出现的因数$\overline{\alpha}_i L$ 必须适当大。这意味着，根据图 3-2，由于$\overline{\alpha}_i\overline{S}$具有较大的正值，受干扰区域相当有限，干扰波数$\overline{\alpha}_r L$ 也必须以某个范围为界。如图 3-15 所示，将存在一个$\overline{\alpha}_r$-R_D 域的相应区域，其条件适合于自激。

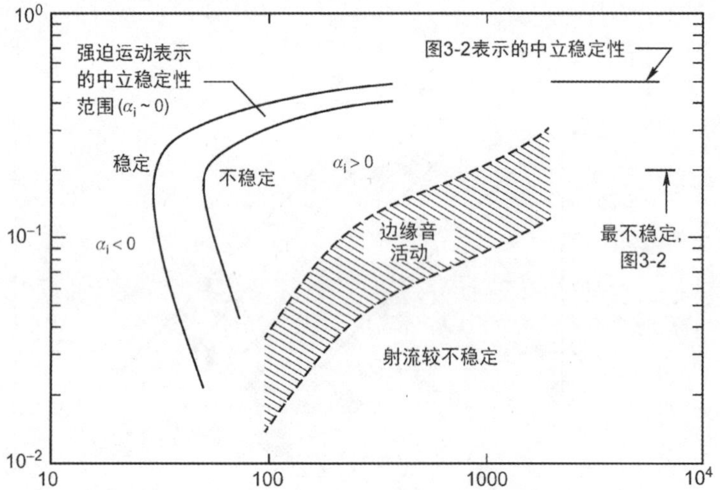

图 3-15　边缘音活动区域的二维射流稳定性图

（Powell[43] 观察数据）

注意，$\overline{\delta}$是剪切层厚度或射流高度的平均值，其名义上与狭缝高度 h 相同，但并不与之相等。相应地，由于

$$\bar{\alpha}_r\bar{\delta}=2\pi\frac{fh}{U_J}\left(\frac{U_J}{\bar{c}_r}\right)\left(\frac{\bar{\delta}}{h}\right) \tag{3.25}$$

fh/U_J的频带将与$\bar{\alpha}_r\bar{\delta}$大于某个阈值的$\bar{\alpha}_i\bar{\delta}$频带相关联。对于给定的射流直径和速度，平台将在 L/h 的范围内持续存在，以使 $\alpha_i L$ 处在一个频带内，该频带的值足够大以获取必要的环路增益，而值又要足够小以使光圈的有序结构在扰动到达边缘之前，射流中的给定模式不会破坏。在图 3-14（a）所示的有限速度范围内，给定阶段的持久性也已使用相似的自变量和式（3.25）进行了解释[25]。失稳特性随剪切层宽度 δ 的变化而变化，而与流出高度 h 无关；由于 $\delta/h\sim R^{-1/2}$局部射流宽度随速度增加而减小，故将存在一个速度范围 ΔU_J，在该速度范围内$\bar{\alpha}_i L$ 将适当地大，并且对应于保持有利环路增益条件的 δ 范围。基于流体力学稳定性，小于大约 50 的雷诺数似乎不存在边缘音，这是 α_i 大于零的下限。实际上，区域 $100<R_h<3000$ 以及 $2.5<L/h<4.5$ 外的声调通常（尽管不总是）比较微弱。

Powell[43]在实验和分析中都表明，由射流施加在边缘上的非稳态偶极力的振幅为

$$|F|<\frac{20}{9}\rho_0 U_J^2 wh=\frac{40}{9}q_J wh \tag{3.26}$$

式中：w 为宽度；h 为射流的厚度。该上限根据实验室边缘音辐射的空气声压测量得出，这表明该压力实际上是 L/h 和 R_h的函数。只要 w、h 和 L 都小于声调的波长，力和声压之间的关系可以从式（2.74）或式（2.75）推导出。Powell 的测量包括对辐射声和空气动力波动的独立评估，这提供了第一个对式（2.75）有效性的验证实验。设定

$$f_i(t)=|F|\mathrm{e}^{-\mathrm{i}\omega t}$$

式（2.75）给出

$$p_a(r,\omega)=\frac{-\mathrm{i}\omega\cos\theta}{4\pi c_0 r}|F|\mathrm{e}^{\mathrm{i}k_0 r} \tag{3.27}$$

$\omega=2\pi f$，且 $\theta=\pi/2$ 与射流的矢量方向一致。由式（3.26）给出的极限得到了运动学考虑的支持[43]，考虑了边缘形成涡旋的强度及其对射流非定常横向动量的影响。因此，此上限预计是普遍适用的。

Chanaud 和 Powell[88]（（图 3-12）和（图 3-11（a）））的孔声调现在可得到解释。对于 $L/D>(L/D)_{crit}$，声调在图 3-12 中以 $900<R_D<2500$ 中的阴影

线区域以一个或多个 Strouhal 数发出。对于给定的 L/D 值，Strouhal 数在 R_D 范围内是恒定的，且其在一定的 R_D 临界值处会变为第二阶段。例如，在 $L/D=3$ 时，对于 $1350<R_D<1900$，$S_D\approx0.5$，在 $R_D=1900$ 时更改为 $S_D\approx0.65$，并继续此值直到 $R_D=2500$。当通过降低速度降低雷诺数时，且当 S_D 恢复约为 0.5 时，S_D 的值将保持在 $R_D=1400$，从而进一步证明了自持流体振荡中常见的磁滞行为。对于孔基调阶段的条件可以概括为

$$\frac{f_s h}{U_J}=\frac{c_r}{U_J}\left(n-\frac{1}{4}\right)$$

其中，$0.5<c_r/U_J<0.9U_j$，以及 Strouhal 数的交叉阴影区，见图 3-12。Anderson 观察到的 Strouhal 数的行为，见图 3-13，也可以用上述术语来解释。Kurzweg[79] 观察到的锐边孔中的流动，揭示了一系列轴对称的环形涡。与式（3.11）与式（3.20）平行，我们写出这个条件

$$t=n\Lambda$$

式中：Λ 为涡距；t 为孔板的厚度；n 为在孔的涡流的整数倍。令

$$f_s\Lambda/U_J=\Omega=\text{常数}$$

式中：U_J为孔口流速，因此

$$S_t=\frac{f_s t}{U_J}=n\Omega,\quad n\geqslant1$$

描述了声调各个阶段的 Strouhal 数。如果我们在适当的 R_D 值下让射流的 S_D 允许范围在 $0.2<S_D<1$（图 3-12），那么阶段对 d/t 的依赖性为

$$0.2<S_D=(d/t)(S_t)<1$$

对应于图 3-13 中的对角线，具有 S_t的指示值。

表 3-1 总结了本节中有利于产生各种喷射音的条件，其中包括支持的参考文献［95-107］。每个声调都有其通用模式并且支持它的基本几何排列的特点。最重要的实际问题涉及声调发生所需条件的预测，因此将观察到的活动的雷诺数范围和相速度制成表格。为了预测阶段，还包括相位因子 ϕ_n。在给定的情况下，频率可以从公式中找到

$$\frac{f_s L}{U_J}=\frac{U_c}{U_J}\frac{\phi_n}{2\pi(1+Ma_c)}$$

表 3-1　亚声速喷流声调布置汇总

模式分类	$\frac{\phi_n}{2\pi}$	$\frac{U_c}{U_J}$	雷诺数范围	布　置	参考资料
孔音和铃声	$n-1/4$	0.5~0.9	1000~3000	 (a)　(b)	[88]
轴对称模式 $1<L/D<8$	图 3-13	—	10^3~3×10^4	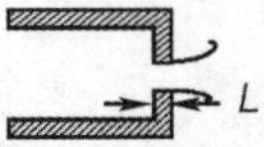 (c) 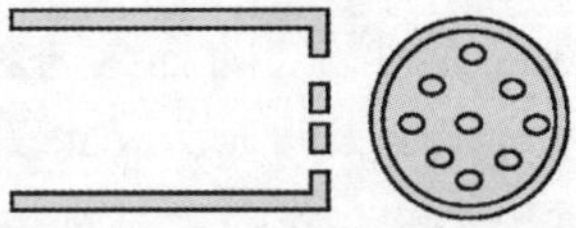 (d)	[80-86, 96, 98]
	$n-1/4$		10^3~10^4	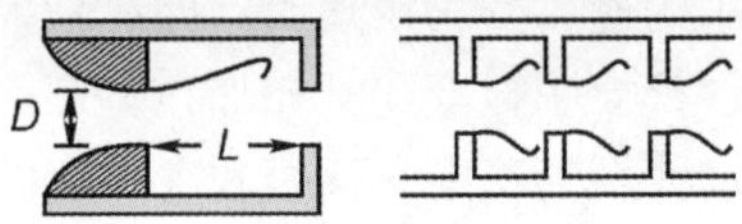 (e)	[54, 71, 89, 97-98, 100]
壁面射流：轴对称模式 $2<L/D<8$	最接近 L/D 的整数	0.5	3×10^5~8×10^5（粗略）	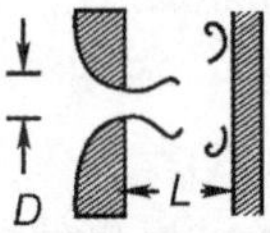	[103, 106-109]
边缘音：不对称 $2<L/h<12$	$n+1/4$	0.3~0.5	100~7500 2×10^2~2×10^4	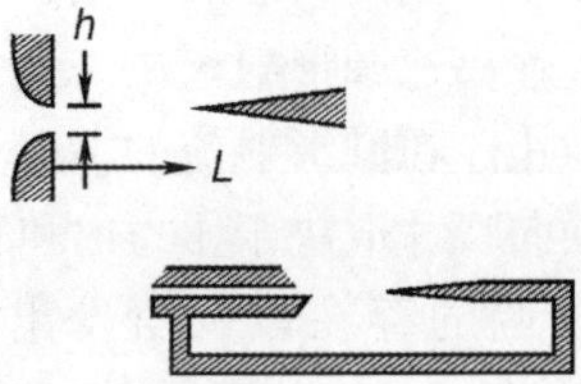	[44, 63, 101-104] [29, 63, 105]

其中 L 始终表示流出和冲击表面之间的分离。为了检查所有计算的有效性，对于圆形射流，Strouhal 数 $=S_D=fD/U_J$ 始终应在图 3-12 和图 3-13 所示的范围内，对于狭缝（二维）射流，则应在图 3-15 范围内。通常，在雷诺数范围的较低区域，可以在没有谐振器支持的情况下产生声调。但在 $R_D>3\times10^3$ 处产生声调通常需要谐振器。喷射音的控制可以通过几种方式来实现。对于中雷诺数到高雷诺数的射流，可以消除有利于支持共振的条件，或者可以引入声学或结构吸收（耗散）。在层流或湍流射流的大多数情况下，在射流处使用导流板可能会破坏有序的涡旋结构。这可通过使射流的内表面粗糙化或围绕射流的圆周

形成凹槽来实现。在涉及外壳共振的情况下，可以引入挡板以改变共振流体体积的模态特征或破坏声反馈路径。同样，可以通过在产生声调的参数范围之外选择腔室尺寸（L）和流出尺寸（h 或 D）来使射流与谐振器失谐。最后，若反馈路径涉及结构振动机制（如射流壁的振动），则可以通过更改所涉及的结构特征来取消加固，还可以通过向结构引入机械耗散来减弱声调。

3.4.4　超声速喷射器中的声音

超声速喷射器发出的声音超出了本书的亚声速范围，因此在本节中我们将让读者了解早期关于声调的一些研究，从而提供物理上的概述。这是对喷射音的广阔领域的辅助，并为读者提供一些相关的参考资料，Tam[111]对 1995 年之前发表的工作进行了回顾。随着通过射流速度的增加，边缘音倾向也随之增加。声调的产生变得不太明显，因此仅在相对受控的情况下才能生成声调。因此，声发射强度较小并且本质上是宽频带的。

当射流中的速度变为声速时，即在临界压力或高于临界压力时，噪声和射流结构的特性都会明显变化。叠加在宽带声音上的是一种声调，它与沿射流轴的扩展和压缩区域的稳定蜂窝模式存在有关。图 3-16 显示了在二维射流中诱发的这种模式的 Schlieren 照片。这些单元是由周期性压缩和膨胀区域形成的，当流体沿着射流轴向下流动时，它们之间的间隔为$(x_s)_i$。这种模式的下游范围受到湍流消散的限制。在图 3-16 的下部以一系列点表示模式中单元的位置，这些点代表沿射流的单元位置。该过程在射流出口处启动，这是因为射流扰动引发了从那里开始的马赫线的振荡。尽管通常在二维射流中进行研究，但这种现象也发生在高速圆形射流中。通常会出现 3~5 个孔，直到它们被下游湍流混合分散为止。在圆形射流的情况下，观察到多达 12 个单元。所形成的孔的数量及其轴向尺寸取决于压力比和直径。

这些尖叫音调的存在以及所发出声音指向性地说明所需要的条件由 Powell[78,110,112-113]中给出，并遵循 3.3.2 节所列举的反馈机制。声源与所述冲击单元一致时，相对于射流出口是固定的，并且振荡源是通过有序的涡旋结构通过这些单元的对流而产生的。因此，最强的声调产生于每个单元辐射出的单个压力，这使射流出口处的相互加强效果最佳。这些反馈压力驱动射流剪切层产生空气动力干扰，从而“冲击”冲击波单元。在图 3-16 狭缝喷射的纹影照片中，发出的声波清晰可见，为半圆形的明暗图案。射流两侧的声音相位差为 180°。有效的源中心取决于条件，并且可以位于下游的 3~4 个单元中。该位置不仅取决于声学增强的几何方面，而且还取决于沿射流轴向下的相邻单元的源强度权重。在射流附近，由于射流的不稳定性仍在增长，源的强度将相对较小，并且由于湍流引起的无序和去相关的产生，强度的下游将减弱。最主要的声源都包含在这两个极端之间。

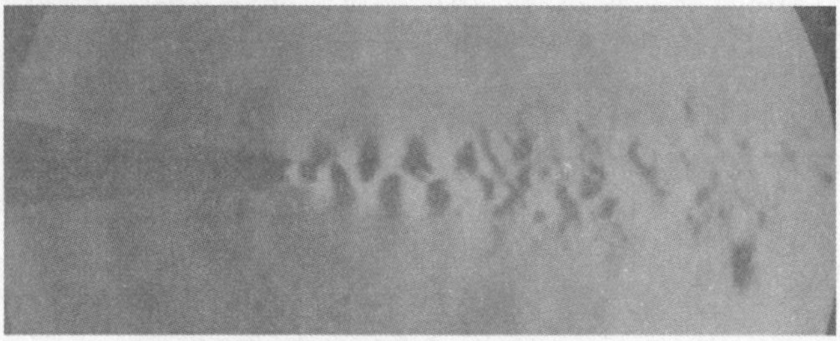

(a) 阻塞喷射器和上游传播声Schlieren照片，I=3.05

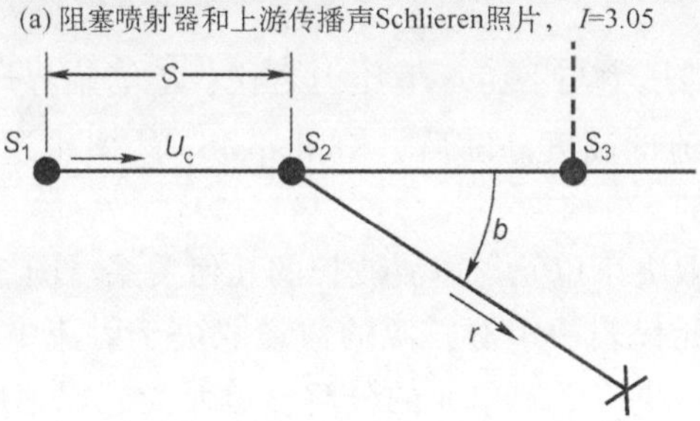

(b) 声源几何理想状态

图 3-16　冲击单元模式和宽度与页面垂直的阻塞矩形喷射器的声场源几何
（转载自 Powell A, On the mechanism of choked jet noise. Phys Soc London1953; B66; 1039-57.）

声音的方向性由声波波长、沿射流轴的单元尺寸以及通过激波单元的射流涡流的对流速度确定，因为这决定了作为声线源的单元波动的相对阶段。声音的主要方向性（基本频率的方向性），在回射流出口上游。需要此方向性来确定声音与射流出口平面中的空气动力学干扰的耦合。Han 等[248] 使用声学指向镜麦克风的研究证实了这些单元作为声源的位置。

就像在亚声速边缘音的情况一样，在发出的声音和出口平面中的空气动力学扰动之间需要固定的相位关系。固定的源分布在距射流出口的距离 x_s 处提供了一个固定的“声学中心”，该距离类似于边缘音的狭缝边缘距离。但是，与边缘音相反，有效源位置是一个变量，具体取决于压力比和特定射流的直径。处理二维射流的情况，条件类似于式（3.23），自激励频率 f_s 的声调为（Powell[110,114-115]）

$$\frac{f_s x_s}{U_J}=\frac{U_c}{U_e}\left(\frac{N+k}{1+M_c}\right)$$

必须将纹影照片当作圆柱扩展波阵面的声学中心，通过实验推导每个射流的有效声源位置 x_s。在 Powell[110] 的报告案例中，其范围通常在（1.7~2.3）

λ_c，其中 λ_c 是有效的涡流扰动波长，但这种关系的普遍性尚未得到证实。类似地，对流速度和参数 k 取决于射流的特定特性。通常，$U_c \approx 0.6U_J$。参数 k 是沿轴向参与声调的涡流扰动波长数的非整数度量，指标 N 是源和射流出口间完整声波波长的数量。因此，总和 $N+k$ 代表围绕反馈回路的声学和空气动力循环的总数。目前尚无用于准确确定 x_s、K 或 U_c/U_J 的通用规则。但是对于由 Powell[110] 检查过的射流，参数 $N+k$ 在给定射流的宽压力比范围内是一个常数，并且频率遵循规则

$$\frac{f_s h}{c_0} = \frac{0.2}{\sqrt{R-R_c}}$$

式中：R 为上游停滞压力与下游环境压力之比；R_c 为临界压力比（对于空气，$R_c = 1.89$）；h 为射流的高度。随后，Krothapalli 等[116] 也遵守了该规则，因此一般性似乎是合理的。

声音的指向性取决于单元与声波波长的几何关系。图 3-16 的底部给出了主要参数。每个单元代表一个源，源的数量取决于射流中的雷诺数和湍流水平，因为湍流最终将决定下游单元的分解。单元受到以速度 U_c 对流涡流扰动的脉冲，与亚声速边缘声调 U_c 一样，它是给定射流出口速度的有效值。因此，相邻源之间的相位是 $2\pi f_s/U_c$，s 表示单元长度的平均值，如图 3-16 中的 $s = \langle (x_s)_{i+1} - (x_s)_i \rangle$。虽然参与的单元数目和它们的相对强度是不确定的，但是主要的指向性模式 D_f 是由三个等强度的源代表性地给出的：

$$D_f = \frac{1}{3} + \frac{2}{3}\cos\left[2\pi\left(\frac{s}{\lambda_c}\right)(1 - M_c\cos\beta)\right]$$

对于基频

$$D_h = \frac{1}{3} + \frac{2}{3}\cos\left[4\pi\left(\frac{s}{\lambda_c}\right)(1 - M_c\cos\beta)\right]$$

用于第一谐波 $f = 2f_s$。较高数目的声源会增加影响 $1 - M_c\cos\beta$ 的其他因素，但不会影响主要的方向性。即使 M_c 可能是射流的变量，但单元长度和 λ_c 仍由经验关系式给出

$$s/h \approx 1.9\sqrt{R-R_c}$$

并且

$$\lambda_c/h = U_c/f_s d \approx 2.9\sqrt{R-R_c}$$

因此，λ_c/s 是一个固定数，大约等于 0.66。对于一系列典型的 M_c 值，主瓣（最大声音强度）将接近基波的上游（朝向射流）。第一谐波的方向性几乎是宽泛的，上游强度大大降低。因此，该谐波是声调产生的附带因素，其相对于

基波的幅度取决于涡流-电击相互作用的脉冲形状和流动时间平稳性的细节。因此，这里不可能进一步定义基波及其谐波特性。

是否产生特定级 N 的声调，主要取决于控制边缘音的相同因素。类似于边缘音，反馈环路中的增益因子是频率的连续可变函数。但是，频率 f_s 对应于射流出口处的净扰动，该净扰动是从各个源向射流出口传递压力。因此，以下条件确定了反向干扰的最大值[113]

$$\left(\frac{s}{\lambda_c}\right)(1+M_c)=1$$

因此，在以 $s(1+M_c)/\lambda_c=1$ 为中心，带宽为 $\Delta[s/\lambda_c](1+M_c)]$ 的一些波段内，空气动力学和声学扰动的加强将得到促进。射流出口对流动反馈的行为与亚声速腔和射流音中发生的行为完全相似，因此 Morris 等[117]发现，使用射流出口中的分流起伏可以有效减轻声调。

在二维射流的情况下，允许的声调频率范围相对较大，该频率随压力比不断变化。在圆形射流的情况下，观察到的相关性是不连续的，且出现的滞后效应与边缘色调中的情况非常相似。因此，圆形射流的频带 $\Delta[s(1+M_c)/\lambda_c]$ 似乎比二维射流要窄得多。一般间断遵循规则

$$\frac{f_s D}{c_0}=\frac{0.33}{\sqrt{R-R_c}}$$

并涉及射流扰动的螺旋模式。直到 20 世纪 70 年代，关于阻塞喷射器发出声音的后续研究进一步量化了其中的某些关系，并证明了通过在出口平面前方插入防护罩（如 Hammitt[118]的二维射流及 Davies 和 Oldfield 的[119-120]的圆形射流）可能会破坏反馈。

关于对超声速射流撞击在平板上产生声音的理解和控制是一个具有重大实际意义的话题，如参见 Powell[121-122]、Tam 和 Ahuja[123]、Krothapalli 等[124]。当射流中激波单元被消除时，整体声压表现为经典宽带特性，这将在 3.7 节[125-126]中讨论，如 Maa 等[126]所示，经典的宽带特性被维持到接近 9 的压力比 P_{stag}/P_{atm}。

3.5　湍流的随机性

3.5.1　引言

我们已经看到，在射流和所有其他流的情况下，扰动在雷诺数较大时会变得无序或随机。为方便处理这种无序流动，有必要研究能有效地描述流动某些

特性的平均或预期行为的统计表示。这些特性通常包括湍流区域的速度波动、压力波动和密度波动。当辐射噪声是随机或紊流过程的结果时，远场声压就是一个随机变量。因此，为了将第 2 章“声学理论与流致噪声”中推导得出的确定性关系应用于实际产生噪声的流动，已经发展了将流场统计与辐射声音统计相联系的技术。在转换式（2.119）~式（2.144）中已经给出了关于如何使用确定性格林函数表示随机源声音产生的建议。在本节中，我们将扩展分析范围，以涵盖其他统计公式，并将其以基本方式应用到由湍流产生的声音中。

在泰勒关于各向同性湍流统计[127]和关于湍流谱[128]的系列论文中，发现了用于湍流测量和描述的经典统计方法的基础。其中，首次认识到涡旋对流中时间与空间的相互关系，概述了通过相关性提取最大和最小涡旋量度的方法。多年来，这些统计措施的重要性已得到广泛认可。测量仪器也变得更加复杂，能通过信号调节的优点对可识别的湍流事件进行观察。相关性的解释不断发展，描述几乎所有形式的湍流剪切层（射流、尾流和边界层）中的传输现象和声学的物理行为的需求因此得到满足：对许多类型流随机表示的显著处理可参考 Batchelor[129]、Hinze[130]、Towns end[131]、Lumley[132] 和 Pope[133]。读者可以参考这些资料来获得严格的推导和数学有效性的定理。我们的讨论将处理审查和应用，特别是因为它们适用于描述流动声源，我们将在本书的其余部分使用。

噪声和振动是由相邻湍流场的射流和结构反应引起的。第 2 章推导了辐射过程的声学理论及其流动线性因果确定关系，第 5 章推导了结构引起的流动导致的振动和噪声相似关系的基本原理。无论哪种情况，尽管传递函数被假定为线性和确定性的，输入都是随机的，所以线性系统的输出也是随机的。作为一个历史的记录，这些系统处理的基础知识是在传播理论早期发展起来的（如 Lee[134]），随后发展了抽样标准、频率-时间关系和非平稳性[135]。关于这些技术在物理系统中应用的论文随后被发展用于产生水波[136]和随机扰动的结构振动[137-139]。本节我们将继续对 1.4 节和 2.6.2 节中介绍的随机变量及其相关函数的分析、振动和声音的信号分析工具、有涡旋源的波动方程的推导。

3.5.2　随机变量的相关函数

在处理随机现象时所讨论的变量，如速度或涡度的矢量分量或压力都有一定的可能性达到某个值。下面我们假设流动是稳定的，并且具有叠加相对较小的湍流特性的不变性质。用符号 u' 代表这个变量的随机性，符号 $P(u')$ 代表它发生的概率，那么如果扰动发生了，我们有

$$\int_{-\infty}^{\infty} P(u')\mathrm{d}u' \equiv 1 \tag{3.28}$$

可以肯定的是 u 在正负无穷之间有一定的值。当 u 表示流向速度时，u'的平均值或 u 的期望值，定义为平均速度为

$$E(u') = \int_{-\infty}^{\infty} u'P(u')\mathrm{d}u' = \overline{U}' \tag{3.29}$$

式（3.29）也称为 $P(u')$的第一阶矩。在水声学的意义上，式（3.29）只定义了随机量的平均速度，或者在有压力的情况下为静压。概率密度的第三个属性是均方，即

$$E(u'^2) = \int_{-\infty}^{\infty} u'^2P(u')\mathrm{d}u' = \langle u'^2 \rangle \tag{3.30}$$

方差定义为

$$\mathrm{var}(u') = E(u'^2) - (E(u'))^2 \tag{3.31}$$

在流体力学应用中，通过将随机变量视为平均值的变化，简化了对关系的操作。这使得我们可以将平均运动和湍流运动分离，首先找到速度或压力的平均分量或稳定分量，然后推导出随机分量的行为，其精度可能有所不同。这样，随机运动被视为叠加在平均流量上。因此，我们一直将随机变量定义为波动加均值

$$u' = \overline{U} + u \tag{3.32}$$

其概率密度为 u 由 $P(u)$ 给出，因此很容易通过将式（3.31）应用到式（3.31），得

$$E(u) = 0 \quad 和 \quad E(u^2) = \overline{u^2} = \mathrm{var}(\overline{u^2})$$

这是一个更容易处理的关系。因此，u'^2的期望为

$$E(u'^2) = \overline{U^2} + \overline{u^2}$$

将这些概念应用于描述实际湍流量的问题，这些湍流量在时间和空间上都是随机的，令

$$u = u(\boldsymbol{y}, t)$$

式中：y 为空间变量；t 为时间。因此，总流量变量表示为一个平均值，这取决于空间坐标和 $u(\boldsymbol{y},t)$。

$$u' = U(\boldsymbol{y}) + u(\boldsymbol{y}, t)$$

现在上横线已经从平均属性中删除了。所有对 u' 的操作都简化为对平均量 $u(\boldsymbol{y})$和统计量$(\boldsymbol{y},t)$各自单独操作的叠加。我们通常对变量在两个点和相应时间的期望值感兴趣，让 $u'_1 = u'(\boldsymbol{y}_1, t_1)$ 和 $u'_2 = u'(\boldsymbol{y}_2, t_2)$，然后通过上面的定义，我们说明了平均值和波动测度的可分离性：

$$E(u'_1, u'_2) = U(\boldsymbol{y}_1)U(\boldsymbol{y}_2) + E(u_1, u_2)$$

式中：$E(u_1',u_2')$为u_1'和u_2'的共同期望值。

在位置 $\boldsymbol{y}_1$，$\boldsymbol{y}_2$ 和时间 t_1 和 t_2 处，波动速度的联合期望值 U，是由式（3.30）概括出来的。

$$
\begin{aligned}
&E[u(\boldsymbol{y}_1,t_1)u(\boldsymbol{y}_2,t_2)] \\
&\quad=\langle u(\boldsymbol{y}_1,t_1)u(\boldsymbol{y}_2,t_2)\rangle \\
&\quad=\iint_{-\infty}^{\infty} u(\boldsymbol{y}_1,t_1)u(\boldsymbol{y}_2 t_2)P(u(\boldsymbol{y}_1,t_1))P(u(\boldsymbol{y}_2,t_2))\mathrm{d}u(\boldsymbol{y}_1,t_1)\mathrm{d}u(\boldsymbol{y}_2,t_2)
\end{aligned}
\tag{3.33}
$$

从此，尖括号将表示形式上的整体平均值。如果函数$P(u(\boldsymbol{y},t))$与空间位置无关，那么 Batchelor[129] 将 $u(\boldsymbol{y},t)$ 称为空间均质随机变量。集合平均数$\langle u(\boldsymbol{y}_1,t)u(\boldsymbol{y}_2,t)\rangle$称为协方差或相关函数。它与$\boldsymbol{y}_1$的原点无关，但与$\boldsymbol{y}_1$和$\boldsymbol{y}_2$的相对间隔有关。同样地，当$P(u)$以及因此的总体平均值与时间无关，但与时间差$\tau=t_2-t_1$有关时，则$u$在时间上是同质的，或者在时间上是平稳的。本节对稳态信号的相关函数在 1.4.2.2 节进行了详细介绍。

为了在实践中实现式（3.30）中的积分，$u(\boldsymbol{y}_1,t_1)$和$u(\boldsymbol{y}_2,t_2)$必须在大量的实验中进行取样，然后对所有可能的整体进行积分。该做法不切实际，我们需寻求更简单的替代方法，其中用时间或空间平均值代替式（3.30）的形式运算。也就是说，我们定义了时间平均值：

$$
\begin{aligned}
\overline{u(\boldsymbol{y}_1,t_1)u(\boldsymbol{y}_2,t_2)}^{t}&=\overline{u(\boldsymbol{y}_1,t_2)u(\boldsymbol{y}_2,t+\tau)}^{t} \\
&=\lim_{T\to\infty}\frac{1}{T}\int_{-\frac{T}{2}}^{\frac{T}{2}}u(\boldsymbol{y}_1,t)u(\boldsymbol{y}_2,t+\tau)\mathrm{d}t
\end{aligned}
\tag{3.34}
$$

和空间平均值：

$$
\begin{aligned}
\overline{u(\boldsymbol{y}_1,t_1)u(\boldsymbol{y}_2,t_2)}^{y}&=\overline{u(\boldsymbol{y}_1,t_1)u(\boldsymbol{y}_1+r,t_2)}^{y_1} \\
&=\lim_{V\to\infty}\frac{1}{V}\iiint_V u(\boldsymbol{y}_1,t_1)u(\boldsymbol{y}_1+r,t_2)\mathrm{d}\boldsymbol{y}_1
\end{aligned}
\tag{3.35}
$$

当

$$\langle u(\boldsymbol{y}_1,t_1)u(\boldsymbol{y}_2,t_2)\rangle\equiv\overline{u(\boldsymbol{y}_1,t_1)u(\boldsymbol{y}_2,t_2)}^{t}\tag{3.36}$$

$$\langle u(\boldsymbol{y}_1,t_1)u(\boldsymbol{y}_2,t_2)\rangle\equiv\overline{u(\boldsymbol{y}_1,t_1)u(\boldsymbol{y}_2,t_2)}^{y}\tag{3.37}$$

据说这个过程是遍历的，一些关于遍历的正式要求，如 Lee[134]、Bendat 和 Piersol[135]、Kinsman[136] 和 Lin[137] 所述可作参考。

在本书中，我们假设式（3.36）成立，除非另有说明，这一假设通常用于湍流流体动力学的分析模型。然而，并不是所有类型的流都适用于关系式（3.37）。具体来说，射流、尾流和过渡边界层中发展的有序扰动不满足空间均匀性。充分发展的湍流边界层也不能严格满足式（3.37）；但是，通常假定它们在与曲面平行的平面中这样做。调用此假设是为了开发用于描述边界结构响应的定理（第 5 章“流致噪声与振动的基本原理”；第 2 卷第 3 章“阵列与结构对壁湍流和随机噪声的响应”）图层属性。即使许多流没有正式满足式（3.37），它们的相关体积相对于发展流的范围往往很小，因此做出这一假设可以得到有用的数量级定量预测。在 2.7.2 节中发展的空间相关性和波数谱之间的关系适用于上述统计量，这将在下一节详细介绍。

3.6　相关函数和谱函数在描述湍流源中的应用

3.6.1　各向同性湍流的声学表达

在本书中，我们将考虑具有广泛统计特性的湍流源。就“湍流”而言，这些特性的统计行为通常由雷诺数阈值确定，该阈值定义为商 $\rho U\delta/\mu$，其中 U 和 δ 是流的速度和长度尺度，ρ 和 μ 分别是流体的密度和黏度。当流动的雷诺数大于某个临界值时，该流动称为湍流。在本节中，我们回顾了湍流和湍流声源的解析描述方法，以便计算流动引起的声音和振动。这不是一篇详尽的综述，而是有选择地引用一些概念，这些概念特别适用于描述和建模本书中使用的流声源；特别是亚声速射流噪声、湍流边界层壁压力以及撞击尾流中湍流的声源模型。对进一步研究这些概念感兴趣的读者可以参考那些详细探讨这一主题的书籍，如 Batchelor[129]、Hinze[130]、Townsend[131] 和 Pope[133]。我们普遍感兴趣的湍流在统计意义上是暂时稳定的，通常由流动产生的速度和压力组成。也就是说，所有的时间平均属性，如时间平均值、速度乘积的平均值、时空相关张量以及变量的概率分布，都将随时间变化。无论何时测量这些属性，只要它们在流动的同一位置测量，其时间平均值都是相同的。这些时间平均流动特性预计将取决于测量位置，但在这些位置，无论何时测量，这些平均流动特性都是相同的。正如第 1 章所讨论的，导论性概念遍历性原理将适用于这些点对点的流动，以便假定时间平均值和总体平均值可以在足够长的平均时间或样本长度上互换。在接下来的内容中，我们不是要推导出所需的频谱数量，而是要引用某些关键的代数关系，并指出它们的物理意义。

通常，我们将假定局部平均速度远大于局部波动速度，即

$$U_i(y_i) > u_j(y_j, t) \tag{3.38}$$

并且统计量，如流动中两点的二维时空速度相关性满足一个不等式，即它们的总体平均乘积远小于两点的平均速度乘积：

$$\overline{u_i u_j} R_{ij}(x_k - y_j, \tau) = \frac{1}{2T}\int_{-T}^{T} u_i(y_j, t) u_j(x_k, t + \tau)\,\mathrm{d}t = \overline{u_i(y_j, t) u_j(x_k, t + \tau)}$$

(3.39)

由 $R_{ij}(y_i - x_i, t)$ 描述的 $u_i u_j$ 速度积张量的波数-频谱为

$$\boldsymbol{\Phi}_{i,j}(\boldsymbol{k}, w) = \frac{1}{16\pi^4}\int_{-\infty}^{\infty}\int_{-\infty}^{\infty}\int_{-\infty}^{\infty} \overline{u_i u_j} R_{ij}(\boldsymbol{r}, \tau) \exp[\mathrm{i}(\omega\tau - \boldsymbol{k}\cdot\boldsymbol{r})]\,\mathrm{d}^3\boldsymbol{r}\,\mathrm{d}\tau$$

(3.40a)

$$\boldsymbol{\Phi}_{i,j}(\boldsymbol{k}, \omega) = \frac{1}{8\pi^3}\int_{-\infty}^{\infty}\int_{-\infty}^{\infty}\int_{-\infty}^{\infty} \boldsymbol{\Phi}_{i,j}(\boldsymbol{r}, \omega) \exp[-\mathrm{i}\boldsymbol{k}\cdot\boldsymbol{r}]\,\mathrm{d}^3\boldsymbol{r} \tag{3.40b}$$

引用泰勒关于速度 $\boldsymbol{U}_{\mathrm{c}}$ 的冻结对流[127-128,133]的假设，我们可以把波数和频率谱表示成可分离的形式：

$$\boldsymbol{\Phi}_{i,j}(\boldsymbol{k}, \omega) = \boldsymbol{\Phi}_{i,j}(k)\,\boldsymbol{\phi}_m(\omega - U_{\mathrm{c}}\cdot\boldsymbol{k}) \tag{3.41}$$

对于具有恒定对流速度的冻结对流

$$\boldsymbol{\phi}_m(\omega - U_{\mathrm{c}}\cdot\boldsymbol{k}) = \delta(w - U_{\mathrm{c}}\cdot\boldsymbol{k}) \tag{3.42}$$

“移动轴”频谱函数中的点积使波矢量与平均对流方向简单对齐。湍流场的这种几何特性在使流场与表面对齐方面很重要，因为流表面相互作用会影响所生成声音的频率和幅度特性。

为了便于讨论，我们考虑三类通用的湍流：

（1）各向同性湍流，其湍流强度与方向无关，相关张量与空间方向无关，并且场统计信息与场中位置无关。我们在物理上实现各向同性湍流的能力是非常有限的，在实验室条件下，各向同性的条件大致上是在风洞中均匀流动的均匀网格的下游产生的流动。各向同性的条件要求波数谱与坐标旋转无关，因此在各向同性湍流中，请参见 Batchelor[129]、Hinze[130] 和 Pope[133]。

（2）均质湍流是指平均速度梯度和湍流波动统计与平均场中的位置无关的湍流。Townsend[131]将流声模型中感兴趣的近乎均匀的湍流场描述为：近似均匀且各向同性的平均速度均匀；近似均质但各向异性的湍流却具有均匀的平均速度；某些湍流混合层的情况下，平均速度梯度几乎均匀。我们将看到，当剪切流中感兴趣的波数大于剪切流平均速度梯度长度尺度的倒数时，近似满足同质性或近似同质性的条件，足以进行声学模拟。各向同性湍流也是均匀的湍流。

（3）非均匀湍流是指平均速度及其空间梯度在整个流动过程中不是固定的，而是可变的。这些包括湍流剪切流，如射流、尾流、壁上和管道内的边界层。在实际情况下，可以在流动区域中观察到湍流，在该区域中，平均速度或平均速度梯度的长度比例为 δ，而感兴趣的最小波数为 $k > 2\pi\delta^{-1}$。在这种情况

下，我们将考虑湍流遵循δ定义的区域内的均匀性行为。应用于这些非均匀流动的 Kolmogrov 局部各向同性理论[131]断言，这些流动的结构具有一个共同的涡旋尺度范围：对流动的时间平均能量没有明显影响的小流量和对流动的时间平均能量有明显影响的大流量。较大的尺度可能接近δ，也可能不接近δ，但那些尺度接近或超过δ的不能被认为不考虑整个流体的特性。如果所有其他涡旋也很弱，在式（3.38）和式（3.39）的情况下，那么它们的统计量可以用局部同质性条件来近似。

3.6.2　各向同性湍流的谱模型

局部各向同性条件规定，如式（3.39）所描述的，两点速度积张量在坐标r_i旋转下不变。这导致了指数形式的相关张量的定义[130,133]

$$R_{i,j}(\boldsymbol{r})=\left[(1-r/(2\Lambda_f))\delta_{i,j}+\frac{1}{2}(r_ir_j)/(2\Lambda_f)\right]\exp\left(-\frac{r}{\Lambda_f}\right) \tag{3.43}$$

这很好地描述了均匀网格后面的湍流。式（3.40）给出等效频谱函数

$$\Phi_{ij}(\boldsymbol{k})=\frac{2}{\pi^2}\overline{u^2}\Lambda_f^3\frac{[(k\Lambda_f)^2\delta_{ij}-k_ik_j(\Lambda_f)^2]}{(1+(k\Lambda_f)^2)^3} \tag{3.44}$$

长度Λ_f是在剪切层的那个位置处湍流的积分长度尺度：

$$2\Lambda_f=\int_{-\infty}^{\infty}\mathrm{e}^{-r_1/\Lambda_f}\mathrm{d}r_1 \tag{3.45}$$

或者，更普遍地有

$$2\Lambda_J=\int_{-\infty}^{\infty}R_{11}(r_1)\mathrm{d}r_1 \tag{3.46a}$$

$$2\Lambda_f=\lim_{k_1\to 0}\frac{\pi[\Phi_{11}(k_1)]}{\overline{u^2}} \tag{3.46b}$$

波数谱$\Phi_{ij}(\boldsymbol{k})$是我们将要关注的一个关键函数，它可以根据对湍流的假设以不同的方式进行刻画。在严格的各向同性湍流介质中，这是[130-131,133]

$$\Phi_{ij}(\boldsymbol{k})=\frac{E(k)}{4\pi k^4}[k^2\delta_{ij}-k_ik_j] \tag{3.47}$$

其中

$$k^2=k_1^2+k_2^2+k_3^2 \tag{3.48}$$

$E(k)$是湍流的标量一维能谱，它与上述谱函数和流中的湍流动能之间具有一系列积分关系，这些关系从纵向速度波动的纵向波数谱开始（参见 Hinze[130]）：

$$E_1(k_1)=2\int_{-\infty}^{\infty}\int_{-\infty}^{\infty}\Phi_{11}(k)\mathrm{d}k_2\mathrm{d}k_3=\overline{u^2}\frac{1}{\pi}\int_0^{\infty}\mathrm{e}^{\mathrm{i}k_1r_1}R_{1,1}(r_1,0,0)\mathrm{d}r_1=2\Phi_{11}(k_1) \tag{3.49}$$

在各向同性流中，动能$\overline{q^2}$、一维能谱$E(k)$和流向速度起伏$E_1(k_1)$的自身谱都与$u^2=u_1^2=u_2^2=u_3^2$完全相关，因此有

$$\frac{1}{2}\overline{q^2}=\frac{3}{2}\overline{u^2}=\frac{3}{2}\int_0^{\infty}E_1(k_1)\mathrm{d}k_1 \tag{3.50}$$

并且

$$\overline{u_1^2}=\int_0^{\infty}E(k_1)\mathrm{d}k_1=\overline{u_2^2}=\overline{u_3^2}$$

在研究标量能量密度的各向同性湍流中，一维能谱函数有许多解析函数关系式，其中 Hinze[130] 和 Pope[133] 推导的一些关系式如下：

（1）Liepmann：

$$E(k)=\frac{8}{\pi}\overline{u^2}\Lambda_f\frac{(k\Lambda_f)^4}{(1+(k\Lambda_f)^2)^3} \tag{3.51}$$

这个解析函数是最常用的，而且很容易用来给出单个方向分量的湍流谱的补充解析表达式，下面将对此进行讨论。这个函数与下面提供的 von Karman 函数的行为非常相似。

（2）von Karman：

$$E(k)=\frac{55}{9}\frac{\Gamma(5/6)}{\sqrt{\pi}\Gamma(1/3)}\frac{\overline{u^2}}{k_e}\frac{(k/k_e)^4}{(1+(k/k_e)^2)^{17/6}} \tag{3.52a}$$

该频谱函数使用式（3.47）和式（3.49）进行积分，以获得流向速度的一维频谱为

$$E_1(k_1)=\frac{2}{\sqrt{\pi}}\frac{\Gamma(5/6)}{\Gamma(1/3)}\frac{\overline{u^2}}{k_e}\frac{1}{(1+(k/k_e)^2)^{5/6}} \tag{3.52b}$$

其中，波数k_e的倒数定义了含涡流的平均能量比例$1/k_e$和

$$k_e=\frac{\sqrt{\pi}}{\Lambda_f}\frac{\Gamma(5/6)}{\Gamma(1/3)}\approx\frac{3}{4\Lambda_f} \tag{3.52c}$$

回忆一下恒等式（3.49）

$$E_1(k_1)=2\Phi_{11}(k_1) \tag{3.52d}$$

这个方程通常用于各向同性湍流动力学的讨论中。k_e的表达式也是 Dieste 和 Gabard[140] 的表达式。

对流向湍流 k_1 谱的一个经验拟合，是对式（3.52b）的一种有用替代方法：

$$E_1(k_1)=\frac{\overline{u^2}}{k_e}\frac{2}{\sqrt{\pi}}\frac{\Gamma\left(\frac{5}{6}\right)}{\Gamma\left(\frac{1}{3}\right)}\frac{1}{1+\frac{9}{16}(k_1/k_e)^2} \tag{3.53a}$$

与式（3.52c）代替是等效的

$$E_1(k_1)=\overline{u^2}\frac{2}{\pi}\frac{\Lambda_f}{1+(k_1\Lambda_f)^2} \tag{3.53b}$$

这可以从上面引用的 Liepmann 光谱的 3.6.3 节中得出。

（3）Kraichman-Gaussian：

这个函数在 Euler 解法中得到了明显的应用，其提供了数值效率[140]。与 Liepmann 和 von Karman 的频谱相比，该频谱缺乏高波数内容。因此，它可以很好地描述湍流中的低波数能量涡旋。

$$E(k)=\frac{3}{\pi^2}\overline{u^2}\Lambda_f[k\Lambda_f]^3\exp\left[-\left(\frac{k\Lambda_f}{\pi}\right)^2\right] \tag{3.54}$$

这个表达式的数值系数由 Dieste 和 Gabard 给出[140]。图 3-17 给出了这三种频谱的比较。

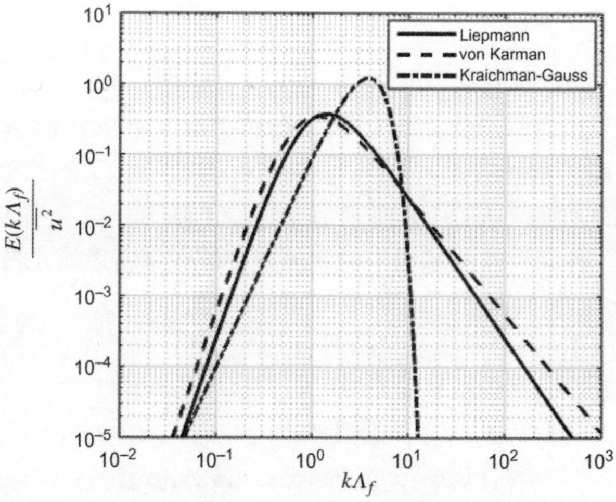

图 3-17　使用三种分析模型计算的能谱

（Liepmann 式（3.51）；von Karman 式（3.52）；Kraichman-Gaussian 式（3.54））

3.6.3　各向异性湍流：基于拉伸坐标的谱模型

在考虑各向同性假设的第一次松弛时，即局部各向异性湍流场，Ribner 和 Tucker[141] 以及后来的 Batchelor 和 Proudman[142] 提出了在三个应变主轴上积分尺度选择性拉伸的概念。这个概念是许多传统的湍流应力模型的基础，称为“快速失真理论”。根据快速失真理论，必须满足 5 个条件：①湍流脉动幅度与时间平均速度和压力呈线性关系，确保保证了不等式（3.38）成立；②流体颗粒的位移历史是由平均畸变的历史决定的，因此湍流遵循平均流线；③湍流运动对平均流线的影响微乎其微；④湍流积分尺度比平均流线的曲率半径小；⑤湍流畸变发生的时间比湍流的衰减时间少。在他们看来，湍流开始于收缩流管的上游，上游条件接近各向同性。在上游条件下，积分标度全部为 $\Lambda_1=\Lambda_2=\Lambda_3$。在下游收缩的条件下，比例会更改，使之为

$$\begin{aligned}\Lambda_1&=\alpha\Lambda_f\\ \Lambda_2&=\beta\Lambda_f\\ \Lambda_3&=\gamma\Lambda_f\end{aligned}\tag{3.55}$$

由于假定通过收缩的流体体积是恒定的，同时由于假定了大流量的不可压缩条件，因此系数满足了连续性方程式，从而确保了

$$\Lambda_1\cdot\Lambda_2\cdot\Lambda_3=\Lambda_f^3\tag{3.56}$$

或者

$$\alpha\beta\gamma=1\tag{3.57}$$

作为这些关系的推论，我们得出了一组表达两点相关张量的相似性表达式，如式（3.39）并且沿收缩点 x_a 和 x_b 在两个点 a 和 b 处使得 $|x_b-x_a|\gg\Lambda_f=\sqrt[3]{\Lambda_1\Lambda_2\Lambda_3}$ 满足局部相似形式

$$R_{ij}(r_i/\Lambda_i(\boldsymbol{x}_a))=R_{ij}(r_i/\Lambda_i(\boldsymbol{x}_b))\tag{3.58}$$

在这种情况下，各向异性湍流场中的相关三维波数谱密度满足波数缩放的相似关系

$$(k\Lambda_f(\boldsymbol{x}))^2=(k_1\Lambda_1(\boldsymbol{x}))^2+(k_2\Lambda_2(\boldsymbol{x}))^2+(k_3\Lambda_3(\boldsymbol{x}))^2\tag{3.59}$$

用于波数谱张量，如对于位置 a 和 b

$$\begin{aligned}&\boldsymbol{\Phi}_{ij}(k_1\Lambda_1(\boldsymbol{x}_a),\quad k_2\Lambda_2(\boldsymbol{x}_a),\quad k_3\Lambda_3(\boldsymbol{x}_a))\\&=\boldsymbol{\Phi}_{ij}(k_1\Lambda_1(\boldsymbol{x}_b),k_2\Lambda_2(\boldsymbol{x}_b),k_3\Lambda_3(\boldsymbol{x}_b))\end{aligned}\tag{3.60}$$

通过乘以式（1.60c）中的适当积分比例，可以从无量纲频谱中获得某个位置的维数波谱，如 $\boldsymbol{x}_a$。

$$\boldsymbol{\Phi}_{ij}(k_1,k_2,k_3;\boldsymbol{x}_a)=\Lambda_1(\boldsymbol{x}_a)\Lambda_2(\boldsymbol{x}_a)\Lambda_3(\boldsymbol{x}_a)\boldsymbol{\Phi}_{ij}(k_1\Lambda_1(\boldsymbol{x}_a),k_2\Lambda_2(\boldsymbol{x}_a),k_3\Lambda_3(\boldsymbol{x}_a))\tag{3.61}$$

在本书中，我们将继续推导一系列波数频谱，与 3.6.2 节中的一样。插入 Leipmann 能谱，将式（3.51）代入式（3.47），在式（3.61）中出现的频谱函数为

$$\Phi_{ij}(\boldsymbol{k})=\overline{u_i u_j}\frac{2}{\pi^2}\Lambda_f^3\frac{[(k\Lambda_f)^2\delta_{i,j}-k_i k_j(\Lambda_f)^2]}{(1+(k\Lambda_f)^2)^3} \tag{3.62}$$

$$(k\Lambda_f)^2=[(\alpha k_1)^2+(\beta k_2)^2+(\gamma k_3)^2]\Lambda_f^2 \tag{3.63}$$

三个主要速度分量中的每一个三维波谱自动写为

$$\Phi_{11}(\boldsymbol{k})=\overline{u_1^2}\frac{2\alpha\beta\gamma}{\pi^2}\Lambda_f^3\frac{[(\beta k_2)^2+(\gamma k_3)^2]\Lambda_f^2}{(1+(k\Lambda_f)^2)^3} \tag{3.64}$$

对于“1”方向与平均流量对齐，并且

$$\Phi_{22}(\boldsymbol{k})=\overline{u_2^2}\frac{2\alpha\beta\gamma}{\pi^2}\Lambda_f^3\frac{[(\alpha k_1)^2+(\gamma k_3)^2]\Lambda_f^2}{(1+(k\Lambda_f)^2)^3} \tag{3.65}$$

$$\Phi_{33}(\boldsymbol{k})=\overline{u_3^2}\frac{2\alpha\beta\gamma}{\pi^2}\Lambda_f^3\frac{[(\alpha k_1)^2+(\beta k_2)^2]\Lambda_f^2}{(1+(k\Lambda_f)^2)^3} \tag{3.66}$$

$$\Phi_{12}(\boldsymbol{k})=\overline{u_1 u_2}\frac{2\alpha\beta\gamma}{\pi^2}\Lambda_f^3\frac{[-k_1 k_2]\alpha\beta\Lambda_f^2}{(1+(k\Lambda_f)^2)^3} \tag{3.67}$$

对于流中每个位置的速度分量 u_i（如 $\boldsymbol{x}_a$），均方速度与其频谱函数的关系如下：

$$\overline{u_i^2(\boldsymbol{x}_a)}=\int_{-\infty}^{\infty}\int_{-\infty}^{\infty}\int_{-\infty}^{\infty}\Phi_{ii}(k,\boldsymbol{x}_a)\,\mathrm{d}k_1\mathrm{d}k_2\mathrm{d}k_3 \tag{3.68}$$

最后，我们注意到每个积分标度都通过以下方式与对应的对角相关矩阵分量相关

$$\Lambda_j=\int_{-\infty}^{\infty}R_{jj}(r_j)\,\mathrm{d}r_j=\frac{1}{u_{j^2}}\int_{-\infty}^{\infty}\int_{-\infty}^{\infty}\Phi_{jj}(k_j=0,k_i,k_k)\,\mathrm{d}k_i\mathrm{d}k_k \tag{3.69}$$

注意，在各向同性湍流中，雷诺应力张量的非对角分量恒等于零，$\overline{u_i u_j}=0$；$i\neq j$，而在各向异性剪切流中，这些项与平均剪切平方成正比[131]。

Panton 和 Linebarger[143]使用了诸如此类的各向异性模型，他们使用了依赖于波数的流向各向异性参数模型来构造边界层中的湍流谱。Hunt 和 Graham[144]、Graham[145]的分析以及 Lynch 等[146-147]的实验还研究了二维级联对入射湍流的各向异性影响。在以后的章节中，将在对湍流边界层和起伏面的声源建模中调用这些频谱模型。

在某些声源的建模中，如湍流引起的壁压力波动，通常使用不同的频谱建模方法。具体地说，标量壁压通常是在与平均流动方向一致的壁面上的矩形网格图形上测量的，因此利用沿正交方向的相关标度（其中一个是流向的）来

描述（见第 2 卷第 2 章“壁湍流压力脉动响应”）。为了便于分析，这导致了对时空壁相关性的统计描述，该描述与泰勒的对流假设以及通常形式的乘法函数模型相同。

$$R_{pp}(\boldsymbol{r}_{13},\tau)=\overline{p^2}R_1(r_1)R_3(r_3)R_m(\tau-r_1/U_c) \tag{3.70}$$

与式（3.41）相似，应用泰勒对流假设来分离出对流的时间和空间行为。为了计算湍流中螺旋桨的声音，已使用这种形式的一种变化形式来表征自由流湍流，请参见 Blake[148]。尽管这类函数本身并非根源于湍流运动学，但它们在表征测得的频谱特性曲线、拟合和简化分析方面都提供了便利。

3.6.4　平面混合层中的湍流测量

如 3.7.2.1 节中所述，在射流喷嘴附近以及在其他流动（如开放式射流风洞）中，包含运动流体潜在核心的湍流混合层局部显示为平面混合层。在许多应用典型的剪切层中，流体的平均速度从剪切层外的零过渡到潜在核心或风洞中心的最大值，如图 3-1（c）所示。在这个过渡层中，有一个平均剪切的核心区域具有线性平均速度剖面，见参考文献 Pope[133]，如图 3-18（a）所示。

该中心近线性区域几乎在由 δ 表示的剪切层厚度上延伸，该 δ 定义在 $U(y=-\delta/2)=0.1U_s$ 和 $U(y=\delta/2)=0.9U_s$ 之间，其中 $y=0$ 为剪切层的中平面。在混合层的该区域中，平均剪切力和湍流都在混合层中心附近达到最大值（用虚线表示），如图 3-18（b）所示。坐标 y 垂直于平均流方向和平均速度梯度方向；速度分量 v 也是如此；分量 u 在流动方向上。在此，我们将任意给定 x，y 坐标对的平均速度不变的横向方向设为 z。为了以后使用，我们将调用 Leipmann 谱模型，并使用式（3.64）和式（3.65），以获得流向“u”方向的适当函数，流向“v”方向（图 3-19）

$$\begin{cases}\Phi_{uu}(k_1)=\int_{-\infty}^{\infty}\int_{-\infty}^{\infty}\Phi_{11}(k_x=k_1,k_2=k_y,k_3=k_z)\,\mathrm{d}k_y\mathrm{d}k_z\\ \Phi_{uu}(k_1)=\overline{u_1^2}\dfrac{\Lambda}{\pi}\dfrac{1}{1+(k_x\Lambda)^2}\end{cases} \tag{3.71a}$$

$$\begin{cases}\Phi_{vv}(k_x)=\int_{-\infty}^{\infty}\int_{-\infty}^{\infty}\Phi_{22}(k_1=k_x,k_2=k_y,k_3=k_z)\,\mathrm{d}k_y\mathrm{d}k_z\\ \Phi_{vv}(k_x)=\overline{u_2^2}\dfrac{\Lambda}{2\pi}\dfrac{1+3(k_x\Lambda)^2}{[1+(k_x\Lambda)^2]^2}\end{cases} \tag{3.71b}$$

式（3.71a）先前被确定为基于经验的 Liepmann 频谱得到式（3.53b）。这两个函数与图 3-19 中 Ross[149] 测得的光谱进行比较，可以解释泰勒的 Hypo 命题

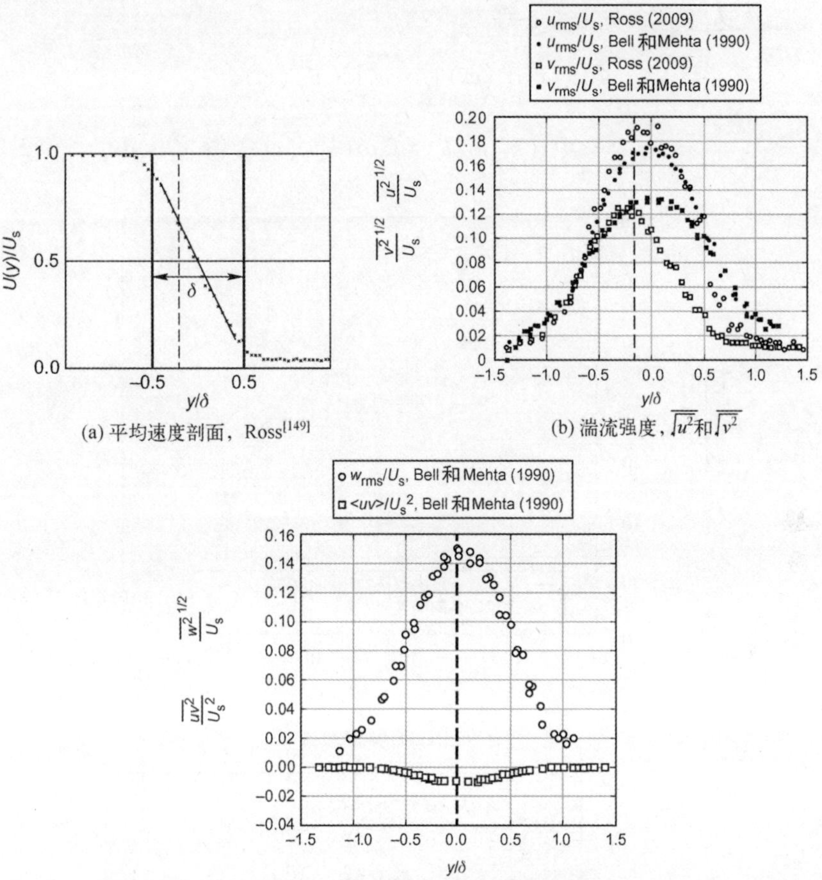

(a) 平均速度剖面，Ross[149]

(b) 湍流强度，$\sqrt{u^2}$和$\sqrt{v^2}$

(c) 横向湍流强度，$\sqrt{u^2}$ 和雷诺应力

图 3-18　平面混合层中的湍流测量示意图

（a）为平均速度剖面（此图数据由 Ross[149] 给出）；（b）显示湍流均方根 u 和速度 v；（c）显示开放式射流风洞两个近平面混合层中不同点的湍流均方根 w 和雷诺应力（Bell 和 Mehta[150] 的数据是通过两个共平面湍流边界层形成的层获得的。Ross 的数据 v_{rms} 在 $y/\delta=0.18$ 平移，以校准湍流强度的最大值）

冻结湍流，其 $k_x=\omega/U(y_m)$。这些光谱显示了低波数时光谱的结构证据。流法线 v 分量的湍流积分尺度，被确定为 v 分量的 $k_x\to 0$ 渐近线，对于这个混合层来说，大约是 0.26。然而，在 $k_x\Lambda\sim 0.3$ 处的 v 分量谱中的凸点代表了一个空间尺度约为 $\delta/4$ 的附加随体分量。在这个波数尺度上，下面定义的展向（z）相关长度是图 3-20 所示的最大值。我们认为这是另一个可能的垂直分量，可以通过组合式（3.41）、式（3.42）和式（3.69）找到跨度相关长度。因此，可以用各向同性湍流的谱函数和综合交叉谱密度来定义湍流的展向相关长度，

即正常湍流速度（参见 Lynch 等[146,148]）。

$$\Phi_{vv}(\omega)\Lambda_z(\omega)\big|_v = \overline{u_2^2}\int_{-\infty}^{\infty} R_{vv}(r_z)\,\mathrm{d}r_z$$

$$= \int_{-\infty}^{\infty}\int_{-\infty}^{\infty} \Phi_{vv}(k_x, k_y, k_z = 0)\delta(k_x - \omega/U(y_m)\,\mathrm{d}k_x\mathrm{d}k_y \qquad (3.72a)$$

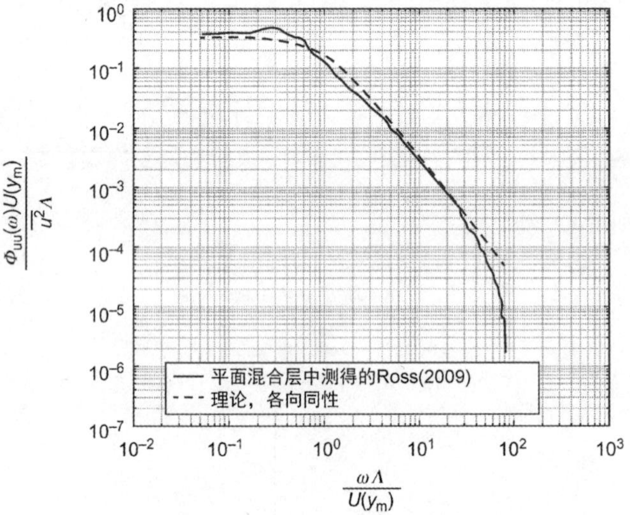

(a) 顺流湍流频谱

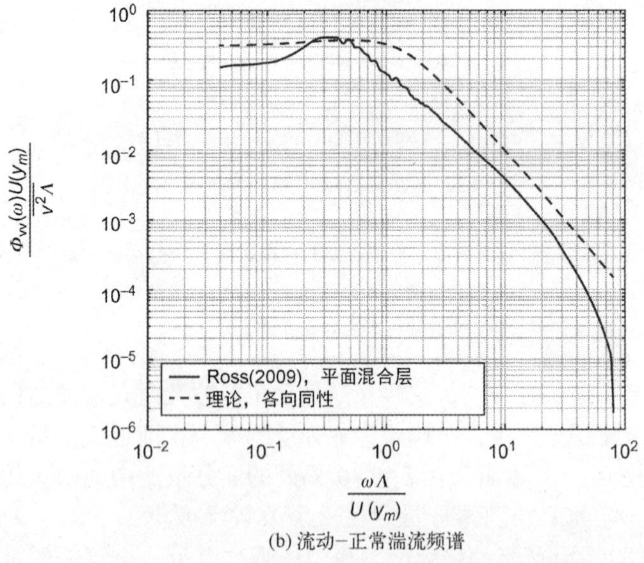

(b) 流动-正常湍流频谱

图 3-19　开放式射流风洞平面混合层中顺流和流动-正常方向速度的频谱密度

对应的 v 分量相关长度与宽度 z 的 k_x 相关关系为

$$\Lambda_Z(\omega)\,|_V=\frac{3\pi}{2}\frac{(k_x\Lambda)^2}{(1+(k_X\Lambda)^2)^{1/2}(1+3(k_x\Lambda)^2)} \tag{3.72b}$$

其中，$k_x=\omega/U(y_m)$，这与图3-20中平面混合层的Ross[149]的实验数据进行了比较。用成对的热线风速表进行测量，并显示出对流波数的最大值，其对应于上面确定的频谱中的最大值。我们可以看到，剪切层在 z 坐标上的相关长度超过了各向同性湍流中的相关长度。

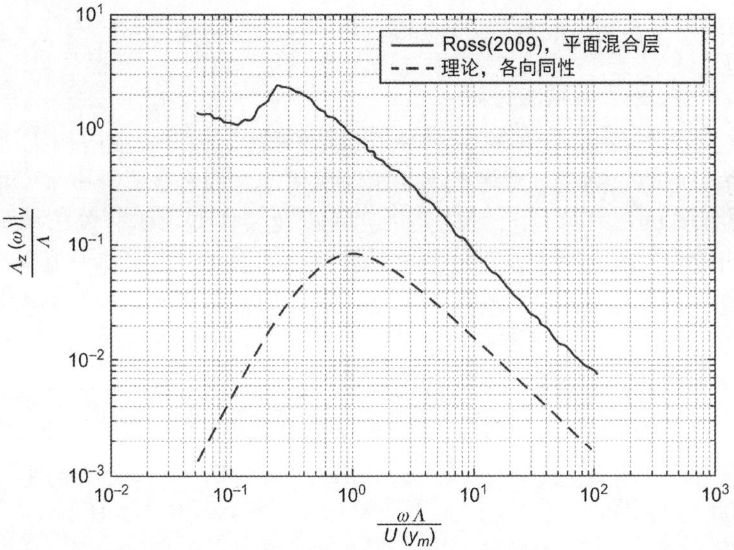

图3-20 横向横流方向分离向量上的流动-正常湍流分量的相关长度

（通过测量（Ross[149]）确定的横向横流方向分离向量上的流动-正常湍流分量的相关长度，并与各向同性湍流理论作比较（Lynch 等[146,148]））

这个各向异性湍流的例子与实际中经常遇到的情况类似，因为有序结构所起的作用是以近乎冻结的方式对流，其长度尺度是由整体流动尺度决定的，如射流中的大尺度结构。从各向同性结构出发，在相对较低的波数下最明显，并影响频谱幅度和空间相关尺度。在讨论第2卷第5章“无空化升力部分”时，我们将回到讨论这种流动的方式，当我们讨论这些结构对来自嵌入其中的提升表面的流动感应的声学影响时。这些波数谱和相关长度的表达式将在以下章节中广泛用于建模湍流压力和湍流引起的非稳态力。

3.7　湍流射流噪声的基本原理

本节中，我们将研究湍流亚声速冷射流中湍流的声学相关特性、声音特性、射流噪声的缩放规则、一些常见的噪声消除方法以及最近制定的计算设计预测方法。最近的研究在一定程度上得益于精确的湍流计算机模拟的可用性，从根本上将经验方法转变为基于第一原理的预测，从而从根本上改变对该问题的研究方法。

3.7.1　Lighthill 方程的应用

3.7.1.1　关于源项的讨论

在水声声学问题中，在典型马赫数很低的情况下，来自研制中的射流噪声在自然界中是四级噪声，它通常不是主要噪声源，但它在空气声学中却至关重要。作为 Lighthill[151-152] 工作的主要推动者以及与模型声源有关的湍流统计的一些早期研究，射流噪声在历史上也具有重要的意义。亚声速射流噪声是在无边界条件下，由对流四极体与周围无声源介质耦合而产生的一种声机制。这个问题的数学结构代表了等式等基本关系的应用，如式（2.54）~式（2.57）或它们的替代方案，如果另一个传播函数需要超出自由空间 Green 函数。这里使用的方法与其他章节中用于流动-结构相互作用的方法是一致的，即湍流源统计模型与传播函数确定性模型的分析或数值组合。因此，本节旨在帮助统一概念。受到诸如 Goldstein[153]、Crighton[154]、Howe[155]、Powell[22]、Hubbard[251]、Lilley[156] 和 Kraichman[158] 等的研究推动，传统的射流噪声观点受到关注，这很大程度上依赖于湍流源的产生和统计，并产生了仍然令人关注的比例定律，如 Fisher 等[262]、Tanna 等[263] 和 Viswantha[264-265]。更现代的工作使用计算流体动力学的结果来真实地表征源动力学和比具有直线源对流的简单自由空间格林函数更严格的传播公式。这一领域的工作由 Tam 和 Auraiult[185]、Depru Mohan 等[183]、Karabasov 等[182]、Khavaran 等[257]、Lieb 和 Goldstein[256]、Goldstein 和 leib[258]、Goldstein[254,259] 以及本节后面引用的其他人举例说明。

在追求第一种和更经典的分析形式时，我们实现了声学近似方程。将式（2.6）插入式（2.47），转化为式（2.49），然后减去时间平均值以得出关系为

$$\frac{1}{c_0^2}\frac{\partial^2 p_a}{\partial t^2}-\nabla^2 p=\frac{\partial^2 \rho_0(U_iU_j-\overline{U_iU_j})}{\partial y_i\partial y_j} \tag{3.73}$$

式中：$T_{ij}=\rho_0(U_iU_j-\overline{U_iU_j})$ 为脉动雷诺应力；P_a 为脉动压力，两者的时间平均值

均为零。在考虑亚声速冷射流时，我们已将湍流场中的源项近似为仅包含不可压缩的雷诺应力。图 3-21 显示了射流的布置示意图。

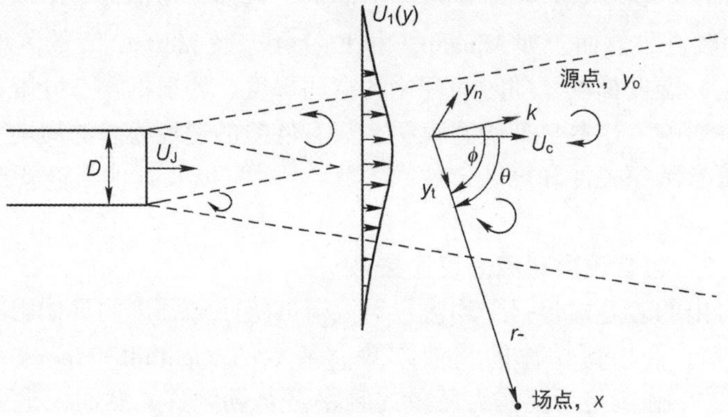

图 3-21　射流中对流源的几何形状

我们采用的坐标约定“1”为平均流动方向，2 为垂直于流动方向和平均剪切方向的方向。我们将在此处使用该约定，只是在圆形射流中“2”方向是径向的。

在这种情况下，均值速度和波动速度之间的分离现在仍很经典，并且遵循如 Proudman[160]，Jones[161]，Ribner[161,163-166] 和 Goldstein 等[167] 的早期研究。给出

$$\boldsymbol{U}(\boldsymbol{y},t)=\boldsymbol{U}_{\mathrm{J}}(\boldsymbol{y})+\boldsymbol{u}(\boldsymbol{y},t)$$

式中：$\boldsymbol{U}_{\mathrm{J}}(\boldsymbol{y})$ 为射流中的局部平均速度，此后假设为 U_1。

由于平均速度剖面 $\mathrm{d}U_1/\mathrm{d}y_2$ 的存在，可以从上述数据中提取一个重要的分量。这种贡献大致称为平均剪切湍流相互作用（Kraichman[158]）、剪切噪声（Ribner[159]）或剪切放大噪声（Lilley[157]）。这在湍流边界层中的湍流源理论中具有相当重要的经典意义，它取决于应力张量 $\boldsymbol{T}_{ij}$ 中的 $\boldsymbol{U}_1(y)\boldsymbol{u}_2(y)$ 量。对于平面可压缩混合层，湍流均值切变“源”在第 2 卷 2.3.1 节中暴露为公式右边的第一项

$$\frac{\partial^2(U_iU_j-\overline{U_iU_j})}{\partial y_i\partial y_j}=2\frac{\partial U_1}{\partial y_2}\frac{\partial u_2}{\partial y_1}+\frac{\partial^2(u_iu_j-\overline{u_iu_j})}{\partial y_i\partial y_j} \tag{3.74}$$

右边的第二项是纯湍流的四极子项。第一项由自由边界层和壁边界混合层的平均剪切力决定。如前所述，3.6.4 节在这一层中，湍流强度和雷诺应力达到最大值，其中梯度 $\partial U_1/\partial y_2$ 也最大。

即使对于亚声速冷射流，其他有趣的方法也关注于在检查式（3.73）右侧

源的其他定义，特别是 Lilley[156-157,244] 和 Hubbard[251] 的观点，这表明式（3.74）右侧的第一项根本不是真正的声源，而是代表了一个对流，更恰当地包含在左边的波算符中。这些观点在一定程度上促进了目前在传播模型中使用的最新预测[254,256]的改进。然而，如 Michalke 和 Fuchs[166] 及 Morfey[169] 的其他观点研究了平均对流、温度梯度、随时间变化的空间梯度、辐射的模态分解以及线性化形式的各种影响。这些早期研究表明，只有低阶的速度模态的周向变化，包括轴对称，可参考相关性和声源定位[166-168, 214-215,253] 以及其他与声音产生最相关的参考值。

3.7.1.2　包含源项对流的理论关系

上面得出的表达式包括平均流量对湍流四极子源强度的具体影响，而在定义源时忽略了平均剪切流的其他影响。基本的 Lighthill-Ffowcs Williams 理论[151-152,176,241] 确实将对流作为简单的频率多普勒频移，然而，也引起了一个相当大的马赫数依赖的指向性。完全严格地考虑到当代理论中涉及剪切流被忽略的对流传播物理学的细节，超出了本章的范围，本章的重点是低速流和湍流统计。读者可以参考 Tam 和 Auriault[185]、Goldstein[254] 以及 Goldstein 和 Leib[260] 的论文来讨论更完整的传播函数。因此，在考虑低速冷射流时，我们继续假设高雷诺数射流，假设低亚声速流而忽略折射效应，假设湍流引起的声学散射，假设足够高的雷诺数射流而忽略黏滞应力张量。我们继续假设高雷诺数射流，假设低亚声速流忽略了折射效应，忽略了湍流引起的声散射，并且假设雷诺数足够大而忽略了黏性应力张量。因此，为了便于揭示明显的波动速度，将与式（2.57）等价的结果重写为

$$\frac{1}{c_0^2}\frac{\partial^2 p_a}{\partial t^2}-\nabla^2 p_a=\rho_0\frac{\partial^2(u_iu_j-\overline{u_iu_j})}{\partial y_i\partial y_j}+2\rho_0\frac{\partial U_1}{\partial y_2}\frac{\partial u_2}{\partial y_1}$$

$$\frac{1}{c_0^2}\frac{\partial^2 p_a}{\partial t^2}-\nabla^2 p_a=\frac{\partial^2 T_{ij}(\boldsymbol{y},t)}{\partial y_i\partial y_j}$$

根据第 2 章的方法，声音及其由流动产生的理论，适用的远场压力的积分方程解是等式（2.58），其中源与观测器之间的距离与时间有关（另请参见参考文献［166，176］）

$$4\pi p_a(\boldsymbol{x},t)=\frac{1}{{c_0}^2}\int_{-\infty}^{\infty}\int_{-\infty}^{\infty}\int_{-\infty}^{\infty}\frac{(x_i-y_i(\tau))(x_j-y_j(\tau))}{[r(\tau)]^3}\left(\frac{\partial^2\boldsymbol{T}_{ij}\left(y,t-\dfrac{r(\tau)}{c_0}\right)}{\partial t^2}\right)\mathrm{d}V(y) \tag{3.75a}$$

式中：$\tau=t-r(\tau)/c_0$ 为声音从声源发出的延迟时间。

在本节、3.7.2.3 节和 3.7.3 节中，我们将严格依靠参考文献［166，196，233-234］，根据 1.4.3.2 节和 3.6.1 节的时间平稳性限制，利用 3.5.2 节的方法，形成远场声压自相关的表达式。远场声的自相关为

$$R_{\mathrm{pp}}(\boldsymbol{x},\tau)=\langle p_{\mathrm{a}}(\boldsymbol{x},t)p_{\mathrm{a}}(\boldsymbol{x},t+\tau)\rangle$$

$$=\frac{1}{16\pi^2}\frac{1}{c_0^4}\int_{-\infty}^{\infty}\mathrm{d}V(\boldsymbol{y}')\int_{-\infty}^{\infty}\mathrm{d}V(\boldsymbol{y}'')\frac{(x_i-y_i')(x_i-y_i')(x_k-yk'')(x_l-y_{l''})}{r^6}$$

$$\times\cdots\cdots\times\left\{\frac{\partial^2\boldsymbol{T}_{ij}(y',t-|\boldsymbol{x}-\boldsymbol{y}'|/c_0)}{\partial t^2}\frac{\partial^2\boldsymbol{T}_{kl}(y'',t+\tau-|x-y''|/c_0)}{\partial t^2}\right\}\tag{3.75b}$$

我们以下列方式解释上式中源的各种时间和位置。将源从时间 τ_0、位置 $\boldsymbol{y}'=\boldsymbol{y}(\tau_0)$ 开始对流到后来的时间 $\tau_0+\tau$，另一个位置 $\boldsymbol{y}''=\boldsymbol{y}(\tau_0+\tau)$。$\tau_0+\tau$ 之后的延迟时间是 $\tau=t-|\boldsymbol{x}-\boldsymbol{y}(\tau_0)|/c_0$，这是声音在源的初始点发出声音的时间，$t$ 是观察者的时间。因此，源对流会在从 $\boldsymbol{y}'$ 到 $\boldsymbol{y}''$ 转换时引入额外的传播引起的时间延迟。在远场中，由于源-接收器距离的变化而导致的声学时间延迟约为

$$\frac{(|\boldsymbol{x}-\boldsymbol{y}''|-|\boldsymbol{x}-\boldsymbol{y}'|)}{c_0}\approx\frac{(\boldsymbol{y}'-\boldsymbol{y}'')\cdot\boldsymbol{x}}{c_0|\boldsymbol{x}|}\tag{3.75c}$$

通过利用余弦定律展开矢量差大小，并在 $x\gg y$ 的极限中剔除小项可以看出。我们让 $\boldsymbol{\eta}$ 代表对流相关的分离向量，比如

$$\boldsymbol{\eta}=\zeta+c_0Ma_{\mathrm{c}}\tau\tag{3.75d}$$

ζ 是 $\tau=0$ 时的起始值，则

$$\frac{(\boldsymbol{y}'-\boldsymbol{y}'')\cdot\boldsymbol{x}}{c_0|\boldsymbol{x}|}=\frac{\boldsymbol{\eta}\cdot\boldsymbol{x}}{c_0|\boldsymbol{x}|}$$

因此分离向量包括一个与时间有关的分量

$$\frac{\boldsymbol{\eta}\cdot\boldsymbol{x}}{c_0|\boldsymbol{x}|}=\frac{(\zeta+c_0Ma_{\mathrm{c}}\tau)\cdot\boldsymbol{x}}{c_0|\boldsymbol{x}|}=\frac{\boldsymbol{\zeta}\cdot\boldsymbol{x}}{c_0|\boldsymbol{x}|}+|Ma_{\mathrm{c}}|\cos\theta\cdot\tau$$

这一结果与 2.5 节的移动坐标表达式相似。右边的第一项是与初始分离向量相关的初始传播延迟，右边的第二项表示对流诱导的时间延迟。变量 $\boldsymbol{\zeta}$ 是源区域的分离向量。

现在，雷诺应力的总体平均值可以重新排列，以分别识别二阶和四阶协方差。

$$\left\langle\frac{\partial^2\boldsymbol{T}_{ij}(\boldsymbol{y}',t-|\boldsymbol{x}-\boldsymbol{y}'|/c_0)}{\partial t^2}\frac{\partial^2\boldsymbol{T}_{jj}(\boldsymbol{y}'',t+\tau-|\boldsymbol{x}-\boldsymbol{y}''|/c_0)}{\partial t^2}\right\rangle$$

$$=\left\langle\frac{\partial^2\boldsymbol{T}_{ij}^1(\boldsymbol{y}',t-|\boldsymbol{x}-y'|/c_0)}{\partial t^2}\frac{\partial^2\boldsymbol{T}_{ij}'(\boldsymbol{y}'',t+\tau-|\boldsymbol{x}-\boldsymbol{y}''|/c_0)}{\partial t^2}\right\rangle+$$

$$[2\rho_0]^2 \frac{\partial U_1(\boldsymbol{y}')}{\partial y_2} \frac{\partial U_1(\boldsymbol{y}'')}{\partial y_2} \left\langle \frac{\partial u_2(\boldsymbol{y}', t - |\boldsymbol{x} - \boldsymbol{y}'|/c_0)}{\partial t} \frac{\partial u_2(\boldsymbol{y}'', t + \tau - |\boldsymbol{x} - \boldsymbol{y}''|/c_0)}{\partial t} \right\rangle$$

$\boldsymbol{T}'_{ij}$上的素数严格表示非线性二阶湍流雷诺应力协方差张量是$\langle u_i(\boldsymbol{y},t) u_j(\boldsymbol{y},t) u_k u_l(\boldsymbol{y},t+\tau) u_l(\boldsymbol{y},t+\tau) \rangle$。这种分离线性源和非线性源的方法已经用于射流噪声的早期建模，并继续用于湍流边界层的源建模。我们建立了一个表达式，通过调用一个著名的定理来得出马赫数的定标定律，参见 Hinze[130]。该表达式指出，在各向同性湍流的遍历性假设下，时间导数可以由关于时间延迟的协方差函数，即

$$\left\langle \frac{\partial u_i(\boldsymbol{y},t)}{\partial t} \frac{\partial u_i(\boldsymbol{y},t+\tau)}{\partial t} \right\rangle = \frac{\partial^2}{\partial \tau^2} \langle u_i(\boldsymbol{y},t) u_i(\boldsymbol{y},t+\tau) \rangle$$

和

$$\left\langle \frac{\partial^2 u_i(\boldsymbol{y},t)}{\partial t^2} \frac{\partial^2 u_i(\boldsymbol{y},t+\tau)}{\partial t^2} \right\rangle = \frac{\partial^4}{\partial \tau^4} \langle u_i(\boldsymbol{y},t)\ \partial^2 u_i(\boldsymbol{y},t+\tau) \rangle$$

因此，应力张量时间导数的相关可扩展为两项，包括二阶和四阶相关及其时间周期

$$\left\langle \frac{\partial^2 \boldsymbol{T}_{ij}(\boldsymbol{y}', t - |\boldsymbol{x} - \boldsymbol{y}'|/c_0)}{\partial t^2} \frac{\partial^2 \boldsymbol{T}_{ij}(\boldsymbol{y}'', t + \tau - |x - \boldsymbol{y}''|/c_0)}{\partial t^2} \right\rangle$$

$$= \rho_0^2 \frac{\partial^4}{\partial \tau^4} \langle \boldsymbol{T}'_{ij}(\boldsymbol{y}', t - |\boldsymbol{x} - \boldsymbol{y}'|/c_0) \boldsymbol{T}'_{ij}(\boldsymbol{y}'', t + \tau - |\boldsymbol{x} - \boldsymbol{y}''|/c_0) \rangle +$$

$$4\rho_0^2 \frac{\partial U(\boldsymbol{y}')}{\partial y_2} \frac{\partial U(\boldsymbol{y}'')}{\partial y_2} \frac{\partial^2}{\partial \tau^2} \langle u_2(\boldsymbol{y}', t - |\boldsymbol{x} - \boldsymbol{y}'|/c_0) u_2(\boldsymbol{y}'', t + \tau - |\boldsymbol{x} - \boldsymbol{y}''|/c_0) \rangle$$

为了进一步细化雷诺应力张量的结构，我们现在将这些结果应用于远场压力自相关积分中的一般湍流协方差。一个通用的无量纲化四阶协方差张量（式（3.75b））可以展开

$$\left\langle \frac{\partial^2 \boldsymbol{T}_{ij}(t - |\boldsymbol{x} - \boldsymbol{y}'|/c_0)}{\partial t^2} \frac{\partial^2 \boldsymbol{T}_{kl}(t + \tau - |\boldsymbol{x} - \boldsymbol{y}''|/c_0)}{\partial t^2} \right\rangle$$

$$= \rho_0\ \overline{u_i u_j}(\boldsymbol{y}')\ \overline{u_k u_l}(\boldsymbol{y}'')\ \frac{\partial^4}{\partial \tau^4} R_{ij,kl}(\boldsymbol{y}'', \boldsymbol{y}', \tau - (|\boldsymbol{x} - \boldsymbol{y}''| - |\boldsymbol{x} - \boldsymbol{y}'|/c_0)$$

我们假设声源的相关长度维数不大于射流直径的一个小倍数，使上述方程压缩为

$$[R_{pp}(\boldsymbol{x},\tau)]_{ijkl} = \frac{1}{16\pi^2} \frac{\rho_{0^2}}{c_{0^4}} \frac{(x_i x_j x_k x_l)}{r^6} \frac{\partial^4}{\partial \tau^4} \int_{-\infty}^{\infty} \mathrm{d}V(\boldsymbol{y}') \int_{-\infty}^{\infty} \mathrm{d}V(y) \times \cdots\cdots \times$$
$$\overline{u_i u_j}(\boldsymbol{y}') \overline{u_k u_l}(\boldsymbol{y}'') R_{ij,kl}(\boldsymbol{y}'', \boldsymbol{y}', \tau - |\boldsymbol{x} - \boldsymbol{y}''| - |\boldsymbol{x} - \boldsymbol{y}'|)/c_0)$$

这里和下面假设所有 $ijkl$ 的组合都有一个总和。

由于观测者在声远场，我们现在可以使用式（3.75a）~式（3.75e）来为对流诱导传播延时

$$[R_{pp}(\boldsymbol{x},\tau)]_{ijkl}=\frac{1}{16\pi^2}\frac{\rho_{0^2}}{c_{0^4}}\frac{(x_ix_jx_kx_l)}{r^6}\frac{\partial^4}{\partial\tau^4}\int_{-\infty}^{\infty}\mathrm{d}V(\boldsymbol{y}')\int_{-\infty}^{\infty}\mathrm{d}V(\boldsymbol{y}'')\times\cdots\times$$
$$\overline{u_iu_j}(\boldsymbol{y}')\overline{u_ku_l}(\boldsymbol{y}')R_{ij,kl}\left(\boldsymbol{y},\boldsymbol{y}',\tau-\frac{(\boldsymbol{y}''-\boldsymbol{y}')\cdot\boldsymbol{x}}{c_0|\boldsymbol{x}|}\right)$$

这给出了

$$[R_{pp}(\boldsymbol{x},\tau)]_{ijkl}=\frac{1}{16\pi^2}\frac{\rho_{0^2}}{c_{0^4}}\frac{(x_ix_jx_kx_l)}{r^6}\frac{\partial^4}{\partial\tau^4}\int_{-\infty}^{\infty}\mathrm{d}V(\boldsymbol{y}')\int_{-\infty}^{\infty}\mathrm{d}V(\boldsymbol{\eta})\times\cdots\times$$
$$\overline{u_iu_j}(\boldsymbol{y}')\overline{u_ku_l}(\boldsymbol{\eta})R_{ij,kl}\left(\boldsymbol{y}',\boldsymbol{\eta},\tau+\frac{\boldsymbol{\eta}\cdot\boldsymbol{x}}{c_0|\boldsymbol{x}|}\right)\tag{3.75e}$$

远场声压的完全相关将被发现为所有 i，j，k 和 l 的总和。

在 3.7.3 节中，我们将利用这个结果和时空相关函数的特征来建立射流噪声的尺度规则。在下一节中，我们将研究雷诺数应力的时空相关函数 $R_{ij,kl}$。

3.7.2　射流噪声相关的流场湍流特征

3.7.2.1　湍流射流的流场演化

图 3-22 展示了雷诺数 $Re_D>10^5$ 时湍流射流的一些重要特性。在 4~6 的直径范围内，射流在围绕所谓的等速核的环形剪切混合层中发展。核心区具有与半径无关的平均速度，因此除了环形混合区内大尺度涡结构造成的不稳定，相对没有扰动，如 Lau 等。核心区域的平均速度与半径无关，因此，除了由环形混合区域中的大规模涡旋结构所引起的不稳定之外，相对而言是无扰动的，如 Lau 等[75]、Ko 和 Davies[172] 等。图 3-22 的下半部分显示了 Davies 等[171] 测量的混合区最大湍流强度。该区域内湍流的径向分布 $\overline{u_1^2}^{1/2}$ 满足相似规则，即

$$\frac{\overline{u_{1r,y_1}^2}^{1/2}}{(\overline{u_1^2}^{1/2})_{\max}}=f_1\left(\frac{r-D/2}{y_1}\right)\tag{3.75f}$$

其中，$(\overline{u_1^2}^{1/2})_{\max}$ 是射流边缘 $f_1(0)=1$ 处的值。混合区 $U_1(r,y_1)$ 内的平均速度如参考文献［171-172］所述

$$\frac{U_1(r,y_1)}{U_J}=g_1\left(\frac{r-D/2}{y_1}\right)\tag{3.76}$$

这些相似函数反映了剪切层的长度随射流出口距离的增加而线性增加。这种线性增长继续延伸到下游 $y_1/D=4\sim5$ 的完全发达地区。在完全发达的区域，

环形剪切层的内端已经合并，尽管平均速度在 $r=0$ 上仍然最大，但随着 y_1 线性减小。根据 Forstall 和 Shapiro[173-174]，中线速度 U_{cL} 可表示为

$$\frac{U_{cL}}{U_J}=\frac{(y_1)_c}{y_1} \tag{3.77}$$

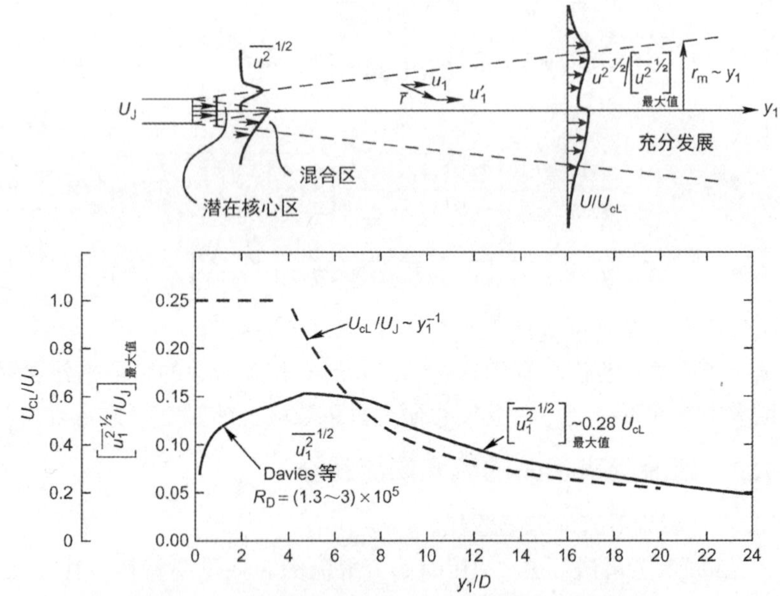

图 3-22　射流湍流的发展和自由射流的平均速度

（数据来自 Davies 等[171]）

其中

$$\frac{(y_1)_c}{D}\sim(4\sim5) \tag{3.78}$$

通过替代完全发达地区式（3.54）和式（3.55）两种相似形式，Hinze[130] 和 Townsend[131] 给出了平均速度，即

$$\frac{U_1(r,y_1)}{U_{cL}}=f_2\left(\frac{r}{y_1+(y_1)_c}\right) \tag{3.79}$$

式中：$(y_1)_c$ 为上述给定射流的有效基准和湍流速度常数。

$$\frac{\overline{u_{1\,r,y_1}^2}^{1/2}}{U_{cL}}=g_2\left(\frac{r}{y_1+(y_1)_c}\right) \tag{3.80}$$

式中：g_2 在喷气机的中心线附近或离中心线不远处最大。Forstall 和 Shapiro[173-174] 通过使用可变射流半径 $r_J(y_1)$ 作为长度尺度，给出了一种替代的函

数依赖关系。

$$\frac{\overline{u_{1r,y_1}^2}^{1/2}}{U_{cL}}=f_3\left(\frac{r}{r_J(y_1)}\right) \tag{3.81}$$

其中，$r_J(y_1)$的定义为

$$\frac{U_1(r_J,y_1)}{U_{cL}}=f_3(1)=\frac{1}{2} \tag{3.82}$$

其与y_1的关系为

$$\frac{2r_J(y_1)}{D}\sim\left(\frac{y_1}{(y_1)_c}\right) \tag{3.83}$$

式中：$(y_1)_c$为核心速度区的长度，由式（3.77）给出。这些函数在图3-22中有说明。

3.7.2.2 圆形射流的湍流时空统计特征；二阶相干张量

如2.3.3节所述，紧凑型的声辐射自由湍流区域的均方声压取决于源张量的时空协方差，我们随后将使用速度波动的两点时空相关性来近似估算所需的四维湍流应力统计量（3.7.3.3节和3.7.5.2节）。Ribner[163]及Goldstein和Rosenbaum[165]检查了雷诺应力协方差矩阵的协方差结构，以及它们与声强的相关性以及各向异性的影响。如本节所述，在声学建模中使用测得统计量的许多方法现在仍都是经典方法，并且仍在许多流动引起的声音和振动模型中使用，如边界层激励、后缘和转子噪声。高雷诺数的LES技术（如参考文献[243]）的成熟使这些方法中的部分方法可用于替代“实验”以扩展物理能力的精确解决方案中。因此，此处将对该方面的发展进行详细介绍，以为稍后对这些方法的讨论（3.7.5节和第2卷第2~6章）提供背景。

Fisher和Davies[175]得出的混合区轴向速度波动的时空相关性如图3-23所示。这些相关性是轴向分离的风速计探头随时间延迟的函数，与Harper-Bourne[176]以及Pokora和McGuirk[177]最近研究得出的其他相关性类似。这些函数显示了r_1和τ结合的最大值，从而定义了涡流对流速度。可以通过这些点的相关值得出包络线$R_m(r_1=U_c\tau)$，并且可以根据原始相关性$R_{11}(r_1,\tau)$来描述该包络线：

$$R_{11}(r_1,\tau)=R_{11}(r_1,\tau-r_1/U_c) \tag{3.84}$$

因此

$$R_m(r_1)=R_{11}(r_1,\tau=r_1/U_c) \tag{3.85}$$

r_1和τ之间的运动轴关系不仅定义了扰动从喷管下游运动时的对流速度（$U_c\approx 0.6U_J$），而且定义了速度场的运动轴去相关。$R_m(r_1)$可以称为“运动轴相关性”[148]或拉普拉斯相关性函数，因为协方差被解释为涡旋在参考坐标

系中移动的距离 r_1 涡流场的平均速度。$R_m(r_1)$ 与单位的偏差是由湍流混合引起的，在这种混合中，涡流从外部不受干扰的环境中拉伸并夹带流体，并且当较小的涡流通过平均流对流时，它们的黏性衰减。在低速射流中，正是由于混合和增长造成的不相关，才能产生声音。没有去相关性，对流涡旋场就不会有与声波在时间和空间上耦合的声源。

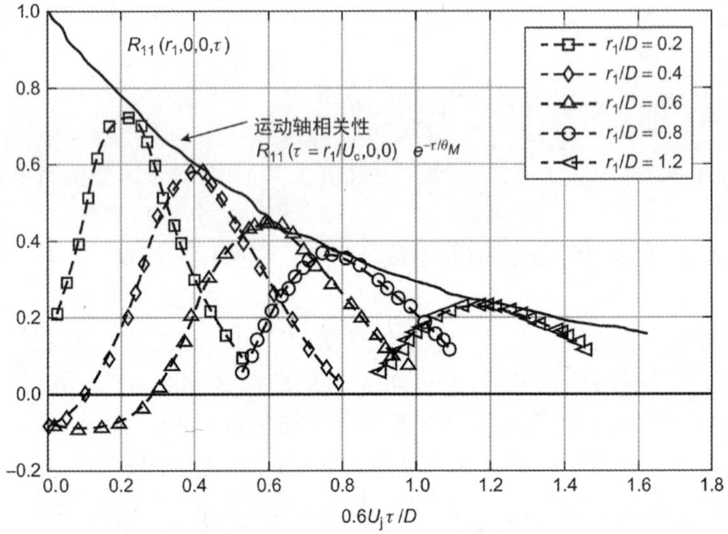

图 3-23　轴向速度波动（下游分离）的时空相关性示例

（固定风速计探头，$y_1/D=1.5$，$y_2/D=0.5$。$R_D=1.2\times10^5$，$D=2.54$cm，$U_J=74.7$m/s。运动轴时间尺度 θ_M 的阶数为 $0.8DU_J$。数据来自 Fisher 和 Davies[175]。指示的对流速度为 $0.6U_J$）

图 3-23 中所示的相关性在几乎任何湍流领域内都存在。通常，全协方差 $R_{ij}(\boldsymbol{r},\tau)$ 取决于分离向量 $\boldsymbol{r}$ 的位置 $\boldsymbol{y}$。但是，在某些应用中将 $\boldsymbol{y}$ 依赖关系放在强度 $\overline{u_1^2}$ 中，并假设归一化协方差 $R_{ij}(r_1,\tau,\boldsymbol{y})$ 是缩放位置和时间变量的函数。这种近似的有效性取决于流动类型，其有效性条件将在下面更加明显。因此，在这里我们将处理从变量 $R_{ij}(\boldsymbol{r}\tau)$ 导出的相关和频谱函数，在下面的讨论中将简化为 $R(r_1,\tau)$。

图 3-23 所示只是相关函数 $R_{11}(r,\tau)$ 的整个集合的一个透视图，因为它是作为固定间隔的时间延迟序列而获得的。另一观点是（如果可能）在固定的 τ 值下获得 r_1 的连续函数。定性地显示一个 $r_1=U_c\tau$ 的脊，沿着该脊局部相关性最大。对于在流体力学中通常观察到的时空相关性，以下关系成立，另请参见 2.7.2 节“广义变换与随机变量”：

$$R(0,0)=1$$
$$R(r_1,\tau=r_1/U_c)\geqslant R(r_1,\tau)$$
$$R(0,0)\geqslant R(r_1,0)\approx R(U_c\tau,0) \tag{3.86}$$

假设沿 r_1 的方向为流动方向，与沿 r_1 间距的相关关系定性地类似于一组函数组，对于这些函数，相对于流动方向的间距可以是任意的。这些相关函数在归一化和整数比例的定义方面均遵循 2.7.2 节和 3.6 节中使用的相同约定。将两个速度分量 u_i 和 u_j 之间的相关关系表示为 $R_{ij}(\boldsymbol{r},\tau)$，我们也有

$$R_{ij}(r_1,0,0,\tau)\geqslant R_{ij}(\boldsymbol{r},\tau)$$

为简化分析，在使用相关函数进行分析时，有时我们会将完整函数分开为

$$R_{ij}(\boldsymbol{r},\tau)\approx R_{ij}(r_1,\tau)R_{ij}(\boldsymbol{r}_n) \tag{3.87}$$

其中，$R_{ij}(\boldsymbol{r}_n)$ 描述了垂直于流动方向的平面上的空间相关性。

与图 3-23 中的数据表示相一致的函数可分离性是两个时域相关函数的乘积在式（3.88）中

$$R(r,\tau)\approx R(r_1-U_c\tau,\boldsymbol{r}_n)R_m(\tau) \tag{3.88}$$

或者，根据式（3.85），我们可以有

$$R(\boldsymbol{r},\tau)\approx R(r_1-U_c\tau,\boldsymbol{r}_n)R_m(r_1) \tag{3.89}$$

如果泰勒的假设[127-128,133]成立，那么式（3.88）和式（3.89）这两个表征完全相同，否则就不同。

为了将这些考虑扩展到频谱函数，我们从式（3.88）开始并写出交叉频谱密度（在湍流均方上归一化），作为频率变换（也在湍流均方上归一化），有 $\boldsymbol{r}_n=0$

$$\phi_{ij}(\omega,r_1)=\frac{1}{2\pi}\int_{-\infty}^{\infty}e^{i\omega\tau}R_{ij}(\tau-r_1/U_c)R_m(\tau)\,d\tau$$

引入时间相关的频谱 $R_{ij}(\tau)$ 作为 $\phi_{ij}(\omega)$，然后可以得到结果

$$\begin{aligned}\phi_{ij}(\omega,r_1)&=\int_{-\infty}^{\infty}e^{i\omega' r_1/U_c}\phi_{ij}(\omega')\phi_m(\omega-\omega')\,d\omega'\\&=\int_{-\infty}^{\infty}e^{i\omega' r_1/U_c}\left(\frac{1}{U_c}\right)\phi_{ij}\left(\frac{\omega'}{U_c}\right)\phi_m(\omega-\omega')\,d\omega'\end{aligned}$$

在该表达式中，频谱 $\phi_{ij}\left(\dfrac{\omega'}{U_c}\right)$ 表示湍流的沿流波数频谱；第二频谱用于解释湍流沿运动轴的去相关。在冻结的对流 $R_m(\tau)=1$ 且 $\phi_m(\omega-\omega')=\delta(\omega-\omega')$，因此频谱的波数 $\phi_{ij}(k_1=k_c)$ 在移动轴上保持不变。$\phi_{ij}(k_c)$ 和 $\phi_{ij}(\omega)$ 然后可以简化为

$$\left(\frac{1}{U_c}\right)\phi_{ij}(k_c)=\phi_{ij}(\omega)$$

对于非冻结对流，式（3.89）导致频谱以 $\phi_{ij}(\omega)$ 和 $\phi_{im}(\omega-\omega')$ 之间的卷积形式出现。这种相关性模型由于存在积分成分，分析起来不方便。本书将以一种或多种形式在各种应用中使用这些表达式。

将某一点的频谱与3.6.1节中介绍的一般考虑因素联系起来的另一种方法是考虑等式（3.89）的相关函数形式，并采用频率-时间傅里叶变换来定义频率-空间互谱密度：

$$\phi_{ij}(\omega,\boldsymbol{r})=\frac{1}{2\pi}\int_{-\infty}^{\infty}\mathrm{e}^{\mathrm{i}\omega\tau}R_{ij}(r_1-U_{\mathrm{c}}\tau,\boldsymbol{r}_n)R_{\mathrm{m}}(r_1)\mathrm{d}\tau \tag{3.90}$$

同时假设探测器与平均对流方向对齐，如图3-23所示，在 $\boldsymbol{r}_n=0$ 的情况下进行测量，然后考虑单个探测器的时间自相关遵循以下一系列等式

$$R_{ij}(\tau)=R_{ij}(0-U_{\mathrm{c}}\tau,\boldsymbol{r}_n=0)R_{\mathrm{m},ij}(r_1=0)=R_{ij}(-U_{\mathrm{c}}\tau)=R_{ij}(U_{\mathrm{c}}\tau)$$

泰勒假说的这种应用描述了通过对流获得的频谱在零时延处获得的轴向波数频谱密度。在式（3.89）中，我们引入坐标变换 $r_1-U_{\mathrm{c}}\tau=-\xi$ 并引入波数谱 $\phi_{ij}(k_{\mathrm{c}})$，它是 $R_{ij}(r_1)$ 的空间傅里叶变换在 $k_1=k_{\mathrm{c}}$ 评估以获得

$$\phi_{ij}(w,r)=\frac{1}{U_{\mathrm{c}}}\left[\frac{1}{2\pi}\int_{-\infty}^{\infty}R_{ij}(\kappa_1)\mathrm{e}^{\mathrm{i}w\xi/U_{\mathrm{c}}}\mathrm{d}\xi\,\mathrm{e}^{-\mathrm{i}wr_{1/U_{\mathrm{c}}}}\mid R_{\mathrm{m}}(r_1)\right]$$

或与由中括号积分产生的增量函数运算符（式（1.60））一起使用

$$\phi_{ij}(w,\boldsymbol{r})=\left(\frac{1}{U_{\mathrm{c}}}\phi_{ij}\left(\frac{\omega}{U_{\mathrm{c}}}\right)\right)R_{\mathrm{m}}(r_1)\mathrm{e}^{-\mathrm{i}k_1r_1}$$

分离出频域和空间域，我们有

$$\phi_{ij}(\omega,\boldsymbol{r})=(\phi_{ij}(\omega))(R_{\mathrm{m}}(r_1)\mathrm{e}^{-\mathrm{i}k_1r_1}) \tag{3.91}$$

这是文献中首选的分析形式。由于在流向波数和频谱之间是等价的，因此调用式（1.60c）

$$\frac{1}{U_{\mathrm{c}}}\phi_{ij}\left(\frac{\omega}{U_{\mathrm{c}}}\right)\mathrm{d}w=\phi_{ij}\left(\frac{\omega}{U_{\mathrm{c}}}\right)\frac{\mathrm{d}\omega}{U_{\mathrm{c}}}=\phi_{ij}(w)\mathrm{d}w \tag{3.92}$$

在3.6节（式（3.91）的第二个括号项）的背景下，式（3.91）右侧的第一个括号项，被认为是 i，j 速度积的沿流频谱。式（3.91）的第二个括号项记录了 i，j 积的对流性质，其测量结果如下所示；$K_{\mathrm{c}}=\omega/U_{\mathrm{c}}$ 是对流波数。式（3.91）中的指数相位可以认为是由于式（3.88）定义的对流引起的。积分

$$\kappa_1=\omega/U_{\mathrm{c}}$$

图3-24显示了亚声速射流的 u_1 速度波动的频谱示例。所示的自动频谱与上述频谱功能有关

$$\Phi_{11}(\omega;\boldsymbol{y})=\overline{u_1^2(\boldsymbol{y})}\phi_{11}(\omega)$$

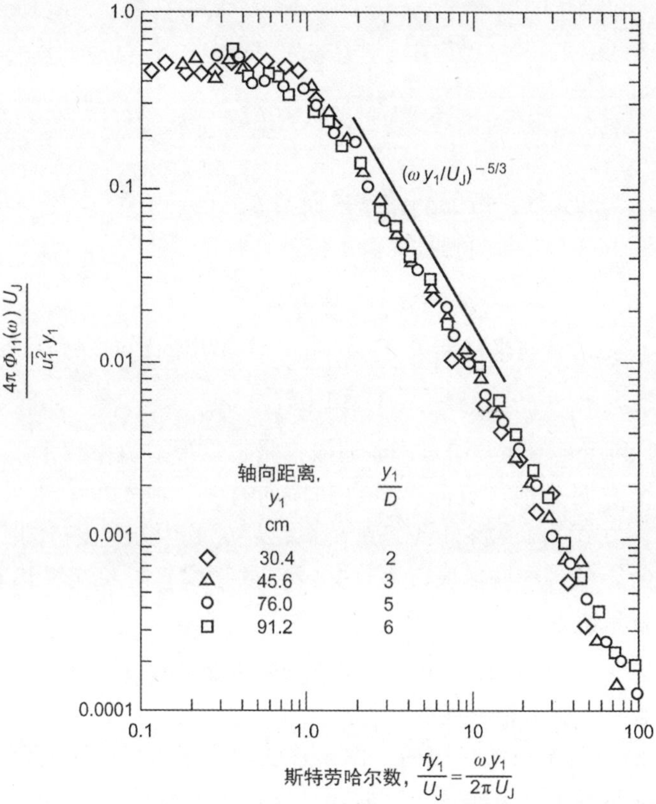

图 3-24 唇轴处的湍流轴向速度谱密度

(平均喷嘴出口速度 122m/s；径向位置 7.6cm，$R_D=1.2\times10^6$。来自 Karchmer AM, Dorsch GR, Friedman R. Acoustic tests of a 15.2-centimeter-diameter potential flow convergent nozzle. NASA Tech Memo. NASA TM X-2980, 1974.)

更重要的是，它具有无量纲，几乎通用的形式为

$$\Phi_{11}(\omega;\boldsymbol{y})=\overline{u_1^2(\boldsymbol{y})}\frac{y_1}{U_J}\phi_{11}\left(\frac{\omega y_1}{U_J}\right)$$

其中我们引入了无量纲频谱函数，即

$$\phi_{11}\left(\frac{\omega y_1}{U_J}\right)=\phi_{11}(\omega)\frac{U_J}{y_1}$$

根据图 3-23、式（3.46b）和式（3.71a），对流速度与射流出口速度有关。近似 $U_c\approx0.8U_J$，由测量得到频率（波数）趋近于零的极限，得到纵向积分尺度

$$4\pi \frac{U_J}{U_c} \frac{\Lambda}{\pi y_1} = \frac{1}{2}\Lambda \approx 0.1 y_1$$

$$\frac{\Lambda}{y_1} = \frac{1}{8} \frac{U_c}{U_J}$$

因此，涡流的长度尺度随 y_1 的增大而增大。Davies 等[171]和 Laurence[178]等在雷诺数接近 10^5 时对 Λ_1 的测量提供了佐证，给出

$$\Lambda_1 \approx 0.13 y_1$$

对于 $D<y_1<6D$，与半径无关。Laurence[178]给出的径向积分尺度为

$$\Lambda_r \approx 0.05 y_1$$

Jones[161]利用频率滤波信号和非滤波信号在矩形射流中测量了尺度。他发现 1、2、3 个方向分别与流向、垂直和横向有关，他发现了宽带（未过滤）速度 $\Lambda_2 \approx \Lambda_3 \approx 0.014(y_1+h)$ 且 $\Lambda_1 \approx 0.04(y_1+h)$，其中 h 是出口的高度。

式（3.91）的频率变换保留式（3.91）的形式且导致交叉谱具有可分离的函数，也就是说

$$\boldsymbol{\Phi}_{11}(\boldsymbol{r},\omega;y) = \mathrm{e}^{\mathrm{i}\omega r_1/U_c} \boldsymbol{\Phi}_{11}(\omega) R(\boldsymbol{r}_n) R_m(r_1) \tag{3.93}$$

也被实验所验证。交叉谱密度的相位产生于湍流场的对流。此外，图 3-25 所示的 $\boldsymbol{\Phi}_{11}(\boldsymbol{r},\omega;\boldsymbol{y})$ 的测量结果表明，由于移动轴衰减，交叉光谱密度的大小将随着 r_1 的增加而减小。请注意，在此表达式中，频谱函数 Φ 尚未根据湍流速度的均方值进行归一化。$\boldsymbol{\Phi}_{11}(\boldsymbol{r},\omega;\boldsymbol{y})$ 的测量值如图 3-25 所示。交叉频谱的大小已经在常谱上归一化了，即

$$\frac{|\boldsymbol{\Phi}_{11}(r_1,\omega,\boldsymbol{y})|}{\boldsymbol{\Phi}_{11}(\omega,\boldsymbol{y})} = A(r_1,w) \sim \mathrm{e}^{-\gamma_1 \omega r_1/U_c} \tag{3.94}$$

式中：r_1 的阶数在 0.2~0.3。我们注意到，其他函数使用了不可分离的函数。这些可以是二次形式，或其他形式，也可以调用本地时间均值变量的换算。当我们讨论湍流边界层壁压力波动时，我们将在 3.7.2.3 节或其他章节中遇到其中之一。图 3-25 中的测量是由 Kolpin[179]及 Fisher 和 Davies[175]进行的，并且在圆形射流中覆盖了混合区中的一系列频率和沿流方向的分离，其清楚地表明了沿流方向分离的交叉光谱密度是变量 $\omega\gamma_1/U_J$ 的函数。Kerherve 等[180]最近的测量结果与之相似。f_D/U_J 的频率范围为 2.08~0.52，对流速度由频率范围内滤波后的速度信号确定，其变化范围为 $(0.45U\sim0.7)U_J$。对于一个矩形射流的滤波信号，Jones[161]同样发现有 $\Lambda_2(\omega) \approx \Lambda_3(\omega)$，但是所有的 Λ_2/y_1 组成成分随 $\omega y_1/U_J$ 增加而降低，但是下降速度没有 $(\omega y_1/U_J)^{-1}$ 快。图 3-23 和图 3-25 中所示

的测量结果给出了一个二阶相关的结构局部图，射流湍流的$\langle u_1 u_1 \rangle (\boldsymbol{y}, \boldsymbol{r}_1, \omega)$是频率的函数。交叉频谱的完整形式与式（3.93）一致

$$\Phi_{11}(\boldsymbol{r}_1, \omega; \boldsymbol{y}) = \Phi_{11}(\omega) \mathrm{e}^{\mathrm{i}k_c r_1} A(k_c r_1) R(\boldsymbol{r}_n) \tag{3.95}$$

式中：$k_c = \omega / U_c$被插值作为对流的波数。对于$\boldsymbol{r}_n = 0$的测量结果，这个可分离的函数在波数阈中具有平行性（请参见式（3.40））。

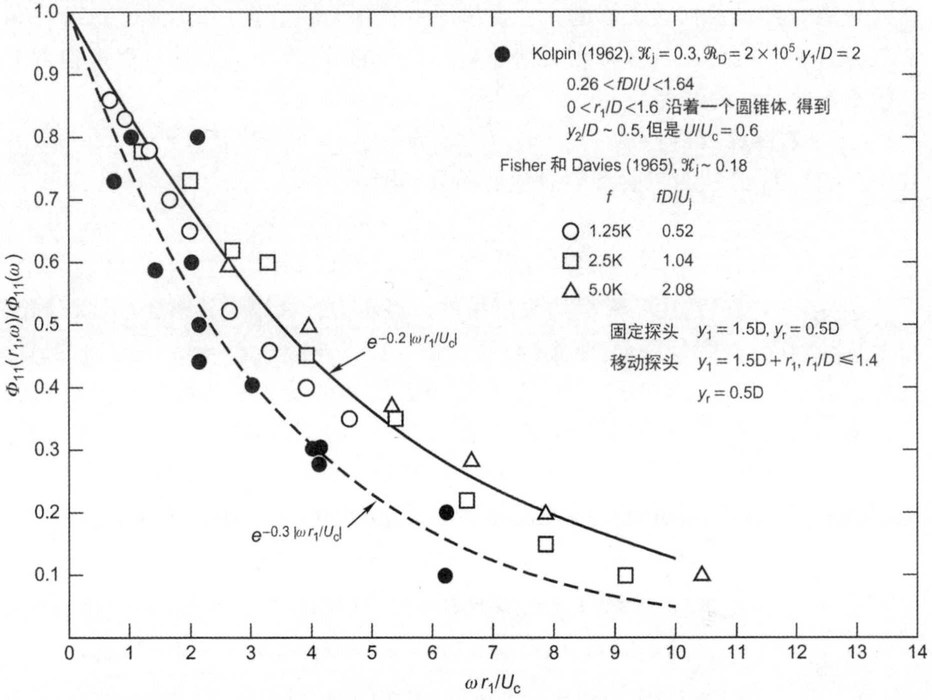

图 3-25　低马赫数下喷射湍流的归一化交叉光谱密度

（资料来源：Kolpin MA. Flow in the mixing region of a jet. Aeroelastic Struct. Res. Lab. Rep. ASRL TR 92-3. Dep. Aeronaut. Astronaut., MIT, Cambridge, MA, 1962; Fisher MJ, Davies POAL. Correlation measurements in a non-frozen pattern of turbulence. J Fluid Mech 1965; 18: 97-116.）

$$\phi_{11}(r_1, \omega; \boldsymbol{y}) = \phi_m(\omega - U_c k_1) \phi_1(k_1) \phi_n(\boldsymbol{k}_n) \tag{3.96}$$

3.7.2.3　四阶相干张量近似方法

作为在预测射流噪声的早期例子中使用的具体建模的一个例子，我们再次采用

$$\boldsymbol{U}(\boldsymbol{y}, t) = \boldsymbol{U}_J(\boldsymbol{y}) + \boldsymbol{u}(\boldsymbol{y}, t)$$

式中：U_J为射流中的局部平均速度。当将其代入相关张量时，平均剪切和湍流相互作用项的预期叠加就出现了，如 1 和 2 的组合（其中$\boldsymbol{U}_1 = |\boldsymbol{U}_J|$）

$$\langle T_{12}(\boldsymbol{y},t)T_{12}(\boldsymbol{y}+\boldsymbol{r},t+\tau)\rangle \approx U_J(\boldsymbol{y})U_J(\boldsymbol{y}+\boldsymbol{r})\langle u_2(\boldsymbol{y},t)u_2(\boldsymbol{y}+\boldsymbol{r},t+\tau)\rangle + \langle u_1(\boldsymbol{y},t)u_2(\boldsymbol{y},t)u_1(\boldsymbol{y}+\boldsymbol{r},t+\tau)u_2(\boldsymbol{y}+\boldsymbol{r},t+\tau)\rangle - \langle u_1(\boldsymbol{y},t)u_2(\boldsymbol{y},t)\rangle\langle u_1(\boldsymbol{y}+\boldsymbol{r},t)u_2(\boldsymbol{y}+\boldsymbol{r},t)\rangle + \text{三阶协方差}$$

使用这个统计模型的早期工作忽略了三阶相关的值，这是由湍流的接近高斯（正态）统计值假设提出的，它提供了奇阶相关的消失，见文献［129］和文献［165］。因此，这两种相关性都是一般维的形式[164]，并且自然地包含了二阶和四阶函数的共存

$$\langle \boldsymbol{T}_{ij}(\boldsymbol{y},t)\boldsymbol{T}_{kl}(\boldsymbol{y}+\boldsymbol{r},t+\tau)\rangle = \rho_0^2 U_1^4[\alpha_{jl}R_{jl}(\boldsymbol{r},\tau)\delta_{ij}\delta_{lk}+\beta_{ijkl}R_{ijkl}(\boldsymbol{r},\tau)] \tag{3.97}$$

式中：α_{jl}、β_{ijkl}分别为二阶和四阶强度函数，则

$$\alpha_{ijkl}=\frac{\overline{u_iu_j}}{U_1^2}\beta_{ijkl}=\frac{\overline{u_iu_j}\cdot\overline{u_ku_l}}{U_1^4}$$

这种分离仍广泛用于建模边界层中的近场压力，如第 2 卷第 2 章“壁湍流压力脉动响应”。我们注意到当 $i=j$ 时，$\delta_{ij}=1$；$k=1$ 时，$\delta_{lk}=1$，见 1.6.2 节，微分算子、α_{jl}和 β_{ijkl}为权重因子。我们假设二阶和四阶相关函数具有定性相似的行为，因此 $R_{ijkl}(\boldsymbol{r},\tau)$的特征可由代表 $R_{ij}(\boldsymbol{r},\tau)$的一般特征所代替。实际上，对于一个高斯统计的湍流，四阶交叉相关可以表示为二阶相关的和，因此根据 Batchelor[129]、Goldstein 和 Rosenbaum[165]、Goldstein 和 Howes[167]，有

$$\langle u_i(\boldsymbol{x},t)u_j(\boldsymbol{x},t)u_k(\boldsymbol{x}+\boldsymbol{r},t+\tau)u_l(\boldsymbol{x}+\boldsymbol{r},t+\tau)\rangle - \langle u_i(\boldsymbol{x},t)u_j(\boldsymbol{x},t)\rangle\langle u_k(\boldsymbol{x}+\boldsymbol{r},t+\tau)u_l(\boldsymbol{x}+\boldsymbol{r},t+\tau)\rangle = \cdots\cdots \langle u_i(\boldsymbol{x},t)u_k(\boldsymbol{x}+\boldsymbol{r},t+\tau)\rangle\langle u_j(\boldsymbol{x},t)u_l(\boldsymbol{x}+\boldsymbol{r},t+\tau)\rangle + \langle u_i(\boldsymbol{x},t)u_l(\boldsymbol{x}+\boldsymbol{r},t+\tau)\rangle\langle u_j(\boldsymbol{x},t)u_k(\boldsymbol{x}+\boldsymbol{r},t+\tau)\rangle$$

或者引入适合于相关性的符号 $R_{ik}(\boldsymbol{r},\tau)$

$$\langle u_i(\boldsymbol{x},t)u_j(\boldsymbol{x},t)u_k(\boldsymbol{x}+\boldsymbol{r},t+\tau)u_l(\boldsymbol{x}+\boldsymbol{r},t+\tau)\rangle - \langle u_i(\boldsymbol{x},t)u_j(\boldsymbol{x},t)\rangle\langle u_k(\boldsymbol{x}+\boldsymbol{r},t+\tau)u_l(\boldsymbol{x}+\boldsymbol{r},t+\tau)\rangle = \cdots\cdots \langle u_i(\boldsymbol{x},t)u_k(\boldsymbol{x},t)\rangle\langle u_j(\boldsymbol{x},t)u_l(\boldsymbol{x},t)\rangle R_{jk}(\boldsymbol{r},\tau)R_{jl}(\boldsymbol{r},\tau)+\cdots\cdots \langle u_i(\boldsymbol{x},t)u_l(\boldsymbol{x},t)\rangle\langle u_j(\boldsymbol{x},t)u_l(\boldsymbol{x},t)\rangle R_{il}(\boldsymbol{r},\tau)R_{jk}(\boldsymbol{r},\tau)$$

已经讨论过 $R_{11}(\boldsymbol{r},\tau)$的对流特性（（图 3-23）和（图 3-25））可使用 $R_{ij}(\boldsymbol{r},\tau)\approx R_{11}(\boldsymbol{r},\tau)$的解析函数来近似这个更通用的函数；然后，我们的四极源协方差矩阵可能会填充一些变量，这些变量可以通过流向速度相关函数（量子场论）的代表性测量得到近似值。

$$\langle \boldsymbol{T}_{ij}(\boldsymbol{y},t)\boldsymbol{T}_{kl}(\boldsymbol{y}+\boldsymbol{r},t+\tau)\rangle = \rho_0^2 U_1^4[\alpha_{jl}(\boldsymbol{y})R_{11}(\boldsymbol{y},\boldsymbol{r},\tau)\delta_{ij}\delta_{lk}+\beta_{ijkl}R_{11}(\boldsymbol{y},\boldsymbol{r},\tau)^2] \tag{3.98}$$

协方差矩阵依赖于使用 R_{11} 的空间积分尺度和雷诺应力的平均值，其中一些可能是已知的，另一些可能是根据已发表的混合层数据估计的。

直到最近，尝试对喷气机声音进行定量预测是基于测得的相关函数进行的，相关函数仅用于近似四阶源的二阶张量。如上所述的术语，二阶张量也受到限制，通常仅限于沿主轴线描述的速度相关性。均质性和各向同性的假设通常指导对如 Proundman[160]、Jones[161]、Ribner[159,162-163,181]、Goldstein 和 Howes[167] 等的分析。因此，同期的传播函数包括格林函数中的平均剪切效应，以至于源项仅涉及非线性项。

超级计算机与雷达系统的结合，使“数值实验”成为可能，这些实验可以有效地利用非线性源的四阶协方差矩阵，直接利用 Lighthill 方程和传播隐函数计算辐射声。因此，上述许多经典的统计模型理想化可以放在一边，而是直接用两种相关的方法来考虑四阶相关性。第一个是直接大涡模拟的解决方案，提供了完整的瞬时精度，以及上述隐式传播函数。在第二种更近似的方法中，大涡模拟以类似于式（3.75b）的形式为 Lighthill 方程提供 $R_{ij,kl}$ 的统计模型，但用较好的传播函数代替了自由空间的格林函数。研究人员依靠稳定的 RANS 计算平均流量和下面给出的四阶相关函数分析模型。此函数依赖于 RANS 计算产生的剪切层的长度尺度。这些混合模型是为了研究高雷诺数下圆形湍流射流的噪声消除性能而建立的，它们描述了射流中完整的湍流结构，并提供了计算四阶时空相关张量所需的三维速度统计量。这些模拟的“数据”用于生成必要的“经验”系数，以填充相关函数 $R_{ij,kl}(\boldsymbol{y},\boldsymbol{r},\tau)$[182-186]。

$$R_{ijkl}(\boldsymbol{y},\boldsymbol{r},\tau)=\frac{\langle u_i(\boldsymbol{x},t)u_j(\boldsymbol{x},t)u_k(\boldsymbol{x}+\boldsymbol{r},t+\tau)u_l(\boldsymbol{x}+\boldsymbol{r},t+\tau)-\overline{u_iu_j(\boldsymbol{x})}\cdot\overline{u_ku_l(\boldsymbol{x}+\boldsymbol{r})}}{\overline{u_iu_j(\boldsymbol{x})}\cdot\overline{u_ku_l(\boldsymbol{x}+\boldsymbol{r})}} \tag{3.99}$$

其中

$$R_{ij,kl}(\boldsymbol{y},\boldsymbol{r},\tau)=\exp\left\{-\left(\frac{r_z}{U_{\mathrm{c}}(\boldsymbol{y})\tau_{\mathrm{m}}(\boldsymbol{y})}\right)-(\ln 2)\left(\left(\frac{r_z-U_{\mathrm{c}}(\boldsymbol{y})\tau}{\Lambda_z(\boldsymbol{y})}\right)^2+\left(\frac{r_\rho}{\Lambda_\rho(\boldsymbol{y})}\right)^2+\left(\frac{r_\phi}{\Lambda_\phi(\boldsymbol{y})}\right)^2\right)\right\} \tag{3.100}$$

所有的变量 τ_{m}，Λ_z 和 Λ_ϕ 都由大涡模拟结果确定，雷诺应力的所有组合都如此。协方差函数 $R_{11,11}(\boldsymbol{y},\boldsymbol{r},\tau)$ 如图 3-26 和图 3-31 所示，捕获所有的一般时空对流和衰减特性由 LES 的结果给出。数值结果表明，源体积分由（11,11）组合控制，然后与（12,12）、（13,13）、（22,22）、（23,23）和（33,33）组合的协方差几乎相等。其他组合对净集成声音水平的贡献不到其中的 1/2。在降阶模型中，所有 ij,kl 相关性均按乘积 $\langle u_i^2\rangle\langle u_j^2\rangle$ 加权。计算方法的进一步讨论将在 3.7.3 节和 3.7.4.1 节中进行，当我们检查对完整积分，式（3.75e）或具有对流传播模型的类似物。

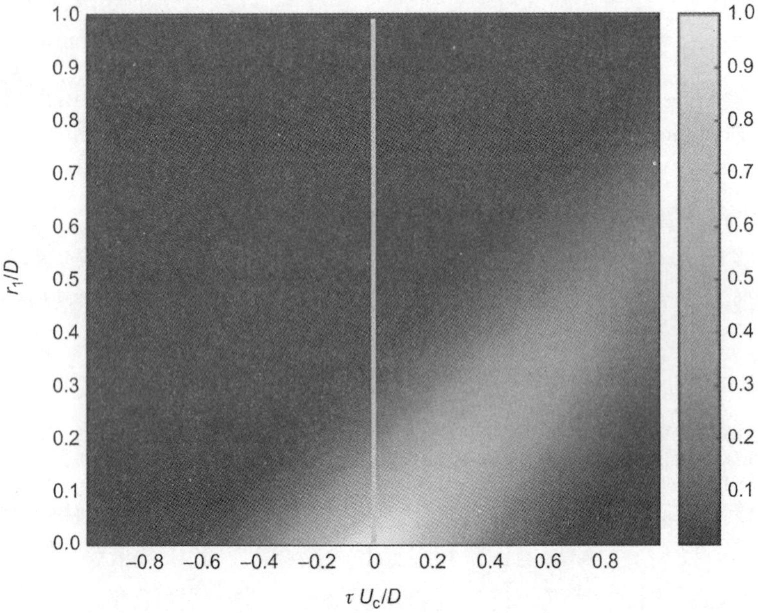

(a)

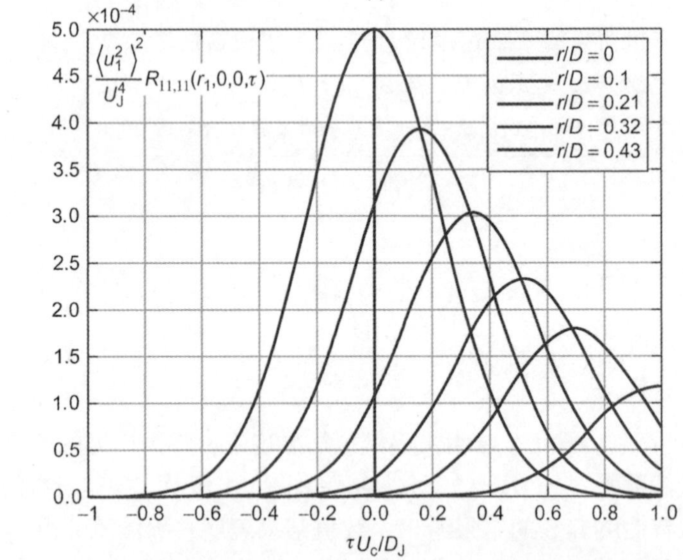

(b)

图 3-26　四阶时空相关性函数 $R_{11,11}(r_1,0,0,\tau)$ 示例

（对于 $M_J=0.75$ 建模使用高斯函数，即式（3.100）。固定探头位置：$x/D=4$，$p/D=0.5$，$\theta=0$）

3.7.3　喷气噪声的表达式和缩放定律

我们继续分析射流噪声，以编制定标规则为重点，并使用早期的噪声模型，如 Ffowcs Williams[176]、Goldstein 和 Rosenbaum[167] 及 Lilley[157] 使用的模型。考虑远场声压的自谱密度，而远场声压是通过调用傅里叶变换式（1.35）发现的。

$$[\phi_{pp}(x,\omega)]_{ij,kl}=\frac{1}{2\pi}\int_{-\infty}^{\infty}e^{i\omega\tau}\,[R_{pp}(x,\tau)]_{ij,kl}d\tau$$

该运算需要相关导数的频谱函数

$$\frac{1}{2\pi}\int_{-\infty}^{\infty}e^{i\omega\tau}\,\frac{\partial^4 R_{ij,kl}(x,\tau)}{\partial\tau^4}d\tau$$

分4次积分，并注意到 $\lim R_{ij,kl}(|\tau|\to\infty)$，我们得到了等值

$$\frac{1}{2\pi}\int_{-\infty}^{\infty}e^{i\omega\tau}\,\frac{\partial^4 R_{ij,kl}(\boldsymbol{x},\tau)}{\partial\tau^4}d\tau=\frac{\omega^4}{2\pi}\int_{-\infty}^{\infty}e^{i\omega\tau}R_{ij,kl}(\boldsymbol{x},\tau)\,d\tau \tag{3.101a}$$

在时滞相关函数的情况下使用变量的变化，我们可以得到

$$\begin{aligned}\frac{1}{2\pi}\int_{-\infty}^{\infty}e^{i\omega\tau}\,\frac{\partial^4 R_{ij,kl}(\boldsymbol{x},\tau)}{\partial\tau^4}d\tau&=\frac{\omega^4}{2\pi}\int_{-\infty}^{\infty}e^{i\omega\tau}R_{ij,kl}(\boldsymbol{x},\tau_0)\,d\tau\\&=\frac{\omega^4}{2\pi}\int_{-\infty}^{\infty}\int_{-\infty}^{\infty}e^{i\omega(\tau-\tau_0)}R_{ij,kl}(\boldsymbol{x},\tau)\,d\tau\end{aligned}$$

这使得运算符合我们的自动频谱

$$\frac{1}{2\pi}\int_{-\infty}^{\infty}e^{i\omega\tau}\,\frac{\partial^4 R_{ij,kl}\left(\boldsymbol{y}',\boldsymbol{\eta},\tau+\dfrac{\boldsymbol{\eta}\cdot\boldsymbol{x}}{c_0|\boldsymbol{x}|}\right)}{\partial\tau^4}d\tau=\frac{\omega^4}{2\pi}\int_{-\infty}^{\infty}e^{i\omega\left(\tau-\frac{\eta\cdot x}{c_0|x|}\right)}R_{ij,kl}(\boldsymbol{y}',\boldsymbol{\eta},\tau)\,d\tau$$

引入式（3.75 e）后的表达式，上述随流时滞方程变为

$$\begin{aligned}\frac{\omega^4}{2\pi}\int_{-\infty}^{\infty}e^{i\omega\left(\tau-\frac{\boldsymbol{\eta}\cdot\boldsymbol{x}}{c_0|x|}\right)}R_{ij,kl}(\boldsymbol{y}',\boldsymbol{\eta},\tau)\,d\tau&=\frac{\omega^4}{2\pi}\int_{-\infty}^{\infty}e^{i\omega\left(\tau-Ma_c\cos\theta\tau-\frac{\boldsymbol{\zeta}\cdot\boldsymbol{x}}{c_0|x|}\right)}R_{ij,kl}(\boldsymbol{y}',\boldsymbol{\zeta},\tau)\,d\tau\\&=w^4e^{-iw\left(\frac{\boldsymbol{\zeta}\cdot\boldsymbol{x}}{c_0|x|}\right)}\phi_{ij,kl}(\boldsymbol{x},\boldsymbol{\zeta},\omega(1-Ma\cos\theta))\end{aligned}$$

最后，应用于尺寸分析的 $ijkl$ 分量的声压自谱密度表达式为

$$\begin{aligned}[\boldsymbol{\Phi}_{pp}(\boldsymbol{x},\omega)]_{ijkl}=&\frac{1}{16\pi^2}\frac{\rho_0^2}{c_0^4}\frac{(x_ix_jx_kx_l)}{r^6}\int_{-\infty}^{\infty}dV(\boldsymbol{y}')\int_{-\infty}^{\infty}dV(\boldsymbol{\zeta})\times e^{-iw\left(\frac{\boldsymbol{\zeta}\cdot\boldsymbol{x}}{c_0|x|}\right)}\times\cdots\times\\&\overline{u_iu_j}(\boldsymbol{y})\;\overline{u_ku_l}(\boldsymbol{\zeta})\,\omega^4\boldsymbol{\phi}_{ij,kl}(\boldsymbol{y}',\boldsymbol{\zeta},\omega(1-Ma\cos\theta))\end{aligned} \tag{3.101b}$$

式中：$\boldsymbol{\zeta}$ 的积分超出了协方差函数的分离变量，在 $\boldsymbol{y}'$ 上，在射流量上扩展，并且代表分离向量的参考点。类似地，在式（3.101b）中 $R_{ij,kl}$，即 $\boldsymbol{\phi}_{ij,kl}(\boldsymbol{x},\boldsymbol{\zeta},\omega)$

中的移动轴去相关的频率变换产生以 $\boldsymbol{\zeta}$ 上的积分表达的效果：

$$\int_{-\infty}^{\infty} \mathrm{e}^{-\mathrm{i}\omega\left(\frac{\zeta\cdot x}{c_0|x|}\right)} \times \overline{u_k u_l}(\boldsymbol{\zeta})\phi_{ij,kl}(\boldsymbol{y}',\boldsymbol{\zeta},\omega)\mathrm{d}V(\boldsymbol{\zeta})\cdots$$

这代表了雷诺应力的波谱在迹线波数 $k_{0\cos\theta}$处进行评估。

这个表达式将远场声压的自谱密度与雷诺应力的互谱协方差函数相关联，并且是由 Goldstein[153] 用本质上相同的方法推导出来的。所有雷诺应力分量的总声压谱，也是通过对所有 ij，kl 的求和得到的。

我们可以使用此结果来探寻显式噪声模型，就如早期有关射流噪声的文献中那样。取而代之的是，我们将使用该理论来开发用于辐射声频谱的无量纲频谱函数，作为推导定标规则的起点。当我们进一步检查计算方法的使用情况时，我们将把关于显式噪声模型的进一步讨论推迟到 3.7.4 节。我们将考虑声音的自动谱密度以及在带宽与频率成比例的 1/3 倍频程中测量的频谱，即 $\Delta\omega\propto\omega$。考虑此带宽量乘以 ω 的附加因数（式（3.101b）），使得频率出现在积分 ω^5之外。假设我们所比较的射流都是湍流，喷嘴的几何形状和射流流量都是动态的且在几何形状上具有相似性。3.7.2.2 节中的数据表明，轴向和径向坐标上观察到的相关长度比距喷管边缘的距离短；由此，根据空间相关性假设，式（3.100）中分离变量的湍流积分尺度比射流的体积小得多。最后，我们注意到在静止的观察者处的频率 ω 与具有四极杆的帧中运动的频率 Ω 相关，式（3.102）表示多普勒频移，其中 Ω 为来源频率。我们已经在 2.5 节见到过。

$$\omega=\frac{\Omega}{1-M_{\mathrm{c}}\cos\theta} \tag{3.102}$$

把这些概念应用到式（3.101b）的体积分中，得到一个代数式。代数式使用积分尺度体积，如 $\delta V\approx\Lambda^3$作为射流切变层上方湍流的净相关体积。假定这与 D_3成比例。V_{J}是射流湍流的体积所产生的声音，也与 D_3成正比，因此，当我们从概念上计算所有张量分量的 $ijkl$ 组合的总体均值时，将获得净无声声压谱的无量纲缩放函数，即

$$\boldsymbol{\Phi}_{\mathrm{rad}}(\omega,\boldsymbol{r},\theta)\cdot\propto\frac{1}{c_0^4 r^2}(1-M_{\mathrm{c}}(\boldsymbol{y})\cos\theta)^2\frac{(\rho_0U_{\mathrm{J}}^2)^2\overline{\left\{\left[\frac{\Omega D}{U_{\mathrm{J}}}\right]^4[\Theta(\Omega)]\right\}}^{V_{\mathrm{J}}}}{(1-Ma_{\mathrm{c}}\cos\theta)^4}\frac{\Lambda^3V_{\mathrm{J}}U_{\mathrm{J}}^4}{D^4}\left(\frac{D}{U_{\mathrm{J}}}\right) \tag{3.103}$$

现在用 D^6代替相关性和几何体积的乘积，从而获得

$$\boldsymbol{\Phi}_{\mathrm{rad}}(\omega,\boldsymbol{r},\theta)\propto\left(\frac{U_{\mathrm{J}}}{c_0}\right)^4\left(\frac{D}{r}\right)^2\frac{(\rho_0U_J^2)^2}{(1-M_{\mathrm{c}}\cos\theta)^4}\left(\frac{D}{U}\right)\overline{\left\{\left[\frac{\Omega D}{U_{\mathrm{J}}}\right]^4[\Theta(\Omega)]\right\}}^{V_{\mathrm{J}}} \tag{3.104a}$$

使用比例频带中均方声压的匹配表示法，假设 1/3 倍频程：

$$\overline{p_{\text{rad}}^{2}}(\omega,\boldsymbol{r},\theta;\Delta w)\propto\left(\frac{U_{\text{J}}}{c_0}\right)^4\left(\frac{D}{r}\right)^2\frac{(\rho_0U_{\text{J}}^2)^2}{(1-M_{\text{c}}\cos\theta)^5}\overline{\left\{\left[\frac{\Omega D}{U}\right]^4[\Omega\Theta(\Omega)]\right\}}^{V_{\text{J}}} \tag{3.104b}$$

在两个表达式中，我们都插入了一个无量纲的相似度函数$[\Theta(\Omega)]$或$[\Omega\Theta(\Omega)]$。相似度函数表示运动雷诺应力框中雷诺应力的比例带谱。按照相似假设的规定，运动四极杆框架中的频率取决于射流直径和速度。$\overline{\{\ \}}$ 符号表示无量纲函数射流中湍流体积的整体平均数，在频域中表示雷诺应力在射流体积上的四阶时间导数。该步骤允许将射流体积明确地放在等式（3.103a）中。请注意，$\overline{p_{\text{rad}}^{2}}(\omega,\boldsymbol{r},\theta;\Delta w)$和$\Phi_{\text{rad}}(\omega,\boldsymbol{r},\theta)$的尺寸是压力的平方，其中自动频谱中的时间需乘以带宽。最后，相关的无量纲光谱密度为

$$\frac{\Phi_{\text{rad}}(\omega,\boldsymbol{r},\theta)\dfrac{U_{\text{J}}}{D}}{(M)^4\left(\dfrac{D}{r}\right)^2\dfrac{(\rho_0U_{\text{J}}^2)^2}{(1-M_{\text{c}}\cos\theta)^4}}=\Im_0\left(\frac{\omega D}{U_{\text{J}}},\frac{\rho_0U_{\text{j}}d}{\mu}\right) \tag{3.105a}$$

或等值于成比例的频带，请参见式（1.44）~式（1.46）。

$$\frac{\overline{p_{\text{rad}}^{2}}(f,r,\theta;\Delta f)}{(M)^4\left(\dfrac{D}{r}\right)^2\dfrac{(\rho_0U_{\text{J}}^2)^2}{(1-M_{\text{c}}\cos\theta)^4}}=\Im\left(\frac{fD}{U_{\text{J}}},\frac{\rho_0U_{\text{j}}d}{\mu}\right) \tag{3.105b}$$

左边的表达式是无量纲的，是以喷嘴直径和射流速度为基础的雷诺数和无量纲频率的函数。所有这些函数均符合前面提到的保证相似性的一系列规定。它们为不同输出速度下的亚声速射流噪声提供了频谱密度和均方压（如 1/3 倍频程，$\Delta f\sim0.23f$），并且考虑了观察者的角度、马赫数和喷嘴直径。式（3.105a）是射流噪声的基本表示，并给出了$(1-M_{\text{c}}\cos\theta)^5$多普勒因子，该因子首先由 Lighthill[151-152]、Ffowcs Williams[170,241]、Mani[188-189] 和 Gddstein[153] 推导。涉及马赫数的另一种形式，具体来说，$(1-M_{\text{c}}\cos\theta)^3$与某些度量[190-192,251]非常吻合。

同样，由于我们着重发展频域，四极杆总体均值计算的有效平均体积也必须变化，随着频率的降低而日益增加，因为与频率有关的积分尺度在较低的频率上会增加。因数 $\Im\left(\dfrac{fD}{U_{\text{J}}},\dfrac{\rho_0U_{\text{j}}d}{\mu}\right)$ 表示谱密度或成比例频带级的无量纲比例，该比例取决于射流的流出直径和流出速度。所有与多普勒相关的方向性都体现在$(1-M_{\text{c}}\cos\theta)^{-4}$或$(1-M_{\text{c}}\cos\theta)^{-5}$项中，这表明 $\theta<\pi/2$ 相对于 $\theta>\pi/2$ 处的声强有所增大。这种在涡流对流方向上增强声音的行为是亚声速射流声众所周知的观

察结果（如[190-193]），这与我们在 2.5 节和图 2-11 中获得的对流单四极杆的结果相同。射流轴线附近的声级会进一步衰减，即 $\theta<\pi/4$，超出了多普勒效应所预测的衰减范围，这种多普勒效应被观测到并被广泛接受，部分原因在于折射[22,161-162,191]。然而，最近的第一原理传播模型，即 Tam 和 Auriault[185]、Goldstein 和 Leib[260]，以及 Leib 和 Goldstein[256] 能够包括高频 $fD/c_0>0.3$ 的折射，并适用于 0.4 以上的马赫数。它们还能为超声速和热射流进行建模。请注意，在某些较早的测量中[194-196]，已测量了高频向后定向声音。此行为归因于喷嘴附近的高剪切混合区域存在优选的四极辐射。但是，Mollo-Christensen 等[195-196] 以及之后的人随后进行了测量。这些随后的测量结果也许错误地指出：这种向后辐射是实验安排的产物。

图 3-27 显示了作为马赫数函数测得的[191] 和计算的角度相关性，如式（3.103）~式（3.105）所示。

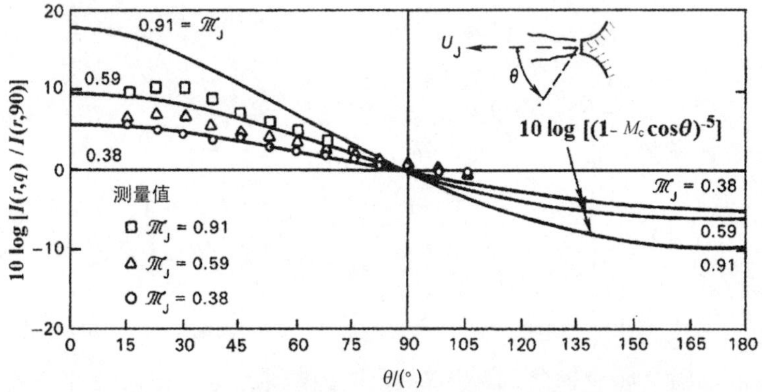

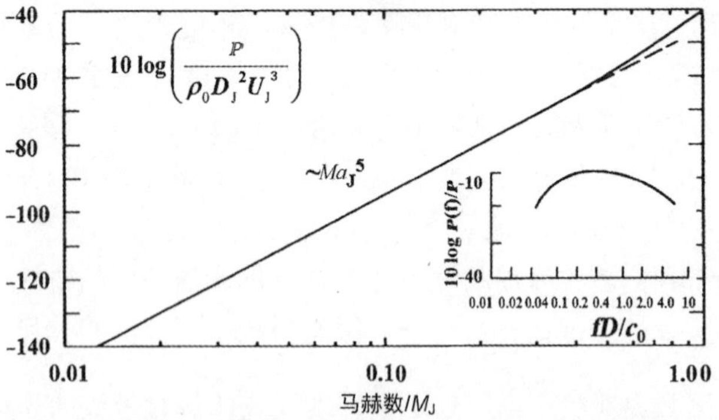

图 3-27 总强度（顶部）的方向性和总辐射声功率与马赫数以及使用位流喷管的射流噪声（底部）的频谱

（$M_c=0.62$。M_j，$\sim10^5<R_D<\sim10^6$. Lush PA. Measurements of subsonic jet noise and comparison with theory. J Fluid Mech 1971；46：477-500.）

整个球形表面上围绕射流的积分提供了总辐射声功率的简单公式[式（2.17）]，该等式与等式（3.105）中的指向性因子一致，如图 3-27 所示：

$$\mathbb{P}=\frac{\rho_0 U^8 D^2}{c_0^5}\frac{1+M_c^2}{(1-M_c^2)^4}F(R_D,M_c) \tag{3.106}$$

函数 $F(R_D,M_c)$ 表示整体频率和角度积分的比例，并且包括对雷诺数和马赫数的依存度。马赫数因子是 Lighthill-Ffowcs Williams[151,168,170,241] 原始值，它反映了式（3.105）中的数量 $(1-M\cos\theta)^5$。算得的对流效应存在差值，这可以归咎于对主要四极贡献度的不同假设。图 3-28 显示了作为退出马赫数的函数在 $\rho_0 U_0^3 D^2$ 上的无量纲总功率。

$$Ma_J=U_J/c_0$$

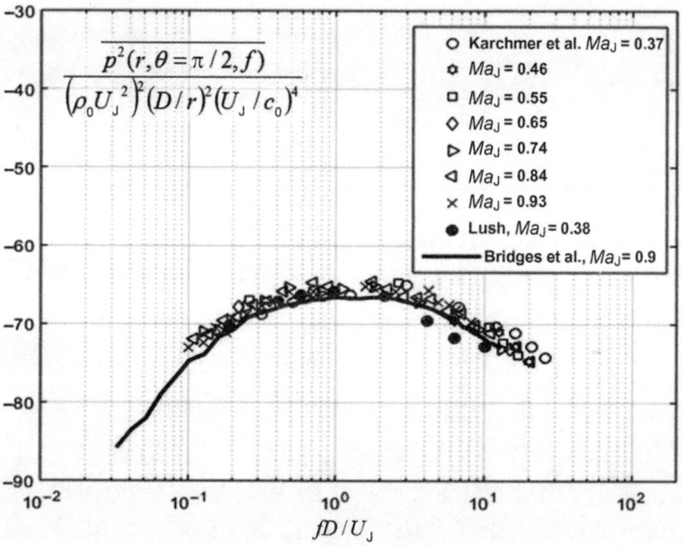

图 3-28　Ma_J 在 $\rho_0 U_0^3 D^2$ 上的无量纲总功率

（直径为 15.2cm 的潜在流量喷嘴的扬声器角度为 90°时，1/3 倍频程频带内的标准化声压级[190-191,198]）

表达式 $U_c\approx 0.63U_j$ 表示随着马赫数的增加，声功率相对于射流功率的相对增加，这一结果具有代表性。此外，数据表明 $F(R_D,M_c)$ 在 $0.3\times10^{-4}\sim1.2\times10^{-4}$ 几乎是常数。

图 3-28 的插图显示了总功率上无量纲化 1/3 倍频程功率谱；该功率谱作为降低频率 fD/c_0 的函数。远场强度谱中任意角度的峰值都会改变频率，使得

峰值将在常数$f(1-M_c\cos\theta)D/U_J$处出现。当$\theta<\pi/4$时，即在靠近射流轴的角度处，Lush[191]显示在各频率和M_c处出现了异常低的噪声值。这些噪声值大到足以反映折射的重要性。因此，总声功率频谱所具有的频率峰值取决于D/c_0；该峰值在功率谱中无量纲频率的恒定性首先是由 Fitzpatrick 和 Lee[197] 观察到的，现在已经众所周知了。当$\theta=\pi/2$时，声压或声强谱的依存度（在式（3.14）中，用M_c表示）减小，频谱变为fD/U_J的函数，如图 3-28 所示。这些数据清楚地表明了一定范围内冷射流的比例定律。Fisher 等[262]、Tanna 等[263]、Viswanatha[264-265]的经验标度定律可能适用于冷射流，这些经验标度定律与此处提供的公式一致。在完整应用中，Viswanatha[264-265]的经验标度定律解释了一个与温度有关的焓源和大气传播，如表 3-2 所列。

表 3-2　图 3-28 用的测量条件

研究人员	喷管直径/cm	近似流出雷诺数
Lush（1971）	2.5	2×10^5
Karchmer 等（1974）	15.2	$1.3\times10^6\sim3.3\times10^6$
Bridges 等（2004）	50.8	2×10^7

3.7.3.1　湍流结构在射流噪声中的作用

如上所述，大规模数值模拟清晰、定量地将在研发亚声速射流结构和噪声期间发生的各种事件相互关联起来。然而，从历史上看，需要 Crow 和 Champagne[74] 以及 Browand 和 Laufer 对射流的轴对称涡流进行可视化实验，以了解这些涡流在扰动演变中的作用以及涡旋对作为声源的作用[199]。此外，这些涡旋最终可以追溯到轴对称不稳定的模式，这可以从剪切层[21,23-24]的早期研究中推断出来，在 3.2 节（（图 3-3）和（图 3-13））中已经讨论过。高雷诺数时存在不稳定波的这一事实，虽然是由 Crow 和 Champagne 推导出来的，但已经由 Crighton 和 Gaster[200]用稳定性理论解析地证实了。此外，在 Mollo-Christensen[195]、Moore[201]、Bechert 和 Pfizenmaier[202]，以及 Stromberg 等[203]的实验中，研究了强迫剪切层的不稳定性与辐射声之间的联系，尽管最近许多其他研究人员，如 Wygnanski 和同事[246-247,249-250]也进行了实验研究。另请参见在 Hubbard[251]中的评论。在这些实验中，圆形射流剪切层通常由扬声器驱动。累计观察表明，压力波和速度波从喷嘴沿中心线传播，其传播频率提高。这些压力波和速度波被限定在受限频带宽度内，受限频带宽度与未扰动射流的不稳定轴对称模式的频率范围相符。通过可视化测定这些波，以调制混合区域中的涡流配置和配对。在 Moore[201]关于射流的高水平激发的案例中，在驱动频率

处的感应扰动幅度并未与激发水平成正比地增加，但是相反，宽带中心线的压力水平和速度水平受到激发而有所增加。当以仅中心线$\left(\frac{1}{2}\rho_0 U_J^2\right)$动压的0.08%的均方根压力驱动射流时，宽带远场声压也会增加。结果通常表明，在有序涡度的形成过程中，由于空间增长的剪切层振动和原状流体在层内的大涡卷吸，导致湍流增加，使$\rho_0 u_i u_j$声源的强度明显提高。除非$\partial^2(\rho_0 u_i u_j)/\partial t^2$的波数谱具有在$|\boldsymbol{k}| \leqslant k_0$的波数范围内的分量，即除非该二次导数在与声波长度相当的区域上相关，否则剪切层本身的波动不会发出声音。射流剪切层中的空间增长和结构演变使这些分量成为可能。通过供给源波数谱的声学区域，涡旋配对条件[69,74,204-205,246-247,250]是否能完全应对亚声速射流中的所有声能还有待观察。这些波动可以被认为是超声速射流中的[206-208]辐射体，这是有充分根据的，理由是波速U_c超过了声速，但这类流动远远超出了亚声速航空声学和水声学的范围。其他方法（20 世纪 70 年代处于紧密研发中）对射流中的湍流源进行定位，并在声学近场和远场使用基于阵列的相关技术，结合压力和风速/声压相关技术，对混合区进行了澄清[209-219]。

3.7.4　出现宽频射流噪声的计算机辅助设计与抑制

3.7.4.1　参数研究中计算方法的发展

近年来的大涡模拟和直接数值模拟在设计研究中对物理实验进行了补充和扩展。已经采用了 LES 方法，如 Bogey 和 Bailly[220]、Karabasov 等[182]、Depru Mohan 等[183-184]、Goldstiein 和 Leib[260]、Leib 和 Goldstein[256]，以及 Khavaran 等[257]的方法，这些方法与分析传播模型结合使用。这些传播模型考虑了源对流和对射流介质的声阻抗的其他影响。有关传播模型的说明，请参见 Tam 和 Auriault[185]、Goldstein[254]的著作。这些模拟总体上与雷诺数(~10^6)附近的马赫数为 0.5~1.4 时的测量结果非常吻合。Colonius 等[221]、Jaing 等[222]、Gohill 等[223]、Freund[235]等在雷诺数（假设 500~3600）较低时也进行了直接数值模拟。

Freund[235]使用的可压缩流 DNS 模拟提供了与整体知识体系相匹配的流结构和辐射声的结果，图 3-29 对这些研究结果做了总结。声音的整体远场声压级的计算方向与 Mollo-Chirstianson 等[195]、Lush[191]（图 3-27 和图 3-28），以及 Stromberg 等[203]的先前结果比较吻合。如图中心所示，算得的湍流瞬时结构以及应力张量源与 Beavers 和 Wilson[72]拍摄的大规模结构发展情况相吻合。图下方显示了通过模拟计算的瞬时涡度和声源强度的空间分布。观察到的烟雾模式，如图 3-10 所示，将可视化的大规模图像扩展到了模拟源。

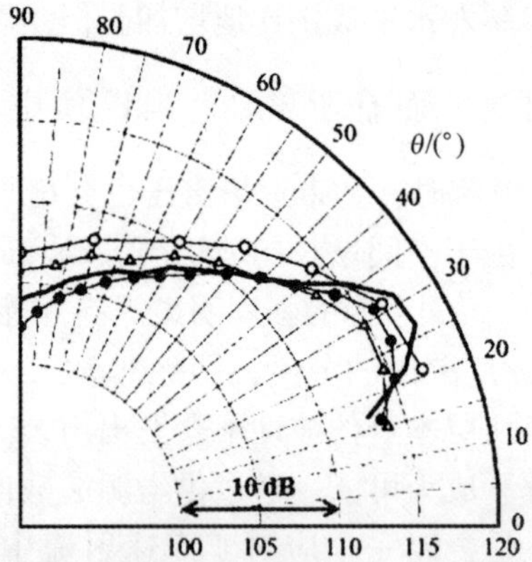

(a) 整体声压dB为1μPa，R_D=3600~6×10^{5}时的方向性

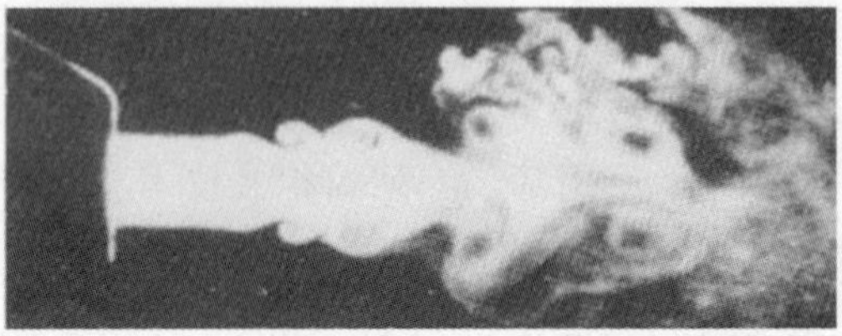

(b) 在R_D=3800处射流的烟雾可视化照片，Becker和Massaro(1968)

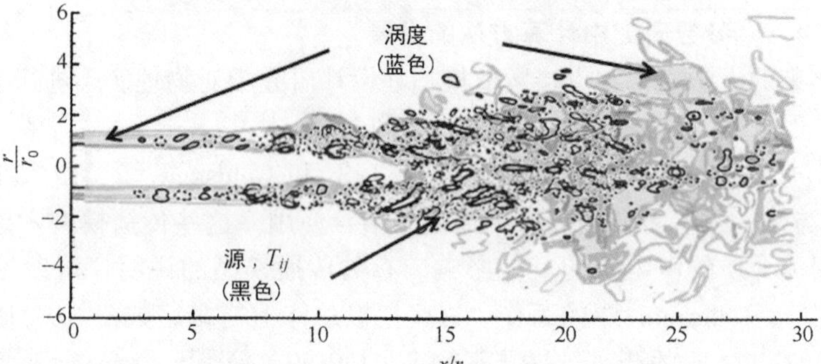

(c) 瞬时涡度和T_{ij}源：Freund(2001)；R_D=3600 (DNS)

图 3-29　冷射流比例定律推导图

（图 3-29$r=30D_J$，$R_D=3600$ 处的射流和辐射声的可压缩 DNS 结果与物理实验获得的数据示例的比较：（a）整体声压：● Stromberg 等[203]，$R_D=3600$，○ Mollo-Christianson[196]，$R_D=2\times10^5$；ΔLush[191]，$R_D=6\times10^5$；—Freund[235]，$R_D=3600$；（b）在 $R_D=3800$ 处射流的烟雾可视化照片；Beavers 和 Wilson[72]；（c）射流雷诺数的瞬时涡度（灰色）（常数为 $\omega D_J/2U_J$时画等值线）和雷诺应力源（黑色）$c_0^2\partial^2\boldsymbol{T}_{ij}/\partial y_i\partial y_j$的 DNS 等值线）

如前文反复提及的那样，工程应用依赖于湍流大涡模拟的使用情况。在本章中，可以将需评估的相关等式表示为声压的自动谱。

$$\boldsymbol{\Phi}_{\mathrm{rad}}(\omega,r,\theta)=\rho_0^2\iiint_{-\infty}^{\infty}\mathrm{d}V_{\mathrm{J}}(\boldsymbol{y})\iiint_{-\infty}^{\infty}\mathrm{d}V_{\mathrm{J}}(\boldsymbol{r})G_{ij}(\boldsymbol{x},\boldsymbol{y},\omega((1-M_{\mathrm{c}}(\boldsymbol{y})\cos\theta(\boldsymbol{y})))\times$$
$$G_{kl}^*(\boldsymbol{x},\boldsymbol{y}+\boldsymbol{r},\omega(1-M_{\mathrm{c}}(\boldsymbol{y}+\boldsymbol{r})\cos\theta(\boldsymbol{y}+\boldsymbol{r}))R_{ij,kl}(\boldsymbol{y},\boldsymbol{r},(\omega(1-M_{\mathrm{c}}\cos\theta))\tag{3.107}$$

式中：$G_{ij}(\boldsymbol{x},\boldsymbol{y},\omega)$表示四极的传播格林函数，单个多普勒因子（$1-M_{\mathrm{c}}\cos\theta$）表示相关函数中分离矢量的平均值。例如，式（3.75a）中包含了自由空间格林函数，该函数是一个适用于忽略折射的冷亚声速射流的简单函数。

$$G_{kl}(\boldsymbol{x},\boldsymbol{y}+\boldsymbol{r},w))=\frac{1}{4\pi}\frac{\omega^2}{c_0^2|\boldsymbol{x}-\boldsymbol{y}-\boldsymbol{r}|}\left(\frac{(x_k-y_k-r_k)(x_l-y_l-r_l)}{|\boldsymbol{x}-\boldsymbol{y}-\boldsymbol{r}|^2}\right)\times\cdots\times$$
$$\mathrm{e}^{iw|\boldsymbol{x}-\boldsymbol{y}-\boldsymbol{r}|\cos\theta(\boldsymbol{y}+\boldsymbol{r})/c_0}\tag{3.108}$$

Lew 等[266]将自由空间格林函数与雷诺应力的 LES 结果结合使用，以检验平均剪切湍流和各湍流相互作用对声音贡献的相对重要性。Karabasov 等[182]、Depru 等[183-184]，Goldstein 等和 Leib 等[260]，Leib 和 Goldstein[256]、Khavaran 等[257]已经使用 LES 来填充相关模型。等式（3.100）与特定隐式传播格林函数一起使用，可以有效地评估式（3.107）中的射流辐射声的自动频谱。更通用的传播方法是使用函数系统代替方程式的简单选项，即式（3.108）。在引用的参考文献中使用的传播函数需要有关射流中平均速度分布的信息，这些信息可以通过适当的仿真来提供。

在需要评估一系列设计变型的概念研究中，用如式（3.100）的代数形式代替完全依赖 LES 解决方案，这是很有吸引力的，正如本节前面所述，RANS 解决方案中提供了时间平均雷诺应力和平均速度的空间分布情况。在式（3.100）中所有长度尺度都由基线 LES 计算提供，可以使用 RANS 解决方案提供的湍流量将统计函数缩放到其他感兴趣的案例中。$A_{k-\varepsilon}$ RANS 算法是一个有吸引力的选项，因为这个算法直接提供了尺寸为$(L/T)^2$时的湍流动能、尺寸为L^2/T^3时的耗散率 ε。可以使用其他湍流模型，但是，请参照参考文献[182]，只要可以根据模型确定这些尺度。我们定义了一个长度标尺（参见 Pope[133]），该标尺显示了最大的涡流以及与 Kolmogoroff 积分比例有关。

$$L=\frac{k^{3/2}}{\varepsilon}$$

长度标度出现在相关矩阵式（3.100）的解析模拟中。假定式（3.100）与 L 成正比，即对于三个坐标方向，在式（3.100）中有 $\Lambda_i=c_{\mathrm{i}}L$，以及类似的时间刻度为 $\tau_{\mathrm{m}}=c_{\mathrm{m}}L/k^{1/2}$。根据 Pope[133]，当基于微尺度时湍流的雷诺数 Re_{λ_g}

超过 200 时，有 $L\approx 0.45\Lambda_f$，式（3.46）确定了积分尺度 Λ。对于在计算机计算的耗散率结果中给定的因子相关的情况，得出 $R_{\lambda_g}=u_1^2\left(\frac{15}{v\varepsilon}\right)^{1/2}>200$。比例常数 c_i，其中 $i=1:3$，但是，如表 3-3 所示，c_m 不被普遍接受。例如，Depru Mohan 等[183]提供了以下几个重复出现的数值。

表 3-3　振幅、长度及时间尺度的比例常数比较

资料来源	马赫数	长度尺寸	时间尺寸	振幅尺寸
		c_l	c_m	$\sqrt{c_{1111}}$
Tam 和 Auriault[185]	0.9	0.13	0.31	0.26
Morris 和 Farassat[187]	0.91	0.78	1	0.26
Karabasov 等[182]	0.75	0.37	0.36	0.25
Karabasov 等[183]	0.9	0.26，0.08，0.08	0.14	0.25

图 3-31 显示了用于计算声音的比例因子的数值，图 3-26 和图 3-30 用于协方差函数的比例因子的数值，用于计算声音的比例因子的数值（Karabasov 等[182]也使用过）。这些数值对应于 $\tau_m=0.00015$s 且 $\Lambda_1=0.00085$m, $x=4D$。注意在射流中，长度标度由射流的扩展速率确定，并且随着与离流出的距离线性增加（可以从图 3-10 和图 3-29 的检查中收集到）。因此，刚才给出的 τ_m 和 Λ_i 的数值仅适合于一个轴向位置。对于其他轴向位置，需要检查射流中的动能和耗散率的完全填充的空间分布，并使用表中的系数来计算 τ_m 和 Λ_i 的量级。然后，这些数值给出了比例积分协方差函数的分布，以便在积分式（3.107）中使用。最后，将雷诺应力的量级乘以等式的高斯函数式（3.100），即 $\langle u_iu_j(\boldsymbol{y})\rangle\langle u_ku_l(\boldsymbol{y}+\boldsymbol{r})\rangle$ 原来是 $|\langle u_iu_j(\boldsymbol{y})\rangle\langle u_ku_l(\boldsymbol{y}+\boldsymbol{r})\rangle|=C_{ii,jj}(2k)^2$，且在表 3-3 中 C_{1111} 几乎等于 0.25。参考文献［182-184］指出，$R_{11,11}$，$R_{22,22}$ 和 $R_{33,33}$ 决定了所有其他张量条目的大小。而且，在圆形射流中，由于轴对称，因而 $\langle uw\rangle=\langle wu\rangle=\langle wv\rangle=\langle vw\rangle=0$（见 Pope[133]）。Goldstein 和 Leib[260]发现了这些系数与 ij,kl 不同组合的一些变化，因此似乎没有适用的通用规则。

图 3-30 显示了与 $R_{11,11}(r_1,0,0,\tau)$ 示例数据的比较情况，这些数据是由式（3.100）中使用的集合平均 LES 协方差给出。依靠这些相关函数的混合方法被用来创建声音等级公式，如图 3-31 和图 3-32 所示。与直接使用 LES 直接计算的声音等级进行比较，直接得出 Ffowcs Williams 和 Hawkings 积分方程在 fD_J/U_J 频率介于 0.05 和 5 之间时在 2dB 以内[183]。

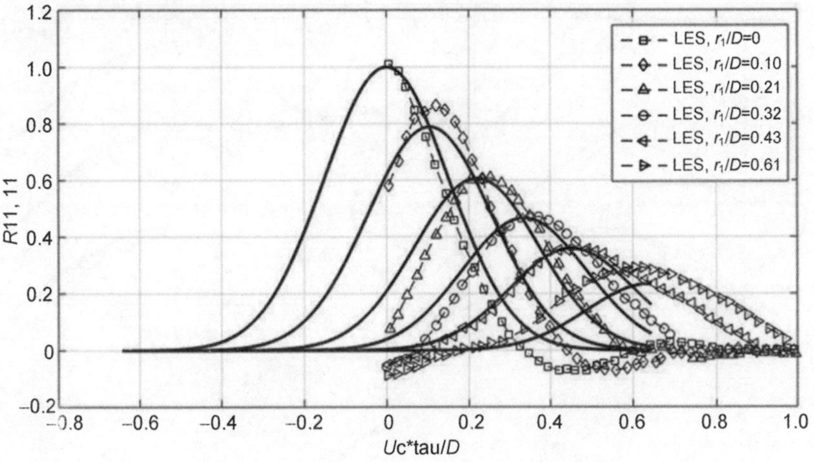

图 3-30　协方差函数与后处理 LES 速度的比较

（后处理式（3.100）得到的 LES 速度所得的 $R_{11,11}(r_1,0,0,\tau)$ 协方差函数的比较。图上的这些点直接来自 LES 解，对于线条，根据式（3.100），$x_1=4D$ 时，$\tau_m=0.00015$s，$\lambda_1=0.00085$m）

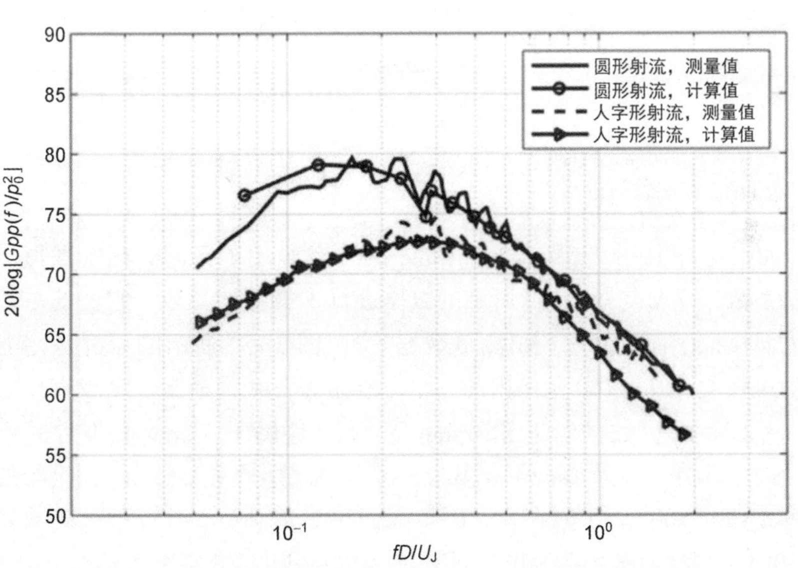

图 3-31　射流轴 30°声谱的计算结果和测量结果的比较

（条件如图 3-25 所示，计算混合使用 RANS-Green 函数方法，该方法由 LES 模拟提供的统计量表填充）

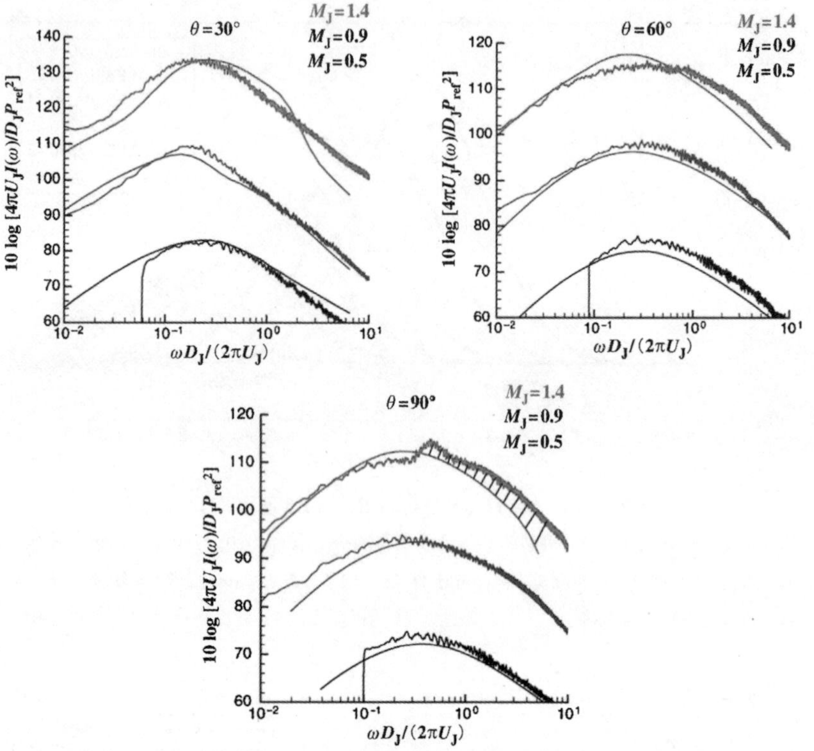

图 3-32　预测与比较

（基于 Goldstein 和 Leib[260] 的式（6.24）的预测与目前 Khavaran 等[257] 使用声响数据的混合源模型的比较）

Goldstein 和 Leib[260] 及 Leib 和 Goldstein[256] 应用了不同的标度数值，来计算某些系数 $C_{ij,kl}$，与图 3-32 所示的数据进行了类似的比较。它们的系数不依赖于大涡模拟，而是基于一组测量数据[260]。图 3-32 所示的示例是在 1Hz 带宽下的声强度 $r/D_J=100$ 范围内的三个观察角和三个马赫数。喷嘴直径为 $D_J=0.051$m(2 英寸)，数据源于 Khararan 等[257]。这属于 Kharavan 报告的更大测试程序的一部分，以及 Brown 和 Bridges[259] 的计算是由 Leib 等[257] 进行的。对于角度 $\theta=90°$, 60°, 30°时在 $fD_J/U_J=0.3$（频谱峰值）的窄带谱值的数列（相对于 90°），测量值分别为 0dB、3dB、5.5dB；利用 $10\log[1-M_J\cos(\theta)]^{-4}$ 计算式（3.104a）中谱密度的指向性因子，结果分别为 0dB、4dB、8dB。关于计算方法的详细讨论情况，参见 3.7.4 节。

Karabasov 等[182] 和 Depru Mohan 等[183-184] 共同计算辐射声时，将混合方法与 Tam 和 Auriault[185] 的分析传播模型结合起来使用，如图 3-31 和图 3-33 所

示。分别在相对于射流轴 30°和 90°处计算。使用相同的分析传播模型对直线的大涡流模拟进行声音计算，当 Strouhal 数小于 3 时，两个角度的计算结果与测量结果一致[183]。若超过该频率，LES 解决方案可能无法预测，这可能是由于未解决的原因导致。

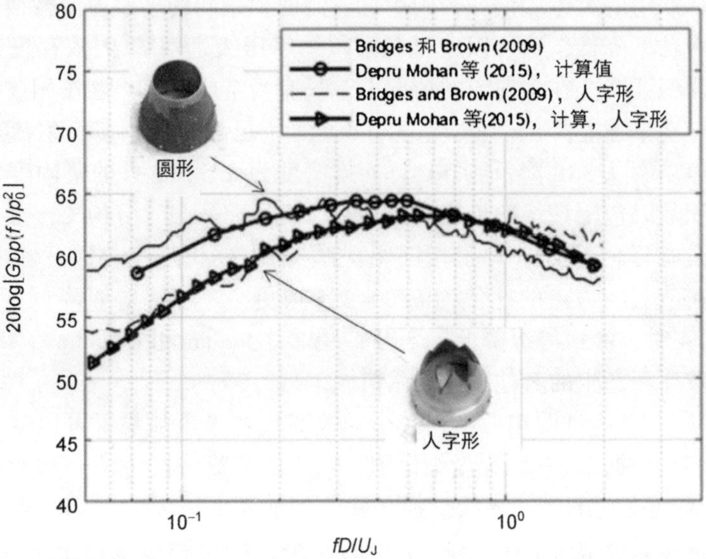

图 3-33　1Hz 带宽的声谱图（射流与射流轴成角度为 90°时）

（两个 NASA 喷管概念产生的射流与射流轴成 90°角处 1Hz 带宽的声谱。圆形喷管产生上曲线，人字形喷管产生下曲线。每个喷管都有两个声谱，一个是测量值，一个是混合 RANS-Green 函数方法所得的结果。测量范围为 $40D$，$p_0=20\times10^{-6}$Pa）

使用 RANS 解作为标度长度、时间、湍流强度因子的基础以提供标度（如分析光谱中的积分标度和相关函数），这种方法已用于湍流边界层压力波动（第 2 章第 2 节）、尾缘噪声（第 2 卷第 5 章）和湍流摄入噪声（第 2 卷第 5 章和第 6 章）。这种方法被命名为“Hybrid RANS - LES”或“RANS - Statistical”，但从本质上讲，全都基于使用稳定流 RANS 解，湍流相关函数的解析函数以及用于传递函数的格林函数来了解声传播或结构响应情况。

3.7.4.2　噪声抑制

噪声抑制是一个关于在空间内只能存在若干概念的广泛话题。本节中提出的相似性考虑因素表明，最简单的降噪技术是减小射流直径或外流速度，同时保持平均动量相等。通过等式（3.106）可得到整体带宽上的声压在立体角上的平均值水平，如图 3-27 所示，可表示为

$$L_s = 80 + 80\log M_J + 20\log D$$

其中，$L_s = 10\log(\overline{p^2}/p_0^2)$ 且 $p_0 = 20\mu P_a$，D 为射流的直径 1mm。该等式表明，若速度降低且直径变小，则总体声压级将降低。对于固定的流出动量，增加流出面积将使 M_J 降低，因此总体声音降低 $60\log M_J \sim 60\log(1/D)$。除非总射流相互作用并破坏产生的大量旋涡，否则用总射流面积相同的多股射流替换单个射流不会导致声功率降低，这可以通过观察整体声压级别对 D^2 的依存度或者射流的总横截面积证明。在多射流的情况下，只有当组成射流相互作用改变其混合区时，总声功率才能降低。例如，Middleton[224]已经表明，多个射流的群集可以使整体声功率从 3dB 降低到 5dB，外排密度为 0.5。此处的坚固度等于封闭的射流面积除以包围该组的最小直线面积。对于坚固度小于 0.2，聚类对降低整体声级没有任何好处。对于相同组成喷嘴的 3×3 阵列，这意味着中心距（b）与喷嘴直径（D）的比值为 $b/D=2.5$ 或更小，噪声等级降低了 0~5dB；当 $b/D=1.4$ 时，噪声等级降低了 5dB 或更多。Jordan 和 Colonius[225]综述了因湍流尺度破坏而产生的其他减排技术措施。

Maa 等[126]已经证明用一系列较小的喷嘴代替单个喷嘴，可以减少噪声对身体的影响。根据图 3-28 无量纲谱图，较小的射流将产生中心频率随直径的变化(U_J/D)而变化的声功率级。但是除非如前面所述 $b/D<2.5$，否则声功率谱的大小将保持不变。因此，随着 D 的减小，声功率谱仅移至更高的频率，而积分总声功率却没有太大变化。但是，通过将喷嘴的直径减小 3 倍，同时保持恒定的流出面积，可以显著降低噪声对身体的影响（如 A 加权总体声音水平所示）。

另一种降噪方法是降低射流混合区域的湍流强度。这可以通过如在射流附近射孔喷嘴来提高周围静止流体的夹带性来实现。这种混合加宽了剪切层，减小了平均速度梯度，从而降低了湍流强度。其他通过改变喷嘴的几何形状来降噪的方法已经被 Elvhammar 和 Moss[226]验证过。

已有发现使用人字形喷嘴有利于降低低频噪声，而在高频处有轻微的噪声损失，图 3-31 和图 3-33 展示了从最新案例中截取的性能示例。这些图随附在多个深入讨论要点处。首先是应用我们的知识，即大空间尺度的湍流比小的辐射体更加有效，并且使用人字形是一种降噪技术，具有最小的其他性能损失；其次是该概念本身具有以下特点：大量的设计特性可能以微妙的方式影响湍流结构，从而加深人们对湍流结构如何影响噪声的理解。因此，计算机辅助的优化有助于概念权衡。正如我们将要讨论的，这些优化现在通过混合计算流体动力学和声学方法得到促进。

审查人字形概念本身的性能时，Bridges 和 Brown[198]提出了 7 个建议的替代方案，这些替代方案在当时可以通过经验进行最佳评估。图 3-31 和图 3-33 是 Saiyed 等[227]在动量和声学要求方面的较好概念之一。人字形喷嘴的功效在于人字形径向伸入流中的能力，可以使射流中的大涡旋破碎。如上一小节所述，这些涡流可促进流动中的能量产生以及产生声音的大型湍流结构。通过分解涡流，减少了与声学的相关体积。喷嘴的声学性能似乎受人字形的节距、长度和突出角度影响。

3.8　非定常质量注入噪声

本节将处理湍流或气泡状射流噪声的某些一般性特征，后一种情况与不稳定的两相离子（液体和气体）有关，尽管完整话题将在第 6 章“气泡动力学与空化”和第 2 卷第 1 章“水动力诱导的空化和空化噪声”中进行研究。出口流量的不稳定性导致依存于机械装置的 U_J^4 或者 U_J^6 速度依存度。这种依存度与以自由射流的演变而闻名的经典 U_J^8 依存度形成鲜明对比。此外，在两相湍流射流的情况下，人们还希望得到 U_J^8 速度依存度，但是乘以一个系数，该系数是声介质中声速与两相射流中声速之比的 4 次幂。

3.8.1　外排非均匀性介质发声

如图 3-33 所示，当非均质流体排入均质介质时，由于在孔口处产生的体积速度波动和随后的两相射流中的湍流，会产生噪声。Ffowcs Williams 和 Gordon[229]、Ffowcs Williams[230]着重研究了非定常孔流问题，以及低速湍流排气的噪声。Ffowcs Williams[230]推论出这种噪声对 U^4 速度的依存度，但结果现在已被后来的一篇论文（Ffowcs Williams 和 Howe[231]）所取代，后者对此问题进行了更详细的讨论。显然，在较早的论文中，喷嘴中流体的可压缩性被忽略了。应该注意的是，边缘偶极声（见第 2 卷第 5 章“无空化升力部分”）是由低亚声速湍流产生的，并产生 U^6 依存度。在低马赫数下，射流噪声与 U^8 依存关系之间的这种偏差称为“过量噪声”。

U^4 速度依存性适用于不可压缩流体从封闭气室不稳定地泵送到自由空间的情况。在这种情况下，从泵到出口的管道长度必须短于声波波长。然后就会存在一个随时间变化的体积注入速率 q，来自无挡板喷嘴的远场声压，请参见式（2.24a），但对于挡板孔，请参见式（3.17）。

$$p(r,t)=\frac{\rho_0[\dot{q}]_{t-r/c_0}}{4\pi r}$$

现在，$|\dot{q}|=\omega_v u A_n$，其中 ω_v 是泵的波动频率，u 是喷嘴处的速度波动幅度，A_n 为喷嘴面积。波动频率 ω_v 与轴速 Ω 成正比。速度波动也将与 ΩD（其中，D 为泵直径）成比例增加，比例取决于泵的类型。因此，对于给定的泵，均方声压的增长量可表示为轴速度的 4 次幂。

$$\overline{p^2} \sim \rho_0^2 \frac{\Omega^4}{r^2} A_n^2 D^2$$

现在我们将考虑把压缩性纳入解决方案的情况。在第一种情况下，考虑外排中密度不均匀性产生的噪声。在这种情况下，从管道流出的流体并不总是具有相同的密度和可压缩性，且这种流体由不同流体的间歇性喷射组成，这些喷射通常表现为浪涌。这种行为将被建模为流体密度不同的小块，如图 3-33 和图 3-34 所示，该小块通过喷嘴进入外部流体。与流体波长相比，段塞流的长度、喷嘴的长度和排放喷嘴的直径被认为较小。Ffowcs Williams 和 Howe[231] 按照一般的方法体面地解决了这个问题，但是在此处我们将提供一些切实可行的方法说明基本原理。

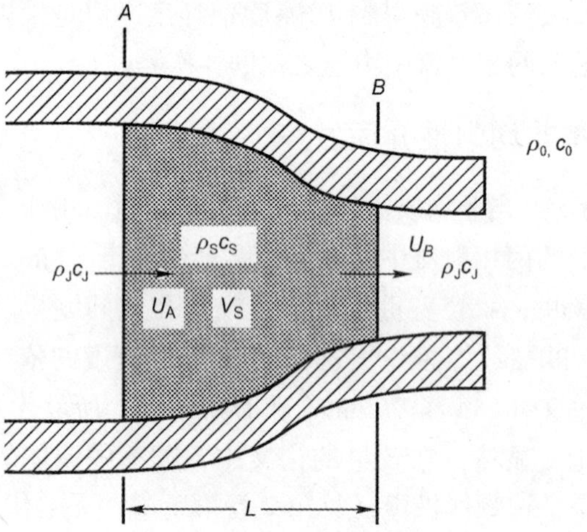

图 3-34　流过喷嘴的两相液体段详图

流过喷嘴的液体的平均流量基本上是一维的，且有两个噪声源。第一个噪声源发生在每个液体段界面 A 和 B 弹出时；喷嘴中出现的压力波动等于变化的动态压力（由于密度不同）。这种压力波动会引起活塞状颗粒在孔口的移动。第二个噪声源发生在活塞通过收缩压力场时其体积发生了变化。第一个噪声源处的噪声源于跨每个界面的一维动量，见式（2.2）：

$$\rho\frac{\partial u_1}{\partial t}+\frac{\partial}{\partial x_1}\left(P+\rho\frac{u_1^2}{2}\right)=0$$

因此跨界面 A 的积分为

$$\int\rho\dot{u}_A\mathrm{d}x_1=-\frac{\rho_s-\rho_J}{2}U_A^2$$

跨界面 B 的积分为

$$\int\rho\dot{u}_B\mathrm{d}x_1=-\frac{\rho_J-\rho_s}{2}U_B^2$$

左侧代表潜在的界面跨越。跨越液体段的净值表示施加在喷嘴孔口 p_0 处压力的波动值，其中

$$\int\rho\dot{u}_A\mathrm{d}x_1-\int\rho\dot{u}_B\mathrm{d}x_1=\frac{\rho_s-\rho_J}{\rho_s}(P_A-P_B)=p_0 \tag{3.109}$$

我们沿液体段使用了伯努利方程：

$$\frac{U_B^2}{2}+\frac{p_B}{\rho_J}=\frac{U_A^2}{2}+\frac{p_A}{\rho_J}$$

出口平面 u_p 上的声粒子速度为

$$u_p=p_0/\rho_J c_J \tag{3.110}$$

只要排水管的长度大于声波波长即可。远场 $\boldsymbol{x}$ 处（来自无挡板喷嘴）的声压为

$$p_{\mathrm{rad_d}}(\boldsymbol{x},t)=\frac{\rho_0 A_0}{4\pi r}[\dot{u}_p]\approx-\frac{A_0}{4\pi r c_J}\frac{\rho_0}{\rho_J}\left(\frac{\rho_s-\rho_J}{\rho_J}\right)\left[\frac{\partial}{\partial t}(P_A-P_B)\right] \tag{3.111}$$

式中：括号表示延迟时间为 $t-r/c_0$ 时的评估值。这种声压可以被视为偶极型声压，因为它取决于射流液体的声速，也可以被认为是单极型声压，因为它属于全向声压。

在讨论式（3.111）之前，我们将基于收缩的液体段体积波动而深入考虑第二个辐射源。出现波动的原因是液体段相对压缩。按照式（3.18）之前的等式，波动体积 V 的变化时率与液体段内压力变化相关：

$$\dot{p}\approx-\rho_s c_s\frac{\dot{V}_s}{V_s}$$

式中：V_s 为液体段的平衡体积，时间变化是指移动液体段。

液体段内的压力波动值为

$$P_s=P_A-P_B$$

因此

$$\dot{V}_{\mathrm{s}}=-\frac{V_{\mathrm{s}}}{\rho_{\mathrm{s}}c_{\mathrm{s}}^{2}\partial t}(P_{A}-P_{B})$$

当液体段流过喷嘴时，发出液体段的体积加速度为

$$\ddot{V}_{\mathrm{s}}=-\frac{V_{\mathrm{s}}}{\rho_{\mathrm{s}}c_{\mathrm{s}}^{2}}\frac{\partial^{2}}{\partial t^{2}}(P_{A}-P_{B})$$

或者近似于$\partial/\partial t\sim U/L$，其中 U 是液体段的平均前进速度

$$\ddot{V}_{\mathrm{s}}\approx-\frac{V_{\mathrm{s}}}{\rho_{\mathrm{s}}c_{\mathrm{s}}^{2}}\frac{U}{L}\left(\frac{\partial}{\partial t}(P_{A}-P_{B})\right)$$

式中：L 为喷嘴的长度。来自无挡板管道的声辐射振幅随后在式（2.27）中求出，其形式可以与其对应的式（3.111）进行比较，有

$$p_{\mathrm{rad_m}}(\boldsymbol{x},t)\approx\frac{V_{\mathrm{s}}}{4\pi rL}\frac{\rho_{0}}{\rho_{\mathrm{s}}}\left(\frac{U}{c_{\mathrm{s}}}\right)^{2}\frac{1}{U}\left[\frac{\partial}{\partial t}(P_{A}-P_{B})\right]\tag{3.112}$$

式中：括号表示在延迟时间的评估。这种辐射是单极的，因为它直接依存于体积的波动值 V_{s}。

但是，两个分量 $p_{\mathrm{rad_m}}$ 和 $p_{\mathrm{rad_d}}$ 取决于声速，使得偶极分量在任何时候都压倒了单极子分量。

$$\frac{U}{c_{\mathrm{J}}}\left(\frac{c_{\mathrm{s}}}{U}\right)^{2}\gg1$$

或者当

$$\left(\frac{c_{\mathrm{s}}}{c_{\mathrm{J}}}\right)^{2}\ll\frac{U}{c_{\mathrm{J}}}\tag{3.113}$$

除非液体段中的声速非常低且放电速度非常大，否则通常是这种情况。如果液体段是均匀喷射液体中的气泡浆体，就可能发生这种情况。在这种情况下（请参见第 6 章“气泡动力学与空化”），相对于 c，小液体段中的声速可能会很小。

注意，对辐射的两种贡献有着不同的速度依存度。引入压力系数，让

$$\frac{\partial P}{\partial t}=-U\frac{\partial P}{\partial x}=-\frac{U}{L}\left(\frac{1}{2}\rho_{\mathrm{s}}U^{2}\right)\frac{\partial c_{\mathrm{p}}}{\partial(x/L)}$$

我们发现，由于$\partial c_{\mathrm{p}}/\partial(x/L)$对于给定的喷嘴几何形状是无量纲且恒定的，有

$$p_{\mathrm{rad_d}}\propto\frac{-A_{0}}{8\pi rL}\frac{\rho_{0}}{\rho_{\mathrm{J}}}\left(\frac{\rho_{\mathrm{s}}-\rho_{\mathrm{J}}}{\rho_{\mathrm{J}}}\right)\left(\frac{U}{c_{\mathrm{J}}}\right)^{3}\rho_{\mathrm{J}}c_{\mathrm{J}}^{2}\tag{3.114}$$

然而

$$p_{\mathrm{rad_m}} \propto \frac{-V_s}{8\pi rL^2}\frac{\rho_0}{\rho_s}\left(\frac{U}{c_J}\right)^4\rho_J c_J \tag{3.115}$$

因此，偶极声功率随着 U^6 的增加而增加，而单极声功率则随着 U^8 的增加而增加，这反映了单极声源实际上是高速声源，见不等式（3.113）。

再次提及由气泡浆液引起的辐射，现在仅考虑偶极分量，我们用射流液体密度 ρ_J、气体密度 ρ_g 和气体体积分数 β 来表示液体段的密度。

密度为

$$\rho_s=\beta\rho_g+(1-\beta)\rho_J$$

因此，在式（3.114）中

$$\frac{\rho_s-\rho_J}{\rho_J}\approx\frac{\beta(\rho_g-\rho_J)}{\rho_J}\approx\beta$$

若 $\rho_g \ll \rho_J$，辐射声压现在可以用式（3.114）的备用方式，即

$$p_{\mathrm{rad_d}} \approx \frac{-A_0}{8\pi rL}\beta\frac{\rho_0}{\rho_J}\left(\frac{U}{c_J}\right)^3\rho_J c_J^2 \tag{3.116}$$

声压将随着气体的体积分数和外流速度的增加而线性增加。加长喷嘴（增大 L）可降低噪声。对于给定的体积流量（A_0U），声压随着孔口面积的减少而增加，即 A_0^{-2}。

在可压缩流体的湍流流出的情况下可以保持类似的结果。为了证明这一点，我们发现孔口上平均速度引起的压力波动 $\rho_J u_0 U$，波动造成孔口中的流体流动。这在式（3.110）中给定的管孔中产生声粒子速度：

$$u_p\approx\frac{\rho_J u_0 U}{\rho_J c_J}\approx u_0\frac{U}{c_J}$$

因此，自由空间中的辐射声压为

$$\begin{aligned} p_{\mathrm{rad}} &\approx \frac{\rho_0 A_0}{4\pi r}[\dot{u}_p] \\ &\approx \frac{\rho_0 A_0}{4\pi r}\frac{U}{c_J}\frac{U}{\Lambda_1}u_0 \end{aligned}$$

式中：我们用 U/Λ_1 代替了 $\partial/\partial t$，其中 Λ_1 为轴向湍流的整数倍。根据 $u_0 \sim U$。我们可以得

$$p_{\mathrm{rad}} \approx \frac{A_0}{4\pi r\Lambda_1}\rho_0 c_J^2\left(\frac{U}{c_J}\right)^3 \tag{3.117}$$

这表明声功率随着 U^6 的增加而增加。

Ffowcs Williams 和 Howe[231]研究了这种类型的其他问题并处理了流出物。这些流出物属于偶然流出的液体段，其密度与主要液体的密度不一样。Whitfield 和 Howe[232]考虑了从喷嘴进入环境压力场的气泡的体积波动引起的噪声。Plett 和 Summerfield[233]认为密度和速度的不均匀性与上述情况相似。

3.8.2　自由湍流场的不均匀性

与两相射流有关的另一个问题已由 Crighton 和 Ffowcs Williams[234]、Crighton[154]处理。基本上，该分析考虑了气体浓度为 β 的气泡状湍流区域，该区域被具有 ρ_0，c_0性质的环境流体包围。在没有任何净质注入或流体作用力的情况下，应力张量的适当形式变为[236]

$$\boldsymbol{T}_{ij}=(1-\beta)\rho_0 u_i u_j+(p-c_0^2\rho)\delta_{ij}+\boldsymbol{\tau}_{ij} \tag{3.118}$$

与式（2.47）不同，p 是湍流两相介质中的膨胀压力波动值。式（2.57）如下：

$$\rho_{\mathrm{a}}(\boldsymbol{x},t)=\frac{1}{4\pi}\frac{\partial^2}{\partial x_i\,\partial x_j}\iiint\frac{[\boldsymbol{T}_{ij}]}{r}\mathrm{d}V(\boldsymbol{y})$$
$$=\frac{1}{4\pi c_0^2}\frac{x_i x_j}{r^2}\frac{\partial^2}{\partial t^2}\iiint\frac{[\boldsymbol{T}_{ij}]}{r}\mathrm{d}V(\boldsymbol{y}) \tag{3.119}$$

变成[155]

$$p_{\mathrm{a}}(x,t)\approx\frac{1}{4\pi c_0^2}\frac{1}{r}\frac{\partial^2}{\partial t^2}\iiint[p-\rho c_0^2]\mathrm{d}V(\boldsymbol{y}) \tag{3.120}$$

两个相位区的绝热压力波动与该区的密度波动有关 $\delta p=c_{\mathrm{m}}^2\delta p$，因此，式（3.120）中被积函数的时变部分变为 $\delta p-c_0^2(\delta p/c_{\mathrm{m}}^2)$。当外部流体是水并且气泡区域包含气体 $c_{\mathrm{m}}<c_0$时，有

$$p(\boldsymbol{x},t)\approx\frac{-1}{4\pi c_0^2 r}\iiint\frac{c_0^2}{c_{\mathrm{m}}^2}\frac{\partial^2 p}{\partial t^2}\mathrm{d}V(\boldsymbol{y}) \tag{3.121}$$

现在如果用速度 u 来表征该区域的扰动，那么压力可由 $p\sim\rho u^2\sim\rho_0 u^2$ 和 $\partial/\partial t\sim u/l$ 来给出，其中 l 是扰动的宏观尺寸。因此，根据扰动扰动的基本体积 δVl^3，式（3.120）给出

$$p(\boldsymbol{x},t)\sim\left(\frac{\rho_0 l}{c_0^2 r}\right)\left(\frac{c_0^2}{c_{\mathrm{m}}^2}\right)u^4 \tag{3.122}$$

支配通用四极辐射

$$p(\boldsymbol{x},t)\sim\left(\frac{\rho_0 l}{c_0^2 r}\right)u^4$$

根据因子 $c_0^2/c_m^2>1$ 决定了通用的四极辐射值。同样，该场具有全向辐射，而不是典型的四极性质。比较式（3.119）和式（3.120），频率远低于气泡的共振频率，即

$$c_m = \frac{R_b \omega_b}{\sqrt{3\beta}} \quad \text{或} \quad \left(\frac{c_0}{c_m}\right)^2 \approx \left[1+\beta\frac{\beta_0 c_0^2}{\rho_g c_g^2}\right] \approx \beta\frac{\rho_0}{\rho_g}\frac{c_0^2}{c_g^2}$$

式中：ω_b 的半径为 R_b 气泡的共振频率（6.1.2 节）。$(c_0/c_m)^4$ 因子带来的辐射噪声强度的增强，正如 Crighton[154] 所指出的，当体积浓度 β 约为 1%时，它将比单相喷射器高 50dB。这次与之前对非定常质量流量的分析表明，重要的水声源完全缺乏实验证实。

参 考 文 献

[1] Rayleigh JWS. The theory of sound, vol. 2. New York: Dover; 1945.

[2] Lamb H. Hydrodynamics. New York: Dover; 1945.

[3] Squire HB. On the stability of the three dimensional disturbances of viscous flow between parallel walls. Proc R Soc 1933; A142: 621-8.

[4] Esch RH. The instability of a shear layer between two parallel streams. J Fluid Mech 1957; 3: 289-303.

[5] Michalke A. On the inviscid instability of the hyperbolic tangent velocity profile. J Fluid Mech 1964; 19: 543-56.

[6] Michalke A. Vortex formation in a free boundary layer according to stability theory. J Fluid Mech 1965; 22: 371-83.

[7] Michalke A. On spatially growing disturbances in an inviscid shear layer. J Fluid Mech 1965; 23: 521-44.

[8] Browand FK. An experimental investigation of the instability of an incompressible, separated shear layer. J Fluid Mech 1966; 26: 281-307.

[9] Sato H. Experimental investigation on the transition of laminar separated layer. J Phys Soc Jpn 1956; 11: 702-9.

[10] Schade H. Contribution to the non-linear stability theory of inviscid shear layers. Phys Fluids 1964; 1: 623-8.

[11] Tatsumi T, Gotoh K. The stability of free boundary layers between two uniform streams. J Fluid Mech 1960; 2: 433-41.

[12] Sato H, Sakao F. An experimental investigation of the instability of a two-dimensional jet at low Reynolds numbers. J Fluid Mech 1964; 20: 337-52.

[13] Sato H. The stability and transition of a two-dimensional jet. J Fluid Mech 1960; 7: 53-80.

[14] Sato H, Kuriki K. The mechanism of transition in the wake of a thin flat plate placed parallel to a uniform flow. J Fluid Mech 1961; 11: 321-52.

[15] Lin CC. The theory of hydrodynamic stability. London and New York: Cambridge University Press; 1966.

[16] Betchov R, Criminale WO. Stability of parallel shear flows. Waltham, Ma: Academic Press; 1967.

[17] Schlichting H. Boundary-layer theory. New York: McGraw-Hill; 1960.

[18] Gaster M. A note on the relation between temporally-increasing and spatially-increasing disturbances in hydrodynamic stability. J Fluid Mech 1964; 14: 222-4.

[19] Brown GB. On vortex motion in gaseous jets and the origin of their sensitivity to sound. Proc Phys Soc London 1935; 47: 703-32.

[20] Becker HA, Massaro TA. Vortex evolution in a round jets. J Fluid Mech 1968; 31: 435-48.

[21] Rosenhead L. The formation of vortices from a surface of discontinuity. Proc R Soc London Ser A 1931; 134: 170-93.

[22] Powell A. Flow noise: a perspective on some aspects of flow noise and of jet noise in particular. Noise Control Eng 1977; 8: 69-80 108-119.

[23] Abernathy FH, Kronauer RE. The formation of vortex streets. J Fluid Mech 1962; 13: 1-20.

[24] Boldman DR, Brinich PF, Goldstein ME. Vortex shedding from a blunt trailing edge with equal and unequal external mean velocities. J Fluid Mech 1976; 75: 721-35.

[25] Blake WK, Powell A. The development of contemporary views of flow-tone generation. International symposium on recent advances in aerodynamics and acoustics. Berlin: Springer-Verlag; 1985.

[26] Rockwell D, Naudascher E. Self-sustained oscillations of impinging free shear layers. Ann Rev Fluid Mech 1979; 11: 67-94.

[27] Ahuja K. K. , Mendoza J. Effects of cavity dimensions, boundary layer, and temperature on cavity noise with emphasis on benchmark data to validate computational aeroacoustic codes. NASA CR 4653. April 1995.

[28] Rowley CW, Williams DR. Dynamics and control of high-Reynolds-number flow over open cavities. Ann Rev Fluid Mech 2006; 38: 251-76.

[29] Ma R, Slaboch PE, Morris SC. Fluid mechanics of the flow-excited Helmholtz resonator. J Fluid Mech 2009; 623: 1-26.

[30] Naudascher E. From flow-instability to flow-induced excitation. J Hydraul Div Am Soc Civ Eng 1967; 93: 15-40.

[31] Schmit RF, Grove JE, Semmelmayer F, Haverkamp M. Nonlinear feedback mechanisms inside a rectangular cavity. AIAA J 2014; 52: 2127-42.

[32] DeMetz FC, Farabee TM. Laminar and turbulent shear flow induced cavity resonances. AIAA Paper 1977; 77-1293.

[33] Howe MS. Mechanism of sound generation by low Mach number flow over a cavity. J Sound Vib 2004; 273: 103-23.

[34] Block PJW, Noise response of cavities of varying dimensions at subsonic speeds. NASA TN D-8351. 1976.

[35] Tam KW, Block PJW. On the tones and pressure oscillations induced by flow over rectangular cavities. J Fluid Mech 2004; 89: 373-99.

[36] Rossiter JE. Wind tunnel experiments in the flow over rectangular cavities at subsonic and transonic speeds. Rep. & Memo. No. 3438. Aeronaut. Res. Council, London 1966.

[37] Howe MS. Edge, cavity and aperture tones at very low Mach numbers. J Fluid Mech 1997; 330: 61-84.

[38] Ronneberger D. The dynamics of shearing flow over a cavity—a visual study related to the acoustic impedance of small orifices. J Sound Vib 1980; 71: 565-81.

[39] Lucas M, Rockwell D. Self-excited jet: upstream modulation and multiple frequencies. J Fluid Mech 1984; 147: 333-52.

[40] Heller HH, Holmes DG, Covert EE. Flow-induced pressure oscillations in shallow cavities. J Sound Vib 1971; 18: 545-53.

[41] Oshkaia P, Rockwella D, Pollack M. Shallow cavity flow tones: transformation from large-to small-scale modes. J Sound Vib 2005; 280: 777-813.

[42] Rockwell D, Knisely C. The organized nature of flow impingement upon a corner. J Fluid Mech 1979; 93: 413-32.

[43] Powell A. On edge-tones and associated phenomena. Acustica 1953; 3: 233-43.

[44] Powell A. On the edge tone. J Acoust Soc Am 1961; 33: 395-409.

[45] Dunham WH. Flow-induced cavity resonance in viscous compressible and incompressible fluids. *Symp. Nav. Hydromech.*, *4th*. Washington, DC: 1962. p. 1057-1081 (1962).

[46] Howe MS. On the theory of unsteady shearing flow over a slot. Phil Trans R Soc London Ser A 1981; 303: 151-80.

[47] King JL, Doyle P, Ogle JB. Instability in slotted wall tunnels. J Fluid Mech 1958; 4: 283-305.

[48] Martin WW, Naudascher E, Padmanabhan M. Fluid dynamic excitation involving flow instability. J Hydraul Div Am Soc Civ Eng 1975; 101: 681-98. No. HY6.

[49] Rockwell D. Prediction of oscillation frequencies for unstable flow past cavities. J Fluids Eng 1977; 99: 294-300.

[50] Bilanin AJ, Covert EE. Estimation of possible excitation frequencies for shallow rectangular cavities. AIAA J 1973; 11: 347-51.

[51] Harrington MC. Excitation of cavity resonance by air flow. J Acoust Soc Am 1957;

29: 187.

[52] Heller HH, Bliss DB. Aerodynamically induced pressure oscillations in cavities-physical mechanisms and suppression concepts. Tech. Rep. AFFDL-TR-74-133. AF Flight Dyn. Lab. Wright Patterson Air Force Base, Dayton, OH, 1975.

[53] East LF. Aerodynamically induced resonance in rectangular cavities. J Sound Vib 1966; 3: 277-87.

[54] Morel T. Experimental study of a jet-driven Helmholtz oscillator. Am Soc Mech Eng Pap 1978; 78-WA/FE-16.

[55] Elder, S. A. A root locus solution of the cavity resonator problem. Rep. No. E7801. Michelson Lab., U. S. Nav. Acad., Annapolis, MD, 1978.

[56] Elder SA. Self-excited depth-mode resonance for a wall-mounted cavity in turbulent flow. J Acoust Soc Am 1978; 64: 877-90.

[57] Elder SA, Farabee TM, DeMetz FC. Mechanisms of flow-excited cavity tones at low Mach number. J Acoust Soc Am 1982; 72: 532-49.

[58] Hardin JC, Martin JP. Broadband noise generation by a vortex model of cavity flow. AIAA J 1977; 15: 632-7.

[59] Howe MS. On the Helmholtz resonator. J Sound Vib 1976; 45: 427-40.

[60] Kinsler LE, Frey AR. Fundamentals of acoustics. 2nd ed. New York: Wiley; 1962.

[61] Covert EE. An approximate calculation of the onset velocity of cavity oscillations. AIAA J 1970; 8: 2189-94.

[62] Ingard U, Dean LW III. Excitation of acoustic resonators by flow. *Symp. Nav. Hydrodyn.*, 4*th*. Washington, DC: 1962.

[63] Miles JB, Watson GH. Pressure waves for flow-induced acoustic resonance in cavities. AIAA J 1971; 9: 1402-4.

[64] Ukeiley LS, Ponton MK, Seiner JM, Jansen B. Suppression of pressure loads in cavity flows. AIAA J 2004; 42: 70-9.

[65] Raman G, Envia E, Bencic TJ. Jet-cavity interaction tones. AIAA J 2002; 40.

[66] Kegerisea MA, Cabellb RH, Cattafesta III LN. Real-time feedback control of flow-induced cavity tones—Part 1: fixed-gain control. J Sound Vib 2007; 307: 906-23.

[67] Kegerisea MA, Cabellb RH, Cattafesta III LN. Real-time feedback control of flow-induced cavity tones—Part 2: adaptive control. J Sound Vib 2007; 307: 924-40.

[68] Becker HA, Massaro TA. Vortex evolution in a round jet. J Fluid Mech 1968; 31: 435-48.

[69] Browand FK, Laufer J. The role of large scale structures in the initial development of circular jets. Turbul Liq 1975; 4: 333-4.

[70] Schade H, Michalke A. Zur Entstehung von Wirbeln in einer freien Grenzschicht. Z Flugwiss 1962; 10: 147-54.

[71] Johansen FC. Flow through pipe orifices at low Reynolds numbers. Proc R Soc London Ser A 1929; 216: 231-45.

[72] Beavers GS, Wilson TA. Vortex growth in jets. J Fluid Mech 1970; 44: 97-112.

[73] Chanaud RC, Powell A. Experiments concerning the sound-sensitive jet. J Acoust Soc Am 1962; 34: 907-15.

[74] Crow SC, Champagne FH. Orderly structure in jet turbulence. J Fluid Mech 1971; 48: 547-91.

[75] Lau JC, Fisher MJ, Fuchs HV. The intrinsic structure of turbulent jets. J Sound Vib 1972; 22: 379-406.

[76] Lau JC, Fisher MJ. The vortex-street structure of turbulent jets, Part 1. J Fluid Mech 1975; 67: 299-337.

[77] Alenus E, Abom M, Fuchs L. Large eddy simulations of acoustic flow at an orifice plate. J Sound Vib 2015; 345: 162-77.

[78] Powell A. A schlieren study of small scale air jets and some noise measurements in two-inch diameter air jets. ARC 14726 FM. 1694.

[79] Kurzweg H. Neue Unterschungenüber die Entstehung der turbulenten Rohrströmung. Ann Phys (Leipzig) 1933; 18: 193-216.

[80] Anderson ABC. Dependence of Pfeifenton (pipe tone) frequency on pipe length, orifice diameter, and gas discharge pressure. J Acoust Soc Am 1952; 24: 675-81.

[81] Anderson ABC. Dependence of the primary Pfeifenton (pipe tone) frequency on pipeorifice geometry. J Acoust Soc Am 1953; 25: 541-5.

[82] Anderson ABC. A circular-orifice number describing dependency of primary Pfeifenton frequency on differential pressure, gas density, and orifice geometry. J Acoust Soc Am 1953; 25: 626-31.

[83] Anderson ABC. A jet-tone orifice number for orifices of small thickness-diameter ratio. J Acoust Soc Am 1954; 26: 21-5.

[84] Anderson ABC. Metastable jet-tone states of jets from sharp-edged, circular, pipe-like orifices. J Acoust Soc Am 1955; 27: 13-21.

[85] Anderson ABC. Structure and velocity of the periodic vortex-ring flow pattern of a primary Pfeifenton (pipe tone) jet. J Acoust Soc Am 1955; 27: 1048-953.

[86] Anderson ABC. Vortex ring structure-transition in a jet emitting discrete acoustic frequencies. J Acoust Soc Am 1956; 28: 914-21.

[87] Tyndall J. The science of sound. 1875; reprinted by Citadel Press, New York, 1964.

[88] Chanaud PC, Powell A. Some experiments concerning the hole and ring tone. J Acoust Soc Am 1965; 37: 902-11.

[89] Wilson TA, Beavers GS, DeCoster MA, Holger DK, Regenfuss MD. Experiments on the fluid mechanics of whistling. J Acoust Soc Am 1971; 50: 366-72.

[90] Nyborg WL, Woodbridge CL, Schitting HK. Characteristics of jet-edge-resonator whistles. J Acoust Soc Am 1953; 25: 138-46.

[91] St. Helaire A, Wilson TA, Beavers GS. Aerodynamic excitation of the harmonium reed. J Fluid Mech 1971; 49: 803-16.

[92] Elder SA. On the mechanism of sound production in organ pipes. J Acoust Soc Am 1973; 54: 1554-64.

[93] Smith RA, Mercer DMA. Possible causes of wood wind tone color. J Sound Vib 1974; 32: 347-58.

[94] Curle N. The mechanics of edge-tones. Proc R Soc London Ser A 1953; 216: 412-24.

[95] Brown GB. Vortex motion causing edge tones. Proc Phys Soc London 1937; 49: 493-507 520.

[96] Shachenmann A, Rockwell D. Self-sustained oscillations of turbulent pipe flow terminated by an axisymmetric cavity. J Sound Vib 1980; 73: 61-72.

[97] Rebuffet P, Guedel A. Model based study of various configuration of jet crossing a cavity. Rech Aerospatiale 1982; 1: 11-22.

[98] DeMetz FC, Mates MF, Langley RS, Wilson JL. Noise radiation from subsonic airflow through simple and multiholed orifice plates. DTNSRDC Rep. SAD 237E-1942. 1979.

[99] Stull FD, Curran ET, Velkoff HR. Investigation of two-dimensional cavity diffusers. AIAA Paper No. 73, 685. 1973.

[100] Isaacson LK, Marshall AG. Acoustic oscillations in internal cavity flows: nonlinear resonant interactions. AIAA J 1982; 20: 152-4.

[101] Rockwell DO. Transverse oscillations of a jet in a jet-splitter system. ASME J Basic Eng, 94. 1972. p. 675-81.

[102] Stegun GR, Karamcheti K. Multiple tone operation of edgetone. J Sound Vib 1970; 12: 281-4.

[103] Powell A, Unfried HH. An experimental study of low speed edgetones. Department of Engineering, University of California; 1964.

[104] Brown GB. On vortex motion in gaseous jets and the origin of their sensitivity to sound. Proc Phys Soc (London) 1935; 41: 703-32.

[105] Powell A. Mechanism of aerodynamic sound production. AGARD Rep 1963; 466.

[106] Ho CM, Nosseir NS. Dynamics of an impinging jet. Part 1. The feedback phenomenon. J Fluid Mech 1981; 105: 119-42.

[107] Nosseir NS, Ho CM. Dynamics of an impinging jet. Part 2. The noise generation. J Fluid Mech 1982; 116: 379-91.

[108] Quick AW. Zum Schall - und Stromungsfeld eines axialsymmetrischen Freistrahls beim Auftreffen auf eine Wand. Zeit Flugwissenschaftern 1971; 19: 30-44.

[109] Marsh AH. Noise measurements around a subsonic air jet impinging on a plane rigid sur-

face. J Acoust Soc Am 1961; 33: 1065-6.

[110] Powell A. On the noise emanating from a two-dimensional jet above the critical pressure. Aero Quart 1953; 4: 103-22.

[111] Tam CKW. Supersonic jet noise. Ann Rev Fluid Mech 1995; 27: 17-43.

[112] Powell A. The noise of choked jets. J Acoust Soc Am 1953; 25: 385-9.

[113] Powell A. On the mechanism of choked jet noise. Phys Soc London 1953; B66: 1039-57.

[114] Powell A. Nature of the feedback mechanism on some fluid flows producing sound. *Int. Congr. on Acoustics*, *4th*. Copenhagen: 1962.

[115] Powell A. Vortex action in edgetones. J Acoust Soc Am 1962; 34: 163-6.

[116] Krothapalli A, Baganoff D, Hsia Y. On the mechanism of screech tone generation in underexpanded rectangular jets. AIAA-83-0727. 1983.

[117] Morris PJ, McLaughlin DK, Kuo C-W. Noise reduction in supersonic jets by nozzle fluidic inserts. J Sound Vib 2013; 332: 3992-4003.

[118] Hammitt AG. The oscillation and noise of an overpressure sonic jet. J Aero Sci 1961; 28: 673-80.

[119] Davies MG, Oldfield DES. Tones from a choked axisymmetric jet. I. Cell structure, eddy velocity and source locations. Acustica 1962; 12: 257-67.

[120] Davies MG, Oldfield DES. Tones from a choked axisymmetric jet. II. The self-excited loop and mode of oscillation. Acustica 1962; 12: 267-77.

[121] Powell A. The sound-producing oscillations of round underexpanded jets. J Acoust Soc Am 1988; 83: 515-33.

[122] Powell A. Experiments concerning tones produced by an axisymmetric choked jet impinging on flat plates. J Sound Vib 1993; 168: 307-26.

[123] Tam CKW, Ahuja KK. Theoretical model of discrete tone generation by impinging jets. J Fluid Mech 1990; 214: 67-87.

[124] Krothapalli A, Rajkuperan E, Alvi F, Lourenco L. Flow field and noise characteristics of a supersonic impinging jet. J Fluid Mech 1990; 214: 67-87.

[125] Dosanjh DS, Yu JC, Abdelhamed AN. Reduction of noise from supersonic jet flows. AIAA J 1971; 9: 2346-53.

[126] Maa D-Y, Li P-z, Lai G-H, Wang H-Y. Microjet noise and micropore diffuser-muffler. Sci Sin (Engl Ed), 20. 1977. p. 569-82.

[127] Taylor GI. Statistical theory of turbulence, Parts I-IV. Proc R Soc London Ser A 1935; 151: 421-78.

[128] Taylor GI. The spectrum of turbulence. Proc R Soc London Ser A 1938; 164: 476-90.

[129] Batchelor GK. Homogeneous turbulence. London and New York: Cambridge University Press; 1960.

[130] Hinze JO. Turbulence. 2nd ed. New York: McGraw-Hill; 1975.

[131] Townsend AA. Structure of turbulent shear flow. London and New York: Cambridge University Press; 1976.

[132] Lumley JL. Stochastic tools in turbulence. New York: Academic Press; 1970.

[133] Pope SB. Turbulent flows. London, New York: Cambridge University Press; 2000.

[134] Lee YW. Statistical theory of communication. New York: Wiley; 1964.

[135] Bendat JS, Piersol AG. Random data analysis and measurement procedures. 4th ed. New York: Wiley; 2010.

[136] Kinsman B. Wind waves: their generation and propagation on the ocean surface. Englewood Cliffs, NJ: Prentice-Hall; 1965.

[137] Lin YK. Probabilistic theory of structural dynamics. New York: McGraw-Hill; 1967.

[138] Crandall S. Random vibration, vol. 1. Cambridge, MA: MIT Press; 1958.

[139] Crandall S. Random Vibration, vol. 2. Cambridge, MA: MIT Press; 1963.

[140] M. Dieste, G. Gabard. Broadband interaction noise simulations using synthetic turbulence. 16th international congress on sound and vibration, Krakow, 5-9 July 2009.

[141] Ribner HS, Tucker M, Spectrum of turbulence in a contracting stream. NACA Tech. Note 2606, 1952.

[142] Batchelor GK, Proudman I. The effect of rapid distortion of a fluid in turbulent motion. Quart J Mech Appl Math 1954; 7 (1): 83-103.

[143] Panton RL, Linebarger JH. Wall pressure spectra calculations for equilibrium boundary layers, *Journal of Fluid Mechanics*, 65, 1974; 261-87.

[144] Hunt JCR, Graham JMR. Free stream turbulence near plane boundaries. J Fluid Mech 1974; 84: 209-35.

[145] Graham JMR. The effect of a two-dimensional cascade of thin streamwise plates on homogeneous turbulence. J Fluid Mech 1994; 356: 125-47.

[146] Lynch DA, Blake WK, Mueller TJ. Turbulence correlation length-scale relationships for the prediction of aeroacoustic response. AIAA J 2005; 43 (6): 1187-97.

[147] Lynch DA, Blake WK, Mueller TJ. Turbulent flow downstream of a propeller, Part 2: ingested propeller-modified turbulence. AIAA J 2005; 43 (6): 1211-20.

[148] Blake WK. Mechanisms of flow induced sound and vibration, vol. 2 complex flow-structure interactions, Ed 1. Academic Press; 1986.

[149] Ross MH. Radiated sound generated by airfoils in a single stream shear layer. MS thesis Department of Aerospace and Mechanical Engineering. University of Notre Dame; 2009.

[150] Bell JH, Mehta RD. Development of a two stream mixing layer from tripped and untripped boundary layers. AIAA J 1990; 28. 2034-2042.

[151] Lighthill MJ. On sound generated aerodynamically, I General theory. Proc R Soc London Ser A 1952; 211: 564-87.

[152] Lighthill MJ. On sound generated aerodynamically, II Turbulence as a source of sound. Proc R Soc London Ser A 1954；222：1-32.

[153] Goldstein ME. Aeroacoustics. New York：McGraw-Hill；1976.

[154] Crighton DG. Basic principles of aerodynamic noise generation. Prog Aerosp Sci 1975；16：31-96.

[155] Howe MS. Acoustics of fluid-structure interactions. Cambridge University Press；1998.

[156] Lilley GM. On the noise from air jets. Aeronautical Research Council, Report ARC-30276 1958.

[157] Lilley GM. The radiated noise from isotropic turbulence with applications to the theory of jet noise. J Sound Vib 1996；190：463-76.

[158] Kraichman RH. Pressure fluctuations in turbulent flow over a flat plate. J Acoust Soc Am 1956；28：378-90.

[159] Ribner HS. Theory of two-point correlations of jet noise. NASA Tech Note NASA TN D-8330 1976.

[160] Proudman I. The generation of noise by isotropic turbulence. Proc R Soc London Ser A 1952；214：119-32.

[161] Jones IS. Fluctuating turbulent stresses in the noise-producing region of a jet. J Fluid Mech 1969；36：529-43.

[162] Ribner HS. The generation of sound by turbulent jets. Adv Appl Mech 1964；8：103-82.

[163] Ribner HS. Quadrupole correlations governing the pattern of jet noise. J Fluid Mech 1969；38：1-24.

[164] Ribner HS. Perspectives on jet noise. AIAA J 1981；19：1513-26.

[165] Goldstein ME, Rosenbaum B. The effect of anisotropic turbulence on aerodynamic noise. J Acoust Soc Am 1973；54：630-45.

[166] Michalke A, Fuchs HV. On turbulence and noise of an axisymmetric shear flow. J Fluid Mech 1975；70：179-205.

[167] Goldstein ME, Howes WL, New aspects of subsonic aerodynamic noise theory. NACA TN D-7158, 1973.

[168] Lighthill MJ. The Bakerian Lecture, "Sound Generated Aerodynamically". Proc R Soc London Ser A 1961；267：147-71.

[169] Morfey CL. Amplification of aerodynamic noise by convected flow inhomogeneities. J Sound Vib 1973；31：391-7.

[170] Ffowcs Williams JE. Sound production at the edge of a steady flow. J Fluid Mech 1974；66：791-816.

[171] Davies POAL, Fisher MJ, Barratt MJ. The characteristics in the mixing region of a round jet. J Fluid Mech 1963；15：337-67.

[172] Ko NWM, Davies POAL. Some covariance measurements in a subsonic jet. J Sound Vib

1975；41：347-58.

[173] Forstall Jr. W, Shapiro AH. Momentum and mass transfer is co-axial gas jets. J Appl Mech 1950；72：399-408.

[174] Forstall Jr. W, Shapiro AH. Momentum and mass transfer in co-axial gas jets, Discussion. J Appl Mech 1951；73：219-20.

[175] Fisher MJ, Davies POAL. Correlation measurements in a non-frozen pattern of turbulence. J Fluid Mech 1965；18：97-116.

[176] Harper-Bourne M. Jet noise turbulence measurements. 9th AIAA/CEAS Aeroacoustics Conference, AIAA Paper 2003-3214, 2003.

[177] Pokora C, McGuirk JJ. Spatio-temporal turbulence correlations using high speed PIV in an axisymmetric jet. 14th AIAA/CEAS aeroacoustics conference, AIAA Paper 2008-3028, May 2008.

[178] Laurence JC. Intensity, scale, and spectra of turbulence in mixing region of free subsonic jet No. 1292 Natl Advis Comm Aeronaut Rep. 1956.

[179] Kolpin MA. Flow in the mixing region of a jet. Aeroelastic Struct. Res. Lab. Rep. ASRL TR 92-3. Cambridge, MA：Dep. Aeronaut. Astronaut., MIT；1962.

[180] Kerherve F, Fitzpatrick J, Jordan P. The frequency dependence of jet turbulence for noise source modeling. J Sound Vib 2006；296：209-25.

[181] Amiet RK. Refraction of sound by a shear layer. J Sound Vib 1978；58：467-82.

[182] Karabasov SA, Afsar MZ, Hynes TP, Dowling AP, McMullan WA, Pokora CD, et al. Jet noise：acoustic analogy informed by large eddy simulation. AIAA J 2010；48：1312-25.

[183] Depru Mohan NK, Dowling AP, Karabasov SA, Xia H, Graham O, Hynes TP, Tucker PG. Acoustic sources and far-field noise of chevron and round jets. AIAA J 2015；53：2421-36.

[184] Depru Mohan NK, Karabasov SA, Xia H, Graham O, Dowling AP, Hynes TP, et al. Reduced-order jet noise modelling for chevrons. 18th AIAA/CEAS aeroacoustics conference, AIAA Paper 2012-2083, May 2012.

[185] Tam CKW, Auriault L. Mean flow refraction effects on sound radiated from localized sources in a jet. J Fluid Mech 1998；370：149-74.

[186] Tam CKW, Aurialt L. Jet mixing noise from fine scalar turbulence. AIAA J 1999；37：145-53.

[187] Morris P, Farassat F. Acoustic analogy and alternate theories for jet noise prediction. AIAA J 2002；40：671-80.

[188] Mani R. The influence of jet flow on jet noise, Part I—The noise of unheated jets. J Fluid Mech 1976；73：753-78.

[189] Mani R. The influence of jet flow on jet noise, Part 2—The noise of heated jets. J Fluid Mech 1976；73：779-93.

[190] Karchmer AM, Dorsch GR, Friedman R. Acoustic tests of a 15. 2-centimeter-diameter potential flow convergent nozzle. NASA Tech Memo 1974; NASA TM X-2980.

[191] Lush PA. Measurements of subsonic jet noise and comparison with theory. J Fluid Mech 1971; 46: 477-500.

[192] Olsen WA, Gutierrez OA, Dorsch RG. The effect of nozzle inlet shape; lip thickness, and exit shape and size on subsonic jet noise. NASA Tech Memo 1973; NASA TM X-68182.

[193] Olsen WA, Friedman R. Jet noise from co-axial nozzles over a wide range of geometric and flow parameters. NASA Tech Memo 1974; NASA TM X-71503 (1974); also *AIAA Pap.* 74-43.

[194] Gerrard JH. An investigation of noise produced by a subsonic air jet. J Aerosp Sci 1956; 23: 855-66.

[195] Mollo-Christensen E, Kolpin MA, Martuccelli JR. Experiments on jet flows and jet noise far-field spectra and directivity patterns. J Fluid Mech 1964; 18: 285-301.

[196] Mollo-Christensen E. Jet noise and shear flow instability seen from an experimenter's viewpoint. J Appl Mech 1967; 34: 1-7.

[197] Fitzpatrick H, Lee R. Measurements of noise radiated by subsonic air jets. DTBM Rep. 835, David Taylor Model Basin (David Taylor Naval Ship Res. and Dev. Ctr.). Washington, DC: 1952.

[198] Bridges J, Brown CA. Parametric testing of chevrons on single flow hot jets. NASA/TM-2004-213107, Sept. 2004.

[199] Bradshaw P, Ferris DH, Johnson RF. Turbulence in the noise-producing region of a circular jet. J Fluid Mech 1964; 19: 591-624.

[200] Crighton DG, Gaster M. Stability of slowly diverging jet flow. J Fluid Mech 1976; 77: 397-413.

[201] Moore CJ. The role of shear-layer instability waves in jet exhaust noise. J Fluid Mech 1977; 80: 321-67.

[202] Bechert D, Pfizenmaier E. On the amplification of broadband jet noise by a pure tone excitation. J Sound Vib 1975; 43: 581-7.

[203] Stromberg JL, McLaughlin DK, Troutt TR. Flow field and acoustic properties of a low Mach number jet at a low Reynolds number. J Sound Vib 1980; 72: 159-76.

[204] Winant CD, Browand FK. Vortex pairing-the mechanism of turbulent mixing-layer growth at moderate Reynolds number. J Fluid Mech 1974; 63: 237-55.

[205] Acton E. The modeling of large eddies in a two-dimensional shear layer. J Fluid Mech 1976; 76: 561-92.

[206] Merkine L, Liu JTC. On the development of noise producing large-scale wave like eddies in a plane turbulent jet. J Fluid Mech 1975; 70: 353-68.

[207] McLaughlin DK, Morrison GL, Troutt TR. Experiments in the instability waves in a super-

sonic jet and their acoustic radiation. J Fluid Mech 1975; 69: 73-95.

[208] McLaughlin DK, Morrison GL, Troutt TR. Reynolds number dependence in supersonic jet noise. AIAA Pap 1976; 76-491.

[209] Parthasarathy SP. Evaluation of jet noise source by cross-correlation of far field microphone signals. AIAA J 1974; 12: 583-90.

[210] Billingsley J, Kinns R. The acoustic telescope. J Sound Vib 1976; 48: 485-510.

[211] Fisher MJ, Harper-Bourne M, Glegg SAL. Jet engine noise source localization: the polar correlation technique. J Sound Vib 1977; 51: 23-54.

[212] Maestrello L. On the relationship between acoustic energy density flux near the jet axis and far-field acoustic intensity. NASA Tech Note 1973; NASA TN D-7269.

[213] Maestrello L, Pao SP. New evidence of the mechanisms of noise generation and radiation of a subsonic jet. J Acoust Soc Am 1975; 57: 959-60.

[214] Maestrello L. Two point correlations of sound pressure in the far field of a jet experiment. NASA Tech Memo 1976; NASA TM X-72835.

[215] Maestrello L, Fung Y-T. Quasiperiodic structure of a turbulent jet. J Sound Vib 1979; 64: 107-22.

[216] Schaffer M. Direct measurements of the correlation between axial in-jet velocity fluctuations and far field noise near the axis of a cold jet. J Sound Vib 1979; 64: 73-83.

[217] Moon LF, Zelanzy SW. Experimental and analytical study of jet noise modeling. AIAA J 1975; 13: 387-93.

[218] Grosche FR, Jones JH, Wilhold GA. Measurements of the distribution of sound source intensities in turbulent jets. AIAA Pap 1973; 73-989.

[219] Glegg SAL. The accuracy of source distributions measured by using polar correlation. J Sound Vib 1982; 80: 31-40.

[220] Bogey C, Bailly C. Computation of a high Reynolds number jet and its radiated noise using large eddy simulation based on explicit filtering. Comput Fluids 2006; 35: 1344-58.

[221] Colonius T, Lele SK, Moin P. Sound generation in a mixing layer. J Fluid Mech 1997; 330: 375-409.

[222] Jaing X, Avital EJ, Luo KH. Direct computation and aeroacoustic modeling of a subsonic axisymmetric jet. J Sound Vib 2004; 270: 525-38.

[223] Gohil TB, Saha AK, Muralidhar K. Numerical study of instability mechanisms in a circular jet at low Reynolds numbers. Comput Fluids 2012; 64: 1-18.

[224] Middleton D. A note on the acoustic output from round and interfering jets. J Sound Vib 1971; 18: 417-21.

[225] Jordan P, Colonius T. Wave packets and turbulent jet noise. Ann Rev Fluid Mech 2013; 45: 173-95.

[226] Elvhammer H, Moss H. Silenced compressed air blowing. Proc Inter-noise 1977; 77:

B220-8.

[227] Saiyed NH, Mikkelsen KL, Bridges JE. Acoustics and thrust of separate-flow exhaust nozzles with mixing devices for high bypass-ratio engines. NASA/TM-2000-209948, June 2000.

[228] Bechara W, Lafon P, Bailly C, Candel SM. Application of a k-e turbulence model to the prediction of noise for simple and coaxial free jets. J Acoust Soc Am 1995; 97: 3518-31.

[229] Ffowcs Williams JE, Gordon CG. Noise of highly turbulent jets at low exhaust speeds. AIAA J 1965; 3: 791-2.

[230] Ffowcs Williams JE. Jet noise at very low and very high speed. *Proc. AFOSR-UTIAS Symp. Aerodyn. Noise*. Toronto: 1968.

[231] Ffowcs Williams JE, Howe MS. The generation of sound by density inhomogeneities in low Mach number nozzle flows. J Fluid Mech 1975; 70: 605-22.

[232] Whitfield OJ, Howe MS. The generation of sound by two-phase nozzle flows and its relevance to excess noise of jet engines. J Fluid Mech 1976; 75: 553-76.

[233] Plett EG, Summerfield M. Jet engine exhaust noise due to rough combustion and nonsteady aerodynamic sources. J Acoust Soc Am 1974; 56: 516-22.

[234] Crighton DG, Ffowcs Williams JE. Sound generation by turbulent two-phase flow. J Fluid Mech 1969; 36: 585-603.

[235] Freund JB. Noise sources in a low-Reynolds-number turbulent jet at Mach 0.9. J Fluid Mech 2001; 438: 277-305.

[236] G. M. Lilley, On the noise from jets, noise mechanisms, AGARD-CP-13, pp 13.1-13.12, 1974.

[237] Ffowcs Williams JE, Kempton AJ. The noise from large-scale structure of a jet. J Fluid Mech 1978; 84: 673-94.

[238] Goldstein ME. An exact form of Lilley's equation with a velocity quadrupole/temperature dipole source term. J Fluid Mech 2001; 443: 231-6.

[239] Ffowcs Williams JE. The noise from turbulence convected at high speed. Philos Trans R Soc London Ser A 1963; 255: 469-503.

[240] Tam CKW, Morris PJ. The radiation of sound by the instability waves of a compressible plane turbulent shear layer. J Fluid Mech 1980; vol. 98 (part 2): 349-81.

[241] Ffowcs Williams, J. E., Some thoughts on the effect of aircraft motion and eddy convection on the noise from air jets. Univ. Southampton Aero. Astr. Rep. no. 155.

[242] Gudmundsson K, Colonius T. Instability wave models for the near field fluctuations of turbulent jets. J Fluid Mech 2011; vol. 689: 97-128.

[243] Pletcher RH, Tannehill JC, Anderson DA. Computational fluid dynamics and heat transfer. 3ed Boca Raton, FL: CRC Press; 2013.

[244] G. M. Lilley, On the noise from jets, noise mechanisms, AGARD-CP-13, pp 13.1-

13. 12, 1974

[245] Tam CKW, Morris ANDPJ. The radiation of sound by the instability waves of a compressible plane turbulent shear layer. J Fluid Mech 1980; 98 (part 2): 349-81.

[246] Cohen J, Wygnanski IW. The evolution of instabilities in the axisymmetric jet. Part 1. The linear growth of disturbances near the nozzle. J Fluid Mech 1987; 176: 191-219.

[247] Cohen J, Wygnanski I. The evolution of instabilities in the axisymmetric jet. Part 2. The flow resulting from the interaction between two waves. J Fluid Mech 1987; 176: 221-35.

[248] Han G, Tumin A, Wygnanski I. Laminar-turbulent transition in Poiseuille pipe flow subjected to periodic perturbation emanating from the wall Part 2. Late stage of transition, J Fluid Mech 2000; 419: 1-27.

[249] Eliahou S, Tumin A, Wygnanski I. Laminar-turbulent transition in Poiseuille pipe flow subjected to periodic perturbation emanating from the wall. J Fluid Mech 1998; 361: 333-49.

[250] Oberleithner K, Paschereit CO, Wygnanski I. On the impact of swirl on the growth of coherent structures. J Fluid Mech 2014; 741: 156-99.

[251] H. Hubbard, Ed., Aeroacoustics of flight vehicles: theory and practice, NASA Reference Publication 1258, Technical report 90-3052, 1991.

[252] Camussi R, editor. Noise in turbulent shear flows: fundamentals and applications. Springer; 2013.

[253] Glegg S. Location of jet noise sources using an acoustic mirror [MS thesis]. Southampton, UK: University of Southampton; 1975.

[254] Goldstein ME. A generalized acoustic analogy. J Fluid Mech 2003; 488: 315-33.

[255] Ffowcs Williams, J. E., Some thoughts on the effect of aircraft motion and eddy convection on the noise from air jets. Univ. Southampton Aero. Astr. Rep. no. 155, 1960

[256] Leib SJ, Goldstein ME. Hybrid source model for predicting high-speed jet noise. AIAA J 2011; 49: 1324-35.

[257] Khavaran, A. Bridges, J. Georgiadis, N. Prediction of turbulence-generated noise in unheated jets, Part 1: JeNo technical manual (Version 1.0), NASA TM-2005-213827, 2005.

[258] Khavaran, A., Bridges, J. & Freund, J. B. 2002 A parametric study of fine-scale turbulence mixing noise. NASA/TM 2002-211696, 2002.

[259] Brown, C. and Bridges, J. Small hot jet acoustic rig validation, NASA/TM-2006-214234, April 2006.

[260] Goldstein ME, Leib SJ. The aeroacoustics of slowly diverging supersonic jets. J Fluid Mech 2008; 600: 291-337.

[261] Goldstein ME. Hybrid reynolds-averaged Navier—Stokes/large eddy simulation approach for predicting jet noise. AIAA J 2006; 44: 3136-42.

[262] Fisher MJ, Lush PA, Harper bourne M. jet noise. J Sound Vib 1973; 28 (3): 563-85.

[263] Tanna HK, Dean PD, Fishier MJ. The influence of temperature on shock-free supersonic jet noise. J Sound Vib 1975; 39 (4): 429-60.

[264] Viswanatha K. Scaling laws and a method for identifying components of jet noise. AIAA J 2006; 44: 2274-85.

[265] Viswanatha K. Improved method for prediction of noise from single jets. AIAA J 2007; 45: 151-61.

[266] P. -T. Lew, G. A. Blaisdelly, and A. S. Lyrintzisz, Investigation of noise sources in turbulent hot jets using large eddy simulation data. Paper AIAA 2006-16, 45th AIAA aerospace sciences meeting and exhibit, January 8-11, 2007, Reno, NV, USA.

第 4 章　圆柱偶极声

圆柱绕流辐射的声音，又称风吹声，是流动声学中最基本的现象之一。尽管在某些方面表面上很简单，但发生在风吹声中的气动声学过程是几乎所有流动诱发声音和振动情况下的典型示例。值得注意的是，这些包括流动扰动的产生、相关物体力的雷诺数依赖性、力的空间相关性，以及非振动物体产生偶极声的要素。因此，本章将详细研究风吹声，然后扩展具体结果，以便描述和缩放声学相似气流机械的气动声音。我们将论述在流体中刚性固定或允许在相对较小位移（相对于圆柱体半径）下轻微振动的圆柱体发出的声音。

大振幅流体-结构相互作用的类型（如“驰振”）参考其他参考文献，如 Blevins[1]。涡旋脱落流体力学在研究和工程中的重要性，关于这一主题的出版物数量庞大，因此不可能在此作详细的综述。本章的重点是声音的产生。关于涡旋脱落流体力学，将给出大量的参考文献，这些文献提供了尽可能多的关于控制声音的流体动力学因素的见解。

4.1　简介：涡流、升力脉动和声的发展及概括性描述

亚声速流动诱发噪声产生研究最多的课题之一可能是圆柱绕流。曾经，Strouhal[2] 和 Rayleigh[3] 研究了空气流过拉伸钢丝时发出的音调频率。Strouhal 指出，呼呼声的音调，是空气横向通过圆柱轴线产生的，与速度 U_∞ 除以圆柱直径 d 成正比。他的实验中，在一个框架中拉伸一根金属丝，框架绕着一个垂直于其长度的轴旋转。瑞利的实验[3-4] 是用一根穿过烟囱的电线进行的。他发现音调的频率 f_s 会随着空气运动黏度 v 受热降低而减小。这个结果和 Strouhal[2] 的结果导致了一个假设，即无量纲频率取决于雷诺数 $\mathrm{d}U_\infty/v$：

$$f_s d/U_\infty = F(\mathrm{d}U_\infty/v) \tag{4.1}$$

式中：$F(\mathrm{d}U_\infty/v)$ 为其自变量的递增函数。Rayleigh 假设音调的产生在某种程度上与涡片不稳定性有关，并且圆柱体不需要振动就可以产生音调。Rayleigh 观察到，空气的流动会引起圆柱在垂直于风向的方向上振动。

直到 1908 年，当 Benard[5] 将音符的音高与涡街的形成联系起来时，才建立了声辐射频率与涡旋脱落过程之间的正式关系。他用照相法观察了圆柱状尾

流后涡旋集中区域的形成。假定涡间距是规则的。1912年，von Karman 和 Rubach[6]（另见 Lamb[7]）确定了交替符号的平行涡列稳定存在的条件。他们发现，为了使涡街稳定地平移，涡列距和列内涡距必须是0.281的比值。对冯·卡门的这种简单的分析方法，即使在今天，对涡旋诱导力的理论分析也是基本的。当代的计算流体力学模型方法现在可以完全描述钝体后涡街的产生、平移和最终衰变。冯·卡门的分析模型允许计算涡街的平移速度以及旋涡在开口圆柱上诱导的定常阻力[6-8]。

在冯·卡门经典分析之后的几年里，涡旋脱落的研究通常是实验性研究，主要致力于确定不同雷诺数范围内的涡流产生频率和阻力系数。

在1936年，Stowell 和 Deming[9]开始用流量变量来量化由风吹声产生的声级，以此进行研究。他们建立了辐射声与杆的长度、直径和速度之间的经验联系。他们还确定了声音的辐射方向垂直于气流方向。后来的研究[10-11]进一步从经验上确定了辐射声与圆柱体尺寸和绕流速度的关系。

直到 Phillips[12]和（显然几乎同时）Etkin 等[13]的研究才关注对噪声问题的系统分析处理。Phillips 的分析表明，声强取决于涡旋脱落产生的力脉动的轴向长度尺度。这是对脱落过程随机性的首次形式处理。Phillips 的研究结果清楚地表明，在空气动力学噪声理论的框架内，如何导出控制风吹声强度的物理变量。

在本章中，我们将根据涡流表面相互作用研究气体在声学紧凑的刚体表面上流动产生的噪声。深入研究产生周期性尾流的圆柱绕流噪声。推导出计算尾流形成体上的振荡升力系数的公式，这些公式是根据卡门涡流街的强度和几何形状来估算的。将审查测得的参数，包括脱落频率、升力系数和轴向相关长度标度。在实验的基础上，将考虑上游紊流对这些参数的影响。声学问题将作为2.4.2节的结果直接应用，见 Curle 方程插图1：集中流体动力产生的辐射，并扩展以强调流量变量在控制声强方面的重要性。然后将结合平移和旋转圆柱体的理论公式检查测量的噪声级。在第2卷第5章中将研究由前缘涡流和翼型后缘湍流引起的其他形式的涡体相互作用。导致涡流诱导升力增强的流体-物体相互作用也将在第2卷第5章“无空化升力部分”进行研究，尽管4.3.4节将涉及圆柱运动的一些空气动力学方面。

4.2　圆柱绕流的涡流形成机理

4.2.1　尾流结构与涡旋生成的概括性描述

在圆柱绕流的情况下，存在一系列流域，这些流域的定义为 R_d，其中 $R_d=$

$U_\infty d/v$ 是基于圆柱直径 d 和流入速度 U_∞ 的雷诺数。正是对这些领域的物理学的理解，使人们找到一种流体动力学的手段来控制圆柱体的流致噪声。图 4-1 显示了 Homann[14] 拍摄的一系列照片。这些油膜照片显示了典型的涡街，其形状如图 4-2 所示。当 $R_d = 32$ 时，气流稳定；油膜是一对束缚涡下游的单一条纹。可以看到，尽管气流为层流，但当 R_d 高于某一个值时，不再存在斯托克斯流（理想的黏性流）。正如 Kovasznay[15] 指出的那样，即使当圆柱体受到振动时，流型也会保持稳定。Kovasznay 在报告中指出，当雷诺数大于等于 40 时，正弦扰动开始在圆柱的下游传播和增长。当 $R_d = 65$ 时，这些性质上的扰动变化，会在后面一定距离处形成旋涡。R_d 的增加会导致圆柱体附近形成涡流，因为圆柱体边界层和最近的涡流之间的这些自由剪切层变得湍急。当雷诺数在 65~400 范围内时，存在规则间距的涡流街道。在较高的雷诺数下，仍然存在规则的涡街；然而，Roshko[16] 表明，旋涡的核心变得湍急。Bloor[17] 详细研究了离开圆柱表面和涡核的剪切层中从层流到湍流的转变过程，他已经证明在雷诺数大于 200 的情况下，实际上可以观察到一些湍流运动。雷诺数范围一直扩展到 2×10^5，都存在周期性地散发具有湍急核心的涡流。在这个范围的上限，不规则性最终导致涡街的完全解体。雷诺数大于 5×10^5 或 10^6 时，尾流不再完全按周期性存在。如图 4-2 所示，圆柱上的分离点出现在下游，因为圆柱表面的边界层实际上是湍急的。湍流边界层比层流边界层在更不利的压力梯度条件下保持更大的附着性。尽管棚尾流一般不规则，但仍存在弱周期性扰动，这些扰动在稍高的无量纲频率下持续存在，而在较低雷诺数下观察到的扰动稍高。此外，由于附加边界层流动发生在圆柱外围的较大部分，阻力系数减小。

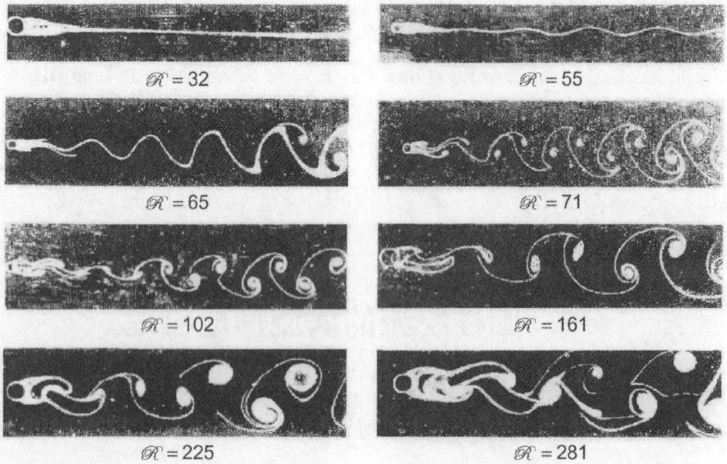

图 4-1　Homann[14] 的圆柱绕流照片

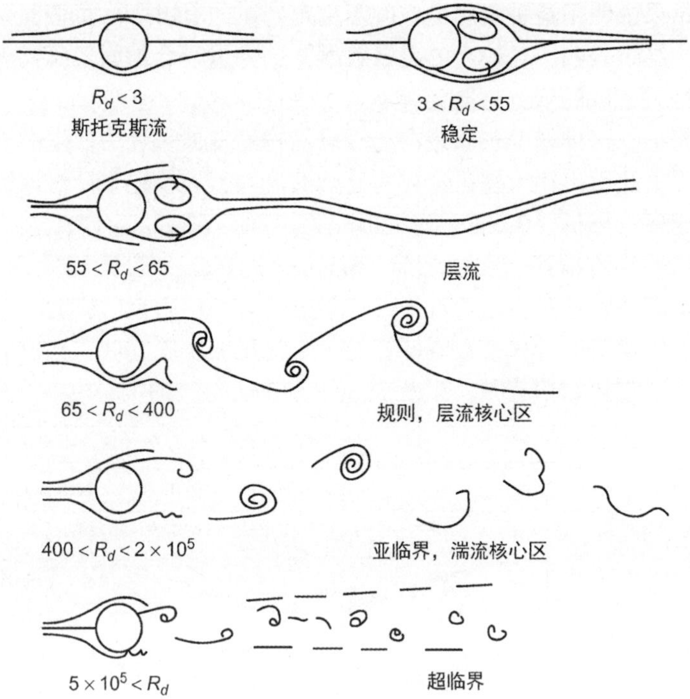

图 4-2　不同雷诺数条件下圆柱绕流流型图

4.2.2　涡旋产生的分析

涡旋脱落的流体动力学是一个复杂的问题，没有一个完整而严密的数学描述。Williamson[135]提供了一份关于圆柱后涡流形成的详细综述。Sato 和 Kuriki[18]的一个早期实验和理论研究，是在低 R_d 值下产生涡流的例子，他们计算了特征波速和产生干扰的频率。尾流扰动的发展方式与第 3 章“剪切层不稳定性、单频音、射流噪声”中描述的相同。佐藤和 Kuriki 的研究支持这一论述。他们的实验工作是在剪切层上进行的（使用可视化技术拍摄的），这与图 4-2 所示的当 $55<R_d<65$ 的情况相似。实际上，它们的尾流是由一个非常薄的平板下游的层流产生的。由佐藤和 Kuriki 进行的类型分析（另见参考文献[19-20]）包含一个给定速度剖面的齐次 Orr-Sommerfeld 式（式（3.5））的本征函数解。分析表明，雷诺数大于 10 时，这种尾流实际上不稳定。

由 Kovasznay[15]测量的圆柱后不同距离处的流速分布在 $R_d=56$，如图 4-3 和图 4-4 所示。均方根脉动速度显示局部最大值；由图 4-3 可知，这些最大值之间的横流距离在 $x/d=5$ 附近略有收缩，扰动在 $x/d\approx5$ 时达到绝对值最大。这些结果说明了这种扰动的空间不稳定性。与 Ballou[21] 的测量结果图 4-5 进行比较，结果表明，在较高的雷诺数下，这一过程会加剧。研究表明，尾流涡的形成对雷诺数的依赖性与近尾流（或圆柱本身的雷诺数很高）中的湍流转变密切相关。这种转变现象是在初级涡结构的发展过程中产生的，并被证明可以改变。由此引出比上述讨论更为复杂的流动行为，还未针对该行为进行全面的实验或理论分析。Roshko[16]、Bloor[17]、Dale 和 Holler[22] 对这一现象提供了相对详细的实验描述。在这之前，Schiller 和 Linke[23] 已经揭示了近尾迹湍流在确定雷诺数圆柱阻力系数行为中的重要性。圆柱附近的流动现在是用于预测钝体上流致载荷的大规模数值计算的一个常见的实验案例。此前的一些例子是 Ma 等[24] 的直接数值模拟，以及 Franke 和 Frank[25] 的大涡模拟。

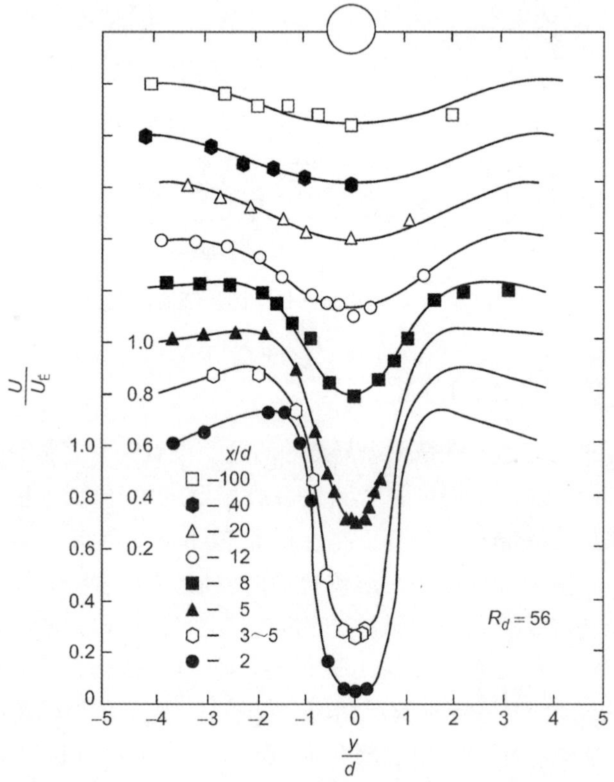

图 4-3　Kovasznay[15] 在 $R_d = 56$ 测量的圆柱尾流中平均速度

在雷诺数小于 3×10^5时，圆柱上的层流边界层与前驻点的夹角约为±80°。在近尾流中形成的自由剪切层不稳定，在空间和时间上存在增强的波浪状扰动，该扰动随流体速度、剪切层厚度和流体运动黏度而变化。在雷诺数大于

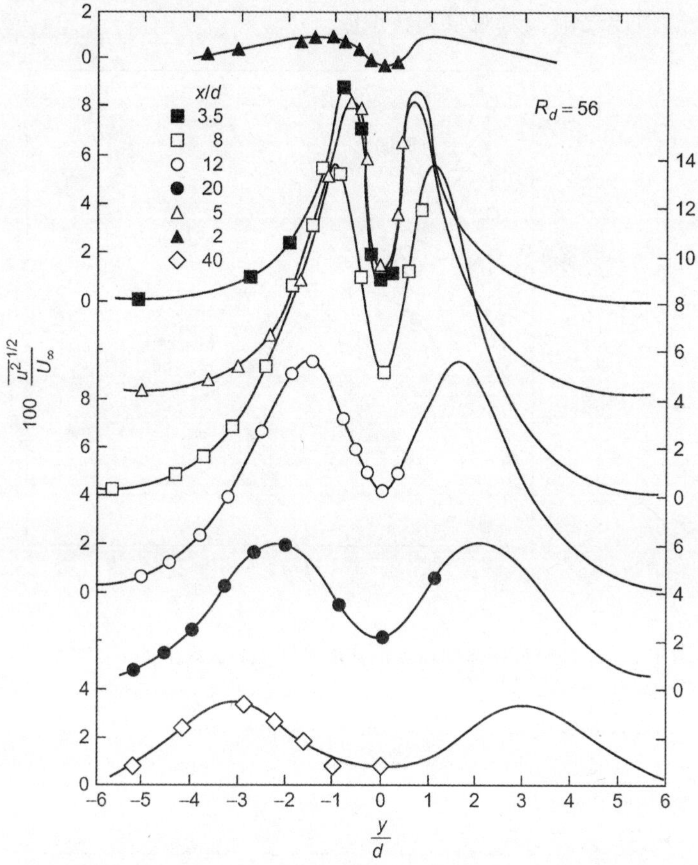

图 4-4　Kovasznay[15] 在 $R_d=56$ 测量的圆柱尾流中的脉动速度

1.3×10^3 的情况下，转捩波在主涡流型形成之前破裂，在较低的雷诺数略大于 150 时，转捩波在旋涡的中心破裂[16-17]。Bloor[17]、Dale 和 Holler[22]、Roshko[26] 已得到了 $R_d>1.3\times10^3$ 时，转捩波 f_t 的频率是涡旋脱落 f_s 的基本频率的倍数关系，即

$$\frac{f_t}{f_s}=A\frac{f_s d}{U_\infty}\left(\frac{U_\infty d}{v}\right)^{\frac{1}{2}} \tag{4.2}$$

式中：A 为实验值，为 $2\times10^{-2}\sim3\times10^{-2}$。转捩波频率 f_t 的这种转换行为表明 $f_t\delta_e/U_\infty$ 几乎是一个常数，其中 δ_e 是气流与圆柱分离点处的层流边界层厚度。随着雷诺数的增加，这些扰动的破裂发生在离圆柱更近的地方。正如 Bloor[17]、Schiller 和 Linke[23] 的实验结果所示，层流区域的极限延伸到下游小于 1.5 倍直径。图 4-6 用一条曲线总结了这些实验结果。对于雷诺数小于 1.3×10^3 的情

况，在涡旋形成之前没有观察到转捩波。

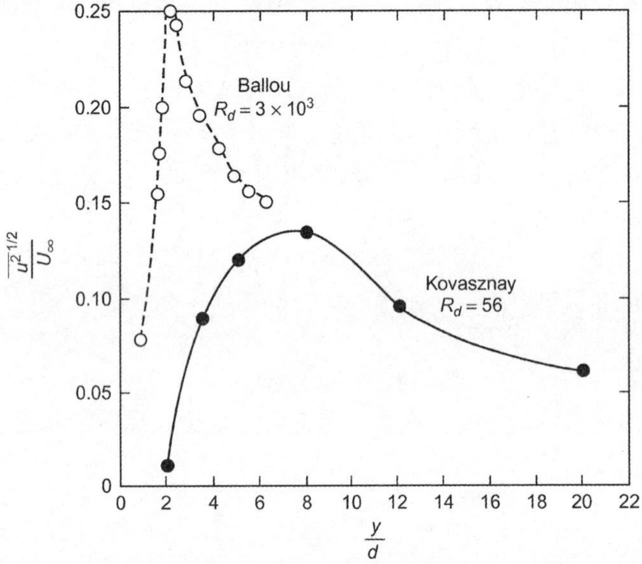

图 4-5　刚性圆柱尾流中均方根脉动速度局部极大值的下游增长与衰减

（资料来源：Kovasznay LSG. Hot-wire investigation of the wake behind circular cylinders at low Reynolds numbers. Proc R Soc London Ser A 1949；198：174-90 and Ballou CL. Investigation of the wake behind a cylinder at coincidence of a natural frequency of vibration of the cylinder and the vortex shedding frequency. Acoust Vib Lab Rep 76028-2. Cambridge，MA：MIT.）

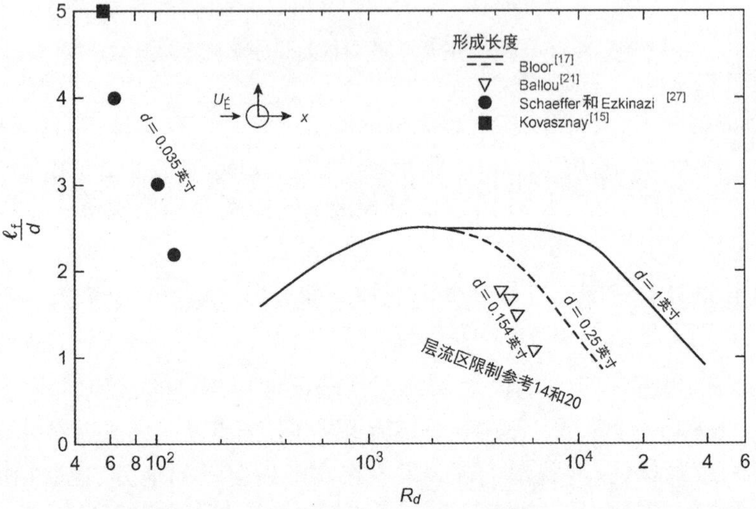

图 4-6　圆柱后涡旋形成长度与雷诺数的函数关系

图 4-6 还显示了形成涡流圆柱后的距离。可用实验数据范围足以给出相当完整的涡流形成长度的雷诺数特性。形成区的长度可以用各种方式来定义。例如，Schaefer 和 Eskinazi[27] 所讨论的，形成区从开口圆柱的下游延伸到尾流宽度最小的点。对于 Re_d 大于 200 的区域，形成区也是 Bloor[17] 描述的区域，在该区域内存在特征频率远小于脱落频率的不规则扰动。形成区末端的扰动振幅明显减小。如图 4-3 所示，通过确定尾流中脉动流速最大值的位置，获得了 Ballou 的形成长度[21] 值。已经对一系列圆柱进行了测量；虽然结果以无量纲形式显示，但似乎与圆柱体的直径有着一致的依赖关系。值得注意的是，Bloor 没有观察到层流范围对极限直径的类似依赖性，尽管这个极限与形成长度之间的关系相当明显。两种距离都随着雷诺数的增加而减小。雷诺数大于 100 时，形成长度约为 2.5 倍圆柱体直径或更小；当雷诺数小于 100 时，形成距离增加。图 4-1 中的照片也显示了低雷诺数下形成长度的增加。

在我们对圆柱尾流流体动力学的其他要素进行描述之前，讨论了近尾流动力学，且在此之前还讨论了涡系演变，因为它是涡流尾流行为的基础。虽然严格的理论和广泛的经验描述并不能很好地解释这一点，有充分的证据表明，第二次转捩：①有助于在主要涡街中产生三维扰动；②横向圆柱运动和上游湍流（见 Gerrard[28]）可以影响涡旋形成的载体（另见 Dale 和 Holler[22]）。涡街的三维特性、形成长度和涡旋强度是决定非定常升力与升力轴向相关长度以及最终声辐射的主要尾流特征，这将在后面讨论。

4.3 气流激振力及其频率的测量

4.3.1 平均阻力与涡旋脱落频率

圆柱上的时间平均阻力很大程度上取决于雷诺数，因为随着涡流形成特性的改变，传递到尾流的流体动量率也会发生变化。在本节和后续章节中，我们将回顾尾流的形成和风力的细节，以提供理解声音产生所需的量。这是一个广泛的课题，读者可以参考 Norberg[29] 的工作以获取更多详细信息和参考资料。当涡旋形成时，随时间变化的力会在圆柱体上产生，以平衡与每个涡旋循环有关的动量变化率。力系及其与涡旋流型的关系如图 4-7 所示。图 4-1 和图 4-2 显示存在一个规则的涡流系统；将图 4-7 中的涡街截断为三个涡流。目前，我们将把注意力集中在图中指定的现在典型的平均阻力 F_x 的测量特性上。平均阻力系数 $\overline{C}_D$ 定义为

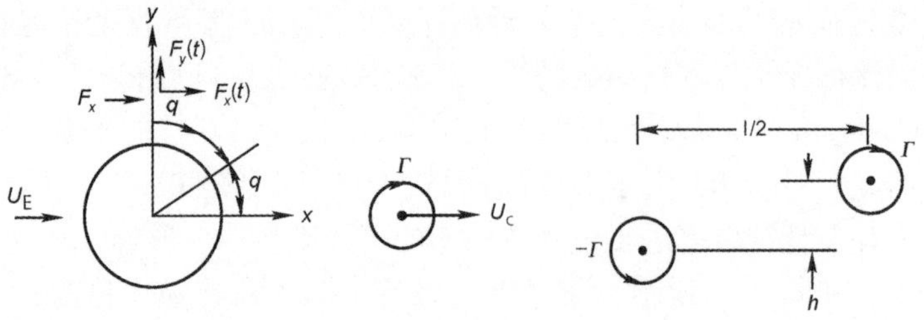

图 4-7　脱落圆柱上的涡街和力系

(Reprinted from Gerrard JH. A disturbance-sensitive Reynolds number range of the flow past a circular cylinder. J Fluid Mech 1965; 22: 187-96 by permission of Cambridge University Press.)

$$\overline{C}_{\mathrm{D}}=\frac{F_x}{\frac{1}{2}\rho U_\infty^2\,\mathrm{d}L} \tag{4.3}$$

式中：L 为圆柱体的长度；d 为直径。图 4-8 显示了 Roshko[30] 发表的$\overline{C}_{\mathrm{D}}$随 R_d的变化规律。图 4-2 的特征涡旋脱落区域也在图 4-8 中显示。图 4-8 中的曲线是根据大量实验结果构建的；Schlichting[31] 和 Chen[32-34] 引用了其中的许多实验结果，不仅仅是参考章节中的结果。当 R_d小于 20 时，阻力系数主要受黏性摩擦控制。这两个过渡区表明了尾流中湍流的发展。当雷诺数在 150~300 的范围内时，存在湍流涡核；当雷诺数在 $2\times10^5\sim5\times10^5$范围内时，圆柱周缘上、下弧的边界层变得湍急。这些湍流边界层沿前滞点的外围以大约 120°的角度分离。在图 4-9 所示的压力分布中可以看到这种黏性效应的影响。圆柱表面的局部压力 $P(\theta)$以系数表示：

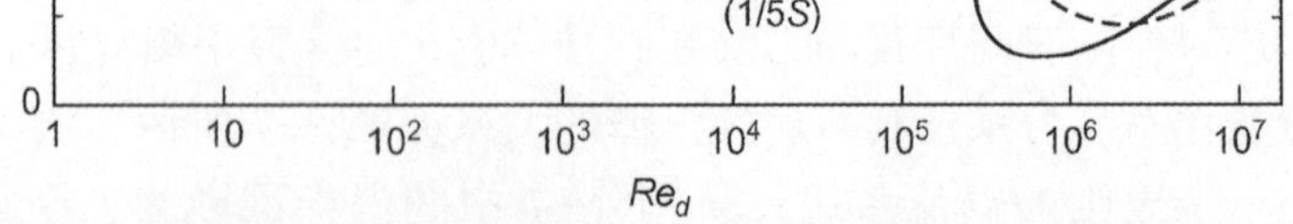

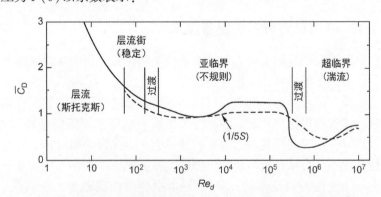

图 4-8　圆柱阻力系数。转载自 Roshko A. 高雷诺数圆柱绕流实验

(Reprinted from Roshko A. Experiments on the flow past a circular cylinder at very high Reynolds number. J Fluid Mech 1961; 10: 345-56 by permission of Cambridge University Press.)

$$C_p = \frac{P(\theta) - P_\infty}{\frac{1}{2}\rho_0 U_\infty^2} \tag{4.4}$$

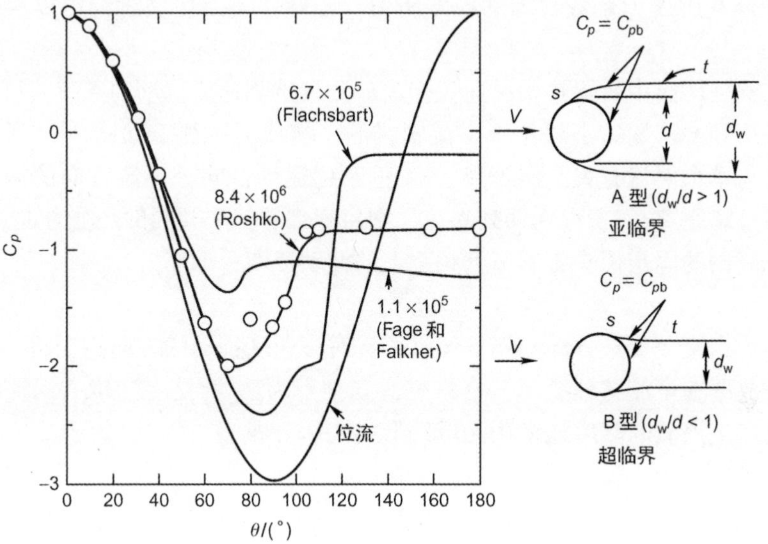

图 4-9　亚临界至超临界气流范围内圆柱上的压力分布

(Reprinted from Roshko A. Experiments on the flow past a circular cylinder at very high Reynolds number. J Fluid Mech 1961; 10: 34556 by permission of Cambridge University Press. Data sources: Flachsbart O, 1929. From an article by H. Muttray. "Die Experimentellen Tatasachen des Widerstandes Ohne Auftrieb," Handbuch der Experimentalphysik Hydro und Aero Dynamik vol. 4, Part 2, pp. 232336 [35]; Leipzig, 1932 and Fage A, Falkner VM. The flow around a circular cylinder. R & M No. 369. Aeronaut. Research Council, London; 1931 [36].)

在亚临界范围 $R_d<2\times10^5$ 时，压力系数反映了比超临界范围更大范围内发生的分离。在后一个范围内，分离区内的压力系数（称为基础压力系数 C_{pb}）增大，尾流收缩。观察到的 $\overline{C}_D$ 减小。在超临界范围，尾流的宽度 d_w 减小，小于圆柱直径，但随着 R_d 继续增加，流线再次扩大。这种扩大反映在罗斯科 $R_d=8.6\times10^6$ 时的压力分布中，它导致阻力系数增加。

在 $10^4<R_d<3\times10^5$ 范围内，阻力系数是恒定的，这可能是因为该范围内尾流几乎不变。它也是尾流形成区层流到湍流过渡范围的上限。对于 R_d 大于 8×10^3 的情况，Bloor[17] 已经证明，在距离分离点不到一半圆柱直径的剪切层中，这种转捩突然发生（图 4-6）。在形成涡旋之前，这些转捩波完全分解成湍流。剪切层中的这种突然破裂与雷诺数范围为 $1.3\times10^3\sim8\times10^3$ 的情况相反，在这一雷诺数范围内，破裂发生得更为缓慢，之前有明显的转捩波。因此，可

以看到阻力系数的行为与第二次扰动的发生是平行的。由此可知，阻力受尾涡演变机制控制。明显可知，这也与涡旋脱落的频率有关。观察到圆柱表面的粗糙度[37]，当圆柱上的边界层为湍流时，在雷诺数接近 3×10^5 的情况下，可以降低基础压力系数并增加稳定阻力。当圆柱表面粗糙时，边界层分离点前移。

在圆柱尾流中放置热线风速仪探头，测量被测速度扰动的频率，可以测量涡旋脱落频率。探头必须位于尾流轴线的一侧或另一侧。如图 4-7 所示，速度波动与单个涡流有关。涡流以一定速度 U_c 运动，同一环流方向的涡流有一个流向分离距离 l。若存在两列涡流，则每列都有一个共同的环流方向。因此，在尾流一侧的固定探头将感应到频率上的波动速度，即

$$f_s = U_c / l$$

因为当交替变换方向的涡旋经过探头时，速度扰动的方向将交替。如果探测器被放置在尾流的轴线上，它将感应到频率为 $2f_s$ 的交变速度。涡流通道的频率或产生涡流的频率通常用无量纲形式表示，即

$$s = \frac{f_s d}{U_\infty} = \frac{U_c d}{U_\infty l} \tag{4.5}$$

将式（4.5）代入式（4.1）中。另一种测量方法是测定脱落圆柱上振动升力的波动频率。该分力 $F_y(t)$ 如图 4-7 所示。

图 4-10 显示了 R_d 从 $10^1 \sim 10^4$ 范围内的斯特劳哈尔数，摘自 Roshko 的原始报告。它显示了 Kovasznay 和 Roshko[16] 对各种圆柱直径的测量结果。两位研究者报告的风洞中的湍流度在 0.03%～0.18%。回想 Rayleigh[3-4] 的假设

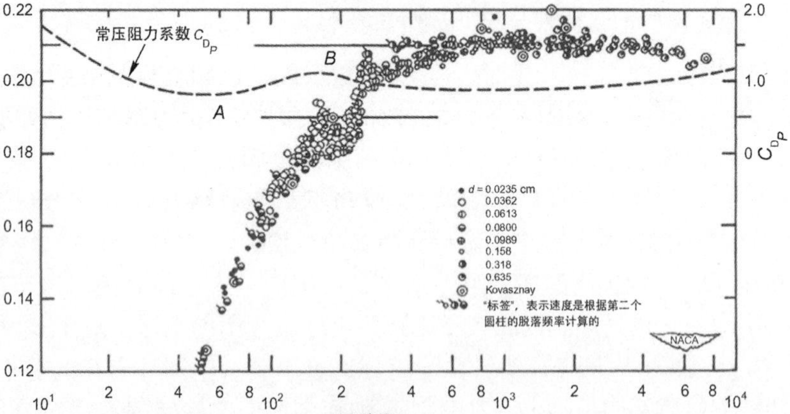

图 4-10　低雷诺数下圆柱后涡旋脱落的斯特劳哈尔数（见 Roshko[16]）

（式（4.1）），S 是关于 R_d 的递增函数，并且从 $R_d=40$（Kovasznay[15] 涡旋形成的下限）到 $R_d=10^3$，它在图 4-10 中都适用。除了雷诺数范围在 140～300，斯特劳哈尔数平稳地依赖于 R_d。在这个短距离内（Roshko 的过渡范围），Roshko[16] 报告了尾流中的不规则性和波动速度的爆发。在较低的 R_d 以及高于这个范围，速度波动为正弦波动。然而，尽管涡流沿着圆柱的整个轴线均匀一致地脱落，直到 $R_d=150$，如 Hama[38] 所示，但 R_d 在 150～300 范围时，尾流的三维性开始显露。在 R_d 超过 300 时，Hama 的照片显示，沿脱落涡丝的轴线出现了空间周期性。当涡流向下游对流时，涡街变得湍急。Bloor 还指出，R_d 在 4×10^2～1.3×10^3 时，是在涡旋形成之前发生层流到湍流转变的范围。在这个范围内，单独的、频率更高的转捩波不可探测。在雷诺数大于 1.3×10^3 时，对应于观察到的转捩波区域，斯特劳哈尔数几乎是恒定的。

图 4-11 显示了较高雷诺数下的斯特劳哈尔数测量值。通过测量升力或尾流速度的波动频率得到这些数值。点的集合反映了整个雷诺数范围到图中所示“过渡”范围内 S 值的重复性程度。文中所用的这个名称和其他名称都是由罗斯科命名的。然而，其他作者也给出了其他名称。为了避免混淆，此处将尽量少用名称，并始终参考图。对于雷诺数大于 5×10^5 的情况，圆柱尾流的不规则性反映在已报告的斯特劳哈尔数的更大范围内。Delany 和 Sorensen[39] 及 Bearman[40] 报告了相对于 Jones[41] 和 Gerrard[42] 的数值特别大的 S 值，这似乎与其他数值不符。其原因尚不清楚；但是，研究这一雷诺数范围的所有研究者均指出，难以建立一个主导频率。例如，Jones[41] 引用了一系列的斯特劳哈尔频率，

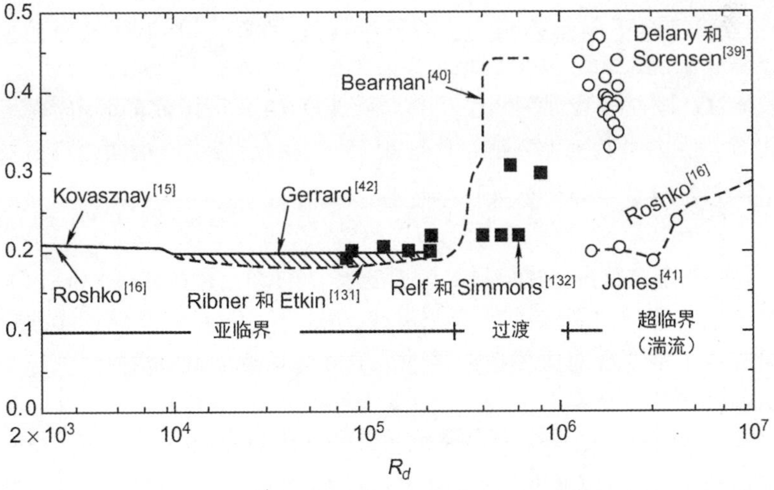

图 4-11　高雷诺数下的斯特劳哈尔数数是雷诺数的函数

在 $10^6 \sim 5\times10^6$范围内，给定任意的雷诺数，升力波动范围为 0.025~0.21。在较高的雷诺数下，在 $5\times10^6 \sim 2\times10^7$范围内，他指出升力波动更具周期性，其主要斯特劳哈尔数频率为 0.3。Bearman[40]使用流动可视化技术揭示了两个层流分离气泡的存在，表明在停滞点上方和下方形成了两个分离的涡流，如图 4-2 所示的超临界范围。

高雷诺数下较高的斯特劳哈尔数的存在与尾流收缩有关，如图 4-9 所示。假设气流在位置 t 的下游平行；在位置 s 处发生分离。Roshko[43]假设涡旋脱落的频率取决于剪切层 d_w 的自由流线的分离（理论计算）和自由流线 U_s 的速度。则有

$$U_s = U_\infty \sqrt{1-C_{pb}} \tag{4.6}$$

式中：C_{pb}为基础压力系数。因此，Roshko[43]对斯特劳哈尔数的定义为

$$S^* = f_s d_w / U_s$$

对于圆柱体、90°楔形和垂直于气流的平板，此值为 $S^* \approx 0.16$。当 $U_s d_w / v$ 的范围为 $10^4 \sim 4.4\times10^4$时，该值几乎为常数。关键是，正如 Roshko 所报告的，在图 4-11 的超临界区域内，R_d 斯特劳哈尔数的正价与乘积成正比：

$$S = S^* \frac{d}{d_w}\sqrt{1-C_{pb}}$$

S 的观测值的变化伴随着平均阻力系数相应变化。S 的高值与$\overline{C}_D$中相对较低值关联。为了证明这一点，我们使用冯·卡门[6]的公式来计算脱落涡街的钝体的阻力（$h/l=0.281$）：

$$\overline{C}_D = \frac{h}{d}\left[5.65\,\frac{U_\infty - U_c}{U_\infty} - 2.25\left(\frac{U_\infty - U_c}{U_\infty}\right)^2\right]$$

式中：h 为（图 4-7）涡列间距。当涡旋速度 U_c 在雷诺数范围内为 U_∞ 的常数百分比时，阻力系数与 h/d 成正比。现在，进一步假设涡街间距与剪切层间距 d_w成正比，并且 S^* 是常数，可以得

$$\overline{C}_D = kS^{-1}$$

式中：k 为雷诺数范围内的常数。任意选择 $k=1/5$，用图 4-10 和图 4-11 中的斯特劳哈尔数来构成图 4-8 所示的虚线。Roshko[43]首先进行了这种对比，对比结果支持了推测的对应关系，并进一步显示了圆柱阻力与控制涡流产生的细节之间的密切关系。

Bearman[44]进一步阐明了平均阻力系数和涡街几何结构之间的相互依赖关系。他使用了 Kronauer[45]的稳定性准则，该准则指出，尾流所引起阻力为最小值这一要求决定了涡距比 h/l。这将在 4.4 节（式（4.20））中讨论，任意

涡距比下涡街的阻力系数为

$$\overline{C}_{\mathrm{D}}=\frac{4}{\pi}\ \frac{l}{d}\left(\frac{U_{\mathrm{v}}}{U_{\infty}}\right)^{2}\left[\coth^{2}\frac{\pi h}{l}+\left(\frac{U_{\infty}}{U_{\mathrm{v}}}-2\right)\frac{\pi h}{l}\coth\frac{\pi h}{l}\right]$$

Kronauer 准则指出，相对于自由流 $U_{\mathrm{v}}=U_{\infty}-U_{\mathrm{v}}$ 的给定涡流速度，涡距比由下式得到：

$$\left[\frac{\partial\overline{C}}{\partial(h/l)}\right]_{U_{\mathrm{v}}=\mathrm{const}}=0$$

Bearman[44] 指出，这种情况预测了取决于涡流速度的涡距比，如图 4-12 所示。利用各种涡旋尾流的流向涡间距 l 和测量值 $U_{\mathrm{v}}/U_{\infty}$，贝尔曼因此能够确定横向间距 h。这些尾流可通过排放液体和在圆柱底部插入隔板来改变与控制；另见 4.4 节末尾。然后他定义了一个斯特劳哈尔数，类似于 Roshko[43]，即

$$S^{**}=\frac{f_{\mathrm{b}}h}{U_{\mathrm{s}}}$$

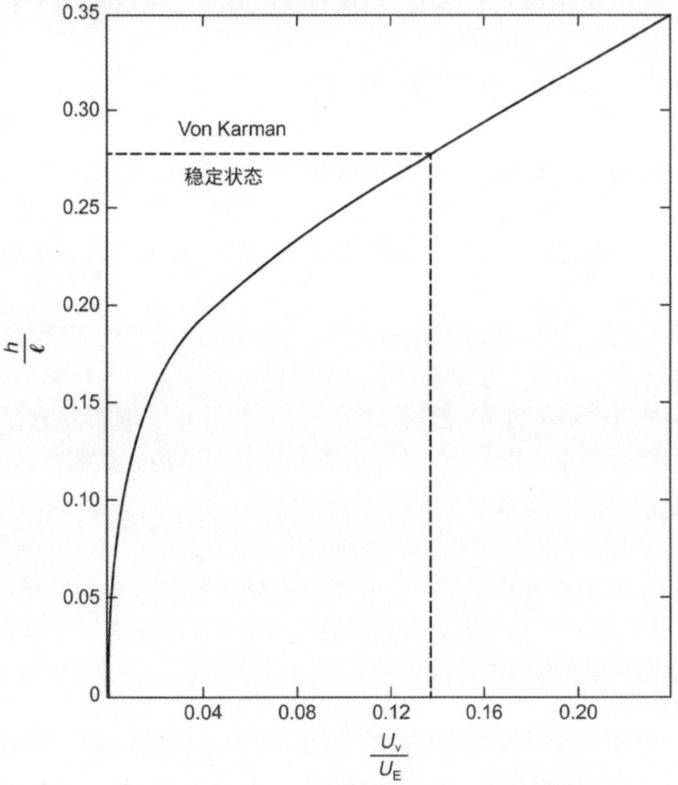

图 4-12　Bearman[44] 根据 Kronauer 最小阻力要求计算的涡距比是涡速度的函数

式中：U_s 由式（4.6）给出。对于 1.1~1.47 的 U_s/U_∞ 值（代表 0.21~1.1 的基本压力系数范围），该斯特劳哈尔数等于 0.18；另见第 2 卷第 5 章“无空化升力部分”。这个数字的意义在于它适用于各种不同的钝体横截面形状：圆形椭圆、卵形、棱柱形和平板。此外，Roshko[43] 和 Bearman[44] 对斯特劳哈尔数的定义完全兼容，而且很明显，现有的实验也证实了 h/d 是一个常数（几乎一致）的断言。

4.3.2　圆柱振荡升力与阻力

我们要考虑涡旋脱落圆柱的声辐射，就需要了解圆柱上的振荡力、阻力 $F_x(t)$ 和升力 $F_y(t)$。当各涡旋从圆柱上脱落时，它会产生一个升力，这个升力会随着每个剪切层中产生的涡流而改变方向。这个力可以写成

$$F_y(t)=\widetilde{F}_y \mathrm{e}^{-\mathrm{i}2w_s t}$$

式中：$w_s=2\pi f_s$ 为脱落频率（rad/s）。阻力波动由基础压力系数的振荡而产生。因为基本压力对尾流轴上空间对称的扰动做出响应，并且每个涡对产生时产生两倍扰动，因此阻力波动的频率为 $2f_s$，并且

$$F_x(t)=\widetilde{F}_x \mathrm{e}^{-\mathrm{i}2w_s t}$$

虽然涡旋脱落在时间上呈周期性，但雷诺数 R_d 大于 150 时，脱落涡流的相位和诱导力的相位是沿圆柱轴线的随机变量。Hama[38] 的照片显示，当 $R_d<140$ 时，严格来说涡流是二维的。当 Re_d 较大时，产生三维现象（见 4.3.3 节）。因此，最好在统计基础上考虑波动力。圆柱上随时间变化的压力分布，我们写为通用式：

$$p(\theta,z,r)=[p_L(\omega_s)\cos\theta \mathrm{e}^{-\mathrm{i}w_s t}+p_b(2\omega_s\sin\theta \mathrm{e}^{-\mathrm{i}2\omega_s t}]\mathrm{e}^{\mathrm{i}[\phi(z,t)]} \tag{4.7}$$

式中：$p_L(\omega_s)$ 和 $p_b(2\omega_s)$ 为沿轴的压力振幅常数；$\phi(z,t)$ 为沿轴的相位。这里 θ 是从图 4-7 所示的 y 轴开始测量的。计算结果表明，屈服升力在 $\theta=0°$ 处最大、在 $\theta=90°$ 处最小。由于 $2\omega_s$ 处的压力分量有一个最大振幅，因此波动的基础压力由 p_b 给出。相函数 $\mathrm{e}^{\mathrm{i}[\phi(z,t)]}$ 解释了涡旋结构在 $R_d>150$ 时发生的轴向变化。假设脉动升力和阻力具有相同的轴向相关特性。虽然相位函数可以是位置的确定函数（因为在低雷诺数下，在某些振动圆柱体上，当对振动解除锁定时），在刚性柱体上，相位函数在大多数雷诺数下是一个随机变量。

作用在圆柱上的总力为

$$F(t)=(F_x(t),F_y(t))=\int_0^{2\pi}\int_0^L p(\theta,z,r)\boldsymbol{n}(\theta)\frac{d}{2}\mathrm{d}\theta\mathrm{d}z \tag{4.8}$$

式中：$\boldsymbol{n}(\theta)=(\sin\theta,\cos\theta)$ 为圆柱表面的法线；L 为圆柱体的长度。将式（4.7）代入式（4.8），得出无量纲力的表达式：

$$\frac{F_y(t)}{\frac{1}{2}\rho_0 U_\infty^2 \, \mathrm{d}L} = \frac{1}{2}\left(\frac{p_\mathrm{L}(\omega_\mathrm{s})}{\frac{1}{2}\rho_0 U_\infty^2}\right)\frac{1}{L}\cdot\int_0^L \mathrm{e}^{\mathrm{i}\phi(z,t)}\,\mathrm{d}z\mathrm{e}^{-\mathrm{i}w_\mathrm{s}t} \tag{4.9a}$$

以及

$$\frac{F_x(t)}{\frac{1}{2}\rho_0 U_\infty^2 \, \mathrm{d}L} = \frac{1}{2}\left(\frac{p_\mathrm{b}(2\omega_\mathrm{s})}{\frac{1}{2}\rho_0 U_\infty^2}\right)\frac{1}{L}\cdot\int_0^L \mathrm{e}^{\mathrm{i}\phi(z,t)}\,\mathrm{d}z\mathrm{e}^{-2\mathrm{i}w_\mathrm{s}t} \tag{4.9b}$$

时间均方振荡升力系数定义为

$$\overline{C_\mathrm{L}^2} = \left(\frac{1}{2}\rho_0 U_\infty^2 \, \mathrm{d}L\right)^{-2}\overline{F_y^2(t)} \tag{4.10a}$$

阻力系数为

$$\overline{C_\mathrm{D}^2} = \left(\frac{1}{2}\rho_0 U_\infty^2 \, \mathrm{d}L\right)^{-2}\overline{F_x^2(t)} \tag{4.10b}$$

式中：上横线表示时间平均值。根据实验数据的解释，我们注意到，若非定常力在时间上是谐波，则均方根仅为$\frac{1}{2}\widetilde{F}^2$。在雷诺数小于$3\times10^5$的情况下，预计会出现这种情况，其中脱落频率得到很好的定义。R_d值越大，涡旋脱落所覆盖的频率范围越广，则均方值必须为最严格意义上的值。这一讨论是相关的，因为不同的研究者已经通过确定峰值或时间均方值来测量流体升力。稍后将比较测量结果。

解释升力系数测量值的另一个困难在于未知函数 $\phi(z,t)$。因此，如果让l_z描述一个典型的轴向长度标尺，$\phi(z,t)$在该标尺上是恒定的，那么测量升力的脱落圆柱的长度应小于l_z，这很重要。当然，如果升力根据压力分布推断得出，就像杰拉德在参考文献［42］中所做的一样，那么升力系数与压力系数$p\left(\frac{1}{2}\rho_0 U_\infty^2\right)^{-1}$密切相关，通过比较式（4.9）和式（4.10）可以得到。

图 4-13 中的点和实线总结了由不同研究者测量的振荡升力系数的均方根值（稍后将使用的代表性值以点状线表示）。在这一基础上，Gerrard[42]、McGregor[54]、Koopman[46]、Schmidt[47]和 Schwabe[48]通过整合测量的脉动压力分布来确定波动升力。它们的测量结果证实了我们对式（4.7）中所用压力周向变化的表示。McGregor 得到了升力系数的值是 0.42，当 R_d 在 $4\times10^4\sim1.2\times10^5$范围之间，这与 Humphrey 的值非常吻合。此处显示的数值，由 Humphrey[49] 和 Macovsky[50]通过假设周期性的升力波动，从他们的升力振幅测量值中推导得出。他们公布的升力波动的示波器（时间历史）表明，这是对数据

的合理准确解释。在汉弗莱的例子中，周期性的升力信号有一些长时间的不规则调制；因此，他引用的平均振幅值被用来估计均方根升力。由于 $R_d=2\times10^5$ 标志着观测周期的上限，这种近似方法不能适用于汉弗莱在 $2\times10^5\sim6\times10^5$ 范围内的数据。在雷诺数为 0.8~0.35 的范围内，升力系数的最大值减小，与 Fung 的峰值基本吻合。Fung[55] 和琼斯报告的均方根值[41] 似乎非常一致。Schmidt[47] 的测量结果是在与冯氏相同的设施中获得的，但他指出，如果圆柱体抛光良好，升力系数就会降低。Bishop 和 Hassan[51] 提供了均方根升力的直接测量值，而 Macovsky 得到的系数则根据他引用的最大升力水平确定得出。由 Schwabe 引起的单点是雷诺数的最低值，其振荡升力数据可用：它是通过积分压力分布得到的。Schewe[56] 的测量值是根据变压风洞中长径比为 10∶1 的抛光圆柱体上的升力波动推导出来的。这些测量值贯穿 $2\times10^4<R_d<7\times10^6$ 整个范围，与图 4-13 所示一致。最后，通过间接法获得了 Leehey 和 Hanson[52] 的测量值。这些测量是在一个涉及风致圆柱振动和风吹声的实验中完成的。他们首先确定了特定涡旋脱落频率下的风致振动水平。然后，他们在静止的空气中以与风振相同的频率对圆柱进行电磁激励。这是通过在钢丝周围放置了一个永磁体系统的交流电来实现的。测量通过导线的电流和磁场强度，他们确定了导线上产生的力，这与他们同时测量的圆柱振动水平成正比。从这一点，他们推导出了在实验中任何给定点上钢丝的气动升力。Powell 以前也曾使用过这种方法[57]。竖条表示所报告的升力系数的上限和下限。不幸的是，在测量过程中会出现一定程度的圆柱振动，这会影响升力（见 4.3.4 节）。

尽管图 4-13 中所示的升力系数范围很广，但在雷诺数接近 4×10^4 的范围内，升力系数的最大值似乎有一个总体趋势。在这一区域的任何一个极端，系数的值似乎都要小一些。调查人员之间最有可能存在分歧的三个原因如下：

（1）环境影响，如上游湍流和圆柱运动会改变升力（见 4.3.4 节）。

（2）沿圆柱轴线的局部压力的空间平均值可降低表观升力，见式（4.9）。

（3）这些测量在本质上是动态的，会在一定程度上受实验误差的影响。例如，Bishop 和 Hassan[51] 的数据分散率为 612%，Gerrard[42] 报告的压力为 30%，Macovsky[50] 的测量值为 25%。误差是观测值的扩展极限，用数据总体质心的百分比表示。图 4-13 所示的数值范围与散点不太一致。

实测的波动阻力系数比升力系数少。图 4-14 显示，Fung[55]、Schmidt[47]、Van Nunen[58]、McGregor[54] 和 Gerrard[42] 的测量结果基本一致。雷诺数接近 4×10^4 时出现最大值。阻力波动约为升力系数的 1/10。

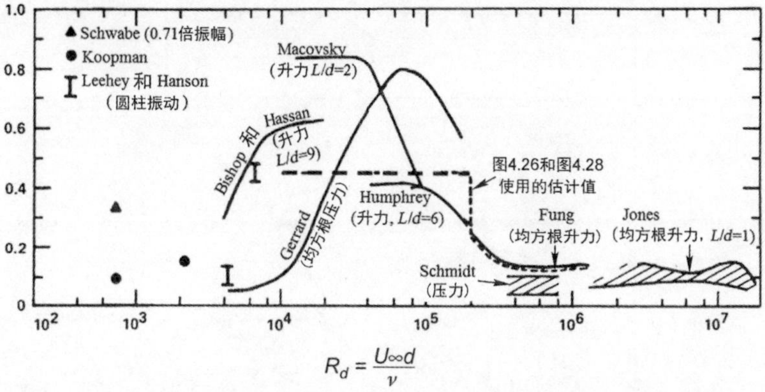

图 4-13　圆柱上均方根振动升力系数的实测值与雷诺数的函数关系

（资料来源：Jones GW. Unsteady lift forces generated by vortex shedding about large stationary, and oscillating cylinder at high Reynolds number. ASME Symp Unsteady Flow, Pap. 68-FE-36; 1968; Koopman GH. Wind induced vibrations and their associated sound fields. PhD thesis, Catholic University: Washington, DC; 1969; Schmidt LV. Measurement of fluctuating air loads on a circular cylinder. J Aircr 1965; 2: 49-55; Schwabe M. Über Druckermittlung in der nichtstationären ebenen Strömung. Ing Arch 1935; 6: 34-50; Humphrey JS. On a circular cylinder in a steady wind at transition Reynolds numbers. J Fluid Mech 1960; 9: 603-12; Macovsky MS. Vortex-induced vibration studies. DTMB Rep. No. 1190. David Taylor Naval Ship R & D Center: Washington, DC; 1958; Bishop RED, Hassan AY. The lift and drag forces on a circular cylinder in a flowing fluid. Proc R Soc London Ser A 1964; 277: 32-50; Leehey P. Hanson CE. Aeolian tones associated with resonant vibration. J Sound Vib 1971; 13: 465-83; Gerrard JH. The calculation of the fluctuating lift on a circular cylinder and its application to the determination of Aeolian tone intensity. AGARD Rep. AGARD-R-463; 1963.）

到目前为止，这一节将致力于对圆柱上流体诱导平均力和时间相关力的相对经典测量的概述。其中，许多可能是为以后对其他横截面进行的模拟做准备，以了解流动和力。其中，值得注意的是 Ma 等[24]和 Franke 等[25]的大涡模拟。这与 Kovasznay[15]、Ong 和 Wallace[59]最近测量的平均和湍急尾流一致。专门用于计算均方根升力系数的数值模拟，如 Cox 等[60]、Squires 等[61]和 Brewer[62]得到了本节讨论的数据以及 Schewe[63]最新结果的支持，Schewe[63]研究了范围广泛的雷诺数，并提供了力的谱分布，Szepessy 和 Bearman[64]检验了展弦比对非定常升力的影响，Braza 等[65]也给出了一些早期的数值结果，Nishimura 和 Taniike[66]研究了高雷诺数区域。

4.3.3　轴向相位一致性的表示法：相关长度

如上所述，即使涡旋引起的脉动压力沿圆柱轴线局部具有相同的振幅，压力的相位可能会发生随机变化，如式（4.7）中的 $\phi(z,t)$ 就是如此。因此，圆

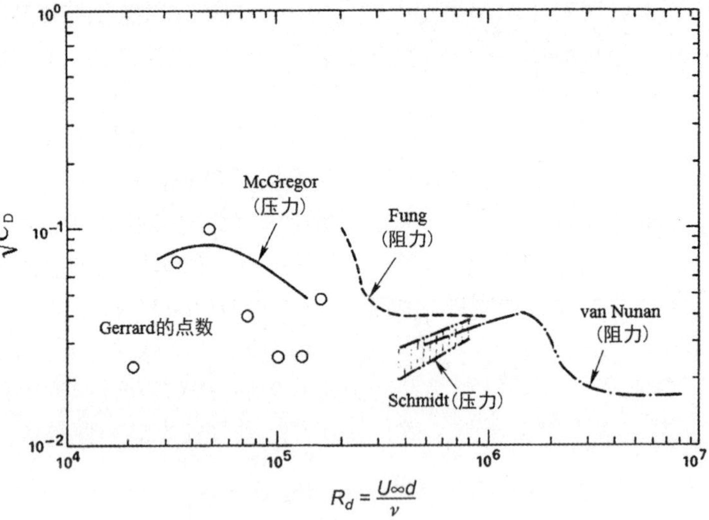

图 4-14　圆柱上波动阻力系数与雷诺数的函数关系

（资料来源：Schmidt LV. Measurement of fluctuating air loads on a circular cylinder. J Aircr 1965; 2: 49-55; Gerrard JH. The calculation of the fluctuating lift on a circular cylinder and its application to the determination of Aeolian tone intensity. AGARD Rep. AGARD-R-463; 1963; McGregor DM. An experimental investigation of the oscillating pressures on a circular cylinder in a fluid stream. UTIA Tech. Note No. 14; 1957; Fung YC. Fluctuating lift and drag acting on a cylinder in a flow at supercritical Reynolds numbers. J Aerosp Sci 1960; 27: 801-14; van Nunen JWG. Steady and unsteady pressure and force measurements on a circular cylinder in a cross flow at high Reynolds numbers. IUTAM Symp Flow-Induced Struct Vib Karlsruhe Pap. H5; 1972.）

柱上有提供偶极强度的非定常力，其相关轴向的相关长度就是声学和振动学的主要研究对象。人们已经做了各种尝试来量化轴向相位变化，其中，许多测量都是通过使用流动可视化来实现的。Phillips[12]、Macovsky[50]和 Hama[38]研究了注入圆柱体尾流的染料图案，Macovsky[50]还观察到了附着在圆柱体上的羊毛簇的三维图案。当两个热线风速计探针沿着圆柱轴线彼此移动时，Roshko[16]通过观察尾流中两个热线风速计探头之间 Lissajous 模式行为来估算涡旋的长度尺度。Gerrard[53]没有引用任何测量的细节，但他指出，当 Re_d 小于 2×10^5 时，相关长度是三个直径的数量级。严格意义上讲，相关性通过 Prendergast[67]（压力波动）、ElBaroudi[68]（分离点附近的速度波动）、Ballou[21]（尾流中的速度波动）、Leehey 和 Hanson[52]（尾流中的速度波动）在轴向分离的传感器之间进行了相关测量，和 Schmidt[47]（局部升力波动）进行测量。

两点相关仅作为轴向间隔距离 z_2-z_1 的函数行为是式（4.7）中所用函数

$\phi(z,t)$随机性的统计反映。考虑到压力是在两个轴向分离的位置测得的，所以压力的时空相关性写成

$$\hat{R}_{pp}(\theta,z_2-z_1,\tau)=\overline{p(\theta,z_1,t)p(\theta,z_2,t+\tau)}$$
$$=\frac{1}{T}\int_0^T p(\theta,z_1,t)p(\theta,z_2,t+\tau)\mathrm{d}t$$

这只是可以用式（4.7）的近似形式表示的相关性。

$$\overline{p(\theta,z_1,r)p(\theta,z_2,t)}=\frac{1}{2}[p_{\mathrm{L}}(\omega)\cos^2\theta+p_{\mathrm{b}}^2(2\omega_{\mathrm{s}})\sin^2\theta] \tag{4.11}$$
$$\mathrm{expi}[\phi_1(z_1,t)-\phi_2(z_2,t+\tau)]$$

平均时间必须大于特征脱落周期$2\pi/\omega_{\mathrm{s}}$和相函数$\phi(z,t)$的振荡周期。同样，为了使式（4.11）有效，相位函数的变化周期也必须大于$2\pi/\omega_{\mathrm{s}}$。相位函数上的超限表示时间平均值，用平均相位差的指数代替指数。实际上，如果$\omega_{\mathrm{s}}\gg\partial\phi/\partial t$这个假设可以视为等同于使用大于$2\pi/\omega_{\mathrm{s}}$，但小于$2\pi$（$\partial\phi/\partial t$）$^{-1}$的条件平均值。$\mathrm{expi}[\phi_2-\phi_1]$的平均值本质上是归一化相关系数：

$$R_{pp}(z_2-z_1,\tau)=\frac{\overline{p(\theta,z_1,t)p(\theta,z_2,t+\tau)}}{[\overline{p^2(\theta,z_1,t)p^2(\theta,z_2,t)}]^{\frac{1}{2}}} \tag{4.12}$$

式中：$\overline{p^2(\theta,z,t)}$为任何位置$\theta$处的均方压力；$z$为圆柱体轴线：

$$R_{pp}(0,0)=1 \tag{4.13}$$

从式（4.7）可以得

$$\overline{p^2(\theta,z,t)}=\frac{1}{2}[p_{\mathrm{L}}^2(\omega_{\mathrm{s}})\sin^2\theta+p_{\mathrm{b}}(2\omega_{\mathrm{s}})\cos^2\theta] \tag{4.14}$$

归一化的时空关联揭示了沿圆柱的涡旋的平均对流，令$z_2-z_1=\xi$，则

$$R_{pp}(\xi,\tau)=R_{pp}(\xi-v_{\mathrm{c}}\tau) \tag{4.15}$$

式中：v_{c}为表观对流速度。事实上，人们观察到涡旋细丝“剥离”圆柱，从圆柱的一端传播到另一端，因此，一旦涡旋形成，其轴线就与圆柱轴线不平行。除非圆柱发生偏航，或者除非流动中出现其他非对称性，通常来说，相关函数都是由ξ依赖性决定的。因此，我们可以得

$$R_{pp}(\xi,\tau)\approx R_{pp}(\xi)$$

写成解析形式：

$$R_{pp}(\xi)=\mathrm{e}^{-\alpha|\xi|} \tag{4.16}$$

同理，可以得到一个很好的功能拟合，许多实验数据已收集到无偏航圆柱。我们将把相关长度定义为（式（3.80）

$$2\Lambda_3=\int_{-\infty}^{\infty}R_{pp}(\xi)\mathrm{d}\xi \tag{4.17}$$

于是

$$2\Lambda_3 = \frac{2}{\alpha} \tag{4.18}$$

因此，对于可忽略的轴向流，我们取 $k \ll \alpha$，$\Lambda_3 = 1/\alpha$。

上述分析与尾流速度的轴向关联性以及升力关联性有关。图 4-15 显示了在$3.3\times10^3 \sim 7.5\times10^5$范围中，各种雷诺数下的相关函数示例。需要注意的是，在 R_d范围的下端，该函数不同于式（4.16）中给出的表示，但在上端，方程与测量函数相匹配。图 4-16 显示了不同研究者报告的 $2\Lambda_3/d$ 值。也许依靠图 4-16 最引人注目的方面是，很难得出关于相关长度的一般结论。对于 R_d小于 140 的情况，研究者一致认为存在较大的相关长度。Hama 的照片显示，当$R_d=117$，即 $\Lambda_3/d\approx50$ 时，涡旋沿着圆柱的整个长度是具有相关性的。当 $R_d<2\times10^5$时，除了 Leehey 和 Hanson[52] 测量的相关长度，大多数研究者引用 $\Lambda_3\approx d \sim 6d$，这很容易解释 Leehey 和 Hanson 的较大 Λ_3是由圆柱体振动引起的；然而，他们认为 Λ_3随 R_d增大而均匀减小的现象是这一解释的证明。

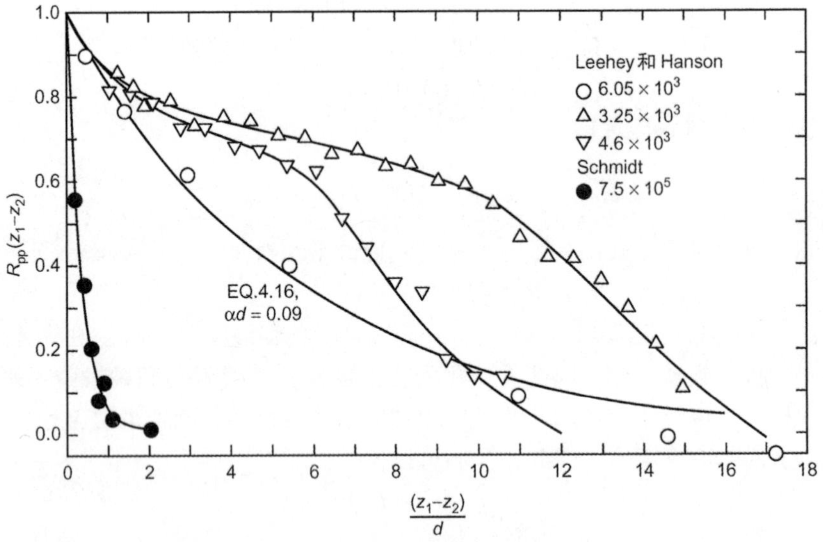

图 4-15　4 个雷诺数下圆柱上脉动升力的轴向协方差函数。

（资料来源：Schmidt LV. Measurement of fluctuating air loads on a circular cylinder. J Aircr 1965；2：49-55；Leehey R，Hanson CE. Aeolian tones associated with resonant vibration. J Sound Vib 1971；13：465-83.）

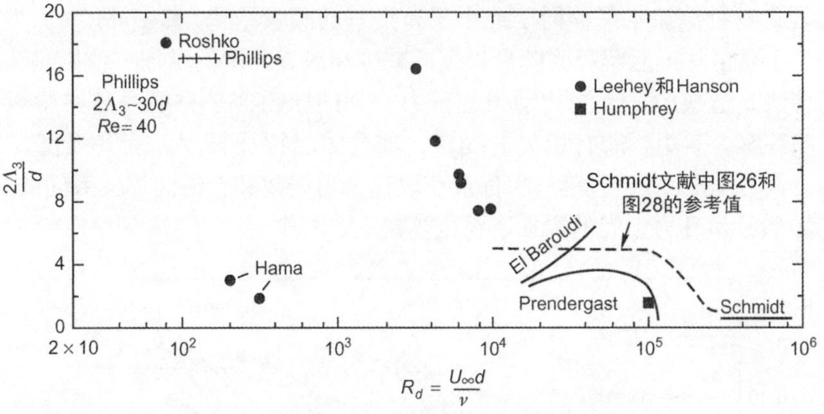

图 4-16　圆柱上升力相关长度测量值汇总

（资料来源：Phillips OM. The intensity of Aeolian tones. J Fluid Mech 1956；1：607-24；Roshko A. On the development of turbulent wakes from vortex streets. Natl Advis Comm Aeronaut Tech Note No. 2913；1953；Hama FR. Three-dimensional vortex pattern behind a circular cylinder. J Aeronaut Sci 1957；24：156-8；Schmidt LV. Measurement of fluctuating air loads on a circular cylinder. J Aircr 1965；2：49-55；Humphrey JS. On a circular cylinder in a steady wind attransition Reynolds numbers. J Fluid Mech 1960；9：603-12；Leehey R，Hanson CE. Aeolian tones associated with resonant vibration. J Sound Vib 1971；13：465-83；Prendergast V. Measurement of two-point correlations of the surface pressure on a circular cylinder. UT1AS Tech. Note No. 23；1958；ElBaroudi MY. Measurement of two-point correlations of velocity near a circular cylinder shedding a Karman vortex street. UT1AS Tech Note No. 31；1960.）

4.3.4　影响旋涡脱落的其他因素

如 4.3.3 节所述，升力波动的测量值会受到圆柱运动、表面粗糙度和上游湍流的影响。很少有系统的研究对这些影响进行量化。Gerrard[28] 研究了 R_d 在 800~4×10^4 上游湍流的影响。他在 $x=0$ 处（图 4-8）测量了分离下游圆柱边界层中速度波动的强度。该速度以与脉动升力系数相似的方式增加。图 4-17 显示了上游两级湍流在自由流速度为 0.02%和 1%时的这种行为。当雷诺数大于 10^3时，脉动速度 u_s的增幅高达 4 倍，而这种增幅是由流入湍流的增加引起的。通过 u_s和 C_L随 R_d的相似变化，Gerrard 认为这两个流量变量是相关的，环境对一个变量的影响反映了对另一个变量的相似影响。此外，Gerrard[53] 认为，高自由流紊流会略微增加涡旋强度和涡旋脱落频率，参见 4.2.2 节。他还推测，由图 4-6 所示，Bloor[17] 测量的不同直径圆柱体地层长度的变化，归因于较小直径圆柱体的较高水平的入射湍流。不过，这可能并不完全正确，如图 4-6 所示，Ballou[21] 的测量值也是在自由流湍流水平为平均速度的 0.04%时获得的[21,52]。这种湍流水平等同于或小于布洛尔的测量结果。Gerrard[69]认为，升力增加了 4 倍并不能解释为阵形长度的减少和涡旋强度的增加，他推测这是由入射湍流 u_s造成的。上游扰动引起升力增加的原因似乎只能通过实验研究得到完整答案，其中，所有相关的变量，如升力、特征长度、旋涡强度（另见 Bloor 和 Gerrard[70]）、脱落频率都被获取作为雷诺数和上游湍流关系间的函数，故而 u_s和脉动升力之间的内在联系也被建立了起来。

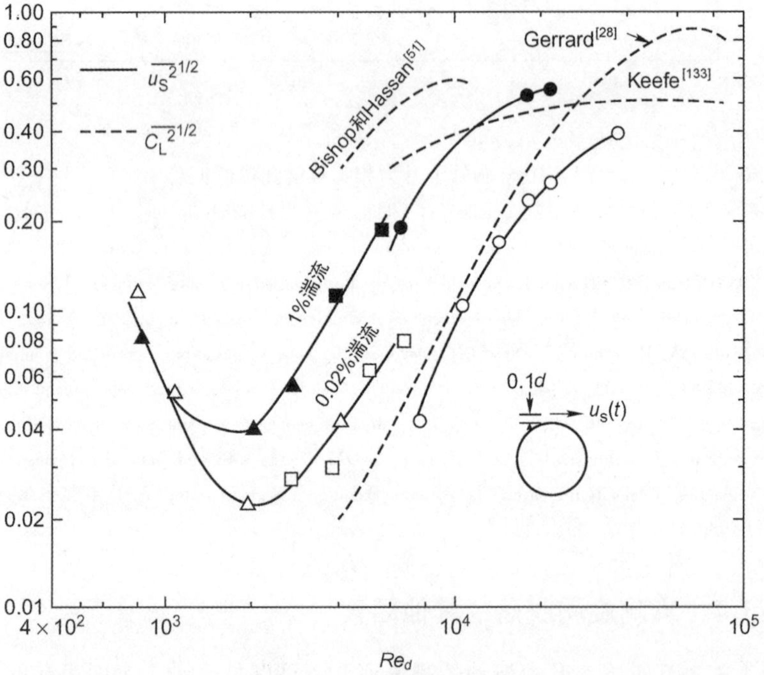

图 4-17　非定常升力系数与上游紊流强度作为雷诺数函数的比较

（转载自 Gerrard JH. A disturbance-sensitive Reynolds number range of the flow past a circular cylinder. J Fluid Mech 1965；22：187-96 by permission of Cambridge University Press.）

通常情况下，除了确定入射自由流湍流的影响，Gerrard[28]还证明了声激励可以提高脱落速度。Gerrard 发现，在雷诺数为6.9×10³时，均方根速度为自由流速度 0.01%的声音可以使 u_s增加 2.5 倍。这种影响与频率有关，并且 u_s这种增加是在激励频率等于二次扰动的转捩波频率时观察到的[17]。因此，这一观察结果引出了一个问题：在式（4.2）给出的频率下，声激励是否也会增加振荡升力惯常系数。

Jones[41]观察到，在高雷诺数下，开口圆柱的运动（与流动方向相垂直）增加了均方根升力。图 4-18 显示了他的一组结果。毫无疑问，这种影响取决于雷诺数。除了升力振幅，其相对于油缸位移的相位也很重要。这一重要方面将作为非线性相互作用，在 5.7.3 节“自激振动”中进行讨论。其他一些与脉动升力系数相关的测量方法也已发表，其中包括圆柱位移的观测值。这些数据如图 4-18 所示。升力系数随圆柱位移峰值的增加而增加，这种增加是均匀的。当 R_d 在 $2\times10^3 \sim 4.5\times10^4$ 范围内也更明显。需要注意的是，Koopmann[46] 测量了波动压力，Leehey 和 Hanson[52] 证明了波动升力的增加，但 Λ_3 没有相应增加。

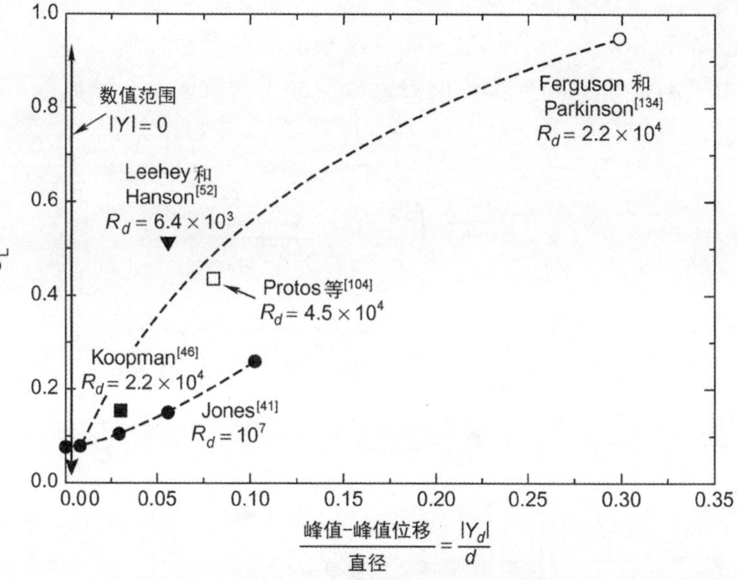

图 4-18　均方根升力系数与圆柱位移的关系

虽然我们将在 5.7.2 节中讨论圆柱体的自激振动，但这里我们将讨论由圆柱体振动引起的流体力学行为。Griffin 和 Ramberg[71] 给出了涡度生成速率和横向位移之间的实验关系。当雷诺数为 144，且强迫振动频率等于涡旋脱落频率时，他们确定，当运动幅度为圆柱直径的一半时，产生涡旋的速率比没有运动的速率增加了 1.65 倍。这意味着涡旋强度会因这种运动而增加。这种横向运动还组织了沿圆柱体轴线的涡旋脱落，Koopmann[72] 在 $R_d = 200$ 处把这一点直观地展现了出来，并改变了涡街中的涡旋间距[71]。这些方面将在 5.7.3 节“自激振动”中得到进一步讨论。圆柱运动的影响远远超出了对摆动升力大小的影响。圆柱运动对尾流扰动的夹带，使圆柱运动与尾流引起的升力之间既有相位关系，又有振幅关系升力。

分流板对影响涡旋脱落的另一个效果，这两种方法都进行了实验研究，如通过[69,73-75]和数值研究来检验分流板运动的影响[76]。图 4-19 是 Gerrard[69]给出的一个带有分流板的圆柱体示意图，以及随着分流板长度的变化而测得的斯特劳哈尔数的变化。分流板干扰了剪切层的横向尾流相互作用，降低了非定常升力和脱落频率。当板长等于圆柱直径时，斯特劳哈尔数减少就意味着尾流宽度发生扩展，阻力系数增加，见 4.3.1 节。其研究结果与 Apelt 等的结果基本一致[73-74]。如图 4-6 所示，由于尾流中圆柱下游一个直径的点与 1.5d 的成形长度一致，因此可以推测分流板干涉引起了下游成形偏移。这种下游偏移也可能导致棚涡强度的降低。在早期的研究中，Roshko[43]发现，在相同的雷诺数范围内，分流板对斯特劳哈尔数的影响相似，在参考文献［30］中，他发现在 R_d大于3×10^6处，$l/d=2.65$ 的分流板消除了涡旋脱落。分流板对翼型涡脱落的影响将在第 2 卷第 5 章“无空化升力部分”中讨论。

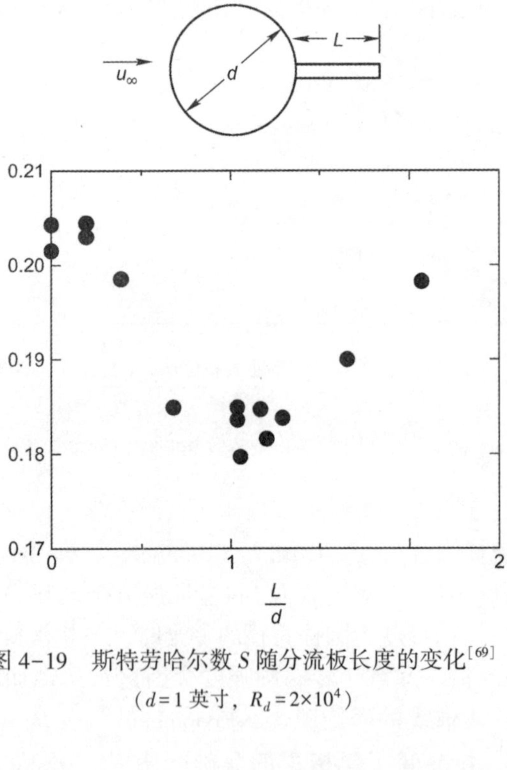

图 4-19　斯特劳哈尔数 S 随分流板长度的变化[69]

（$d=1$ 英寸，$R_d=2\times10^4$）

4.4　二维流动中尾流激振力的估测

尽管强大的数值能力得到了开发，可以提供圆形流动和力的详细信息（如参考文献［24-25，60-62］）和非圆形（如参考文献［76-78］）横截面圆柱——这是一种非常简单但强大的长圆柱上力的表示法，已经使用多年。在这种情况下，涡街被认为是一个二维的线涡阵列，在脱落体的后面，如图 4-7 所示。以这种方式对二维涡街尾流的建模最初由冯·卡门和 Rubach[6]提出的，在其原始形式中，冯·卡门涡街（图 4-7）由相隔一段距离的两个平行且无限长的涡旋组成。在每一排中，相似符号的涡旋相距一段距离，上下两排的符号相反，涡旋位置交替。如图 4-7 所示，在二维尾流诱导力的解析建模中，冯·卡门涡街被截断，作为开口体后面的一对半无限长的点涡街道。对无限涡街的分析十分经典，在 Milne-Thompson[79]和 Lamb[7]等书中都有提及。Wille[80]对涡街稳定性和结构的一些物理方面进行了详细的阐述。

Sallet[81-82]利用复变理论分析了二维定常阻力和非定常升力问题，作为 Van Karman[6]分析方法的延伸。Ruedy[83]和 Chen[32-34]之前也提出过类似的分析。

冯·卡门和 Rubach[6]考虑的涡列稳定性分析在许多文本中都得到了引用（参见 Milne-Thompson[79]和 Lamb[7]），该分析确定了 h 和 l 之间存在着固定的关系，即

$$h=0.281l$$

然而，在后来的研究中，Birkhoff[84]指出，当涡街向下游移动时，系统的动量（与涡量矩 Γh 成比例）必须保持恒定。这就要求在远尾流黏性作用下，h 随着每个涡旋的环流 Γ 减小而增大。这引起了尾流的扩散，可以在 Homann 的照片（图 4-1）中观察到，并且已被测量，参见 Frimberger[85]、Schaefer 和 Eskinazi[27]。此外，间距 l 趋向于恒定，因此冯·卡门的关系只是近似的。另外，Bearman[44]的结果和图 4-12 也表明，间距比取决于涡旋速度。尽管有这一论点，使用冯·卡门常数进行分析仍然很有吸引力，因为冯·卡门常数代表的是一个与测量值大致符合的常数值。

涡脱落的无量纲频率写为[7,79]

$$S=\frac{f_s d}{U_\infty}=\frac{d}{l}\left(1-\frac{|U_v|}{U_\infty}\right)$$

式中：U_v 为涡街相对于自由流和物体的速度：

$$|U_v|=\frac{\Gamma}{2l}\tanh\left(\frac{h\pi}{l}\right)$$

相对于物体的速度是 $U_\infty-U_v=U_c$。非定常升力和定常阻力系数的相关振幅[81-82]为

$$C_{\mathrm{L}}=\frac{\Gamma}{2U_{\infty}d}\left[1-\frac{3|U_{\mathrm{v}}|}{U_{\infty}}\right] \tag{4.19a}$$

但是通过替换 U_{v} 和 Γ，这个表达式写成

$$C_{\mathrm{L}}=\left(1-S\frac{l}{d}\right)\left(3S\frac{l}{d}-2\right)\frac{l}{d}\,coth\left(\frac{\pi h}{l}\right) \tag{4.19b}$$

以及

$$\overline{C}_{\mathrm{D}}=\frac{4l}{\pi d}\left(\frac{U_{\mathrm{v}}}{U_{\infty}}\right)^{2}\left[\coth\frac{\pi h}{l}+\frac{\pi h}{l}\left(\frac{U_{\infty}}{|U_{\mathrm{v}}|}\right)\right]\coth\frac{\pi h}{l} \tag{4.20}$$

均方值为 $\overline{C_{\mathrm{L}}^2}=C_{\mathrm{L}}^2/2$。从 $(U_{\infty}-|U_{\mathrm{v}}|)$ 的测量值可推导出参数 l/d。式（4.20）得到 4.3.1 节中使用的关系式；冯 · 卡门的 $\overline{C}_{\mathrm{D}}$ 公式是通过令 $h/l=0.283$，或者 $\coth\pi h/l=\sqrt{2}$ 推导出的。尾流结构参数最经典的实验研究之一是 Fage 和 Johansen[86-87] 所做的实验。图 4-20（a）显示了 Chen[32] 总结的实验测定 l/d 随 R_d 变化的值。这些 l/d 值以及图 4-10 和图 4-11 中 S 的值，可通过式（4.19a）、式（4.19b）和假设时间谐波力来估算均方根升力系数 $C_{\mathrm{L}}(\sqrt{2})^{-1}$，结果如图 4-20（b）和表 4-1 所示。计算的均方根升力系数虽然具有正确的数量级，但它们与 Gerrard[42] 和 Macovsky[50] 报告的 $\overline{C_{\mathrm{L}}^2}^{1/2}$ 的高值并不完全一致。在评估式（4.19a）和式（4.19b）的有效性时，应注意尾流特性 l/d，Γ/U_{∞} 和 $|U_{\mathrm{v}}|U_{\infty}$ 随圆柱下游距离的变化而变化这一特点。此外，式（4.19b）对 l/d 小量的不确定性很敏感，数值上接近 0.9。式（4.19a）中的值对 $\Gamma/(U_{\infty}d)$ 值敏感，而该值必须通过使用有限核心半径涡旋的适当建模从尾流速度测量中得出。因此，这个量不是很精确。最后，测量的尾流参数和升力系数还没有在一个实验得到同时确定。

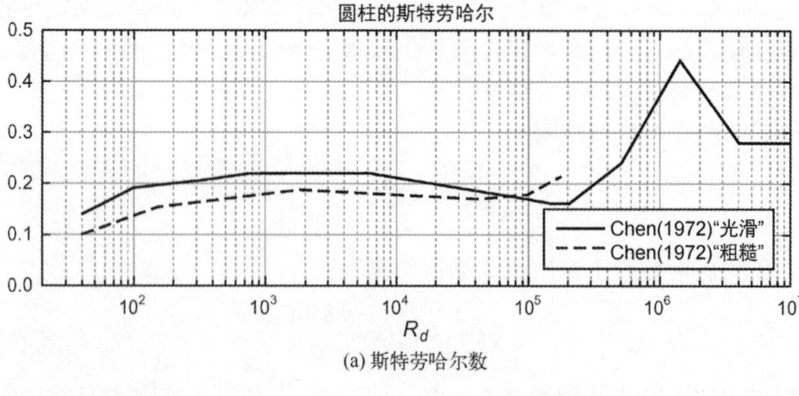

(a) 斯特劳哈尔数

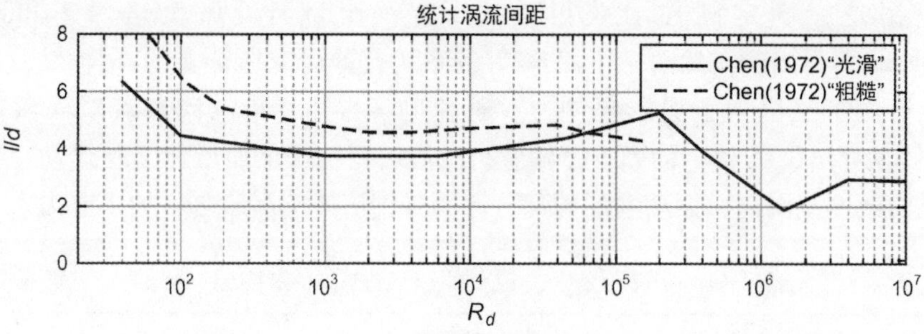

(b) 顺流涡间距l/d

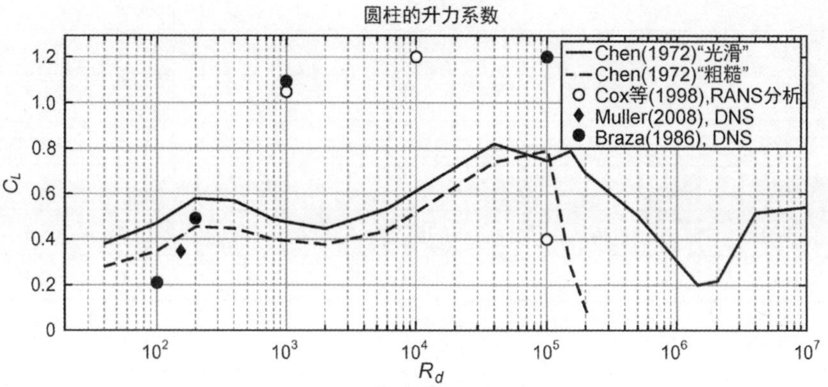

(c) 均方根振荡升力系数

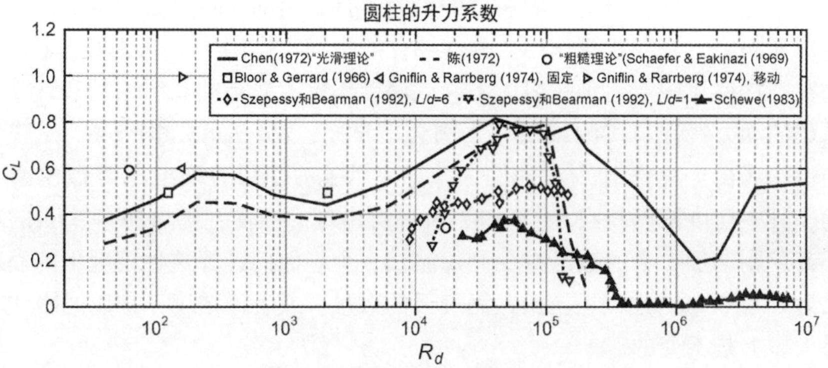

(d) 图4-13所示升力系数均方根的进一步测量值

图 4-20　雷诺数函数

（它们都是雷诺数的函数。参考 Chen[33]、Cox 等[60]、Braza 等[65]、Mwller[88]、Schaefer 和 Eskinazi[27]、Griffin 和 Ramberg[71]、Szepessy 和 Bearman[64]、Schewe[63] 等的研究）

横向圆柱运动的影响见图 4-20 中 $Re_d=144$。Griffin 和 Ramberg[71] 在峰值到峰值圆柱位移为 0.3d 时测量到的涡旋强度比没有运动时更大。如表 4-1 所列，这种循环增加是计算升力系数增加的原因，但需要强调的是，图 4-20 中的数据是在固定圆柱上获得的，只有一个例外，那就是由 Griffin 和 Ramberg[71]得出的。然而，正如 So 等的系统实验研究所证实的那样[89]，自由流紊流似乎也增加了涡诱导升力。通过观察得知，自由流紊流对涡激振动（振幅在 $R_d=0.003d$）的影响，随着自由流湍流的增加而增加圆柱运动。在所研究的速度范围内，振动增加的部分原因是湍流修正涡脱落增加了升力。

表 4-1　涡旋强度、速度和 C_L 由式（4.19a）表示

Re_d	$\Gamma/(U_\infty d)$	$\frac{\lvert U_v \rvert}{U_\alpha}$	C_L	参考文献
60	2.44	0.1	0.85	[27]
120	2	0.1	0.7	[27]
144	2.5	0.1est	0.87	[71]
2000	1.7	0.14	0.5	[70]
16000	1.46	0.18	0.34	[70]
144	4.2	0.1est	1.5	[71]（移动圆柱）

注：est 系指估计值

根据 Gerrard[90]报告，还有另一种计算波动升力的频率和幅度的尝试。这是势场的直接计算，由平行剪切层的动力学行为引起。每个剪切层都被模拟成一片单元涡旋，它们相互作用，并在圆柱的平均流作用下自由移动。剪切层的运动在圆柱尾流中产生了一组大涡旋或涡旋集中。涡街的几何结构和计算的升力系数的动力特性与实测结果相当吻合。早期，Abernathy 和 Kronauer 曾使用过类似的涡街生成模型[91]。他们的计算揭示了剪切层表现出“类似模型”的行为，其中涡度浓度将在 6、4 和 2 为一组出现。然而，随着每一个云的单个循环都急剧增加，云的数量减少到每波长 2 个。他们计算这种情况下的涡旋间距比为 $h/l=0.28$。他们还指出，涡旋云的数量，或者说浓度，乘以间距比 h/l，结果大体上是不变的。

4.5　紧凑表面声学问题的公式

4.5.1　基本方程

根据本章内容的需要，声学紧凑表面被纳入考虑范畴内，它既具有涡的轴向相关长度，也具有直径远小于物体和声波长度表面的观察距离。这些讨论同

样适用于具有很小声学厚度和弦长的非圆形横截面的紧凑表面结构。很快就可以发现，这类重要的表面有一个特殊的性质，即辐射声功率与尾流及对物体施加的交变力的统计值之间存在简单的关系。这就是为什么前面的章节对振动荷载做了详尽的阐释。

这个关系源自第 2 章“声学理论与流致噪声”，从 Curle[92] 引起的辐射压力的积分关系起，就开始提及该关系。在这里，我们发现，线性声辐射压力干扰 $p_a(\bar{x},t)$ 为式（2.71），声源的压缩体积在此进行了修正（见式（2.58））：

$$p_a(\bar{x},t) \approx \frac{1}{4\pi c_0^2}\frac{x_i x_j}{r^3}\iiint_v \frac{\partial^2}{\partial t^2}\boldsymbol{T}_{ij}\left(\bar{y},t-\frac{r}{c_0}\right)\mathrm{d}^3\bar{\boldsymbol{y}} + \frac{-1}{4\pi}\frac{1}{r}\iint_s\left[\frac{\partial}{\partial t}(\rho u_n)\right]\mathrm{d}S(\bar{\boldsymbol{y}}) - \frac{1}{4\pi c_0}\frac{x_i}{r^2}\cdot\iint_s n_i\frac{\partial}{\partial t}[\rho u^2+\rho]\mathrm{d}S(\bar{\boldsymbol{y}}) \tag{4.21}$$

这一结果与 Phillips[12] 得出的结果相同，适用于静止和移动的圆柱体。第一项是尾流四极体体积分布的贡献，第二项的结合是表面偶极贡献；在第二项中，在刚性圆柱情况下，表面速度消失。

为了便于说明，圆柱接受了实验检查，但是，将最终结果推广到其他横截面几何图形其实是很简单的。在式（4.21）的评估中，各种术语将图 4-21 所示的参数纳入参考范围。作用在圆柱（和流体上）上的力用式（4.7）表示。由于这种压力分布而引起的圆柱体内的任何运动都将产生一个与水流垂直的速度 $U(z)$。同样，波动的阻力也会引起流向运动。与此速度相关联的加速度同流体反应压力成正比，其方向性也为 $\cos\theta$。因此，这两个被积函数具有相同的圆周方向性，在流动方向上为零，在横流方向上有其最大绝对值。一般来说，在评估净声压时必须考虑这些贡献的各个阶段。

2.5.5 节确定了刚性（静止）圆柱情况下式（4.21）中四极和偶极贡献的相对重要性。如该节末尾所示，偶极贡献是有序的

$$\rho_d \sim \rho_0 U_\infty^2 M(d/r)$$

同时，四极的贡献也是有序的

$$p_q \sim \rho_0 U_\infty^2 M^2(d/r)$$

式中：M 为气流马赫数。假设所有的速度波动都按自由流速度 U_∞ 缩放，力按 $\rho_0 U_\infty^2 \Lambda_3^2$ 缩放。假设源卷和相关长度为 S。因此，它们的贡献率为

$$\frac{p_q}{p_d} \sim M \tag{4.22}$$

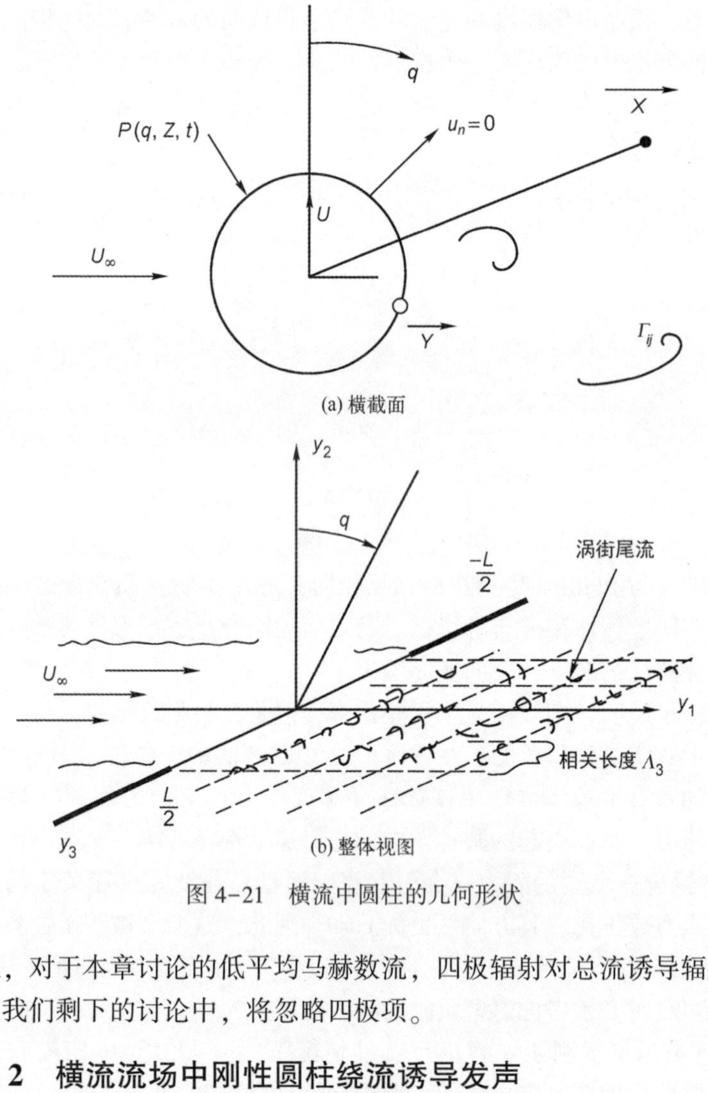

图 4-21　横流中圆柱的几何形状

因此，对于本章讨论的低平均马赫数流，四极辐射对总流诱导辐射的贡献不大。在我们剩下的讨论中，将忽略四极项。

4.5.2　横流流场中刚性圆柱绕流诱导发声

现在将推导出横流中刚性圆柱的声辐射的闭合表达式。忽略圆柱振动，我们发现式（4.21）的偶极声表现为式（2.76）的简单形式：

$$p_{\mathrm{a}}(x,t)=-\frac{1}{4\pi c_0}\frac{x_i}{r^2}\int_{-L/2}^{L/2}\frac{\partial}{\partial t}\left(f_i\left(z,t+\frac{r}{c_0}\right)\right)\mathrm{d}z \tag{4.23}$$

圆柱体相对于声场是固定的。因此，在任何方向上的辐射声压都与该方向上作用在圆柱体上的总力的时间变化率成正比。因此，虽然升力波动仅为升力的 1/10，但升力波动和阻力波动也会使声音沿流向辐射。注意，除了几何结构会影响力，辐射与物体的形状无关。考虑到轴向相位不均匀性的力的表达式由式（4.7）和式（4.8）导出。每单位长度的力为式（4.9）所示的形式，即

$$f_i(z,t)=\tilde{f}_i(\omega)\mathrm{e}^{\mathrm{i}[\phi(z,t)-wt]} \tag{4.24}$$

式中：$\phi(z,t)$为轴向相位函数；$\omega/(2\pi)$为频率。圆柱上某一位置的单位长度力的振幅为$\tilde{f}_i(\omega)$，给定的值 U_∞ 通常是频率的函数。当涡旋周期性脱落时，升力分量和阻力分量分别集中在频率 ω_s 和频率 $2\omega_s$ 处。

由式（4.23）求得均方根辐射声压$\overline{p_{\mathrm{rap}}^2}(x)$为

$$\overline{p_{\mathrm{a}}^2}(\boldsymbol{x})=\frac{1}{16\pi^2}\frac{\omega^2}{c_0^2}\frac{x_ix_i}{r^4}\mathrm{d}z_1\int_{-L/2}^{L/2}\mathrm{d}z_1\int_{-L/2}^{L/2}\mathrm{d}z_2\times\frac{1}{T}\int_0^T\left[f_i\left(z_1,t+\frac{r}{c_0}\right)f_i^*\left(z_2,t+\frac{r}{c_0}\right)\right]\mathrm{d}t \tag{4.25}$$

式中：ω 是 ω_s 还是 $2\omega_s$ 取决于是否考虑了周期性的升力或阻力波动。现在，将式（4.24）与式（4.25）合并，得到时间平均的远场均方压力为

$$\overline{p_{\mathrm{a}}^2}(\boldsymbol{x})=\frac{\omega^2}{16\pi^2c_0}\frac{x_ix_i}{r^4}\left[\frac{1}{2}|\tilde{f}_i(\omega)|^2\right]\int_{-L/2}^{L/2}\int_{-L/2}^{L/2}R_{\mathrm{pp}}(z_1-z_2)\mathrm{d}z_1\mathrm{d}z_2 \tag{4.26}$$

其中，假设相关函数的特征是由式（4.11）~式（4.16）推导出来的。只要观测点不太靠近圆柱轴线，声波波长在轴线上的投影就远大于相关长度 $2\Lambda_3$，该方程也成立。式（4.26）中的积分可根据相关长度进行计算，即

$$\begin{aligned}\int_{-L/2}^{L/2}\int_{-L/2}^{L/2}R_{\mathrm{pp}}(z_1-z_2)\mathrm{d}z_1\mathrm{d}z_2&=\int_{-L}^{L}\mathrm{d}r\int_{-L/2+r}^{L/2}\mathrm{d}z_2R_{\mathrm{pp}}(r)\\&=2[L\Lambda_{3-\gamma_{\mathrm{C}}}\Lambda_3]\end{aligned}$$

式中：Λ_3为式（4.17）定义的相关长度，以及

$$\gamma_{\mathrm{c}}=\frac{1}{\Lambda_3}\int_0^\infty rR_{\mathrm{pp}}(r)\mathrm{d}r$$

是相关函数的质心。例如，参考文献［52］所示，相关函数的质心为 $2\Lambda_3/3$ 级。因此，在这些简化条件下，式（4.26）简化为

$$\overline{p_{\mathrm{a}}^2}(\boldsymbol{x})=\frac{w^2}{16p^2c_0^2}\frac{x_ix_i}{r^4}\left\{\overline{C_{\mathrm{L}}^2}\left(\frac{1}{2}\rho_0U_\infty^2\right)^2 2\mathrm{d}\Lambda_3(L-\gamma_{\mathrm{c}})\right\}$$

$$\overline{p_{\mathrm{a}}^2}(\boldsymbol{x})=\frac{\rho_0^2}{16c_0^2}\frac{\cos^2\theta}{r^2}\overline{C_{\mathrm{L}}^2}U_\infty^6S^2 2\Lambda_3(L-\gamma_{\mathrm{c}}) \tag{4.27a}$$

为通过正弦升力波动辐射到圆柱正上方声场的均方声压；附录中给出了类似的二维结果，对于由阻力引起的辐射声音，用$\overline{C_{\mathrm{D}}^2}$代替$\overline{C_{\mathrm{L}}^2}$，用 $2\omega_s$ 代替 ω_s，用 $\sin\theta$ 代替 $\cos\theta$。利用表 2.1 和式（2.15）中的方向性系数，在距离 $r\gg L$ 处，所有角度 θ 上的平均平方声压为

$$\overline{p_a^2}=\frac{1}{12}\left(\frac{L}{r}\right)^2 q_\infty^2 M^2 S^2 \overline{C_L^2}\left(\frac{2\Lambda_3}{L}\right) \tag{4.27b}$$

或者，根据 1.5.1 节的定义，声压级为

$$L_s=-11+L_q+L_M+10\log\left\{S^2 C_L^2\frac{2\Lambda_3}{d}\right\}+10\log\frac{dL}{r^2}$$

声功率级为

$$L_n=-2.8+L_P+1.5L_{Ma}+10\log\left\{S^2\overline{C_L^2}\frac{2\Lambda_3}{d}\right\}$$

式中：L_P为机械功率系数：

$$L_P=10\log\left(\frac{1}{2}\rho_0 U_\infty^3\,dL\right)/P_0$$

以及

$$L_M=20\log M$$

其中，$P_0=10^{-12}$W，图 1-12 中给出 L_q。

在雷诺数范围内，涡旋脱落是不规则的、弱周期的，在方向 i 上的力 $[\Phi_{FF}(\omega)]$的频谱代替了式（4.27a）中的括号项。
也就是说

$$[\Phi_{FF}(\omega)]_i=\left[\frac{1}{2}\rho_0 U_\infty^2\right]^2 2d^2\Lambda_3(L-\gamma_c)\overline{C}_{L,D}^2\phi_{FF_i}(\omega) \tag{4.28}$$

其中，$\Phi_{FF_i}(\omega)$在以 $\omega_s=2\pi U_\infty/d$ 和 $i=L$ 或 D 为中心的频率范围内或窄或宽，取决于是偏向对升力相关的声音还是对阻力相关的声音。这个函数 $\Phi_{FF_i}(\omega)$具有时间维数，其定义在$-\infty<\omega<\infty$ 上，并且它对所有频率上的积分都归一化为单位，即

$$\int_{-\infty}^{\infty}\phi_{FF_i}(\omega)\,d\omega=1 \tag{4.29a}$$

这种关系可以通过比较式（4.28）和式（4.10）来推导。如图 4-22 所示，在规则涡旋脱落区，升力谱几乎是音调的，而随着雷诺数增加到超临界范围，如 Schewe[56] 所示，$3\times10^5<R_d<3\times10^6$，频谱变宽。由于光谱归一化为单位，$\omega=\omega_s$处的能级随带宽的增加而降低。例如 1.4.4.1 节线性带通滤波器描述中所述，频谱可延伸至正负频率。例如式（4.7）所述，在纯谐波脱落的情况下，升力函数为

$$\varphi_{FF_L}(\omega)=\frac{1}{2}\{\delta(\omega-\omega_s)+\delta(\omega+\omega_s)\} \tag{4.29b}$$

同理，对于脉动阻力函数，用 $2\omega_s$代替 ω_s。

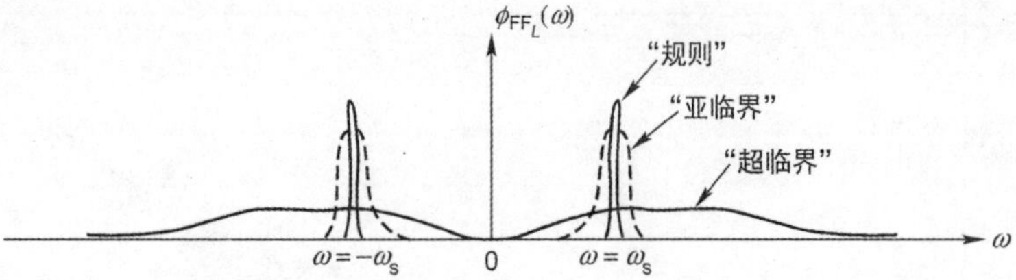

图 4-22　各种涡旋脱落区刚性圆柱上预计的 $\varphi_{FF_L}(\omega)$ 的频谱形式示意图

利用式（4.26）中的这些关系，可以得出非定常升力所发出的声音的形式：

$$\overline{p_a^2}(\boldsymbol{x})=\frac{\cos^2\theta}{16\pi^2r^2}\left(\frac{U_\infty}{c_0}\right)^2\left(\frac{1}{2}\rho_0U_\infty^2\right)^2\left[\int_{-\infty}^{\infty}\left(\frac{\omega d}{U_\infty}\right)^2\phi_{FF_L}(\omega)\,d\omega\right]\times$$
$$\overline{C_L^2}x\left[\int_{-L}^{L}(L-r)R_{pp}(r)\,dr\right] \tag{4.30}$$

辐射声强表达式中的这些变化式（4.27）和式（4.30）可用于在雷诺数相当大的范围内，根据已知的流诱导力特性来估计声级。

4.5.3　声强测量方法回顾

Holle[93]、Gerrard[94]、Phillips[12]、Leehey 和 Hanson[52]、Koopmann[46]、Etkin 等[13]和 Guedel[95]对横流中圆柱的声级进行了测量。计算声音的工作包括 Muller[88]、Inoue 和 Hatakeyama[96]的 Navier-Stokes 方程的直接积分。我们遵循菲利普斯和阿波斯的例子，对实验结果进行了检验，以便于与偶极声理论进行比较，重写式（4.30）成以下形式：

$$\overline{p_a^2}\frac{c_0^2}{\rho_0^2}=U_\infty^6\left[\frac{S^2Ld}{r^2}\right]\frac{\cos^2\theta}{16}\overline{C_F^2}\frac{2\Lambda_3}{d}\left(1-\frac{\gamma_C}{L}\right) \tag{4.31}$$

该形式清楚地暴露了作为升力系数函数的声压级轴向相关长度的函数。正如菲利普斯提出的 $U\infty\left[\frac{s^2Ld}{r^2}\right]^{1/6}$ 线性函数形式那样，图 4-23 显示了 Phillips[12]、Holle[93]和 Gerrard[94]的测量结果。测量是在 $\theta=0°$处，广泛地说，就是在很大的雷诺数范围内。图 4-23 中直线的斜率为

$$\text{Slope}=\left[\frac{1}{16}\overline{C_L^2}\frac{2\Lambda_3}{d}\left(1-\frac{\gamma_c}{L}\right)\right]^{1/6}$$

在 10^3和 10^4的雷诺数范围内，升力系数的典型值为 0.3（图 4-13），相关长度的典型值为 $10d$（图 4-16）。这与 Holle[93]和 Gerrard[94]的数据一致，给出了 0.6 的斜率。

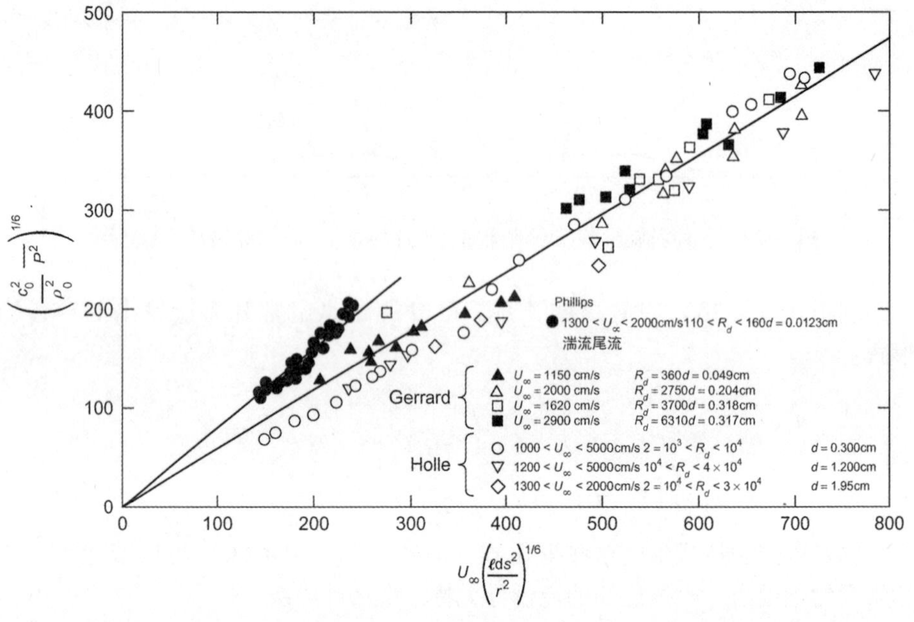

图 4-23　风成音的远场声压级显示为风速的函数，以证明刚性圆柱体的第六次幂律

（资料来源：Phillips OM. The intensity of Aeolian tones. J Fluid Mech 1956; 1: 607-24; Gerrard JH. Measurements of the sound from circular cylinders in an air stream. Proc Phys Soc London B 1955; 68: 453-61; Holle W. Frequenz- und Schallstarkemessungen an Hiebtonen. Akust Z 1938; 3: 321-31. Reprinted from Phillips (1956) by permission of Cambridge University Press.）

测量的声压和利用图 4-12 与图 4-15 参数进行计算之间的对应关系是近似的。通过取相关参数$\overline{C_L^2}$和 Λ_3/d 的六次方根，测量值的不一致被最小化。对 Curle[92] 方程和风成音调的综合结果进行了精确验证，式（4.27）和式（4.31）几乎同时静候着 Leehey 和 Hanson[52]、Koopman[46] 的关注。在这两种情况下，流体升力系数和相关长度的同时测量提供了实验与理论的关键对比。表 4-2 显示了调查中计算和测量的声强比。在所有情况下，流动诱导的圆柱峰间位移 $2a$ 都不为零，因此，$\overline{C_L^2}$的测量值可能会受此影响。回想一下，Leehey 和 Hanson[52] 的论点是，在他们的实验中，圆柱运动并不影响相关长度。然而，该表中所示的一致意见都清楚地表明，如果能精确测量圆柱压力参数，声级的计算是相当可靠的。

虽然式（4.31）显示了给定圆柱直径 d 的 U_∞^6 增加，并由图 4-23 中的实验结果所证实，但在某些情况下，如一个弹性圆柱在相当大的速度范围内，其对速度的依赖性难以被发现。图 4-24 所示为一个例子，其中测量的声级以比 U_∞^6 更大的速度依赖性增加。图中所示依赖性的变化发生在涡旋脱落频率与圆柱共振频率的速度几乎相等的情况下。这种效果反映了振动升力系数随转速变化而变化，振动流固耦合作用改变了涡旋脱落。

表 4-2　测量和计算声强的比较

R_d	$\frac{2a}{d}$ [a]	$\overline{C_L^2}^{1/2}$	$\frac{2\Lambda_3}{d}$	$10\log\frac{(p_a^2)_{calc}}{(p_a^2)_{meas}}$	参考文献
21000	0.03	0.15	4(=L/d)	3	[46]
4000	*	0.04	15	1	[52]
4090	*	0.03	13	0	[52]
4140	*	0.08	12.5	1	[52]
6050	*	0.42	9.7	2	[52]
6260	*	0.43	9.2	2	[52]
6450	0.056	0.51	8.5	3	[52]

注：a 列“*”表示没有测量到圆柱位移。

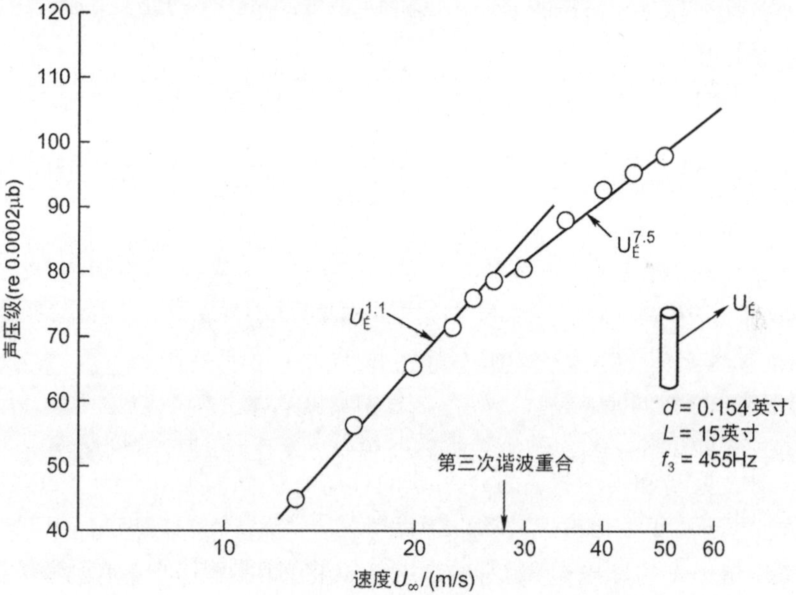

图 4-24　已教圆柱体的声压级

（来自 Leehey 和 Hanson 的交叉流[52]），这些层级显示了振动对导致偏离六次幂定律的重要性

尽管在这种关系的简化解释中存在明显的复杂性，但式（4.26）和式（4.27）对于进行简单的声学估计却是非常有效的。式（4.26）指出，任

何声学紧凑刚体的辐射声强与均方脉动力的时间导数成正比，因此，根据式（2.74）得

$$\overline{p_{\mathrm{a}}^{2}}(\boldsymbol{x})=\frac{1}{16\pi^{2}c_{0}^{2}}\frac{\cos^{2}\theta}{r^{2}}\overline{\left(\frac{\partial F(t)}{\partial t}\right)^{2}} \tag{4.32}$$

式中：θ 为从脉动力矢量的方向测量的。因此，在辐射面较小的实际情况下，可以通过计算均方脉动力的大小来估计声强。

Guedel[95] 对轴线与流动方向成偏航角的圆柱的声辐射进行了实验测量。设流向与圆柱轴线法线之间的夹角为 ϕ，垂直于圆柱的速度分量为 $U_\infty \cos\phi$。假设均方根周期力与 $[U_\infty \cos\phi]^2$ 成比例，涡旋脱落频率与 $U_\infty \cos\phi$ 成正比，式（4.31）可以写成

$$\overline{p_{\mathrm{a}}^{2}}\sim U_{\infty}^{6}(\cos\phi)^{6}$$

Guedel 的实验结果基本上支持了这一结果，得出的指数在 5.34~6 变化。

Smith 等[97] 还有 Ramberg[98] 的脱落频率测量已经证实，$f_s d=SU_\infty \cos\phi$ 随偏航角 ϕ 而略有增加；这些观察结果已得到 Williamson[135] 的证实。$\phi=30°$和 $\phi=60°$分别增加约 15%和 25%。这一点的含义可以参考式（4.19a）。假设基于 $U_\infty \cos\phi$ 的斯特劳哈尔数是恒定的，那么基于 $U_\infty \cos\phi$ 的 C_{D} 增加就意味着 $\Gamma/(U_\infty d\cos\phi)$ 的增加，因此，波动升力系数也增加。然而，Guedel 的结果表明，由于声强的依赖性小于 $(\cos\phi)^6$，所以 $\overline{C_{\mathrm{L}}^{2}}\Lambda_3$ 随 $\cos\phi$ 而减小。这种差异可以解释为，随着 ϕ 的增加，轴向相干性有所损失。Smith 等[97] 证明了 Λ_3 随着偏航角的增加减小的迹象。Ramberg[98] 的结果表明，形成区末端的尾流厚度与偏航（$\phi<50°$）无关，而层流长度受偏航的影响很小。ϕ 约 50°范围内，用速度 $U_\infty \cos\phi$ 定义的基本压力系数通常比零偏航角下的系数小 1.2 倍。对于大于 50°的偏航角，Ramberg 发现，对于没有端板的圆柱，脱落的特征从涡旋几乎与圆柱平行的状态，变为涡旋从顶端脱落并与流动方向对齐的状态。King[99] 对由于升力振荡和阻力振荡波动引起的偏航圆柱涡激振动进行了实验研究，Zhao 等[100] 进行了数值模拟。Zhao 等还研究了 $R_d=1000$ 流动模拟中的一些数值问题，给出了升力系数、流动结构以及与实验结果的比较。偏航提升表面的主题将在第 2 卷第 5 章“无空化升力部分”中进行讨论。

通过引入偏航角来修正式（4.31），来考虑偏航的影响：

$$\overline{p_{\mathrm{a}}^{2}}\frac{c_{0}^{2}}{\rho_{0}^{2}}=[U_{\infty}\cos\theta]^{6}\left[\frac{S^{2}Ld}{r^{2}}\right]\frac{\cos^{2}\theta}{16}\overline{C_{\mathrm{F}}^{2}}\frac{2\Lambda_{3}}{d}\left(1-\frac{\gamma_{\mathrm{c}}}{L}\right) \tag{4.33}$$

对于小于 45°的偏航角，如 Ramberg[98] 测量和 Zhao 等[100] 模拟所示。

根据这个简单的规律，来总结实际流动对涡旋脱落声的影响，如方程

(4.33) 和图 4-23 所示，S、Λ_3、γ_c、$\sqrt{\overline{C_L^2}}$，将伴随以下条件变化：

(1) 改变涡旋形成的圆柱表面的雷诺数和表面粗糙度。

(2) 圆柱的振动运动。

(3) 与其他圆柱和表面的流动与压力相互作用。

(4) 由偏航、有限长度、端板压力导致的沿圆柱体轴线的感应。

横截面几何形状也起着作用，这将在 4.7.1 节中讨论。值得注意的是，尽管近年来与圆形截面几何有关的机理知识几乎没有更新，但计算方法的进步使实际工程应用中遇到的二维和三维钝体流动与力得到了相当精确的模拟。

4.6 旋转杆的声辐射

现在来研究从圆柱体横向旋转到其轴的声强度。图 4-25 所示为与圆柱体轴线垂直的自旋轴，旋转角速度用 Ω 表示，直径沿长度取常数。局部切向平均速度为

$$U(z)=\Omega z$$

在圆柱的顶端

$$U(Z_t)=\Omega Z_t=U_t$$

式中：z 为从旋转轴测量的径向坐标。假设有一个平行于自旋轴的平均前进速度，且与 $z=Z_t$ 的切向速度相比，该速度是均匀的，可以忽略不计。其中，Z_t 是尖坐标，或者自旋半径。杆从半径 Z_h 的中心延伸。在第 2 卷第 6 章“旋转机械噪声”之前，我们都会忽略多普勒频移的影响和由于声源旋转而引起的距离 r 的时间变化。这两个因素都可能导致远场辐射声频谱有所扩展，或导致在基波 ω_s 上方和下方频率处出现边带。

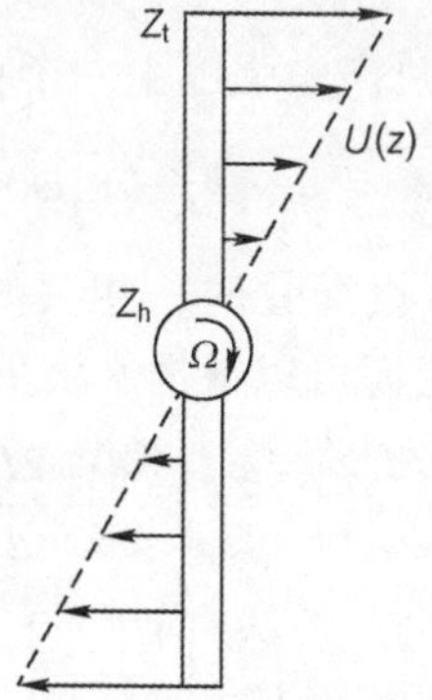

图 4-25　圆柱绕垂直于其长度的轴旋转的几何学

分析内容包括以将式（4.23）写成更一般的形式，来说明脱落的基本频率和沿圆柱向外增加的脉动力的大小。脱落频率随轮毂距离的线性增加为

$$\omega_s d = 2\pi S U(z), \quad Z_h < z < Z_t \tag{4.34}$$

基本上假设涡旋沿着圆柱长度从圆柱上连续脱落，尽管 Maul 和 Young[101] 的实验表明，这个假设并不完全正确。涡沿长度逐步下降，单个模式长度在 $R_d = 2.85 \times 10^4$ 时为 $4d$。此外，由于脱落频率沿杆变化，我们必须保持式（4.28）中给出的振荡力谱的一般解释。结合式（4.25）（ω 在积分内移动），式（4.28）和式（4.34）得到的总远场声强为

$$\overline{p_a^2}(\boldsymbol{x}) = \frac{1}{16\pi^2 c_0^2} \frac{\cos^2\beta}{r^2} \int_{-\infty}^{\infty} \mathrm{d}\omega \int_{Z_h}^{Z_t} \mathrm{d}z_1 \int_{Z_h}^{Z_t} \mathrm{d}Z_2 \left[\frac{1}{2}\rho_0 U^2(z)\right]^2 d^2 \times \overline{C_L^2} \omega^2 R_{pp}(z_1 - z_2) \phi_{pp}(\omega) \tag{4.35}$$

式中：β 为从旋转轴测量的极角。谱密度 $\phi_{pp}(\omega) = \phi_{FF_L}(\omega)$ 是表面压力谱，强峰值在 $\omega = \omega_s$ 附近，如式（4.28），它可以用无量纲频率的通用函数表示。因此

$$\phi_{pp}(\omega) = \frac{d}{U} \phi_{pp}\left(\frac{\omega d}{U}\right) \tag{4.36}$$

无量纲压力谱密度满足有界条件

$$\phi_{pp}(\omega d/U) < \phi_{pp}(2\pi S)$$

为了方便地将式（4.36）替换为式（4.35），就必须进一步假设相关长度相对于圆柱 $Z_t - Z_h$ 长度较小，且脱落频率在相关长度上是恒定的。在此进一步假设下，得到远场声强的频谱密度为

$$\Phi_{prad}(\boldsymbol{x}, \omega) = \frac{\cos^2\beta}{16\pi^2 c_0^2 r^2} \omega^2 \int_{Z_h}^{Z_t} \left[\frac{1}{2}\rho_0 U(z)^2\right]^2 d^2 2\Lambda_3 \frac{d}{U(z)} \phi_{pp}\left(\frac{\omega d}{U(z)}\right) \mathrm{d}z \tag{4.37}$$

式中：β 为离旋转轴的极角。总声学强度由一个积分过程得

$$\overline{p_a^2(\boldsymbol{x})} = \int_{-\infty}^{\infty} \Phi_{p_{rad}}(\boldsymbol{x}, \omega) \mathrm{d}\omega$$

在推导式（4.37）时，假设简化时，相关的质心与圆柱体长度相比可忽略不计。如果 Λ_3 与之无关，我们可以根据旋转尖端速度 U_T 来重写强度谱：

$$\Phi_{p_{rad}}(\boldsymbol{x}, \omega) = \frac{\cos^2\beta 3 d^2}{16\pi^2 r^2} \left(\frac{U_T}{c_0}\right)^2 \left(\frac{\omega d}{U_T}\right)^2 \frac{2\Lambda_3}{d} \frac{2L}{d} \overline{C_L^2} \times \left[\frac{1}{2}\rho_0 U_T^2\right]^2 \frac{d}{U_T} \int_{Z\frac{h}{L}}^{Z\frac{t}{L}} \left[\frac{U(z)}{U_T}\right]^4 \frac{U_T}{U(z)} \phi_{pp}\left(\frac{\omega d}{U(z)}\right) \frac{\mathrm{d}z}{L} \tag{4.38}$$

式中：$L = Z_t - Z_h$ 为旋转油缸总长度的一半（图 4-25）。式（4.38）清楚地显示

了声强度如何取决于马赫数和基于尖端速度的动态压力以及基于尖端速度的无量纲频率。积分表示沿圆柱的局部振荡压力的总和；均方压力的磁矩随 $U^4(z)$ 增大而增大，而涡脱落的时间尺度则随 $[U(z)]^{-1}$ 减小而减小。积分是一个净振荡压力谱，其在圆柱直径和转速上进行无量纲化。该净光谱密度为

$$\Gamma\left(\frac{\omega d}{U_{\mathrm{T}}}\right)=\int_0^1\left[\frac{z}{L}\right]^3\phi_{\mathrm{pp}}\left[\left(\frac{\omega d}{U_{\mathrm{T}}}\right)\left(\frac{L}{z}\right)\right]d\left[\frac{Z}{L}\right] \tag{4.39}$$

若 $Z_{\mathrm{h}} \ll Z_{\mathrm{t}}$，令 $L=Z_{\mathrm{t}}$，则有 $U(Z_{\mathrm{h}})$ 为 0 且 $U(Z_{\mathrm{h}})=U_{\mathrm{T}}$。

即使杆半径上某一点的涡旋脱落是局部纯正弦波，旋转杆辐射声压的谱密度仍呈频率分布。通过式（4.28）中先前给出的局部周期谱的简单分析示例，可以更清楚地看到这一点。杆上径向点 z 的压力波动发生在离散频率下，由下式给出：

$$\frac{\omega_{\mathrm{s}} d}{U(z)}=\pm 2\pi S$$

将其代入式（4.39），得到旋转系统辐射声的光谱密度：

$$\frac{\Gamma(\omega d/U_{\mathrm{T}})}{\overline{C_{\mathrm{L}}^2}}=\begin{cases}\dfrac{1}{2}\left|\dfrac{\omega d}{2\pi U_{\mathrm{T}} S}\right|^4\dfrac{1}{2\pi S}, & \left|\dfrac{\omega d}{2\pi U_{\mathrm{T}} S}\right|\leqslant 1\\[2ex] 0, & \dfrac{\omega d}{2\pi U_{\mathrm{T}} S}>1\end{cases} \tag{4.40}$$

所以声强谱为

$$\begin{aligned}\Phi_{p_{\mathrm{rad}}}(\boldsymbol{x},\omega)=&\frac{\cos^2\beta d^2}{16\pi^2 r^2}(M)^2(2\pi S)^2\frac{2\Lambda_3}{d}\frac{2L}{d}q^2\overline{C_{\mathrm{L}}^2}\times\\&\frac{d}{U_{\mathrm{T}}}\left(\frac{\omega d/U_{\mathrm{T}}}{2\pi}\right)^2\begin{cases}\dfrac{1}{2}\dfrac{1}{2\pi S}\left|\dfrac{\omega d/U_{\mathrm{T}}}{2\pi}\right|^4, & \dfrac{\omega d}{U_{\mathrm{T}}}<2\pi\\[2ex] 0, & \dfrac{\omega d}{U_{\mathrm{T}}}>2\pi\end{cases}\end{aligned} \tag{4.41}$$

而声音的总强度是由积分确定：

$$\overline{p_{\mathrm{a}}^2(\boldsymbol{x})}=\frac{\cos^2\beta}{28}\left(\frac{d}{r}\right)^2(Ma)^2(S)^2\frac{2\Lambda_3}{d}\frac{2L}{d}q^2\overline{C_{\mathrm{L}}^2} \tag{4.42}$$

式中：$M_{\mathrm{T}}=U_{\mathrm{T}}/c_0$，$q=\dfrac{1}{2}\rho_0 U_{\mathrm{T}}^2$。利用这些关系式与测量的声级进行比较。

Yudin[10]、Stowell 和 Deming[9]、Scheiman 等[102]和 Blake[20]所做的实验验证了这些关系。在 19 世纪 30 年代至 50 年代，在旋转圆柱上，对圆柱辐射偶极声的定量测量大多是在旋转的圆柱上进行的。这是在无高背景声水平的情况下实现高雷诺数流动唯一的实用手段。例如，Stowell 和 Deming 结果表明辐射

强度的公式如下：

$$\overline{p_{\mathrm{a}}^{2}(\boldsymbol{x})} \propto \cos^{2}\beta U^{6} L / r^{2}$$

图 4-26 显示了辐射声强的自谱密度的测量示例。基于圆柱直径和尖端速度范围的雷诺数为 2×10^4~4.9×10^5。测量结果是在长 $2L$ 的杆上获得的，这些杆在室外或消声室绕其中心旋转。在测量的光谱密度中，没有共振效应，这表明圆柱振动对测量结果没有影响。Scheiman 等[102]采用这种方法发现声级

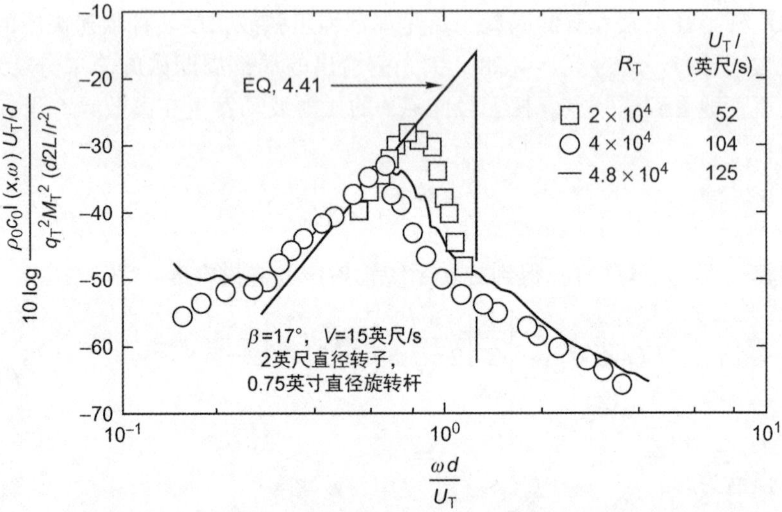

(a) 旋转杆噪声的频谱密度（l/d=36）

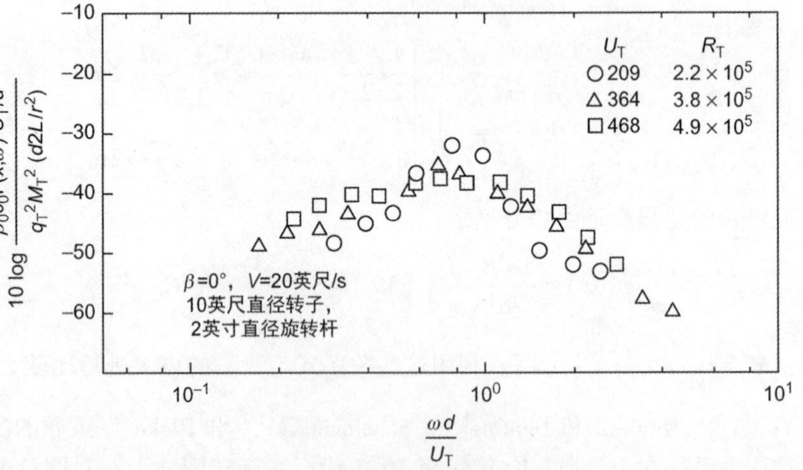

(b) 旋转杆噪声的频谱密度（l/d=30）

图 4-26　辐射声强的自谱密度的测量示例[20]

大小至少为 $U_T/10$,对叠加轴向平均速度并不敏感。测量的光谱密度显示为 q_T和 M_T的无量纲函数，在 R_T较低值下，其峰值更为尖锐。与式（4.41）相比，$\overline{C_L^2}^{1/2}=0.45$，$S=0.45$，$2\Lambda_3=5d$，如图 4-26（a）所示，从理论上讲，如果涡旋脱落，沿圆柱旋转半径的所有点都是时间正弦，那么在 $\omega d/U_T=2\pi S=1.26$ 处就会出现频谱峰，且在高频率处无声音。在 $R_T=2\times10^4$时，测量的光谱密度随$(\omega d/U_T)^6$的增加而增大，光谱密度简化理论一致，随 $\omega d/U_T>1.0$ 减小而减小，如 Maul 和 Young[101] 在沿轴均匀变化的圆柱体剪切流中观察到的一样，在 $\omega d/U_T\approx1.0$ 时的分歧可能是由于局部涡旋脱落的谱展宽造成的。随着雷诺数的增加，声强的谱密度以系统的方式扩展，直到 $R_T=4.9\times10^5$时，谱具有明显的抑制峰值。

各种方向性测量如图 4-27 所示；它们通常支持 $\cos\beta$ 的依赖性。无法解释在 $\beta=30°$时的差异，特别是 Gerrard[94] 和 Guedel[95] 在一个固定刚性圆柱上的观测证实了基本余弦方向性。

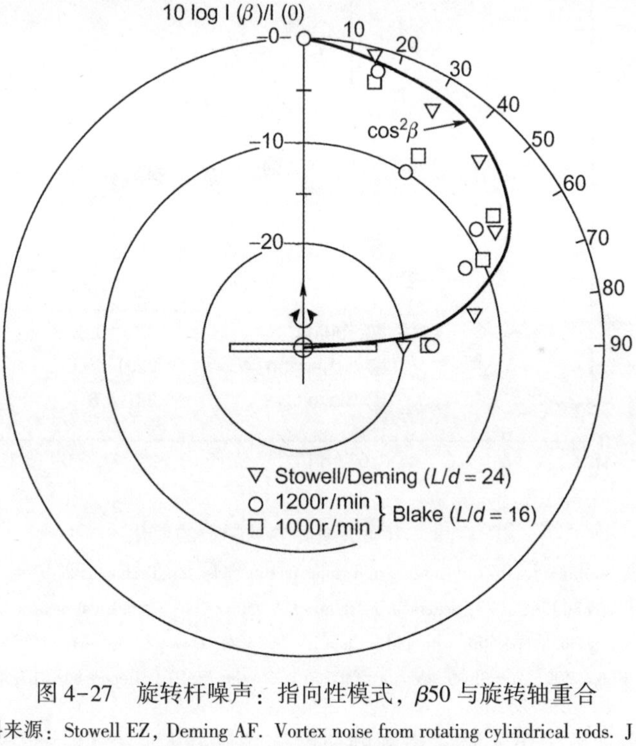

图 4-27　旋转杆噪声：指向性模式，β50 与旋转轴重合

（资料来源：Stowell EZ, Deming AF. Vortex noise from rotating cylindrical rods. J Acoust Soc Am 1936; 7: 190-8 and Blake WK. Aero-hydroacoustics for ships, 2 vols. NSRDC Report 84-010; 1984.）

图 4-28 显示了各种实验情况下的总辐射强度表示为尖端速度马赫数的函数关系。适当 R_T 值下，测量强度与使用式（4.42）计算的值以及图 4-11、图 4-13 和图 4-16 的测量参数非常一致。测量的 $\overline{C_L^2}^{1/2}$ 和 $2\Lambda_3$ 的估计值如相应图所示。对于每个估计，在 $\frac{1}{2}R_T$ 和 R_T 之间的雷诺数范围内，选择给定参数的平均值。尽管脱落参数的精确值可能令人怀疑，但图 4-28 所示的计算和测量强度的趋势表明了一个重要的点，即在 R_T 为 $(4\sim10)\times10^4$ 的范围内，辐射声的速度依赖性为 U_T^6。马赫数（和雷诺数）越高，速度依赖性就越小，且变得更像 U_T^4。速度依赖性的变化与计算的强度相匹配。计算表明，在高雷诺数下，脉动寿命系数和轴向相关长度的减小可以用来解释速度依赖性的变化；趋势如图 4-13 和图 4-16 所示。这一结果夸大了上一节中关于 Gerrard[94] 观察到的 U^5 速度依赖的阐述。

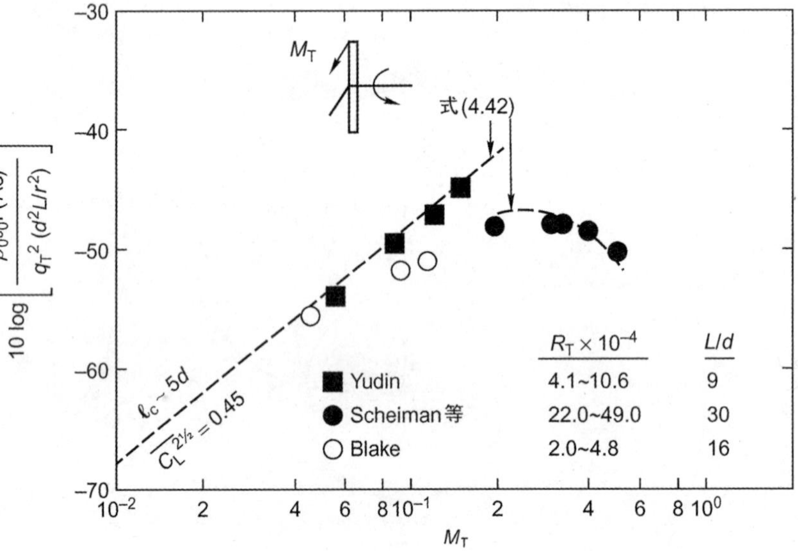

图 4-28　声强级随叶尖马赫数的变化

（资料来源：Yudin EY. On the vortex sound from rotating rods. Zh Tekhn Fiziki 1944; 14 (9): 561; translated as NACA TM 1136; 1947; Scheiman J, Helton DA, Shivers JP. Acoustical measurements of the vortex noise for a rotating blade operating with and without its shed wake blown downstream. NASA Tech. Note TN D-6364; 1971; Blake WK. Aero-hydroacoustics for ships, 2 vols. NSRDC Report 84-010; 1984.）

在某些实际情况下，特定声源的速度依赖性并不总是单一地描述源的物理性质。正如在这些实例中所看到的一样，噪声产生机制的特征在不同情况下是一致的。所观察到的 U^4、U^5、U^6 速度依赖是脱落过程本身在上节末尾所描述的大范围内强烈依赖雷诺数的结果。

4.7　涡致噪声中的其他问题

非圆截面圆柱的声辐射和强迫振动问题，是专门针对具体情况而提出的。同时，一些研究人员也将声学和振动问题扩展到多个管组。在没有数据的情况下，可以使用前几节的基本公式来估计力系数。当涡旋结构已知时，估计和测量的升力大小与相关长度可用于预测这些更复杂实例的声强。

4.7.1　非圆形截面圆柱

近年来，许多测量程序都产生了对声学估计有用的数据。这些测量方法广泛应用到了建筑结构风振脉动力预测中。一般来说，由于测量范围有限，所以没有报道过大范围的雷诺数或更大数量的非定常参数。表 4-3 总结了一些重要结果。最近，King 和 Pfizenmier[108] 提供了一系列关于不同形状和不同跨度值的截面的系统测量。这些结果与表 4-3 基本一致。在所有情况下，振动升力系数均通过直接力测量确定，除表 4-3 中的（d）存在锐角，明显例外。这些结果在厚度 d 和提升测量总跨度 L 上均无量纲。在所有情况下，当尖边圆柱的平侧面对风时，升力系数出现最大报告值。根据 Vickry[106] 的规定，自由流湍流可减小升力的大小和相关长度；这两个值均显示在表中。电梯的周期性也降低了。Bearman 和 Trueman[109] 显示，方形截面的前锐边存在分离现象，这就导致了沿跨度强相关的强尾流涡场。在（h）情况下，分离的剪切层仍然没有在后缘之前重新附着[107]，但在（i）情况下，它们在清除下游后缘之前就重新附着了。在这种情况下，因为形成了比其他情况更弱、更不规则的尾流，所以升力系数可能很小。

表 4-3　圆柱升力系数

形　状	R_d	$\overline{C_L^2}^{1/2}$	$2\Lambda_3/d$	S	源
(a) 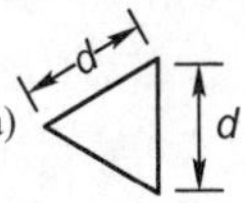	$1\times10^4\sim3\times10^4$	0.054	—	—	积分压力[103]
(b) 	4.5×10^4	0.054	—	0.23	实测升力[104] ($L/d=6$)
(c) 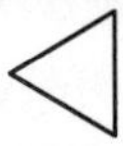	4.5×10^4	0.52	—	0.14	实测升力[104] ($L/d=6$)

续表

形　　状	R_d	$\overline{C_L^2}^{1/2}$	$2\Lambda_3/d$	S	源
(d) 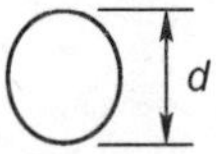	4. 5×10^4	0. 28	—	0. 21	实测升力[104] (L/d=6)
(e) 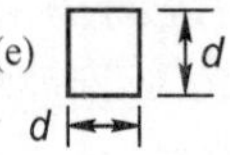	3×10^4~11×10^4		2. 5		积分压力[105]
(f) 	1×10^4	0. 7~1. 3	3~6	0. 12	积分压力[106]
(g) 	3. 3~13×10^4	1. 0	—	0. 125	实测升力[107] (L/d=4. 65)
(h) 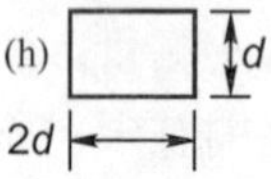	3. 3~13×10^4	0. 35	0	0. 083	实测升力[107] (L/d=4. 65)
(i) 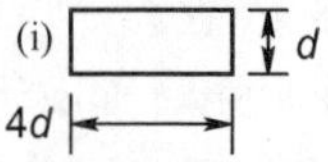	3. 3~13×10^4	0. 05	—	0. 118	实测升力[107] (L/d=4. 65)

用 Delany 和 Sorensen[39] 计算得出在不同形状上的平均阻力系数和涡脱落频率。在有尖角的表格 4-3 中，可以在（c）、（e）、（f）和（g）上观察到最大的阻力值。在标称雷诺数 10^4~10^6 范围内，测量了约 $C_D=2$ 的阻力系数。长度 d 的曲率半径在 0. 25~0. 3 范围内，圆角导致 C_D和 S 值与圆形截面圆柱体上观察到的值相似。在 Delany 和 Sorensen[39] 的例子中，如果没有测量脉动升力系数，我们就只能推测因为边缘有圆角，所以非圆形圆柱上的振荡升力减小，并变得与圆形圆柱体上测量的升力相当。Rockwell[110] 发现，方形圆柱上的振荡压力取决于入射角到平面 α 的角度。当 α 达到 4°~6°时，压力略有增加，但当 α>10°时，压力下降到小于 α=0°时的值 0. 1。

本节测量了 Modi 和 Dikshit 椭圆圆柱尾流中的斯特劳哈尔数和涡旋间距[111]。采用了各种偏心的椭圆截面 e：$e=[1-(b^2/a)^2]^{1/2}$，其中 a 和 b 分别为主轴和次轴；e=0 表示圆形圆柱；平板则为 e=1。圆柱的方向与其主轴与流向对齐。斯特劳哈尔数定义为 $e=fh/U_\infty$，其中 h 为正常流向的投影高度，对于 0°~90°的攻击角，偏心率 e=0. 8、0. 6 和 0. 44，从 0. 20 到 0. 22 不等。雷诺数 $U_\infty a/v$ 为 68000。虽然未测量非定常升力或涡旋强度，但据报道，基于 h 的定常阻力系数随攻角的增大而增大。在零攻角时，上述 e 值的 C_D为 0. 67~0. 8。发现远尾流中的纵向涡间距约 $5h$，最后得知，e=0. 92 时，涡对流速度$(U_\infty-U_v)/U_\infty$约为 0. 9，在 e=0. 44 时，涡对流速度约为 0. 95。利用这些参数，5. 5 节“结构辐射的基本特征”中的方程就可以用来估算可振动升力系数的震级。

4.7.2　管束不稳定性

本节对换热器振动和噪声诊断具有重要意义。然而，近距离平行定向旋涡脱落体的流体相互作用具有足够的普遍性，因此，这里将简要讨论管排不稳定性来源的某些方面。已知其他非常相关的涡旋脱落现象可控制边缘音调和射流音调；这些现象已在第 3 章“剪切层不稳定性、单频音和射流噪声”中进行了讨论。具有大振幅气动/水弹性效应的流动也同样重要，但其与声学的直接相关性较小。关于该主题的回顾可参见参考文献［112］。

流经两个平行圆柱的流体，若其位移距离与流向垂直，会导致频率范围内的不稳定。图 4-29 所示为 Spivack[113] 在 R_D从 $10^4 \sim 10^5$的范围内观察到的频率。随着圆柱体表面之间的间隙厚度从零开始增加，基于单个圆柱体直径的斯特劳哈尔数从大约 0.1 增加。这是因为当间隙闭合时，发生在圆柱外表面的涡旋脱落是圆柱直径的两倍。随着间隙开口扩大，流经间隙的流速也随之增大。当 $G/d>0.5$ 时，在圆柱体周围的整个流动区域都能感受到两个频率的扰动。这些高频扰动并不局限于每个圆柱正后方和中心线上的位置，而是存在于圆柱体对上方和下方的位置。Spivack 认为，高频扰动的来源与间隙流相关的射流不稳定性有关，类似于 3.4.2 节“喷流噪声频率的无量纲化”末尾所讨论的那些不稳定性。不过，他对平均速度的测量没有在足够靠近间隙的地方进行，无法揭示可能产生这些扰动的射流状平均速度剖面的存在。

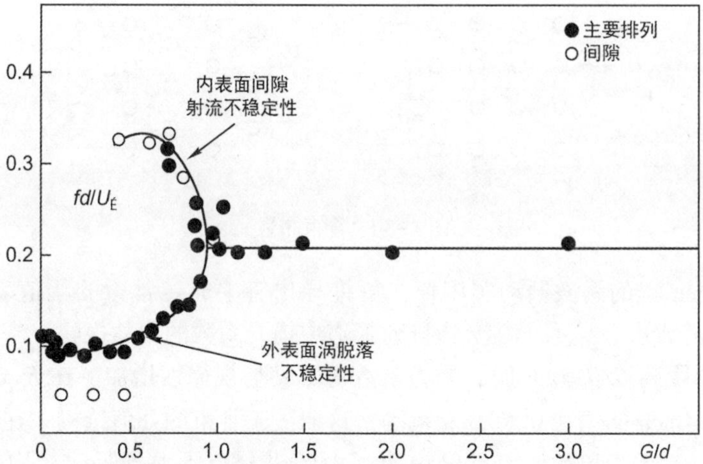

图 4-29　斯特劳哈尔数作为两个气缸分离的函数

（适用于航空航天 20 英里/s 的空气速度；重印为 140 英尺/s，11/8 英寸直径圆柱。资料来源：Spivack HM. Vortex frequency and flow pattern on the wake of two parallel cylinders at varied spacing normal to an air stream. J Aeronaut Sci 1946；13：289-301；© American Institute permission.）

当间隙宽度增加到临界值 $G/d=1$ 时，因为涡脱落在每个圆柱上独立发生，所以扰动达到一个单一频率。在这种几何形状上的非定常力是无法测量的；但是，由于在整个流场中很容易检测到这两种扰动，因此在这两种频率下都很可能出现力波动。

当管组成束时，管组的相互作用更加复杂，并取决于相邻行中的圆柱是交错排列还是直列排列。Chen[32-34]的研究提供了非定常升力系数和斯特劳哈尔数来帮助预测。图 4-30 显示了直列和交错管组的总体布置。相关参数为无量纲横向 T/d 和纵向 L/d、管间距。无论采用哪种布置方式，前圆柱尾流都会冲击下游圆柱，从而影响圆柱的脱落。管组中测量到的速度波动谱密度揭示了随着管组间距的增加，扰动也呈周期性程度增加[34]。在较小的管间距下，间隙大小小于圆柱直径，流体速度扰动可以是连续谱[114]。图 4-31 所示为由 Chen[115,136]通过测量具有串联和交错布置的管束中流动诱发振动频率而得到的斯特劳哈尔数，定义为 $S=f_s d/U_\infty$。当 T/d 接近恒定值 2 时，斯特劳哈尔数随着 L/d 的减小而增加，这可以通过假设[34]长度尺度与此相关来解释，因为 L 决定了管间间隙距离，所以与流体扰动相关的长度标度与 L 成正比而不是与 d 成正比。因此，随着 L/d 的减小，斯特劳哈尔数 $f_s L/U_\infty$（其中 U_∞ 是进入管组的平均速度）将大致是 T/d 的函数。

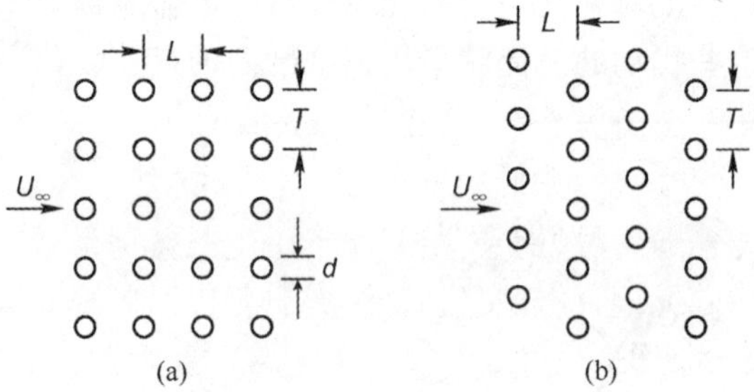

图 4-30　管束布置

由 Chen[34]的涡激振动实测值，可推导出管上非定常力的幅值。图 4-32 总结了他的成果，显示了在交错排列管道中提升系数的更高振幅。当 L/d 大于 3.0（间隙距离 $G/d \geqslant 2$）时，升力系数随 T/d 呈规律性增加。在 R_d 处于 10^3 ~ 4×10^4 时，Chen 的值在 0.5~0.9 范围，这取决于管束的几何结构。在这个雷诺数范围内，5.3 节和 5.4 节已经说明了由随机分布压力场驱动结构的一般特征；简单结构的模态形状函数和图 4-13 和图 4-17，单圆柱上的升力波动对环境干扰特别敏感。在他测量升力波动的方法中，Chen[115]必须对峰值位移为 0.5d 的横向振动水平进行记录。如图 4-18 所示，这种量级的运动肯定能够引

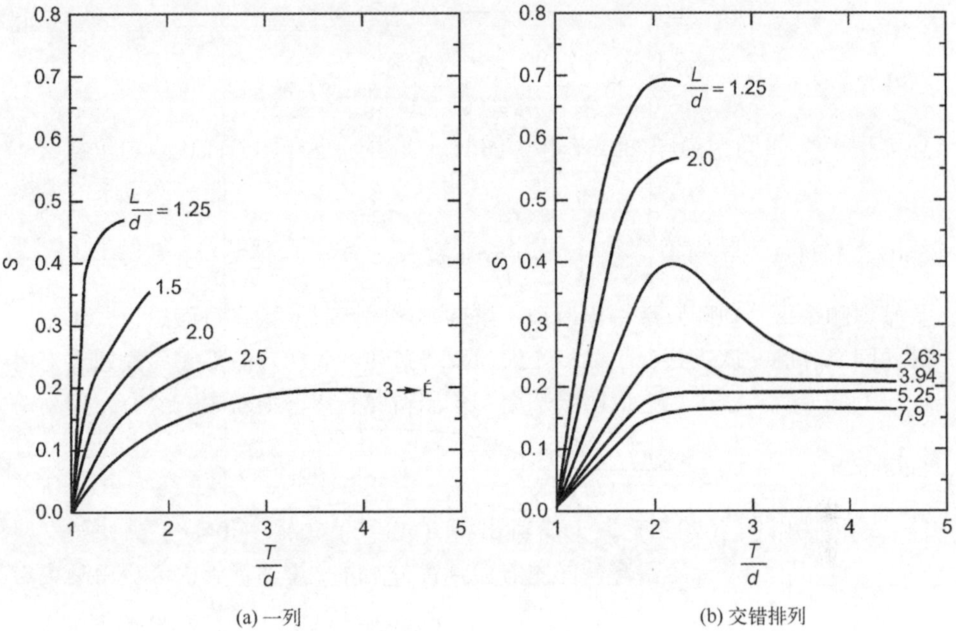

图 4-31　管束的斯特劳哈尔数是管间距参数的函数

（资料来源：Chen YN. Flow-induced vibration and noise in tube-bank heat exchangers due to von Karman streets. J Eng Ind 1968；90：134-46.）

起波动升力的增大。此外，正如 Leehey 和 Hanson[52] 所阐述的那样，在相关长度没有实质性增加的情况下，也可以实现提升力的增强，而不存在伴随着圆柱运动时经常发生的“锁定”现象。这种“锁定”现象是在第 5 章“流致噪声与振动的基本原理”中讨论的情况，在此情况下，涡旋脱落的频率几乎与圆柱的共振频率一致，并且在小转速范围内，变得与转速无关。由此看来，圆柱振动对 Chen 的测量结果有所影响是合理的，图 4-32 中的结果是上限。

关于管束相关长度的实验资料很少。然而，Chen[115] 报告了沿整个圆柱轴的完全相关关系，但他没有说明管束的长度是多少。最后，我们注意到，由于管组包含在外壳内，自激气动声共振也是可能的。因此，如 Chen[115] 所指出的那样，当超过经验确定阈值时，涡旋脱落可能与腔室的声学交叉模式耦合。

在另一种情况下，当作用在管道上的力（阻力）和垂直于流动方向的力达到彼此与管道的运动的适当相位以及大小时，会引起管道在其基本模式下进行旋转运动。Blevins[1,116-117] 推导出了自激条件，指出通过管束的临界速度为

$$\frac{U_{\mathrm{crit}}}{f_{\mathrm{r}}d}=\frac{2(2\pi)^{1/2}}{(C_xK_y)^{1/4}}\left(\frac{\pi m\eta}{\rho_0 d^2}\right)^{1/2}$$

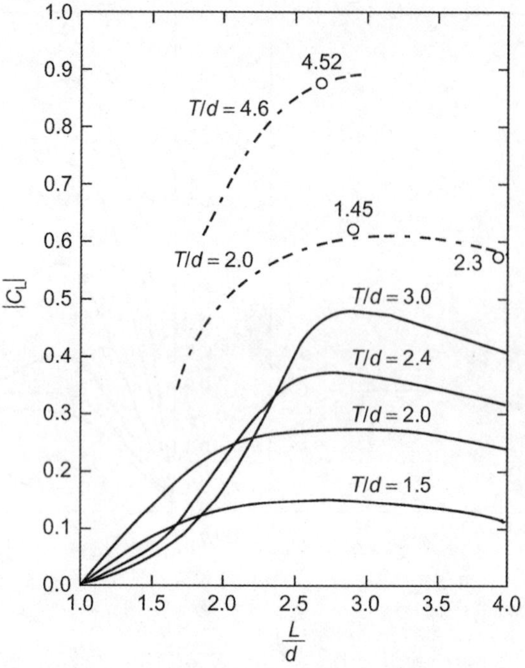

图 4-32　管束柱体上的脉动升力系数的振幅

（所示为 L/d 的函数，T/d 为参数：（——）直列管排间隙，（- - - - - - -）交错管排间隙。资料来源：Chen YN. Fluctuating lift forces of the Karman vortex streets on single circular cylinders and in tube bundles, Part 3 - Lift forces in tube bundles. J Eng Ind 1972；94：623-8. © American Society of Mechanical Engineers.）

式中：m 为管道单位长度的质量；U 为管道间隙中的平均速度；f_r 为管道的机械共振频率，损耗系数为 η。如图 4-33 所示，第一项的分母包含无量纲力系数 C_x 和 K_y，分别对应于流向和垂直于流动方向的力。该项称为旋转参数，是横向间距 T/d 的函数。当速度超过 U_{crit} 时，产生自激现象。正如 Blevins[1,116] 所假设的那样，激发源和管振动时间隙变化引起的力与运动的横向力和流向力有关。间隙的调节改变了通流，从而改变了管子的升力和阻力。尽管有一部分人支持这一理论，但显而易见，这一理论并非毫无异议[116-117]。另见参考文献［118-119］。

4.7.3　减小涡激振力的方法

现在考虑降低圆柱流动引起声音的方法；其中许多方法已为人所熟知，读者也会辨别出来。这些方法是通过减少涡旋力以及其轴向相关长度来实现的。

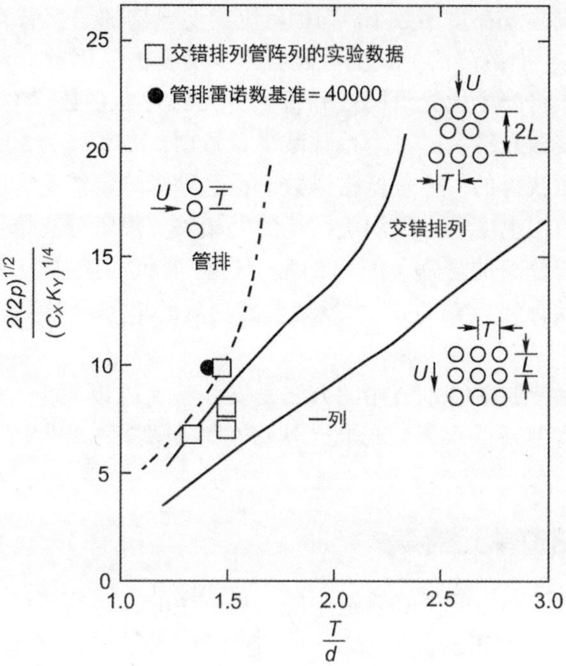

图 4-33　管阵列的旋转参数

（资料来源：Blevins RD. Fluid elastic whirling of tube rows and tube arrays. J Fluids Eng 1977；99：457-61. © American Society of Mechanical Engineers.）

Scruton[120]和 Weaver[121]已经完成了这一工作，他们安装了一个螺旋形的列板，由一个直径较小的圆柱体以螺旋状的方式缠绕在较大的圆柱体上。锋利边缘的边条比具有圆柱形横截面的边条更有效。最终发现，高度为 0.1d 和间距为 5~10d 的边条可以有效地减少振动。

圆柱的轴向锥度也是有效的，因为它允许涡旋脱落频率的变化。由于涡的相关长度为 5~8d，因此在 5d 距离内，锥度应足以改变至少 30%的涡脱落频率，这相当削减 6%的锥度。

众所周知，4.3.4 节中讨论的分流板可改变脱落频率和力。实验确定的力包含在参考文献［75］中；大涡模拟也可以在参考文献［62，76］中找到。分流板的有效性是基于以下事实，如图 4-6 所示，地层长度比自然形成的柱体底部下游延伸得更远。长度约为 3 个圆柱直径的分流板会干扰延缓尾流的形成并扰乱循环进入尾流的发展。此外，剪切层再附着可能发生在分裂板的相反两侧，这可能会完全阻止涡旋的形成。分流板将在第 2 卷第 5 章“无空化升力部分”中得到进一步讨论。

由于自由流湍流在雷诺数 $10^3 \sim 10^5$范围内明显增加了交替升力（见 4.4 节和（图 4-17）），上游湍流的减少可能会减少交变力。因此，可以预计稍微粗糙的圆柱和管子将产生比光滑圆柱和管子更大的升力系数[33,66]。Schmidt[47] 观察到当圆柱体表面光滑后，升力系数减少了近$\overline{C_L^2}$。如图 4-12 所示，他的数据是通过抛光表面获得的。在较低雷诺数下，这种影响可能更为明显。另外，我们认为大尺寸的粗糙度会导致涡旋结构的去相关。位于分离位置的棱柱状物可能会产生与涡街分离的尾涡。不幸的是，这种形状在液体应用中也会造成气穴。最后，可以看到，Vickery[106] 发现上游湍流的增加会导致棱柱形升力系数的降低。

一种减少涡旋脱落特别有用的方法是安装整流罩以减少“钝度”。这些整流罩被归类为翼型（或水翼）形状，这将在第 2 卷第 5 章“无空化升力部分”中进行讨论。

4.7.4　涵道单元的声

偶极声源通常是由管道和管道中的气流产生的，这些管道和管道中的气流来自流量扰流板和减压器，如节流阀、消音器、扩散器、流动矫直器和（在出口处）格栅。图 4-34 显示了常见风管元件类型的插图。扰动体通常不具有空气动力学形状，因此适用本章。我们应当考虑一些工程方面的来源作为本章原理的例子，并假设目前感兴趣的噪声频率足够低，管道中流动扰动的几何程度小于声波波长。进一步假设，研究对象仅限于从管道开口端辐射到自由场的声功率。2.8 节“管道声学”中的分析适用，只需测量适当 i 方向上的力谱 $[\Phi_{FF}(\omega)]_i$；见式（4.28）。这种力的主频是有规律的，即

$$f_s \sim \frac{SU_0}{d} \tag{4.43}$$

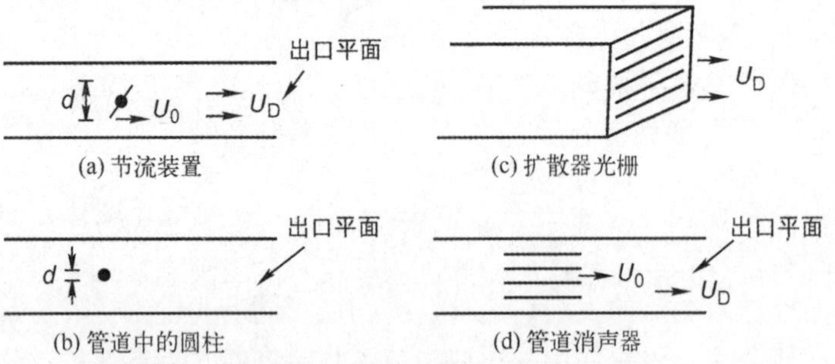

图 4-34　典型管道节流和扩散元件的图示

式中：U_0为通过主体的局部速度；d 为横向尺寸；简单棱柱形的 d 值见表 4-3。现在，根据式（4.28），力谱在参数上表现为

$$\Phi_{\mathrm{FF}}(\omega) \sim \frac{1}{4}\rho_0^2 U_0^4 d^2 \Lambda_3 L_3 \phi_{\mathrm{FF}}(\omega) \tag{4.44}$$

当平面波在管道中传播，随后从开口端辐射到自由空间时，根据 2.8.2 节“无限长管道的多极子声辐射”中的方程估算声功率时，只有节流元件上的波动阻力才是重要的。如果扰流器是一个圆柱，那么图 4-14 中的阻力系数可用于具有相当清洁（非湍流）气流的管道中。Heller 和 Widnall[122] 发表了关于这一主题最早的研究成果，并指出了$\overline{C_{\mathrm{D}}^2}^{1/2} \approx 0.0023$ 在湍流管流中的单个扰流器在圆形和棱柱形截面的各种钝体上都存在。谱 $\Phi_{\mathrm{FF}}(\omega)$是一条以 $S=0.1 \sim 0.2$ 为中心的宽拱形曲线，在 $S\approx 0.05$ 和 $S\approx 0.7$ 处有-3dB 的下降点。

根据非空气动力学形状的障碍物，推导出了管道中障碍物的关系式，该关系式表明，从开口端辐射的声功率取决于穿过狭窄处的压降的平方。从本质上讲，可以假定单位长度的均方根波动阻力与整个收缩段单位长度的稳定阻力成正比。在一个 N 个圆柱网格的背景下，在出口平面假设是没有相互作用的，这意味着：

$$\Phi_{\mathrm{FF_D}}(\omega) \sim N\,\overline{C_{\mathrm{D}}^2}\left(\frac{1}{2}\rho_0 U_0^2\right)^2 d^2 L_3 \Lambda_3 \phi_{\mathrm{FF}}(\omega) \tag{4.45a}$$

$$\sim \overline{C_{\mathrm{D}}^2}\left(\frac{1}{2}\rho_0 U_0^2\right)^2 A_{\mathrm{g}} d^2 \phi_{\mathrm{FF}}(\omega) \tag{4.45b}$$

或者

$$\sim (\Delta P)^2 A_{\mathrm{D}} (A_{\mathrm{g}}/A_{\mathrm{D}}) d^2 \phi_{\mathrm{FF}}(\omega) \tag{4.45c}$$

式中：ΔP 为穿过管道障碍物的静压降；A_{g}为收缩体或格栅的正面面积；d 为网格元素的适当尺寸，$\Lambda_3 \sim d$。假设式（4.45c）成立，我们利用2.8.2 节“无限长管道的多极子声辐射”中的任何关系可发现，其辐射声功率在带宽 $\Delta\omega$ 中的形式为

$$\mathbb{P}(\omega,\Delta\omega) \sim \frac{1}{\rho_0 c_0^3}\left(\frac{S U_{\mathrm{D}}}{d}\right)^2 (\Delta P)^2 A_{\mathrm{g}} d^2 \phi_{\mathrm{FF}}(\omega)\Delta\omega$$

重新排列以强调压力系数

$$\mathbb{P}(\omega,\Delta\omega) \sim \frac{\rho_0 S^2}{c_0^3} U_{\mathrm{D}}^6 \xi^2 A_{\mathrm{g}} \phi_{\mathrm{FF}}(\omega)\Delta\omega \tag{4.46}$$

式中：$\xi = \Delta P\left(\frac{1}{2}\rho_0 U_{\mathrm{D}}^2\right)^{-1}$。因为式（2.166）、式（2.174）和式（2.175）的功能等价，所以无论管道中的声音是否为平面，这种参数形式适用于从管道开口

端辐射到自由场的一般问题。因此，将式（4.46）按 1/3 倍频带内的声功率级计算，有

$$L_{\mathrm{N}}(f)=10\log[\mathbb{P}(\omega,\Delta\omega)/\mathbb{P}_0] \tag{4.47}$$

对于气动声学应用，$\mathbb{P}_0$通常为 10^{-12}W；式（4.46）表示数量

$$L_{\mathrm{N}}(f)-60\log\left(\frac{U_{\mathrm{D}}}{U_0}\right)-10\log\left(\frac{A_{\mathrm{g}}}{A_0}\right)-20\log\xi=S\left(\frac{fd}{U_{\mathrm{D}}}\right) \tag{4.48}$$

式中：$U_0=10\mathrm{m/s}$ 和 $A_0=1\mathrm{m}^2$是恒定的参考量，对于扩压器风管配置的特定几何形状应是通用的。与上述一致的总声功率级表达式为

$$L_{\mathrm{N}}=60\log(U_{\mathrm{D}}/U_0)+10\log(A_{\mathrm{g}}/A_0)+20\log(\xi/\xi_0)+10 \tag{4.49}$$

事实上，在 Hubert[123] 的测量中，管道扩散器和光栅也是如此。图 4-35 显示了网格和光栅的两个样本给出了形状相似的 $S(f_d/U_{\mathrm{D}})$ 曲线。对于所示的每个光栅，$S(f_d/U_{\mathrm{D}})$ 在 5~30m/s 的速度范围内的扩散仅为±2dB。它适用于通过放置在管道出口处的格栅辐射到自由场的辐射。

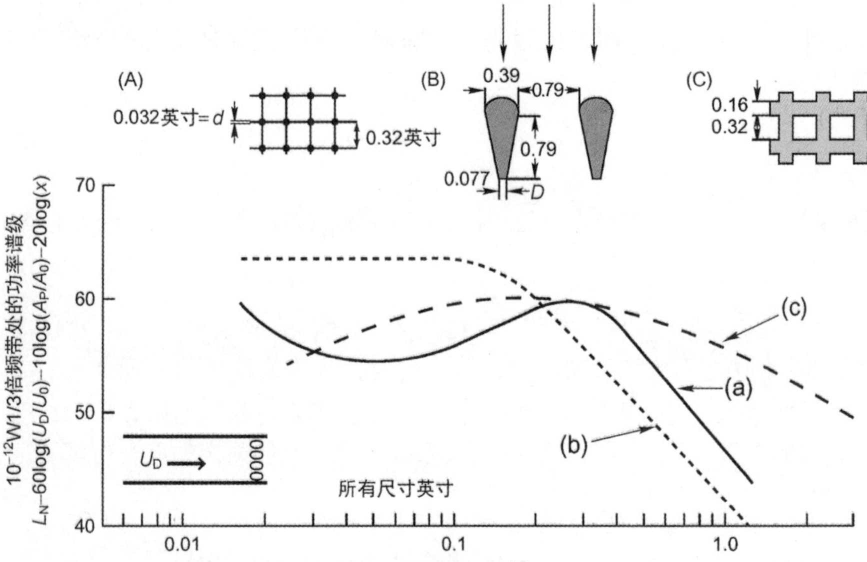

图 4-35　三种简单光栅的辐射声功率谱级

（资料来源：Hubert M. Strömungsgerausche. VDI-Bildungswerk. Düsseldorf, Contribution BW 406 in training book "Technical measures to control machinery noise," p. 1-21; 1969.）

如 Beranek[124] 所提及的那样，上述分析是其他扩散器和光栅噪声经验相关性示例的框架；然而，式（4.48）的修改，即

$$L_N(f)-60\log\left(\frac{U_D}{U_0}\right)-10\log\left(\frac{A_D}{A_0}\right)+30\log\left(\frac{\xi}{\xi_0}\right)=S\left(\frac{fd}{U_D}\right) \tag{4.50}$$

似乎适用于比图 4-35 所示更广泛的几何形状。相应地，式（4.49）会改变系数 $30\log(\xi/\xi_0)$；对于大多数实际的风管扩散器 ξ 为 3~7。

已发现类似于式（4.48）的类型关系适用于管道消音器。Ver[125] 发现

$$L_N(f)-55\log(U_D/U_0)-10\log(A_D/A_0)+45\log(P/100)\approx S(f) \tag{4.51a}$$

式中：$(P/100)$ 为消音器的开口面积百分比，以及

$$S(f)\approx 38 \tag{4.51b}$$

在 125~8000Hz 的频率范围内。式（4.51a）包括开口面积与横截面积之比，可以用来解释消音器的收缩。因此，它以粗略的方式补偿 U_0/U_D 大于单位的比值。辐射声功率与消声器的轴向长度无关，因此，可以认为噪声只在后缘附近产生。Gurein 等[126] 发表了这些方法的更现代的应用方式，给出了与上述方法类似的函数形式。

为了检查流量扰流器的节流噪声，见图 4-34（a），Gordon[127-128] 使用式（4.45b）给出无量纲功率谱函数 $(\Lambda_3\sim D)$，即

$$\frac{\mathbb{P}(f,\Delta f)\rho_0^2c_0^3}{(P_0-P_e)^3D^2}=\phi\left(\frac{fd}{\sqrt{\dfrac{2(P_0-P_e)}{\rho_0}}}\right) \tag{4.52}$$

式中：P_0 为收缩段上游的总源压力

$$P_0=P_D+\frac{1}{2}\rho_0U_1^2$$

假设伯努利方程成立，即 $\frac{1}{2}\rho_0U_0^2=P_D+\frac{1}{2}U_D^2-P_e$，其中 P_e 是出口平面的静压，P_D 和 U_D 是节流阀上游的静压和速度。谱函数 $\phi(fd/\sqrt{2(P_0-P_e)/\rho_0})$ 是另一条拱形曲线，有一个最大值在 $10^{-5}\sim10^{-4}$ 范围，当 $fd/\sqrt{2(P_0-P_e)/\rho_0}\approx 0.4$ 时；在 $fd/\sqrt{2(P_0-P_e)/\rho_0}=0.15$ 和 1.0 时，有最大 −3dB 的下降点。

式（4.52）可重新排列为式（4.48）的形式：

$$L_N-60\log(U_D/U_0)-10\log(A_p/A_0)-30\log(\xi+1)=S\left(\frac{fd}{U_D\sqrt{\xi+1}}\right) \tag{4.53}$$

式中：$S(fd/U_D\sqrt{\xi+1})$，如图 4-36 所示，与图 4-35 所示的频谱非常相似。频谱值的扩展是由各种排列和速度引起的，没有任何系统的变化。当 $\xi>1$ 时，式（4.53）降至式（4.50）。式（4.51a）和式（4.51b）与图 4-35 和图 4-36 进行比较，可以对各种风管元件的相对偶极强度进行评估。消声器的自噪声通

常受扩散器和节流装置的噪声控制。

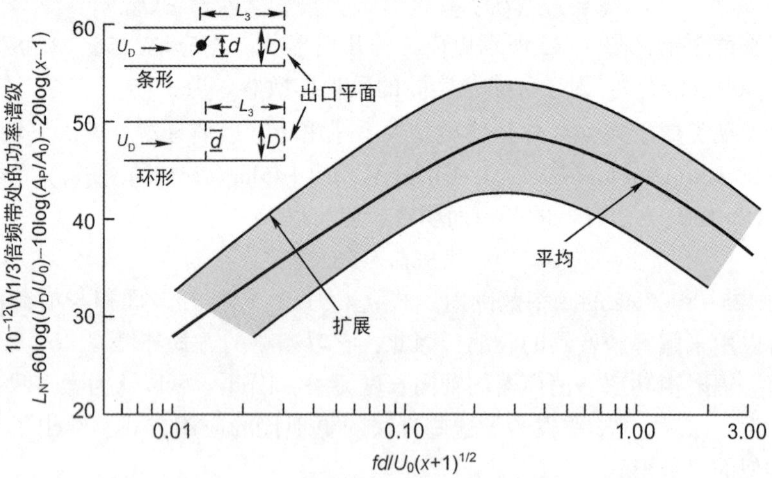

图 4-36　带环形和条形节流的无法兰管道的辐射声压级

（条形节流阀：板角，0°，22.5°，90°带钢长度，0.26D，0.53D；与平面 L_3 = 3.2D 的距离。

环形节流：d = 0.8D，L_3 = 3.2D。改编自 Gordon CG. Spoiler - generated flow noise. II. Results. J Acoust Soc Am 1969；45：214-23.）

4.8　附录：二维偶极声场

二维声学建模偶尔也会得到使用。在物理上，这些模型适用于轴向（或横向）均匀声源，其范围 L_3 远远超过了从声源轴线到声观测点的范围（图 2-1）。这些问题可能适用于声远场（$r \gg \lambda_0$），但也适用于某些声辐射器的几何近场（$r<L_3$），如第 2 卷第 4 章“管道和涵道系统的声辐射”和第 5 章“无空化升力部分”中，将使用二维建模来研究通过无限半平面边缘的线涡声场。因此，推导风声二维场的表达式，以及将其与式（4.27）进行比较，是很有启发性的。

假设谐波 $e^{-i\omega t}$ 随时间变化，亥姆霍兹式（2.6.1 节“一般含义”）描述了声场。产生方位均匀（即 $n=0$）且满足式（2.106）的单位线源的相关自由空间格林函数为

$$g(r,\omega)=AH_0^{(1)}(k_0r)$$

其中，Hankel 函数 $H_0^{(1)}(k_0r)$ 是轴对称源的齐次波动方程的解。

$$\frac{1}{r}\frac{\partial}{\partial r}\left(r\frac{\partial H_0^{(1)}(k_0r)}{\partial r}\right)+k_0^2H_0^{(1)}(k_0r)=0$$

A 为一个数值系数。Hankel 函数极限形式[129]为

$$\lim_{k_0\to 0}H_0^{(1)}(k_0r)\to 1+\frac{2\mathrm{i}}{\pi}\ln(k_0r)$$

$$\lim_{k_0r\to\infty}H_0^{(1)}(k_0r)\to\frac{2}{\pi k_0r}\mathrm{e}^{\mathrm{i}(k_0r-\pi/4)} \tag{4.54}$$

式（2.115）的解与球形源的情况相同，由 $g(r,\omega)$ 归一化的单位源的辐射场组成。对于球形源，归一化为

$$\iint_s \nabla_r g(r,\omega)\,d^2s=1$$

在单位线源的情况下，类似的规范化减少到

$$\int_{2\pi}\nabla_r g(r,\omega)\,r\mathrm{d}\theta=1$$

因此在极限 $k_{。}r\to 0$ 时，有

$$\partial g(r,\omega)/\partial r=A2\mathrm{i}/\pi r$$

所以

$$A\cdot 2\mathrm{i}/\pi r\cdot r2\pi=1$$

并且

$$A=-\mathrm{i}/4$$

因此，二维自由空间格林函数为（另见参考文献［130］）

$$g(r,\omega)=-(\mathrm{i}/4)H_0^{(1)}(k_0r) \tag{4.55}$$

式（2.118）和式（4.21）的二维类比，忽略尾流四极子($\sigma(y,\omega)=0$)，圆柱为刚性($\partial p/\partial n=0$)：

$$p_{\mathrm{a}}(\boldsymbol{x},\omega)=-\iint p(\boldsymbol{y},\omega)\frac{\partial}{\partial y_r}[g(\boldsymbol{r},\omega)]n(\theta)a\mathrm{d}\theta\mathrm{d}z \tag{4.56}$$

其中，$\boldsymbol{y}$ 位于圆柱(a,θ_0)上，$\boldsymbol{x}$ 位于场中的圆柱(r,θ)上。由于 $r\gg a$，Hankel 函数可以用它的大参数极限来代替，从而得到 $g(\boldsymbol{r},\omega)$ 的远场近似为

$$g(\boldsymbol{r},\omega)\approx\frac{-\mathrm{i}}{4}\left(\frac{2}{\pi k_0r}\right)^{1/2}\mathrm{e}^{\mathrm{i}(k_0R-\pi/4)}\mathrm{e}^{-\mathrm{i}k_0a\cos(\theta-\theta_0)} \tag{4.57}$$

其中，我们利用了式（2.25）中引入的远场近似，其中 $r=|\boldsymbol{x}|$ 是场点半径。还要注意：

$$\mathrm{e}^{-\mathrm{i}k_0a\cos(\theta-\theta_0)}=\mathrm{e}^{-\mathrm{i}(k_0y_1\cos\theta k_0y_2\sin\theta)}=\mathrm{e}^{-\mathrm{i}k_0\cdot y}$$

式中：$\boldsymbol{k}_0=(k_0\cos\theta,k_0\sin\theta)$，而 $\boldsymbol{y}=(y_1,y_2)$，因此 $g(\boldsymbol{r},\omega)$ 是式（2.120）给出的可分离形式。由于 $P(\boldsymbol{y},\omega)=P(\omega_{\mathrm{s}})\cos\theta$，由于 $|\boldsymbol{y}|=a$，并且 $k_0a\ll 1$，

式（4.56）简化为（使 1，2 方向分别与横流方向和流向一致）

$$P_{\mathrm{a}}(\boldsymbol{x},\omega)=\frac{-\mathrm{i}}{2}\sqrt{\frac{k_0}{2\pi R}}\left(\frac{\mathrm{d}F_2(\omega_{\mathrm{s}})}{\mathrm{d}y_3}\right)\cos\theta\mathrm{e}^{\mathrm{i}\left(k_0R+\frac{\pi}{4}\right)} \tag{4.58}$$

式中：$\mathrm{d}F_2(\omega_{\mathrm{s}})/\mathrm{d}y_3=P(\omega_{\mathrm{s}})a$ 为单位长度的力（式（4.9a））。式（4.58）在功能上不同于它的三维对应，后者可以直接从式（2.74）或式（4.23）中写出

$$P_{\mathrm{a}}(\boldsymbol{x},\omega)=\frac{-\mathrm{i}}{4\pi}\frac{k_0}{r}F_2(\omega_{\mathrm{s}})\cos\theta\mathrm{e}^{\mathrm{i}k_0r} \tag{4.59}$$

式中：$F_2(\omega_{\mathrm{s}})$为作用在圆柱体上的净力。这种关系适用于 $r\gg L_3$ 的轴向恒定力。三维结果包括一个附加的$(k_0r)^{1/2}$依赖性，这就导致了额外的速度依赖关系。这可以通过将二维情况下的均方声压参数化，写成

$$\overline{p_{\mathrm{a}}^2}\propto\frac{\rho_0^2U_\infty^5d}{Rc_0}\cos^2\theta$$

而在三维情况下，长度为 $L_3\ll r$ 的圆柱体有

$$\overline{p_{\mathrm{a}}^2}\propto\frac{\rho_0^2U_\infty^6L_3^2}{r^2c_0^2}\cos^2\theta$$

式中：假设 ω_{s} 和 $\mathrm{d}F_2/\mathrm{d}y_3\approx F_2/L_3$，$\rho_0$、$U_\infty$ 和 d 的定义如 4.5 节所述。由于圆柱对称声源的声功率通过表面 $2\pi RL_3$ 辐射，球对称声源区域的声功率通过表面 $4\pi r^2$ 辐射，这两种关系都满足声能量守恒的要求。

参考文献

[1] Blevins RD. Flow-induced vibration. 2nd ed. Malabar, Fla: Krieger Pub. Co; 2001.

[2] Strouhal V. Uber eine besondere ort der Tonne regung. Ann Phys Chem 1878; 5 (10): 216-51.

[3] Rayleigh L. Acoustical observations. Philos Mag 1879; 7 (42): 149-62.

[4] Rayleigh, L. The theory of sound, vol. 2. Dover, NY; 1945.

[5] Benard H. Formation de centres de giration à l'arrière d'un obstacle en movement. C R Hebd Seances Acad Sci 1908; 147: 839-42.

[6] von Karman T, Rubach H. Uber den Mechqnismus des Flussigkeits und Luftwiderstandes. Phys Z 1912; 13 (2): 49-59.

[7] Lamb, H. Hydrodynamics. Dover, NY; 1945.

[8] Goldstein, S. Modern developments in fluid dynamics, vol. 2. Dover, NY; 1965.

[9] Stowell EZ, Deming AF. Vortex noise from rotating cylindrical rods. J Acoust Soc Am1936;

7: 190-8.

[10] Yudin EY. On the vortex sound from rotating rods. Zh Tekhn Fiziki 1944; 14 (9): 561; translated as NACA TM 1136 (1947).

[11] Blokhintsev, D. I. Acoustics of a nonhomogeneous moving medium. NACA TIM 1399 (1956). Translation of "Akustica Neodnorodnoi Dvizhushchcisya Sredy." Ogiz, Gosudarstvennoe Izdatel'stvo, Tekhniko-Teoreticheskoi Literatury, Moskva, 1946, Leningrad.

[12] Phillips OM. The intensity of Aeolian tones. J Fluid Mech 1956; 1: 607-24.

[13] Etkin ET, Korbacher GK, Keefe RT. Acoustic radiation from a stationary cylinder in a fluid stream (Aeolian tones). J Acoust Soc Am 1957; 29: 30-6.

[14] Homann F. Einfluss grosser Zähigkeit bei Strömung um Zylinder. Forsch Ingenieurwes 1936; 7: 1-10.

[15] Kovasznay LSG. Hot-wire investigation of the wake behind circular cylinders at low Reynolds numbers. Proc R Soc London, Ser A 1949; 198: 174-90.

[16] Roshko A. On the development of turbulent wakes from vortex streets. Natl Advis Comm Aeronaut Tech Note No. 2913; 1953.

[17] Bloor SM. The transition to turbulence in the wake of a circular cylinder. J Fluid Mech 1964; 19: 290-304.

[18] Sato H, Kuriki K. The mechanism of transition in the wake of a thin flat plate placed parallel to a uniform flow. J Fluid Mech 1961; 11: 321-52.

[19] Mattingly GE, Criminale WO. The stability of an incompressible two-dimensional wake. J Fluid Mech 1972; 51: 233-72.

[20] Blake, W. K. Aero-hydroacoustics for ships, 2 vols. Naval Ship Research and Development Center, Washington, D. C., NSRDC Report 84-010; 1984.

[21] Ballou, C. L. Investigation of the wake behind a cylinder at coincidence of a natural frequency of vibration of the cylinder and the vortex shedding frequency. Acoust Vib Lab Rep 76028-2. Cambridge, MA: MIT. 1967.

[22] Dale JR, Holler RA. Secondary vortex generation in the near wake of circular cylinders. J Hydronaut 1969; 4: 10-15.

[23] Schiller L, Linke W. Pressure and frictional resistance of a cylinder at Reynolds numbers 5,000 to 40,000. NACA Tech Memo No. 715 1933.

[24] Ma X, Karamanos G-S, Karniadakis GE. Dynamics and low-dimensionality of a turbulent near wake. J Fluid Mech 2000; 410: 29-65.

[25] Franke J, Frank W. Large eddy simulation of the flow past a circular cylinder at $Re_D = 3900$. J Wind Eng Ind Aero 2002; 90: 1191-206.

[26] Roshko A. Transition in incompressible near-wakes. Phys Fluids 1967; 10: SI81-3.

[27] Schaefer JW, Eskinazi S. An analysis of the vortex street generated in a viscous fluid. J Fluid Mech 1959; 6: 241-60.

[28] Gerrard JH. A disturbance-sensitive Reynolds number range of the flow past a circular cylinder. J Fluid Mech 1965; 22: 187-96.

[29] Norberg C. Fluctuating Lift on a circular cylinder: review and new measurements'. J Fluids Struct 2003; 17: 57-96.

[30] Roshko A. Experiments on the flow past a circular cylinder at very high Reynolds number. J Fluid Mech 1961; 10: 345-56.

[31] Schlichting H. Boundary layer theory. New York: McGraw-Hill; 1979.

[32] Chen YN. Fluctuating lift forces of the Karman vortex streets on single circular cylinders and in tube bundles, Part 1-The vortex street geometry of the single circular cylinder. J Eng Ind 1972; 94: 603-12.

[33] Chen YN. Fluctuating lift forces of the Karman vortex streets on single circular cylinders and in tube bundles, Part II, Lift forces of single cylinders. J Eng Ind 1972; 613-22.

[34] Chen YN. Fluctuating lift forces of the Karman vortex streets on single circular cylinders and in tube bundles, Part 3-Lift forces in tube bundles. J Eng Ind 1972; 94: 623-8.

[35] Flachsbart O. From an article by H. Muttray. "Die Experimentellen Tatasachen des Widerstandes Ohne Auftrieb," . Handbuch der Experimentalphysik Hydro und Aero Dynamik 1929; vol. 4 (Part 2): 232-336, Leipzig, 1932.

[36] Fage A, Falkner VM. The flow around a circular cylinder. R & M No. 369. London: Aeronaut. Research Council; 1931.

[37] Guven O, Patel VC, Farell C. A model for high-Reynolds number flow past rough-walled circular cylinders. J Fluids Eng 1977; 99: 486-94.

[38] Hama FR. Three-dimensional vortex pattern behind a circular cylinder. J Aeronaut Sci 1957; 24: 156-8.

[39] Delany, N. K. , Sorensen, N. E. Low-speed drag of cylinders of various shapes. Natl Advis Comm Aeronaut Tech Note No. 3038; 1953.

[40] Bearman PW. Vortex shedding from a circular cylinder in the critical Reynolds number regime. J Fluid Mech 1969; 37: 577-85.

[41] Jones GW. Unsteady lift forces generated by vortex shedding about large stationary, and oscillating cylinder at high Reynolds number. ASME Symp Unsteady Flow 1968; Pap. 68-FE-36.

[42] Gerrard JH. An experimental investigation of the oscillating lift and drag of a circular cylinder shedding turbulent vortices. J Fluid Mech 1961; 2: 244-56.

[43] Roshko, A. On the drag and shedding frequency of two-dimensional bluff bodies. Natl Advis Comm Aeronaut Tech Note No. 3169; 1954.

[44] Bearman PW. On vortex street wakes. J Fluid Mech 1967; 28: 625-41.

[45] Kronauer, R. E. Predicting eddy frequency in separated wakes. IUTAM Symp Cone Vortex Motions Fluids. Ann Arbor, MI; 1964.

[46] Koopman GH. Wind induced vibrations and their associated sound fields. PhD thesis. Washington, DC: Catholic University; 1969.

[47] Schmidt LV. Measurement of fluctuating air loads on a circular cylinder. J Aircr 1965; 2: 49-55.

[48] Schwabe M. Über Druckermittlung in der nichtstationären ebenen Strömung. Ing Arch 1935; 6: 34-50.

[49] Humphrey JS. On a circular cylinder in a steady wind at transition Reynolds numbers. J Fluid Mech 1960; 9: 603-12.

[50] Macovsky MS. Vortex-induced vibration studies. DTMB Rep. No. 1190. Washington, DC: David Taylor Naval Ship R & D Center; 1958.

[51] Bishop RED, Hassan AY. The lift and drag forces on a circular cylinder in a flowing fluid. Proc R Soc London Ser A 1964; 277: 32-50.

[52] Leehey R, Hanson CE. Aeolian tones associated with resonant vibration. J Sound Vib 1971; 13: 465-83.

[53] Gerrard, J. H. The calculation of the fluctuating lift on a circular cylinder and its application to the determination of Aeolian tone intensity. AGARD Rep. AGARD-R- 463; 1963.

[54] McGregor, D. M. An experimental investigation of the oscillating pressures on a circular cylinder in a fluid stream. UTIA Tech. Note No. 14; 1957.

[55] Fung YC. Fluctuating lift and drag acting on a cylinder in a flow at supercritical Reynolds numbers. J Aerosp Sci 1960; 27: 801-14.

[56] Schewe G. On the force fluctuations acting on a circular cylinder in cross flow from subcritical up to transcritical Reynolds numbers. J Fluid Mech 1983; 133: 265-85.

[57] Powell A. On the edge tone. J Acoust Soc Am 1962; 34: 163-6.

[58] van Nunen, J. W. G. Steady and unsteady pressure and force measurements on a circular cylinder in a cross flow at high Reynolds numbers. IUTAM Symp Flow-Induced Struct Vib Karlsruhe Pap. H5; 1972.

[59] Ong L, Wallace J. The velocity field of the turbulent very near wake of a circular cylinder. Exp Fluids 1996; 20: 441-53.

[60] Cox J, Brentner KS, Rumsey CL. Computation of vortex shedding and radiated sound for a circular cylinder: subcritical to trans-critical Reynolds numbers. Theor Comp Fluid Dyn 1998; 12: 233-53.

[61] Squires KD, Krishman V, Forsythe JR. Prediction of the flow over a circular cylinder at high Reynolds number using detached eddy simulation. J Wind Eng Aerodynamics 2008; 96: 1528-36.

[62] Breuer M. A challenging test case for large eddy simulation: high Reynolds number circular cylinder flow. Int J Heat Fluid Flow 2000; 21: 648-54.

[63] Schewe G. On the force fluctuations acting on a circular cylinder in cross flow from

subcritical up to transcritical Reynolds numbers. J Fluid Mech 1983; 133: 265-85.

[64] Szepessy S, Bearman PW. Aspect ratio and end plate effects on vortex shedding from a circular cylinder. J Fluid Mech 1992; 234: 191-217.

[65] Braza M, Chassaing J, Minh HHa. Numerical study and physical analysis of the pressure and velocity fields in the near wake of a circular cylinder. J Fluid Mech 1986; 165: 79-130.

[66] Nishimura H, Taniike Y. Aerodynamic characteristics of fluctuating forces on a circular cylinder. J Wind Eng Ind Aerodynamics 2001; 89: 713-23.

[67] Prendergast, V. Measurement of two-point correlations of the surface pressure on a circular cylinder. UT1AS Tech. Note No. 23; 1958.

[68] ElBaroudi, M. Y. Measurement of two-point correlations of velocity near a circular cylinder shedding a Karman vortex street. UT1AS Tech Note No. 31; 1960.

[69] Gerrard JH. The mechanics of the formation region of vortices behind bluff bodies. J Fluid Mech 1966; 25: 401-13.

[70] Bloor MS, Gerrard JH. Measurements on turbulent vortices in a cylinder wake. Proc R Soc London Ser A 1966; 294: 319-42.

[71] Griffin OM, Ramberg S. The vortex-street wakes of vibrating cylinders. J Fluid Mech 1974; 66: 553-76.

[72] Koopman GH. The vortex wakes of vibrating cylinders at low Reynolds numbers. J Fluid Mech 1967; 28: 501-12.

[73] Apelt CJ, West GS, Szewczyk AA. The effects of wake splitter on the flow past a circular cylinder on the range 104<R<5×104. J Fluid Mech 1973; 61: 187-98.

[74] Apelt CJ, West GS. The effects of wake splitter plates on bluff body flow in the range 104<R<5×104, Part 2. J Fluid Mech 1975; 71: 145-61.

[75] Qiu Y, Sun Y, Wu Y, Tamura Y. Effects of splitter plates and Reynolds number on the aerodynamic loads acting on a circular cylinder. J Wind Eng Ind Aerodynamics 2014; 127: 40-50.

[76] Sudhakar Y, Vengadesan S. Vortex shedding of a circular cylinder with an oscillating splitter plate. Comput Fluids 2012; 53: 40-52.

[77] Vakil A, Green SI. Drag and lift coefficients of inclined circular cylinders at moderate Reynolds numbers. Comput Fluids 2009; 38: 1771-81.

[78] Spalart PR, Shur ML, Strelets M, K, Travin AK. Initial-noise-predictions-for-rudimentarylanding- gear. J Sound Vib 2011; 330: 4180-95.

[79] Milne-Thompson LM. Theoretical hydrodynamics. 4 ed. New York: Macmillan; 1960.

[80] Wille R. Karman vortex streets. Adv Appl Mech 1960; 6: 273-87.

[81] Sallet D. W. The lift force due to von Karman's vortex wake. J Hydronaut 1973; 7: 161-5.

[82] Sallet, D. W. On the prediction of flutter forces. IUTAM Symp Flow-Induced Struct Vib Karlsruhe Pap. B-3; 1972.

[83] Ruedy R. Vibration of power lines in a steady wind. Can J Res 1935; 13: 82-98.

[84] Birkhoff G. Formation of vortex streets. J Appl Phys 1953; 24: 98-103.

[85] Frimberger R. Experimentelle Unterschungen an Karmanschen Wirbelstrassen. Z Flugwiss 1957; 5: 355-9.

[86] Fage A, Johansen FC. On the flow of air behind an inclined flat plate of infinite span. Proc R Soc London Ser A 1927; 116: 170-97.

[87] Fage A, Johansen FC. The structure of vortex streets. R&M No. 1143. London: Aeronaut. Research Council; 1928.

[88] Muller B. High order numerical simulation of Aeolian tones. Comput Fluids 2008; 37: 450-62.

[89] So RMC, Wang XQ, Xie W-C, Zhu J. Free-stream turbulence effects on vortex-induced vibration and flow-induced force on an elastic cylinder. J Fluids Struct 2008; 24: 481-95.

[90] Gerrard JH. Numerical computation of the magnitude and frequency of the lift on a circular cylinder. Proc R Soc London Ser A 1967; 118 (261): 137-62.

[91] Abernathy FH, Kronauer RE. The formation of vortex streets. J Fluid Mech 1962; 13: 1-20.

[92] Curle N. The influence of solid boundaries upon aerodynamic sound. Proc R Soc London Ser A 1955; 231: 505-14.

[93] Holle W. Frequenz- und Schallstarkemessungen an Hiebtonen. Akust Z 1938; 3: 321-31.

[94] Gerrard JH. Measurements of the sound from circular cylinders in an air stream. Proc Phys Soc London B 1955; 68: 453-61.

[95] Guedel, G. A. Aeolian tones produced by flexible cables in a flow stream. U. S. Marine Lab. Rep. 116/67; 1967.

[96] Inoue O, Hatakeyama N. Sound generation by a two-dimensional circular cylinder in a uniform flow. J Fluid Mech 2002; 471: 285-314.

[97] Smith, R. A., Moon, W. T., Kao, T. W. Experiments on the flow about a yawed cylinder. Catholic Univ Am, Inst Ocean Sci Eng Rep, 707; 1970; also J Basic Eng Dec., 771-776; 1972.

[98] Ramberg SE. The influence of yaw angle upon the vortex wakes of stationary and vibrating cylinders. PhD thesis. Washington, DC: Catholic University of America; 1978.

[99] King R. Vortex excitation of yawed circular cylinders. J Fluids Eng 1977; 99: 495-502.

[100] Zhao M, Cheng L, Zhou T. Numerical simulation of three-dimensional flow past a yawed circular cylinder. J Fluids Struct 2009; 25: 831-47.

[101] Maul DJ, Young RA. Vortex shedding from bluff bodies in a shear flow. J Fluid Mech 1973; 60: 401-9.

[102] Scheiman, J., Helton, D. A., Shivers, J. P. Acoustical measurements of the vortex noise for a rotating blade operating with and without its shed wake blown downstream. NASA

Tech. Note TN D-6364; 1971.

[103] Twigge-Molecey, C. F. M., Baines, W. D. Measurements of unsteady pressure distributions due to vortex-induced vibration of a cylinder of triangular section. IUTAM Symp Flow- Induced Struct Vib Karlsruhe. Pap. El; 1972.

[104] Protos. A, Goldschmidt VW, Toebs. GH. Hydroelastic forces on bluff cylinders. ASME J Basic Eng Pap. 68-FE-12; 1968.

[105] Wilkinson, R. H., Chaplin, J. R., Shaw, T. L. On the correlation of dynamic pressures on the surface of a prismatic bluff body. IUTAM Symp Flow-Induced Struct. Vib Karlsruhe Pap. E-4; 1972.

[106] Vickery BJ. Fluctuating lift and drag on a long cylinder of square cross section in a smooth and turbulent stream. J Fluid Mech 1966; 23: 481.

[107] Nakamura Y, Mizota T. Unsteady lifts and wakes of oscillating rectangular prisms. J Eng Mech Div Am Soc Civ Eng 1975; 101 (No. EM6): 855-71.

[108] King WF, Pfitzenmeier E. An experimental study of sound generated by flows around cylinders of different cross section. J Sound Vib 2009; vol. 328: 318-37.

[109] Bearman PW, Trueman DM. An investigation of the flow around rectangular cylinders. Aeronaut Q 1972; 23: 229-37.

[110] Rockwell DO. Organized fluctuations due to flow past a square cross section cylinder. J Fluids Eng 1977; 99: 511-16.

[111] Modi VJ, Dikshit AK. Near wakes of elliptic cylinders in subcritical flow. AIAA J 1975; 13: 490-6.

[112] Blevins RD. Review of sound by vortex shedding from cylinders. J Sound Vib 1984; 92: 455-70.

[113] Spivack HM. Vortex frequency and flow pattern on the wake of two parallel cylinders at varied spacing normal to an air stream. J Aeronaut Sci 1946; 13: 289-301.

[114] Owens PR. Buffeting excitation of boiler tube vibrations. J Mech Eng Sci (London) 1965; 7: 431-8.

[115] Chen YN. Flow-induced vibration and noise in tube-bank heat exchangers due to von Karman streets. J Eng Ind 1968; 90: 134-46.

[116] Blevins RD. Fluid elastic whirling of a tube row. J Pressure Vessel Technol 1974; 96: 263-7.

[117] Blevins RD. Fluid elastic whirling of tube rows and tube arrays. J Fluids Eng 1977; 99: 457-61.

[118] Savkar SD. A note on the phase relationships involved in the whirling instability in tube arrays. J Fluids Eng 1977; 99: 727-31.

[119] Savkar SD. A brief review of flow induced vibrations of tube arrays in cross-flow. J Fluids Eng 1977; 99: 517-19.

[120] Scruton, C. On the wind-excited oscillations of stacks, towers, and masts. Int Conf Wind Eff Build Struct, Natl Phys Lab, Middlesex, Engl. Pap. 16; 1963.

[121] Weaver W. Wind-induced vibrations in antenna members. J Eng Mech Div Am Soc Civ Eng 1961; 87: 141-65.

[122] Heller HH, Widnall SE. Sound radiation from rigid flow spoilers correlated with fluctuating forces. J Acoust Soc Am 1970; 47: 924-36.

[123] Hubert, M. Strömungsgerausche. VDI-Bildungswerk. Düsseldorf, Contribution BW 406 in training book "Technical measures to control machinery noise," p. 1-21; 1969.

[124] Beranek L. Noise and vibration control. New York: McGraw-Hill; 1971.

[125] Ver, I. L. Prediction scheme for the self-generated noise of silencers. Proc Inter-Noise '12. Washington, DC; 1972. p. 294-8.

[126] Guerin S, Thomy E, Wright SE. Aeroacoustics of automotive vents. J Sound Vib 2005; 285: 859-75.

[127] Gordon CG. Spoiler-generated flow noise. I. The experiment. J Acoust Soc Am 1968; 43: 1041-8.

[128] Gordon CG. Spoiler-generated flow noise. II. Results. J Acoust Soc Am 1969; 45: 214-23.

[129] Abramowitz, M., Stegun, I. A. Handbook of mathematical functions. National Bureau of Standards Applied Mathematics Series. No. 55. Washington, DC; 1965.

[130] Morse PM, Ingard KU. Theoretical acoustics. New York: McGraw-Hill; 1968.

[131] Ribner, H. S., Etkin, B. Noise research in Canada. Proc Int Congr Aeronaut Sci, 1st. Madrid; 1959.

[132] Relf EF, Simmons LFG. The frequency of eddies generated by the motion of circular cylinders through a fluid. R & M No. 917. London: Aeronaut. Research Council; 1924.

[133] Keefe, R. T. An investigation of the fluctuating forces acting on a stationary circular cylinder in a subsonic stream and of the associated sound field. UTIA Rep. 76. University of Toronto; 1961.

[134] Ferguson N, Parkinson GV. Surface and wake flow phenomena of the vortex-excited oscillation of a circular cylinder. J Eng Ind 1967; 89: 831-8.

[135] Williamson CHK. Vortex dynamics in the cylinder wake. Ann Rev Fluid Dyn 1996; 28: 477-539.

[136] Chen SS. Dynamics of heat exchanger tube banks. J Fluids Eng 1977; 99: 462-8.

第 5 章　流致噪声与振动的基本原理

流动引起的噪声往往不仅指第 4 章“圆柱偶极声”中所描述的直接偶极声。作用于机体和结构上的流动力通常会引发振动，而这种振动反过来又会引起额外的声音，甚至可能会改变非定常流动力。本章将以矩形板和拉紧弦为例，研究流动引起的结构随机振动原理。接着将研究噪声和振动控制原理，以及振动结构流体载荷的许多基本特征。本章将重新探讨风声，以此为例演示将其研究成果用于解决流致噪声和振动问题。

5.1 引　　言

由结构及其边界流体的相互作用引起的流致噪声不仅与相互作用力相关，也与表面振动相关。第 4 章“圆柱偶极声”中展现了这种相互作用的基本形式：风声强度与圆柱施加在流体上的均方力成比例。在更复杂的流体-结构相互作用中，结构肯定会因为运动而产生激励，并且这种运动会引起额外的声音。通常，这两种因素产生的影响可能相同，在这种情况下，它们可能相长或相消，从而导致总辐射声功率发生变化。但是，通常在许多实际情况下，其中一种因素将起主导作用。当然，可以通过分别评估两种声功率来确定哪个因素占主导。另一种常见情况是边界层引发噪声。若表面是平坦刚性的，且边界层在表面中也是均匀的，则根据 Powell 的反射原理（第 2 章“声学理论与流致噪声”），边界层的直接辐射来自四极。若允许边界表面振动，但不允许振动太多，以防改变边界层的运动，则表面的振动将产生额外的噪声。在实际情况中，这种噪声通常会覆盖来自边界层本身的直接四极子噪声。对于在管道等圆柱形壳体中流动的情况，内部声源将促使壳体壁在外部产生声音（第 2 卷第 4 章“管道和涵道系统的声辐射”）。在另一个示例中（第 2 卷第 5 章“无空化升力部分”），当升力面遇到阵风时，机体与流体之间的反作用力会引发噪声。但是，在结构声阻有限的情况下，升力面将振动并发出其他声音。

在本章中，将推导流致振动和结构辐射的一般关系，以表达驱动变量（如流体表面压力）与响应变量（如表面振动速度）的关系。我们将受阻流体表面压力定义为表面上的流体所产生的力，但表面为刚性表面。在本章中，我们将假设发生的任何表面运动都不会影响可能限制表面的流体动力学。该假设对于保持分析的简单直接至关重要。除了涉及涡旋脱落和水翼振鸣的相互作用外，这种假设在大多数流体-结构相互作用中都是有效的。这将在第 2 卷第 5 章“无空化升力部分”和第 2 卷第 6 章“旋转机械噪声”中进行讨论。此外，我们将假定结构的响应是线性的；即驱动力和响应速度成线性比例。除非承受的振动阻尼极大（在适当的时候，我们将其定义“极大”的含义），否则将假设该结构以简正振型做出响应。因此，鉴于已知表面受阻流体特征的描述，我们提出以下问题：将产生何种表面运动，以及该运动会引起何种声辐射?

由于流体-结构相互作用这一研究主题颇为复杂，涉及方方面面，因此在这一点上最好能引用一些名家论著（参考 Junger 和 Feit[1]、Skelton 和 James[2]、Fahy 和 Guardonio[3]，以及一些较老的文献，如 Lin[4]、Crandall[5-6]、Cromer 等[7]和 Skudrzyk[8]）。本章拟展开的分析只是介绍性的，仅探究理解这些参考文献中的原理所必需的研究成果。结构声学的问题可以采用不同的近似法来处理。每种共振结构模态的响应形式为阻尼力系数除以该模态的阻抗，通过各模态响应的总和得出结构的总响应。

为了总结大多数统计公式所依据的早期研究工作，Lin[4]广泛研究了平稳和非平稳随机驱动场以及线性和非线性振动系统的统计公式；参考文献［5-6］是专家的论文汇编，探讨了由喷流噪声和湍流边界层压力引起的振动。Cremer 等[7]重点对局部力和分布式力激励引发的结构振动进行了统计描述（包括使用阻尼处理）。Skudrzyk[8]更多地强调了振动系统的单模态特性。已知振动速度，就可以根据平均辐射系数[1-3,10-11]来确定每种模态的声辐射特性[9]或整体响应。基本上，远场声压由垂直于表面的响应振动速度乘以辐射阻抗来确定，如式（2.33）所示。Junger 和 Feit[1]针对平板和壳体上已知振动分布情况的辐射场提出了一般计算方法。尽管这些是确定性分析问题，但是可以使用这些方法来推导用于统计分析的辐射阻抗。Maidanik 等[10-11]针对基本平坦的矩形板构件各个模态提供了辐射阻抗，同时展示了如何确定多个模态的平均阻抗。Lyon 和 DeJong[11]以及 Lyon 和 Maidanik[12]展示了如何通过使用能量平衡法来避免考虑各个模态的响应。这种情况下，假定响应的动能均分为结构中所有振型的动能，且在激励模态下阻尼所消耗的功率等于流体激励的输入功率。由于耗散功率与时间平均均方根振动速度和空间平均均方根振动速度成比例，只要已知输入功率，就可以估算出复杂结构的平均振动水平。辐射功率与均方根振动速度和各模态平均辐射阻抗的乘积成正比，类似于对振荡范围得出的式（2.34）。这种方法称为统计能量分析（或 SEA，请参见 Lyon 和 DeJong[11]），可成功用于许多模态由流动激发的高度复杂结构。

当考虑仅涉及少数几种模态的足够窄频带时，必须对结构的各个模态进行分析。如今，随着易于上手的有限元法以及功能强大的工程分析软件包的开发，当代流固耦合分析在根本上可能更具有确定性。如此一来，可以根据模态在宽频带条件下研究结构对随机流动力响应。在本章中，我们将研究单模态和多模态结构响应的一般关系，并以简支矩形板为例来说明具体结果。本章结束时将分析平板结构强迫振动噪声和流致振动噪声，以圆柱体声场作为全面研究一维流体加载和驱动结构的示例。

5.2　单自由度系统在短暂随机激励下的响应

复杂结构对随机激励的稳态响应可用数学公式表示，此公式与线性单自由度振荡器的公式相同。因此，本节将详细探讨该基本系统的基本属性；更多详细讨论参见有关振动的论著，如 Newland[13] 和 den Hartog[14]。

假设存在图 5-1 所示弹簧质量系统的运动。质量 M 受力 $f(t)$ 的激发，产生位移 $x(t)$。弹簧对质量产生反作用力 $f(t)$，这个力等于 $k_{sp}x(t)$，其中 k_{sp} 是弹簧常数。假定阻尼是线性且黏滞的，由此得到“振荡器”的阻尼力为 $C_d \mathrm{d}x(t)/\mathrm{d}t$。质量上产生加速度 $\mathrm{d}^2x(t)/\mathrm{d}t^2$ 的平衡力为

$$M\frac{\mathrm{d}^2x(t)}{\mathrm{d}t^2}=f(t)-k_{sp}x(t)-C_d\frac{\mathrm{d}x(t)}{\mathrm{d}t}$$

由此

$$M\ddot{x}(t)+C_d\dot{x}(t)+k_{sp}x(t)=f(t) \tag{5.1}$$

其中，x 的二阶导数表示时间导数。该系统代表最简单的动态振荡器，下文将以此为基础描述更复杂的结构系统。

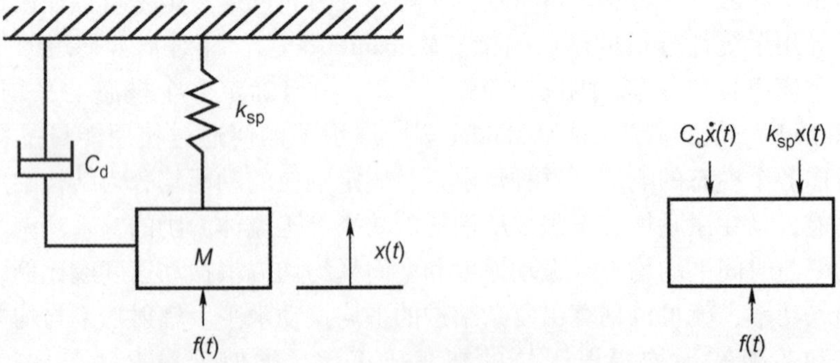

图 5-1　质量弹簧系统和自由机构图

现在，假设力为稳态力且随时间的变化具有随机性，这样便可引入广义傅里叶变换

$$x(t)=\int_{-\infty}^{\infty}X(\omega)\mathrm{e}^{-\mathrm{i}\omega t}\mathrm{d}\omega \tag{5.2}$$

若我们对瞬态运动感兴趣，则必须引入初始条件，然后使用拉普拉斯变换。这种情况下，我们假设运动已经持续了多个周期，所以瞬变已经减少。

将式（5.2）代入式（5.1）推导得

$$[-M\omega^2-\mathrm{i}C_{\mathrm{d}}\omega+k_{\mathrm{sp}}]X(\omega)=F(\omega) \tag{5.3}$$

或者

$$-\frac{\mathrm{i}\omega X(\omega)}{F(\omega)}=\frac{\mathrm{i}\omega}{M(\omega_0{}^2-\omega^2-\mathrm{i}\eta\omega_0\omega)} \tag{5.4}$$

其中

$$\omega_0=\sqrt{k_{\mathrm{sp}}/M} \tag{5.5}$$

是共振频率。损耗因子 η 定义为

$$\eta\omega_0=C_{\mathrm{d}}/M \tag{5.6}$$

对质量的速度进行傅里叶变换，得到$-\mathrm{i}\omega X(\omega)$，速度与力之比为弹簧质量系统的导纳。当力的频率与共振频率一致时，速度最大。

力和速度的频谱密度之间的关系很简单。利用式（2.100）、式（2.125）等公式中广义傅里叶变换的定义和自功率谱密度，并根据式（2.143）后的推论，得出力谱与速度谱之间的关系。

$$\frac{\Phi_{vv}(\omega)}{\Phi_{\mathrm{FF}}(\omega)}=\frac{\omega^2}{M^2[(\omega_0{}^2-\omega^2)^2+\eta^2\omega_0{}^2\omega^2]} \tag{5.7}$$

或者

$$\Phi_{vv}(\omega)=|Y(\omega)|^2\Phi_{\mathrm{FF}}(\omega)$$

其中，$\Phi_{vv}(\omega)=\omega^2\Phi_{xx}(\omega)$和$|Y(\omega)|^2$可以称为振荡器的导纳。均方根速度为

$$\overline{V^2}=\int_{-\infty}^{\infty}\Phi_{vv}(\omega)\mathrm{d}\omega \tag{5.8}$$

导纳函数在整个正频域和负频域上定义。最大响应出现在 $\omega=\pm\omega_0$处。对于略高于和低于ω_0的频率，即对于$\pm\omega=\omega_0\pm\omega_0\eta/2$，$\Phi_{vv}(\omega)=\dfrac{1}{2}\Phi_{vv}(\omega_0)=1/2$；如图 5-2 所示，$M^2\eta^2$为正频域。负频率特性与正频率特性完全相同，参见图 5-3 的概述。

对于与共振带相比力谱较宽的情况，图 5-2 表示质量 M 上的无量纲加速度谱和激振力谱。在低频 $\omega\ll\omega_0$条件下，由于加速度谱 $\Phi_{aa}(\omega)$等于 $\omega^2\Phi_{vv}(\omega)=$

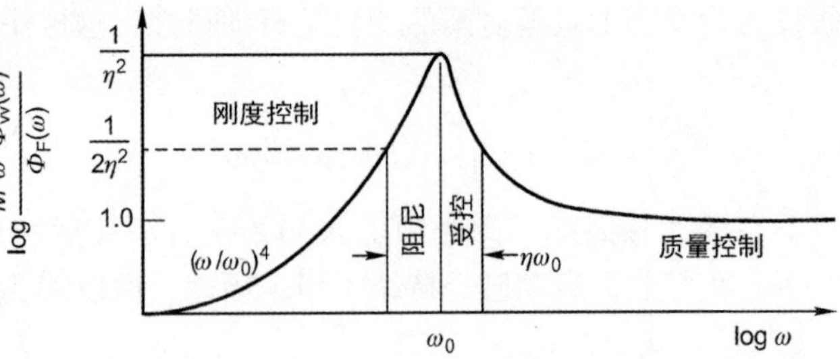

图 5-2　质量-线性弹簧-黏性阻尼简单谐波振荡器的导纳幅值平方
（其中包括刚度控制、阻尼、受控、质量控制。）

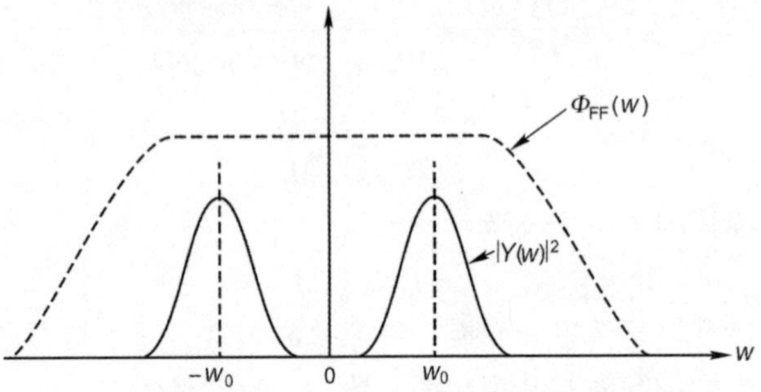

图 5-3　简单谐波振荡器的驱动力和导纳的频谱图

$\omega^4\Phi_{xx}(\omega)$，因此加速度响应与 ω^4 成比例。此外，当 $M\Phi_{aa}(\omega)\ll k^2\Phi_{xx}(\omega)$（即 $Mx\ll kx$）时，$\Phi_{xx}(\omega)=k^{-2}\Phi_{FF}(\omega)$，所以加速度响应由刚度决定。另外，当 $M\Phi_{aa}(\omega)\gg k^2\Phi_{xx}(\omega)$（即 $\omega\gg\omega_0$）时，响应由质量的惯性确定。在共振附近，响应对系统中的阻尼敏感，用损耗因子 η 表示。系统 Q 的品质因数为

$$Q=1/\eta \tag{5.9}$$

用于衡量系统的共振与质量控制振动之比；临界阻尼的比例定义为

$$C_d/C_0=\frac{1}{2}\eta \tag{5.10}$$

式中：$C_0=2\sqrt{Mk_{sp}}=2M\omega_0$ 为临界阻尼系数。临界阻尼是刚好能防止振荡运动所需的阻尼。对于较小阻尼，$\eta\ll 1$（通常，除非对结构进行特殊的有损处理，否则 η 位于 $10^{-3}\sim10^{-2}$），对宽频带力激励的加速度响应主要由 $\omega=\pm\omega_0$ 处的宽度 $\eta\omega_0$ 峰决定，见式（5.8）、图 5-2 和图 5-3，对所有频率进行积分计算，可得出对宽带激励力的均方响应；由此

$$\overline{V^2}=2\frac{\omega_0^2\Phi_F(\omega_0)}{M^2\eta^2\omega_0^4}\frac{\pi}{2}\eta\omega_0$$

$$\overline{V^2}=\frac{\pi\Phi_F(\omega_0)}{M^2\eta\omega_0} \tag{5.11}$$

两个因素中的其中一个由 $\omega=\pm\omega_0$ 处的双峰引起，共振的有效带宽为 $(\pi/2)\eta\omega_0$。因此，我们要求力$(\delta\omega)_F$的带宽满足以下条件

$$(\delta\omega)_F\gg\frac{1}{2}\pi\eta\omega_0 \tag{5.12}$$

值得注意的是，在时间 $T\gg1/\omega_0$ 中，系统中耗散的时间平均功率$\mathbb{P}_D$正好等于施加到质量 P_{in}上的功率，即

$$\mathbb{P}_D=\frac{1}{T}\int_{-T/2}^{T/2}f(t)\dot{x}(t)\,dt=\overline{f(t)V(t)} \tag{5.13}$$

或者

$$\mathbb{P}_D=\mathbb{P}_{in} \tag{5.14}$$

对于此处的单一振动模态，耗散功率为

$$\mathbb{P}_D=C_d\overline{V}^2$$

根据质量和损耗因子得到

$$\mathbb{P}_D=M\eta\omega_0\overline{V}^2 \tag{5.15}$$

这些关系可以通过将式（5.1）乘以$\dot{x}(t)$并积分得出。对于简单的谐波运动，位移速度$\dot{x}(t)$可以用连续波形表示

$$\dot{x}(t)=V_0\cos(\omega_0 t) \tag{5.16}$$

如此一来，$x(t)$的时间平均值及求积结果消失了，我们得到$\overline{x(t)\dot{x}(t)}=\overline{\ddot{x}(t)\dot{x}(t)}=0$。然后根据式（5.1）得

$$\frac{1}{2}C_dV_0^2=C_d\overline{V^2}=\frac{1}{T}\int_0^T F(t)\dot{x}(t)\,dt$$

用式（5.6）消去阻尼系数 C_d。结合式（5.14）和式（5.15），我们得到输入功率与均方根速度的简单表达式为

$$\overline{V^2}=\frac{\mathbb{P}_{in}}{M\eta\omega_0} \tag{5.17}$$

由此可见，通过估算平均输入功率或振荡力谱可以得出均方响应。但是，尽管式（5.11）和式（5.17）在其各自推导的分析起点上有所不同，但它们都是通用的。一种方法相对于另一种方法的优势取决于具体问题及提供$\mathbb{P}_{in}$还是 $\Phi_{FF}(\omega)$的简单选择。统计能量分析法是以输入功率和式（5.17）等公式为依据估算均方响应的最有用工具；这种方法由 Lyon[11,15]提供，得益于 Lyon 和 Maidanik[12]、Smith 和 Lyon[16]、Fahy[17]和 Maidanik[18]的研究工作。式（5.17）只是许多一般关系中最简单的一种。

现在，我们来考虑受到空间和时间上随机分布的压力力场激励的简单振动板，了解这些概念的适用范围。这些模态分析法可能适用于更复杂的结构，该示例将说明这些模态分析法的一般局限性和延伸性。

5.3　随机分布压力场作用下结构的基本特征

5.3.1　模态速度与激励函数

现在，我们将使用简正振型分析法，针对线性简单谐波振荡器，对结构的强制响应进行数学描述。本节中使用的简正振型分析法已经开发出来，并在参考文献［19-31］中使用过。Lin[4] 的一篇论文就提到了这种方法。振动表面的运动响应变量在简正振型中扩展；每种模态都描述了共振条件。该变量可以是横向位移、加速度或应变。因此，表面的振动视为这些模态共同作用的结果。垂直于表面静态位置的挠曲位移 $\xi=\xi(y_{13},t)$ 的运动公式为

$$m_s\ddot{\xi}+C_d\dot{\xi}+L(\xi)=-p(y_{13},t) \tag{5.18}$$

我们使用的常规符号为正向上，p 朝下，因此为负号。m_s 是表面每单位面积的质量，C_d 是暂定黏性阻尼系数，$y=(y_1,y_2)$，$p(y,t)$ 是每单位面积的波动载荷，假设此载荷沿结构表面分布。坐标 y_{13} 位于结构平面中。$L(\xi)$ 是特定类型结构[1,32-33] 的线性微分算子，由弹性变形条件确定。例如：

$L(\xi)=T_e\nabla^2\xi$（单位长度张力均匀的膜，T_e）

$=D_s\nabla^4\xi=D_s\left[\dfrac{\partial^4\xi}{\partial y_1^4}+\dfrac{\partial^4\xi}{\partial^2 y_1\partial^2 y_3}+\dfrac{\partial^4\xi}{\partial y_3^4}\right]$（刚度均匀的季莫申科—明德林板，$D_s$）

$=T_e\dfrac{\partial^2\xi}{\partial y_1^2}$（单位长度张力均匀的弦，$T_e$）

$=D_{sb}\dfrac{\partial^4\xi}{\partial y_1^4}$（刚度均匀的伯努利—欧拉梁，$D_{sb}$）

板的弯曲刚度为

$$D_s=\frac{Eh^3}{12(1-\mu_p^2)} \tag{5.19}$$

式中：E 为杨氏模量；h 为板或梁的厚度；μ_p 为泊松比；κ 为回转半径，即

$$\kappa=h/\sqrt{12} \tag{5.20}$$

对于一维梁，弯曲刚度不包括泊松比，因此有

$$D_{sb}=Eh^3/12$$

上文使用的拉普拉斯算子为

$$\nabla^2=\frac{\partial^2}{\partial y_1^2}+\frac{\partial^2}{\partial y_3^2}$$

而双谐波算子为

$$\nabla^4=\frac{\partial^4}{\partial y_1^4}+2\frac{\partial^4}{\partial y_1^2\partial y_3^2}+\frac{\partial^4}{\partial y_3^4}$$

可针对稳态振动求解式（5.18）。最简单的方法是，通过采用广义傅里叶变换并定义位移来求解：

$$\xi(\boldsymbol{y}_{13},t)=\int_{-\infty}^{\infty}\xi(\boldsymbol{y}_{13},\omega)\mathrm{e}^{-\mathrm{i}\omega t}\mathrm{d}\omega$$

此处，我们未使用 $\boldsymbol{y}_{13}$ 表示法，并使 $\boldsymbol{y}$ 位于板平面上（除非另有说明）。将其代入式（5.18），得

$$-\omega^2 m_s\xi(\boldsymbol{y},\omega)-\mathrm{i}\omega C_d\xi(\boldsymbol{y},\omega)+L(\xi(\boldsymbol{y},\omega))=-P(\boldsymbol{y},\omega) \tag{5.21}$$

式中：$P(\boldsymbol{y},\omega)$ 为驱动压力的广义傅里叶频率变换结果。在阻尼（$\omega C_d \ll \omega^2 m_s$）可忽略的情况下，自由振动（即 $P(\boldsymbol{y},\omega)=0$）可以表示为

$$L(\xi(\boldsymbol{y},\omega))-\omega^2 m_s\xi(\boldsymbol{y},\omega)=0$$

根据阶次，即根据 $L(\xi)$ 是否包含二阶或四阶空间微分算子，可将式（5.18）定义的四个运算符分为两大类。对于膜，该公式是二阶的，变为

$$\nabla^2\xi(\boldsymbol{y},\omega)-\omega^2(m_s/T_e)\xi(\boldsymbol{y},\omega)=0$$

我们已经根据单位面积质量 m_s 和单位长度的张力 T_e 将特征波数 k_T 定义为

$$k_T^2=\omega^2\left(\frac{m_s}{T_e}\right) \tag{5.22}$$

k_T^2 的根对于实测频率而言都是实值，因此二阶公式的解将根据所有谐波函数求得。例如，对于张紧弦，这些谐波是一维函数，若 y 与轴对齐，则得到 $\sin k_T y$ 和 $\cos k_T y$。可选的谐波解对是指数形式 $exp(-\mathrm{i}k_T y)$ 和 $exp(\mathrm{i}k_T y)$。解中包含的函数根据弦的边界条件确定。

与一维梁类似，我们得到四阶算子，根据四阶算子得到二维矢量位置 $\boldsymbol{y}$，有

$$\nabla^4\xi(\boldsymbol{y},\omega)=k_b^4\xi(\boldsymbol{y},\omega)$$

还定义了弯曲波的特征波数：

$$k_b^4=\omega^2(m_s/D_{sb}) \tag{5.23}$$

在这种情况下，根 k_b 由 $\pm k_b$ 和 $\pm \mathrm{i}k_b$ 组成，因此可用于描述梁弯曲的函数类别将包括

$$\mathrm{e}^{\mathrm{i}k_b y_i},\quad \mathrm{e}^{-\mathrm{i}k_b y_i},\quad \mathrm{e}^{k_b y_i}\text{和 }\mathrm{e}^{-k_b y_i}$$

或者，如上所述，将包括谐波函数和双曲函数 $\sin k_b y_i$，$\sinh k_b y_i$，$\cos k_b y_i$ 和 $\cosh k_b y_i$ 乘积的线性叠加。如图 5-4 所示，此处的 y_i 表示后期平面中的 y_1 或 y_3，且 $\boldsymbol{y}=(y_1,y_3)$。板和膜的二维情况涉及两个空间变量更复杂的函数，通常不可能通过建立一维函数来构造二维情况的本征函数，参见 Leissa[38]。但是，对于简支矩形板和圆形板，可以用闭环形式表示这些函数。

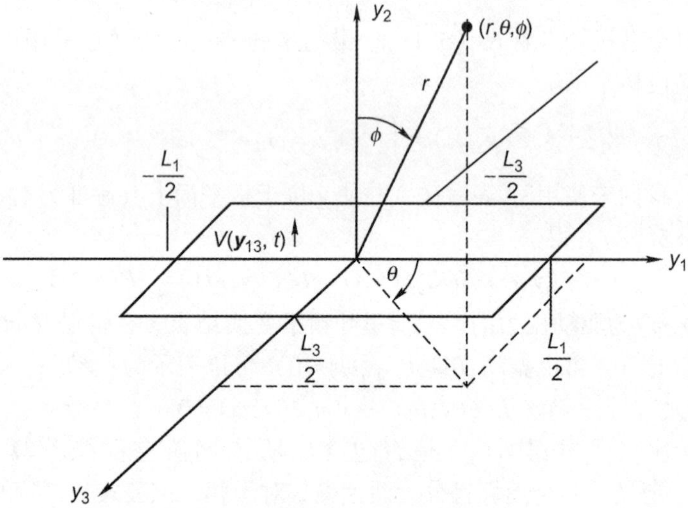

图 5-4　矩形板和连续介质的坐标

平板的自由振动位移模态可以用二维简正振型的叠加来表示，即

$$\xi(\boldsymbol{y},\omega)=\sum_{m,n=1}^{\infty} W_{mn}(\omega)\Psi_{mn}(\boldsymbol{y}) \tag{5.24a}$$

式中：下标 m,n 用于对模态简单排序，而对于矩形板，$\Psi_{mn}(\boldsymbol{y})$ 由上面列出的函数组成。对于二维结构，双索引 m,n 中的单索引 m 表示沿 y_1 的阶数，n 表示沿 y_3 的阶数。对于一维系统（弦或梁），将保留单阶 n。$\Psi_{mn}(y)$ 中的每个值都满足各公式，如对于梁

$$L[\Psi_n(\boldsymbol{y})]=k_n^4\Psi_n(\boldsymbol{y})$$

对于厚度均匀均质的板[1,32]

$$L[\Psi_{mn}(\boldsymbol{y})]=\nabla^4\Psi_{mn}(\boldsymbol{y})=k_{mn}^4\Psi_{mn}(\boldsymbol{y}) \tag{5.24b}$$

对于每个阶数 m,n（请参阅 5.3.2 节）

$$k_{mn}=k_p=\sqrt[4]{\omega_{mn}^2 m_s/D_s} \tag{5.25}$$

ω_{mn} 是 mn 阶模态的共振频率。类似的关系适用于 n 阶一维模态的频率。在所有情况下，k_{mn} 的特定值和 $\psi(\boldsymbol{y})$ 的形式均由结构的几何形状和边界条件决

定。它们分别称为本征值和本征函数。$\psi(\boldsymbol{y})$模态是正交模态，即对于矩形板

$$\iint_{A_{\mathrm{p}}} \Psi_{mn}(\boldsymbol{y})\Psi_{op}(\boldsymbol{y})\,\mathrm{d}^2\boldsymbol{y} = N_{\mathrm{p}}\delta_{mnop}$$

其中，如果模态未耦合，当 $m=n$ 和 $o=p$ 时，$\delta_{mnop}=1$，如果 $m\neq n$ 和 $o\neq p$ 时，$\delta_{mnop}=0$。N_{p}是与板的几何形状和边界条件相关的数值，并且与板 A_{p}的面积成比例。仅在简单情况下，它与模态阶次无关。即使对于一维结构，这种正交性条件的一般证明也超出了本书的范畴（参见 Timoshenko[34]）。但是，N_{p}的值可能与本征函数及其运算符的面积积分有关，如对于平板，有

$$N_{\mathrm{p}} = \frac{1}{k_{nm}^4}\iint_{A_{\mathrm{p}}} \psi_{mn}(\boldsymbol{y})\nabla^4\psi_{mn}(\boldsymbol{y})\,\mathrm{d}^2\boldsymbol{y}$$

将在 5.3.2 节中推导简支矩形板的特殊示例。在本节中，将根据下列公式对本征函数进行归一化：

$$\iint_{A_{\mathrm{p}}} \psi_{mn}(\boldsymbol{y})\psi_{op}(\boldsymbol{y})\,\mathrm{d}^2\boldsymbol{y} = \delta_{mnop}A_{\mathrm{p}} \tag{5.26}$$

由此可以理解为什么数值系数$(N_{\mathrm{p}})_{mnop}/A_{\mathrm{p}}$将被纳入$\psi_{mn}(\boldsymbol{y})$的定义中。最后，应该认识到，模态可能会由于空间上不均匀的阻尼，流体载荷以及质量和刚度的区域分布情况而发生物理耦合。对于厚度或刚度变化的结构或弯曲板，上面给出的四阶算子通常也不适用。然而，只要条件 $k_a \gg \sqrt[4]{12}\sqrt{a/h}$成立，则弯曲板可以近似地视为振动平板，其中 a 是曲率半径，h 是板的厚度。根据第 2 卷第 4 章“管道和涵道系统的声辐射”，这种高频条件可以通过弯曲板公式的先导条件以及 Leissa[38]、Junger 和 Feit[1] 或 Timoshenko 和 Woinowsky Krieger[32] 的研究成果来推导。

根据上文，我们可以将轻阻尼面板的流动激励结构振动简化为用简单谐波振荡器来探讨。将式（5.24a）代入式（5.21），在板强迫振动的情况下，将所得公式乘以 $\psi_{mn}(\boldsymbol{y})$，然后对 A_{p}值求积分，有

$$\begin{aligned}[k_{mn}^4 D_{\mathrm{s}} - \mathrm{i}\eta_{\mathrm{b}}\omega\omega_{mn}m_{\mathrm{s}} - m_{\mathrm{s}}\omega^2]W_{mn}(\omega) &= Z_{mn}(\omega)[(-\mathrm{i}\omega)W_{mn}(\omega)]\\ &= \frac{1}{A_{\mathrm{p}}}\iint_{A_{\mathrm{p}}} P(\boldsymbol{y},\omega)\psi_{mn}(\boldsymbol{y})\,\mathrm{d}^2\boldsymbol{y}\\ &= P_{mn}(\omega)\end{aligned} \tag{5.27}$$

模态阻抗函数表示为

$$Z_{mn}(\omega) = \frac{k_{mn}^4 D_{\mathrm{s}} - \mathrm{i}\eta_{\mathrm{s}}\omega\omega_{mn}m_{\mathrm{s}} - m_{\mathrm{s}}\omega^2}{-\mathrm{i}\omega}$$

而 C_{d}已被暂定损失因子代替，这个损失因子定义为

$$\eta_{\mathrm{s}} = \frac{C_{\mathrm{d}}}{m_{\mathrm{s}}\omega_{mn}}$$

可获得针对膜的类似公式，但是用 $k_{mn}^2 T_e$ 代替 $k_{mn}^4 D_s$。

现在，式（5.27）变为式（5.3），其中 a_{mn} 代替模态位移 $X(\omega)$，$-P_{mn}(\omega)$ 代替施加到振荡器上的力系数 $F(\omega)$。对于平板，单位面积的载荷垂直于结构平面施加；这可能包括局部施加力，随机（在空间和时间上）压力场以及流体对运动 ξ 的反作用力的叠加。$p(\boldsymbol{y},t)$ 中包含的流体反作用力可以是黏性阻尼、新增惯性流体质量和声辐射（因代表平板辐射能量而表现为阻尼）。在多个结构包围一个流体的更复杂的情况下，每个结构上的流体反作用力取决于相邻结构的运动，在这种情况下，整个流体结构系统将耦合在一起。参见 Strawderman[35]、Obermeier[36]、Arnold[37]等的研究，尤其是针对一般情况的 White 和 Powell[25]的研究。本章仅考虑单一结构和无限制的声学介质。将在 5.6 节中针对平板讨论流体在结构上的反作用力性质，并在 5.7 节中讨论圆柱体的流致振动。因此，可以认为阻尼小的均匀结构响应由一组振荡器响应组成，如果将这些模态解耦，所有这些振荡器将同时且独立地响应。

无限平板的特殊情况提供了上文所述运动参数在波-机械方面的解释以及大型有限平板的相关限制特性。假定位移呈指数形式

$$\xi=\xi_0 e^{i(\boldsymbol{k}\cdot\boldsymbol{y}-\omega t)}$$

图 5-5 所示为平板上沿 $\boldsymbol{k}/|\boldsymbol{k}|$ 方向传播的波。将此函数代入式（5.18），发现对于存在距波激励源很远的自由行波。

$$\xi_0(-m_s\omega^2-iC_d\omega+D_s k^4)e^{i(\boldsymbol{k}\cdot\boldsymbol{y}-\omega t)}=0$$

对于较小阻尼，我们可以忽略 $iC_d\omega$，由此根据式（5.25）得到波数与频率有关的标准，即 $|\boldsymbol{k}|=|\boldsymbol{k}_p|=k_p$。弯曲波的相速度定义为

$$c_p=\frac{\omega}{k_p}=\sqrt{\frac{\omega\kappa c_L}{\sqrt{1-\mu_p^2}}} \tag{5.28}$$

式中：$c_L=\sqrt{E/\rho_p}$ 为材料中的杆波速度，由此得到下列波形：

$$\xi=\xi_0\exp\left\{ik_p\frac{\boldsymbol{k}_p}{|\boldsymbol{k}_p|}\cdot y-c_p t\right\}$$

其中，$|\boldsymbol{k}_p|=k_p$，括号中的术语定义了行波的相前。

波矢的大小 $|\boldsymbol{k}_p|$ 与波长有关

$$k_p=2\pi/\lambda_b$$

式（5.28）表明，较短的弯曲波比较长的弯曲波传播得更快。

图 5-6 说明了 c_p 与 k_p 的关系。对于膜和弦，二阶算子 $L(\xi)$ 在式（5.23）之前未编号的公式中产生 k_p^2 或 k_T^2，而不是 k_p^4。因此，膜的相速度为

$$c_m=\sqrt{T_e/m_s} \tag{5.29}$$

与波数无关。在这方面，膜中的弯曲波类似于膨胀声波。

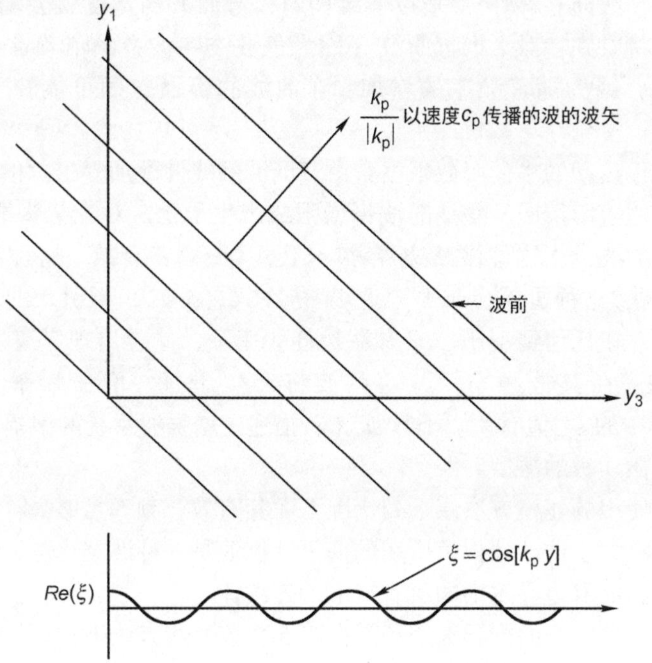

图 5-5　平板直顶弯曲波的振幅图（所示函数为 ξ 的实部）

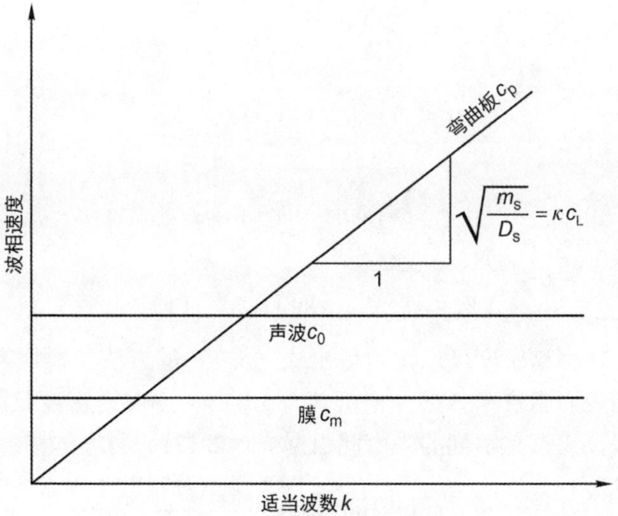

图 5-6　相速度作为波数的函数图

（用于弯曲板的 c_p，膜 c_m 和声（膨胀）波 c_0）

根据式（5.28）和式（5.29）可以得到的另一个特征是，当通过增大 D_s 来加固结构，或通过减小 T_e 来拉伸结构时，弯曲波的速度就会增大。在 5.5 节中，我们将看到，对平板弯曲波（称为色散波）波数的依赖性会使声辐射现象复杂化，因为随着频率的增加，弯曲波的传播速度可能快于流体中的声速。

有限平板运动的本征函数根据自由弯曲波的线性叠加得出。根据平板的形状及其边界的限制情况，叠加的波将增强或产生干扰。对于某些类型的边界，将生成相应的波，当这些波从边界移动时，其振幅将衰减。这种波称为“消逝波”。据说，这种边界会产生“近场”。在式（5.23）下引入的双曲函数描述了这种波。在任何情况下，只有在最佳频率下，才会出现以离散值 $k_p = k_{mn}$ 增强的群波。在其他频率下，这些波将产生干扰。增强频率为 ω_{mn}，与式（5.25）中的 k_{mn} 值有关。函数 $\psi_{mn}(\boldsymbol{y})$ 描述了增强波系统的振幅随空间的变化，也称为振动板的振型。

本章中使用的建模方法在下列情况下尤其有效：频率足够高，以至结构边界之间的距离大于振动波长。所用的傅里叶反演是一种波类比法，其中响应只是从驱动点和反射边界发出的所有响应的连续体。

有限板每个模态的推导都按照类似于 5.2 节所述方法进行。但是，处理模态的速度很方便。类似于式（5.4）和式（5.7）的推导，我们将模拟弯曲速度引入式（5.21），则

$$v(\boldsymbol{y},t)=\dot{\xi}(\boldsymbol{y},t)$$

和

$$v(\boldsymbol{y},t)=\int_{-\infty}^{\infty} V(\boldsymbol{y},\omega)\,\mathrm{e}^{\mathrm{i}\omega t}\mathrm{d}\omega \tag{5.30}$$

以及

$$V(\boldsymbol{y},\omega)=-\mathrm{i}\omega\xi(\boldsymbol{y},\omega)$$

根据式（5.24a），有

$$V(\boldsymbol{y},\omega)=\sum_{mn} V_{mn}(\omega)\,\Psi_{mn}(\boldsymbol{y}) \tag{5.31}$$

速度的自功率谱密度可以按照得出式（5.7）的方法，根据表面压力的自功率谱密度和表面阻抗来描述。根据式（5.31），速度谱密度只是 mn 个模态的总和。将假设模态是解耦的，由此根据式（2.121）得

$$\begin{aligned}\Phi_{vv}(\omega)&=\lim_{T\to\infty}\sum_{mn}2\pi\,\frac{|V_{mn}(\omega)|^2}{T}\\&=\sum_{mn}\Phi_{mn}(\omega)\end{aligned} \tag{5.32}$$

对于振动结构的第 mn 模，式（5.27）给出

$$V_{mn}(\omega)=\frac{P_{mn}(\omega)}{Z_{mn}(\omega)} \tag{5.33}$$

通过向两侧调用式（1.53）或式（2.130）可得出板速度模态 mn 的谱密度，即

$$\Phi_{mn}(\omega)=\frac{\Phi_{p_{mn}}(\omega)}{|Z_{mn}(\omega)|^2} \tag{5.34}$$

这是一般性关系。在流体载荷不可忽略的情况下，应通过增加流体质量来增大 m_s，同时通过辐射损耗因子 η_{rad} 来增大 η_s，以便用下列总损耗因子将其代替，即

$$\eta_T=\eta_s+\eta_{rad} \tag{5.35}$$

参见 5.6 节的描述和图示。

函数 $\Phi_{p_{mn}}(\omega)$ 是在式（5.27）中引入的模态压力 $P_{mn}(\omega)$ 的自功率谱密度。从物理学上讲，它表示激励场与结构第 mn 模态耦合的程度。如定义 $P_{mn}(\omega)$ 的积分所示，这种耦合是空间性的，即它取决于相对于振型空间相位的驱动力空间相位。一维模态的一个简单示例是 $P(y_1,\omega)=P_0\sin(2k_ny_1)$ 和 $\Psi_n(y_1)=\sin(k_ny_1)$，则 $P_n(\omega)$ 等于零。当 $P(y_1,\omega)=P_0\sin k_ny_1$ 时，此模态下的模态压力最大，因为空间相位会重合。对于随机响应估算，由于流动或其他形式的激励会在板上引起表面压力，必须根据这些压力的统计值来表示模态压力的自功率谱。关于该压力场的信息可以用时空相关性来表示。因此，可以很好地推导出 $\Phi_{p_{mn}}(\omega)$ 的替代表示。我们可以定义一个自相关函数

$$\hat{R}_{p_{mn}p_{mn}}(\tau)=\langle P_{mn}(t+\tau)P_{mn}(t)\rangle$$

其中，我们定义

$$P_{mn}(t)=\frac{1}{A_p}\int_{A_p},\quad P(\boldsymbol{y},t)\psi_{mn}(\boldsymbol{y})\,\mathrm{d}^2\boldsymbol{y} \tag{5.36a}$$

或在频域

$$P_{mn}(\omega)=\frac{1}{A_p}\int_{A_p}P(\boldsymbol{y},\omega)\psi_{mn}(\boldsymbol{y})\,\mathrm{d}^2\boldsymbol{y} \tag{5.36b}$$

表示随机变量和 $P_{mn}(\omega)$ 的逆变换。该相关函数用表面上两个位置 $\boldsymbol{y}_1$ 和 $\boldsymbol{y}_2$ 之间的表面压力时空相关性表示；在统计同质的情况下，有

$$\hat{R}_{p_{mn}p_{mn}}(\tau)=\frac{1}{A_p^2}\iint_{A_{pn}}\cdot\iint_{A_{pn}}\hat{R}_{pp}(\boldsymbol{y}_1-\boldsymbol{y}_2,\tau)\Psi_{mn}(\boldsymbol{y}_1)\Psi_{mn}(\boldsymbol{y}_2)\,\mathrm{d}^2\boldsymbol{y}_2\mathrm{d}^2\boldsymbol{y}_1 \tag{5.37}$$

在 5.6.2 节中，我们将针对点驱动专门探讨这一点。目前，从模态响应的

角度来看，相关量是$\hat{R}_{p_n p_n}(\tau)$的傅里叶变换结果，称为模态压力谱，即

$$\Phi_{p_{mn}}(\omega)=\frac{1}{2\pi}\int_{-\infty}^{\infty}\mathrm{e}^{\mathrm{i}\omega t}\,\hat{R}_{p_{mn}p_{mn}}(\tau)\,\mathrm{d}\tau$$

现在将根据振型和表面压力相关函数来推导 $\Phi_{P_n}(\omega)$的关系。表面压力的波数频谱与其相关函数有关，即

$$\hat{R}_{\mathrm{pp}}(\boldsymbol{r},\tau)=\iiint_{-\infty}^{\infty}\mathrm{e}^{\mathrm{i}(\boldsymbol{k}\cdot\boldsymbol{r}-\omega t)}\,\Phi_{\mathrm{pp}}(k,\omega)\,\mathrm{d}^2\boldsymbol{k}\mathrm{d}\omega \tag{5.38}$$

根据式（2.139）或式（2.123），这种相关性在空间上是同质的。振型函数也定义为振型的傅里叶空间变换，即

$$S_n(\boldsymbol{k})=\iint_{A_\mathrm{p}}\mathrm{e}^{-\mathrm{i}\boldsymbol{k}\cdot\boldsymbol{y}}\,\Psi_n(\boldsymbol{y})\,\mathrm{d}^2\boldsymbol{y} \tag{5.39}$$

将式（5.38）和式（5.39）代入式（5.37），并与式（5.37）组合得

$$\Phi_{P_{mn}}(\omega)=\frac{1}{A_\mathrm{p}^2}\iint_{A_\mathrm{p}}\cdot\iint_{A_\mathrm{p}}\Phi_{\mathrm{PP}}(\boldsymbol{y}_1,\boldsymbol{y}_2,\omega)\,\Psi_{mn}(\boldsymbol{y}_1)\,\Psi_{mn}(\boldsymbol{y}_2)\,\mathrm{d}^2\boldsymbol{y}_2\mathrm{d}^2\boldsymbol{y}_1 \tag{5.40a}$$

对于在空间上同质或非同质的强迫振动，通过调用统计同质性，我们得到模态压力的自功率谱，类似于式（2.144），有

$$\Phi_{p_{mn}}(\omega)=\frac{1}{A_\mathrm{p}^2}\iint_{-\infty}^{\infty}\Phi_{\mathrm{pp}}(\boldsymbol{k},\omega)\,|S_{mn}(\boldsymbol{k})|^2\mathrm{d}^2\boldsymbol{k} \tag{5.40b}$$

$$\iint_{-\infty}^{\infty}|S_n(\boldsymbol{k})|^2\mathrm{d}^2\boldsymbol{k}=(2\pi)^2A_\mathrm{p}$$

式（5.37）、式（5.40a）和式（5.40b）等公式代表了 Parseval 定理的一般化。式（5.34）、式（5.38）、式（5.40a）和式（5.40b）提供了本节得出的基本结果，这些结果可进一步用于推导模态公式的一般输入函数。

现在，我们采用强迫压力统计模型与通过结构有限元分析得出的确定性结果来计算模态响应。结合式（5.31）~式（5.33），得到 $\boldsymbol{x}$ 处的振动速度结果，即

$$V(\boldsymbol{x},\omega)=\sum_{mn}\frac{P_{mn}(\omega)}{Z_{mn}(\omega)}\Psi_{mn}(\boldsymbol{x}) \tag{5.40c}$$

鉴于此处考虑到的具体情况，这种模态求和方式很适用。但是，这种模态求和结果等同于 $V(\boldsymbol{x},\omega)$，可通过使用单位点力的有限元模型。我们注意到，在 $\boldsymbol{x}_0$处沿板法向施加的点力可以表示为式（5.21）中出现的脉动载荷，即

$$P(\boldsymbol{x},\omega)=F(\omega)\cdot\delta(\boldsymbol{x}-\boldsymbol{x}_0) \tag{5.40d}$$

如此一来，在式（5.27）中

$$P_{mn}(\omega)=\frac{F(\omega)}{A_\mathrm{p}}\cdot\Psi_{mn}(\boldsymbol{x}_0) \tag{5.40e}$$

和

$$V(\boldsymbol{x},\boldsymbol{x}_0,\omega)=\frac{F(\omega)}{A_{\mathrm{p}}}\cdot\sum_{mn}\frac{\Psi_{mn}(\boldsymbol{x})\Psi_{mn}(\boldsymbol{x}_0)}{Z_{mn}(\omega)} \tag{5.40f}$$

对单位点力的速度响应，通过 $\boldsymbol{x}_0$ 处的力和 $\boldsymbol{x}$ 处的响应之间的“频率响应函数”来定义，即

$$\frac{V(\boldsymbol{x},\boldsymbol{x}_0,\omega)}{F(\omega)}=Y(\boldsymbol{x},\boldsymbol{x}_0,\omega)=\frac{1}{A_{\mathrm{p}}}\sum_{mn}\frac{\Psi_{mn}(\boldsymbol{x})\Psi_{mn}(\boldsymbol{x}_0)}{Z_{mn}(\omega)} \tag{5.40g}$$

上式可以通过有限元模型的矩阵获得，以得出一系列响应，每个响应都是由于离散表面上驱动点的分布所致，即形成 $Y(\boldsymbol{x},\boldsymbol{x}_0,\omega)$ 及点对 $\boldsymbol{y}$ 和 $\boldsymbol{y}_0$ 之间的相似函数。在允许本征模态展开的情况下，模态导纳为

$$Y_{mn}(\boldsymbol{x},\boldsymbol{x}_0,\omega)=\frac{1}{A_{\mathrm{p}}}\frac{\Psi_{mn}(\boldsymbol{x})\Psi_{mn}(\boldsymbol{x}_0)}{Z_{mn}(\omega)} \tag{5.40h}$$

根据式（5.40f）和式（5.40g）得出类似于式（5.37）的相关函数，可以看到由分布力导致的板 $\boldsymbol{x}$ 和 $\boldsymbol{y}$ 位置响应速度的跨谱密度。

$$\begin{aligned}\Phi_{vv}(\boldsymbol{x},\boldsymbol{y},\omega)&=\langle V^*(\boldsymbol{x},\omega)V(\boldsymbol{y},\omega)\rangle\\&=\sum_{m,n}\iint_{A_{\mathrm{p}}}\iint_{A_{\mathrm{p}}}\Phi_{\mathrm{pp}_{mn}}(\boldsymbol{x}_0,\boldsymbol{y}_0,\omega)\cdot Y_{mn}(\boldsymbol{y},\boldsymbol{y}_0,\omega)Y_{mn}^*(\boldsymbol{x},\boldsymbol{x}_0,\omega)\,\mathrm{d}^2\boldsymbol{x}_0\mathrm{d}^2\boldsymbol{y}_0\end{aligned} \tag{5.40i}$$

使用数字解需要将式（5.40j）离散化，式（5.40j）是所有 (m,n) 个计算本征模的总和，即

$$\begin{aligned}\Phi_{vv}(\boldsymbol{x}_i,\boldsymbol{y}_j,\omega)=&\sum_{m,n}\sum_u\sum_v\Phi_{\mathrm{pp}_{mn}}(\boldsymbol{x}_{0u},\boldsymbol{y}_{0v},\omega)\cdot Y_{mn}(\boldsymbol{y}_j,\boldsymbol{y}_{0v},\omega)\\&Y_{mn}^*(\boldsymbol{x}_{0i},\boldsymbol{x}_{0u},\omega)(\Delta\boldsymbol{x}_0)_u(\Delta\boldsymbol{y}_0)_v\end{aligned} \tag{5.40j}$$

式中：$(\Delta\boldsymbol{x}_0)_u$ 和 $(\Delta\boldsymbol{y}_0)_v$ 为与离散化索引对关联的区域；$\boldsymbol{x}_i$ 和 $\boldsymbol{y}_i$ 为离散化响应空间中索引位置 i 和 j 的矢量坐标位置。近年来，随着大规模计算技术的发展，现在完全解析[43-44]和混合有限元（及相关的能量有限元）方法分析中通常使用式（5.40j）等关系式来计算来自流动驱动板、壳和管道的声音。参见参考文献［45-50］，其描述了频率响应函数和基于统计的流力函数中对计算机模型的使用。还使用了用于计算的统计元素，特别是对于宽带和高频的情况，我们将在以下章节重点介绍。

5.3.2　多模态结构响应估算

只要可以足够准确地描述振型函数 $\Psi_{mn}(y)$ 和激励的统计特性，就能使用式（5.40d）计算模态的速度谱。为此，可以根据式（5.8）和式（5.11）确

定模态 mn 的均方根速度

$$\overline{V_{mn}^2}=\frac{\pi A_p^2\Phi_{p_{mn}}(\omega_{mn})}{M^2\eta_s\omega_{mn}} \tag{5.41}$$

其中 $M=m_sA_p$。速度还与模态的时间平均输入功率$(\mathbb{P}_{in})_n$有关，即式（5.17）。此处重新表示为适用于单个模态的公式：

$$\overline{V_{mn}^2}=\frac{(\mathbb{P}_{in})_{mn}}{M\eta_s\omega_{mn}} \tag{5.42}$$

通过式（5.41）和式（5.42），我们可以得到关于激励压力场统计的时间平均输入功率的明确关系，即

$$(\mathbb{P}_{in})_{mn}=\frac{\pi A_p^2\Phi_{p_n}(\omega_{nm})}{M} \tag{5.43}$$

函数 $A_p^2\Phi_{p_{mn}}(\omega)$是施加到第 n 个模态的均方模态力的谱密度。通过比较式（5.41）、式（5.42）和式（5.43），我们可以看到模态 $M\overline{V_{mn}^2}$的平均动能是根据 $\eta_s\omega_{mn}$频带中的共振运动确定的，并且进入该模态的功率取决于模态力 $A_p^2\Phi_{p_{mn}}(\omega)$的谱级和结构质量。我们将把这些概念应用于复杂结构的结构响应统计。

在某些实际情况下，关注的响应特征涉及结构的模态群，而不是单个模态响应。这种关注来自对宽带的需求，而不是对窄带的描述，或者对因频率足够高而必须采取模态平均的关注。根据式（5.25），该结构（一维或二维膜或一维或二维板）将在特定频率 ω_{mn}上谐振，该频率采用独一无二的方式，即一维或二维波数 k_{mn}的离散集合确定。结构的特征波数取决于其几何形状及其支撑的性质。尽管对于许多结构来说，以上述方式将运动描述为模态的叠加是可能的，但仅对于简支矩形板，自由和简支圆形板以及矩形和圆形膜而言，特征函数和特征值的精确闭式表达式是已知的。必须以数值方式获得其他几何形状和边界条件的解，或者使用仅在有限频率范围内适用的解析函数来近似求解。然后，在本节中，我们将继续对具有非耦合（即正交）模态的系统进行描述，我们将确定简支矩形板的本征函数，并使用这一特定结果来说明本章中更复杂的多模态结构的响应特性。

所考虑的几何结构如图 5-4 所示。这种几何结构由安装在与 $y_2=0$ 平面重合的无限刚性表面中的矩形板元件组成。在平板上方($y_2>0$)假设有可压缩的流体介质，其场点用(r,θ,ϕ)表示，尽管就目前而言，板上方流体的存在无法确定其模态。这一点将留在 5.6 节中讨论，我们根据这些振型来研究流体载荷阻抗。板的激发响应以及随后对区域 $y_2>0$ 的声辐射将取决于本征函数

$\Psi_{mn}(\boldsymbol{y})$。平板采用简支结构，使得在边缘处垂直于$(y_1, y_3)$平面的板速度为零，并且不存在力矩约束或平面内的阻力。因此，式（5.30）沿 $y_1=\pm L_1/2$ 或 $y_3=\pm L_3/2$ 在 $V(\boldsymbol{y},\omega)$的边界条件为

$$V\left(y_1=\pm\frac{L_1}{2}, y_3, \omega\right)=0 \quad 和 \quad \frac{\partial^2 V}{\partial y_1^2}\left(y_1=\pm\frac{L_1}{2}, y_3, \omega\right)=0$$

和

$$V\left(y_1, y_3=\pm\frac{L_3}{2}, \omega\right)=0 \quad 和 \quad \frac{\partial^2 V}{\partial y_3^2}\left(y_1, y_3=\pm\frac{L_3}{2}, \omega\right)=0$$

式（5.21）和式（5.24a）的适当解是使边界条件适用于本征函数 $\Psi_{mn}(\boldsymbol{y})$。这些解将取决于任意常系数，如其中一种解为

$$\Psi_{mn}(\boldsymbol{y})=A\sin\alpha_1 y_1 \sin\alpha_3 y_3$$

根据边界条件得

$$\alpha_1=k_1=m\pi/L_1 和 \alpha_3=k_3=n\pi/L_3$$

系数 A 由归一化条件式（5.26）确定

$$A=2$$

此特定解仅适用于 y_1 和 y_3 均为奇数的模态。其他解涉及正弦和余弦的组合，因此对于源自板中心的坐标系，整个表达式为

$$\begin{cases}\psi_{mn}(\boldsymbol{y})=2\sin(k_m(y_1+L_1/2))\sin(k_n(y_3+L_3/2)) \\ |y_1|\leqslant L_1/2, \quad |y_3|\leqslant L_3/2\end{cases} \tag{5.44a}$$

图 5-7（b）所示为节点线的示例草图。波数参数为

$$k_m L_1=\pm m\pi, \quad m=1,2,\cdots \tag{5.44b}$$

和

$$k_n L_3=\pm n\pi, \quad n=1,2,\cdots \tag{5.44c}$$

在这种情况下，n 和 m 表示每个维度的半波数量，式（5.44）也是矩形膜二阶模拟的解。

上述本征函数，即式（5.44a），是具有其他边界条件的矩形板[38]更通用解的特定简单示例。对于带有简支或自由边界的圆形板以及其他板元件的特殊情况，可以写下其他封闭的准确解和近似解。这些解的特点是它们是两个函数的乘积，即

$$\psi_{mn}(\boldsymbol{y})=\psi_m(y_1)\psi_n(y_3) \tag{5.45}$$

当 $\psi_m(y_1)$ 和 $\psi_n(y_3)$ 均为谐波函数时，有

$$\nabla^2\psi_{mn}(\boldsymbol{y})=(k_m^2+k_n^2)\psi_{mn}(\boldsymbol{y})$$

用于膜，或

$$\nabla^4\psi_{mn}(y)=(k_m^2+k_n^2)^2\psi_{mn}(\boldsymbol{y})$$

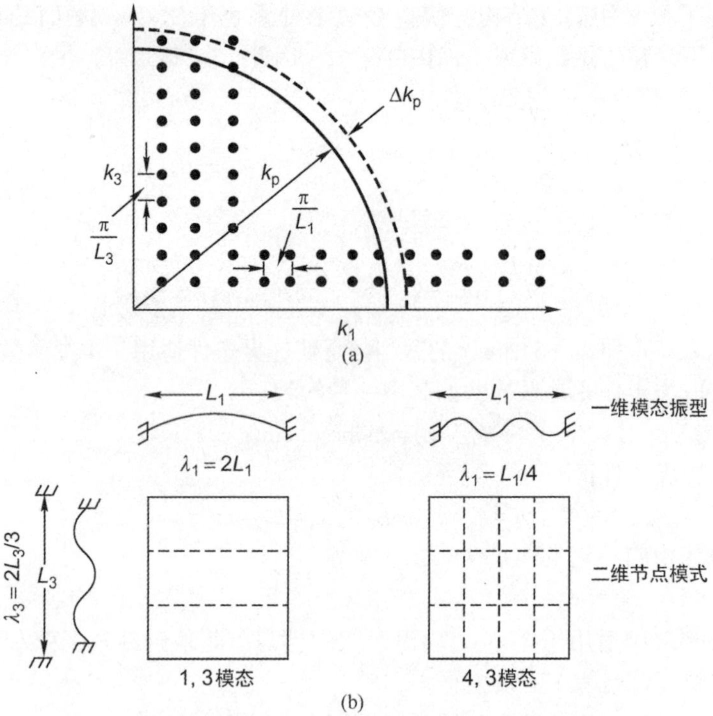

图 5-7　简支矩形板结构振动的模态阶数

用于平板。因此，模态的波数是各个本征矢量的结果，即在我们的示例中：

$$k_{mn}^2 = k_m^2 + k_n^2$$
$$= \left(\frac{m\pi}{L_1}\right)^2 + \left(\frac{n\pi}{L_2}\right)^2$$

图 5-7 所示的两个图中，1，3 模态在一个方向上具有 $m=1$ 个半波，在三个方向上具有 $n=3$ 个半波。对于 m,n 模态，通过式（5.25）的转置得出共振频率 ω_{mn}。一组多个模态的总响应将是各个模态响应的所有模态 mn 的总和，见式（5.32）。如本节后文所述，这是在具有多个谐振模态的频带 $\Delta\omega$ 的条件下完成的。图 5-7 所示的晶格中也用半径 k_p 的环形元说明了这一点，该环形元对应所关注的频率（式（5.25）），且其微分波数为 Δk_p。现在将研究在该环形区域中表示共振模数的方法。随着 $\Delta\omega$ 增大或减小，晶格中的模数将相应变化。半径为 k_p 的 1/4 圆中包含的模数（即在 $0<k<k_p$ 的范围内）为[4,12]

$$N = \frac{(\pi/4)k_p^2}{(\pi/L_1)(\pi/L_3)} = \frac{k_p^2 L_1 L_3}{4\pi}$$

因为 1/4 圆的面积为 $\pi k_p^2/4$ 且由每个晶格中的空隙为 $(\pi/L_1)(\pi/L_3)$。当

$k_p = k_{mn}$时，存在共振条件。因此，每增加一单位波数的模数为

$$n(k_p) = \frac{dN}{dk_p} = \frac{k_p L_1 L_3}{2\pi} \tag{5.46}$$

因此，每增加一单位频率的模数为

$$n(\omega) = \frac{dN}{dk_p}\frac{dk_p}{d\omega} = \frac{n(k_p)}{c_g}$$

此函数称为频率“模态密度”，尤其是对于平板而言，有

$$n(\omega) = \frac{L_1 L_3}{4\pi}\left(\frac{m_s}{D_s}\right)^{1/2}$$

其中，c_g为波群速，有

$$n(\omega) = \frac{n(k_p)}{c_g} = \frac{1}{2\pi\sqrt{\omega k c_L}}$$

由于板中的纵波速度为

$$c_1 = \sqrt{\frac{E}{\rho_p(1-\mu_p^2)}} = \sqrt{\frac{D_s}{m_s k^2}} \tag{5.47}$$

我们可以将模态密度表示为

$$n(\omega) = \frac{A_p}{4\pi k c_1} \tag{5.48a}$$

式中：$A_p = L_1 L_3$为板的面积。

模态密度是使用统计方法描述振动结构的多模响应关键因素，请参见 Lyon 和 DeJong[11]的研究成果，在接下来的章节中，将使用模态密度来建立宽带，强迫振动和声音的预测模型。

式（5.48a）表明，板的模态密度与频率无关。另外，式（5.48a）通常适用于所有单板的较高模态，因此引入了板面积，而不是长度和宽度。对于膜来说，有

$$n(k_p) = \frac{k_p A_p}{2\pi}$$

但是由于

$$k_p = \omega\sqrt{m_s/T_e} = \omega/c_m$$

频率模态密度随频率而增大，即

$$n(\omega) = \frac{A_p \omega}{2\pi c_m} \tag{5.48b}$$

同样，长度为 L 的梁的波数模态密度为

$$n(k_p)=L/\pi$$

由此得到杆波速度 c_L，有

$$n(\omega)=\frac{n(k_p)}{c_g}=\frac{1}{2\pi\sqrt{\omega\kappa c_L}} \tag{5.49}$$

这表明频率模态密度随频率增大而减小。

对于长而窄的结构，如果频率高于基本谐振频率且低于第一横向振型频率，$k_pL_3<\pi$，预计 $n(\omega)$ 遵循式（5.49）。对于同时满足条件 $k_pL_3>\pi$ 和 $k_pL_1>\pi$，式（5.49）适用。图 5-8 说明了模态密度对矩形板宽度 k_pL_3 的依赖关系，对于所有模态 $k_pL_1>\pi$ 的矩形板，宽度均为 $L_1>L_3$。

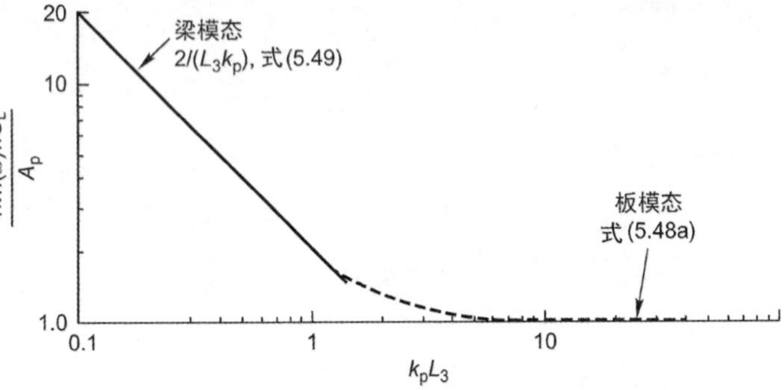

图 5-8　$k_pL_1>\pi$ 和 $L_3<L_1$ 的矩形板模态密度（注意板状和梁状振动区域）

对于边界之间超过半波的模态，式（5.48a）和式（5.49）与对板或梁（约束型、自由等）的约束性质无关。因而，我们此时不必考虑具体约束条件，只需关心结构的一维或二维性以及弯曲波是非分散的（c_g 常数不变），还是分散的（c_g 取决于波数）。

如此一来，我们现在可以举例说明使用有限带宽滤波器估算物理测量中观察到的结构流致响应的方法。我们将调用以 ω_f 为中心的滤波器频带 $\Delta\omega_f$，其中 $0\leqslant\omega_f=2\pi ff\leqslant\infty$，与在 1.4.4.1 节中引入的定义一致。谐振频率 ω_{mn} 仍代表谐振频率，在响应表示中，我们将对带宽 $\Delta\omega_f$ 中谐振模态的所有响应进行平均

$$n(\omega_f)\Delta\omega_f>1$$

如式（5.31）和式（5.32）所示，二维结构上的弯曲速度谱密度是模态速度谱 $\Phi_{mn}(\omega)$ 所有模态的总和。假定模态是解耦的，见图 5-2 和图 5-3 以及式（5.34），每个模态的 $\Phi_{mn}(\omega)$ 在 $\omega=\pm\omega_{mn}$ 的所有频率附近都达到峰值。因此，当我们考虑以 ω_f 为中心的滤波器的宽频带 $\Delta\omega_f$ 均方根速度时，$\Delta\omega_f$ 必须足够大，以使 $\Delta\omega_f\gg\left(\frac{\pi}{2}\right)\eta_T\omega_{mn}$ 和 $n(\omega_f)\Delta\omega_f>1$ 足够大。$\Delta\omega_f$ 中的总均方根速度只

是位于 $\omega_f \pm \Delta\omega_f$ 中的所有 ω_{mn} 的总和。模态之间的频率间隔必须足够小，以使共振组类似于连续体。使用式（5.32），则

$$\overline{V}^2(\omega_f, \Delta\omega) = 2\int_{\omega_f-\Delta\omega_f/2}^{\omega_f+\Delta\omega_f/2} \Phi_{vv}(\omega)\,\mathrm{d}\omega$$

$$= 2\sum_{mn}\int_{\omega_f-\Delta\omega_f/2}^{\omega_f+\Delta\omega_f/2} \Phi_{mn}(\omega)\,\mathrm{d}\omega$$

$$= \sum_{\Delta\omega\text{中所有模式}} \overline{V_{mn}^2}$$

式中：ω_f 为滤波器频带的中心频率，系数 2 将负频率轴折叠到正轴，形成单边频谱，而 $\overline{V_{mn}^2}$ 由式（5.41）给出。我们已经指出模态力谱 $\Phi_{p_{mn}}(\omega)$ 在谐振频带 $\left(\dfrac{\pi}{2}\right)\eta_T\omega_{mn}$ 上必须大致恒定，但是，如果我们现在还要求模态力谱在整个相关滤波器带宽 $\Delta\omega_f$ 处大致恒定，那么可以通过对位于 $\Delta\omega_f$ 中的所有 ω_{mn} 进行积分来近似求和。由于 $n(\omega_f) \gg 1$，则

$$\overline{V}^2(\omega_f, \Delta\omega_f) \approx 2\int_{\omega_f-\Delta\omega_f/2}^{\omega_f+\Delta\omega_f/2} V_{mn}^2(\omega)\, n(\omega)\,\mathrm{d}\omega$$

$$\approx \overline{\overline{V_{mn}^2}}(\omega_f)\, n(\omega_f)\,\Delta\omega_f \tag{5.50}$$

式中：$\overline{\overline{V_{mn}^2}}(\omega_f)$ 再次由式（5.41）给出，但现在它代表了典型的均方模态速度，该速度被概括为频率的连续函数，并代表了在 $\Delta\omega_f$ 频带内谐振的所有模态的均方响应。若结构是面积为 A_p 的板，则式（5.8）、式（5.11）、式（5.41）、式（5.48a）、式（5.49）和式（5.50）组合在一起得出均方根（按时间和面积平均）板速度，即

$$\overline{V}^2(\omega_f, \Delta\omega_f) \approx \frac{\pi\overline{\Phi_{p_{mn}}(\omega_f)}}{m_s^2\eta_T}\,\frac{A_p}{4\pi\kappa c_1}\,\frac{\Delta\omega_f}{\omega_f} \tag{5.51}$$

式中：c_1 由式（5.47）给出。

“模态平均”

函数 $\overline{\Phi_{p_{mn}}(\omega)}$ 代表在频带 $\Delta\omega_f$ 上谐振的所有 (m,n) 个模态下模态压力谱的平均值。请参阅 5.5.5 节。发现该谱为

$$\overline{\Phi_{p_{mn}}(\omega)} = \frac{1}{N}\sum_{m,n}\Phi_{p_{mn}}(\omega)$$

其中

$$N = n(\omega)\,\Delta\omega_f$$

对于由湍流边界层驱动的结构，在第 2 卷第 3 章中给出了这样的计算示例。

通过流为板提供的时间平均功率 $\Delta\omega_f$，$\mathbb{P}_{in}(\omega_f)$ 为

$$\mathbb{P}_{\text{in}}(\omega_f) = 2\int_{\omega_f-\Delta\omega_f/2}^{\omega_f+\Delta\omega_f/2}\left[\iint_{A_p}\langle p^*(\boldsymbol{x},\omega)V(\boldsymbol{x},\omega)\rangle \mathrm{d}^2\boldsymbol{x}\right]\mathrm{d}\omega \tag{5.52a}$$

$$\mathbb{P}_{\text{in}}(\omega_f) = \sum_{\Delta\omega\text{中所有模式}} (\mathbb{P}_{\text{in}})_n$$

$$= \int_{\omega_f-\Delta\omega_f/2}^{\omega_f+\Delta\omega_f/2} \mathbb{P}_{\text{in}}(\omega_f)n(\omega_f)\mathrm{d}\omega_f$$

使用式（5.41），我们发现单位面积的功率谱密度为 $\pi_{\text{in}}(\omega_f)=\mathbb{P}(\omega_f)/(2A_p\Delta\omega_f)$，并且仅在正频率轴上定义为 $\omega_f=2\pi f_f$，并调用 $0<\omega_f<\infty$，则

$$\pi_{\text{in}}(\omega_f)=\frac{\pi\,\overline{\Phi_{p_{mn}}(\omega_f)}}{m_s}n(\omega_f) \tag{5.52b}$$

$$=\frac{\pi\,\overline{\Phi_{p_{mn}}(\omega_f)}}{m_s}\frac{A_p}{4\pi\kappa c_1} \tag{5.52c}$$

这可以表示为

$$\pi_{\text{in}}(\omega_f)=\frac{\overline{\Phi_{p_{mn}}(\omega_f)A_p}}{R_\infty} \tag{5.52d}$$

其中

$$R_\infty=8m_s kc_1 \tag{5.52e}$$

是无限板的点输入声抗，等于无限板的平均（在所有模态下）声阻[7,11,17]。

给定的每单位面积的总输入功率为

$$\pi_{\text{in}}=\int_0^\infty \pi_{\text{in}}(\omega_f)\mathrm{d}\omega_f$$

$\Phi_{p_{mn}}(\omega)$ 由式（5.40）给出。

在 5.6 节中，我们将说明即使在狭窄的频带中，高频多模点声抗（或频率响应函数）也接近无限板的声抗。正如 Lyon 和 DeJong[11] 所充分讨论的，刚刚得出的关系式（5.50）、式（5.51）和式（5.52b）受到严格的限制。必须确定这些关系式有效之前，$\overline{V_{mn}^2}(\omega)$ 实际上几乎与模态顺序无关。反过来，这要求模态阻尼对于频带中的所有模态都大致恒定。如果一种模态与其他模态相比阻尼很小，那么其响应将覆盖频段中其他模态的振动，因此必须单独考虑。对于这些近似法的使用，一个不太明显但通常更重要的限制是，模态激励压力的自功率谱，即式（5.40）的 $\Phi_{p_{mn}}(\omega)$，对于频带中的所有模态都是相同的。在这些要求下，输入功率式（5.52d）与总体模态均方根速度 $\overline{V}^2(\omega,\Delta\omega)$ 及式（5.50）有关，其关系类似于式（5.42），即

$$\overline{V}^2(\omega,\Delta\omega)=\frac{\mathbb{P}_{\text{in}}(\omega)}{Mn_T\omega} \tag{5.53}$$

通过影响输入压力积分$\mathbb{P}_{in}$中出现的振型函数 $S_{mn}(\boldsymbol{k})$ 的细节，该均方根速度根据板的界面条件确定，参见下一章节。

允许直接进行模态平均的限制可能不会在许多情况下出现。例如，如果激励压力的波谱只能在有限的波数范围内具有升高的值；那么只有频带中的某些模态会被选择性地激励。边界层激发结构时，会出现这种情况。涡流引起的压力激发水翼后缘时，也可能出现这种模态选择性。估计来自结构的声辐射时，可能会出现另一种限制。正如 5.5 节中将描述的，某些类型的模态能比其他模态更有效地发出声音。在这些情况下，必须根据考虑辐射和非辐射模态簇的策略，选择性地进行模态平均。

5.4　简单结构的模态振型函数

输入功率和均方根流致速度取决于激励压力与振型（或频率响应函数）的空间匹配。这种匹配取决于模态振型函数 $S_{mn}(\boldsymbol{k})$，出现在式（5.40）中，由式（5.39）给出。值得探讨的是 $S_{mn}(\boldsymbol{k})$ 表现为线性滤波器的这种相互作用，并且原则上可以通过 $\psi_{mn}(\boldsymbol{y})$ 或更普遍地说是 $Y(\boldsymbol{y},\boldsymbol{x},\boldsymbol{\omega})$ 的傅里叶波数变换来确定。为了说明该方法，我们再次参考简支矩形板，其振型由式（5.44）给出。根据式（5.39），相关的模态振型函数为[16,28,31]

$$S_{mn}(\boldsymbol{k})=2A_{\mathrm{p}}\frac{\left[\mathrm{e}^{\mathrm{i}k_1L_1/2}-(-1)^m\mathrm{e}^{-\mathrm{i}k_1L_1/2}\right]}{(k_mL_1)(1-(k_1/k_m)^2)}\frac{\left[\mathrm{e}^{\mathrm{i}k_3L_3/2}-(-1)^n\mathrm{e}^{-\mathrm{i}k_3L_3/2}\right]}{(k_nL_3)(1-(k_3/k_n)^2)}\tag{5.54a}$$

根据波数的正负值以及 n 和 m 的正负值定义此函数。与式（5.44）和式（5.45）可分离函数一致，分为两个函数

$$S_{mn}(\boldsymbol{k})=S_m(k_1)S_n(k_3)\tag{5.54b}$$

$S_{mn}(\boldsymbol{k})$ 的峰值约为 $k_1=k_m$ 和 $k_3=k_n$，这定义了它的主要接受区域。我们考虑用于奇阶模态（$m=1,3,5,\cdots$）的独立函数 $S_m(k_1)$，可以将其表示为

$$\frac{2S_m(k_1)}{L_1}=\frac{4\sqrt{2}\sin(k_1L_1/2)}{(k_mL_1)(1-(k_1/k_m)^2)}$$

同样，对于余弦代替正弦的奇阶函数。图 5-9 显示了 $2S_m(k_1)/L_1$ 作为 k_1/k_m 的函数。根据在 $y_1=\pm L_1/2$，$k_mL_1=m\pi$ 处消失位移的边界条件，当 $k_1=k_m$ 时出现最大值，因此有

$$20\log\left|\frac{2S_m(k_1)}{L_1}\right|\tag{5.55}$$

$$\left|\frac{2S_m(k_m)}{L_1}\right|^2=2\tag{5.56}$$

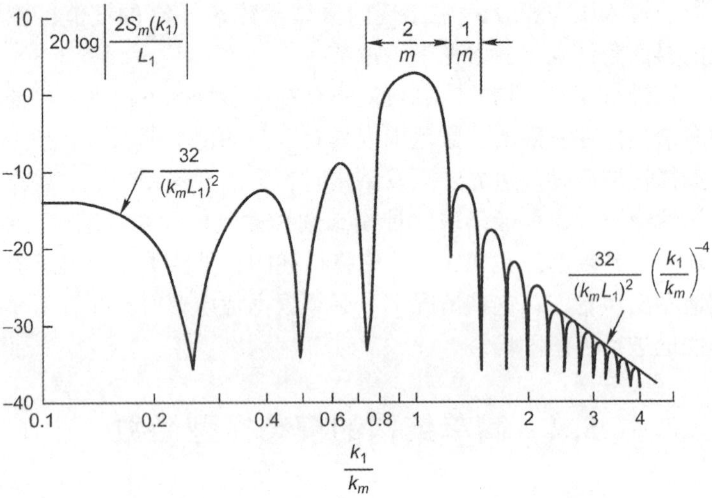

图 5-9　简支面板一维奇阶模态振型的模态振型函数
（此处显示了 $k_mL_1=m\pi=7\pi$ 的渐近函数；简支面板）

该主要接受区域的波数带宽为

$$\Delta k_1/k_m=2/m \quad 或 \quad \Delta k_1=2\pi/L_1 \tag{5.57}$$

在 $k_1 \ll k_m$ 的限制内

$$\left|\frac{2S_m(k_1)}{L_1}\right|^2 \sim \frac{32}{(k_mL_1)^2}\sin^2\frac{k_1L_1}{2} \tag{5.58}$$

余弦代替奇阶模态的正弦。

当 $k_1 \gg k_m$ 时，L'Hopital 的规则用于查找偶阶和奇阶模态。

$$\left|\frac{2S_m(k_1)}{L_1}\right|^2 \sim \frac{32}{(k_mL_1)^2}\left(\frac{k_m}{k_1}\right)^4\sin^2\frac{k_1L_1}{2} \tag{5.59}$$

偶阶和奇阶模态之间的唯一区别在于正弦或余弦函数的外观，相应地，在 k_1 接近零时，特性也不同。偶阶模态的 $S_m(k_1)$ 和 $S_n(k_3)$ 在零波数范围内消失。否则，将应用近似关系式（5.56）~式（5.59），如图 5-10 所示。下面我们将总结各种类型模态的振型函数。

对于夹紧梁，Aupperle 和 Lambert[39] 及 Martin[40] 近似计算了长度为 L 的夹紧梁的振型函数：

$$\left|\frac{2S_m(k_1)}{L_1}\right|^2 \approx \frac{32}{1-(k_mL_1)^{-1}}\left[\frac{(k_mL_1)^2}{(k_mL_1)^2+(k_1L_1)^2}\right]^2 \times \left[\frac{\sin\frac{(k_m-k_1)L_1}{2}}{(k_m-k_1)L}+\frac{\sin\frac{(k_m+k_1)L_1}{2}}{(k_m+k_1)L_1}\right]^2 \tag{5.60}$$

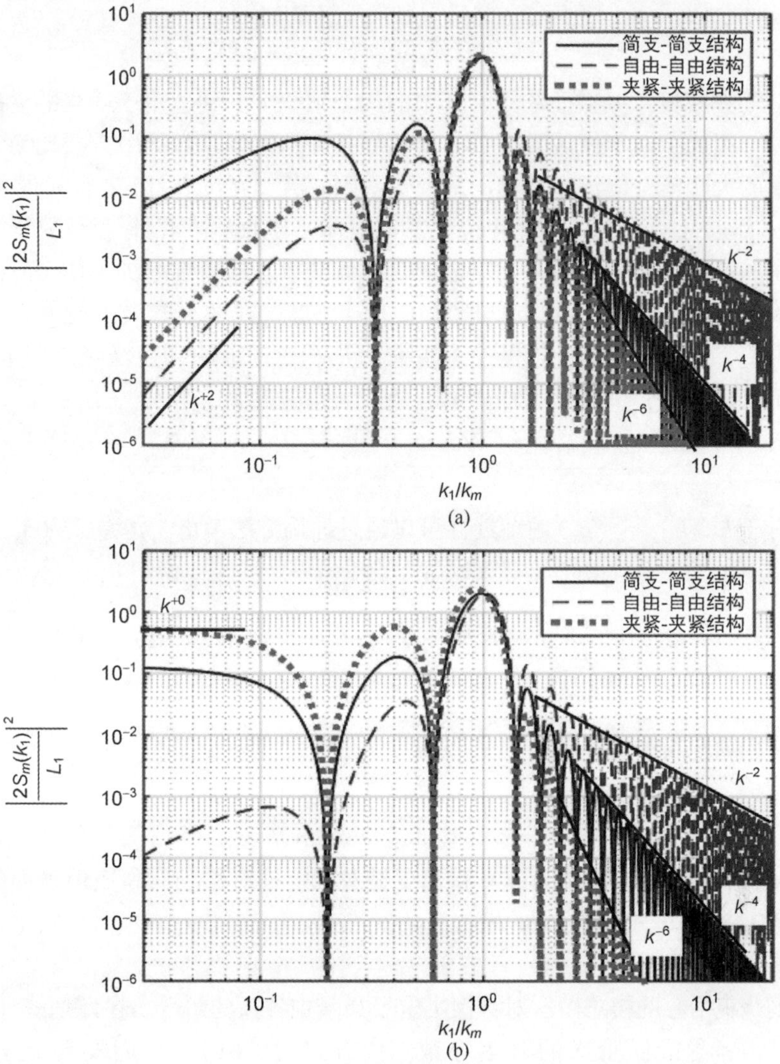

图 5-10　振型函数

（针对简支-简支结构、夹紧-夹紧结构及自由-自由结构的边界条件；
偶阶模态的典型函数见顶部图，奇阶模态的典型函数见底部图）

其中，$m>3$ 时，$k_m L_1 = [(m+1)/2]\pi$。$|2S_m(k_m)/L_1|^2$的值为 2，就像简支梁一样。但是，极限值为

$$\left|\frac{2S_m(k_1)}{L_1}\right|^2 \sim \frac{64}{(k_m L)^2}\left(\frac{k_m}{k_1}\right)^6 \sin^2\frac{k_1 L_1}{2}, \quad k_1 \gg k_m \tag{5.61}$$

和

$$\left|\frac{2S_m(k_1)}{L_1}\right|^2 \sim \frac{64}{(k_m L)^2}\sin^2\frac{k_1 L_1}{2}, \quad k_1 \ll k_m \tag{5.62}$$

对于夹紧板，振型函数只是其中的两个乘积，分别适用于适当的模态阶次和长度。因此，对于低波数下的夹紧边界条件，振型函数的平方要比简支边界条件下的大 2 倍，但函数是相同的。这些限制行为在图 5-10 中针对偶阶 m 和奇阶 m 都进行了说明。在每种情况下都说明了上面得出的渐近函数特征。值得注意的是，在下一节中将要考虑的是，低波数时的特性取决于模态阶次。对于 $k_1 \gg k_m$，响应独立于奇阶/偶阶无关，但在很大程度上取决于边界条件。对于自由边，函数的幅度为[40,52]，这是最大值，对于前缘和后缘噪声尤为重要，这是可以理解的，请参见第 2 卷第 5 章“无空化升力部分”。

$$\left|\frac{2S_m(k_1)}{L_1}\right|^2 \approx \frac{8(k_m L_1)^2[1-(-1)^m\cos(k_1 L_1)]}{(k_m L_1)^2+(k_1 L_1)^2} \tag{5.63}$$

对于 $k_1 \gg k_m$，$S_m(k_1)$的渐近性可以通过通用方法考虑，注意式（5.39）针对 $k_1/L_m>1$ 的积分，如[41]

$$\frac{2S_m(k_1)}{L_1} = \sum_{j=0}^{N-1}(i)^{j+1}\left(\frac{k_1 L_1}{2}\right)^{-j-1}\left[e^{i(k_1L_1/2)}\psi_m^{(j)}(1) - e^{-i(k_1L_1/2)}\psi_m^{(j)}(-1)\right] + \theta\left[\left(\frac{k_1 L_1}{2}\right)^{-N}\right] \tag{5.64}$$

使用简写符号时，有

$$\psi_m^{(j)}(\pm 1) = \left(\frac{L_1}{2}\right)^j \frac{\partial^{(j)}\psi_m(\pm L_1/2)}{\partial y_1^{(j)}}$$

对于 $S_n(k_3)$同样如此。Chase[51]得出了针对圆形轴对称表面和矩形表面的表达式，该表达式与式（5.64）相似。边界条件用于确定边缘导数 $\psi_m^{(j)}(\pm L_i/2)$ 的值。

围绕板中心的模态阶次对称性决定了括号中各项的组合。在评估式（5.64）时，只需考虑最低阶次的非零导数。代入式（5.61），我们发现 $k_m y_1$ 中的 $\psi_m(y_1)$谐波为

$$\psi_m^{(j)}(1) \propto \left(\frac{k_m L_1}{2}\right)^j, \ k_1 \gg k_m$$

这使得

$$\left|\frac{2S_m(k_1)}{L_1}\right|^2 \sim \frac{16}{(k_m L_1)^2}\left(\frac{k_m}{k_1}\right)^{2(j+1)}, \quad k_1 \gg k_m \tag{5.65}$$

式中：j 为最低阶次非消失的导数边界条件。对于夹紧板，$j=2$，对于简支，$j=1$，以及边缘处的自由运动（或接近自由的运动，可产生一些位移），$j=0$。

现在可以根据上述结果来对 $S_m(k_1)S_n(k_3)$ 的特性进行一些一般性评论。因此，我们得出以下可能性：

(1) $\psi_m(\pm L_i/2)=0$，边缘零位移。

(2) $(\partial\psi_m/\partial y_i)(\pm L_i/2)=0$，对于需要非消失力矩的夹紧边界条件，斜率为零。

(3) $(\partial\psi_m^2/\partial y_i^2)(\pm L_i/2)=0$，对于需要消失力矩的简单（固定）边界，曲率为零。

图 5-10 给出了规范边界条件的示例曲线：简支（(1)，(3)）、夹紧边界（(1)，(2)）和自由边缘（(2)，(3)）。在波数非常低的条件下，如 $k_1 \ll k_m$，$k_3 \ll k_n$ 或 $k \ll k_{mn}$，给定模态接受度 $|S_mS_n|$ 与平板面积成正比，与尺寸 L_1 和 L_3 上的振动半波长数成反比。在波数为 $k_1 \approx k_m$ 和 $k_3 \approx k_n$，相当于 $k \approx k_p$ 时，板接受激振，与面积成正比，而与模态阶次无关。当受到波数等于自由弯曲波数的扰动激发时，其响应最大。在波数非常高的条件下，是否接受在很大程度上取决于边界条件以及以 k_mL 或 k_nL_3 测量的半波数。图 5-9 中的注释说明，随着板尺寸的增加，k_mL 增大，主接收波瓣的带宽变窄，其幅度增大至大于其他波瓣的幅度。归一化式（5.26）的直接结果是，在所有 k 上 $|S_{mn}(\boldsymbol{k})|^2$ 的积分为

$$\frac{1}{(2\pi)^2}\iint_{-\infty}^{\infty}|S_{mn}(\boldsymbol{k})|^2\mathrm{d}^2\boldsymbol{k}=\iint|\psi_{mn}(\boldsymbol{y})|^2\mathrm{d}^2\boldsymbol{y}$$

因此

$$\iint_{-\infty}^{\infty}|S_{mn}(\boldsymbol{k})|^2\mathrm{d}^2\boldsymbol{k}=(2\pi)^2A_{\mathrm{p}} \tag{5.66}$$

只要式（5.26）成立，无论板的形状或其动态边界条件如何。为了说明式（5.66）的推导，将式（5.39）及其复共轭代入式（5.66），得

$$\iint_{-\infty}^{\infty}|S_{mn}(\boldsymbol{k})|^2\mathrm{d}^2\boldsymbol{k}=\iint_{-\infty}^{\infty}\mathrm{d}^2k\iint_{A_{\mathrm{p}}}\mathrm{e}^{-\mathrm{i}\boldsymbol{k}\cdot\boldsymbol{y}}\psi_{mn}(\boldsymbol{y})\mathrm{d}^2\boldsymbol{y}\iint_{A_{\mathrm{p}}}\mathrm{e}^{-\mathrm{i}\boldsymbol{k}\cdot\boldsymbol{y}'}\psi_{mn}(\boldsymbol{y}')\mathrm{d}^2\boldsymbol{y}'$$

重新排列右侧

$$\iint_{-\infty}^{\infty}|S_{mn}(\boldsymbol{k})|^2\mathrm{d}^2\boldsymbol{k}=\iint_{A_{\mathrm{p}}}\int_{A_{\mathrm{p}}}\psi_{nm}(\boldsymbol{y})\psi_{mn}(\boldsymbol{y}')\left[\iint_{-\infty}^{\infty}\mathrm{e}^{\mathrm{i}\boldsymbol{k}\cdot(\boldsymbol{y}-\boldsymbol{y}')}\mathrm{d}^2\boldsymbol{k}\right]\mathrm{d}^2\boldsymbol{y}'\mathrm{d}^2\boldsymbol{y}$$

现在为二维狄拉克 δ 函数引入式（1.64），并对式（1.62）和式（5.26）求积分，得到式（5.66）。

考虑到主瓣突出，如对于图 5-9 和图 5-10 所示的矩形板，在 $k_1=k_m$ 处突出，可以将 $S_{mn}(\boldsymbol{k})$ 的综合滤波特性近似为

$$|s_{mn}(\boldsymbol{k})|^2=\pi^2A_{\mathrm{p}}[\delta(k_1+k_m)+\delta(k_1-k_m)][\delta(k_1+k_n)+\delta(k_1-k_n)] \tag{5.67a}$$

对于任何平面几何形状的扩展均质板，普遍情况是导纳函数的积分特性很

明显接近 δ 函数，因此根据式（5.66）和 Jones（第 2 卷第 2 章参考文献 [53]）的内容，已知 $\iint \cdots \mathrm{d}^2 k \to 2\pi \int \cdots |k| \mathrm{d}k$，得

$$|S(\boldsymbol{k})|^2 \approx 2\pi A_{\mathrm{p}} |\boldsymbol{k}|^{-1} \delta(|\boldsymbol{k}| - k_{\mathrm{p}}) \tag{5.67b}$$

求积分特性基本上在极限板上表现为自由波，因为在相关频率下，所得的共振波数 k_{mn} 几乎等于主导的板波数 k_{p}。在波数非常高的条件下，$k_{\mathrm{p}}h$（其中 h 是板的厚度）接近 1 时，Timoshenko-Mindlen 板公式无效。因此，上文给出的极限形式（式（5.60）、式（5.62）、式（5.64）和式（5.65））不适用，请参见 Junger 和 Feit[1] 或 Fahy 和 Gardonio[3] 的研究成果。

5.5　结构辐射声的基本特征

5.5.1　简支板的声辐射

已知速度垂直于表面的物体在静态流体中发出声音，确定这种声音的问题是一个定解问题。将表面处的流体速度确定为诺伊曼边界值问题。声波公式解的复杂性取决于物体的几何形状以及表面速度的变化。Junger 和 Feit[1]、Skelton 和 James[2]、Fahy 和 Guardonio[3] 已经描述了带挡板的平坦表面以及球形和圆柱形壳体的一般求解方法。我们将参考这些专题论文来获取比本节所述更多的信息和更详细的范围。

为了说明其他已发表的报告在结构声学领域的应用，此处通过示例概述矩形挡板辐射问题的解决方法是有启发性的；我们还将在第 2 卷第 4 章“管道和涵道系统的声辐射”中讨论圆柱结构的辐射。图 5-11 说明了几何形状：平板在 $y_2=0$ 平面坐标 $\pm L_1/2$、$\pm L_3/2$ 处具有简支边界，该平面除板区域外都是刚性的。液体位于平面上方；待评估声压的场点为 $y'=y_1', y_2', y_3'$。垂直于 $y_2=0$ 平面的板速度仅在属于 $|y_1|<L_1/2$ 和 $|y_3|<L_3/2$ 的区域内为 $v(\boldsymbol{y},t)$。在该区域之外，速度等于零，即受阻。板上的速度场可以用其时间傅里叶变换 $V(\boldsymbol{y},\omega)$，即式（5.30）来描述，它是表面法线 $\psi_{mn}(\boldsymbol{y})$ 叠加的结果，如式（5.31）所示。流体 $p_{\mathrm{a}}(\boldsymbol{y},t)$ 的声压公式为式（2.7），此处再次注明为

$$\nabla^2 p_{\mathrm{a}} - \frac{1}{c_{\mathrm{o}}^2} \frac{\partial^2 P_{\mathrm{a}}}{\partial t^2} = 0$$

由于 $p_{\mathrm{a}}(\boldsymbol{y},t)$ 是时间的随机函数，所以使用声压的傅里叶变换很方便，即

$$P_{\mathrm{a}}(y_2,\boldsymbol{k},\omega) = \frac{1}{(2\pi)^3} \iiint_{-\infty}^{\infty} \mathrm{e}^{-\mathrm{i}\boldsymbol{k}\cdot\boldsymbol{y}+\mathrm{i}\omega t} p_{\mathrm{a}}(y_1,y_2,y_3,t)\, \mathrm{d}y_1 \mathrm{d}y_3 \mathrm{d}t \tag{5.68}$$

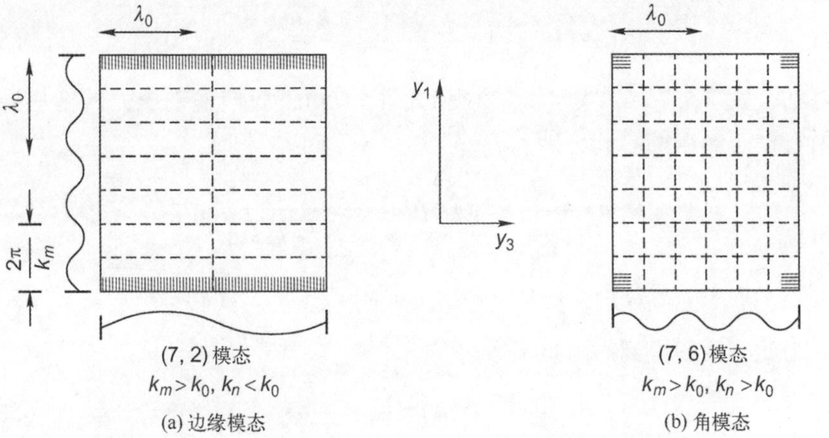

图 5-11　简支矩形板“边缘”和“角”模态辐射示意图
（阴影区域表示体积速度的未消除区域）

所以式（2.7）变为

$$\frac{\partial^2 P_a(y_2, \boldsymbol{k}, \omega)}{\partial y_2^2} + (k_0^2 - k^2) P_a = 0 \tag{5.69}$$

得到结论

$$P_a(y_2, \boldsymbol{k}, \omega) = A e^{i\sqrt{k_0^2 - k^2}\, y_2} \tag{5.70}$$

其中，$k^2 = k_1^2 + k_3^2$，我们使用对流

$$\begin{cases} \sqrt{-1} = i, & y_2 > 0 \\ \sqrt{-1} = -i, & y_2 < 0 \end{cases} \tag{5.71}$$

流体的线性边界条件（忽略了式（2.4）中的对流项（$\boldsymbol{V} \cdot \nabla$）$\cdot \nabla$）

$$\frac{\partial V_2}{\partial t} = -\frac{1}{\rho_0} \frac{\partial P_a}{\partial y_2} \tag{5.72}$$

因此，现在我们可以将声场声压与板速度关联。为此，我们得出速度 $V(\boldsymbol{k}, \omega)$ 的空间-时间傅里叶变换，在 2.6.2 节“涡动力源声波方程推导”末尾引入。

$$V(\boldsymbol{k}, \omega) = \frac{1}{(2\pi)^3} \iiint_{-\infty}^{\infty} V(\boldsymbol{y}, t)\, e^{-i(\boldsymbol{k}\cdot\boldsymbol{y} - \omega t)} \mathrm{d}y_1 \mathrm{d}y_2 \mathrm{d}t$$

$$V(\boldsymbol{k}, \omega) = \frac{1}{(2\pi)^3} \sum_{mn} V_{mn}(\omega) S_{mn}(\boldsymbol{k}) \tag{5.73}$$

现在，在 m 和 n 处的两倍总和替换了 n 处的简单总和，并且 $V(\boldsymbol{k}, \omega)$ 取决于 $V(\boldsymbol{y}, t)$ 是否在挡板上消失。式（5.72）变为

$$-\mathrm{i}\omega V(\boldsymbol{k},\omega)=-\frac{1}{\rho_0}\frac{\partial P_{\mathrm{a}}(y_2,\boldsymbol{k},\omega)}{\partial y_2},\quad y_2>0 \tag{5.74}$$

结合式（5.70）、式（5.73）和式（5.74），我们发现压力的傅里叶变换是所有模态影响的总和，即

$$P_{\mathrm{a}}(y_2,\boldsymbol{k},\omega)=\sum_{mn}(2\pi)^{-2}\rho_0 c_0\frac{V_{mn}(\omega)S_{mn}(\boldsymbol{k})}{\sqrt{1-k^2/k_0^2}}\mathrm{e}^{\mathrm{i}\sqrt{k_0^2-k^2}\,y_2} \tag{5.75a}$$

$$P_{\mathrm{a}}(y_2,\boldsymbol{k},\omega)=\sum_{mn}(2\pi)^{-2}Z_{\mathrm{a}}(\omega,\boldsymbol{k})V_{mn}(\omega)S_{mn}(\boldsymbol{k})\mathrm{e}^{\mathrm{i}\sqrt{k_0^2-k^2}\,y_2} \tag{5.75b}$$

为此，我们得到声阻抗函数

$$Z_{\mathrm{a}}(\omega,\boldsymbol{k})=\frac{\rho_0 c}{\sqrt{1-k^2/k_0^2}} \tag{5.75c}$$

声压 $p_{\mathrm{a}}(\boldsymbol{y},t)$ 是波数变换的傅里叶逆变换。函数 $P_{\mathrm{a}}(\boldsymbol{y},\omega)$ 为

$$P_{\mathrm{a}}(\boldsymbol{y},\omega)=\sum_{mn}(2\pi)^{-2}\rho_0\omega V_{mn}(\omega)\iint_{-\infty}^{\infty}\frac{S_{mn}(\boldsymbol{k})\mathrm{e}^{+\mathrm{i}\left(k_1y_1+k_3y_3+\sqrt{k_0^2-k_1^2-k_3^2}\,y_2\right)}}{\sqrt{k_0^2-k_1^2-k_3^2}}\mathrm{d}k_1\mathrm{d}k_3 \tag{5.76}$$

式（5.76）中的求积分方式为

$$g(\boldsymbol{y},\omega)=\iint_{-\infty}^{\infty}f(\boldsymbol{k})\mathrm{e}^{\mathrm{i}\phi(\boldsymbol{k})}\mathrm{d}k_1\mathrm{d}k_3 \tag{5.76a}$$

式中：$\phi(\boldsymbol{k})$ 是指多个周期，而 k 是指限值。除平方根具有唯一性外，在此 k 区间中，$f(\boldsymbol{k})$ 的值更平滑。那么，如果存在任何 $\boldsymbol{k}$ 值（如 $\boldsymbol{k}$），其中 $\phi(k)$ 具有最小值，那么 $g(\boldsymbol{y},\omega)$ 将由这些点处的被积函数值确定。由 Lamb[42] 发现并由 Junger 和 Feit[1] 扩展到二维的固定相[41] 方法是评估这些点积分的过程。此程序将在此处确定，因为其对后续章节中多种推导至关重要。为此，式（5.76）和式（5.76a）是可用的典型。相位 $\phi(k)$ 可以在点 $k_1=\overline{k_1}$ 和 $k_3=\overline{k_3}$ 的二维泰勒级数中展开

$$\phi(k_1,k_3)\approx\phi(\overline{k_1},\overline{k_3})+\frac{1}{2}\frac{\partial^2\phi}{\partial k_1^2}(k_1-\overline{k_1})^2+\frac{1}{2}\frac{\partial^2\phi}{\partial k_3^2}(k_3-\overline{k_3})+\frac{\partial^2\phi}{\partial k_1\partial k_3}(k_1-\overline{k_1})(k_3-\overline{k_3})$$

“固定相”点由消失的坡度确定

$$\left.\frac{\partial\phi}{\partial k_1}\right|_{k_1=\overline{k_1}}=\left.\frac{\partial\phi}{\partial k_3}\right|_{k_3=\overline{k_3}}=0$$

这些点可以通过将相位写在球坐标中来找到，如图 5-4 所示，

$$y_2=r\cos\phi$$
$$y_1=r\sin\phi\cos\theta$$
$$y_3=r\sin\phi\sin\theta$$

微分相位，使导数等于零，得

$$\overline{k_1}=k_0\sin\phi\cos\theta$$
$$\overline{k_3}=k_0\sin\phi\sin\theta \tag{5.77}$$

和

$$\bar{k}_1^2+\bar{k}_3^2=k_0^2\sin^2\phi$$

这些波数 k_1 和 k_3 是投射在板上的声波微波数。$g(\boldsymbol{y},\omega)$ 的公式变为

$$g(\boldsymbol{y},\omega)=f(\bar{\boldsymbol{k}})\mathrm{e}^{\mathrm{i}\phi(\boldsymbol{k})}\iint_{-\infty}^{\infty}\mathrm{d}k_1\mathrm{d}k_3\times$$
$$\exp\left\{\mathrm{i}\left[\frac{1}{2}\frac{\partial^2\phi}{\partial k_1^2}(k_1-\bar{k})^2+\frac{1}{2}\frac{\partial^2\phi}{\partial k_3^2}(k_3-\bar{k})^2+\frac{\partial^2\phi}{\partial k_1\partial k_3}(k_1-\bar{k}_1)(k_3-\bar{k}_3)\right]\right\}$$
$$=\frac{\pm 2\pi\mathrm{i}}{|D(\bar{k}_1,\bar{k}_3)|^{1/2}}f(\bar{k})\mathrm{e}^{\mathrm{i}\phi(\bar{k})}$$

正号或负号对应 $D(\overline{k_1},\overline{k_3})$ 的符号。

这个因素为

$$D(\overline{k_1},\overline{k_3})=\left(\frac{\partial^2\phi}{\partial k_1\partial k_3}\right)^2-\left(\frac{\partial^2\phi}{\partial k_1^2}\right)\left(\frac{\partial^2\phi}{\partial k_3^2}\right)$$

并在 $k=\bar{k}$ 时求值

$$D(\overline{k_1},\overline{k_3})=-(r/k_0\cos\phi)^2\phi(\bar{k}_1,\overline{k_3})=\mathrm{i}k_0R$$

固定相结果在以下情况下有效

(1) $k_0r\gg 1$。

(2) ϕ 的三阶和更高阶导数必须忽略不计。

(3) $f(\boldsymbol{k})$ 不得在区间内有极点。

进行必要的替换后，式（5.76）中的近似积分为[1]

$$P_{\mathrm{a}}(R,\theta,\phi,\omega)\sim\sum_{mn}-\mathrm{i}(2\pi)^{-1}\rho_0\omega\frac{P_{mn}(\omega)S_{mn}(\overline{k_1},\overline{k_3})}{Z_{mn}(\omega,\overline{k_1},\overline{k_3})}\frac{\mathrm{e}^{+\mathrm{i}k_0r}}{r} \tag{5.78a}$$

或者

$$P_{\mathrm{a}}(R,\theta,\phi,\omega)\sim\sum_{mn}-\mathrm{i}(2\pi)^{-1}\rho_0\omega V_{mn}(\omega)S_{mn}(\overline{k_1},\overline{k_3})\frac{\mathrm{e}^{+\mathrm{i}k_0r}}{r} \tag{5.78b}$$

仅在 $k_0r\gg 1$ 时有效。

远场中的声压将是在该频率谐振所有模态的压力线性叠加的结果。每种模态的声源指向性与微波数 $\overline{k_1}$ 和 $\overline{k_3}$ 是否与模态波数 k_m 和 k_n 一致相关。在空间（θ, ϕ）中会有不同的点，每种模态在这些点上的辐射最有效。这些点的出现是由于声波在（R,θ,ϕ）处的局部增强，该声波从构成板振型的半波整合向外辐射到该点。当 k_m 和 k_n 分别与微波数 $\overline{k_1}$ 和 $\overline{k_3}$ 一致时，各个波同相程度最大。我们将

在 5.5.3 节中进一步讨论这种一致性。

式（5.78）是完全通用的，适用于具有任何模态特征的矩形板的远场压力。所需要的只是该板的 $S_{mn}(\boldsymbol{k})$ 规范。对于不是矩形的平板[1]，压力函数类似于式（5.78），但是数值系数和 $S_{mn}(\boldsymbol{k})$ 的详细形式存在差异。

可以针对曲面推导出类似的表达式[1]，请参见第 2 卷第 4 章“管道和涵道系统的声辐射”。但是在所有情况下，被积函数中存在模态接受函数 $S_{mn}(\boldsymbol{k})$ 是常见的。区别在于谐波函数的替换

$$\mathrm{e}^{\mathrm{i}\sqrt{k_0^2-k^2 y_2}}\,(k_0^2-k^2)^{-1/2}$$

这是平面辐射器的特征，具有适用于其他坐标系的特征，如球形、圆柱形等。参见第 2 卷第 4 章“管道和涵道系统的声辐射”。

5.5.2 简支板的流体阻抗

在式（5.21）的解中，未对压力 $p(\boldsymbol{y},t)$ 分量进行任何规范。现在必须认识到，一般而言，$p(\boldsymbol{y},t)$ 包括多个压力。假设第一个压力是 $p_{\mathrm{b1}}(\boldsymbol{y},t)$，它是由流体动力流动引起的主要压力。这将在后续章节中讨论。板附近的流体为板运动提供反作用压力。大多数情况下，它们是声压和惯性压力的，由上述公式确定。特殊情况下，静止液体中的流体黏性阻尼或液体中移动升力面的流体动力阻尼（请参见第 2 卷第 5 章“无空化升力部分”，以及 Blake 和 Maga[54-55] 的研究成果）增加了水翼结构的总阻尼。

现在，我们仅将注意力集中在板两侧的声反应压力引起的阻抗上，并将它们与主要驱动压力分开。如此一来，在式（5.18）中，我们假定板的一侧有流量，而在没有流量的另一侧用单压力代替。

$$p_{\mathrm{a+}}(\boldsymbol{y},t)=-p_{\mathrm{a+}}(\boldsymbol{y},t)+p_{\mathrm{b1}}(\boldsymbol{y},t) \tag{5.79}$$

和

$$p(\boldsymbol{y},t)=p_{\underline{\mathrm{a}}}(\boldsymbol{y},t)$$

此处再次强调，我们必须遵守符号约定：ξ 为正向上，而 $p(\boldsymbol{y},t)$ 为朝下；但是，反应压力将与激发压力相反，因此我们使用了减号。最终引起我们注意的是流体动力学压力场 $p_{\mathrm{b1}}(\boldsymbol{y},t)$ 引发的振动 $v(\boldsymbol{y},t)$ 和声音 $p_{\mathrm{a}}(\boldsymbol{y},t)$。仍然假设流量不受板运动的影响，并且声辐射不受是否存在平均流量的影响。此外，我们假设 $p_{\mathrm{a}}(\boldsymbol{y},t)$ 作用在板的两侧，并且

$$p_{\mathrm{a}}+(\boldsymbol{y},t)=\lim_{y_2\to0^+}p_{\mathrm{a}}(\boldsymbol{y},t)=-\lim_{y_2\to0^-}p_{\mathrm{a}}(\boldsymbol{y},t)=-p_{\underline{\mathrm{a}}}(\boldsymbol{y},t)$$

因此，板上方和下方的声场在大小上相等，并且 π 异相。

遵循式（5.27）的模态声压为

$$P_{a_{mn}}(y_2,\omega)=\frac{1}{2\pi}\int_{-\infty}^{\infty}\int_{A_p}p_a(y_1,y_2,y_3,t)\boldsymbol{\Psi}_{mn}(\boldsymbol{y}_{13})\mathrm{e}^{+\mathrm{i}\omega t}\mathrm{d}^2\boldsymbol{y}_{13}\mathrm{d}t$$

或者

$$P_{a_{mn}}(\boldsymbol{y}_2,\omega)=\iint_{A_p},P_a(\boldsymbol{y},\omega)\boldsymbol{\Psi}_m(\boldsymbol{y}_{13})\mathrm{d}^2\boldsymbol{y}_{13}$$

现在我们对表面上的位置矢量 $\boldsymbol{y}_{13}$ 和场中的 $\boldsymbol{y}=(\boldsymbol{y}_{13},\boldsymbol{y}_2)$ 进行了区分。由于

$$P_a(\boldsymbol{y},\omega)=\iint_{-\infty}^{\infty}\mathrm{e}^{\mathrm{i}\boldsymbol{k}\cdot\boldsymbol{y}_{13}}P_a(y_2,\boldsymbol{k},\omega)\mathrm{d}^2\boldsymbol{k}$$

替换给出

$$p_{a_{mn}}(\boldsymbol{y}_2,\omega)=\iint_{-\infty}^{\infty}P_a(y_2,\boldsymbol{k},\omega)S_{mn}^*(\boldsymbol{k})\mathrm{d}^2\boldsymbol{k} \tag{5.80}$$

得出针对接受函数的模态声压。现在，将式（5.75）和式（5.76）结合起来，可以得出激励侧模态声压（$y_2\geqslant 0$）的所需表达式

$$P_{a_{mn}}(y_2,\omega)=(2\pi)^{-2}\rho_0c_0\sum_{op}V_{op}(\omega)\cdot\iint_{-\infty}^{\infty}\frac{S_{mn}^*(\boldsymbol{k})S_{op}(\boldsymbol{k})}{\sqrt{1-k^2/k_0^2}}\mathrm{e}^{\mathrm{i}y_2\sqrt{k_0^2-k^2}}\mathrm{d}^2\boldsymbol{k}$$

板上侧的流体反应压力 $P_a(y_2\to 0^+,\omega)$（底侧的值大小相等但方向相反）涉及所有 $S_{mn}^*(k)S_{op}(k)$ 指数 o,p 组合的积分。与 op 不同，由于 mn 对应的积分不是零，因此很明显，m,n 模态受 o,p 模态的运动影响，即模态通过流体的反应而耦合。

Davies[56-58] 以类似的术语讨论了流体在无界条件下的这种模态耦合。White 和 Powell[25]、Obermeier[36] 和 Arnold[37] 讨论了封闭流体的耦合，Blake 和 Maga[54] 讨论了悬臂板模态的惯性耦合。如果流体足够轻，我们可以忽略模态的耦合。对于平板而言，低频处的惯性耦合似乎远远超过了声辐射的耦合。板表面上的模态压力公式变为

$$P_{a_{mn}}(y_2\to 0,\omega)=\left\{(2\pi)^{-2}\rho_0c_0\iint_{-\infty}^{\infty}\frac{|S_{mn}(\boldsymbol{k})|^2}{\sqrt{1-k^2/k_0^2}}\mathrm{d}^2\boldsymbol{k}\right\}V_{nm}(\omega) \tag{5.81}$$

积分的主要贡献来自 $k_1=k_m$ 和 $k_3=k_n$ 附近的波数。这是因为这些是 $S_{mn}(\boldsymbol{k})$ 的较大接受区域，如图 5-9 所示。在物理学上，当运动的长度尺度很好地匹配时，流体和结构可以有效地传递能量。若 k_m 和 k_n 均小于 k_0，则该积分主要为实数，这意味着流体反作用力完全就是一种阻力，因为功率是从板中辐射出去的。但是，若 k_m 或 k_n 大于 k_0，则 $k_{mn}=k$ 较大，分母中的根提供虚数或惯性项，虚数或惯性项随着距板距离（$y_2=0$）的增加而衰减 $\exp(\bar{\ }\sqrt{k^2-k_0^2}\,y_2)$。因此，如果我们忽略式（5.81）中的模态耦合，可以将板每侧的模态反应压力以阻抗的形式简便地表示为

$$A_{\mathrm{p}}P_{\mathrm{a}_{mn}}(0,\omega)=A_{\mathrm{p}}\frac{\rho_0 c}{\sqrt{1-k^2/k_0^2}}V_{mn}(\omega)=A_{\mathrm{p}}Z_{\mathrm{a}}(\omega,k)V_{mn}(\omega) \tag{5.82a}$$

$$A_{\mathrm{p}}P_{\mathrm{a}_{mn}}(0,\omega)=A_{\mathrm{p}}(r_{mn}-\mathrm{i}\omega\, m_{mn})V_{mn}(\omega) \tag{5.82b}$$

$$=A_{\mathrm{p}}(\rho_0 c_0\sigma_{mn}-\mathrm{i}\omega\, m_{mn})V_{mn}(\omega) \tag{5.82c}$$

若存在这种耦合，则 r_{mn} 和 m_{mn} 实际上就是阻抗矩阵的一部分，在对角线上存在最大值 m，$n=o$，p，在非对角线上则较小。项 r_{mn} 是单位面积的辐射阻[9]（请参见 Fahy 和 Guardonio [3] 的研究成果，由积分的实部给出）。m_{mn} 是单位面积附加质量或惯性的附加值[1]（根据积分虚部得出）。根据公式

$$r_{mn}=\rho_0 c_0\sigma_{mn} \tag{5.83}$$

单位面积的辐射阻已从 $\rho_0 c_0$ 进一步减小。其中，无量纲系数 σ_{mn} 称为模态的辐射效率。回顾一下，与式（2.33）相关的因素已经确定，现在可以将其解释为升沉球体的辐射效率。

5.5.3　辐射声功率

辐射到板一侧的时间平均声功率定义为

$$\mathbb{P}_{\mathrm{rad}}=\lim_{T\to\infty}\frac{1}{T}\int_{-T/2}^{T/2}\iint_A p_{\mathrm{a}}(\boldsymbol{y},t)\,\boldsymbol{v}(\boldsymbol{y}_{13},t)\,\mathrm{d}t\,\mathrm{d}^2\boldsymbol{y}_{13}$$

通过用式（5.68）的逆变换代替 $y_2\sim 0$ 上的压力以及式（5.30）、式（5.31）和式（5.73）提供的速度，我们发现平均辐射功率为积分实部

$$\mathbb{P}_{\mathrm{rad}}=\sum_{mn}\iint_{-\infty}^{\infty}\mathrm{d}^2\boldsymbol{k}\int_{-\infty}^{\infty}\mathrm{d}\omega\int_{-\infty}^{\infty}\mathrm{d}\omega' V_{mn}^*(\omega)S_{mn}^*(\boldsymbol{k})P_{\mathrm{a}_{mn}}(y_2\to 0,\boldsymbol{k},\omega)\times \lim_{T\to\infty}\frac{\sin(\omega-\omega')T/2}{(\omega-\omega')T/2}$$

或由于

$$\lim_{T\to\infty}\frac{\sin(\omega-\omega')T/2}{(\omega-\omega')T/2}=\frac{2\pi}{T}\delta(\omega-\omega')$$

总声功率为

$$\mathbb{P}_{\mathrm{rad}}=\sum_{mn}2\pi\iint_{-\infty}^{\infty}\mathrm{d}^2\boldsymbol{k}\int_{-\infty}^{\infty}\mathrm{d}\omega P_{\mathrm{a}_{mn}}(y_2\to 0,\boldsymbol{k},\omega)\,\frac{V^*{}_{mn}(\omega)}{T}S_{mn}^*(\boldsymbol{k})$$

使用式（5.75）对压力进行波数变换，得到辐射功率谱密度（两侧）的表达式：

$$\mathbb{P}_{\mathrm{rad}}(\omega)=(2\pi)^{-2}\rho_0 c_0\sum_{mn}\sum_{op}\iint_{k<k_0}\mathrm{d}^2\boldsymbol{k}\int_{-\infty}^{\infty}\mathrm{d}\omega\,\frac{(2\pi/T)V_{mn}(\omega)V_{op}^*(\omega)S_{mn}(\boldsymbol{k})S_{op}^*(\boldsymbol{k})}{\sqrt{1-(k/k_0)^2}}$$

和之前一样，我们可以忽略交叉耦合，利用速度的自功率谱密度式（5.32）

简化关系。此外，由于$\mathbb{P}_{\text{rad}}(\omega)$是（两侧）功率谱密度$\mathbb{P}_{\text{rad}_{mn}}(\omega)$的所有模态总和，因此我们得到的最终结果为

$$\mathbb{P}_{\text{rad}_{mn}}(\omega)=\rho_0 c_0(2\pi)^{-2}\iint_{k<k0}.\ |S_{mn}(\boldsymbol{k})|^2\left[1-\frac{k^2}{k_0}\right]^{-1/2}\boldsymbol{\Phi}_{mn}(\omega)\,\mathrm{d}^2 k$$

或者

$$\mathbb{P}_{\text{rad}_{mn}}(\omega)=\rho_0 c_0 A_{\text{p}}\sigma_{mn}\boldsymbol{\Phi}_{mn}(\omega) \tag{5.84}$$

是 mn 模态的辐射声功率谱密度，其中

$$\sigma_{mn}=\frac{1}{A_{\text{p}}(2\pi)^2}\iint_{k<k_0}|S_{mn}(\boldsymbol{k})|^2\left[1-\frac{k^2}{k_0}\right]^{-1/2}\mathrm{d}^2 k \tag{5.85}$$

是模态辐射效率。这个因素已经在式（5.81）和式（5.82）中出现过。mn 模态的流致振动速度谱由式（5.34）给出。

对于各种长宽比，Maidanik [9-10]、Davies [28]和 Wallace [59-60]已经确定了带挡板平板的辐射效率。Maidanik[9]已将辐射模态分为表面边缘模态和角模态，具体取决于 k_0与 k_m和 k_n之间的关系。我们已经明白这些关系对于确定式（5.78）中的声音指向性以及图 5-10 中模态奇阶和偶阶的重要性。图 5-11 展示了由这些关系引起的边缘和角落模态分类。首先，我们回顾一下对多极的讨论，如图 2-2 所示。有人说，对于两个分开的距离为 d 的声源，声压以 $k_0 d=2\pi d/\lambda_0$的方式增加，直到 $k_0 d\geqslant 1$，在这种情况下，两个声源辐射时未相互影响。类似地，对于辐射表面，我们已经说过，振型代表间隔为 $\lambda_m/2=\pi/k_m$的交替相控活塞的总和。若 $k_0/k_m=\lambda_m/\lambda_0<1$，则由于流体 c_0中的特征波速比活塞运动的波速 $2\pi\omega/\lambda_m$大，所以流体可以在完成一个周期的振荡之前从一个活塞进入另一个活塞。因此，活塞有效地彼此抵消。Maidanik 认为，这种消除现象发生在相邻活塞之间的任何地方，阵列两端的活塞挡板边缘除外。同样，在频率非常低的条件下（如 $L_1/\lambda_0<1$），偶阶模态将因相关性而消失，因为 $S_m(k_1)$也随 k_1的消失而消失，如图 5-10 所示。若 $\lambda_m/\lambda_0>1$，则相邻的活塞可以相互独立地辐射，因为它们互不干涉。在所示边缘模态的情况下，沿 y_1 存在抵消，但是沿 y_3 没有抵消。在角模态下，两个坐标方向上都存在抵消，而在表面模态下，我们得出 $k_0>k_m$和 $k_0>k_n$，因此没有抵消。在图 5-5 中，我们看到，对于大于阈值 $k_{\text{p}}=c_0\sqrt{m_s/D_s}$的波数，给定板的波相速度是超声速 的。这是由于相速度与频率相关，真空弯曲波速度等于声波速度的频率称为声音重合频率

$$f_c=\frac{c_0^2}{2\pi}\left(\frac{D_s}{m_s}\right)^{-1/2}=\frac{c_0^2}{\pi}\ \frac{\sqrt{3(1-\mu_{\text{p}})}}{c_{\text{L}}h}$$

图 5-12 所示为空气或水介质中各种材料的板波重合频率。另外，对于膜，若张力足够小，则相速度在所有频率处为亚声速，因此板为亚声速板。

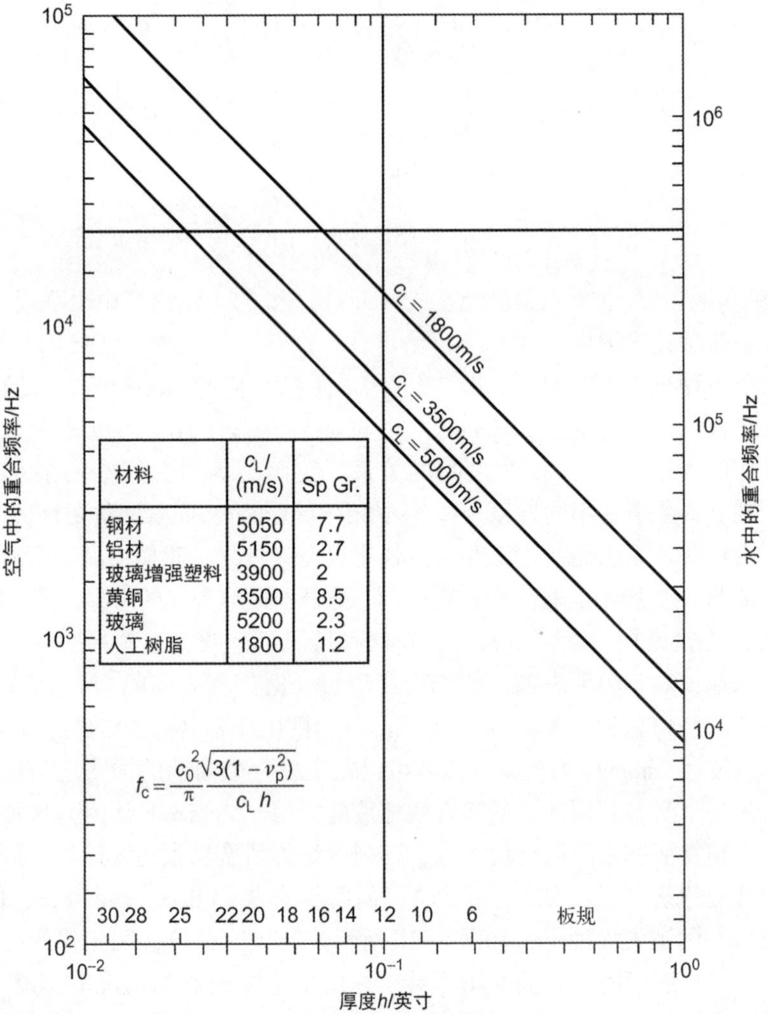

图 5-12　各种材料的板波重合频率

（表示为厚度或片规的函数）

模态分类如图 5-13 的波数平面所示。边缘模态的轨迹位于 k_m 和 k_n 坐标轴上。当 k_m 和 k_n 均小于 k_0 时，所有模态都是辐射良好的表面模态，并且它们的辐射类似于无限平板，在该无限平板上弯曲波速超过了声速，即 $k_p<k_0$，或 $c_p>c_0$。式（5.81）中积分的评估根据波数平面中模态的位置决定。图 5-13 说明了 k_m、k_n 的关键区域，下面将对其进行评估。

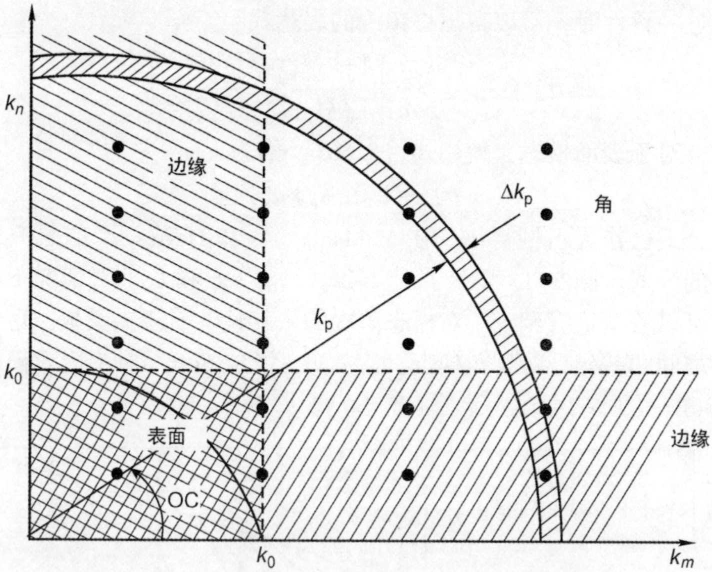

图 5-13　波数平面中矩形板的辐射分类图

5.5.4　简单结构的辐射效率

对于角模态，$k_m>k_0$ 和 $k_n>k_0$ 时，有

$$k_{mn}=\sqrt{k_m^2+k_n^2}>k_0$$

处于式（5.85）的积分区域之外，并且模态辐射效率由接受函数的低波数尾部决定（图 5-9 和式（5.54））。因此

$$\begin{aligned}\sigma_{mn} &\approx \frac{1}{A_{\mathrm{p}}(2\pi)^2}\frac{1}{k_m^2}\frac{4}{k_n^2}2\pi k_0\int_0^{k_0}\frac{k\mathrm{d}k}{\sqrt{k_0^2-k^2}} \\ &\approx \frac{32\pi}{A_0(2\pi)^2}\frac{k_o^2}{k_m^2k_n^2},\begin{cases}k_m>k_0\\k_n>k_0\end{cases}\end{aligned} \tag{5.86}$$

频率很低时，有

$$\sigma_{00}\approx\frac{8}{\pi^5}k_0^2A_{\mathrm{p}} \text{得 } k_m=\pi/L_1,\ k_n=\pi/L_3,\text{ 和 } k_0^2A_{\mathrm{p}}\ll 1$$

对于边缘模态，假设 $k_n<k_0$ 和 $k_m>k_0$，粗近似为

$$\sigma_{mn}\approx\frac{2k_0}{A_{\mathrm{p}}(2\pi)^3}\frac{1}{k_m^2}\int_{-\infty}^{\infty}|S_n(k_3)|\mathrm{d}k_3\int_0^{k_0^2-k_n^2}\frac{\mathrm{d}k_1}{\sqrt{k_0^2-k_3^2-k_1^2}}$$

$$\sigma_{mn}\approx\frac{2\pi}{A_{\mathrm{p}}k_m^2}\frac{k_0L_3}{\pi},\begin{cases}k_n<k_0\\k_m>k_0\end{cases} \tag{5.87a}$$

更接近一致性时，可以得出更精确的表达式

$$\sigma_{mn} \approx \frac{2\pi}{A_p k_m^2} \frac{k_0 L_3}{\pi} \left[\frac{1+[(k_{mn}^2-k_0^2)/k_m^2]}{[(k_{mn}^2-k_0^2)/k_m^2]^{3/2}} \right] \tag{5.87b}$$

最后，对于表面模态，使用式（5.66），因为 $k_0 \gg k_m$

$$\sigma_{mn} \approx 1.0, \ k_0 \gg k_{mn} \tag{5.88}$$

这些公式已作为示例得出。在 Maidanik[9-10] 和 Davies [28] 的研究中可以找到更精确的公式。图 5-13 显示了 $k_{mn} \gg 2k_0$、$k_0 L_1 > \pi$ 和 $k_m > 2k_0$ 情况下辐射效率的示例。可以清楚地看到，σ_{mn} 对模态阶次的依赖性。对于夹紧板，由于低波数接受函数之间的差异，对于角模态，应将 σ_{mn} 增加 6dB，对于边缘模态，应将 σ_{mn} 增加 3dB（图 5-14）。

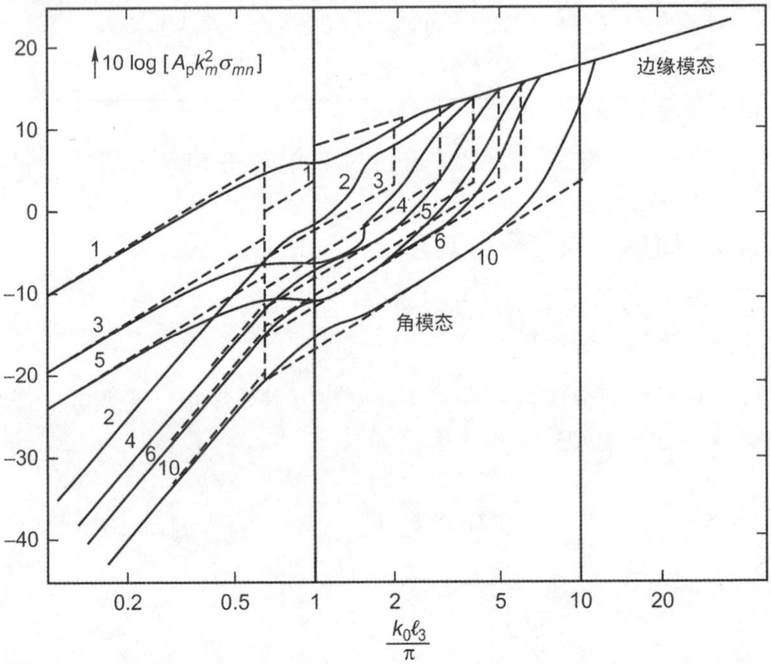

图 5-14　钢板在水中测量的辐射效率

（对于大奇数 m 和各种 n，$m=k_1L_1/\pi$，$n=k_3L_3/\pi$，$k_m>2k_0$，$k_p>2k_0$ 条件下的辐射效率值 σ_{mn}。面板为刚性挡板中的矩形。摘自 Davies HC. Sound from turbulent-boundary-layer excited panels. J Acoust Soc Am 1971；49：878-89.）

Blake[61-62] 推导了无挡板平板和梁的模态辐射效率。

对于 $k_0 L_1 > \pi$，$k_0 L_3 > \pi$，$k_n/k_0 < 1$，$k_m/k_0 > 1$ 的无挡板平板，可以发现[59]

$$\sigma_{mn} \approx \frac{1}{8}\left(\frac{2\pi}{k_m^2 A_p} \frac{k_0 L_3}{\pi}\right)\left(\frac{k_0}{k_n}\right) \tag{5.89a}$$

接近一致 $k_0 \to k_m$

$$\sigma_{mn} \approx \frac{\sqrt{2}+1}{16\pi} \frac{2\pi k_0 L_3}{k_m^2 A_p} \frac{k_0}{k_m}\left[\frac{-\ln\ (1-k_0/k_m)}{1-(k_0/k_m)^{1/2}}\right] \tag{5.89b}$$

这种无挡板情况带来额外的（k_0/k_m）依赖性。将无挡板钢板在水中测量的辐射效率（测量值为 0.6m × 0.4m× 0.0127m）与图 5-15 中有挡板平板和无挡板平板的理论表达式进行了比较。注意，当 $k_m \approx k_p$ 接近一致时，测量点与根据有挡板或无挡板理论计算所得的点几乎没有差异。尽管在 k_0/k_{mn} 附近不

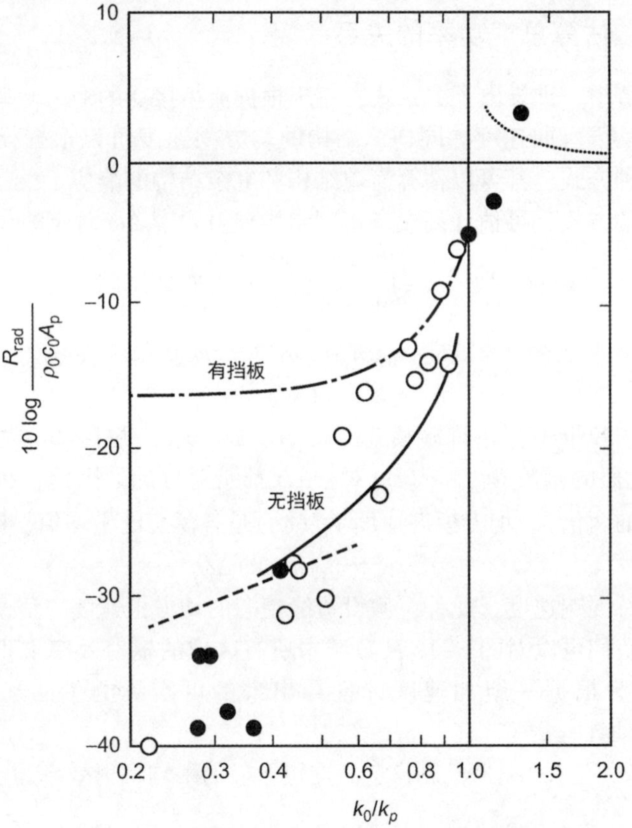

图 5-15　无挡板钢板在水中的实测辐射阻和理论辐射阻

（钢板尺寸为 1.32 英尺×2 英尺×1/2 英寸，这些点来自（○）50Hz 分析和（●）1/3 倍频程带电平。曲线为（--------），式（5.89）；（— —），式（5.89b）；（—-—），式（5.87）；和（⋯），式（5.92）。摘自 Blake WK. The acoustic radiation from unbaffled strips with application to a class of radiating panels. J Sound Vib 1975；39：77-103.）

会出现 σ 的峰值，但据说该值大于 1。对于 $k_0L_3<1$，$k_0L_1>1$ 和 $k_0/k_n\ll 1$ 的无挡板梁，辐射效率为[62]

$$\sigma_n \approx \frac{\pi^2}{192}(k_0 w)^2 \frac{w}{\pi L}\left(\frac{k_0}{k_n}\right)^2 \tag{5.90a}$$

与有挡板情况[12]相比，这个公式表示了有挡板引起的额外$(k_{ww})_2$依赖性。

$$\sigma_n \approx \frac{w}{\pi L}(k_0/k_n)^2 \tag{5.90b}$$

圆柱壳的其他辐射效率由 Junger 和 Feit [1]、Manning 和 Maidanik [63]提供。扁球体的辐射已经由 Chertock [64-65]计算得出。

5.5.5　估算总声功率的关系

在 5.3 节中，推导出了关系式，用于根据流体接受的输入功率来估计结构上平均后的均方弯曲速度。同样，结构的均方根速度可以根据模态激励力得出。无论哪种方式，都可以估算简单结构和复杂结构的响应。

以类似的方式，可估计高模态密度结构辐射频带 $\Delta\omega$ 对应的功率为[9]

$$\mathbb{P}_{\text{rad}}(\omega_f, \Delta\omega_f) = 2\int_{\omega_f-\Delta\omega_{f/2}}^{\omega_f+\Delta\omega_{f/2}} \sum_{\substack{mn \\ \Delta\omega}} \rho_0 c_0 A_{\text{p}} \sigma_{mn} \Phi_{mn}(\omega)\,\mathrm{d}\omega \tag{5.91a}$$

$$\approx \rho_0 c_0 A_{\text{p}} \overline{\sigma}(\omega_f) \overline{V_{mn}^2}(\omega_f) n(\omega_f) \Delta\omega_f$$

$$\approx \rho_0 c_0 A_{\text{p}} \overline{\sigma}(\omega_f) \overline{v^2} \tag{5.91b}$$

只要在该频带中存在许多模态，$n(\omega_f)\Delta\omega_f\gg 1$，并且 $\Delta\omega_f$ 大于谐振频带（请注意，上面的函数 Φ_{mn} 和$\overline{\sigma}(\omega)$对于$\pm\omega$ 都是对称的。因此，频带中的总功率是积分值的两倍）。均方模态速度 $V_{mn}^2(\omega_f)$是各模态的平均值，因此

$$\overline{v^2} = \overline{v_{mn}^2}(\omega_f) n(\omega_f) \Delta\omega_f$$

是带宽中的总混响速度。此外，假设边缘模态的均方根速度与角模态的均方根速度相同，我们可以对图 5-12 波数域中所有区域的辐射效率求积分。均方根速度$\overline{v^2}$被视为根据一组加速度计推导出来的可实际测量的运动，也可从式（5.51）估计。

Maidanik[9-10]和 Davies [28]确定简支矩形板的平均辐射效率为

$$\overline{\sigma} = \frac{1}{N} 2\int_o^{\alpha} \sigma_{\underset{\text{edge}}{mn}} n(k) k\,\mathrm{d}k\,\mathrm{d}\alpha + \int_{\alpha_e}^{\pi/2-\alpha} \sigma_{\underset{\text{corner}}{mn}} n(k) k\,\mathrm{d}k\,\mathrm{d}\alpha \tag{5.92a}$$

式中：$n(k)$为波数模态密度（式（5.45））；$N=n(k)\Delta k^2$为包含在环形波数区域中的模态总数，即 k_{mn}。

$$(\Delta k)^2 = \frac{1}{4}\pi k_{\text{p}} \Delta k_{\text{p}}$$

其中

$$\Delta k_p = \frac{1}{2}\Delta\omega(\omega\kappa c_1)^{-1/2}$$

c_1 根据式（5.47）得出。角度 α_e 是通过边缘模态区域 $\sin\alpha_e = k_0/k_p$ 的弧，如图 5-13 所示。使用 5.5.4 节的近似关系，我们发现了针对边缘模态和角模态的关系，即

$$\overline{\sigma} \approx \frac{32k_0}{2\pi A_p k_p^3} + \frac{2}{\pi}\left(\frac{k_0}{k_p}\right)^2 \frac{2(L_1+L_3)}{k_p A_p} \tag{5.92b}$$

条件是 $k_0/k_p<1$ 且 $k_0L_1>2$ 或 $k_0L_3>2$。Maidanik [9-10] 提供了此公式和其他公式，如大于声音重合频率时，有

$$\overline{\sigma} \approx (1-(k_p/k_0)^2)^{-1/2},\ k_p<k_0 \tag{5.92c}$$

等于声音重合频率时，有

$$\overline{\sigma} \approx \sqrt{2}(\sqrt{k_m L_1} + \sqrt{k_n L_3}),\qquad k_p = k_0 \tag{5.92d}$$

对于声音角模态，有

$$\overline{\sigma} \approx \frac{16}{\pi^3}\frac{L_1+L_3}{A_p k_0}\left(\frac{k_0}{k_p}\right)^2,\quad k_0L_1,\quad k_0L_3 \ll 2 \tag{5.92e}$$

而 Davies[28] 获得了更低波数角模态

$$\overline{\sigma} \approx \frac{32}{\pi^3}\frac{L_1+L_3}{A_p k_0}\left(\frac{k_0}{k_p}\right)^3,\quad k_0L_1,\quad k_0L_3 \ll 3\pi \tag{5.92f}$$

式（5.92b）提供了重要结果，即在板上增设加劲肋会提高板的辐射效率。这是通过增加边缘的总周长 $2(L_1+L_3)$ 并同时保持总辐射面积恒定来实现的。式（5.92b）的第二项由边缘模态控制，并且该项的大小因增设加劲肋而增加。

Maidanik[9] 已使用图 5-16 中所示的装置对这些公式进行了实验验证。机械振动器在加肋铝质测试板中产生回响振动。在声学混响室中测量辐射声功率，同时在板上确定均方根速度 $\overline{v^2}$。

使用式（5.91b）确定辐射效率。图 5-17 所示为有挡板和没有挡板情况下 a 的测量值。通常，肋板的振动声级比板的振动水平低 6~16dB。由机械驱动板确定的辐射效率与该理论非常吻合。此图还显示了无肋板、无挡板肋板的 $\overline{\sigma}$。这些值明显小于无挡板肋板的值。这是因为相邻的子板可用作附近板的挡板。对于低于 250Hz 的频率，该实验存在许多局限性，包括肋板和平板的振动声级相当。图 5-17 中包含的其他点通过用混响声场激励板并测量响应来确

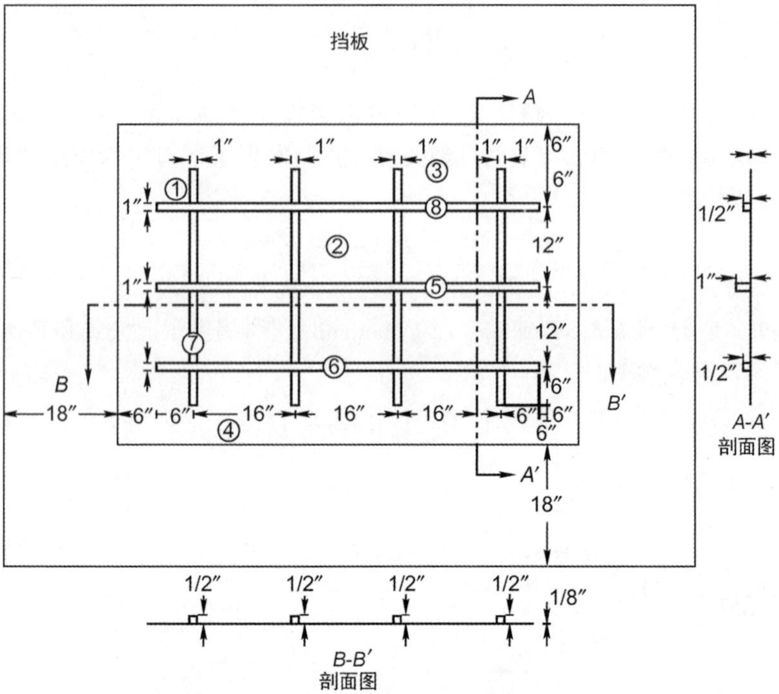

图 5-16　铝质测试板、肋钢和木制挡板示意图

（带圆圈的数字表示加速度计的位置。摘自 Maidanik G. Response of ribbed panels to reverberant acoustic fields. J Acoust Soc Am 1962；34：809-26.）

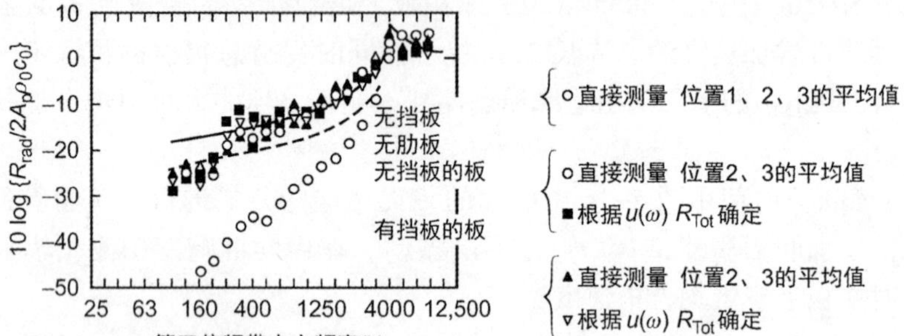

图 5-17　图 5-16 测试板归一化辐射阻（由式（5.83）定义）

（根据式（5.92）得出，有肋板的测试板理论曲线为（——）；无肋板、有挡板的测试板理论曲线为（- - - - -）。摘自 Maidanik G. Response of ribbed panels to reverberant acoustic fields. J Acoust Soc Am 1962；34：809-26.）

定。这些点与通过直接摇晃测得的点一致，这表明，肋板内部的各个板在声学上彼此独立，并且对声场的响应基本如 5.3 节所述。Manning 和 Maidanik [63] 提供了圆柱壳辐射效率测量的另一个示例。外壳的几何形状如图 5-18 所示。法兰是可移动的，因此可以确定增设加劲肋的效果。端部用胶合板制成挡板。测量的辐射效率如图 5-19 所示。振铃频率为

$$f_{\mathrm{r}}=c_{\mathrm{L}}/2\pi a$$

式中：a 为圆柱体的半径；f_{r}为圆柱体的声音重合频率。最有效辐射的模态是在圆柱体末端形成圆周条的模态。这些模态使圆周周围几乎不存在声音消除。理论估计值是根据式（5.92）得出，这些公式用于针对圆柱计算的模态类别。

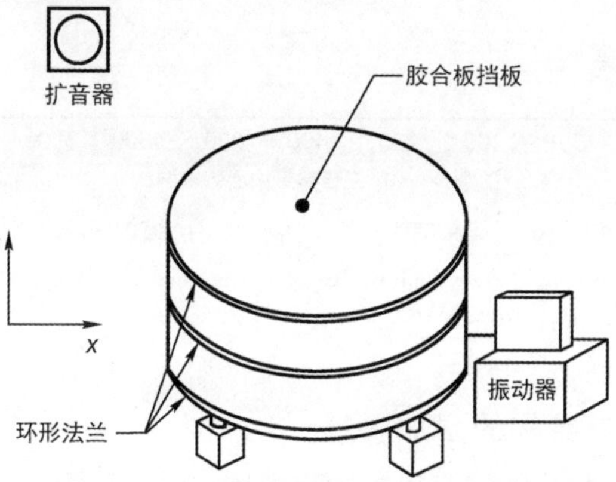

图 5-18　辐射效率测试圆柱体示意图

（摘自 Manning JE，Maidanik G. Radiation properties of cylindrical shells. J Acoust Soc Am 1964；36：1691-8.）

粗略估计结构辐射和响应的方法是，首先确定式（5.40）中包含的激励谱 $\boldsymbol{\Phi}_p(\boldsymbol{k},\boldsymbol{\omega})$。其次，可以使用 5.4 节中所示的 $|S_{mn}(\boldsymbol{k})^2|2$ 极限函数对模态压力 $\boldsymbol{\Phi}_{p_{mn}}(\boldsymbol{\omega})$的自功率谱作近似分析。最后，可以估算输入功率（式（5.52b））或均方根速度（式（5.51））。辐射声功率可以使用辐射效率$\bar{\sigma}$的近似关系利用式（5.89）估算。

在随后的章节中，将针对简单定义的情况将一些估计值与实测流致振动值和声音值进行比较。对该公式的另一种可能更高效的用法是将其用于根据一种已知情况类推另一种情况。通常需要对原型进行实验，然后将结果外推到另一个大小。这些关系为计划和进行这些实验提供了指导。希望所示声学测量示例可以说明将来在其他类似实验中可达到的精确程度。

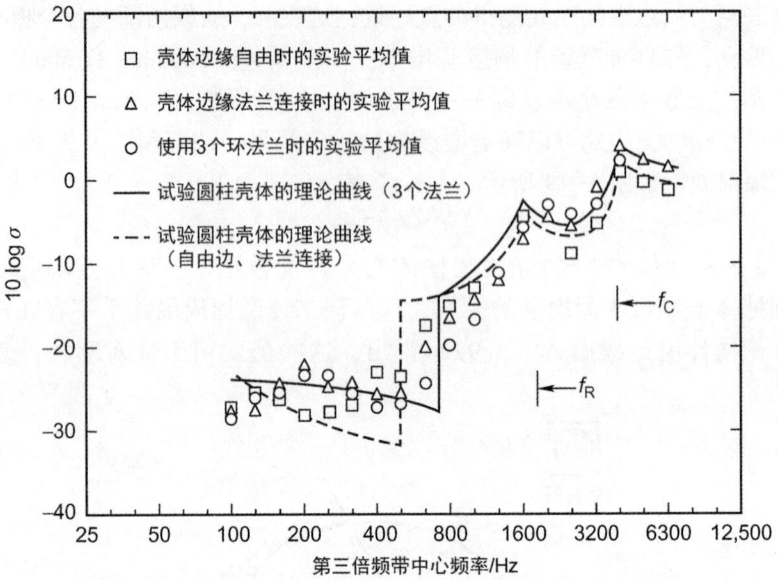

图 5-19　三种不同边界条件下测得的辐射效率平均值

（摘自 Manning JE, Maidanik G. Radiation properties of cylindrical shells. J Acoust Soc Am 1964; 36: 1691-8.）

5.5.6　简单结构的附加质量

对于 $k>k_0$，可使用式（5.81）中的积分根据式（5.82c）确定板一侧的单位面积附加质量。在 $k_{mn}>k_0$ 的低频情况下，根据积分得到的单位面积质量为

$$\begin{cases} m_{mn}=\rho_{0/mn}, & k_{mn}>k_0 \\ \sim 0, & k_{mn}<k_0 \end{cases} \tag{5.93}$$

此函数是通用的，适用于有挡板[1,56]平板和无挡板[61]平板。对于梁，$k_m>k_0$ 时，每单位面积的附加质量为[62]

$$m_m=\frac{1}{4}\pi\rho_0 L_3,\ k_m L_3<1$$

和

$$m_m=\frac{1}{2}\pi\rho_0 L_3(1+k_m L_3)^{-1},\quad k_m L_3>1$$

式中：L_3 为梁的宽度。类似地，对于振动半径为 a 的圆柱[1]，每单位面积的附加质量阻抗为

$$m_m \approx \begin{cases} \rho_0 a, & k_m > k_0 \\ 0, & k_m < k_0 \end{cases} \tag{5.94}$$

5.6　重质流体中结构强迫振动声

5.6.1　单点激励板的振动

我们将使用重质流体中简支板被迫振动的模态问题说明几个概念，这些概念具有广泛的意义，即便对于复杂结构也如此。在其他概念中，我们将说明许多模态的结构实际上是无限的。当阻尼足够大时，或者若流体负载足够大，则在边界之间会产生明显的弯曲波阻尼（如 $\eta k_p L>1$）。在这些情况下，通常在较高的频率下，对局部激励的响应取决于驱动点的变形情况，因为结构的混响（共振）运动会因阻尼和流体载荷而减弱。经常使用的是简支，参见参考文献[1, 66-68]，这是因为相关解在分析时易于处理，且用于研究的结果易于剖析。图 5-20 所示为矩形板在其他刚性平面中的坐标系，该平面形成了声障，用于阻断板振动发出的声音。这是图 5-4 的扩展，所示为点驱动力的位置。模态响应和声辐射的关系在此处都适用。

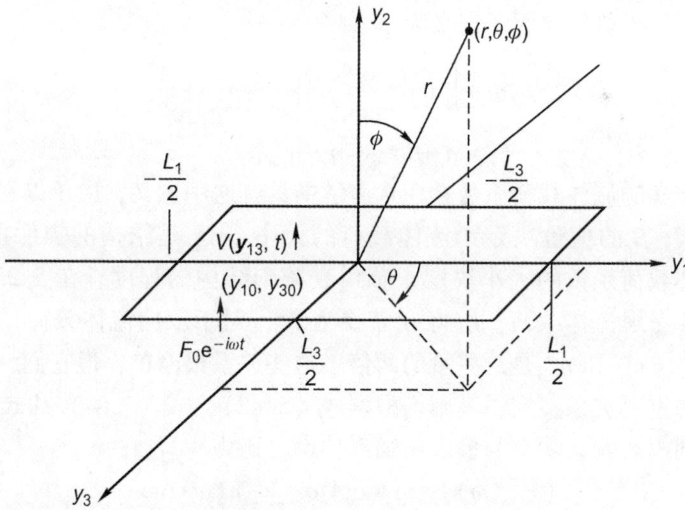

图 5-20　L_1 板和 L_3 板的场坐标系（驱动点为 y_{10} 和 y_{30}）

为了检查板在流体中的响应，我们改写了式（5.21），将式（5.24）、式（5.30）和式（5.31）合并起来，并包括压力分解：

$$[-m_s\omega^2+\mathrm{i}m_s\eta_s\omega_{mn}\omega+\omega_{mn}^2 m_s]V_{mn}(\omega)=-\mathrm{i}\omega[p_{\mathrm{b}_{mn}}(\omega)-p_{\mathrm{a}_{mn}}(\omega)] \tag{5.95}$$

式中：$p_{\mathrm{b}_{mn}}(\omega)$为模态激励压力；$p_{\mathrm{a}_{mn}}(\omega)$为给定惯性力和流体加载系数（式（5.82））的流体加载压力。象征性地引入这些系数和流体载荷模态阻抗函数（式（5.75c））后，我们得到了改写后的式（5.95），用于流体激励侧的流体载荷：

$$[Z_{mn}(\omega)]_{\mathrm{f}}=\frac{m_s\omega^2(1-\mathrm{i}\eta_s)-D(k_{mn}^2)^2}{-\mathrm{i}\omega}+\frac{\mathrm{i}\rho_0\omega}{\sqrt{k_{mn}^2-k_0^2}} \tag{5.96}$$

模态速度响应仍由式（5.33）给出，但改用流体载荷阻抗。在增加的流体阻抗的影响下，式（5.95）采取相似的形式，但带有附加项，即

$$[(-m_s-m_{nm})\omega^2-\mathrm{i}\omega(m_s\eta_s\omega_{mn}+\rho_0c_0\sigma_{mn})+\omega^2m_s]V_{mn}(\omega)=\mathrm{i}\omega p_{\mathrm{b}_{mn}}(\omega) \tag{5.97}$$

其中，ω_{mn}为板在真空中的共振频率，但是在流体载荷的影响下，我们得到新的共振条件

$$\omega_{mn_{\mathrm{FL}}}^2=\omega_{mn_{\mathrm{VAC}}}^2\left(\frac{m_s}{m_s+m_{mn}}\right) \tag{5.98a}$$

新的有效弯曲波速为

$$c_{\mathrm{b_{FL}}}=c_{\mathrm{b_{VAC}}}(m_s/(m_s+m_{mn}))^{1/4} \tag{5.98b}$$

有效损耗因子或总损耗因子定义为

$$\begin{aligned}\eta_{\mathrm{T}}&=\left[\eta_s+\frac{\rho_0c_0\sigma_{mn}}{m_s\omega_{mn}}\right]\left[\frac{m_s}{m_s+m_{mn}}\right]\\&=\eta_s+\beta\sigma_{mn}=\eta_s+\eta_{\mathrm{rad}}\end{aligned} \tag{5.98c}$$

此处定义的流体载荷系数β在水声学中具有通用意义，应予以强调；即使对于有限板，β的值也决定了流体载荷的大小。η_{rad}是结构的辐射损耗因子。因此，流体载荷系数的大小决定了辐射衰减到结构的程度。在5.3节的公式中，如果要考虑流体载荷，应将η_s替换为η_{T}。对于双向流体载荷，以下表达式中的σ_{mm}、m_{mn}和η_{rad}是这些量的两倍。这些关系很简单，但它们为控制机械阻尼效用的重要关系奠定了基础。根据式（5.42）、式（5.84）和式（5.96），我们注意到模态输入功率与模态声辐射功率之比为

$$\begin{aligned}\frac{(\mathbb{P}_{\mathrm{rad}}(\omega))_{mn}}{(\mathbb{P}_{\mathrm{in}}(\omega))_{mn}}&=\frac{\rho_0c_0A_p\sigma_{mn}\overline{V_{mn}^2}n(\omega)\Delta\omega}{m_sA_p\eta_{\mathrm{T}}\omega_{mn}\overline{V_{mn}^2}n(\omega)\Delta\omega}\\&=\frac{\rho_0c_0\sigma_{mn}}{m_s\omega_{mn}\eta_{\mathrm{T}}}=\frac{(\eta_{\mathrm{rad}})_{mn}}{(\eta_{\mathrm{rad}}+\eta_s)_{mn}}\end{aligned} \tag{5.99}$$

如果模态能量相等的假设适用于一个频带中的所有模态，并且如果模态激

发力对于所有模态都相同，那么[11]式（5.99）适用于大频带中所有模态的平均功率级，即

$$\frac{\mathbb{P}_{\mathrm{rad}}(\omega)\Delta\omega}{\mathbb{P}_{\mathrm{in}}(\omega)\Delta\omega}=\frac{\overline{\eta}_{\mathrm{rad}}}{\overline{\eta}_{\mathrm{rad}}+\overline{\eta}_{\mathrm{s}}} \tag{5.100}$$

式中：上横线表示模态平均值。当$\overline{\eta}_{\mathrm{rad}}\ll\overline{\eta}_{\mathrm{s}}$时，可以将结构视为轻辐射载荷。仅在这些情况下，结构阻尼的增加才导致辐射声功率相应降低。在$\overline{\eta}_{\mathrm{rad}}>\overline{\eta}_{\mathrm{s}}$的另一种情况下，结构阻尼无效，并且进入结构的所有功率都作为声音辐射出去。图 5-21 所示为作为导纳的阻抗，在最低横向波数 $n=1$ 时，根据惯性阻抗 $\mathrm{i}m_{\mathrm{s}}\omega/Z_{\mathrm{ml}}(\omega)$进行了归一化。

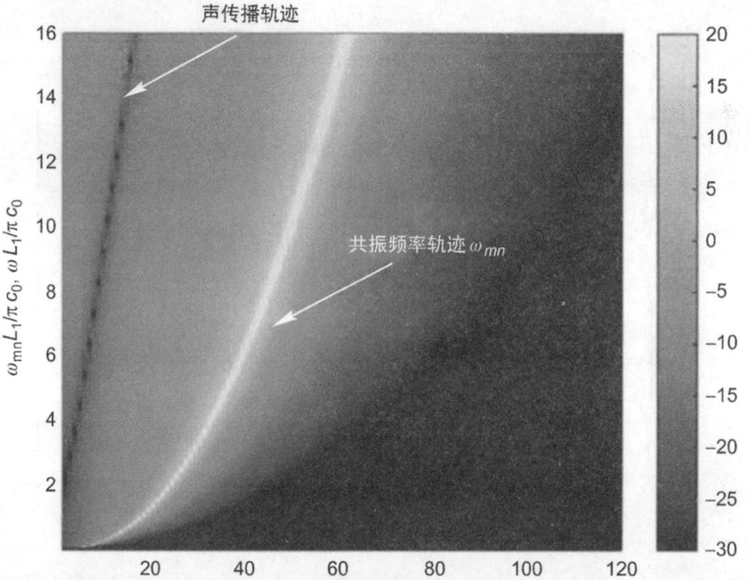

图 5-21　钢板阻抗的归一化示意图（最低横向波数 $n=1$）

（钢板的归一化模态导纳（$L_1=2\mathrm{m}$，$L_3=1\mathrm{m}$，$h=3.2\mathrm{mm}$），在钢板中心受 1N 点力驱动。色条中的导纳用以下表达式表示：在 $k_nL_3/\pi=1$ 时，$10^*\log[\,|m_s w/Z_{m1}(w)^2|\,]$）

频率全部在 L_1处归一化，流体中的声速在 L_1处归一化，自变量 k_m在 L_1处归一化，所有变量除以 π 代表沿着横坐标的模态阶次 m。亮线对应任何波数 k_m的共振频率，即

$$\omega_{mn}=(k_m^2+k_{n=1}^2)(D/(m_s+m_{mn}))$$

$\omega_a/c_0=k_{mn}$的频率如左边的暗线所示，即

$$\omega_a=\sqrt{(k_m^2+k_{n=1}^2)}\,c_0$$

最大导纳值（即沿着共振轨迹）约为$|1/Z_{ml}(\omega)|\approx 1/\eta s m_s \omega_{ml}$。暗线是这样，因为这些声传播波数表示由于惯性流体载荷而引起的高阻抗值，即在这种情况下，$m_s\omega<\rho_0 c_0$。

图 5-22 所示为所有模态下，板上 $x_0=0.1L_1$，$y_0=0.2L_3$位置驱动点导纳值的总和：

$$\frac{V(\boldsymbol{x}_0,\omega)}{F(\boldsymbol{x}_0,\omega)}=Y(\boldsymbol{x}_0,\omega)$$

$$=\frac{1}{A_p}\sum_{mn}\frac{|\psi_{mn}(\boldsymbol{x}_0)|^2}{[Z_{mn}(\omega)]_f} \tag{5.101a}$$

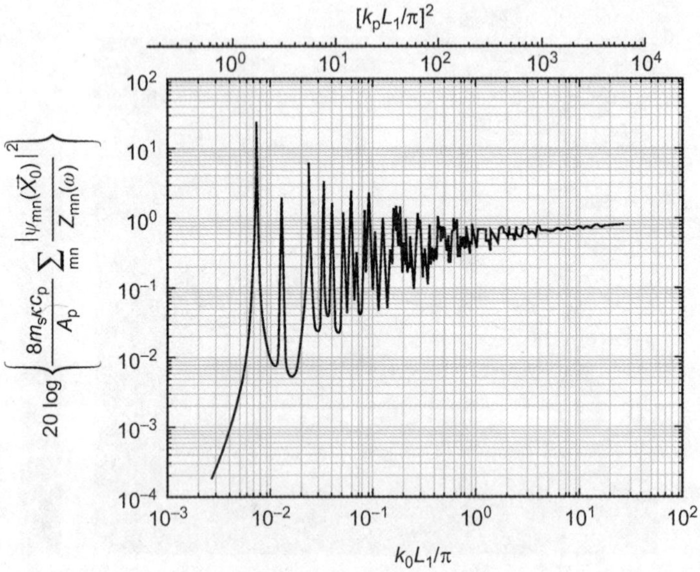

图 5-22 板驱动点阻抗幅值

（板驱动点阻抗幅值在所有模态下求和，并根据真空无限板的机械阻力进行归一化）

最高频率（波数）为

$$\rightarrow\frac{1}{8m_s\kappa c_p}\text{ 即 }k_pL_1\rightarrow\infty \tag{5.101b}$$

并根据式（5.52e）给出的无限板阻进行归一化。

频率以两种无量纲的形式表示：下横坐标对应图 5-21 表示的声波数，上横坐标对应板波数

$$(k_pL_1/\pi)^2=(\omega\kappa c_p)(L_1/\pi)^2$$

图 5-22 表明，对于本示例，当 $k_p>10\pi/L_1$或等效时，弯曲波长 $\lambda_p<L_1/5$

或模态阶次超过约10时，板的导纳接近无限板的导纳。如图5-22的下横坐标所示，这也是声波数小于平板长度两倍时的情况。在低频条件下，该图显示了特定模态的优势。

5.6.2　局部流体载荷板的噪声

将固定相波数式（5.77）代入式（5.54a）和式（5.96），式（5.40e）可评估 $k_0 r \gg 1$ 时远场声音的固定相解。使用式（5.36b）、式（5.45）和式（5.40e），我们得到了模态激励压力

$$P_{mn}(\omega)=\left[\frac{F}{A_{\mathrm{p}}}\right]\psi_{mn}(\boldsymbol{x}_0)$$

所产生的模态辐射声压在1m处 $p_{\mathrm{ref}}=1\mu\mathrm{Pa}$。我们使用所有 m 和 n 模态的总和得出总压力。

$$\frac{P_{mn}(r,\theta,\phi,\omega)r}{P_{\mathrm{ref}}F(\omega)}=\frac{\rho_0\omega}{2\pi}\left[\frac{1}{A_{\mathrm{p}}}\Psi_m(x_{1_0})\Psi_n(x_{3_0})\right]\frac{s_{mn}(\overline{k_1}\,\overline{k_3})}{Z_{mn(\omega,k_1k_3)}}$$

和

$$\left|\frac{P_{\mathrm{a}}(r,\theta,\phi,\omega)r}{P_{\mathrm{ref}}F(\omega)}\right|\approx\left|\sum_{mn}\frac{\rho_0\omega}{2\pi}\left[\frac{1}{A_{\mathrm{p}}}\Psi_m(x_{1_0})\Psi_n(x_{3_0})\right]\frac{s_{mn}(\overline{k_1}\,\overline{k_3})}{Z_{mn(\omega,k_1k_3)}}\right| \quad (5.102)$$

图5-23给出了模态声压和模态总声压的示例，这些模态声压的总和是按标准化频率 $\omega L_1/(2\pi c_0)=k_0L_1/(2\pi)$ 的函数对各个模态进行比例缩放得到的。驱动点是施加到板上的1N，水在板的一侧。声压的值都是横向模态阶次的指示值，并显示为纵向模态波数和频率的连续函数，频率表示为声波数。这些都在板长度 L_1 处进行了归一化。辐射声压在板法向外 $\theta=45°$ 和 $\varphi=45°$ 处评估，所有dB均为1μPa。图5-23（a）、（b）、（c）分别是 m，$n=(m,1)$、$(m,3)$ 和 $(m,7)$ 的模态声压。板偏离中心，以便同时激发尽可能多的模态。图5-23（d）显示了 $(m,7)$ 模态的所有模态声压以及所有模态下的总压（实心实线）；将这些与来无限板点偶极产生的声音（虚线，将在下文详细讨论）进行比较。

图5-23所示的频谱说明了许多重要的结构声学理论。在色标所示的前三个二维光谱中的每个光谱中，都确定了声音重合的直线轨迹，k_0 坐标附近 $k_m=k_0$。由于各种共振态都出现了这种重合现象，亮点显而易见。各种模态形状的波数通带（之前已结合（图5-9）讨论）由图中的扇形图表示。在这些模态中，共振模态通过增强的辐射声突出显示。通过将频率与板波数相关联的二次函数来确定每个横向波数 k_n 的（k_0,k_m）模态的上边界，$|\boldsymbol{k}|=\boldsymbol{k}_{\mathrm{p}}$ 线。最后，如图5-23（d）所示，$k_nL_3/\pi=7$ 模态显然是大约 $k_0/(2\pi)=0.6$ 和大约26产生声音的原因。其中，对于该 k_n 值，板共振处 $k_m=k_{\mathrm{p}}$；对于此模态，在声音重合时

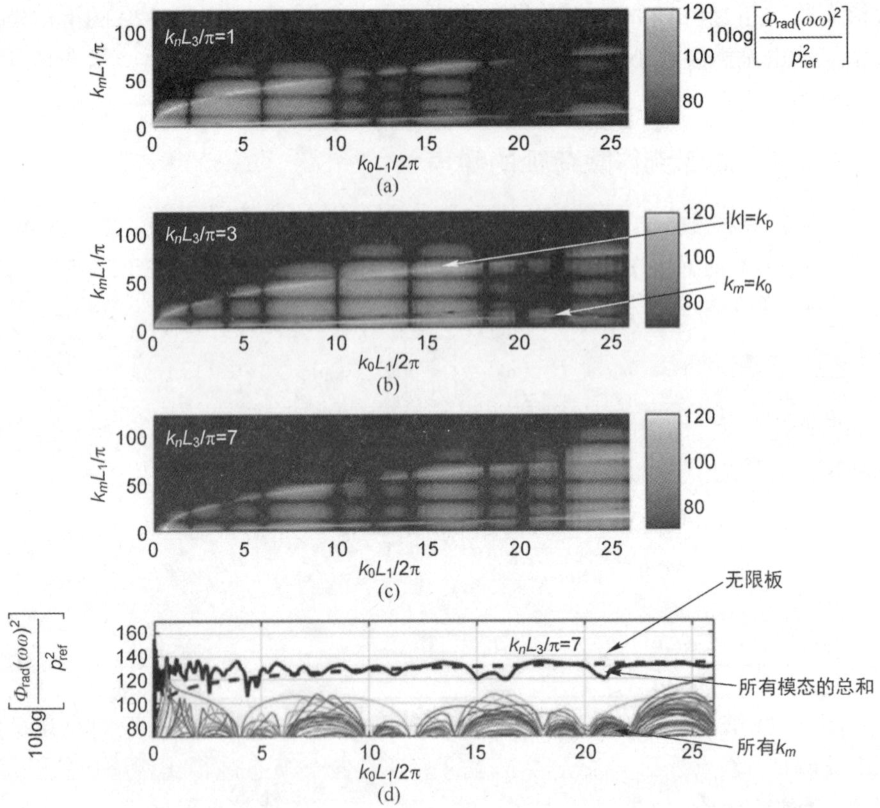

图 5-23　模态声压和模态总声压示例

（距简支矩形板 1m 处的模态辐射声压级，其中一侧为无边界水；$L_1=1$m，$L_3=0.5$m，$h=3.2$mm，在偏离中心的位置施加 1N 力（$y_{10}=0.05L_1$，$y_{30}=0.1L_3$）。声音在板法向外 $\theta=45°$ 和 $\phi=45°$ 处评估。图（a）~（c）代表特定横向模态阶次下纵向波数和声波数的关系。图（d）显示了整体声音（实线）和来自 $h=3.2$mm 的无穷板的声音（一侧有水）（虚线），以及在所有纵向波数处来自一个横向模态的各模态线图）

$k_m=k_0$。

对于无边界的点驱动无限板，当然也没有模态，与式（5.102）等效的表达式在 $k_0<k_p$ 的极限内有效地将 $\Psi_m(x_{1_0})\Psi_n(x_{3_0})$ 替换为 1，将 $S_{mn}(\overline{k_1},\overline{k_3})$ 替换为 A_p，即远低于板弯曲的声音重合

$$\frac{P_a(r,\theta,\phi,\omega)r}{p_0F(\omega)}\approx\sum_{mn}\frac{\rho_0\omega}{2\pi}\frac{1}{Z_{mn(\omega,\bar{k}_1\bar{k}_3)}}e^{ik_0r} \tag{5.103a}$$

或者

$$\frac{P_a(r,\theta,\phi,\omega)r}{p_0F(\omega)} \approx \frac{-i\rho_0\omega}{2\pi} \frac{1}{m_s w - \dfrac{i\rho_0\omega}{k_0\cos\phi}} e^{ik_0 r} \tag{5.103b}$$

该公式与下列经典已知函数相同[66-68]

$$p(r,\phi,t) = \frac{-ik_0F_0}{2\pi} \frac{\beta\cos\phi}{\cos\phi - i\beta} \frac{e^{ik_0 r-\omega t}}{r} \tag{5.104}$$

且

$$\beta = \rho_0 c_0 / m_s \omega \tag{5.105}$$

是一侧流体的流体载荷系数。

若流体在两侧，则用 2β 代替式（5.104）中的 β。当力的作用区域小于弯曲波长时，并且激发频率低于重合频率时，式（5.103）适用，因此 $k_p > k_0$。式（5.103b）是图 5-23 中的虚线，并在某种程度上形成了一条平均线，其中特定模态导致了无限板值上下的偏移。当在低频点驱动大（无限）板时，辐射出的声音与板材料和厚度无关（β 很大），并且是仅作为力的自由偶极在水中所发射出的两倍。如图 5-24 所示，其中针对各种板厚绘制了几个示例来说

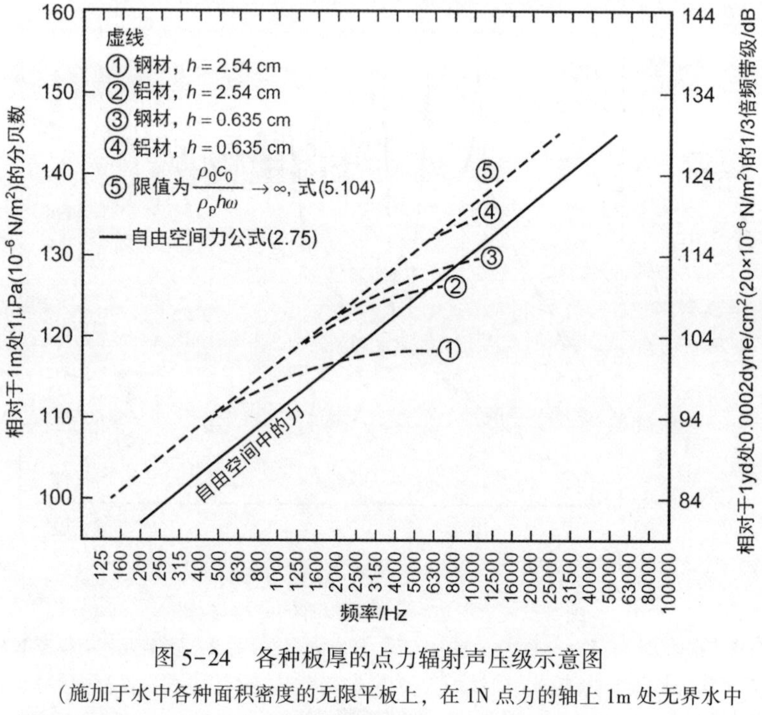

图 5-24　各种板厚的点力辐射声压级示意图

（施加于水中各种面积密度的无限平板上，在 1N 点力的轴上 1m 处无界水中的辐射声压级。点力在板的一侧施加有流体）

明这一点。至此，将该表达式与无约束流体点力偶极辐射的式（2.75）进行比较。当β变小（<1）时，作用在板上的力就不再充当放大的自由偶极，并呈现出完全不同的特性。当我们以边界的形式增加复杂性时（如在刚性挡板中使用简支板），从而引入了模态，通过将共振特征引入声音频谱和振动频谱中，图像发生了变化，如结合图 5-21 和图 5-22 的讨论。

图 5-25 进一步说明了这一点，表示了上文讨论的简支板同一示例所有模态的总和。这是在我们讨论的频率范围内具有高模态密度的极板示例。在对所有模态求和后，会出现三个不同的频率区域，声音产生的物理特性会发生变化。在低频下，在板基本振型以下，声音以(频率)^{4}的速度增加，因为板的位移模态由简单的半波控制，对于该半波，板的位移表示流体侧的净体积变化。在基本共振和 $k_0L_1/\pi\sim1$ 的频率之间，板模态主导了声音特性。对于 $k_0L_1/\pi>1$ 的频率，板的作用是无限的，如图 5-22 所示，流体载荷因数也开始趋于统一。在这个较高的频率范围内，辐射声的特性就像板是无限板一样。在这些高频率下，板开始发出很大的声音，这一点通过两条线的会聚可以看出来。

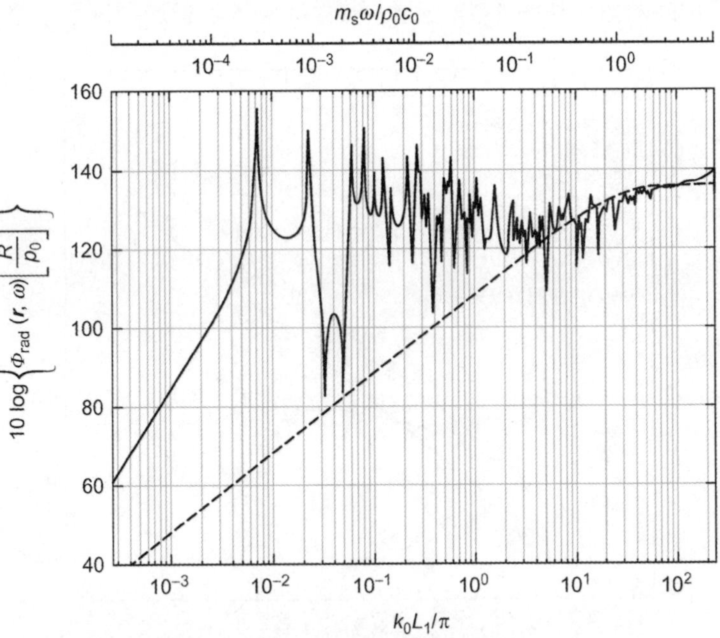

图 5-25　简支板模态求和时的频率区域

（偏离板法向 $\theta=45°$ 和 $\varphi=45°$ 处的辐射声压，所有 dB 均为 1μPa，并且是所有模态下无量纲声波数的函数。虚线表示施加在无限板上的点力引起的声音。实线表示简支板，其驱动刚好偏离中心（$x_0=0.05L_1$，$y_0=0.1L_3$），因此可以驱动许多模态）

5.7　圆柱体的流致振动噪声

5.7.1　一维结构的基本表达式

若没有严格固定横流中的圆柱体，则它会在不稳定升力和阻力的影响下遭受一定程度的振动。该运动通常由升力方向支配，除非由于某种原因，圆柱体在升力方向上受约束而在阻力方向上不受约束。

流致圆柱体振动的主题提供了本章原理用于分析流致振动和声音建模的完美示例。从数学上讲，这个问题比二维结构问题要简单得多。二维结构问题是第 2 卷第 2 章“壁湍流压力脉动响应”、第 3 章“阵列与结构对壁湍流和随机噪声的响应”、第 4 章“管道和涵道系统声辐射”及第 5 章“无空化升力部分”探讨的重点。可以通过本节方法解决的圆柱和圆柱状结构的实际振动问题是：桁架工程中的结构构件和电缆的热交换器管束的振动、建筑物和建筑构件的风致振动，以及水流引起的海洋结构振动。根据第 2 章“声学理论与流致噪学”来阐述问题，强调振动、流体载荷和声音的物理特性是有指导意义的。

图 5-26 说明了研究的升力情况。每单位长度 $f_{2h}(y_3,t)$ 的力作用在每单位长度 m_s 的质量圆柱体上，导致质心 $u_2(y_3,t)$ 的速度垂直于流动方向。由于流体不是无质量的，它将在每单位长度 $f_{2r}(y_3,t)$ 上产生反作用力，该反作用力既与运动方向相反，又与原始流体动力激励力相反。因此，声辐射由三部分组成：第一部分来自原始流体动力偶极；第二部分来自物体表面的振动；第三部分来自流体反作用力，这部分抵消了原始激励力。每单位长度作用在流体上的

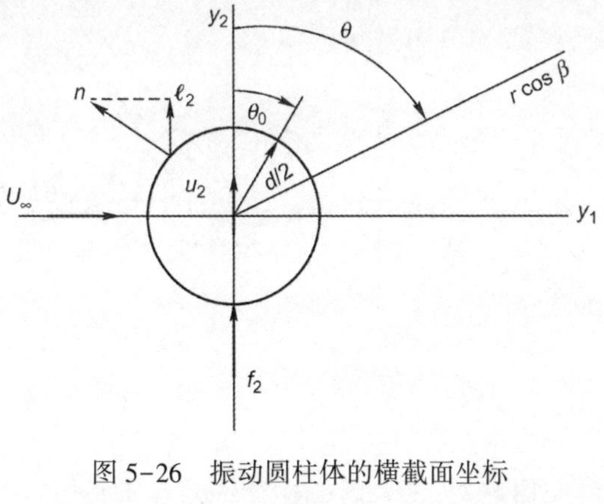

图 5-26　振动圆柱体的横截面坐标

净力为

$$f_2(y_3,t)=f_{2h}(y_3,t)-f_{2r}(y_3,t) \tag{5.106}$$

而作用在圆柱体上的每单位长度的净力为$-f_2(y_3,t)$。回顾一下，式（5.79）和式（5.95）中针对二维问题引入了压力。

我们将声压作为频率的函数进行处理，因此引入傅里叶系数

$$F_2(y_3,\omega)=\frac{1}{2\pi}\int_{-\infty}^{\infty}f_2(y_3,t)\,\mathrm{e}^{\mathrm{i}\omega t}\mathrm{d}t$$

根据式（2.105）得出式（2.70）。该公式提供表面产生的声压傅里叶系数为

$$P_{\mathrm{a}}(x,\omega)=-\iint_{\mathrm{s}}\rho_0\,l_2(-\mathrm{i}\omega\,U_2(y_3,\omega))\frac{\mathrm{e}^{\mathrm{i}k_0r'}}{4\pi r'}\mathrm{d}S(y)+\frac{\partial}{\partial x_2}\iint_{s}l_2P(y)\frac{\mathrm{e}^{\mathrm{i}k_0r'}}{4\pi r'}\mathrm{d}S(y) \tag{5.107}$$

其中（式（4.8））

$$F_2(y_3,\omega)=\int_0^{2\pi}P(\theta_0,y_3,\omega)cos\theta_0\frac{d}{2}\mathrm{d}\theta_0$$

是施加在流体上的每单位长度的升力。由于$l_2=\cos\theta_0$，所以在式（5.107）中涉及l_2U_2的积分中，在$0<\theta_0<2\pi$附近的积分将等于零（无净质量流入），除非适当考虑了指数k_0r'的小相位变化。从圆柱点到远场点的距离r'从图 5-27 所示的几何形状可以看出，针对$r'\gg d$和L（另请参见引出式（2.26）的论点）有

$$r'\approx r-\frac{d}{2}\sin\phi\cos(\theta-\theta_0)-y_3\cos\phi$$

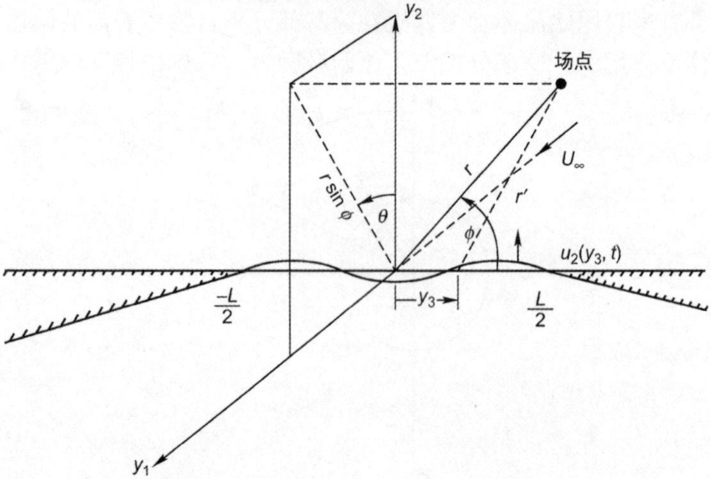

图 5-27　振动圆柱体发出的声音坐标系

因此，式（5.104）的第一项是直接由表面振动而产生的辐射压力，即

$$P_{a_u}(x,\omega)=-\int_{-L/2}^{L/2}\mathrm{e}^{-ik_0y_3\cos\phi}\rho_0(-\mathrm{i}\omega)\,U_2(y_3,\omega)\,\frac{\mathrm{e}^{ik_0r}}{4\pi r}\times$$
$$\int_{-\pi2}^{\pi/2}-2ik_0\frac{d}{2}\sin\phi\cos(\theta-\theta_0)\cos\theta_0\mathrm{d}\theta_0\mathrm{d}y_3$$

通过将整个圆分成两个范围$-\pi<\theta_0<\pi/2$和$\pi/2<\theta_0<3\pi/2$，范围$0<\theta_0<2\pi$减小到单个范围$-\pi/2\leqslant\theta_0\leqslant\pi/2$的积分。$\cos\theta_0$分别具有正值和负值的$\theta_0$，并进行必要的替换；指数 exp（$\mathrm{i}k_0r'$）相减得到类似于式（2.26）的公式。对$\theta_0$进行积分

$$P_{a_u}(x,\omega)=\mathrm{i}k_0\cos\theta\sin\phi\frac{\mathrm{e}^{\mathrm{i}k_0r}}{4\pi r}-\mathrm{i}\omega\pi\frac{\rho_0d}{2}\times$$
$$\left[\int_{-L/2}^{L/2}U_2(y_3,\omega)\,\mathrm{e}^{-ik_0y_3\cos\phi}\mathrm{d}y_3\right] \tag{5.108}$$

由圆柱上的合力产生的声偶极功率可写成式（4.23）

$$P_{a_h}(x,\omega)=\mathrm{i}k_0\cos\theta\sin\phi\frac{\mathrm{e}^{\mathrm{i}k_0r}}{4\pi r}\left[\int_{-L/2}^{L/2}F_2(y_3,\omega)\,\mathrm{e}^{-ik_0y_3\cos\phi}\mathrm{d}y_3\right] \tag{5.109}$$

式中：括号中的项是在$k_3=k_0\cos\phi$处评估的傅里叶波数变换；但是，为简化起见，若我们假设$k_0L\ll1$，则这些项仅表示作用在流体上的净表面速度和净力。

5.7.2　圆柱体振动与净声压的表达式

现在，我们对 5.3 节中的一维弹性结构进行模态分析，这里将其视为正交模态的总和

$$U_2(y_3,\omega)=\sum_{n=0}^{\infty}U_{2n}(\omega)\Psi_n(y_3) \tag{5.110}$$

式中：n为模态阶次；$\Psi_n(y_3)$为模态形状；$\Psi_n(y_3)=2\cos k_my_3$，见式（5.44）。对于$n=3$，此形状已在图 5-27 中进行了说明。在这种情况下，模态响应由式（5.33）给出

$$U_{2n}(\omega)=\frac{\mathrm{i}\omega\int_{-L/2}^{L/2}[-F_{2h}(y_3,\omega)]\Psi_n(y_3)\mathrm{d}y_3}{m_cL\omega^2[1-(\omega_n/\omega)^2+\mathrm{i}\eta_T/(\omega_n/\omega)]} \tag{5.111}$$

其中，$m_c=m_a+m_s$，而m_a是圆柱的总质量。

积分

$$[F_h(\omega)]_n=\int_{-L/2}^{L/2}[-F_{2h}(y_3,\omega)]\Psi_ny_3\mathrm{d}y_3 \tag{5.112}$$

是 5.3 节中出现的$P_n(\omega)$的一维模拟，它表示圆柱体上力场的空间匹配，圆柱

体导纳的轴向变化表示为 $\Psi_n(y_3)$。式（5.109）中出现的力是构成净力的流体动力和对圆柱体运动的反作用力之和。在低马赫数和低频率下，流体反作用力与质量的反作用力类似，因此作用在圆柱体上的反作用力为

$$F_{2r}(y_3,\omega)=\mathrm{i}\omega m_{\mathrm{a}}U_2(y_2,\omega)$$

式中：m_{a}为圆柱体上每单位长度的附加质量。

将式（4.8）与式（5.94）组合，有

$$m_{\mathrm{a}}=\int_0^{2\pi}\rho_0(d/2)^2\cos^2\theta\mathrm{d}\theta \tag{5.113}$$

$$m_{\mathrm{a}}=\rho_0\pi(d/2)^2$$

作用在流体上的力为$-F_{2r}(y_3,\omega)$。因此，出现在式（5.106）中的部分力将具有式（5.112）所示圆柱体的振动特性。完成所有必要的替换后，将得到净辐射声压的表达式。

尽管需要将式（5.106）、式（5.109）代入式（5.107）才能得到完整的振动感应声场公式，但可以沿轴通过将 $\Psi_n(y_3)$设为单位来引入有益的简化方法。这将圆柱运动近似视为刚体运动。此外，我们假设 $k_0L\ll 1$。在垂直于杆的方向上辐射的净压力 $\phi=\pi/2$，为 $P_{\mathrm{a}}=P_{\mathrm{a}_u}+P_{\mathrm{a}_h}$

$$P_{\mathrm{a}}(x,\omega)=\mathrm{i}k_0\cos\phi\,\frac{\mathrm{e}^{\mathrm{i}k_0r}}{4\pi r}\left(1-\frac{2m_{\mathrm{a}}}{m_{\mathrm{c}}z}\right)\int_{-L/2}^{L/2}-F_{2h}(y_3,\omega)\mathrm{d}y_3 \tag{5.114}$$

其中

$$m_{\mathrm{c}}=m_{\mathrm{a}}+m_{\mathrm{s}}$$

$$z=1-\left(\frac{\omega_n}{\omega}\right)^2+\mathrm{i}\eta_{\mathrm{T}}\left(\frac{\omega_n}{\omega}\right)$$

式（5.114）适用于高度理想的流体-结构相互作用，其中圆柱体半径远小于声波波长，圆柱体的长度远小于波长，距离 r 远大于 L；即 $k_0d\ll 1$，$k_0L\ll 1$ 和 $r\gg L$。尽管如此，该结果提供了圆柱体振动重要性的基本说明。当 $\omega=\omega_{\mathrm{s}}=\omega_n$时，辐射最有可能由振动引起的分量支配。

在这种情况下，由振动引起的分量以 $2m_{\mathrm{a}}/(\eta_{\mathrm{T}}m_{\mathrm{c}})$的系数决定偶极力，如图 5-28 所示。在水等重质流体中，该因子可能比 1 要大得多。注意，对于大多数实际结构，η_{T}通常在 $10^{-3}\sim10^{-2}$，除非进行某种形式的阻尼处理。若圆柱体的运动受质量控制（$\omega\gg\omega_n$），则 $z=1$ 且声压与 $1-2m_{\mathrm{a}}/m_{\mathrm{c}}$成比例。若圆柱体受到中性浮力（可能在水中，大约 5 ms），则该系数为零，即受质量控制的表面运动产生的声场完全抵消了作用在流体上的力。尽管在液体介质中可能是这种情况；但是，在空气中，由于 m_{a} 通常远小于 m_{s}，因此偶极力占主导地位。可以预期的是，对于高附加质量与干燥质量之比的结构，由流体-结构相互作

用产生的声音可以被显著增强或减小。振动的影响将取决于结构中的频率和阻尼。只有当质量比（通常是流体载荷）减小时，才能将运动和力对声场的影响区分开来。

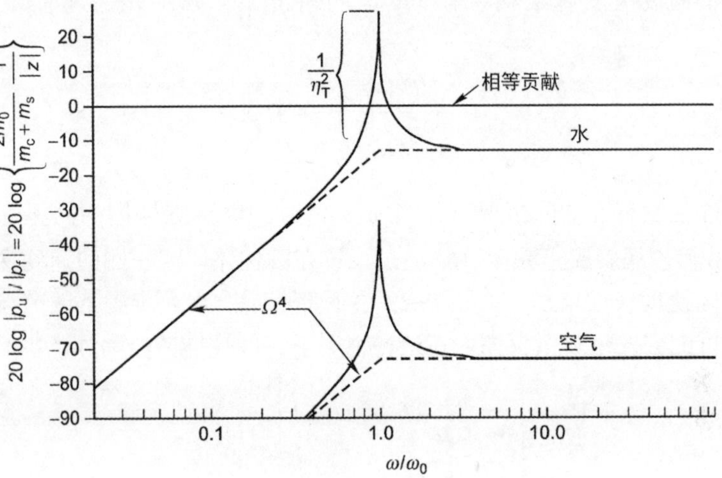

图 5-28　钢圆柱体辐射声示意图（特定条件）

（尺寸为 1/4 英寸直径的钢圆柱体在空气或水中产生相对于激励力的流致振动辐射声。在两种情况下，损耗因子 η_T 均假定为 0.01）

5.7.3　自激振动

在上文的分析中已经假设，激励圆柱体的流动感应力不会因圆柱体的运动而改变。但是，在 4.3.4 节“影响涡旋脱落的其他原因”中，指出了圆柱体在整个流动中的运动会改变振荡升力系数。圆柱体振动对非恒定流动力的影响将取决于圆柱体运动的幅度、振动频率与涡旋脱落固有频率之间的关系以及流体的雷诺数。若我们以式（5.108）给出的流致表面运动引起的声压作为比较的基础（对于 k_0L 接近零），则可以很容易地说明由自激所起的作用。我们假设 $F_2(y_3,\omega)$ 的激励仅在涡旋脱落频率处有一个限值，从而忽略了声指向性因素，可以结合式（5.109）、式（5.110）和式（5.111）得到声压的幅度。

$$|P_{a_u}(x,\omega_s)| \quad \frac{\omega_s^2\pi}{4}\frac{\rho_0}{c_0}\frac{d^2}{r}\left|\frac{\omega_s F_h(\omega_s)}{m_c L_3\omega_n^2[(\omega_s/\omega_n)^2-1+i\eta_T(\omega_s/\omega_n)]}\right| \tag{5.115}$$

式中：η_T 为机械阻尼和辐射阻尼的总和；$F_h(\omega_s)$ 为圆柱体上的净流体动力升力；即对于 $n=0$，它为 $[F_h(\omega)]_n$。涡流的自然脱落频率与流速相关，其中 S 是斯特劳哈尔数，有

$$\omega_s = 2\pi U_\infty S/d$$

条件是圆柱体的运动不改变涡旋脱落过程，其中 S 是斯特劳哈尔数。图 5-28 说明了归一化的辐射压力幅值对涡旋脱落的依赖性，它是涡旋脱落频率的函数。我们假设在没有结构-流体反馈的情况下，归一化力与恒定升力系数相同。

$$\frac{F_h(\omega_s)}{\frac{1}{2}\rho_0 U_0^2 d L_3 1} = 常数$$

同样在没有反馈的情况下，当 $\omega_s = \omega_n$ 时，由于圆柱体的共振，声音强度会增大 η_T^{-1}。涡旋脱落频率（如通过设置在圆柱体尾流一侧的速度探测器检测到）将随速度线性增加，如图 5-29 中下部所示。当涡旋脱落频率接近共振频率时，可能会发生自激反馈。在这种情况下，圆柱体的振动和产生的远场声压

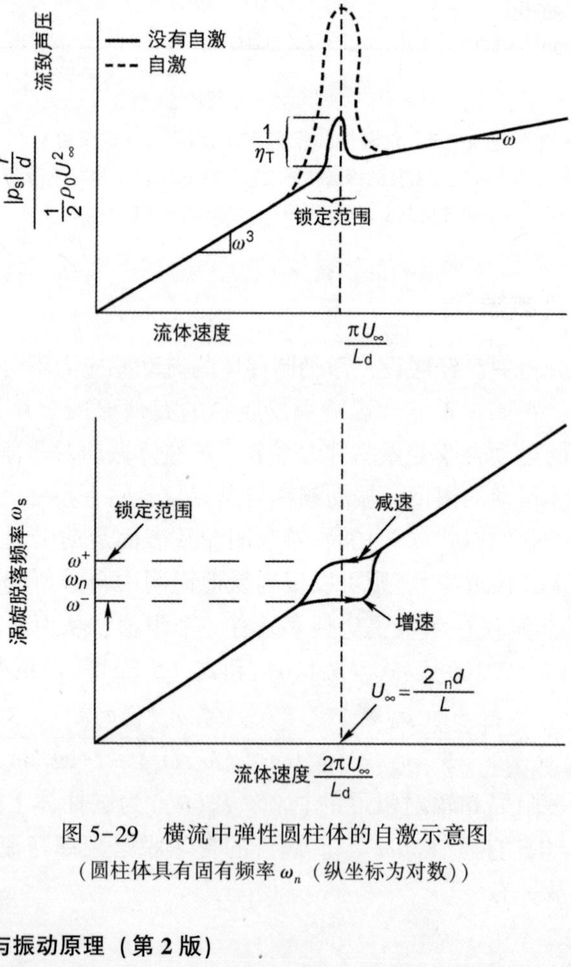

图 5-29　横流中弹性圆柱体的自激示意图

（圆柱体具有固有频率 ω_n（纵坐标为对数））

都将大于机械共振所提供的声压。同时，可以在共振频率附近改变涡流消除频率，以使 ω_s 与 U 的关系偏离法线。偏差量将取决于圆柱体运动与涡流形成的整体耦合。实际上，可能存在一个速度范围，在该范围内，ω_s 将被固定或“锁定”为接近共振频率的值。

在这种情况下，圆柱体和流体的运动将被视为耦合（非线性）振荡器，其“共振频率”ω^+或 ω^-将取决于速度 U 是从上方还是下方设置。在图 5-29 中由箭头指示。对于阻尼小、质量比（m_a/m_s）大的圆柱体，耦合的圆柱体涡流系统的“共振频率”可能与单独的圆柱体大不相同。

总的来说，Jones[69]、Bishop 和 Hassan[70-71]、Vickery 和 Watkins[72]以及 Hartlen 等[73]为模拟 Lu 等[74]研究成果所作的测量表明，在锁定或自激过程中，涡流消除力的幅度增加，其相对于圆柱运动的相位取决于比率 ω_s/ω_n。其他测量结果表明，可以增加轴向相关长度。

Burton 和 Blevins[75-76]使用 Toebs[77]的测量结果粗略地描述了升力波动 Λ_3 的轴向积分长度随圆柱体位移幅度 $Y_m(\omega)$ 增加。

$$\frac{2\Lambda_3}{d}=\begin{cases}\dfrac{(2\Lambda_3)_0}{d}+\dfrac{100Y_m(\omega)}{A_m-Y_m(\omega)}, & A<A_m\\[2ex] \dfrac{L}{d}, & A>A_m\end{cases}$$

式中：A_m为阈值幅度，$A_m=0.5d$；$(2\Lambda_3)_0$为没有横向运动时的相关长度。在 Toebs 测量的情况下$(2\Lambda_3)_0\sim 5d$（与（图 4-16）比较）。Griffin 和 Ramberg[78]（$R_d\approx 500$）在低雷诺数下的测量揭示了这一现象：当 $y_m(\omega)>0.2d$ 时，沿圆柱的涡旋完全相关。因此，在低雷诺数下，用于完全相关的振幅阈值可能会降低。圆柱体的有效阻尼可以简单地表示为圆柱体上自然产生的阻尼力和与圆柱体速度同相的涡旋脱落力的组合，即每单位长度的力为

$$F_D=m_s\omega_n\eta_T U_2-\left(\frac{1}{2}\rho_0 U_\infty^2\right)dC_L(\omega)\sin(\phi+\pi/2)$$

式中：φ 为力和圆柱体位移之间的相位。若 $\varphi=0$，则流动引起的力将与圆柱体中的自然阻尼相反，因此 F_D小于 $m_s\omega_n\eta_T U_2$。

非稳态升力是圆柱体位移的函数，因此通过增加 η_T 来增加耗散会影响结构响应和流体结构反馈回路。因此，流动引起的圆柱体振动幅度的依赖性将取决于阻尼因子，如图 5-30 所示。

$$D_{cyl}=\frac{\eta_T m_c(2\pi S)^2}{\frac{1}{2}\rho_0 \mathrm{d}^2}$$

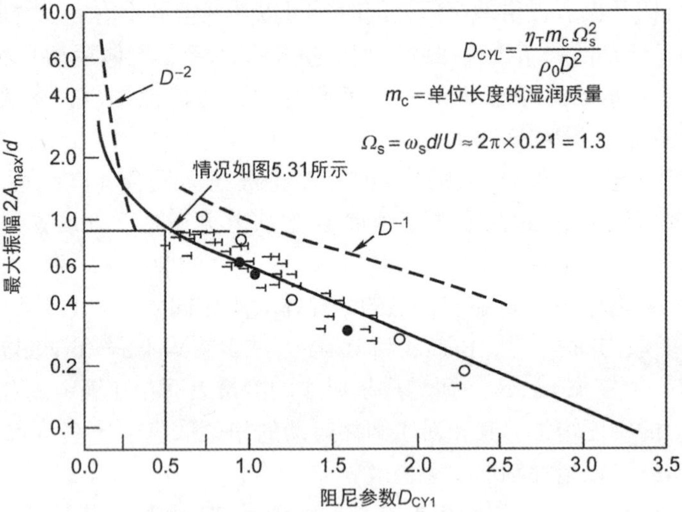

图 5-30　线性流体-结构相互作用的关系

（弹性安装的刚性圆柱体涡致激振动最大振幅 $2A_{max}$，它是响应参数 S_G 的函数。点的密度是根据在空气和水中进行的综合研究得出的结果。改编自 Skop RA，Griffin OM. On a theory for the vortex-excited oscillations of flexible cylindrical structures. J Sound Vib 1975；41：263-74.）

图 5-30 汇总了 Skop 和 Griffin [79] 从各种来源收集的数据。非线性激励对 D_{cyl} 的依赖性与振幅随阻尼的增加而减小形成对比，线性激励的式（4.79）决定了这种减小。线性流动激励力的幅值取决于 D_{cyl}，如图 4-23 所示。因为 $-\mathrm{i}\omega Y_{max}=u_{2_n}(\omega)$，所以有

$$\frac{Y_{max}}{d}=\frac{\sqrt{2}\,(\overline{C_{\mathrm{L}}^{2}})^{1/2}}{D_{cyl}}$$

式中：$2\,\overline{C_{\mathrm{L}}^{2-1/2}}$ 为升力系数的幅度。如图 5-30 所示，该公式描述了线性流体-结构相互作用的关系，尤其是在 D_{cyl} 值较小的情况下。

5.7.4　非线性振荡器的半经验模型

将流场建模为与表示结构的线性谐波振荡器耦合的非线性振荡器，可以分析具有阻尼参数的圆柱体振动的这种特性。Hartlen 和 Currie [80] 提出了该模型，以描述升力系数与圆柱体速度 $U_2(y_3,\omega)$ 之间的关系。

振荡升力的非线性极限循环特性类似于 van der Pol 和 Rayleigh 振荡器的特性。这些振荡器的重要特性是流体阻尼对流体扰动幅度的非线性依赖性（图 5-30）。Hartlen 和 Currie [80] 使用的干扰函数是升力振荡函数，它在时域中定义为

$$C_{\mathrm{L}(t)}=\mathrm{Im}\left[\int_{-\infty}^{\infty}C_{\mathrm{L}}(\omega)\,\mathrm{e}^{-\mathrm{i}\omega t+\mathrm{i}\varphi(\omega)}\,\mathrm{d}\omega\right] \tag{5.116a}$$

或者

$$C_L(t)=C_L(\omega)\sin(\omega t-\phi) \tag{5.116b}$$

假定升力满足非线性 van der Pol 公式

$$\ddot{C}_L(t)-\alpha\omega_s\dot{C}_L(t)+\frac{\gamma}{\omega_s}[\dot{C}_L(t)]^3+\omega_s^2\dot{C}_L(t)=b\frac{\dot{y}_m(0,t)}{d} \tag{5.117}$$

式中：$\dot{y}_m(0,t)$为是圆柱体的弯曲速度；b 为耦合系数；α 和 γ 为正经验参数。当$\dot{C}_L(t)$较小时，流体振荡是简单的谐波，但阻尼为负，因此会随时间增长。这种增长一直持续到$\dot{C}_L(t)$大到足以将阻尼设置为正。在刚性圆柱体 $b=0$ 的情况下，$\dot{y}_T(0,t)=0$ 且升力系数在刚性表面上的值为

$$C_L(t)=C_{L0}e^{-i\omega_s t} \tag{5.118}$$

其中

$$c_{L_0}=\sqrt{4\alpha/3\gamma} \tag{5.119}$$

是从圆柱体脱落的涡流引起的压力升力系数。

Skop 和 Griffin [79,81] 及 Griffin 等[82-83]通过在公式中增加另一个刚度项来对公式进行一些修改。该项允许非线性弹簧等产生的作用。

圆柱体振动的 m 模态在时域中的运动公式根据式（5.27）得

$$m_c\ddot{y}_m(t)+\eta_T m_c\omega_m\dot{y}_m(t)+m_c\omega_m^2 y_m(t)=q_\infty dC_L(t) \tag{5.120}$$

其中，$m_c=m_s+m_a$是每单位长度的总湿润质量，即

$$y_m(t)=Y_m(\omega)\sin(\omega t)$$

是流体分离点的横向位移。在式（5.120）中，将 $k_n^4 D_s$ 替换为 $m_c\omega_m^2$，作为有效刚度，将 C_d 替换为 $m_c\eta_T\omega_m$，将 a_n 替换为 $Y_m(\omega)$。将式（5.116b）代入式（5.117），将正弦和余弦系数分组后，无须使用数字计算机，即可近似且同时地对式（5.117）和式（5.120）求解。比 $\sin^2$ 或 $\cos^2$ 阶次更高的项将被忽略。接着是 Hartlen 和 Currie [80]，他们发现了振幅、频率和相位的关系：

$$C_L(\omega)\cos\phi=\frac{(\omega_m^2-\omega^2)}{a\omega_s^2}\frac{Y_m(\omega)}{d}$$

$$C_L(\omega)\sin\phi=-\frac{\eta_T\omega\omega_m}{a\omega_s^2}\frac{Y_m(\omega)}{d}$$

并求出了这对公式的解：

$$\left\{\left[1-\left(\frac{\omega}{\omega_m}\right)^2\right]\left[\left(\frac{\omega_s}{\omega_m}\right)^2-\left(\frac{\omega}{\omega_m}\right)^2+\alpha\eta_T\frac{\omega_s\omega^2}{\omega_m^3}\right]\right\}-$$

$$\frac{3\gamma}{4a^2}\frac{\omega_m^2\omega^3}{\omega_s^5}\left(\frac{Y_m(\omega)}{d}\right)^2\left\{\eta_T^3\left(\frac{\omega}{\omega_m}\right)^3+\eta_T\frac{\omega}{\omega_m}\left[1-\left(\frac{\omega}{\omega_m}\right)^2\right]^2\right\}=0$$

$$\left[\eta_{\mathrm{T}}\frac{\omega}{\omega_m}\left[\left(\frac{\omega_{\mathrm{s}}}{\omega_m}\right)^2-\left(\frac{\omega}{\omega_m}\right)^2\right]-\alpha\frac{\omega_{\mathrm{s}}}{\omega_m}\frac{\omega}{\omega_m}\left[1-\left(\frac{\omega}{\omega_m}\right)^2\right]-ab\frac{\omega\omega_{\mathrm{s}}^2}{\omega_m^3}\right]+$$

$$\frac{3\gamma\omega^3\omega_m^2}{4a^2\omega_{\mathrm{s}}^5}\left(\frac{Y_m(\omega)}{d}\right)^2\left[\left(1-\left(\frac{\omega}{\omega_m}\right)^2\right)^3+\dot{\eta}_{\mathrm{T}}^2\frac{\omega^2}{\omega_n^2}\left(1-\left(\frac{\omega}{\omega_n}\right)^2\right)\right]=0$$

其中

$$a=\frac{\rho_0}{2m_{\mathrm{c}}}\left(\frac{U_\infty}{\omega_{\mathrm{s}}}\right)^2$$

同时针对系统频率 ω 和幅度 $Y_m(\omega)/d$。第二种方法是在模拟计算机上对式（5.117）和式（5.120）进行编程，并根据观察到的响应较小的初始振动确定 $Y_m(\omega)$，$C_{\mathrm{L}}(\omega)$ 和 ϕ。尽管保留了函数的完全非线性，但该技术很难编程。困难在于必须缩放函数的幅度和频率，以使公式中的所有项都保持在计算机的动态范围内。Griffin 和 Ramberg [78] 及 Griffin 等[83] 使用了数字计算机。以修正 Hartlen 和 Currie [80] 的线性公式并求解，其中包括取决于 $C_{\mathrm{L}}(t)$ 的流体刚度项，示例如图 5-31 所示。

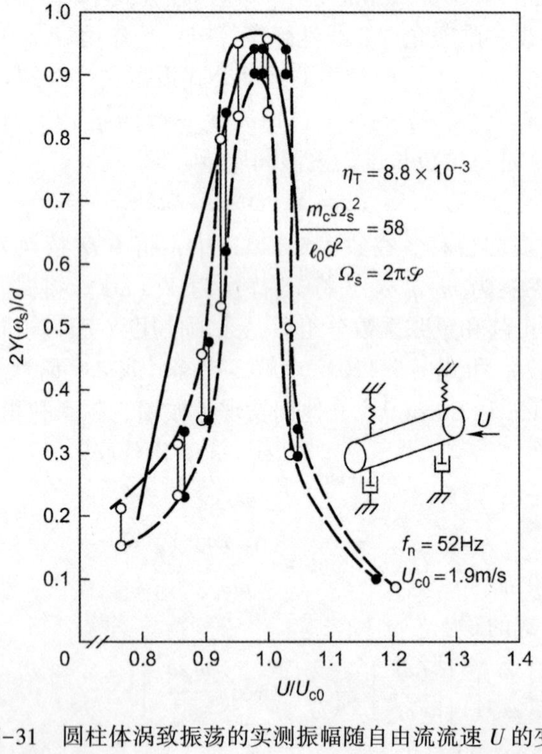

图 5-31　圆柱体涡致振荡的实测振幅随自由流流速 U 的变化

（风速增加时所取的点（●）和风速减小时所取的点（○）。唤醒振荡模态 $f_n=f_0=52\mathrm{Hz}$，$U_{\mathrm{c0}}=1.9\mathrm{m/s}$。摘自 Griffin 等[83]）

5.7.5　随机激励下的一维结构

如果我们放宽 $k_0 L \ll 1$ 的假设，并且还假设振型函数 $\Psi_n(y_3)$（在式（5.110）中）现在无法由等于 1 的常数代替，那么在 5.7.1 节和 5.7.2 节推导出的表达式具有更普遍的意义。现在不可能用简单的平均值替换式（5.108）、式（5.109）和式（5.111）中出现的积分，因为积分值取决于速度 $U_2(y_3,\omega)$ 和力 $F_2(y_3,\omega)$ 与 $\exp[-\mathrm{i}k_0 y_3 \sin\beta]$ 定相的相互作用。当激振力是空间均值零的随机变量时，尤其如此，如 4.3.2 节“圆柱振荡升力与阻力”所述。根据沿圆柱体轴线的统计量来表征力，并根据这些统计量来计算声学和振动响应是很有帮助的。

这些概念将在下文针对圆柱体流动激励振动进行说明，参见 2.6.3 节“涡源的物理意义”和 3.6.3 节“各向异性湍流：基于拉缩坐标的谱模型”。该示例用于说明 5.3 节、5.4 节和 5.5 节中推导得出的更通用方法的一维说明、复核和应用。我们将速度函数的空间傅里叶变换定义为式（5.39）的一维函数

$$
\begin{aligned}
S_n(k_3) &= \int_{-\infty}^{\infty} \mathrm{e}^{\mathrm{i}k_3 y_3} \Psi_n(y_3)\,\mathrm{d}y_3 \\
&= \int_{-L/2}^{L/2} \mathrm{e}^{\mathrm{i}k_3 y_3} \Psi_n(y_3)\,\mathrm{d}y_3
\end{aligned}
\tag{5.121}
$$

与反函数

$$
\Psi_n(y_3) = \frac{1}{2\pi}\int_{-\infty}^{\infty} \mathrm{e}^{\mathrm{i}k_3 y_3} S_n(k_3)\,\mathrm{d}k_3 \tag{5.122}
$$

然后，式（5.109）包括根据波数 $k_0 \sin\beta$ 评估的 $S_n(k_3)$，并且可以改写为表示模态之和的表达式，该模态之和表示由施加在圆柱体上附加质量产生的声压

$$
P_{\mathrm{a}_u}(x,\omega) = \mathrm{i}k_0 \cos\theta \sin\phi \frac{\mathrm{e}^{\mathrm{i}k_0 r}}{4\pi r}(-\mathrm{i}m_{\mathrm{a}}\omega)\sum_{n=0}^{\infty} U_{2n}(\omega) S_n(k_0 \cos\phi) \tag{5.123}
$$

对于结构的一系列指定模态，$S_n(k_3)$ 的值是已知的。模态振幅 $U_{2_n}(\omega)$ 根据式（5.111）得出，以表示激励圆柱体的随机力。

$F_n(\omega)$ 的互谱可以用非稳态升力的统计特性来表示。使用式（4.25）和式（4.26）的概念，我们得到了随机线性力式（5.40）的一维模拟结果：

$$
\Phi_{F_{mn}}(\omega) = \frac{1}{L^2}\int_{-L/2}^{L/2}\int_{-L/2}^{L/2} \Phi_{fh}(\omega) R_{\mathrm{pp}}(y_3 - y_3') \Psi_m(y_3) \Psi_0(y_3')\,\mathrm{d}y_3\,\mathrm{d}y_3' \tag{5.124}
$$

假设不稳定力的统计量与圆柱体的长度无关（即它们沿 y_3 在空间上是固

定的)，我们可以引入力的波谱函数，即

$$R_{\mathrm{pp}}(r_3)=\int_{-\infty}^{\infty}\mathrm{e}^{\mathrm{i}k_3r_3}\phi_{\mathrm{p}}(k_3)\,\mathrm{d}k_3 \tag{5.124a}$$

与反函数

$$\phi_{\mathrm{p}}(k_3)=\frac{1}{2\pi}\int_{-\infty}^{\infty}\mathrm{e}^{\mathrm{i}k_3r_3}R_{\mathrm{pp}}(r_3)\,\mathrm{d}r_3 \tag{5.124b}$$

因此使用式（5.121），式（5.124）变为

$$\Phi_{F_{mn}}(\omega)=\frac{1}{L^2}\int_{-\infty}^{\infty}\Phi_{fh}(\omega)\phi_{\mathrm{p}}(k_3)S_m(k_3)\ S_n^*(k_3)\,\mathrm{dk}_3 \tag{5.125}$$

每单位长度的均方升力为

$$\overline{F_2^2}=\int_{-\infty}^{\infty}\Phi_{fh}(\omega)\,\mathrm{d}\omega \tag{5.126}$$

这也是 4.3 节“气流激振力及其频率的测量”的表达式。

$$\overline{F_2^2}=\overline{C_{\mathrm{L}}^2}\left[\frac{1}{2}\rho_0U_\infty^2d\right]^2$$

波数谱被定义为具有一个整数，即

$$\int_{-\infty}^{\infty}\phi_{\mathrm{p}}(k_3)\,\mathrm{d}k_3=1 \tag{5.127}$$

通过结合式（5.106）、式（5.123）和式（5.124）得出远场声强谱 $I(\boldsymbol{x},\omega)$，并进行必要的积分运算，以获得

$$I(\boldsymbol{x},\omega)=\frac{k_0^2\cos^2\theta\sin^2\phi}{\rho_0c_016\pi^2r^2}\left[\frac{m_{\mathrm{a}}\omega^2}{m_{\mathrm{c}}\omega^2}\right]^2L_3^2\sum_{n=0}^{\infty}\Phi_{fh}(\omega)\cdots\times$$
$$\frac{|S_n(k_0\cos\phi)|^2}{|z|^2}\int_{-\infty}^{\infty}\phi_{\mathrm{p}}(k_3)\,|S_n(k_3)|^2\mathrm{d}k_3 \tag{5.128}$$

式中：$m_{\mathrm{a}}=\pi\mathrm{d}^2\rho_0/4$ 和 z 在式（5.114）之后给出。又积 $S_m(k_3)\cdot S_n(k_3)\cdot S_m(k_3)\cdot S_n(k_3)$的积分设为零，也就是说这些模态是解耦的。但并非总是如此，对于纯正弦波模态，拉伸导线模态的形状是不耦合或正交的。可以想象，某些特殊形式的激发谱 $\phi_{\mathrm{p}}(k_3)$可以耦合不同阶次的模态形状函数，但主要响应仍将来自主模态 $n=m$。各种波数函数的图形如图 5-32 所示。

如 5.4 节所述，空间谐波模态的形状 $S_n(k_3)$在波数 k_n处达到最高点，在这种情况下，根据 $k_n=n\pi/L$ 得出。因此，弦过滤掉了 $\phi_{\mathrm{p}}(k_3)$的分量，充当空间过滤器。如果恰好在 $k_3=k_n$附近的波数处存在升力集中的情况，那么将出现该模态的实质响应。的确，如上一节所述，如果发生锁定，那么 $\phi_{\mathrm{p}}(k_3)$实际上可能在 k_3处具有与自激模态的 k_n相等的升力分量。这是因为脱落的涡旋与圆柱体的局部振动同相。辐射出的声音还取决于振动与声介质的耦合。该声耦

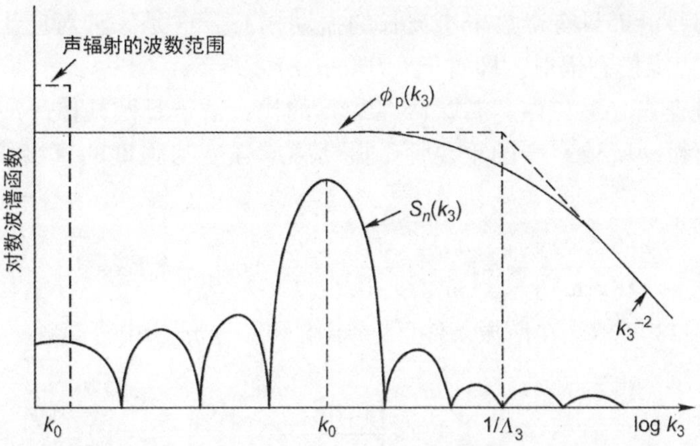

图 5-32　根据式（5.125）和式（5.128）推导所得的波谱和临界波数
（所述情况针对波数 $k_3=1/\Lambda_3$，它远小于在较小 n 值处出现的 k_n）

合的强度通过 $|S_n(k_0\cos\phi)|^2$ 来表示。与在 $k_0\cos\phi=k_n$ 的情况下进行流动激励的情况一样，在远场中，在角度 $\phi=\arccos(k_n/k_0)$ 处将出现最强烈的声音。这些角度是声波速度 $c_0/\cos\phi$ 等于圆柱体挠曲相位速度时的角度。

可以采用类似方式，而不是式（4.27a），得到仅来自力的声音强度，表示为

$$I(x,\omega)=\frac{\omega^2\cos^2\theta\sin^2\phi}{8\pi\rho_0c^3r^2}\Phi_{fh}(\omega)L\phi_p(k_3=k_0\cos\phi) \tag{5.129}$$

低波数分量在 $k_3=k_0\cos\phi$ 时发出来自反作用力和非稳态力的直接辐射。在推导式（5.129）时，假设与 L 相比，式（4.27a）中出现的小质心 γ_c 可以忽略。在 4.5 节“紧凑表面声学问题的公式”中，指数相关函数 $\exp\{-|r_3|\Lambda_3\}$ 的波数频谱为

$$\phi_p(k_3)=\frac{\Lambda_3/\pi}{(k_3\Lambda_3)^2+1} \tag{5.130}$$

因此，对于声波波长相对较长，以至 $k_0\Lambda_3\ll1$ 的情况，可以将式（3.72）与式（5.126）一起调用，以精确地恢复式（4.27a）（使用 $\gamma_c\ll L$）。因流致振动引起的强度可表示为下列公式（与 $k_0\Lambda_3\ll1$ 和 $k_0\Lambda_3=n\pi\Lambda_3/L\ll1$ 一致，使用 5.4 节中得出的关系对 $S_n(k\ll k_n)$ 低波数特性作近似分析）：

$$I(x,\omega)=\frac{\omega^2\cos^2\theta\sin^2\phi}{16\pi^2\rho_0c_0^3r^2}\left[\frac{m_a}{m_c}\right]^2\sum_{n-1}^{\infty}\Phi_{fh}(\omega)\frac{8}{(k_nL)^2}\frac{2\Lambda_3L}{|z|^2}\cos^2\left(\frac{1}{2}k_0L\cos\phi\right) \tag{5.131}$$

对于那些沿 L 具有奇数个半波长的振动模态，这是一种对应于 $k_0L>1$ 和 $k_0/k_m<1$ 的边缘模态辐射；即对于 $k_nL=n\pi, n=1,3,5,\cdots$。

通过检查式（5.131）与式（5.129）的比，对于长圆柱体（$k_0L>1$），再次可以看出振动所致声音的重要性。振动感应强度与强度的直接偶极分量之比为

$$\frac{[I(x,\omega)]_{\mathrm{VIB}}}{[I(x,\omega)]_{\mathrm{DIP}}}=\left(\frac{m_{\mathrm{a}}}{m_{\mathrm{c}}}\right)^2\frac{1}{|z|^2}\frac{8}{(k_nL)^2}\cos^2\left(\frac{1}{2}k_0L\cos\phi\right) \tag{5.132}$$

如图5-33所示，在谐振条件下，$\omega=\omega_n$ 和 $|z|=\eta_{\mathrm{T}}$ 为中等高频。

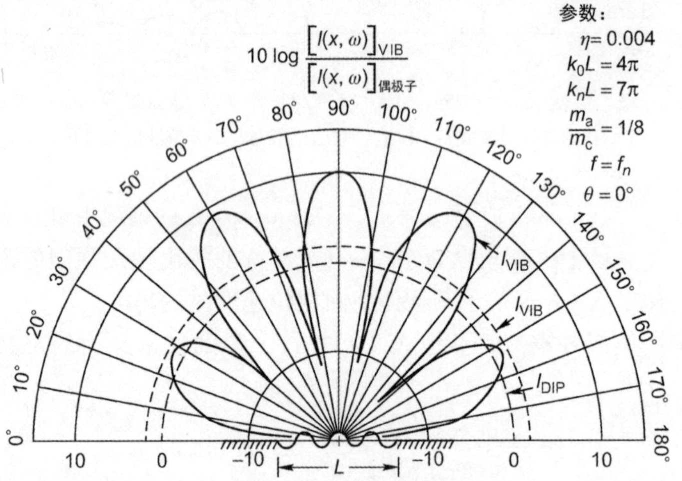

图5-33　声强指向性图

（相对于来自刚性圆柱体上相同流体力的偶极声振动圆柱体在 $f=f_s$ 激励下的声强指向性图）

叶片数量由 k_0L 的大小控制。在 $k_0L\ll\pi\left(\text{或 } L/\lambda_0\ll\dfrac{1}{2}\right)$ 的低频极限中，该平面中将有两个最大值（$\theta=0$ 平面对应于（图5-25）和（图5-26）中所示的 y_1y_2 平面）。在 $\phi=90°, 270°$ 处，$\theta=0°$，其对应圆柱体上方和下方的宽边声音辐射。辐射的任何声功率都可以通过对（r,θ,φ）表面上的式（5.131）求积分来确定，以获得在圆柱体远场距离（$r\gg L$）处的球面平均强度，即 $k_0L\gg1$

$$I(r)\approx\frac{1}{6}I_{\max}(r)$$

并且对于 $k_0L\gg1$，$\cos^2\left(\dfrac{1}{2}k_0L\cos\phi\right)$ 的特性已近似为1/2，其中 $I_{\max}(r)$ 对应出现在 $\theta=0$，π 和 $\phi=\pi/2, 3\pi/2$ 处的最大强度。振动的声功率谱 $\mathbb{P}_{\mathrm{rad}}(\omega)$ 根据

式（5.131）求出

$$\mathbb{P}_{\mathrm{rad}}(\omega)=\frac{\pi}{3}\frac{k_n{}^2}{k_0}(k_0 d)^2 \mathrm{d}^2\rho_0 c_0 c\,\frac{\Phi_{fh}(\omega)}{m_c^2\omega^2|z|^2}\frac{2\Lambda 3}{L} \tag{5.133}$$

说明如何使用 5.3 节和 5.5 节的一般关系推导声功率是很有用的。可以将式（5.34）（$m_c=m_a+m_s$）和式（5.84）直接合并为式（5.133）。单位长度的模态力代替了模态压力，可以根据式（5.125）得出，如图 5-32 所示。

$$[\Phi_f(\omega)]_n=\Phi_{fh}(\omega)\frac{2\Lambda_3}{L},\ k_n\Lambda_3<1$$

单位长度的质量 m_c 代替了式（5.34）中的单位面积质量。辐射效率通过式（5.122）求积分得出

$$\frac{\mathbb{P}_{\mathrm{rad}}(\omega)}{\rho_0 c_0(dL)\Phi_n(\omega)}=\sigma_{\mathrm{rad}}=\frac{\pi}{12}(k_0 d)^2\frac{k_0^2}{k_n}\frac{d}{L}$$

式中：$\Phi_n(\omega)$ 为圆柱体模态速度的谱密度，代替了式（5.84）中的谱 $\Phi_{mn}(\omega)$。辐射效率的表达式在功能上类似于无挡板梁的式（5.90a）。

因此，在这些替代公式中可以看出，声压和圆柱体振动需要耦合的特殊特征。流场和振动场都必须在空间上匹配；该结构从激励力中对某些波矢量分量采样。同样地，声学介质从表面运动中对所需波矢量分量采样。式（3.43）、式（5.78）、式（5.128）和式（5.129）在这方面的表达式是相同的，因此结构或流体介质在空间上对能量接受这一特征在所有流致声音和振动区域是普遍存在的。

5.8　噪声控制的原理归纳

前文的分析确定了可用于各种用途实现降噪的几个参量。结合式（5.52e）、式（5.52d）和式（5.91b），我们可以根据多个同时激发的结构模态将声功率表示为

$$\mathbb{P}_{\mathrm{rad}}(\omega,\Delta\omega)=\rho_0 c_0 A_p\overline{\sigma}_{\mathrm{rad}}\frac{\mathbb{P}_{in}}{M_s\eta_T\omega} \tag{5.134}$$

单一模态具有类似可推导的公式，如式（5.133）。尽管此关系是针对流动激励板的特定情况得出的，但这种表达式是通用的。辐射声功率取决于辐射器的面积 A_p、结构辐射效率 $\overline{\sigma}$、输入功率或结构从流中得到的功率 $\mathbb{P}_{\mathrm{in}}$、结构的质量 $M_s=\rho_p h A_p$ 和阻尼 η_T。改变这些变量中的一个或多个都可能实现噪声的控制。

5.8.1　激励源的减少

第一个减少辐射声最有效的方法是减小激励力或结构输入功率。根据式（5.95）和式（5.99），辐射声压与空间局部激振力之间成正比。对于分布更广的力场（如在结构的边界层或声激发中），式（5.17）、式（5.42）和式（5.52d）表明，通过减小输入功率，结构的均方根速度将成比例减小。通过这种方式实现的降噪当然也可以通过减小流激励力大小（式（5.37）中出现的$\hat{R}_{pp}(\boldsymbol{r},\tau)$值或式（5.40）中的$\Phi_{pn}(\omega)$值）来实现，或仅通过增加结构质量（式（5.41）、式（5.43）和式（5.52d））来实现。减小$\mathbb{P}_{in}$的替代方法涉及改变流或结构的空间耦合特性。这需要对流体力学原理有相当全面的了解，原理中提到了波数对$\Phi_p(\boldsymbol{k},\omega)$或$\hat{R}_{pp}(y_1-y_2,\tau)$的特定依赖性，如式（5.37）所示。对于飞机机身的湍流边界层激励的情况，已经研究了这些方法（请参阅第 2 卷第 3 章“阵列与结构对壁湍流和随机噪声的响应”）。在流动引起的噪声应用中，可以仅通过减小相对速度（大致减小一点处的流动引起的压力幅度）或通过最小化湍流来减小流动扰动，从而减小$\overline{p^2}$或$\Phi_{ph}(\omega)$，延缓边界层的过渡或分离，或最大限度地减少离散涡旋的产生。这些方法通常是通过车身形状或表面光洁度的很小变化来实现的。在后续章节中，将详细介绍这些措施。

5.8.2　通过改变结构降噪

任何方法都可能实现降噪，只要这些方法可以通过改变振动的空间尺度来减小式（5.40）中的功率（$S_n(\boldsymbol{k})$）或辐射效率（式（5.85））。可以通过改变结构来改变$\overline{\sigma}_{rad}$，并可能通过改变$\mathbb{P}_{in}$来改变$\overline{\sigma}_{rad}$，如在式（5.40）和式（5.85）的分量函数中所量化的。这种方法用于减小特定频率下的模态平均辐射效率$\overline{\sigma}_{rad}$可能特别有用。例如，我们检查了式（5.92）给出的平肋板的$\overline{\sigma}$。高于声学重合，$k_0>k_p$，辐射效率几乎为 1，因此无法进行任何更改。低于声音重合度$\overline{\sigma}_{rad}$通常取决于几何因子

$$\frac{L_1+L_3}{k_pA_p}=\sqrt{\frac{\pi\sqrt{3}f}{hc_l}}\frac{2(L_1+L_3)}{A_p}$$

因此，低于重合度的辐射效率与板的总周长和板的面积之比成正比。如 5.5.5 节所指出的，通过在板上加肋来增加刚度的方法会增加而不是降低噪声，因为需要增加板的总周长。将板的$\overline{\sigma}_{rad}$控制在重合度以下的另一种方法是减小波数比

$$\frac{k_0}{k_p}=2\sqrt{\frac{\pi\ \sqrt{3}fhc_l}{c_0^2}}$$

这可以通过减小板厚度和波速 c_l 在给定的频率下实现。后者可以通过减小杨氏模量 E（式（5.32）和式（5.47））或增大密度来实现。

在某些特殊情况下，可以通过更改模态函数 $S_{mn}(\boldsymbol{k})$ 来降低接受功率 $\mathbb{P}_{in}$。该函数通常在波 $k_1=k_n$ 和 $k_3=k_n$ 时达到峰值，其中在 5.4 节中定义的 k_m 和 k_n 根据结构的几何形状确定。如果激发 $\Phi_p(\boldsymbol{k},\omega)$ 的波谱在 $\boldsymbol{k}$ 和 ω 的一定限制范围内有一个峰值，那么可以改变结构的 k_m 和 k_n，以解耦式（5.40）中的 $\Phi_{pp}(\boldsymbol{k},\omega)$ 和 $S_{mn}(\boldsymbol{k})$。遗憾的是，在大多数实际情况下，结构模态密度足够大，以至即使对于 m 和 n 的一种组合，模态会与激发场解耦，对于 m 和 n 的另一种组合，这些参数也会耦合。因此，这种噪声控制方法预计只能用于专门用途。

5.8.3　阻尼与质量增大

尽管以上介绍的措施只能用于特殊用途或用途受限，但若正确采用，则增大阻尼和质量几乎总会导致噪声降低。可以使用密度更高的结构材料来增大质量。如果可以在不增大刚度或杨氏模量的情况下增大质量，那么更好，因为 k_0/k_p 以及 $\overline{\sigma}_{rad}$ 也将减小。但是，质量增大最明显的好处是可以增加结构的平均阻抗。这样可以减少振动响应（式（5.7）、式（5.42）和式（5.52d））和较少的接收功率（式（5.43）和式（5.52b））。因此，通过式（5.52b）和式（5.99），声功率与结构的单位面积质量成反比。

通过使用耗散材料来增大结构阻尼，可以降低声功率。但是，如式（5.99）和式（5.100）所示，如果辐射阻尼已经比结构阻尼大得多，那么再适度增大结构阻尼可能不会带来好处。特别是，由于 η_{rad} 取决于 $\overline{\sigma}_{rad}$，并且 $\overline{\sigma}_{rad}$ 通常由良好辐射模态的特定子组决定，因此可以想象，在一定程度上增大结构阻尼将减少不良辐射模态的响应，而不会影响良好辐射模态。因此，不应将结构阻尼在所有应用中的有效性视为理所当然。

5.8.4　辐射系数与附加质量的估算

可以提供式（5.92）的简化形式，以估算有挡板平板的辐射效率。对于其他几何结构，可以设置类似的公式，如

$$\left(\frac{k_0}{k_p}\right)^2=\frac{f}{f_c}$$

注意图 5-11 给出了声音重合频率 f_c，并且给出了厚度 h 的平板的频率

（式（5.19）、式（5.20）和式（5.32））。

$$\frac{\lambda_c}{h}=\frac{\pi}{\sqrt{3}}\frac{c_b}{\sqrt{1-v_p^2}}\approx 1.91\frac{c_b}{c_0}$$

可提供式（5.86）和式（5.92）的近似表达式，以便于计算。在频率非常低时，板就像活塞一样

$$\sigma_{00}\approx\frac{32}{\pi^3}\frac{A_p}{\lambda_c^2}\left(\frac{f}{f_c}\right)^2,\quad \frac{f}{f_c}<\beta_0 \tag{5.135}$$

其中，β_0由以下项中的较小者确定

$$\beta\approx\frac{\lambda_c^2}{2\pi\sqrt{A_p}}$$

条件 $k_0^2A_p=1$ 或

$$\beta\approx\frac{\lambda_c^2}{2A_p}\sqrt{\frac{P^2}{8A_p}-1}$$

其中，$P=2(L_1+L_3)$是板周长，是与板第一次共振（$m=0, n=0$）频率相对应的β值，根据下列公式确定：

$$k_p=\pi\sqrt{L_1^{-2}+L_3^{-2}}$$

如果板具有转角、边缘和表面模态，在较高频率下，得

$$\sigma\approx\frac{1}{\pi^2}\frac{\lambda_c^2}{A_p}\left[\frac{2}{\pi}\sqrt{\frac{f_c}{f}}+\frac{P}{\lambda_c}\sqrt{\frac{f}{f_c}}\right] \tag{5.136}$$

针对

$$\frac{f_e}{f_c}=\frac{\lambda_0}{\pi L_1}<\frac{f}{f_c}<0.5,\quad L_1>L_3$$

其中，下限f_e对应 $k_0L_1>2$，而上限对应 $k_0/k_p<0.7$。式（5.136）的两个项在下式中相等：

$$\frac{f_1}{f_c}=\frac{2}{\pi}\frac{\lambda_c}{P}$$

另外，在重合频率下，我们得到近似表示式：

$$\overline{\sigma}\approx\left(\frac{L_1}{\lambda_c}\right)^{1/2}+\left(\frac{L_3}{\lambda_c}\right)^{1/2}\approx\frac{1}{\sqrt{2}}\sqrt{\frac{P}{\lambda_c}},\quad f=f_c \tag{5.137}$$

这个表达式在 2dB 内有效。高于重合频率时，近似表达式为

$$\bar{\sigma}=\frac{1}{\sqrt{1-f_c/f}}\,,\quad \frac{f}{f_c}>1 \tag{5.138}$$

这些关系如图 5-34 所示。该图显示了临界截距。只要已知 P/λ_c、A/λ_c^2 和 L_1/λ_c 的值，就可以绘制出临界截距。除了已经定义的参数，还显示了 $4f_1$。为了仅使用第二项来计算式（5.136），选择了该频率。

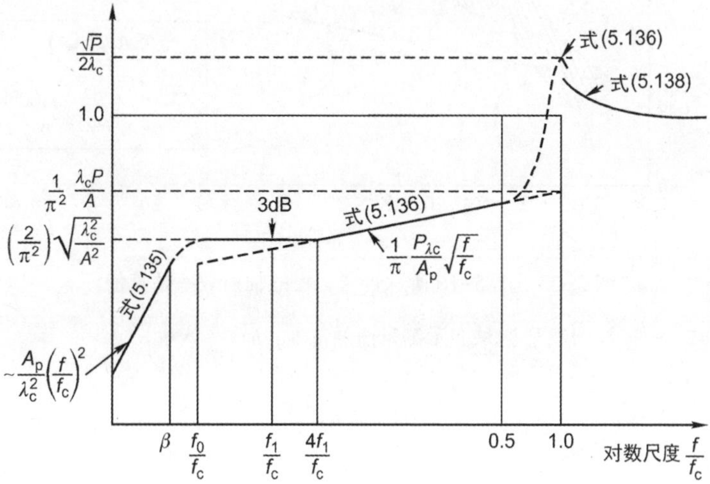

图 5-34　有挡板的平板辐射效率计算图

通常，第一项可以忽略不计。在 $f=f_1$ 附近，辐射效率几乎恒定，是第二项在 $f=f_1$ 处所得值的两倍。水平线与 f 线在 $f=4f_1$ 时相交。

在 $0.5<f/f_c<1$ 的区间里，由 Maidanik 提供的更精确的公式为

$$\sigma\approx\frac{1}{4\pi^2}\frac{P\lambda_c}{A_p}\left\{\frac{(1-\alpha^2)\ln[(1+\alpha)/(1-\alpha)]+2\alpha}{(1-\alpha^2)^{3/2}}\right\} \tag{5.139}$$

式中：$\alpha=\sqrt{f/f_c}$。在图 5-35 中，使用以上方案来为图 5-15 所示装置绘制辐射效率曲线。在此示例中，主板内的子板尺寸为 4 英寸×6 英寸。对于小于约 125Hz 的频率，子板不再单独谐振。因此，低频声音由主挡板的运动控制。在该粗略估算中，忽略了肋板在改变板质量和刚度方面的作用（图 5-36）。

根据式（5.93），水中平板在低频时质量增大。图 5-31 提供了作为 f/f_c 函数的相对附加质量。注意，当 $f/f_c\geqslant1$ 时，附加质量为零。如 5.5.6 节中所述，m_a/m_s 适用于有挡板和无挡板两种情况。对于 $f/f_c>0.5$，式（5.93）不应视为有效。

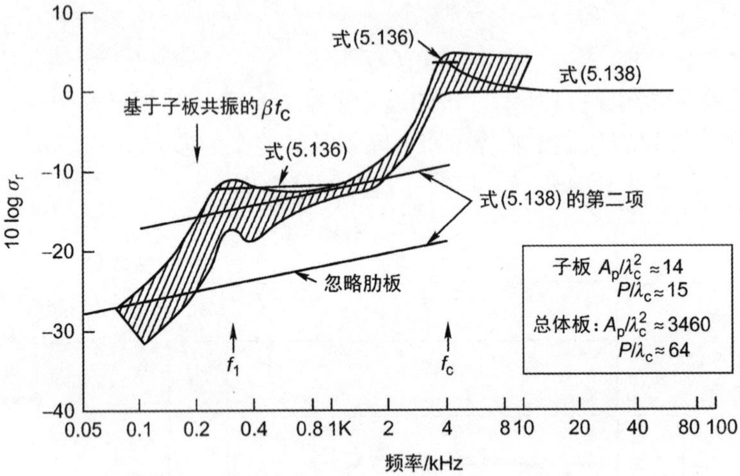

图 5-35　图 5-16 所示带肋铝板的辐射效率估算值

$\left(\text{阴影区域表示测量值的范围；}h=\dfrac{1}{8}\text{英寸}\right)$

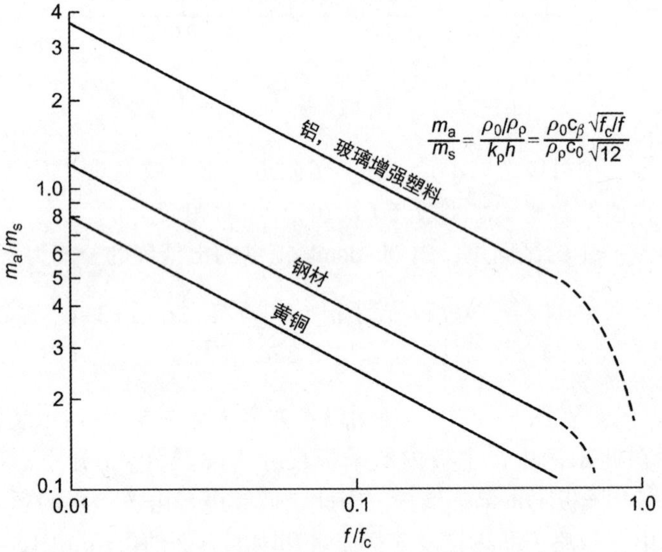

$$\frac{m_a}{m_s}=\frac{\rho_0/\rho_p}{k_p h}=\frac{\rho_0 c_\beta}{\rho_p c_0}\frac{\sqrt{f_c/f}}{\sqrt{12}}$$

图 5-36　一侧加水的平板近似附加质量

参 考 文 献

[1] Junger MC, Feit D. Sound structures and their interaction. 2nd ed. Melville, New York:

American Institute of Physics; 1986.
[2] Skelton EA, James JH. Theoretical acoustics of underwater structures. London: Imperial College Press; 1997.
[3] Fahy F, Guardonio P. Sound and structural vibration. 2nd ed. Waltham, Mass: Academic Press; 2007.
[4] Lin YK. Probabilistic theory of structural dynamics. New York: McGraw-Hill; 1967.
[5] Crandall SH, editor. Random vibration, vol. I. Cambridge, MA: MIT Press; 1958.
[6] Crandall SH, editor. Random vibration, vol. 2. Cambridge, MA: MIT Press; 1963.
[7] Cremer L, Heckl M, Ungar EE. Structure-borne sound. Berlin and New York: SpringerVerlag; 1973.
[8] Skudrzyk E. Simple and complex vibratory systems. University Park, Pa: Pennsylvania State University Press; 1968.
[9] Maidanik G. Response of ribbed panels to reverberant acoustic fields. J Acoust Soc Am 1962; 34: 809-26.
[10] Maidanik G. Erratum response of ribbed panels to reverberant acoustic fields. J Acoust Soc Am, 57. 1975. p. 1552.
[11] Lyon RH, DeJong RG. Statistical energy analysis of dynamical systems: theory and applications. 2nd ed. Butterworth-Heinemann, Waltham, Ma; 1994.
[12] Lyon RH, Maidanik G. Power flow between linearly coupled oscillators. J Acoust Soc Am 1962; 34: 623-39.
[13] Newland DE. Mechanical vibration analysis and computation. Mineola, New York: Dover Publications; 2006.
[14] den Hartog JP. Mechanical vibrations. Mineola, New York: Dover Publications; 1985.
[15] Lyon RH. What good is statistical energy analyses anyway. Shock Vib Dig 1970; 2: 1-9.
[16] Smith Jr. PW, Lyon RH. Sound and structural vibration. NASA [Contract. Rep.] CR NASA-CR-160; 1965.
[17] Fahy FJ. Statistical energy analyses—a critical review. Shock Vib Dig 1974; 6: 1-20.
[18] Maidanik G. Some elements in statistical energy analysis. J Sound Vib 1977; 52: 171-91.
[19] Lyon RH. Response of strings to random noise fields. J Acoust Soc Am 1956; 28: 391-8.
[20] Kraichnan RH. Noise transmission from boundary layer pressure fluctuations. J Acoust Soc Am 1956; 29: 65-80.
[21] Powell A. On the fatigue failure of structures due to vibrations excited by random pressure fields. J Acoust Soc Am 1958; 30: 1130-5.
[22] Dyer I. Response of plates to a decaying and convecting random pressure field. J Acoust Soc Am 1959; 31: 922-8.
[23] Maidanik G, Lyon RH. Response of strings to moving noise fields. J Acoust Soc Am 1961; 33: 1606-9.

[24] Smith PW. Response and radiation of structural modes excited by sound. J Acoust Soc Am 1962; 34: 640-7.

[25] White PH, Powell A. Transmission of random sound and vibration through a rectangular double wall. J Acoust Soc Am 1966; 40: 821-32.

[26] Lyon RH. Boundary layer noise response simulation with a sound field. Acoustical fatigue in aerospace structures. Chap. 10. Syracuse, NY: Syracuse University Press; 1965.

[27] White PH. Transduction of boundary layer noise by a rectangular panel. J Acoust Soc Am 1966; 40: 1354-62.

[28] Davies HC. Sound from turbulent-boundary-layer excited panels. J Acoust Soc Am 1971; 49: 878-89.

[29] Jameson PW. Measurement of low wave number component of turbulent boundary layer pressure spectra density. Turbul Liq 1975; 4: 192-200.

[30] Leehey P. Trends in boundary layer noise research. Aerodyn. Noise, Proc. AFOSRUTIAS Symp., Toronto 1968; 273-98.

[31] Chandiramani KL. Vibration response of fluid-loaded structures to low-speed flow-noise. J Acoust Soc Am 1977; 61: 1460-70.

[32] Timoshenko S, Woinowsky - Krieger S. Theory of plates and shells. New York: McGrawHill; 1959.

[33] Kinsler LE, Frey AR, Coppens AB, Sanders JV. Fundamentals of acoustics. Hoboken, New Jersey: Wiley; 2000.

[34] Timoshenko S. Vibration problems in engineering. 3rd ed. New York: Van Nostrand; 1955.

[35] Strawderman WA. The acoustic field in a closed space behind a rectangular simply supported plate excited by boundary layer turbulence. Rep. 827. U. S. Navy Underwater Sound Lab. Rep. 827. New London, CT; 1967.

[36] Obermeier F. On the response of elastic plates backed by enclosed cavities to turbulent flow excitations. Acoust. Vib. Lab. Rep. 70208-6. Cambridge, MA: MIT; 1971.

[37] Arnold R. Vibration of a cavity backed panel. Acoust. Vib. Lab. Rep. 70208-7. Cambridge, MA: MIT; 1971.

[38] Leissa AW. Vibration of plates. NASA [Spec. Publ.] SP NASA SP-160; 1969.

[39] Aupperle FA, Lambert RF. On the utilization of a flexible beam as a spatial filter. J Sound Vib 1972; 24: 259-67.

[40] Martin NC. Wave number filtering by mechanical structures. PhD thesis. Cambridge, MA: MIT; 1976.

[41] Copson ET. Asymptotic expansions. London and New York: Cambridge University Press; 1965.

[42] Lamb H. Hydrodynamics. New York: Dover; 1945.

[43] Borisyuk AO, Grinchenko VT. Vibration and noise generation by elastic elements excited by

a turbulent flow. J Sound Vib 1997; 204: 213-37.

[44] Maury C, Gardonio P, Elliott SJ. A wave number approach to modelling the response of a randomly excited panel, Part 1, General theory. J Sound Vib 2002; 252: 83-113.

[45] Hambric SA, Sung SH, Nefske DJ, editors. Engineering vibroacoustic analysis: methods and applications. Hoboken, New Jersey: John Wiley & Sons; 2016.

[46] Hambric, S. A., Jonson, M. L., Fahnline, J. B., Campbell, R. L. Simulating the vibro-acoustic power of fluid-loaded structures excited by randomly distributed fluctuating forces. Proc. NOVEM 2005. St Raphael, France, 18-21; 2005.

[47] Hambric SA, Hwang YF, Bonness WK. Vibrations of plates with clamped and free edges excited by low-speed turbulent boundary layer flow. J Fluids Struct 2004; 19: 93-110.

[48] Hambric SA, Boger DA, Fahnline JB, Campbell RL. Structure-and fluid-borne acoustic power sources induced by turbulent flow in 90° piping elbows. J Fluids Struct 2010; 26: 121-47.

[49] Ciappi E, DeRosa S, Franco F, Guyader J-L, Hambric SA. Flinovia—flow induced noise and vibration issues and aspects. New York: Springer; 2015.

[50] Esmialzadeh M, Lakis AA, Thomas M, Marcoullier L. Prediction of the response of a thin-structure subjected to a turbulent boundary layer induced random pressure-field. J Sound Vib 2009; 328: 109-28.

[51] Chase DM. Turbulent boundary layer pressure fluctuations and wave number filtering by non-uniform spatial averaging. J Acoust Soc Am 1969; 46: 1350-65.

[52] Hwang YF, Maidanik G. A wavenumber analysis of the coupling of a structural mode and flow turbulence. J Sound Vib 1990; 142: 135-52.

[53] Jones DS. Generalized functions. New York: McGraw-Hill; 1966.

[54] Blake WK, Maga LJ. On the flow-excited vibrations of cantilever struts in water. I. Flowinduced damping and vibration. J Acoust Soc Am 1975; 57: 610-25.

[55] Blake WK, Maga LJ. On the flow-excited vibrations of cantilever struts in water. II. Surface pressure fluctuations and analytical predictions. J Acoust Soc Am 1975; 57: 1448-64.

[56] Davies HG. Low frequency random excitation of water-loaded rectangular plates. J Sound Vib 1971; 15: 107-26.

[57] Davies HG. Excitation of fluid-loaded rectangular plates and membranes by turbulent boundary layer flow. Winter Annu Meet Am Soc Mech Eng Pap 70-WA/DE-15; 1970.

[58] Davies HG. Acoustic radiation by fluid loaded rectangular plates. Acoust. Vib. Lab. Rep. 71467-1. Cambridge, MA: MIT; 1969.

[59] Wallace CE. Radiation resistance of a baffled beam. J Acoust Soc Am 1972; 51: 936-45.

[60] Wallace CE. Radiation resistance of a rectangular panel. J Acoust Soc Am 1972; 51: 946-52.

[61] Blake WK. The acoustic radiation from unbaffled strips with application to a class of radiating panels. J Sound Vib 1975; 39: 77-103.

[62] Blake WK. The radiation of free-free beams in air and water. J Sound Vib 1974; 33: 427-50.

[63] Manning JE, Maidanik G. Radiation properties of cylindrical shells. J Acoust Soc Am 1964; 36: 1691-8.

[64] Chertock G. Sound radiation from prolate spheroids. J Acoust Soc Am 1961; 33: 871-80.

[65] Chertock G. Sound radiation from vibrating surfaces. J Acoust Soc Am 1964; 36: 1305-13.

[66] Maidanik G, Kerwin EM. The influence of fluid loading in the radiation from infinite plates below the critical frequency. BBN Rep. 1320. Cambridge, MA: Bolt Beranek and Newman; 1965.

[67] Maidanik G. The influence of fluid loading on the radiation from orthotropic plates. J Sound Vib 1966; 3: 288-99.

[68] Feit D. Pressure radiation by a point-excited elastic plate. J Acoust Soc Am 1966; 40: 1489-94.

[69] Jones GW. Unsteady lift forces generated by vortex shedding about large stationary, and oscillating cylinders at high Reynolds number. ASME Symp Unsteady Flow, Pap. 68-FE-36; 1968.

[70] Bishop RED, Hassan AY. The lift and drag forces on a circular cylinder in a flowing fluid. Proc R Soc London Ser A 1964; 277: 32-50.

[71] Bishop RED, Hassan AY. The lift and drag forces on a circular cylinder in a flowing fluid. Proc R Soc London Ser A 1964; 277: 51-75.

[72] Vickery BJ, Watkins RD. Flow induced vibrations of cylindrical structures. Proc Australasian Conf Hydraulics Fluid Mech 1st 1964; 213-41.

[73] Hartlen RT, Baines WD, Currie IG. Vortex excited oscillating of a circular cylinder. Rep. UTME-TP 6809. Toronto: University of Toronto; 1968.

[74] Lu QS, To CWS, Jin ZS. Weak and strong interactions in vortex-induced resonant vibrations of cylindrical structures. J Sound Vib 1996; 190: 791-820.

[75] Blevins RD, Burton TE. Fluid forces induced by vortex shedding. J Fluids Eng 1976; 98: 19-26.

[76] Burton TE, Blevins RD. Vortex shedding noise from oscillating cylinders. J Acoust Soc Am 1976; 60: 599-606.

[77] Toebs GH. The unsteady flow and wake near an oscillating cylinder. J Basic Eng 1969; 91: 493-505.

[78] Griffin OM, Ramberg SE. The effects of vortex coherence, spacing, and circulation on the flow-induced forces on vibrating cables and bluff structures. N. R. L. Rep. No. 7945; 1976.

[79] Skop RA, Griffin OM. A model for the vortex excited resonant response of bluff cylin-ders. J Sound Vib 1973; 27: 225-33.

[80] Hartlen RT, Currie IG. Lift-oscillator model of vortex induced vibration. J Eng Mech Div

Am Soc Civ Eng 1970; 96, No. EM5: 577-91.

[81] Skop RA, Griffin OM. On a theory for the vortex-excited oscillations of flexible cylindrical structures. J Sound Vib 1975; 41: 263-74.

[82] Griffin OM, Skop RA, Ramberg SE. The resonant, vortex-excited vibrations of structures and cable systems. Proc Annu Offshore Technol Conf II, Pap. No. OTC 2319, 1975; 734-44.

[83] Griffin OM, Skop RA, Koopman GA. The vortex-excited resonant vibrations of circular cylinders. J Sound Vib 1973; 31: 235-49.

进一步阅读

Ross D. Mechanics of under water noise. Oxford: Pergamon: 1976.

第 6 章　气泡动力学与空化

根据水声学，声音传播可能受到液体中悬浮气泡的动力影响，当液体流经物体时，可能产生空化现象。了解气泡流体中的声传播和空化现象前，首先要了解气泡动力学；因此，本章考察的内容有气泡动力学、小振幅压力对充气气泡的线性振荡、气泡混合物中的声传播、非线性大振幅气泡运动的起始、内爆。本章中的非线性气泡动力学的主题，引出了下一章介绍水动力空化的产生和噪声。因此，我们重点关注气泡在水中的基本行为，并解释 Raleigh Plesset 理论在估计气泡运动和非线性增长临界压力方面的各种应用。此外，本章还将介绍如何使用气泡群声学的相关线性模型，进而描述充水水动力实验环境中的波频散特性。希望深入探讨气泡动力学和空化、理论和工程的读者可参考 Knapp 等[1]、Brennan[2]、Brennan[3]、Leighton[4]、Carlton[5] 的文章，以及 Plesset 和 Prosperetti[6]、Feng 和 Leal[7]、Arndt[8-9]、Blake、Gibson[10]、Prosperetti[11]的广泛回顾。

6.1　气泡动力学的基本方程

本节中，我们考虑了维持小振幅气泡变化的必要条件、准静态气泡平衡、导致空化的非线性气泡运动的必要条件，以及气泡气体和液体压缩性对空泡溃灭的影响。

6.1.1　线性气泡运动

液体中气泡对外加压力波动的动态响应被认为具有不同程度的复杂性。首先最简单的分析是 Rayleigh[12] 做的，后来 Plesset[13]、Neppiras 和 Noltingk[14-15]、Plesset 和 Prosperetti[6]、Commander 和 Prosperetti [16]、Prosperetti [11] 做了阐述，他们认为气泡周围的液体基本上是不可压缩的，除非是为气泡振荡提供声辐射阻尼。

Rayleigh 分析到，气泡内的介质是液体蒸汽，因此气泡内部压力是恒定的。Plesset[13]、Neppiras 和 Noltingk[14-15]通过内压以及由 Houghton[17]引入的蒸汽压、不溶性气体压力以及表面张力和黏度来确定气泡壁上的压力平衡。在相关的工作中，Blue[18]计算了附壁气泡的共振频率，Howkins[19]测量了附壁气泡的共振频率，Shima[20]探讨了水中存在很小的液相压缩性的影响，Strasberg[21]通过摄影探讨了非球形气泡的共振。

Lauterborn 和 Bolle[22]以及 Lauterborn 和 Ohl[23]观察到壁面附近的溃灭，Chang 和 Ceccio[24]观察到旋涡中气泡的生长和溃灭，将声级与气泡生产到溃灭的各个阶段相关联。参考文献［24］展示的最新例子表明，声音是由音量控制的，而气泡的形变几乎不会影响声音，因为声音的波长比气泡半径大。因此，气泡形变代表了高阶声学多极，其气泡形变产生的声音，被气泡的基本体积单极所淹没。

图 6-1 显示了相关的几何结构，我们依照前面参考文献中各种理论发展的要点，推导出著名的 Rayleigh-Plesset 方程。

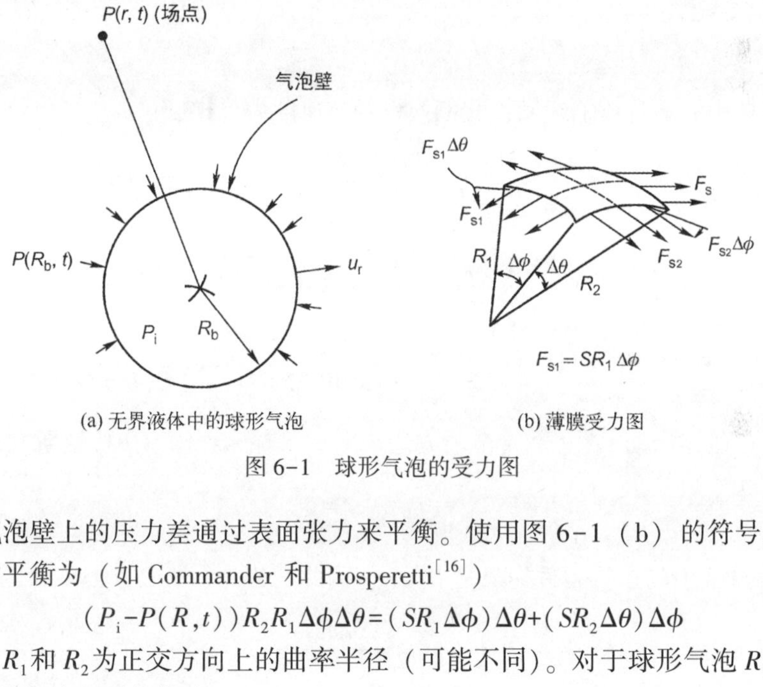

图 6-1　球形气泡的受力图

气泡壁上的压力差通过表面张力来平衡。使用图 6-1（b）的符号，这种瞬时力平衡为（如 Commander 和 Prosperetti[16]）

$$(P_i-P(R,t))R_2R_1\Delta\phi\Delta\theta=(SR_1\Delta\phi)\Delta\theta+(SR_2\Delta\theta)\Delta\phi$$

式中：R_1和R_2为正交方向上的曲率半径（可能不同）。对于球形气泡$R_1=R_2=R$，力平衡的必要条件为

$$P_i-P(R,t)=2S/R+4\mu_0\dot{R}/R \tag{6.1}$$

在一般情况下，气泡中的内压是蒸汽压P_v的分压和溶解在液体中的气体P_g的总平衡分压之和。因此

$$P_i=P_g+P_v$$

在气泡运动过程中，气体被压缩或膨胀，使得分压随气泡半径而变化。通

常，为了简化封闭气体的热力学性质，从而提供一个简单的状态方程，假设理想气体定律。压力与体积的关系由简单的关系式给出：

$$P_g = P_{g0} \times (V_0/V)^{\gamma}$$

$$P_g = P_{g0} \times (R_0/RV)^{3\gamma}$$

其中，下标为零的变量应用于初始状态。对于绝热运动（气体与液体之间没有传热），γ 是恒压比热与定容比热之比（双原子气体为 $\gamma \approx 1.4$），对于等温收缩 $\gamma = 1$。Plesset 和 Hsieh[25] 随后分析了气泡的周期性受迫线性振荡，发现振荡频率小于共振频率时运动是等温的，振荡频率高于共振频率时运动是绝热的。

气泡壁的平衡压力为

$$P(R,t) = P_v + P_{g0} \times (R_0/R)^{3\gamma} - 2S/R - 4\mu_0 \dot{R}/R \tag{6.2}$$

液体中的球对称运动取决于式（2.2）

$$\rho_0 \frac{\partial_{u_r}}{\partial t} + \rho_{0u_r} \frac{\partial_{u_r}}{\partial r} = -\frac{\partial p}{\partial r}$$

对于液体中的不可压缩运动，我们假设径向速度为势梯度

$$u_r = \nabla_r \phi$$

因此

$$\nabla_r \left[\frac{\partial \phi}{\partial t} + \frac{1}{2} (\nabla \phi)^2 \right] = -\frac{1}{\rho_0} \nabla_r p$$

然后从 $r=R$ 沿流管集成到远点 $r(r>R)$

$$\frac{\partial [\phi(r) - \phi(R)]}{\partial t} + \frac{1}{2} ([\nabla_r \phi(r)]^2) - [\nabla_r \phi(R)^2] = \frac{1}{\rho_0} [P(R,t) - P(r,t)]$$

对于不可压缩运动，2.1.3.1 节的方法给出了球对称势作为拉普拉斯方程的解

$$\frac{\partial}{\partial r} \left(r^2 \frac{\partial \phi}{\partial r} \right) = 0$$

在 $r=R$ 球面上的边界条件约束是 $U_r = \dot{R}$。因此，势为

$$\phi(r) = -\frac{\dot{R}R^2}{r}$$

所以气泡壁速度的方程为

$$\ddot{R}R + \frac{3}{2} (\dot{R})^2 = \frac{P(R,t) - P(r,t)}{\rho_0} \tag{6.3}$$

其中，r 已选定，使得 $r \gg R$，$P(r,t)$ 是气泡趋于无穷大的环境压力。因为壁面上的压力平衡式（6.2）可以用于 R 的任何值，式（6.2）和式（6.3）可以合并。压力 $P(r,t)$ 可以被视为时变的流体动力驱动压力。

式（6.3）是气泡附近不可压缩液体运动的基本方程，精确到$\dot{R}/c_0$一个数量级，其中 c_0是液体中的声速。当局部动水压力 $P(r,t)$降低时，气泡壁向外加速。对于小的振荡，$\dot{R}$中的二次项很小，但对于 $P(r,t)$的临界小值，这个始终为正的项，将控制线性加速项和气泡的增长。式（6.3）的几种有用替代形式可以用来描述气泡动力学，如 Keller 和 Miksis[26]、Prosperetti 和 Lezzi[27]、Commander 和 Prosperetti[16]。然而，根据前文的推导，我们提出了气泡体积的振荡，它是以附加在静态平衡压力上的外加扰动压力表示的。气泡体积的反应式为

$$\dot{R}R^2=\frac{\dot{V}}{4\pi}$$

式中：$\dot{V}$为气泡进入式（6.3）的体积速度，其给出替代关系公式

$$\frac{\rho_0}{4\pi R}\ddot{V}-\frac{\rho_0}{2}\left(\frac{\dot{V}}{4\pi R^2}\right)^2=P(R)-P(r,t) \tag{6.4}$$

在驱动压力 $P(r,t)$的影响下，瞬时体积将围绕其平衡值 V_0振荡，驱动压力 $P(r,t)$围绕决定气泡平衡状态的静态值振荡。因此，设该静压为 P_0得

$$P(r,t)=P_0+p(r,t) \tag{6.5}$$

我们用式（6.2）代替气泡壁液体侧的压力，并注意到平衡半径为 R_0的气泡中，根据式（6.2）气体的平衡压力为

$$P_{g0}=P_0+2S/R_0-P_v \tag{6.6}$$

静态条件为$\dot{R}=0$ 和 $R=R_0$，静态环境压力为 $P_0(R_0)=P_0$。

因此，我们通过替换找到

$$\begin{aligned}&\frac{\rho_0}{4\pi R}\ddot{V}-\frac{\rho_0}{2}\left(\frac{\dot{V}}{4\pi R^2}\right)^2+[-P_{g0}]\times\left(\frac{V_0}{V}\right)^r-\left(P_v-\frac{2S}{R}-\frac{4\mu_0\dot{R}}{R}-P_0\right)\\&=P_0-P(r,t)\\&=-p(r,t)\end{aligned} \tag{6.7}$$

这是式（6.3）和式（6.4）的另一种形式。对于小振荡，我们使用泰勒级数的第一项

$$P_{g0}(R)\left(\frac{V_0}{V}\right)^r-P_{g0}(R)\approx-\frac{r}{V_0}P_{g0}(R)(V-V_0) \tag{6.8}$$

假设气泡足够大，可以忽略表面张力贡献的变化。式（6.3）现在简化为 Strasberg[28]推导出的线性化形式

$$\frac{\rho_0}{4\pi R_0}\ddot{V}+\frac{\mu}{\pi R^3}\dot{V}+\frac{\gamma P_{g0}}{V_0}(V-V_0)=-p(r,t) \tag{6.9}$$

这个方程描述了一个简单的谐波振荡，我们将在下面讨论。

为了确定气泡的共振频率，假设在频率 ω_0 处自由简谐运动，这样体积波动由下式得出

$$V-V_0=v\mathrm{e}^{-\mathrm{i}\omega_0 t}$$

自由运动的频率（忽略阻尼项）满足

$$-\omega_0^2\left(\frac{\rho_0}{4\pi R_0}\right)+\left(\frac{\gamma P_{g0}}{V_0}\right)=0 \tag{6.10}$$

利用式（6.6），平衡气压可以由平衡静压和表面张力的分量代替，这样共振频率为

$$(\omega_0 R_0)^2=(3\gamma/\rho_{0^2})(P_0+2S/R_0-P_v) \tag{6.11}$$

满足大气压下，有足够大的气泡和 $\gamma=1.4$ 绝热（等熵）谐波气泡运动，可由式（6.11）得出

$$f_0 R_0=330(\mathrm{cm/s}) \tag{6.12}$$

这一结果最初由 Minnaert[29] 得出；现在，该结果几乎体现在所有随后的线性球形气泡运动分析中。非球形气泡的基本呼吸模式的共振频率也严格遵循式（6.11），如 Strasberg [21] 所示。在式（6.9）中，乘以体积加速度的项表示相邻液体的附加质量，因此第一项是惯性控制运动。第二项表示气泡运动的阻尼。第三项表示气泡内气体的可压缩性，它决定了频率远小于共振频率的压力振荡的运动。在共振时，气泡的运动由耗散控制，通过在式（6.9）中引入一个特殊的损耗因子，可以将耗散包括在更一般的情况下，称为 η_T，这样线性的单自由度振荡由如下公式得出。

$$\left(\frac{\rho_0}{4\pi R_0}\right)[\ddot{v}+\eta_T\omega_0\dot{v}+\omega_0^2 v]=-P(r,t) \tag{6.13}$$

式中：$v=V-V_0$ 为体积波动。Devin[30] 推导出了该方程，Strasberg[28] 使用该方程描述了气泡形成的瞬态过程，Whitfield 和 Howe[31] 使用该方程描述了气泡在喷管压力场中的运动，其他关注气泡温区声衰减的专家也使用该方程，如参考文献［16］和第 3 章。在高频（10kHz 或更高）下气泡的阻尼受到了广泛的关注；Flynn[32] 对这项工作进行了广泛回顾。

总损失系数 η_T 是作用的总和，即

$$\eta_T=\eta_{rad}+\eta_{th}+\eta_{vis}$$

式中：η_{rad} 为辐射损耗因子；η_{th} 为热损耗因子；η_{vis} 为黏性损耗因子。这些参数在上面引用的参考文献中以各种形式推导得出。其中，最全面的两个来自 Commander Prosperetti [16] 和 Prosperetti[33]。图 6-2 显示了一些测量的损耗因

子，以及单独的阻尼作用。决定总阻尼的辐射、热损失和黏性损失总结如下。

热损失系数为[16,33]

$$\eta_{\mathrm{th}}=\frac{P_0}{\rho_0(\omega R_0)^2}\mathrm{Im}\mathcal{F}\left(\frac{i}{D}\right)$$

其中

$$\mathcal{F}\left(\frac{i}{D}\right)=\frac{3\gamma\zeta^2}{\zeta[\zeta+3(\gamma-1)A_-]-3\mathrm{i}(\gamma-1)(\zeta A_+-2)}$$

$$A_\pm=\frac{\sinh\zeta\pm\sin\zeta}{\cos\zeta-\cosh\zeta}$$

$$\zeta=\sqrt{2/D}=R_0\sqrt{\left(\frac{2\omega}{\chi}\right)}$$

$$\chi=\frac{K_{\mathrm{g}}}{\rho_{\mathrm{g0}}C_{\mathrm{p}}}$$

式中：K_{g}为气体的导热系数（5.6×10^{-5} cal/(cm·s·℃)）；$C_{P_{\mathrm{g}}}$为气体恒压下的比热容（≈0.24 cal/(g·℃)）；$\gamma=1.4$ 为绝热常数。

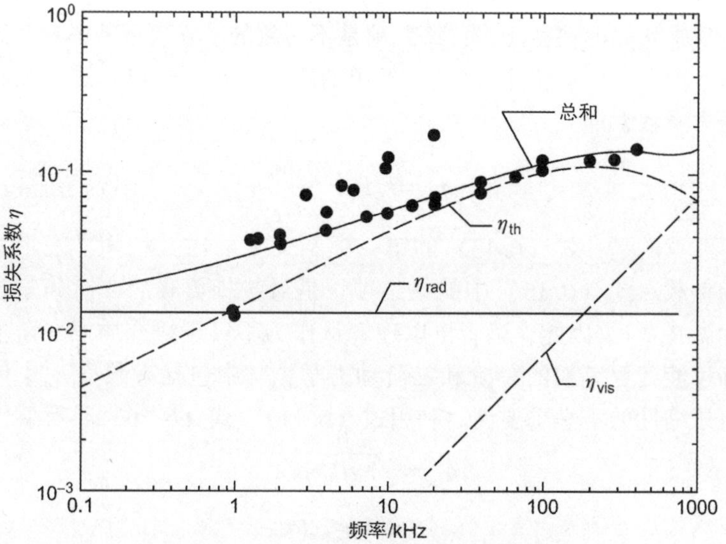

图 6-2　1atm 时水中气泡的损失系数

（内容选自 Devin C.. Survey of thermal, radiation, and viscous damping of pulsating air bubbles in water. J Acoust Soc Am 1959；31：1654-67; points represent measurements from various sources.）

Prosperetti[33] 提供渐近线

$$\mathrm{Im}\mathcal{F}\left(\frac{i}{D}\right)=\frac{\gamma-1}{10\gamma}\zeta^2,\quad \zeta<4$$

$$\mathrm{Im}\mathcal{F}\left(\frac{i}{D}\right)=9\gamma\,\frac{\gamma-1}{\zeta}1-2/\zeta+O[\zeta^{-3}],\zeta>10$$

在这两个渐近极值之间，对于 $4<\zeta<10$，有一个平滑的过渡。当 D 较大时（即低频时），Prospertti[34-35] 发现

$$\eta_{\mathrm{th}}=\left(\frac{\gamma-1}{\gamma}\right)\frac{P_0\rho_{\mathrm{g0}}C_p}{5\omega K_{\mathrm{g}}\rho_0}$$

在大气压下，Devin 发现

$$\eta_{\mathrm{th}}\approx 4.4\times10^{-4}(\omega_0/2\pi)^{1/2} \tag{6.14}$$

Qin[36] 等证明了破裂非线性气泡破裂后回弹的计算值对阻尼的依赖性，发现热阻尼对回弹量的控制最大。

辐射损耗因子可以通过展开式（2.21）和式（2.23）求得，以找到小 k_0R 气泡表面的压力：

$$P(R_0,t)\approx\frac{-\mathrm{i}\omega\rho_0\dot{v}}{4\pi R_0}(1-\mathrm{i}k_0R_0)\,\mathrm{e}^{\mathrm{i}\omega t} \tag{6.15}$$

第一项是熟知的惯性压力；第二项是不一致的，它表示液体对气泡壁运动的声阻力。现在，可以将式（6.3）给出的压力与式（6.13）进行比较，以揭示辐射损失系数，即

$$\eta_{\mathrm{rad}}=k_0R_0=\frac{\omega_0R_0}{c_0} \tag{6.16}$$

值得注意的是，式（6.13）的第一项和式（6.15）相同，表示气泡上的惯性液相负载。式（6.15）中的第二项，是对液相负载的二阶声学校正，其有效值为 $k_0R_0\ll1$。因此，读者可以理解从作为不可压缩介质的一阶液相动力学，逐渐过渡到更完整的一阶和二阶动力学，其中包括有限 k_0R_0 中体现的少量液体可压缩性的声学重要性。利用式（6.11），式（6.16）具有替代形式

$$\eta_{\mathrm{rad}}=\sqrt{3\gamma P_0/\rho_0c_0^2} \tag{6.17}$$

$$=\sqrt{3\rho_{\mathrm{g}}c_{\mathrm{g}}^2/\rho_0c_0^2} \tag{6.18}$$

如图 6-2 所示，替代形式表明辐射损耗因子与频率无关。用理想气体定律计算绝热体积变化的 $p_{\mathrm{g}}\sim p_{\mathrm{g}}^{\gamma}$（常数），得到 $\mathrm{d}P/\mathrm{d}\rho=C_{\mathrm{g}}^2=\gamma P_0/\rho_{\mathrm{g}}$。其中，环境流体的反应性负载可以影响共振频率，许多作者如 Brennan[2] 或 Prosperetti[11] 都推导出了该共振频率。

$$(w_0R_0)^2=(3\gamma/\rho_{0^2})(P_0+2S/R_0-P_v-2S/(\rho_0R_0) \tag{6.19}$$

线性气泡运动的频谱可由式（6.13）通过傅里叶变换确定，如第 5 章“流致噪声与振动的基本原理”

$$\frac{\rho_0V(\omega)}{4\pi R_0}(\omega_0^2-\omega^2-\mathrm{i}\eta_T\omega\omega_0)=-p(r,\omega)$$

式中：$V(\omega)$为容积脉搏的傅里叶变换。容积波动的频谱密度可以用过压的频谱密度来表示

$$\Phi_{vv}(\omega)=\left(\frac{4\pi R_0}{\rho_0}\right)^2\frac{\Phi_{pp}(r,\omega)}{|\omega_0^2-\omega^2-\mathrm{i}\eta_T\omega\omega_0|^2} \tag{6.20}$$

因此，低振幅激励压力下的线性化气泡响应，类似于单自由度简谐振荡器。

6.1.2　气泡流体中的声传播

线性气泡运动理论可以描述气泡混合物中声波的稳态传播和吸收。气泡增加了两相流体的压缩性和吸声性。我们将采用一种简化的混合理论来描述上述性质。因此，我们假设气泡的尺寸远小于声波波长，且不相互作用，此外气泡均匀地分散在整个液相中。气体浓度（以气体体积/液体体积计）将被指定为β，因此混合物的密度为

$$\rho_m=\rho_g\beta+\rho_0(1-\beta) \tag{6.21}$$

式中：ρ_g为气相密度；ρ_0为液相密度。由于对于空气和水的混合物，$\rho_l/\rho_g\approx$ 800（在标准温度和压力下），混合物的密度几乎同等于ρ_0。

在角频率ω下，混合物中的声速与通过复波速c_m的复波数k_m相关，即

$$k_m=\omega/c_m=(k_m)_r+\mathrm{i}(k_m)_i \tag{6.22}$$

声压的传播特性为

$$\begin{aligned}p&=p_0\mathrm{e}^{\mathrm{i}(k_mr-\omega t)}\\&=p_0\mathrm{e}^{\mathrm{i}((k_m)_rr-\omega t)}\mathrm{e}-(k_m)_ir\end{aligned} \tag{6.23}$$

式中：r为混合物内部某个原点的距离；k_{mi}为引起声压衰减。为了确定混合物中的波速，我们计算了液气混合物的合成压缩系数。为此，请注意，由压力扰动δp引起的混合物区域的总体积减少量δV，是液相和气相的单个压缩量的总和，分别为δV_l和δV_g，相应地

$$\delta V=\delta V_l+\delta V_g \tag{6.24}$$

这种混合物的大小只需包括气泡的均匀分布。相反，δV_g是总气体压缩量，对于混合物中的第i个组分气泡，可使用式（6.13）记下，则

$$(\delta V_g)_i=\frac{(\delta P)4\pi R_i/\rho_0}{\omega^2+\mathrm{i}\eta_T\omega\omega_0-\omega_0^2}$$

式中：ω_0为半径为R_i气泡的共振频率，因此分数体积变化是整个气泡半径分布的积分，则

$$\frac{\delta V_g}{V}=\frac{-1\delta P}{\rho_0\omega^2}\int_0^\infty\frac{4\pi R n(R)\mathrm{d}R}{(\omega_0/\omega)^2-1-\mathrm{i}\eta_T(\omega_0/\omega)} \tag{6.25}$$

被积函数包含半径$n(R)$的分布，其形式为半径增量范围内每单位体积液体中半径为R的气泡数。以气泡形式悬浮在液体中（未溶解）的气体的总体积浓度为

$$\beta=\int_0^\infty\frac{4\pi}{3}R^3 n(R)\mathrm{d}R=\int_0^\infty\frac{\mathrm{d}\beta}{\mathrm{d}R}\mathrm{d}R \tag{6.26}$$

混合物的压缩性由如下公式得出

$$\frac{\delta V}{V}=\frac{-\delta P}{\rho_m c_m^2} \tag{6.27}$$

从式（6.24），有

$$\frac{\delta V}{V}=\frac{-\delta P}{\rho_0 c_0^2}+\frac{\delta V_g}{V}$$

式中：$1/\rho_m c_m^2$为混合物的“压缩性”；c_m为混合物中的声速。通过式（6.24）~式（6.27）的组合可以得出

$$k_m^2=\left(\frac{\rho_m}{\rho_0}\right)\left\{k_0^2+\int_0^\infty\frac{4\pi R n(R)\mathrm{d}R}{(\omega_0^2/\omega^2)-1-\mathrm{i}\eta_T(\omega_0/\omega)}\right\} \tag{6.28}$$

作为混合物中的复声波数。利用气泡大小分布的知识，利用现代的数学软件包，可以很容易计算该方程。在缺少$n(R)$模型的情况下，可以求得如下所示的几种近似关系。

这一关系已被推导出来，并与 Cartensen 和 Foldy[37]（Foldy 还推导了气泡屏的反射和透射系数）、Meyer 和 Skudrzyk[38]、Hsieh 和 Plesset[39]的测量结果进行了比较，他们表明，对于实际感兴趣的β值，c_m是一个等温声速。还有 Commander 和 Prosperetti [16]展示了许多与测量的额外比较。式（6.28）的附加实验验证可在 Fox 等[40]中找到，通过气泡屏和 Silberman 的声学传输测量[41]通过波管的声学传输。这些测量结果通常很难用理论解释，因为气泡筛的厚度、气泡尺寸分布和气泡阻尼等存在不确定性，正如 Cartensen 和 Foldy[37]的早期测量结果证明的那样。Commander 和 Prosperetti[16]提供了一系列与许多数据源的比较，发现与共振响应频率或气泡体积浓度超过约 2%的测量结果基本一致。图 6-3 来自 Fox 等[40]的测量程序。程序显示了气泡云场中的相速度和衰减测量，该场在半径为 0.06~0.24mm 窄分布，平均值为 0.12mm。距离r上的传输损耗（Transmission Loss，TL）由距离x和$x+r$处的压力比确定，使用

式（6.23），即

$$\begin{aligned} \mathrm{TL} &= 20\log|p(x+r)|/|p(x)| \\ &= 8.69(k_{\mathrm{m}})_i r \end{aligned} \tag{6.29}$$

图 6-3 中的线表示从式（6.28）得出的气泡尺寸窄分布和气泡半径大分布的替代理论估计值。我们将在下面推导这些关系。对于窄半径分布，使得半径 ΔR 的范围满足 $\Delta R/R<\eta_{\mathrm{T}}$，式（6.28）变为

$$\frac{\rho_0}{\rho_{\mathrm{m}}}k_{\mathrm{m}}^2 = k_0^2\left[1+\frac{c_0^2\rho_0}{c_{\mathrm{g}}^2\rho_{\mathrm{g}}}\beta\frac{(\omega_0/\omega)^2}{(\omega_0/\omega)^2-1-\mathrm{i}n_{\mathrm{T}}(\omega_0/\omega)}\right] \tag{6.30}$$

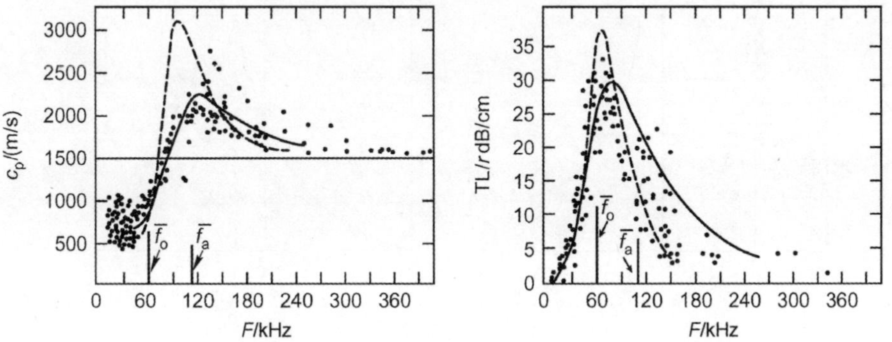

(a) 相速度　　(b) 吸收

图 6-3　气泡液体中的相速度和吸收

（在直径为 0.06~0.25mm（$\bar{R}\approx 0.12$mm，$\sigma_R/\bar{R}\approx\frac{1}{3}$）的气泡液体中的相速度和吸收。点是测量的结果；由式（6.33）计算得出的实测分布线，用实线表示；而窄分布用虚线表示。两种分布 $R=0.11$mm，$n=0.5$，$\beta=2\times10^{-4}\ \mathrm{cm}^3/\mathrm{cm}^3$。摘自 Fox FE，Curley SR，Larson GS. Phase velocity and absorption measurements in water containing air bubbles. J Acoust Soc Am 1955；27：534-9.）

或

$$\frac{\rho_0}{\rho_{\mathrm{m}}}\frac{c_0^2}{c_{\mathrm{m}}^2} = \left[1+\frac{c_0^2\rho_0}{c_{\mathrm{g}}^2\rho_{\mathrm{g}}}\beta\frac{(\omega_0/\omega)^2}{(\omega_0/\omega)^2-1-\mathrm{i}n_{\mathrm{T}}(\omega_0/\omega)}\right] \tag{6.31}$$

其中，我们用 $\gamma P_0=\rho_{\mathrm{g0}}c_{\mathrm{g}}^2$ 代替了气泡静压。这种替换遵循气相声速的定义式（2.5），也遵循由式（6.11）给出的 ωR_0 和 $\gamma P_0/\rho_0$ 之间的等价性，并继续假设表面张力的影响可忽略不计。对于这种分布，所有气泡在频率 ω_0 处都是共振的，因此所有气泡都均衡地参与了介质动力学运动。这种情况如图 6-4（a）所示。我们可以看到，气泡半径范围较窄的假设与数据并不匹配。

然而，当气泡半径扩展到一个很宽的范围 ΔR 时，可以推导出替代关系式，这样在任何激发频率下，都会有大量的振动气泡，其中 $\bar{R}$ 只有一些运动是

共振的，而其他运动是刚度或质量控制的。如果我们让气泡的大小分布在平均半径$\overline{R}$上，并且相应的共振频率为$\overline{\omega}_0$，我们可以将气泡的分布表示为微分半径的函数

$$n(R)=n(R-\overline{R})$$

在式（6.28）中，R 上的积分包括可变谐振频率，该频率是通过半径的函数

$$\omega_0 R=\sqrt{3\rho_g c^2/\rho_0}\equiv c$$

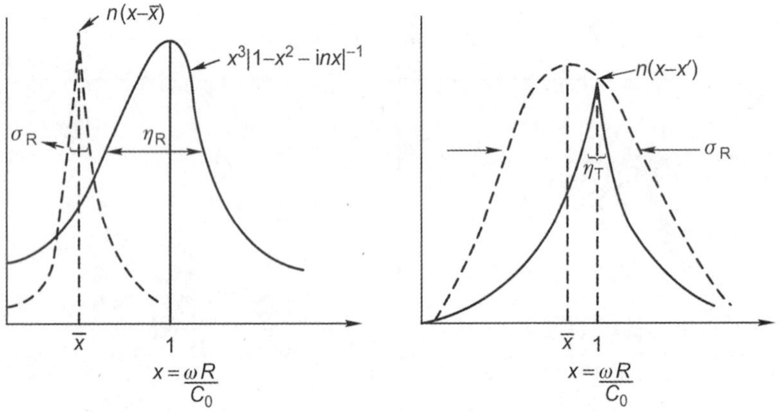

(a) 气泡的窄分布见式(6.30) $\sigma_R/R<\eta_T$　　(b) 气泡的广泛布分布式，式(6.33)和式(6.34) $\sigma_R/R<\eta_T$

图 6-4　气泡分布与导纳函数关系中两个极端的图示

为了方便起见，我们将固定频率 ω 和等效速度 c 上的半径归一化，以便写为（用 $x=\omega R/c$ 和$\bar{x}=\omega\overline{R}/c=\omega/\overline{\omega}_0$）

$$n(R)=n\left(\frac{\omega R}{c}-\frac{\omega\overline{R}}{c}\right)\frac{\omega}{c}=n(x-\bar{x})\frac{\omega}{c}$$

因此

$$n(R)\mathrm{d}R=n(x-\bar{x})\mathrm{d}x$$

式（6.28）相应变为

$$\frac{\rho_0}{\rho_m}\frac{k_m^2}{k_0^2}=1+\left\{\frac{\rho_0 c_0^2}{\rho_g c_g^2}\frac{4}{3}\pi\overline{R}^3\left(\frac{\overline{\omega}_0}{\omega}\right)^3\int_0^\infty\frac{x^3 n(x-\bar{x})\mathrm{d}x}{(1-x^2)-\mathrm{i}\eta_T x}\right\} \tag{6.32}$$

当气泡半径分布广泛，使得 $n(x-\bar{x})$ 的峰值宽度比 $x=1$ 附近的导纳峰宽，如图 6-4（b）所示，仍然可以将函数 $n(R)$ 与混合物中共振气泡运动的容许函数“解耦”。这种气泡分布宽度的量度是半径的标准偏差，其远大于用阻尼和平均半径表示的共振带，即要求 $\sigma_R\gg\overline{R}\eta_T$。与 5.3.2 节中用于结构多模振动建模的统计近似值完全相同，可从式（6.31）中获得

$$\frac{\rho_0}{\rho_m}\frac{k_m^2}{k_0^2}\approx 1+\left\{\left(\frac{\rho_0 c_0^2}{\rho_g c_g^2}\right)\frac{4}{3}\pi\bar{R}^3\left(\frac{\bar{\omega}_0}{\omega}\right)^3 n(1-\bar{x})\int_0^\infty\frac{x^3[(1-x^2)+\mathrm{i}\eta_T x]}{(1-x^2)^2+\eta_T^2 x^2}\mathrm{d}x\right\} \tag{6.33}$$

对于 $\omega\approx\bar{\omega}_0$，其中气泡分布函数被认为足够光滑，可以从气泡导纳的共振特性中分离出来。在积分中，涉及 $1-\omega/\bar{\omega}_0$ 的导纳函数的实部在 $\omega\approx\bar{\omega}_0$（$x=1$）处通过零，并且在 ω_0 的上方和下方也有大小相等的相反符号峰。对于这样的宽带分布 $n(x-\bar{x})$，该方程的实部给出了一个可忽略的作用。虚部在 $x=1$ 处有一个单峰，有效值为 $\pi/2$。相应地，式（6.33）简化为

$$\frac{1}{1-\beta}\frac{\rho_0}{\rho_m}\frac{k_m^2}{k_0^2}\approx 1+\mathrm{i}\frac{\pi}{2}\left(\frac{\rho_0 c_0^2}{\rho_g c_g^2}\right)\frac{\mathrm{d}\beta}{\mathrm{d}R}\frac{\bar{R}\beta}{1-\beta} \tag{6.34}$$

当带宽 $\Delta\omega$ 的声音，被传输到包含在声音频带中共振的气泡介质中时，即 $\Delta\omega$ 包含共振 ω_0 时，该表达式在物理上是有效的。

这些公式（另见参考文献［42-46］）相应地提供了从传播特性确定 $\mathrm{d}\beta/\mathrm{d}R$ 的有用方法。在最简单的情况下，半径的气泡群分布有一个相应的共振频率和气泡大小，对于这些共振频率和气泡大小，声音被吸收，即 TL 很高。表 6-1 汇总了这些频率和其他频率下混合物的性能，包括气泡半径的窄分布和宽分布，且不涉及任何特定气泡分布。

表 6-1　在气泡混合物中传播的渐进范围[a]

频率	声速，$c_m/c_0=k_0/(k_m)_r$		传输损耗/$(8.69k_0r)=(k_m)_i/k_0$	
	狭窄半径分布 $\eta_T\gg\sigma_R/R$	宽半径分布 $(\eta_T\ll\sigma_R/R)$	$\eta_T<\sigma_R/\bar{R}$	$\eta_T<\sigma_R/\bar{R}$
$\omega<\omega_0$	$\left[1+\left(\frac{\beta\rho_0 c_0^2}{\rho_g c_g^2}\right)\right]^{-1/2}$	$\left[1+\left(\frac{\beta\rho_0 c_0^2}{\rho_g c_g^2}\right)\right]^{-\frac{1}{2}}$	$\frac{\bar{\eta}}{2}\frac{\omega}{\omega_0}\left(\frac{\beta\rho_0 c_0^2}{\rho_g c_g^2}\right)$	$\frac{\bar{\eta}}{2}\frac{\omega}{\omega_0}\left(\frac{\beta\rho_0 c_0^2}{\rho_g c_g^2}\right)$
$\omega=\omega_0$	$\left[\frac{2\bar{\eta}_T}{\beta}\frac{\rho_0 c_0^2}{\rho_g c_g^2}\right]^{1/2}$	$\left[\frac{\pi}{4}\bar{R}\frac{\mathrm{d}\beta}{\mathrm{d}R}\frac{\beta\rho_0 c_0^2}{\rho_g c_g^2}\right]^{1/2}$	$\frac{(k_m)_i}{k_0}=\frac{c_0}{c_m}$	$\frac{(k_m)_i}{k_0}=\frac{c_0}{c_m}$
$\omega=\omega_a>\omega_0$	$\left[\frac{2}{\bar{\eta}_T}\left(\beta\frac{\rho_0 c_0^2}{\rho_g c_g^2}\right)^{1/2}\right]^{1/2}$	$\approx\left[\pi\frac{\bar{R}}{\beta}\frac{\mathrm{d}\beta}{\mathrm{d}R}\left(\beta\frac{\rho_0 c_0^2}{\rho_g c_g^2}\right)^{1/2}\right]^{1/2}$	$\frac{(k_m)_i}{k_0}=\frac{c_0}{c_m}$	$\frac{(k_m)_i}{k_0}=\frac{c_0}{c_m}$
$\omega>\omega_a>\omega_0$	$\left[1-\beta\frac{\rho_0 c_0^2}{\rho_g c_g^2}\left(\frac{\bar{\omega}_0}{\omega}\right)^2\right]^{-1/2}$	$\left[1-\beta\frac{\rho_0 c_0^2}{\rho_g c_g^2}\left(\frac{\bar{\omega}_0}{\omega}\right)^2\right]^{-1/2}$	$\left[\frac{\bar{\eta}_T}{2}\left(\frac{\bar{\omega}_0}{\omega}\right)^3\left(\frac{\beta\rho_0 c_0^2}{\rho_g c_g^2}\right)\right]$	$\left[\frac{\bar{\eta}_T}{2}\left(\frac{\bar{\omega}_0}{\omega}\right)^3\left(\frac{\beta\rho_0 c_0^2}{\rho_g c_g^2}\right)\right]$

注：a：共振 $\omega=\omega_0$ 处的数值是以 $\beta>\eta_T\rho_g c_g^2/(\rho_0 c_0^2)$ 或 $\mathrm{d}\beta/\mathrm{d}R>\rho_g c_g^2/(\rho_0 c_0^2)$ 为前提的，代表合理的浓度。σ_R = 半径总体标准差，$\omega_a/\omega_0\approx[\beta/(1-\beta)\rho_0 c_0^2/\rho_g c_g^2]^{1/2}$，当 $\sigma_R/\bar{R}\leqslant 1$，$\bar{R}$ = 平均半径，且 β = 气体体积浓度时

在临界频率 $\omega=\overline{\omega}_0$ 和 $\omega\approx\omega_a$ 以下，所有混合物的行为相似，因为气泡共振与此处无关，TL 降低。$\omega<\overline{\omega}_0$ 介质是由悬置气体的总刚度控制的，而在远高于谐振频率（如 $\omega>\overline{\omega}_0$）的情况下，气泡是动态刚性的，并且在声音的作用下以刚性小球的形式振荡。由于它们的半径远小于一个声波波长，所以传播接近液体介质的传播。在共振频率下，当吸收较大时，传播速度相对较低，在气泡分布中，半径的标准偏差代替了阻尼。在 ω_a 频率下（称为"反共振"，Junger 和 Cole[47] 对此进行了更详细的探讨），波速增加。对于窄分布的半径，声速随着阻尼的减小而增大，但随着分布的变宽，声速的增加会有所减小。表 6-1 中的关系式与测量的传播特性非常一致。图 6-2 显示了 Fox 等[40] 使用损耗系数 0.5 的值进行的计算，根据最近的阻尼系数测量值，该值被认为过大。式（6.34）不能用于计算 $\omega_a/\overline{\omega}_0$ 处的传播，因为在该频率下，导致式（6.34）的近似值无效。还应注意，在 $\overline{\omega}_0$ 和 ω_a 附近，分布介质中损耗因子的模拟值用（$\pi/2$）（R/β）（$\mathrm{d}\beta/\mathrm{d}R$）代替 $1/\eta_T$，表 6-1 第二列中 $\omega=\omega_a$ 处的 c_m 表达式。

在气体浓度相对较低的气泡介质中的 TLs 已被成功地利用于确定气泡种群[16,42-46,48]。在这些情况下，可以使用两种表达公式中的一种。对于一个狭窄的气泡大小范围，如 $\sigma_R/\overline{R}<\eta_T$，TL 取决于气泡阻力的值：对于 $\beta/\eta_T<(\rho_g c_g^2)/\rho_0 c_0^2$。

$$\frac{\mathrm{TL}}{r}=8.69\,\frac{\beta}{2}\,\frac{\omega\rho_0 c_0}{\eta_T\rho_g c_g^2} \tag{6.35}$$

式中，$\eta_T\approx 0.1$。对于广义的气泡分布，传输量只取决于浓度梯度 $\mathrm{d}\beta/\mathrm{d}R$，而不是明确地取决于损耗因子，所以对于 $R\mathrm{d}\beta/\mathrm{d}R<(\rho_g c_g^2)/\rho_0 c_0^2$，有

$$\frac{\mathrm{TL}}{r}=8.69\,\frac{\sqrt{3}\,\pi}{4}\,\frac{\mathrm{d}\beta}{\mathrm{d}R}\sqrt{\frac{\rho_0 c_0^2}{\rho_g c_g^2}},\quad \sigma_R/\overline{R}<\eta_T \tag{6.36}$$

泡状混合物的声学特性对改变海洋表面附近的声音传播具有潜在的重要意义，如参考文献［43，45-46］。它在很多水下声学测试和实验中也很重要，如在许多测试设备中进行的测试和实验。例如，在没有减震器的水隧道中，在空化体持续运行后，自由气体含量可以明显增加。这类应用将在第 2 卷第 1 章"水动力诱导的空化和空化噪声"中讨论。在比气泡共振更低的频率下，相对较小的气体体积浓度会明显降低流体中的声速。这种降低的结果是增加浸没在两相流体中的运动物体周围流动的局部马赫数。在纯水中亚声速的表面运动很有可能相应地变成超声速，这样流体的含波质量将相对于测试体的特征长度和速度而改变。也可能形成冲击波，这就需要将流体的热力学特性纳入分析。

Zhang 等[49]利用这些关系计算了带有悬浮二氧化碳气泡的两相通道流中的复杂传播模数。尺寸为 0.15m×0.15m×2m 长的通道中，有可控的气泡混合流群，二氧化碳气泡的半径在 0.15~0.55mm，体积空隙含量β范围为 0.006~0.024。图 6-5 和图 6-6 显示的是测量的波数与计算的比较式（6.30）。考虑到在知道精确值方面的不确定性，气泡分布的计算假设了一个浓度范围。在固定半径或固定浓度的半径范围内，这些图中的衰减是用式（6.29）定义的 TL/z，其中z为通道中水听器之间的声学路径，以及$(k_3)_i$传播波数的实部，见式（2.167）。

$$(k_3)_i = \mathrm{Im}\left(\sqrt{k_m^2 - k_{mn}^2}\right)$$

或

$$TL/z = 8.69k_i$$

其中，图 6-6 中 TL 的单位是 dB，z 的单位是 m，其跨模谐振频率由以下公式给出

$$\omega_{m,n} = \mathrm{Re}\left(\sqrt{c_m^2}\right)k_{mn}$$

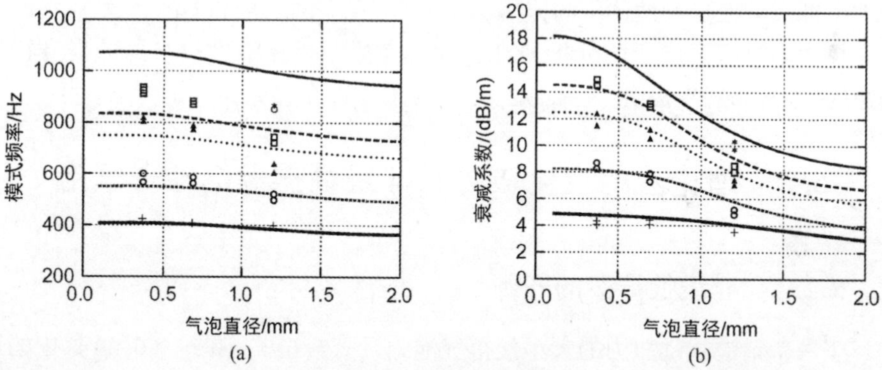

图 6-5　模式频率和衰减系数

（假设体积空隙率β=0.0115 和气泡半径范围，计算的管道交叉模式的模式频率和衰减系数。图 6-6 中的表格是图 6-5（a）和图 6-5（b）以及图 6-6（a）和图 6-6（b）的图例）

假设刚性通道壁与传播边界条件式（2.159），由式（2.167）定义，通道的声学交叉模式的传播波数 k_{mn} 被计算为每个 m，n 模式的β或 R_0的连续函数。使用通道壁的振动或壁面压力对每个模式进行测量。注意，管道模式传播特性的行为对气泡浓度比对气泡大小更敏感。

Plesset[50]已经发表了一些其他两相介质的处理方法，涉及单个球形气泡的稳定性和热力学；van Wijngaarden[51]、Whitam [52]、Benjamin 和 Feir[53]已经

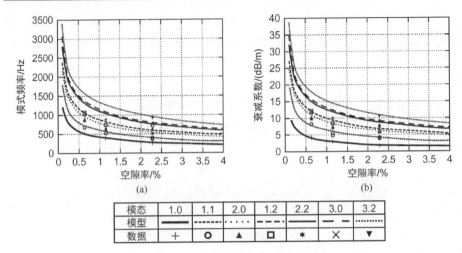

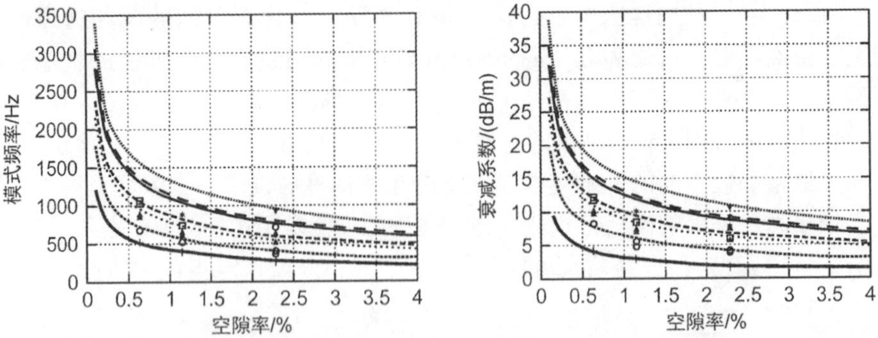

(a)　　　　　　　　(b)

模态	1.0	1.1	2.0	1.2	2.2	3.0	3.2
模型	━━━	--------	· · · ·	— — — ·	———	— —	········
数据	+	○	▲	□	✱	×	▼

图 6-6　模式频率和衰减系数

（假设气泡半径为 1.2mm，体积空隙分数范围 β，计算的管道交叉模式的模式频率和衰减系数。图 6-6 中的表格是图 6-5（a）和图 6-5（b）以及图 6-6（a）和图 6-6（b）的图例）

考虑了冲击波在这种液体中的传播。Zwick[54-56]、Isay 和 Roestel[57-58]对气泡的连续体力学进行了广泛的分析处理（他们考虑了可压缩性对水翼的提升特性的影响）；Wallis[59]提供了一部关于气泡混合物中的波浪运动的专著。

6.2　理论上的空化应力和非线性振荡的球形气泡

6.2.1　非线性振荡的开始

当一个谐波扰动压力的大小使得气泡式（式（6.3）和式（6.4））中的速度平方项很重要时，气泡运动不再是蜿蜒曲折的，而是呈现出更复杂的时间历程。图 6-7 说明了驱动压力的各种振幅和气泡的各种共振频率。

图 6-7 说明了理论行为，即气泡的线性或非线性运动既取决于压力振荡的振幅，也取决于其相对于气泡线性共振频率的理论行为。对于相当大的压力振荡，如局部环境平衡压力 P_0 的 4 倍，气泡的简单谐波运动将不存在。如果振荡频率低于共振频率，气泡会增大，然后迅速破裂，这种行为是空化的特征。对于较大的频率，运动将包括两个谐波的叠加，一个是谐振频率，另一个是驱动频率。对于小压力振幅，运动几乎是简单的谐波。导致空化的压力波动的幅度使得施加在气泡上的压力实际上变成了负数，因此在气泡上施加了一个张力，造成了空化所需的大的膨胀率。事实上，P_0 有一个临界值（如 P_{crit}，将

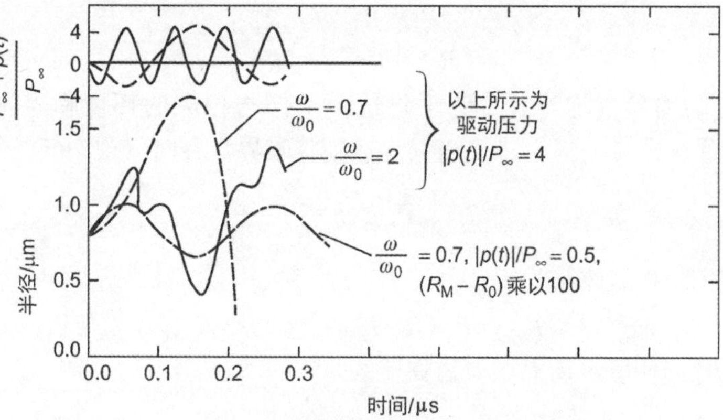

图 6-7　气泡强制振荡的半径-时间曲线

（$R_0=0.8\times10^{-4}$ cm，$\omega_{res}=4.3\times10^7$/s（$6.8\times10^6$ Hz）。曲线（— — —）和（- - -）来自 Neppiras 和 NoltingK[14]，曲线（——）来自 Solomon 和 Plesset[60]（$\eta_T=0$））

在下文中确定)，对于这个临界值，对于低于该值的小的压力降低，可以预期会出现空化现象。图 6-7 下半部分的 $P(r,t)/P_0=4$ 的例子中，实线和虚线的含义为激振压力必须施加足够长的时间，以允许必要的气泡生长，这个时间必须用共振振荡的特征周期来衡量。在相对于共振频率足够小的频率下，可以通过考虑气泡的静态平衡来确定临界压力的适当标准。

6.2.2　蒸汽空化的临界压力

基于静态平衡理论的空化临界压力最早由 Blake[61] 确定，后来由 Strasberg[62]、Akulichev[63]、van der Walle[64]、Prosperetti 等[65]、Boguslavskii 和 Korets[66] 扩展，并且由 Feng 和 Leal[7] 做了大量回顾。基本上，这个条件可以用气泡壁处液体静压 $P(R)$ 和场压 $P(r)$ 之差来表示，场压是一个环境值和微分，如式（6.5）所示。然后使用式（6.2）

$$P(R)-P(r)=P_v-2S/R-P(r)+P_{g0}(R_0/R)^{3\gamma}=\Delta P \tag{6.37}$$

需要注意的是，由于正在研究静态条件（$\omega\ll\omega_0$），体积速度（$\dot{V}$）和体积加速度（$\ddot{V}$）被忽略了。静态平衡将存在于一个临界半径处，当半径进一步增大时，压差将减小。这个平衡的条件为（也可参见 van der Walle[64]）

$$\left.\frac{\mathrm{d}(\Delta P)}{\mathrm{d}R}\right|_{R=R_{crit}}=0$$

或

$$\frac{3\gamma P_{g0}}{R_{crit}}\left(\frac{R_0}{R_{crit}}\right)^{3\gamma}=\frac{2S}{R_{crit}^2} \tag{6.38}$$

式中：R_{crit}为临界气泡半径。为了将这个条件与相应的环境临界压力联系起来，我们重写式（6.2），求出当气泡达到其临界半径时气泡中气体的分压。

$$P_{g_{crit}}=P_{crit}(r)+\frac{2S}{R_{crit}}-P_v \tag{6.39a}$$

同时将式（6.38）改写为 P_{g0}

$$P_{g_{crit}}=P_{g0}(R_0/R_{crit})^{3r}=2S/3\gamma R_{crit}$$

所以 $r>R$ 时，环境水动力压力的临界值为

$$P_{crit}(r)-P_v=-\left(\frac{3\gamma-1}{2\gamma}\right)\frac{4S}{3R_{crit}} \tag{6.39b}$$

$\Delta P=0$ 的平衡场压为 $P_0(r)=P_0$，从式（6.2）或式（6.37）中我们可以找到相应的 P_v和 R_0的 P_{g0}。代入式（6.38）可消除 P_{g0}。进一步代入式（6.39b）中的 R_{crit}，可以得到在初始环境压力为 $P_0=P_0(r)$的情况下，半径为 R_0的气泡空化所需的临界压力的最终结果，因此

$$\begin{aligned}P_{crit}(r)-P_v&=\frac{2S}{R_{crit}}\left[\frac{1}{3\gamma}-1\right]\\&=-\left(\frac{2S}{R_0}\right)^{3\gamma(3\gamma-1)}\left[\frac{3\gamma-1}{3\gamma}\right]\frac{1}{(3\gamma)^{1/(3\gamma-1)}}\times\\&\quad\left[P_0(r)-P_v+\frac{2S}{R_0}\right]^{1/(1-3\gamma)}\end{aligned} \tag{6.40}$$

式（6.40）表明，要发生气蚀，即要存在不稳定性，气泡外的临界压力必须小于蒸汽压力。该关系还表明，随着 R_0的减小，这个临界压力一定是更负的。换句话说，液体的拉伸强度随着悬浮气泡大小的减小而增大。极限抗拉强度大且为负值，接近 $P_{crit}=-280\text{atm}$[32,63]，已知其受许多化学和热力学因素的影响。此外，当发生气蚀时，图 6-7 所示下部虚线所示的例子，原气泡中的任何气体都将膨胀成比原气泡大很多倍的体积。在这种情况下，由于被困气体的分压大大超过了液体的蒸汽压，这种空化现象称为汽化。

式（6.40）如图 6-8 所示（取自 Strasberg[48]），在初始压力为 $P_0(r)=1\text{atm}$ 的情况下，等温膨胀 $\gamma=1$；该表达式变为

$$P_{crit}(r)-P_v=-\left(\frac{2S}{R_0}\right)^{3/2}\frac{2/3}{\sqrt{3}}\left[P_0(r)-P_v+\frac{2S}{R_0}\right]^{-1/2} \tag{6.41}$$

对于 10^{-3}cm 及更小的气泡半径，当 $P_0=P_0(r)=1\text{atm}$ 时，空化阈值将处于越来越负的压力。然而，一个更全面的时域理论已经被开发出来，用于气泡的动态

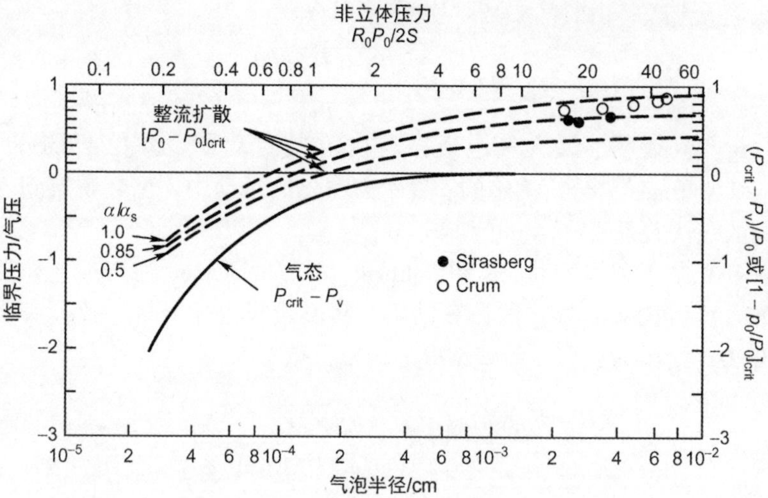

图 6-8　汽化示意图

（静态平衡的临界压力在 $P_0=1\text{atm}$ 时，气态空化的临界压力用实线表示。$\alpha/\alpha_s=0.5,0.85,1.0$ 时整流气态扩散的临界压力用虚线表示。整流扩散的测量结果来自 Strasberg[67] 和 Crum[68]）

平衡。它给出了周期性激励压力的非线性运动和空化阈值，由 Solomon 和 Plesset[60] 利用式（6.3）和式（6.7）进行数值评价。假设稳态正弦驱动压力为式（6.5）给出的形式，计算类似于图 6-4 中的半径时间曲线，用于 $\omega/\omega_r=0.011,0.04,0.069$。在初始谐振扰动衰减后，强迫振荡持续存在。图 6-4 中 $\omega=2\omega_0$ 的曲线在这方面有误导性，因为气泡阻尼没有包括在 Neppiras 和 Noltingk 的或 Solomon 和 Plesset 的分析中。若将气泡阻尼包括在内，则共振运动将持续大约 $1/(\pi\eta_T)$ 个自然周期。环境压力计算公式为

$$P(r,t)=P_0+p_0\sin(\omega t+\pi) \tag{6.42}$$

当激振压力的振幅增加达到临界压力时，阻尼的瞬态运动被空化的不稳定瞬态所取代。在大振幅运动的情况下，如式（6.3）中 $\dot{r}$ 项支配 $\ddot{r}$ 项，气泡半径随时间线性增加，对于小于 0.1 μs 的 t，如图 6-7 中虚线所示。在这种情况下，式（6.3）表明，在 $t<0.1\mu\text{s}$ 的情况下，气泡半径随时间线性增加。

$$R\approx t\sqrt{\frac{2}{3}}\sqrt{\frac{P_v-(P_0-p_0)}{\rho_0}},\quad \omega t<\pi \tag{6.43}$$

即当蒸汽与外界压力之差较小时，气泡半径将与后者的平方根成正比。极限 $\omega t<\pi$ 决定了压力波动为负值的时间长度，即压差 $P_v-P_0-p_0\sin(\omega t+\pi)$ 为正

值。那么最大半径将由时间 $t=\pi\omega^{-1}$ 决定，那么

$$R_M \approx 2.6\omega^{-1}\sqrt{\frac{P_v-(P_0-p_0)}{\rho_0}} \tag{6.44}$$

式（6.44）表明，最大气泡半径与初始半径无关，这一结果最早是由 Neppiras 和 Noltingk[15] 分析确定的。在水力空化的运动中，已经观察到气泡半径随时间的线性关系（如 Arndt 和 Ippen[69]）。

图 6-9 总结了利用 Neppiras 和 Noltingk[15] 以及 Solomon 和 Plesset[60] 所做的完整气泡方程和式（6.42）的计算结果，其形式与上述分析一致。实线表示由式（6.20）给出的稳态一阶线性气泡振幅，重写为

$$\frac{(R_M-R_0)}{\sqrt{P_0/\rho_0}}=\frac{\omega}{\omega_0}\left[\frac{\sqrt{p_0/3P_0}}{1-(\omega/\omega_0)^2-\mathrm{i}\eta_T\omega/\omega_0}\right] \tag{6.45}$$

对立的瞬态非线性空化振幅，即式（6.44）

$$\frac{\omega(R_M-R_0)}{\sqrt{p_0/\rho_0}}\approx 2.6\sqrt{\frac{p_0-P_0}{p_0}} \tag{6.46}$$

回想一下，静态平衡的条件，$\omega/\omega_0=0$ 将由图 6-7 给出，忽略表面张力表明，对于 $A\geqslant 1$ 的爆炸性增长将发生在式（6.42）的正弦压力振荡的负部分。那么在环境 P_0 处的振幅（p_0）临界振荡压力由式（6.41）给出，让 $P_{crit}(r)=P_0-(p_0)_{crit}$。在图 6-9 中，由虚线连接的计算点在环境 P_0 上被归一化，并指示动态稳定性的条件。对于在 $P_0=1\text{atm}$ 时 p_0/P_0 分数值，最小压力大于压力循环中任何时刻的水蒸气压力。对于压力振幅 $A>1$，使瞬间 $P_v-P_0+p_0>0$，式（6.46）的极限值大致适用。另外，$p_0/P_0=A\ll 1$ 的小比值使得 $P_v-P_0+p_0<0$，导纳式（6.45）与更精确的数值计算结果非常一致。对于 $p_0/P_0=A\leqslant 1$，可以看出，线性和非线性之间的阈值和与式（6.44）的偏离程度取决于频率：$p_0/P_0=A$ 的值越小，频率越高。对于高于共振频率的振荡，只计算了一个点，而虽然运动看起来不像是空化（图 6-7），但计算的振幅超过了用线性理论估计的振幅约 3 倍。振荡压力场的空化阈值将与频率无关，由式（6.40）和式（6.41）给出，只要振荡频率远小于气泡共振[66]。在高频 $\omega>\omega_0$ 时，式（6.3）和式（6.7）中的惯性项变成了占主导地位，阈值压力由气泡周围的压力必须小于蒸汽压的要求给出。然而由式（6.2）可知，随着频率的增加，产生给定尺寸气泡所需的压差也将增加。Guth[70] 的分析表明，当 $\omega>1.6\omega_0$，负相对压力 $A>1$ 不会出现大幅度非线性增长。

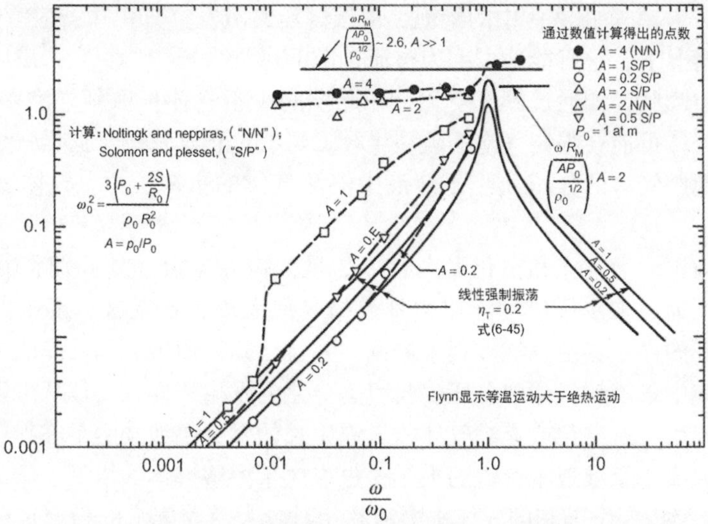

图 6-9　正弦激振气泡的放大系数作为频率的函数
（$\omega/\omega_0=0$，对于不同的压力振幅，$AP_0=|p|=p_0$所示）

6.2.3　扩散的重要性

扩散在超声和流体力学引起的空化中都能起到重要作用。当一个气泡的生长是由溶解的气体从周围的液体扩散到气泡中决定的，这种空化称为气态空化，它不像上节讨论的气态空化那样具有爆炸性。扩散在气态空化中也有一定的作用；一个太小而不能爆炸性增长的气泡核，可能会因为气体扩散到气泡中而缓慢增长，直到半径增加到有关环境压力下由式（6.39b）给出的临界半径。一旦增长到临界半径，它将爆炸性地空化。另外，很多时候，一些类型的水力空化，如被束缚在表面的片状物，会留下一团微气泡，由于在破裂的气泡中捕获了大量的气体，这些微气泡会在下游慢慢消失。在这种空化中，保持稳定的片状空化提供了一个连续的液体-气体界面，蒸汽可以连续地穿过该界面，其下游（空腔的末端）充满蒸汽的气泡可连续喷出。

这是另一个具有丰富文献的气泡动力学领域；Prosperetti [11] 对关于扩散生长的所有机制主题的最近工作进行了广泛回顾。其本质是众所周知的，并已处理了 4 种现象，这些现象在某种程度上与水力空化开始和破裂的主题相关：稳定的气泡生长或在静止液体中的溶液，该液体或者过饱和（因此气泡将生长）或者不饱和（因此气泡将溶解）[39,64,71]；一个气泡在被流动的液体擦洗时，它是固定的（如粘在表面上），在这种情况下，它是通过“对流扩散”来生长的[72-73]；在静止液体中的气泡，由振荡压力激发（如由声音应答器产生），在这种情况下，它可能通过称为整流扩散的过程生长[48,61,74-79]；最后一个气泡在液体中膨胀，如通过蒸汽空化，在此期间少量气体扩散到气泡中[80]。这种扩散的气体可能会限制气泡的破裂半径。这些过程都依赖于这样一个事实，即只要气泡中气体的分压 p_g 小于溶液中溶解气体的平衡压力，气体就会从溶液中出来。

与水动力空化和空化噪声有关的是，临界压力（如我们将看到的，空化起始压力）取决于流动液体中悬浮的气泡大小。破裂这一点变得很重要，因为声音的产生将由气泡破裂来控制，并且已知气泡破裂和反弹取决于气泡膨胀时气泡中未溶解气体的分压。与气态空化的发生一样，气体从溶液中扩散到气泡中产生气态空化或充满气体的气泡生长的发生也涉及一个临界压力。这个压力既取决于悬浮液中气泡的大小，也取决于溶解气体的浓度。例如，在压力为 1 个大气压完全饱和的气体水溶液和相对较大悬浮气泡的稳定扩散中，压力降低到 1 个大气压以下将导致气体从溶液中扩散出来，气泡生长。另外，非常小的气泡需要将环境压力降低到略小于 1 个大气压，这是因为扩散可能发生的表面积较小，也是因为较小气泡中的层表面张力本质上，这些影响可以通过简单的计算（Strasberg[48]）利用下面的关系来估计。由式（6.2），注意到

$$P_g = H\alpha$$

式中：α 为浓度；H 为亨利定律常数，稳定扩散的临界压力可以写成

$$P_{crit}(r) = P_0\left(\frac{\alpha}{\alpha_s}\right) - \frac{2S}{R}$$

式中：P_0为饱和压力；α_s为气体在液体中的饱和浓度。

在整流扩散中，正常情况下会溶解的自由气泡在起伏的压力刺激下会逐渐长大。部分原因是气泡振荡过程中气泡壁上的质量传递不均。对于特定的环境压力 P_0，有一个起伏压力振幅的临界值 p_0，如式（6.42），这样综合临界最小压力为$[P_0-p_0]_{crit}$。对于一个半径为 R_0的气泡来说，这个临界值大约为[67]

$$\left(1-\frac{p_0}{P_0}\right)_{crit} = 1-\sqrt{\frac{3}{2}\left[1+\frac{2S}{R_0P_0}-\frac{\alpha}{\alpha_s}\right]^{1/2}}$$

这个近似值在形式上对 $S/(R_0P_0)$ 且 $\alpha/\alpha_s \approx 1$ 的小值以及远小于气泡共振频率的压力振荡频率有效。该关系假设气泡气体动力学是等温的。图 6-8 说明了这种近似关系，并将其与 Strasberg[67] 和 Crum[68] 的测量值进行比较。对更宽范围的 α/α_s、温度和 $S/(R_0P_0)$ 有效的进一步关系已经由如 Safar[76]、Eller[77-78]、Crum[68,81]、Lee 和 Merte[82] 推导出。当我们研究气体扩散对空化起始的影响时，这些概念将在第 2 卷 2.2.2.2 节中重新讨论。

6.3　空化气泡的破裂

6.3.1　球状蒸汽填充的气泡

下一节将表明，确定单空化气泡噪声的中心问题是在破裂阶段确定的。因此，我们现在将研究决定破裂最后阶段体积速度的物理过程。破裂如图 6-7 所示的气泡半径的时间历程表明，当非线性气泡增长发生（虚线）、稀疏被压缩代替时，发生第二种运动状态，即破裂。Plesset [13] 流体动力学产生的这种类型的运动如图 6-10 所示，观察到的气泡历史模式表明，破裂阶段的时间尺度很短。破裂时墙体加速度较大，因此有理由得出以下结论，破裂运动对声音的产生有很大的影响。因此，我们将仔细检查动力学方面，以确定在空化噪声频谱的不同频率范围内，哪些是重要的控制变量。我们将看到，在坍缩阶段结束时，运动将受到气泡中任何气体的存在和该气体性质的影响。当气泡的半径变得很小时，这种气体变得很重要，因为压缩气体充满了气泡。此外，如果气泡壁的壁速度变得与流体中的声速相当，那么气泡周围液体（或两相流体）的可压缩性将变得重要。

对球状气泡破裂的第一个理论处理是由 Rayleigh[12] 提出的，而现代的许多思想基本上都是基于这个理论。气泡内部的压力被认为是恒定的，因此 Rayleigh 的问题只适用于充满蒸汽气泡的物理情况。在式（6.3）中，设 $P_{g0}=0$，忽略表面张力压力，得到 $P(R,t)=P_v$，其压力差为 $P_v-P(r)$，其中，现在 $P(r)$ 应该比蒸汽压力大得多，这样气泡就会破裂。重写式（6.3）的左侧，我们可以得到等价方程

$$\frac{1}{2\dot{R}R^2}\frac{\mathrm{d}}{\mathrm{d}t}(R^3\dot{R}^2)=\frac{P_v-P(r)}{\rho_0} \tag{6.47}$$

可改写为

$$\frac{\mathrm{d}}{\mathrm{d}t}(R^3\dot{R}^2)=[P_v-P(r)]\frac{\mathrm{d}}{\mathrm{d}t}\left(\frac{2}{3}R^3\right) \tag{6.48}$$

假设 $P_v-P(r)$ 在破裂的时间尺度上是不变的。此外，假设初始条件

$$\text{当 } t=0 \text{ 时 } \dot{R}=0 \text{ 且 } R=R_M$$

求壁面速度的平方

$$(\dot{R})^2=\frac{2}{3}\frac{\Delta P}{\rho_0}\left[1-\frac{R_M^3}{R^3}\right] \tag{6.49}$$

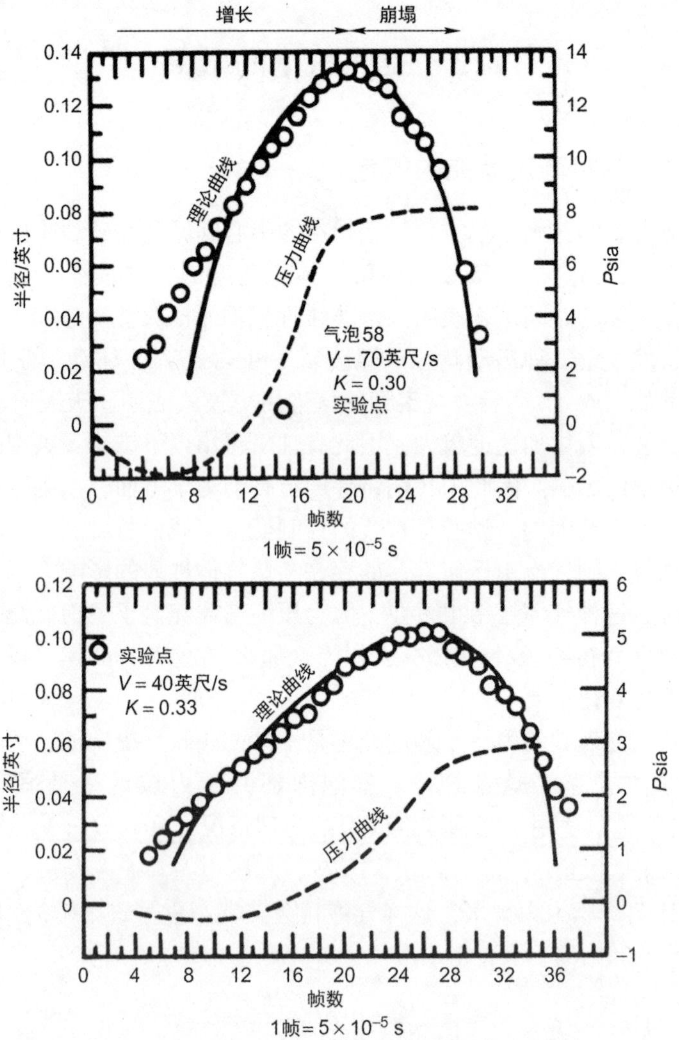

图 6-10　在 Plesset[13] 的封头形状上指示压力分布的测量和理论气泡历史© American Society of Mechanical Engineers

式中：$\Delta P=P_v-P(r)$ 为穿过气泡壁的压差。请注意，随着气泡半径变小，式（6.49）表示$\dot{R}$的量级将变为无穷大。

然而，由于压缩了破裂空腔中的少量气体，速度受到物理限制，在这个简单的分析中忽略了气体的存在。即使在恒压差的 Rayleigh 模型中，壁速度变得无限大，也可以确定气泡破裂所需的时间。式（6.49）的倒数给出了半径-时间关系。

$$t = \sqrt{\frac{3\rho_0}{2(-\Delta P)}}\int_R^{R_M}\frac{R^{3/2}\mathrm{d}R}{(R_M^3 - R^3)^{1/2}}$$

其在 $0 \leqslant R \leqslant R_M$ 的区间上被积分，给出了完全破裂的时间：

$$\tau_c = 0.915 R_M \sqrt{\rho_0/(P(r) - P_v)} \tag{6.50}$$

Rayleigh 方程尽管简单，但它能很好地表示单泡空化动力学的总特征。Plesset[13] 利用高速气泡对高速水洞中旋转体头部的空化特性进行的测量表明，内部气体的存在是一个更重要的运动图像（每秒超过 20000 帧），跟踪空化气泡通过物体上最小压力区域的轨迹。图 6-10 显示了具有代表性的气泡历史以及相匹配的局部水动力压力。实线代表了从简单的 Rayleigh-Plesset 方程，式（6.47）计算的气泡历史。$P(r)$ 被认为是气泡参考系中的局部流体动压。

Knapp 和 Hollander[83] 早些时候也进行了类似的调查。他们测量了气泡在初始破裂后的 5 个回弹，如图 6-11 所示。为了便于检查，在 $R=0$ 基准点的上方和下方显示了备用回弹。人们怀疑，由于气体在破裂阶段的压缩，多次回弹

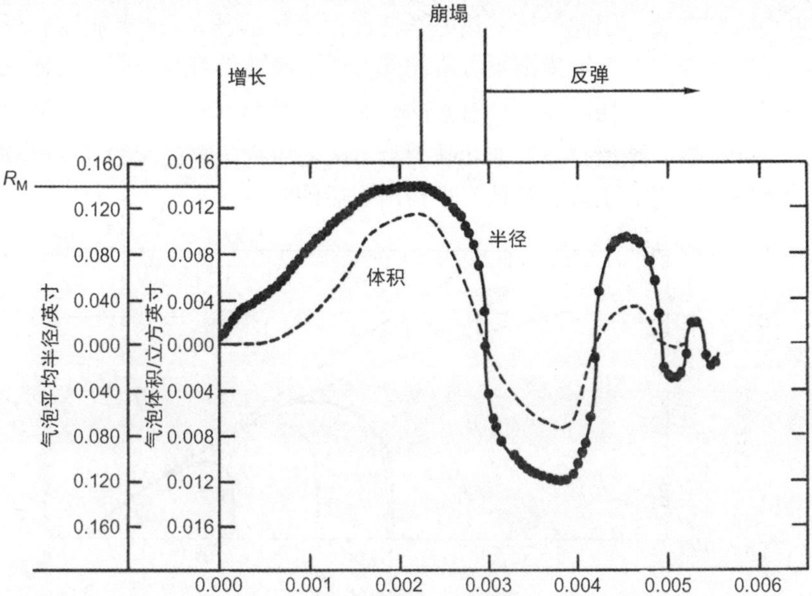

图 6-11　内部气体的球形气泡

（观察到的 1.5 口径椭圆机头上的空化气泡的半径历史（注意到与缓慢增长相比的快速破裂，以及由于气泡中的可压缩气体造成的多次反弹）。同时显示的还有相应的体积历程。摘自 Knapp RT，Hollander A. Laboratory investigations of the mechanism of cavitation. Trans. ASME 1948；70：419-35. © American Society of Mechanical Engineers.）

受到气泡中储存能量的强烈影响。破裂半径与时间的关系由 Rayleigh 气泡方程很好地近似，后面将结合图 6-15 进一步讨论。进一步阅读见参考文献［2］。

6.3.2　内部气体的球形气泡

Rayleigh 考虑了不凝性气体的极限效应，破裂通过考虑从破裂开始到半径 R 的势能变化，计算气体的压缩功，转化为夹带水的总动能加上压缩气泡中气体所做的功。据此，他发现确实存在一个极限半径，对于这个半径，气泡壁的速度可以延缓到 $\dot{R}=0$。

随后的早期理论改进对液体的可压缩性进行了不同程度的近似计算[84-97]，我们将在下文中加以概述；这些努力已经在细节上进行了详细调查[1,98-99]。对于可压缩和不可压缩液体中充气和空泡的情况，第一次最详细的气泡破裂和反弹计算可能是 Hickling[92-93] 的计算，其样本如图 6-12 和图 6-13 所示。所含可压缩气体的作用是降低壁面马赫数，但所有空气泡（即内压保持不变并有效等于蒸汽压的气泡）在零半径处都有无限的 $\dot{R}$。气体的引入，即使数量很少，也会限制破裂，因此气体的热力学特性比流体静压 $P(r)$ 更能控制最终的极限半径。此外，对气泡周围不可压缩或可压缩液体的计算表明，与液相的可压缩性相比，内部气体的存在是对 $\dot{R}$ 的更重要的限制。图 6-13 显示了瞬时液体压力的计算值，该值是破裂前和破裂后不久的序列中离破裂和反弹气泡之间距离的函数。时间的正值表示最小半径出现后的时间。

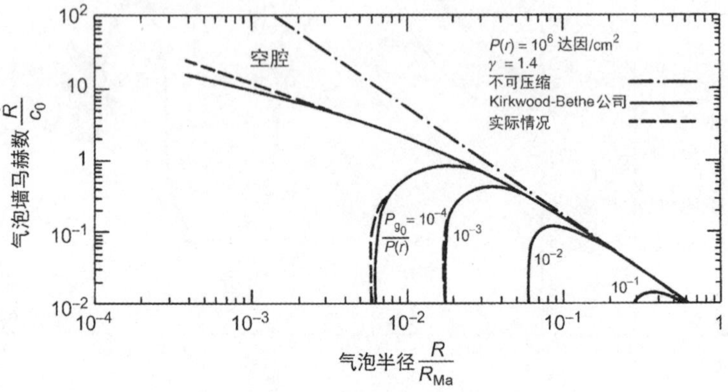

图 6-12　气泡破裂和反弹计算

（气泡壁马赫数是气体含量减少时气泡半径的函数。气体含量由其初始压力 P_0 决定，单位为大气压，指数 γ 的值为 1.4，环境压力 P_∞ 为 1 大气压。摘自 Hickling R. Some physical effects of cavitycollapse in liquids. J Basic Eng 1966; 88: 229-35. © American Society of Mechanical Engineers.）

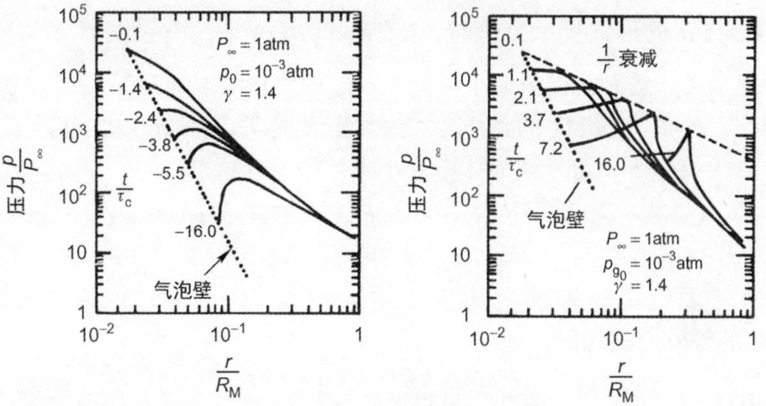

图6-13　气泡破裂和反弹计算

（可压缩水中气体/蒸汽泡的数值计算压力历史。时间 t/τ_c 指的是总破裂时间 τ_c，压力指的是静水压力 $P(r)$。摘自 Hickling R, Plesset MA. Collapse and rebound of a spherical bubble in water. Phys Fluids 1964；7：7-14；Hickling R. Some physical effects of cavity collapse in liquids. J Basic Eng 1966；88：229-35.）

在破裂阶段，最大压力出现在离气泡壁 $r \sim R$ 的距离处，在回弹阶段，压缩波发展并以 $1/r$ 的衰减向外传播。

Neppiras 和 Noltingk[15] 以及 Guth[96] 和 Khoroshev[100] 从理论上研究了气泡中可压缩气体在不可压缩液体中塌缩的效应，得到了简单的封闭形式近似。

破裂所含气体对塌缩气泡最小半径的影响可以通过修正式（6.47）来检验，将气体压缩表示为热力学绝热的，如在式（6.37）中描述。进行必要的替换，并恢复包含气体分压的表达式，但仍然忽略表面张力的影响，我们发现修改后的式（6.47）为

$$\rho_0\frac{\mathrm{d}}{\mathrm{d}t}(R^3\dot{R}^2)=[P_v-P(r)]\frac{\mathrm{d}}{\mathrm{d}t}\left(\frac{2}{3}R^3\right)+\frac{P_{g0}}{2\pi}\left(\frac{V_0}{V}\right)^{\gamma}\frac{\mathrm{d}V}{\mathrm{d}t}$$

其中，右侧的半径函数已被气泡体积所代替，以简化符号，当 $\gamma\neq1$ 时有

$$V^{-\gamma}\frac{\mathrm{d}V}{\mathrm{d}t}=\frac{\mathrm{d}}{\mathrm{d}t}=\frac{\mathrm{d}}{\mathrm{d}t}\left\{\frac{V^{1-\gamma}}{1-\gamma}\right\}$$

如前所述，引入初始条件，并保持 $P(r)$ 随时间的变化不变，我们发现壁面速度为

$$(\dot{R})^2=\left(\frac{2}{3}\right)\left(\frac{P(r)-P_v}{\rho_0}\right)\left\{\left[\left(\frac{R_M}{R}\right)^3-1\right]+\frac{P_{g0}}{(P(r)-P_v)(\gamma-1)}\left(\frac{R_M}{R}\right)^3\left[1-\left(\frac{R_M}{R}\right)^{3(\gamma-1)}\right]\right\}\quad(6.51)$$

$(\dot{R})^2$与 R 的形式显示负值时，$R_M/R>\{[P(r)-P_v](\gamma-1)/P_{g0}\}^{1/3(\gamma-1)}$ 显然没有物理意义。然而，极限最小半径 R_m/R_M的测量可以通过条件$\dot{R}=0$ 来定义，以获得 R_m 对 P_g 依赖性的测量。在极限情况下，当 R_m/R_M 也接近零时，式（6.51）简化为不可压缩液体中最小半径的渐近结果。

$$\frac{R_m}{R_M}\approx\left[\frac{1}{\gamma-1}\frac{P_{g0}}{P(r)}\right]^{1/3(\gamma-1)} \tag{6.52}$$

最后，在等温气体压缩的对比极限中，$\gamma=1$，式（6.51）的等效形式与 Rayleigh 的等效形式相同，即

$$(\dot{R})^2\approx\left(\frac{2}{3}\right)\left(\frac{(P(r)-P_v)}{\rho_0}\right)\left\{\left[\left(\frac{R_M}{R}\right)^3-1\right]+\frac{3P_{g0}}{P(r)-P_v}\left[\left(\frac{R_M}{R}\right)^3\ln\left(\frac{R_M}{R}\right)\right]\right\} \tag{6.53}$$

对于小 R_m/R_M来说，$\dot{R}=0$ 所对应的最小半径为

$$\frac{R_m}{R_M}\approx\exp\left(-\frac{P(r)-P_v}{3P_{g0}}\right) \tag{6.54}$$

图 6-14 使用这些方程，以及 Hickling 分析给出的一般趋势，总结了最小半径随气体压力 P_{g0}的变化。图中曲线①和②及③和④分别说明了不可压缩液体和可压缩液体的假设与绝热或等温气体压缩的区别。由式（6.54）给出的曲线④所示的渐变依赖性在物理上是无法实现的，因为根据式（6.53），当 R 接近零时，$(\dot{R})^2$在极限上是奇异的。这种奇异性可以通过允许较少的传热（$\gamma\neq1$）来消除，在这种情况下，式（6.51）较适用。图 6-14 显示了气体含量和液体压缩性对空化气泡破裂的影响。需要注意的是，在大的静压值下，液体压缩性对破裂的影响仅略大于 1atm。虽然最小气泡半径受气体存在的影响很大，但 Khoroshev[100]研究表明，与不可压缩值式（6.51）相比，当 $P_{g0}/P(r)$值小于 0.1 时，塌缩时间增加不到 10%。最小气泡半径进一步取决于气体的存在和液体压缩性，特别是对于小的气体压力。

Rayleigh-Plesset 理论为空($P_{g0}=0$)气泡提供了半径-时间关系，时间略早于 $t=\tau_c$，但仍为 $R_M/R\gg1$，而$(\dot{R})^2\gg\ddot{R}R$。式（6.50）可还原为

$$(\dot{R})^2\approx-\frac{2}{3}\frac{\Delta P}{\rho_0}\left(\frac{R_M}{R}\right)^3 \tag{6.55}$$

这个方程在 $t=\tau_c$时从一些 R 和 t 积分到 $R=0$，得到

$$\frac{R}{R_M}\approx a^{2/5}(\tau_c-t)^{0.4},\quad t<\tau_c \tag{6.56}$$

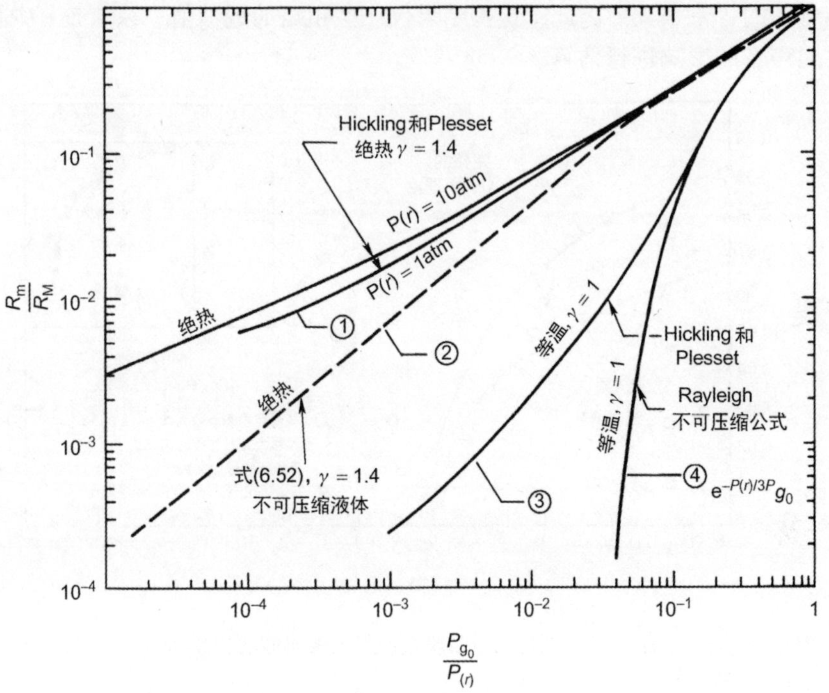

图 6-14　数值计算$\dot{R}=0$的破裂气泡的最小气泡半径

（Rayleigh 模型假定为不可压缩液体；Hickling 和 Plesset 假定为可压缩液体）

然而

$$a=\frac{5}{2}\sqrt{\frac{2}{3}\frac{P(r)}{\rho_0R_{\mathrm{M}}^2}}=\frac{5}{2}\sqrt{\frac{2}{3}\left(\frac{0.915}{\tau_{\mathrm{c}}}\right)^2}\tag{6.57}$$

所以

$$\frac{R}{R_{\mathrm{M}}}\approx1.3\left(\frac{\tau_{\mathrm{c}}-t}{\tau_{\mathrm{c}}}\right)^{0.4}\tag{6.58}$$

这个近似值近似于破裂附近完整的 Rayleigh 解，如图 6-15 所示。图中右上角的插图显示的是 Hollander[83] 和 Knapp[101] 通过照片观察到的水动力空化中气泡破裂的例子，并与数值计算的半径历史和式（6.58）给出的近似值进行了比较。这里显示的测量只是图 6-11 所示的初始破裂的放大图。遗憾的是，破裂的细节由于时间尺度较短，不容易通过实验观察到，因为所涉及的时间尺度很短，在塌缩的最后阶段，径向速度必须从接近声速见图 6-12 下降到零，除非截留气体的含量很大。因此，这些结果仅产生粗略的近似值，在7.2节中将对气体对声音的影响进行估算。

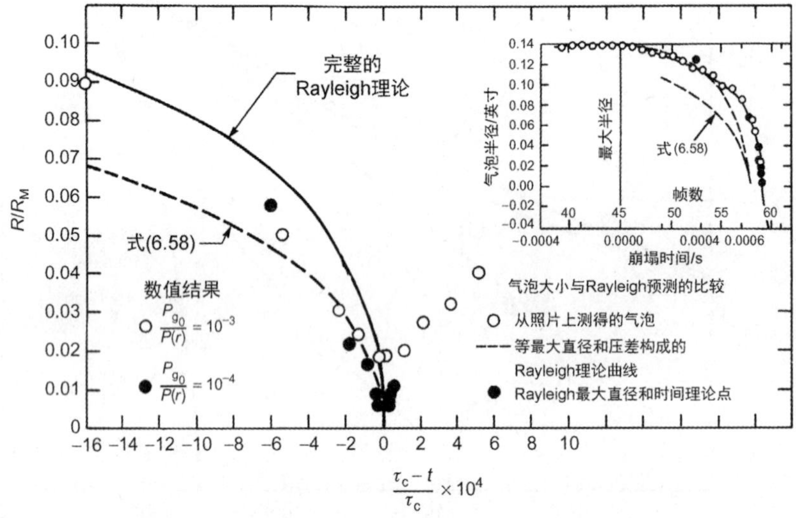

图6-15 破裂最后阶段气泡半径的时间历史模型

对气泡破裂的进一步观察表明，只有在几乎无约束的介质中，单个气泡才会保持球形几何形状。Harrison[102]和Lauterborn[103-104]、Lauterborn和Ohl[23]、Tomita和Shima[121]的研究表明，在初始破裂阶段有这样的球形对称性，但在回弹时有一些扭曲。反弹动力学似乎受到热传导的强烈影响（如果不加以控制)，辐射的影响也较小。图6-16所示的模拟就说明了这一点。Lauterborn等[23]物理产生的气泡历史在Qin等[36]的分析Rayleigh-Plesset模型中建模得很好，其中包括热传导和热辐射，但在Popinet和Ealeski[105]所做的不包括液体冷凝和传热影响的模拟中就差强人意。

水动力诱导的气泡在水翼飞机上[106-107]或在文丘里飞机上[108-109]上破裂，由于施加在气泡上的压力梯度，偏离了球形几何形状，然而气泡体积的定性行为确实类似于球形气泡的定性行为。类似地，与来自边界或来自其他气泡的压力波反射相关联的压力梯度对火花诱导的气泡在壁附近[103,110-111]或在另一个气泡的半径内[103-104,112-113]破裂有类似的影响。偏离球面对称性往往涉及向边界的小喷流的形成，这种小喷流常常被认为是造成侵蚀的主要因素。在流体动力学诱导的空化中，非球形气泡以长圆球形和不规则形状的微泡云出现。Levkovskii[114]、Shima和Nakajima[115]、Shima[116]分析的一个值得注意的共同结果就是只要塌缩气泡离边界的距离不超过一个半径（即几乎接触边界），塌缩时

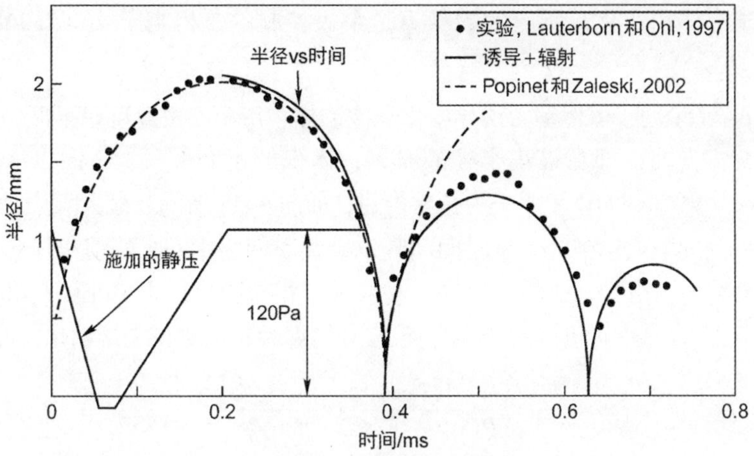

图 6-16　气泡破裂示意图

（Qin 等[36]计算的初始半径为 30mm 的气泡暴露在左下角一组压力时间史中的半径时间史。与 Lauterborn 和 Ohl[23]的测量结果进行比较，两个轴都是线性的。根据 Qin Z, Bremhorst K, Alehossein H, Meyer T. Simulation of cavitation bubbles in a convergent-divergent nozzle water jet. J Fluid Mech 2007；573：1-25 修订）

间与 Rayleigh 时间（式（6.50））的差异不超过 20%。此外。破裂时，气泡的变形使得远表面接近壁，而近表面相对于壁保持基本固定。Plesset 和 Mitchell[117]分析表明，虽然破裂的空腔形状是不稳定的，如前所述，靠近墙壁的膨胀空腔的形状基本保持球形。这与对水翼飞机的观察一致。因此，Rayleigh 坍塌时间构成了为流体动力诱导空化噪声谱定义空化时间尺度的重要基础。

6.4　单泡空化噪声理论

本节中，我们将讨论单气泡空化产生的经典理论。虽然空化噪声很少紧跟理论行为，以至无法从基本面上准确地预测，但经典理论为实验测得的声音提供了理论基础。它还从定性和参数上说明了经常观察到的辐射声的频谱形状，并且显示了当环境压力降低时空化噪声的突然出现。单气泡噪声理论也是流体动力行进气泡空化噪声的许多现代理论模型的基础[118]。因此，我们将详细考虑在无边界液体中环境压力脉动的影响下，气泡生长和破裂时发出的声音，并研究对气泡中可压缩气体噪声和液体可压缩性的理论影响。

6.4.1　声音对气泡历史阶段的依赖性

在处理空化噪声时，我们真正关心的是液体中空隙的时间变化所产生的噪声。由于有体积变化，所产生的噪声是单极控制的，相当于式（2.24b），要求$\dot{R}/c_0<1$。

图 6-17 说明了流体动力诱导空化气泡的体积历史。由此可以推断，当径向速度改变方向时，即在最小半径的时刻，体积加速度最大。该图以 Knapp 和 Hollander[83] 观察到的体积历史为指导构建，如图 6-11 所示。最大声压是在小于 $\tau_c/2$ 的时间间隔内达到的，该时间间隔以破裂瞬间为中心。峰值声压预计取决于时间尺度 τ_c，由式（6.50）可知，它取决于相对静水压力 $P(r)-P_v$ 和最大气泡半径。式（2.24b）可以对最大半径 R_M 和坍塌时间 τ_c 进行无量纲化，即

$$\frac{p_a(r/R_M,t/\tau_c)r}{P(r)}\frac{r}{R_M}=\frac{\partial^2(v/R_M^3)}{\partial(t/\tau_c)^2}$$

在下面的 $P(r)=P_0$ 中，取一个恒定的局部静压，在这个局部静压下，气泡会破裂。

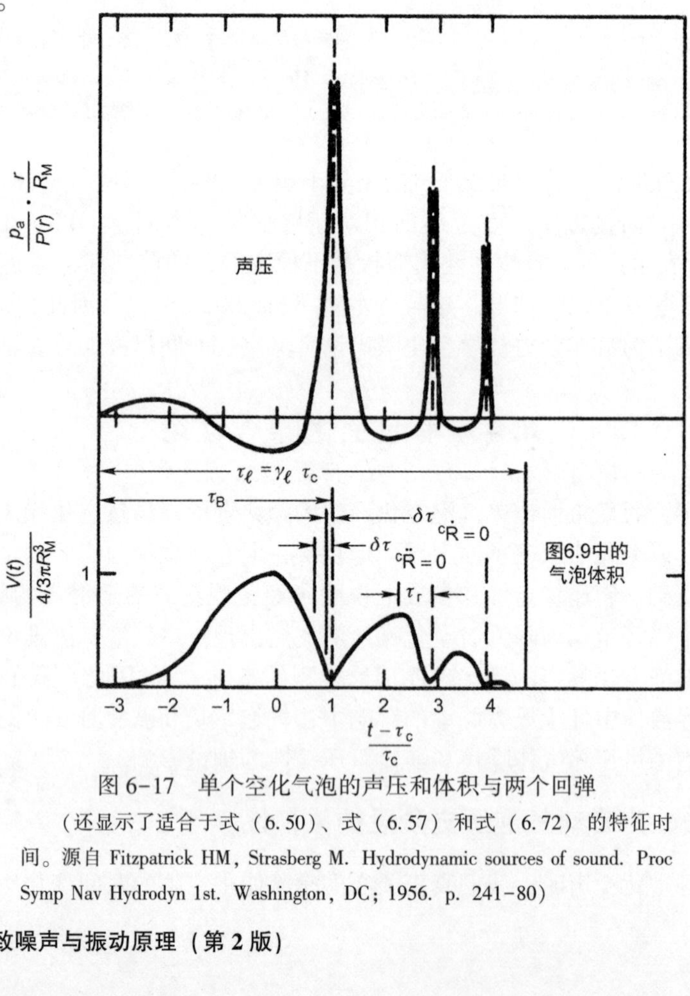

图 6-17　单个空化气泡的声压和体积与两个回弹

（还显示了适合于式（6.50）、式（6.57）和式（6.72）的特征时间。源自 Fitzpatrick HM, Strasberg M. Hydrodynamic sources of sound. Proc Symp Nav Hydrodyn 1st. Washington, DC; 1956. p. 241-80）

在频域中，声压的傅里叶变换（式（2.100））由以下公式给出

$$p_{\mathrm{a}}(r,\omega)=\frac{\rho_0}{4\pi r}\ddot{V}(\omega)\mathrm{e}^{\mathrm{i}k_0(r-a)} \tag{6.59}$$

其中（使用条件为$\lim_{T\to\pm\infty}\dot{V}(T)=\lim_{T\to\pm\infty}V(T)=0$）

$$\ddot{V}(\omega)=\frac{-\omega^2}{2\pi}\int_{-\infty}^{\infty}\mathrm{e}^{\mathrm{i}\omega t}v(t)\,\mathrm{d}t \tag{6.60a}$$

辐射声压的频谱密度为 Φ_{prad}

$$\tau_\ell\Phi_{\mathrm{prad}}(r,\omega)=S_p(r,\omega) \tag{6.60b}$$

式中：τ_ℓ是包括回弹在内的气泡的总寿命时间：$\tau_\ell\approx4-7\tau_{\mathrm{c}}$，见图 6-17；$S_p(r,\omega)$是一个频谱函数，最好通过将其与积分压力平方相关联来定义，而综合压力平方与寿命内的平均平方成正比，即 τ_ℓ：

$$\int p_{\mathrm{a}}^2(t)\,\mathrm{d}t=\tau_l\overline{p^2}=\int_{-\infty}^{\infty}S_p(r,\omega)\,\mathrm{d}\omega$$

函数 $S_p(r,\omega)$ 可以通过 2.6.2 节的方法由傅里叶系数$\ddot{V}(\omega)$ 形成。

$$S_p(r,\omega)=2\pi\,|p_{\mathrm{a}}(\omega)|^2=\frac{\rho_0^2}{8\,\pi r^2}|\ddot{V}(\omega)|^2$$

$S_p(r,\omega)$ 和 $\Phi_p(\omega)$之间的区别是因为每个空化事件都会发出一个压力脉冲，而这个压力脉冲可以被归结为一个与 $\tau_\ell p_{\mathrm{a}}^2$成正比的声能水平。如果这些事件的序列是以时间速率发生的，比如说$\dot{N}$，那么考虑一个功率函数和相关的均方压力是有意义的，它们具有以下关系：

$$\overline{P_{\mathrm{a}}^2}=\lim_{T-\infty}\frac{1}{2T}\int_{-T}^{T}p_{\mathrm{a}}^2(t)\,\mathrm{d}t=\dot{N}\int_{-\infty}^{\infty}S_p(r,\omega)\,\mathrm{d}\omega=\int_{-\infty}^{\infty}\Phi_{\mathrm{prad}}(r,\omega)\,\mathrm{d}\omega$$

对于单个事件，倒数 τ_ℓ^{-1}取代 $\dot{N}$，给出了等价的定义，如式（6.60b）。按照 1.5.2 节的方法，这些谱函数可以被改写成一对无量纲形式，并互换使用。让

$$\tau_{\mathrm{c}}\approx R_{\mathrm{M}}\sqrt{\rho_0/P_0} \tag{6.61}$$

那么

$$\frac{S_p(r,\omega)r^2}{P_0\rho_0R_{\mathrm{M}}^4}=\tilde{s}_p\left(\frac{r}{R_{\mathrm{M}}},\omega\tau_{\mathrm{c}}\right) \tag{6.62}$$

和

$$\frac{\Phi_{p_{\mathrm{rad}}}(r,\omega)r^2}{P_0^{\frac{3}{2}}\rho_0^{\frac{1}{2}}R_{\mathrm{M}}^3}=\widetilde{\Phi}\left(\frac{r}{R_{\mathrm{M}}},\omega\tau_{\mathrm{c}}\right) \tag{6.63}$$

和

$$\widetilde{S}_p(r/R_{\mathrm{M}},\omega\tau_{\mathrm{c}})=\tau_\ell R_{\mathrm{M}}\sqrt{\rho_0/P_0}\,\widetilde{\Phi}_{p_{\mathrm{rad}}}(r/R_{\mathrm{M}},\omega\tau_{\mathrm{c}})$$

Fitzpatrick 和 Strasberg[119]是第一批确定空化气泡辐射声频谱的人。利用图 6-17 所示的压力-时间历程，就能够进行必要的傅里叶变换。所得的声谱如图 6-18 所示。在破裂历史中，有三个不同的频率区域与相应的时区相连。

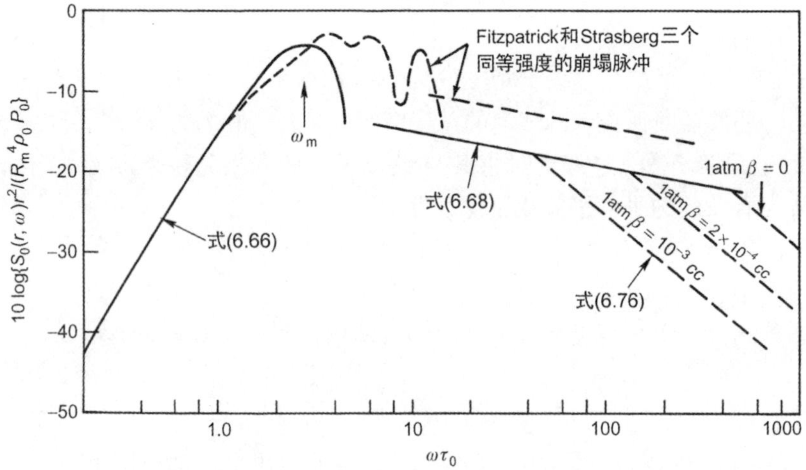

图 6-18　单个空化气泡产生的声压的理想频谱函数

如图 6-9 和图 6-14 所示。源自 Fitzpatrick HM, Strasberg M. Hydrodynamic sources of sound. Proc Symp Nav Hydrodyn 1st. Washington, DC; 1956. p. 241-80.）

在下面的讨论中，我们将使用上一节的渐近法来确定气泡历史中有助于相应频率范围的某些部分。为了进行计算，需要注意的是，气泡体积中时间历史的某些元素可以被分割成一个持续时间 $\Delta\tau_n$ 的时间间隔序列，即

$$v(t)=\sum_{n=0}^{N} v_n(t)_{\mathcal{U}}(t,\Delta\tau_n) \tag{6.64}$$

其中，单位函数 $u(t,\Delta\tau_n)$ 只有在区间 $|t-t_n|<\tau_n$ 内为 1，否则为 0。函数 $v_n(t)$ 是一个幂律表达式，用于近似气泡在连续区间 $\Delta\tau_n$ 中的运动。本章最后的附录说明了这种计算方法。基本上，如果 $v_n(t)$ 的形式为

$$v_n(t)=\begin{cases}a_n(t-t_n)^m, & t>t_n\\ 0, & t<t_n\end{cases} \tag{6.65a}$$

那么只要 $\omega\Delta\tau_n>1$ ，如附录中得出

$$V_n(\omega)\approx\frac{a_n\Gamma(m+1)}{2\pi(\mathrm{i}\omega)^{m+1}},\frac{\Delta\tau_n\omega}{2}>1 \tag{6.65b}$$

现在，我们将考虑图6-18中的具体频率范围，这些频率范围与图6-17中强调的，并在6.3.2节中得出的气泡历史中的各种事件相一致。

(1) 低频：$\omega\tau_c<1$, $\omega\tau_\ell<1$。在这种情况下，式（6.60a）只给出了

$$\ddot{V}(\omega)\approx-\frac{\omega^2}{2\pi}\int_0^\infty V(t)\,\mathrm{d}t=-\frac{\omega^2\tau_\ell}{2\pi}\bar{V}(t)$$

因此

$$S_p(r,\omega)\approx\frac{\tau_l^2\omega^4\rho_0^2\bar{V}^2}{32\,\pi^3r^2}\tag{6.66}$$

其中，$\bar{V}=\int_0^\infty V(t)\,\mathrm{d}t\approx-1.3V_{\mathrm{M}}\tau_c$。

(2) 最大强度的频率：$\omega\tau_\ell>\omega\tau_c>1$。在这种情况下，破裂的细节并不重要，初始的气泡寿命可以用以下方法来近似计算

$$V(t)\approx V_{\mathrm{M}}\cos\left(\frac{t-\tau_c}{\tau_c}\frac{\pi}{2}\right),\quad -\tau_c<t<\tau_c$$

因此

$$V(\omega)\approx\frac{V_{\mathrm{M}}\tau_c}{2}\frac{\cos(\omega\tau_c)}{(\pi/2)^2-(\omega\tau_c)^2}$$

以至

$$\frac{S_p(r,\omega)r^2}{R_{\mathrm{M}}^4\rho_0P_0}\approx\frac{\pi}{18}(\omega\tau_c)^4\left[\frac{\cos(\omega\tau_c)}{(\pi/2)^2-(\omega\tau_c)^2}\right]^2\tag{6.67}$$

还有一个来自反弹的贡献，它使 $V(\omega)$ 增加，其形式为

$$V_{\mathrm{r}_n}\tau_{\mathrm{r}_n}\frac{\cos(\omega\tau_{\mathrm{r}_n}/2)}{(\pi/2)^2-(\omega\tau_{\mathrm{r}_n}/2)^2}\mathrm{e}^{-\mathrm{i}\omega[2\tau_c-(n-1)\tau_{n-1}]}$$

式中：τ_{r_n} 为连续反弹的破裂时间。由于回波贡献中的相位因素，在 $\tau_c\omega\approx\pi$ 的最大频谱电平附近的某些频率可能存在一定的干扰。图6-18是 Fitzpatrick 和 Strasberg[119] 计算的三个相等的回波对频谱影响的例子。

(3) 中等频率：$\omega\tau_\ell>\omega\,(\delta\tau_c)_{\dot{R}=0}>1$。如6.3.2节所述，该频率范围受到由恒定气泡壁速度控制的破裂阶段的限制。在这个范围内，我们使用近似函数，式（6.65b）与式（6.58）

$$|\ddot{V}(\omega)|\approx\frac{2V_{\mathrm{M}}\tau_c}{(2\pi)(\omega\tau_c)^{1/5}}$$

并以式（6.63）表示。

$$\frac{S_p(r,\omega)r^2}{R_M^4\rho_0 P_0}\approx\frac{2.4}{9\pi}(\omega\tau_c)^{-2/5} \tag{6.68}$$

（4）由不凝性气体控制的高频：$\omega\tau_c>\omega(\delta\tau_c)_{\dot{R}=0}\gg 1$。在这种情况下，由式（6.55）和式（6.68）可得

$$|V_n(\omega)|\approx\frac{V_M\tau_c}{16\pi}\left(\frac{R_m}{R_M}\right)^3\left(\frac{\tau_c}{(\delta\tau_c)_{\dot{R}=0}}\right)^2\frac{720}{(\omega\tau_c)^7}$$

$$\frac{S_p(r,\omega)r^2}{\rho_0 P_0 R_M^4}\approx 3.6\times10^5\left(\frac{R_m}{R_M}\right)^6\left(\frac{\tau_c}{(\delta\tau_c)_{\dot{R}=0}}\right)^4(\omega\tau_c)^{-10},\quad \omega(\delta\tau_c)_{\dot{R}=0}\gg 1 \tag{6.69}$$

该时间常数由式（6.57）给出。式（6.69）显示频谱水平随频率的变化而迅速下降，代表频谱上存在一个频率上限。这种频带限制是一个指标，频率上限保证了频谱代表有限能量的声脉冲。利用图 6-13（$\gamma=1.4$）中的 R_m/R_M 值$(\delta\tau_c)_{\dot{R}=0}$在最大半径为 $P_{g0}/P(r)\approx10^{-3}$ 时，气泡中气体分压的粗略数值估计为

$$\tau_c/(\delta\tau_c)_{\dot{R}=0}\sim 6\times10^3$$

这意味着，当 $\omega\tau_c>6000$ 时，声频将受到频段限制。

6.4.2　可压缩液体中的球面破裂

周围液体的可压缩性限制了从塌陷气泡发出的高频声音，当周围液体中悬浮的小气泡浓度增加时，这种效果就变得更加重要。这些悬浮的气泡，即使不空化，也会改变声音的传播，因此当气泡壁速度在崩溃的最后阶段变成超声速时，产生的声音脉冲呈现如图 6-19 所示的理论形式。形成“N”波是因为一些声能最初以大于环境声速值的速度传播。这种声音超过了以速度 c_0 传播的声音，直到由于几何传播，高速粒子速度减慢到 c_0。“N”波然后作为脉冲波形传播，类似于振幅 p_0 和时间宽度 δt_s 的斜坡函数。

在不可压缩的液体中，控制破裂最后阶段壁面速度的气泡动力学条件可以从前面描述的气泡运动方程推导出来。

通过代入式（6.2）和式（6.52）转化为式（6.3），可以得出气泡壁的加速度 $\ddot{R}$ 的表达式。最大速度 $\dot{R}$ 由 $\ddot{R}=0$ 的条件决定，此时气泡半径的瞬时值为

$$\left(\frac{R_M}{R}\right)_{\dot{R}=0}=\left[\frac{\gamma-1}{\gamma}\frac{P(r)-P_v}{P_{go}}\right]^{1/3(\gamma-1)} \tag{6.70}$$

式中：$P_{g0}/P(r)$ 项已被忽略，而不是统一。将最大壁面速度代入式（6.51）中可以得

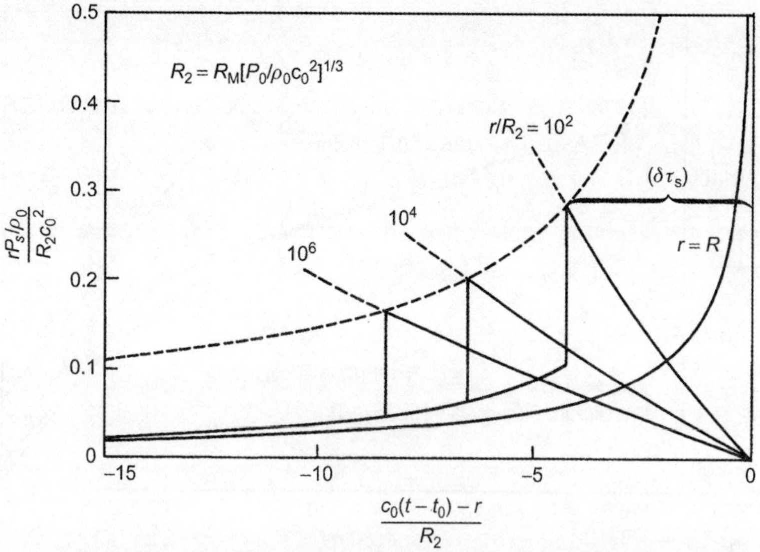

图 6-19　蒸汽腔发出的发展中冲击波的压力脉冲

（在可压缩的液体中破裂。脉冲显示为迟缓时间变量的函数。在离气泡壁的连续距离上。数值来源于 Mellen RH. Spherical pressure waves of finite amplitude from collapsing cavities. Rep. No. 326. U. S. Navy Underwater Sound Lab. New London, CT; 1956; curves are adapted from Fitzpatrick HM, Strasberg M. Hydrodynamic sources of sound. Proc Symp Nav Hydrodyn 1st. Washington, DC; 1956. p. 241-80.）

$$\left(\frac{\dot{R}}{c_0}\right)_{\max} \approx \left(\frac{P(r)-P_{\mathrm{v}}}{\rho_0 c_0^2}\right)^{1/2} \left\{\frac{2}{3}\left(\frac{\gamma-1}{\gamma}\right)\left[\left(\frac{\gamma-1}{\gamma}\right)\left(\frac{P(r)-P_{\mathrm{v}}}{P_{\mathrm{g0}}}\right)\right]^{1/(\gamma-1)}\right\}^{1/2} \tag{6.71}$$

式（6.71）在图 6-20 中画出了两条环境压力值的曲线，该图应与图 6-12 一起研究。该关系表明，极限速度既受可能发生的热传递量的影响，也受空腔中气体分压的影响。当 P_{g0} 减小到零时，壁面马赫数无限增大。然而，这个简单的理论所显示的增加率并不明显。液体的可压缩性限制了这一过程；Hickling 和 Plesset[92] 给出的 $\dot{R}$ 值计算值表明，当环境压力为 1～10atm 时，$P_{\mathrm{g0}}/P(r)<10^{-4}$ 时，$\dot{R}/c_0$ 理论上不会超过 1。但是，对于气泡壁马赫数仅超过 0.1 且（$P_{\mathrm{g0}}/P(r)$）高达 10^{-2}atm 时，水的可压缩性变得很重要。这个结果可以通过注意到当 $\dot{R}/c_0>0.1$ 时，简单的理论式（6.55）给出了一个相应的近似半径来概括。

$$\frac{R}{R_{\mathrm{M}}} \approx 4\left(\frac{P(r)}{\rho_0 c_0^2}\right)^{1/2}$$

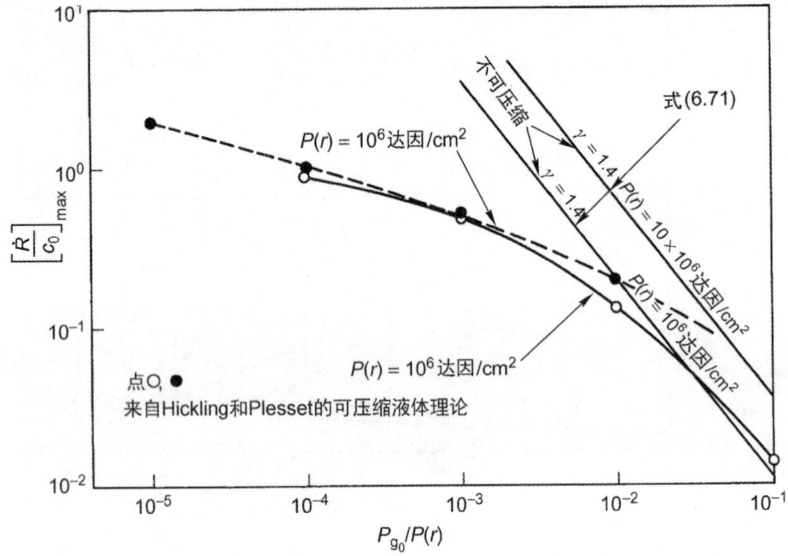

图 6-20　最大泡壁马赫数作为初始内部气体压力和静水压力的函数（绝热破裂）

破裂前的大概时间

$$\frac{\delta\tau_s}{\tau_c} \approx 40\left[\frac{P(r)}{\rho_0 c_0^2}\right]^{5/6} \tag{6.72}$$

由式（6.58）给出。因此当 $t-\tau_c<\delta\tau_s$时，声压脉冲的波形将开始变形，并逐渐形成“N”形波。对于水中的气泡，在 $P(r)=1$ 和 10atm 情况下，此时的半径分别为 $0.15R_M$和 $0.31R_M$。对图 6-15 的考察表明，这些气泡尺寸足够小，气泡的传热程度也会受到影响，这一点由对 γ 的额外依赖性所表明。对于像完全破裂前的事件这样短的时间历程，过程应该是绝热的。Fitzpatrick[120] 对 $\delta\tau_s$ 提出了类似的标准，但基于半径的分析函数 $R(t)$ 与这里使用的不同。主要是由于这一点，他的时间 $\delta\tau_s$ 比发现的时间短了 2 倍。因此，一个好的规则是式（6.72）中的常数取在 20~40。

根据图 6-21，$\delta\tau_s$取决于与气泡的距离；在较大的距离下，似乎是当 $P_v>p=P_0-p_0$时，将发生气泡空化。

$$\frac{\delta\tau_s c_0}{R_M[P(r)/\rho_0 c_0^2]^{1/3}} \approx 9 \tag{6.73}$$

这大约相当于

$$\frac{\delta\tau_s}{\tau_c} \approx 9\left[\frac{P(r)}{\rho_0 c_0^2}\right]^{5/6} \tag{6.74}$$

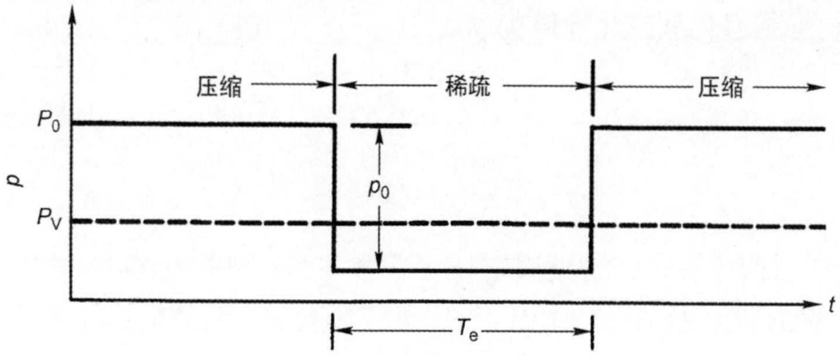

图 6-21　空化声假设模型中使用的压力-时间历史

与另一种结果比较，式（6.72）表明，数值系数（9 或 40）实际上只是一个“球位”值，图 6-19 所示的斜坡状冲击诱导波形的包络线为（虚线）。

$$p(t)=p_0\mathrm{e}^{-|t|/\alpha}$$

而这些都具有时间上的相关性

$$\overline{p(t)p(t+\tau)}=p_0^{2-|\tau|/\alpha} \tag{6.75}$$

从而得到自动频谱密度

$$\Phi_{pa}(\omega)=\frac{1}{2\pi}\frac{p_0^2\alpha}{1+(\omega\alpha)^2} \tag{6.76}$$

其中，$\alpha=\delta\tau_s$ 由式（6.72）或式（6.74）给出。在图 6-18 中画了几条线，它们对应于纯水的 $p_0c_0=20000\mathrm{atm}$ 和对应于所示气泡混合物的其他声速值。

用式（6.22）和式（6.30）以及表 6-1 来计算声速。可以看出，适度浓度的自由气泡可以极大地影响高频频谱水平。在水隧道设施中[98,121]，在不饱和的水中，体积浓度 $\beta<10^{-7}$ 是可以预期的；就空化噪声频谱而言，这种流体基本上是纯水。

Fitzpatrick 和 Strasberg[119]、Ellis[122] 和 Brennan[2] 回顾了冲击波存在的实验证据。一般来说，冲击已经被观察到，并与火花诱导的气泡球形破裂有关；然而，Ellis[122] 也观察到冲击的形成来自非对称的气泡在表面破裂，以及从气泡群中破裂。也可参见 Brennan[2] 的评论。然而，在流体动力诱发的空化现象中还没有这样的观察。Harrison[102] 很早就推断出了单泡破裂声谱中 ω^{-2} 行为的证据，他在示波器上观察到了文丘里管中水力诱导空化产生压力脉冲的时间历史波痕。ω^{-2} 依赖性的极限频率可以用无量纲形式表示

$$\frac{\omega_s}{\omega_m}\approx\frac{1}{27}\left[\frac{\rho_0c_m^2}{P(r)}\right]^{5/6} \tag{6.77}$$

式中：c_m 为周围流体中的声速，或者用空化指数来定义（另见第 2 卷第 1 章

“水动力诱导的空化和空化噪声”）。

$$K-(P(r)-P_{\mathrm{v}})/\frac{1}{2}\rho_0U_\infty^2,P_{\mathrm{v}}\ll P_\infty$$

$$\frac{\omega_{\mathrm{s}}}{\omega_{\mathrm{m}}}\approx\frac{1}{15}[KM^2]^{-5/6} \tag{6.78}$$

其中，对于这两个方程，已经假定 $\omega_{\mathrm{m}}\tau_{\mathrm{c}}\approx 3$（图 6-18 和式（6.61））定义了最大谱级的频率，$M=U_\infty/c_{\mathrm{m}}$，其中 U_∞ 是流体相对于身体的速度。

6.4.3　空化发展中的噪声特征

随着空化的发展，参与气泡大小的增加，移动声音频谱到更高的水平和较低的频率。这种行为是典型的所有类型的空化在实际情况下观察到的，虽然频谱行为的细节可能会有很大不同。空化噪声的特点是将其与其他形式的噪声区别开来。流动诱导噪声的特点是其突然发生，随着早期空化发展而迅速增加，随着空化的进一步充分发展而适度增加，随着空化发展，声谱向低频转移。当气泡根据 6.2.2 节的理论发展时，可以通过检查单气泡空化噪声的理论行为来举例说明这些特征。声音可以用参数 R_{M}、ρ_0、P_0 和导致气泡增长的压力脉动的时间尺度来描述。我们假设，一个气泡受到一个量级为 p_0 的压力膨胀的影响，持续时间为 T_{e}。在这段时间内，如图 6-21 所示，气泡增长到半径 R_{M}；当稀疏度压力增加到零，使气泡周围的压力恢复到环境压力 P_0 时，气泡破裂。只要 T_{e} 长于气泡的自然振荡周期 $2\pi/\omega_0$，就会出现 6.2.2 节所述的初始气泡生长。

由式（6.44）可知，对于 $P_0-p_0<P_{\mathrm{v}}$ 所达到的最大气泡半径将按以下比例进行调整。

$$R_{\mathrm{M}}\approx T_{\mathrm{e}}\left(\frac{P_{\mathrm{v}}-(P_0-p_0)}{\rho_0}\right)^{1/2}$$

式中：P_0-p_0 代表泡壁压力的绝对值。空化的增长假定是由环境压力 P_0 的降低或负压脉冲 $-p_0$ 的幅度增大而发生的，时间 T_{e} 假定为任意恒定。

最大半径 R_{M} 的气泡的破裂时间由式（6.61）给出。如果在 6.4.1 节中，我们假设气泡空化的速度 $\dot{N}$ 不随 P_0 或 p_0 的变化而变化，那么来自气泡集合的时间平均远场声功率将是 $\dot{N}$ 乘以集合辐射的总声能

$$\mathbb{P}_{\mathrm{rad}}(\omega,\Delta\omega)=\dot{N}\frac{4\pi r^2}{\rho_0c_0}S_p(r,\omega)$$

因此，从参数上看，随着 $\tau_{\mathrm{c}}\sim T_{\mathrm{e}}\sqrt{(P_{\mathrm{v}}-P_0+p_0)/P_0}$ 有

$$\mathbb{P}_{\rm rad}(\omega,\Delta\omega)\sim\frac{\dot{N}P_0^3(T_{\rm e})^4}{\rho_0^2c_0}\left\{\frac{P_{\rm v}-(P_0-p_0)}{P_0}\right\}^2\Delta\omega\,\widetilde{S}_p\left(r,\omega T_{\rm e}\sqrt{\frac{P_{\rm v}-(P_0-p_0)}{P_0}}\right)$$

然后，声功率级 L_n 可以用无量纲形式写成取决于 P_0 和 p_0 的形式。

$$L_n(\omega,\Delta w)\sim10\log\Delta\omega+20\log\left(\frac{P_{\rm v}-P_0+p_0}{P_0}\right)+30\log P_0+S_n\left(\omega T_{\rm e}\sqrt{\frac{P_{\rm v}-(P_0+p_0)}{P_0}}\right) \tag{6.79}$$

式中：$S_n(\Omega)$ 是与式（6.62）中的 $10\log\widetilde{S}_p(r,\omega)$ 成正比的无量纲谱函数，用无量纲频率 $\Omega=\omega T_{\rm e}\sqrt{(P_{\rm v}-P_0+p_0)/P_0}$ 表示。在这种形式下可以看出，整体声功率水平取决于参数 P_0、$P_{\rm v}$ 和 p_0，即

$$L_n\sim30\log P_0+15\log\left(\frac{P_{\rm v}-P_0+p_0}{P_0}\right) \tag{6.80}$$

其中，为简单起见，已假定 $P_0>P_{\rm v}$。根据图 6-9，当比例稀疏振幅较大，即 $A=p_0/P_0$ 时，式（6.43）和式（6.44）所描述的非线性运动发生。我们将假设式（6.44），因此上述 $L_n(\omega,\Delta\omega)$ 的关系，适用于所有的 $A>1$。在推导式（6.79）和式（6.80）的过程中，我们可以看到，大尺度的振幅，也就是说，对于 $\dot{N}$ 事件率被假定为恒定。然而在一个更完整的理论，也可能取决于参数。目前，还没有普遍接受的关系。

图 6-22 显示了辐射声的功率谱密度是如何增加的。随着空化的发展，低频声功率的显著增加是所有类型的超声空化和水力空化的典型特征。在该模型中，初始状态或空化阈值被视为 $A=1$，空化噪声随着 A 的增加而快速上升是函数 $20\log(A-1)$ 的结果。总的声功率级也显示了这种行为，但在图 6-23 中，L_n 随 A 的增加速率趋于平缓，为 $A\gg1$。这可以看作一个完全发展的空化状态。当 P_0 增加，p_0 阈值也会增加，但其曲线由于 $30\log P_0$ 的数值较大，L_n 和 p_0 的关系相互交叉。

可以很容易地得出与流体力学引起的空化平行的结论。由于稀疏与伯努利压力降低 $\frac{1}{2}\rho_0U^2$ 有关，式（6.79）和式（6.80）中的 p_0 可以用与 $\frac{1}{2}\rho_0U^2$ 成正比的压力代替。图 6-23 显示，当 p_0 比起始值增加 2 倍时，声功率增加 20dB。这种压力的增加只需一个系数就可以引起 $\sqrt{2}\approx1.4$（或 40%）的速度增加。因此空化噪声的 L_n 速度依赖性将比任何非空化噪声明显得多。为了说明这一点，我们将 $p_0=\frac{1}{2}\rho_0U^2$ 代入，这样就可以得

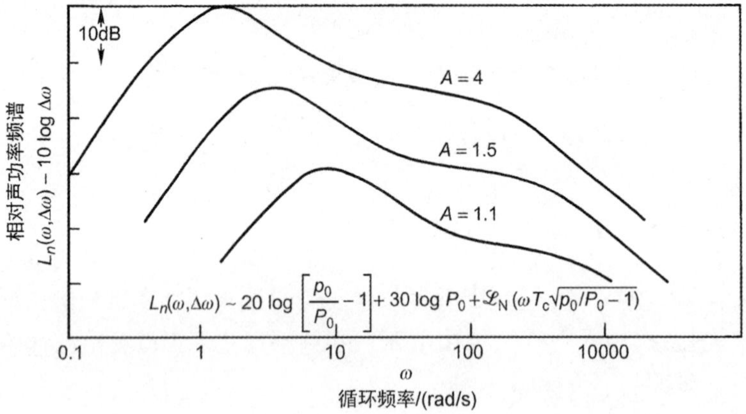

图 6-22　水动力压力脉动引起的理想空化噪声的声压谱

(持续时间 T_e、振幅 $p_0 = Ap_0$，相对于任意参考，图 6-21 所示的变稀压力$-p_0$的 T_e和 P_0 是固定的，空化率也是固定的。$p_v/P_0 \ll p_0/P_0 - 1$ 所示的例子)

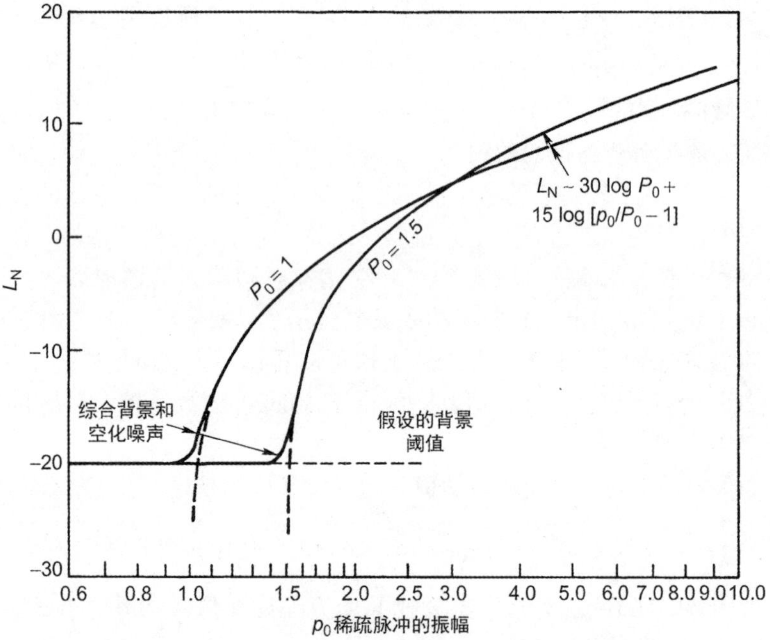

图 6-23　与图 6-22 相同声源类型的总声功率级（任意参考）

(在两个 P_0值和假设固定的任意 T_e值的情况下，L_n作为 p 函数的计算值)

$$\frac{U^2}{U_i^2}=\frac{\frac{1}{2}\rho_0 U^2}{P_0}$$

式中：U_i是 $p_0=P_0$（或 $A=1$）的速度，这就得到了式（6.80），其形式为

$$L_n \sim 30\log P_0+15\log[(U/U_i)^2-1] \tag{6.81}$$

在这个例子中，U_i是刚发生气蚀的起始速度。对于 $U/U_i<1.3$ 来说，对速度的隐含依赖性至少为 $130\log U$，而在更大的速度下依赖性较小，如图 6-23 所示。

这些简单的概念在插图集中得到了体现。图 6-24 描述了水翼飞机上流体动力气泡空化的空化开始和声辐射的一般行为。这种空化是作为一系列“事件”而发生的，这些“事件”环境（微）气泡与通过水翼低压区的对流有关。当局部压力降低到临界值式（6.41）以下时，空化现象的发生表示为无量纲空化指数 K，其定义如下：

$$K=\frac{P_\infty-P_v}{\frac{1}{2}\rho_0 U_\infty^2} \tag{6.82}$$

式中：P_∞ 为水翼船附近的环境静压；U_∞ 为水的相对速度，以及边界层和其他实际流体效应（见第 2 卷第 7 章“水动力诱导的空化和空化噪声”）被忽略。当最小压力等于临界压力时，就会发生空化现象；即无论在什么地方

$$P_{\min}=P_{\text{crit}}$$

或用无量纲表示为

$$\frac{P_{\min}-P_\infty}{\frac{1}{2}\rho_0 U_\infty^2}=\frac{P_{\text{crit}}-P_\infty}{\frac{1}{2}\rho_0 U_\infty^2}$$

加减蒸汽压 P_v，可得

$$\frac{P_{\min}-P_v}{\frac{1}{2}\rho_0 U_\infty^2}-\frac{P_\infty-P_v}{\frac{1}{2}\rho_0 U_\infty^2}=\frac{P_{\text{crit}}-P_\infty}{\frac{1}{2}\rho_0 U_\infty^2}$$

或由于如图 6-8 所示，对于足够大的泡核，$P_v\approx P_{\text{crit}}$，那么只要 $(P_\infty)_i$ 及 $P_{\min}=(P_{\min})_i=P_v$就会发生空化。因此

$$\frac{(P_\infty)_i-P_v}{\frac{1}{2}\rho_0 U_\infty^2}=\frac{[P_\infty-P_{\min}]_i}{\frac{1}{2}\rho_0 U_\infty^2}$$

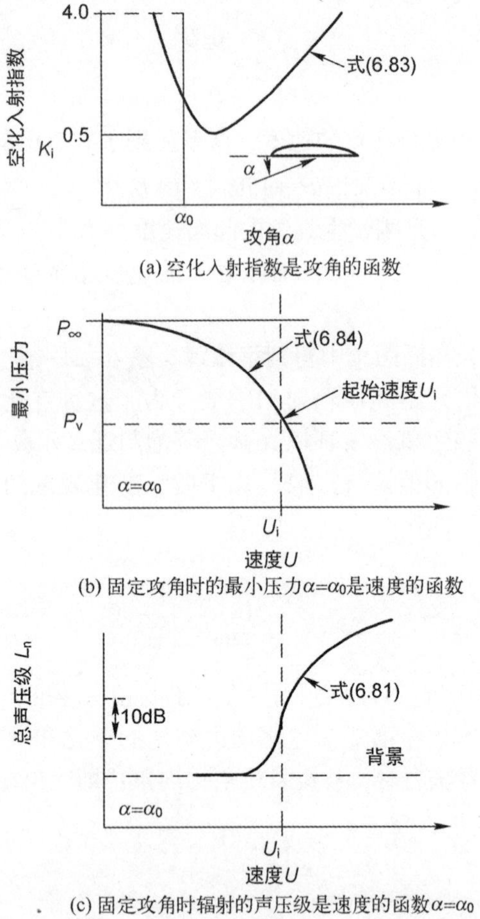

(a) 空化入射指数是攻角的函数

(b) 固定攻角时的最小压力$\alpha=\alpha_0$是速度的函数

(c) 固定攻角时辐射的声压级是速度的函数$\alpha=\alpha_0$

图 6-24　空化开始的典型行为说明

或引入初始空化指数和压力系数。

$$K_i = [-C_p]_{min} \tag{6.83}$$

式中：$[C_p]_{min}$为最小压力系数。因此，在这个简单运动中，只要水翼上的空化指数等于$[-C_p]_{min}$，就会发生空化现象。如图 6-24（a）所示，入射指数取决于水翼的攻角，因为在给定厚度分布和倾角的情况下，最小压力将随攻角而增减。

只要表面的最小压力系数为负值，在固定的环境压力 P_∞ 下，最小值的大小将随着速度的增加而减小，根据这个概念，因为

$$P_{min} = \frac{1}{2}\rho_0 U^2 [C_p]_{min} + P_\infty \tag{6.84}$$

和 $[C_p]_{\min}$小于零。这种行为在图 6-24（b）中描述了某些特定攻角的情况。空化是在临界速度 U_i处开始的，使 $P_{\min}=[P_{\min}]_i=P_v$，空化开始时的声功率级 L_n将遵循一个趋势，如式（6.81）所给出的，但更多的是表示为

$$L_n \approx 30\log P_\infty + S(U/U_i), \quad U/U_i > 1.0$$

式中：函数 $S(U/U_i)$将取决于与实际空化流动相关的许多因素。然而，它一般会与图 6-23 或图 6-24（c）所示的行为在本质上相似。

真实的水动力空化和空化噪声的行为比这里所展示的更为复杂。尽管有这些复杂性，然而，一般行为在本质上非常像图 6-22、图 6-23 和图 6-24 所示。真实的流体运动涉及黏性效应、表面粗糙度、成核物理学的变化，这些都会改变起始指数 K_i、函数 $S(U/U_i)$和空化噪声的频谱含量的值。这些因素都将在第 2 卷第 1 章“水动力诱导的空化和空化噪声”中讨论。

6.5　附录：近似频谱函数的推导方法

在 6.4.1 节中，强调了各种时间间隔，以强调气泡破裂的不同方面。这些时间将有相应的频率间隔，决定了 $S_p(r,\omega)$的频谱形式。为了隔离气泡寿命中的每一个事件，瞬时体积将由 N 个函数的总和来近似，这些函数组合起来近似原始 $v(t)$，即

$$\boldsymbol{v}(t) = \sum_{n=0}^{N} \boldsymbol{v}_n(t)_u(t, \Delta T_n) \tag{6.A1}$$

式中：$v_n(t)$的函数形式由式（6.65a）给出。

$$\boldsymbol{v}(t) = a_n(t-t_n)^m = 0 \tag{6.A2}$$

并且如图 6-A1 所示。单位函数 $u_n(t,\Delta\tau_n)$ 的定义是这样的，即

$$u(t,\Delta\tau_n) = 1, \qquad t_n < t < t_n + \Delta\tau_n$$

$$u(t,\Delta\tau_n) = 0, \quad t \text{ 在时间间隔之外}$$

图 6-A1 说明了一般描述气泡的最大体积、破裂和回弹阶段的函数使用，这些函数在图 6-15 和图 6-17 中被强调。

对式（6.A1）的第 n 个贡献进行傅里叶变换，得

$$V_n(\omega) = \frac{1}{2\pi}\int_0^\infty \boldsymbol{v}_n(t) u(t,\Delta t) e^{i\omega t} dt$$

$$= \int_{-\infty}^\infty \widetilde{V}_n(\Omega) u_n(\omega - \Omega) d\Omega \tag{6.A3}$$

其中

$$\widetilde{\boldsymbol{v}}_n(\Omega) = \frac{1}{2\pi}\int_0^\infty e^{i\omega t} u_n(t) dt$$

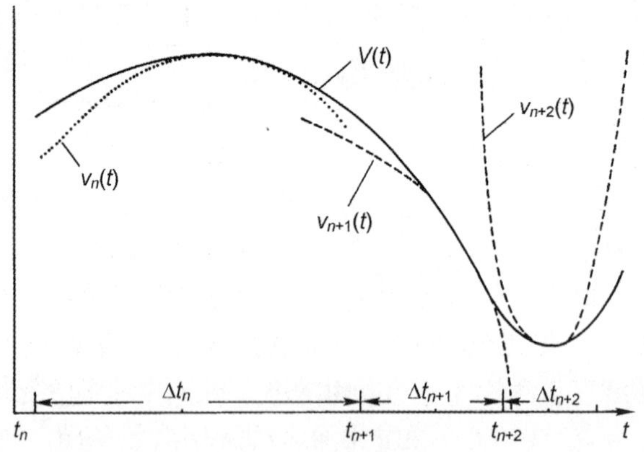

图 6-A1　从式（6.64）开始，用于编制 6.4.1 节方程的系列近似图

和

$$U_n(\omega)=\frac{1}{2\pi}\int_{-\Delta\tau_n/2}^{1/2\Delta\tau_n/2}\mathrm{e}^{\mathrm{i}\omega t}\mathrm{d}t$$

$$=\frac{\Delta\tau_n}{2\pi}\left(\frac{\sin\Delta\tau_n\omega/2}{\Delta\tau_n\omega/2}\right) \tag{6. A4}$$

傅里叶变换 $\widetilde{V}_n(\omega)$ 对于任意非整数的 m 值，只有在 $\omega=\omega+\mathrm{i}\delta$ 极限中才是正式收敛的，对于这个极限，δ 必须是正值，而且它可以任意取小，即 $\delta\to0^+$。因此在这个极限中

$$\widetilde{V}(\omega)=\frac{a_n\Gamma(m+1)}{2\pi(\mathrm{i}\omega)^{m+1}}m>-1 \tag{6. A5}$$

式中：$\Gamma(m+1)$ 为伽马函数。它有以下数值评估所需的近似值：

$$\Gamma(1+3(0.4))=\Gamma(2.2)\sim1\quad 式(6.71)$$

$$\Gamma(1+3(2))=\Gamma(7)=6=720\quad 式(6.72)$$

因此，对于任何区间，式（6. A3）~式（6. A5）给出了

$$V_n(\omega)\ \sim\int_{-\infty}^{\infty}\frac{a_n\Gamma(m+1)}{2\pi(\mathrm{i}\Omega)^{m+1}}\frac{\Delta\tau_n}{2\pi}\frac{\sin\Delta\tau_n(\omega-\Omega)/2}{\Delta\tau_n(\omega-\Omega)/2}\mathrm{d}\Omega \tag{6. A6}$$

在极限为 $\omega\Delta\tau_n>1$ 时，我们进行了由式（2.128）给出的近似，因此式（6. A6）可以用近似形式进行正式评估

$$V_n(\omega)\sim-\frac{a_n\Gamma(m+1)}{2\pi(\mathrm{i}\omega)^{m+1}},\qquad \frac{\Delta\tau_n\omega}{2}>1 \tag{6. A7}$$

参考文献

[1] Knapp RT, Daily J, Hammitt FG. Cavitation. New York: McGraw-Hill; 1970.

[2] Brennan CE. Cavitation and bubble dynamics. Oxford; 1995.

[3] Brennan CE. Hydrodynamics of pumps. Oxford; 1994.

[4] Leighton TG. The acoustic bubble. Academic Press; 1994.

[5] Carlton J. Marine propellers and propulsion. Elsevier; 2012.

[6] Plesset MS, Prosperetti A. Bubble dynamics and cavitation. Annu Rev Fluid Mech 1977; 9: 145-85.

[7] Feng ZC, Leal LG. Nonlinear bubble dynamics. Annu Rev Fluid Mech 1997; 29: 201-43.

[8] Arndt REA. Cavitation in fluid machinery and hydraulic structures. Annu Rev Fluid Mech 1981; 13: 273-328.

[9] Arndt REA. Cavitation in vortical flows. Annu Rev Fluid Mech 2002; 34: 143-75.

[10] Blake JR, Gibson DC. Cavitation bubbles near boundaries. Annu Rev Fluid Mech 1987; 19: 99-123.

[11] Prosperetti A. Vapor bubbles. Annu Rev Fluid Mech 2017; 49: 221-48.

[12] Rayleigh L. On the pressure developed in a liquid during the collapse of a spherical cavity. Philos Mag 1917; 34: 94-8.

[13] Plesset MS. The dynamics of cavitation bubbles. J Appl Mech 1949; 16: 277-82.

[14] Neppiras EA, Noltingk BE. Cavitation produced by ultrasonics: theoretical conditions for the onset of cavitation. Proc Phys Soc London Sect B 1951; 64: 1032-8.

[15] Neppiras EA, Noltingk BE. Cavitation produced by ultrasonics. Proc Phys Soc London Sect B 1950; 63: 674-85.

[16] Commander KW, Prosperetti A. Linear pressure waves in bubbly liquids: comparison between theory and experiments. J Acoust Soc Am 1989; 85: 732-46.

[17] Houghton G. Theory of bubble pulsation and cavitation. J Acoust Soc Am 1963; 35: 1387-93.

[18] Blue JE. Resonance of a bubble on an infinite rigid boundary. J Acoust Soc Am 1967; 41: 369-72.

[19] Howkins SD. Measurements of the resonant frequency of a bubble near a rigid boundary. J Acoust Soc Am 1965; 37: 504-8.

[20] Shima A. The natural frequency of a bubble oscillating in a viscous compressible liquid. J Basic Eng 1970; 92: 555-62.

[21] Strasberg M. The pulsation frequency of non-spherical gas bubbles in liquids. J Acoust Soc Am 1953; 25: 536-7.

[22] Lauterborn W, Bolle H. Experimental investigations of cavitation bubble collapse in the

neighbourhood of a solid boundary. J Fluid Mech 1975; 72: 391-9.

[23] Lauterborn W, Ohl C-D. Cavitation bubble dynamics. Ultrason Sonochem 1997; 4: 65-75.

[24] Chang NA, Ceccio SL. The acoustic emissions of cavitation bubbles in stretched vortices. J Acoust Soc A 2011; 130: 3209-19.

[25] Plesset MS, Hsieh D. Theory of gas bubble dynamics in oscillating pressure fields. Phys Fluids 1960; 3: 882-92.

[26] Keller JB, Miksis MJ. Bubble oscillations of large amplitude. J Acoust Soc Am 1980; 68: 628-33.

[27] Prosperetti A, Lezzi A. Bubble dynamics in a compressible fluid, Part 1, First-order theory. J Fluid Mech 1986; 168: 457-78.

[28] Strasberg M. Gas bubbles as sources of sound in liquids. J Acoust Soc Am 1956; 28: 20-6.

[29] Minnaert M. On musical air bubbles and the sounds of running water. Philos Mag 1933; 16: 235-48.

[30] Devin Jr. C. Survey of thermal, radiation, and viscous damping of pulsating air bubbles in water. J Acoust Soc Am 1959; 31: 1654-67.

[31] Whitfield OJ, Howe MS. The generation of sound by two-phase nozzle flows and its relevance to excess noise of jet engines. J Fluid Mech 1976; 75: 553-76.

[32] Flynn HG. Physics of acoustic cavitation in liquids. Phys Acoust (W. P. Mason, ed.) 1964; 16.

[33] Prosperetti A. The thermal behavior of oscillating gas bubbles. J Fluid Mech 1991; 222: 587-616.

[34] Prosperetti A. Bubble phenomena in sound fields: part one. Ultrasonics 1984; 22: 6S77.

[35] Prosperetti A. Bubble phenomena in sound fields: part two. Ultrasonics 1984; 22: 115-24.

[36] Qin Z, Bremhorst K, Alehossein H, Meyer T. Simulation of cavitation bubbles in a convergent-divergent nozzle water jet. J Fluid Mech 2007; 573: 1-25.

[37] Cartensen EL, Foldy LL. Propagation of sound through a liquid containing bubbles. J Acoust Soc Am 1947; 19: 481-501.

[38] Meyer E, Skudrzyk E. Uber die Akustischen Eigenschaften von Gasblasenschleiern in Wasser. Acoustica 1953; 3: 434-40; transl. by Devin C. On the acoustical properties of gas bubble screens in water. DTBM Transl. No. 285. David Taylor Naval Ship R & D Center. Washington, DC; 1958.

[39] Hsieh D, Plesset MS. On the propagation sound in a liquid containing gas bubbles. Phys Fluids 1961; 4: 970-5.

[40] Fox FE, Curley SR, Larson GS. Phase velocity and absorption measurements in water containing air bubbles. J Acoust Soc Am 1955; 27: 534-9.

[41] Silberman E. Sound velocity and attenuation in bubbly mixtures measured in standing wave tubes. J Acoust Soc Am 1957; 29: 925-33.

[42] Schiebe FR, Killen JM. An evaluation of acoustic techniques for measuring gas bubble size distributions in cavitation research. Rep. No. 120. Minneapolis, MN: St. Anthony Falls Hydraulic Laboratory, University of Minnesota; 1971.

[43] Commander KW, McDonald RJ. Finite-element solution of the inverse problem in bubble swarm acoustics. J Acoust Soc Am 1991; 89: 592-7.

[44] Commander K, Moritz E. Off-resonance contributions to acoustical bubble spectra. J Acoust Soc Am 1989; 85: 2865-8.

[45] Medwin H. In situ acoustic measurements of bubble populations in coastal ocean waters. J Geophys Res 1970; 75: 599.

[46] Medwin H. Acoustical determinations of bubble-size spectra. J Acoust Soc Am 1977; 62: 1041.

[47] Junger MC, Cole JE. Bubble swarm acoustics: Insertion loss of a layer on a plate. J Acoust Soc Am 1980; 68: 241-7.

[48] Strasberg M. The influence of air-filled nuclei on cavitation inception. DTMB Rep. No. 1078. Washington, DC: David Taylor Naval Ship R & D Center; 1956.

[49] Zhang MM, Katz J, Prospretti A. Enhancement of channel wall vibration due to acoustic excitation of an internal bubbly flow. J Fluids Struct 2010; 26: 994-1017.

[50] Plesset MS. Bubble dynamics. In: Davies R, editor. Cavitation in real-liquids. Amsterdam: Elsevier; 1964. p. 1-18.

[51] van Wijngaarden L. One-dimensional flow of liquids containing small gas bubbles. Annu Rev Fluid Mech 1972; 4: 369-96.

[52] Whitam GB. On the propagation of weak shock waves. J Fluid Mech 1956; 1: 290-318.

[53] Benjamin TB, Feir JE. Nonlinear processes in long-crested wave trains. Proc Symp Nav Hydrodyn, 6th. 1966. p. 497-8.

[54] Zwick SA. Behavior of small permanent gas bubbles in a liquid, Part I, Isolated bubbles. J Math Phys 1958; 37: 246-68.

[55] Zwick SA. Behavior of small permanent gas bubbles in a liquid, Part II, Bubble clouds. J Math Phys 1959; 37: 339-53.

[56] Zwick SA. Behavior of small permanent gas bubbles in a liquid, Part III, a forced vibra-tion problem. J Math Phys 1959; 37: 354-70.

[57] Isay WH, Roestel T. Berechnung der Druck-vert eilung und Flugelprofilen in gashaltiger Wasserstromung. Z Angew Math Mech 1974; 54: 571-88.

[58] Isay WH, Roestel T. Die niederfrequent instationaire Druckverteilung an Flugelprofilen in gashaltiger Wasserstromung. Rep. No. 318. Inst. Schifflau, Univ. Hamburg; 1975.

[59] Wallis GB. One-dimensional two-phase flow. New York: McGraw-Hill; 1969.

[60] Solomon LP, Plesset MS. Non-linear bubble oscillations. Int Shipbuild Prog 1967; 14: 98-103.
[61] Blake FG. The onset of cavitation in liquids. Tech. Memo No. 12. Cambridge, MA: Acoustics Research Laboratory, Harvard University; 1949.
[62] Strasberg M. Onset of ultrasonic cavitation in tap water. J Acoust Soc Am 1959; 31: 163-76.
[63] Akulichev VA. The calculation of the cavitation strength of real liquids. Sov Phys Acoust (Engl Transl) 1965; 11: 15-18.
[64] van der Walle F. On the growth of nuclei and the related scaling factors in cavitation inception. *Proc Symp Nav Hydrodyn*, *4th*. 1962.
[65] Prosperetti A, Crum LA, Commander KW. Nonlinear bubble dynamics. J Acoust Soc Am 1988; 83: 502-14.
[66] Boguslavskii YY, Korets VL. Cavitation threshold and its frequency dependence. Sov Phys Acoust (Engl Transl) 1967; 12: 364-8.
[67] Strasberg M. Rectified diffusion: comments on a paper of Hsieh and Plesset. J Acoust Soc Am 1961; 33: 161.
[68] Crum LA. Measurements of the growth of air bubbles by rectified diffusion. J Acoust Soc Am 1980; 68: 203-11.
[69] Arndt REA, Ippen A. Rough surface effects on cavitation inception. J Basic Eng 1968; 90: 249-61.
[70] Guth W. Nichtlineare Schwingungen Von Luftblasen in Wasser. Acustica 1956; 6: 532-8.
[71] Epstein PS, Plesset MS. On the stability of gas bubbles in liquid-gas solutions. J Chem Phys 1950; 18: 1505-9.
[72] Parkin BR, Kermeen RN. The roles of convective air diffusion and liquid tensile stresses during cavitation inception. Proc IAHR Symp Cavitation Hydraul Mach. Sendai, Japan. 1963.
[73] van Wijngaarden L. On the growth of small cavitation bubbles by convective diffusion. Int J Heat Mass Transf 1967; 10: 127-34.
[74] Hsieh D, Plesset MS. Theory of rectified diffusion of mass into gas bubbles. J Acoust Soc Am 1961; 33: 206-15.
[75] Eller A, Flynn HG. Rectified diffusion during non-linear pulsations of cavitation bubbles. J Acoust Soc Am 1965; 37: 493-503.
[76] Safar MH. Comment on papers concerning rectified diffusion of cavitation bubbles. J Acoust Soc Am 1968; 43: 1188-9.
[77] Eller AI. Growth of bubbles by rectified diffusion. J Acoust Soc Am 1969; 46: 1246-50.
[78] Eller AI. Bubble growth by diffusion in an 11-kHz sound field. J Acoust Soc Am 1972; 52: 1447-9.
[79] Pode L. The deaeration of water by a sound beam. DTMB Rep. No. 854. Washington, DC:

David Taylor Naval Ship R & D Center; 1954.

[80] Boguslavskii YY. Diffusion of a gas into a cavitation void. Sov Phys Acoust (Engl Transl) 1967; 13: 18-21.

[81] Crum LA. Rectified diffusion. Ultrasonics 1984; 22: 215-23.

[82] Lee HS, Merte H. Spherical bubble growth in uniformly superheated liquids. Int J Heat Mass Transf 1996; 39: 2427-47.

[83] Knapp RT, Hollander A. Laboratory investigations of the mechanism of cavitation. Trans ASME 1948; 70: 419-35.

[84] Trilling L. The collapse and rebound of a gas bubble. J Appl Phys 1952; 23: 14-17.

[85] Gilmore FR. The growth or collapse of a spherical bubble in a viscous compressible fluid. Rep. No. 26-4. Pasadena: Hydromech. Lab., California Inst. Technol.; 1952.

[86] Kirkwood JG, Bethe HA. The pressure wave produced by an underwater explosion. OSRD Rep. No. 588. Office of Scientific Research and Development, National Defense Research Committee; 1942.

[87] Mellen RH. An experimental study of the collapse of a spherical cavity in water. J Acoust Soc Am 1956; 28: 447-54.

[88] Mellen RH. Spherical pressure waves of finite amplitude from collapsing cavities. Rep. No. 326. New London, CT: U.S. Navy Underwater Sound Laboratory; 1956.

[89] Hunter C. On the collapse of an empty cavity in water. J Fluid Mech 1960; 8: 241-63.

[90] Johsman WE. Collapse of a gas-filled spherical cavity. J Appl Mech 1968; 90: 579-87.

[91] Esipov IB, Naugol'nykh KA. Collapse of a bubble in a compressible liquid. Sov Phys Acoust (Engl Transl) 1973; 19: 187-8.

[92] Hickling R, Plesset MA. Collapse and rebound of a spherical bubble in water. Phys Fluids 1964; 7: 7-14.

[93] Hickling R. Some physical effects of cavity collapse in liquids. J Basic Eng 1966; 88: 229-35.

[94] Ivany RD, Hammitt FG. Cavitation bubble collapse in viscous, compressible liquids—numerical analysis. J Basic Eng 1965; 87: 977-85.

[95] Esipov IB, Naugol'nykh KA. Expansion of a spherical cavity in a liquid. Sov Phys Acoust (Engl Transl) 1972; 18: 194-7.

[96] Guth W. Zur Enstehung der Stosswellen bei der cavitation. Acustica 1956; 6: 526-31.

[97] Lofstedt R, Barber BP, Putterman SJ. Toward a hydrodynamic theory of sonolumines-cence. Phys Fluids A 1993; 5 (11): 2911-28.

[98] Beyer RT. Nonlinear acoustics. Washington, DC: Nav. Ship Syst. Command Publication; 1974.

[99] Pernik AD. Problems of cavitation. Probl. Kavitatsii, IZD-VO Sudostroenie, Leningrad; 1966 (in Russ.).

[100] Khoroshev GA. Collapse of vapor–air cavitation bubbles. Sov Phys Acoust (Engl Transl) 1964; 9: 275–9.

[101] Knapp RT. Cavitation mechanics and its relation to the design of hydraulic equipment. Proc Inst Mech Eng Part A 1952; 166: 150–63.

[102] Harrison M. An experimental study of single bubble cavitation noise. DTMB No. 815. Washington, DC: David Taylor Naval Ship R & D Center; 1952.

[103] Lauterborn W. Kavitation durch Laserlight. Acoustica 1974; 31: 51–78.

[104] Lauterborn W. General and basic aspects of cavitation. In: Bjorno L, editor. Proc Symp Finite Amplitude Eff Fluids. Guildford, Surrey, England: IPC Sci. Technol. Press; 1974. p. 195–202.

[105] Popinet S, Zaleski S. Bubble collapse near a solid boundary: a numerical study of the influence of viscosity. J Fluid Mech 2002; 464: 137–63.

[106] Parkin BR. Scale effects in cavitating flow. Rep. No. 21–7. Pasadena: Hydrodyn. Lab., California Inst. Technol.; 1951.

[107] Blake WK, Wolpert MJ, Geib FE. Cavitation noise and inception as influenced by boundary layer development on a hydrofoil. J Fluid Mech 1977; 80: 617–40.

[108] Ivany RD, Hammitt FG, Mitchell TM. Cavitation bubble collapse observations in a Venturi. J Basic Eng 1966; 88: 649–57.

[109] Ill'in VP, Morozov VP. Experimental determination of the ratio of cavitation noise energy to the initial bubble energy. Sov Phys Acoust (Engl Transl) 1974; 20: 250–2.

[110] Blake WK, Wolpert MJ, Geib FE, Wang HT. Effects of boundary layer development on cavitation noise and inception on a hydrofoil. D. W. Taylor, NSRDC Rep. No. 76–0051. Washington, DC: Naval Ship R & D Center; 1976.

[111] Schutler ND, Messier RB. A photographic study of the dynamics and damage capabilities of bubbles collapsing near solid boundaries. J Basic Eng 1965; 87: 511–17.

[112] Kozirev SP. On cumulative collapse of cavitation cavities. J Basic Eng 1968; 90: 116–24.

[113] Hammitt FG. Discussion to "On cumulative collapse of cavitation cavities". J Basic Eng 1969; 91: 857–8.

[114] Levkovskii YL. Collapse of a spherical gas–filled bubble near boundaries. Sov Phys Acoust (Engl Transl) 1974; 20: 36–8.

[115] Shima A, Nakajima K. The collapse of a non–hemispherical bubble attached to a solid wall. J Fluid Mech 1977; 80: 369–91.

[116] Shima A. The behavior of a spherical bubble in the vicinity of a solid wall. J Basic Eng 1968; 90: 75–89.

[117] Plesset MS, Mitchell TP. On the stability of the spherical shape of a vapor cavity in a liq-

uid. Rep. No. 26-9. Pasadena: Hydrodyn. Lab., California Inst. Technol.; 1954.

[118] Blake WK. Aero-hydroacoustics for ships. U. S. Gov. Publ. DTNSRDC Rep. 84-010, 2 vols. 1984.

[119] Fitzpatrick HM, Strasberg M. Hydrodynamic sources of sound. Proc Symp Nav Hydrodyn, 1st. Washington, DC; 1956. p. 241-80.

[120] Fitzpatrick HM. Cavitation noise. *Proc Symp Nav Hydrodyn 2nd*. Washington, DC; 1958. p. 201-5.

[121] Tomita Y, Shima A. High speed photographic observations of laser-induced cavitation bubbles in water. Acustica 1990; 71 (3): 161-71.

[122] Ellis AT. On jets and shock waves from cavitation. Proc Symp Nav Hydrodyn 6th. 1966.

装备科技译著出版基金

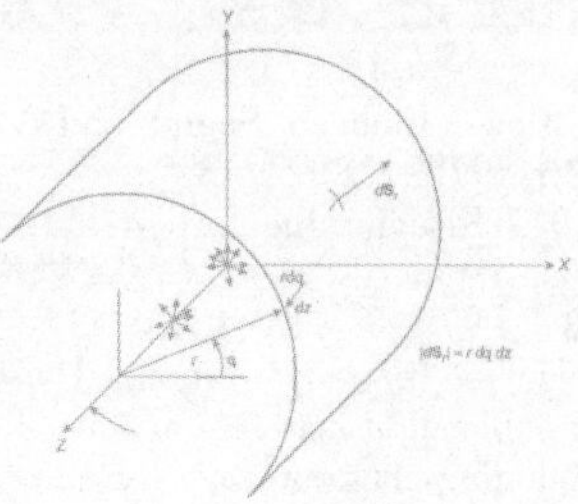

流致噪声与振动原理

（第2版）

Mechanics of Flow-Induced Sound and Vibration

（Second Edition）

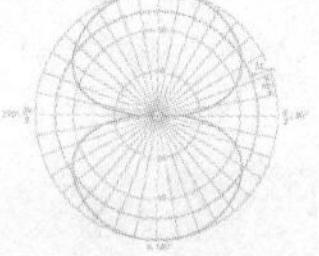

Volume 2 ·第2卷·

Complex Flow-Structure Interactions

复杂流固声耦合作用

[英]威廉·K. 布莱克（William K. Blake）/著

杨党国　吴军强　王显圣　王　玉/译

著作权合同登记　图字：军-2019-049 号

Mechanics of Flow-Induced Sound and Vibration, Second Edition, William K. Blake, ISBN: 9780128092736, 9780128092743
Copyright © 2017 Elsevier Inc. All rights reserved. Authorized Chinese translation published by National Defense Industry Press.《流致噪声与振动原理（第 2 版）》（杨党国 吴军强 王显圣 王玉 译）ISBN：978-7-118-13138-3

Copyright © Elsevier Inc. and National Defense Industry Press. All rights reserved.

No part of this publication may be reproduced or transmitted in any form or by any means, electronic or mechanical, including photocopying, recording, or any information storage and retrieval system, without permission in writing from Elsevier Ltd. Details on how to seek permission, further information about the Elsevier's permissions policies and arrangements with organizations such as the Copyright Clearance Center and the Copyright Licensing Agency, can be found at our website: www.elsevier.com/permissions.

This book and the individual contributions contained in it are protected under copyright by Elsevier Inc. and National Defense Industry Press (other than as may be noted herein).

This edition of Mechanics of Flow-Induced Sound and Vibration is published by National Defense Industry Press under arrangement with ELSEVIER INC.

This edition is authorized for sale in China only, excluding Hong Kong, Macau and Taiwan. Unauthorized export of this edition is a violation of the Copyright Act. Violation of this Law is subject to Civil and Criminal Penalties.

本书简体中文版由 ELSEVIER INC 授予国防工业出版社在中国大陆地区（不包括香港、澳门以及台湾地区）出版与发行。本版仅限在中国大陆地区（不包括香港、澳门以及台湾地区）出版及标价销售。未经许可之出口，视为违反著作权法，将受民事及刑事法律之制裁。本书封底贴有 Elsevier 防伪标签，无标签者不得销售。

注意

本书涉及领域的知识和实践标准在不断变化。新的研究和经验拓展我们的理解，因此须对研究方法、专业实践或医疗方法作出调整。从业者和研究人员必须始终依靠自身经验和知识来评估和使用本书中提到的所有信息、方法、化合物或本书中描述的实验。在使用这些信息或方法时，他们应注意自身和他人的安全，包括注意他们负有专业责任的当事人的安全。在法律允许的最大范围内，爱思唯尔、译文的原文作者、原文编辑及原文内容提供者均不对因产品责任、疏忽或其他人身或财产伤害及/或损失承担责任，亦不对由于使用或操作文中提到的方法、产品、说明或思想而导致的人身或财产伤害及/或损失承担责任。

图书在版编目（CIP）数据

流致噪声与振动原理：第 2 版 /（英）威廉·K. 布莱克（William K. Blake）著；杨党国等译. -- 北京：国防工业出版社，2024. 8. -- ISBN 978-7-118-13138-3

Ⅰ. 0427.5

中国国家版本馆 CIP 数据核字第 2024EX9971 号

（根据版权贸易合同著录原书版权声明等项目）

※

国防工业出版社 出版发行

（北京市海淀区紫竹院南路 23 号　邮政编码 100048）

雅迪云印（天津）科技有限公司印刷

新华书店经售

*

开本 710×1000　1/16　**插页** 1　**印张** 38¼　**字数** 682 千字

2024 年 8 月第 2 版第 1 次印刷　**印数** 1—2000 册　**定价** 526.00 元（全 2 卷）

（本书如有印装错误，我社负责调换）

国防书店：（010）88540777　书店传真：（010）88540776

发行业务：（010）88540717　发行传真：（010）88540762

第2版前言

本书第1版出版至今已有31年了。我认为气动声学-水声学的基础和基本原理在第1版出版时已基本确定。然而，自出版以来，尽管这些基本原理有所发展，但是随着计算工具、个人计算机、数据采集硬软件和传感器的发展，应用和应用方法也在广泛增长，在编制第1版时，这些设备还不可用。事实上，现在已广泛用于学术和商业应用的个人工具（包括Matlab、Mathematica、Mathcad和Labview），但当时读者无法使用。同时采集的多通道传感器阵列的使用大大地促进了气动声学-水声学的发展。最后，在以下多个因素的共同推动下，应用范围逐渐扩大：消费者对噪声和振动的认识增强，容忍度降低；公共立法的颁布，规定了噪声控制要求；军事需求。

计算工具促成了研究的直接数值模拟和详细设计工程应用。我选择性地将第1版的覆盖范围扩展到这些新的发展领域，但同时保持本书结构和理念不变，并未大幅增加本书篇幅。在某些领域，凭借新开发的数值技术，可成功进行“数值实验”。数值实验与物理实验平行且相辅相成，可充分发挥出这两种实验的效用。本书列举了射流噪声、边界层噪声和旋翼噪声领域的部分实例，阐明了数值技术的应用。但本书并未介绍任何数值方法，因为目前市面上存在大量关于计算流体力学、大涡模拟和有限元方法的书籍，本书将不再赘述。

本书的发展形式适用于在个人计算机上进行评估，但也给出了闭式渐近解，以提供及时解释，便于理解数据趋势。本书虽然可以用作教学工具，但主要还是作为参考书而编写。读者将能获得经逐步推导得出的理论结果。这些逐步推导过程确定了所做的任何假设。对于尽可能多的噪声源，每一章都采用了前导公式、测量数据和数值模拟结果之间的比较来进行阐述。

第1版中提供了各重点领域参考文献的完整列表。每一篇文献我都读过，并整合到了正文中。本来也打算采取这种方式编写第2版，但我很快意识到这种方式不可行，因为目前在任何领域发表的论文都不计其数。某期刊提供了一个搜索引擎，用户可通过该引擎选定任一领域，查看此领域发表论文的逐年分布情况。从1999年到2000年，该期刊某一领域的年出版率增加了10倍。因此，第 2 版的参考文献列表扩大了许多，但确实没有第 1 版详尽。

如上所述，第 2 版保留了第 1 版呈现的理念和结构。第 1 卷的核心是基本原理，第 2 卷的主题是复杂度更高的几何形状以及流体与结构耦合作用。对于第 1 卷，在第 1 卷第 3 章中增加并变更了一个领域（变更并扩大了其中湍流统计和射流噪声的讨论部分），这就需要在第 1 卷第 2 章中额外增加关于源对流和多普勒效应的部分。更新了第 1 卷中第 4 章和第 5 章，以满足其他章节需求，针对这些章节提供了基本原理。修改了第 1 卷第 6 章，介绍了空化泡动力学、空化初期和泡状介质中声传播的最新观点。对于第 2 卷，修改了章节编号，但未变更章节主题。因此，目前第 2 卷第 1 章“水动力诱导的空化和空化噪声”讨论了螺旋桨大范围空化引起的船体压力脉动相关现象。大幅修改了第 2 章“壁湍流压力脉动响应”和第 3 章“阵列与结构对壁湍流和随机噪声的响应”。第 2 章“壁湍流压力脉动响应”中关于传感器和阵列的使用已移至第 3 章“阵列与结构对壁湍流和随机噪声的响应”。现在第 2 章只讨论边界层压力，第 3 章涉及传感器、传感器阵列和弹性结构的响应。这些章节共同介绍了关于以下多个方面的现代观点：低波数下湍流边界层壁压脉动、辐射噪声、粗糙壁面边界层，以及台阶和间隙对噪声的影响。第 4 章“管道和涵道系统的声辐射”提供了一个更为全面的弹性圆柱流动激励源和辐射声处理方法，包括涵道和壳体。此覆盖范围确认了通过个人计算机获得模态解的能力。修改了第 5 章“无空化升力部分”和第 6 章“旋转机械噪声”，但修改量较小。在编写第 1 版时，还未充分了解湍流诱导噪声。第 2 版提出了升力面和螺旋桨风扇的扩展处理方法。第 2 版第 6 章“旋转机械噪声”提供了更多的理论和测量结果比较实例。

如果没有这一领域大量专业人员的持续协作、帮助和支持，就不可能有如此规模的作品。我很荣幸能与这些专业人员一起工作，但遗憾的是，其中许多人已不再从事相关行业。在我已故的导师中，与 Patrick Leehey、Maurice Sevik、Gideon Maidanik、George Chertock 和 Murry Strasberg 的关系特别密切。我与许多当代的朋友和合作者进行了讨论，并发表了研究成果。这些研究成果推动了本书中许多概念的发展。其中包括 Hafiz Atassi、David Feit、Stewart Glegg、Jason Anderson、Marvin Goldstein、Rudolph Martinez、John Muench、Ki Han Kim、Robert Minniti、Denis Lynch、John Wojno、Joseph Katz、Theodore Farabee、Lawrence Maga、Irek Zawadzki、Jonathan Gershfeld、Matthew Craun、William Devenport、Meng、Wang、Douglas Noll、Peter Chang、Yu Tai Lee、

Thomas Mueller、Scott Morris、Yaoi Guan 和 William Bonness。在此特别感谢 Christine Kuhn，她对本书的部分内容予以了深入透彻的评论。

最后，我对我的爱妻 Donna 充满感激，感激她在本书重编过程中一如既往的爱、支持和耐心。此外，还要感激我们的女儿 Kristen 和 Helen，感激她们在此次修订过程中的积极支持。

第 1 版前言

尽管在许多工程应用中，流致振动与噪声现象均有出现，但却是所有工程科学中最鲜为人知的现象。该领域也是最多样化的领域之一，涵盖了许多其他较窄的学科：流体力学、结构动力学、振动、声学和统计学。而矛盾的是，这种多样化的性质使得大部分人都认为这一学科是专家和专业人士的专属。因此，本书旨在对各类流体运动引起的振动和噪声的各个主要来源进行分类与审查，并统一描述各来源所需涉及的学科。

本书介绍了许多亚声速流工程应用中频繁遇到的各种流源选择，并提供了各流源的物理分析和数学分析。涉及的流源包括射流噪声、流动诱导声音和自激振动、刚性和柔性声学致密面的偶极子声、流激板和圆柱壳的随机振动、空化噪声、含气泡液体中声传播特性和声辐射、飞溅噪声、节流和通风系统噪声、升力面流噪声和振动，以及旋转机械的音调和宽带声音。这种理论技术体系适用于计算机建模分析，也同时强调数学上的渐近求解。本书的许多特性在某种程度上是基于作者的认识和需求演变而来的，即将学科基础原理与低噪声振动机械的多种设计实用性相结合。

为了实现本书的领域统一性目标，第 2 章提供了气动声学和水声学经典理论的综合分析发展，从运动方程开始，推导各种形式的波动方程，最后确定对边界附近源有效的积分解形式。本书的其余部分扩展了正式的处理方法，并应用于各种实际的源类型。激发流体在空间和时间上的随机性，是实际源处理过程的一个重要特征。因此，在某些章节中引入了统计方法，以阐明这些情况下的噪声和振动产生过程。总之，本书讨论了以下要素：流体扰动如何在无局部表面的情况下产生噪声；具有现实意义的流体如何激发物体振动；被激发表面如何辐射噪声。

一旦存在流致表面运动的数学表达式，设计工程师就可以直接扩展本书内容进行建模，以解决其他问题，如结构中的流致应力和疲劳。在介绍的每种情况下，本书中的派生关系均根据作者获得的经验数据（包括实验室和现场测试结果）进行测试，以检验理论的局限性。此外，还结合了流体性质和传统噪声控制方法，对这些检验结果进行核查，以阐明控制噪声和振动的有效方法。因此，本书结果也可用于深入了解实现基本静音运行的整个过程设计。

本书虽然可用作教学工具，但主要还是作为参考书而编写。读者将能获得经逐步推导得出的合理复杂结果。这些逐步推导过程确定了所做的任何假设。每一章都采用了主要公式和测量数据之间的比较来进行阐述。参考列表虽然并非详尽无遗，但内容广泛，为本书的所有阶段提供了支持，包括最新背景和附加信息。由于噪声和振动的物理源是从基本原理发展而来的，所以精通机器设计或任何相关工程科学的读者应该能够在其工作中应用本书所述原理，尝试并使用其他工程领域的标准数学符号。

前 6 章（第 1 卷的内容）侧重于流体力学、振动和声学的要素，探讨了更基本的流噪声源。因此，第 1 卷可能适合于以下课程体系：包含应用数学、声学、振动和材料强度课程，但缺乏关于振动和降噪物理原理的相对通用课程。另外，第 2 卷涉及更高级和实用的领域。第 1 卷和第 2 卷都可作为振动、噪声控制、声学和过程设计工程研究生课程的参考书。作者在美国天主教大学（Catholic University of America）声学专题研究生课程和短期课程中使用了本书的部分草稿。

由于本书中流致振动与噪声领域的跨学科性质，所以普通读者不太可能都精通所有组成学科——应用数学、流体力学、振动、材料强度、声学和统计方法。因此，本书读者至少应学完高级应用数学、材料强度以及上述任一其余学科。在认为可能缺乏事先培训的情况下，试图粗略地回顾某些概念。对任何一个领域都不熟悉的读者可以阅读现有代表性文章的参考文献。已尝试整合各种数学方面的发展，以便不打算获取分析细节的读者可以关注到源的物理属性。在这些情况下，插图通常可以加深读者对各种源参数依赖性的理解。

作者在此感谢 David Taylor Naval Ship Research and Development Center、学术界和行业内的同事们对本书的持续关注。特别感谢麻省理工学院（Massachusetts Institute of Technology）Patrick Leehey 教授给予的指导和带来的启发，也感谢 Maurice Sevik 博士在本书编写过程中提供的鼓励。与下列人员的交谈以及他们提供的信息也为本书的编写提供了莫大的帮助：A. Powell、J. T. C. Shen、G. Maidanik、G. Franz、M. Strasberg、F. C. DeMetz、W. T. Reader、S. Blazek、A. Paladino、T. Brooks、L. J. Maga、R. Schlinker、J. E. Ffowcs Williams、I. ver、A. Fagerlund 和 G. Reethoff。感谢受邀审阅相关章节的各方面专家：M. Casarella、D. Crighton、M. S. Howe、R. E. A. Arndt、R. Armstrong、F. B. Peterson、

A. Kilcullen、D. Feit、M. C. Junger、F. E. Geib、R. Henderson、R. A. Cumming、W. B. Morgan 和 R. E. Biancardi。也要感谢 C. Knisely、D. Paladino 和 J. Gershfeld，他们阅读了全部或部分手稿，发现了许多不一致和错误。

最后，我对我的爱妻 Donna 充满感激，感激她最初提出这个项目，用一如既往的爱、支持和耐心支撑着我完成了本书的编写。此外，还要感激我们的女儿 Kristen 和 Helen，感激她们在陪伴本书长大时带来的欢声笑语。

符 号 表

AR	纵横比
A_p	面板或水动力旋翼的面积
B	旋翼或螺旋桨中叶片的数量
b	间隙开口（第1卷第3章）
C	叶弦
C_D，C_L，C_f，C_p	阻力系数、升力系数、摩擦系数和压力系数
c	波速，下标：0——声学；b——塑性弯曲；g——组（第1卷第5章）、气体（第1卷第6章，以及第2卷第1章“水动力诱导的空化和空化噪声”）；L——巴；l——纵向；m——膜（第1卷第5章）、混合物（第1卷第3章、第5章和第6章）
D	稳定阻力
D	直径（第1卷第3章中的射流、第2卷第1章“水动力诱导的空化和空化噪声”中的螺旋桨、第2卷第6章“旋转机械噪声”中的旋翼）
d	圆柱直径、横截面
$E_{(x)}$	x 预期值（$=\bar{x}$）
f	频率
$F_i(t)$	i 方向的力
F''_i, F'''_i	单位面积的力、单位体积的力
Fr	弗劳德数
$G(x, y)$	格林函数
$G(x, y, \omega)$	沿 i 轴
$H_n(\xi)$	圆柱汉开尔函数（n 阶）
h	板的厚度，或后缘、水动力旋翼、螺旋桨叶片的厚度
h_m	翼型最大厚度
I	声强

J	螺旋桨进速系数
$\mathrm{J}_n(\xi)$	n 阶第一类贝塞尔函数
K	空化指数$(P_\infty - P_\mathrm{v})/q_\infty$
k, k_i	波数；i——i 方向；k_{13}——1，3 平面
k_g	几何粗糙高度
k_n, k_{mn}	第 n 或 m、n 模式的波数
k_p	板弯曲波数($k_\mathrm{p}=\omega/c_\mathrm{b}$)
k_s	等效水动力沙粗糙度高度
k_T, k	螺旋桨和旋翼的推力与扭矩系数（第 2 卷式（6.20）和式（6.21））
k_0	声波数 ω/c_0
L	定常升力
L, L'	非定常升力和单位跨度升力（第 2 卷第 6 章“旋转机械噪声”）
L, L_3	跨水流长度、跨度
L_i	i 方向上的几何长度
l_c, l_f	展向相关长度、涡流形成长度
l_0	与流体运动有关的长度尺度，无规格
M, M_c, M_T, M_∞	马赫数：对流（c）、叶梢（T）和自由流（∞）
M	质量
m_m, m_{mn}	m 或 mn 振动模式下，每单位面积的流体附加质量
M_s	每单位面积的结构镀层质量
N	每单位流体体积的空化泡数量
$n(k)$, $n(\omega)$	模式数密度
n, n_i	单位法向量
n_s	轴速度（r/s）
$n(R)$	每半径增量范围内每流体体积空化泡的分布密度数量
$\mathbb{P}$, $\mathbb{P}(\omega,\Delta\omega)$	总功率、带宽 $\Delta\omega$ 下功率
$\mathbb{P}_\mathrm{rad}$	辐射声功率
P	平均压力
P_i	旋翼桨距
P_∞	上游压力
p	波动压力；为清楚起见，偶尔下标：a——声学；b——边界层；h——水动力

L	扭矩
q	每单位体积的质量引射速率
q_∞，q_T	基于 U_∞ 和 U_T 的动态压力
R_L 或 $\Re_L$	基于任何给定长度尺度($L=U_\infty L/\nu$)的雷诺数；确定下标的选择方式，避免与“R”的其他用法相混淆
R	半径，用于第 2 卷第 1 章“水动力诱导的空化和空化噪声”、第 2 章“壁湍流压力脉动响应”（通用空化泡半径）和第 6 章“旋转机械噪声”（螺旋桨半径坐标）
R_b	空化泡半径
R_{ij}	速度脉动 u_i 和 u_j 的归一化相关函数
R_{pp}	压力的归一化相关函数
$\hat{R}$	非归一化相关函数（第 1 卷 2.6.2 节）
R_T，R_H	风扇叶梢和桨毂半径
r，r_i	相关点分离，正文标明了其与 r 的区别
r	声程，偶尔下标用以明确特殊源点场标识
S	斯特劳哈尔数 $f_s l_0/U$，其中 l_0 和 U 取决于脱落体
S_e，S_{2d}	一维和二维 Sear 函数
$S_{mn}(\boldsymbol{k})$	模态谱函数
$S_p(r,\omega)$	第 1 卷第 6 章中使用的谱函数，定义参见 6.4.1 节
T	平均时间
T，$T(t)$	稳定推力和不稳定推力
$\boldsymbol{T}_{ij}$	第 1 卷中 Lighthill 应力张量式（2.47）
t	时间
U	平均速度，下标：a——前进；c——对流；s——脱落 ($=U_\infty\sqrt{1-C_{pb}}$)；T——叶梢；τ——水动力摩擦 ($=\sqrt{t_w/\rho_0}$)；∞——自由流
u，u_i	波动速度
V	静叶数（第 2 卷第 6 章“旋转机械的噪声”）
υ	体积脉动
$\nu(t)$	振动板、梁、水动力旋翼横向速度
We	韦伯数（第 2 卷第 1 章“水动力诱导的空化和空化噪声”）
x，x_i	声场点坐标

γ	绝热气体常数（第 1 卷第 6 章）、旋翼叶片桨距角（第 2 卷第 6 章“旋转机械噪声”）
y，y_i	声源点坐标
y_i	尾流中最大流向速度脉动点处的横向尾流剪切层厚度（第 2 卷图 5-1 和图 5-18）
α	复波数，用于稳定性分析，作为哑变量
α_s	交错角
β	体积浓度（第 1 卷第 3 章、第 2 卷第 1 章“水动力诱导的空化和空化噪声”）、流体负荷因数 $\rho_0 c_0/\rho_p h\omega$（第 1 卷第 1 章和第 5 章，第 2 卷第 3 章“阵列与结构对壁湍流和随机噪声的响应”和第 5 章“无空化升力部分”）、水动力桨距角（第 2 卷第 6 章“旋转机械噪声”）
ε_m	若 $m=0$，则为（1/2）；若 $m\neq0$，则 $=1$
δ	边界层或剪切层厚度，也是 δ（0.99）和 δ（0.995）
$\delta(x)$	两个狄拉克函数中的任何一个
δ^*	边界（剪切）层位移厚度
η_i，η_p	出力效率；i——理想值；p——螺旋桨
η_T，η_{rad}，η_m，η_v，η_h	损耗因数：T——总计；rad——辐射；m——机械；v——黏性；h——水动力
Γ，Γ_0	涡流循环（0）、涡流强度均方根，见第 2 卷第 5 章“无空化升力部分”
κ	冯·卡曼常数（第 2 卷第 2 章“壁湍流压力脉动响应”）、振动板 $h/\sqrt{12}$、梁、水动力旋翼的回转半径（第 2 卷第 3 章“阵列与结构对壁湍流和随机噪声的响应”、第 4 章“管道和涵道系统的声辐射”和第 5 章“无空化升力部分”）
κ，κ_{13}	虚拟波数变量
Λ	积分相关长度，用于 i 方向的空间分离（Λ_i）
λ	波长（也是第 2 卷第 5 章“无空化升力部分”中的湍流微尺度）
μ	黏度
μ_p	泊松比，若能够轻易区分出此参数与黏度的差异，则此参数可与 μ 互换使用

$\boldsymbol{\pi}(\omega)$	功率谱密度
$\boldsymbol{\Phi}_{pp}(\mathrm{k},\boldsymbol{\omega})$	波数、压力频谱
$\boldsymbol{\Phi}_{vv}(\boldsymbol{\omega})$	$\boldsymbol{v}(t)$ 自功率谱密度；下标：p——$p(t)$；i——$u_{\mathrm{i}}(t)$；f——$F(t)$
$\boldsymbol{\Phi}_{vv}(y,\boldsymbol{\omega})$	$\boldsymbol{v}(t)$ 自功率谱密度，强调对位置 y 的依赖性；其他下标同上
ϕ	角坐标
$\phi(y)$，$\phi(y_i)$	潜在功能
$\phi_i(k_j)$	速度脉动 u_i 的波数谱（归一化）
$\phi_{ij}(r,\boldsymbol{\omega})$	$u_i(\boldsymbol{y},t)$ 和 $u_j(\boldsymbol{y}+\boldsymbol{r},t)$ 之间的互谱密度（归一化）
$\phi_{\mathrm{m}}(\boldsymbol{\omega}-\boldsymbol{U}_{\mathrm{c}}\cdot k)$	移动轴谱
$\boldsymbol{\Psi}_{mn}(y)$，$\boldsymbol{\Psi}_{m}(y)$	振型函数
$\psi(y)$	流函数
ρ	密度；ρ_0——平均流体；ρ_{g}——气体；ρ_{m}——混合物；ρ_{p}——板材
σ_{d}	粗糙度密度填充系数，见第 2 卷 3.6.2 节
σ_{mn}	mn 模式辐射效率，也为 σ_{rad}
τ	时间延迟、相关性
τ_{w}	壁剪应力
τ_{ij}	黏性剪切应力
θ	角坐标
θ_{τ}	湍流积分时间尺度
θ_{m}	移动轴时间尺度
Ω	轴速率
ω	圆频率
$\boldsymbol{\omega}$，$\boldsymbol{\omega}_i$	涡度矢量，i 方向上的分量
ω_{c}	相干频率
ω_{co}	管道声模态截止频率
ω_{R}	圆柱环频率

目　录

第 1 章　水动力诱导的空化和空化噪声

第 1 卷第 6 章给出了有利于液体中空化泡产生的条件。当空化泡形成、溃灭和反弹时，会发出噪声。通常情况下，空化噪声在其他噪声源中占据主导地位，因此，静音设计一般等同于避免空化噪声设计。本章主要讨论水动力学中空化和空化噪声的出现。可根据第 1 卷第 6 章中推导得出的空化泡平衡和非线性动力学原理，确定用于描述常见空化类型的初期规律。第 1 卷第 6 章曾利用单泡动力学来阐明简化的水动力空化概念，本章将利用单泡动力学推导出水动力诱导的空化噪声在物理可计量数量方面更具有普遍性和现实意义的缩放程序，还将研究噪声较小的空化噪声类型。产生此类空化噪声的可能原因是空化泡壁简谐振荡的形成和分裂。最后，将简要分析飞溅噪声及其部分实际后果。水动力空化噪声相关参考文献包括 Ross[1]、Isay[2]、Brennan[3-4]、Knapp 和 Hollander[5]。参考文献［161］中包含了一篇基于船舶其他流噪声源研究空化噪声的最新综述。

1.1　介绍性概念：空化指数和空化相似性

图 1-1 所示为常见空化问题，展现了典型的水动力旋翼形状及其表面压力分布 P_s。根据第 1 卷第 6 章结尾的论述，表面压力与表面附近流体的切向速度（U_s）相关，基于稳流的伯努利方程，有

$$P_\infty+\frac{1}{2}\rho_0 U_\infty^2=P_s+\frac{1}{2}\rho_0 U_s^2 \tag{1.1}$$

可以定义压力系数 C_p：

$$\frac{P_s-P_\infty}{\frac{1}{2}\rho_0 U_\infty^2}=C_p=1-\left(\frac{U_s}{U_0}\right)^2 \tag{1.2}$$

式中：P_∞ 和 U_∞ 分别为上游环境的压力和速度。水动力旋翼弯曲部分的速度增加，会导致表面压力小于环境压力，且水动力旋翼两侧的静压变化不同。一侧（图 1-1 为上侧）静压通常比相对侧要小得多。压力相对较低的一侧称为“吸入侧”，压力相对较高的一侧称为“压力侧”。压力分布取决于拱形厚度和水

翼迎角。根据第 1 卷第 6 章的论述，当稀薄液体中的压力（表面附近的最低压力）降低到某个临界值时，如蒸汽压 P_v，就会产生空化现象。注意，若自由流包含半径大于 10^{-3}cm 的空化核，则不饱和水的临界压力等于 P_v。另见第 1 卷图 6-8 以及本卷 1.2.2.2 节。所以，此种情况只针对足够大的空化核。因此，当水动力旋翼上的最小压力小于 P_v时，就会产生空化现象；即如果流体中不存在任何不稳定性的影响

$$(P_s)_{min} \leqslant P_v$$

或者

$$P_v \geqslant (C_p)_{min}\left(\frac{1}{2}\rho_0 U_\infty^2\right) + P_\infty \tag{1.3}$$

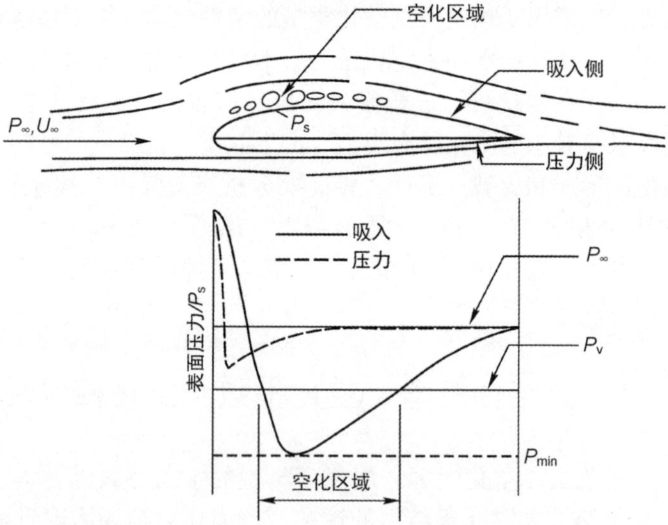

图 1-1　空化水动力旋翼及其表面压力分布和空化区域

如果满足上述不等式，便会出现空化初期条件，因为该条件标志着空化阈值。因此，空化指数

$$K = \frac{P_\infty - P_v}{\frac{1}{2}\rho_0 U_\infty^2} \tag{1.4}$$

用于表示压力和速度之间的关系，这种关系决定了相似性。根据不等式（1.3），如果满足以下式，便会产生空化现象：

$$\frac{P_\infty - P_v}{\frac{1}{2}\rho_0 U_\infty^2} \leqslant -(C_p)_{min}$$

或者，利用空化指数定义，无论何时：

$$K \leqslant -(C_p)_{\min}$$

如果满足以下式，阈值或初期条件便会出现：

$$K_{\mathrm{i}} = -(C_p)_{\min} \tag{1.5}$$

在更复杂的几何结构中，如泵或螺旋桨，流入空化表面的未扰动流参数可能是未知的或者不具有工程意义。在这些情况下，存在稳流，但参考压力 P_{ref} 和表面压力 P_∞ 之间可能有压差 ΔP，压差取决于速度的大小：

$$P_{\mathrm{ref}} = P_\infty + \Delta P$$

此外，通常使用的是一些其他参考速度 U_{ref}，而非表面的实际速度（如螺旋桨叶梢切向合速度），因此，参数 K_{a} 是合适的。

$$K_{\mathrm{a}} = \frac{P_{\mathrm{ref}} - P_{\mathrm{v}}}{\frac{1}{2}\rho_0 U_{\mathrm{ref}}^2} \tag{1.6}$$

此参数与之前定义的空化指数相关，具体如下：

$$K_{\mathrm{a}} = K\left(\frac{U_\infty}{U_{\mathrm{ref}}}\right)^2 + \frac{\Delta P}{\frac{1}{2}\rho_0 U_{\mathrm{ref}}^2}$$

只要一个尺度尺寸与下一个尺度尺寸之间存在动态相似性，且 U_∞ 和 U_{ref} 之间以及 ΔP 和 $1/2\rho_0 U_\infty^2$ 之间固定比例，则 K_{a} 就是描述相对空化性能的无量纲空化数。如前所述，若 K_{a} 小于某个阈值（或初期值），如 $(K_{\mathrm{a}})_{\mathrm{i}}$，则系统就会产生空化现象。采用这种符号时，$K_{\mathrm{a}}$ 便可作为衡量一台机器相对于另一台机器的空化性能的参数。

根据 1.2.2 节，众所周知[3]，当物体处于无空化状态时，边界层动态（以及黏性流的其他方面）与空化初期和空化类型密切相关。因此，尺度大小和雷诺数的差异造成了某些尺度效应。但这些效应直到现在才被人们所理解。仅在最简单的情况下（即雷诺数足够高且空化泡核足够大的情况），才仅通过最小压力系数（即式（1.5））来确定空化初期指数。一般而言，空化条件仍然是

$$\frac{P_\infty - P_{\mathrm{v}}}{\frac{1}{2}\rho_0 U_\infty^2} = K < K_{\mathrm{i}} \tag{1.7}$$

但是，临界初期指数实际上取决于流体扰动性质（由相对雷诺数、压力梯度、表面可湿性和表面光滑度等变量决定）。环境中未溶解空化泡的尺寸（即空化泡核或核分布）也是一个关键参数。其部分决定因素如下：表面惯性应力与

表面张应力的比值（即韦伯数 $\rho_0 U^2 R_0/S$，其中 S 表示表面张力）、空化泡尺寸与边界层长度尺度的比值，以及表面总静压分布。1.2 节将提供具体案例。

1.2　水动力空化噪声和初期

1.2.1　相似性的简单规则

只能采用单泡噪声理论谱来近似表示空化谱特征。最早表现出这一点是 Mellen[6] 发表的测量结果，最近 Latorre[7] 在其螺旋桨噪声缩放的研究中再次重复了这一结果。

图 1-2 展现了 Mellen[6] 的结果。圆柱杆垂直于其轴线旋转时，杆尖产生了空化现象，这证明了理想噪声模型的重要特征。最高水平出现在中等频率，在低频侧有接近 f^4 的依赖性。多个峰值可能是由于反射引起的。在高频时，谱大约下降至 f^{-2}。为便于讨论，将 1Hz 频带级测量值降低至谱函数形式。根据下式将频带级 $\overline{p_{\mathrm{a}}^2}$ 转换为谱级 $\varphi_{prad}(r,\omega)$：

$$\overline{p_{\mathrm{a}}^2}(f,\Delta f)\approx 2\Phi_{\mathrm{p_{rad}}}(r,\omega)\Delta\omega\approx\frac{2S_{\mathrm{p}}(r,\omega)\Delta\omega}{\tau_1}$$

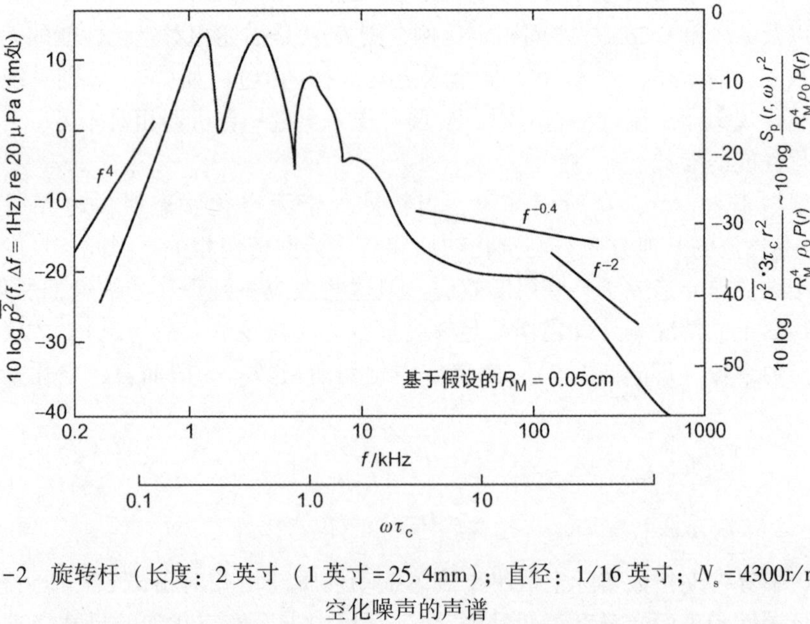

图 1-2　旋转杆（长度：2 英寸（1 英寸 = 25.4mm）；直径：1/16 英寸；N_s = 4300r/min）空化噪声的声谱

（左边的纵轴表示声压级，右边的纵轴表示无量纲化杆尖速度。资料来源：Mellen RH. Ultrasonic spectrum of cavitation noise in water. J Acoust Soc Am 1954，26：356-60.）

式中：$\Delta\omega=2\pi\Delta f$。空化泡寿命 τ_1 是未知数，但根据第 1 卷第 6 章中的观测结果（参见第 1 卷式（6.63b），假设空化泡寿命等于 $3\tau_c$。观测到的最大空化泡半径[8]约为 0.05cm。通过比较无量纲谱密度与第 1 卷图 6-15 中的理想函数后得出，仅能采用理想函数粗略地表示测量结果。造成这种差异的部分原因可能是：存在多种尺寸空化泡的广泛分布，而非针对理想噪声谱假设的单个空化泡。此外，在杆尖局部静压力场发生变化的环境中，真正的空化泡会溃灭。

大多数水动力空化噪声缩放方法在某种程度上均符合第 1 卷 6.4.3 节所述的概念。在针对空化噪声缩放策略的所有尝试中，噪声被视为满足单极子声源的线性声学理论，体积加速度根据流体参数缩放。但是，考虑到水动力变量和气体动力变量（已知影响不同频率下空化噪声的变量）的数目，特别是来自螺旋桨的噪声，已提出了多种缩放方案。

首先考虑 Strasberg[9] 提出的方法（尽管 Khoroshev[10] 也使用过此方法），此方法基于以下假设：空化区域的大小随物体尺寸 L 线性增加，比例常数为空化指数与空化初期指数的比值，压力为因变量。时间尺度（类似于空化泡溃灭时间）方程式如下：

$$\tau=L\sqrt{\frac{\rho_0}{P_\infty}} \tag{1.8}$$

式中：P_∞ 为环境静压或者其易于定义的尺度。空化区域长度尺度 L_c 为 K/K_i，可能还有雷诺数 $\Re_L$ 的函数：

$$L_c=Lf\left(\frac{K}{K_i},\Re_L\right) \tag{1.9}$$

该规则表明，空化取决于物体尺寸，以及空化指数与空化初期指数的比值（K_i/K）。再说回线性声场方程式，第 1 卷中的声压方程式（2.24b），可以用尺度变量表示为

$$\frac{p_a(r/L,t/\tau)}{P_\infty}=\left(\frac{L}{r}\right)v''\left(\frac{K}{K_i},\frac{t}{t},\Re_L\right) \tag{1.10}$$

在频域中，该表达式有个相应的谱密度通式，类似于第 1 卷中式（6.66）：

$$\Phi_{p_{\mathrm{rad}}}\left(\frac{r}{L},\omega\right)\left(L\sqrt{\frac{\rho_0}{P_\infty}}\right)^{-1}=P_\infty^2\left(\frac{L}{r}\right)^2\phi\left(\omega L\sqrt{\frac{\rho_0}{P_\infty}},\frac{K}{K_i},\Re_L\right) \tag{1.11}$$

式中：$\Phi(\omega L\sqrt{\rho_0/P_0},K/K_i,\Re_L)$ 为无量纲谱函数，其取决于空化类型。频带 $\Delta\omega$ 声压级 $\overline{p_a^2}(\omega,\Delta\omega)$ 的测量方程式如下：

$$\overline{p_a^2}(\omega,\Delta\omega)=P_\infty^2\left(\frac{L}{r}\right)^2\left[(\Delta\omega)L\sqrt{\frac{\rho_0}{P_\infty}}\phi_1(\omega L\sqrt{\frac{\rho_0}{P_\infty}},\frac{K}{K_i},\Re_L)\right] \tag{1.12}$$

方括号（[ ]）中的内容表示无量纲谱函数，是物体在特定空化状态的一个属性。这意味着，相似性的基础是 K/K_i 值相等，而不是 K 值和 K_i 值分别相等。在 NT_e 为常数，$T_e \propto L/\sqrt{(P_v-P_0+p_0)/\rho_0}$ 条件下，第1卷中的式（1.12）、式（6.82）和式（6.83）可以视作是等效的。

式（1.10）~式（1.12）所暗含的尺度可以避免空化初期指数在模型中和全尺寸下不同这一难题。然而，众所周知，在两种尺度以及相应的 K/K_i 比值下，空化类型必须相同。这种空化噪声模型假设，在 K/K_i 值相等的情况下，空腔体积在 L^3 上成比例，但未考虑两种尺度下不同液体的可压缩性。压缩性的差异主要与空化泡中不溶性气体的含量有关，这种差异可能通过空化泡壁马赫数的限制来影响谱的高频部分，见第1卷图6-10。Strasberg 成功运用了这些关系来缩放螺旋桨梢涡空化产生的噪声[9]，见1.4.4节。

第二种方法已获得相对广泛的认可[11-12]，且已成功用于螺旋桨噪声有效缩放[8,13]。在此情况下，假设空化的时间尺度取决于接近速度，以便采用下式来替换式（1.8）和式（1.9）：

$$\tau = LK^{1/2}\sqrt{\frac{\rho_0}{P_{\infty 0}}} = \left(\frac{L}{U}\right)\sqrt{2} \tag{1.13}$$

并且长度尺度取决于空化指数，而非 K/K_i：

$$L_c = Lf(K, \Re_L) \tag{1.14}$$

则窄带声压级的缩放关系为

$$\overline{p_a^2}(\omega,\Delta\omega) = \left(\frac{P_\infty^2}{K^{3/2}}\right)\left(\frac{L}{r}\right)^2\left[(\Delta\omega)L\sqrt{\frac{\rho_0}{P_\infty}}\right]\times\phi_2\left(\omega LK^{1/2}\sqrt{\frac{\rho_0}{P_\infty}}, K, \Re_L\right) \tag{1.15a}$$

在模型中和全尺寸下静水压 P_∞ 相等的情况中，Levkovskii[11] 最先采用了式（1.15a）。此外，若模型测量采用的指数与全尺寸下的指数相同，则式（1.15a）简化至式（1.12）。在此特殊情况下，代入 $P_\infty = K(1/2\rho_0 U^2)$，式中 U 表示特征速度，得出以下替代表达式：

$$\overline{p_a^2}(\omega,\Delta\omega) = \left(\frac{1}{2}\rho_0 U^2\right)^2\left(\frac{L}{R}\right)^2\left[\left(\frac{\Delta\omega L}{U}\right)\sqrt{2}\right]\phi\left(\frac{\omega L\sqrt{2}}{U}, K, \Re\right) \tag{1.15b}$$

在任何情况下，通过这种建模，显而易见，空化初期指数 K_i 在两种尺度下是相同的。尽管式（1.12）和式（1.15a）、式（1.15b）在系数 Φ 方面具有相似的函数形式，但两者在函数依赖性上有所不同，即 Φ 对 K/K_i 和 K_i 的依赖性。当空化推进时，即当 $K \ll K_i$ 时（如高速状态下稳定的螺旋桨空化），该缩放规则适用。这两种缩放策略均不考虑 K 和 K_i 不成比例的可能性，尤其是在特定船舶功率点或速度下进行的模型试验，但模型比例空化初期指数不同于全尺寸。

因此，第三种方法明确引入了空化初期指数和空化指数，使得针对 K_i 相异点进行调整成为可能。这种方法是单泡动力学理论的延伸。空化区域的特征尺寸将取决于物体的长度尺度以及空化区域中局部静压和蒸汽压力之间的差异。类似于第 1 卷式（6.43），空化长度尺度为

$$L_c = L\sqrt{K_i - K}$$

时间尺度随空化泡尺寸和静压的增加而增加：

$$\tau = L\sqrt{K_i - K}\sqrt{\frac{\rho_0}{P_\infty}}$$

因此，第三种方法给出了某频带中的均方压力：

$$\overline{p_a^2}(\omega, \Delta\omega) = P_\infty^2\left(\frac{L}{r}\right)^2 (K_i - K)\left[\frac{(\Delta\omega)L\sqrt{K_i - K}}{\sqrt{P_\infty/\rho_0}}\right]\times\phi_3\left(\frac{\omega L\sqrt{K_i - K}}{\sqrt{P_\infty/\rho_0}}, K_i, \Re_L\right) \tag{1.16}$$

这基本上是 Blake 等[14-15]使用的表达式。事实证明，此种表达式能够有效表达空化水动力旋翼辐射的噪声。若空化存在相似性，则

$$K_{模型} = K_{full}, \quad (K_i)_{模型} = (K_i)_{full}$$

在此情况下，式（1.15a）和式（1.15b）简化为式（1.12）和式（1.16）。谱

$$\phi\left(\frac{\omega L\sqrt{K_i - K}}{\sqrt{P_\infty/\rho_0}}, \Re_L\right)$$

则是物体几何形状、雷诺数和约化频率的函数，如上所示。由于 K_i 取决于 $\Re_L$，因此 Φ 可能还依赖于 K_i。

第四种非常不同的方法是由 DeBruyn 和 Ten Wolde[16]以及 Ross[1]提出的空化噪声缩放方法，还可参见 Baiter[17]。他们假设，当空化泡的半径最大时，辐射的总声能和空化泡-液体系统包含的势能之间的固定比例可用于保持相似性。因此，他们假设声功率与势能的时间变化率成正比：

$$\mathbb{P}_a \propto \left(\frac{d}{dt}\right)(PE)$$

依据第 1 卷第 6 章的符号，可转换为

$$\frac{\overline{p_a^2} r^2 (4\pi)}{\rho_0 c_0} \propto \left(\frac{1}{\tau}\right)\left[\frac{4}{3}\pi R_M^2 P_\infty\right]$$

式中：τ 表示空化泡系统的时间常数；R_M 表示空化泡的初始尺寸。因此假设

$$\frac{\overline{p_a^2} r^2 \tau}{\rho_0 c_0 R_M^3 P_\infty} = \text{恒定} \tag{1.17}$$

时间常数被视为螺旋桨转速（相当于接近速度），这一选择与螺旋桨上非定常荷载导致的空腔脉动低频模型（由进气畸变引起）相一致。此外，假设 $R_M \propto L$，低频噪声则表现为

$$\overline{p_a^2}(\omega, \Delta\omega) = P_\infty^2 \left(\frac{L}{r}\right)^2 \left(\frac{\rho_0 c_0^2}{P_\infty}\right)^{0.5} \left[\frac{(\Delta\omega) L \sqrt{K_i - K}}{\sqrt{P_\infty / \rho_0}}\right] \times \phi_4 \left(\frac{\omega L \sqrt{K_i - K}}{\sqrt{P_\infty / \rho_0}}, K_i, \Re_L, \rho_0 c_0^2\right) \tag{1.18}$$

但是，这种缩放形式与第 1 卷 2.1.3.1 节所述的单极子声场（与声速无关）不一致。

除了 K= 常数外，式（1.18）形式还要求两个尺度下的马赫数和压缩性相同，以保持完全相似。根据第 1 卷 6.4 节，尽管分析没有明确考虑溃灭细节，但这种增加的相似性确保了在不凝性气体分压相似的情况下，最后阶段冲击波的形成是相似的。正如我们所见，最大壁速度取决于液体可压缩性和空化泡压力。更为重要的是，声能与势能之比相等也意味着远场粒子速度与近场粒子速度之比相等。近场运动控制着势能-动能平衡，而势能-动能平衡又控制着整体溃灭。实际上，声能是近场运动的副产物，其取决于液体中的声速，因此也取决于液体的可压缩性。为了保持能量平衡的完全相似性，液体的可压缩性必须相同：

$$\left(\frac{\rho_0 c_0^2}{P_\infty}\right)_1 = \left(\frac{\rho_0 c_0^2}{P_\infty}\right)_2$$

式（1.17）和式（1.18）表示的相似性假设变量也取决于以下假设：声音由冲击波决定。Levkovskii[11] 和 Baiter[12] 推断，冲击相关噪声满足第 1 卷式（6.79）形式，因此远低于 6.4.2 节冲击波时间尺度倒数 $(\delta t_s)^{-1}$ 的多个频率下声压级表现为

$$\Phi_{p_{rad}}(\omega << (\delta t_s)^{-1}) \sim \int p_a^2(t)\,dt \sim \overline{p_a^2}(\delta t_s)$$

因此，式（1.17）采用 δt_s 代替 τ 意味着：

$$\Phi_{p_{rad}}(\omega \ll (\delta t_s)^{-1}) \sim \rho_0 c_0 \left(\frac{R_M^3}{r^2}\right) P_\infty$$

因此，令 $R_M \sim L$，Levkovskii 和 Baiter 将谱密度函数写成

$$\frac{\overline{p_a^2}(\omega, \Delta\omega)}{\Delta\omega} = P_\infty \left(\frac{L^3}{r^2}\right) \rho_0 c_0 \tag{1.19a}$$

且频率仍缩放为

$$\omega L\sqrt{\frac{\rho_0}{P_\infty}}=\text{恒定}$$

Bark[90]、Lovik 和 vassenden[13]、Björheden 和 Aström[8] 采用了式（1.19a）来缩放螺旋桨空化噪声。他们如何实施此关系，参见 1.4 节。在使用式（1.19a）时，通过以下等式保持完全相似性：

$$\frac{\overline{p^2}(\omega,\Delta\omega)}{\Delta\omega}\sim P_\infty^2\left(\frac{L^3}{r^2}\right)\left(\frac{\rho_0 c_0^2}{P_\infty}\right)\sqrt{\frac{\rho_0}{P}}\left(\frac{L}{\tau c_0}\right) \tag{1.19b}$$

如前所述，可视为等同于式（1.18），并且液体可压缩性应具有相似性。在除气水中（P_∞ 和 $\rho_0 c_0^2$ 值相同）以全尺寸测试空化体模型时，式（1.19b）给出的尺度因数与前述式相同。

如果希望在模型测量中模拟气体扩散，应按照 $L^{1/2}$ 的比例（如 Levkovskii[18] 所示）缩放溶解气体的浓度，前提是最大空化泡半径与 L 成正比。根据第 1 卷 6.4.1.3 节中的计算结果，只有当频率相对较大时，受到环境可压缩性影响的行为才重要。

当在模型中和全尺寸下保持 K、K_i 和 $\rho_0 c_0^2$ 的相似性条件时，式（1.12）、式（1.15a）、式（1.15b）、式（1.16）和式（1.18）提供的各种缩放规则均简化为相同的简单几何缩放形式。

此外，这些规则也适用于远场辐射声（近场螺旋桨诱导的船体压力脉动），因为这两类发射都受到与游离气体含量、雷诺数效应和可压缩性相同的缩放问题影响。

1.2.2　水动力空化初期

1.2.2.1　空化类型及其相关流体

前面强调了通过缩放方式来确定空化噪声的三个最低要求：模型和原型中的空化类型必须相同；空化初期指数 K_i 必须为已知数；必须考虑静压。因此，必须认识到促进各类空化现象的实验和环境条件。表 1-1 依据外观总结了常见的空化类型，并指出了可能出现空化现象的流体类型、主导尺度效应以及可能发现每种类型的实际情况。1.2.2 节将不讨论此表。图 1-3 给出了一系列照片，呈现了螺旋桨上各种经典的空化类型。如果空化泡核迁移到稀疏区域，并停留足够长的时间，以致出现了非线性增长，就会产生泡状空化现象。如果静压较低且边界层为湍流，则预计在小迎角处，水动力旋翼最大厚度点附近会出现这种空化现象，也称为“流动泡空化”。在下列三种情况下，升力面上可能会出现片状空化现象：①在雷诺数足够低的情况下，无空化流中发生层流分离，因此初期空化以小斑点或片状形式出现；②在雷诺数较高的情况下，即使层流不一定会发生，当在某些较薄升力面的前缘处 $K_i \approx -(C_p)_{min}$，且是前缘形状和迎角的函数时；③在雷诺数较低的情况下，后向台阶后方的初期空化以片状形式出现。在单独突起后方可能会沿流动方向形成条纹，出现条纹状空化现象。最后，在升力面附着梢涡（图 1-3（c））、涵道风扇叶梢间隙、拐角流以及剪切层的涡流结构（如射流和尾流）中，可能会出现涡空化现象。

表 1-1　常见空化类型及其出现条件汇总

外观[a]	流体类型	已知的尺度效应变量	空化初期指数（参见 1.2.2.2 节）
泡状空化	光滑和粗糙壁上的湍流边界层、湍流射流和尾流	流核（游离气体空化泡、疏水性颗粒物）空化泡流[19]	如图 1-6 所示；剪切流、尾流、边界层：$K_i > -C_p$
（升力面上）附着斑点或片状空化	低 R：先在小迎角和大迎角处出现层流分离	小 R：设施湍流；表面光洁度和润湿性；游离气体和溶解气体（扩散起作用）	蒸汽空化：通常为 $K_i \approx (-C_p) < -(C_p)_{min}$；如图 1-10 所示（气体空化（$K_i > -C_p$）16012 水动力旋翼上的斑点）
	大 R：小至中等迎角；尖锐前缘；从前缘开始	大 R：前缘形状；迎角	$K_i \approx -(C_p)_{min}$
条纹状空化（升力面上）	在表面凸起的后方；在表面空腔、坑或洞的后面	表面光洁度；游离气体和溶解气体（扩散）、雷诺数	如图 1-11 所示（单独突起）$K_i > -(C_p)_{min}$
涡空化	升力面梢涡、根涡、角涡；盘后剪切层	雷诺数；游离气体和溶解气体	如图 1-9 所示：梢涡 $K_i \propto \mathcal{R}^{0.4}$；尖盘尾流 $K_i \approx 0.44+\mathcal{R}^{0.5}$
注：[a] 参见图 1-3			

1.2.2.2　K_i半经验公式

缩放空化的一个基本原理是基于先前为非定常空化泡增长条件制定的概念。如图 1-4 所示，作用于气腔（即空化核）上的压力被视为是平均压力和非定常压力的叠加。该图是一个概念性图示，呈现出水动力旋翼瞬时压力如何在三个连续时刻出现。在高雷诺数下，若为湍流，则认为脉动压力叠加在静压上。在某个时刻（如 t_1），局部瞬时压力可能下降到小于 P_{crit} 的值（如在 A 处）。由于流体质点与流体呈对流状态，低压区可能沿弦对流，直到 t_3 时刻，局部压力增加到 P_{crit} 以上（如在 B 处）。在 t_3，水翼上各处压力瞬时高于 P_{crit}。在此对流稀疏区域出现的空化泡会在水动力旋翼上从 A 到 B 形成空化。根据第 1 卷式（6.37），空化泡附近的压力是 $P(r)=P(y,t)=P_s(y=U_c t)+p(t)$，其

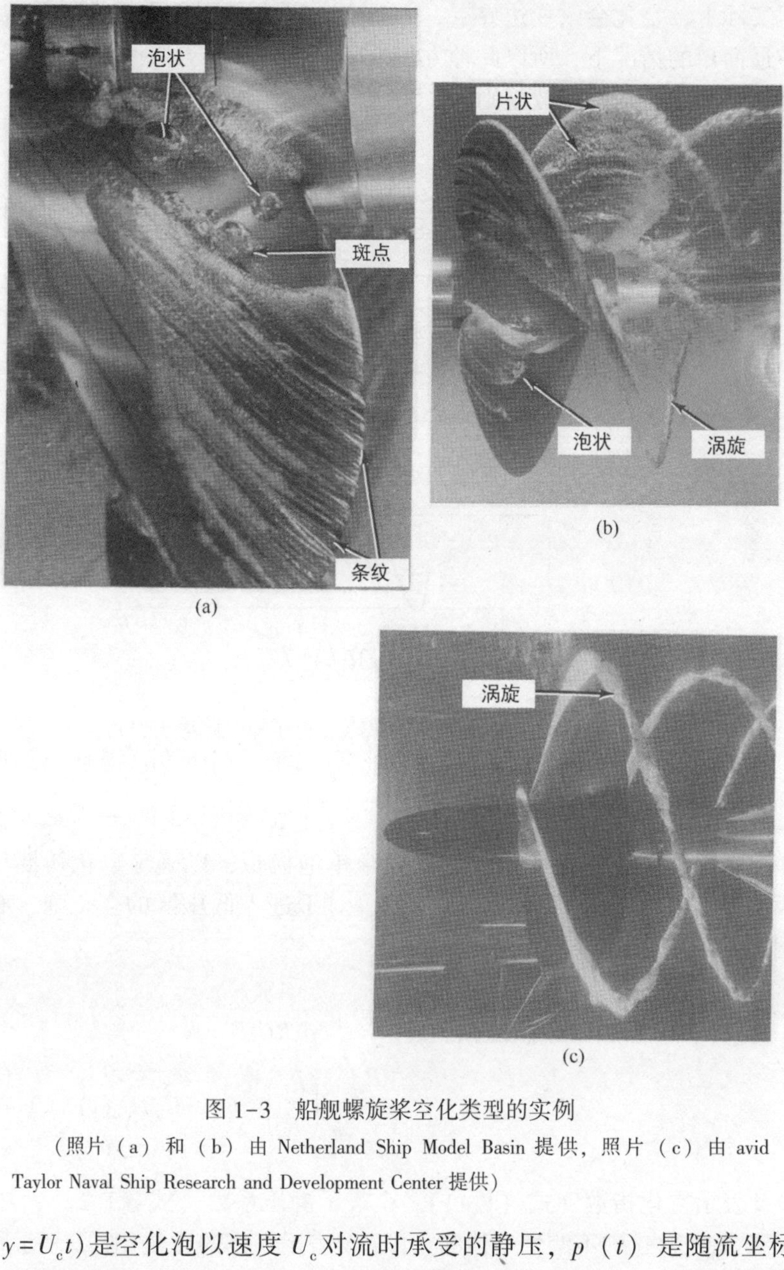

图 1-3　船舰螺旋桨空化类型的实例

（照片（a）和（b）由 Netherland Ship Model Basin 提供，照片（c）由 avid Taylor Naval Ship Research and Development Center 提供）

中 $P_s(y=U_c t)$ 是空化泡以速度 U_c 对流时承受的静压，$p(t)$ 是随流坐标系中观察到的叠加湍流压力。因此，可以考虑类似于第 1 卷式（6.41）的稳定性条件，以确定可能出现空化现象的时间。若忽略气体向空化泡的扩散，但不忽略片状空化和涡空化，则可根据球形空化泡的运动式推导出这种稳定性准则形式。但实际上，空化会改变边界层，并且空化动力学不会严格遵循单泡类比，除非在最简单的情况下，所以此种方法过于简化。然而，依据单泡空化类比所得的推论可确定有用的缩放规则。

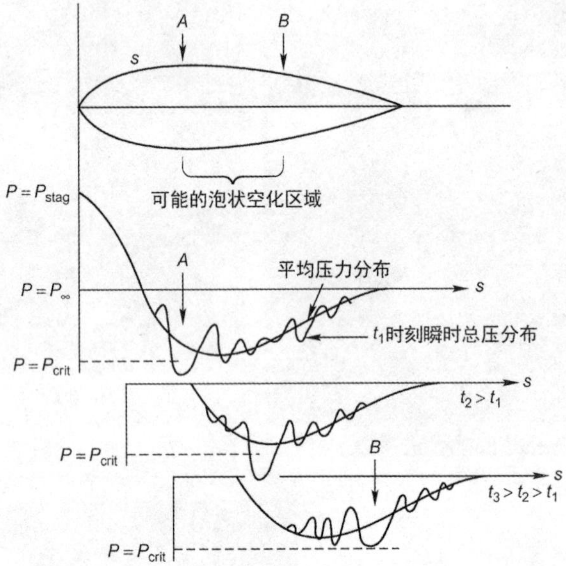

图 1-4　水动力旋翼表面的总压（均压加上脉动压力）

（在所示情形中，最小静压 $P_{\min}>P_{\text{crit}}$，因此 $-C_{p\min}>-K_{\text{i}}$。瞬时压力连续显示三次，其中局部瞬时压力首先下降到 P_{crit} 以下，然后再增加至 P_{crit} 以上）

在此情况下，我们将实施空化动力学单泡模拟，以确定空化初期尺度构想。根据第 1 卷式（6.3）和式（6.37），对于进入低压区的空化泡，有一个无量纲式：

$$\left(\frac{R}{L}\right)\left(\frac{R}{L}\right)''-\frac{3}{2}\left[\left(\frac{R}{L}\right)'\right]^2=-K-C_p-\frac{4S}{\rho_0 R U_\infty^2}+\frac{P_{g0}}{\frac{1}{2}\rho_0 U_\infty^2}\left(\frac{R_0}{R}\right)^{3\gamma}-(1-C_p)\widetilde{C}_p(t) \tag{1.20}$$

式中：K 表示空化指数（式（1.4））；C_p 表示静压系数（式（1.2））；P_{g0} 表示初始半径 R_0 处空化泡不溶性气体的分压；γ 表示气体的比热比；L 表示物体长度尺度；$(R/L)'$ 表示对缩减时间变量 tU_∞/L 的导数，并且

$$\widetilde{C}_p(t)=\frac{p(t)}{\frac{1}{2}\rho_0 U_s^2}$$

是基于局部速度 U_s 的脉动压力系数。根据第 1 卷 6.2 节，在适当的低压下，对于尺寸为 R_0 的核，停留时间需足够长，才会开始出现泡状空化。应区分移动流中空化核迅速增长所需时间尺度以及嵌入固定表面空化核所需的时间尺度。前者需要拉格朗日（移动轴）时间尺度，后者需要欧拉时间尺度（相对于物体处于固定状态）。可通过关于空化泡坐标的式（1.20）获取相应结果。对于通过对流经过低压区的空化泡（核），必须算出式（1.20）的解。空化数临界值取决于产生蒸汽空化所需的压力系数 $C_p+(1-C_p)\widetilde{C}_p(t)$ 有效值。类似于第 1 卷式（6.41），空化数临界值通式为

$$(K+C_p)_{\text{ctit}}=\frac{-4S}{\rho_0 U_\infty^2 R_0}+f_{\text{vap}}\left(\frac{P_{g0}}{\frac{\rho}{2}\rho_0 U_\infty^2},\frac{4S}{\rho_0 R_0 U_\infty^2},\frac{\widetilde{C}_p}{C_p},\theta_t\omega_0\right) \tag{1.21}$$

式（1.21）将核 P_{g0} 中气体分压和表面张力 S 确定为尺度因数，尺度因子与流中或表面上空化成核相关。理想情况下[3,20]，还应有相关参数，用于描述空化核类型，即自由空化泡、疏水性颗粒或表面空化核，以及对流空化核相对于表面的位置，但这些远远超出了我们的处理范围。流体类型及其雷诺数考虑的主要参数为相对压力系数 $\widetilde{C}_p/C_p$，以及核共振频率 ω_0 和流体中针对压力的适当移动轴时间尺度 θ_t 的乘积。只要 $\omega_0\theta_t>1$，稳定性的准静态条件适用于空化泡中的蒸汽空化。因此，第 1 卷 6.2.2 节的稳定性分析适用，给出了第 1 卷图 6-8 所示的临界压力。图 1-5 重新绘制了此类概念性流动泡空化现象的临界压力，通过式（1.20）实现水动力变量的无量纲化。

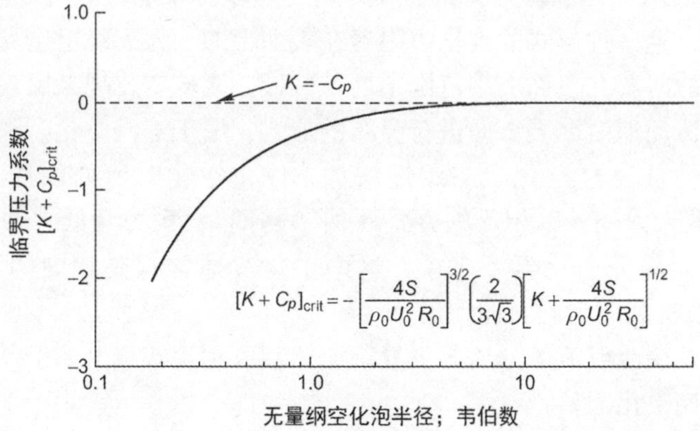

图 1-5　层流中自由球形空化泡压力系数临界值

（此图呈现了 $K=1.0$ 时第 1 卷式（6.41）和图 6-8 的归一化形式）

如果空化泡在稀疏区域的停留时间足够长，那么定常、精馏或对流气体扩散到空化泡中可能是一项重要因素。在这些情况下，必须考虑到溶解气体含量，稳态扩散的适当形式为

$$(K+C_p)_{\text{crit}}=\frac{\alpha H}{\frac{1}{2}\rho_0 U_\infty^2}-\frac{4S}{\rho_0 U_\infty^2 R_0}+f_{\text{gas}}\left(\frac{P_{\text{g0}}}{\frac{1}{2}\rho_0 U_\infty^2},\frac{2S}{\rho_0 R_0 U_{\text{s}}^2},\frac{\widetilde{C}_p}{C_p},\frac{U_\infty R_0}{D_{\text{s}}}\right) \tag{1.22}$$

式中：D_{s}表示质量扩散系数（对于水中的空气，为 $2\times10^{-5}\text{cm}^2/\text{s}$）；$U_\infty R_0/D_{\text{s}}$表示佩克莱数（若遇强对流扩散，则必须大于 1）；$\alpha$ 表示溶解气相的浓度；H 表示亨利定律常数（25℃时，对于空气和水，$H=5.4\times10^7$ mm/（摩尔分数）。当水面上的空气压力为 1 个标准大气压时，α，α_{s}的饱和值为 1.4×10^{-5} mol/mol，基于 STP 处的体积，相当于 0.019（cm^3空气）/（cm^3水））。这种空化现象，称为气体空化现象，可能发生在中等浓度至高浓度溶解气体，以及具有静止（相对于表面）稀疏区域的流体中，如稳流分离和附着涡。从理论上讲，在大韦伯数和溶解气体分压的限制下，$f_{\text{气体}}\to0$ 生成

$$K_{\text{i}}\approx-(C_p)_{\min}+\frac{\alpha H}{\frac{1}{2}\rho_0 U_\infty^2}$$

没有必要针对类比提供特定解决方案（无须给出与第 1 卷图 6-8 中超声空化函数相媲美的$f_{\text{气体}}$和$f_{\text{蒸汽}}$函数）。

重要的是，在超出极限空化泡韦伯数的范围，还存在一个上述式成立的条件。图 1-6 展示了在水动力旋翼上观测到的实际前缘空化中暗含的这一条件。在此情况下，第一种形式的空化由附着在表面上的一系列稳定斑点组成。这些稳定斑点可能附着在表面上小范围不均匀区域。区域空化现象出现在更低压力下，更像是流动泡沿翼展方向进行分布的形式，属于蒸汽空化。请注意，在本实验中，压力从完全空化状态缓慢增加，停止空化时所处的压力用于定义“分散”指数。另外，以相反的方式评估“初期”，压力降低，并注意空化的开始。对于大部分空化类型来说，这两个定义通常都是相同的（更多讨论见[4]），本节将其作为同义词使用。

对于涉及湍流或流体分离的更复杂流体，可利用式（1.21）和式（1.22）宽泛定义初期空化阈值：

$$K_{\text{i}}=-[C_p-(1-C_p)(\widetilde{C}_p)_{\text{eff}}]_{\min}+\alpha H/\frac{1}{2}\rho_0 U_\infty^2 \tag{1.23}$$

式中：C_p表示局部表面压力系数（在自由射流和尾流中为 0）和（$\widetilde{C}_p$）$_{\text{eff}}$表示非定常压力有效值，是根据实际经验确定的系数。

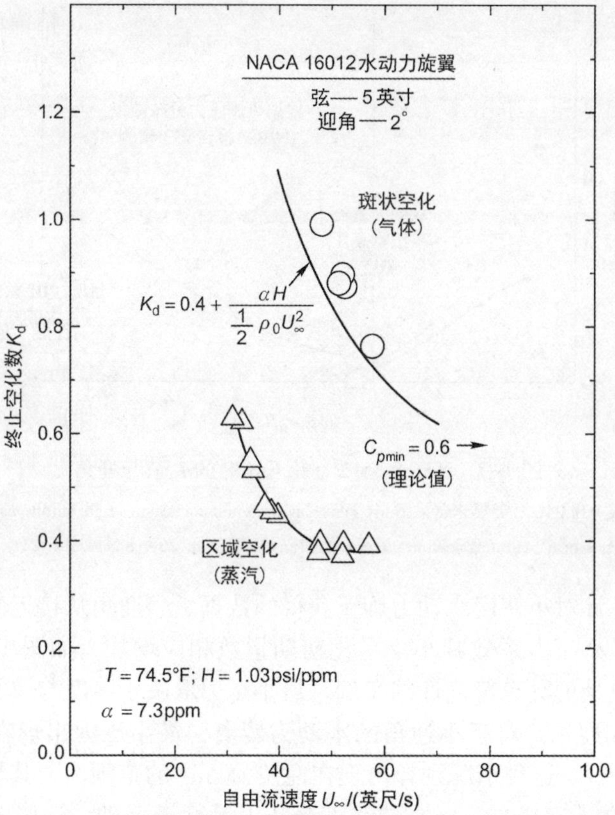

图 1-6　5 英寸 NACA 16012 水动力旋翼上的两类空化现象

（注意 $k_d \approx k_i$ 分散。资料来源：Holl JW. An effect of air content on the occurrence of cavitation. J Basic Eng 1960，82：941-5[21]．）

式（1.23）只是临界压力的线性化模型，临界压力取决于流体中的局部效应，因数（$1-C_p$）考虑了流体加速度和相关的静压降低。对于蒸汽空化，这种关系最实际的用途是取组合压力系数中的最小值，即

$$K_i = -[C_p - (1-C_p)(\widetilde{C}_p)_{eff}]_{min} \tag{1.23a}$$

再根据实际经验确定系数（$\widetilde{C}_p$）$_{eff}$。如为气体空化，实际关系设定为

$$K_i = -[C_p - (1-C_p)(\widetilde{C}_p)_{eff}]_{min} + \frac{\alpha H}{\frac{1}{2}\rho_0 U_\infty^2} \tag{1.23b}$$

式（1.23a）和式（1.23b）是式（1.5）更具普遍意义的形式。若水动力旋翼是光滑的，并且雷诺数足以确保不会发生层流分离，则（$\widetilde{C}_p$）$_{eff}$基本为零。此外，考虑 Daily[22] 报道的空化初期指数，如图 1-7 所示。

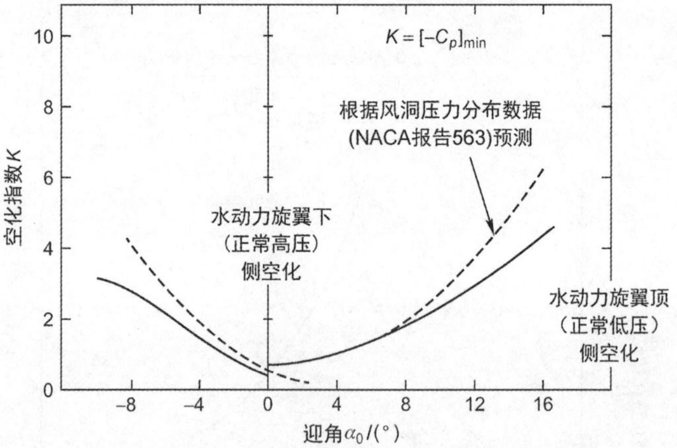

图 1-7　NACA 4412 空化开始时的 K_i 值与迎角

（弯度=0.04C。资料来源：Daily JW. Cavitation characteristics and infinite aspect-ratio characteristics of a hydrofoil section. Trans ASME 1949，71：269-84.）

此数据是针对小弯度水动力旋翼获得的数据。当迎角从接近于零的数值开始变化时，最小压力系数减小，空化初期指数相应增加。如图 1-8 所示，具有迎角的现象是更具有普遍性的实例。最小压力取决于厚度与弦长比 h/C、弯度（y_c/C）和迎角。对于小迎角的水动力旋翼，最小压力出现在最大厚度点附近，见图 1-1。这种情况预计出现在迎角为 $\Delta\alpha_0$ 的范围内，其特征是图 1-7 和图 1-8 中的（$-(C_p)_{min},\alpha_0$）曲线部分几乎平行于 α 轴。这些图中几乎垂直的部分适用于迎角较大的情况，最小压力出现在压力前缘或水动力旋翼吸入侧附近，如图 1-8 所示。图底部小插图展现了$(-C_p)_{min}$和 $\Delta\alpha_0$极限值随弯度和厚度的变化规律。对于最大厚度附近的小迎角，空化类型为流动泡空化。对于较大迎角和前缘处最小压力，空化类型为片状空化。船舰螺旋桨上经常会出现片状空化现象，当叶片穿过船舶尾流旋转时，改变了来流迎角，致使片状空化出现大幅调制。

选择螺旋桨叶片几何形状的准则之一是利用图 1-8[23]所示的曲线来优化升力和$(-C_p)_{min}$，以最大限度地减少空化现象。设计螺旋桨时，通常会用到诸如此类的图表，以针对空化现象和推力性能选择最佳剖面。其中一种折中方法是比较各种设计方案的绝对最小值$[C_p]_{min}$和宽度 $\Delta\alpha_0$。根据来流的不同，预计螺旋桨叶片剖面迎角可能会出现较大或较小波动，可以选择 $\Delta\alpha_0$来降低对波动的初期敏感性。此种考虑因素可能会驱动 h/C 值。

表 1-2 列出了根据实际经验确定的其他流体类型空化初期指数和$[\widetilde{C}_p]_{eff}$值，是图 1-9~图 1-11 的关键参数。对于梢涡、剪切层、自由射流和孔板流

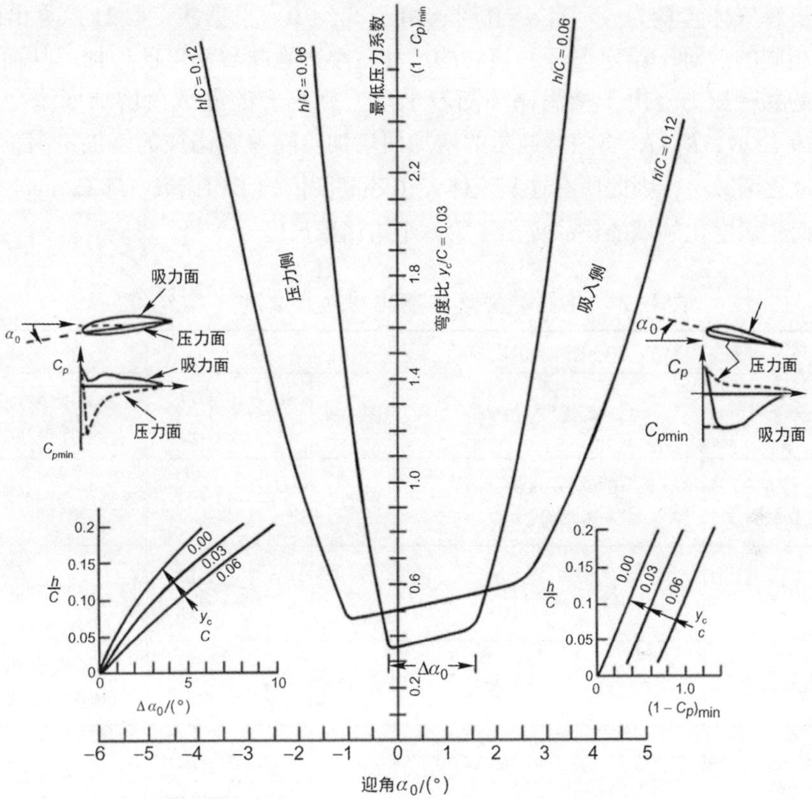

图 1-8　NACA 66 弯度比为 $y_c/C=0.03$ 的典型水动力旋翼剖面的最小压力包线特性

（$a=0.8$ 中弧线 DTMB 改良机头和尾翼。资料来源：Brocket T. Minimum pressure envelopes for modified NACA-66 sections with NACA a=0.8 camber and BUSHIPS Type I and Type II sections. D. W. Taylor Naval Ship R & D Center Rep. No. 1780. Washington, D. C., 1966.）

等自由流，大尺度涡结构中的低压会引起空化现象。对于自由涡的简单情况，假设具有 Rankine 结构（旋转势流核心的半径为 r_0，循环为 Γ_0），则最小压力系数出现在核心中心，其值为

$$(C_p)_{\min}=-2\left(\frac{\Gamma_0}{2\pi r_0 U_\infty}\right)^2$$

式中：U_∞ 表示参考速度。根据式（1.22），对于 $4S/\rho_0 U_\infty^2 R_0 \ll (C_p)_{\min}$，可按下式获得空化初期指数：

$$K_{\mathrm{i}}=(-C_p)_{\min}+\frac{\alpha H}{\frac{1}{2}\rho_0 U_\infty^2}$$

水中溶解气体含量为 α。当 $\alpha=0$ 时，由于 $f_{\mathrm{vap}}\approx 0$，根据式（1.21）算出的 K_{i} 值是相同的。对于给定循环，核心的尺寸减小则意味着涡度的增加，从而产生较低的稀疏压力。由于梢涡循环随着水动力旋翼上的静载荷增加而增加，如图 1-9 所示，$K_{\mathrm{i}}=K_{\mathrm{cr}}$将随着迎角的增加而增加。随着雷诺数的增加，涡旋的核心尺寸逐渐减小，因此所有这些流体 K_{i} 值还高度依赖于雷诺数。McCormick[24] 在升力面梢涡空化领域的作品提出了第一个雷诺数尺度[25,29-32,39-45]。

表 1-2　其他类型流体空化初期指数和 $(\widetilde{C}_p)_{\mathrm{eff}}$ 值

流体类型	空化初期指数[a]	图示		外观
梢涡[24-25]	$K_{\mathrm{i}}=a_1\,\mathfrak{R}^{0.4}+\alpha H/q_\infty$	图 1-9	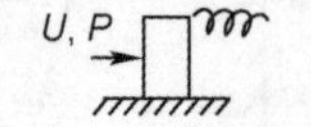	充满蒸汽或气体的绳索
尖盘后方[26]的剪切层	$K_{\mathrm{i}}=0.44+0.0036\,\mathfrak{R}_{\mathrm{D}}^{0.5}$，通常为 2~4	图 1-9	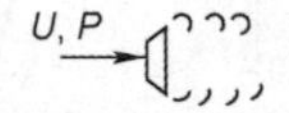	涡流中滞留的空化泡
涡街尾流[27]	$K_{\mathrm{i}}=C_{\mathrm{pb}}+a_2\,\mathfrak{R}_{\mathrm{D}}^{0.5}$	—	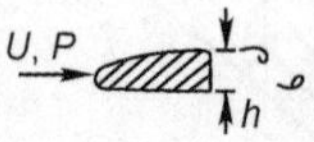	涡流中滞留的空化泡
自由射流[28]	$K_{\mathrm{i}}=(\widetilde{C}_p)_{\mathrm{eff}}=0.5\sim0.7$	图 1-9		大尺度结构中滞留的空化泡
湍流边界层[29] $\mathfrak{R}\gg\mathfrak{R}_{\mathrm{trans}}$	$K_{\mathrm{i}}=[-C_p+(\widetilde{C}_p)_{\mathrm{eff}}]_{\min}-(-C_p)_{\min}+16C_{\mathrm{f}}$	图 1-9	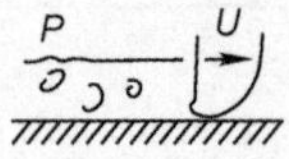	流动泡
分离层流边界层 $\mathfrak{R}\gg\mathfrak{R}_{\mathrm{trans}}$	$K_{\mathrm{i}}\approx-C_{\mathrm{ps}}\leqslant(-C_p)_{\min}$（蒸汽）[30-31] $K_{\mathrm{i}}\approx a_3+\alpha H/q_\infty$（气体）[32]	图 1-10		斑点或片状
前缘片状	$K_{\mathrm{i}}\approx-(C_p)_{\min}$	图 1-7		片状
单独凸起[33-34]	$K_{\mathrm{i}}=[C_p-(1-C_p)(C_p)_{\mathrm{eff}}]_{\min}$	图 1-11		条纹
孔板[35]	K_{i}为 1~2.5（可能类似于尖盘）	—	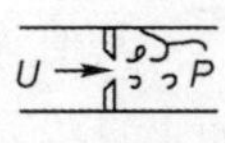	涡流中滞留的空化泡

注：a　C_{pb}=基本压力系数；$q_\infty=1/2p_0U_\infty^2$；系数 a_1、a_2 和 a_3 取决于流体几何形状参数

$$(-C_p)_{\min}\sim a_1\,\mathfrak{R}_{\mathrm{c}}^{\gamma}$$

式中：指数 $\gamma=0.4$ 部分源自水动力旋翼叶梢湍流边界的卷升，其边界层厚度为

$$\delta\sim\mathfrak{R}^{-0.2}$$

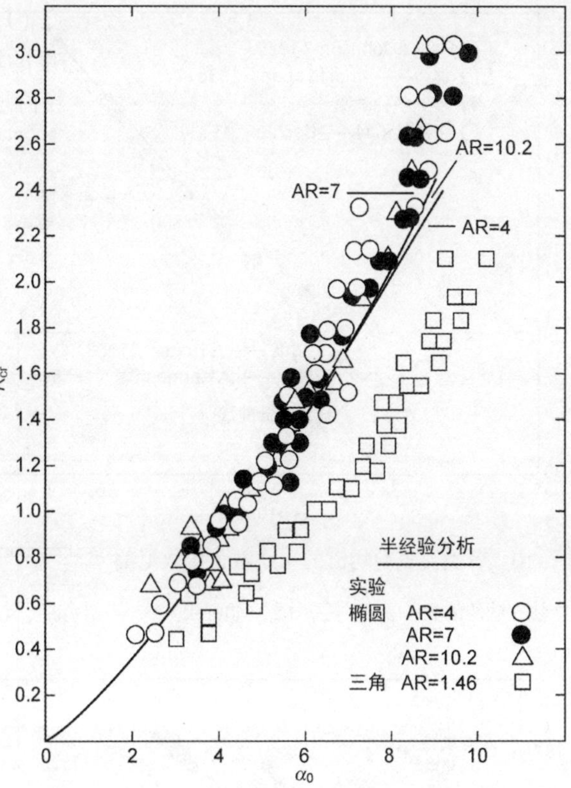

图 1-9 梢涡空化临界指数与椭圆和三角翼迎角

（资料来源：McCormick BW. On cavitation produced by a vortex trailing from a lifting surface. J Basic Eng 1962，84：369-79.）

并假设 $r_0 \sim \delta$。因此，现在众所周知 a_1 和 γ[25,29-32,39-45] 也取决于叶梢几何形状、升力系数 C_L、水动力旋翼表面光洁度和载荷分布。现代思维（见 ITTC 24[30]）已经收敛至一个值：

$$(-C_p)_{\min} \sim a_1 \mathcal{R}_c^{0.35}$$

对于限制流（如水动力旋翼上的限制流），前缘片状空化和流动泡空化均出现在光滑表面上，这取决于$(C_p)_{\min}$的位置，如前所述。粗糙度和单独突起导致局部低压，同时初始指数也随之增加[33-34,37-38,46]。空化通常出现在元件上，尤其是突起的间隔较大时。若雷诺数太低导致层流分离（低雷诺数下，通常出现在水动力旋翼或螺旋桨叶片前缘附近），则可能产生气体空化现象，如图 1-6 所示的上曲线。分离空化泡中流体的再循环可能会使其中的空化核停留时间较长，造成空化泡生长并积聚，形成相当稳定的蒸汽-气体区域。

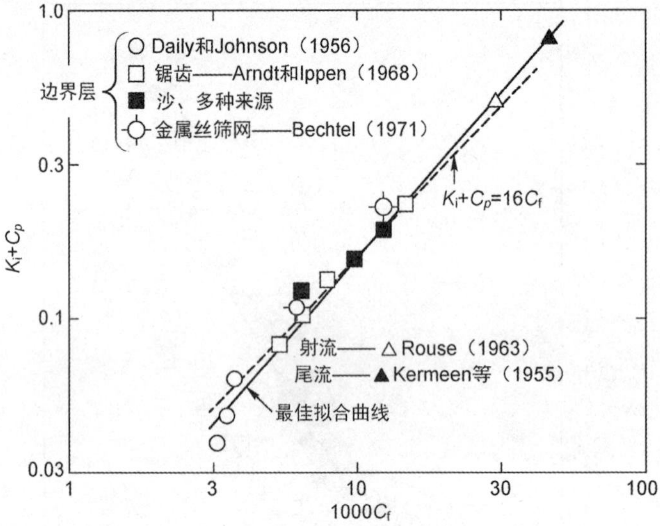

图1-10　各类湍流剪切流的初期空化指数汇编[36-37,50,156-159,46]

指数是有效剪切系数的函数：$C_f=t_w/\frac{1}{2}\rho_0U_\infty^2$（边界层）；$C_f=-u_1u_2/U_\infty^2$（射流、尾流）

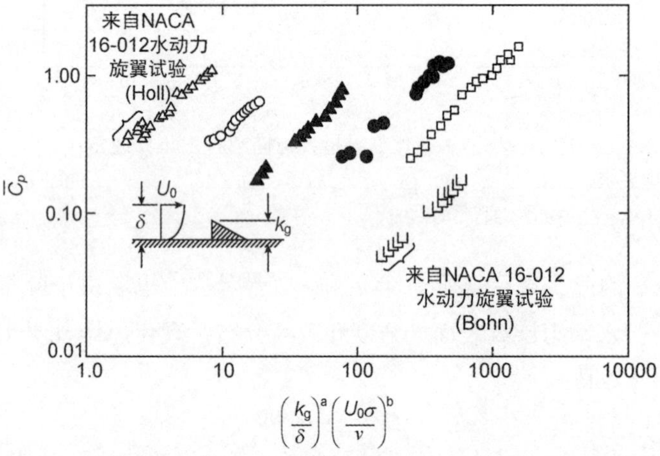

图1-11　湍流边界层中单独不规则的有限空化数[33-34,37-38]

（资料来源：Arndt REA，Holl JW，Bohn JC，Bechtel WT. Influence of surface irregularity on cavitation performance. J Ship Res 1979，23：157-70.）

Arakeri和Acosta[47]首先观察到了这种现象。因此，表1-3所示的分离层流边界层关系包括式（1.20）和式（1.23b）所暗示的亨利定律常数。目前，还没有公认的雷诺数上限来确保水动力旋翼或涡轮机叶片不再发生层流分离，但有

一个实用的代表值 6×10^6。上限取决于升力剖面的几何形状、表面光洁度和上游湍流。层流分离也会改变蒸汽空化初期。分离区中长停留时间可能导致微泡产生（如小于图 1-5 所示 $\rho_0 U_\infty^2 R_0/4S\approx1.0$），当 $K=(-C_p)_{\min}$ 时，微泡通过扩散缓慢增长，其尺寸可能无法满足空化条件，不会致使空化。在此类情况下，溃灭的空化泡可能包含不同量的不溶性气体，产生的噪声可能在很大程度上取决于水中溶解气体和游离气体的含量。这在高频率下尤其如此，因为溃灭空化泡中的不溶性气体限制了空化泡壁的最大速度。第 1 卷图 6-12 和图 6-14 呈现了当理论上理想的球形空化泡中气体分压发生变化时，所含气体对极限速度和最小空化泡尺寸的影响。如将这些图应用于空化问题，仅当空化泡在其膨胀状态下具有最大尺寸时，压力才适用。在这些情况下，少量气体也可能在空化泡溃灭前扩散到空化泡中。

表 1-3　分离层流边界层关系

符号	不规则	流体尺寸	数据来源	a	b	c	图　示
△	三角形	二	Holl (1960)	0.361	0.196	0.152	
○	圆弧	二	Holl (1960)	0.344	0.267	0.041	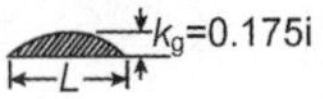
▲	半球	三	Benson	0.439	0.298	0.0108	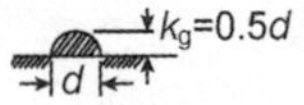
●	圆锥	三	Benson (1966)	0.632	0.451	0.00328	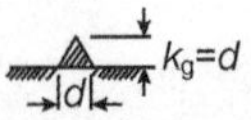
□	圆柱	三	Benson (1966)	0.737	0.550	0.00117	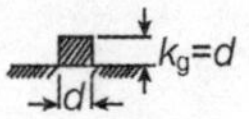
⊔	槽	二	Bohn (1972)	0.041	0.510	0.000314	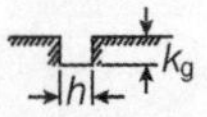

1.2.2.3　成核的重要性

前面所述的空化阈值是基于我们对球形微泡如何迅速增长的理解。Flynn[48]、Knapp 等[28]、Pernik[49]、Blake[20] 以及最近 Brennan[3-4] 和 Arndt[43,50] 已多次阐明空化成核理论，因此本节不再针对这些理论进行综述。基本上，流核由稳定的悬浮微泡（由于表面张力会导致悬浮空化泡溶解，所以稳定性机理仍有争论）和悬浮的疏水性（非湿润）固体颗粒组成，其中可能包含滞留的未溶解气体[51-58]。表面空化核可能是由表面上非湿润的小裂纹和裂缝引起的[59]。显而易见，任何涉及流泡的空化初期须取决于两方面标准：具有临界半径的空化泡是否存在于流动液体中；这些空化泡是否能被吸入所需的稀疏区域[19]。据作者所知，除了空化核数目和空化之间的这种概念性关系之外，在水动力空化领域，至今还没有任何成核理论能够清楚阐明在实际流体中观察到的大部分空化噪声。

多年来，人们通过各种方法在各种环境中测量了流核数目。Morgan[60] 总结了各种方法，包括悬浮颗粒和空化泡散射光强度[60-63]、光学全息术[62,64-65]（允许区分颗粒和空化泡），以及声吸收[66-70]（确定空化泡和未润湿颗粒中空隙气体的浓度）。为了在模型试验[71]中促进空化，已通过电解方法产生流核。图 1-12 经 Gates 和 Acosta[65] 修改，展现了 $n(R)$ 的测量结果集合，即每单位半径范围内单位体积的空化核数目，如第 1 卷式（6.26）所定义。每单位体积的空化泡总数 N 为

$$N=\int_0^{\infty} n(R)\,\mathrm{d}R \tag{1.24}$$

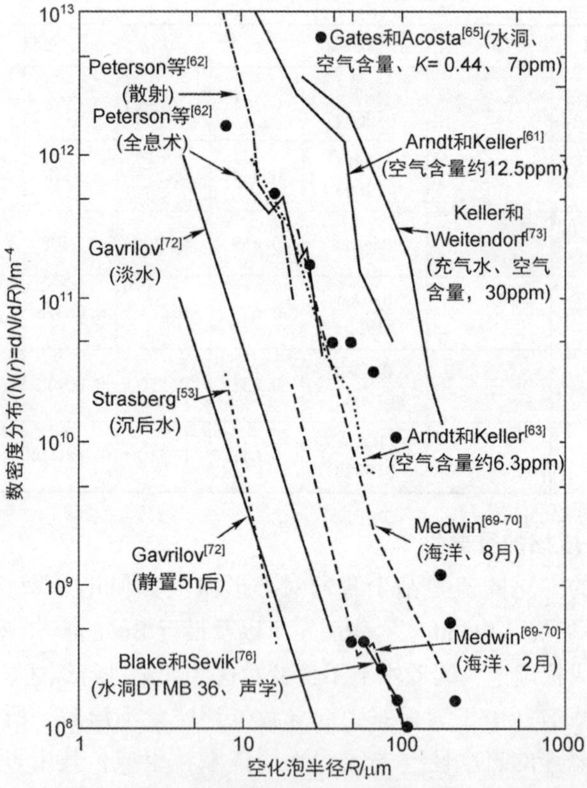

图 1-12　不同源的空化核分布

（改编自 Gates EM 和 Acosta AJ 汇编的附加数据。Some effects of several free-stream factors on cavitation inception on axisymmetric bodies. In：Symp. Nav. Hydrodyn. 12th，Washington D. C.，1978.）

一般情况下，随着总空气含量的增加，$n(R)$也会增加。例如，Gavrilov[72]和 Strasberg[53]预留的水应进行脱气处理，而对于 Arndt 和 Keller[63]以及 Keller 和 Weitendorf[73]预留的过饱和水与饱和水，空化核分布预计较为广泛。对于所有源，$n(R)$与 R 的斜率都非常相似。Yilmaz 等[55]通过光散射法测量了污染物分布。研究发现，自来水中污染物分布与沉降时间、气体含量和加热脱气法的使用有关。

另一种评估水中空化核有效性的简单方法是使水流过低压文丘里管，并确定空化现象的时间率随着压力的降低而增加[51,56,74-75]。再使用第 1 卷式（6.39b）估算 $n(R)$，其中 R 为临界半径。

通常情况下，采用 van Slyke 血液气体测定仪来测量真空状态下从液体样品中提取的气体总体积，评估溶解气体和悬浮气体的总含量。在低空化泡浓度下，声传播损失测量结果可用于推导游离气体的体积浓度，参见 Blake 和 Sevik[76]以及第 1 卷第 6 章。因此，首选的测量方法是光散射法、声学法和文丘里流量法，仪器复杂度与现场实验使用的文丘里法和声学法相同。

1.3　湍流射流、尾流和水动力旋翼中空化噪声测量

在受控环境下测量水动力空化噪声，包括旋转杆、水动力旋翼、螺旋桨和泵以及自由射流。1.4 节将讨论螺旋桨空化现象。“受控”是指利用已知或经校准的声学环境，测量有效自由场声压谱$\overline{p_a^2}(\omega,\Delta\omega)$，相关建议见参考文献[14-15]。其他所需因素包括空化特征和外观记录、空化初期指数 K_i测量、水质（游离气体和溶解气体含量）评估，以及测量参数（如环境静压和物体尺寸）记录。若该信息可用，则可利用式（1.15）、式（1.16）和式（1.18）等关系来概括与缩放测得的声谱。已探讨过旋转杆[6-7]的空化噪声测量。在随后提供的更多示例中，利用近自由场测量空化自由射流噪声，利用水洞测量尖盘后方尾流中的空化噪声，因为这两位研究者均使用了声学校准，可以根据测量结果推导出有效的自由场声级。

1.3.1　空化射流

Jorgensen[77]在喷嘴直径接近 6×10^5的雷诺数下进行测量，完全处于湍流区（见第 1 卷图 3-12）。他的结果是最早记录在案的测量结果之一，图 1-13 展现了这些测量结果的原始形式。总空气含量在饱和值的 10%以内，因此可能存在不凝气体的影响。为了发展 1.2.2 节尺度关系应用的基本原理，应注意，诱导空化的最小压力与射流中的平均流对流，并假设这些压力的时间尺度与射流

中湍流涡旋移动轴时间尺度成比例。然后，低压区中的流核经历的次数将相当于 $\theta_\tau \propto D/U_J \propto U/\rho_0\sqrt{2P_\infty/\rho_0}\sqrt{K}$，因此空化泡最大尺寸与第1卷式（6.43）所示压力成比例：

$$R_m \propto \theta_\tau \sqrt{\frac{1}{2}U_J^2(K_i-K)}$$

并且溃灭时间的尺度与推导式（1.16）时使用的尺度相同。

$$\tau \propto D\sqrt{(K_i-K)}\sqrt{\frac{\rho_0}{P_\infty}}$$

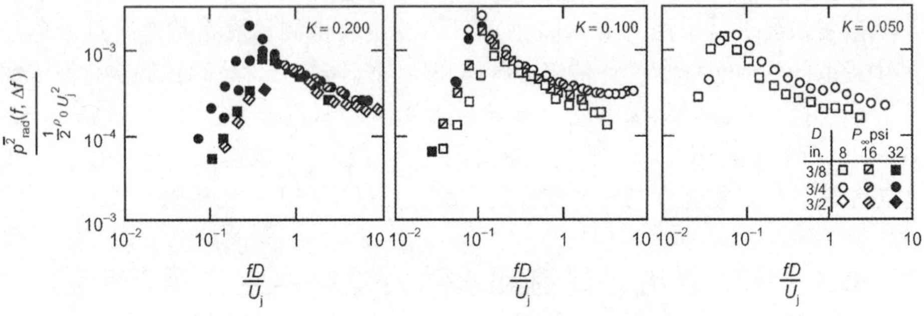

图1-13　半倍频带实测射流空化噪声谱

（资料来源：Jorgensen DW. Noise from cavitating submerged water jets. J Acoust Soc Am 1961，33：1334-8.）

因此，辐射声压应按式（1.15）、式（1.16）和式（1.18）的形式表示，L 可由 D 代替。图1-14显示了根据式（1.16）变量重整 Jorgensen 数据的边界。显然，这种归一化方案将 $K/K_i \geqslant 0.5$ 的频率缩放为一定程度的合并，而对于更广泛的空化，最高谱级的频率较低。当 $K<K_i/2$ 时，我们推测可能存在大量空化泡，这些空化泡可能会显著改变流体结构，致使 θ_τ 使用的假设无效。但是，对于图1-14中的A类和B类数据，积分均方声压是相似的。因此，$\overline{p_a^2} \propto P_\infty^2(K_i-K)$ 似乎很好地表示了环境压力和流速（由 K 表示）的函数值——总均方声压。

1.3.2　水动力旋翼空化

水动力旋翼空化噪声是一个广泛的话题，Barker[78-79]、Erdmann 等[80]、Blake 等[14-15]、Thompson 和 Billet[81-82] 以及 Arndt[43] 等利用水洞进行了相关测量。Blake 等[14-15] 和 Erdmann 等[80] 在进行测量时，试图针对混响效应纠正水

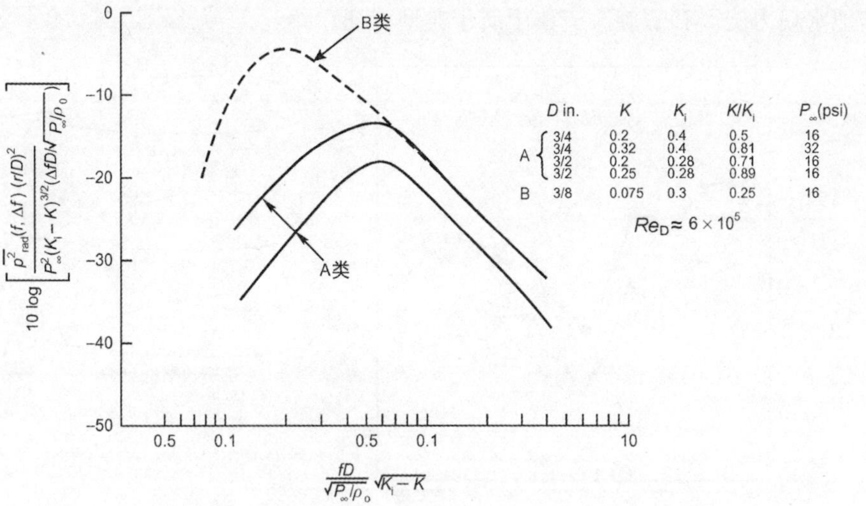

图 1-14　根据式（1.16）无量纲化的湍流射流空化噪声

洞中的声压测量，以报告等效自由场声压的绝对值。其他测量给出了相对于任意参考值的声级，其大小会受到设施混响的影响，在某些情况下可能还会受到设施中自由空化泡吸收的影响。

声级取决于水动力旋翼上出现的空化类型。Barker 的结果表明，相较于水动力旋翼尾涡中的空化现象（从叶梢开始），表面空化形式会产生更多噪声。Barker 得出结论，涡旋噪声主要是由蒸汽空化引起的。涡腔看起来像一根玻璃状的绳子，一直延伸至水洞扩散段下游。此实验特性可能很重要，正如 Morozov[83] 的理论，线涡空化噪声产生于涡旋末端，这是因为空化泡的引入和溃灭均发生在末端，并且腔-水界面振动引起的压力不会消除。因此，虽然涡旋空化噪声可能小于表面空化噪声，但涡腔中噪声最大的部分可能在试验段之外。

Blake 等[14-15] 曾报道过特定形式表面空化的噪声。利用水动力旋翼（专门设计用于产生大面积低静压区域的水动力旋翼），有可能产生流动泡空化或片状空化现象，这取决于水动力旋翼上无空化边界层是湍流（引起流动泡）还是分离和层流。图 1-15 显示了在水洞中某一点测得的声压，以及沿弦空化类型和范围的示意图。根据迎角以及边界层是层流还是湍流（诱导），水动力旋翼任一侧产生空化现象。流动泡空化表现为非球形空化泡的连续体，其中某些空化泡会因周围的湍流而分解。最低压力点下游的静压分布是不利的，因此尽管附着了湍流边界层，但厚度较大。因层流分离而产生的片状空化具有此类空化的所有特征，尽管水动力旋翼下游明显的压力梯度影响了片状空化泡下游的行为。由此可见，定常片状空化的噪声比流动泡空化的噪声小，此观测结果在其他水动力旋翼和螺旋桨流体中属于典型特征。

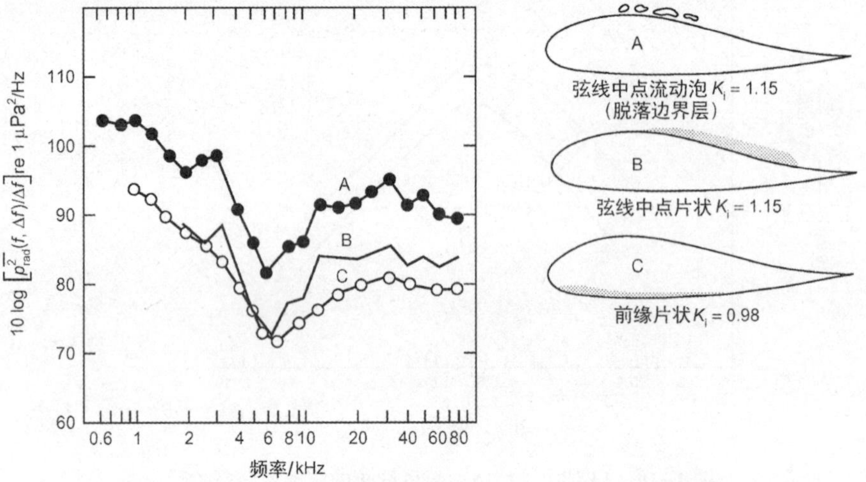

图 1-15　水动力旋翼上不同类型空化在 1 码处噪声的谱密度

（所有测量 U_∞ = 18 英尺/s，范围为 K_i-K（0.23~0.28））

在流动泡分布范围内有一个子组，其行为与第 1 卷图 6-10 和图 6-11 所示行为非常相似。图 1-16 中的照片插图表明，一些空化泡生长到最大尺寸，然后溃灭并反弹成球状体，其他空化泡分解成大量较小的空化泡群，向下游对流。根据式（1.15）、式（1.16）和式（1.18）的方案，可获得无量纲流动泡空化声压谱。图 1-16 显示了扩展度为 10dB 或更小的无量纲水平（绝对基础上，范围为 30dB）。由于此类空化类型是流动泡空化，根据空化泡尺寸 R_M 和水动力旋翼静压分布之间的关系，相应的空化泡产生结果应与第 1 卷图 6-10 和图 6-11 大致相同，如第 1 卷图 6-11 所示空化泡是尖拱顶部在水动力作用下产生的空化泡。然而，在图 1-16 显示的空化泡体系中，空化泡按照预期在最低压力下游生长到最大尺寸，但在对流过程中，空化泡变形，一些空化泡附着在表面上，而另一些则处于分离状态。Arakeri 和 Shanmuganathan[84] 利用泡状头型空化进行了类似观测。那些附着的空化泡经过撕裂和分裂，从而散发出大量如上所述的较小空化泡群。这些空化泡群的结构不禁令人想起众所周知的湍流边界层发夹结构。我们注意到，涡度式包含斜压生成项[85]，即 $\nabla\rho\times\nabla p/\rho_0^2$，由密度和压力的梯度和界面控制。

为了考虑光谱归一化，利用第 1 卷式（6.43）来展现[25-26]

$$R_M \approx l_c \frac{\sqrt{K_i - K}}{\sqrt{1-\bar{C}_p}} \tag{1.25}$$

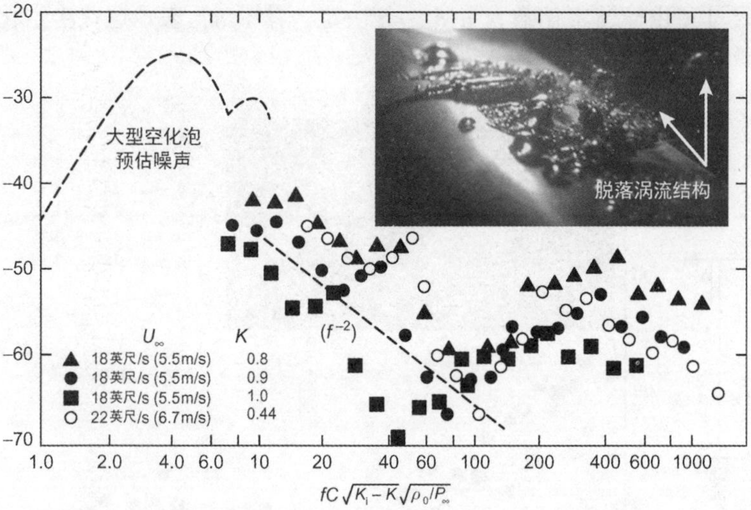

图 1-16　各种流动泡空化条件下的无量纲光谱密度

（资料来源：Blake WK，Wolpert MJ，Geib FE. Cavitation noise and inception as influenced by boundary layer development on a hydrofoil. J Fluid Mech 1977，80. 617-40.）

式中：l_c表示稀疏区域的弦向长度；$\overline{C}_p$ 表示该区域的平均压力系数，假设空化泡的平均平移速度等于稀疏区域$\overline{C}_p$ 自由流平均速度。利用第 1 卷式（1. 25）和式（6. 50）（寿命 τ_1观测值范围为$4\tau_c \sim 7\tau_c$）以及第 1 卷图 6-18 中的理想光谱形式，则可根据空化泡 R_M估算值和 τ_c来表示光谱。图 1-16 显示了无量纲化，现在直接与单泡空化噪声的理想光谱一致。见图 1-16，可以相应地计算空化速度为$\dot{N}=1\text{s}^{-1}$的流动泡流的理论低频声压谱。需注意的是，在中等频率下，没有观测到 $f^{-0.4}$ 的理想行为，但是根据第 1 卷式（6. 81），在 $f_s C\sqrt{K_i-K}\sqrt{\rho_0/P_\infty}\sim 2500$ 之前，预计不会受到液体压缩性的影响。然而，取而代之的有以最大谱级 $f_m C\sqrt{K_i-K}\sqrt{\rho_0/P_\infty}$ （400 阶）频率为中心的二级光谱。光谱形状与理想状态的偏离可能是由于微泡结构的形成导致的。如前面所述，周围湍流剪切流致使较大空化泡破裂，从而形成了微泡结构。

图 1-17 展示了无量纲化的式（1. 16）（弦线中点处片状空化噪声），其无量纲化形式与图 1-16 相同。在各种操作条件下，光谱的溃灭程度与图 1-16 所示一致，但无量纲水平大约低了 20dB。在此情况下，边界层无脱落，在无空化状态下，最低压力下游出现层流分离。照片显示了图 1-16 所示类型的附着光滑腔液表面。这些区域周围散布着小空化泡群，就像脱落的湍流边界层一样。值得注意的是，在每种空化情况下，小尺度空化泡的尺寸明显相同。此类

空化泡尺寸可由湍流韦伯数 $\rho_0 \overline{u^2} R_{\min}/S$ 决定，其中 $R_{\min}$ 表示这些小空化泡的平均半径[86]。

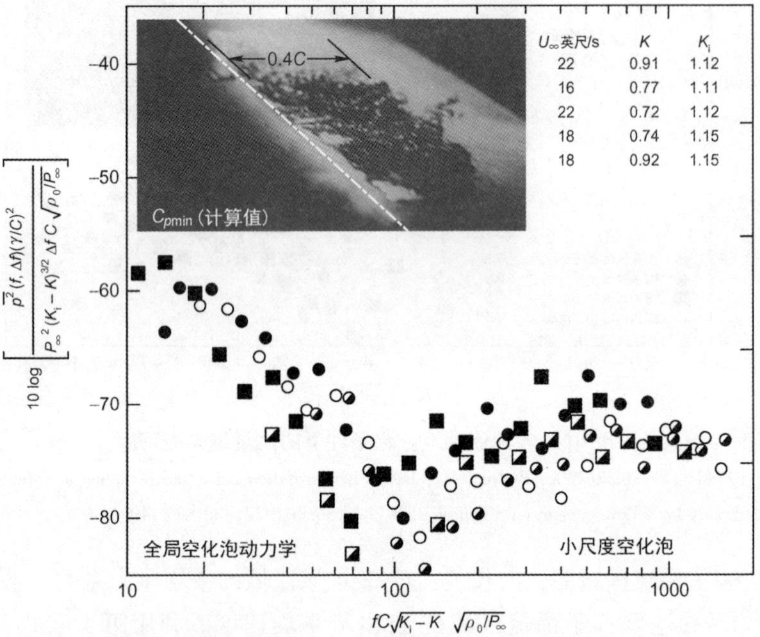

图 1-17　无量纲谱密度

（存在层流边界层分离的水动力旋翼上定常弦线中点处片状空化噪声的无量纲谱密度。
资料来源：Blake WK, Wolpert MJ, Geib FE. Cavitation noise and inception as influenced by boundary layer development on a hydrofoil. J Fluid Mech 1977, 80.617-40.）

如前所述，在旋转头型体（具有经电解形成的空化核）上，Arakeri 和 Shanmuganathan[84] 半附着流动泡空化与图 1-16 所示类似，在较高频率下呈现出类似的辐射声谱形式。事实上，其噪声观测结果表明，随着空化泡数密度的增加，空化谱形式与典型单泡空化谱形式存在偏离，类似于图 1-16 和图 1-17。他们将这种行为归因于低空化数情况下产生的干涉效应。De Chizelle 等[87] 随后发现，这种行为似乎与大韦伯数空化泡有关，并且 Rayleigh-Plesset 单泡模型高估了大约 10dB 的发射声强水平，但确实表征了定性趋势。单泡模型忽略了较大空化泡的变形以及相应的空化泡群干扰。因此，尽管单泡模型可以为缩放提供一般指导，但对于这些空化类型而言似乎并不是一个适当的定量模型。

总的来说，射流和水动力旋翼噪声的无量纲谱表明，式（1.16）的无量纲谱形式

$$\overline{p_a^2}(\omega,\Delta\omega)=P_\infty^2\left(\frac{C}{r}\right)^2(K_i-K)\left[\frac{(\Delta\omega)C\sqrt{K_i-K}}{\sqrt{P_\infty/\rho_0}}\right]\phi_3\left(\frac{\omega C\sqrt{K_i-K}}{\sqrt{P_\infty/\rho_0}},K_i,R_L\right)$$

频率无量纲化为

$$fC\sqrt{K_i-K}\sqrt{\frac{\rho_0}{P_\infty}}$$

提供了整体（综合）声压级的趋势：

$$L_s=A+20\log P_\infty+10\log(K_i-K)+20\log\left(\frac{C}{r}\right) \tag{1.26}$$

以及

$$L_s=10\log\frac{\overline{p_a^2}}{p_{ref}^2}$$

式中：p_{ref}通常为 1μPa；A 表示与所遇空化类型相关的系数；C 表示弦直径或射流直径。图 1-18 和图 1-19 进一步阐明了 $L_s=20(p_\infty/p_{ref})$的趋势，在这些

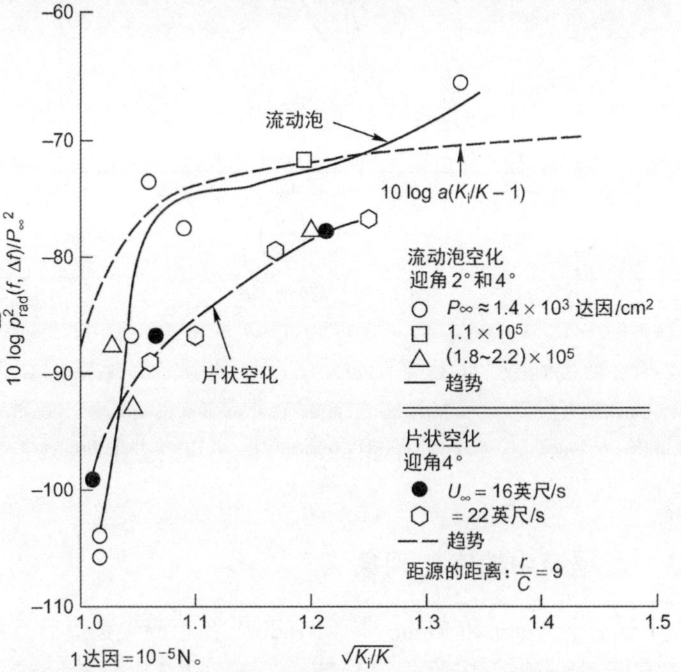

图 1-18　水动力旋翼上两种空化产生的 1/3 倍频带级

（固定无量纲频率 $fC\sqrt{K_i-K}/\sqrt{P_\infty/\rho_0}=2.6$ 时的等级。数据来源：Blake WK, Wolpert MJ, Geib FE. Cavitation noise and inception as influenced by boundary layer development on a hydrofoil. J Fluid Mech 1977，80.617-40.）

情况下，实验得到良好控制，确保能够同时记录声学和水动力学条件。在这两种情况下，水位与速度（相对于水动力旋翼初期速度的速度）呈函数关系，即水位随速度快速上升。图 1-18 所示的流动泡空化现象才符合简单差分函数（K_i-K）行为。图 1-19 所示例子表明，当空化指数进一步降低时（$K<0.8K_i$），声压级随之降低。通常会在推进空化中观测到这种行为，但原因尚不清楚。

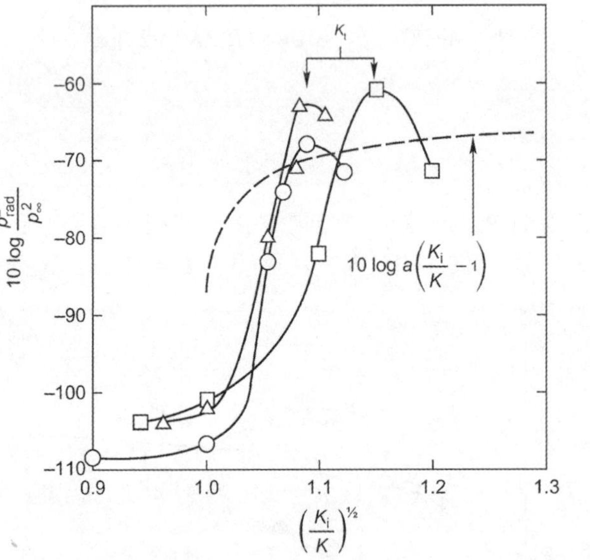

图 1-19　总声压级

（当 $K/K_i=1.08\sim1.15$、$r/C=16.4$、$4.7\times10^5\leqslant\mathfrak{R}_c\leqslant9.5\times10^5$ 时，$1\text{kHz}<f<25\text{kHz}$（$2.5<\omega R_M(\rho_0/P_\infty)^{1/2}<80$ 下的总声压级。Clark，$Y=11.5\%$、$C=7\text{cm}$。资料来源：Erdmann H，Hermann D，Norsback M，Quinkert R，Sudhof H. Investigation of the production of noise by the propeller particularly with regard to the combined acoustic problem-work segments II and III. Battelle Institute E. V. Frankfurt Am Main，April 30，1969.）

1.3.3　盘尾流中的空化现象

图 1-20 显示了 Arndt 和 Keller[63]、Arndt[88] 在水洞尖圆盘后方尾流测得的空化声压谱密度。Arndt[88] 按照式（1.15a）、式（1.15b）的形式采用无量纲化。雷诺数范围为 $0.7\times10^5\sim4.2\times10^5$，空化指数范围为 $0.64<K/K_i<0.8$（K_i 根据表 1-2 确定）。在水洞中获得的谱级（使用式（1.12）方案）显示了与上述水动力旋翼或自由射流相同的扩散程度。这些数据的 K_i-K 范围不足以测试表征式（1.12）与式（1.16）。利用拖曳水池重复测量，在盘的前方产生氢泡，

形成空化核。因此，在悬浮微泡气体含量较大的环境中测量第二组声谱。由于空化泡环境中的声学效应或者空化泡中不溶性气体的分压增加，这些谱可能较低。如上所述，空化泡中不溶性气体的增加会降低高频噪声，这是因为在溃灭过程的最后阶段，最大空化泡壁速度降低，参见第 1 卷图 6-12。

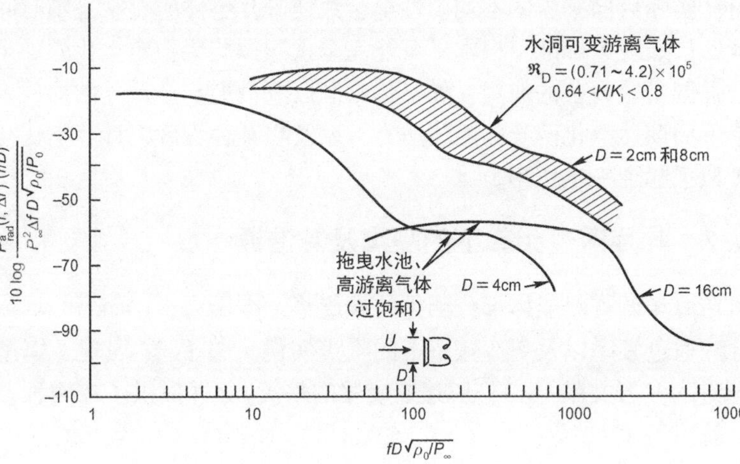

图 1-20　尖盘后方空化辐射声

（资料来源：Arndt REA. Recent advances in cavitation research. In：Chow VT，editor. Advances in hydroscience，vol. 12. New York，NY：Academic Press，1981. p. 1-78.）

1.4　螺旋桨空化

1.4.1　一般特性

前几节原理的主要应用是模型螺旋桨噪声测量的缩放和诊断。通常在设计阶段应用船舰螺旋桨和推进器的模型，以评估针对船员舒适性、环境保护和军事用途而制定的噪声控制措施。因此，应用范围包括商船和渡船等船舰的推进器、螺旋桨和导管推进器[8,13,89-95]。螺旋桨叶片上的空化类型与水动力旋翼上的空化类型基本相同，但复杂的是，几乎所有空化类型都可能同时存在。图 1-3 提供了一张模型螺旋桨的照片，其叶梢尾涡出现严重空化，螺旋桨叶片压力面前缘上出现片状空化，几乎延伸至桨毂，叶片根部则出现泡状空化。

由于船体边界层形成的螺旋桨来流不一定与螺旋桨垂直轴对称，甚至可能不与右舷对称，所以螺旋桨空化噪声更为复杂。此外，螺旋桨来流（由船体尾流形成的来流）的不均匀性以及叶片旋转，均会致使旋转过程中迎角波动的不对称。若将叶片视为基本水动力旋翼沿螺旋桨半径从桨毂到叶梢的递进，则可以预计到空化质量和范围将取决于弦向载荷分布的性质与各基本叶片部分的边界层类型。无论进入螺旋桨的稳定均匀流存在何种空化特性（如开阔水面条件），当局部截面载荷因振荡迎角而出现非对称的（关于垂直方向）周期性变化时，实际后向来流的不均匀性都会致使叶片整体空化状态随时间发生变化。因此，依照现今标准，根本不可能完全预测螺旋桨稳定空化的噪声，因为现今标准强调实验设备的使用，如空化水洞以及模型到全尺寸的缩放。在计算叶片速率下周期性空化诱导的船体压力，以及在某种程度上计算空化初期条件时，计算似乎起到一定作用。

1.4.2　叶片通过频率下的噪声及其谐波

针对在海洋调查船船体部分测得的螺旋桨上方压力，Lovik 和 vassenden[13] 提供了叶片通过频率以及更高频率下的噪声实例。图 1-21 展现了模型试验配置（模拟进入参考文献［13］所述螺旋桨的水流），并提供了在两种备选螺旋桨设计下航速为 12.2 节（1 节 = 1.852km/h）时船体（在重点位置）上压力级示例。在每种情况下，都显示了全尺寸和缩放模型结果，各模型螺旋桨的直径为 255mm，比例因数为 10。利用式（1.19a）、式（1.19b）将模型噪声测量值缩放至全尺寸，忽略（K_i）模型和（K_i）船舶之间的差异。此外，忽略了压缩性相似性的要求，因此应遵循 1.2.2 节给出的警告。对于螺旋桨，应定义：

$$K=\frac{P_\infty-P_v}{\frac{1}{2}\rho_0 U_T^2}$$

式中：U_T表示叶梢速度。为了比较固定带宽 $\Delta f_{模型}$ 和 $\Delta f_{船舶}$ 下测得的声压，改写式（1.19a）、式（1.19b）：

$$10\log\left(\frac{\overline{p_a^2}}{\Delta f}\right)_{船舶}=10\log\left(\frac{\overline{p_a^2}}{\Delta f}\right)_{模型}+10\log\left\{\frac{(P_\infty D^3)_{船舶}}{(P_\infty D^3)_{模型}}\right\} \tag{1.27}$$

假设船舶在以下频率时，$(K_i)_{模型}\approx(K_i)_{船舶}$：

$$f_{船舶}=f_{模型}\left(\frac{D_{模型}}{D_{船舶}}\right)\sqrt{\frac{P_{\infty 船舶}}{P_{\infty 模型}}} \tag{1.28}$$

由于 Lovik 和 vassenden[13] 的模型和全尺寸测量是在 P_∞ 值相差 2 倍的情况下完成的，所以式（1.19a）、式（1.19b）声能与势能底层应用之比恒定的前提不能成立。但是，因为假设的是$\overline{p_a^2}\propto P_\infty$，而非$\overline{p_a^2}\propto P_\infty^{3/2}$，所以缩放噪声级差

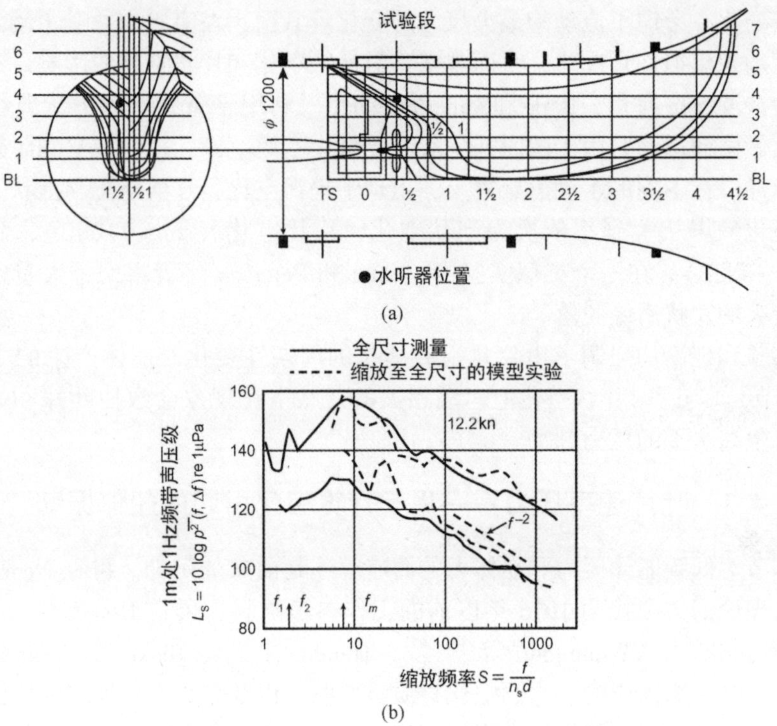

图1-21　Ship Research Institute of Norway 螺旋桨空化评估的测试布置

（图（b）显示了两个等直径螺旋桨的声压谱：其中一个螺旋桨是原装螺旋桨，另一个是为了降低噪声而重新设计的螺旋桨。改编自 Lovik A, vassenden J. Measurements of noise from cavitating propellers. In: Specialist Meet. Acoust. Cavitation, Dorset, Engl. 1977.）

异大约只有 1.5dB，比较时应忽略。为了强调来流不均匀性的影响，将频率归一化为叶片数 B 和轴转速 n_s 的乘积。请注意该噪声在 1Hz 频段内 $1/f^2$ 频率的依赖性。

第一个叶片速率频率及其谐波（$f/Bn_s=1$ 和 2）的峰值出现在谱的最左侧。缩放模型噪声中 $f/Bn_s=20$ 处的峰值是由于船体模型附近尾流模拟屏的涡旋脱落声引起的。在重新设计螺旋桨时，整体噪声级显著降低，消除了叶片通过频率谐波处峰值。重新设计时，叶片压力系数的相应变化改变了空化现象。应注意的是，在试验条件下，模型螺旋桨的推进比和空化指数与全尺寸相同，因此在呈现缩放谱密度时，无量纲频率 f/n_sB 与频率 $fD\sqrt{\rho_0/P_\infty}$ 成正比。1.4.3 节和 1.4.4 节将讨论其他全尺寸测量。

稳态来流速度缺陷以及相应的叶片旋转导致空化调制。有三项基本调查值得一提。首先，Pudovkin[96] 从理论上分析了叶片通过频率下流动泡空化的时间谐波变化，考虑了流动泡最大尺寸的变化。其次，在实验中通过水动力旋翼俯仰运动来模拟迎角变化，从而观察其对泡状空化和片状空化的影响。其中一个实验涉及振荡迎角，Bark 和 van Berlekom[91]利用悬臂式水动力旋翼绕其弦线中点做俯仰运动。由于瞬时迎角有利于减小空腔范围，他们观察到了辐射的压力脉冲。在不同的水动力旋翼上，出现了梢涡空化、片状空化和泡状空化现象。空化噪声从大到小依次为泡状空化、片状空化（低 5~10dB）、涡空化（低 20~30dB）。在一个类似实验中，Shen 和 Peterson[97]观察到了大量空化泡云从溃灭的片状后缘脱落。

实验和理论均强调了由片状空腔体积的周期性变化对船体产生的力（见 1.4.3 节）。与瞬时片状空化泡运动相关的云状空化现象会致使叶片和邻近船体上产生高水平的压力脉冲[98]。

1.4.3　叶片速率压力——用于计算空化引起的船体振动

本节对低频船体压力和船体力的简略综述是前文的延伸。可在 Noordzij[99]最近的理论论文中找到 1976 年以前的工作参考材料，可在 Huse[100]、van der Kooij 和 Jorik[101]、Weitendorf 等[102-103]、Heinke 等[104]、Blake 等[105]的论文中找到关于时变船体压力、水洞空化核质量监测，以及相关空化模式的广泛实验观测结果。已为国际船模拖曳水池会议（International Towing Tank Conferences, ITTC）编写了关于此主题的一般性综述[106-107]。当空化外部流体介质不含悬浮游离气体，且船体表面为刚性面或正确模拟了船体表面声阻抗时，可利用第 1 卷式（2.24b），根据已知的或计算的叶片通过频率下空腔体积变化的时程来估算远场声压和近场船体压力。但遗憾的是，无法针对高于叶片速率 10 倍的频率进行类似计算（图 1-21），因为较高频率下的声音涉及微泡动力学细节，目前不适合计算。自从现今经典“Holden”方法[108]出现以来，船体压力脉动计算方法变得更为复杂。尽管数值方法对估算仍然有用，但现在数值方法已相当成熟，见参考文献［109-121］。此处将讨论空化诱导的船体压力的基本特征。

Blake 等[105]发表了一项全面的设计研究，包括水道试验、船体压力数值模拟、全尺寸试验测量和空化观察的结果。此项目在水洞中进行了模型试验，采取的比例大约为 1/32，随后在拖曳水池测量了船体尾流。水洞中使用了尾流屏，用以模拟拖曳水池模型比例尾流。第二组尾流屏专门用于产生估算的全尺寸尾流（根据公认的 ITTC 78 缩放技术[106]来调整模型比例尾流，从而进行确定）。为了验证代码，使用螺旋桨试验动力点对“全尺寸”尾流重复进行水洞试验，以匹配全尺寸观察条件。有关此计算的所有详细内容见参考文献［105］。

图 1-22 显示了模型和全尺寸下螺旋桨空化模式草图。根据参考文献［109-113，160］演变而来的数值方法（PUF3A），利用数值模拟技术生成了这些草图。图 1-23 显示了叶片速率下压力幅度测量值和计算值。如果螺旋桨的位置使得空化中心与平面之间的距离为 z，则根据第 1 卷式（2.24b）和式（2.122），表面上

$$|p(z,f=n_sB)|=\frac{2\rho_0(2\pi Bn_s)^2Q}{4\pi z} \tag{1.29a}$$

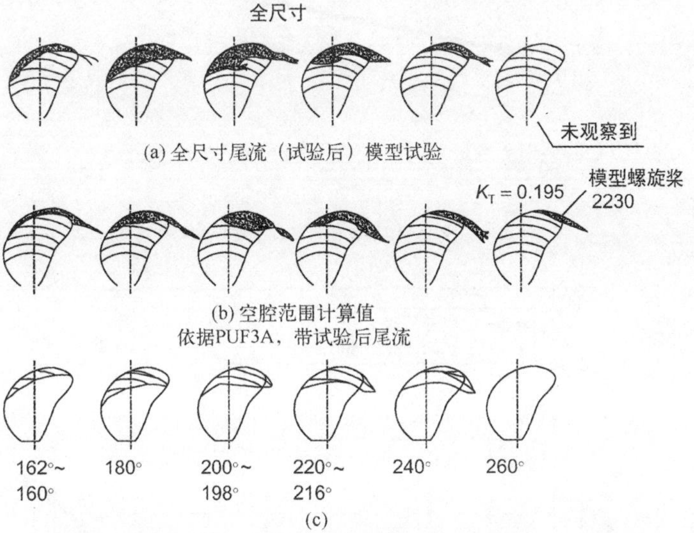

图 1-22　全尺寸、模型比例空化模式草图

（利用参考文献［105］演变而来的 PUF3A 数值方法进行计算）

因数 2 是指刚性平面的压力增加一倍。但是，考虑到船体的有限范围和弯曲几何形状，因数 2 由“固体边界因数”（Solid Boundary Factor，SBF）代替（根据经验推断，1.4≤SBF≤2），得

$$|p(z,f=n_sB)|=\frac{\mathrm{SBF}\,\rho_0(2\pi Bn_s)^2Q}{4\pi z} \tag{1.29b}$$

因此，可利用叶片通过频率下的无量纲船体压力幅度来比较不同尺寸船舶的船体压力，其中叶片通过频率可根据轴速、直径和叶梢间隙进行调整。适当的表征相当于根据直径缩放的有效空腔波动幅度，即

$$\frac{|p(z,f=n_sD)|}{\rho_0(n_sD)^2(D/z)}\propto\frac{\mathrm{SBF}B^2Q}{D^3} \tag{1.30}$$

这是图 1-23（a）和图 1-23（b）中绘制的参数。在模型比例尾流

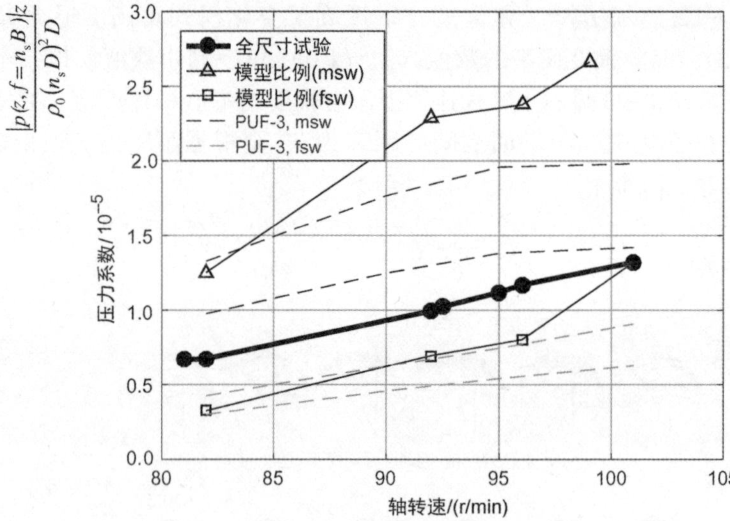

(a) APL C-10集装箱船螺旋桨诱导的船体压力脉动

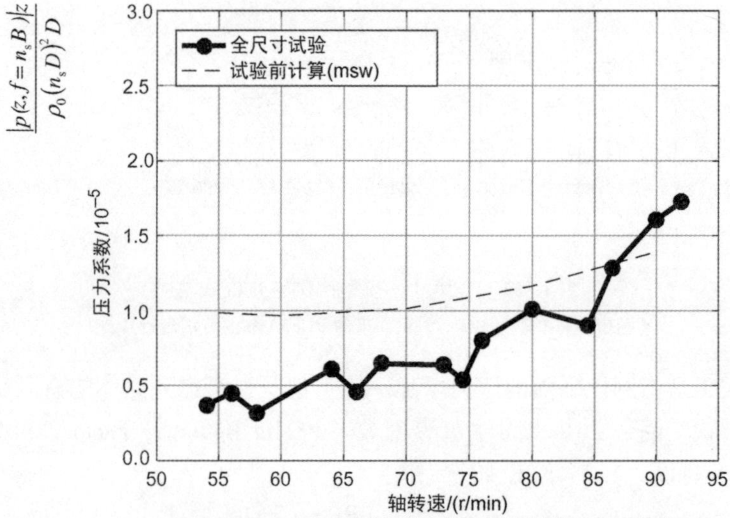

(b) Matson MV-Pfeiffer集装箱船螺旋桨诱导的船体压力脉动

图 1-23　叶片通过频率（根据式（1.30）归一化）下无量纲空化诱导的船体压力幅度

（图（a）显示了图 1-22 中空化模式适用的“President Truman”机动船[105]结果，图（b）显示了“RJ Pfeiffer”机动船[122]测量结果，与设计时采用的“Holden”方法[108]分析结果相比较。“R. J. Pfeiffer”和“President Truman”机动船 z/D 分别为 0.18 和 0.33）

（msw）和全尺寸尾流（fsw）中评估计算值（标记为“PUF3A”）和模型比例测量值，如图 1-22 和参考文献［106］所述。图 1-23（a）比较了具有全尺寸尾流的缩放模型压力以及在设计速度（101.6r/min）下收敛的全尺寸。此外，图1-23（a）展现了SBF为1.4和2.0时船体压力波脉动幅度的计算值，其利用了计算的空腔体积时程值（并且如图1-22所示模式适用）。图1-23（a）的顶部显示了模型尾流的类似计算值，针对模型尾流观察“模型比例”压力。在所有情况下，测量值都超过了计算值，假设SBF=2.0时更接近测量值。图1-23（b）比较了压力参数的全尺寸测量值与另一艘集装箱船“RJ Pfeiffer”[122]的计算值。在此情况下，应注意，“President Truman”和“RJ Pfeiffer”的压力参数相似，均小于根据“Holden”方法[108]得出的值。

1.4.4　空化噪声缩放尝试综述

在空腔分解以及其他小尺度空化泡运动时产生的噪声，导致声能在叶片频率f>10倍的范围内，如图1-21所示例子只能采用缩放模型根据实际经验确定。Noordzij等[71]报道了这种类型的最早研究之一，该研究中的超饱和水（$\alpha/\alpha_s>1$）注入了螺旋桨上游的微泡核。三个螺旋桨的设计均满足：方尾表面船的尾流主要产生一种类型的空化（梢涡空化、泡状空化或片状空化）。在$70<f/n_sB<1300$的高频下，泡状空化推进阶段产生的声压明显比推进形式的片状空化或梢涡空化至少高10dB。此现象与Blake等[14-15]关于流动泡空化和片状空化的观测结果一致，如1.3.2节图1-15和图1-18所示。但是，必须认识到，Noordzij没有提供每种空化类型的初期指数，其比较结果可能有点主观。

总的来说，很少有公开发表的模型和全尺寸螺旋桨空化噪声的比较结果。使用等效能比假设（如式（1.17）~式（1.19））试图将模型噪声缩放到全尺寸，忽略了$(K_i)_{模型}\neq(K_i)_{船舶}$和$(P_\infty/\rho_0c_0^2)_{模型}\neq(P_\infty/\rho_0c_0^2)_{船舶}$的可能性。Lovik和vassenden[13]给出了此种用法的一个示例，见图1-21。Björheden和Aström[8]也使用了这种缩放模式来预测双螺旋桨渡船辐射的噪声（图1-22）。

Strasberg[9]已经认识到，模型中和全尺寸下的梢涡空化初期指数并不相同，而是取决于雷诺数，见表1-1。因此，他假设关系式（1.12）适用于K/K_i值相等的情况，以便将模型噪声缩放至全尺寸。图1-23显示了总声压级，即

$$\overline{p_a^2}=2\int_{\omega_1}^{\omega_2}\phi_p(\omega)\,d\omega$$

根据式（1.15a）、式（1.15b），进行全尺寸和缩放模型测量得出总声压级：

$$(L_s)_{船舶}=(L_s)_{模型}+20\log\frac{(P_\infty)_{船舶}}{(P_\infty)_{模型}}+20\log\left(\frac{D_{船舶}}{D_{模型}}\right)+20\log\left(\frac{r_{模型}}{r_{船舶}}\right)\tag{1.31}$$

式中：$(L_s)_{船舶}$和$(L_s)_{模型}$分别表示船舶和模型在相应频率范围内的声压级

$$\Delta f=\frac{\omega_2-\omega_1}{2\pi}$$

根据以下式缩放：

$$\left[(\Delta f)D\sqrt{\frac{\rho_0}{P_\infty}}\right]_{\text{模型}}=\left[(\Delta f)D\sqrt{\frac{\rho_0}{P_\infty}}\right]_{\text{船舶}}$$

以及

$$\left(\frac{K}{K_i}\right)_{\text{模型}}=\left(\frac{K}{K_i}\right)_{\text{船舶}}$$

图 1-24 显示了横坐标标记，横坐标表示 $\sqrt{K_i/K}$ 和 U_T/U_i 相等，其中 U_i 表示空化初期叶梢速度。图 1-25 显示了此噪声的声谱，具有空化噪声的特征频率依赖性。图 1-24 中的三条线表示估算的速度依赖性，详细讨论见 1.4.5 节。

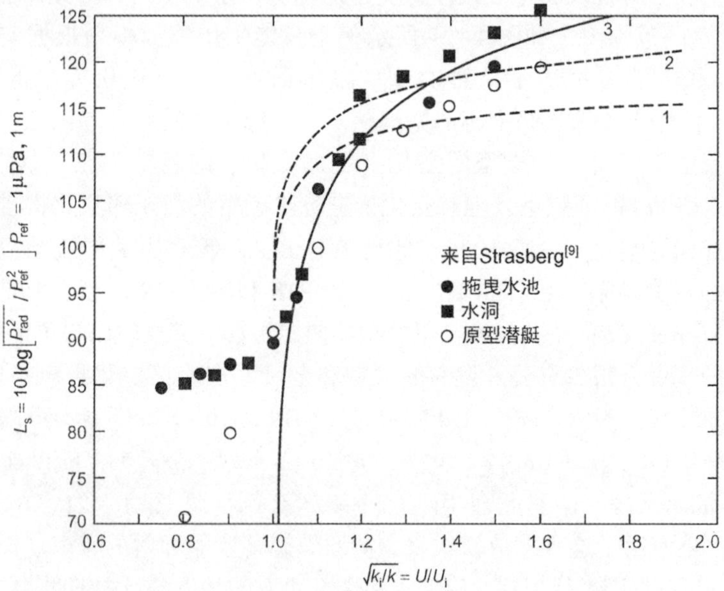

图 1-24　W. W. II 潜艇空化螺旋桨总声压级对速度的依赖性，以及与模型缩放结果之间的比较

（按比例缩放至全尺寸，数字 1，2，3 的定义参见图 1-28。资料来源：Strasberg M. Propeller cavitation noise after 35 years of study. In：Proc. ASME Symp. noise fluids Eng.，Atlanta，GA，1977.）

本节提供的最后一个缩放示例是“Princess Royal”的螺旋桨，这是一艘双螺旋桨深水双船体研究船。在比例为 1/3.5 的水洞中评估了模型螺旋桨。在与全尺寸相关的相同空化指数下进行模型试验，同时注意按比例缩放船体产生的尾流来流。根据重新排列的形式，利用式（1.15b）缩放结果

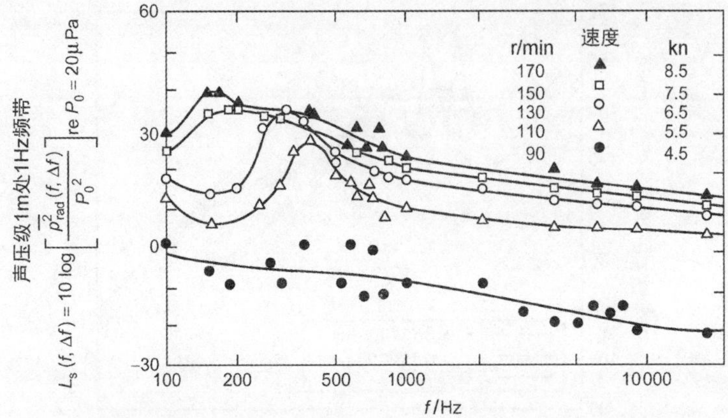

图 1-25　55 英尺/s 各种速度下的潜艇螺旋桨噪声谱

（资料来源：Strasberg M. Propeller cavitation noise after 35 years of study. In：Proc. ASME Symp. noise fluids Eng.，Atlanta，GA，1977.）

$$\overline{p_a^2}(f,\Delta f)=(\rho_0(n_sD)^2)^2\left(\frac{D}{R}\right)^2\left[\left(\frac{\Delta f}{n_s}\right)\right]\phi\left(\frac{f}{n_s},K,R\right) \tag{1.32}$$

式中：$\phi(f/n_s,K,R)$表示空化噪声源的无量纲谱函数。图 1-26 以固定带宽 1Hz 谱级的形式显示了两个工作点的结果。图中的直线表示 $1/f^2$ 趋势。在图 1-21 和图 1-27 所示的其他船舶螺旋桨空化噪声中，也观察到了这种趋势。图 1-27 预留了所用比例带的余量，考虑了与测量中比例频带宽度的频率成正比的乘法因数。

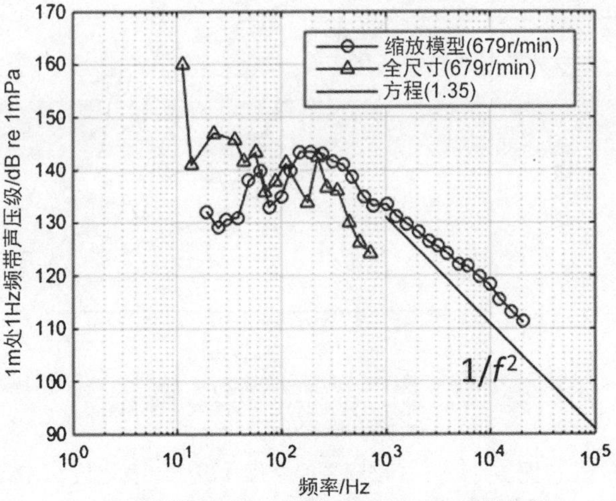

(a) 根据模型和全尺寸螺旋桨(679r/min、双螺旋桨)
1/3倍频带级计算的1Hz频带中的声压级

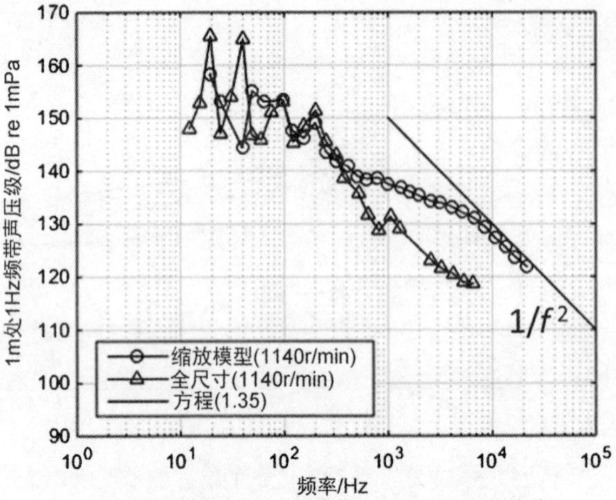

(b) 根据模型和全尺寸螺旋桨(1140r/min、双螺旋桨)
1/3倍频带级计算的1Hz频带中的声压级

图 1-26　双螺旋桨研究船“Princess Royal”辐射声

（图（a）为 679r/min，图（b）为 1140r/min；三角形（△）表示基于式（1.32）的缩放模型结果，十字（+）表示全尺寸结果）

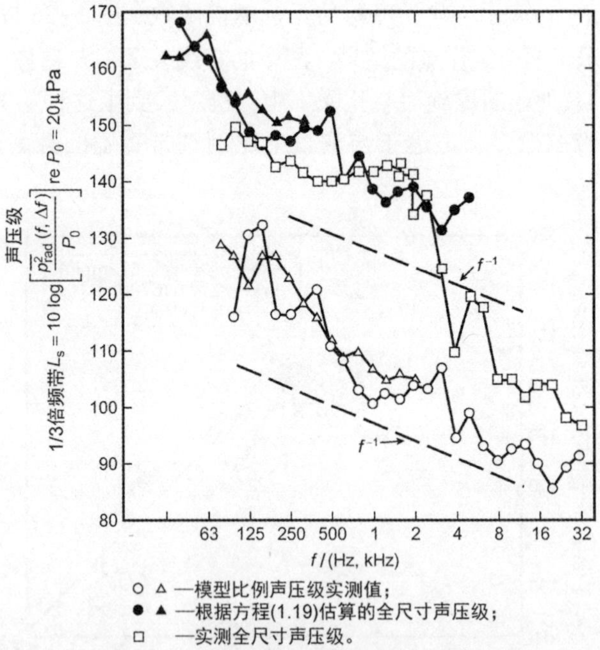

图 1-27　1/3 倍频带的全尺寸声压级及比较

（利用式（1.19a）根据模型试验估算出的水中 1/3 倍频带的全尺寸声压级，以及与双螺旋桨渡船实测声压级之间的比较[8]）

1.4.5　空化噪声对速度的依赖性

图 1-24 所示实例（总空化噪声随螺旋桨转速增加而增加）表明，一旦空化开始，便会发出声音，但随着空化的演变，声音的增加会变得更加缓慢。如前所述，在此情况下，空化现象是由梢涡引起的。在双叶片旋转水动力旋翼的泡状空化现象中，也观察到了大致相似的速度依赖性。如图 1-28 所示，在此情况下类似的声压级随速度增加，但也显示了根据 Lesunovskii 和 Khokha[123] 已发表谱中“螺旋桨”而推导出的总声压级传播。这种噪声是由正常静止的水中无斜度旋转叶片（带有厚度为 27%的 Joukowski 剖面）的空化现象产生的。比较图 1-24 和图 1-28 所示的总声压测量值 K_i/K 趋势与三条趋势线，后文将根据先前导出的一些缩放公式来讨论这三条趋势线。

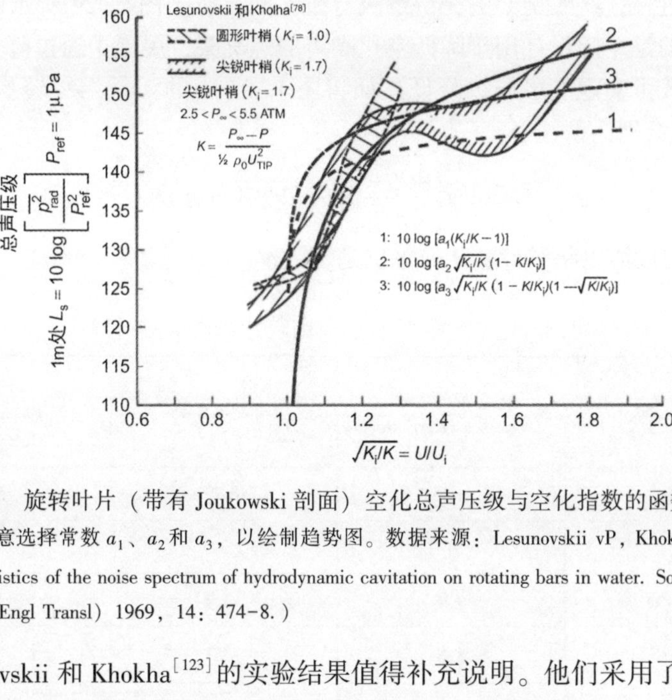

图 1-28　旋转叶片（带有 Joukowski 剖面）空化总声压级与空化指数的函数关系

（任意选择常数 a_1、a_2 和 a_3，以绘制趋势图。数据来源：Lesunovskii vP，Khokha YV. Characteristics of the noise spectrum of hydrodynamic cavitation on rotating bars in water. Sov Phys-Acoust（Engl Transl）1969，14：474-8.）

Lesunovskii 和 Khokha[123] 的实验结果值得补充说明。他们采用了两个旋转叶片。这两个叶片仅在叶梢细节上有所不同。如为尖锐叶梢，在 $1.26<K_i/K<1.49$ 的范围内，声谱密度峰值大约 1/3 倍频程宽，频率范围为 $1.0\text{kHz}<f<4.0\text{kHz}$，这取决于 K/K_i。峰值最大频率随着 K 值的降低而降低。对于叶梢为圆形的叶片，这种情况不会发生。否则，对于圆形和尖锐的叶梢，推进空化的噪声谱具有典型的频率依赖性。最后，总声级传播的部分原因可能是实验中环境静压的变化。

另一个缩放示例，也是一个根据式（1.12）、式（1.18）和式（1.19a）、式（1.19b）测试几何形状标准化的例子，包括一组由 Bark 和 Johnsson[98]、Bark[90,124]获得的螺旋桨上方空化诱导的船体压力测量值（参数见表 1-3，另一个见 Lovik[125]）。叶片通过频率是无量纲频率，图 1-29 显示了无量纲谱。参考文献［98］的两个数据集均采用模型（比例为 1/23.7）以及全尺寸获得，实验布置见图 1-21。在各种情况下，缩放模型和试验结果的一致性见图 1-21 和图 1-26。在船体上测量螺旋桨上方声压，测量点与螺旋桨叶梢的距离 $r \approx D/2$。Bark 和 Johnsson[98]的测量包括设计，本节将其标识为（A）和（B），如表 1-4 所示，斜度差异如图 1-29 所示。缩放模型结果（未显示）在全尺寸值 5dB 范围内，声压级差异与全尺寸相同。高斜度设计的空化程度远小于设计（A）。由于螺旋桨的设计减少了设计（B）中的空化现象，在高频下和叶片通道声音附近，这些螺旋桨的无量纲级有所不同。对于图 1-29 所示的较低声压级，采用的是专门设计用于降低空化噪声的螺旋桨，展现了通过降低表面空化程度的方式可实现的声压级降低。如将图 1-25 中的无量纲级转换为 re $p_{\mathrm{ref}} = 1\mu\mathrm{Pa}$ 时的级别，请注意

$$20\log\left[\frac{\rho_0 n_s^2 D^2}{p_{\mathrm{ref}}}\right] = 179 + 40\log n_s D$$

式中：n_s的数值以每秒计；D 的单位是米（m）。

表 1-4　全尺寸辐射声比较中的螺旋桨特性

参　数	*M/V* "Overseas Harriette"	"Princess Royal"	*MV* "Pasadena," A "Patagonia," B
D/m	4.9	0.75	5.6
B	4	2 3 5	4
吃水/m	~9	~1.8	11.27
N_s/V_s/(RPM/kt)	8.8	~73	8.1
船舶长度/m	172.9	16.25	163.4
船体类型	排水型船体	排水型双体船船体	排水型船体
图	1.30	1.27	1.29
参考	69	69	81
预测系数 *A*	97	112	不适用

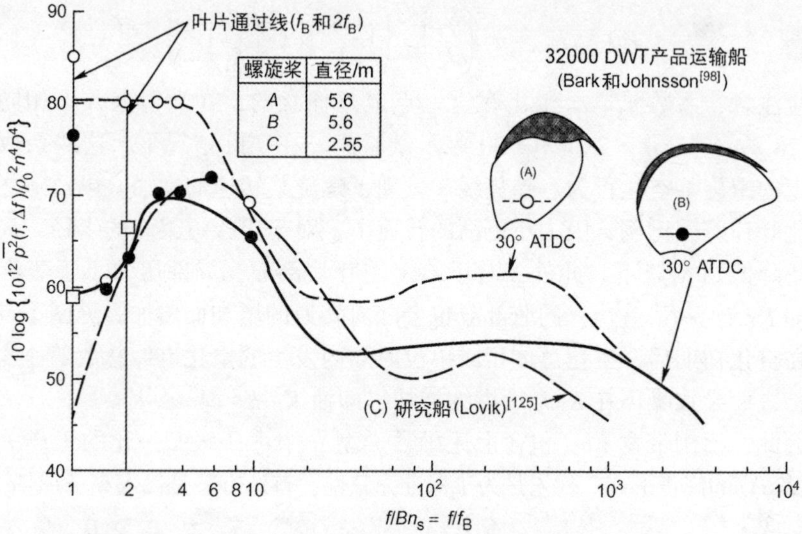

图 1-29　无量纲 1/3 倍频带级

（在船体（即 $r\approx D/2$）上测得的螺旋桨上方噪声的无量纲 1/3 倍频带级（三个不同螺旋桨）。A 和 B 的模型螺旋桨按比例缩放至全尺寸值 5dB 以内）

1.4.6　级别粗略估算程序

趋势函数（$1-K/K_i$）为图 1-28 所示中的趋势线 1，根据式（1.18）、式（1.19a）、式（1.19b）和式（1.26），可描述总体噪声级；它是一个函数

$$F_1(K,K_i)=a_1\left(1-\frac{K}{K_i}\right) \tag{1.33a}$$

不能清楚阐明观察到的速度依赖性。此函数定性预测了最初速度的快速增加，但随后速度的增加较为适度，如 $K_i-K\sim K_i$。对 $F_1(K,K_i)$ 的简单调整表明，随着速度的增加，空化核生成率及其对噪声的影响可能增加，乘以（$K_i=K$）$^{1/2}$ 后，表示（n_s/n_{si}），便可阐明这一影响，得出图 1-28 中的趋势线 2。

$$F_2(K,K_i)=a_2\left(\frac{K_i}{K}\right)^{1/2}\left(1-\frac{K}{K_i}\right) \tag{1.33b}$$

Ross 和 McCormick[126]通过推导得出了 Ross[1]引用的第三种关系，见图 1-28 中的趋势线 3。它与观察到的依赖关系最为一致，同时呈现了其与简单的 $1-K/K_i$ 依赖关系（基于单泡猜想）不一致的原因。Ross 关系源于流动泡空化的理论模型，该模型阐明了空化区域随速度的增加而增长（得出因数$(\sqrt{K_i/K}-1)^2$），以及空化核数目速度成比例的增加（得出因数$\sqrt{K_i/K}$）。因此，趋势线 3 是

$$F_3(K,K_i)=a_3\left(\frac{K_i}{K}\right)^{1/2}\left(1-\frac{K}{K_i}\right)\left(1-\left(\frac{K}{K_i}\right)^{1/2}\right) \quad (1.33c)$$

应注意，系数 a_1、a_2 和 a_3 在这一点上是任意的，在数值上并不相同。见图 1–28，$a_1=1$、$a_2=2$ 和 $a_3=30$ 表示试验值。在实际情况下，这些系数取决于特定的螺旋桨空化行为。趋势线 3 呈现了螺旋桨转速的增加，以及随之增加的空化叶片跨度比例，因为在更高的转速下，对于更接近桨毂的半径，局部空化指数降低到 K_i 以下。此外，对于给定的叶片剖面，局部压力小于蒸汽压力 P_v（即 $K<K_i\sim-(C_p)_{min}$）的弦部分也会随着转速的增加而增加，见图 1–1。因此，在空化初期后，空化总体积或单位时间内发生的空化事件总数随速度继续增加，进而导致噪声在 $K<K_i$ 后继续增加，即使 $K_i-K=\text{const}\sim K_i$。

因此，比例带宽 Δf（包含上述函数类型）中声压级归一化的工作关系是式（1.26）的修正形式。代入是为了保证完整性，首选方案是代入式（1.33c），得

$$L_s(f,\Delta f)=10\log\left[BP_\infty^2\left(\frac{CD}{r^2}\right)\right]+10\log F_3\left(\frac{K_i}{K}\right)+\mathcal{L}\left(fD\sqrt{\frac{\rho_0}{P_\infty}}\sqrt{\frac{K_i}{K}}\right) \quad (1.34)$$

式中：C 表示叶片弦，$10\log F_3(K_i/K)$ 代表趋势线 3，见式（1.33c）和图 1–24（但可以被另外两个中的任意一个代替），$\mathcal{L}(fD\sqrt{\rho_0/P_\infty}\sqrt{K_i/K})$ 表示螺旋桨的通用相似谱。在式（1.34）的第一项中，因数 B 代表螺旋桨声级（随统计独立的叶片 B 数量线性增加），而因数 CD 表示噪声随叶片面积线性增加。当然，式（1.34）可能只涉及几何相似螺旋桨的声压级。可通过动态和几何相似模型螺旋桨的试验或者全尺寸母型来确定谱函数 $\mathcal{L}(fD\sqrt{\rho_0/P_\infty}\sqrt{K_i/K})$。请注意，当 $(K_i/K)_m=(K_i=K)_s$ 时，上述所有内容均简化为式（1.11）。

根据 1.3.2 节所述，对于实际空化泡云声学机制来说，单泡空化噪声类比过于简化，但确实提供了有用的趋势。此外，还回顾了式（1.15b）及其关于动态自由流压力与噪声之比的讨论。然后，根据 1.3.2 节，可以假设速度（而非静压）在空化泡云的破碎和溃灭中发挥了一定作用，这表明修正可能对预测有用，也与式（1.15b）的缩放一致。对于比例带级（Δf 与 f 成正比），这是

$$L_s(f,\Delta f)=10\log\left[B\left(\frac{D}{r}\right)^2\right]+40\log[n_sD]+10\log F_3\left(\frac{K_i}{K}\right)+\mathcal{L}\left(\frac{f}{n_s}\right) \quad (1.35)$$

D^2 代替 CD，请注意，出于缩放目的，C 在一定范围内与 D 成正比，其中图 1–21、图 1–24 和图 1–27 中高频下全尺寸 1/3 倍频带数据表明

$$\mathcal{L}\left(\frac{f}{n_s}\right)\approx A-10^*\log\left(\frac{f}{n_s}\right),\quad \frac{f}{n_s}>\approx 50 \quad (1.36)$$

我们可以根据两组全尺度试验结果来研究式（1.35）和式（1.36）。第一个与缩放有关，已在前面讨论过，见图 1-26；第二个是来自 Arveson 和 venditti[92]出版物中“M/V Overseas Harriett”货船的噪声，如图 1-30 所示，显示了相同声压级谱测量的两个版本。图 1-30（a）显示了测量的各种速度谱，包括无空化或最小空化螺旋桨的速度。图 1-30（b）显示了一系列相同的谱，但移除了无空化螺旋桨的声级，即 $L_s=10\log\{[p^2(f,\Delta f)]_{n_s>38}-[p^2(f,\Delta f)]_{n_s}>38\}$。这些代表空化噪声的最佳估算——仅针对该船。在“*M/V* Overseas Harriett”的比较中，要求系数 $A=97$，以便针对图 1-30（b）中更接近的低速度进行数据匹配。表 1-3 提供了用于计算级别的参数列表。图 1-26 所示曲线是针对“Princess Royal”研究船根据式（1.35）和式（1.36）计算得出的，要求 $A=112$ 加上两个螺旋桨额外的 3dB，以匹配数据。请注意，这种螺旋桨是一种高速螺旋桨，rpm/kt 值比“Overseas Harriett”大得多，因此桨距较低。这些船舶的螺旋桨很可能会有不同的空化特性，这就意味着可能存在不同的声源级，见图 1-29 所示声级。由于缺乏信息，而且螺旋桨上方声压谱是在船体上获得的，而非远场，所以未对“Pasadena”和“Patagonia”进行类似计算。

迄今为止，均根据母型螺旋桨的缩放模型测量结果导出关系，确定船舶声级。更常见的情况是，工程估算必须在没有缩放模型的情况下进行。然而如上所述，可能只有根据实际经验来估计空化现象，而可用数据库有限，无法给出决定性结论。在本节中，我们将根据本章论述情况来审查两个完全依据经验的估算公式，并针对已观察到的速度依赖性来审查式（1.35）的适用性。Ross[1]采用以下公式来表示当频率大于 100Hz 时 $r=1\text{m}$ 处的 1Hz 频带级（$\Delta f=1\text{Hz}$）：

$$L_s(f,1\text{Hz})=195+60\log\left(\frac{U_T}{25\text{m/s}}\right)+10\log\frac{B}{4}-20\log f \tag{1.37}$$

式中：$L_s(f,1\text{Hz})$参考 1μPa；U_T 表示船舶（长度大于 100m）最大功率下的叶梢速度。图 1-27 所示的高频比例频带级（即 $\Delta f\propto f$）包含大范围的 f^{-1} 相关性，对应于前面提及的 1Hz 谱级下 f^{-2} 相关性。图 1-21 也显示了此种情况，尽管图 1-25 呈现出较弱的相关性。因此，上述关系适用于更典型的 f^{-2} 高频行为（1Hz 谱级），由此得出 $-20\log f$ 相关性和 100Hz 下限频率。此外，这种关系只适用于稳定的空化现象，也就是说，当 $U/U_i>1.2$ 时或在图 1-25 和图 1-28 所示的速度依赖性降低范围内。

Brown[127]提出的第二种关系也适用于 1Hz 频带级（参考 1 码（1 码 = $9.144\times10^{-1}\text{m}$）和 1μPa），即

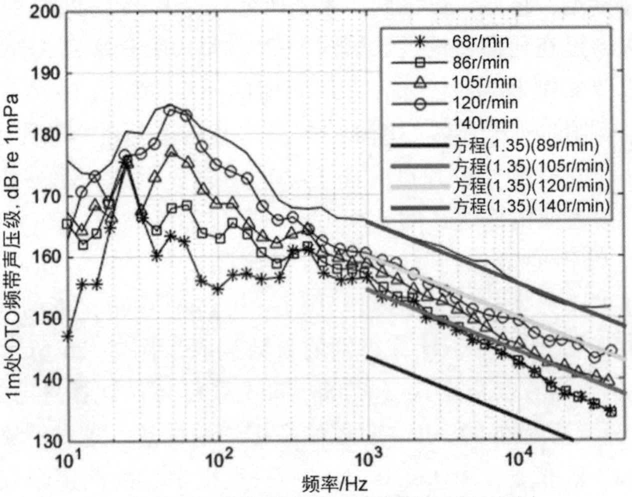

(a) 在所有速度下船舶的1/3倍频带级（龙骨方向）

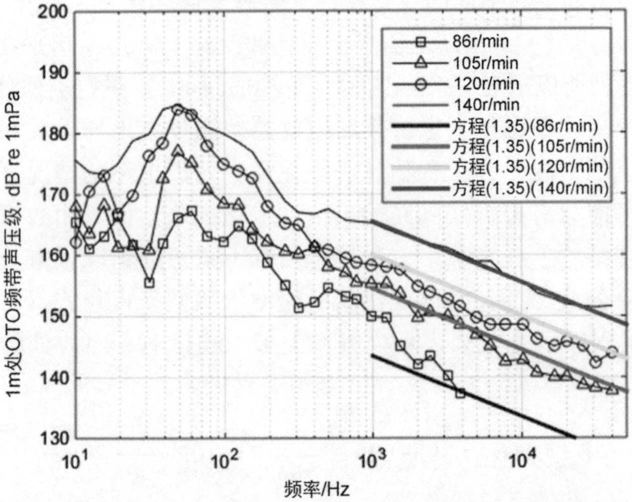

(b) 高速船舶空化噪声1/3倍频带级（龙骨方向）（即从总声音中减去低速声压）

图 1-30　“*M/V* Overseas Harriette” 货船 1/3 倍频带谱与估算

（根据式（1.35）和式（1.36）估算，$A=97$ 之间的比较）

$$L_s(f,1\text{Hz}) \approx 166+10\log\left(\frac{BD^4 n_s^3}{f^2}\right) \tag{1.38}$$

适用频率应大于 100Hz 左右。但这种关系旨在确定上限声压级，不作为预测公式。轴速 n_s 表示船舶的最大轴速值。给定数值适用于 64dB 以内的涵道式推进器和开式螺旋桨。

螺旋桨噪声取决于空化细节，因此很难准确预测螺旋桨噪声。见图 1-21，说明在相同速度下，重新设计的螺旋桨如何使声音降低 20dB。在 $U_i<U<1.2U_i$ 范围内，可以通过空化延迟（U_i 的增加）大大减少噪声。在 U/U_i 的此范围之外，通常可以改变剖面设计来产生不同类型的空化现象，如按照图 1-15 和 Noordzij 等[71]的作品所示建议，形成有利于产生片状空化而非流动泡空化现象的条件。

为了比较 Ross 或 Brown 预测公式与式（1.35）和式（1.36），需要采取一些近似值。无法绘制式（1.31）、式（1.32）和图 1-29 之间的精确对应关系，因为他们的表征形式在尺寸上不一致。但是，可将式（1.37）和式（1.38）重新排列成式（1.35）的形式，然后引入代表值 $n_s=2\text{Hz}$ 和 $D=5\text{m}$，则可确定大致的量级调整。因此，Brown 关系给出了图 1-29 中无量纲形式的 1/3 倍频带级。

$$10\log\left[\frac{10^{12}\overline{p_a^2}(f,\Delta f)}{\rho_0^2 n_s^4 D^4}\right]=101-20\log n_s-10\log\frac{f}{f_B}$$
$$\approx 95-10\log\frac{f}{f_B},\quad n_s\sim 2\text{s}^{-1} \tag{1.38a}$$

类似地，重新排列 Ross 估算公式后可得

$$10\log\left[\frac{10^{12}\overline{p_a^2}(f,\Delta f)}{\rho_0^2 n_s^4 D^4}\right]\approx 70+10\log n_s D^2-10\log\frac{f}{f_B} \tag{1.39a}$$

在引入代表值 $n_s=2\text{s}^{-1}$ 和 $D=5\text{m}$ 后，可得到 1/3 倍频带级的近似值。

$$10\log\left[\frac{10^{12}\overline{p_a^2}(f,\Delta f)}{\rho_0^2 n_s^4 D^4}\right]\approx 87-10\log\frac{f}{f_B} \tag{1.39b}$$

Ross 声称式（1.39a）与 ±4dB 内的测量结果一致，因此对于与代表值相同阶数的 n_s 和 D，上述估算公式可能具有相似的一致性。图 1-29 以及式（1.38a）和式（1.39b）的检查表明，上述两个估算值均超出了所示的三个声谱。例如，$f/f_B=10^2$，关系式（1.38a）和式（1.39b）分别给出了无量纲谱级 75 和 67。

1.5　空化泡线性运动噪声

在两相流噪声的一些应用中，空化泡通过线性机制辐射噪声。我们将考虑水动力压力场引起的空化泡噪声及空化泡形成或分裂过程中产生的噪声。

1.5.1　对连续压力场的响应

考虑经受某种形式稳态压力场的空化泡或由周期性水动力压力脉冲引起的

空化泡。可应用第 1 卷式（6.20），以考虑对压力激励的线性响应。对于超压，需要谱函数 $\Phi_{pp}(r,\omega)$ 规范。然而这一函数仅在极少数情况下推导得出。在大多数水动力学应用中，激励压力脉冲的特征时间尺度比空化泡振荡的自然周期（$2\pi/\omega_0$）长得多。因此，第 1 卷式（6.20）适用于 $\omega\ll\omega_0$ 的情况，空化泡响应由刚度决定。远离空化泡产生的压力脉动是单极的，因此遵循激励压力的二阶时间导数。

对于远离自由表面的空化泡，在由刚度控制的空化泡响应频域中，根据第 1 卷式（6.13）或式（6.20）和本卷式（1.10），辐射声谱的双侧谱密度为

$$\Phi_{p_{\mathrm{rad}}}(r,\omega)=\frac{(\rho_0^2 V_{\mathrm{B}}^2\omega^4)}{(4\pi r)^2}\frac{\Phi_{pp}(R_0,\omega)}{(\rho_{\mathrm{g}}c_{\mathrm{g}}^2)^2} \tag{1.40}$$

式中：$\Phi_{pp}(R_0,\omega)$ 表示压力脉动谱密度，驱动空化泡半径为 R_0，且 $V_{\mathrm{B}}=4/3\pi R_0^3$。在时域中，第 1 卷式（6.13）给出了产生的声压：

$$p_{\mathrm{a}}(r,t)=\frac{-\rho_0 V_{\mathrm{B}}}{4\pi r^2}\frac{1}{\rho_{\mathrm{g}}c_{\mathrm{g}}^2}\frac{\partial^2 p(R_0,t-r/c_0)}{\partial t^2} \tag{1.41}$$

式（1.41）与 Crighton 和 Ffowcs-Williams[128] 推导出的第 1 卷式（3.99）相同，给出了自由湍流中空化泡群（由水动力压力激发）刚度控制运动产生的声场。当空化泡对流通过障碍物水动力压力场或流动收缩处（如喷嘴）时，就会出现其他激励源。Strasberg[129-130] 和 Chalov[131] 针对通过圆柱体和椭圆柱体的空化泡考虑了这些激励形式，Whitfield 和 Howe[132] 也针对通过喷嘴的空化泡考虑了这些激励形式。在这两种情况下，由于空化泡位置 y 处的压力为 $p(y)$，并且空化泡以速度 U_{c} 对流，因此空化泡处压力的时间变化率为

$$\frac{\partial p}{\partial t}=U_{\mathrm{c}}\cdot\nabla p=U_{\mathrm{c}}\frac{\partial p}{\partial x_{\mathrm{s}}}$$

式中：x_{s} 表示流向上的流线坐标。空化泡通道因压力梯度产生的声压脉冲：

$$p_{\mathrm{a}}(r,t)=\frac{-V_{\mathrm{B}}}{4\pi r}\frac{\rho_0 U_{\mathrm{c}}^2}{\rho_{\mathrm{g}}c_{\mathrm{g}}^2}\left[\left(\frac{1}{2}\rho_0 U_\infty^2\right)\right]\frac{\partial^2 C_p}{\partial x_{\mathrm{s}}^2}$$

式中：$U_{\mathrm{c}}=|U_{\mathrm{c}}|$ 表示平均自由流速度；C_p 表示静压系数。因为 $U_{\mathrm{c}}\propto U_\infty$，所以可以获得各空化泡均方声压

$$\overline{p_{\mathrm{a}}^2}\propto\left(\frac{V_{\mathrm{B}}}{r}\right)^2\left(\frac{\rho_0}{\rho_{\mathrm{g}}}\right)q^2\left(\frac{U_\infty}{c_{\mathrm{g}}}\right)^4\left(\frac{\partial^2 C_p}{\partial x_{\mathrm{s}}^2}\right)^2$$

式中：q 表示动态压力 $\frac{1}{2}\rho_0 V_\infty^2$。若假设空化泡群低频声音源自长度尺度为 L 以及相关长度尺度为 $\Lambda\propto x_{\mathrm{s}}\propto L$ 的流体体积，则相关空化泡体积为 $\beta\Lambda^3$，其中 β

表示气体浓度，Λ 大于空化泡半径，并且参与发声的空化泡总体积为 βL^3。因此，空化泡群均方声压缩放为

$$\overline{p_a^2} \propto q^2 \beta^2 \left(\frac{L}{r}\right)^2 \left(\frac{\rho_0 U_\infty^2}{\rho_g c_g^2}\right)^2 \tag{1.42}$$

式（1.42）是对第 1 卷式（3.100）的重述，但推导角度略有不同。

因此，我们可以看到，当空化泡所受压力激励的时间尺度大于自然振荡周期时，产生的声级会随以下条件增加：

$$L_s \propto L_q + 2L_M + 20\log\beta + 20\log\left(\frac{L}{r}\right) + 20\log\left(\frac{\rho_0}{\rho_g}\right) \tag{1.43}$$

式中：$L_M = 20\ \log(U_\infty / c_g)$，是基于气相的马赫数水平调整。对于通过喷嘴的两相流体，式（1.43）描述了流体均匀时的声级。根据第 1 卷 3.7.1 节，当沿喷嘴轴线存在不均匀性时，只要出口马赫数足够低（见第 1 卷式（3.91）的倒数），则偶极子分量变得很重要。此辐射偶极子声级表现为（第 1 卷式（3.94））：

$$L_s \propto L_q + L_M + 20\log\beta + 20\log\left(\frac{L}{r}\right) \tag{1.44}$$

式中：$L_M = 20\ \log(U_J / c_J)$，$c_J$ 表示活塞周围流体的声速。因此，对于空气-水混合物 $c_J \sim c_{水}$，由于 $c_g \ll c_J$，第 1 卷式（1.33）控制的单极状贡献通常会致使非均匀活塞喷射，从而发出额外声音。

1.5.2　瞬态空化泡运动——分裂和形成

空化泡的形成会引起声脉冲发射，如图 1-31 所示，其时间行为类似于阻尼正弦曲线。

本节将汇总 Strasberg[129-130] 的空化泡缓慢形成研究，以便空化泡在脱离喷嘴之前，空化泡的内部压力几乎等于其外部压力。压力差刚好足以平衡表面张力，将空化泡保持在喷嘴上。当空化泡分离时，内部压力按一个增量骤然增加：

$$P_+ = \frac{2S}{R_n}$$

分离时（即 $t = 0$ 时）的体积速度不一定为零，而是通过忽略第 1 卷式（6.13）中带 $P(R) - P(r, t=0) = P_+$ 的 $\ddot{V}$ 项来得出体积速度。由此得

$$\dot{V}_0 = \left(\frac{\frac{2}{3}P_+}{\rho_0}\right)^{1/2} 4\pi R_0^2$$

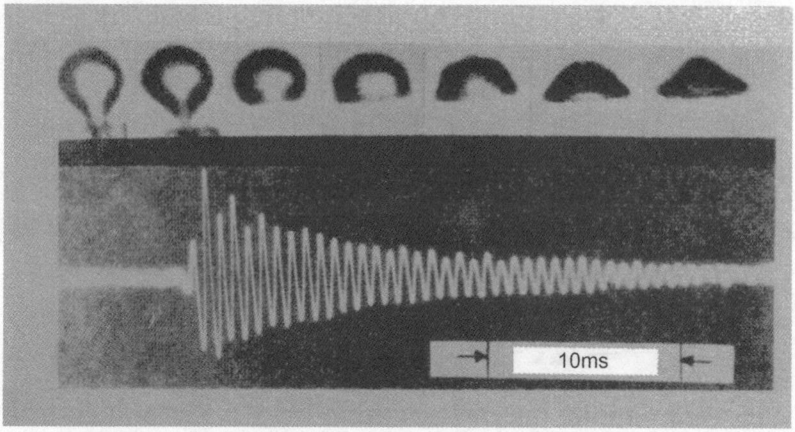

图 1-31　水中单个气体空化泡的声脉冲示波图，以及关于空化泡本身的 4 张叠加照片
（每张照片的拍摄时间对应于空化泡下方示波图上的点。资料来源：Strasberg M. Gas bubbles as source of sound in liquids. J Acoust Soc Am 1956，28：20-6.）

分离后瞬态体积速度 $V(\omega)$ 的时间傅里叶变换可在初始条件 $V(t=0)=V_0$、$\dot{V}(t=0)=\dot{V}_0$ 和 $p(r,t=0)=0$ 下导出，其中 $t=0$ 对应于闭合瞬间。然后，Strasberg[129] 发现：

$$V(\omega)=\frac{[(\dot{V}_0)^2+\omega^2 V_0^2]^{1/2}\mathrm{e}^{\mathrm{i}\phi}}{2\pi[\mathrm{i}(\omega^2-\omega_0^2)+\eta_T\omega_0\omega]}$$

其中

$$\tan\phi=-\frac{\dot{V}_0}{\omega V_0}$$

和

$$\frac{1}{2\pi}\int_0^\infty \ddot{V}(t)\,\mathrm{e}^{\mathrm{i}\omega t}\mathrm{d}t=-\frac{\dot{V}_0}{2\pi}-\omega^2 V(\omega)+\frac{\mathrm{i}\omega V_0}{2\pi}$$

通过第 1 卷式（2.121），可以按照如上所述找到单位时间内 $\dot{N}$ 空化泡形成的声谱：

$$\Phi_{p_{\mathrm{rad}}}(r,\omega)=\left(\frac{\dot{N}}{2\pi}\right)\frac{\rho_0^2\omega^4}{16\pi^2 r^2}\frac{(\dot{V}_0)^2+\omega^2\dot{V}_0^2}{(\omega^2-\omega_0^2)^2-\eta_T^2\omega_0^2\omega^2} \tag{1.45}$$

通过 ω 积分求出均方声压，这取决于谐振行为，就像在任何简谐振子中一样。由于 $P_+P_0<1$ 时 $\dot{V}_0 \gg \omega_0\dot{V}_0$，因此均方声压降至

$$\overline{p_a^2}=\frac{\rho_0 c_0}{4\pi r^2}\beta Q\frac{\eta_r}{\eta_T}P_+ \tag{1.46}$$

式中：η_r表示空化泡的辐射损耗因数（第 1 卷式（6.17））；Q 表示体积（气体）浓度为 β 的泡状混合物的体积流速。

式（1.45）表明，当 $\omega<\omega_0$时，声音频谱将增加为 ω^4，并在 $\omega=\omega_0$时显示最大值。对于更高的频率（$\omega>\omega_0$），频谱将是平坦的且至少与$(\dot{V}_0)^2$ 成比例，直到时间尺度 $2\pi/\omega$ 足够接近控制$\dot{V}_0$ 的脱离过程细节特征时间尺度。若使 $V_0=\dot{V}_0=0$ 成立，但规定随着空化泡的形成或分裂，内部压力在 $\tau\gg 2\pi/\omega_0$内会经历压力 P_+的阶跃变化，则会产生另一种谱形式。在此情况下，结合第 1 卷式（6.20）与激励压力的变换，可获得各空化泡瞬态辐射声的傅里叶变换：

$$|p(r,\omega)|=P_+\left|\frac{\sin(\omega\tau/2)}{\pi\omega}\right|$$

可得

$$|p_a(r,\omega)|=\frac{R_0}{r}\frac{P+\left|\dfrac{\sin(\omega t/2)}{\pi\omega}\right|\omega^2}{r\left|\omega_0^2-\omega^2-\mathrm{i}\eta_T\omega\omega_0\right|}$$

因此，形成速率$\dot{N}$下的声压谱为

$$\Phi_{p_{\text{rad}}}(r,\omega)=\frac{\dot{N}}{\pi}\left(\frac{R_0}{r}\right)^2\frac{\omega^2P_+^2}{(\omega_0^2-\omega^2)^2+\eta_T^2\omega^2\omega_0^2} \tag{1.47}$$

并且均方声压为

$$\overline{p_a^3}(r,\omega)=\frac{\rho_0c_0}{4\pi r^2}\beta Q\,\frac{\eta_r}{\eta_T}\left(\frac{P_+^2}{P_\infty}\right) \tag{1.48}$$

式中：P_∞表示平均环境静压。若瞬态持续时间 τ 远大于 $2\pi/\omega_0$，则 $\sin^2(\omega\tau/2)$ 的有效值可取 1/2，如前面所示。只要 $2\pi/\omega_0$比瞬态上升和下降时间长，相应的结果就与瞬态细节无关。

这些对立机制产生的声级在两个重要特征上有所不同。首先，辐射声压取决于第一种情况下的超压和第二种情况下的超压平方。对于空化泡分裂引起的流致噪声，在给定情形下，可能无法知道起决定性作用的机制，但是，对于每种情况，P_+的依赖性不同。对于空化泡分裂，Strasberg[129] 指出，内部压力变化将造成超压，而内部压力变化与较小空化泡中较高的拉伸压力有关。若一个空化泡一分为二，则通过 $P_+\approx(\sqrt[3]{2}-1)(2S/R)$压力算出超压，其中 R 表示初始空化泡半径。无论空化泡是分裂还是聚结，此压力的大小相同。第二种情况是，每个机制的频谱存在根本性差异。如图 1-32 所示，对于在平衡条件 $V_0=\dot{V}_0=0$ 下分裂因瞬态压力产生的空化泡，高频谱下降为 ω^{-2}。如使用替代机制，高频谱将相对平坦。参考文献［134］，即图 1-33（另见参考文献［20，132，

135])显示了当空气射流通过水动力旋翼弦线中点处的孔口发射到流动水中时声压谱密度的测量值。这些谱显示了一个接近f^{-2}依赖性的下降。较低频率下，在接近空化泡共振频率（$f_0=\omega_0/2\pi$）时，谱达到最大值。

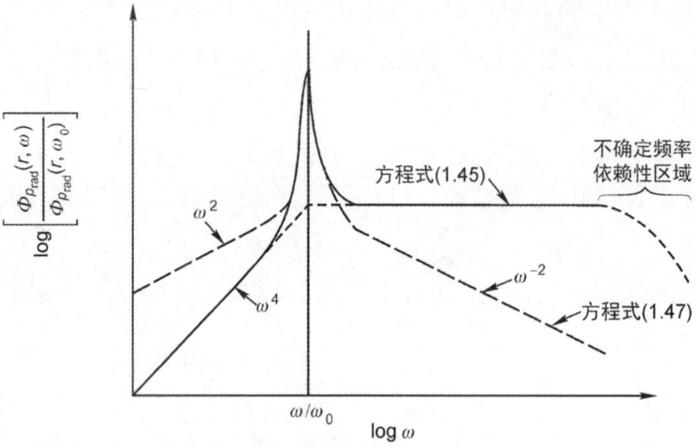

图 1-32　瞬态激励空化泡的辐射声谱特性

（式（1.45）与 V 和$\dot{V}$的初始值有关，式（1.47）与初始 $V_0=\dot{V}_0=0$ 有关，但瞬态超压弛豫时间小于自然共振周期，压力持续时间大于自然共振周期）

观察到的频率依赖性（$f>f_0$）表明，可利用$\dot{V}_0=0$ 来表述此种情况下 $t=0$ 时的瞬态空化泡运动。这种喷射布置产生的高频噪声和气体喷入湍流尾流[134]时产生的噪声随着体积流速 $Q^{0.5}$的增加而增加，当频率为 5～80kHz 时，比例带级表现为f^0或f^{-1}。

1.5.3　水动力作用形成的空化泡尺寸

如图 1-31 和图 1-33 所示，可以明显看出，必须确定已形成空化泡的共振频率，以定性描述辐射声的潜在频率。这些频率与空化泡半径成反比，所以有必要审查与描述此量相关的因素。空化泡的大小取决于力与力之间的关系，即作用在空化泡上的力，或者作用在任何空气-水界面（最终分解成空化泡）上的力。首先考虑在静止液体中形成的空化泡。

1.5.3.1　停滞液体中的形成

对于喷嘴（半径为 R_n）处形成的空化泡，作用力主要包括：将空化泡抬离喷嘴的浮力；将空化泡保持在喷嘴上的表面张力；因入口气体动量 $\rho_g U_g^2$ 而将空化泡推开的惯性。如果 $R_n \ll R_b$，有

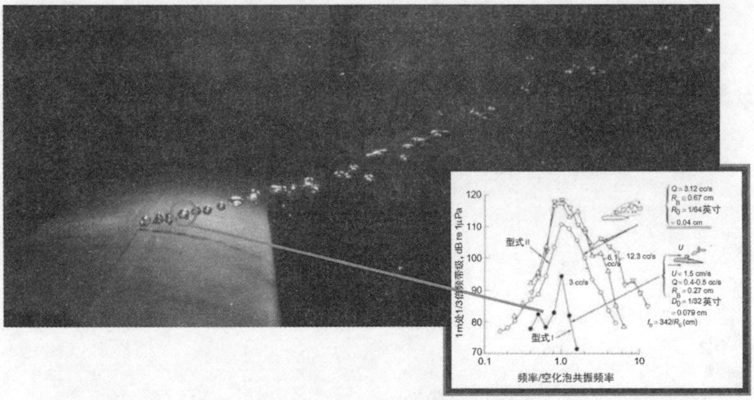

(a) 近周期空化泡形成过程的噪声谱密度空化泡共振频率为1220Hz(STP)[133,136]

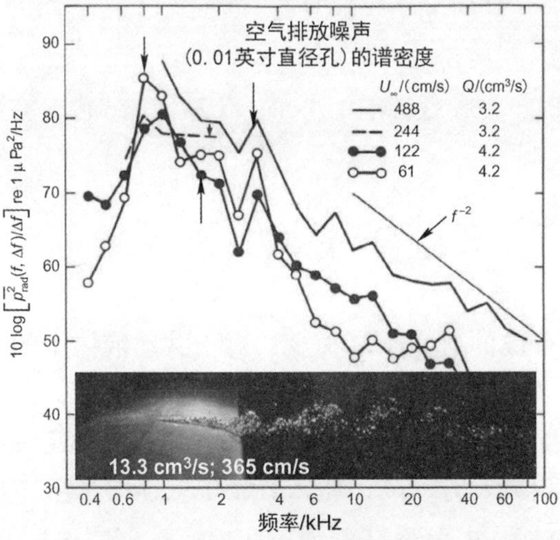

(b) 空化泡射流中湍流破碎噪声谱密度下游空化泡群的直径为165~330μm

(根据1.5.3.2节[133,136]式(1.49)估算而得)

图 1-33　各种空化泡形式下 1 码处声压谱密度（$Q_0 = 3.3\mathrm{cm/s}$）

（箭头表示使用 $R_b \approx (1.1 \sim 1.7)\sqrt{Q_0/U_1}$ 和第 1 卷式（6.11）预测的共振频率，见 1.5.3.2 节）

$$\frac{R_b}{R_n} \approx 1.1\left[\frac{S}{(\rho_0 - \rho_g) g R_n^2}\right]^{1/3}$$

式中：g 表示万有引力常数。在此情况下，喷嘴处缓慢形成空化泡，并被浮力拉开，见图 1-31。

当气体速度增加时，惯性力随之增加，周期性地形成空化泡。在此情况下[137]，经验结果给出：

$$R_b \approx 0.9\left(\frac{Q^2}{g}\right)^{1/5}$$

式中：Q 表示气体体积流速。在高体积流速情况下，Kutadeladze 和 Styrikovich[138]（另见 Wallis[139]）发现当

$$\frac{We_g}{(Fr)^{2/3}}>1.31$$

其中

$$We_g=\frac{\rho_g U_g^2}{S/R_n}$$

可以形成圆柱射流的是气相韦伯数和

$$Fr=\left[\frac{\rho_g U_g^2}{(\rho_0-\rho_g)R_n g}\right]^{1/2}$$

弗劳德数。当圆柱射流破碎时，在参数范围 $1.3<We_g/(Fr)^{2/3}<6$ 内，空化泡半径为 $4<R_b/R_n<5$，并且

$$\frac{R_b}{R_n}\approx 2\left(\frac{We_g}{Fr^{2/3}}\right)^{1/3},\quad \frac{We_g}{Fr^{2/3}}>6$$

1.5.3.2　流动液体中的形成

关于流动液体中空化泡形成的研究少之又少。对于共动液体中的气体射流，其中 U_l 表示液相速度，U_g 表示气相速度。Sevik 和 Park[86] 定义了相对韦伯数 $We=We_g(1-U_l/U_g)^2$。当 $We<1.2$ 时，气体射流-圆柱界面稳定性的理论分析表明 R_b/R_j 在 2~3。现在假设 $U_l\approx U_g$，那么射流中气体的平均体积流速 $Q=\pi R_j^2 U_l$。因此，当 $We<1.2$ 时，R_b 大约为 $\sqrt{Q/U_l}$ 的 1.1~1.7 倍。Silberman[140] 观察到了气体射流破碎现象，即水动力旋翼吸入侧弦线中点的一个孔中喷出的气体射流破碎成液体。他发现泡状混合物中形成的最大空化泡遵循下列关系：

$$R_b\sim 1.2\left(\frac{Q}{U_l}\right)^{1.2} \tag{1.49}$$

图 1-33 采用箭头表示了对应于这些空化泡半径的共振频率。

在 $U_l \ll U_g$（如 $\rho_g U_g^2 \geqslant \rho_0 U_l^2$，允许单位界面面积的惯性力由气相主导）的情况下，应根据 1.5.3.1 节的公式求出空化泡半径。

Sevik 和 Park[86] 以及 Hinze[141] 发现，在湍流情况下，空化泡分裂取决于湍流的阈值强度。令 $\overline{u^2}$ 为湍流（$\overline{u^2}=\overline{u_1^2}+\overline{u_2^3}+\overline{u_3^2}$）均方，定义一个湍流韦伯数 $We_t=\rho_0\,\overline{u^2}R_b/S$，当 We_t 大于 0.5 时，则发生分裂现象，具体取决于湍流类型。Sevik 和 Park 的推论基于空化泡（进入水射流混合区域的空化泡）分裂现象的观测结果。

1.6　飞溅噪声

1.6.1　总体概况

这一主题在气动声学和水声学两方面均受到了广泛关注。飞溅噪声在气动声学方面表现出重要性的一个例子是解释逆流式冷却塔的声辐射。在这种塔中，随着待冷却热空气的上升，水滴状冷却水逆流而下。下方布置一个水池，用于收集下落的水。当水滴溅到表面时，会发出声音，并通过塔底的进气口传播。海洋表面水滴落下时发出的水声是由于撞击噪声和后续空化泡振荡的叠加。飞溅引起的空传声在很大程度上取决于偶极子[142]撞击声，如图 1-34 所示。

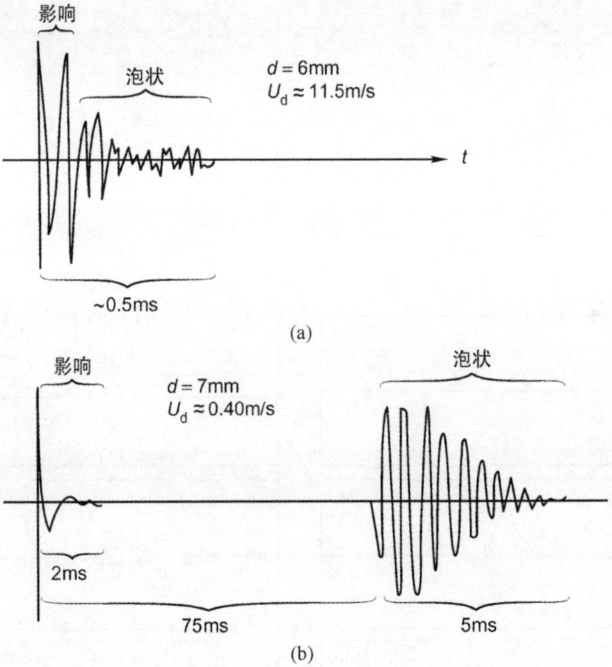

图 1-34　Riedel[143] 和 Franz[142] 分别在空气和水中观察到的声脉冲

（在空传脉冲中，水滴达到终端速度，背面形成一个小气泡。在水传脉冲中，水滴速度小于终端速度，水面上形成空化泡）

尽管飞溅动力学长期以来一直备受关注[143-146]，但首先详细研究飞溅噪声主题的是 Franz[142]，随后许多其他研究才将飞溅动力学与空化泡夹带细节和声音联系起来（如 Pumphrey 和 Crum[147]以及 Medwin 等[148-149]），以阐释海底环境。Riedel[143]关注的是冷却塔[150]噪声现象。研究者利用高速摄影和声脉冲示波图，将声音的产生与特定事件（即水滴与水面相互作用中的特定事件）联系起来[142-148]。虽然这些研究者单独进行了观察，但在本质特征上是一致的。图 1-34 显示了每个研究者观察到的典型脉冲形状，图 1-35 显示了 Medwin 等[148]和 Rein[151-152]根据照片绘制的几张草图。

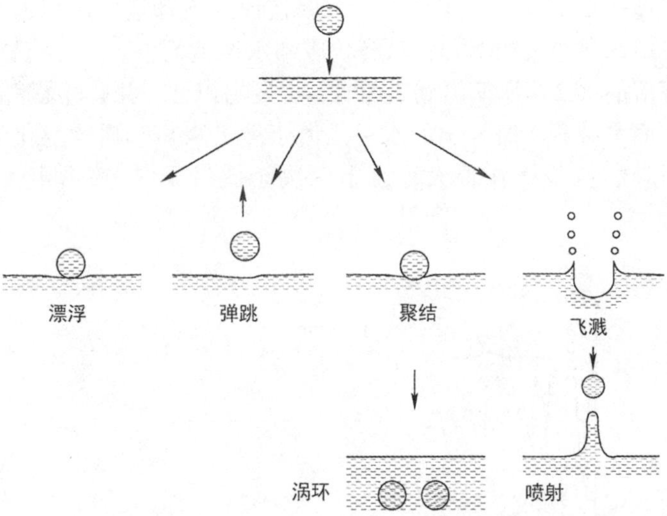

(a) 水滴–表面相互作用状态，取决于水滴韦伯数[148]

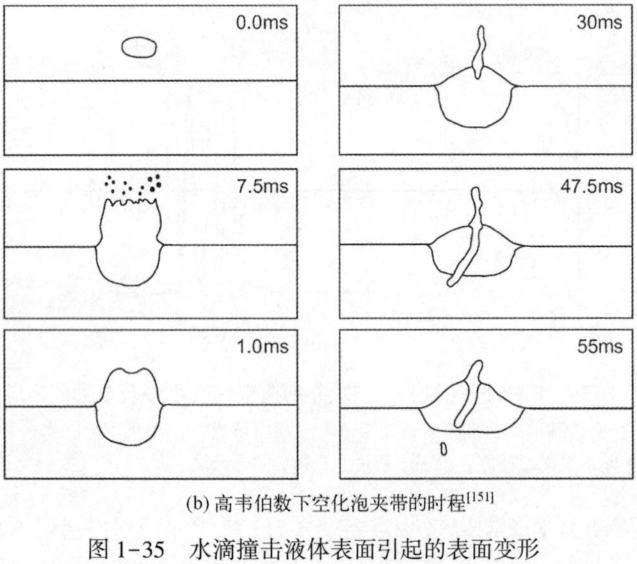

(b) 高韦伯数下空化泡夹带的时程[151]

图 1-35　水滴撞击液体表面引起的表面变形

当球形水滴前沿面撞击水面时，水滴将辐射压力脉冲。脉冲持续时间与水滴后表面到达水面所需时间一样长。观察者均认为，随后气泡可能会滞留在水面下方。空化泡振荡产生了额外的声音，类似阻尼正弦曲线或振铃，见图 1-34。对于撞击声和空化泡声之间的时间延迟，作者的观察结果有所不同。这可能是由于使用的冲击速度不同，所以各种情况下观察到的表面力也不同。Franz[142] 发表了中低撞击速度（小于终端自由落体速度）的结果，并发现单独撞击声和空化泡声脉冲是由二次水滴坠落产生的（原始水滴撞击后，作为表面力的一部分形成二次水滴），且撞击声和空化泡声脉冲在时间上具有明显分离节点。这种行为不具规律性，无法预测。Riedel[143] 利用终端水滴速度（直径为 6mm 的水滴大约为 11m/s）观察到，在下落的球形水滴底部经常会形成小气泡。水滴撞击后，这个小气泡将产生衰减的振荡脉冲。因此，撞击和空化泡阶段出现延长脉冲。这种机制也是不稳定的，并且没有提供相应的发生条件。需要注意的是，在 Franz 的例子中，水滴喷射的声频谱类似于单个水滴撞击分量的声频谱。因此，Franz[142] 得出结论，在涉及水面上水滴喷射或水滴倾斜入射的情况下，空化泡分量对于水声来说并不重要。观察者均认为，撞击后水面会出现一个凹陷，但这个空腔不会产生噪声。

1.6.2　水下飞溅噪声

当水滴撞击水面时，在水面上产生一个力，从而引起局部流体运动（包括表面张力波，但这些波在声学方面传播很慢，不辐射声音）。在表面没有形成气体空化泡的情况下，这种现象与两个实心球撞击时产生声音的现象并无不同，如图 1-36 所示。在当前问题中，水面下的水滴倒影向上移动，速度为 U_d。因此，声压脉冲为偶极子脉冲，犹如两个球体受到撞击而发出。等效源为速度未知的振荡球体。

$$U_z = \int_{-\infty}^{\infty} U_a(\omega) e^{i\omega t} d\omega$$

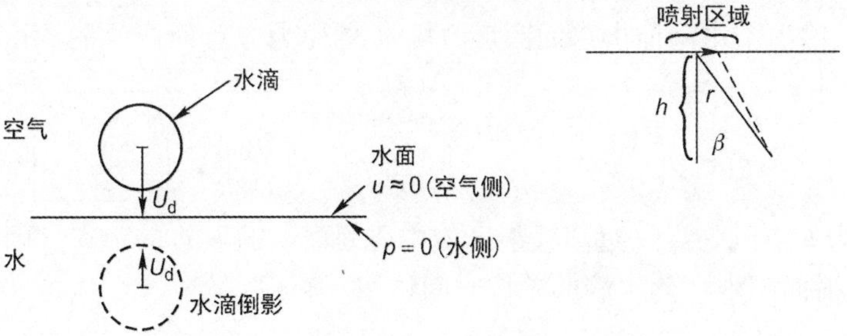

图 1-36　水滴撞击水面的声场成像系统

因此，对于半径为 α 的球体，利用第 1 卷 2.1.3.2 节和 2.7.1 节的成像参数以及本节的最终公式为

$$p_{\mathrm{a}}(r,t)=\frac{\frac{1}{2}\rho_0 c_0 a^3\cos\phi}{r}U_{\mathrm{d}}\int_{-\infty}^{\infty}(k_0^2)\left[\frac{U_{\mathrm{a}}(\omega)}{U_{\mathrm{d}}}\right]\mathrm{e}^{-\mathrm{i}(\omega t-k_0 r)}\mathrm{d}\omega \tag{1.50}$$

可采用无量纲形式进行表示为

$$\frac{p_{\mathrm{a}}(r,t)rc_0}{\rho_0 a U_{\mathrm{d}}^3\cos\phi}=\frac{1}{2}\int_{-\infty}^{\infty}\left(\frac{\omega a}{U_{\mathrm{d}}}\right)^2\left[\frac{U_{\mathrm{a}}(\omega)}{U_{\mathrm{d}}}\right]\mathrm{e}^{-\mathrm{i}(\omega t-k_0 r)}\mathrm{d}\omega \tag{1.50a}$$

式中：$U_z(\omega)$表述球体撞击过程中的未知速度。假设 $U_z(t)$ 与 U_{d}成正比，且是缩短时间 tU_{d}/a 的函数。因此，右边的积分应是$(t-r/c_0)U_{\mathrm{d}}/a$ 的函数。Franz[142]发现，情况大致如此。在与单个脉冲相关的远场中，声能定义为

$$E_{\mathrm{d}}=\int_0^{\tau}\mathbb{P}_{\mathrm{rad}}(t)\,\mathrm{d}t=\iint_s\int_0^t\frac{p_{\mathrm{a}}^2(r,t)}{\rho_0 c_0}\mathrm{d}^2s\mathrm{d}t$$

式中：S 表示围绕水滴位置的整个半球面，时间 τ 大于脉冲持续时间。这可能与频带中更常规的时间平均功率级有关：

$$\mathbb{P}_{\mathrm{rad}}(f)=\frac{E_{\mathrm{d}}(f)\Delta f}{t}$$

对于水滴下降速率$\dot{N}$，此处为

$$\mathbb{P}_{\mathrm{rad}}(f)=\dot{N}E_{\mathrm{d}}(f)\Delta f$$

根据这些表达式，Franz[142]发现水滴能谱可采用无量纲形式进行表示：

$$\frac{E_{\mathrm{d}}(f_{\mathrm{a}}/U_{\mathrm{d}})}{\left(\frac{1}{2}\rho_0 U_{\mathrm{d}}^2 V_{\mathrm{d}}\right)(U_{\mathrm{d}}/c_0)^3}=E\left(\frac{fa}{U_{\mathrm{d}}}\right)$$

式中：$E_{\mathrm{d}}(f_{\mathrm{a}}/U_{\mathrm{d}})$表示能量的频谱密度；$V_{\mathrm{d}}$表示水滴体积，$4\pi a^3/3$。Franz[142]发现，当 $1.4\mathrm{mm}<a<3.5\mathrm{mm}$ 和 $0.2\mathrm{m/s}<U_{\mathrm{d}}<7\mathrm{m/s}$ 时，这种表达式适用于单个水滴和喷射，如图 1-37 所示。

Franz 给出了水滴撞击水面圆形区域（半径为 R）而产生的深度为 h 的远场声压（即 $\omega h/c_0\gg1$）：

$$\overline{p_{\mathrm{a}}^2}(h,f)=Q\left(\frac{1}{2}\rho_0 U_{\mathrm{d}}^2 a\right)\left(\frac{U_{\mathrm{d}}}{c_0}\right)^3\times 3\rho_0 c_0 E\left(\frac{fa}{U_{\mathrm{d}}}\right)\Delta f\int_0^R\frac{\cos^2\theta}{r^2}\xi\mathrm{d}\xi \tag{1.51}$$

式中：r 为 h 点到 ξ 点（远离喷射区域中心表面上的点）的距离。因数 Q 表示在单位喷射面积内下落水滴的单位时间体积。利用

$$\cos\theta=\frac{h}{\sqrt{h^2+\xi^2}}=\frac{h}{r}$$

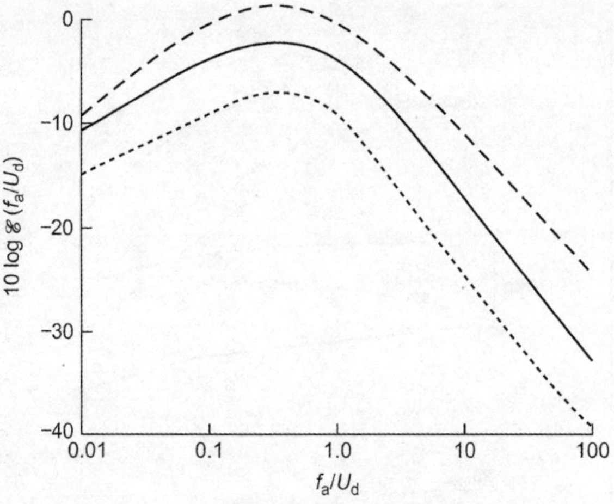

图 1-37　平静水面上每滴水滴的声能频谱密度

（资料来源：Franz G. Splashes as sources of sound in liquids. J Acoust Soc Am 1959，31. 1080-96.）

积分得

$$\overline{p_{\mathrm{a}}^{2}}(h,f)=\frac{3\rho_0 c_0}{2}Q\left(\frac{1}{2}\rho_0 U_{\mathrm{d}}^{2}a\right)\left(\frac{U_{\mathrm{d}}}{c_0}\right)^{3}\frac{R^{2}}{R^{2}+h^{2}}E\left(\frac{fa}{U_{\mathrm{d}}}\right)\Delta f \tag{1.52}$$

就声压级而言，两个极端是重要的：

$$L_{\mathrm{s}}(h,\beta,f)=100+10\log\left[\frac{3\rho_0 c_0}{2}Q\left(\frac{1}{2}\rho_0 U_{\mathrm{d}}^{2}a\right)\times\left(\frac{U_{\mathrm{d}}}{c_0}\right)^{3}\left(\frac{R}{h}\right)^{2}E\left(\frac{fa}{U_{\mathrm{d}}}\right)\Delta f\right] \tag{1.53a}$$

当 $h\gg R$ 时，re 1μPa；和

$$L_{\mathrm{s}}(h,f)=100+10\log\left[\frac{3}{2}\rho_0 c_0 Q\left(\frac{1}{2}\rho_0 U_{\mathrm{d}}^{2}a\right)\left(\frac{U_{\mathrm{d}}}{c_0}\right)^{3}E\left(\frac{fa}{U_{\mathrm{d}}}\right)\Delta f\right] \tag{1.53b}$$

当 $R\gg h$ 时，re 1μPa。此关系表明，当 $k_0 h\gg 1$ 和 $h/R\gg 1$ 时，声压与深度无关。

水下飞溅噪声的一个实际后果是，海洋中的环境声音由于降雨大幅增加。图 1-38 汇总了 Heindsmann 等[150]和 Bom[153]的测量结果。Bom 在一个深 10m 的小湖中测量了风速和降雨量（暴风雨期间）。Heindsmann 等在长岛 40m 深的水域中进行了测量，海况为 3~5 级，风速为 20~40kn，有阵风，未测量降雨量。Bom 给出的谱基于多次测量的统计处理结果，指示的置信界限具有代表性。可以看出，Bom 测得的水下噪声谱形状与 Franz 通过第 1 卷式（1.46b）预测的静止水面上飞溅噪声谱形状大体相似。

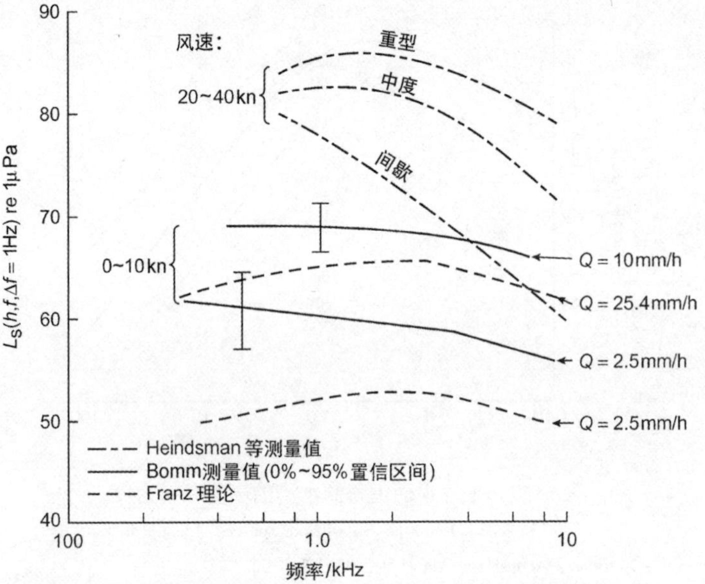

图 1-38　海洋表面降雨产生的 1Hz 频带中水下噪声的声压级

计算谱幅值与 Bom 不同，尤其是在低频情况下。与 Heindsmann 测量结果的一致性更高，但仅在最大谱级接近 1000Hz 范围内时才与预测值一致。也许在长岛实验期间，随着风暴的加剧，海水越发汹涌，海况级别越高，水位也就越高。此外，谱级还取决于水滴的大小，见图 1-37，在暴风雨期间，水滴的大小变化很大。

由于靠近水面的空化泡运动而进入水中的任何辐射也将为偶极子辐射，因此指向性与撞击噪声相同。

1.6.3　空传飞溅噪声

对于喷射引起的空传声，撞击机理是相似的。事实上，由于水滴撞击而产生的远离表面的整体声压级也应遵循式（1.45）。

$$\overline{p_a^2}(r,\beta)=\frac{3\rho_a c_a}{2}Q\left(\frac{1}{2}\rho_a U_d^2 a\right)\left(\frac{U_d}{c_a}\right)^3\left[\left(\frac{R}{r}\right)\right]^2 E\left(\frac{fa}{U_d}\right)\Delta f \qquad (1.54)$$

式中：使用下标 a 来代替 o，以区分空气中的声音。

这与 Riedel[143] 提出的形式有些不同，Riedel 提出$\overline{p_a^2}f(r,\beta)$应与 U_d^2 成正比，而不是与上述 U_d^6 成正比。这是因为他忽略了撞击辐射效率的潜在影响，即 $(\omega a/c_a)^4$。此外，Franz 采用的 $\omega a/U_a$，也未考虑 $U_a(\omega)$ 的可能相似性。这两种考虑因素的采用说明了总声压取决于附加 U_d^4。与 Franz[142] 的实验不同，

Riedel 的实验并非用于确定 U_d依赖性。

然而，Riedel 的测量结果的一些经验证据表明，压力谱密度对 U_d具有二次依赖性，对于式（1.43）中出现的特定频率-白速度谱，这可能是合理的。此种谱与 U_d脉冲变化相对应。当水滴撞击硬表面时，便会发生这种脉冲变化。Riedel[143]发现，当单个水滴撞击未受干扰的水面时，声脉冲频谱通常与式（1.43）的预期结果一致。对于恒定的谱函数 $U_a(\omega)$，理论声压谱被视为倾向于高频，因数为 ω^4。因此，依据式（1.43）可以得

$$|P_a(\omega)| \propto \left(\frac{\rho_a}{c_a}\right)\left(\frac{a^3}{r}\right)\omega^2 U_d \cos\phi$$

针对假设的常数 $U_a(\omega)$。这种依赖性现在对应于 Riedel 针对给定频率下压力的 U_d假设。Riedel 的声压频谱测量结果确实证明了高频的比重较高。但应注意的是，与此相反，图 1-37 中的 Franz 谱[142]与 ω^4行为没有对应关系，这种对比行为表明谱的频率带宽更加有限。Franz 谱也是无量纲频率 $\omega a/U_d$的函数，这种依赖性又导致了 $p_a \propto U_d^3$ 的依赖性。因此，似乎有必要进行额外工作，以阐明压力谱与变量 U_d和 a 之间相互冲突的依赖性。

相较于空气，水的声阻抗相对较高，可采用刚性挡板中的小活塞来代表空化泡。因此，水面上空化泡运动产生的额外空传声将为类单极声。Riedel[143]表示，此类空化泡的脉动频率略高于完全浸没的气泡。这是因为在接近水面的地方，空化泡周围的水质量略有增加。他发现增加的质量仅为完全浸没空化泡的 88%。因此，频率比第 1 卷式（6.11）给出的频率大 1.07 倍。

1.6.4　冷却塔噪声

Ellis[154]以及最近的 Reinicke 和 Riedel[155]研究了因水滴撞击水面而引起的空冷塔噪声问题。塔辐射噪声的基本特征可根据前文考虑因素得出。图 1-39 展示了典型冷却塔的几何形状和典型声场的几何依赖性。一般情况下，顶部声辐射比底部小 10dB。由于水池表面声源的分布特性，声压与水池边缘距离的关系不大，除非 $r>R_R$。对于观察到的 r 依赖性，Ellis[154]给出了另一种解释，即声源的有效分布要么是围绕边缘上的环形分布，要么是水池区域内的均匀分布。在测量散布范围内，这两种公式给出了大致相当的传播损耗。在任一情况下，都可以假设水池中发声部分的面积与 πR_R^2 成正比。

水滴撞击（在水池面积 $S=\pi R_R^2$ 上构成总水量速率）产生的总声功率 $\mathbb{P}_{rad}$为

$$\mathbb{P}_{rad} \sim \frac{Q}{U_d \rho_a c_a} q^2 M^2 \left[E\left(\frac{fa}{U_d}\right)\frac{(\Delta f)a}{U_d}\right] \tag{1.55}$$

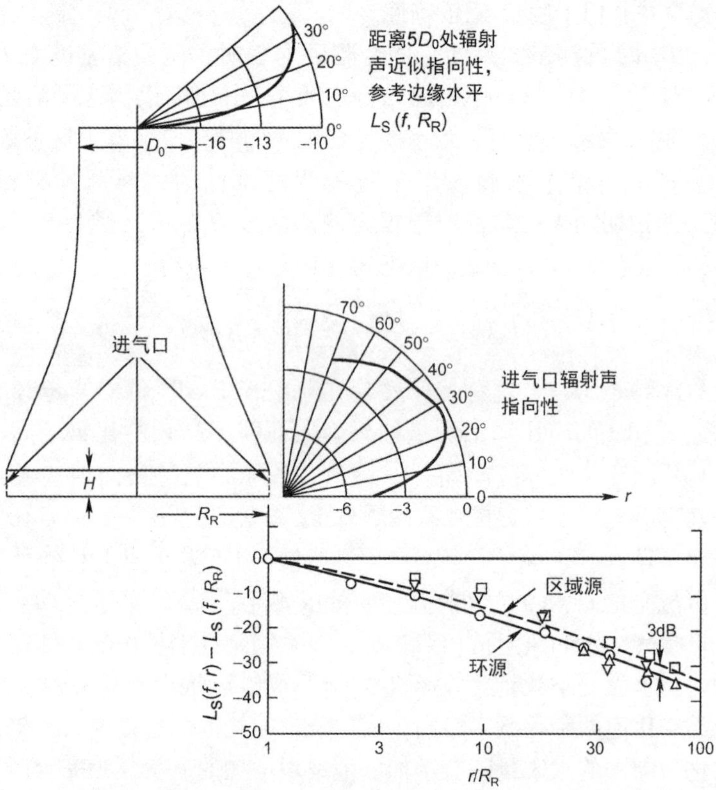

图 1-39　逆流冷却塔辐射声、指向性和传播损耗（f=4Hz）

（资料来源：Ellis RM. Cooling tower noise generation and radiation. J Sound vib 1971，14：171-82.）

式中：$q=\frac{1}{2}\rho_a U_d^2$；$M=U_d/c_a$。Reinecke 和 Riedel[155]讨论了一种情况，在这种情况下，水滴的统计分布直径约为 6mm，范围只有 4~7mm。终端速度是水滴直径和冷却空气上升速度的函数。

因此，他们假设对于直径为固定值的水滴，其下落速度的变化范围非常狭窄。声功率对剩余敏感性参数的依赖性可满足$\mathbb{P}_{rad} \approx QE(f)\Delta f$。在产生的总功率中，一部分从进气口侧面辐射出去，一部分在塔内被吸收，还有一部分从顶部辐射出去。从环境影响的角度来看，底部辐射更加重要，因为顶部辐射声比底部低 10dB。沿地面辐射的声功率分数正好与整个水池产生的总声功率分数 $2\pi R_r H/\pi R_r^2 = 2H/R_r$ 成正比。因此，沿地面辐射的 1/3 倍频带声功率级为

$$[L_N(f)]_A = 10\log\dot{W} + 10\log\left(\frac{H}{R_r}\right) + [L_s(f)]_A$$

式中：$[L_s(f)]_A$ 表示通用级函数；$\dot{W}$ 表示冷却水总质量流率（kg/s），而 $[L_N(f)]_A$ 表示 A 计权总声级（通常用于心理声学和环境影响噪声评估），被视为电子过滤信号，频率响应被称为 A 计权曲线。基本上，滤波器响应是宽带通，当 $800\text{Hz}<f<8000\text{Hz}$ 时，为平坦带通（±2dB），带有超出这些限值的低高频衰减（如在 250Hz 时为 -8dB）。该曲线基本上等于响度级为 40 的 Fletcher Munson 等响曲线。$(L_N)_A$ 约为 80±2，所以 A 计权声功率级为

$$(L_N)_A = 80 \pm 2 + 10\log\dot{W} + 10\log\left(\frac{H}{R_r}\right) re10^{-12} \tag{1.56}$$

根据声功率推导出的通用边缘声压谱函数：

$$\begin{aligned}(L_s(f))_{边缘} &= L_N(f) + 10\log\frac{\rho_a c_a}{2\pi R_r H}\ re20\mu\text{Pa} \\ &= 10\log\frac{\dot{W}}{\pi R_r^2} + L_s(f)\end{aligned} \tag{1.57}$$

式中：$\dot{W}/\pi R_r^2$ 表示水池每单位面积的质量流率。图 1-38 展示了 Ellis[154] 以及 Reinicke 和 Riedel[155] 考虑的冷却塔函数 $L_s(f)$。为了确定远离边缘处的声压级，可利用 $(L_s(f))_{边缘}$ 减去图 1-39 所示的传播损耗。应注意的是，对于此种谱形式，A 计权声功率级和直线总声功率级几乎相等，即 $(L_N)_A \approx L_N$。

参考文献

[1] Ross D. Mechanics of underwater noise. Oxford: Pergamon, 1976.

[2] Isay WH. "Kavitation", Schiffahrts-Verlag, "Hansa" Schroedter & Co. Hamburg, 1984.

[3] Brennan CE. Cavitation and bubble dynamics. Oxford, 1995.

[4] Brennan CE. Hydrodynamics of pumps. Oxford, 1994.

[5] Knapp RT, Hollander A. Laboratory investigations of the mechanism of cavitation. Trans ASME 1948, 70. 419-35.

[6] Mellen RH. Ultrasonic spectrum of cavitation noise in water. J Acoust Soc Am 1954, 26: 356-60.

[7] Latorre R. Cavitation inception noise from stationary and rotating rods and correspondence to model propeller cavitation noise. ACUSTICA 1995, 81. 152-60.

[8] Björheden O, Aström L. Predication of propeller noise spectra. In: Proc. Symp. Hydrodyn. Ship Offshore Propul. Syst. Det Norske veritas, Oslo, 1977.

[9] Strasberg M. Propeller cavitation noise after 35 years of study. In: Proc. ASME Symp. Noise Fluids Eng., Atlanta, GA, 1977.

[10] Khoroshev GA. Application of the similarity principle to the study of oscillations excited by cavitation. Sov Phys-Acoust (Engl Transl) 1959, 485-92.

[11] Levkovskii YL. Modeling of cavitation noise. Sov Phys-Acoust (Engl Transl) 1968, 13: 337-9.

[12] Baiter HJ. Aspects of cavitation noise. In: Proc. Symp. High Powered Propul. Large Ships Publ. No. 490, vol. 1. Neth. Ship Model Basin, Wageningen, Netherlands, 1974.

[13] Lovik A, vassenden J. Measurements of noise from cavitating propellers. In: Specialist Meet. Acoust. Cavitation, Dorset, Engl., 1977.

[14] Blake WK, Wolpert MJ, Geib FE, Wang HT. Effects of boundary layer development on cavitation noise and inception on a hydrofoil. In: D. W. Taylor Naval Ship R & D Center Rep. No. 76-0051. Washington, D. C., 1976.

[15] Blake WK, Wolpert MJ, Geib FE. Cavitation noise and inception as influenced by boundary layer development on a hydrofoil. J Fluid Mech 1977, 80. 617-40.

[16] DeBruyn A, Ten Wolde T. Measurement and prediction of sound inboard and outboard of ships as generated by cavitating propellers. In: Proc. Symp. High Powered Propul. Large Ships Publ. No. 490, vol. 1. Ship Model Basin, Wageningen, Netherlands, 1974.

[17] Baiter, H-J. Estimates of the acoustic efficiency of collapsing bubbles, ASME International Symposium on Cavitation Noise, Phoenix Az, Nov. 1982.

[18] Levkovskii YL. Effect of diffusion on the sound radiation from a cavitation void. Sov Phys-Acoust (Engl Transl) 1969, 14: 470-3.

[19] Johnson VE, Hsieh, T. The influence of the trajectories of gas nuclei on cavitation inception. In: Symp. Nav. Hydrodyn., 6th, Washington D. C., 1964.

[20] Blake WK Aero-hydronamics for ships. D. W. Taylor Naval Ship R & D Center Rep. No. 84-010. Washington, D. C., 1984.

[21] Holl JW. An effect of air content on the occurrence of cavitation. J Basic Eng 1960, 82: 941-5.

[22] Daily JW. Cavitation characteristics and infinite aspect-ratio characteristics of a hydrofoil section. Trans ASME 1949, 71. 269-84.

[23] Brockett T. Minimum pressure envelopes for modified NACA-66 sections with NACA a=0. 8 camber and BUSHIPS Type I and Type II sections. D. W. Taylor Naval Ship R & D Center Rep. No. 1780. Washington, D. C., 1966.

[24] McCormick BW. On cavitation produced by a vortex trailing from a lifting surface. J Basic Eng 1962, 84: 369-79.

[25] Noordzij L. A note on the scaling of tip vortex cavitation inception. Int Shipbuild Prog 1977, 24: 1-4.

[26] Arndt REA. Semi-empirical analysis of cavitation in the wake of a sharp-edged disk. J Fluids Eng 1976, 98: 560-2.

[27] Young JO, Holl JW. Effects of cavitation of periodic wakes behind symmetric wedges. J Basic Eng 1966, 88: 163-76.

[28] Knapp RT, Daily J, Hammitt FG. Cavitation. New York, NY: McGraw-Hill, 1970.

[29] Choi J, Ceccio SL. Dynamics and noise emission of vortex cavitation bubbles. J Fluid Mech 2007, 575: 1-26.

[30] International towing tank conference, 24th ITTC 2005, 24th Hydrodynamic Noise Committee Report.

[31] Shen YT, Gowing S, Jessup S. Tip vortex cavitation inception scaling for high Reynolds number applications. J Fluids Eng July 2009, 131. 071301.

[32] Choia J-K, Chahine GL. Noise due to extreme bubble deformation near inception of tip vortex cavitation. Phys Fluids July 7, 2004, 16: 241-2418.

[33] Holl JW. The inception of cavitation on isolated surface irregularities. J Basic Eng 1960, 82: 169-83.

[34] Arndt REA, Holl JW, Bohn JC, Bechtel WT. Influence of surface irregularity on cavitation performance. J Ship Res 1979, 23: 157-70.

[35] Numachi F, Yamabe M, Oba R. Cavitation effect on the discharge coefficient of the sharp-edged orifice plate. J Basic Eng 1960, 82: 1-11.

[36] Arndt REA. Pressure fields and cavitation. In: Transl. of Int. Assoc. Hydraulic Res., 7th, Part 1. Vienna, 1974. p. xi-1.

[37] Arndt REA, Ippen A. Rough surface effects on cavitation inception. J Basic Eng 1968, 90. 249-61.

[38] Bohn JC. The influence of surface irregularities on cavitation: a collation and analysis of new and existing data with application to design problems. Appl. Res. Lab. Rep. No. 72-223. University Park: Pennsylvania State Univ., 1972.

[39] Oweis GF, Fry D, Chesnakas CJ, Jessup SD, Ceccio SL. Development of a tip-leakage flow—Part 1. The flow over a range of Reynolds numbers. J Fluids Eng July 2006, 128: 751-64.

[40] Oweis GF, Fry D, Chesnakas CJ, Jessup SD, Ceccio SL. Development of a tip-leakage, Flow—Part 2: Comparison between the ducted and un-ducted rotor. J Fluids Eng July 2006, 128: 765-73.

[41] Hsiao C-T, Chahine GL. Scaling of tip vortex cavitation inception noise with a bubble dynamics model accounting for nuclei size distribution. J Fluids Eng January 2005, 127: 751-64.

[42] Arndt REA, Arakeri vH, Higuchi H. Some observations of tip-vortex cavitation. J Fluid Mech 1991, 229: 269.

[43] Arndt REA. Cavitation in vortical flows. Annu Rev Fluid Mech 2002, 34: 143-75.

[44] Choi J, Hsiao C-T, Chahine G, Ceccio S. Growth, oscillation and collapse of vortex cavita-

tion bubbles. J Fluid Mech 2009, 624: 255-79.

[45] Chang NA, Ceccio SL. The acoustic emissions of cavitation bubbles in stretched vortices. J Acoust Soc Am November 2011, 130 (5) Pt. 2: 3209-19.

[46] Bechtel WT. The influence of surface irregularities on cavitation: field study and limited cavitation near wire screen roughness [M. S. thesis]. University Park, PA: Penn State University, 1971.

[47] Arakeri vH, Acosta AJ. viscous effects in the inception of cavitation on axisymmetric bodies. J Fluids Eng 1973, 95: 519-28.

[48] Flynn HG. Physics of acoustic cavitation in liquids. In: Mason WP, editor. Physical acoustics, vol. 1B. New York, NY: Academic Press, 1964.

[49] Pernik AD. Problems of cavitation (Problemy Kavitatsii). Sudostroenie, Leningrad, 1966 [in Russian].

[50] Arndt REA. Cavitation in fluid machinery and hydraulic structures. Annu Rev Fluid Mech 1981, 13: 273-328.

[51] Harvey EN, Barnes DK, McElray WD, Whiteley AH, Pease DC, Cooper KW. Bubble formation in animals. I. Physical factors. J Cell Comp Physiol 1944, 24: 1-22.

[52] Harvey EN, Whiteley AH, McElroy WD, Pease DC, Barnes DK. Bubble formation in animals. II. Gas nuclei and their distribution in blood and tissues. J Cell Comp Physiol 1944, 24: 23-4.

[53] Strasberg M. Onset of ultrasonic cavitation in tap water. J Acoust Soc Am 1959, 31. 163-76.

[54] Zwick SA. Behavior of small permanent gas bubbles in a liquid. Part II. Bubble clouds. J Math Phys 1959, 37: 339-53.

[55] Yilmaz E, Hammitt FG, Keller A. Cavitation inception thresholds in water and nuclei spectra by light-scattering technique. J Acoust Soc Am 1976, 59: 329-38.

[56] Messino D, Sette D, Wanderligh F. Statistical approach to ultrasonic cavitation. J Acoust Soc Am 1963, 35: 1575-83.

[57] Strasberg M. The influence of air-filled nuclei on cavitation inception. D. W. Taylor Naval R & D Center Rep. No. 1078. Washington D. C. , 1956.

[58] Bernd LH. Cavitation, tensile strength, and the surface films of gas nuclei. In: Symp. Nav. Hydrodyn. , 6th, 1966.

[59] Gates EM. The influence of free-stream turbulent, free-stream nuclei populations, and a drag-reducing polymer on cavitation inception on two axis symmetric bodies. Rep. No. Eng. 183-2. Pasadena: California Inst. Technol. , 1977.

[60] Morgan WB. Air content and nuclei measurement. In: Rep. Cavitation Comm. , Int. towing tank conf. 13th, Hamburg, 1972.

[61] Keller A. The influence of the cavitation nucleus spectrum on cavitation inception investigated with a scattered light counting method. J Basic Eng 1972, 94: 917-25.

[62] Peterson FB, Danel F, Keller A, Lecoffe Y. Determination of bubble and particulate spectra and number density in a water tunnel with three optical techniques. In: ITTC, 14th, 1975.
[63] Arndt REA, Keller AP. Free gas content effects on cavitation inception and noise in a free shear flow. In: IAHR Symp. two phase flow cavitation power Gener. Syst., Grenoble, Fr., 1976. p. 3-16.
[64] Peterson FB. Hydrodynamic cavitation and some considerations of the influence of freegas content. In: Symp. Nav. Hydrodyn. 9th, Washington D. C., 1972.
[65] Gates EM, Acosta AJ. Some effects of several free-stream factors on cavitation inception on axisymmetric bodies. In: Symp. Nav. Hydrodyn. 12th, Washington D. C., 1978.
[66] Schiebe FR. The influence of gas nuclei size distribution on transient cavitation near inception. Rep. No. 107. Minneapolis: St. Anthony Falls Hydraul. Lab., Univ. of Minnesota, 1969.
[67] Schiebe FR, Killen JM. An evaluation of acoustic techniques for measuring gas bubble size distributions in cavitation research. Rep. No. 120. Minneapolis: St. Anthony Falls Hydraul. Lab., Univ. of Minnesota, 1971.
[68] Epstein PS, Plesset MS. On the stability of gas bubbles in liquid-gas solutions. J Chem Phys 1950, 18: 1505-9.
[69] Medwin H. In situ acoustic measurement of bubble populations in coastal ocean waters. J Geophys Res 1970, 75: 599-611.
[70] Medwin H. In situ acoustic measurements of microbubbles at sea. J Geophys Res 1977, 82: 921-76.
[71] Noordzij L, van Oossanen P, Stuurman, A. M. Radiated noise of cavitating propellers. In: Proc. ASME Symp. Noise Fluids Eng. Atlanta, GA, 1977. p. 101-8.
[72] Gavrilov LR. Free gas content of a liquid and acoustical technique for its measurements. Sov Phys-Acoust (Engl Transl) 1970, 15: 285-95.
[73] Keller AP, Weitendorf EA. Influence of undissolved air content on cavitation phenomena at the propeller blade and on induced hull pressure amplitudes. In: IAHR Symp. two phase flow cavitation power Gener. Syst., Grenoble, Fr., 1976. pp. 65-76.
[74] Brockett T. Some environmental effects on headform cavitation inception. D. W. Taylor Naval R & D Center Rep. No. 3976. Washington, D. C., 1972.
[75] Ill'n vP, Levkovskii YL, Chalov AV. Experimental study of the content of cavitation nuclei in water. Sov Phys-Acoust (Engl Transl) 1976, 22: 184-6.
[76] Blake WK, Sevik HM. Recent developments in cavitation noise research. In: Proc. ASME Int. Symp. Cavitation Noise, Phoenix, Arizona, 1982. p. 1-10.
[77] Jorgensen DW. Noise from cavitating submerged water jets. J Acoust Soc Am 1961, 33: 1334-8.
[78] Barker SJ. Measurements of radiated noise in the Caltech high-speed water tunnel. Part II: Radiated noise from cavitating hydrofoils. Pasadena: Grad. Aeronaut. Lab., California Inst.

Technol. , 1975.

[79] Barker SJ. Measurements of hydrodynamic noise from submerged hydrofoils. J Acoust Soc Am 1976, 59: 1095-103.

[80] Erdmann H, Hermann D, Norsback M, Quinkert R, Sudhof, H. Investigation of the production of noise by the propeller particularly with regard to the combined acoustic problem-work segments II and III. Battelle Institute E. V. Frankfurt Am Main, April 30, 1969.

[81] Thompson DE, Billet ML. Initial investigation of stationary hydrofoil cavitation on cavitation noise. Tech. Memo. TM 77-327. University Park: Appl. Res. Lab. , Pennsylvania State Univ. , 1977.

[82] Thompson DE, Billet ML. The variation of sheet types surface cavitation noise with cavitation number. Tech. Memo. TM 78-203. University Park: Appl. Res. Lab. , Pennsylvania State Univ. , 1978.

[83] Morozov VP. Theoretical analysis of the acoustic emission from cavitation line vortices. Sov Phys-Acoust (Engl Transl) 1974, 19: 468-71.

[84] Arakeri VH, Shanmuganathan V. On the evidence for the effect of bubble interference on cavitation noise. J Fluid Mech 1985, 159: 131-50.

[85] Goplan S, Katz J. Flow structure and modeling in the closure region of attached cavitation. Phys Fluids 2000, 12 (4): 897-911.

[86] Sevik M, Park SH. The splitting of drops and bubbles by turbulent fluid flow. J Basic Eng 1973, 95: 53-60.

[87] De Chizelle K, Ceccio SL, Brennan CE. Observations and scaling of travelling bubble cavitation. J Fluid Mech 1995, 293: 99-126.

[88] Arndt REA. Recent advances in cavitation research. In: Chow VT, editor. Advances in hydroscience, vol. 12. New York, NY: Academic Press, 1981.

[89] Stuurman AM Fundamental aspects of the effect of propeller cavitation on the radiated noise. In: Proc. Symp. High Powered Propul. Large Ships Publ. No. 490, vol. 1. Neth. Ship Model Basin, Wageningen, Netherlands, 1974.

[90] Bark G. Propeller cavitation as a source of sound. Propellerkavitation Som Bullerkälla, Rep. No. 52. Statens Skeppsprovingsanstalt, Göteborg, Sweden, 1975 [in Sweden].

[91] Bark G, van Berlekom WB Experimental investigations of cavitation noise. In: Symp. Nav. Hydrodyn. 12th, Washington, D. C. , 1978.

[92] Arveson PT, Vendittis DJ. Radiated noise characteristics of a modern cargo ship. J Acoust Soc Am January 2000, 107 (1): 118-29.

[93] McKenna MF, Ross D, Wiggins SM, Hildebrand JA. Underwater radiated noise from modern commercial ships. J Acoust Soc Am 2012, 131 (1): 92-103.

[94] Wittekind D, Schuster M. Propeller cavitation noise and background noise in the sea. Ocean Eng 2016, 120. 116-21.

[95] Aktas B, Atlar M, Turkmen S, Shi W, Sampson R, Korkut E, et al. Propeller cavitation noise investigations of a research vessel using medium size cavitation tunnel tests and full-scale trials. Ocean Eng 2016, 120. 122-35.

[96] Pudovkin AA. Noise emission by the cavitation zone of a marine propeller. Sov Phys-Acoust (Engl Transl) 1976, 22: 151-4.

[97] Shen YT, Peterson FB. Unsteady cavitation on an oscillating foil. In: Symp. Nav. Hydrodyn., 12th, Washington, D. C., 1978.

[98] Bark G, Johnsson C-A. Prediction of cavitation noise from model experiments in a large cavitation tunnel. Paper F Noise. In: Nilsson AC, Tyvand, NP, editors. Sources in ships I: propellers. Final Report from Nordic Co-operative Project: Structure borne sound in ships from propellers and diesel engines. Nordforsk, Miljövardsserien, 1981.

[99] Noordzij L. Pressure field induced by a cavitating propeller. Int Shipbuild Prog 1976, 23: 1-13.

[100] Huse E. Cavitation induced hull pressures, some recent developments of model testing techniques. In: Proc. Symp. High Powered Propul. Large Ships Publ. No. 490, vol. 1. Wageningen, Neth. Ship Model Basin, Netherlands, 1974.

[101] van der Kooij J, Jorik A. Propeller-induced hydrodynamic hull forces on a Great Lakes bulk carrier, results of model tests and full scale measurements. In: Proc. Symp. High Powered Propul. Large Ships Publ. No. 490, vol. 1. Wageningen, Neth. Ship Model Basin, Wageningen, Netherlands, 1974.

[102] Weitendorf E-A, Keller AP. A determination of the free air content and Velocity in front of the "SYDNEY EXPRESS" -Propeller in connection with pressure fluctuation measurements. In: 12th symposium naval hydrodynamics, Washington, D. C., 1978.

[103] Weitendorf E-A, Tanger H. Untersuchungen des Einflusses von Kavitationskeimen auf Kavitation und propellererregte Druckschwankungen, HSVA-Bericht 1580, Teil 3, vgl. auch Teil 1, ["Investigations of the influence of cavitation nuclei on cavitation and propeller excited pressure fluctuations" HSVA Report 1580, Part 3, see also Part 1] Proceedings of the 8th international symposium on cavitation, 1993.

[104] Heinke H-J, Johannsen C, Kröger W, Schiller P, Weitendorf E-A. On cavitation nuclei in water tunnels. CAV2012-Paper No. 270, August 14-16, 2012, Singapore.

[105] Blake WK, Friesch J, Kerwin JE, Meyne K, Weitendorf E. Design of the APL C-10 Propeller with full scale measurements and observations under service conditions. SNAME Trans 1990. 77-111.

[106] Report of the Cavitation Committee. Review of research on cavitation of importance to the ITTC. International towing tank conference, 15th, The Hague, 1978.

[107] Report of the committee on cavitation induced pressures. Proceedings of the international towing tank conference, 23rd, II, venice, It, 2002.

[108] Holden AJ, Fagergord D, Frostad R. Early design stage approach to reducing surface forces due to propeller cavitation. Trans SNAME, 1980.

[109] Kerwin JE, Lee CS. Prediction of steady and unsteady marine propeller performance by numerical lifting-surface theory. Trans SNAME 1978, 86.

[110] Lee CS. Prediction of steady and unsteady performance of marine propellers with or without cavitation by numerical lifting surface theory [Ph. D. thesis]. MIT, 1979.

[111] Breslin JP, van Houten RJ, Kerwin JE, Johnson C-A. Theoretical and experimental propeller-induced hull pressures arising from intermittent blade cavitation, loading and thickness. 5. NAME Trans 1982, 90. 111-51.

[112] Kerwin J, Kinnas S, Wilson M, McHugh J. Experimental and analytical techniques for the study of unsteady propeller sheet cavitation. Proceedings of the 16th symposium on naval hydrodynamics. Berkeley, CA: National Academy Press, 1986. p. 387-414.

[113] Kinnas S, Fine N. A nonlinear boundary element method for the analysis of unsteady propeller sheet cavitation. Proceedings of the 19th symposium on naval hydrodynamics. Seoul, Korea: National Academy Press, 1992. p. 717-37.

[114] Kinnas SA, Pyo S. Cavitating propeller analysis including the effects of wake alignment. J Ship Res 1999, 43 (1): 38-47.

[115] Lafeber FH, van Wijngaarden E, Bosschers J. Computation of hull-pressure fluctuations due to non-cavitating propellers. In: First international symposium on marine propulsors SMP'09, Trondheim, Norway, June 2009.

[116] Fine N, Kinnas S. The nonlinear numerical prediction of unsteady sheet cavitation for propellers of extreme geometry. Proceedings of the 6th international conference on numerical ship hydrodynamics. Iowa City, IA: University of Iowa, 1993. p. 531-44.

[117] Kinnas SA, Lee HS, Young YL. Modeling of unsteady sheet cavitation on marine propeller blades. Int J Rotat Mach 2003, 9: 263-77.

[118] Vaz G, Bosschers J. Modelling three dimensional sheet cavitation on marine propellers using a boundary element method. In: CAV 2006 sixth international symposium on cavitation, Wageningen, The Netherlands, 2006.

[119] Van Wijngaarden HCJ. Prediction of propeller-induced hull-pressure fluctuations Proefschrift [Ph. D. thesis]. Netherlands: Technical University of Delft, 2011.

[120] Salvatore F, Streckwall H, van Terwisga T. Propeller cavitation modelling by CFD— results from the VIRTUE 2008 Rome workshop. In: First international symposium on marine propulsors, Trondheim, Norway, 22-24 June, 2009.

[121] Paik K-J, Park H-G, Seo J. RANS simulation of cavitation and hull pressure fluctuation for marine propeller operating behind-hull condition. Int J Nav Archit Ocean Eng 2013, 5: 502-12.

[122] Blake WK, Chen YK, Walter D, Briggs R. Design and sea trial evaluation of the containership MV Pfeiffer for low Vibration. SNAME Trans 1994, 102: 107-36.

[123] Lesunovskii vP, Khokha YV. Characteristics of the noise spectrum of hydrodynamic cavita-

tion on rotating bars in water. Sov Phys-Acoust (Engl Transl) 1969, 14: 474-8.

[124] Bark G. Prediction of cavitation noise from two alternative propeller designs. Model tests and comparisons with full scale results. In: Proc. ASME Int. Symp. Cavitation Noise, Phoenix, Arizona, 1982. p. 61-70.

[125] Lovik A. Scaling of propeller cavitation noise. Paper D. In: Nilsson AC, Tyvand NP, editors. Noise sources in ships I: propellers. Final report from a Nordic Co-operative Project: Structure borne sound in ships from propeller and diesel engines. Nordforsk, Miljövardserien, 1981.

[126] Ross D, McCormick Jr. BW. A study of propeller blade-surface cavitation noise. Ordnance Res. Lab. Rep. No. 7958-115. University Park: Appl. Res. Lab., Pennsylvania State University, 1948.

[127] Brown NA. Cavitation noise problems and solutions. In: Hanssen JH, editor. Proceedings international symposium on shipboard acoustics. Amsterdam: Elsevier, 1977. p. 21-38.

[128] Crighton DG, Ffowcs-Williams JE. Sound radiation by turbulent two-phase flow. J Fluid Mech 1969, 36: 585-603.

[129] Strasberg M. Gas bubbles as source of sound in liquids. J Acoust Soc Am 1956, 28: 20-6.

[130] Strasberg M. The pulsation frequency of non-spherical gas bubbles in liquids. J Acoust Soc Am 1953, 25: 536-7.

[131] Chalov AV. Sound emission by a bubble moving in a liquid flow near an elliptical cylinder. Sov Phys-Acoust (Engl Transl) 1975, 20. 370-2.

[132] Whitfield OJ, Howe MS. The generation sound by two-phase nozzle flows and its relevance to excess noise of jet engines. J Fluid Mech 1976, 75: 553-76.

[133] Blake WK, Hemingway H, Mathews, T., "Two phase flow noise", Noise Con, 1986.

[134] Blake WK, Katz J. "Bubble motion as flow visualization" 11th International Symposium on Flow visualization, University of Notre Dame, IN, USA, August 8-12, 2004.

[135] Gavigen JJ, Watson EE, King WF. Noise generation by gas jets in a turbulent. J Acoust Soc Am 1974, 56: 1094-9.

[136] Blake WK. Noise generated by single-orifice air emission from hydrofoils. DTNSRDC Eval. Rep. SAD-148E-1942. U.S. Dep. Navy, Washington, D.C., 1976.

[137] Siems W, Kauffman JF. Die Periodische Entstehung von Gaiblasen an Düsen. Chem Eng Sci 1956, 5: 127-39.

[138] Kutadeladze SS, Styrikovich MA. Hydraulics of air-water systems. Moscow: WrightField Transl. F-TS-9814/V, 1958.

[139] Wallis GB. One-dimensional two-phase flow. New York, NY: McGraw-Hill, 1969.

[140] Silberman E. Production of bubbles by the disintegration of gas jets in liquid. In: Proc. Midwestern Conf. Fluid Mech. 5th, University of Michigan, April 1957.

[141] Hinze JO. Fundamentals of the hydrodynamics mechanisms of splitting in dispersion proces-

ses. AIChE J 1955, 1. 289-95.

[142] Franz G. Splashes as sources of sound in liquids. J Acoust Soc Am 1959, 31. 1080-96.

[143] Riedel E. Gerausche Aufprallender Wassertropfen. Acustica 1977, 38: 89-101.

[144] Worthington M. Impact with a liquid surface, studied by the aid of instantaneous photography. Philos Trans R Soc Lond A 1897, 189: 137-48.

[145] Worthington M. Impact with a liquid surface studied by the aid of instantaneous photography. Paper 11. Philos Trans R Soc Lond A 1900, 194: 175-99.

[146] Worthington M. A study of splashes. New York, NY: Macmillan, London: Longman & Green, 1908, reprinted 1963.

[147] Pumphrey HC, Crum LA. Underwater sound produced by individual drop impacts and rainfall. J Acoust Soc Am 1989, 85: 1518-26.

[148] Medwin H, Nystuena JA, Jacobus PW, Ostwald LH, Snyder DE. The anatomy of underwater rain noise. J Acoust Soc Am 1990, 88: 1613-23.

[149] Medwin H, Kurgan A, Nystuen JA. Impact and bubble sound from raindrops at normal and oblique incidences. J Acoust Soc Am 1990, 88: 413-18.

[150] Heindsman TE, Smith RH, Arneson AD. Effect of rain upon underwater noise levels. J Acoust Soc Am 1955, 27: 378-9.

[151] Rein M. Phenomena of liquid drop impact on solid and liquid surfaces. Fluid Dyn Res 1993, 12.

[152] Rein M. The transitional regime between coalescing and splashing drops. J Fluid Mech 1996, 306: 145-65.

[153] Bom N. Effect of rain on underwater noise levels. J Acoust Soc Am 1968, 45: 150-6.

[154] Ellis RM. Cooling tower noise generation and radiation. J Sound vib 1971, 14: 171-82.

[155] Reinicke WL, Riedel EP. Noise from natural draft cooling towers. Noise Control Eng. July/August 1980, 28-36.

[156] Daily JW, Johnson vE. Turbulence and boundary layer effects on cavitation inception from gas nuclei. Trans ASME 1956, 78: 1695-706.

[157] Kermeen RW, McGraw JT, Parkin BR. Mechanisma of cavitation inception and the related scale effects problem. Trans ASME 1955, 77: 533-41.

[158] Benson, B. W., Cavitation inception on three dimensional roughness elements. David Taylor Model Basin Report 2104, 1966.

[159] Rouse H. Cavitation in the mixing zone of a submerged jet. La Houille Blanche 1963.

[160] Kinnas, S. A., Non linear corrections to the linear theory for the prediction of the cavitating flow around hydrofoils [M. I. T. Ph. D. thesis]. 1985.

[161] Report of the committee on hydrodynamic noise. International towing tank conference, 27th, Copenhagen, 2014.

第 2 章　壁湍流压力脉动响应

2.1 引　言

在流面相互作用及其产生的噪声和振动领域中，湍流边界层的情况是迄今研究最广泛的课题。这种流体在边界上产生流致压力，从而引起振动，最终产生噪声。压力的对流性质（在表面上也是随机的）致使边界层诱导振动和噪声的数学模型相当复杂。这一领域的工作已经得到应用，并在以下方面发挥着重要作用：预测和降低飞机机身的机舱噪声、汽车内部噪声、再入飞行器振动、声呐罩内噪声以及管道和涵道内振动与噪声。在所有这些结构的噪声和振动建模与预测方法中，均假定已估计表面的模态强迫函数。详见第 1 卷第 5 章，此章阐述了空间扩展结构的随机振动。

本章将提供各种方法，阐明第 1 卷第 5 章式（5.37）和式（5.40）中的强迫函数。根据第 1 卷式（5.41），任何共振结构模式的模态振幅与代表结构有效作用力的模态压力谱 $\Phi_{pn}(\omega)$ 成正比。如第 1 卷 5.3.1 节所述，可以采用两种替代表达式根据流体参数和振型函数 $\psi_n(\boldsymbol{y})$ 或其傅里叶变换 $S_n(\boldsymbol{k})$ 来表示谱。本章重新编写如下：

$$\Phi_{pn}(\omega)=\frac{1}{A_{\mathrm{p}}^2}\iint_{A_{\mathrm{p}}}\mathrm{d}^2\boldsymbol{y}_1\iint_{A_{\mathrm{p}}}\mathrm{d}^2\boldsymbol{y}_1\Phi_{\mathrm{pp}}(\boldsymbol{y}_1,\boldsymbol{y}_2,\omega)\psi_n(\boldsymbol{y}_1)\psi_n(\boldsymbol{y}_2)$$

对于空间均匀的压力场：

$$\Phi_{pn}(\omega)=\frac{1}{A_{\mathrm{p}}^2}\iint_{-\infty}^{\infty}\Phi_{\mathrm{pp}}(\boldsymbol{k},\omega)\,|S_n(\boldsymbol{k})|^2\mathrm{d}^2\boldsymbol{k}$$

式中：A_{p}表示板面积。函数 $\Phi_{\mathrm{pp}}(\boldsymbol{y}_2-\boldsymbol{y}_1,\omega)$ 和 $\Phi_{\mathrm{pp}}(\boldsymbol{k},\omega)$ 分别表示点 $\boldsymbol{y}_2$ 和 $\boldsymbol{y}_1$ 处压力的互谱密度以及波数谱，是互谱的傅里叶变换（见第 1 卷式（2.137）以及下文）。因此，本章将讨论湍流表面压力的互谱性质和波矢量属性。针对有效平面结构，积分评估将推至第 3 章“阵列与结构对壁湍流和随机噪声的响应”，针对圆柱结构，积分评估将推至第 4 章“管道和涵道系统的声辐射”（将提供具体应用）。

因此，本章将专门讨论与噪声和振动产生相关的壁湍流的重要特征。由于壁-流体界面处的有限压力，边界层流或其他壁界剪切流基本均会产生振动。如前所述，流体压力注入结构的可用功率不仅取决于界面压力的大小，还取决于振型和激励压力场的相对空间尺度与时间尺度。但需注意，对于刚性平面边界上的流体，边界层辐射是湍流区域的四极子辐射，如第 1 卷 2.4.4 节所述。此类噪声还取决于波数小于声波数的湍流源的波矢量谱值，本卷第 3 章“阵列与结构对壁湍流和随机噪声的响应”将针对边界层进行详细讨论。因此，从多个角度来看，湍流分析性描述（本章以湍流边界层流体为例）在工程和科学领域具有重大意义。

详细论述将侧重于平坦光滑表面和粗糙表面（零入射角）上充分形成的边界层。由于这些边界层的平均速度曲线特性 $U_1(y_1, y_2)$（流向坐标为 y_1，垂直于表面的坐标为 y_2），使得在所有位置 y_1 处，只有速度尺度和长度标度才能改变 U_1 对 y_2 的依赖性，所以也称为自保持层或平衡层。因此，流体参数（速度、壁剪应力和长度尺度）取决于当前环境。对于这些流体，在确定无量纲谱组成时，上游流体发展历史、环境静压梯度和平均流量加速度等因素可以忽略不计，或者至少视为次要考虑因素。这种理想化条件排除了以下流体相关的考虑因素：层流到湍流的转变、流量调整到壁面粗糙度突变，以及导致流体分离的严重逆压梯度。这些流体，尤其是分离的湍流，不适合采用简单的单要素或二要素描述方法（即描述自保持层时使用的方法）。2.3.2 节所述的非平衡壁流时空质量不能直接描述为局部变量（包括速度尺度和长度尺度）的函数，因此通过简单缩放方法来分析这些流体类型只能得到近似结果。但是，对于非平衡流和非均匀流，空间统计表达式（第 1 卷式（5.37））可能比波数域中的表达式（第 1 卷式（5.40））更有效。这是因为波数分解必定会在空间域上调用平均值，而该空间域可能并不均匀。由于可对湍流统计特性进行模拟，再根据局部时间平均变量缩放统计特性，并能存储下来以供后期建模使用，大涡模拟可能特别适用于这些流体类型。针对类似的流体类型，可使用降阶模型或雷诺平均纳维-斯托克斯方程（Reynolds-Averaged Navier-Stokes，RANS）代码来表示时间平均属性，然后发展基于模拟源分布的声学关系。

最后，有些矛盾的是，在实验室内研究亚声速自保持均匀空间湍流边界层时，某些特征有利于深入研究（流向发展缓慢、流向均匀性），但却是边界层成为相对较差声辐射体的因素。这是因为在声波数附近的波数处，这些流体的谱级相对较低。充分理解本章和下一章后，读者便有能力解决涉及不太均匀流体的新问题。

2.2 平衡边界层

2.2.1 壁流发展

各类文献中均已详尽讨论了湍流边界层及其说明和预测，如 Schlichting[1]、Hinze[2]、Townsend[3]、Cebeci 和 Smith[4]、Cebeci 和 Bradshaw[5]、Tennekes 和 Lumley[6]、White[7] 以及 Pope[8]。为了让读者了解可能用于湍流边界层压力场归一化的重要长度和速度尺度，本节只讨论几个相关重点。主要讨论湍流引起的壁面压力、压力和噪声来源，以及可用于表示来源谱质量的参数。本节将回顾边界层理论的经典观点，因为它们涵盖的公式在工程估算中特别有用。

图 2-1 展现了光滑平坦表面上湍流边界层发展的重要阶段，描绘了当流体向某一原点下游移动时，未受扰动的外部流体和湍流层之间外界面的逐步扩展，在本次讨论中假设 $y_1=0$。壁层和自由流之间的界面不如图中所示的那样明确。相反，旋流和无旋流之间的边界由于湍流中大尺度对流涡旋而变得不规则。只要不出现流体分离现象，曲面上的流体发展在质量方面是相似的。如图 2-1 所示，局部时间平均速度随距壁面的距离而增加，以达到局部自由流值 U_∞。边界层厚度 δ 的常规定义是局部平均速度达到 $0.99U_\infty$ 的点：

$$U_1(y_2=\delta)=0.99U_\infty \tag{2.1}$$

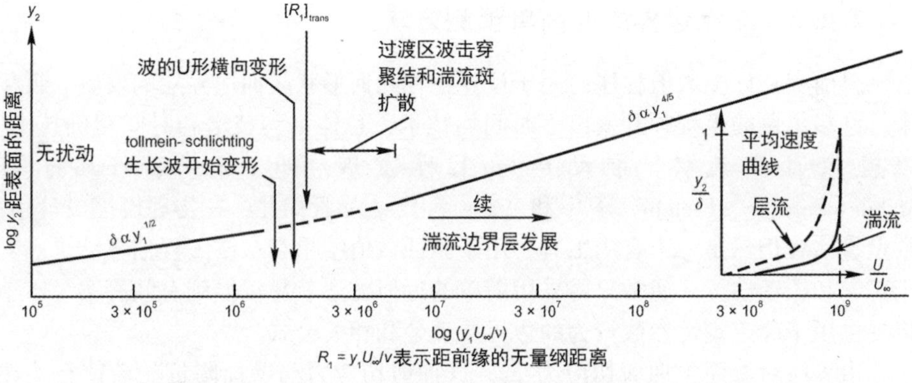

图 2-1　发展中过渡边界层示意图

（显示了二维和三维波运动的不同阶段。$R_1=y_1U_\infty/v$ 表示距前缘的无量纲距离）

正如我们所见，其他更精确定义的积分长度尺度是基于边界层中质量和动量通量的定义。在短距离内，流动无扰动，是真正的层流。决定边界层湍流性质的第一个参数是 $R_1=U_\infty y_1/v$，即基于自由流速度和距离 y_1（距边界层原点的距离）的雷诺数。在接近 $R_1 \approx 10^6$ 时，Tollmien－Schlichting[1] 波开始出现，这些扰动通常可预测为 Orr－Sommerfeld 式的特征函数（第 1 卷式（3.5））。具有沿着 y_3 的波阵面，下游扰动波阵面在横向方向上发生畸变，导致“发夹”涡流波阵面上游回路也出现畸变，类似于“U”[9-10]。当 $R_1 \approx 2\times10^6$ 时，U 形回路内的流体运动变成湍流，致使湍流“点”出现[11-12]，这些点在向下游传播时沿流向和横向扩散[13-14]，它们在时间和空间两个维度上均有增加，直到聚结成一个充分形成的湍流区域（$R_1 \approx 10^7$）。

现在便能很好理解此过程对流向雷诺数和静压梯度大小的依赖性。如果 R_1 值较低，逆压梯度（$\partial P/\partial y_1$ 的正值）会导致向湍流的转变，而顺压梯度（$\partial P/\partial y_1$ 的负值）则会延迟向湍流的转变。表面粗糙度[15]、表面合规性和柔性[16-18] 以及自由流湍流[19] 也会加剧转变过程，此过程还会受到环境声级的影响[20-23]。

为了预测声学和振动特性，有必要建立湍流边界层的转变和增长。然而精确的封闭形式关系只存在于零压力梯度平坦表面上的自保持层。对于二维形状（翼型、水动力旋翼等），目前存在一些转变位置近似方法和边界层沿弦增长方法。Schlichting[1] 总结了这些方法，国家航空咨询委员会（National Advisory Committee for Aeronautics，NACA）的许多报告中均给出了某些升力部分的实测边界层属性。但是，平板上自保持层的关系扩展和调整通常有助于粗略计算其他形状的数量级。因此，2.2.2 节将详细阐明这些关系。

2.2.2　湍流边界层的简单预测方法

目前存在许多数值程序，用于计算各种几何形状表面边界层的发展。近年来，许多出色的工程师开发出了时间均技术、总体平均技术和时间精确技术，以模拟真实流体，推动声学工程发展，如 Pope[8]、Versteeg 和 Malalasekera[24]、Pletcher 等[25] 和 Wang 等[26]。尽管如此，在物理模拟设计中，数量级估算仍然是一个有用工具，用于验证数值结果和最终工程估算结果。对于声学和振动估算，通常只需采用简单的近似方法就足以得到有效答案。本节将提供用于确定定性参数行为的边界层理论和相关公式。

边界层对壁面施加剪切应力 τ_w，这种剪切应力与壁面附近的流体行为密切相关。随着与壁面的距离增加，壁剪应力对流体运动的影响减小，可采用局部自由流速度 U_∞ 和边界层总厚度 δ 来表述流体，所以流体变得更像“尾流”。因此，应确定湍流边界层中基于平均速度的两个重要流体区域：线性壁层和外部对数缺陷层，线性壁层取决于流体黏度和局部壁剪应力，外部对数缺陷层取决于自由流速度 U_∞、边界层总厚度 δ 和边界层上游历史。这些区域如图 2-2

和图 2-3 所示。在图 2-2 中，y_1方向上的速度不稳定，在 U_1平均值附近激增和降低，参见图中实线。如下所述，对数区由内部对数定律壁区域和重叠的外部对数缺陷定律区域组成。最强烈的湍流活动发生在内壁区域。内壁区域可进一步分为黏性亚层和对数区。在黏性亚层中，速度梯度为恒定值，取决于壁剪应力：

$$\frac{dU_1}{dy_2}=\frac{\tau_w}{\mu}$$

对数区具有第三个重叠区或缓冲区。在线性区域内，恒定的速度梯度为

$$U_1=\frac{\tau_w y_2}{\mu}$$

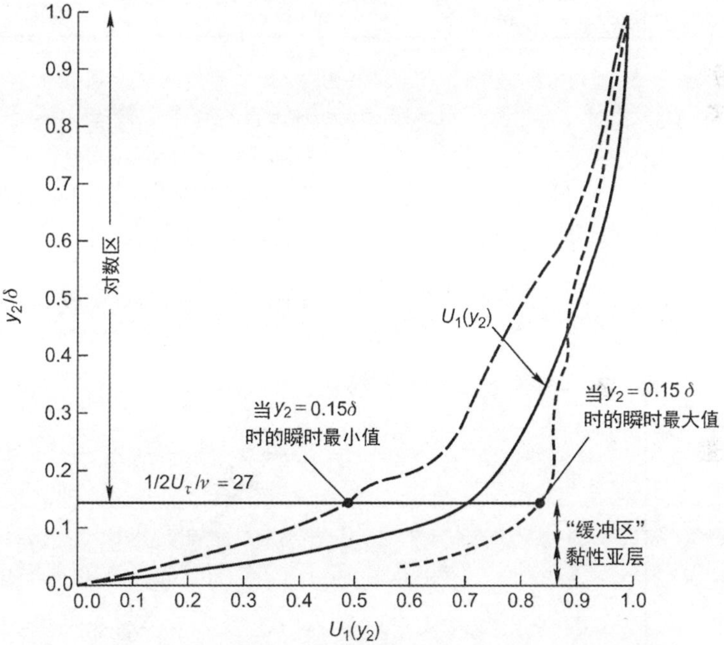

图 2-2　在 $U_1(y_2\sim0.15\delta)$最大或最小瞬间 $U_1(y_2,t)$的瞬时曲线。图中还展现了光滑壁通道流的平均速度曲线

通常情况下，对数区的湍流活动最大。湍流和梯度 dU_1/dy_2的长度尺度与距壁面的距离 y_2成比例。Millikan[30] 利用与内外对数平均速度行为相匹配的量纲分析，最早提出了对数平均速度行为分布的经典观点。事实上，在此区域中，dU_1/dy_2和 U_τ/y_2之间的比例产生了对数速度曲线，如图 2-3（a）所示。

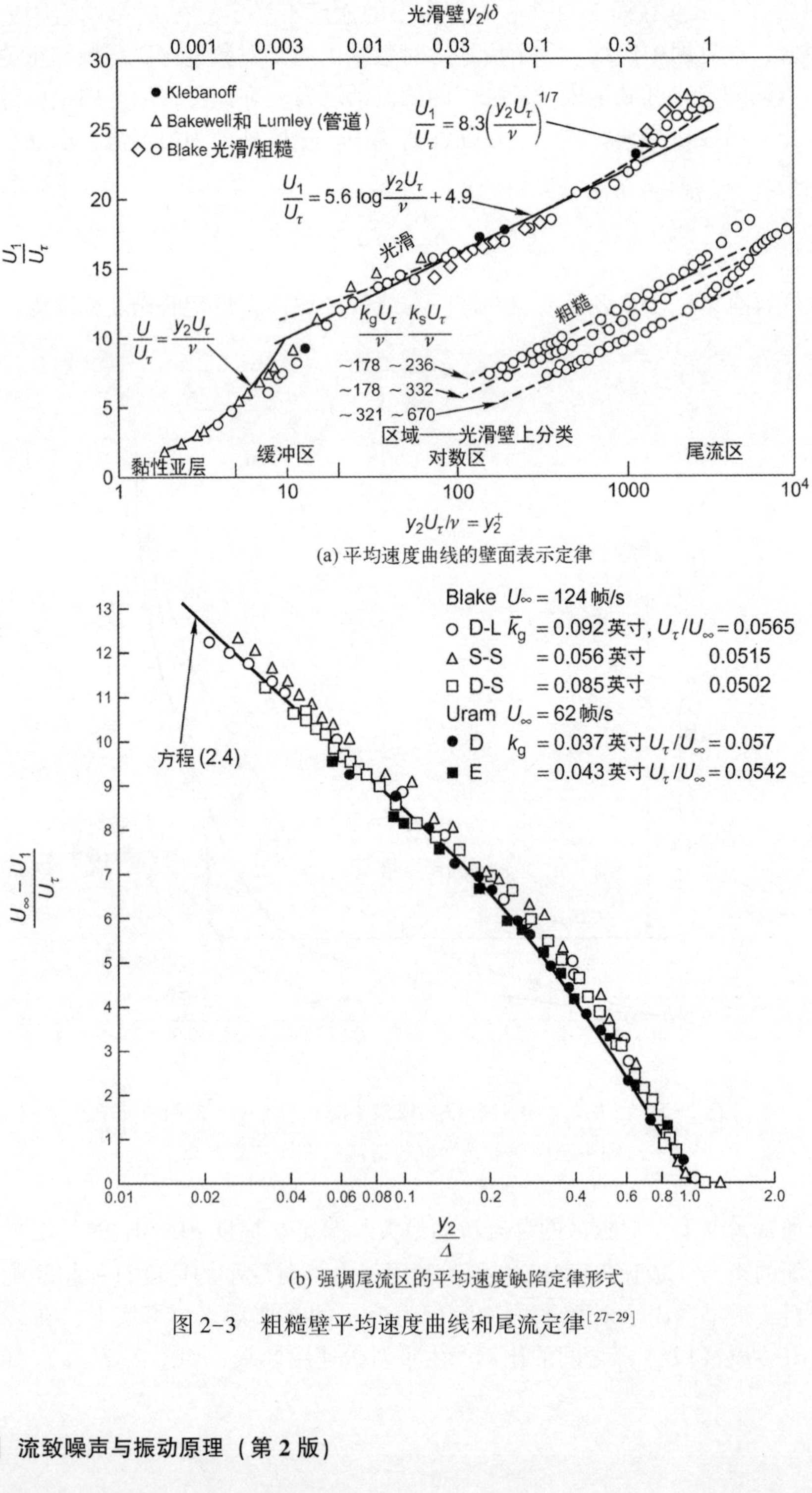

(a) 平均速度曲线的壁面表示定律

(b) 强调尾流区的平均速度缺陷定律形式

图 2-3　粗糙壁平均速度曲线和尾流定律[27-29]

$$\frac{U_1}{U_\tau}=\left(\frac{1}{\kappa}\right)\ln\left(\frac{y_1 U_\tau}{v}\right)+B \tag{2.2}$$

式中：截距 B 取决于表面粗糙度，是所有光滑壁面的通用常数。在式（2.2）中，U_τ 表示摩擦速度；κ 表示根据实际经验确定的冯·卡曼常数，对于所有类型的壁面，$\kappa\approx 0.4$。壁面摩擦系数 C_f：

$$C_f=\frac{\tau_w}{\frac{1}{2}\rho_0 U_\infty^2}$$

摩擦速度：

$$U_\tau=\sqrt{\frac{\tau_w}{\rho_0}}$$
$$=U_\infty\sqrt{\frac{C_f}{2}}$$

式中：τ_w 表示局部壁剪应力。就壁面压力而言，边界层这些区域至关重要，可用于确定波数-频谱的各个区域。

在充分形成的湍流边界层的大部分区域，即通常在 $0.01<y_2/\delta<1$ 时，光滑壁和粗糙壁上的平均速度曲线满足图 2-3（b）所示的缺陷定律形式。

$$\frac{U_\infty-U_1}{U_\tau}=F\left(\frac{y_2}{\delta}\right) \tag{2.3}$$

或者，更具体地说：

$$\frac{U_\infty-U_1}{U_\tau}=\left(\frac{1}{\kappa}\right)\ln\left(\frac{y_2}{\delta}\right)+1.38\left[2-W\left(\frac{y_2}{\delta}\right)\right] \tag{2.4}$$

式中：$\ln(x)$ 表示 x 的自然对数；$W(y_2/\delta)$ 表示 Coles[31] 尾流函数，根据下式可得出近似值：

$$W\left(\frac{y_2}{\delta}\right)=1+\sin\left[\frac{(2y_2/\delta-1)\pi}{2}\right]$$

在没有流向压力梯度时，$\partial P_1/\partial y_1\approx 0$。随着逆压梯度的增加，这种类似尾流的行为在边界层中越来越多。此外，在尾流区中，当 $y_2\to\delta$ 时，U_1 到 U_∞ 的渐近方法使得厚度尺度变得不明确。因此，我们通常采用基于边界层质量平衡的位移厚度 δ^*，即

$$\delta^*=\int_0^\infty\left[\frac{U_\infty-U_1(y_2)}{U_\infty}\right]\mathrm{d}y_2 \tag{2.5}$$

由于其大小与黏性亚层的深度有关，也是一个“外部”边界层尺度。通常情

况下

$$\delta^* = \left(\frac{1}{8} \sim \frac{1}{5}\right)\delta$$

并取决于表面粗糙度、梯度静压和上游流体历史。类似长度尺度（动量厚度）是基于动量平衡：

$$\theta = \int_0^\infty \frac{U_1(y_2)}{U_\infty}\left[1 - \frac{U_1(y_2)}{U_\infty}\right] \mathrm{d}y_2 \tag{2.6}$$

这些比率就是形状因数

$$H = \frac{\delta^*}{\theta} \tag{2.7}$$

根据式（2.3），这些参数都具有简单的相互关系[32]。首先：

$$\frac{\delta^*}{\delta} = \left(\frac{U_\tau}{U_\infty}\right)\alpha = \sqrt{\frac{C_\mathrm{f}}{2}}a$$

式中：$\alpha=3.6$，是 $F(y_2/\delta)$ 从 $y_2/\delta=0$ 到 $y_2/\delta=1$ 的积分。其次：

$$\frac{\theta}{\delta} = \left(\frac{U_\tau}{U_\infty}\right)\alpha - \left(\frac{U_\tau}{U_\infty}\right)^2 \beta$$

式中：$\beta=6.8\alpha$ 是 $F^2(y_2/\delta)$ 的积分。因此有

$$H = \frac{1}{1-6.8\sqrt{C_\mathrm{f}/2}} \tag{2.8}$$

现在，利用连续性式来关联局部流向速度 U_1 和 U_2，即（低）垂直速度，二维边界层（即 $U_3=0$ 和 $\partial/\partial y_3=0$）中平均速度的动量式可以在 $0<y_2<\infty$ 上积分。虽然平均垂直速度 U_2 比 U_1 低得多，但它阐明了边界层沿 y_1 方向有限的小幅增长。在积分中，剪切应力在 $y_2=0$ 时为 τ_w，在 $y_2>\delta$ 时趋近于零，假定静压仅为 y_1 的函数，因此基于不可压缩定常流的伯努利方程：

$$\frac{\partial}{\partial y_1}\left(\frac{P(y_1)}{\rho_0}\right) = -U_\infty \frac{\partial U_\infty}{\partial y_1}$$

因此，可得

$$\frac{C_\mathrm{f}}{2} = \frac{\mathrm{d}\theta}{\mathrm{d}y_1} - \frac{\theta}{2}\left(\frac{2+H}{\frac{1}{2}\rho_0 U_\infty^2}\right)\frac{\mathrm{d}P}{\mathrm{d}y_1} \tag{2.9}$$

式（2.9）表示了边界层 θ 的增长，θ 是局部壁剪系数和静压梯度的函数。针对给定雷诺数 $R_1=y_1U_\infty/v$，期望量为边界层厚度的绝对量度。

可通过关于雷诺数的壁剪系数经验表达式来确定动量厚度。基于实际经验且易于整合的常用值是[1]

$$C_f = 0.0592\,(R_1)^{-1/5},\quad R_1 \geqslant 10^8 \tag{2.10}$$

得出

$$\frac{\theta}{y_1} = 0.037 R_1^{-1/5} \tag{2.11}$$

只要

$$\frac{C_f}{\theta} \gg -(2+H)\frac{\mathrm{d}C_p}{\mathrm{d}y_1} \tag{2.12}$$

式中：C_p表示表面静压系数。

针对任何类型的流体，式（2.7）~式（2.11）可用于粗略地近似局部边界层参数，流体静态压力梯度满足式（2.12）。对于弯曲物体，必须利用更精确的数值计算来整合 C_p 和驻点。采用 $y_1 - y_{\mathrm{trans}}$ 替换上述公式中的 y_1 后，仍然可以得到粗略的近似值，其中 y_{trans} 表示转变位置。对于弯曲物体，此值通常取决于 $\mathrm{d}C_p/\mathrm{d}y_1$；Casarella 等[33]特别指出，只要基于自由流速度和横流尺寸的雷诺数足够大，y_{trans} 就会与最低压力（$\mathrm{d}C_p/\mathrm{d}y_1=0$）点的位置一致。对于旋转体，要求 $R_D > 3\times10^7$，其中 D 表示最低压力点处物体的横截面直径。在更低的雷诺数下，如 $R_D < 10^5$，在 $C_{p\min}$ 前可能发生层流分离，致使边界层脱离，并在局部产生强烈的压力脉动。

通常情况下，速度曲线可以写成幂律形式：

$$\frac{U_1}{U_\infty} = \left(\frac{y_1}{\delta}\right)^{1/n}$$

可得

$$\frac{\delta^*}{\delta} = \frac{1}{n+1} \tag{2.13}$$

以及

$$\frac{\delta^*}{\theta} = \frac{n+2}{n} \tag{2.14}$$

对于光滑壁，在使式（2.10）成立的雷诺数范围内，通常 $n\sim7$，参见图 2-3。在粗糙壁上，测量结果显示 $n\sim4$。也可以利用这些关系粗略地测量边界层的增长。

2.3　关于湍流结构的壁面压力理论

2.3.1　一般关系

理解表面压力和边界层湍流之间的关系有助于利用流体控制来减少边界层

的强迫作用。理想情况下，速度和压力脉动之间的因果关系应能用于确定控制变量。湍流边界层壁面压力的分析模型路线在开始时与射流噪声的模型类似，已经予以考虑，但其发展相对独立。纵观历史，湍流边界层公式从 4 个基本观点发展而来。下文将讨论多个壁面脉动压力的检查方法，从半经验分析（如参考文献［34–43］）到数值分析（如参考文献［44–49］）。

第一种方法是最早使用的普遍分析方法[50–66]，基本上从第 1 卷式（2. 49）或不可压缩流模拟开始。假设流体为严格不可压缩流体，根据第 1 卷第 2 章规定的方法将声波方程或泊松方程处理成类似于式（2. 54a）的积分式。然后对得到的表达式进行各种简化假设，这些假设通常符合现有实验观测结果和直观推理结果。

第二种方法[67–69]更详细地研究了弱非线性的重要性，以探索可压缩性的影响，以及边界层速度曲线可能支持的波组类型。这些分析通过运动式得出了在运动学方面与压力脉动相关的速度脉动解。重新排列运动式后，线性一阶速度脉动由非线性二阶脉动驱动。Landah 方法提供了维持壁面压力低相对流速度的机制，后来这些机制经过测量[28]，并通过分析得到了证实[63]。研究了轻微流体可压缩性的影响[68]，给出了作为（小）马赫数幂展开的压力脉动解。结果表明，由本质上不可压缩湍流应力产生的压力扰动会诱发声辐射的长尺度（流向上的低波数）驱动因素。于是，声域中的压力场是边界层应力张量中声学重合和超声速波矢量分量的结果。

第三种方法[70]结合了数值和分析分量，以模拟不可压缩壁面压力自谱。利用一个计算解算器（如 RANS 代码），来评估均匀或非均匀（分离）边界层中的时间平均湍流特性。采取物理数据分析回归的形式将边界层湍流的频谱和空间统计特性提供给壁面压力的积分式。这种综合性 RANS 统计建模方法（参见本卷 2. 3. 2. 3 节）的特点与第 1 卷第 3 章中适用于非均匀壁剪层的射流噪声相同。这种方法最适用于空间不均匀的边界层。

第四种方法是数值模拟，也是最新方法。自 1990 年以来，模拟的实用性不断增长，从低雷诺数下光滑壁通道流的直接数值模拟（Direct Numerical Simulation，DNS）（如参考文献［44–47］）发展到更高雷诺数下不可压缩通道流（Viazzo[48]）或者有限马赫数下可压缩演变边界层（Gloerfelt 和 Berland[49]），这两者均采用了大涡模拟。也研究了粗糙壁和存在阶梯不连续性的壁面，如 Yang 和 Wang[71] 以及 Ji 和 Wang[72]。总之，正如我们将在第 2 卷 2. 4. 3 节和第 3 章（附加参考文献）中讨论的那样，计算结果与数值研究之前的实验结果和分析结果高度一致。

在以下推导中，将采用第一种和更经典的分析形式，从第 1 卷式（2. 49）

中的声学近似式（2.6）开始：

$$\frac{1}{c_0^2}\frac{\partial^2 p}{\partial t^2}-\nabla^2 p=\frac{\partial^2\rho_0(u_iu_j-\overline{u_iu_j})}{\partial y_i\,\partial y_j} \tag{2.15}$$

在此针对时间平均值为零（$\bar{p}=0$）的脉动压力 p。我们已将湍流场中的源项近似为仅包含不可压缩的雷诺应力，但仍可表示声学和水动力学方面对诱导压力的贡献。若假设边界层存在于刚性平坦表面上，使得表面上 $u_n=u_2=0$（图 2-4），则根据与第 1 卷式（2.79）相同的成像方法（请注意$\partial r/\partial y_2=-\partial r'/\partial y_2'$），可得出第 1 卷式（2.41）、式（2.45）和式（2.52）

$$\begin{aligned}p(x,t)=&\frac{1}{2\pi}\iiint_V\frac{\partial^2\rho_0(u_iu_j-\overline{u_iu_j})\,\mathrm{d}(V(y))}{r}-\\&\frac{1}{2\pi}\iint_S\frac{\partial\tau_{i2}'}{\partial y_i}\frac{\mathrm{d}S(y)}{r},\quad i\neq 2\end{aligned} \tag{2.16}$$

式中：τ_{i2}'表示 $n=n_2$时的壁剪应力。

$$\begin{aligned}\tau_{i2}'&=\mu\left(\frac{\partial u_i}{\partial y_2}+\frac{\partial u_2}{\partial y_i}\right)_{y_2=0},\quad i\neq j\\&=\mu\left.\frac{\partial u_i}{\partial y_2}\right|_{y_2=0},\quad i\neq j\end{aligned}$$

面积分针对整个平面 $y_2=0$ 和控制面，可以将其假设为离壁面位置 x 很远的半球形“圆顶”。图 2-4 展现了对于建模至关重要的许多边界层湍流参数：①包含 T_{ij}湍流场的瞬时边界显示为不规则的时变界面；②从建模的角度来看，有个事实相当重要，即当 $y>\delta$ 时，$T_{ij}\to 0$；③平均剪应力$\partial U/\partial y_2$随着与壁面距离的缩短而增加；④法向速度脉动 $u_n=u_2$也随着与壁面距离的缩短而增加，在壁面处减小到零。

结果表明，在光滑壁的情况下，涉及壁面黏性剪切应力的面积分值可以忽略不计。我们在讨论之前就注意到，粗糙壁并非如此。黏性表面剪切应力梯度扩大：

$$\frac{\partial\tau_{i2}'}{\partial y_i}=\frac{\partial\tau_{12}'}{\partial y_1}+\frac{\partial\tau_{32}'}{\partial y_3} \tag{2.17}$$

在刚性表面上，当 $y_2=0$ 时，根据第 1 卷动量式（2.41）可得

$$-\frac{1}{\rho}\frac{\partial p}{\partial y_2}+\frac{1}{\rho}\frac{\partial\tau_{i2}'}{\partial y_2}=\rho\frac{\partial u_2}{\partial t}=0 \tag{2.18}$$

面积分中被积函数等于壁面上脉动壁剪应力的法向梯度。Kraichnan[56] 和 Burton[73] 表明，面积分对壁面压力的贡献可忽略不计。

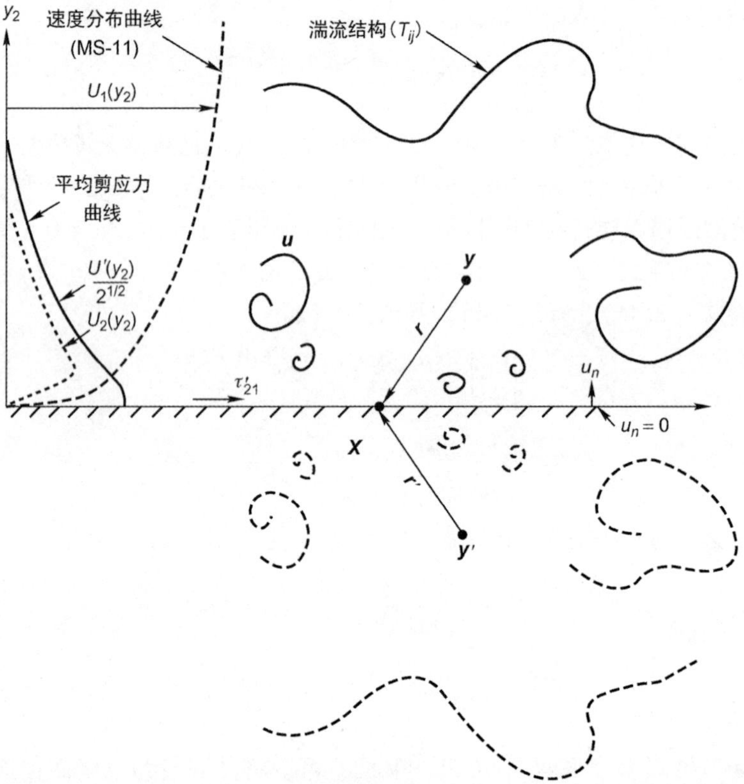

图 2-4　平坦和刚性边界附近的湍流场示意图

Burton[73]采用的推理路线依赖于脉动壁剪应力实测值及其空间宏观尺度。根据式（2.18），当 $y_2=0$ 时：

$$\frac{\partial p}{\partial y_2}=\frac{\partial \tau'_{i2}}{\partial y_2}$$

Burton 假设脉动剪切测量值 $\tau_{i2}\approx\tau_{32}\approx\overline{\tau_{\rm w}^2}^{1/2}$，因此

$$\left(\overline{\frac{\partial p}{\partial x_2}}\right)^{1/2}\Bigg|_{y_2=0}\sim 2\,\frac{\overline{\tau_{\rm w}^2}^{1/2}}{\Lambda_\tau} \tag{2.19}$$

式中：$\overline{\tau_{\rm w}^2}^{1/2}$表示壁剪应力的均方根；$\Lambda_\tau$表示板平面内脉动壁剪应力的积分长度尺度。式（2.16）中面积分的均方可近似为

$$\overline{p_{\rm surf}^2}\sim A_{\rm c}\left(\frac{\partial \tau'_{i2}}{\partial y_i}\right)^2\sim\frac{A_{\rm c}}{\Lambda_\tau^2}\overline{\tau_{\rm w}^2}$$

式中：$A_{\rm c}$表示壁剪应力脉动的相关面积。Burton 测量结果表明，$\overline{\tau_{\rm w}^2}\sim 0.004\,\overline{p_{\rm surf}^2}$，其中$\overline{p_{\rm surf}^2}$为表面总均方压力脉动。因此，如果 $A_{\rm c}\approx\Lambda_\tau^2$，那么

$$\overline{p^2_{\text{面积分贡献值}}} \sim 0.004\,(\overline{p^2})_{\text{surf}} \tag{2.20}$$

面积分对壁面脉动压力总均方根的贡献最多只有6%的数量级。

Burton[73]和Kraichnan[57]的论点有力地证明了与体积积分相比，式（2.16）中的面积分可以忽略不计，至少在涉及光滑壁上方含能湍流运动产生的非声压中是如此。此外，还留有以下可能性：可能存在频率和波数机制，在这种机制下，剪切应力脉动可能很重要，尤其是在粗糙壁或存在其他几何不连续性的壁面情况下。将按照类似于第 1 卷 3.7.2 节中的发展方式进行处理，只是我们将处理近场压力而不是远场压力，并忽略源对流。

首先，忽略法向压力梯度$\partial p=\partial y_2$的影响，依照第 1 卷式（2.123）得出刚性平面壁上或上方流体的脉动压力：

$$p(\boldsymbol{x},t)=\frac{1}{2\pi}\iiint_V\left[\frac{\partial^2\rho_0(u_iu_j-\overline{u_iu_j})}{\partial y_i\,\partial y_j}\right]\frac{\mathrm{d}V(\boldsymbol{y})}{r} \tag{2.21}$$

其中，$y_2\geqslant 0$适用于板上方区域，括号表示延迟，是大多数分析的起点[50-64]。严格地说，式（2.21）应具有第 1 卷式（2.123）中确定的入射和反射源效应。但是，对于低马赫数流体，当刚性平面上流体$k_0\delta\ll 1$时，式（2.21）变得精确。可以通过检查第 1 卷 2.2.3.2 节式（2.26）极限$k_0d_z\to 0$时的结果而推断得出。

在分析壁面压力时，Lilley[53]和Ffowcs Williams[54]利用以下定义将式（2.21）替换为二维傅里叶变换：

$$\tilde{p}_{\mathrm{a}}(x_2,\boldsymbol{k},\omega)=\frac{1}{(2\pi)^3}\iiint_{-\infty}^{\infty}\mathrm{e}^{-\mathrm{i}(\boldsymbol{k}\cdot\boldsymbol{x}-\omega t)}p(\boldsymbol{x},x_2,t)\,\mathrm{d}^2\boldsymbol{x}\mathrm{d}t \tag{2.22}$$

式中：$\boldsymbol{k}$为表面平面的波矢量，$\boldsymbol{k}=(k_1,k_3)$，$\boldsymbol{x}=(x_1,x_3)$表示平面x_2上的位置矢量。通过式（2.22）对式（2.21）进行运算，令

$$\begin{aligned}T_{ij}(\boldsymbol{y},t-|r|/c_0)&=T_{ij}(\boldsymbol{y},t)\\&=\int_{-\infty}^{\infty}\tilde{T}_{ij}(\boldsymbol{y},\omega)\,\mathrm{e}^{-\mathrm{i}\omega(t-|r|/c_0)}\mathrm{d}\omega\end{aligned} \tag{2.23}$$

其中

$$\boldsymbol{r}=\boldsymbol{x}-\boldsymbol{y}$$

是平面x_2上的分离矢量，$r^2=(x_1-y_1)^2+y_2^2+(x_3-y_3)^2$。引用第 1 卷式（2.129）后可获得

$$\tilde{\boldsymbol{p}}_{\mathrm{a}}(x_2,\boldsymbol{k},\omega)=\frac{1}{(2\pi)^2}\iiint_V\mathrm{d}(V(\boldsymbol{y}))\,\frac{\partial^2\tilde{T}_{ji}(\boldsymbol{y},\omega)}{\partial y_i\,\partial y_j}\iint_{-\infty}^{\infty}\mathrm{d}^2\boldsymbol{x}\,\frac{\mathrm{e}^{-\mathrm{i}\boldsymbol{k}\cdot\boldsymbol{x}+\mathrm{i}k_0[\boldsymbol{r}]}}{r} \tag{2.24}$$

使用附录中的标识：

$$\iint_{-\infty}^{\infty} \frac{e^{-ik_0 r} e^{-i\boldsymbol{k}\cdot\boldsymbol{x}}}{r} d^2\boldsymbol{x} = \frac{+\,i\exp[+i(y_2-x_2)(k_0^2-k^2)^{1/2}]}{(k_0^2-k^2)^{1/2}} e^{-i\boldsymbol{k}\cdot\boldsymbol{y}} \tag{2.25}$$

式中：$|\boldsymbol{r}|=r$，当 $y_2>0$ 时，约定 $\sqrt{-1}=i$，则式（2.24）中 $\boldsymbol{Y}=y_1,y_2,y_3$，有

$$\widetilde{p}_a(x_2,\boldsymbol{k},\omega) = \frac{+\,i}{(2\pi)^2}\iiint_V \frac{\partial^2 \widetilde{T}_{ij}(\boldsymbol{Y},\omega)\exp(+i(y_2-x_2)\sqrt{k_0^2-k^2})}{\sqrt{k_0^2-k^2}} e^{-i\boldsymbol{k}\cdot\boldsymbol{y}} dV(\boldsymbol{Y}) \tag{2.26}$$

可利用源密度的傅里叶变换来重写式（2.26）和式（2.27）；

$$\widetilde{T}_{ij}(y_2,\boldsymbol{k},\omega) = \frac{1}{(2\pi)^2}\iint_{-\infty}^{\infty} \widetilde{T}_{ij}(\boldsymbol{Y},\omega) e^{-i\boldsymbol{k}\cdot\boldsymbol{Y}} dy_1 dy_3 \tag{2.27}$$

式中：$\boldsymbol{k}$ 表示板平面上的波数，大小为

$$|\boldsymbol{k}| = k = \sqrt{k_1^2+k_3^2}$$

部分积分可得

$$\widetilde{p}_a(x_2,\boldsymbol{k},\omega) = i\int_0^{\infty} \widetilde{S}_{ij}(y_2,\boldsymbol{k},\omega)\frac{\exp(+i(y_2-x_2)\sqrt{k_0^2-k^2})}{\sqrt{k_0^2-k^2}} dy_2 \tag{2.28}$$

令 $\boldsymbol{k}=(k_1,\sqrt{k_0^2-k^2},k_3)$，展开应力张量梯度的傅里叶变换，以便湍流-湍流和平均剪应力-湍流相互作用的分量（第 1 卷第 3 章）满足：

$$\widetilde{S}_{ij}(y_2,\boldsymbol{k},\omega) = \kappa_i(\kappa_j\widetilde{T}_{ij}(y_2,\boldsymbol{k},\omega)) + 2ik_1U'(y_2)u(y_2,\boldsymbol{k},\omega) \tag{2.29a}$$

以及

$$\begin{aligned}
&\kappa_i(\kappa_j\widetilde{T}_{ij}(y_2,\boldsymbol{k},\omega)) \\
&= [k_1^2\widetilde{T}_{11}(y_2,\boldsymbol{k},\omega) + 2k_1k_3\widetilde{T}_{13}(y_2,\boldsymbol{k},\omega) + k_3^2\widetilde{T}_{33}(y_2,\boldsymbol{k},\omega)] + \cdots + \\
&\quad 2\sqrt{(k_0^2-k^2)}[k_1\widetilde{T}_{12}(y_2,\boldsymbol{k},\omega) + k_3\widetilde{T}_{13}(y_2,\boldsymbol{k},\omega)] + k_3^2\widetilde{T}_{33}(y_2,\boldsymbol{k},\omega)
\end{aligned} \tag{2.29b}$$

此函数形式与 Bergeron[68] 和 Chase[34-40,62-63] 使用的源函数相同，是射流噪声模型所用表达式的波数域模拟，如参考文献［74］。首先由 Ffowcs Williams[54] 提出的式（2.28）和式（2.29）可以用于阐明相邻湍流边界流产生的各种长度尺度和频率下表面压力的最重要物理方面，所以对于我们的目的而言特别有价值。在早期的参考文献中，区分湍流-湍流以及湍流-平均剪应力“源”的目的无疑是简化分析。从历史上看，由非线性湍流-湍流项引起的边界层壁面压力尚未得到广泛研究，参考文献［50-57］中提及了此点。然而，Chase[34,63] 后期的分析（仔细考虑了非线性项）结果表明，这两种贡献的比例不同，具体取决于对流波数（$k_1=k_c$）或次子对流波数（$k_1<k_c$）。Chase[34,63]

两次分析（经 Chang 等[44] DNS 证实）都表明，接近对流波数 $k_1=k_c=\omega/U_c$ 的主要贡献（其中 U_c 表示湍流对流速度）是湍流-平均剪应力，在低波数（$k_1\ll\omega/U_c$）下，很明显非线性项占据主导地位。还需要重点注意的是，在亚声速射流噪声的情况下，线性与非线性源项的这些作用也很明显，如第 1 卷第 3 章所述。

式（2.28）可分为壁面压力谱和板上方场的传播函数

$$\tilde{p}_a(x_2,\boldsymbol{k},\omega)=\tilde{p}_a(0,\boldsymbol{k},\omega)\frac{\exp(-\mathrm{i}x_2\sqrt{k_0^2-k^2})}{\sqrt{k_0^2-k^2}} \tag{2.30}$$

其中

$$\tilde{p}_a(0,\boldsymbol{k},\omega)=\mathrm{i}\int_0^\infty \tilde{S}_{ij}(y_2,\boldsymbol{k},\omega)\frac{\exp(-\mathrm{i}y_2\sqrt{k_0^2-k^2})}{\sqrt{k_0^2-k^2}}\mathrm{d}y_2 \tag{2.31}$$

为壁面压力的广义傅里叶变换，即

$$\tilde{p}_a(\boldsymbol{r},\omega)=\int_{-\infty}^{-\infty}\int_{-\infty}^{-\infty}\tilde{p}_a(0,\boldsymbol{k},\omega)\exp(-\mathrm{i}x_2\sqrt{k_0^2-k^2})\mathrm{e}^{\mathrm{i}\boldsymbol{k}\cdot\boldsymbol{x}}\mathrm{d}^2\boldsymbol{k} \tag{2.32}$$

当 $k=k_0$ 时，$\tilde{p}_a(0,\boldsymbol{k},\omega)$ 为单数，表示在 x_1 和 x_3 中，噪声平行于无限域表面传播，假设声波数处 $\sqrt{k_0^2-k^2}$ 为零。在波数的其他位置，可以假设 $\tilde{p}_a(0,\boldsymbol{k},\omega)$ 在波数上平稳变化，允许利用固定相方法，其结果为第 1 卷式（5.78a）。

下面，我们将考虑较大平面上单位表面上的流量和压力，如 A_p，第 1 卷图 5-6 所示。为了检验湍流应力下方平面上壁面压力统计特性，我们根据第 1 卷式（2.132）绘制了公共平面 y_2 上的波数-压力频谱。

$$\langle p_a(\boldsymbol{k},\omega)p_a(\boldsymbol{k}',\omega')\rangle=\lim_{A_p\to\infty}\left(\frac{A_p}{(2\pi)^3}\right)\boldsymbol{\Phi}_{pp}(\boldsymbol{k},\omega)\delta(\boldsymbol{k}-\boldsymbol{k}')\delta(\omega-\omega) \tag{2.33}$$

在此针对空间静压或脉动雷诺应力。在此情况下，我们还须了解 A_p 远大于湍流变量的相关面积，这也意味着 $A_p\gg1/k_0^2$。将该定理用于固定相结果，可得

$$\boldsymbol{\Phi}_{rad}(\boldsymbol{r},\omega)\approx\left(\frac{A_p}{r^2}\right)(k_0\cos\phi)^2\boldsymbol{\Phi}_{pp}(\tilde{k}_1,\tilde{k}_3,\omega) \tag{2.34}$$

其中，跟踪波数 $(\tilde{k}_1,\tilde{k}_3)$ 可根据第 1 卷式（5.77）获得。此结果对于壁面来说是无效的，因为此处 $\sqrt{k_0^2-k^2}$ 趋近于零时引入了奇点。尽管式（2.34）对于壁面存在局限性，但提供了一种有用方法，能够根据远场声解释低波数壁面压力。图 2-5 显示了函数 $\boldsymbol{\Phi}_{pp}(\boldsymbol{k},\omega)$，此函数展现了三个波数的重要区域，各区域均由不同的物理行为引起。最明显的区域是传播区域或对流压力区域：声传

播压力（$k \leqslant k_0$）和（本质上）对流不可压缩压力（接近 ω/U_c 的 k_1）。这两个区域之间是一系列“水动力”波数，即两个其他区域之间的过渡。如下一节所述，在低马赫数的应用中，表面上方的湍流和对流雷诺应力基本上都是不可压缩的，因此壁面压力由这些源的壁边界条件（刚性或弹性）引起。壁面压力与四极子辐射噪声有关，如式（2.34）所示。波数 $k_1 \sim \omega/U_c$ 处的压力由对流应力引起的。$k_0 < k_1 < \omega/U_c$ 区域内的压力是由对流应力（产生、混合和衰减过程导致的对流应力）的解相关属性引起的。冻结对流（“Taylor 假设”）不发生的程度决定了该区域的增强。根据式（2.31），在频率-波数的对流范围内，从边界层中的应力位置开始，壁面压力呈指数衰减为 $\exp(-ky_2)$，扰动为 y_2。相反，在“超声速”波数范围 $k \leqslant k_0$ 内，这种衰减不会发生，压力从应力位置传播出去，经壁面反射，形成边界层四极声。Wills[114] 最先通过傅里叶变换 $\boldsymbol{\Phi}_{pp}(\boldsymbol{r},\omega)$ 来确定 $\omega/U_c = k_1$ 附近的 $\boldsymbol{\Phi}_{pp}(\boldsymbol{k},\omega)$，其结果证实了图 2-5 所示等值线的纵横比。

下面将研究对流（即 $k_1 \sim \omega/U_c$）附近波数处的壁面压力，发现研究重要的平均-声音-湍流相互作用具有一定指导意义，参见第 1 卷 3.7.1.1 节和 3.7.1.2 节，这种相互作用由平均速度曲线和法向速度 $k_1(\mathrm{d}U_1/\mathrm{d}y_2)u_2(y)$ 的乘积驱动。从历史上来看，在不可压缩流应用中处理此源时，最好将式（2.28）和式（2.29）专门用于不可压缩波数。令

$$\tilde{\tilde{u}}(y_2,\boldsymbol{k},\omega) = \frac{1}{(2\pi)^2}\iint\limits_{S_{1,3}} \tilde{u}_2(\boldsymbol{y},\omega)\,\mathrm{e}^{-\mathrm{i}\boldsymbol{k}\cdot\boldsymbol{y}}\mathrm{d}y_1\mathrm{d}y_3 \tag{2.35}$$

平均剪应力-湍流相互作用对 $\tilde{p}_a(\boldsymbol{k},\omega)$ 的贡献为

$$\tilde{p}_{\mathrm{MS}}(\boldsymbol{k},\omega) = \mathrm{i}\rho_0\int_0^\infty \frac{\partial U_1}{\partial y_2}\frac{k_1\,\tilde{\tilde{u}}_2(y_2,\boldsymbol{k},\omega)}{\sqrt{k_0^2 - k^2}}\mathrm{e}^{\mathrm{i}y_2\sqrt{k_0^2-k^2}}\mathrm{d}y_2, \quad k > k_0 \tag{2.36}$$

Kraichnan[57] 最先通过估计非线性项重要性（假设湍流统计是高斯统计）来完成压力分量的相对量化。他将四阶统计量扩展为一系列包含二阶统计量的项目。Kraichnan 随后对所涉及的项目进行了数量级评估，得

$$\frac{\overline{p_{\mathrm{MS}}^2}}{\overline{p_{\mathrm{TT}}^2}} \sim \frac{4}{15C_f} \gg 1$$

Chase[63] 证实了 Kraichnan 的结果，Meecham 和 Tavis[64] 计算了该值：

$$\frac{\overline{p_{\mathrm{MS}}^2}}{\overline{p_{\mathrm{TT}}^2}} \approx 10$$

在此针对近似模拟为各向同性场的湍流，具有高斯概率分布[2]。Chang 等[44]

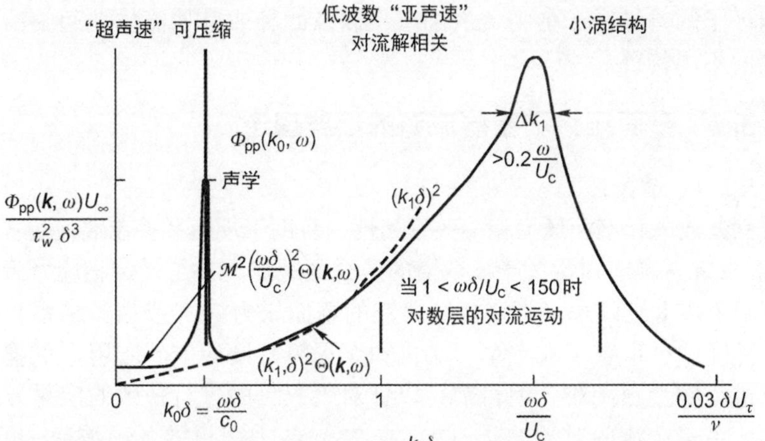

(a) 固定值 k_y~0 和恒定频率下的谱形示意图，显示声波数 k~k_0 和对流波数 k~k_c 处的谱峰值（k_3=0 和恒定频率时的谱级）

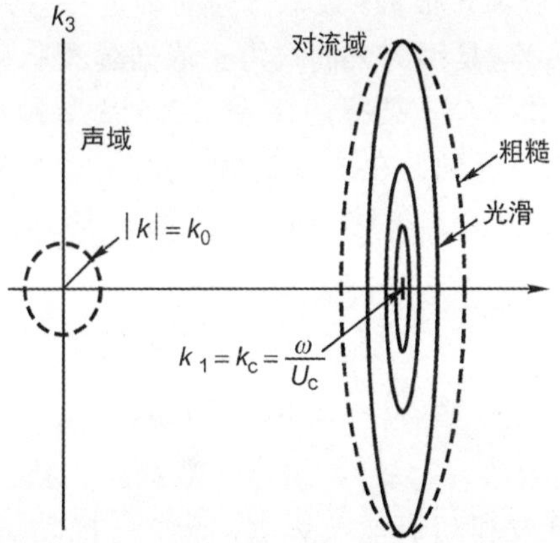

(b) ω 和 U_c 特定值下常数 $\Phi_{pp}(\boldsymbol{k},\omega)$ 等值线（谱级（恒定频率下的二维视角））

图 2-5　利用适当波数范围内速度相关性通过理论确定的边界层压力波数谱

针对雷诺数 $hU_0/\nu=180$（其中 h 表示半高）通道流进行直接数值模拟后发现：

$$\frac{\overline{p_{\mathrm{MS}}^2}}{\overline{p_{\mathrm{TT}}^2}}\approx 2.5$$

穿过对数区的缓冲区中湍流控制了壁面压力。

这些考虑因素适用于不可压缩流和亚声速应用。对于湍流射流噪声，相似（和平行）历史文献早期演变的考虑因素就是湍流结构（第 1 卷 3.7 节），最终将产生声音的主要作用放在确定声音过程中应力的非线性四阶相关性上。Gloerfelt 和 Berland[49] 的计算似乎也遵循了相似的方向。然而，在亚声速流中，人们可能认为，与理想反射壁上湍流边界层的噪声相比，射流噪声四极子的差异在于剪切流的细节，以及此种或其他流体类型中湍流产生和衰减的不同特征。

2.3.2　壁面压力和壁湍流源的经典理论

2.3.2.1　谱概述

研究波数谱和壁面压力相关关系属性，有助于理解和控制湍流边界层噪声与振动。2.4.3节将讨论关于波数谱的最全面观点。为了设定相应背景，首先将审查半个多世纪以来一直在持续研究的壁面压力谱（或相关关系）替代观点，工程师们已审查了在汽车、飞机和海军舰艇设计中的应用。尽管在这些波数下进行测量很困难，但目前可以针对工程目的进行一致的定量评估。如前所述，由于湍流的对流性质，式（2.28）应力张量的各项波数-频谱在波数 $k_1\delta\approx\omega\delta/U_c$ 处达到峰值，并且对波数（如 $k_1\delta\ll\omega\delta/U_c$）的依赖性较小，也可能不相关。除此之外，特定波数-频率行为的确定一直是需要广泛和复杂分析的主题[50-53,57-59,62-63]，这是因为人们致力于依据湍流脉动的可测量统计来估计压力贡献。本节将提供一些重要概述，为2.3.2.3节预留了某点压力谱的简化分析关系推导。首先注意到，在式（2.29）和式（2.33）中，压力波数 k 与声波数 $k_0=\omega/c_0$ 密切相关，影响扰动对壁面的传递。当 $y_2>0$ 时，涉及 $\sqrt{k_0^2-k^2}$ 的指数为

$$e^{+iy_2\sqrt{k_0^2-k^2}}=\begin{cases}e^{+iy_2k_0}, k\ll k_0\\ e^{-y_2k}, k\gg k_0\end{cases}\tag{2.37}$$

因此，对于亚声速波数（$k>k_0$），给定波数的压力扰动随着源距离的增加而衰减。然而，对于声波和超声速波数（$k<k_0$），扰动出现传递，无指数衰减。当 $k=k_0$ 时，谱中存在一个明显的奇点。对于 $k_0<k<\delta^{-1}$ 之间的波数，亚声速扰动通过边界层传递，出现轻度衰减。因此，在这些波数值处，壁面压力源自整个湍流边界层，当 $k\gg\delta^{-1}$ 时，压力来自涡流运动引起的复杂源分布。

为了进行量纲推理，考虑图2-5所示的每个波数区域。

1. 当 $k\ll k_0$ 时，式（2.28）和式（2.29）可得出传播压力：

$$\tilde{p}(\boldsymbol{k},\omega)\sim i\int_0^\infty \tilde{T}_{ij}(y_2,\boldsymbol{k},\omega)k_0e^{+iy_2k_0}dy_2\tag{2.38}$$

因此壁面压力波数谱为

$$\Phi_{pp}(\boldsymbol{k},\omega)\sim\Theta_{ijkl}(\boldsymbol{k},\omega)\rho_0^2k_0^2\delta^2U_\tau^4,\quad k_1<k_0\tag{2.39a}$$

或者重排

$$\Phi_{pp}(\boldsymbol{k},\omega)\sim\Theta_{ijkl}(\boldsymbol{k},\omega)\rho_0^2U_\tau^4M_c^2\left(\frac{\omega\delta}{U_c}\right)^2\tag{2.39b}$$

式中：$M_c=U_c/c_0$表示对流马赫数。根据 2.2 节所述属性，目前假设速度大小与摩擦速度 U_τ 成比例。无量纲谱函数 $\boldsymbol{\Phi}_{ijkl}$ 表示广谱在 y_2，y_2'上的平均值，其正式定义如下：

$$\boldsymbol{\Phi}_{ijkl}(y_2,y_2',\boldsymbol{k},\omega)=\langle\widetilde{T}_{ij}(y_2,\boldsymbol{k},\omega)\,\widetilde{T}_{kl}(y_2',\boldsymbol{k},\omega')\rangle\times \frac{1}{\rho_0^2}[\delta(\boldsymbol{k}-\boldsymbol{k}')\delta(\omega-\omega')]^{-1}(\overline{u_iu_ju_ku_l})^{-1}$$
$$=\frac{1}{(2\pi)^3}\iiint_{-\infty}^{\infty}R_{ijkl}(y_2,y_2',\boldsymbol{r}_s,t)\,\mathrm{e}^{-\mathrm{i}(\boldsymbol{k}\cdot\boldsymbol{r}_s-\omega t)}d^2\boldsymbol{r}_s d\tau \tag{2.40}$$

以及

$$\boldsymbol{\Theta}_{ijkl}(\bar{\boldsymbol{k}},\omega)=\frac{1}{\delta^2}\iint_0^{\infty}\boldsymbol{\Phi}_{ijkl}(y_2,y_2,\boldsymbol{k},\omega)\,\mathrm{d}y_2\mathrm{d}y_2'$$

属性应与第 1 卷 3.7.2.3 节中湍流射流的源函数相似。

若 $\Theta_{ijkl}(\boldsymbol{k},\omega)$与 δ 和 U_c成比例，是无量纲谱函数，则 $\Phi_{ijkl}=\Theta_{ijkl}(\boldsymbol{k},\omega)U_c/\delta^3$，壁面压力谱 $\Phi_{pp}(\boldsymbol{k},\omega)$同样取决于速度和边界层厚度，但在这种波数范围内，也可以认为 k_0^{-1} 是更合适的长度尺度。如果假设当 $k\to0$ 时，源谱 $\boldsymbol{\Phi}_{ijkl}(\boldsymbol{k},\omega)$ 一般不会趋近于零，那么随后得出的压力波数谱与低 k 值下的 $k=\sqrt{k_1^2+k_3^2}$ 无关，随着频率的增加而二次减小。在此超声速范围内，马赫数和壁面阻抗的影响均成为重要的影响因素，详见第 3 章“阵列与结构对壁湍流和随机噪声的响应”。

由于式（2.28）中$\sqrt{k_1^2-k^2}$的奇点，出现了 $k=k_0$的特殊情况。奇点如图 2-5 中声波数处峰值所示。3.5.2 节将讨论可能限制这种奇点的过程。例如，Bergeron[68] 指出，出现奇点的部分原因是：假设表面为无限平面，并且假设流体在刚性表面的平面内完全均匀。Bergeron 适当地考虑了有限表面这一事实（长度为 L），结果表明 $k=k_0$ 时的谱级是 $k=0$ 时谱级的 $\omega L/c_0$ 倍（见式（3.36）。$k=k_0$时谱级的其他物理限制包括耗散和表面合规性（参见第 1 卷 3.5.2 节）。

2. 在不可压缩（水动力或空气动力）范围 k_0内，$k_0<k\ll\delta^{-1}$，其中 $k=\sqrt{k_1^2+k_3^2}$，式（2.29）可得

$$\widetilde{p}(\boldsymbol{k},\omega)\sim\mathrm{i}\int_0^{\infty}\widetilde{T}_{ij}(y_2,\boldsymbol{k},\omega)k\mathrm{e}^{-ky_2}\mathrm{d}y_2 \tag{2.41}$$

因此，只要$\widetilde{T}_{ij}(y_2,\boldsymbol{k},\omega)$在 $y_2=\delta$ 之外有效地趋近于零，就有

$$\Phi_{pp}(\boldsymbol{k},\omega)\sim\Theta_{ijkl}(\boldsymbol{k},\omega)\rho_0^2U_\tau^2k^2\delta^2 \tag{2.42}$$

数（2.42）显示了对 $k\delta$ 的二次依赖性，只有未知源谱 $\theta_{ijkl}(\boldsymbol{k},\omega)$ 可能的 k 依赖性才能改变这种二次依赖性。式（2.39）和式（2.42）表明，在给定波数下，预计可压缩效应变得显著的交叉频率为

$$\left(\frac{\omega\delta}{U_{\mathrm{c}}}\right)^2 \sim (k\delta)^2 M_{\mathrm{c}}^{-2}$$

3. 高波数范围 $\delta^{-1}<k<\infty$ 包括以湍流对流为主的区域，即 $k_1=\omega/U_{\mathrm{c}}$。见图 2-5，与射流湍流一样，湍流源在 $k_1=\omega/U_{\mathrm{c}}$ 处出现明显的峰值。可以参照对流湍流场的属性来阐明这种行为的细节。这一点在主要的平均剪应力-湍流相互作用中最为明显，尽管在湍流-湍流相互作用时也可以看到。本节剩余部分将更明确地描述该区域的波数谱。

2.3.2.2　基于量纲推理和基本统计特性的半经验模型

我们继续论述不可压缩边界层压力（湍流-平均剪应力分量占主导地位）的经典观点。第 1 卷 3.7.2 节提供了类似于射流噪声讨论，引用了湍流统计和射流结构的特征。此处，我们调用壁剪流细节。在 $k\gg k_0$ 限制内，结合式（2.29）和式（2.32）得

$$\widetilde{S}_{ij}(y_2,\boldsymbol{k},\omega)=2\mathrm{i}k_1 U'(y_2)u(y_2,\boldsymbol{k},\omega)$$

给出了（线性）平均剪应力-湍流项引起的壁面压力波数谱。然后重排：

$$\Phi_{\mathrm{ppMS}}(\boldsymbol{k},\omega)=4\rho_0^2\int_0^\infty \mathrm{d}y_2\int_0^\infty \mathrm{d}y_2'\frac{k_1^2}{k_1^2+k_3^2}U_1'(y_2)U_1'(y_2')\left(\overline{u_2^2}(y_2)\overline{u_2'^2(y_2')}\right)^{1/2}\times$$
$$\left\{\frac{\Phi_{22}(y_2,y_2',\boldsymbol{k},\omega)}{\left(\overline{u_2^2}(y_2)\overline{u_2'^2(y_2')}\right)^{1/2}}\right\}\mathrm{e}^{-k(y_2+y_2')} \tag{2.43}$$

{ }中的量表示湍流的所有时空行为，其他项是由边界层的平均剪应力或垂直动能曲线引起的。可以使用 RANS 代码，甚至可以使用本章中推导得出的表达式以替代方式来定义后者。必须通过物理或数值实验（包括适当的时空精确模拟）来推导得出$\left\{(\Phi_{22}(y_2,y_2',\boldsymbol{k},\omega))/\left(\overline{u_2^2(y_2)u_2'^2(y_2')}\right)^{1/2}\right\}$属性。式（2.43）类似于 Lilley[53] 推导出的关系，随后 Chase[63] 使用了该式，正式确定了 $\Phi_{22}(y_2,y_2'\boldsymbol{k},\omega)$。对于平均剪应力-湍流源，该表达式仅采用式（2.29a）的第二项；但是，Chase 使用了类似论点来处理四阶源更为普遍的问题。

对于平均剪应力-湍流项，垂直（u_2）速度分量控制着源的统计特性。根据第 3 章“阵列与结构对壁湍流和随机噪声的响应”中讨论的方法，利用无量纲分离形式给出垂直速度的互谱密度：

$$\frac{\Phi_{22}(y_2,y_2',\boldsymbol{k},\omega)}{\left(\overline{u_2^2(y_2)u_2'^2(y_2')}\right)^{1/2}}=R_{22}(y'-y_2)\varphi_{22}(y_2,\boldsymbol{k},\omega) \tag{2.44}$$

将源场建模为 1、3 平行平面中高程 y_2 和 y_2'处的层分布，层与波数之间的相关性为 $R_{22}(y',y_2)$，波数与离壁距离成比例。可以采用前面所述的各种方法来表示无量纲谱 $\varphi_{22}(y_2,\boldsymbol{k},\omega)$，但对于分离形式

$$\varphi_{22}(y_2,\boldsymbol{k},\omega)=\varphi_{22}(\boldsymbol{k}y_2)\varphi_{\mathrm{m}}(\omega-U_{\mathrm{c}}k_1) \tag{2.45}$$

之前针对射流噪声引用，第 1 卷式（3.95b）最便于执行本节操作。式（2.45）表达了一个物理现象，即此波数区域内的对流压力由对流含能涡流场控制，该涡流场的相关尺度与离壁面的距离成正比。当波数 $k\ll 1/\delta$ 时，由此获得的分析结果在技术层面上是无效的，因为这些较低波数更易受到在 δ 积分上流体的整体运动影响。为了对压力场进行定量评估，需要理解 2.4.3 节所述的模型细节。

在设置式（2.43）时，已根据均方根速度（式（2.44）和式（2.45））的乘积对源谱进行了归一化，以便当 $y_2=y_2'$时，归一化互谱 k 和 ω 的积分将完全相同。均方速度曲线的缩写符号

$$\overline{u_2^2}(y_2)=\overline{u_2^2},\quad \overline{u_2^2}(y_2')=\overline{u_2'^2}$$

也已介绍。

如第 1 卷 3.7.2.3 节所述，函数$(\overline{u_2^2u_2'^2})^{1/2}$和 $U_1'(y_2)U'(y_2')$表达了穿过边界层的湍流源强度。$R_{22}(y_2'-y_2)$表示壁面上方 y_2 和 y_2'水平处涡流的相关性，图 2-7 所示显示了一些实例，证明了该函数对离壁面距离的依赖性。归一化压力谱 $\Phi(y_2,\boldsymbol{k},\omega)$是本书其他部分反复定义的二维谱，按照第 1 卷第 3 章所述的方式表达了涡流波数-频率组成。具体而言，对于式（2.44）中表达的相关结构，分别引用了 3.6.1 节和 3.7.2.2 节式（3.40）和式（3.95）之间的关系，得

$$\phi_{22}(y_2,\boldsymbol{k},\omega)=\frac{1}{(2\pi)^2}\int_{-\infty}^{\infty}\int_{-\infty}^{\infty}R_{22}(y_2,\boldsymbol{y}_{13},\omega)\mathrm{e}^{-\mathrm{i}\boldsymbol{k}\cdot\boldsymbol{y}_{13}}\mathrm{d}^2\boldsymbol{y}_{13}$$

在波数足够高 $k_1>\delta^{-1}$时，可以认为 $R_{22}(y_2'-y_2)$在 $\delta\gg y_2'-y_2>\Lambda_2$ 时几乎趋近于零，因此对流湍流场由厚度为 $2\Lambda_2$的层组成，如图 2-6 不同高度处的相关性所示。在每层中，可以用第 1 卷 3.6.1 节和 3.7.2.2 节中给出的可分离波数函数分解来近似表达速度脉动，这种分解具有图 2-7 所示的波数谱形式和图 2-8 所示类型的谱密度。这些统计模型由以下因素驱动：与第 1 卷 3.7.2.2 节和 3.7.2.3 节相同的考虑因素，以及图 2-9 和图 2-10 所示的边界层湍流实测互谱密度属性。读者可以轻易看出第 1 卷图 3-25 和本卷图 2-9 之

间的相似之处。此外，第 1 卷式（3.94）在此同样适用，图 2-9 检查结果表明，当 y_2/δ 从 0.0333 增加到 0.70 时，γ_1 从 0.24 降至 0.09。而且，第 1 卷图 3-24 和本卷图 2-8 中湍流无量纲自谱之间较高的相似性支持了边界层湍流的局部相似性，类似于射流湍流的局部相似性。请注意，这些图中的点有所不同，但在射流流向上存在局部相似性，在湍流边界层中不同 y_2 平面存在局部相似性。各种情况下，在坐标方向上，具有非恒定平均速度的剪切层中均存在适当的局部相似性。在每种情况下，特别是在各边界层中，湍流在 $U_c(y_2)\approx\omega/k_1$ 时局部对流。

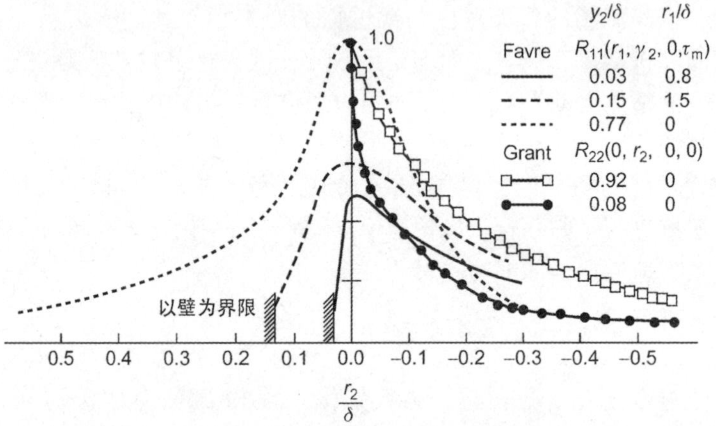

图 2-6　湍流边界层中 u_1 和 u_2 速度脉动的相关性

（主要分离变量为 r_2。资料来源：Favre AJ. Review on space-time correlations in turbulent fluids. J Appl Mech 1965，32：241-57[76] and Grant HL. The large eddies of turbulent motion. J Fluid Mech 1958，4：149-90[77].）

如图 2-3 和图 2-11 所示，对于光滑面或粗糙面，源密度 $\overline{u_2^2}(y_2)$ 和 $U'(y_2)$ 尺度分量的数量级与摩擦速度 U_τ 和边界层厚度 δ 成比例。但是，在图 2-11 中，当粗糙壁上 $y_2/\delta<0.15$ 时，粗糙壁附近的湍流强度与光滑壁上的湍流强度大不相同，关于产生的物理学方面也是如此。2.4.5 节将讨论此点，并且第 3 章“阵列与结构对壁湍流和随机噪声的响应”将在壁偶极子的背景下再次讨论。对于代表光滑或粗糙壁的类型，U_τ 和 δ 的相似性预计将延伸至各类壁边界层的对数区域。在光滑壁上，这意味着 yU_τ/v 大于 10~20。在此区域内，即在黏性亚层内，$U'(y_2)=\tau_w/\mu$ 和 $u_2(y_2)$ 与 y_2 成正比。图 2-12 显示了基于 $(dU_1/dy_2)u_2(y)$ 乘积测得的大致源分布，确定了边界层的三个主要区域：亚层（速度尺度为 U_τ，长度尺度为 v/U_τ）、对数区（速度尺度为 U_τ，长度尺度为 y_2）

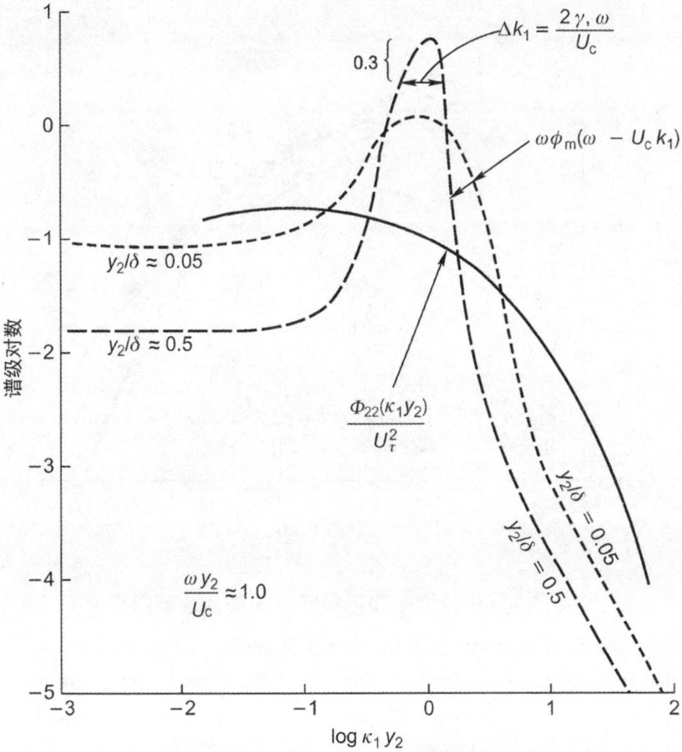

图 2-7　速度脉动 u_2 的波数频谱

（对式（2.45）中的函数进行定性说明，以显示动轴和能谱。此图依据图 2-9 和图 2-10 的互谱密度测量值绘制，展现了具有空间相关因数 γ_1 的对流场，该因数随着 y_2 的增加而减小）

和尾流区（速度尺度为 U_∞ 或 U_τ，长度尺度为 δ 或 δ^*）。在描述这些区域时，我们采用了简化概念，即湍流在距离 y_2 上具有空间相关性。如上所述，这是厚度为 $2\Lambda_2/\delta \ll 1$ 的层压板。在此类分析中，下一个合理的重要步骤是将 Λ_2 设置成与 y_2 成正比，但是图 2-6 仅给出了这种近似的定性支持。例如，Grant 的测量结果表明，Λ_2 随着与壁面距离的缩短而减小，但不与 y_2 成比例。因此，此处采用的近似只是为了粗略纳入以下概念：较小尺度主导着靠近壁面的运动。由此可知，式（2.44）中的波数谱在 y_2' 上积分后变为

$$\boldsymbol{\Phi}_{\mathrm{ppMS}}(\boldsymbol{k},\boldsymbol{\omega}) \sim \rho_0^2 U_\tau^4 \int_0^\infty \Lambda_2(y_2)\left\{\frac{\overline{u_2^2}(y_2)}{U_2^2}\,\frac{[U'(y_2)y_2]^2}{U_\tau^2}\right\} \times \\ \mathrm{e}^{-2|\boldsymbol{k}|y_2}\left(\frac{k_1}{k}\right)^2 \boldsymbol{\phi}_{22}(\boldsymbol{k}y_2)\boldsymbol{\phi}_{\mathrm{m}}(\boldsymbol{\omega} - U_c k_1)\,\mathrm{d}y_2 \tag{2.46}$$

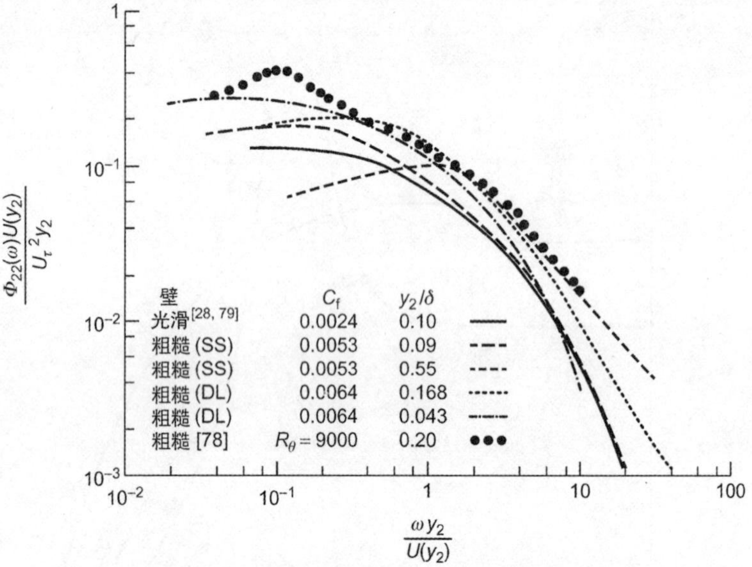

图 2-8　内层中光滑壁和粗糙壁上 u_2 湍流强度的谱密度

（改编自 Blake WK. Turbulent boundary layer wall pressure fluctuations on smooth and rough walls. J Fluid Mech 1970，44：637-60，Bradshaw P. Inactive motion and pressure fluctuations in turbulent boundary layers. J Fluid Mech 1967，30. 241-58[78]，Blake WK. Turbulent boundary layer wall pressure fluctuations on smooth and rough walls，Rep. No. 70208-1. Cambridge，MA：Acoust. vib. Lab.，MIT，1969[79] for zero pressure gradient.）

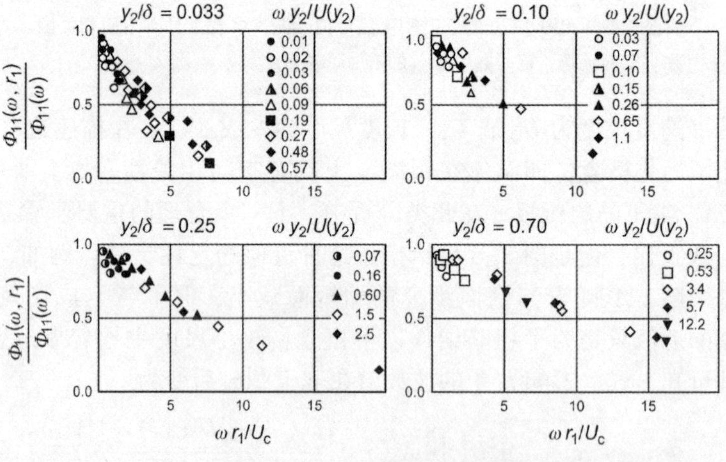

图 2-9　光滑壁上纵向速度脉动互谱

（R_θ=8700。资料来源：Favre AJ. Review on space-time correlations in turbulent fluids. J Appl Mech 1965，32：241-57.）

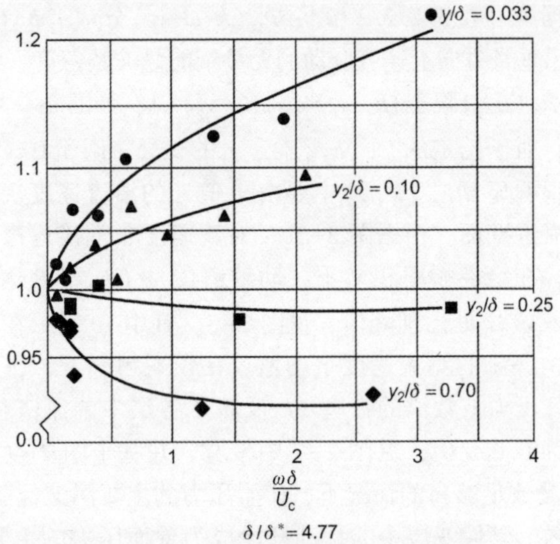

图 2-10　光滑壁上纵向湍流分量的对流速度

（资料来源：Favre AJ. Review on space-time correlations in turbulent fluids. J Appl Mech 1965，32：241-57.）

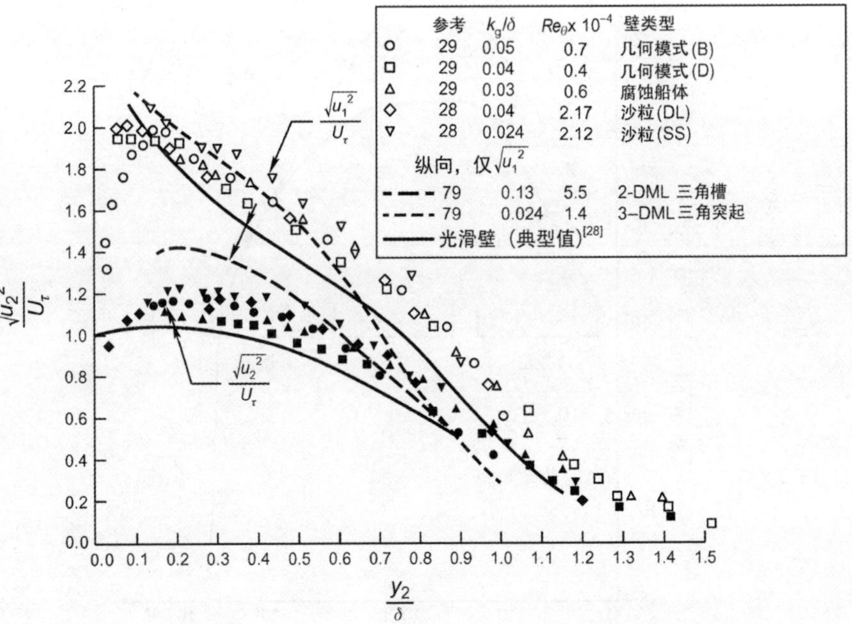

图 2-11　具有几何和自然粗糙度模式的各种粗糙壁上的湍流强度[28-29,79-80]

其中，已根据第 1 卷 3.7.2.2 节将 $\Phi_{22}(\boldsymbol{k},\omega,y_2)$ 分成 $\overline{u_2^2}\phi_{22}(\boldsymbol{k}y_2)\phi_{\mathrm{m}}(\omega-U_{\mathrm{c}}k_1)$。$\Phi_{22}(\boldsymbol{k}y_2)$ 表示垂直方向上速度脉动的无量纲能量波数密度，$\Phi_{\mathrm{m}}(\omega-U_{\mathrm{c}}k_1)$ 表示动轴谱。似乎 $\Phi_{22}(\boldsymbol{k}y_2)$ 限于 $|\boldsymbol{k}_1|y_2=\omega y_2/U(y_2)<1$，如图 2-7 中类似谱 $\Phi_{11}(k_1y_2)$ 所示。因此，对于给定的 k_1、k_3 组合，y_2 的积分将限于 $0<y_2<|\boldsymbol{k}|^{-1}$。当 k_1 值越来越大时，很明显 $\Phi_{\mathrm{ppMS}}(\boldsymbol{k},\omega)$ 主要由 y_2 值处的湍流速度决定，随着频率的增加，越来越靠近壁面。根据图 2-10，对流速度非常接近边界层中的局部平均速度，因此，在给定频率和 y_2 下，动轴谱在 $\omega/U(y_2)$ 处达到峰值。壁面压力波数谱在 $k_1\approx\omega/U_{\mathrm{c}}$ 处出现峰值，见图 2-5，其中 U_{c} 表示在 $0<y_2<k_1^{-1}$（距壁面距离）范围内涡流的对流速度平均值。在较高频率下，压力取决于靠近壁面的低速涡流。压力波数谱的带宽 Δk_1 反映了各层中湍流谱相似带宽的平均值。该带宽至少为 $0.2\omega/U_{\mathrm{c}}$，见图 2-7 中带宽，并基于图 2-9 中互谱密度所示的 $\gamma_1\sim0.1$。在波数足够高的情况下，产生压力的主要涡流位于黏性主导区 $0<y_2<30v/U_\tau$ 范围内，黏性亚层中的扰动开始成为壁面压力的主要影响因素。因此，当 $k_1>\dfrac{1}{30}U_\tau/v$ 时，这种情况将持续存在。

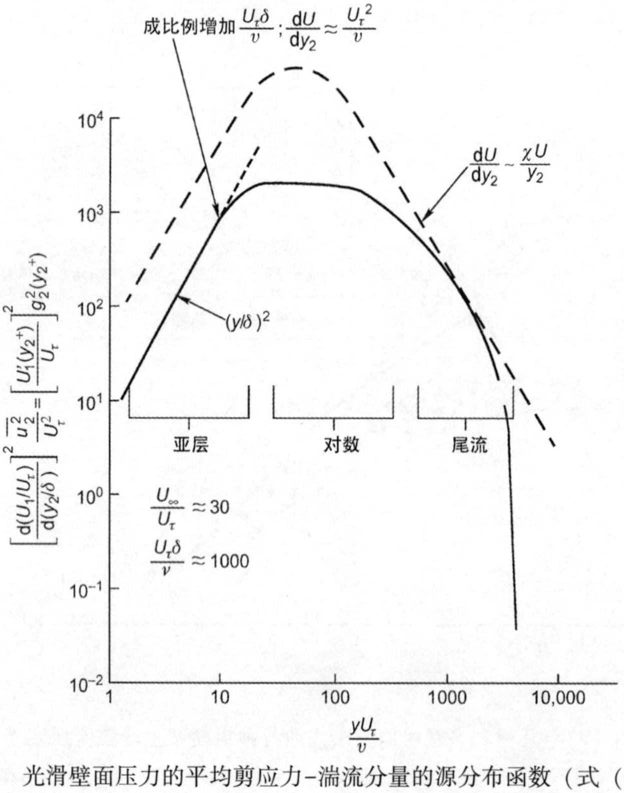

图 2-12　光滑壁面压力的平均剪应力-湍流分量的源分布函数（式（2.46））

这些考虑因素为式（2.43）和式（2.44）提供了解释——利用分离形式来呈现壁面压力波数谱，表示壁面上湍流的集体对流。因此，式（2.45）假设一个参数形式（令 $\overline{\phi_{22}(\boldsymbol{k})}$ 表示穿过边界层的 $(\overline{u_2^2}/U_\tau^2)\phi_{22}(\boldsymbol{k}y_2)$ 平均值）：

$$\Phi_{\mathrm{ppMS}}(\boldsymbol{k},\omega) \sim \rho_0^2 U_\tau^4 \delta^2 \left(\frac{k_1}{k}\right)^2 \overline{\phi_{22}(\boldsymbol{k})}\phi_{\mathrm{m}}(\omega - U_{\mathrm{c}}k_1) \tag{2.47}$$

多年来，出现了各种关于壁面压力的空间统计表示法，并已应用于振动和噪声预测，上述概念便是这些表示法的核心。

最后需注意由因数 $(k_1/k)^2$ 引起的空间相关性的方向依赖性。该因数表示 $\cos^2\theta$ 择向性因数，其中 θ 表示波的方向。即使 $\Phi_{22}(\boldsymbol{k}y_2)$ 以及 $\overline{\phi_{22}(\boldsymbol{k})}$ 在 k_1、k_3 方向上具有均质性，该因数也将谱扩展到更高的 k_1。因此，壁面压力在壁面（空间相关长度 $\Lambda_1<\Lambda_3$）上将是各向异性的。图 2-13 中实测相关函数支持空间相关性的这种变化，就是压力相关性 $R_{\mathrm{pp}}(r_1,r_3,0)$ 和速度相关性 $R_{22}(r_1,0,r_3,0)$ 沿相反轴对齐的原因。

2.3.2.3　壁面某点压力的频谱特征

继续进行量纲推理，得出接近对流波数的壁面压力响应，将式（2.44）在 k_1、k_3 上积分。为了进一步简化问题，我们利用 Taylor 冻结对流假设，在积分时根据第 1 卷式（3.42）三角函数近似来代替动轴谱。此外，还进一步利用分离形式逼近 $\Phi_{22}(\boldsymbol{k}y_2)$，注意 k_3 的积分为

$$\int_{-\infty}^{\infty} \phi(k_i)\,\mathrm{d}k_i = 1$$

因此，利用式（2.46）可得（另见参考文献［34］和［35］）

$$\Phi_{\mathrm{pp}}(\omega) = 4\rho_0^2 U_\tau^4 \int_0^\infty \mathrm{d}y_2 \int_0^\infty \left\{\frac{\overline{u_2^2}(\bar{y}_2)}{U_\tau^2}\left[\frac{U'(\bar{y}_2)}{U_\tau}\right]^2\right\} \int_{-\infty}^{\infty} \left[\frac{(\omega/U_{\mathrm{c}})^2}{(\omega/U_{\mathrm{c}})^2 + k_3^2}\right] \times$$
$$\exp(-\gamma\omega(y_2 - y_2')/U_{\mathrm{c}})^{-2\gamma\omega y_2/U_{\mathrm{c}}} \frac{1}{U_{\mathrm{c}}}\phi_{22}(y_2, y_2', k_{\mathrm{c}}, k_3)\,\mathrm{d}(k_3)$$

式中：$\gamma=\sqrt{1-(k_3U_{\mathrm{c}}/\omega)^2}$，无量纲互谱为

$$\phi_{22}(y_2,y_2',k_1,k_3)\delta(k_1-k_{\mathrm{c}}) = \frac{\Phi_{22}(y_2,y_2',k_1,k_3,\omega)}{\sqrt{\overline{u_2^2}(\bar{y})\overline{u_2^2}(\bar{y}_2')}}$$

以及

$$\bar{y}_2 = \sqrt{y_2 y_2'}$$

是壁上方的距离参考值。最后，为了探索相关缩放规则，有

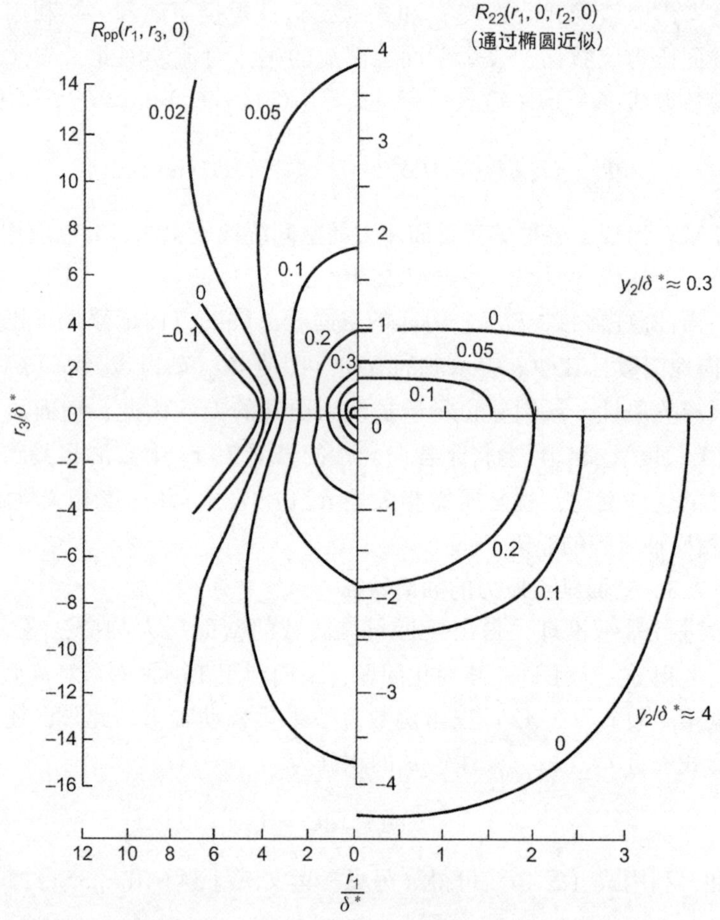

图 2-13　光滑壁上方壁压 R_{pp} 和垂直速度脉动 R_{22} 的等相关线[82]

(资料来源：Grant HL. The large eddies of turbulent motion. J Fluid Mech 1958，4：149-90.)

$$\Phi_{pp}(\omega) = 4\rho_0^2 U_\tau^4 \int_0^\infty \int_{-\infty}^\infty \frac{\Lambda_2}{y_2}\left\{\frac{\overline{u_2^2}(\bar{y}_2)}{U_\tau^2}\left[\frac{U'(\bar{y}_2)\ \bar{y}_2}{U_\tau}\right]^2\right\}\left[\frac{(\omega/U_c)^2}{(\omega/U_c)^2 + k_3^2}\right] \times \frac{1}{U_c} e^{-2\gamma\omega_2\bar{y}_2/U_c} \Phi_{22}\left(y_2 - \bar{y}_2, \frac{\omega \bar{y}_2}{U_c}, k_3\right) d(k_3\ \bar{y}_2) \tag{2.48}$$

式（2.48）展现了取决于壁剪应力 τ_w、积分尺度 Λ_2 和边界层厚度 δ^* 的自谱幅值。

为了推断频率自谱，可以针对特定频率范围来检查 k_3 和 y_2 进一步积分结果的一般特征。源项将在整个边界层上呈现有效平均，致使 δ 和自由流速度 U_∞ 成一定比例，因此频谱接近图 2-14 所示的低频极限：

$$\Phi_{pp}(\omega) \sim \rho_0^2 U_\tau^4 \left(\frac{\delta}{U_c}\right)\left(\frac{\omega\delta}{U_c}\right)^2, \quad \omega\delta/U_c \ll 1 \tag{2.49}$$

这种频率依赖性是由式（2.36）和式（2.44）中的$\partial/\partial y_1 \sim k_1$直接引起的。

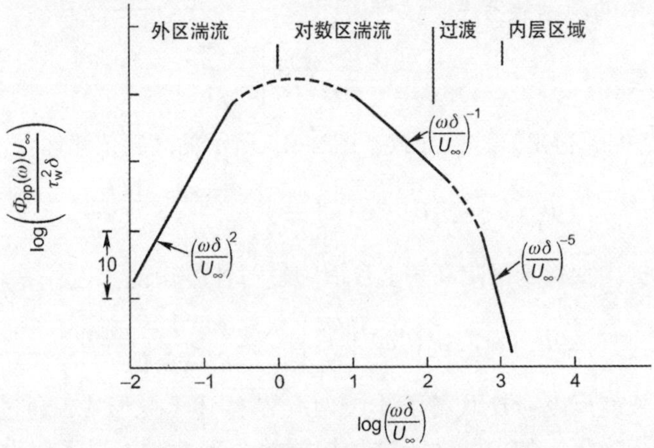

图 2-14　壁面某点压力脉动频谱

（$\Phi_p(\boldsymbol{k},\omega)$波数积分取决于$y_2$界限区域内的对流扰动，并且$U_c$与$U_\infty$成正比）

在较高频率下，相较于k_3，$\omega\delta/U_c>1$，ω/U_c不一定可以忽略，因此我们利用频谱函数的可分离性重排了式（2.46）：

$$\Phi_{pp}(\omega) \sim \rho_0^2 U_\tau^4 \left(\frac{\omega}{U_c}\right)^{-1} \kappa^2 \int_0^\infty \left[\int_{-\infty}^{\infty} \left[\frac{(\omega/U_c)^2}{(\omega/U_c)^2 + k_3^2}\right] \phi(k_3)\,\mathrm{d}k_3\right] \times \phi_{22}\left(\frac{\omega y_2}{U_c}\right) \mathrm{d}\left(\frac{\omega y_2}{U_c}\right) \tag{2.50}$$

式中：κ表示平均速度曲线的冯·卡曼通用常数。这种形式预先假定了近似$\overline{u_2^2}/U_\tau^2 \sim 1$（图 2-11）、$U'(y_2)y_2/U_\tau \approx \kappa$（式（2.4）），以及$\Lambda_2 \sim y_2$。由于$\Phi_{22}(\omega y_2/U_c)$在$\omega y_2/U_c<1\sim10$时最大，根据图 2-8 的通用形式，式（2.46）仅适用于将主源置于对数区的频率，源项假设条件也适用于对数区，即在$y_2<U_c/\omega$时。因此，式（2.46）采取行为形式

$$\Phi_{pp}(\omega) \sim \rho_0^2 U_\tau^4 (\omega)^{-1}, \quad 1<\omega\delta/U_c<\frac{1}{30}U_\tau\delta/v \tag{2.51}$$

或者重排：

$$\Phi_{pp}(\omega)U_\infty/\tau_w^2\delta \sim 2(\omega\delta/U_\infty)^{-1}, \quad 1<\omega\delta/U_c<\frac{1}{30}U_\tau\delta/v$$

频率限制源于边界层位置（在$y_2/\delta>1$和$y_2U_\tau/v>30$之间），因为造成这些

压力的涡流存在于对数区，对数区平均速度的唯一长度尺度是 y_2，参见 2.2.2 节。

最后，对于黏性亚层，即 $(U_c/\omega)U_\tau/v<30$ 中对流涡流的对应频率，式（2.46）中的源函数考虑了该行为：

$$\left[\frac{\overline{u_2^2}}{U_\tau^2}\frac{U'(y_2)y_2}{U_\tau}\right]\approx\frac{y_2^4}{\delta^4}$$

可从图 2-12 推断得出。这就导致了图 2-14 所示的高频依赖性：

$$\Phi_{pp}(\omega)\sim\rho_0^2U_\tau^4(\omega)^{-1}\left(\frac{\omega\delta}{U_c}\right)^{-4},\quad \frac{\omega\delta}{U_c}>\frac{1}{30}\frac{U_\tau\delta}{v} \tag{2.52a}$$

可以根据内变量来确定高频下自谱的另一种形式：

$$\Phi_{pp}(\omega)\sim\rho_0^2U_\tau^4\omega^{-1}\left(\frac{\omega v}{U_\tau^2}\right)^{-4},\quad \frac{\omega v}{U_\tau^2}>\frac{1}{30}\frac{U_c}{U_\tau}\approx 1 \tag{2.52b}$$

其中，黏性长度尺度 v/U_τ 代替了 δ。2.4.1 节阐述了此形式，通过高频压力的测量结果进行确认。如前所述，这种缩放的合理性源于以下假设：对于（局部）对流波数域中产生压力的小尺度涡流，其最高浓度位于缓冲区内壁面附近，如在 $y_2U_\tau/v<30$ 时，y_2 的积分限于 $0<y_2<U_c/\omega$。在适用的高频范围内，式（2.46）使用谱的首选无量纲形式。

基于这些考虑因素，Lee 等[70,83-84]针对光滑壁湍流边界层以及后向台阶[70,83]后方的流体和船体[84]上的流体，利用式（2.48）精确计算了所有压力自谱。该方法结合稳流 RANS 代码来评估均方湍流速度分布和分析模型统计量的分布，这些统计量说明了边界层 y_2 和 $\phi_{22}(y_2,y_2',k_1,k_3)$ 中 k_1、k_3 行为的相关性。

本节也使用了冻结对流近似。$\phi_{22}(y_2,y_2',k_1,k_3)$ 进一步分为[70]速度谱和相关函数的乘积，即

$$\phi_{22}(y_2,y_2',k_1,k_3)=\alpha_{22}\sqrt{\varphi_{11}(k_cy_2)\varphi_{11}(k_cy_2)}\,E_{22}^N\left(y_2,y_2',k_1=\frac{\omega}{U_c},k_3\right) \tag{2.53}$$

式中：α_{22} 表示 $\overline{u_2^2}$ 分量相对于 $\overline{u_1^2}$（在更大尺度上引入的类型）的比例因数，用于模拟射流噪声的雷诺应力，见第 1 卷式（3.98）。波矢量分量的相关函数源自 Chase[63]，根据 Bullock 等[85]和 Morrison 等[75,86]的测量结果推导得

$$E_{22}^N\left(y_2,y_2',k_1=\frac{\omega}{U_c}\right)=\left[\frac{2Z}{1+Z^2}\right]^{1/2}\exp\left\{-0.4\frac{U_c}{U_\tau}|k_c|y_2\left[(1+Z^2)^{1/2}-\frac{(1+Z)}{\sqrt{2}}\right]\right\} \tag{2.54}$$

式中：$Z=y_2'/y_2$。指数中的数值因数 0.4 基于经验获得。

$\overline{u_2^2}$波数谱对于确定频率依赖性至关重要，可采取先前在各向同性湍流中使用的形式，见第 1 卷式（3.71a）。Farabee 和 Casarella[87] 发现，此谱函数（表示为与 y_2 相关）为

$$\varphi_{11}(k_c, y_2) = \frac{\Lambda(y_2)}{\pi} \frac{1}{1+(\Lambda(y_2)k_1)^2} \tag{2.55a}$$

积分尺度取决于离壁面的距离：

$$\frac{\Lambda(y_2)}{\delta^*} = \frac{(1.47y_2/\delta^*)(0.9+2.5y_2/\delta^*)}{1+(2.5y_2/\delta^*)^2} \tag{2.55b}$$

参考式（2.46）和式（2.53），在后文所述的各向异性调整后，因数 α_{22} 取 1。

为了完成混合计算的必要环节，必须处理 RANS 代码结果，以获得平均 $U(y_2)$和湍流$\overline{u_2^2}$速度分布。后者最好基于 TKE-ω 湍流模型，针对各向同性流体，见第 1 卷[2,8] 式（3.50）的湍流动能 TKE 获得。

$$\overline{u_2^2} = \frac{2\text{TKE}}{3}$$

与参考文献［2］中粗糙壁和光滑壁各向异性流体数据进行比较后发现，需要设置校正系数（如 Faniso），确保计算结果与测量结果一致。

$$[\overline{u_2^2}]_{\text{TBL}} = f_{\text{aniso}}[\overline{u_2^2}]_{\text{iso}} = f_{\text{aniso}}\left[\frac{2\text{TKE}}{3}\right] \tag{2.56}$$

图 2-15 显示了此函数，图 2-16 还显示了以下两者的比较结果：自谱的 RANS 统计计算实例；Blake[28] 的测量结果以及 Farabee 和 Casarella[87] 的测量

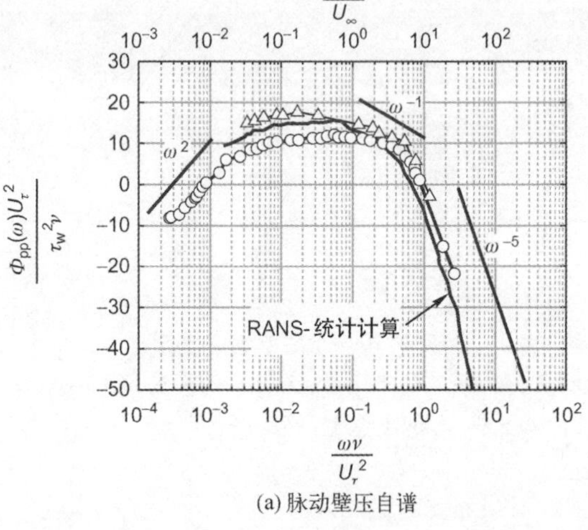

(a) 脉动壁压自谱

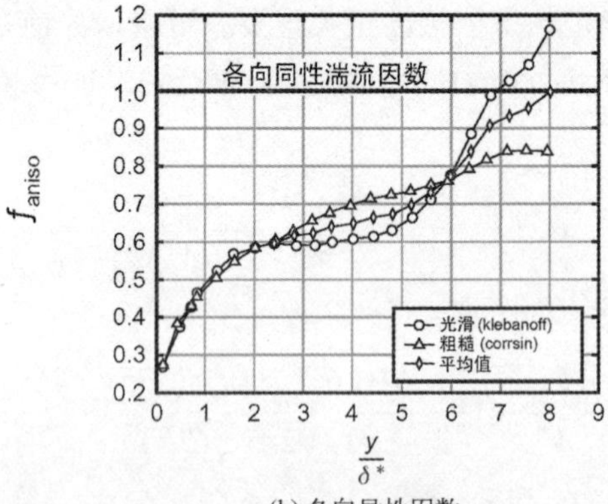

(b) 各向异性因数

图 2-15　显示特征频率区域的壁面脉动压力自谱

（a）当 $R_\theta = 17000$[27,79]（三角形）时 Blake 的测量结果，$R_\theta = 3386$（圆形）[87] 时 Farabee 和 Casarella 的测量结果，以及 Lee 等[70] 的 RANS 统计计算结果；（b）计算[70] 中使用的各向异性因数）

结果。Lee 等[70] 使用时，式（2.53）中，$\alpha_{22}=1$。虽然有关测量的讨论被推迟到下一小节，但上述比较结果表明，本小节理论与物理测量结果是一致的。总的来说，这些数据证实了幂律频率依赖性。这种依赖性是由于考虑了湍流边界层的内外区域，见图 2-12。为了清楚阐明这些联系，图 2-15 给出了频率的内外缩放。

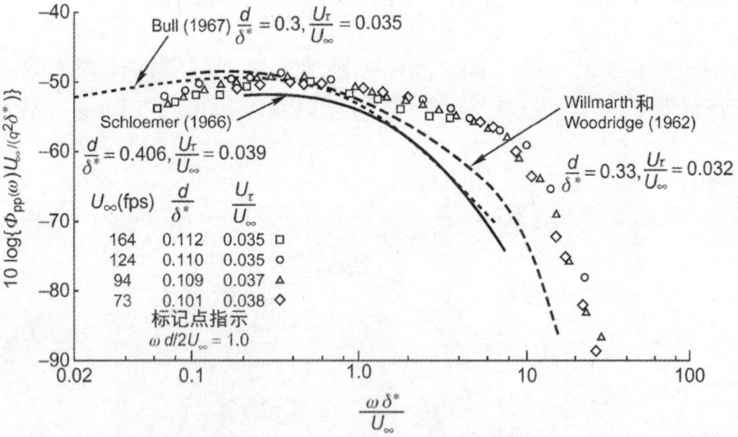

图 2-16　光滑壁上的壁压谱

（资料来源：Blake WK. Turbulent boundary layer wall pressure fluctuations on smooth and rough walls. J Fluid Mech 1970，44：637-60.）

2.4　平衡壁层下方测得的压力脉动

本节将讨论大范围的壁面压力测量值，包括自谱、时空相关性、频率空间互相关性以及波数谱。虽然研究重点是光滑壁，但也会讨论壁面分布粗糙度对边界层及其壁面脉动压力的影响。

2.4.1　壁面压力的大小和频率依赖性

最早发表相关测量结果的是 Willmarth[88]（1956 年）。他给出了频谱和均方根压力。感兴趣的读者可以参考他在此领域早期作品的说明[89]。Willmarth[90]及 Wooldridge 和 Willmarth[151]因以下动机最先提出了时空相关性这一概念：需要利用空间相关尺度来说明飞机机身的气动激励和波浪作用下的风力发电。其他早期尝试包括 Mull 和 Algranti[81]以及 Tack 等[91]在飞机机翼（马赫数为 0.3~0.8）上测量频谱。Tack 还测量了时空相关性和互谱密度，以便可以确定对流速度和动轴时间尺度。Harrison[92]早期发表了第一批互谱密度，发现对流速度约为 $0.8U_\infty$。所有这些早期测量结果的主要缺点包括电子频率响应受限、传感器空间平均以及设施噪声和振动。在一些空气动力学测量中，研究人员采用了一种带有小针孔的盖子，以提高传声器的空间分辨率。由于传声器和孔之间的空气体积，响应受限于亥姆霍兹共振。Blake[28,79]发表了针孔式传声器的测量结果，共振频率为 17000Hz。Farabee 和 Cassarella[87]提供了一些低频下最明确的测量结果。Goody[93]提供了更多的测量结果，并审查了许多研究者在航空设施和水设施中进行的测量，发现了与长度标尺度（包括 δ、δ^* 和 υ/U_τ）基本一致。

图 2-16 以无量纲形式绘制了壁面脉动压力的双侧（见第 1 卷 1.4.4.1 节和式（1.34b））自谱密度：

$$\Phi_{pp}(\omega)\frac{U_\infty}{q_\infty^2\delta^*}\text{与}\frac{\omega\delta^*}{U_\infty}$$

多源的结果基本一致，各结果都显示了摩擦速度以及传声器直径与边界层位移厚度之间的比值 d/δ^*。在所有情况下，U_τ/U_∞ 几乎相同，但传声器直径与边界层位移厚度的比值相差 3 倍。当 $\omega d/U_\infty \sim 1.2$ 时，空间平均效应变得很重要（见 2.4.5 节）。对于 $d/\delta^*=0.4$、0.3 和 0.1，频率分别出现在 $\omega\delta^*/U_\infty \sim$ 3、4 和 12 处。见图 2-15，传感器对压力谱高频部分的影响相当大，详见第 1 卷 3.1.2 节。

在波音 737 型飞机[94]表面进行了压力脉动测量。测量方式与更理想化实验室工作中使用的方式十分相似。传声器直径和边界层厚度的比值（d/δ^*）与 Bull[82]的结果类似。壁面压力无量纲自谱也与图 2-16 所示的 Bull[82]无量纲自谱非常相似。随后 Palumbo[95]对空间相关函数进行了测量。

频率 $\omega\delta/U_\infty<1$ 时，壁面压力谱随着频率的增加而增加。Farabee 和 Casarella[87]在安静风洞的测量中，这一现象尤为明显。还存在一个中间频率范围，在此范围观测到了 $\omega^{-0.7}$依赖性，该频率范围大致延伸至 $\omega\delta^*/U_\infty\sim10$（或 $\omega\delta/U_\infty\sim100$）。在更高频率下，观察到了更明显的频率降低。这种现象符合图 2-15 所示趋势。

图 2-15 显示了基于理论和式（2.43）预测的低频下谱级降低，Bull[82]、Blake[28,79]特别是 Farabee 和 Cassarella[87]进行了观察，但很难通过测量结果来表示。总体而言，数据表明，在 $\omega\delta^*/U_\infty<0.1$ 范围内，设施中的背景噪声和自由流湍流水平、测试表面振动、表面边界层上的曲率和压力梯度，以及上游历史（收缩、脱落等）都会影响低频壁面压力。在没有设施背景噪声影响的情况下，Bull[82]的测量值可扩展至 $\omega\delta^*/U_\infty=0.02$。Hodgeson[96]在滑翔机机翼上的低频测量结果显示了平坦的谱，低至 $\pi\delta^*/U_\infty=0.1$。在此实验项目中，Hodgeson 发现[97]，早期的测量结果受到边界层中逆压梯度的影响，而且逆压梯度还造成了边界层中压力梯度观测值的大幅增加，以及低频下压力观测值随频率的大幅增加（另见 2.5.2 节）。

Serafini[98]表明，造成这种现象的原因不仅可能是声学背景噪声，而且还可能是设施中流体的上游历史。他表示，当马赫数保持在 0.6 时，低频压力脉动为 $\omega\delta^*/U_\infty=0.002$，改变了风洞中的测量位置，$\delta^*$ 从 0.047 英寸增加至 0.321 英寸。在频率范围 $0.05>\omega\delta^*/U_\infty>0.5$ 内，可以利用 δ^* 和 U_∞ 无量纲化自谱密度，但这些无量纲化谱减少至（$\omega\delta/U_\infty$）$^{-1}$。同样，Blake 和 Maga[99]通过实验证明了这种影响，即出现前缘分离的平滑支撑翼型。在距离分离区 20δ 以上的位置，压力谱增强了 0.02。对于翼型的各种迎角，$\omega\delta^*/U_\infty>1$。最后，自由流湍流强度测量值$\overline{u_1^2}^{1/2}/U_\infty$ 通常较低：0.0012（Schloemer[100]）、0.0006（Willmarth 和 Wooldridge[88,90,101]）、0.00025（Bull[82]），0.001（Blake[28,79]）、0.01~0.02（稍高一点，Serafini[98]）。在 Farabee 和 Casarella[87]的测量中，自由流湍流水平的测量值约为壁面附近值的 1/10，具体取决于鼓风机脉动。值得注意的是，他们[102]成功从预期湍流和压力信号中去除了相干低频速度和压力噪声（噪声消除）。

图 2-17 以无量纲形式显示了光滑壁和粗糙壁的压力谱密度，作为 τ_w^2 的函数。请注意，对于图示情况，δ/δ^* 的范围为 6~10。当 $\omega\delta^*/U_\infty<3$ 时，外变量

的无量纲函数似乎可以表征这两种壁面类型的压力谱。光滑壁谱表明，当 $\omega\delta^*/U_\infty$ 为 0.4~8.0 时，几乎存在 $\omega^{-0.7}$ 依赖性，而在较高频率下，谱大约减少至 ω^{-5}。频率依赖性与图 2-14 和图 2-15 所示的预测行为非常相似。对于光滑壁，依赖性出现变化的频率预计高于 $\omega\delta/U_\infty \sim 100$，这一点与 $\omega\delta^*/U_\infty = 10$ 大致匹配。此外，在 0.2~0.3（$\omega\delta/U_\infty \sim 2$）范围内，预计在接近 $\omega\delta^*/U_\infty$ 时，谱出现最大值，通过测量得到了证实。当 $\omega\delta^*/U_\infty$ 大于 10（$\omega\delta/U_\infty \sim 100$）时，预计光滑壁内变量缩放变得重要，因为亚层附近的对流涡流在此方面影响较大。图 2-18 显示了 Blake[28]、Emmerling 和 Meier[103]、Emmerling[104] 和 Schewe[105] 测量结果的比较（在内变量中重整化）。随着雷诺数的增加，$\omega v/U_\tau^2<0.1$ 以下的谱级均匀增加。在较大无量纲频率（>0.1）下，结果似乎很明确，并与 Bull[106] 基于管壁测量结果推导得出的上限一致。将 Emmerling[104] 和 Schewe[105] 的 U_τ 测量值增加 1.05，并将 Blake 的 U_τ 测量值减少 0.95，可在一定程度上减小高频下两个测量值之间的差异。U_τ 存在 5%不确定性的概率较大，但高频压力的绝对值似乎呈现出 U_τ^8 对 U_τ 的依赖性。因此，在此频率范围内，比较结果对于 U_τ 的不确定性很敏感。通过所有研究，在 $0.1<\omega v/U_\tau^2<0.5$ 的范围内近似 ω^{-1} 幂律行为。总之，通过比较图 2-15、图 2-16 和图 2-17，内变量缩放

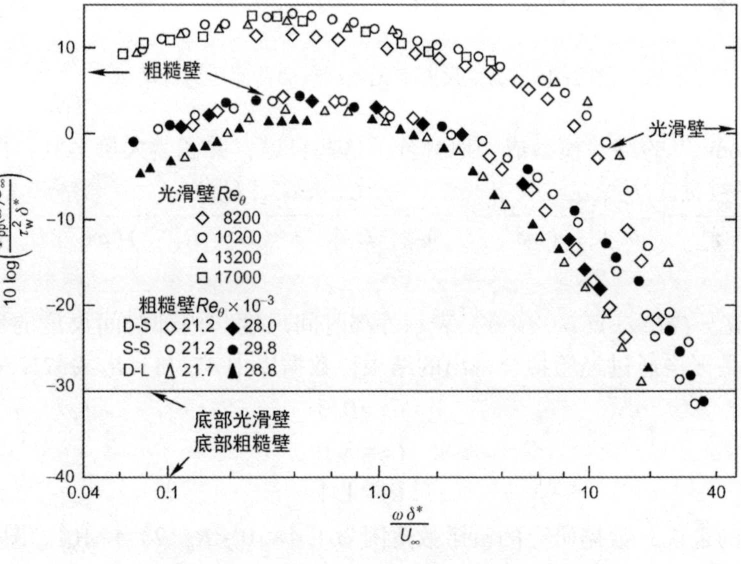

图 2-17　光滑壁和粗糙壁上的壁压谱

（资料来源：Blake WK. Turbulent boundary layer wall pressure fluctuations on smooth and rough walls. J Fluid Mech 1970，44：637-60. 注意，粗糙和光滑墙壁之间存在 10dB 偏移，以便区分）

$$\left[\frac{\Phi_{pp}(\omega)}{\tau_w^2}\right]\left(\frac{U_\tau^2}{v}\right)与\frac{\omega v}{U_\tau^2}$$

描述了当 $\omega v/U_\tau^2>0.5$ 时的高频压力谱，外变量缩放

$$\left[\frac{\Phi_{pp}(\omega)}{\tau_w^2}\right]\left(\frac{U_\infty}{\delta^*}\right)与\frac{\omega\delta^*}{U_\infty}$$

描述了当 $\omega\delta^*/U_\infty<2$ 时的低频谱。

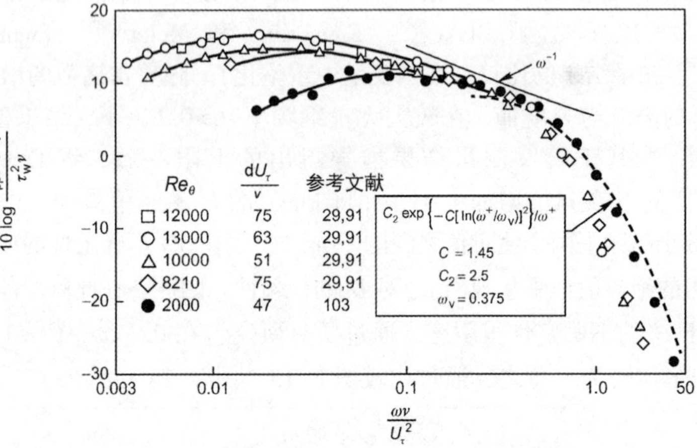

图 2-18　黏性尺度上无量纲点的壁面压力脉动谱

Goody[93]的经验模型成功地融合了这些自谱，并涵盖大量案例，得

$$\frac{\Phi_{pp}(\omega)}{\tau_w^2}\left(\frac{U_\infty}{\delta}\right)=\frac{C_2\ (\omega\delta^*\mid U_\infty)^2}{[\ (\omega\delta^*\mid U_\infty)^{0.75}+C_1]^{3.7}+[\ (C_3\cdot R_T^{-0.57})\ (\omega\delta^*/U_\infty)\ ]^7} \tag{2.57}$$

式中：$R_T=(\delta U_\tau/v)(U_\tau/U_\infty)$，表示外部时间尺度与内部时间尺度的比值，其他系数是严格通过经验拟合得出的结果，数据库中 $47.11\leqslant R_T\leqslant 371.56$：

$$C_1=0.5$$

$$C_2=3.0$$

$$C_3=1.1$$

总的来说，数据研究的雷诺数范围为 $1.4\times10^3<R_\theta<23.4\times10^4$。图 2-19 展示了式（2.57）与 Blake[28] 以及 Farabee 和 Casarella[87] 实验结果的一致性。

鉴于壁剪应力似乎设定了速度脉动水平，根据理论预测，壁剪应力可用于确定压力谱密度级近似值。此外，某点处低频压力以及目前所看到的边界层压力总长度尺度都取决于 δ 或几乎等效的 δ^*。

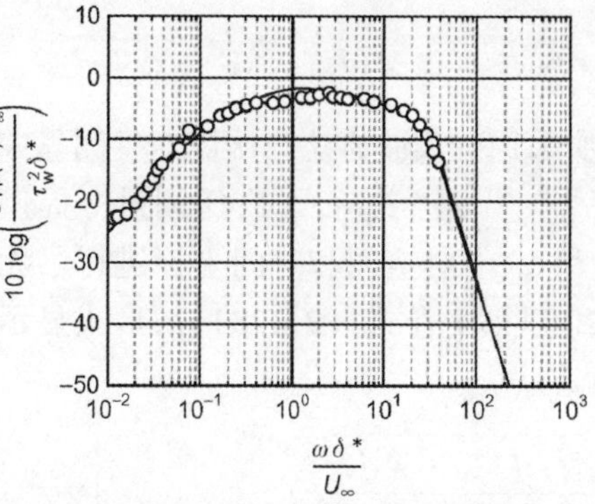

(a) Farabee和Casarella[87]，R_θ=3386，R_T=45.3

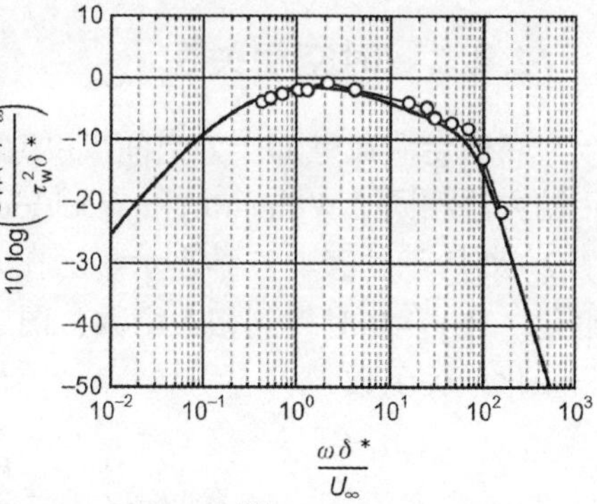

(b) Blake[28]，R_θ=3200，R_T=119.7

图 2-19　测量值比较

（式（2.51）与（b）Blake[28]（$R_T = 119.7$）和（a）Farabee 和 Casarella[87]（$R_T = 45.3$）测量值的比较，校正了所有填充点，获得了传感器尺寸平均值）

Smol'yakov[41]提出了另一种模型，允许通过一系列基于雷诺数的参数完成频率的黏性缩放。构成 Smol'yakov[41]模型的一组关系如下，令 $\omega_0 = 49.35/R_\theta^{-0.88}$，其中 $R_\theta = \theta U/v$：

$$\frac{\Phi_{pp}(\omega)U_\tau^2}{\tau_w^2 v} = 1.49\times10^{-5}R_\theta^{2.74}\left(\frac{\omega v}{U_\tau^2}\right)^2\times\left(1-0.117R_\theta^{0.44}\left(\frac{\omega v}{U_\tau^2}\right)^{1/2}\right),\ \frac{\omega v}{U_\tau^2}<w_0$$

$$\frac{\Phi_{pp}(\omega)U_\tau^2}{\tau_w^2 v} = 2.75\left(\frac{\omega v}{U_\tau^2}\right)^{-1.11}\times\left(1-0.82\exp\left(-0.51\left(\frac{\omega v}{U_\tau^2\omega_0}-1\right)\right)\right),\ \omega_0<\frac{\omega v}{U_\tau^2}<0.2$$

$$\frac{\Phi_{pp}(\omega)U_\tau^2}{\tau_w^2 v} = \left(38.9\exp\left(-8.35\frac{\omega v}{U_\tau^2}\right)+18.6\exp\left(-3.58\frac{\omega v}{U_\tau^2}\right)+0.31\exp\left(-2.14\frac{\omega v}{U_\tau^2}\right)\right)\times\cdots\times\left(1-0.82\exp\left(-0.51\left(\frac{\omega v}{U_\tau^2\omega_0}-1\right)\right)\right),\ \frac{\omega v}{U_\tau^2}>0.2 \tag{2.58}$$

可利用相应的一系列分析表达式进行空间统计，特别是波数谱，详见第 2.4.3 节。

2.4.2 时空相关性

在确定湍流壁面压力空间尺度时，所采用的实验方法与湍流速度测量中使用的方法相同。Willmarth 和 Wooldridge[88-90,101] 最先进行了广泛测量，提供了图 2-20 所示的经典三维表示。已在 U_∞ 和 δ^* 中对空间和时间坐标进行了无量纲化。在 $r_3=0$ 时得到相关函数，图 2-20 以第 1 卷式（2.128）的形式显示了归一化相关函数

$$R_1(r_1,0,\tau)=\frac{\overline{p(\boldsymbol{x}+r_1,t+\tau)p(\boldsymbol{x},t)}}{\overline{p^2}}$$

这种相关性显示了沿(r_1,τ)轨迹的滑雪坡特性，这种轨迹常见于湍流的时空统计。由于(r_1,τ)沿几乎恒定的 U_c/U_∞（对于光滑壁，≈0.8）线增加，动轴相关性随靠近壁面处较小涡流结构的衰减而降低。2.3.2.3 节和图 2-13 提供了根据 $R_{pp}(r_1,r_3,0)$ 和 Bull[82] 确定的空间等相关线，速度和压力关于 $\boldsymbol{r}=0$ 对称。已结合分析推导讨论了图 2-13，结果表明压力的空间特性与各向同性之间的偏差较大。根据 2.3.2.3 节，r_1 方向的对流增强了高波数或小尺度湍流结构的重要性，所以压力相关性在 r_3 方向延长。图 2-19 还显示了沿着 $r_1<0$（并且较小）和 $\tau>0$ 轨迹的次级脊。实际上，此脊取决于：

$$\tau_{\mathrm{m}}=-\frac{r_1}{c_0} \tag{2.59}$$

并且归因于以下现象造成的声污染：风洞背景噪声在上游（与流向相反）传播，这属于封闭风洞设施中的典型现象。

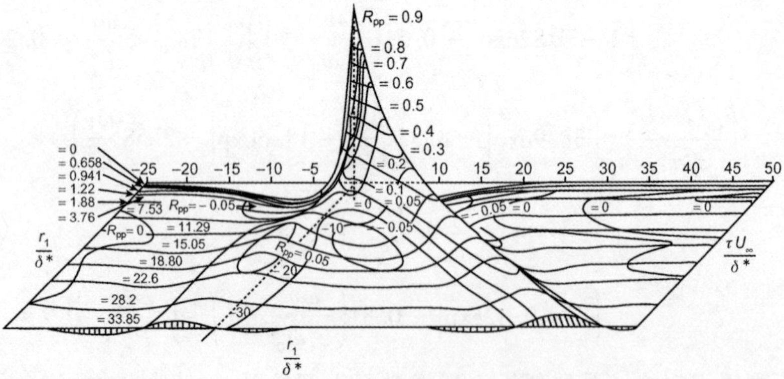

图 2-20　利用光滑壁上的数据，以三维方式显示的壁面压力纵向时空相关性[101]

在图 2-13 中，当$|r_1/\delta^*|>4$时，空间相关性$R_{pp}(r_1,0,0)$取负值。从历史上看，这种符号的变化对于边界层声辐射的预测具有非常特殊的意义，因为大分离时的相关性转化为低波数贡献。根据第 3 章“阵列与结构对壁湍流和随机噪声的响应”，水声应用中的辐射噪声取决于波数（远小于对流湍流宏观尺度倒数）谱级。利用$\varphi_1(k_1)$获得这些谱级的近似值，$\Phi_1(k_1)$是归一化流向相关函数$R_{pp}(r_1,0,0)\approx R_{pp}(r_1-U_c\tau)$在动轴变量$(r_1-U_c\tau)$上的傅里叶变换。$R_{pp}(r_1,0,0)$负尾部在小$r_1$处趋向于抵消正值对积分的贡献，从而降低小波数（即在$k_1=0$的极限内）下的净谱级。

如果壁面具有分布式粗糙度，壁面压力宽带时空相关性（如在U_∞和δ^*中以无量纲形式表示）对壁粗糙度的敏感性不高。图 2-21 显示了光滑壁和粗糙壁$R_{pp}(r_1,0,\tau)$，表示方式类似于第 1 卷图 3-22（注意，对于光滑壁，δ/δ^*范围为 6~10，对于粗糙壁，δ/δ^*范围约为 4）。光滑壁上压力的对流速度略高于粗糙壁，反映了粗糙壁附近平均速度的降低，如式（2.2）中的B所示。有人提出[28]，我们可以写出

$$\frac{\Delta U_c}{U_\tau}=\left(\frac{U_c}{U_\tau}\right)_{光滑}-\left(\frac{U_c}{U_\tau}\right)_{粗糙}=\left(\frac{1}{\kappa}\right)\ln\left(\frac{k_s U_\tau}{v}\right)$$

已知$\pi\delta^*/U_\infty$，式中k_s表示水动力粗糙度高度[1,8]。由于动轴相关性

$$R_{pp}(\tau U_c=r_1,0,\tau)=R_m(\tau) \tag{2.60}$$

（另见第 1 卷式（3.88））受粗糙度的影响不大，所以宽带扰动的寿命基本上不受粗糙度的影响。但是，由于涡流场对流速度降低$\Delta U_c/U_\tau=f(k_s U_\tau/v)$，相关距离也随之大大缩短（图 2-21）。

因此，在表示空间解相关效应的互谱密度中，壁面粗糙度的相关现象存在较大差异。使用在第 1 卷 3.7.2.2 节所述表示法（适用于描述速度互谱），即绘制

$$\frac{\Phi_{pp}(r_1,0,\omega)}{\Phi_{pp}(\omega)}=A(k_c r_1)与\frac{\omega r_1}{U_c}$$

对于横向互谱函数，$\Phi_p(0,r_3,\omega)$与$\omega r_3/U_c$——图 2-22~图 2-24 显示了互谱密度函数和对流速度。首先，我们注意到，Willmarth 和 Woolridge[89,101]、Bull[82]以及 Blake[28]测得的光滑壁上压力互谱密度基本一致，反映了速度脉动行为。互谱密度的这种表示法描述了距离r_1处对流波数$k_c=\omega/U_c$扰动相干性损失。这具有一个物理意义，即涡流扰动失去了其特性，在光滑壁上$r_1\sim18/k_c$和$r_3\sim3/k_c$的距离处，以及在粗糙壁上$r_1\sim7/k_c$的距离处，压力级降低至初始值的 1/10。此外，由于平均速度中缺陷的增加，对流速度降低，并转移至频域中行

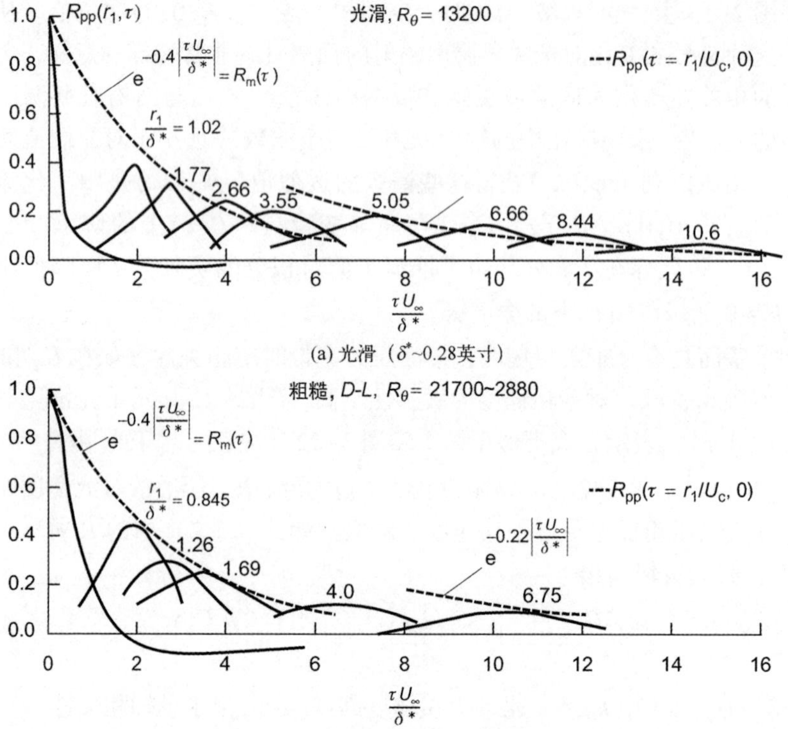

(a) 光滑（δ^*~0.28英寸）

(b) 粗糙（δ^*~0.6英寸）

图 2-21　壁上压力的时空相关性

（资料来源：Blake WK. Turbulent boundary layer wall pressure fluctuations on smooth and rough walls. J Fluid Mech 1970，44：637-60.）

为。在低频时，相对流速度随频率降低。这种现象表明了剪切层湍流的轻微分散性（由 Landahl[67,208] 开展讨论、Efimtsov[112] 建模、Leclercq 和 Bohineust[108] 进行测量）。

Priestly[109] 在大气边界层下测得的地面压力与刚才讨论的压力不一致（另见 2.5.4 节）。

对于粗糙壁，Aupperle 和 Lambert[110] 的互谱与图 2-21 所示的基本一致。这些结果是在 $k_g U_\tau/v$ 近似范围（120~1300）内获得，对应于 $k_s U_\tau/v$（约为 600~4000），但其粗糙元不如 Blake[28] 的结果那样密集。当 $k_g U_\tau/v$~1300 时，Aupperle 和 Lambert[110] 发现，由于个别粗糙元附近的局部扰动，在一定程度上缺乏 $\omega r_1/U_c$ 相似性。

根据第 3 章“阵列与结构对壁湍流和随机噪声的响应”，使用第 1 卷式（3.93）~式（3.95）可分离形式的壁压函数表达式来制定振动响应是有用

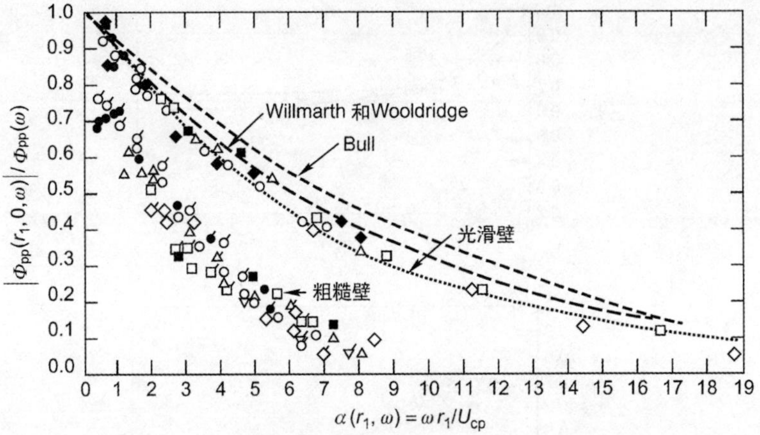

图 2-22　光滑壁和粗糙壁的归一化纵向互谱密度

（针对 r_1/δ^* 的光滑壁点：○，1.77；○，2.67；△，3.55；□，8.41；◇，14.2。针对 r_1/δ^* 的（S-S）粗糙壁点；○，0.914；△，1.828；◇，4.33；□，7.4。针对 r_1/δ^* 的（D-L）粗糙壁点；○，0.845；△，1.23；□，1.69；◇，4.0；▽，6.75。开放点：124 英尺/s；封闭点：164 英尺/s。SS：$k_g U_\tau/_v \approx 178$，DL：$k_g U_\tau/ \approx 321$（Blake[28]））

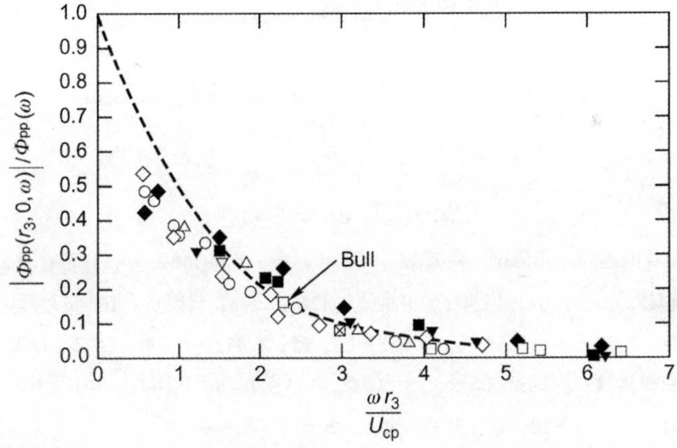

图 2-23　光滑壁和粗糙壁的归一化横向互谱密度幅值

（针对 r_3/δ^* 的光滑壁点：○，1.77；△，3.55；■ 8.41。针对 r_3/δ^* 的（S-S）粗糙壁点：○，0.196；◇，4.03。针对 r_3/δ^* 的（D-L）粗糙壁点：◇，0.845；□，1.23；▽，1.69。开放点：124 英尺/s；封闭点：164 英尺/s（Blake[28]））

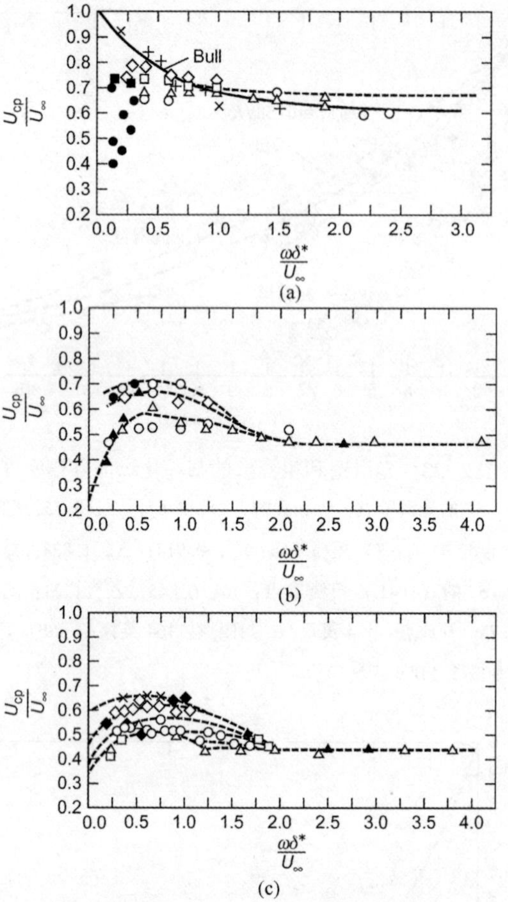

图2-24　相对流速度

((a) 相对流速度。光滑壁。组速度：126英尺/s、r_1/δ^*值：+，1.77；●，8.41；●，14.2；164英尺/s：x，2.67。相速度：开放点：126英尺/s；封闭点：164英尺/s。r/δ^*值：+○，1.77；●，1.78；▲，2.67；△，3.55；□，■，8.41；◇，◆，14.2（Blake[28]）。

(b) 相对流速度。粗糙壁（S-S）。开放点：124英尺/s；封闭点：164英尺/s。r_1/δ^*值：▲，△，0.914；○，1.828；◇，4.33；●.，●.7.4（Blake[28]）。

(c) 相对流速度。粗糙壁（D-L）。开放点：124英尺/s；封闭点：164英尺/s。r/δ^*值：▲，△，0.845；○，1.23；□，1.69；●.，2.32；◆，◇，4.0；×，6.75（Blake[28]））

的。在进行频率响应计算（使用基于有限元的模型传递函数）时，相关函数特别有用。Corcos[111]最先将此类表示法用于互谱密度。对于壁面压力，这种表示法使用简单的指数，表示单独的r_1和r_3方向上的相关性，因此

$$\Phi_{pp}(r_1,r_3,\omega)=\Phi_{pp}(\omega)\mathrm{e}^{+\mathrm{i}\omega r_1/U_c}A\left(\frac{\omega r_1}{U_c}\right)B\left(\frac{\omega r_3}{U_c}\right) \tag{2.61}$$

或者采用指数函数来表示测量结果

$$\Phi_{pp}(r_1,r_3,\omega)=\Phi_{pp}(\omega)\mathrm{e}^{-\gamma_1|\omega r_1/U_c|}\mathrm{e}^{-\gamma_3|\omega r_3/U_c|}\mathrm{e}^{+\mathrm{i}\omega r_1/U_c} \tag{2.62}$$

式中：对于光滑壁，$\gamma_1=0.116$；对于粗糙壁，$\gamma_1=0.32$；对于光滑壁和粗糙壁，$\gamma_3=0.7$。γ_1值与根据图 2-9 可推断出的值一致。这些表示依赖于频率的相关长度：

$$\frac{\Lambda_i}{\delta}=\left|\frac{U_c}{\omega\delta}\right|\frac{1}{\gamma_i}$$

Efimtsov[112] 针对上述 Corcos 相关模型提出了修正，与 Bhat[94] 和 Palumbo[95] 的飞行试验数据一致。在校正过程中，Efimtsov 利用摩擦速度 U_τ/U_∞ 将相关长度表征为频率和平均阻力的函数。由此可得

$$\frac{\Lambda_1}{\delta}=\left[\left(\frac{a_1\omega\delta/U_\tau}{U_c/U_\tau}\right)^2+\frac{a_2^2}{(\omega\delta/U_\tau)^2+(a_2/a_3)^2}\right]^{-1/2} \tag{2.63a}$$

流向和

$$\frac{\Lambda_3}{\delta}=\left[\left(\frac{a_4\omega\delta/U_\tau}{U_c/U_\tau}\right)^2+\frac{a_5^2}{(\omega\delta/U_\tau)^2+(a_5/a_6)^2}\right]^{-1/2},\quad M<0.75 \tag{2.63b}$$

或者

$$\frac{\Lambda_3}{\delta}=\left[\left(\frac{a_4\omega\delta/U_\tau}{U_c/U_\tau}\right)^2+a_7^2\right]^{-1/2},\quad M>0.9 \tag{2.63c}$$

式中：$a_1\sim a_7$ 分别为 0.1、72.8、1.54、0.77、548、13.5 和 5.66，由 Graham[113]引用，提供了机体振动的相关计算模型的综合比较结果。在低马赫数情况下，光滑壁上这些值接近 $\omega\delta/U_c\sim10$ 附近的“Corcos”值。

在探讨波数谱时，将在 2.4.3 节介绍互谱密度的其他模型。

2.4.3　壁面压力波数谱

2.4.3.1　“Crcos”结果

声音和结构响应的估算方法之一是使用波数谱 $\Phi_{pp}(\boldsymbol{k},\omega)$，相关方法参见第 3 章“阵列与结构对壁湍流和随机噪声的响应”。Corcos 设计了一种基于波数的壁面压力统计空间内容表示法，以对自谱进行正式校正，从而限制传声器尺寸。如今，他的这一贡献已被表示为波数上的“Corcos”谱[111]。旨在获得该函数的一阶近似值，至少在接近 $k_1=\omega/U_c$时有效（通过上述式（2.55）和

式（2.56）的傅里叶变换进行确定）。得出该形式的波数谱：

$$\Phi_{\mathrm{pp}}(\boldsymbol{k},\omega)=\Phi_{\mathrm{pp}}(\omega)\phi_1(k_1)\phi_3(k_3)\phi_{\mathrm{m}}\left(k_1-\frac{\omega}{U_{\mathrm{c}}}\right) \tag{2.64}$$

进行傅里叶变换后得

$$\Phi_{\mathrm{pp}}(\boldsymbol{k},\omega)=\left[\frac{\Phi_{\mathrm{pp}}(\omega)}{\pi^2}\right]\gamma_1\gamma_3\left(\frac{\omega\delta^*}{U_{\mathrm{c}}}\right)^2(\delta^*)^2$$
$$\left\{\left[\left(\frac{\gamma_3\omega\delta^*}{U_{\mathrm{c}}}\right)^2+(k_3\delta^*)^2\right]\left[\left(\frac{\gamma_1\omega\delta^*}{U_{\mathrm{c}}}\right)^2+\left(k_1\delta^*-\frac{\omega\delta^*}{U_{\mathrm{c}}}\right)^2\right]\right\}^{-1} \tag{2.65a}$$

有效性极限取决于 $A(\omega r_1/U_{\mathrm{c}})$ 和 $B(\omega r_3/U_{\mathrm{c}})$ 的测量精度和空间域：

$$0.3k_{\mathrm{c}}<k_1<15k_{\mathrm{c}},k_{\mathrm{c}}<k_3<15k_{\mathrm{c}}$$

在采用 $\Lambda_i/\delta^*=U_{\mathrm{c}}/(\gamma_i\omega\delta^*)$ 替代由 Corcos 值或式（2.63）给出的积分尺度后，可得到与 Corcos 或 Efimtsov 相关函数一致的波数谱：

$$\Phi_{\mathrm{pp}}(\boldsymbol{k},\omega)=\left[\frac{\Phi_{\mathrm{pp}}(\omega)}{\pi^2}\right]\frac{\Lambda_1\Lambda_3}{[1+(k_3\Lambda_3)^2][1+(k_1-(\omega/U_{\mathrm{c}}))^2\Lambda_1^2]} \tag{2.65b}$$

式（2.65）具有在接近 $k_1=k_{\mathrm{c}}=\omega/U_{\mathrm{c}}$ 和 $k_3=0$ 时出现局部最大值的预期特性，见图 2-16。此外，该式还满足 $\Phi_{\mathrm{pp}}(\boldsymbol{k},\omega)=\Phi_{\mathrm{pp}}(-\boldsymbol{k},-\omega)$。

根据原始 Corcos 相关模型，由于光滑壁上 $\gamma_3/\gamma_1\sim6$ 以及粗糙壁上 $\gamma_3/\gamma_1\sim3$，相对于沿主轴的 k_1，k_3 轴，常数 ω/U_{c} 下 $\Phi_{\mathrm{pp}}(\boldsymbol{k},\omega)$ 的形状似乎具有椭圆的一般特征。还需注意对称条件，对称条件也属于一般条件。

$$\Phi_{\mathrm{pp}}(\boldsymbol{k},\omega)=\Phi_{\mathrm{pp}}(-\boldsymbol{k},-\omega)$$

和

$$\Phi_{\mathrm{pp}}(k_1,\ k_3\ \omega)\neq\Phi_p(-k_1,\ k_3\ \omega)$$

以及

$$\Phi_{\mathrm{pp}}(k_1,\ k_3\ \omega)=\Phi_{\mathrm{pp}}(k_1,\ -k_3\ \omega)$$

在粗糙壁 γ_1 较大的情况下，相较于 k_3 依赖性相比，粗糙壁上 k_1 依赖性更为广泛，即椭圆度较小。最后，图 2-25 所示 k_0/k_{c} 之比大致相当于气动测量中的典型值，即 1.0~10。

2.4.3.2　基于综合理论的谱模型

早期的理论发展仅得出了有关 $\Phi_{\mathrm{pp}}(\boldsymbol{k},\omega)$ 和 $\Phi_{\mathrm{pp}}(\omega)$ 的近似定性信息。为了进一步完善，需要纳入式（2.29）和式（2.43）中源项（如 $\widetilde{S}_{ij}$）的详细信息。为实现这一目标，进行了多次尝试。最早作品发表后，Lilley[52-53] 紧随其后发表了作品，但其作品采用了指数或高斯函数代替了相关函数 $R_{22}(y_2-y_2')$。

Lilley 结果仅适用于接近 $k_1=\omega/U_c$ 的波数，并依赖于 $\Lambda_2 \propto y_2$ 的假设。

图 2-25 提供了 k_1，ω 等值线实例

$$\Phi_{pp}(k_1,\omega)=\int_{-\infty}^{\infty}\Phi_{pp}(k_1,k_3,\omega)\,dk_3$$

显示了 $\Phi_{pp}(k_1,\omega)$ 为最大值时的 $\omega\delta^*/U_\infty$ 与 $k_1\delta^*$ 预期轨迹。该轨迹是图 2-20 所示相关函数 (r_1,τ) 的模拟 (k_1,ω)，定义了以 $0.55<U_c/U_\infty<0.85$ 为界限的对流速度，在高频下观察到下限。当 $\omega\delta^*/U_\infty\approx 0.2$ 时，谱出现绝对最大值。图 2-25 所示 Wills[114] 结果也证实了接近 $\omega/U_c=k_1$ 的波数谱宽度为 $\Delta k_1\approx 0.2(\omega/U_c)$ 阶，但随 k_1 的增加而增加。这种现象无疑与接近壁面时湍流动轴谱的展宽有关（图 2-7）。

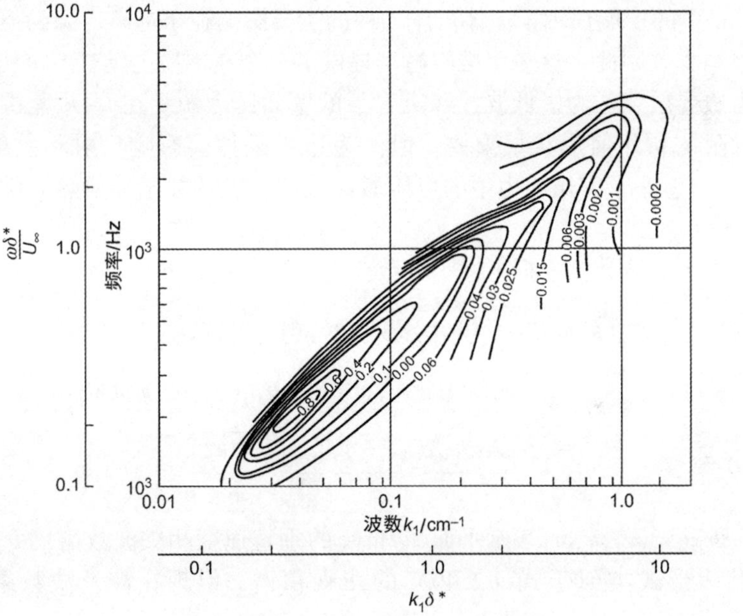

图 2-25　$\Phi_{pp}(k_1,\omega)$ 等值线图

（资料来源：Wills JAB. Measurements of wave number/ phase velocity spectrum of wall pressure beneath a turbulent boundary layer. J Fluid Mech 1970，45：65-90[114]. ）

在一系列相关论文中，Chase[34,39,62-63,115] 完全放弃了上述采用的许多简化方法，包括全功能可分离性、线性湍流-平均剪应力相互作用的主导性，以及稳定对流。Chase 将 $\langle \boldsymbol{S}_{ij}\boldsymbol{S}_{kl}^* \rangle$ 类型的四阶总体均值纳入壁面压力波数谱的形成过程，并相应引入跨波数耦合非线性物理机制，由此得到了低波数下更符合物理实验结果的谱。这种模型似乎更符合当代射流噪声方法，但仍然只针对低马赫

数下的壁界源。在后续论文[35,40,116]中，他扩展了相关结果，用以估计壁剪应力脉动的影响。壁面压力理论结果[34]适用于从 $k_1 \leqslant k_0$ 到 $k_1 \gg \omega/U_c$ 的宽波数范围。其谱模型的起点是式（2.28）和式（2.29）的组合：

$$\widetilde{p}(0,\boldsymbol{k},\omega) = \mathrm{i}\int_{-\infty}^{\infty} [\kappa_i(\kappa_j \boldsymbol{T}_{ij}(y_2,\boldsymbol{k},\omega)) + 2\mathrm{i}k_1 U'(y_2)u(y_2,\boldsymbol{k},\omega) \frac{\exp(+\mathrm{i}y_2\sqrt{k_0^2-k^2})}{\sqrt{k_0^2-k^2}}\mathrm{d}y_2 \tag{2.66}$$

并且式（2.29）给出了 $\boldsymbol{T}_{ij}(y_2,\boldsymbol{k},\omega)$。式（2.66）类似于第 1 卷式（3.75a），其中允许由式（2.25）得出，但此处只针对近场解，所以从第 1 卷式（2.54）跳转到第 1 卷远场式（2.58）是不合适的。在所考虑的低马赫数下，Bergeron[68]的扩展揭示了流体可压缩性的主要影响在于远离声源的声传播，而非声源本身。因此，这表明推测模型提供了一个在本质上具有不可压缩性的湍流应力边界层，作为极低波数和声音下的壁面压力源。在 $k \sim k_0$ 范围内，承流基底的阻抗和几何形状很重要，但作为边界条件会影响反射和散射。因此，Chase[34,63]忽略了雷诺应力中的可压缩性效应，以及关于经典热力学效应的源机制。

壁面压力波数谱根据上述平方数获得，其形式如下：

$$\begin{aligned}\boldsymbol{\Phi}_{\mathrm{pp}}(\boldsymbol{k},\omega) = \int_0^{\infty}\mathrm{d}y_2\int_0^{\infty}\mathrm{d}y_2'[&\boldsymbol{\Phi}_{ij,kl}(y_2,y_2',\boldsymbol{k},\omega) + \\ &4\rho^2 k_1^2 U'(y_2)U'(y_2')\boldsymbol{\Phi}_{2,2}(y_2,y_2',\boldsymbol{k},\omega)]\cdots \\ &\frac{\exp(+\mathrm{i}(y_2+y_2)\sqrt{k_0^2-k^2})}{|k_0^2-k^2|}\end{aligned} \tag{2.67}$$

式中：$\boldsymbol{\Phi}_{22}(y_2,y_2',\boldsymbol{k},\omega)$表示平面 y_2 和 y_2' 的垂直速度相关波数谱；$\boldsymbol{\Phi}_{ij,kl}(y_2,y_2',\boldsymbol{k},\omega)$代表形式类似于式（2.40）的四乘积谱，但现在涉及波数乘积结合，可得

$$\boldsymbol{\Phi}_{ij,kl}(y_2,y_2',\boldsymbol{k},\omega) = \langle \kappa_i(\kappa_j \widetilde{T}_{ij}(y_2,\boldsymbol{k},\omega))\kappa_k(\kappa_l \widetilde{T}_{kl}^*(y_2',\boldsymbol{k},\omega))\rangle \tag{2.68}$$

注意 ij,kl 和波数乘积 $\kappa_i\kappa_j\kappa_k\kappa_l$ 的单独求和。在缺乏资料考虑张量单个元素的情况下，我们继续考虑和的净效应。可以将张量各个元素相加后的整体效应有效简化为 2.3.2.3 节已研究过的一种形式，如

$$\boldsymbol{\Phi}_{ijkl}(y_2,y_2',\boldsymbol{k},\omega) = [\overline{u_1^2}(\sqrt{y_2y_2'})]^2 \frac{\phi(\sqrt{y_2y_2'},\boldsymbol{k}\sqrt{y_2y_2'},\omega)}{(y_2y_2')^2} \tag{2.69}$$

在哲学方面，这种方法也与射流噪声模型使用的方法一致（参见第 1 卷 3.7.2.3 节），但此处将基于壁剪流进行调整。为此，我们将指定指示的统计

变量，这取决于与壁面的几何平均距离 $\sqrt{y_2 y_2'}$，以及按 $1/\sqrt{y_2 y_2'}$ 的比例缩放的波数。这些点被公认为是早期应用概念的延伸，更具体地说是用于平均剪应力-湍流相互作用源。这些变量的具体函数源自对数区剪切层属性的代表性“拟合”，以及 Morrison 及其同事[75,85-86]给出的湍流结构波函数解释。作为进行概括的一种方法，但不是唯一的方法，Chase[62,115]使用了湍流的不稳定对流概念，即对流速度被视为平均值加上波动量。这适用于湍流的不稳定对流，湍流方向不局限于与流向平行的方向。不稳定对流的概念并不算是新概念，Lin[117]、Lumley[118]以及 Fisher 和 Davies[119]均研究过。这种更通用方法的优势在于，允许流体在平行于壁面的平面上运动，从而在流向上提供中高轨迹速度，在低波数 k_1 下提供压力。更为通用理论的结果是适用于整个波数范围（$k_1 \sim \delta^{-1}$ 到 $k_1 > \omega/U_c$）的谱函数。例如，对于一般用途，该模型在雷诺数和压力梯度方面的限制是，需要设置用于统计量化的经验系数。在此情况下，该模型经受住了时间的考验，正如我们所看到的，该模型与过去 20 年收集的所有可用测量结果高度一致。最后，如前所述，从广义上讲，Chase 方法与 Goldstein 和 Howes[74]的更通用方法以及射流噪声源模型（详见第 1 卷 3.7.2.3 节和第 1 卷 3.7 节）使用的其他方法有些相似。

Chase[34]的谱最终结果：

$$\frac{\Phi_{pp}(\boldsymbol{k},\omega)U_\infty}{\tau_w^2\delta^3}=\frac{(U_\infty/U_\tau)(1/\delta^3)}{[K_+^2+(b\delta)^{-2}]^{5/2}}\left[C_M\left(\frac{k}{|K_c|}\right)^2 k_1^2+\left[c_2\left(\frac{|K_c|}{k}\right)^2+c_3\left(\frac{k}{|K_c|}\right)^2+(1-c_2-c_3)\right]C_T k^2\left[\frac{K_+^2+(b\delta)^{-2}}{K^2+(b\delta)^{-2}}\right]\right] \tag{2.70}$$

其中

$$[K_+^2]=\left[\frac{(\omega-U_c k_1)^{-2}}{h_2 U_\tau^2+k^2}\right]$$

以及

$$K_c=\sqrt{k_0^2-k^2}\,;i=\sqrt{-1}$$

该谱模型适用于所有波数和弱可压缩流体。对于严格不可压缩流体，Chase[63]给出了水动力（不可压缩）压力

$$\frac{\Phi_{pp}(\boldsymbol{k},\omega)U_\infty}{\tau_w^2\delta^3}=\frac{U_\infty}{U_\tau\delta^3}\frac{(C_M k_1^2+C_T k^2)}{[K_+^2+(b\delta)^{-2})]^{5/2}} \tag{2.71}$$

式中：下标 M 和 T 最初用于 b 和 h，分别表示与平均剪应力或湍流相互作用相关的单独谱，这两者均在最初分析中予以考虑。在后期[34]作品中，由于缺乏可靠的数据来获得这些常数的单独估值，放弃了这种区分方式。

平均剪应力贡献值自谱为

$$[\Phi_{pp}(\omega)]_M=a_+r_M\tau_w^2\omega^{-1}\alpha^{-3}(1+\mu^2\alpha^2) \tag{2.72}$$

最大值为

$$[[\Phi_{pp}(\omega)]_M]_{max}=0.385a_+r_M\tau_w^2(b\delta/U_c)$$

出现在频率 $b[\omega\delta/U_c]_{max}=\sqrt{2}$ 处，取决于 b。利用实验数据确定了最大谱级 $\boldsymbol{r}_M$。此外，根据 Chase[63]，湍流–湍流的最大贡献值为

$$[\Phi_{pp}(\omega)]_T=a_+r_T\tau_w^2\omega^{-1}\alpha^{-3}(1+\mu^2\alpha^2) \tag{2.73}$$

和

$$r_T=1-r_M$$

$[[\Phi_{pp}(\omega)]_T]_{max}=1.09r_T\tau_w^2(b\delta/U_c)$ 出现在频率 $b[\omega\delta/U_c]_{max}=1/\sqrt{2}$ 处。最初，原则上可以根据时空相关性或 $\Phi_{pp}(\omega)$ 的极限 $(\omega\to 0)$ 区分 b_M 和 b_T 之间的差异。在任一情况下，仅通过测量结果粗略指示这些参数值，Chase[63] 的最佳估算值为 $b_M=0.756$ 和 $b_T=0.378$。但是，对于实际的 k 值，式（2.71）中的 $(b\delta)^{-1}$ 可以忽略不计，所以这些参数的精确定义不会严重影响到 $\Phi_{pp}(\boldsymbol{k},\omega)$。因此，Chase 在后续分析中忽略了 b_T 和 b_M 之间的差异。最后，有

$$\Phi_{pp}(\omega)=[\Phi_{pp}(\omega)]_M+[\Phi_{pp}(\omega)]_T \tag{2.74a}$$

要求谱函数之间具有一致性，即

$$\frac{\int_{-\infty}^{\infty}\int_{-\infty}^{\infty}\Phi_{pp}(\boldsymbol{k},\omega)\,\mathrm{d}^2\boldsymbol{k}}{\Phi_{pp}(\omega)}=1 \tag{2.74b}$$

参数 r_T 表示湍流–湍流相互作用引起的均方壁面压力分数（$r_T<1$），以及（Chase[34,63]）

$$r_T=C_Th_T/(C_Th_T+C_Mh_M) \tag{2.75a}$$

当 $\omega\delta^*/U_\infty>1$ 时，这一点的渐近线为

$$\frac{\Phi_{pp}(\omega)}{\tau_w^2\delta^*/U_\infty}\approx\frac{2}{3}\pi h(C_M+C_T)(1+r_T)\left(\frac{\omega\delta^*}{U_\infty}\right)^{-1} \tag{2.75b}$$

图 2–26 显示了式（2.75b）与 Blake[28] 实验数据和图 2–17 之间的比较结果，利用了表 2–1 第一列，其中 $b=0.37$（也 $=b_M=b_T$）、$C_M=0.155$ 和 $r_M=0.87$。以下关系式可用于实现自谱上波数谱的归一化：

$$\frac{\Phi_{pp}(\boldsymbol{k},\omega)}{\Phi_{pp}(\omega)\delta^2}=\frac{3}{2\pi h(1+r_T)}\frac{\omega\delta/U_c}{[(K_+\delta)^2+(b)^{-2}]^{5/2}}\frac{(C_Mk_1^2+C_Tk^2)\delta^2}{C_M+C_T} \tag{2.76}$$

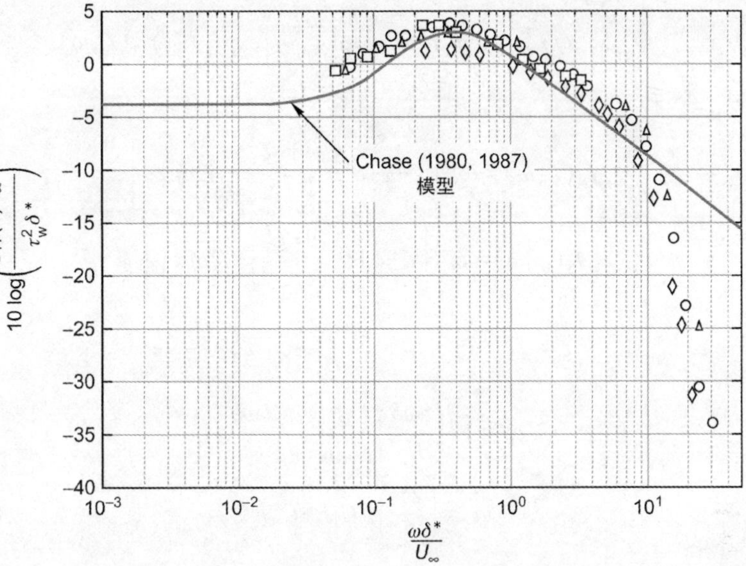

图 2-26　光滑壁边界层上壁面压力自谱与 Chase[34] 自谱（式（2.75b））之间的比较

表 2-1　式（2.47）使用的参数

参　　数	光滑a[28]	光滑b[34]	光滑c，LES（Viazzo[48]）	粗糙d[28]
C_M	0.155	0.155	0.36	0.0863
C_T	0.0047	0.0047	0.002	0.0026
r_M	0.87	0.61	0.6	0.38
h	3.88	3	2	7.5~8
$b=b_M=b_T$	0.37	0.75	0.38	0.32
U_τ/U_0	0.0352	0.0352	0.08	0.053
U_c/U_0	0.65	0.6	0.62~0.8	0.55
$m=hU_\tau/U_0$	0.21	0.176	0.02~0.03	0.398

注：a 参见图 2-25~图 2-27。
b 使用 Bull[82] 结果的 Chase 值。
c Viazzo 值。
d 使用 Blake[28] 数据

Chase[54] 给出的互谱密度通式：

$$[\Phi_{pp}(\zeta,\omega)]_M=a_+r_M\tau_w^2\omega^{-1}\exp\left(\frac{i\omega\zeta_1}{U_c}\right)\exp(-\varsigma_M)f_M(\zeta,\omega) \qquad (2.77a)$$

$$[\Phi_{pp}(\zeta,\omega)]_T = a_+ r_T \tau_w^2 \omega^{-1} \exp\left(\frac{i\omega\zeta_1}{U_c}\right)\exp(-\varsigma_T) f_T(\zeta,\omega) \tag{2.77b}$$

$\zeta=\zeta_M=\zeta_\tau$ 和

$$f_M(\zeta,\omega) = \alpha^{-3}\left[\zeta+1+\alpha^2\mu^2\left(\frac{1-\zeta_1^2}{\zeta}\right)+i2\alpha\mu\zeta_1\right] \tag{2.77c}$$

$$f_T(\zeta,\omega) = \alpha^{-3}\left[\zeta+1+\alpha^2\left(\frac{1-\zeta_3^2}{\zeta_T}\right)+i2\alpha\mu\zeta_1\right] \tag{2.77d}$$

$$\zeta=\sqrt{\zeta_1^2+\zeta_3^2},\quad \zeta_1=\frac{\mu\alpha\omega\zeta_1}{U_c},\quad \zeta_3=\frac{\alpha\omega\zeta_3}{U_c} \tag{2.77e}$$

$$\alpha^2 = 1+\left(\frac{b\omega\delta}{U_c}\right)^{-2}\to 1,\quad \frac{b\omega\delta}{U_c}>1 \tag{2.77f}$$

$$a_+ = \left(\frac{2\pi}{3}\right)(C_T h + C_M h)$$

$$r_T = \frac{C_T h}{C_T h + C_M h},\quad r_M = 1-r_T \tag{2.77g}$$

在这些表达式中：参数 μ 为（Chase[34,63]）

$$\mu = \frac{hU_\tau}{U_c} \tag{2.78}$$

式中：h 替代了早期作品（Chase[63]）中的单独参数 h_M 和 h_T；μ 取决于时空互谱密度。

当 $b\omega\delta/U_c>1$ 时，互谱的定义形式类似于第 1 卷图 3-25 所示形式。

$$\frac{|\Phi_{pp}(r_1,0,\omega)|}{\Phi_{pp}(\omega)} \approx \left(1+\frac{\mu}{1+r_T}\left|\frac{\omega r_3}{U_c}\right|\right)\exp\left(-\mu\left|\frac{\omega r_1}{U_c}\right|\right) \tag{2.79a}$$

以及

$$\frac{|\Phi_{pp}(0,r_3,\omega)|}{\Phi_{pp}(\omega)} \approx \left(1+\frac{1-r_3}{1+r_T}\left|\frac{\omega r_3}{U_c}\right|\right)\exp\left(-\left|\frac{\omega r_3}{U_c}\right|\right) \tag{2.79b}$$

利用 Blake[28] 的实验数据、Willmarth 和 Wooldridge 以及 Bull 作品中的趋势线，在图 2-27 和图 2-28 绘制了这些函数。因此，参数 C_M、C_T、r_T 和 h 取决于波数频谱的幅值，可以根据测量结果以及式（2.75）和式（2.76）轻易确定这些参数。

表 2-1 还包括三组测量参数，详见 2.4 节。第二列内容取自 Chase 原始分析数据，基于多个来源的数据。图 2-29 展现了利用 Blake[28] 光滑壁参数的式（2.71）。该图显示了谱的独立线性（TM）和非线性（TT）分量，并隔离

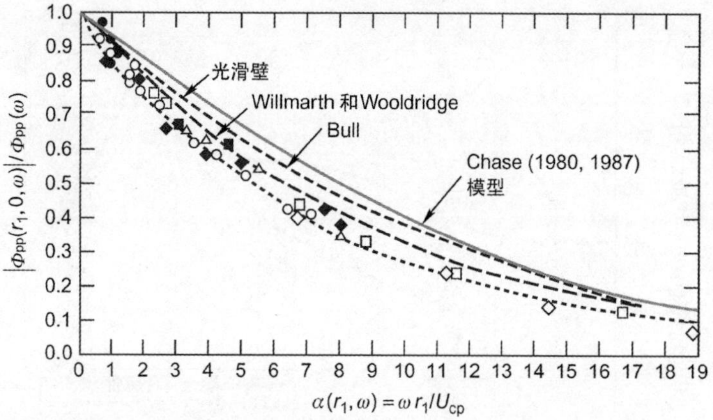

图 2-27　与式（2.79a）（注明为 Chase[34,63]）相比，流向分离的互谱密度函数的归一化幅值

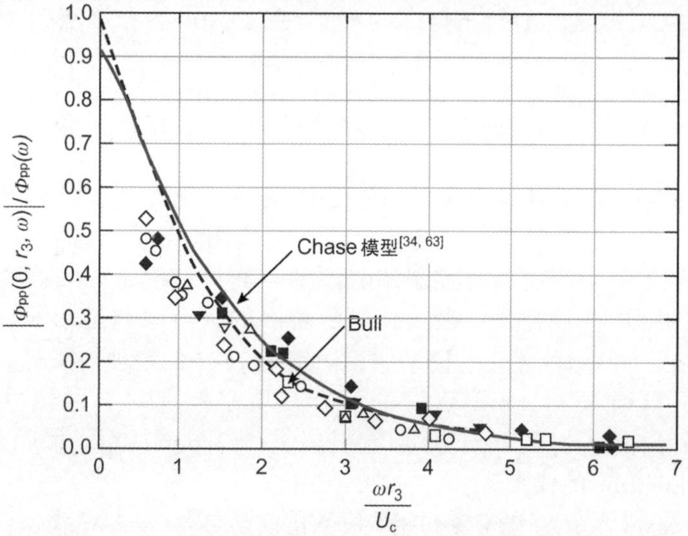

图 2-28　与式（2.79b）相比，横流分离的互谱密度函数的归一化幅值

了声可压缩性对 $k\leqslant k_0$ 的影响。2.4.4 节将提供与测量值的比较结果。使用表中所示的 Bull[82] 参数，导致低波数（可追溯到不同的 h 值）下的预测值更低。当 $k_1\ll \omega/U_c$ 时，式（2.71）渐近依赖于 h^5。Viazzo 等[48] 的大涡模拟结果与基于物理数据[28,82] 得出的结果高度一致，尽管 Viazzo 等结果中的 C_M/C_T 比值比实际显示的比值更大。计算结果的进一步讨论见本卷 2.4.4 节和 3.5.2 节。

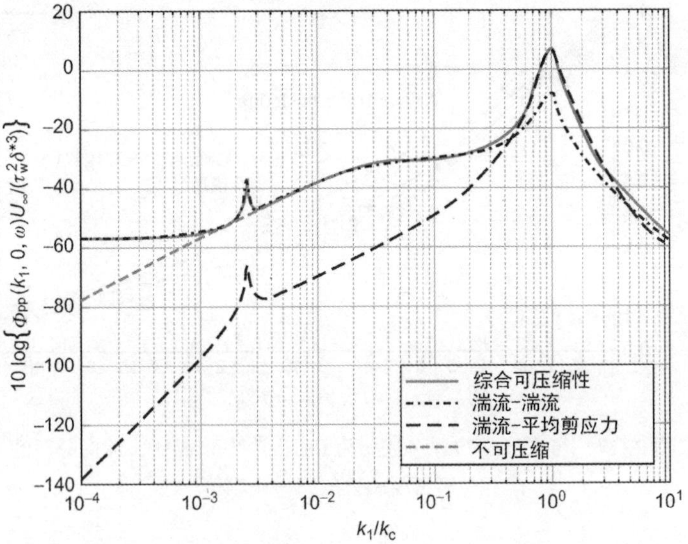

图2-29　大范围波数下利用Chase模型（式（2.70）和式（2.76））计算得出的壁面压力谱

综合可压缩波数谱模型（式（2.70））组件分解，引用了湍流-湍流和湍流-平均剪应力，并与不可压缩模型（式（2.76））进行比较，$\omega\delta^*/U=3.2$，$M_c=0.0086$

式（2.71）的有效性受限于一阶 k_1U_c/ω 和 $k_s<\delta^{-1}$ 范围内的壁面压力源动态属性知识，这是因为迄今为止，所有湍流测量结果仅限于 $k\approx(\omega/U_c,0)$附近区域。另一个问题与控制湍流源的空间尺度确定相关；模型根据与壁面之间的距离假设比例。最后，仍待解决的一个问题是在给定 k_1、k_s为 $y_2>\delta$ 的情况下源级的变化。模型假设源级随 $y_2<\delta$ 的增加而降低。当 $\delta^{-1}<k_1<\omega/U_c$，可以通过 $y_2\geqslant\delta$ 附近源的渐近性质来改变对 k_1的依赖性。根据2.4.3.1节，将适当的积分尺度集引入式（2.65b）后，便可简单构建Corcos和Efimtsov的模型。

Smol'yakov[42]的互谱密度和相关波数谱模型与“Corcos”类似，但考虑了两个相关的长度尺度（低频下为较大尺度，高频下为较小尺度）。构成Smol'yakov[42]模型的一组关系如下所示。在这些关系式中：Smol'ykov引入了一个参数 S，该参数表示与壁面单元成比例的最小壁面压力长度标度（$v=U_\tau$），并假设 S 范围为0~100。需注意的是，结果对此范围内 S 值的敏感性不高。Smol'yakov[42]给出：

$$m_0=6.45,\quad n=1.005$$

$$A=\left\{0.124\left(1-0.25\frac{U_c}{\omega\delta^*}\right)+\left(0.25\frac{U_c}{\omega\delta^*}\right)^2\right\}^{1/2}$$

$$B=\frac{A}{\left[1+SA\left(\frac{\omega v}{U_t^2}\right)\left(\frac{U_t}{U_c}\right)\right]}$$

$$m_1=\frac{1+B^2}{5n-4+B^2},\quad h=\left[1-\frac{m_1 B}{m_0 n^2 G^{1/2}}\right]^{-1}$$

$$l_s=\left(\frac{U_c}{\omega}\right)\left[\frac{n}{m_1 G}\right]^{1/2},\quad \Lambda_1=\frac{U_c}{B\omega},\quad \Lambda_3=\frac{U_c}{m_0 B\omega}$$

则互谱包含两个贡献值

$$\frac{\Phi_{pp}(r_1,r_3,\omega)}{\Phi_{pp}(\omega)}\approx h\gamma\cdot\exp\left(\frac{\mathrm{i}\omega r_1}{U_c}\right)-(h-1)(\Delta\gamma)\cdot\exp\left(\frac{\mathrm{i}m_1\omega r_1}{U_c}\right)\tag{2.80}$$

其中

$$\gamma=\exp\left[-\left[\left(\frac{r_1}{\Lambda_1}\right)^2+\left(\frac{r_3}{\Lambda_3}\right)^2\right]^{1/2}\right]\tag{2.81a}$$

$$\Delta\gamma=\exp\left[-\left[\left(\frac{r_1}{l_s}\right)^2+\left(\frac{r_3}{l_s}\right)^2\right]^{1/2}\right]\tag{2.81b}$$

通过变量 r_1 和 r_3 的傅里叶变换来得到波数谱，从而获得

$$\frac{\Phi_{pp}(\boldsymbol{k},\omega)(\omega/U_c)^2}{\Phi_{pp}(\omega)}=\left(\frac{(\omega\delta^*/U_c)^2}{2\pi}\right)\left[\frac{h\Lambda_1\Lambda_3/\delta^{*2}}{[1+(\Lambda_1 k_c-\Lambda_1 k_1)^2+(\Lambda_3 k_c)^2]^{3/2}}-\frac{(h-1)(l_s/\delta^*)^2}{[1+(m_1 l_s k_c-l_s k_1)^2+(l_s k_c)^2]^{3/2}}\right]\tag{2.82}$$

图 2-30 显示了 Corcos、Chase 和 Smol'yakov 波数谱的比较结果，Chase 和 Smol'yakov 波数谱的数量级相同，而 Efimtsov 波数谱在 Corcos 和 Smol'yakov 以及 Chase 的波数谱之间。

Ffowcs Williams[69] 通过正式消除声波数附近的奇点，在三个单独的波数区域 $k_1\ll k_0$、$k_1\approx k_0$ 和 $\omega/U_c>k_1\gg k_0$ 提供了一个与式（2.70）一致的替代推导。为了消除这个奇点，导致低波数压力的源体积可被视为圆盘 $\delta<y_{13}<L$、在垂直方向 $0<y_2<\infty$ 上的延伸。假定湍流场局部相关，以便在形成两个源位置（如在第 1 卷式（3.99）中）产生的均方压力时，范围矢量 $r=|\boldsymbol{y}|$ 和 $r'=|y+\xi|$ 可以简单地替换为 $\boldsymbol{y}_{13}$，即流动中的源和表面上观察点之间的矢量。因此，Ffowcs Williams 得出，当 $k\ll k_c=\omega/U_c$ 时，有

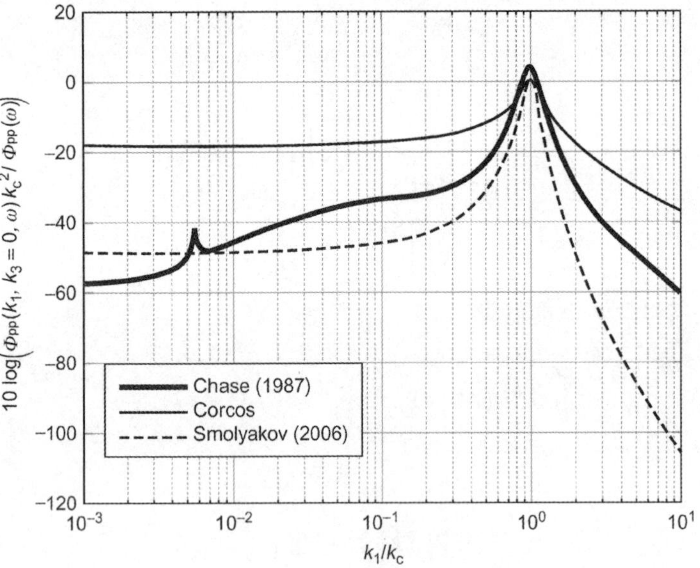

图 2-30　壁压波数谱模型比较

（$\omega\delta^*/U=3.2$、$M_c=0.0086$ 时的式（2.65）、式（2.70）和式（2.82））

$$\frac{\Phi_{pp}(\boldsymbol{k},\omega)U_\infty}{\tau_w^2\delta^3}=\phi(k_1,k_3,\omega)\times\left\{a_0\,(k\delta^*)^2+a_1\left(\frac{\omega\delta^*}{U_c}\right)^2 M_c^2+\right.$$
$$\left.a_2\left(\frac{\omega\delta^*}{U_c}\right)^4 M_c^4\ln\left(\frac{L}{\delta}\right)\times\delta\left(k\delta^*-\left(\frac{\omega\delta^*}{U_c}\right)M_c\right)\right\} \tag{2.83}$$

式中：频谱函数 $\Phi(k_1,k_3,\omega)$ 的行为由纯水动力（非声学）湍流运动控制。

式（2.83）的第一项与式（2.42）相同，第二项与式（2.39）相同，第三项为声波数处的压力谱。与平板尺寸 L 成对数增加的水平与 Bergeron[68] 的结论一致。由于这是一个声辐射分量，所以其水平也随着 U_∞^8（如四极子）的增大而增加。

在放弃分析模型讨论之前，最好回顾所做的一些尝试，如利用边界层湍流的数值模拟来评估壁压统计。DNS 可以看作通过虚拟实验来扩展实验水声学。虚拟实验研究因果行为，并提供综合统计参数，从而为可能具有更广泛应用基础的分析模型提供信息。Choi 和 Moin[47]、Chang 等[44]、Hu 等[45]、Na 和 Moin[46] 提出的通道流 DNS 均处理通过通道流 DNS 的壁压和壁湍流自谱和互谱特性。存在许多湍流边界层的 DNS 模拟（如 Orlu 和 Schlatter[120]、Vinusa 等[121] 提出的模拟），这些模拟处理了速度场，但能够检查壁压。然而，雷诺数较低：通道流的雷诺数约小于 4000，边界层的雷诺数 R_θ<5000。

Chang 等[44]提出的 DNS 模拟专门致力于了解与壁压相关的湍流结构。他们能够将 TT 和 TM 贡献值分别与压力联系起来，证实了 TM 对对流压力贡献值的优势。研究发现，应力张量的具体条目可以控制 TT 贡献值，特别是近壁“发夹”涡旋的 T_{23}、T_{12}和 T_{13}最为重要。

光滑壁流模拟是 Viazzo 等[48]和 Gloerfelt 和 Berland[49]提出的大涡模拟以及 Mahmoudnejad 和 Hoffmank[122]提出的分离涡模拟，适用于我们讨论更大的雷诺数。其中，Gloerfelt 等试图计算低波数壁压和辐射声。如上所述，Viazzo 提出的模拟提供了表 2-1 中的一组条目。

在最近的一次计算方法尝试中，Gloerfelt 和 Berland[49]对光滑壁上无限半空间边界的湍流边界层进行了三维可压缩流大涡模拟。在此情况下，$M=0.5$、$\delta^*=0.197$mm 以及 $R_\theta=1551$。通过小步长诱导边界层，但是对计算场的仔细分析表明，与该步长相关的偶极子无关紧要。他们的结果与对流波数附近边界层湍流和壁压的各种实验结果非常一致（如 Jimenez[123]、Jiminez 等[124]、Bull[82]、Willmarth 和 Woodridge[101]、Blake[28]、Farabee 和 Casarella[87]、Goody[93]的结果）。超声速波数下的壁压谱直接通过计算获得，而不是通过不可压缩空气动力雷诺应力和可压缩格林函数的后处理结果在声速与超声速波数下确定。将这种可压缩流超声速波数谱与式（2.34）相结合，以便计算声音。图 2-36 比较了可压缩流波数谱与使用 Chase[34]模型在两个频率下计算的波数谱。应回忆一下式（2.70）用于基本上不可压缩的边界层，并将湍流应力建模为驱动外部声学介质的不可压缩源。对式（2.70）的另一个限制是缺少与对流相关的折射，这在分析模型中不存在，而存在于可压缩计算中。尽管存在这些缺点，但我们发现在不可压缩波数域 $k_1\geqslant k_0$时存在合理的一致性。但是在超声速波数范围内，数值结果表明，随着频率的增加，水平下降的趋势更加明显，这与（至少）Chase 和 Smolyakov 的主流理论相反。这种差异的来源尚不清楚。除了这些比较限制，成功计算该示例提高了未来进行数值实验的潜力。在适当的物理实验的支持下，这些数值实验可以扩大我们对低波数壁压和相关声音的了解。此外，这种能力还表明了混合 RANS-LES 方法的可行性，此方法类似于第 1 卷 3.7.4 节中讨论的方法。在前面几条描述的分析模型中，主要的限制是模型的不足，此模型可描述四极应力张量的四阶时空统计。

2.4.3.3　低数值下光滑壁上的实测压力研究（$k_1<k_c$和 $k_3<k_c$）

在图 2-5、图 2-29 和图 2-30 的低“亚声速”范围内，已多次尝试测量边界层压力，使用专门设计的弹性板[125-129]、薄膜[127-128]和壳体[130-131]以及传声器或水听器阵列[131-138]对专门设计板和壳体的模态响应作为波矢量滤波器。所有这些尝试都依赖于 3.1 节中详细描述的空间滤波技术，这些技术旨在选择性地区分除滤波器波数主通带中感兴趣波数分量以外的所有波数分量。

第一个尝试由 Blake 和 Chase[132] 提出，使用一组在流向上对齐的 4 个电容式传声器，如图 2-31 所示。请注意，使用空间滤波器进行所有测量，这些滤波器选择一系列以 $k_3=0$ 为中心的横波数 k_3。因此，所有测量值都用 $\int_{\Delta k_3}\Phi_{pp}(k_1,k_3,\omega)\mathrm{d}k_3 \approx \Phi_{pp}(k_1,0,\omega)\Delta k_3$ 来表示。式中：$\Delta k_3 \approx 2\pi/L_3$。风洞设施的背景噪声污染了测量结果，但结果表明了波数校准和数据简化技术。测量结果确实表明，$\Phi_{pp}(k_1 \ll \omega/U_c, k_3 \approx 0, \omega)$ 比式（2.48）预测的谱级低 10dB 左右。在历史记录中，Jameson[129] 重复了该实验，且后来发表为参考文献[126]。使用改进的传感器并在改进的设施条件下，他表示低波数谱级比 Blake 和 Chase[132] 测得的谱级低 10dB。

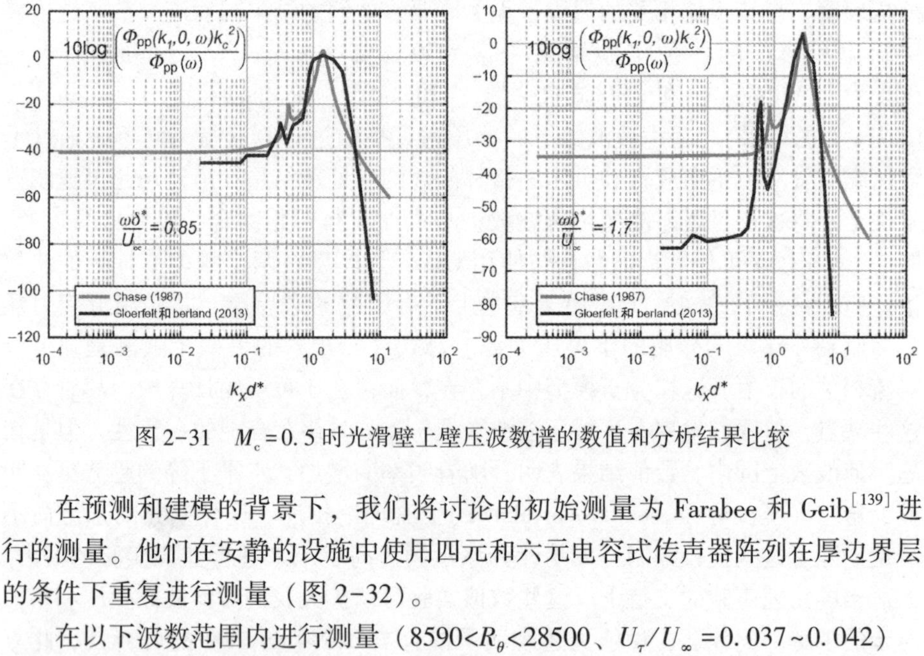

图 2-31　$M_c=0.5$ 时光滑壁上壁压波数谱的数值和分析结果比较

在预测和建模的背景下，我们将讨论的初始测量为 Farabee 和 Geib[139] 进行的测量。他们在安静的设施中使用四元和六元电容式传声器阵列在厚边界层的条件下重复进行测量（图 2-32）。

在以下波数范围内进行测量（$8590<R_\theta<28500$、$U_\tau/U_\infty=0.037\sim0.042$）

$$1.3<k_1\delta^*<1.7$$

在以下频率范围内进行测量

$$4.5<\frac{\omega\delta^*}{U_\infty}<32$$

见图 2-29，Jameson[126,129] 和 Martin[127] 采用振动板[125-126,128] 和薄膜[127-128] 作为空间过滤器进行测量。最近，Kudashev 和 Yablonik[140] 对这一想法进行了理论研究，显然他们对 Jameson[126,129]、Martin 和 Leehey[127-128] 的工作并无所

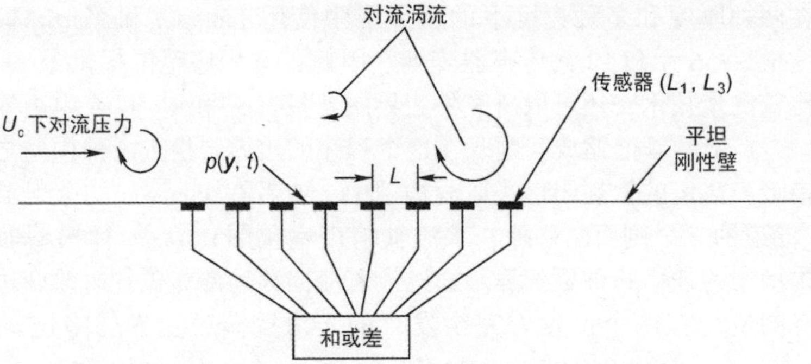

图 2-32　用于壁压脉动空间滤波的阵列示意图

知。边界层压力在共振振动模式下激发这些结构。通过选择波长 λ_{p1}、λ_{p3} 特定模式的响应，面板上与压力谱相关的有效力可通过第 1 卷的式（5.40）计算得出。第 1 卷第 5 章讨论了面板振动与激励波数谱的关系公式，具体情况将在第 3 章“阵列与结构对壁湍流和随机噪声的响应”中进一步研究。因此，本节不再进一步讨论这些波矢量滤波方面。当 $U_\tau/U_\infty=0.037$ 时，Martin 和 Leehey[127-128] 在 20 英寸×2 英寸薄膜和 20 英寸×3 英寸×0.034 英寸厚钢板上得出的结果与 Geib 和 Farabee[133-134,139] 的结果基本上一致。这些板与其在流向上最长的尺寸对齐。由于能够对大量流动响应模式进行采样，Martin 和 Leehey[127-128] 能够在以下大约范围内分别确定 k_1 相关性和 $\omega\delta^*/U_\infty$ 相关性：

$$0.2<k_1\delta^*<0.8 \text{ 与 } 0.8<\frac{\omega\delta^*}{U_c}<5$$

以其膜和板的形式对不同波数进行采样。选择这些模式时，使展向上的板波数比流向波数小得多。

Jameson[126] 的测量结果（$2600<R_\theta<6730$）从平壁上获得，而该平壁是开口式风洞一壁的延伸。其板尺寸为 10.8 英寸×7.2 英寸×0.024 英寸厚（$\delta^*\approx 0.14$ 英寸）。总的来说，结果涵盖以下之间一定范围的流向波数

$$0.14<k_1\delta^*<0.3 \text{ 与 } 0.2<\frac{\omega\delta^*}{U_\infty}<0.3$$

尽管在不同的研究中，并未始终存在对波数的显式相关性，但所有三组研究的联合结果表明，m 在 3.6 和 6.5 之间时频率相关性为 $(\omega\delta^*/U_\infty)^{-m}$（Jameson[126] 的结果），波数 $(k_1\delta^*)$ 相关性基本上不太明显。因此，由式（2.49）表示的类型函数相关性似乎得到测量结果的大致支持。

为了了解和消除数据中测量技术与边界层特征的可能影响，Martini 等[125] 随后进行了尝试，以解决 Jameson 之前报告的谱级普遍较低问题（与其他研究者报告的数值相比）。这是一项在单个消声风洞设施中控制良好的对比研究，

该设施在两种厚度和多种速度下的边界层中使用 Jameson 和 Martin 板，以及 Geib 和 Farabee 6 元和 12 元传声器阵列。因此，本程序范围提供了一个机会，既可以比较测量技术，还可以研究外边界层变量（δ^* 和 U_∞）或内边界层变量（v/U_τ和 U_τ）上的频谱缩放问题。在这个程序的边界层检查三种构型之一：在带或不带吸声衬里的常规闭口式风洞构型中，或者在 Jameson 的壁射流构型中（其中，涵道的三个侧面已移除，水流被消声室包围）。后一种构型通常比两种封闭构型中的任何一种更安静。通过沿着流向移动测量位置来改变边界层厚度。所有测量均在两个位置处完全发育的光滑壁湍流边界层中进行，其中 $\delta^*=2.4\text{mm}$、$U_\tau=U_\infty=0.0407\text{mm}$ 或 $\delta^*=5.4\text{mm}$、$U_\tau=U_\infty=0.0367\text{mm}$。如 3.1 节所述，通过空间滤波的测量技术仅依赖于流向波数限制范围内的压力空间通带，如以中心波数$(k_1)a$ 为中心的 Δk_1。空间滤波器在其他波数下感应的压力被视为“噪声”或“污染”。由于在测量程序 $k_0<(k_1)_a<\omega/U_c$中，声学设施噪声（或可能是直接湍流边界噪声）或对流分量边界层压力产生的“污染”会导致测量结果出现散射，这些测量结果旨在评估低波数空气动力压力。因此，由于不同的波数滤波空间通带，每项技术都受到不同的影响（本卷 3.1 节）。

在实验参数域内，图 2-33 和图 2-34 所示的线为

$$\frac{\Phi_{pp}(k_0<k_1<k_c,0,\omega)U_\infty}{\tau_w^2\delta^{*3}}=a_1\left(\frac{\omega\delta^*}{U_\infty}\right)^{-4.5} \tag{2.84}$$

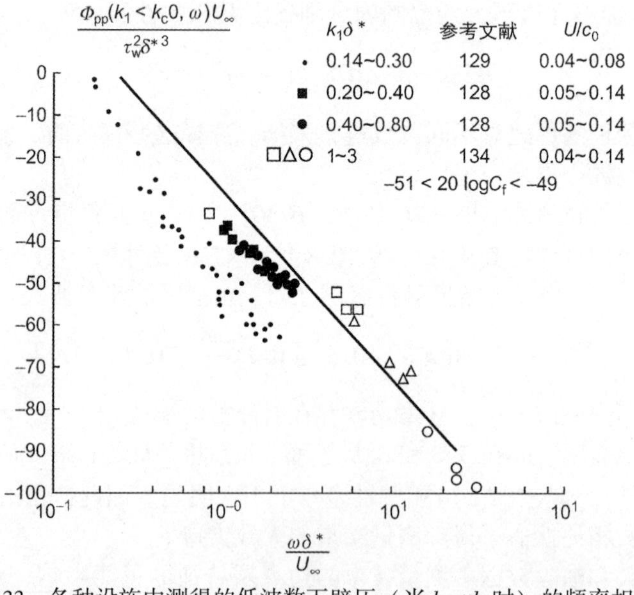

图 2-33　各种设施中测得的低波数下壁压（当 $k_1\ll k_c$时）的频率相关性

（测量值与所报告的数值相同）

式中：$a_1 \approx 1 \times 10^{-3}$。外部变量缩放如图 2-35 所示，用于与图 2-34 中的早期工作直接进行比较。我们发现，Jameson 的早期数据没有被重复使用，而 Martin 和 Leehey 以及 Farabee 和 Geib 的数据被重复使用，MIT 设施中 Jameson 板的测量结果与其他数据一致。Martini 等将这一现象归因于多种原因[125]。一些程序上的差异可能是导致原始测量结果和重复测量结果之间出现 10dB 的一半原因。还留下大约 5dB 的差异，可以归因于流量构型的差异、Jameson 的壁射流以及 Martini 等的直管风洞。

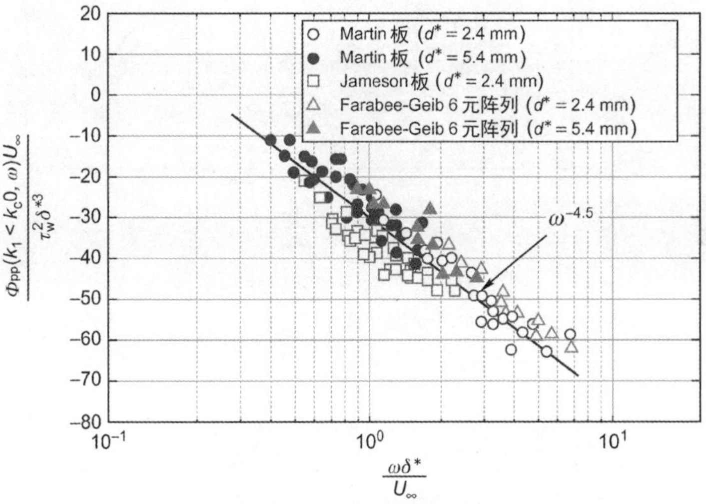

图 2-34　测量频率相关性

（当使用弹性板和麦克风阵列作为空间滤波器设备时，Martini 等[125]测得的低波数下（$k_1<k_c$）壁压的测量频率相关性）

如图 2-35 和图 2-36 所示，显示了 Martini 等[125]选择在风洞边界层中进行测量，Bonness 等[130-131]在完全发育重力进给管道流的铝壳段上进行测量。试验壳体的长为 0.6m，直径为 0.15m，厚度为 3.2mm。

边界层参数为 $\delta^*=9.5$mm，马赫数= 0.004。波数-频率的涵盖范围为

$$0.007<k_1\delta^*<0.16 \text{ 与 } 6<\frac{\omega\delta^*}{U_\infty}<20$$

Bonness 的测量还包括试图分离波数的超声速声域。在本示例中，未包括来自其他压力源的疑似污染数据。为了与 $k_1\delta^*=0.22$ 进行比较，绘制式（2.70）。其给出的波数谱似乎非常符合所有亚对流水动力波数区域($k_0<k_1,k_c$)。在超声速区域($k_1\sim 0.0022k_c<k_0$)中，测量值超过理论值。

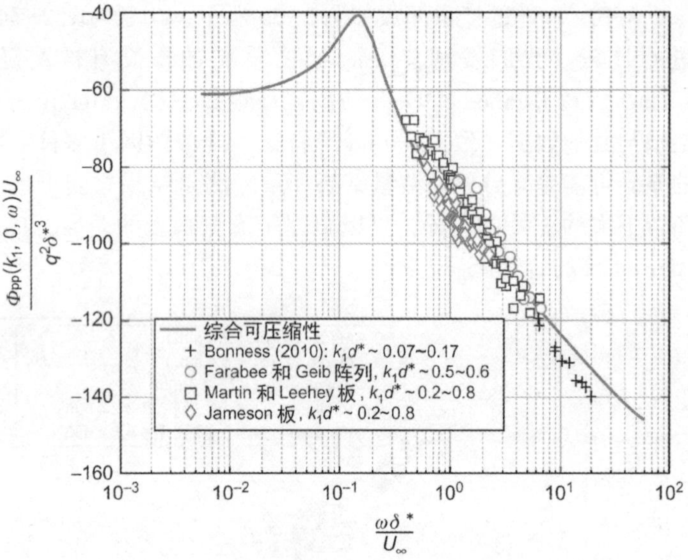

图 2-35　低波数下壁压频率相关性

（各种设施中测得的低波数下壁压（当 $k_1 \ll k_c$ 时）的频率相关性，见 Martini 等[125]和 Bonness[130-131]）

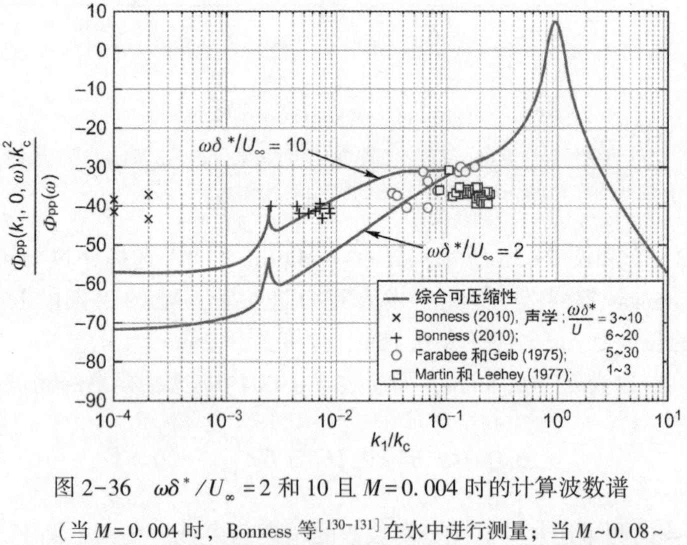

图 2-36　$\omega\delta^*/U_\infty = 2$ 和 10 且 $M = 0.004$ 时的计算波数谱

（当 $M = 0.004$ 时，Bonness 等[130-131]在水中进行测量；当 $M \sim 0.08 \sim 0.12$ 时，Farabee 和 Geib[134,139]、Martin 和 Lehey[127-128]在风洞中进行测量（但在亚声速波数范围内进行测量））

至此，Geib 和 Farabee[133-134,138-139] 以及最近 Bonness[130-131] 的测试程序见图 2-36。此外，Sevik[141] 还提出了在浮力旋转体上测量的低波数水平，这些结果包含在图 2-37 中。在所有情况下，超声速波数下的测量水平均远远高于 Chase[34] 模型计算的水平。在 Farabee 和 Geib[133-134] 实验中，波数滤波器位于风洞壁上粗糙斑块的下游端。相邻传声器之间的互谱密度证实了噪声来自墙壁粗糙区域，而且噪声水平随着壁粗糙度的增加而增加。当壁剪应力和位移厚度无量纲化时，光滑和粗糙壁上的无量纲测量相同，如图 2-37 所示。然而，无量纲化光滑壁面水平比用式（2.70）计算的水平高约 20dB。因此，即使 Bonness、Farabee 和 Geib 采取了预防措施，将污染降至最低，这些结果中也可能存在声学污染。同样，在所有这些情况下，都是在封闭的管道设施中进行测量。在这些设施中，声学环境肯定偏离了具有相邻自由流体空间的平面表面。必须得出的结论是，评估光滑壁的超声速壁压仍然是一个未决问题，可用数据超过计算值 10~20dB。

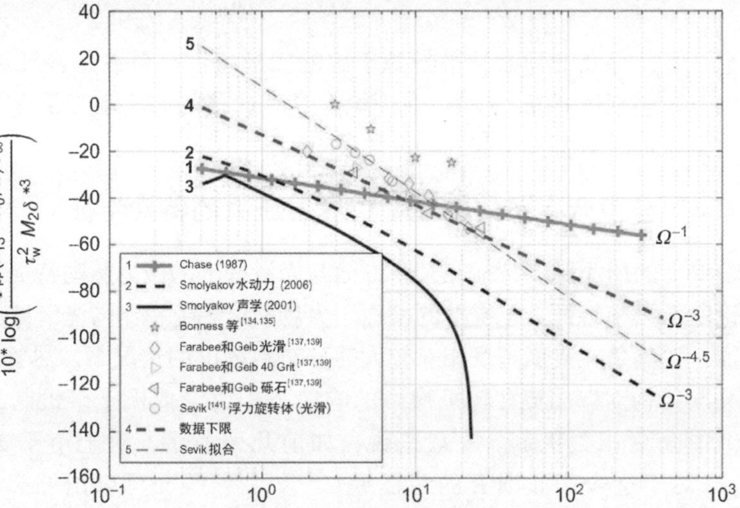

图 2-37　超声速波数范围内（波数-白）水平频谱的测量和理论汇编

图 2-37 显示了两条趋势线：一条是最初归因于 Sevik[141] 的 “Sevik 拟合”，其贯穿了 Bonness 之前的数据；另一条是 “数据下限”，即

$$\frac{\Phi_{pp}(k_1,0,\omega)U_\infty}{\tau_w^2 M_c^2 \delta^{*3}} = a_{a1}\left(\frac{\omega\delta^*}{U_\infty}\right)^{-3} \tag{2.85}$$

式中：$a_{a1}\approx 5\times 10^{-2}$，撇去了测量值的下限，并可能代表自由场中光滑壁在理

想情况下（不受其他声源的污染）可能存在的值。归因于 Smol' yakov 的两条趋势线是亚声速亚对流“动力”[42]波数和超声速“声学”[41]波数的理论结果，分别为经验系数。表示为“HYDRO”的波数-白函数前面描述为不可压缩源的式（2.82），并将其带入超声速波数中。根据光滑壁上四极子声的 Smol' yakov 函数（第 3 章“阵列与结构对壁湍流和随机噪声的响应”的式（3.74）），并结合式（2.35）推导出函数“声学”，以从 $\Phi_{\text{rad}}(\omega)$ 中获得超声速波数壁压的估算值（$\Phi_{pp}(|k|<k_0,\omega)$）。最后，Chase[34] 的测量值从其扩展模型（式（2.70））中获得，并在超声速波数下减少到波数-白结果：

$$\frac{\Phi_{pp}(|k|<k_0,\omega)U_\infty}{\tau_w^2\delta^3}=C_\tau c_2(bh)^3(k_0\delta)^2\left(\frac{\omega\delta}{U_\infty}\right)^{-3}=C_\tau c_2(bh)^3M^2\left(\frac{\omega\delta}{U_\infty}\right)^{-1} \tag{2.86a}$$

这应与 Ffowcs Williams 在相同极限下的结果（式（2.83））进行比较，即

$$\frac{\Phi_{pp}(|k|<k_0,\omega)U_\infty}{\tau_w^2\delta^3}=\phi(k_1,k_3,\omega)a_1M^2\left(\frac{\omega\delta}{U_\infty}\right)^{-2} \tag{2.86b}$$

回想一下，存在的马赫数平方源于源的四极特性，系数 a_1 源于基底表面的几何细节。谱函数 $\phi(k_1,k_3,\omega)$ 在理论上具有严格的空气动力学性质，并包含湍流应力特定时空特性引起的频率相关行为。

2.4.4　与声音有关的粗糙壁边界层压力的特殊特征

粗糙壁上的压力脉动特征在某些方面与光滑壁上的压力脉动特征相似，正如已讨论的低频率特征。粗糙壁的壁面压力场和声辐射机制与光滑壁具有一些共同特征，尤其是在表面密度相对较大的分布粗糙度的情况下。尽管将在第 3 章“阵列与结构对壁湍流和随机噪声的响应”中讨论偶极子声机制，我们仍将在本节中介绍相关机制。一般来说，如前几条所示，对于小于 3 或 4 的 $\omega\delta^*/U_\infty$（对于迄今为止研究的粗糙壁）[28,79,110,144-149]，可以用外部变量 τ_w、δ^* 和 U_∞（或 U_c）来描述对流压力水平及其空间相关性。在低波数压力情况下，且目前观测到的小范围 $k_1\delta^*$ 约为 2，当 $5<\omega\delta^*/U_\infty<20$ 时，还可以用 τ_w^2 和 δ^* 来定义波数谱。然而，图 2-17 中针对多个粗糙壁的频谱表明，无法仅用外部变量来描述高频率下的对流边界层压力。

相反，需要使用内壁变量来描述某一点的壁压脉动谱。图 2-38[28,110] 显示了无量纲谱

$$\frac{\Phi_{pp}(\omega)U_t}{\tau_w^2\bar{k}_g}\ 与\ \frac{\omega\bar{k}_g}{U_\tau}$$

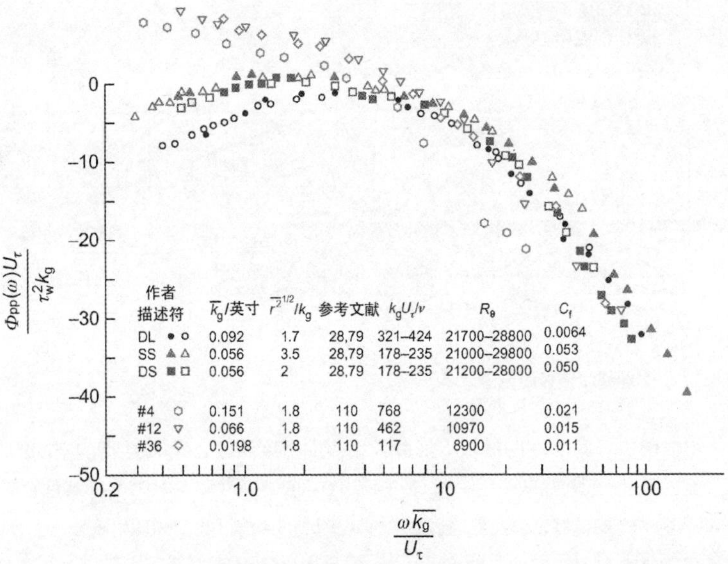

图 2-38　完全粗糙壁压力

（对于具有分布式粗糙度、无量纲化壁剪应力、粗糙度尺寸和摩擦速度的完全粗糙壁上的压力，自谱根据内部变量进行缩放 $\overline{r^2}^{1/2}/k_g$ 为几何粗糙度尺寸的 RMS 顶部间距之比。如果可能，在元件之间中途测量壁压 b）

这是图 2-18 中光滑壁的对应部分。当频率 $\omega k_g/U_\tau > 3$ 时，各种谱的崩溃表明存在几乎通用的谱描述；对于 $k_g U_\tau/v = 117$，谱不一致。Aupperle 和 Lambert[110] 发现了一种经验关系来描述其结果：

$$\frac{\Phi_{pp}(\omega)U_\tau}{\tau_w^2 k_s C_f} = f\left(\frac{\omega k_s}{U_\tau}\right)$$

图 2-39 说明了壁压源 2 级描述的物理意义。该图显示了通道壁附近瞬时涡度的空间图，而此通道壁已被金字塔形凹槽粗糙化。在粗糙元附近（显示在右侧），湍流速度波数谱 u_1 与粗糙度大小成比例，如高波数下的峰值所示。该峰值随着离壁距离的增加而降低。在较低的波数下，壁面附近存在另一个振幅较低的峰值，但随着测量高程的增加而增加。因此，在靠近壁面处，由粗糙元流主导的高波数扰动场，而在此之上为失真场，由光滑壁上相同的低波数生成物理学控制。因此，通过外变量缩放确定的低对流波数（和频率）以及内变量粗糙度缩放确定的高对流波数（和频率）来描述壁压脉动。

与图 2-17 所示的无量纲表示相比，这种内变量缩放使壁上的频谱（$k_g U_\tau/v = 117 \sim 462$）与其他频谱的对齐程度略好。此外，Blake[28,79] 的 DL 和 SS 壁结果也大致（在 5 ~ 10dB 范围内）与 Aupperle 和 Lambert 的结果一致，但通常

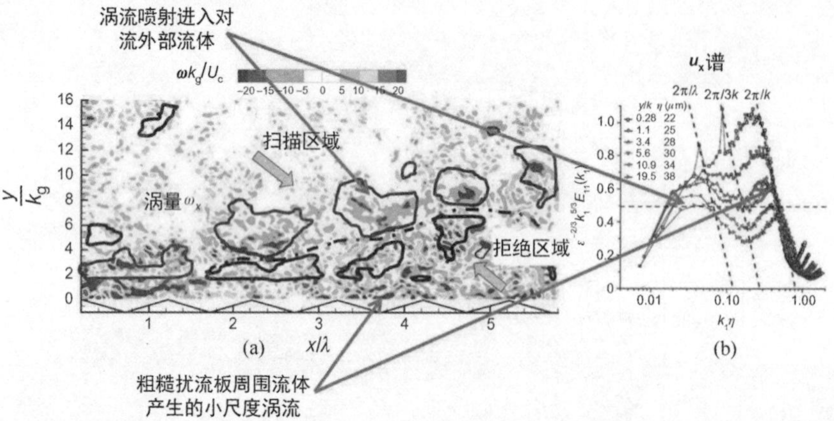

图 2-39　粗糙壁边界层（在凹槽板上形成）中流向速度涡度 $\boldsymbol{\omega}$ 和波数谱的空间图（见彩插）
（蓝色和黑色轮廓序列表示± $3k_g$ 带中低通空间滤波涡度区域的边界，蓝色轮廓表示 $-6<\omega k_g/U_c<-2$ 的区域，黑色轮廓表示 $+2<\omega k_g/U_c<+4$ 的区域，黑线（—·—·—）表示边界层喷射和扫描区域之间的分界线。Hong 等[142-143]高频变量）

图 2-33 中的表示对于这些频谱而言更好。内变量无量纲表示的有效性强调了间隙流在确定高频压力脉动方面的重要性。我们注意到，高频压力脉动的对流速度是 8~9 的 U_c/U_τ 阶。相应地，当 $\omega k_g/U_c$ 的范围为 0.5~1 时，$\omega k_g/U_\tau$ 缩放可能有效的频率范围开始，如图 2-40 所示。这表明，最大的局部对流涡流为 $6k_g$~$10k_g$ 阶。Burton[149]用对数层的速度测量了压力-速度的相关性，发现它们通常与光滑壁上的相似[209]。

内粗糙度主导流体在元件上产生升力和阻力偶极子，这些壁应力导致声音比光滑壁更强。这些基于元素的应力也作为法向和平面内力直接施加到任何弹性板或基底上，这些弹性板或基底支撑粗糙度和边界层。与光滑壁一样，外部流体产生对流压力场。但是，由于 $k=k_c$ 附近对流峰值的频谱展宽增强，这种情况有所改变。采用分布式三维元素（如沙粒等）对壁声学的进一步细节进行"粗糙化"，这一点已在多个来源中进行了讨论，如 Howe[152]、Blake 等[153,161]、Anderson 等[155-156]、Yang 和 Wang[71]、Devenport 等[157]、Glegg 和 Devenport[158]、Alexander 等[159-160]，将在"阵列与结构对壁湍流和随机噪声的响应"3.6 节中进一步详细讨论。在此，我们将研究从表面通常不平整的壁（如粗糙度、间隙和阶梯不连续）发出的声音。上述粗糙壁流湍流边界层的结构，以及其他关于元素周围流动统计具体性质的工作（将在第 3 章"阵列与结构对壁湍流和随机噪声的响应"中进行讨论），指的是包含内部流体和外部流体的两层声源。

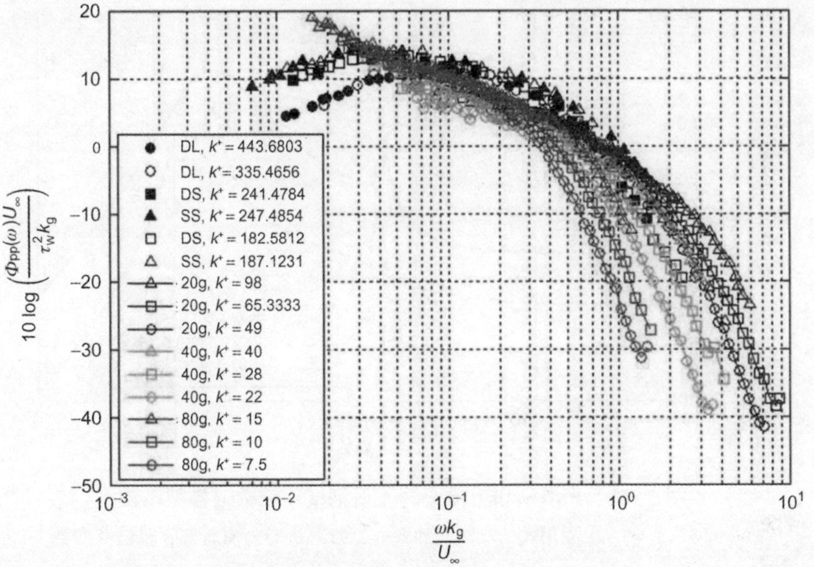

图 2-40　粗糙度雷诺数（见彩插）

（粗糙壁压自功率谱密度根据粗糙度大小、自由流速度和壁剪应力进行归一化，以获得粗糙度雷诺数。$7.5<k^+<443$ 时的系统变异性；$187<k^+<443$ 时的黑点，Blake[28,79]；$7.5<k^+<98$ 时的彩色点，Grissom 等[150]、Grissom[146]、Smith[147]、Forest[148]）

外部流体支撑四极子源，附着在对流壁压力上的四极子源与光滑壁上的四极子源的不同之处在于，在粗糙壁流中解相关增强。见图 2-27 和图 2-28，显示了在流向分离中增强的解相关，同时保留横向分离的光滑壁值。通过将 Chase 的互谱密度参数应用于这些测量的粗糙壁互谱密度值，我们得出表 2-1 中的粗糙壁值。对于这些数值以及此表第一列中的数值，我们得出图 2-41 所示的波数谱，该图对光滑壁和粗糙壁进行了比较。当自由流马赫数为 0.118 时进行比较，Blake[28] 在一对数据集中使用了这种马赫数。与光滑壁压相比，纵向增强的解相关在波数上引起相当大的频谱展宽。在传播到声域中的极低波数下，这种解相关诱导的频谱展宽水平有所增强。请注意，$k_1=k_0$ 时的不同水平无关紧要，并且反映了计算中波数增量指数的差异。

对流四极子代表源的背景分布，该分布延伸至偶极子壁层上方的外部结构，并与先前讨论的光滑壁注意事项相同。这些偶极子是将粗糙壁确定为声源的判别源。当讨论粗糙壁边界层的声源机制时，我们将在第 3 章“阵列与结构对壁湍流和随机噪声的响应”中讨论这些。

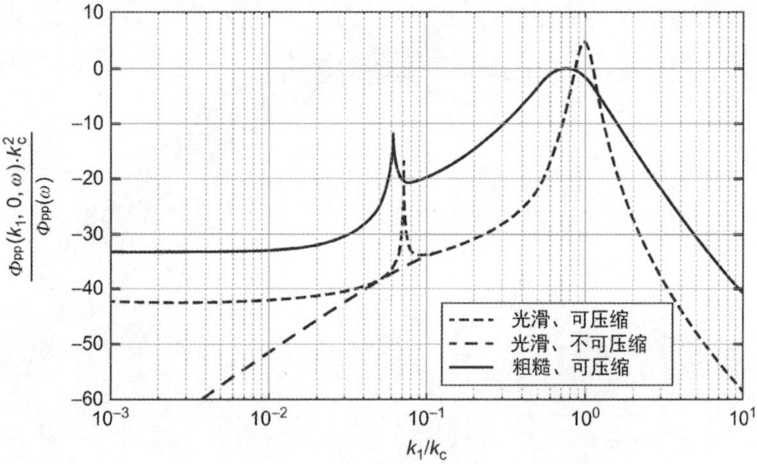

图 2-41　光滑壁和粗糙壁的无量纲壁压波数谱模型比较

（$\omega\delta^*/U=3.6$。采用式（2.70）和式（2.71）进行所有计算；粗糙壁参数：$M=0.11$，$U_\tau/U=0.053$，$U_c/U=0.55$，$\delta/\delta^*=4.34$，$\sigma=0.44$，$\delta=16.1\text{mm}$；光滑壁参数：$M\sim0.12$，$U_\tau/U=0.0352$，$U_c/U=0.65$，$\delta/\delta^*=6$）

2.4.5　湍流管道流中的压力脉动

湍流管道流将仅作为我们讨论湍流边界层压力的延伸。人们时常对水中的测量感兴趣，并且可以研究边界层的水洞设施并不常见，因此已在管道流中开展了一些工作。在许多情况下，管道流中壁层的物理现象与边界层的物理现象相同。管道流湍流的最广泛特征可能是 Laufer[162]、Bakewell 和 Lumley[163-164]、Lauchle 和 Daniels[165]、Lysak[166] 和 von Winkel[107] 提出的特征。许多研究人员使用管道流来测量含有聚合物添加剂的流体。利用长度 L 上的静压差 ΔP，可以非常简单地确定管道流中的壁剪系数，令 τ_w 为 $\Delta Pd/2L$，其中 d 为管道直径。在壁附近，湍流强度与在湍流边界层中测得的强度相似[162]。

von Winkle[107]、Corcos 等[154,167]、Bakewell 等[164,168]、DeMetz 和 Jorgensen[169]、Greshilov 等[170]、Bonness 等[130-131]、Lauchle 和 Daniels[165]、Evans 等[171]测量了管壁上的壁压脉动。Greshilov 和 Lyamshev[172] 也对水道壁进行了此类测量。图 2-42 显示了对平均排放速度 $\overline{U}$ 和管道直径 d（或通道高度）进行无量纲化的自谱。频谱的形式如下：

$$\overline{p^2}=\int_0^\infty G(f)\,\mathrm{d}f$$

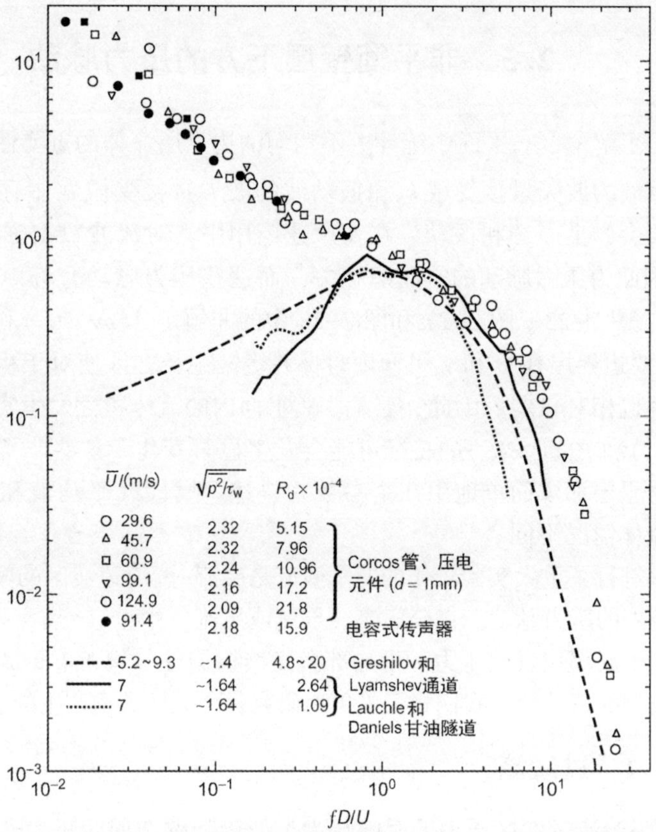

图 2-42　单侧频谱

（不同研究人员测量的壁面湍流压力（管道流和通道流）的单侧频谱，见正文）

大多数测量程序都采用了这种无量纲形式。互谱密度 $\boldsymbol{\Phi}_p(\boldsymbol{\omega},\boldsymbol{r})$ 在定性上与边界层中的密度相似（图 2-22～图 2-24），而且对流速度在高频时渐近地接近 $0.65U_{cL}$，其中 U_{cL} 为平均中心线速度。Greshilov 和 Lyamshev[172] 在光滑和粗糙水道壁上进行的测量表明，压力流向相干性的损耗更快，类似于图 2-22 所示的边界层。通常，在通道[173] 和管道[167,169] 光滑壁上进行的测量大致符合边界层压力下的典型函数行为。

Willmarth 和同事[174-175] 对沿轴线流动的圆柱体外流进行壁压脉动自谱和互谱测量。假定 δ 为圆柱直径 d 周围的环形边界层厚度，测量 $2\delta/d=2$ 和 4。发现某点处的自谱形状大致符合图 2-17 所示的形状，但是 $\overline{p^2}^{1/2}/\tau_W\approx2.4$。

2.5　非平衡壁层下方的压力脉动

为了了解 y_1、y_3 平面中统计上不均匀的边界层流体的重要性，首先必须明白，当声波的波矢量接受域 k_0 和振动波的波矢量接受域 k_p 中存在压力贡献值时，主要会产生声音和振动。在亚声速应用中，对流波数 k_c 通常远远超过 k_0 或 k_p，因此为压力脉动的空间解相关，而这些压力脉动允许声音和振动（由图 2-22、图 2-23、图 2-27 和图 2-28 中的非恒定 $A(\omega r_1/U_c)$ 和 $B(\omega r_3/U_c)$ 表示）。只要边界层在 y_1 和 y_3 平面内自保并缓慢生长，即使对于粗糙壁，这种解相关作用也相对较弱。因此，若 y_1、y_3 平面内的流体特性发生实质性变化，则 $A(\omega r_1/U_c)$ 和 $B(\omega r_3/U_c)$ 的特征可能会发生显著变化。这些非平衡边界层不能像平衡边界层那样简单地用几个参数来描述。属性（平均值和统计值）最好与特定流体情况不同。

唯一进行了重大实验工作的非平衡流是层流-湍流过渡区的间歇压力以及静压梯度流中的压力脉动。在分离流（层流或湍流）中也进行了不太广泛的测量。分离流产生局部强表面压力，可局部激发结构构件（第 1 卷的式（5.57））。由于流体类型的特殊性，我们将仅简单地研究各个流体类型产生的表面压力。

2.5.1　过渡流

层流-湍流过渡区压力的时间行为类似于间歇选通随机信号。系数 γ 描述了这种间歇性，其中 γ 表示压力“开启”的时间分数。De Metz 和 Casarella[176-177] 表明，在过渡区某点测得的压力自谱与 γ 成比例；Gedney[178] 进一步指出，比例压力随着局部壁剪应力的增加而增加。因此，过渡区某点的压力自谱可以近似于完全湍流区中的数值，即

$$\frac{[\Phi_{pp}(\omega)]_{int}U_\infty}{(\tau_w)^2_{int}\delta^*}=\gamma\left[\frac{\Phi_{pp}(\omega)U_\infty}{\tau_w^2\delta^*}\right]_{充分发展} \tag{2.87}$$

式中：$[\tau_w]_{int}=q(C_f)_{int}$，并且[179]

$$(C_f)_{int}=(1-\gamma)(C_f)_{lam}+\gamma(C_f)_{turb}$$

是间歇区的平均壁剪系数。系数 $(C_f)_{lam}$ 和 $(C_f)_{turb}$ 分别为层流和湍流实例的计算系数。假设剪切应力通常表现为在局部湍流点增加到湍流值。层流边界层 Blasius 速度曲线的动量厚度由下式给出[1]

$$\frac{\theta}{y_1}=0.664\sqrt{\frac{v}{U_\infty y_1}} \tag{2.88}$$

式中：$\delta=2.9\delta^*$，$\delta^*/\theta=2.59$。在过渡区，θ 从该值增加到式（2.11）给出的值。Dhwan 和 Narasimha[180]给出了 δ^* 和 θ 值的计算方法；边界层$(y_1)_{trans}$的原点作为间歇湍流刚开始的点。压力的互谱特性 $A(\omega r_1/U_c)$ 和 $B(\omega r_3/U_c)$ 基本上与如图 2-22 和图 2-23 所示的粗糙与光滑表面的互谱特性相同[73]。曾经认为[181-184]，由于 Tollmien-Schlichting 波在前区呈指数增长，层流-湍流过渡区雷诺应力的直接辐射可能性比均匀边界层更大。鉴于这些波在空间上的瞬态性质，这种可能性很容易归因于低波数贡献值的增强。在小曲率半径前体或旋转体和翼型的过渡流中，这种情况尤为明显。考虑到这种流体的时空瞬态特性，人们推测过渡边界层压力可能是增强直接声辐射的来源，如 Park 和 Lauchle[185]。然而，尽管有这种潜力，但似乎难以找到确凿的实物证据。

2.5.2　具有逆压梯度的流体

Schloemer[100]在具有正梯度和负梯度的光滑风洞壁上测量了逆压梯度（减速流）中的壁压脉动；Hodgeson[97]在飞行中的光滑滑翔机机翼上测量了壁压脉动；Bradshaw 等[78,186]在具有正梯度的风洞平衡边界层上测量了壁压脉动；Burton[149]在具有正梯度和负梯度的光滑与粗糙风洞壁上测量了壁压脉动；Blake[187]在平支柱的后缘测量了壁压脉动（另见第 5 章“无空化升力部分”）；Lauchle[188]、Nisewanger 和 Sperling[179]、Bakewell 等[168]和 Bhat[94]在旋转体上测量了壁压脉动。不可能以一般形式呈现这些结果，因此将显示一些有代表性的数据以供说明。图 2-43 所示为针对动态压力和位移厚度的无量纲正梯度壁压谱。表 2-2（采用式（2.9）的参数）包含壁剪应力和压力梯度，结果表明边界层增长以静压增加为主。受影响最大的流体为 Burton[149]、Blake[187]和 Shannon[189]中的流体，在此非常接近流体分离。由于这些情况下壁剪应力相对不重要，所以使用动态压力 q 而非壁剪应力将频谱以无量纲形式表示最有意义。压力梯度的作用是，在迄今为止研究的最严重情况下，将谱级增加到 10^{-4} 级。结果与雷诺数、壁剪应力或压力梯度没有关系，因此频谱形状显然取决于边界层发展的上游历史。在 Burton[149]的案例中，对上游历史的依赖最为明显。随着流体进入正压梯度区域，在低频（$\omega\delta^*/U_\infty<2$）下，压力从$\nabla p=0$ 给出的初始值逐渐增加至所示值。而在较高频率下，谱级有所降低。在平支柱的后缘及其附近观察到大致相似的效应[187]。再次，水平增加和降低的无量纲频率在 1~2 为 $\omega d^*/U_\infty$。

Burton[149]在粗糙沙壁上的测量结果表明，无量纲谱密度与压力梯度的大小关系不大。如图 2-43 和图 2-44 所示的谱级是在粗糙壁上测得谱级的 3 倍以内。此外，对于所使用的粗糙度，随着压力梯度的增加，谱级实际上降低了 2.5 倍。

在图 2-43 所示的负（有利）梯度的情况下，Burton[149] 对光滑和粗糙壁的测量表明，对壁剪应力和位移厚度的依赖性很强。然而，在这些情况下，压力梯度项从未超过壁剪系数的大小。因此，与正梯度的情况相比，壁的影响更为重要。两种梯度压力谱的一般特征是，最大谱级在 $0.1<\omega\delta^*/U_\infty<4$ 的频带内。

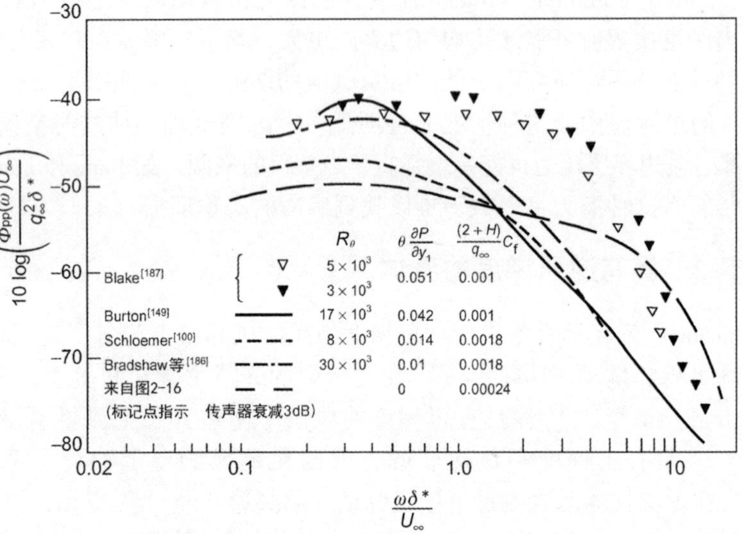

图 2-43　光滑壁上正（逆）压梯度壁压自谱的各种测量比较

表 2-2　边界层压力在压力中的代表性参数[a]

资料来源	$\left[\frac{\theta(2+1)}{q}\frac{dP}{dy_1}\right]$	C_f	R_θ	H	$\left[\frac{\Phi_{pp}(\omega)U^\infty}{q^2\delta^*}\right]$	Ω	γ_1	γ_3	U_c
Blake，光滑[28,79]	0	0.0024	12000	1.2	-49	0.3	0.11	0.8	0.6
Blake，粗糙[28,79]	0	0.0055	24000	1.5	-43	0.5	0.3	0.8	0.5
Burton，光滑有利[149]	-0.0025	0.005	3000	1.3	-44	0.5	0.1	0.5	0.6
Burton，粗糙有利[149]	-0.0086	0.008	9000	1.5	-39	0.3	0.2	0.5	0.6
Schloemer，光滑有利[100]	0.0035	0.0047	1400	1.35	-48	0.3	0.9	0.5	0.5
Schloemer，光滑[100]	0	0.003	5000	1.34	-50	0.3	0.1	0.6	0.7
	0.042	0.001	—	—	-41	0.4	0.77	—	—

续表

资料来源	$\left[\dfrac{\theta(2+1)}{q}\dfrac{dP}{dy_1}\right]$	C_f	R_θ	H	$\left[\dfrac{\Phi_{pp}(\omega)U^\infty}{q^2\delta^*}\right]$	Ω	γ_1	γ_3	U_c
Burton，光滑不利[149]	0.027	0.001	26000	1.8	−48	0.4	0.32	0.7	0.45~0.6
Burton，粗糙不利[149]	0.021	0.0004	20000 40000	2.5	−45	0.5	0.35	0.7	0.4
Schoemer，光滑不利[100]	0.013	0.0018	8000	1.58	−47	0.3	0.15	0.8	—
Blake，光滑不利（后缘）[187]	0.051	~0.001	35200	1.74	−40	1	0.34	0.8	0.55

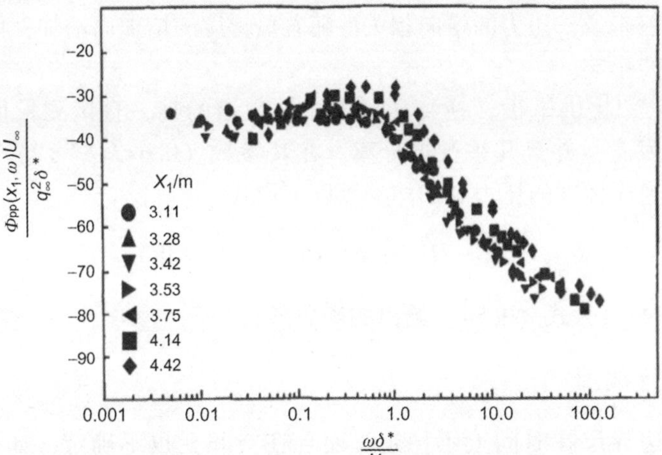

(a) 壁压自谱：δ^*从x_1=3.14m时的3.05cm增加到x_1=4.13m时的18.3cm

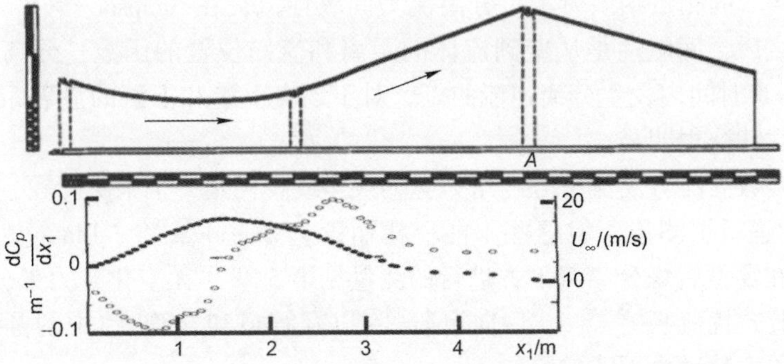

(b) 速度分布：设施中用于绘制图2-44(a)所示频谱的流道、坐标、压力梯度和自由流速度分布

图 2-44　受控分离和再附着下游壁压的无量纲自谱

（资料来源：Simpson 等[190-192]）

Simpson 等[190-192]的结果不包括在表 2-2 中，因为他们在实验中控制逆压梯度的特性时，参数变化很大。图 2-44 显示了他们的实验流体布置以及由此产生的缩放无量纲壁压。从定性角度来看，它们与图 2-43 中所示相似，但可以更好地定义为局部相似变量 U_∞ 和 δ^* 的函数，这些变量随流向位置 x_1 而显著变化。

壁压的空间特性不如某一点的频率相关性明确。表 2-2 列出了一些可能与式（2.70）~式（2.74）相关的主要参数。通常，互谱密度在空间上是非平稳的，即在很大程度上取决于测量的位置。因此，根据这些测量结果推导出的对流速度在 30%~40%变化，具体取决于频率和传感器间距。表 2-2 显示了从各种来源提取的参数代表性数值，通过在实验数据中拟合式（2.70）得出这些数值。一般来说，压力的横向相关性随着负梯度的增加而增加，而流向相关性仅受到轻微影响。

Moeller 等[193]提供了正（逆）压梯度中波数谱的唯一直接测量值。边界层在光滑壁上发育，并且几乎被迫分离。在其参数（$0.6<k_1\delta^*<2$）范围内，零压力梯度和逆压梯度的压力脉动均参照以下形式

$$\Phi_{\mathrm{pp}}(k_1,0,\omega)U_\infty/q^2\delta^* \sim f\left(\frac{\omega\delta^*}{U_\infty}\right)(\pm 4\mathrm{dB})$$

式中：$f(\omega\delta*/U_\infty)$为式（2.84）给出的函数形式。

2.5.3　分离流

分离湍流边界层在时间上不稳定，而且在空间上也不确定，如 Kline 和 Runstaller[194]、Sandborn 和 Kline[195]、Sandburn 和 Liu[196]以及 Simpson 等[190-192,197]的测量结果所示。分离流为间歇性流，在 Simpson 等[197]给出的 y_1 依赖性之后，间歇性是从壁到流体的距离和流向位置的函数。分离点的定义是[197]一半时间内发生分离逆流的点。对于该点上游和下游的显著距离，分离的间歇性特征很明显。

大多数湍流分离流下方的压力脉动或多或少仍是一个未决问题，已经在水跃[198]中进行了测量，但这些不能一概而论。Mugridge[199]、Blake[187]和 Shannon[189]在翼型后缘分离流下方进行的测量见第 5 章“无空化升力部分”。经发现，壁装式扰流板[200-201]、后向台阶[202]以及管道和导管[203]中的圆形障碍物下游的压力脉动为下式的阶数

$$\overline{p^2}^{1/2} \approx 0.02\left(\frac{1}{2}pU_\infty^2\right) \text{ 与 } \overline{p^2}^{1/2} \approx 0.06\left(\frac{1}{2}\rho_0 U_\infty^2\right)$$

式中：U_∞ 为边界层情况下的自由流速度，为收缩管流情况下的通流速度。这

些压力比均匀流中的压力大 3~10 倍，并且它们的频率（粗略地说）限制为低于以下值

$$\frac{\omega l}{U_\infty}<0(1)$$

式中：l 为障碍物或台阶的高度。最大压力出现在分离的再附着点[201]。在层流分离区后面的再附着区，压力脉动可以为以下式子的阶数[204]

$$\overline{p^2}^{1/2}\approx 0.1\left(\frac{1}{2}\rho_0 U_\infty^2\right)$$

但并未给出频率组成的指示。这些压力可能是亚声速无空化流体力学中产生的最强压力之一。

在对表面不连续面和台阶下游的压力观测中，尚未公布相关函数的测量值。当然，对于获得此类流体所产生声音和振动的任何估算值，这些特性很有必要。

2.5.4　大气湍流下方地面压力

如 2.4.3 节所述，大气边界层下方的压力与风洞壁上测得的压力不同。采用 Priestley[109] 的测量程序时，在风区高达 400m、周围都是树木的平坦草地上进行地面压力测量。在这种情况下，风区是风地面层发育的水平距离。Elliott[205] 后来发布的测量在机场滑行道的地面上进行，或者在含有极浅水域的潮滩表面上方进行，或者在不同高度的海浪上[206] 进行。Elliott[205] 使用的两个位点都从大量取数中获益，其测量值与 Priestly 的测量值在定性上一致，显示出对 $f^{-1.7}$ 谱密度频率的依赖性。

由于许多因素[136]，与风洞壁上的边界层相比，大气边界层中的流体结构以及平均速度曲线的行列式更为复杂。在大气边界层中，无法使用与平衡湍流层相同的标准来定义厚度。然而，对于地面上的前 50m 左右，大气边界层中的速度曲线为对数曲线（式（2.2）），因此速度和长度尺度分别为 U_τ 和 v/U_τ，正如在经典情况下一样。在图 2-43 中，Elliott 在湖泊光滑水面上的测量值与图 2-16 所示光滑风洞壁上 $R_\theta=1.3\times10^4$ 的频谱进行了比较。这些频谱以谱密度乘以频率的形式显示，即 $\omega\Phi_{pp}(\omega)$。选择这种加权形式，以便抑制无量纲谱密度的差异。这些差异显然与相当不同的时间尺度相关，并导致频谱的特征频率相差近 4 个数量级。在 Priestley 或 Elliott 的测量情况下，大气诱导压力谱的传播范围高达±5dB。当在局部壁剪应力上进行无量纲化，这些加权谱表明，Elliott 在光滑陆地上测得的大气压力与其在潮汐湖水面上测得的大气压力相似。图 2-45 中的比较表明，与风洞壁上的压力相比，在黏性尺度上出现大气

诱导压力的频率要低得多（或时间尺度更长）。

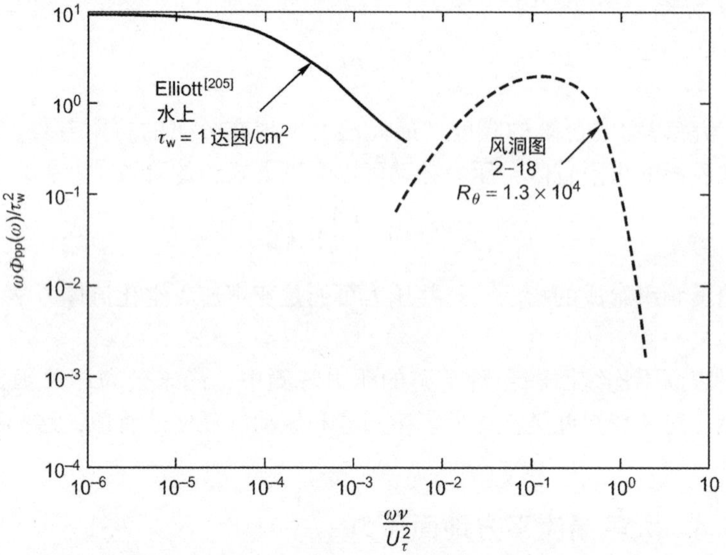

图 2-45　大气边界层下方地面脉动压力的自谱

Snyder 等[207]对 Elliot 的测量进行了重新研究，并对 Bahamas 某地海洋表面的表面压力自谱和互谱进行了综合测量。在本书中，研究了与此类特定现场试验相关的几个仪表问题。这些结果提供了相干尺度和波数-频谱，反过来波数-频谱又给出了空气-水界面波结构的各个方面。

对大气速度脉动的测量表明，在经典湍流边界层的对数区域内，它们也以低于速度脉动的相对频率出现。然而，速度脉动的特征频率显然不如压力脉动的特征频率低。通过比较经典边界层和大气边界层中垂直速度(u_2)脉动的无量纲谱 $\Phi_{22}(\omega y_2/U(y_2))/U_\tau^2$，得出这一观测结果。其中，$y_2$ 为离地距离，$U(y_2)$ 为该位置的平均风速。图 2-8 显示了经典边界层存在这种无量纲形式的通用谱。压力和速度谱的测量结果[207]表明，U_τ 是大气层中任一变量的适当速度尺度，正如经典边界层的速度和压力一样。尽管各类流体中的无量纲压力谱相差很大，但大气诱导压力的总均方值约为 $2.6\tau_w$ 阶，该值与经典光滑壁边界层下方的值非常相似，见 2.4.1 节。这反映在图 2-45 所示的 $\omega\Phi(\omega)$ 类似量级上。

Priestley 的互谱密度给出了 $\gamma_1 \approx \gamma_3 \approx 0.33$ 的指数系数。这些值表明，与经典湍流边界层引起的压力相比，地面平面中的空间关联场在定向上更均匀。因此，尽管大气边界层和经典边界层具有定性相似的对数区域，并产生与壁剪应力相关的可比总均方水平，但其诱导表面压力在数量上具有不同的相关结构、截然不同的频率或时间尺度以及不同的频谱分布。特征频率的差异必须与压力脉动的时间尺度相关，如 T_p，这样大气边界层的 $T_p U_\tau^2/v$ 比经典边界层值大得多。

附录：式（2.25）的推导

式（2.25）是一个非常强大的恒等式，本质上是自由空间格林函数的二维空间变换。最简单的推导方法是利用 $y_2=0$ 平面内振动表面的声辐射问题，推导出场压力的两个表达式。速度场 $V_n(\boldsymbol{x},\omega)$ 由第 1 卷的式（5.71）给出，其几何结构如第 1 卷的图 5-6 所示。我们将考虑一个示例，即平面上方的紧凑型单极子声源，速度为 $V_2(\boldsymbol{y},\omega)=Q\delta(\boldsymbol{y}_{1,3}-\boldsymbol{y}_{0,13})$。式中：$Q$ 为体积速度。注意坐标

$$\boldsymbol{k}_{13}=(k_1,k_3)$$

$$\boldsymbol{k}=(-k_1,\sqrt{k_0^2-k_{13}^2},k_3)$$

$$\boldsymbol{y}=(y_1,y_2,y_3)$$

以及

$$\boldsymbol{x}=(x_1,x_3)$$

第 1 卷 5.5.1 节的方法给出了（式（5.11）和式（5.74））板上方远场 $\boldsymbol{y}$ 中的频率转换压力

$$P_a(\boldsymbol{y},\omega)=\iint_{-\infty}^{\infty}\rho_0\omega V_n(\boldsymbol{k}_{13},\omega)\frac{-\mathrm{e}^{-(k_{13}^2-k_0^2)^{1/2}y_2}\mathrm{e}^{\pm i\boldsymbol{k}_{13}\cdot\boldsymbol{y}_{13}}}{\sqrt{k_{13}^2-k_0^2}}\mathrm{d}^2\boldsymbol{k}_{13} \tag{2.89}$$

式中：根据表面速度傅里叶变换的定义来选择±符号

$$V_n(\boldsymbol{k}_{1,3},\omega)=\frac{1}{(2\pi)^2}\iint_{-\infty}^{\infty}\mathrm{e}^{\pm i\boldsymbol{k}_{13}\boldsymbol{y}_{13}}V_2(\boldsymbol{y}_{1,3},\omega)\,\mathrm{d}\boldsymbol{y}_{1,3}=\frac{Q}{(2\pi)^2}$$

取 $y_{0,13}=0$。

将这个值代入式（2.89）中，可得出

$$P_a(\boldsymbol{y},\omega)=\frac{\rho_0\omega Q}{(2\pi)^2}\iint_{-\infty}^{\infty}\left[\frac{i\mathrm{e}^{i(k_0^2-k_{13}^2)^{1/2}}\mathrm{e}^{\pm i\boldsymbol{k}_{13}\cdot\boldsymbol{y}_{13}}}{\sqrt{k_0^2-k_{13}^2}}\right]\mathrm{d}^2\boldsymbol{k}_{13} \tag{2.90}$$

通过第 1 卷 5.5.1 节中固定相的二维方法，可以对积分进行求值。因此，令 $\varphi(\boldsymbol{k}_{13},\boldsymbol{y})=k_1y_1+k_3y_3+y_2\sqrt{k_0^2-k_{15}^2}$，则方法得出 $\phi(\tilde{\boldsymbol{k}}_{13},\boldsymbol{y})=k_0|y|$。式中：$\tilde{\boldsymbol{k}}_{13}$ 为板平面中的迹波数（第 1 卷的式（5.75））。固定相结果为

$$P_a(\boldsymbol{y},\omega)=\frac{\rho_0\omega Q}{(2\pi)^2}\left(i\frac{1}{k_0\cos\varphi}\right)\frac{-2\pi i}{|(|y|/k_0\cos\varphi)^2|^{1/2}}\mathrm{e}^{ik_0|y|}$$

以及

$$P_{\mathrm{a}}(\boldsymbol{y},\omega)=\frac{\rho_0\omega Q}{2\pi}\frac{\mathrm{e}^{\mathrm{i}k_0|\boldsymbol{y}|}}{|\boldsymbol{y}|} \tag{2.91}$$

其结果与第 1 卷的式（2.24b）一样，但刚性平面上方点体积源的表面反射与第 1 卷的式（2.122）一样。

等同于式（2.90）和式（2.91），并明确引入参考坐标

$$\iint_{-\infty}^{\infty}\left[\frac{\mathrm{i}\mathrm{e}^{\mathrm{i}(k_0^2-k_{13}^2)^{1/2}|r_2|}\mathrm{e}^{\mathrm{i}\boldsymbol{k}_{13}\cdot\boldsymbol{r}_{13}}}{2\pi\sqrt{k_0^2-k_{13}^2}}\right]\mathrm{d}^2\boldsymbol{k}_{13}=\frac{\mathrm{e}^{\mathrm{i}k_0|\boldsymbol{r}|}}{|\boldsymbol{r}|}$$

或者，令 $\boldsymbol{r}=\boldsymbol{y}-\boldsymbol{x}$，则

$$\frac{1}{2\pi}\iint_{-\infty}^{\infty}\left[\frac{\mathrm{i}\mathrm{e}^{\mathrm{i}(k_0^2-k_{13}^2)^{1/2}|r_2|}\mathrm{e}^{-\mathrm{i}\boldsymbol{k}_{13}\cdot\boldsymbol{y}_{13}}}{\sqrt{k_0^2-k_{13}^2}}\right]\mathrm{e}^{\mathrm{i}\boldsymbol{k}_{13}\cdot\boldsymbol{x}_{13}}\mathrm{d}^2\boldsymbol{k}_{13}=\frac{\mathrm{e}^{\mathrm{i}k_0|\boldsymbol{r}|}}{|\boldsymbol{r}|}$$

右边是括号中函数 k_{13}，x_{13}中的傅里叶变换。

相应地，其倒数为

$$\frac{\mathrm{i}\mathrm{e}^{\mathrm{i}(k_0^2-k_{13}^2)^{1/2}|r_2|}\mathrm{e}^{-\mathrm{i}\boldsymbol{k}_{13}\cdot\boldsymbol{y}_{13}}}{\sqrt{k_0^2-k_{13}^2}}=\int_{-\infty}^{\infty}\int_{-\infty}^{\infty}\frac{\mathrm{e}^{\mathrm{i}k_0|\boldsymbol{r}|}}{|\boldsymbol{r}|}\mathrm{e}^{+\mathrm{i}\boldsymbol{k}_{13}\cdot\boldsymbol{x}_{13}}\mathrm{d}^2\boldsymbol{x}_{13} \tag{2.92}$$

这是期望的关系（式（2.25））。

参考文献

[1] Schlichting H. Boundary layer theory. 3rd ed. New York: McGraw-Hill, 1960.

[2] Hinze JO. Turbulence. 2nd ed. New York: McGraw-Hill, 1975.

[3] Townsend AA. The structure of turbulent shear flow. 2nd ed. London and New York: Cambridge Univ. Press, 1976.

[4] Cebeci T, Smith AMO. Analyses of turbulent boundary layers. New York: Academic Press, 1974.

[5] Cebeci T, Bradshaw P. Momentum transfer in boundary layers. New York: McGraw-Hill, 1977.

[6] Tennekes H, Lumley JL. A first course in turbulence. Cambridge, MA: MIT Press, 1972.

[7] White FM. viscous fluid flow. New York: McGraw-Hill, 1974.

[8] Pope SB. Turbulent flows. Cambridge University Press, 2000.

[9] Hama F, Long JD, Hegarty JC. On transition from laminar to turbulent flow. J Appl Phys 1957, 28: 388-94.

[10] Hama FR. Progressive deformation of a perturbed line vortex filament. Phys Fluids 1963, 4: 526-34.

[11] Emmons HW. The laminar-turbulent transition in a boundary layer, Part I. J Atmos Sci.

1951, 18: 490-8.

[12] Emmons HW, Bryson AE. The laminar turbulent transition in a boundary layer. In: Proc. Natl. Congr. Theor. Appl. Mech., 1st, Cambridge, Massachusetts, 1951. p. 859-868.

[13] Schubauer GB, Klebanoff PS. Contributions on the mechanics of boundary layer transition. Natl. Advis. Comm. Aeronaut., Rep. No. 1289, 1956.

[14] Klebanoff PS, Tidstrom KD, Sargent LM. The three dimensional nature of boundary layer instability. J Fluid Mech 1962, 12: 1-35.

[15] Klebanoff PS, Tidstrom KD. Mechanism by which a two-dimensional roughness element induces boundary layer-transition. Phys Fluids 1972, 15: 1173-88.

[16] Kaplan RE. The stability of laminar incompressible boundary layers in the presence of compliant boundaries. ASRL Rep. TR 116-1. Cambridge, MA: MIT, 1964.

[17] Garrelick JM, Junger MC. The effect of structureborne noise in submarine hull plating on boundary layer stability. Rep. ONR-CR 289-017-IF. Cambridge, MA: Cambridge Acoust. Assoc., 1977.

[18] Landahl MT. On the stability of a laminar, incompressible boundary layer over a flexible surface. J Fluid Mech 1962, 13: 609-32.

[19] Hall DJ, Gibbings JC. Influence of stream turbulence and pressure gradient upon boundary layer transition. J Mech Eng Sci 1972, 14: 134-46.

[20] Shapiro PJ. The influence of sound upon laminar boundary layer instability. Rep. No. 83458-83560-1. Cambridge, MA: Acoust. vib. Lab., MIT, 1977.

[21] Mechel F, Schilz W. Studies on the effect of sound on boundary layers in air. Acustica 1964, 14: 371-81.

[22] Shilz W. Studies on the effect of flexural boundary Vibrations on the development of the boundary layer. Acustica 1969, 15: 6-10.

[23] Schilz W. Experimental studies of the effect of sound on boundary layers in the atmosphere. Acustica 1965-6, 16: 208-23.

[24] Versteeg HK, Malalasekera W. Computational fluid dynamics—the finite volume method. 2nd ed. Prentice Hall, 2007.

[25] Pletcher RH, Tannehill JC, Anderson DA. Computational fluid mechanics. 3rd ed. CRC Press, 2011.

[26] Wang M, Freund JB, Lele SK. Computational prediction of flow-generated sound. Annu Rev Fluid Mech 2006, 38: 483-512.

[27] Klebanoff PS. Characteristics of turbulence in a boundary layer with zero pressure gradient. NACA Rep 1955, 1247.

[28] Blake WK. Turbulent boundary layer wall pressure fluctuations on smooth and rough walls. J Fluid Mech 1970, 44: 637-60.

[29] Uram EM. Turbulent boundary layers on rough surfaces [Sc. D. Thesis]. Hoboken, NJ:

Mech. Eng. Dep. , Stevens Inst. Technol. , 1966.

[30] Millikan CB. A critical discussion of turbulent flows in channels or circular tubes. In: Int. Congr. Appl Mech. , 5th, Cambridge, MA, 1938.

[31] Coles D. The law of the wake in the turbulent boundary layer. J Fluid Mech 1956, 1. 191-226.

[32] Clauser FH. The turbulent boundary layer. Adv Appl Mech 1956, 4: 1-51.

[33] Casarella MJ, Shen JTC, Bowers BE. On the evaluation of axisymmetric forebody shapes for delaying laminar-turbulent transition-Part I. Background and analyses of the problem. David Taylor Naval Ship R & D Center Rep. No. 77-0074. Washington, D. C. , 1977.

[34] Chase DM. The character of the turbulent wall pressure spectrum at subconvective wavenumbers and a suggested comprehensive model. J Sound Vibration 1987, 112: 125-47.

[35] Chase DM. Fluctuations in wall-shear stress and pressure at low streamwise wavenumbers in turbulent boundary-layer flow. J Fluid Mech 1991, 225: 545-55.

[36] Chase DM. Generation of fluctuating normal stress in a viscoelastic layer by surface shear stress and pressure as in turbulent boundary-layer flow. J Acoust Soc Am 1991, 89: 2589-96.

[37] Chase DM. Fluctuating wall-shear stress and pressure at low streamwise wavenumbers in turbulent boundary-layer flow at low Mach numbers. Chase Inc. , TM 73, 1991.

[38] Chase DM. A semiempirical model for the wavevector-frequency spectrum of turbulent wall-shear stress. J Fluids Struct 1993, 7: 639-59.

[39] Chase DM, Noiseux CF. Turbulent wall pressure at low wavenumbers: relation to nonlinear sources in planar and cylindrical flow. J Acoust Soc Am 1982, 72: 975-82.

[40] Chase DM. Fluctuating wall-shear stress and pressure at low streamwise wavenumbers in turbulent boundary-layer flow at low Mach numbers. J Fluids Struct 1992, 6: 395-413.

[41] Smol'yakov AV. Calculation of the spectra of pseudosound wall-pressure fluctuations in turbulent boundary layers. Acoust Phys 2000, 46: 401-7.

[42] Smol'yakov AV. A new model for the cross spectrum and wavenumber-frequency spectrum of turbulent pressure fluctuations in a boundary layer. Acoust Phys 2006, 52: 332-7.

[43] Smol'yakov AV, Tkachenko vM. A note on "Investigation and modelling of the wall pressure field beneath a turbulent boundary layer at low and medium frequencies". J Sound vib 2004, 274: 403-6.

[44] Chang III PA, Piomelli U, Blake WK. Relationship between wall pressure and velocity field sources. Phys Fluids 1999, 11. 3434-48.

[45] Hu ZW, Morfey CL, Sandham ND. Wall pressure and shear stress spectra from direct simulations of channel flow. AIAA J 2006, 44: 1541-9.

[46] Na Y, Moin P. The structure of wall-pressure fluctuations in turbulent boundary layers with adverse pressure gradient and separation. J Fluid Mech 1998, 377: 347-73.

[47] Choi H, Moin P. On the space-time characteristics of wall-pressure fluctuations. Phys Fluids A 1990, 2: 1450-60.

[48] Viazzo S, Dejoan A, Schiestel R. Spectral features of the wall pressure fluctuations in turbulent wall flows with and without perturbations using LES. Int J Heat Fluid Flow 2001, 22: 39-52.

[49] Gloerfelt X, Berland J. Turbulent boundary-layer noise: direct radiation at Mach number 0.5. J Fluid Mech 2013, 723: 318-51.

[50] Kraichnan RH. Pressure fluctuations in turbulent flow over a flat plate. J Acoust Soc Am 1956, 28 (3): 378-90.

[51] Lilley GM, Hodgson TH. On surface pressure fluctuations in turbulent boundary layers. The College of Aeronautics Cranfield, CoA Note No. 101, also AGARD Report 276, 1960.

[52] Lilley GM. Wall pressure fluctuations under turbulent boundary layers at subsonic and supersonic speeds. The College of Aeronautics Cranfield, CoA Note 140, 1963.

[53] Lilley GM. Pressure fluctuations in an incompressible turbulent boundary layer. The College of Aeronautics Cranfield, CoA Note 133, 1960.

[54] Ffowcs Williams JE. Surface-pressure fluctuations induced by boundary-layer flow at finite mach number. J Fluid Mech 1965, 22: 507-19.

[55] Corcos GM. The structure of the turbulent pressure field in boundary layer flows. J Fluid Mech 1964, 18: 353-77.

[56] Kraichnan RH. Noise transmission from boundary layer pressure fluctuations. J Acoust Soc Am 1957, 29 (1): 65-80.

[57] Kraichnan RH. Pressure field within homogeneous anisotropic turbulence. J Acoust Soc Am 1956, 28 (1): 64-72.

[58] Gardner S. On surface pressure fluctuations produced by boundary layer turbulence. Acoustics 1965, 16 (2): 67-74.

[59] White FM. A unified theory of turbulent wall pressure fluctuations. New London: USN Underwater Sound Laboratory, 1964.

[60] Mawardi OK. On the spectrum of noise from turbulence. J Acoust Soc Am 1955, 27 (3): 442-5.

[61] Powell A. Aerodynamic noise and the plane boundary. J Acoust Soc Am 1960, 32 (8): 982.

[62] Chase DM. Wavevector-frequency spectrum of turbulent boundary-layer pressure. In: Proc. Symp. Turbul. Liq., Univ. Missouri, Rolla, 1971. p. 94-104.

[63] Chase DM. Modeling the wave-vector frequency spectrum of turbulent boundary layer wall pressure. J Sound vib 1980, 70. 29-68.

[64] Meecham WC, Tavis MT. Theoretical pressure correlation functions in turbulent boundary layers. Phys Fluids 1980, 23: 1119-31.

[65] Phillips OM. On the aerodynamic surface sound from a plane turbulent boundary layer. Proc R Soc London, Ser A 1956, 234: 327-35.

[66] Phillips OM. On aerodynamic surface sound. ARC Aeronautical Research Council (British), 1955.

[67] Landahl MT. A wave-guide model of turbulent shear flow. J Fluid Mech 1967, 29: 441-59.

[68] Bergeron RF. Aerodynamic sound and the low-wavenumber wall-pressure spectrum nearly incompressible boundary-layer turbulence. J Acoust Soc Am 1973, 54: 123-33.

[69] Ffowcs Williams JE. Boundary-layer pressures and the Corcos model: a development to incorporate low wave number constants. J Fluid Mech 1982, 125: 9-25.

[70] Lee YT, Blake WK, Farabee TM. Modeling of wall pressure fluctuations based on time mean flow field. ASME J Fluids Eng 2005, 127: 233-40.

[71] Yang Q, Wang M. Computational study of roughness-induced boundary layer noise. AIAA J 2009, 47: 2417-29.

[72] Ji M, Wang M. Surface pressure fluctuations on steps immersed in turbulent boundary layers. J Fluid Mech 2012, 712: 471-504.

[73] Burton TE. The connection between intermittent turbulent activity near the wall of a turbulent boundary layer with pressure fluctuations at the wall. Rep. No. 70208-10. Cambridge, MA: Acoust. vib. Lab., MIT, 1974.

[74] Goldstein ME, Howes WL. New aspects of subsonic aerodynamic noise theory. NACA TN D-7158, 1976.

[75] Morrison WRB, Kronauer RE. Structural similarity for fully developed turbulence in smooth tubes. J Fluid Mech 1969, 39: 117-41.

[76] Favre AJ. Review on space-time correlations in turbulent fluids. J Appl Mech 1965, 32: 241-57.

[77] Grant HL. The large eddies of turbulent motion. J Fluid Mech 1958, 4: 149-90.

[78] Bradshaw P. Inactive motion and pressure fluctuations in turbulent boundary layers. J Fluid Mech 1967, 30. 241-58.

[79] Blake WK. Turbulent boundary layer wall pressure fluctuations on smooth and rough walls, Rep. No. 70208-1. Cambridge, MA: Acoust. vib. Lab., MIT, 1969.

[80] Arndt REA, Ippen AT. Cavitation near surfaces of distributed roughness. Rep. No. 104. Cambridge, MA: Hydrodynamics. Lab., MIT, 1967.

[81] Mull HR, Algranti JS. Flight measurement of wall pressure fluctuations and boundary layer turbulence. NASA Tech. Note NASA TN D-280, 1960.

[82] Bull MK. Wall-pressure fluctuations associated with subsonic turbulent boundary layer flow. J Fluid Mech 1967, 28: 719-54.

[83] Lee YT, Farabee TM, Blake WK. Turbulence effects of wall-pressure fluctuations for reattached flow. Comput Fluids 2009, 38: 1033-41.

[84] Lee YT, Miller R, Gorski J, Farabee T. Predictions of hull pressure fluctuations for a ship model. In: Proc. international conference on marine research and transportation, September

19-21, 2005, The Island of ISHIA.

[85] Bullock KJ, Cooper RE, Abernathy FJ. Structural similarity in radial correlations and spectra of longitudinal velocity fluctuations in pipe flow. J Fluid Mech 1978, 88: 585-608.

[86] Morrison WRB, Bullock KJ, Kronauer RE. Experimental evidence of waves in the sublayer. J Fluid Mech 1971, 47: 639-56.

[87] Farabee TM, Casserella MJ. Spectral features of wall pressure fluctuations beneath turbulent boundary layers. Phys Fluids A 1991, 3: 2410-20.

[88] Willmarth WW. Wall pressure fluctuations in a turbulent boundary layer. J Acoust Soc Am 1956, 28: 1048-53.

[89] Willmarth WW. Pressure fluctuations beneath turbulent boundary layers. Annu Rev Fluid Mech 1975, 7: 13-38.

[90] Willmarth WW. Space - time correlations of the fluctuating wall pressure in a turbulent boundary layer. J Aeronaut Sci 1958, 25: 335-6.

[91] Tack DH, Smith MV, Lambert RF. Wall pressure correlations in turbulent air flow. J Acoust Soc Am 1961, 38: 410-18.

[92] Harrison M. Pressure fluctuations on the wall adjacent to a turbulent boundary layer. D. Taylor Naval Ship R & D Center Rep. No. 1260, Washington, D. C. , 1960.

[93] Goody M. An empirical model of surface pressure fluctuations. AIAA J 2004, 42: 1788-94.

[94] Bhat WV. Flight test measurement of exterior turbulent boundary layer pressure fluctuations on Boeing Model 737 airplane. J Sound vib 1971, 14: 439-57.

[95] Palumbo D. Determining correlation and coherence lengths in turbulent boundary layer flight data. J Sound vib 2012, 331. 3721-37.

[96] Hodgeson TH. On the dipole radiation from a rigid and plane surface. In: Proc. Purdue Noise Control Conf. Lafayette, Indiana, 1971. p. 510-530.

[97] Hodgeson TH. Pressure fluctuations in shear flow turbulence [Ph. D. Thesis]. Fac. Eng. , Univ. London, 1962.

[98] Serafini JS. Wall - pressure fluctuations and pressure - velocity correlations in a turbulent boundary layer. AGARD Rep. AGARD-R-453, 1963.

[99] Blake WK, Maga LJ. On the flow - excited Vibrations of cantilever struts in water. II. Surface - pressure fluctuations and analytical predictions. J Acoust Soc Am 1975, 57: 1448-64.

[100] Schloemer HH. Effects of pressure gradients on turbulent boundary wall pressure fluctuations. USL Rep. No. 747. U. S. Navy Underwater Sound Lab. , New London, Connecticut, 1966, also J Acoust Soc Am 1967, 42: 93-113.

[101] Willmarth WW, Wooldridge CE. Measurements of the fluctuating pressure at the wall beneath a thick turbulent boundary layer. J Fluid Mech 1962, 14: 187-210, corrigendum, J. Fluid Mech. 21, 107-109 (1965).

[102] Helai HM, Casarella MJ, Farabee TM. An application of noise cancellation techniques to the measurement of wall pressure fluctuations. In: Farabee TM, Hansen RJ, Keltie RF, editors. ASME NCA—Vol 5, flow-induced noise due to laminar turbulence transition process, Book No. H00563, 1989.

[103] Emmerling R, Meier GEA, Dinkelacker A. Investigation of the instantaneous structure of the wall pressure under a turbulent boundary layer flow. In: AGARD Conf. Proc. AGARD-CP-131, 1973.

[104] Emmerling R. The instantaneous structure of the wall pressure under a turbulent boundary layer flow. Ber. -Max-Planck-Inst. Stromungsforsch. No. 56/1973, 1973.

[105] Schewe G. On the structure and resolution of wall-pressure fluctuations associated with turbulent boundary-layer flow. J Fluid Mech 1983, 134: 311-28.

[106] Bull MK. On the form of the wall-pressure spectrum in a turbulent boundary layer in relation to noise generation by boundary layer-surface interactions. In: Proc. Symp. Sound Gener. Turbul. Goettingen, Springer-Verlag, Berlin, 1979.

[107] von Winkle WA. Some measurements of longitudinal space time correlations of wall pressure fluctuations in turbulent pipe flow. USC Rep. No. 526. New London, CT: U. S. Navy Underwater Sound Lab., 1961.

[108] Leclercq DJJ, Bohineust X. Investigation and modelling of the wall pressure field beneath a turbulent boundary layer at low and medium frequencies. J Sound vib 2002, 257: 477-501. Available from: http: //dx. doi. org/10. 1006/jsvi. 2002. 5049.

[109] Priestly JT. Correlation studies of pressure fluctuations on the ground beneath a turbulent boundary layer. Rep. No. 8942. Washington, DC: Natl. Bur. Stand., 1966.

[110] Aupperle FA, Lambert RF. Effects of roughness on measured wall pressure fluctuations beneath a turbulent boundary layer. J Acoust Soc Am 1970, 47: 359-70.

[111] Corcos GM. The resolution of the turbulent pressures at the wall of a boundary layer. J Sound vib. 1967, 6: 59-70.

[112] Efimtsov BM. Characteristics of the field of turbulent wall pressure fluctuations at large Reynolds numbers. Acoust Phys 1991, 37: 637-41.

[113] Graham WR. A comparison of models for the wave number-frequency spectrum of turbulent boundary layer pressures. J Sound vib 1997, 206: 542-65.

[114] Wills JAB. Measurements of wave number/phase velocity spectrum of wall pressure beneath a turbulent boundary layer. J Fluid Mech 1970, 45: 65-90.

[115] Chase DM. Space-time correlations of velocity and pressure and the role of convection for homogeneous turbulence in the universal range. Acustica 1969, 22: 303-20.

[116] Chase DM. A semi-empirical model for the wave vector-frequency spectrum of turbulent wall shear stress. J Fluids Struct 1993, 7: 639-59.

[117] Lin CC. On Taylors hypothesis and the acceleration terms in the Navier-Stokes equations.

Q Appl Math 1953, 10. 295-306.

[118] Lumley JL. Interpretation of time spectra measured in high-intensity shear flows. Phys Fluids 1965, 8: 1056-62.

[119] Fisher MJ, Davies POAL. Correlation measurements in a non-frozen pattern of turbulence. J Fluid Mech 1965, 18: 97-116.

[120] Orlu R, Schlatter P. On the fluctuating wall - shear stress in zero pressure - gradient turbulent boundary layer flows. Phys Fluids 2011, 23, 021704-1-4.

[121] Vinusa R, Bobke A, Orlu R, Schlatter P. On determining characteristic length scales in pressure-gradient turbulent boundary layers. Phys Fluids 2016, 28, 055101-1-13.

[122] Mahmoudnejad N, Hoffman K. Numerical simulation od wall-pressure fluctuations due to a turbulent boundary layer. J Aircr 2012, 49: 2048-58.

[123] Jimenez J. Turbulent flows over rough walls. Ann Rev Fluid Mech 2004, 36: 173-96.

[124] Jimenez J, Hoyas S, Simens MP, Mizuno Y. Turbulent boundary layers and channels at moderate Reynolds numbers. J Fluid Mech 2010, 657: 335-60.

[125] Martini KF, Leehey P, Moeller M. Comparison of techniques to measure the low wave number spectrum of a turbulent boundary layer. Mass. Inst. Tech. Acoustics and Vibration Laboratory Rep. 92828-1. Cambridge, MA, 1984.

[126] Jameson PW. Measurement of the low-wavenumber component of turbulent boundary layer pressure spectral density. In: Proc. Symp. Turbul. Liq., 4th, 1975. p. 192-200.

[127] Martin NC. Wavenumber filtering by mechanical structures [Ph. D. Thesis]. Cambridge, MA: MIT, 1976.

[128] Martin NC, Leehey P. Low wavenumber wall pressure measurements using a rectangular membrane as a spatial filter. J Sound vib 1977, 52: 95-120.

[129] Jameson PW. Measurement of low wave number component of turbulent boundary layer wall pressure spectrum. BBN Rep. No. 1937. Cambridge, MA: Bolt, Beranek, & Newman, 1970.

[130] BonnessWK. Low wavenumber TBL wall pressure and shear stress measurements from Vibration data on a cylinder in pipe flow [Ph. D. Thesis]. Pennsylvania State University, 2009.

[131] Bonness WK, Capone DE, Hambric SA. Low-wavenumber turbulent boundary layer wall-pressure measurements from Vibration data on a cylinder in pipe flow. J Sound vib 2010, 329: 4166-80.

[132] Blake WK, Chase DM. Wavenumber - frequency spectra of turbulent boundary layer pressure measured by microphone arrays. J Acoust Soc Am 1971, 49: 862-77.

[133] Geib Jr FE, Farabee TM. Measurement of boundary layer pressure fluctuations at low wavenumber on a smooth wall. In: Meet. Acoust. Soc. Am., 91st, Washington, D. C., 1976.

[134] Geib Jr FE, Farabee TM. Measurement of boundary layer pressure fluctuations at low wavenumber on smooth and rough walls. David W. Taylor Naval Ship R & D Center Rep. No. 84-05/ Washington, D. C. , 1985.
[135] Abraham BM, Keith WL. Direct measurements of turbulent boundary layer wall pressure wavenumber-frequency spectra. J Fluids Eng 1998, 120 (1): 29-39.
[136] Tkachenko vM, Smol'yakov AV, Kolyshnitsyn vA, Marshov vP. Wane numberfrequency spectrum of turbulent pressure fluctuations: methods of measurement and results. Acoust Phys 2008, 54: 109-14.
[137] Arguillat B, Ricot D, Bailly C, Robert G. Measured wave number: frequency spectrum associated with acoustic and aerodynamic wall pressure fluctuations. J Acoust Soc Am 2010, 128: 1647-55.
[138] Farabee TM, Geib FE. Measurements of boundary layer pressure fluctuations at low wave numbers on smooth and rough walls, ASME NCA vol 11, Flow Noise Modeling, Measurement and Control, Book No. H00713, 1991.
[139] Farabee TM, Geib Jr FE. Measurement of boundary layer pressure fields with an array of pressure transducers in a subsonic flow. NSRDC Rep. No. 76-0031, Washington, D. C. , also Proc. Int. Congr. Instrum, Aerosp. Facil. , 6th, Ottawa, Canada, 1975. p. 311-319.
[140] Kudashev EB, Yablonik LP. Determination of the frequency-wave-vector spectrum of turbulent pressure fluctuations. Sov Phys-Acoust (Engl Transl) 1978, 23: 351-4.
[141] Sevik MM. Topics in hydroacoustics. IUTAM symposium on aero-hydro-acoustics. Lyon, France. : Springer, 1985.
[142] Hong J, Katz J, Schultz MP. Effect of mean and fluctuating pressure gradients on boundary layer turbulence. J Fluid Mech 2011, 748: 36-84.
[143] Hong J, Katz J, Meneveau C, Schultz MP. Coherent structures and associated sub-grid scale energy transfer in a rough-wall turbulent channel flow. J Fluid Mech 2012, 712: 92-128.
[144] Burton T. On the generation of wall pressure fluctuations for turbulent boundary layers over rough walls. Rep. No. 70208-4. Cambridge, MA: Acoust. vib. Lab. , MIT, 1971.
[145] O'Keefe EJ, Casarella MJ, DeMetz FC. Effect of local surface roughness on turbulent boundary layer wall pressure spectra and transition burst onset. David Taylor Naval Ship R & D Center Rep. No. 4702. Washington, D. C, 1975.
[146] Grissom DL. A study of sound generated by a turbulent wall jet flow over rough surfaces [Ph. D. Thesis]. Blacksburg, vA: Aerospace and Ocean Engineering, va. Tech, 2007.
[147] Smith BS. Wall jet boundary layer flows over smooth and rough surfaces [Ph. D. Thesis]. Blacksburg, vA: Aerospace and Ocean Engineering, va. Tech, 2008.
[148] Forest JB. The wall pressure spectrum of high Reynolds number rough-wall turbulent

boundary layers [M. S. Thesis]. Blacksburg, vA: Aerospace and Ocean Engineering, va. Tech., 2012.

[149] Burton TE. Wall pressure fluctuations at smooth and rough surfaces under turbulent boundary layers with favorable and adverse pressure gradients. Rep. No. 70208-9. Cambridge, MA: Acoust. vib. Lab., MIT, 1973.

[150] Grissom D, Smith B, Devenport W, Glegg SAL. Rough wall boundary layer noise: an experimental investigation. AIAA Paper 2007-3418 May 2007, presented at the 13th AIAA/CEAS Aeroacoustics Conference, 2007.

[151] Wooldridge CE, Willmarth WW. Measurements of the correlation between the fluctuating velocities and fluctuating wall pressures in a thick turbulent boundary layer. Tech. Rep. No. 02920-2-T. Ann Arbor, MI: Univ. of Michigan, 1962.

[152] Howe M. Acoustics of fluid - structure interactions. Cambridge: Cambridge Uiversity Press, 1998.

[153] Blake WK, Anderson JA. The acoustics of flow over rough elastic surfaces. In: Ciappi E, editor. FLINOVI-A-flow induced noise and Vibration issues and aspects. Springer, 2015.

[154] Corcos GM, Cuthbert JW, von Winkle WA. On the measurement of turbulent pressure fluctuations with a transducer of finite size. Rep. Ser. 82, No. 12. Berkeley: Inst. Eng. Res., Univ. of California, 1959.

[155] Anderson JM, Blake WK. Aero-structural acoustics of uneven surfaces, Part 2: A specific forcing by a rough wall boundary layer. In: 20th AIAA aeroacoustics conference, Atlanta, GA, 16-20 June 2014, Paper 2014-2458, 2014.

[156] Anderson JM, Stewart DO, Goody M, Blake WK, Experimental investigations of sound from flow over rough surfaces. Paper No. IMECE2009-11445 in Proceedings of the ASME international mechanical engineering congress and exposition, Lake PBuena vista, FL, 13-19 Nov., 2009.

[157] Devenport WJ, Grissom DL, Alexander WN, Smith B, Glegg SAL. Measurements of roughness noise. J Sound vib 2011, 330. 4250-73.

[158] Glegg S, Devenport W. The far-field sound from rough wall boundary layers. Proc R Soc A 2009, 465: 1717-34.

[159] Alexander WN, Devenport W, Glegg SAL. Predictions of sound from rough wall boundary layers. AIAA J 2013, 51. 465-75.

[160] Alexander WN, Devenport W, Glegg SAL. Predictive limits of acoustic diffraction theory for rough wall flows. AIAA J 2014, 52: 634-42.

[161] Blake WK, Anderson JM. Aero-structural acoustics of uneven surfaces, Part 1. General model approach to radiated sound. In: 20th AIAA aeroacoustics conference, Atlanta, GA, 16-20 June 2014, Paper 2014-2457, 2014.

[162] Laufer J. The structure of turbulence in fully developed pipe flow. NACA Rep. No.

1174, 1954.

[163] Bakewell HP. Longitudinal space-time correlation function in turbulent airflow. J Acoust Soc Am 1963, 35: 936-7.

[164] Bakewell HR, Lumley JL. viscous sublayer and adjacent in turbulent pipe flow. Phys Fluids 1967, 10. 1880-9.

[165] Lauchle GC, Daniels MA. Wall pressure fluctuations in turbulent pipe flow. Phys Fluids 1987, 30. 3019-24.

[166] Lysak PD. Modeling the wall pressure spectrum in turbulent pipe flows. J Fluids Eng 2006, 128: 216-22.

[167] Corcos GM. The structure of the turbulent pressure field in boundary layer flows. Rep. Ser. 183, No. 4. Berkeley, CA: Inst. Eng. Res., Univ. of California, 1963.

[168] Bakewell HP, Carey GF, Libuha JJ, Schloemer HH, von Winkle WA. Wall pressure correlations in turbulent pipe flow. USC Rep. No. 559. New London, CT: U. S. Navy Underwater Sound Lab., 1962.

[169] DeMetz FC, Jorgensen DW. Measurement of the boundary layer pressure fluctuations associated with turbulent air flow in a rigid pipe. David Taylor Naval Ship R & D Center Rep. No. 3707. Washington, D. C., 1971.

[170] Greshilov EM, Evtushenko AV, Lyamshev LM. Hydrodynamic noise and the Toms effect. Sov Phys-Acoust (Engl Transl) 1975, 21. 247-51.

[171] Evans ND, Capone DE, Bonness WK. Low-wave number turbulent boundary layer wall-pressure measurements from Vibration data over smooth and rough surfaces in pipe flow. J Sound vib 2013, 332: 3463-73.

[172] Greshilov EM, Lyamshev LM. Spectrum and correlation of wall pressure fluctuations in flow past a rough wall. Sov Phys-Acoust (Engl Transl) 1969, 15: 104-6.

[173] Daniels MA, Lauchle GC. Wall pressure fluctuations and acoustics in turbulent pipe flow. Report TR 86-006. Applied Research Laboratory, Penn State University, 1986.

[174] Willmarth WW, Young CS. Wall pressure fluctuations beneath turbulent boundary layers on a flat plate and a cylinder. J Fluid Mech 1970, 41. 47-80.

[175] Willmarth WW, Winkel RE, Sharma LK, Bogar TJ. Axially symmetric turbulent boundary layers on cylinders: mean velocity profiles and wall pressure fluctuations. J Fluid Mech 1976, 76: 35-64.

[176] DeMetz FC, Casarella MJ. An experimental study of the intermittent properties of the boundary layer pressure field during transition on a flat plate. NSRDC Rep. No. 4140. Washington, D. C: David Taylor Naval Ship R & D Center, 1973.

[177] DeMetz FC, Casarella MJ An experimental study of the intermittent wall pressure bursts during natural transition of a laminar boundary layer. In: AGARD-NATO Fluid Dyn. Panel, Brussels, 1973.

[178] Gedney CJ. Wall pressure fluctuations during transition on a flat plate. Rep. No. 84618-1. Cambridge, MA: Acoust. vib. Lab., MIT, 1979.

[179] Nisewanger CR, Sperling FB. Flow noise inside boundary layers of buoyancy-propelled test-vehicles. NAVWEPS Rep. No. 8519, MATS TP 3511. China Lake, CA: Naval Weapons Center, 1965.

[180] Dhwan S, Narasimha R. Some properties of boundary layer flow during the transition from laminar to turbulent motion. J Fluid Mech 1958, 3: 418-36.

[181] Ffowcs Williams JE. Flow-noise. In: Albers vM, editor. Underwater acoustics, vol. II. New York: Plenum Press, 1967 [chapter 6].

[182] Dolgova II. Sound field radiated by a Tollmein-Schlichting wave. Sov Phys Acoust 1977, 23: 259-60.

[183] DeMetz FC, Casarella MJ. An experimental study of the intermittent properties of the boundary layer pressure field during transition on a flat plate, NSRDC Rep. No. 4140. Washington, D. C: David Taylor Naval Ship R & D Center, 1973.

[184] DeMetz FC, Casarella MJ. An experimental study of the intermittent wall pressure during natural transition of a laminar boundary layer. In: AGARD-NATO fluid dynam. Panel, Brussels, Belgium, September 1973, 1973.

[185] Park S, Lauchle GC. Wall pressure fluctuation spectra due to boundary layer transition. J Sound vib 2009, 319: 1067-82.

[186] Bradshaw P, Ferriss DH, Attwell NP. Calculation of boundary layer development using the turbulent energy equation. J Fluid Mech 1967, 28: 593-616.

[187] Blake WK. A statistical description of the pressure and velocity fields at the trailing edges of a flat strut. NSRDC Rep. No. 4241. Washington, DC: David Taylor Naval Ship R & D Center, 1975.

[188] Lauchle GL. Noise generated by axisymmetric turbulent boundary-layer flow. J Acoust Soc Am 1977, 61. 694-702.

[189] Shannon D. Flow field and acoustic measurements of a blunt trailing edge [Ph. D. Dissertation]. Notre Dame, IN: University of Notre Dame, 2007.

[190] Simpson Roger L, Ghodbane M, McGratth BE. Surface pressure fluctuations in a separating turbulent boundary layer. J Fluid Mech 1987, 177: 167-86.

[191] Simpson Roger L, Chew Y-T, Shivaprasad BG. The structure of a separating turbulent boundary layer. Part 1. Mean flow and Reynolds stresses. J Fluid Mech 1981, 113: 23-51.

[192] McGrath BE, Simpson RL. Some features of surface pressure fluctuations in turbulent boundary layers woth zero and favourable pressure gradients, NASA CR 4057, 1987.

[193] Moeller MJ, Martin NC, Leehey P. Low wavenumber levels of a turbulent boundary layer wall pressure fluctuations in zero and adverse gradients. Rep. No. 82464-2. Cambridge, MA: Acoust. vib. Lab., MIT, 1978.

[194] Kline SJ, Runstadler PW. Some preliminary results of visual studies of the flow model of the wall layers of the turbulent boundary layer. J Appl Mech 1959, 26: 166-70.

[195] Sandborn vA, Kline SJ. Flow models in boundary layer stall inception. J Basic Eng 1961, 83: 317-27.

[196] Sandborn vA, Liu CY. On turbulent boundary layer separation. J Fluid Mech 1968, 32: 293-304.

[197] Simpson RL, Strickland JH, Barr PW. Features of a separating turbulent boundary layer in the vicinity of separation. J Fluid Mech 1977, 79: 553-94.

[198] Schiebe FR, Bowers CE. Boundary pressure fluctuations due to macroturbulence in hydraulic jumps. In: Proc. 2nd symp. turbul. liq., Univ. Missouri, Rolla, 1971.

[199] Mugridge BD. Turbulent boundary layers and surface pressure fluctuations on twodimensional aerofoils. J Sound vib 1971, 18: 475-86.

[200] Jorgensen DW. Measurements of fluctuating pressures on a wall adjacent to a turbulent boundary layer. David Taylor Naval Ship R & D Center, Rep. No. 1744. Washington, D. C., 1963, also J Underwater Acoust 1963, 13: 329-36.

[201] Greshilov EM, Evtushenlev AV, Lyamshev LM. Spectral characteristics of the wall pressure fluctuations associated with boundary layer separation behind a projection on a smooth wall. Sov Phys-Acoust (Engl Transl) 1969, 15: 29-34.

[202] Farabee T, Casarella MJ. Effects of surface irregularity on turbulent layer wall pressure fluctuations. In: Proc. ASME symp. on turbulence induced Vibrations and noise of structures, Boston, Massachusetts, 1983. p. 31-44.

[203] Tobin RJ, Chang I. Wall pressure spectra scaling downstream of stenosis in steady tube flow. J Biomech 1976, 9: 633-40.

[204] Huang TT, Hannan DE. Pressure fluctuations in the regions of flow transition. DTNSRDC Rep. No. 4723. Washington, D. C.: David Taylor Naval Ship R & D Center, 1975.

[205] Elliott JA. Microscale pressure fluctuations measured within the lower atmospheric boundary layer. J Fluid Mech 1972, 53: 351-83.

[206] Elliott JA. Microscale pressure fluctuations near waves being generated by the wind. J. Fluid Mech 1972, 54: 427-48.

[207] Snyder RL, Dobson FW, Elliott JA, Long RB. Array measurements of atmospheric pressure fluctuations above surface gravity waves. J Fluid Mech 1981, 102: 1-59.

[208] Landahl M. A wave-guide model for turbulent shear flow. NASA [Contract. Rep.] CR NASA-CR-317, 1965.

[209] Willmarth WW, Roos FW. Resolution and structure of the wall pressure field beneath a turbulent boundary layer. J Fluid Mech 1965, 22: 81-94.

第3章 阵列与结构对壁湍流和随机噪声的响应

在本章中，我们研究了传感器、传感器阵列和弹性结构对波数分布的湍流边界层壁面压力和辐射声响应的几个示例。我们将考虑的结构响应是空气中流体负荷最小的平面、流体负荷面以及由弹性材料制成的表面。我们把粗糙和光滑的壁面边界层以及入射声场从理论上都看作在混响室上用弹性板产生的。

3.1 通过传感器、传感器阵列和柔性板对壁压进行空间滤波

压力传感器的相控阵列在机载和水下声学技术中得到广泛的应用。当然，测量壁压波数谱的最早方法之一是使用麦克风和水听器阵列。这是我们感兴趣的领域，本章将研究几种方法来区分不同空间尺度或波数的壁压脉动。这些方案既可用作研究中的测量工具，也可用作衰减边界层压力的滤波器，以区分其他可能的声学信号。所有将要讨论的方法都依赖于几何结构空间相位的使用，这种空间相以弹性结构具有明确波数接受和拒绝区域的相同方式，自然接受或拒绝某些波数范围（见第1卷5.3.1节）。图3-1展示了几种想法。

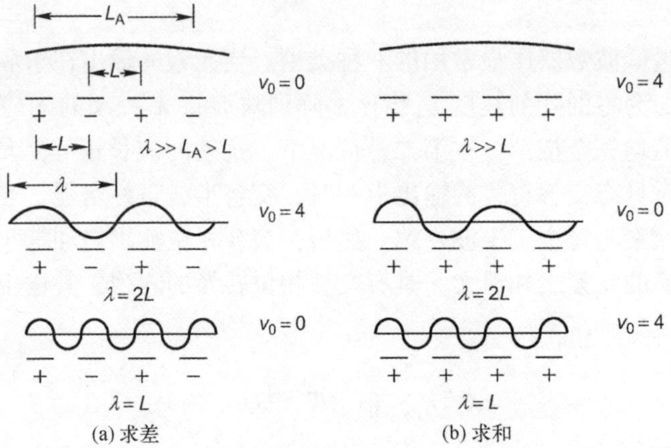

图3-1 波矢量或空间滤波的原理图

3.1.1　使用阵列测量低波数压力的技术

经验结果超出式（2.65）的有效波数范围时，即对于 $k_1 \ll k_c = \omega / U_c$，必须使用特殊的传感器阵列来获得，这些传感器阵列专门设计为对 $k_1\delta^* \sim \omega\delta^* / U_c$ 处的对流扰动不敏感（或抑制）。同时，它们必须接受波数 $k_0\delta^* < k_1\delta^* \ll \omega\delta^* / U_c$ 范围内的压力。已使用的这种类型传感器阵列称为波矢量滤波器；此滤波器由 Maidanik 和 Jorgensen[1-5] 设计，后来被许多研究者[6-11] 作为测量低波数压力的装置进行研究。图 2-30 中显示了一个示意图。将传感器阵列置于壁中，中心之间的距离为 L。传感器的输出可以按相位求和，与符号交替同相位相加，或者与幅度阴影[8] 或元素间延时[2,6] 相加。这种布置可以区分不同长度尺度的扰动。对于四元线阵列的简单情况，此滤波过程如图 3-2 所示，采用交替或同一相位求和的方式。

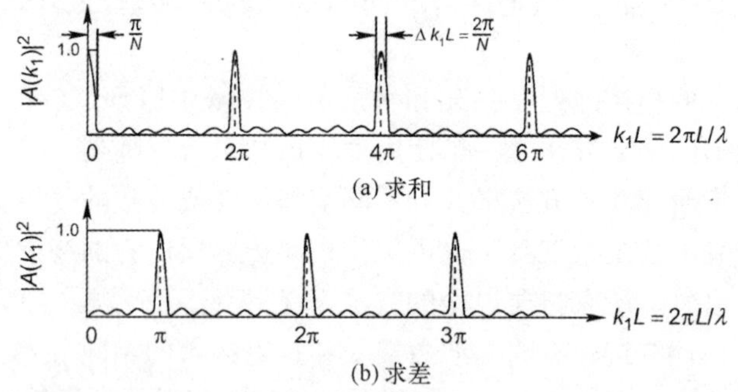

图 3-2　波矢量滤波器在和差模式下的阵列增益（第 1 卷式（2.53）和式（2.54））

这是测量低波数壁压最常用的一种类型。当元素的输出在求和之前进行交替定相时，与为零的阵列长度 L_A 相比，阵列对波长 λ 扰动的响应非常长，因为所有贡献值均完全抵消。在第二种情况下，扰动的波长正好是传感器间距 L 的两倍。在对具有交替符号的输出求和时，交替半波正好增强。当波长等于间距时，相邻元素与每个正半波一致。然后，交替相位输出之和等于零，而没有交替相位转换的元素之和最大。具有交替相位转换的阵列，其输出最大，所有波长为

$$\lambda = \frac{2L}{2m+1}, \quad m = 0, 1, \cdots$$

Emmerling 等[12-13] 和 Gabriel 等[14] 已对其他类型的后缘噪声阵列进行了验证（见 5.6.3.2 节）。以类似的方式，相邻元素之间具有共同相位（即无逆相）

的阵列对扰动具有建设性响应

$$\lambda = \frac{L}{m}, \quad m = 0, 1, 2, \cdots$$

是波长的精确倍数。

根据广义的傅里叶变换（即式（2.22）的倒数）写出压力 $p(\boldsymbol{y}, t)$，可得出该结果的数学表达式：

$$p(\boldsymbol{y}, t) = \iint_{-\infty}^{\infty} \mathrm{e}^{\mathrm{i}k_1(y_1 + nL)} \mathrm{e}^{\mathrm{i}(wt + k_3 y_3)} \tilde{p}(\boldsymbol{k}, w) \mathrm{d}^2\boldsymbol{k} \mathrm{d}w \tag{3.1}$$

式中：坐标 $y_1 + nL$ 表示从左侧开始计数的各个连续传感器；为简单起见，假设线阵列与流动（y_1）方向共线。对于求和模式，N 点传感器的输出之和为

$$\begin{aligned} p_{\mathrm{s}}(t) &= \frac{1}{N} \sum_{n=0}^{N-1} p(y_1 + nL, y_3, t) \\ &= \frac{1}{N} \iiint_{-\infty}^{\infty} \mathrm{e}^{\mathrm{i}(\boldsymbol{k} \cdot \boldsymbol{y} - \omega t)} \sum_{n=0}^{N-1} \mathrm{e}^{\mathrm{i}nLk_1} \tilde{p}(\boldsymbol{k}, \omega) \mathrm{d}^2\boldsymbol{k} \mathrm{d}\omega \end{aligned}$$

对于求差模式，输出之和为

$$p_{\mathrm{d}}(t) = \iiint_{-\infty}^{\infty} \mathrm{e}^{\mathrm{i}(\boldsymbol{k} \cdot \boldsymbol{y} - \omega t)} \frac{1}{N} \sum_{n=0}^{N-1} (-1)^n \mathrm{e}^{\mathrm{i}nLk_1} \tilde{p}(\boldsymbol{k}, \omega) \mathrm{d}^2\boldsymbol{k} \mathrm{d}\omega$$

对于求和模式，有

$$A_{\mathrm{s}}(k_1) = \frac{1}{N} \sum_{n=0}^{N-1} \mathrm{e}^{\mathrm{i}nLk_1} = \frac{\sin \frac{1}{2} N k_1 L}{N \sin \frac{1}{2} k_1 L} \mathrm{e}^{\mathrm{i}(N-1)kL/2} \tag{3.2}$$

对于求差模式，有

$$A_{\mathrm{d}}(k_1) = \frac{1}{N} \sum_{n=0}^{N-1} (-1)^n \mathrm{e}^{\mathrm{i}nk_1 L} = \frac{\sin\left[\frac{1}{2} N (k_1 L - \pi)\right]}{N \sin\left[\frac{1}{2} (k_1 L - \pi)\right]} \tag{3.3}$$

这些函数对 m 的所有值都具有最大值，定义如下：

$$k_{1\mathrm{a}} L = \begin{cases} (2m+1)\pi, & \text{求差模式} \\ 2m\pi, & \text{求和模式} \end{cases}$$

见图 2-35。由空值间隔定义的接受域的波数带宽为

$$\Delta k_{1\mathrm{a}} \boldsymbol{L} = \frac{2\pi}{N} \tag{3.4}$$

由于有限尺寸的传感器对小于传感器范围的波长压力相对不敏感，传感器

有限尺寸对测量的另一个影响有助于降低高波数下的可接受性。传感器的输出等于灵敏度 S 乘以作用于传感器上的平均瞬时压力。因此，对于长度为 L_1、L_3 的矩形传感器，作用于传感器上的平均压力为

$$\overline{p(t)}^L = \frac{1}{L_1 L_3}\int_{-L_1/2}^{L_1/2}\int_{-L_1/2}^{L_3/2} p(y_1, y_3, t)\,\mathrm{d}y_1\mathrm{d}y_3$$

$$= \frac{1}{L_1 L_3}\int_{-L_1/2}^{L_1/2}\mathrm{d}y_1\int_{-L_3/2}^{L_3/2}\mathrm{d}y_2\iint_{-\infty}^{\infty}\mathrm{e}^{\mathrm{i}\boldsymbol{k}\cdot\boldsymbol{y}-\mathrm{i}\omega t}\,\tilde{p}(\boldsymbol{k},\omega)\,\mathrm{d}^2\boldsymbol{k}\mathrm{d}\omega \tag{3.5}$$

$$= \iint_{-\infty}^{\infty}\frac{\sin k_1 L_1/2}{k_1 L_1/2}\,\frac{\sin k_3 L_3/2}{k_3 L_3/2}\,\tilde{p}(\boldsymbol{k},\omega)\,\mathrm{d}^2\boldsymbol{k}\mathrm{d}\omega$$

我们假设传感器为矩形，以便为分析提供示例；下一条将给出空间平均的其他考虑因素。式（2.55）的形式为

$$\overline{p(t)}^L = \iint_{-\infty}^{\infty} S_{\mathrm{T}}(\boldsymbol{k})\,\tilde{p}(\boldsymbol{k},\omega)\,\mathrm{d}^2\boldsymbol{k}\mathrm{d}\omega$$

式中：$S_{\mathrm{T}}(\boldsymbol{k})$ 为传感器的空间响应核心（见 3.1.2 节）。在 L_1、L_3 接近零的限值中，由于 $S(\boldsymbol{k})$ 一致，以 $\boldsymbol{y}$ 为中心的传感器上压力 L 的平均值（如 $\overline{p(\boldsymbol{y},t)}^L$）接近实际压力 $p(\boldsymbol{y},t)$。因此，在有限传感器的实际情况下，我们可以写出阵列中传感器上平均压力的瞬时总和

$$[\overline{p_{\mathrm{A}}(\boldsymbol{y},t)}^L] = \iiint_{-\infty}^{\infty} S_{\mathrm{T}}(\boldsymbol{k}) A(\boldsymbol{k})\,\tilde{p}(\boldsymbol{k},\omega)\,\mathrm{e}^{-\mathrm{i}\omega t+\mathrm{i}\boldsymbol{k}\cdot\boldsymbol{y}}\,\mathrm{d}^2\boldsymbol{k}\mathrm{d}\omega \tag{3.6}$$

式中：$\boldsymbol{y}$ 为阵列中心位置的坐标；$A(\boldsymbol{k})$ 代表式（3.2）或式（3.3）中的任意一个函数。现在，在 $N=1$ 和 L_1、$L_3\approx 0$ 的限制下，简化为更简单的形式，其中 $p(t)$ 为壁上某点的局部压力。均方压力可由式（2.52）得出，将限值作为 $T\to\infty$，则

$$\overline{p^2}(t) = \frac{1}{T}\int_0^T p^2(t)\,\mathrm{d}t$$

以获得整个阵列的均方压力响应，即

$$\overline{p_{\mathrm{A}}^2} = \iiint_{-\infty}^{\infty} |S_{\mathrm{T}}(\boldsymbol{k})|^2\,|A(\boldsymbol{k})|^2\,\Phi_{\mathrm{pp}}(\boldsymbol{k},\omega)\,\mathrm{d}\omega\mathrm{d}^2\boldsymbol{k} \tag{3.7}$$

前提是表面上的压力场在空间上是均匀的。若用描述带宽 $\Delta\omega$ 的滤波函数 $|H(\omega)|^2$ 对信号进行滤波，如第 1 卷第 3 章所述，则窄带输出为

$$\overline{p_{\mathrm{A}}^2}(\omega,\Delta\omega) = \int_{-\infty}^{\infty}\iint_{-\infty}^{\infty}|H(\omega)|^2\,|S_{\mathrm{T}}(\boldsymbol{k})|^2\,|A(\boldsymbol{k})|^2\,\Phi_{\mathrm{pp}}(\boldsymbol{k},\omega)\,\mathrm{d}^2\boldsymbol{k}\mathrm{d}\omega \tag{3.8}$$

这是空间和时域滤波压力扰动产生的窄带均方压力的正式表达式。阵列响应的频谱密度正好为

$$\Phi_{p_A}(\omega)=\iint_{-\infty}^{\infty}|S_T(\boldsymbol{k})|^2|A(\boldsymbol{k})|^2\Phi_{pp}(k,\omega)\mathrm{d}^2\boldsymbol{k} \tag{3.9}$$

该乘积$|S_T(\boldsymbol{k})|^2|A(\boldsymbol{k})|^2$只是一个滤波函数，完全类似于线性时域滤波的$|H(\omega)|^2$。如果$|H(\omega)|^2$以$\omega=\omega_0$为中心，并且如果$|A(\boldsymbol{k})|^2|S_T(\boldsymbol{k})|^2$可以调整为在$\boldsymbol{k}=\boldsymbol{k}_a$时具有单一接受性，那么阵列信号将仅对$\cos(\omega_0 t)\cos(k_a y)$类型的压力敏感，其中$\boldsymbol{k}_a$是$\boldsymbol{k}_a$量值大小。如果阵列与流向对齐，那么阵列在$\boldsymbol{k}=(k_1,k_3)=(k_{a1},0)$时接收压力，带宽$\Lambda k_{a1}=2\pi/NL$和$\Delta k_3\approx2\pi/L_3$。因此，高选择性波数阵列在流向上由大量传感器组成，阵列在横流方向上较长。遗憾的是，见图2-35，$A(k_1)$具有多个峰值，因此不可能总是对滤波信号进行简单的$\cos(k_a y_1)$解释。因此，如果可能，必须调整函数$|S_T(\boldsymbol{k})|^2$，以最大限度地减少大k_1的$A(k_1)$接受域。对于矩形传感器的简单情况，$|S_T(\boldsymbol{k})|^2$对波数$k_1>1/L_1$和$k_3>1/L_3$的接受性逐渐降低，见图2-36，4个矩形传感器的阵列处于求差模式。当$k_3=m2\pi/L_3$和$k_1=n2\pi/L_1$，m，$n\neq0$时，$S_T(\boldsymbol{k})$为零。如果传感器长度L_1与间距L之比设置为$L=L_1=\frac{3}{2}$，那么$k_1=2\pi/L_1$处的零点可以与$k_1=3\pi/L$一致。见图2-36，$k_1L_1=\pm3\pi$时的接受域已取消，而较大波数的接受域已减少。再次参考图3-1~图3-3，我们可以看出，空时滤波ω_0、k_{a1}的主要接受域可以设计在声波数和对流波数之间，传感器大小与间距之间的关系可以设置为使空间接受域的第二波瓣无效。通过增加阵列中的元素数量，可以增加波数带宽。实际上，将阵列设计成对k_0处的波数不敏感也是有利的。

在$-\infty<k_1<\infty$整个范围定义压力的波数谱，但在$k_1\sim\omega/U_{c域中}$，$\Phi_{pp}(k_1,k_3\approx0,\omega)$较大，见图3-2。当在$k_1\ll\omega/U_c$域内对线阵列进行“调谐”验收时，线阵列接收$k_1=\pm k_a$处以及$k_3$范围内波瓣的频谱贡献值，此范围由均匀分布在$k_3=0$附近的传感器横向域的横向空间分辨率所提供滤波决定。因此，式（3.8）表示以$k_a=(\pm k_{a1},0)$为中心的波数-频率带宽（对于理想化的矩形滤波函数）中的滤波压力：

$$\overline{p_A^2}(\omega,\Delta\omega)\approx|S_T(\boldsymbol{k}_a)|^2[\Phi_{pp}(\boldsymbol{k}_a,\omega)+\Phi_{pp}(-\boldsymbol{k}_a,\omega)]2\Delta\omega\Delta k_{a1}\Delta k_3 \tag{3.10}$$

式中：$|S(\boldsymbol{k}_a)|^2$为滤波器接收波数k_a处的传感器灵敏度函数。然而，$|S_T(\boldsymbol{k}_a)|^2\approx1$用于适当设计的阵列。因此，测量具有包含正波数和负波数的模糊性。请注意，$\Phi_{pp}(-k_1,k_3,-\omega)\equiv\Phi_{pp}(k_1,k_3,\omega)$；然而，有人认为，如果波传播为$k_1y_1-\omega t$，使得轨迹$\omega/k_1=U_c$位于第一象限，$\omega>0$且$k_1>0$，那么$k_1<$

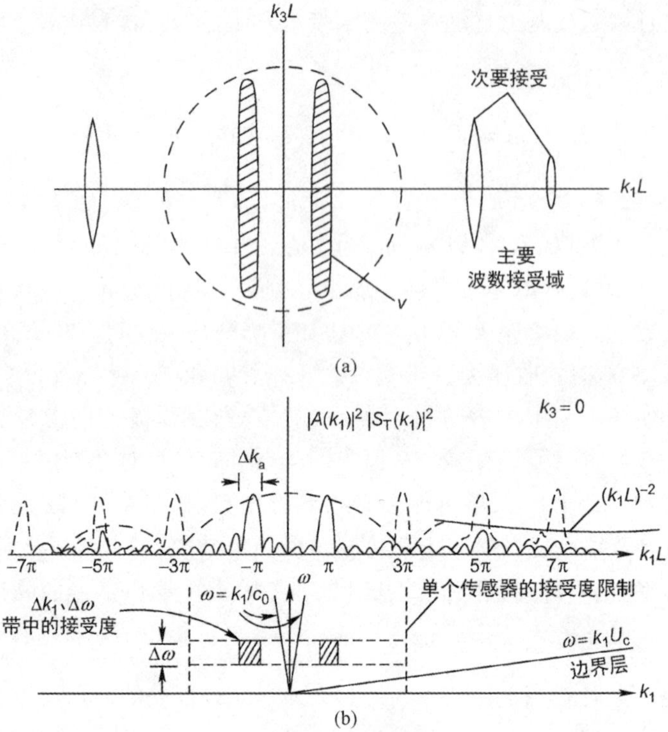

图 3-3　波数接受域

（这是对于 $L/L_1=\dfrac{3}{2}$ 的情况，在 k_1 方向上对齐的方形传感器阵列的波数接受域）

0，$\omega>0$ 象限中的任何压力都必须是次要的，除非下游有压力源对流向产生扰动。遗憾的是，目前还没有任何措施来解决这个问题。式（3.10）基于此假设

$$\overline{p_A^2}(\omega,\Delta\omega)\approx 2\,|S_T(\boldsymbol{k}_a)|^2\Delta\omega\Delta\boldsymbol{k}_a\Delta k_3\Phi_{pp}(\boldsymbol{k}_a,\omega) \qquad (3.11)$$

式中：若忽略 $-k_1$ 的贡献值，则再次为 $\boldsymbol{k}_a=(k_a,0)$。回想一下，对于矩形传感器，$\Delta k_a=2\pi/NL$ 和 $\Delta k_3\approx 2\pi/L_3$。

最后一点，L 和 δ^* 之间的关系必须强调非对流压力。因此，对于无量纲频率 $\omega\delta^*/U_\infty\approx 1.0$，必须有一个 $k_{a1}\delta^*<1$。这要求 $L/\delta^*>\pi$，对于 $L_1/L_3=\dfrac{2}{3}$，$L_1/\delta^*>2$。然而，在实际测量阵列中难以实现这种关系[6-8]，因为实际灵敏度与式（3.5）中假设的灵敏度不一致。实际上，L_1、L_3（或者圆形传感器情况下的 R_T）的有效值远小于几何值。为了将第二波瓣归零，需要小于几何尺寸的分离，或者重叠传感器。

读者可能会怀疑单个传感器是否足够大，足以将波数 $k_1=k_c \gg 2\pi/L_1$ 处的接受性降至最低，从而起到低通空间滤波器的作用。有学者已经进行了这种尝试[15]，但遗憾的是，这种传感器在 $|\boldsymbol{k}| \leqslant k_0$ 域中具有较大的接受性。由于这些扰动通常比 $k_0<k_1 \ll k_c$ 范围内的压力更强烈，因此测量并不成功。通常尝试使用大型传感器来区分 $k_1=k_c$ 附近波数中的压力，以有利于较低波数下的声压。然而，请注意，即使使用大型传感器，也会存在一个频率，低于该频率时传感器无法完全区分。对于半径为 R_T 的圆形传感器，其频率为

$$\omega<\frac{\pi U_c}{R_T}$$

读者可以回想一下适用于某一点壁压测量的条件。在这里，我们介绍了圆形传感器的保守准则，即对于 $\omega<U_c/a$，典型测量不受空间平均的影响，其中 a 为传声器的半径。

3.1.2 传感器尺寸和形状的影响：响应函数

传感器的尺寸限制了某些类型壁压测量的精确度。这个问题在研究的早期阶段更为严重，那时微型传感器技术还没有像现在这样发达。然而，与速度脉动相比，有限传感器的尺寸在今天甚至更严重地限制了壁压测量，因此将检查这些影响。此外，由于在一些海洋学传感器应用中使用嵌装式水听器很有趣，本节将讨论橡胶垫在保护传感器免受边界层压力影响方面的行为。

虽然已就边界层压力测量对有限传感器尺寸的一些影响进行了讨论，但一些实际和理论方面需要进一步讨论。这一课题已得到 Corcos 等[16-18]、Foxwell[19]、Gilchrist 和 Strawderman[20]、Chase[21]、Geib[22]、White[23]、Kirby[24]、Chandiramani[26-27]、Willmarth 和 Roos[25]、Bull 和 Thomas[28]、Skudrzyk 和 Haddle[29] 的分析与实验关注。

这些效应最好在低通空间滤波的框架内进行讨论（式（3.9））。单个有限传感器输出的自功率谱密度为（$|A(\boldsymbol{k})|^2 \equiv 1$）

$$\Phi_{pM}(\omega)=\iint_{-\infty}^{\infty}|S_T(\boldsymbol{k})|^2 \Phi_{pp}(\boldsymbol{k},\omega)\,\mathrm{d}^2\boldsymbol{k} \tag{3.12}$$

式中：传感器边界外灵敏度函数的傅里叶变换为

$$S_T(\boldsymbol{k})=\frac{1}{A_T}\iint_{A_T}\mathrm{e}^{-\mathrm{i}\boldsymbol{k}\cdot\boldsymbol{y}}S_T(\boldsymbol{y})\,\mathrm{d}^2\boldsymbol{y} \tag{3.13}$$

和 $S_T(\boldsymbol{y})=0$。如果 $S_T(\boldsymbol{y})=1$，传感器在其敏感区域的各个位置均对局部压力做出响应。引入式（2.49），我们发现测得的自功率谱密度与某一点的实际谱密度之比为

$$\frac{\Phi_{pM}(\omega)}{\Phi_{pp}(\omega)} = \iint_{-\infty}^{\infty} \frac{1}{\pi^2} |S_T(\boldsymbol{k})|^2 \frac{\gamma_1\gamma_3\Omega^2(\delta^*)^2 d^2\boldsymbol{k}}{[(\gamma_3\Omega)^2+(k_3\delta^*)^2][(\gamma_1\Omega)^2+(k_1\delta^*-\Omega)^2]}$$

式中：$\Omega=\omega\delta^*/U_c$。Corcos 等[16-18]对灵敏度均匀的圆形和方形传感器进行了这种积分，Kirby[24] 和 White[23] 后来将结果扩展到其他形状。White[23] 和 Chase[21]考虑了不均匀灵敏度分布的平均效应。Gilchrist 和 Strawderman[20]早先曾试图通过定义圆形传感器的有效半径

$$R_{\mathrm{eff}}^2 = \int_0^{R_T} S_T(r) r\mathrm{d}r < R_T^2 \tag{3.14}$$

来解释不均匀局部灵敏度，然后假设实际传感器对压力做出响应，就好像它实际上是一个较小的传感器，在半径 R_{eff}上具有均匀的灵敏度。半径为 R_T的圆形传感器的波数函数为

$$|S_T(\boldsymbol{k})|^2 = 4\left[\frac{J_1(kR_T)}{kR_T}\right]^2 \tag{3.15a}$$

式中：$k=\sqrt{k_1^2+k_3^2}$。

$$S_T(\boldsymbol{y})=\begin{cases}1, & |\boldsymbol{y}|<R_T\\ 0, & \text{其他}\end{cases}$$

在大参数条件下，$kR_T>1$

$$|S_T(\boldsymbol{k})|^2 \approx \left(\frac{8}{\pi}\right)(kR_T)^{-3}\cos^2\left(kR_T+\frac{\pi}{4}\right)$$

对于矩形传感器，$S_T(\boldsymbol{k})$在式（3.5）中给出。

$$|S_T(\boldsymbol{k})|^2 = \frac{\sin^2(k_1L_1/2)\sin^2(k_3L_3/2)}{(k_1L_1/2)^2(k_3L_3/2)^2} \tag{3.15b}$$

实际传感器的灵敏度函数在中心最大，在边缘附近下降。Gilchrist 和 Strawderman[20]在水听器上测量了 $S_T(\boldsymbol{y})$，Bruel 和 Rasmussen[30]在电容式传声器上测量了 $S_T(\boldsymbol{y})$（另见 Blake 和 Chase[6]）。图 3-4（a）显示了典型的水听器功能[23]；图 3-4（b）显示了典型电容式传声器[7,9]的测量函数 $|S_T(\boldsymbol{k})|^2$。相比而言，对于半径相同但灵敏度均匀的传感器，为式（3.15a）。我们发现，在高波数下的实际接收值至少比灵敏度均匀的传感器接收值小 10dB。函数 $S_T(\boldsymbol{y})$ 和 $S_T(\boldsymbol{k})$都应视为频率相关。Chase[21]从理论上确定了 $S_T(\boldsymbol{y})$的哪些特性会影响真实传感器的高波数接受值。对于轴对称圆形传感器，其结果由式（2.63）得出，即

$$S_T(k) = 2\int_0^1 J_0(kR_Tz)S(z)z\mathrm{d}z$$

式中：$z=R/R_T$和 $k=|\boldsymbol{k}|$。通过部分积分和替换 Bessel 函数

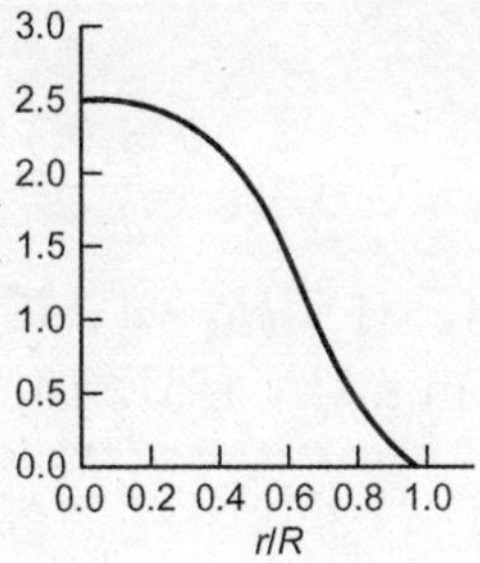

(a)

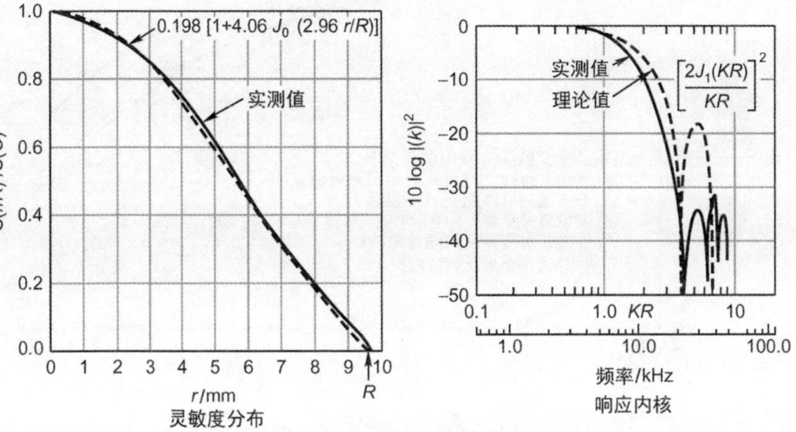

(b)

图 3-4　常用传感器的灵敏度分布和响应内核

((a) 在压电晶体水听器表面测量的灵敏度分布[23]。(b) 常用电容式麦克风的灵敏度分布和相应的响应内核。根据所测量灵敏度分布的指示函数近似值[6-7,9,30]，计算理论响应内核)

$$J_0(\xi)=2^{-1/2}\pi^{-1}\int_0^{\infty}\mathrm{d}x x^{-1/2}\mathrm{e}^{-\xi x}\times$$
$$\left\{\left(1+\frac{1}{2}\mathrm{i}x\right)^{-1/2}\exp\left[\mathrm{i}\left(\xi-\frac{\pi}{4}\right)\right]+\left(1-\frac{1}{2}\mathrm{i}x\right)^{-1/2}\exp\left[-\mathrm{i}\left(\xi-\frac{\pi}{4}\right)\right]\right\}$$

Chase 认定

$$S_{\mathrm{T}}(k)\approx 2\sum_{m=0}^{M}(-1)^m\left\{\left(\frac{2}{\pi}\right)^{1/2}(kR_{\mathrm{T}})^{-2m-3/2}\times\right.$$
$$\left[S_{\mathrm{T}}^{(2m)}(1)\cos\left(kR_{\mathrm{T}}+\frac{\pi}{4}\right)+(kR_{\mathrm{T}})^{-1}S_{\mathrm{T}}^{(2m+1)}(1)\sin\left(kR_{\mathrm{T}}+\frac{\pi}{4}\right)\right]-$$
$$\left.\left[\frac{(2m+1)}{2^{2m}(m!)^2}\right]S_{\mathrm{T}}^{(2m+1)}(0)(kR_{\mathrm{T}})^{-2m-3}\right\}\tag{3.16}$$

对于 $kR_T > 1$，其中

$$S_T^m(z) = \frac{d^m S_T(z)}{dz^m}$$

$m! = 1\times2\times3\times4\times\cdots\times m$，$0! = 1$。对于 $kR_T \leqslant 1$，可以通过式（3.17）取 $S_T(\boldsymbol{k})$ 的近似值，R_T 由 R_{eff} 代替，R_{eff} 由式（3.16）确定。显而易见，对于大多数传感器来说，$S_T^m(0)$ 很小或为零。

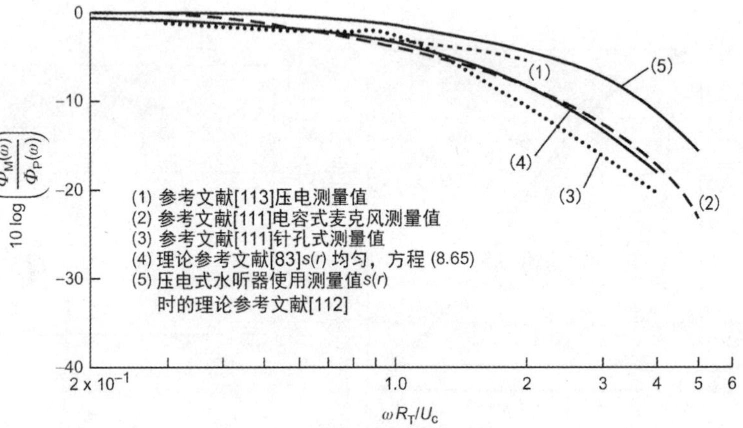

图 3-5　影响值

（空间平均对使用圆形传感器在各种设施中观察到的壁压谱的影响，$U_c \approx 0.6U_\infty$）

我们思考以下两个示例。首先，如果传感器具有均匀的灵敏度，那么

$$S_T^0(1) = 1,\quad S_T^m(0) = 0,\quad S_T^m(z) = \delta(1-z)$$

现在式（2.66）的所有项都至关重要，但第一个最重要（对于 $kR_T>1$），因此

$$S_T(k) \approx 2\left(\frac{2}{\pi}\right)^{1/2}(kR_T)^{-3/2}S_T^0(1)\cos\left(kR_T+\frac{\pi}{4}\right),\quad kR_T>1$$

以及

$$|S_T(k)|^2 \approx \left(\frac{8}{\pi}\right)(kR_T)^{-3}\cos^2\left(kR_T+\frac{\pi}{4}\right),\quad kR_T>1$$

相反，如果我们有 $S(R/R_T)$，见图 3-4，使得灵敏度在边缘处降低到零，那么 $S_T^0(1) = 0, S_T^m(0) = 0$，但是灵敏度梯度可能不为零，所以我们让 $S_T'(1) = a$。展开的第一项为零，但第二项和最大项（对于 $kR_T>1$）为

$$S_T(k) \approx 2(-1)\left(\frac{2}{\pi}\right)^{1/2}(kR_T)^{-5/2}a\sin\left(kR_T+\frac{\pi}{4}\right)$$

和

$$|S_T(k)|^2=\left(\frac{8}{\pi}\right)(kR_T)^{-5}a\sin^2\left(kR_T+\frac{\pi}{4}\right)$$

在大波数下，传感器外围的灵敏度函数斜率不变，因此该灵敏度具有额外的$(kR_T)^{-2}$相关性。若灵敏度及其一阶导数均趋近于零，则

$$|S_T(k)|^2\sim(kR_T)^{-7}$$

在大波数下，同轴放置的复合圆形大面积和小面积传感器，旨在自适应消除 Kudashev[31] 测量壁压时的声学污染。他提议使用一个大面积的水听器来测量声学背景产生的信号，并同时测量由小型水听器测得的总信号。然后，通过减法可以去除不相关的空间滤波声学信号。Tkachenko 等[32] 成功地演示了通过塑造大型矩形传感器来调整波数的特定范围。他们使用长宽比为 $L_1/L_3=0.93\sim2.8$ 的矩形压电元件，覆盖了对流区 1/3~1 的相对波数范围。

Geib[22]、Willmarth 和 Roos[25]、Bull 和 Thomas[28] 测量了空间平均效应。结果通常以下列形式呈现

$$\frac{\Phi_{pM}(\omega)}{\Phi_{pp}(\omega)}=\sigma_M\left(\frac{\omega R_T}{U_c}\right) \tag{3.17}$$

图 3-5 比较了 Geib[22]、Willmarth 和 Roos[25] 所测量的结果与 Corcos[16] $S_T(R)=1$ 和 White[23] $S_T(r)$（图 3-4）的理论结果。在这两种理论结果中，假设互谱密度的压力场用式（2.79）表示。很明显，没有普遍可接受的函数来准确预测水听器尺寸的影响。事实上，理论结果表明，平均效应对外围附近的 $S_T(R)$ 非常敏感。因此，电容式和针孔式传声器的 $\sigma(\omega R_T/U_c)$ 与水听器略有不同，这一点不足为奇。Bull 和 Thomas[28] 表明，当 $\omega R_T/U_c>1$ 时，使用具有相同标称几何直径的针孔式和电容式传声器可以获得略微不同的自谱。

最后，Kirby[24]、Skudrzyk 和 Haddle[29] 研究了水听器几何结构对水中测量的影响。通常，当传感器在一个方向上比另一个方向长时，若传感器的长尺寸与流向对齐，则壁压的自谱最低。根据壁面压力脉动的空间各向异性，可以预见这种行为，见图 2-13 和图 2-24。Corcos[16] 的理论结果表明，方形传感器（长度为 L_T）的空间平均没有圆形传感器（$L_T=2R_T$）严重。

对于灵敏度均匀的方形传感器来说，其空间滤波可以通过式（3.5）中的核函数以及式（2.65）中的谱形来取近似值：

$$\frac{\Phi_{pM}(\omega)}{\Phi_{pp}(\omega)}\approx2\left(\frac{\omega L_1}{U_c}\right)^{-2} \tag{3.18a}$$

对于 $\omega L_1/U_c>1$ 和 $\omega L_3/U_c>\pi$。这种关系应该与圆形传感器式（3.15）的渐近公式进行比较：

$$\frac{\Phi_{pM}(\omega)}{\Phi_{pp}(\omega)} \approx \frac{4}{\pi}\left(\frac{\omega R_T}{U_c}\right)^{-3} \tag{3.18b}$$

对于 $\omega R/U_c>1$。因此，与相同尺寸的矩形传感器相比，圆形传感器更有效地进行“平均”小尺度扰动。

3.2　流动激励结构振动

3.2.1　分析基础的介绍和回顾

我们在第 1 卷第 5 章中发现，来自柔性圆柱的流致振动和声辐射取决于激励升力的组成长度尺度（波数）与圆柱沿其长度振型的空间匹配。反过来，声辐射取决于沿轴线的这些波数（小于声波数）下的组成模态运动。因此，圆柱是轴向相关非定常升力的一维空间滤波器；反过来，声介质是圆柱轴向相关位移的一维滤波器。

第 1 卷第 5 章对这些概念进行了概括，其中发现二维结构的模态响应与输入功率成正比。发现由空间和时间随机压力场激励的结构所受的功率接收程度取决于该结构在空间上滤除激励波数的程度。

当激励场以恒定的速度对流，且激励和结构为二维时，图像会有所变化。当对流速度与这些特定振动模式的相速度一致时，可能会选择性激励某些运动模式。结构流动激励的这一特征使得有必要仔细考虑激励和响应的各种重要波数范围。本章将首先制定平面结构的湍流边界层激励公式（在本节中），然后制定通过柔性板进行声激励和传播的公式（见 3.9 节）。前者是飞机等移动车辆所产生噪声的一个重要课题，后者是建筑声学和噪声控制的一个重要课题。

在第 1 卷 5.7 节的示例中，我们发现横流中圆柱的声辐射不需要存在振动。流体中的反作用力（与圆柱上的反作用力相等且相反）沿圆柱的轴线集中。由于此集中方式，它们具有显著的声偶极子辐射效率。相反，我们在第 1 卷第 2 章中发现，根据 Powell 定理[33]，在平坦、刚性无限表面平面内均匀流动的湍流只能以四阶或更高阶声源的形式辐射（然而，请注意，Landahl[34] 提出，在趋近于零的小马赫数下，脉动表面应力的偶极子贡献值（被 Powell 忽略）可能比自由湍流四极相对更重要。当然，对于粗糙、有台阶和缝隙的墙壁，脉动表面应力占主导地位）。由于精确的抵消，不可能有偶极子辐射，这一点与圆柱上流动的集中力情况不同。在这两个极端表面之间，几何结构和结构配置提供了许多不同程度的偶极子声。这些表面确实会改变产生声音的物理机制。具体而言，流动激发了结构，并且表面（如肋条和加强筋）的空间不均匀性允许表面辐射声音。值得注意的是，即使湍流的表面边界可以自由振动，正如 Ffowcs Williams 和 Lyon[35-37] 所说，只要表面和湍流在表面平面内完全均匀，就为四极辐射。额外辐射需要加强筋或肋条；表面突然终止，如带有后缘；和适度的表面曲率，或者，正如我们所看到的表面粗糙度。因此，对于辐射阶数低于低效四极类型的所有辐射源，其共同特征是结构（特别是在流向上）存在不均匀性。

现在已经通过应用第 1 卷第 5 章的方法，对这种现象的许多方面进行了分析和数值检验。如果结构定义明确，可以识别单个面板元件，并且可以通过分析、正常模式方法或在某些情况下具有良好结果的统计能量分析来估计元件的振动（和声）场。基于 FEM 技术，目前普遍用于边界层激励问题，在这种情况下，最常用的方法是使用结构的激励和频率响应函数的互谱密度模型。在本节中，我们将研究湍流边界层激励结构的分析和实验基础，包括研究结构响应相关波数带以及加强筋和流体负荷相关性的历史基础。分析工作（如参考文献［33-57］）和实验工作（如参考文献［58-74］）与处理边界层壁压统计性质的进化方法（如参考文献［75-88］）、考虑壁面运动对边界层的影响（如参考文献［89-94］）、弹性垫的重要性和壁剪应力的重要性（如参考文献［92，95-112］）并行开展。早期的分析工作开发了一个框架，允许波动力学[46,49-51]和模态方法[47-48,52,55-57,75-76]建模。后者是现代方法基础的一部分，这些方法使用有限元建模进行结构响应（如参考文献［94，113-117］）。早期的实验工作阐明了水动力符合结构响应的重要性，并且讨论了单块挡板或膜的流动激励以及壁的运动是否影响边界层[38,54-55,58-67,79,93-94]。更实际的思路是，周期性强化的流动激励和单板分析的相关性（如参考文献［54，78，92］）、航天器和商用飞机[75-76,78-84,87]以及汽车[118]也有报道。已将避免依赖正常模式分析的问题分析方法应用于面板中的直接诱导对流波运动[62-65,97]，这是水动力巧合效应，以及水中面板和壳体的辐射[73,119-121]。Leehey[47-48,57]的评论文章对早期研究进行了展望，这些文章成为引入正常模式方法的先例[48]。始终假设面板由流动线性激励；即不考虑面板运动对水流的影响。Ffowcs Williams[89]和 Davis[90-91]从理论上研究了壁面运动对湍流的影响，他们发现了对雷诺应力的合理影响。后来，Chase[95]和 Howe[96]就该问题得出了与相关合规表面不同的结论。使用面板的唯一受控实验是 Mercer[122]和 Izzo[93]的实验。Mercer 发现对平均边界层属性没有影响；Izzo 发现在振动频率 $dU_\tau/v>3$ 时，流向速度脉动增强，其中 d 为壁面运动幅度。流动和表面位移的最近综合可视化测量与 Zhang[97]和 Zhang 等[123]的早期测量一致。

水动力巧合的影响或不影响使得结构的边界层激励变得独特。表面压力的时空相关性或波数谱，特别是在高速气动声学应用中，与波数无关，就像点力一样。见图 2-5、图 2-19、图 2-24、图 2-34 和图 2-39，压力集中在 $r_1=\tau U_c$ 和 $k_1=\omega/U_c$ 附近的明确区域内。见图 2-5、图 2-19 和图 2-34，由于声压跨板传播，在声波数 $|k|\approx k_0$ 附近也可能有从属的压力分量浓度。若面板具有共振波数与 $k_1=\omega/U_c$ 一致的共振模式，则优先接受这些振动模式下的流动功率。如第 1 卷 5.5 节所述，某些振动模式也优先辐射声音，并且优先激励模式通常不同于优先辐射模式。因此，在将第 1 卷第 5 章的方法应用于边界层问题时，通常必须谨慎行事。在下文中，我们将研究在结构平面上统计均匀的对流压力下的结构响应。

需要考虑的情况如图 3-8～图 3-10 所示。有必要对第 1 卷的式（5.40）进行评估，其中，根据壁压波数频谱，模态压力的自功率谱密度为

$$\boldsymbol{\Phi}_{pmn}(\omega)=\frac{1}{A_{\mathrm{p}}^{2}}\iint_{-\infty}^{\infty}\boldsymbol{\Phi}_{\mathrm{pp}}(\boldsymbol{k},\omega)\,|S_{mn}(\boldsymbol{k})|^{2}\mathrm{d}k_{1}\mathrm{d}k_{3} \tag{3.19}$$

式中：$|S_{mn}(\boldsymbol{k})|$ 为第 1 卷的形状函数式（5.39）；以第 1 卷的式（5.54）为例。还与式（3.9）进行比较。当 $k_1<k_c$ 且结构面积足够大时，为确保 $k_{13}=k_{mn}$ 接受值周围的窄波数带宽，则使用第 1 卷的式（5.55）。

$$\boldsymbol{\Phi}_{pmn}(\omega)=(2\pi)^{2}\boldsymbol{\Phi}_{\mathrm{pp}}(k_{mn},\omega)$$

在共振时，$\omega=\omega_{mn}$，有

$$\boldsymbol{\Phi}_{pmn}(\omega_{mn})=(2\pi)^{2}\boldsymbol{\Phi}_{\mathrm{pp}}(k_{mn},\omega_{mn})$$

使用式（3.19）计算结构振动时，用第 5 章“无空化升力部分”中熟悉的术语表示。面板在 $\boldsymbol{x}$ 位置的均方模态速度谱由第 1 卷的式（5.27a）和式（5.34）组合得出：

$$\boldsymbol{\Phi}_{mn}(\boldsymbol{x},\omega_{mn})=\frac{A_{\mathrm{p}}^{2}\boldsymbol{\Phi}_{pmn}(\omega_{mn})}{M^{2}\eta_{\mathrm{T}}^{2}\omega_{mn}^{2}}\boldsymbol{\Psi}_{mn}^{2}(\boldsymbol{x}) \tag{3.20}$$

式中：ω_{mn} 为 m、n 模式的共振频率；M 为 A_{p} 区的面板质量。

式（3.19）中的波数积分在所有波数 k_1 和 k_3 上延伸。在对流脊 $-k_1\approx\omega/U_c$ 附近，见第 1 卷的式（2.65）、式（2.70）、式（2.71）、式（2.76）和式（2.83），当 $k_3>\gamma_3\omega/U_c$ 时，$\boldsymbol{\Phi}_{\mathrm{pp}}(\boldsymbol{k},\omega)$ 随着 $(k_3\delta^*)^{-2}$ 的减小而减小，γ_3 由式（2.62）给出。在较低的波数下，我们知之甚少，但假设 k_1 或 k_3 的相关性相似。如图 3-6～图 3-10 所示，压力谱和形状函数的最大值不一定重叠。

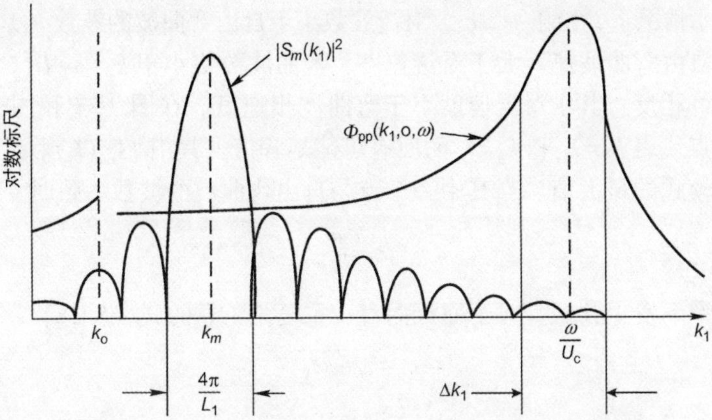

图 3-6　水动力快变结构模式的面板验收 $|S_{mn}(k)|^2$ 与壁压谱 $\boldsymbol{\Phi}_{pp}(\boldsymbol{k},\boldsymbol{\omega})$ 的比较（图中 $k_3=\text{const}$）

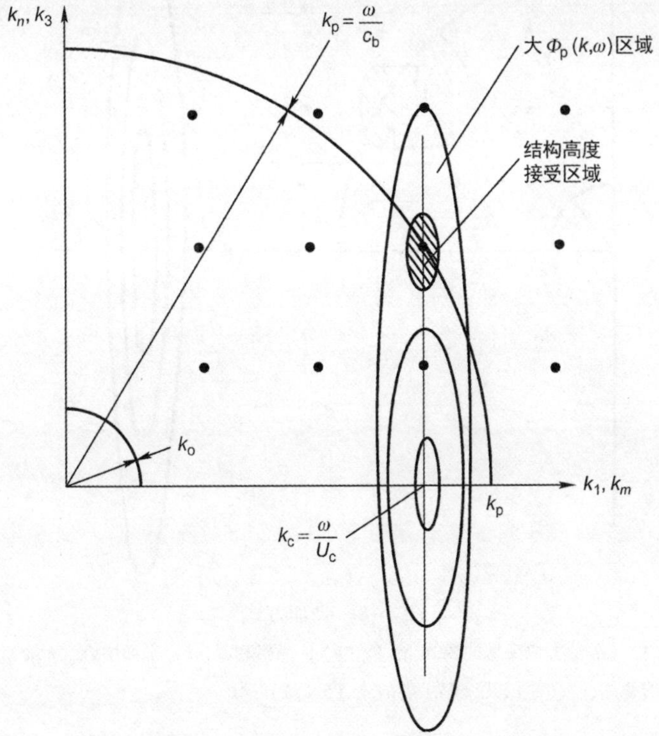

图 3-7　叠加方式

（水动力慢变弯曲模式下 $|S_{mn}(\boldsymbol{k})|^2$ 晶格和 (k_1, k_3) 平面中 $\boldsymbol{\Phi}_{pp}(\boldsymbol{k},\boldsymbol{\omega})$ 的叠加，$c_b<U_c$。当 $k_c=k_m$ 时，会出现水动力巧合现象）

在所示情况下，由于 $U_c>c_b$，对流波数小于自由弯曲波的波数 k_b。在图 3-8 中，由于自由弯曲波速 c_p 大于对流速度，弯曲波数 k_b 小于 $k_c=\omega/U_c$。在图 3-8 中情况正好相反，其中对流速度小于弯曲波相速度。在图 3-7 和图 3-8 中构成晶格的点代表 $k_1=k_m$ 和 $k_3=k_n$ 的所有可能矩阵值，其中 $|S_{mn}(\boldsymbol{k})|^2$ 是面板所有可能共振模式的最大值。当其中一个点与自由弯曲波的波数一致时，有

$$k_b=\frac{\omega}{c_p}$$

则在该频率下发生共振。对于面板而言，重复第 1 卷的式（5.28）

$$c_p=\sqrt{\omega k c_\ell}$$

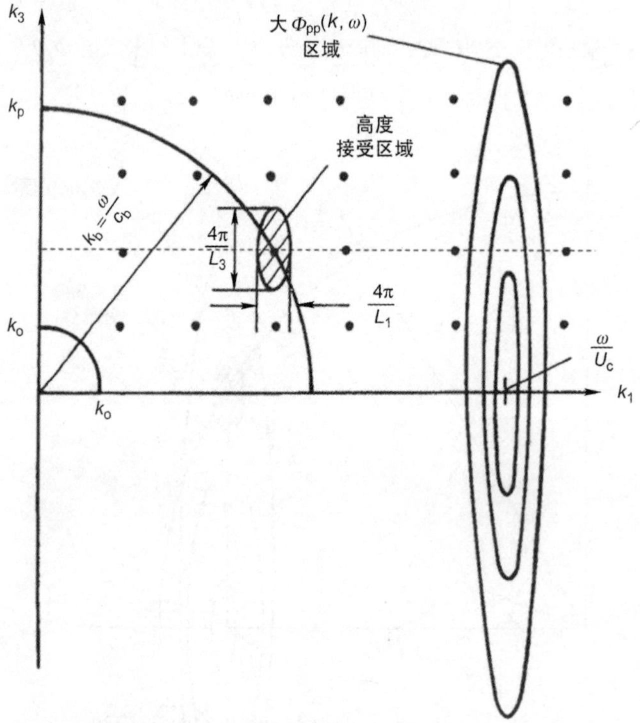

图 3-8　叠加方式

（水动力快变弯曲模式下 $|S_{mn}(\boldsymbol{k})|^2$ 晶格和 (k_1,k_3) 平面中 $\overline{\Phi}_{pp}(\boldsymbol{k},\omega)$ 的叠加，$c_b>U_c$）因此（第 1 卷的式（5.25））

$$k_p=\sqrt{\frac{\omega}{kc_\ell}}$$

式中：$k=h/\sqrt{12}$ 为面板的回转半径，h 为厚度；c_ℓ 为材料的纵波速度（第 1 卷

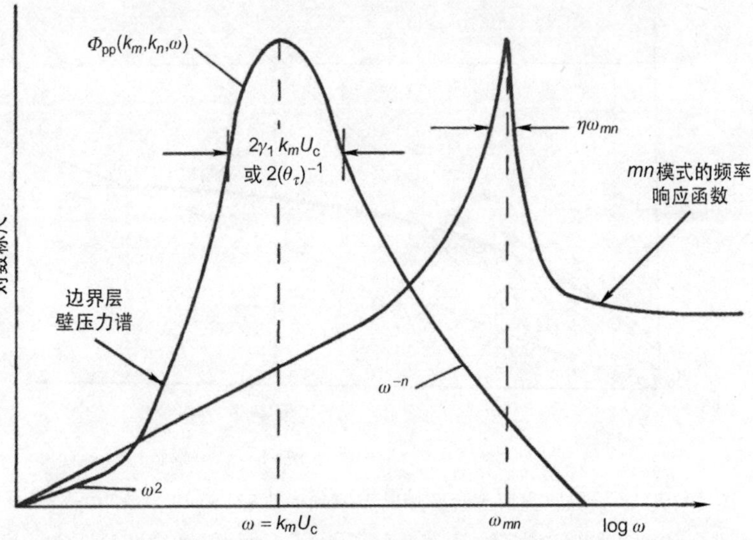

图 3-9　关系图

（固定 $k_1 = k_m$ 和 $k_3 = k_n$ 的 $\boldsymbol{\Phi}_{pp}(\boldsymbol{k},\omega)$ 与 ω 和面板加速度共振频率（ω_2，$\Phi_{mn}(\omega)$）的关系图）

的式（5.47））。对于弯曲相速度小于或大于对流速度的这两个极点，描述了结构共振的波数。共振见图 3-7 和图 3-8 的阴影区域，表示波数空间中的共振带宽（$\delta k_1 \delta k_3$）。在图 3-7 中，模式 m 显示为与对流压力谱密度区域一致；即

$$k_m = \frac{\omega}{U_c}$$

或者，在图 3-8 中，面板验收位于壁压谱的非对流低波数尾部。$\boldsymbol{\Phi}_{pp}(\boldsymbol{k},\omega)$ 的波数带宽为 $2\gamma_1\omega/U_c$，如谱函数（2-65）所示。并且注意，在对流脊附近，所有这些模型都合理一致（见参考文献［87］）。在声波数 $k_1 = k_0$ 附近，$\boldsymbol{\Phi}_{pp}(\boldsymbol{k},\omega)$ 的曲线在图 3-6 中显示不连续，反映了该处数值的不确定性。回想一下，γ_1 为纵向互谱密度的衰减常数。

为了更好地从物理上理解这种行为，我们注意到，时空相关函数的动轴衰减 $R_m(\tau)$，见第 1 卷的图 3-23 和图 2-20，其形式为

$$R_m(t) \approx 指数\left(-\frac{|\tau|}{\theta_\tau}\right)$$

式中：θ_τ 为动轴衰减常数。采用式（3.88）中引入的粗可分性模型，傅里叶变换定义为式（1.40），得出动轴谱。

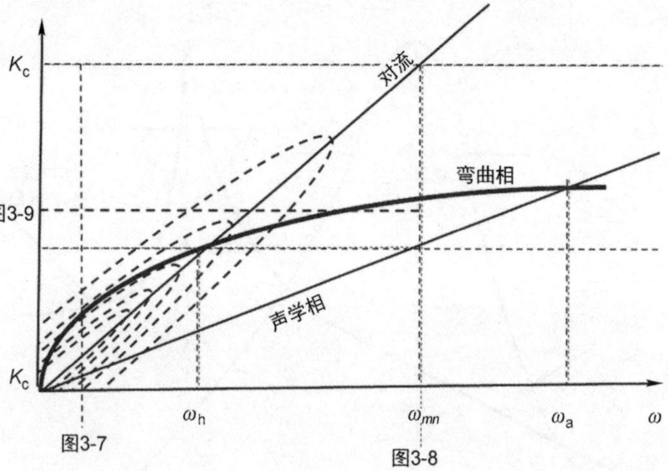

图 3-10　面板验收重要重合区域的波数频率轨迹 $|S_{mn}(\boldsymbol{k})|^2$ 和 $\boldsymbol{\Phi}_{pp}(\boldsymbol{k},\omega)$

（显示了声学和水动力重合的区域。k_m 值表示图 3-6、图 3-8 和图 3-9 中描述的水动力快变模式的 k_1 值）

$$\phi_m(\omega-U_c k_1)=\frac{1}{\pi}\frac{\theta_\tau}{1+\theta_\tau^2(\omega-U_c k_1)^2}$$

因此，第 2 卷第 3 章以及本卷第 2 章中引入的完整谱形式为

$$\boldsymbol{\Phi}_{pp}(\boldsymbol{k},\omega)=\boldsymbol{\Phi}_{pp}(k_1)\phi(k_3)\frac{\theta_\tau/\pi}{1+\theta_\tau^2(\omega-U_c k_1)^2}$$

我们注意到，Taylor 的冻结对流假设将给出 $\theta_\tau\to\infty$ 和

$$\phi_m(\omega-U_c k_1)=\delta(\omega-U_c k_1)$$

如第 1 卷第 3 章所述。因此，只有在发生水动力巧合时，即如果 $k_m=k_c$，冻结对流才会对结构产生不可忽略的激励。然后，在 $\boldsymbol{k}=(k_c,0)$ 处评估模态振型函数，即 $|S_{mn}(k_c,0)|^2$，其中 $k_c=\omega/U_c$ 与 $\Phi_{pp}(\boldsymbol{k},\omega)$ 中的峰值重叠。另外，对于 θ_τ 为有限的非冻结对流在物理上更实际的情况下，当 $k_1\ll k_c$ 时，$\phi_m(\omega)$ 非零。具体而言，如果 $k_p\ll k_c$，见图 3-8 和图 3-9，通常与流动激励结构的情况一样，那么此简化模型表明，给定频率下的共振响应成比例增加

$$\phi_m(k_p)\propto\frac{1}{\theta_\tau}$$

即板响应随着动轴时间常数的减小而增大。因此，在这个简单的示例中，相邻结构的振动水平随着动轴压力去相关度的增加而增加。应当指出的是，在趋近于零波数 $k\to0$ 的限值内，真正不可压缩流体的压力谱接近于零。该限值在

2.3.2 节中得出。作为历史记录，这一结果也由 Phillips[40]确定，但当时他将这种行为称为趋近于零的相关区。

3.2.2　柔性板的波矢量滤波作用

柔性板在与各模态共振波数相对应的波数下选择性地响应压力波激励的特性，使得这种硬件可用作直接推断壁压波数谱的测量装置。这种滤波行为本质上是图 3-1 左上角所示的差模波矢量滤波器。弯曲驻波模式对入射压力场的特殊响应是面板或膜宽度和长度上交替相半波响应的结果。因此，膜[71-72]、板[8,69,72,220]和壳体[119-120]的测量方法利用了这一特性，为使用阵列测量边界层压力提供了替代方案。如第 1 卷图 5-9 和图 5-10 所示的简支板单向模态振型函数说明了滤波行为。如果我们限制在 $k_3=0$ 附近的边界层压力范围内，其中 $k_0<k_1\ll k_c$，如图 2-31～图 2-34 所示的测量要求，则一般结果采用以下分析所表示的简单形式。在这方面，使用扁平弹性板或弹性壳体的关键是保证边界条件尽可能符合简单的支撑。对于简支板（板或膜），流致模态压力 $\boldsymbol{\Phi}_{pmn}(\omega)$ 可通过第 1 卷式（5.34）及其导函数式（3.20）的倒数，从测得的模态速度谱 $\boldsymbol{\Phi}_{mn}(\boldsymbol{x},\omega)$ 推断出来。

$$\phi_{pmn}(\omega_{mn})=\left[\frac{(m_{mn}\omega_{mn}\eta_{mn})^2}{\psi_{mn}^2(x)}\right]\phi_{mn}(\boldsymbol{x},\omega) \tag{3.21}$$

模态压力谱为

$$\phi_{pmn}(\omega_{mn})=\frac{1}{A_p^2}\int_{-\infty}^{\infty}\int_{-\infty}^{\infty}\phi_{pp}(\boldsymbol{k},\omega_{mn})\,|S(\boldsymbol{k})|^2\mathrm{d}\boldsymbol{k} \tag{3.22}$$

或者对于足够大的表面，有

$$\phi_{pp}(k_{mn},\omega)=\phi_{pmn}(\omega)(2\pi)^{-2}$$

这些谱密度表示 mn 模式的空间平均均方响应。

对于简支板，式（5.44）表明，模式波腹处的响应谱密度与式（5.26）或式（5.44a）和式（5.55）得出的面板面积上空间平均均方有关。

$$\frac{[\phi_{vv}(\omega)]_{m,n\text{波腹}}}{[\phi_{vv}(\omega)]_{m,n}}=\frac{\psi_{mn}^2(\boldsymbol{x}_{\text{波腹}})}{\dfrac{1}{A_p}\displaystyle\int_{A_p}\psi_{mn}^2(\boldsymbol{x})\mathrm{d}^2\boldsymbol{x}}=4 \tag{3.23}$$

因此，波腹处 m、n 模式的速度谱密度为

$$[\phi_{vv}(\omega)]_{m,n\text{波腹}}=\frac{8\pi^2[\phi_{pp}(-k_m,k_n,\omega)+\phi_{pp}(k_m,k_n,\omega)]}{A_p m_s^2\eta_T^2\omega_{mn}^2} \tag{3.24}$$

为了获得 $k_1\ll k_c$ 时模态壁压的表达式，我们首先注意到，如图 3-10 所示，

在低波数下壁压谱的波数行为相当平滑，而 $|S(\boldsymbol{k})|$ 达到峰值，参见图 3-9。因此，我们可以用 $k_1, k_3 = k_m, k_n$ 附近的一对狄拉克函数来近似积分中模态振型函数的行为：

$$S(\boldsymbol{k}) \approx (2\pi)^2 A_p [\delta(k_1+k_m)+\delta(k_1-k_m)][\delta(k_3+k_n)+\delta(k_3-k_n)]$$

所以，式（5.40a）和式（5.40b）

$$\Phi_{pmn}(\omega_{mn}) = \frac{2\pi^2}{A_p}[\phi_{pp}(-k_m, k_n, \omega_{mn})+\phi_{pp}(k_m, k_n, \omega_{mn})] \quad (3.25)$$

根据测得的模态响应和已知值 m_s 和 η_T，有

$$\Phi_{pp}(\boldsymbol{k}, \omega) \approx \Phi_{pp}(-k_m, k_n \approx 0, \omega_{mn})+\Phi_{pp}(k_m, k_n \approx 0, \omega_{mn}) \quad (3.26)$$

式（3.26）给出了壁压谱的估计值。选择以下模式，使 k_m 与流向或 k_1 对齐，$k_m \gg k_n$，以给出尽可能接近 $\Phi_{pp}(k_1, k_3=0, \omega)$ 的 $\Phi_{pp}(\boldsymbol{k}, \omega)$ 值。该方法受到测量 η_T 的精度以及模态振型函数知识的限制。因此，关键是构造一个可以精确解释模态分析的结构。由于面板也可能对声音和流边界层压力作出响应，因此这些贡献值也存在于测量中，参见 Bonness[119] 和 Bonness 等[120]。

Martini 等[8] 的对比试验结果指出了污染影响，可大致总结如下：声污染通常影响板在较低速度和频率下的测量结果，而 $k_1 = k_c$ 附近的部件污染仅在相对较高的速度下发生。另外，传声器阵列的污染包括声学干扰和对流压力贡献值。在低频和低速下，传声器阵列中对流壁压造成的污染通常最大。Farabee 和 Geib[124]、Bonness[119] 和 Bonness 等[120] 的著作在解释其测量值时，专门讨论了声学和不可压缩波数范围。

3.2.3　水动力巧合对单模结构响应的影响

我们已经讨论了水动力和声波数重合的各个区域，这些区域取决于 c_0、c_p 和 U_c 相对大小。图 3-10 表明，由于弯曲波速 c_b 随着（频率）$^{1/2}$ 的增加而增加，所以各相速度之间的关系也不同。若结构是具有恒定相速度 c_m 的膜，则这些速度之间的关系不会随频率发生变化。例如，由于膜速度与频率无关，因此可同时使用声学快变和水动力快变（$c_m > U_c$、$c_m > c_0$）模式，并且可以在所有频率下有效地辐射。

即使顺流模态波数 k_m 和对流波数 ω/U_c 一致，只要满足某些标准，模态压力的自谱就可以根据所有波数组合的式（3.19）简单地进行评估。只要弯曲波速和对流速度不一致（$c_b \neq U_c$），在应用正常模式分析以及根据逐个模式评估式（3.19）时，就必须满足最初由 Dyer[42] 提出的以下要求：

（1）$\eta_T \omega_{mn} \ll 2\gamma_1 k_m U_c$，或者 $\eta_T \omega_{mn} \ll 2/\theta_\tau$。这仅仅意味着，在涡流生命周期内振动衰减必须不显著。

（2）$4\pi/L_1 \ll 2\gamma_1/\omega/U_c$，或者 $4\pi/L_1 \ll 2/\theta_\tau U_c$。这意味着，涡流在其生命周期中行进的距离 $\theta_\tau U_c$ 必须小于面板的流长除以 2π。

Phillips[41]结合风生水波并采用与本章类似的方法，得出了类似于（1）的标准。同时，还研究了风速和波速之间的重合效应。

在这些情况下，自谱 $\Phi_{pmn}(\omega)$ 将足够宽，使得式（3.20）有效，并且式（3.19）中的积分可以分成三个波数区域的贡献值。

情况 A：$k_m \ll \omega/U_c$。这种情况见图 3-6。假设积分的主导部分来自 $k_1 \sim k_m$ 所在的区域，其中 $\Phi_{pp}(k_1,\omega)$ 合理地与波数无关，则式（3.19）变为（使用第 1 卷的式（5.55））

$$[\Phi_{pmn}(\omega)]\text{低} \approx (1/A_p^2)\Phi_{pp}(k_m \ll \omega/U_c, k_n)\iint_{-\infty}^{\infty} |S_{mn}(\boldsymbol{k})|^2 d^2\boldsymbol{k} \tag{3.27}$$

或者

$$[\Phi_{pmn}(\omega)]\text{低} \approx [(2\pi)^2 |A_p]\Phi_{pp}(k_m \ll \omega/U_c, k_n, \omega)$$

并且假设此处和以下 $\Phi_{pp}(-k_m,k_n,\omega) \approx \Phi_{pp}(k_m, k_n, \omega)$。

由于这些水动力快变模式的低波数压力激励而导致的模态振动水平，从式（3.20）得（见第 1 卷第 5 章）

$$(\overline{V_{mn}^2}) = \int_{-\infty}^{\infty} \Phi_{vv_{mn}}(\omega)\mathrm{d}\omega$$
$$(\overline{V_{mn}^2})_{\mathrm{HF}} = \frac{(2\pi)^2 \pi A_p}{M^2 \eta_{\mathrm{T}} \omega_{mn}} \Phi_{pp}(k_m \ll \omega_{mn}/U_c, k_n, \omega_{mn}) \tag{3.28}$$

式中：$M = m_s A_p$，m_s 为面板单位面积的总（结构加附加）质量。这种低波数的情况出现在大多数水下应用场合。由于振动的波数小于 k_c，因此称为水动力快变模式。当 k_p 近似于 $k_c(k_p<k_c)$ 时，式（2.49）可适当表示为 $\Phi_{pp}(k_1<k_c, k_3, \omega)$。更一般地说，经验关系式，如式（2.50）应用于水动力快变 $(k_p<k_c)$ 模式。$k>k_m$ 时，对于简支板而言，$|S_m(k_1)|^2$ 尾部的额外可能贡献值可以通过第 1 卷的式（5.59）来确定；或者对于沿 $y=\pm L_1/2$ 夹紧的面板而言，此贡献值可以通过式（5.61）来确定。对于简支情况，$|S_m(k_1)|^2$ 的有效值为

$$|S_m(k_1)|^2 \approx \frac{1}{2}\left[\frac{16L_1}{(k_m L_1)}\right]^2 \left(\frac{k_m}{k_1}\right)^4 \tag{3.29}$$

式中：$(\sin)^2$ 项已被其平均值 $\frac{1}{2}$ 所取代。因此，假设 $k_1 = \omega/U_c$，则对流脊的贡献值为

$$[\Phi_{pmn}(\omega)]_{\text{conv}} \approx \frac{2}{\pi} \frac{\Phi_{\text{pp}}(\omega_{mn})\gamma_1\gamma_3}{[(\gamma_3)\omega\delta^* \mid U_{\text{c}}]^2+(k_n\delta^*)} \frac{(\delta^*)^2}{A_{\text{p}}} \frac{8}{(k_m L_1)^2}\left(\frac{k_m U_{\text{c}}}{\omega}\right)^4 \tag{3.30}$$

式（3.27）和式（3.30）的相对重要性取决于特定问题的参数。通常，假设$[\Phi_{pmn}(\omega)]_{\text{conv}}$可以忽略不计。若夹紧边缘，则第 1 卷的式（5.61）表明，流量将产生更低的响应，附加系数为$(k_m U_{\text{c}}/\omega)^2$。

情况 B：$k_m=\omega/U_{\text{c}}$。接受函数的峰值与压力波数谱中的峰值一致。在这种情况下，流动对流速度大于弯曲波相速度。因此，在与水流成一定角度 α_m 时，轨迹速度 $U_{\text{c}}\cos\alpha_m$ 与 c_{p} 相匹配。如果相关波数处存在共振模式，则优先激发该模式。

式（3.19）现在变为

$$\Phi_{pm}(\omega) \approx \left[\frac{(2\pi)^2}{A_{\text{p}}}\right]\Phi_{\text{pp}}\left(k_m=\frac{\omega}{U_{\text{c}}},k_n,\omega\right) \tag{3.31}$$

且 $k_m=k_{\text{p}}\cos\alpha_m$，因此模态振动水平为

$$\overline{V_{mn}^2}=\frac{(2\pi)^2\pi A_{\text{p}}}{M^2\eta_{\text{T}}\omega_{mn}}\Phi_{\text{pp}}\left(k_m=\frac{\omega}{U_{\text{c}}},k_n,\omega_{mn}\right) \tag{3.32}$$

引入式（2.65）作为壁压谱的近似值时，公式为

$$(\overline{V_{\text{HC}}})^2_{mn}=\frac{4\pi\Phi_{\text{pp}}(\omega_{mn})A_{\text{p}}}{M^2\eta_{\text{T}}\omega_{mn}} \frac{\delta^{*2}\gamma_3\gamma_1}{[(\gamma_3\omega_{mn}\delta^*/U_{\text{c}})^2+(k_n\delta^*)^2]} \tag{3.33}$$

情况 C：$k_m \gg \omega/U_{\text{c}}$。在这种情况下，由于 $k_m<k_{\text{p}}$，我们写出 $k_m=k_{\text{p}}\cos\alpha_m$。因此，条件可以重写为

$$\left(\frac{\omega}{c_{\text{p}}}\right)\cos\alpha_m>\frac{\omega}{U_{\text{c}}}$$

或者

$$c_{\text{p}}<U_{\text{c}}\cos\alpha_m \tag{3.34}$$

因此，该条件要求 $c_{\text{p}}<U_{\text{c}}$，据说这种模态为水动力慢变模式（图 3-31）。板上的弯曲波有一个特定的频率，称为水动力相干频率，其中 $c_{\text{p}}=U_{\text{c}}$。该频率定义为

$$U_{\text{c}}=c_{\text{p}}=\sqrt{\omega_h \kappa c_l}\text{ 或 }\omega_{\text{h}}=\frac{U_{\text{c}}^2}{\kappa c_l} \tag{3.35}$$

因为所有共振模式均满足合成波数的公式，即

$$k_{\text{p}}=k_{mn}=\sqrt{k_m^2+k_n^2} \tag{3.36}$$

式（3.35）为限制条件。当 $k_m>\omega/U_{\text{c}}$时，k_{p}也必须大于 ω/U_{c}，使频率低于水

动力相干频率。对于这种情况，式（3.1）变为

$$\Phi_{pmn}(\omega)=\left[\frac{(2\pi)^2}{A_{\mathrm{p}}}\right]\Phi_{\mathrm{pp}}\left(k_m=\frac{\omega}{U_{\mathrm{c}}},k_n,\omega\right),\quad \omega<\omega_h \tag{3.37}$$

再次，以式（2.65）和式（3.20）为例，我们得出水动力慢变模式的模态速度

$$\overline{(V_{\mathrm{HS}})^2_{mn}}=\frac{4\pi\Phi_{\mathrm{pp}}(\omega_{mn})A_{\mathrm{p}}}{M^2\eta_{\mathrm{T}}(t)_{mn}}\times\frac{\gamma_1\gamma_3(\omega\delta^*/U_{\mathrm{c}})^2\delta^*2}{[(\gamma_3\omega\delta^*/U_{\mathrm{c}})^2+(k_n\delta^*)][(\gamma_1\omega\delta^*/U_{\mathrm{c}})^2+(k_{\mathrm{p}}\delta^*\cos\alpha_m)^2]} \tag{3.38}$$

式中：$k_{mn}>k_{\mathrm{c}}$。另一个贡献值来自 $\Phi_p(\boldsymbol{k},\omega)$ 的最大值，该值与 $|S_{mn}(\boldsymbol{k})|^2$ 的低波数极值一致。这种贡献值常常被忽视。

情况 B 和 C 与弯曲波速量级的 U_{c} 条件相关，在航空声学中通常比在水下应用中更为重要。利用第 1 卷的式（5.58），写入对 $\Phi_{pmn}(\omega)$ 的贡献值，其中 $k_1\neq k_{\mathrm{c}}<k_m$ 和 $\gamma_1k_{\mathrm{c}}L_1>\pi$。

$$[\Phi_{pmn}(\omega)]_{\mathrm{conv}}\approx\frac{16/\pi}{(k_mL_1)^2}\Phi_{\mathrm{pp}}(\omega)\frac{\delta^{*2}}{A_{\mathrm{p}}}\frac{\gamma_1\gamma_3}{[(\gamma_3\omega\delta^*/U_{\mathrm{c}})^2+(k_n\delta^*)^2]} \tag{3.39}$$

这些关系表明模态速度对速度的不同依赖性，这取决于情况 A～C 的适用情况。为了说明各振型响应与不同重合区域流速函数的差异，我们让某点的壁压谱密度近似于

$$\Phi_{\mathrm{pp}}(\omega)\approx a_{\mathrm{c}}C_{\mathrm{f}}^2\left(\frac{1}{2}\rho_0U_\infty^2\right)^2\left(\frac{\omega\delta^*}{U_\infty}\right)^{-1}\frac{\delta^*}{U_\infty}0.5<\frac{\omega\delta^*}{U_\infty}<10 \tag{3.40}$$

式中：a_{c} 由实验数据得出，如 2.4.1 节所述。当 $\omega\gg\omega_{\mathrm{h}}$ 而非式（3.39）时，我们使用的压力低波数谱近似于

$$\Phi_{\mathrm{pp}}\left(k\ll\frac{\omega}{U_{\mathrm{c}}},0,\omega\right)\approx a_1C_{\mathrm{f}}^2\left(\frac{1}{2}\rho_0U_\infty^2\right)^2\left(\frac{\omega\delta^*}{U_\infty}\right)^{-n}\frac{\delta^3}{U_\infty} \tag{3.41}$$

式中：a_1 和 n 为数据给出的恒定系数，见图 2-31～图 2-34，通常 $n\approx4$。因此，我们发现每种情况下的均方模态速度如下：

情况 A：$U_{\mathrm{c}}\ll\omega/k_m(U_{\mathrm{c}}\ll c_{\mathrm{p}}$ 或 $\omega\ll\omega_{\mathrm{h}})$——水动力快变共振模式，由式（3.28）和式（3.41）得出。

$$\overline{(V_{\mathrm{HF}})^2_{mn}}\approx\pi^3a_1\frac{U_\infty^2}{\eta_{\mathrm{T}}}\left(\frac{U_\infty}{c_0}\right)^2\left(\frac{U_\infty}{\omega_{mn}\delta^*}\right)^{n-1}\left(\frac{\rho_0c_0}{\rho_ph\omega}\right)^2\frac{\delta^{*2}}{A_{\mathrm{p}}}C_{\mathrm{f}}^2 \tag{3.42a}$$

情况 B：$n\approx4U_{\mathrm{c}}=\omega/k_m(\omega=\omega_{\mathrm{h}})$——水动力同步模式，由式（3.33）和式（3.41）得出。

$$\overline{(V_{\mathrm{HC}})^2_{mn}}\approx\pi a_{\mathrm{c}}\frac{\gamma_1}{\gamma_3}\frac{U_\infty^2}{\eta_{\mathrm{T}}}\left(\frac{U_\infty}{c_0}\right)^2\left(\frac{U_\infty}{\omega_{mm}\delta^*}\right)^2\left(\frac{\rho_0c_0}{\rho_{\mathrm{p}}h\omega_{mn}}\right)^2\frac{\delta^{*2}}{A_{\mathrm{p}}}C_{\mathrm{f}}^2 \tag{3.42b}$$

情况 C：$U_c \gg \omega/k_m (U_c \gg c_p,\ \omega \ll \omega_h)$——水动力慢变模式，由式（3.38）和式（3.41）得出。

$$\overline{(V_{HS})^2_{mn}} \approx \pi a_c \frac{\gamma_1}{\gamma_3} \frac{U_\infty^2}{\eta_T} \left(\frac{U_\infty}{c_0}\right)^2 \left(\frac{\rho_0 c_0}{\rho_p h \omega_{mn}}\right)^2 \frac{\delta^{*2}}{A_p} C_f^2 \frac{1}{(k_m \delta^*)^2} \tag{3.42c}$$

式中：假设 $k_m > k_c \gamma_1$、$k_n \delta^* \ll 1$。因此，当流速充分小于弯曲波速时，均方模态板速度随 U_∞^7 的增加而增加。当对流速度大于 c_p 时，相关性下降为 $U_\infty^{3.6}$。这种非整数幂由式（2.10）中的 U_∞^4、C_f^2 项产生，该项因结果而变为 $U_\infty^{3.6}$ 即 $C_f \sim U_\infty^{1/5}$。模态速度也取决于明显高于水动力相干频率的模态阶数。ω_h 随着面板厚度的减小而增加，因此面板厚度通过影响质量阻抗（$\rho_p h\omega$）和改变相干频率来确定。还要注意，这种无量纲数的特定分组预计在 3.4 节中讨论。

3.2.4　经验验证

上述结果得到了 Maestrello[63] 实验的一些支持。图 3-11 所示为各种铝板模态在空气中声波速度归一化后的均方振幅 $\overline{y^2} = \overline{V^2}/\omega^2$。弯曲波和对流速度相等的速度被指定为 U_m。对于与 U_m（在任一方向上）相差很大的速度，由式（3.42a）和式（3.42c）指示的行为近似于测量值。接近水动力巧合时，$\overline{y^2}$ 的曲线与 U_∞/c_0 既有峰值，也有平滑过渡。

Maestrello[64] 试图使用与本节所述基本相同的理论来预测该面板运动，但只取得了部分成功。虽然正确预测了速度相关性，但水平被高估了 10dB。测量与计算之间的这种顺序差异很常见[58,68]，且通常归因于边界条件和阻尼的不确定性以及影响测量壁压谱的任何独特流动特征。测量与理论之间的另一项比较如图 3-12 所示。Tack 和 Lambert[59] 测量了 1、1 模式面板中心处的均方位移（注意：$\overline{V_{11}^2} = \omega_{11}^2 \overline{\gamma_{11}^1}$）。其理论与我们的陈述相似，但采用 Dyer[42] 推导的壁压相关性的当代分析表示，并且与他们的测量值相吻合，因此与他们的振动测量值相比更为有利。此外，还显示了式（3.42a），这低估了测量。由于无量纲频率范围较低，第 2 卷的图 2-33～图 2-35 给出了 $n \sim 4$ 时

$$\overline{V_{mn}^2} \approx \pi \frac{\gamma_1}{\gamma_3} a_c \frac{U_\infty^2}{\eta_T} \left(\frac{U_\infty}{\omega_m \delta^*}\right)^2 \left(\frac{\rho_0 U_\infty}{\rho_p h \omega_m}\right)^2 \frac{\delta^{*2}}{A_p} C_f^2, \quad \omega > \omega_h, c_p > U_c \tag{3.43}$$

当 $a_c = 1$ 且 $\gamma_1 = \gamma_3 = \dfrac{1}{6}$ 时，此式更精确地预测了测得的振幅。当 $C_f \propto U^{-0.2}_\infty$ 时，它还近似于观察到的速度相关性。

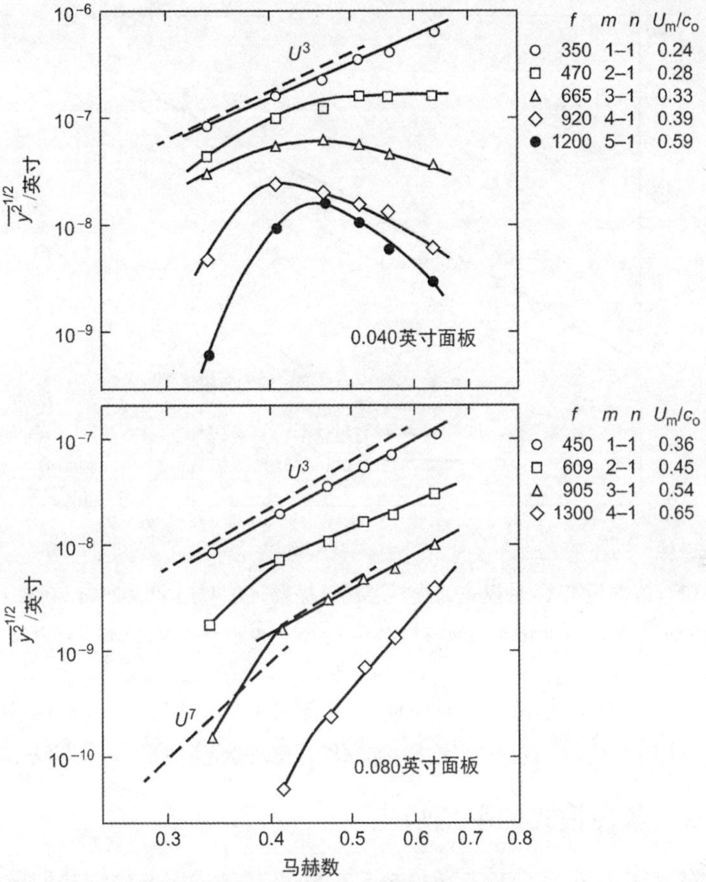

图 3-11　铝板的模态均方位移

（L_1 = 12 英寸、L_3 = 7 英寸、δ^* = 0.15~0.17 英寸、$U_c = 0.8U_\infty$。U_m值表示水动力相干速度。资料来源：Maestrello L. Measurement and analyses of the response field of turbulent boundary layer excited panels. J Sound Vib 1965；2：270-92.）

此外，重合度 U_c介于 $0.7U_\infty$ 和 $0.8U_\infty = c_b$之间，因此通过测量接近重合范围。一般来说，为了进行良好的预测，有必要使用在与振动测量相同的设施中获得的实测壁压统计数据。这是因为测量壁压统计数据的难度以及这些统计数据对边界层发展的敏感性是一个可能的误差来源，如 2.4.1 节所述。第二个难点在于估算面板损耗系数时的不确定性。相反，使用面板来推导壁压波数谱目前已在重复场合中成功得到证明，参见图 2-34 和图 2-35。在该研究中，已表明在实验计划中必须仔细测量总阻尼。

仅当频率远高于水动力相干频率时，即 $\omega \gg \omega_h = U_c^2/kc_\ell$（图 3-6、图 3-9

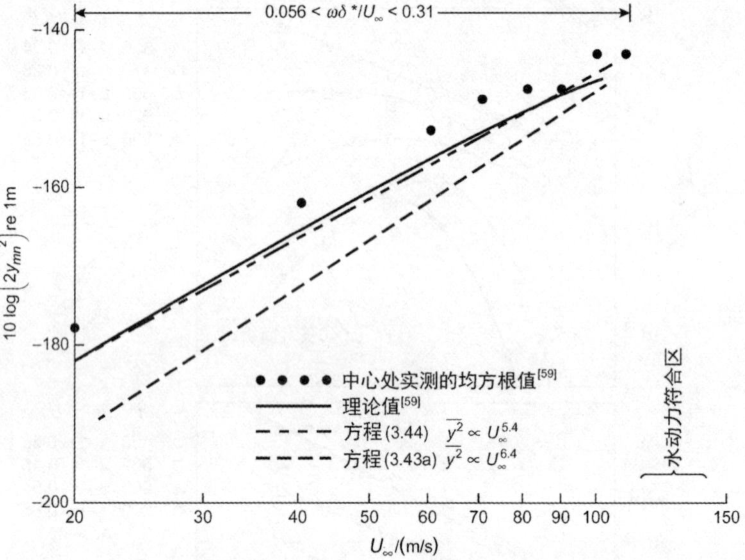

图 3-12　黄铜板第 11 种模式的边界层诱导振幅（0.475m×0.0254m×0.00153m）

（$f_{11}=1000\text{Hz}$、$\delta^* \approx 0.0009\text{m}$、50m/s 时 $C_f \approx 3\times10^{-3}$ 和 $\eta_T \approx 0.01$，弯曲波速为 95.2m/s）

和图 3-10)，模态阶数不会明确地输入模态速度的表达式。这是因为激励的波数谱几乎与波数无关，这一事实大大简化了总均方响应的计算方法。

3.2.5　多种模式的平均响应

我们将使用第 1 卷 5.3.2 节和 5.5.4 节的模态平均方法，并回顾如第 1 卷图 5-7 和图 5-13 以及图 3-10 中所示的波数图，以详细地（比之前在 3.23 节中使用的方法更详细）研究确定结构响应的波数状态。这些模态平均值补充了 3.2.3 节中提出的单个模态响应。要做到这一点，我们调用第 1 卷的式(5.51)，以频率 ω_f 为中心，获得滤波带 $\Delta\omega_f$ 中的均方速度

$$\overline{V^2}(\omega_f,\Delta\omega_f)=\frac{\pi}{M^2}\frac{A_p^2}{\eta_T}\overline{[\Phi_{pp_{mn}}(\omega_f)]}\frac{A_p}{4\pi kc_\ell}\left(\frac{\Delta\omega_f}{\omega_f}\right),\quad 0\leqslant\omega_f<\infty \tag{3.44}$$

式中：$\overline{\Phi_{pp_{mn}}(\omega_f)}$ 表示在滤波带中共振的 m、n 个模态上平均的模态压力谱，$N=n(k_p)[\pi k_p{}^2/2]$。

$$\overline{\Phi_{pp_{mn}}(\omega_f)}=\frac{1}{N}\sum_{m,n}\Phi_{pp_{mn}}(\omega_f) \tag{3.45}$$

如图 3-7 和图 3-13 所示，当频率低于水动力相干频率时，可能存在与图 3-13（a）中 ω/U_c 相匹配的模态波数 $k_1=k_m<k_p$；或者当频率高于水动力相

干频率时，可能不存在如图 3-13（b）所示的模态波数。因此，不能假设过滤带 $\Delta\omega_f$ 中包含的所有模态都同样受到边界层压力的良好激发（注意，在膜状运动的情况下，此时弯曲波的相速度 c_m 与频率无关，流动响应的这一方面变得简单。参考图 3-5 表明，在这些情况下，如果 $U_c=c_m$，在所有频率下都会存在一些水动力同步模式）。在如图 3-13（a）所示的情况下，存在以下模式，在频带 $\Delta\omega_f$ 中 $k_m=\omega/U_c$ 既共振又得到良好的激发，其中波数带为 Δk，因为响应波数与激发波数一致。

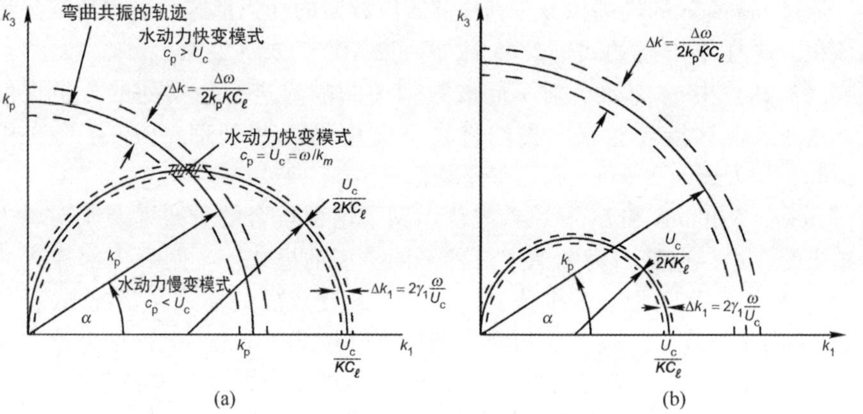

图 3-13　波数带图解

（当频率低于水动力相干频率时，流动激励弯曲振动多模态响应的波数带图解。（a）$\omega<\omega_h$，低于水动力相干频率 $U_c<c_p$；（b）$\omega>\omega_h$，高于水动力相干频率 $U_c>c_p$）

因此，这些模式符合与模式 m 一致的条件，这样

$$c_p=U_c\cos\alpha_m=\frac{U_c k_m}{\sqrt{k_m^2+k_n^2}}$$

可以重写波数平面中该条件的轨迹：

$$\left(\frac{k_m-U_c}{2kc_\ell}\right)^2+k_n^2=\left(\frac{U_c}{2kc_\ell}\right)^2 \qquad (3.46)$$

其定义了半径为 $U_c/2kc_\ell$ 的半圆，见图 3-13（a）（$k_3>0$）。（图 3-13（a））中圆的交点以及图 3-7 中的椭圆形阴影区域表示重合模式。

如果我们假设共振模式在与共振模式模态波数带（$k_{mn}=k_f,\Delta\omega_f$）对应的弧宽 Δk 中均匀分布，则湍流边界层的模态平均压力谱（考虑波数的这些不同区域）呈积分形式，其中模态密度为 $n(k_f)$。在这种情况下，求和由图 3-13（a）和图 3-13（b）中的圆弧环表示，另见第 1 卷的图 5-7（a）。模态压力谱的 m、n 相关性可表示为 $k=k_{mn}=k_p$ 的函数，且 $k_1=k_m=k_p\cos\alpha$ 和 $k_3=k_nk_3=k_p\sin\alpha$。

由于式（3.25）用空间滤波波数谱表示模态壁压，则模态压力谱函数取决于板空间滤波器的频率和模态波数，以 $\Phi_{p_{mn}}(\omega_f)$ 表示，也可以用上述项所列函数 $\Phi_{p_{mn}}(k_m,k_n,\omega_f)$ 表示

$$\Phi_{pp_{mn}}(k_m,k_n,\omega_f)=\Phi_{pp_{mn}}(k_f\cos\alpha,k_f\sin\alpha,\omega_f)=\Phi_{pp_{mn}}(k_f,\alpha,\omega_f)$$

因此，将模态平均压力确定为在 $k=k_{\mathrm{p}}$ 时 $\pi/2$ 弧上的积分，见图 3-13，即

$$\overline{\Phi_{pp_{mn}}(\omega_f)}=\frac{2}{\pi k_{\mathrm{p}}}\int_0^{\pi/2}\Phi_{pp_{mn}}(k_f,\alpha,\omega_f)k_{\mathrm{p}}\mathrm{d}\alpha \tag{3.47a}$$

通过 Simpson 的规则积分，利用壁压波数谱的任何形式，可以很容易地评估该积分（在第 1 卷的式（2.65）、式（2.70）、式（2.71）、式（2.83）以及式（3.25）中）。然而，对不同波数带中的响应进行一系列的分析近似处理，这一点很有指导意义，我们将在下文中做这些处理。Davies[67] 采用式（3.74a）以及式（2.65a）得出该平均值。

Ffowcs Williams 和 Lyon[35] 首先认识到了这种重合的重要性及其对均方速度结果的表达，这是因为考虑了三种不同类型的模式：半圆形内部模式（情况 C），称为“水动力慢变模式，$c_{\mathrm{p}}<U_{\mathrm{c}}$”；圆交点处的模式（情况 B），称为“水动力同步模式，$c_{\mathrm{p}}=U_{\mathrm{c}}$”；以及半圆形外部模式（情况 A），称为“水动力快变模式，$c_{\mathrm{p}}>U_{\mathrm{c}}$”。因此，图 3-12（a）所示的总均方表面响应为

$$\begin{aligned}\overline{V^2}(\omega,\Delta\omega)&=\left(\sum\nolimits_{mn}\overline{V^2_{mn}}\right)_{\mathrm{HF}}+\left(\sum\nolimits_{mn}\overline{V^2_{mn}}\right)_{\mathrm{HC}}+\left(\sum\nolimits_{mn}\overline{V^2_{mn}}\right)_{\mathrm{HS}}\\&=\left(\overline{V^2}\right)_{\mathrm{HF}}+\left(\overline{V^2}\right)_{\mathrm{HC}}+\left(\overline{V^2}\right)_{\mathrm{HS}}\end{aligned}\qquad(\omega\leqslant\omega_h)$$

每个求和是半径 k_{p} 和径向增量各自环形段上的波数贡献值

$$\Delta k=\frac{\Delta\omega_f}{2k_{\mathrm{p}}kc_\ell}$$

给出重合模式贡献值的圆交点可以根据以下公式得出

$$\propto=\alpha_m=\arccos\left(\frac{c_p}{U_{\mathrm{c}}}\right)\ \text{或}\ \alpha_m=\arccos\left(\sqrt{\frac{\omega_f}{\omega_{\mathrm{h}}}}\right) \tag{3.47b}$$

由于波数平面中每个增量区域都有一个模式 $\Delta k_1\ \Delta k_3$，因此模式密度或每个单位波数区域的模式数为

$$\frac{\Delta N}{\Delta k_1\Delta k_3}=\frac{1}{(\pi/L_1)(\pi/L_3)}=\frac{A_p}{\pi^2}$$

每次求和都采用以下示例形式

$$\overline{V^3_{\mathrm{HS}}}=\int_0^{\alpha_{\mathrm{h}}}\overline{(V^2_{\mathrm{HS}})_{mn}}\frac{A_{\mathrm{p}}}{p^2}k\Delta k\mathrm{d}\alpha=\int_0^{\alpha_{\mathrm{h}}}\overline{V^2_{mn}}\left(\frac{A_{\mathrm{p}}}{2\pi^2kc_\ell}\right)\mathrm{d}\alpha$$

以及类似的表达式：当 $\alpha_{\mathrm{h}}<\alpha<\pi/2$ 时，为 $\overline{V^2_{\mathrm{HF}}}$；当 $\alpha_m-\Delta\alpha_m/2<\alpha<\alpha_m+\Delta\alpha_m/2$

时，为$\overline{V_{\mathrm{HC}}^2}$。重合区域的带宽参照（图 3-12（a））

$$\Delta k_1=\frac{2\gamma_1\omega_f}{U_{\mathrm{c}}}=\Delta(k_{\mathrm{p}}\cos\alpha_m)=k_{\mathrm{p}}\sin\alpha_m\Delta\alpha_m$$

因此，重合区域的夹角由下式给出

$$\Delta\alpha_m=\frac{(2\gamma_1/\sin\alpha_m)c_{\mathrm{p}}}{U_{\mathrm{c}}}$$

因此，在频率低于水动力频率时，即 $\omega_f<\omega_{\mathrm{h}}$时，均方速度的各贡献值为

$$\overline{V_{\mathrm{HS}}^2(\omega_f)}\approx\frac{2}{\pi}\frac{\Phi_{\mathrm{pp}}(\omega)\Delta\omega_f\delta^{*2}}{m_{\mathrm{s}}^2\eta_{\mathrm{T}}\omega_f kc_\ell}\left(\frac{\omega_f\delta^*}{U_c}\right)^{-2}\frac{\gamma_3\gamma_1(\omega_f/\omega_{\mathrm{h}})^{1/2}(1-\omega_f/\omega_{\mathrm{h}})^{1/2}}{\gamma_3^2+(1-\omega_f/\omega_{\mathrm{h}})}\tag{3.48a}$$

$$\overline{V_{\mathrm{HC}}^2}(\omega_f)\approx\frac{4}{\pi}\frac{\Phi_{\mathrm{pp}}(\omega_f)\Delta\omega_f\delta^{*2}}{m_{\mathrm{s}}^2\eta_{\mathrm{T}}\omega_f kc_\ell}\sqrt{\frac{1}{\omega_{\mathrm{h}}/\omega_f-1}}\frac{\gamma_3(\omega_f\delta^*/U_{\mathrm{c}})^{-2}}{\gamma_3^2+(1-\omega_f/\omega_{\mathrm{h}})}\tag{3.48b}$$

$$\overline{V_{\mathrm{HF}}^2}(\omega_f)\approx\frac{2}{\pi}\frac{\Phi_{\mathrm{pp}}(\omega_f)\Delta\omega_f\delta^{*2}}{m_s^2\eta_{\mathrm{T}}\omega_f kc_\ell}\frac{\gamma_1\gamma_3(\omega_f\delta^*/U_{\mathrm{c}})^{-2}}{\gamma_3^2+1-\omega_f/\omega_{\mathrm{h}}}\frac{\arcsin\sqrt{\omega_f/\omega_{\mathrm{h}}}}{\gamma_1^2+1}\tag{3.48c}$$

在 $\omega_f\ll\omega_{\mathrm{h}}$的限值内，式（3.48b）的值最大，这意味着总响应由该频带内与水动力一致的模式控制。在非常低的频率下，为

$$\overline{V^2}(\omega_f\ll\omega_{\mathrm{h}},\Delta\omega_f)=\overline{V_{\mathrm{Hc}}^2}(\omega_f\ll\omega_{\mathrm{h}},\Delta\omega_f)$$

由此可得

$$\overline{V^2}(\omega_f\ll\omega_{\mathrm{h}},\Delta\omega_f)=\frac{4}{\pi}\frac{\Phi_{\mathrm{pp}}(\omega_f)\Delta\omega_f}{m_{\mathrm{s}}^2\omega_f^2\eta_{\mathrm{T}}}\frac{\gamma_3}{\gamma_3^2+1}\left(\frac{\omega_{\mathrm{h}}}{\omega_f}\right)^{1/2},\quad\omega_f\ll\omega_{\mathrm{h}}\tag{3.49}$$

可以重新排列式（3.49），以包含壁压的无量纲自谱

$$\overline{V^2}(\omega_f\ll\omega_{\mathrm{h}},\Delta\omega_f)\propto\left(\frac{\omega_f^{-2}\tau_{\mathrm{w}}^2}{m_{\mathrm{s}}^2\eta_{\mathrm{T}}}\right)\left(\frac{\Phi_{\mathrm{pp}}(\omega_f\delta^*/U_\infty)\Delta\omega_f\delta^*/U_\infty}{\tau_{\mathrm{w}}^2}\right)\left(\frac{\omega_{\mathrm{h}}}{\omega_f}\right)^{1/2}\tag{3.50a}$$

或者，在式（2.75b）的范围内，我们将其改写为

$$\Phi_{\mathrm{pp}}\left(\frac{\omega_f\delta^*}{U_\infty}\right)\approx a_{\mathrm{c}}C_f^2\left(\frac{1}{2}\rho_0U_\infty^2\right)^2\left(\frac{\omega\delta^*}{U_\infty}\right)^{-1},\quad 0.5<\frac{\omega\delta^*}{U_\infty}<10$$

我们可以进行重新排列，以提供一系列方便的幂律（忽略对 m_{s}的附加质量贡献值）：

$$\overline{V^2}(\omega_f\ll\omega_{\mathrm{h}},\Delta\omega)\propto\frac{U_\infty^2}{\eta_{\mathrm{T}}}\left(\frac{\rho_0}{\rho_p}\right)^2\left(\frac{\delta^*}{h}\right)^{2.5}\left(\frac{U_\infty}{\omega_f\delta^*}\right)^{2.5}\left(\frac{U_\infty}{c_\ell}\right)^{0.5}\left(\frac{U_{\mathrm{c}}}{U_\infty}\right)C_{\mathrm{f}}^2\left(\frac{\Delta\omega}{\omega_f}\right)\tag{3.50b}$$

式（3.50b）表明，可以通过质量负载（增加 ρ_{p}或 h）、阻尼或增加 c_ℓ使表面

硬化来降低振动水平。通过增加（摩擦系数）^{2}和对流速度的乘积来增加声音。

在高于水动力相干频率的较高频率范围内，即 $\omega>\omega_{\mathrm{h}}$，表面响应完全由水动力快速弯曲波条件给出，其中对流波数超过特征板弯曲波数，$k_{\mathrm{p}}/k_{\mathrm{c}}<1$。在这种情况下，壁压波数谱在波数中为宽频带，见图 2-34；因此，模态压力谱也是如此（式（3.24））。因此，式（3.44）采用如下简单形式：

$$\overline{V_{\mathrm{HF}}^2}(\omega_f,\Delta\omega_f)=\frac{\pi^2}{m_{\mathrm{s}}^2}\frac{1}{\eta_{\mathrm{T}}kc_\ell}\Phi_{\mathrm{pp}}\left(k_{\mathrm{p}}<\frac{\omega_f}{U_{\mathrm{c}}},\omega_f\right)\left(\frac{\Delta\omega_f}{\omega_f}\right),\quad \omega_f\gg\omega_{\mathrm{h}},\quad U_{\mathrm{c}}\ll c_{\mathrm{p}} \tag{3.51a}$$

其可以改写成类似于第 1 卷式（5.52d）的形式：

$$\overline{V_{\mathrm{HF}}^2}(\omega_f,\Delta\omega_f)=\frac{8\pi^2}{m_{\mathrm{s}}\eta_{\mathrm{T}}R_\infty}\Phi_{\mathrm{pp}}\left(k_{\mathrm{p}}<\frac{\omega_f}{U_{\mathrm{c}}},\omega_f\right)\frac{\Delta\omega_f}{\omega_f},\quad \omega_f\gg\omega_{\mathrm{h}},\quad U_{\mathrm{c}}\ll c_{\mathrm{p}} \tag{3.51b}$$

式中：$R_\infty=(8m_{\mathrm{s}}kc_\ell)$为无限平板的点阻力。单位面积的质量（$m_{\mathrm{s}}$）包括附加质量（见第 1 卷 5.5.6 节）。请注意，图 2-31～图 2-33 从经验和理论上显示了低波数压力的频率依赖性

$$\Phi_{\mathrm{pp}}(k\ll k_{\mathrm{c}},\omega_f)\approx a_{\mathrm{u}}C_{\mathrm{f}}^2\left(\frac{1}{2}\rho_0U_\infty^2\right)^2\left(\frac{\omega_f\delta^*}{U_\infty}\right)^{-n}$$

我们可以将速度响应写成高频幂律

$$\overline{V^2}(\omega_f\gg\omega_{\mathrm{h}},\Delta\omega_f)\propto\frac{\tau_{\mathrm{w}}^2\omega^{-2}}{\rho_{\mathrm{p}}^2h^2\eta_{\mathrm{T}}}\frac{\Delta\omega_f}{\omega_f}\left(\frac{\omega_{\mathrm{h}}\delta^*}{U_\infty}\right)^{3-n}\left(\frac{\omega_f}{\omega_{\mathrm{h}}}\right)^{2-n},\quad \omega_f\gg\omega_{\mathrm{h}},\quad U_{\mathrm{c}}\ll c_{\mathrm{p}} \tag{3.51c}$$

$$\propto\frac{U_\infty^2}{\eta_{\mathrm{T}}}\left(\frac{\rho_0}{\rho_{\mathrm{p}}}\right)^2\left(\frac{\delta^*}{h}\right)^3\left(\frac{U_\infty}{\omega_f\delta^*}\right)^n\frac{U_\infty}{c_\ell}C_{\mathrm{f}}^2\left(\frac{\Delta\omega_f}{\omega_f}\right),\quad n\approx4 \tag{3.51d}$$

n 值作为图 2-31～图 2-33 中数据的代表值。或许更接近于相干频率时，波数谱式（2.48）适用，当 $n\approx4$ 时：

$$\overline{V^2}(\omega>\omega_{\mathrm{h}},\Delta\omega)\approx\overline{V_{\mathrm{HF}}^2}(\omega>\omega_{\mathrm{h}},\Delta\omega)\approx\left(\frac{\rho_0}{\rho_{\mathrm{p}}}\right)^2\frac{U_\infty^6}{\eta_{\mathrm{T}}}\frac{C_{\mathrm{f}}^2}{h^3},\quad U_{\mathrm{c}}<c_{\mathrm{p}}$$

这种关系表明对速度的依赖性略弱于式（3.51d），并且在较低频率下有效。

图 3-14 总结了无量纲化表面加速度的频谱 $\omega^2\overline{V^2(\omega_f,\Delta\omega_f)}$，该频谱在低于和高于水动力相干频率的频率范围中延伸。当 $\omega_f<\omega_{\mathrm{h}}$时，显示式（3.51a）给出的两种行为：$\omega^{1/2}$与 $\omega^{-1/2}$之间的过渡由 $\omega\delta^*/U_\infty$ 的值决定，其中 $\Phi_{\mathrm{pp}}(\omega)$ 由 $\Phi_{\mathrm{pp}}(\omega)$ ～const 变为 $\Phi_{\mathrm{pp}}(\omega)\propto\omega^{-1}$。式（3.51c）捕捉了高于水动力相干频率下的行为，并显示随着频率的增加，水位迅速下降，这是低波数压力的特

征。图 2-31 和图 2-33 中的 n 值为 $n\approx4\sim5$。当 $\omega_f\delta*/U_\infty>10$ 时，由于图 2-16 或图 2-18 所示的高频行为，人们预计会出现更明显的下降。Moore[66]、Chang 和 Leehey[55] 为频谱形式提供了实验支持，其测量结果与图 3-14 所示结果具有许多相同的特征。

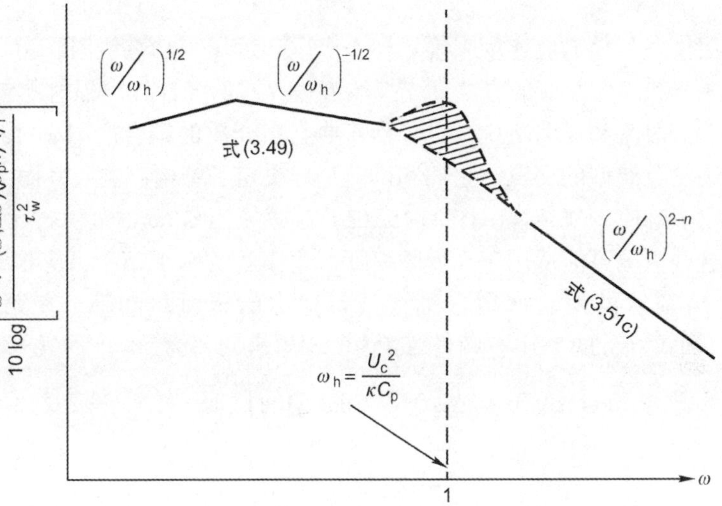

图 3-14　在比例频带滤波器中所测量均方弯曲加速度的依赖性（$\Delta\omega_f\propto\omega_f$）

当然，下面给出了这些公式在固定频率下对速度的依赖性，并假设($U_c\approx0.8U_\infty$)，C_f大致变化为 $U_\infty^{0.4}$

$$\overline{V^2}\sim\begin{cases}U_\infty^{6.6},U_c\ll c_p,\omega\gg\omega_h\\U_\infty^{5.6},U_c<c_p\\U_\infty^{4.6},U_c\gg c_p,\omega\ll\omega_h\end{cases}$$

Maestrello[62]、Leehey 和 Davies[70] 通过实验观察到了面板和弹性表面中直接振动场对对流边界层流动的局部响应特性。Zhang 等[123] 已经观察到了高于和低于水动力相干频率以及流动激励弹性表面变形的情况。大型板的流致板振动互相关显示了以速度 U_c 传播并叠加在混响场上的波分量（包含在上述分析中）。Leehey 和 Davies[70] 的分析表明，以速度 U_c 传播的波（由 r_1 分离的点处面板振动的互谱密度所示），其振幅与以下成比例

$$\Phi_{pp}(\omega)\mathrm{e}^{-\gamma_1\omega r_1/U_c}$$

即振动的衰减率与边界层的衰减率相匹配。在低于面板基本共振频率的所有频率以及较高频率下，存在该振动分量。因此，直接分量来自共振频率高于所述频率的所有横向模式，而混响响应来自共振频率低于所述频率的模式。尽管当

满足 Dyer 标准时，混响运动控制着面板中的能量，但无论面板是否满足 Dyer 标准（见 3.2.2 节），都可能发生直接响应。

3.3　流致模态振动的声音

使用模态和总响应速度来确定模态声压和远场声功率级时，可以使用第 1 卷 5.5.3 节和 5.5.5 节的方法。支撑湍流边界层的弹性板声辐射既包括前一条中的水动力对流和弯曲响应，也包括弯曲与声介质的耦合。图 3-15 说明了波数的轨迹以及波型的交点，它们和以前一样决定了结构声响应，而水动力相干频率决定了响应的复杂性。图 3-15（a）描述了当 $\omega<\omega_h$、k_0，$k_p<U_c=kc_\ell$时的情况。这种情况可能适用于在低频率下产生声音的水下结构，应根据 mn 模式（$\mathbb{P}_{mn}(\omega)$）辐射的声功率谱仔细评估带宽中的辐射声功率。在第 1 卷的式（5.82）和式（5.83）中，频带 $\Delta\omega$ 内的辐射声功率为

$$\mathbb{P}_{\text{rad}}(\omega,\Delta\omega) \approx \Delta\omega^{\pi_{\text{rad}_{mn}}(\omega)}\mathrm{d}\omega \text{ 中的}\int_{\omega+\Delta\omega/2}^{\omega+\Delta\omega/2}\left(\sum_{m,n}\right)\underset{\Delta\omega\text{模式}}{\text{模式}}$$

约化为

$$\mathbb{P}_{\text{rad}}(\omega,\Delta\omega)=\Delta\omega\sigma_{mn}\overline{V_{mn}^2}(\omega_{mn})\text{ 中的 }\rho_0c_0A_p\left(\sum_{m,n}\right)\underset{\Delta\omega\text{模式}}{\text{模式}} \tag{3.52}$$

而不是第 1 卷的式（5.89b）。式中：σ_{mn}为 m、n 模式的辐射效率。在第 1 卷的式（5.89b）中回顾，结果来自统计能量分析的应用。这种方法采用了独立的平均均方面板速度以及平均均方辐射效率。

Davies[67]采用了第 1 卷式（3.52）和式（5.91b）中的两种计算方法，预测薄空气动力学激励挡板的辐射声功率。将他的计算结果与图 3-16 中的测量值进行比较。在亚声速风洞试验段周围的混响室内进行测量。面板安装在刚性隧道壁上。从第 1 卷式（3.52）的式（5.41）中得出的理论声功率谱密度为 $\Pi_{\text{rad}}(\omega)\ \Delta\omega=\mathbb{P}_{\text{rad}}(\omega,\Delta\omega)$。

$$\Pi_{\text{rad}}(\omega)=\frac{\rho_0c_0A_p\pi}{m_s^2\eta_T\omega}\overline{n_s(\omega)(\sigma_{mn}(\omega)\Phi_{pmn}(\omega))} \tag{3.53}$$

式中：$n_s(\omega)$为频率模式密度。略微重新排列的备选估算（第 1 卷的式（5.89b））为

$$\Pi_{\text{rad}}(\omega)=\pi A_p\left(\frac{\rho_0c_0\ \overline{\sigma}}{m_s\omega}\right)\frac{1}{\eta_T}\ \overline{\frac{n_s(\omega)}{m_s}\Phi_{pmn}(\omega)} \tag{3.54}$$

式中：( )括号中的商为声辐射损耗系数；$\overline{\sigma}$在第 1 卷 5.5.5 节中给出。与式（3.47a）一样，上画线表示模态平均值。例如：

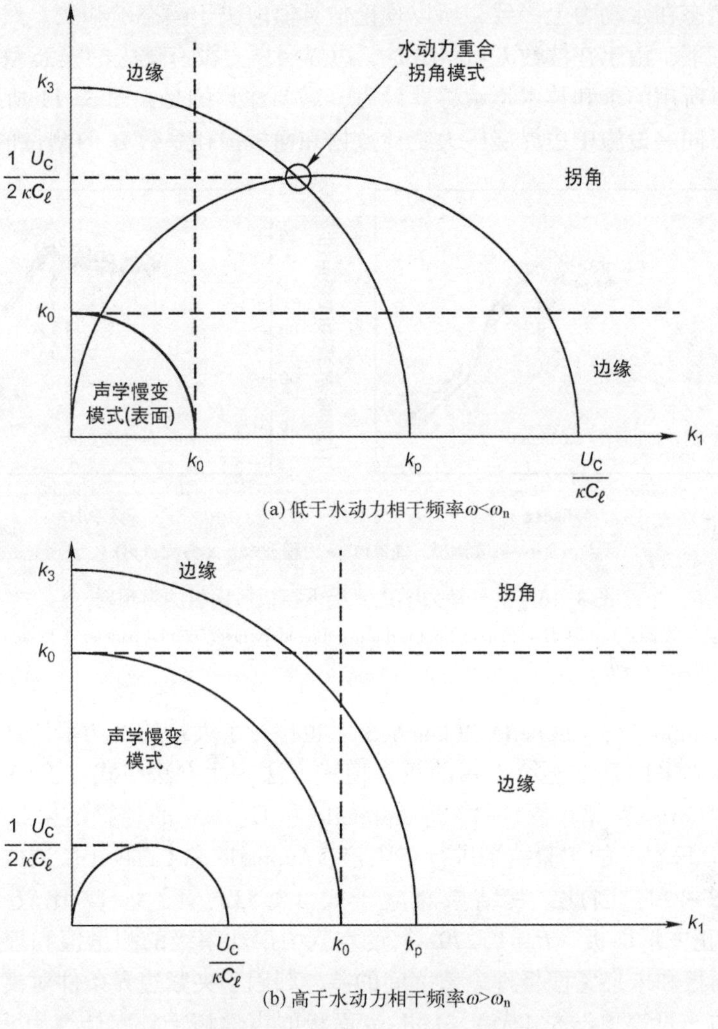

图 3-15　各种应用中水动力和声学模式类型的分类

（其中模式为亚声速（$k_p > k_0$））

$$\Delta\omega^{\sigma_{mn}} \text{中的} \overline{\sigma} = \frac{1}{n_s(\omega)\Delta\omega}\left(\sum_{m,n}\right)_{\Delta\omega\text{模式}} \text{模式}$$

Davies 对式（3.74）和式（2.65a）进行求值，以得出式（3.54）的模态平均值。图 3-16 显示了面积尺寸为 $L_1 = 0.33\text{m}$ 和 $L_2 = 0.28\text{m}$ 的两个面板在 1/3 倍频带中测得的辐射声功率。将这些功率与使用式（3.53）和式（3.54）中模态平均值得出的估算值进行比较。当频率低于相干频率（$f<f_h$）时，由于只

有一些模态在水动力上一致，所以理论估算值取决于模态求和法。然而，在较高的频率下，由于在波数 $k_1<\omega/U_c$ 时，边界层压力没有优先的模态激励，因此估算值对所用的求和技术不敏感。最后，需要注意的是，图 3-11 所示的估算值采用了同一设施中边界层压力统计数据和面板损耗系数 η_T 的测量值。

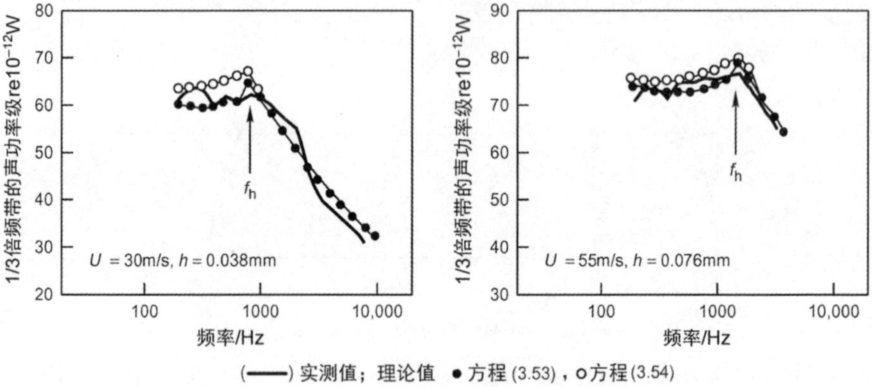

图 3-16　空气动力学边界层下挡板薄钢板的声辐射

（资料来源：Davies HG. Sound from turbulent-boundary layer excited panels. J Acoust Soc Am 1971；49：878-89.）

Maestrello[64]、Aupperle 和 Lambert[68] 也进行了大量的声功率计算。他们的声功率计算采用第 1 卷第 5 章的正常模式方法，此方法在式（2.65）中使用壁压的“Corcos”谱。图 3-17 将 Aupperle 和 Lambert 的计算结果与在混响室获得的 Ludwig[58] 的实验结果进行了比较。Aupperle 和 Lambert 使用数字计算机计算模态求和；因此，其结果对应于式（3.53）。图 3-17 比较了厚度为 0.05mm 正方形面板（$L_1=0.279$m）的空气中声功率级的测量值和理论值。假定夹紧面板和未夹紧面板理论值之间的差异归因于夹紧边界条件对模态振型函数的影响（见第 1 卷 5.4 节）。Ludwig 面板的声学相干频率计算为 220000Hz；因此，辐射以边缘和拐角模式为主。White[45] 先前采用与 Aupperle 和 Lambert 非常相似的分析方法，已成功地对 Ludwig 情况进行了理论估计。Ffowcs Williams 和 Lyon[35] 完成了最早的理论工作，旨在证实 Ludwig 的结果，他们能够粗略地预测观察到的声音对速度和面板厚度的依赖性。

Chang 和 Leehey[55]、Han 等[125] 和 Tomko[126] 对压力梯度下面板的流致噪声和振动进行了测量。例如，在 Chang 和 Leehey 的示例中，无量纲压力梯度参数为

$$\left[\frac{\theta(2+H)}{q}\right]\frac{\partial P}{\partial y_1}\approx 0.0084$$

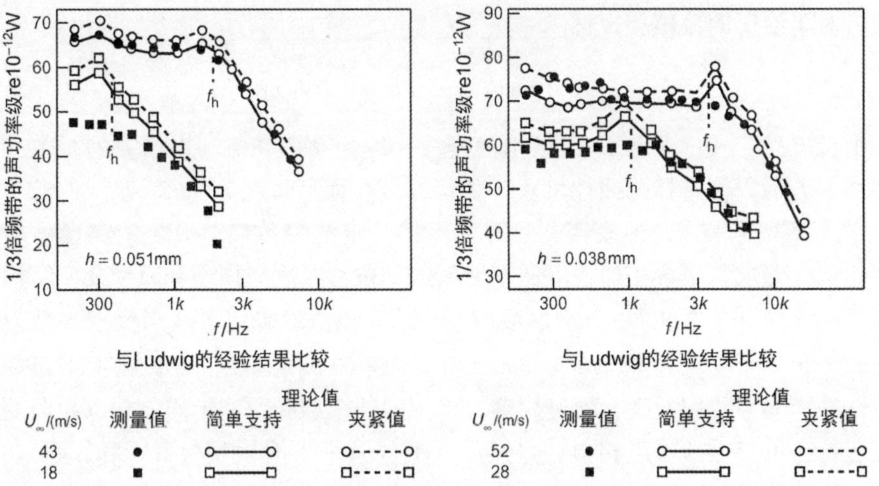

图 3-17　大气边界层下挡板薄钢板的声辐射

（资料来源：Adapted from Aupperle FA，Lambert RF. Acoustic radiation from plates excited by flow noise. J Sound Vib 1973；26：223-45.）

与表 2-2 中的数据相比，表明逆压梯度较弱。采用第 2 章“壁湍流压力脉动响应”（如式（2.65））的方法，将噪声和振动的估算值与这些测量值进行比较。与零压力梯度的情况一样，比较情况良好。当频率低于水动力相干频率时，理论上的面板振动水平高估了大约 7dB。

3.4　水声相似性和噪声控制的一般规则

在实际情况下，我们主要关注表面上的流致振动，以及从噪声源或声功率给定距离处感应的声压级。获得流动、声学和结构相似性的一般规则时，可采用上述结果。这些规则可用于规划缩放模型模拟、设计修改的性能评估以及噪声控制措施。均方根加速度（$\overline{a^2}=\omega^2\,\overline{V^2}$）的两个表达式可以用式（3.50）和式（3.51）表示：

$$\overline{a^2}\propto\frac{\rho_0^2U_\infty^4}{\rho_p^2h^2\eta_T}\left(\frac{U_\infty}{c_\ell}\right)^{1/2}\left(\frac{U_\infty}{\omega\delta^*}\right)^{1/2}\left(\frac{\delta^*}{h}\right)^{1/2}\left(\frac{\Delta\omega}{\omega}\right)C_f^2,\quad \omega\ll\omega_h \tag{3.55a}$$

$$\overline{a^2}\propto\frac{\rho_0^2}{\rho_p^2}\frac{U_\infty^4}{h^2\eta_T}\left(\frac{U_\infty}{c_\ell}\right)\left(\frac{U_\infty}{\omega\delta^*}\right)^{n-2}\left(\frac{\delta^*}{h}\right)\left(\frac{\Delta\omega}{\omega}\right)C_f^2,\quad \omega\gg\omega_h,\quad n\approx4 \tag{3.55b}$$

两种关系都表明，在比例频带中测量加速度符合一般行为

$$\overline{a^2}\propto U_\infty^4L^{-2}\eta_T^{-1}\left(\frac{\rho_0}{\rho_0}\right)^2f\left(\frac{U_\infty}{c_\ell}\right)g\left(\frac{\omega L}{c_\ell}\right)h\left(\frac{U_\infty L}{v}\right) \tag{3.56a}$$

或者对于给定的流体和板材($\omega \gg \omega_h$)

$$L_a \propto \sim 66\log U_\infty - 10\log\eta_T - 20\log m_s \tag{3.56b}$$

式中：$f(x)$、$g(y)$和$h(z)$为结构马赫数、约化频率和流动雷诺数的函数，其中长度L为方便选择的线性尺寸（如板厚度、模型长度等）。

式（3.56）清楚地表明，只有当保持一定的参数比时，才能实现缩放模型相似。要求雷诺数相似，以便壁剪系数和位移厚度与模型和原型几何结构的尺寸比相同（见2.2节）。马赫数(U_∞/c_ℓ)的相似性确定了适当模拟水动力巧合的影响，而缩放频率($\omega L/c_\ell$、$\omega h/c_\ell$等)则建立了模态相似性。除了雷诺数相似性的影响，我们发现，通过构建材料相同的模型和原型结构，并以相同的速度运行，可以保持水声相似性。然后在缩放频率下对模型（M）和原型（P）进行比较，即

$$(\omega L)_M = (\omega L)_P$$

我们还发现，在很大程度上规避了显式流建模的问题，除了流动的任何雷诺数依赖性。例如，若模型中出现边界层分离，但不是全尺寸分离，则这种依赖性可能至关重要。通常流模型的雷诺数较低，与几何比例成比例。此外，阻尼与共振加速度响应呈线性关系，因此必须在模型中适当模拟阻尼。根据此方法，当$U_{\infty M}=U_{\infty P}$、$c_{\ell M}=c_{\ell P}$时，则

$$10\log\overline{a_P^2} = 10\log\overline{a_M^2} + 20\log\frac{L_M}{L_P}, (\omega L)_M = (\omega L)_P$$

用于模型到原型的缩放。

通过调用一般表示法，可以类似地表示声压和声功率级。通过式(3.52)，声功率与均方速度（式（3.50a）和式（3.51a））有关

$$\prod_{rad}(\omega,\Delta\omega) \propto \rho_0 c_0 A_p\left[\sigma\left(\frac{\omega L}{c_0}\right)\right]\overline{V^2}(\omega,\Delta\omega)$$

式中：$\sigma(\omega L/c_0)$解释了辐射效率相对于物体几何长度尺度对声波长的一般依赖性。此外，声压级$\overline{p_a^2}$取决于$\rho_0 c_0$、声功率和线性尺寸的平方（如r^2），其代表无界介质中声音直接路径辐射的距离平方或封闭空间中混响辐射的房间常数。因此

$$\prod(\omega,\Delta\omega) \propto \frac{\overline{p_a^2}(\omega,\Delta\omega)r^2}{\rho_0 c_0}$$

如果声场在半混响室中形成，最好考虑相应（按比例）距离处的声压。

因此，我们现在可以写出低于水动力相干频率的均方声压级

$$\overline{p_a^2}(\omega,\Delta\omega) \propto \left(\frac{\rho_0}{\rho_p}\right)^2 \frac{U_\infty^2 C_f^2}{\eta_T}\left(\frac{\delta^*}{h}\right)^{2.5}\left(\frac{U_\infty}{c_\ell}\right)^{0.5}\left(\frac{\omega\delta^*}{U_\infty}\right)^{-2.5}\left(\frac{\Delta\omega}{\omega}\right)\times$$
$$\overline{\sigma}\left(\frac{\omega L}{c_0},\frac{c_0}{c_\ell}\right)(\rho_0 c_0)^2, \qquad \omega \ll \omega_h \tag{3.57a}$$

以及高于水动力相干频率的均方声压级

$$\overline{p_a^2}(\omega,\Delta\omega) \propto \left(\frac{\rho_0}{\rho_p}\right)^2 \frac{U_\infty^2 C_f^2}{\eta_T}\left(\frac{U_\infty}{c_\ell}\right)\left(\frac{\delta^*}{h}\right)^{3}\left(\frac{\omega\delta^*}{U_\infty}\right)^{-n}\left(\frac{\Delta\omega}{\omega}\right)\times$$
$$\overline{\sigma}\left(\frac{\omega L}{c_0},\frac{c_0}{c_\ell}\right)(\rho_0 c_0)^2, \qquad \omega \gg \omega_h, n\approx 4 \tag{3.57b}$$

对应于加速度响应的关系，在推导这些表达式时，使用了比例 $A_p \propto r^2$。将压力的平方乘以 $r^2(\rho_0 c_0)^{-1}$，可得出声功率的类似关系。

此外，声学相似性还要求物体尺寸和振动波长与声学波长成比例。因此，通过使结构材料和声学介质相同，可以保持此处描述的相似性。在这些条件下，模型声压级与原型声压级之间的关系非常简单：

$$10\log(\overline{p_a^2}(\omega,\Delta\omega))_p = 10\log(\overline{p_a^2}(\omega,\Delta\omega))_M, (\omega L)_M = (\omega L)_p$$

由于雷诺数不同，振动缩放可能存在缺点。在与振动相似性的联系中，忽略了流体辐射负荷可能的重要性。流体负荷的程度用系数 $\rho_0 c_0/\rho_p h\omega$ 表示，当满足前述相似要求时，该系数为常数。当 η_{rad} 超过 η'_{mech} 时，这一点尤为重要，如第 1 卷第 5 章所述。在低频率下，若流体惯性负荷超过声辐射负荷，则可以使用流体负荷的替代定义，即单位面积的附加质量到单位面积的干燥结构质量。在规定的约束条件下，只有增加模型的尺寸，才能减小雷诺数的相异性。如果雷诺数足够大，以至完全湍流，那么 δ^* 和 C_f 是雷诺数的缓变函数，因此相异性不会成为建模中的严重缺陷。模型试验中更为严重的缺陷通常是由机械损耗系数中不可避免的差异造成的。这些差异可能是由于没有在模型中重新创建原型构造的细节所造成的。这些细节通常会影响复杂结构中的部件间耦合损耗系数以及共振结构构件的边界条件。

前述关系可用于估计可能的噪声控制措施。举例来说，假设相关频率高于水动力相干频率，$f > f_h = \omega_h/2\pi$。当频率也小于声学相干频率 f_c 时，辐射效率小于 1，并且可能由声学边缘模式控制。在此范围内，第 1 卷的式（5.90）给出了 $f < f_c$

$$\sigma \propto \frac{L_1 + L_3}{A_p k_p}\left(\frac{k_0}{k_p}\right)^m, \quad m = 2 \text{ 或 } 3$$

式中：A_p是周长为 $2(L_1+L_3)$ 的基本面板的面积。忽略流体负荷时，$k_p=(2\pi f\sqrt{12}/hc_\ell)^{1/2}$。使用式（3.57）时，假设成比例的频率滤波带最方便，$\delta\omega/\omega=$常数。

对于暴露于给定湍流壁流的给定总面积结构，式（3.57）给出了频率为f时整个结构 1/3 倍频带的净声压级：

$$L_n(f)=(30+10n)\log U_\infty-20\log m_s+10\log N_pP-10\log(\eta_{rad}+n_m),\quad f_h<f<f_c \tag{3.58a}$$

式中：P 为基本面板的肋周长；N_p为面板的数量；n 介于 3 和 4 之间；m 视为 1。未经处理的铝制飞机蒙皮[33]的机械损耗系数为 10^{-2}阶。但是正如第 4 章“管道和涵道系统的声辐射”所述，某些管道系统的 η_m约为 10^{-3}。对于频率高于声学相干频率的情况，对于暴露于给定湍流壁流的给定总面积结构，式（3.33）给出了频率为f时整个结构 1/3 倍频带的净声功率级：

$$L_n(f)=(30+10n)\log U_\infty-20\log m_s+10\log N_pP-10\log(\eta_{rad}+n_m),\quad f_h<f<f \tag{3.58b}$$

式中：P 为基本面板的肋周长；Np 为面板的数量；n 介于 3 和 4 之间；m 视为 1。未经处理的铝制飞机蒙皮[127]的机械损耗系数为 10^{-2}阶。对于频率高于声学相干频率f_c的情况，则 $\sigma=1$，声功率级为

$$L_n(f)\sim(30+10n)\log U_\infty-20\log m_s+10\log h-10\log(\eta_{rad}+n_m),\quad f>f_c,f_h \tag{3.58c}$$

图 3-18 显示了作为 h 函数的声学相干频率。这两种关系表明，只要 η_{rad}超过 η_m，临界频率随质量负荷而降低，随机械阻尼而增加。至少

$$\eta_{rad}\leqslant\frac{2\rho_0c_0}{2\pi m_sf}$$

当$f\leqslant f_c$时，公式成立。对于 STP 下空气中厚度为 1mm 的铝板，相干频率为$f_c=12000$Hz，频率 $\eta_{rad}=3\times10^{-3}$。因此，在本例中，当机械损耗系数超过 0.003 时，应对高于和低于$f=f_c$的频率产生噪声控制。

速度控制、阻尼和质量负荷作为基本噪声控制措施的重要性由式（3.56b）和式（3.58）给出，如图 3-19 所示。此外，Efimtsov 和 Lazarev[86]通过优化加强筋来研究噪声控制。例如，Allen 和 Vlahopoulos[128]已经在更复杂的应用中通过计算方式研究振动控制。其他示例见第 5 章“无空化升力部分”以及本卷的 3.8 节和 3.9 节。

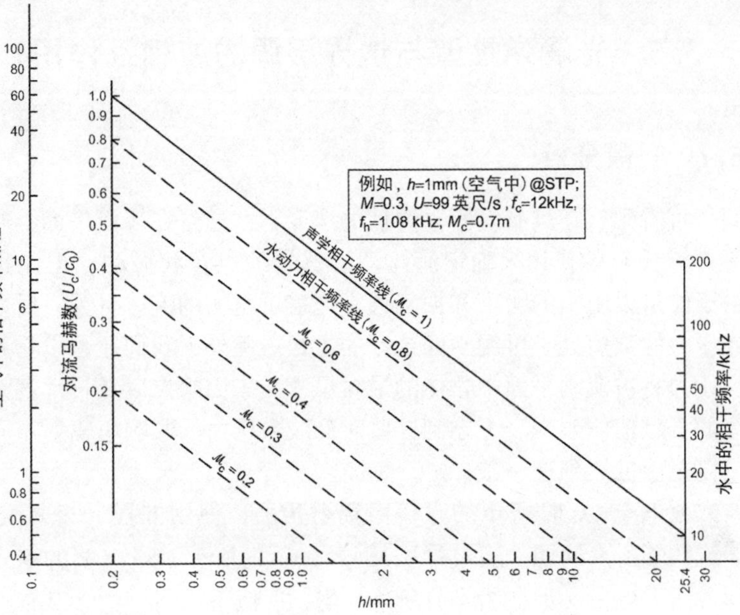

图 3-18　钢板或铝板在空气和水中的临界相干频率

$((c_\ell \sim 5050\text{m/s}),\ f_c=(\sqrt{3}/\pi)(c_0^2/hc_\ell),f_h=f_cM_c^2)$

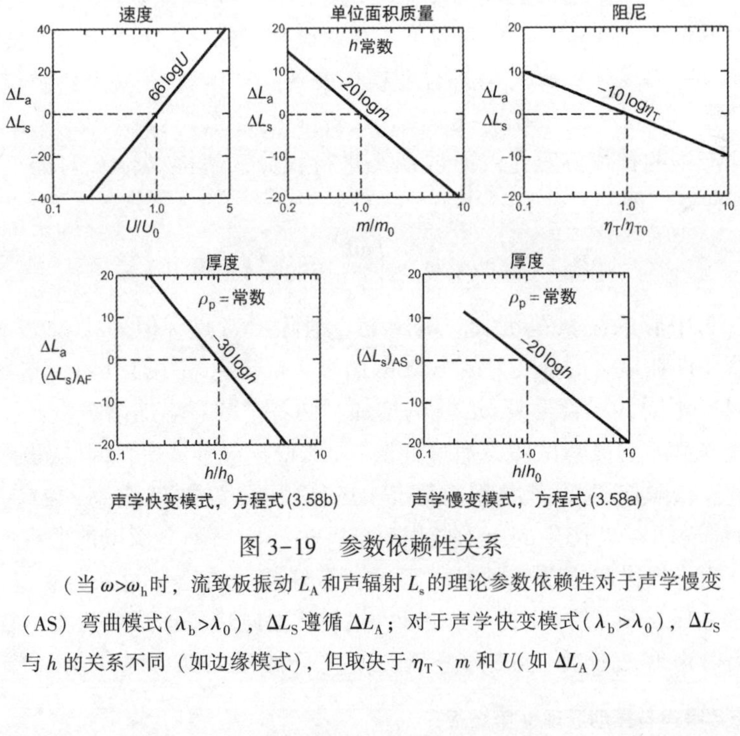

图 3-19　参数依赖性关系

（当 $\omega>\omega_h$ 时，流致板振动 L_A 和声辐射 L_s 的理论参数依赖性对于声学慢变（AS）弯曲模式($\lambda_b>\lambda_0$)，ΔL_S 遵循 ΔL_A；对于声学快变模式($\lambda_b>\lambda_0$)，ΔL_S 与 h 的关系不同（如边缘模式），但取决于 η_T、m 和 U(如 ΔL_A)）

3.5　光滑弹性壁与边界层源的波相互作用

3.5.1　一般分析

我们一直看到，在具有实际重要性的速度下，通过在表面平面上施加低波数（长有效波长）的作用来确定流体动力诱导的声音和振动。正如我们所看到的，由于测量设施中的噪声和振动通常掩盖了真实的流体行为，所以这些低波数力或压力的数值处于可用空间统计的边缘。此外，我们还可以看到，低波数边界层压力将被流动平面中物体的最短尺寸、表面阻抗以及长尺度湍流对细尺度湍流的贡献值所改变。考虑到这些对低波数压力的影响与辐射声问题有密切关系，以至于推迟到这一条。

从波数范围 $k \leqslant k_0$ 时壁压的直接声辐射角度，使用方程（如式（2.28））研究壁湍流的辐射声问题。通过乘积 $|\tilde{p}(k,\omega)|^2$ 的所有 $k=k_1$、k_3 的积分得出一个点的均方压力频谱。如2.3.4节所述，当 k 近似于 k_0 时，这涉及奇点 $k_0^2-k^2$，并且不可积分。从表面上看，这表明波数谱 $\Phi_{pp}(k=k_0,\omega)$ 中存在不确定水平的峰值，见图2-5。Bergeron[129] 和后来的 Ffowcs Williams[130] 认为，通过认识到物理边界层在有限区域延伸而非无限期地延伸，可以消除奇点，正如简单理论所假设的那样。Bergeron 采用的正式开发代替了式（2.29）中出现的完全傅里叶变换（$-\infty<y_1$、$y_3<\infty$），部分变换扩展到

$$(-L_1,-L_3) \leqslant (y_1,y_3) \leqslant (L_1,L_3)$$

由此产生的替代方案允许通过 $k-k_0$ 进行积分，使得 $|k|=k_0$ 时的值与 $|k|=0$ 时的值有关，即

$$\Phi_{pp}(|k|=k_0,\omega) \sim \left(\frac{\omega L}{c_0}\right) \Phi_{pp}(|k|=0,\omega) \tag{3.59}$$

对于以 k_0 为中心的波数范围 $|\delta k|<c_0/\omega L$。消除了奇点，但 $\omega L/c_0 \gg 1$ 有可能，因此仍然允许在重合时获得相对较大的谱级。按奇点顺序排列时，这种关系与式（2.84）不同，尽管随着 $\omega L/c_0$ 的增加，两者都同意增加谱级。

处理奇点的其他尝试假设通过耗散[131]或壁顺应性[36-37,46,104]从声学介质中去除能量。壁顺应性的影响将有限值的表面积分添加到式（2.21）中（式（2.77））。表面对 T_{ij} 产生的压力做出反应，这样 u_n 就不会像以前假设的那样趋近于零。为了提供相当普遍的表面阻抗，最好使用转换变量来分析这个问题。从第1卷的 Helmholtz 积分式（2.114）出发，对顺应平面边界层上湍流边界层产生的辐射声和表面压力进行分析，但它仍然沿着第1卷2.4.4节开发的

Powell 反射定理进行。边界层占据 $y_2>0$ 的区域，此区域靠近 $y_2=0$ 平面的边界。在该平面上，转换后的法向速度 $V(\boldsymbol{y},\omega)$ 不一定为零，但与通过表面阻抗的法向压力有关，下面将给出示例。场点 $\boldsymbol{x}$ 位于 $x_2>0$ 的区域；边界层源的图像系统位于 x_2、$y_2<0$ 的区域。定义自由空间格林函数的傅里叶逆变换（其推导见第 2 章附录）时，运用恒等方程式（2.25）很有用

$$g(r)=\frac{\mathrm{e}^{\mathrm{i}k_0 r}}{4\pi r}=\frac{-\mathrm{i}}{8\pi^2}\iint_{-\infty}^{\infty}\frac{\mathrm{e}^{-\mathrm{i}(y_2-x_2)\cdot k}}{k}\mathrm{e}^{-\mathrm{i}\boldsymbol{k}\cdot(\boldsymbol{x}-\boldsymbol{y})\cdot k}\mathrm{d}^2\boldsymbol{k}$$

对于 $x_2>y_2$，其中 y_2 和 x_2 均位于上半平面，且

$$k=\sqrt{k_0^2-k^2}$$
$$\boldsymbol{k}=(k_1,k_3)$$
$$\boldsymbol{x}=(x_1,x_3)$$
$$\boldsymbol{y}=(y_1,y_3)$$

当 $g(r)$ 适用于图像源时，$-y_2$ 代替 y_2。

源系统及其图像由主要变量表示，重申于第 1 卷 2.4.4 节，v_n 正向上指向 $y_2>0$ 介质；法向梯度：$\dfrac{\partial}{\partial y_2}=\dfrac{-\partial}{\partial y_2'}$；

法向速度 $V_n=-V_n'$；

方向余弦：$l_2=-l_2'$；

法向表面压力：$p=p'$

平面内黏性应力 τ_{ij} 和雷诺应力 $\rho u_s u_i$ 忽略不计，就像刚性表面上的边界层一样。现在将根据第 1 卷 2.4.4 节中的方法推导出式（2.28）的改进形式，以考虑非刚性边界。

采用 2.3.1 节的方法时，对于由 $y_2\geqslant 0$ 时来源引起的场压力变换 $\tilde{p}_{\mathrm{a}}(\boldsymbol{x},\omega)$，其 Helmholtz 式（2.114）为

$$\tilde{p}_{\mathrm{a}}(\boldsymbol{x},\omega)=\iiint_{v_0}\frac{\partial^2 T_{ij}(\boldsymbol{y},\omega)}{\partial y_i\,\partial y_j}\frac{\mathrm{e}^{\mathrm{i}k_0 r}}{4\pi r}\mathrm{d}V(\boldsymbol{y})+\iint_S\left[\frac{\mathrm{e}^{\mathrm{i}k_0 r}}{4\pi r}\frac{\partial\tilde{p}_{\mathrm{a}}(\boldsymbol{y},\omega)}{\partial n}-\tilde{p}_{\mathrm{a}}(\boldsymbol{y},\omega)\frac{\partial}{\partial n}\left(\frac{\mathrm{e}^{\mathrm{i}k_0 r}}{4\pi r}\right)\right]\mathrm{d}S(\boldsymbol{y})$$

对于 $\boldsymbol{\sigma}(\boldsymbol{y},\omega)=\partial^2 T_{ij}(\boldsymbol{y},\omega)/\partial y_i\partial y_j$ 和 $g(|\boldsymbol{x}-\boldsymbol{y}|)=\mathrm{e}^{\mathrm{i}k_0 r}/4\pi r$，我们使用临时简化符号

$$\tilde{p}_{\mathrm{a}}(\boldsymbol{x},\omega)=\iiint_{v_0}\boldsymbol{\sigma}(\boldsymbol{y},\omega)g(\boldsymbol{x}-\boldsymbol{y})\mathrm{d}V(\boldsymbol{y})+$$

$$\iint_S \left[g(\boldsymbol{x}-\boldsymbol{y}) \frac{\partial \widetilde{p}_{\mathrm{a}}(\boldsymbol{y},\omega)}{\partial y_2} - \widetilde{p}_{\mathrm{a}}(\boldsymbol{y},\omega) \frac{\partial g(\boldsymbol{x}-\boldsymbol{y})}{\partial y_2} \right] \mathrm{d}S(\boldsymbol{y})$$

使用替换形式$\boldsymbol{\sigma}'(\boldsymbol{y}',\omega)=\boldsymbol{\sigma}(\boldsymbol{y}_{13},-y_2,\omega)\pm$和$\partial/\partial n=\boldsymbol{n}\cdot\nabla=n_2(\partial/\partial y_2)$时，由于$y_2<0$ 中的图像源，上半平面$x_2\geqslant 0$时$\boldsymbol{x}$处的场压力为零，如第 1 卷 2. 4. 4 节所述：

$$0=\iiint_{V-}\boldsymbol{\sigma}'(\boldsymbol{y}',\omega)g(|\boldsymbol{x}-\boldsymbol{y}'|)\mathrm{d}V(\boldsymbol{y}')+$$

$$\iint_S l_2 \left[g(|\boldsymbol{x}-\boldsymbol{y}'|) \frac{\partial \widetilde{p}_{\mathrm{a}}(\boldsymbol{y}',\omega)}{\partial y_2} - \widetilde{p}_{\mathrm{a}}(\boldsymbol{y}',\omega) \frac{\partial g(|\boldsymbol{x}-\boldsymbol{y}'|)}{\partial y_2} \right] \mathrm{d}S(\boldsymbol{y}')$$

由于引入源量与图像量之间的关系，图像式改写为

$$0=\iiint_{V-}\boldsymbol{\sigma}'(\boldsymbol{y}',\omega)g(|\boldsymbol{x}-\boldsymbol{y}'|)\mathrm{d}V(\boldsymbol{y}')+$$

$$\iint_S n_2 \left[g(|\boldsymbol{x}-\boldsymbol{y}') \frac{\partial \widetilde{p}_{a}(\boldsymbol{y}',\omega)}{\partial y_2} + \widetilde{p}_{\mathrm{a}}(\boldsymbol{y}',\omega) \frac{\partial g(|\boldsymbol{x}-\boldsymbol{y}'|)}{\partial y_2} \right] \mathrm{d}S(\boldsymbol{y}')$$

表面上的转换边界条件为第 1 卷的式（5. 72）

$$\frac{\partial \widetilde{p}_{\mathrm{a}}(\boldsymbol{y},\omega)}{\partial y_2}=\mathrm{i}\rho_0\omega V_n(\boldsymbol{y},\omega)$$

引入$g(r)$的傅里叶变换，并在整个积分式组的$\boldsymbol{x}_{1,3}$上进行傅里叶变换，得出关于分量变换的$\widetilde{p}_{\mathrm{a}}(\boldsymbol{k},\omega)$表达式：对于$y_2>0$时的来源

$$\widetilde{p}_{\mathrm{a}}(x_2,\boldsymbol{k}_{13},\omega)=P_{\mathrm{Q}}+(x_2,\boldsymbol{k}_{13},\omega)+P_{\mathrm{u+}}(x_2,\boldsymbol{k}_{13},\omega)-P_{\mathrm{p+}}(\boldsymbol{x}_2,\boldsymbol{k}_{13},\omega) \quad (3.60\mathrm{a})$$

对于$y_2<0$时的图像系统

$$0=P_{\mathrm{Q}}(x_2,\boldsymbol{k}_{13},\omega)+P_{\mathrm{u+}}(x_2,\boldsymbol{k}_{13},\omega)-P_{\mathrm{p+}}(x_2,\boldsymbol{k}_{13},\omega) \quad (3.60\mathrm{b})$$

其中，变换数量与 2. 3. 1 节一致。我们使用了方便的替代符号：

场压力：
$$\widetilde{\boldsymbol{p}}_{\mathrm{a}}(\boldsymbol{x},\omega)=\iint_{-\infty}^{\infty}\mathrm{e}^{\mathrm{i}\boldsymbol{k}\cdot\boldsymbol{x}}\,\widetilde{p}_{\mathrm{a}}(x_2,\boldsymbol{k}_{13},\omega)\mathrm{e}^{\mathrm{i}x_2k}d^2\boldsymbol{k}_{13} \quad (3.60\mathrm{c})$$

表面速度：
$$V_n(\boldsymbol{k}_{13},\omega)=\frac{1}{(2\pi)^2}\iint_{-\infty}^{\infty}\mathrm{e}^{\mathrm{i}\boldsymbol{k}_{13}\cdot\boldsymbol{y}_{13}}V_n(\boldsymbol{y}_{13},\omega)\mathrm{d}^2\boldsymbol{y}_{13} \quad (3.60\mathrm{d})$$

速度分量：
$$P_{\mathrm{u}}+(x_2,\boldsymbol{k}_{13},\omega)=\frac{1}{2}Z_{\mathrm{a}}(\boldsymbol{k}_{13},\omega)V_n(\boldsymbol{k}_{13},\omega)\mathrm{e}^{\mathrm{i}kx_2} \quad (3.60\mathrm{e})$$

表面压力分量：
$$P_{\mathrm{p}}+(x_2,\boldsymbol{k}_{13},\omega)=+\frac{1}{2}P(x_2,\boldsymbol{k}_{13},\omega) \quad (3.60\mathrm{f})$$

每个四极：
$$P_{\mathrm{Q}\pm}(x_2,\boldsymbol{k}_{13},\omega)=\frac{\mathrm{i}}{2}\int_0^{\infty}\left[\widetilde{S}_{ij}(\pm y_2,\boldsymbol{k},\omega)\frac{\mathrm{e}^{\pm\mathrm{i}|x_2\mp y_2|k}}{k}\right]\mathrm{d}y_2 \quad (3.60\mathrm{g})$$

源谱；式（2. 29）：
$$\widetilde{S}_{ij}(\pm y_2,\boldsymbol{k},\omega)=\widetilde{T}_{ij}(\pm y_2,\boldsymbol{k},\omega)x\cdots\times \quad (3.60\mathrm{h})$$

$$(\pm\sqrt{k_0^2-k^2}\,\delta_{i2}+k_i)\times$$
$$(\pm\sqrt{k_0^2-k^2}\,\delta_{j2}+k_j)$$

而声阻抗是针对板一侧的流体

$$Z_{\mathrm{a}}(\boldsymbol{k}_{13},\omega)=\frac{\rho_0\omega}{\sqrt{k_0^2-k_{13}^2}} \tag{3.61}$$

假设板一侧的流体负荷只有平面壁上方的四极子源，表面压力转换 $P(0,\boldsymbol{k}_{13},\omega)$和法向变形速度 $V_2(\boldsymbol{k}_{13},\omega)$之间的关系通过表面阻抗，如 $Z_{\mathrm{p}}(\boldsymbol{k}_{13},\omega)$。例如，无阻尼弹性板具有表面阻抗，通过在二维表面坐标上转换第 1 卷的式（5.18）得出该阻抗，从而得到第 1 卷的模拟式（5.27）

$$[\,|\boldsymbol{k}_{13}|^4 D_{\mathrm{s}}(1-\mathrm{i}\eta_{\mathrm{p}})-m_{\mathrm{s}}\omega^2\,]\frac{V_n(\boldsymbol{k}_{13},\omega)}{\mathrm{i}\omega}=-P(0,\boldsymbol{k}_{13},\omega)$$

式中：$P(0,\boldsymbol{k}_{13},\omega)$包括所有 PR 对表面压力的贡献值，并通过式（3.60f）与 $P_{\mathrm{p+}}$相关。更一般地说，用板极阻抗来表示

$$Z_{\mathrm{p}}(\boldsymbol{k}_{13},\omega)V_n(\boldsymbol{k}_{13},\omega)=-\widetilde{p}_{\mathrm{a}}(0,\boldsymbol{k}_{13},\omega)$$

我们结合这些关系，首先考虑式（3.60a）和式（3.60b）之间的差异，然后替换式（3.60a）中的 $V_n(\boldsymbol{k}_{13};\omega)$，从而得出

$$\widetilde{p}_{\mathrm{a}}(x_2,\boldsymbol{k}_{13},\omega)=P_{\mathrm{Q+}}(x_2,\boldsymbol{k}_{13},\omega)+R(\boldsymbol{k}_{13},\omega)P_{\mathrm{Q-}}(x_2,\boldsymbol{k}_{13},\omega)$$

式中：$R(\boldsymbol{k}_{13},\omega)$为表面的反射系数。板一侧流体的反射系数函数为

$$R(\boldsymbol{k}_{13},\omega)=\frac{Z_{\mathrm{p}}(\boldsymbol{k}_{13},\omega)-Z_f(\boldsymbol{k}_{13},\omega)}{Z_{\mathrm{p}}(\boldsymbol{k}_{13},\omega)+Z_f(\boldsymbol{k}_{13},\omega)} \tag{3.62a}$$

此反射系数为经典平面波反射系数的更通用表达式，见 Kinsler 等[219]。对于两侧的流体（即上部的“u”和下部的“ℓ”）以及上部的流动，其变为（另见 Brekhovskikh[132]）

$$R(\boldsymbol{k}_{13},\omega)=\frac{Z_{\mathrm{p}}(\boldsymbol{k}_{13},\omega)+[Z_f(\boldsymbol{k}_{13},\omega)]_1-[Z_f(\boldsymbol{k}_{13},\omega)]_{\mathrm{u}}}{Z_{\mathrm{p}}(\boldsymbol{k}_{13},\omega)+[Z_f(\boldsymbol{k}_{13},\omega)]_1+[Z_f(\boldsymbol{k}_{13},\omega)]_{\mathrm{u}}} \tag{3.62b}$$

由此可得

$$P_{\mathrm{Q}\pm}(x_2,\boldsymbol{k}_{13},\omega)=\mathrm{i}\int_0^\infty\left[\widetilde{S}_{ij}(+y_2,\boldsymbol{k},\omega)\frac{\mathrm{e}^{\mathrm{i}|x_2-y_2|k}}{k}+R(\boldsymbol{k}_{13},\omega)\,\widetilde{S}_{ij}(-y_2,\boldsymbol{k},\omega)\frac{\mathrm{e}^{\mathrm{i}|x_2+y_2|k}}{k}\right]\mathrm{d}y_2 \tag{3.63a}$$

这些是 Ffowcs Williams 的结果[36]。

成分阻抗和源项的复杂行为，用于控制表面声音的反射。除此之外，反射系数的出现与这些关系中经典声学的反射系数相似。$P_{\mathrm{Q+}}(x_2,\boldsymbol{k}_{13},\omega)$这一项与

在表面上评估的轨迹波数 k 的压力类似。$P_{Q-}(x_2, \boldsymbol{k}_{13}, \omega)$ 与由于图像源引起的表面压力类似，$RP_{Q-}(x_2, \boldsymbol{k}_{13}, \omega)$ 是反射波场表面压力的转换，且 $Z_p = Z_a$ 时趋近于零。正如 2.3.1 节所述，我们令转换后的入射和图像源振幅相等，那么

$$P_{Q+}(x_2, \boldsymbol{k}_{13}, \omega) = P_{Q-}(x_2, \boldsymbol{k}_{13}, \omega) = -P_Q(x_2, \boldsymbol{k}_{13}, \omega)$$

（在标准声反射问题中也这样操作，但由于入射场由远处的单极子产生，该问题忽略了某些四极子的某些优先反射），然后我们得出可用于近似和量纲分析的表达式

$$\tilde{p}_a(x_2, \boldsymbol{k}_{13}, \omega) = \frac{i}{2}\left[\int_0^\infty [\tilde{S}_{ij}(y_2, \boldsymbol{k}_{13}, \omega) + \tilde{S}_{ij}(-y_2, \boldsymbol{k}_{13}, \omega)] \frac{e^{iy2\sqrt{k_0^2 - k_0^2}}}{\sqrt{k_0^2 - k_{13}^2}} dy_2\right] \times [1 + R(\boldsymbol{k}_{13}, \omega)] \tag{3.63b}$$

或 $R(k_{13}, \omega)$

$$\tilde{p}_a(x_2, \boldsymbol{k}_{13}, \omega) = \frac{1}{2}[\tilde{p}_a(x_2, \boldsymbol{k}_{13}, \omega)]_{刚性}[1 + R(\boldsymbol{k}_{13}, \omega)]$$

由此得出

$$\boldsymbol{\Phi}_{pp}(x_2 = 0, \boldsymbol{k}_{13} < k_0, \omega) = \frac{1}{4}|1 + R(\boldsymbol{k}_{13}, \omega)|^2 [\boldsymbol{\Phi}_{pp}(x_2 = 0, \boldsymbol{k}_{13} < k_0, \omega)]_{刚性} \tag{3.64}$$

这是分析的基本结果。

当表面为刚性时，$Z_p \gg Z_a$，则是一个纯反射器。对于无限表面上的均匀湍流层，式（3.63）和式（3.64）立即缩减为式（2.28）。或者，如果 $Z_p \ll Z_a$，就像在非常软的压力释放表面上流动一样，则式（3.63）给出 $\tilde{p}_a(x_2, \boldsymbol{k}_{13}, \omega) \to 0$。阻抗 Z_p 在板波数 k_p 处为零，而 Z_a 在声波数 k_0 处为无穷大。然而，这种无限性可能被分母中的根号抵消。请注意，在 $x_2 > 0$ 的区域中，声音通过 $P_a(x_2, \boldsymbol{k}_{13}, \omega)e^{ikx2}$ 的逆变换给出，无论 Z_p 和 Z_a 之间的关系如何，其形式除了振幅和相位变化没有发生本质变化。因此，当考虑均匀结构表面的影响时，Powell 反射定理（第 1 卷 2.4.4 节）无须改变。在 $k \to k_0$ 和以质量为主的边界阻抗（如 $m_s \omega^2 \gg D k_b^4$）情况下，在 $x_2 = 0$ 时处理表面压力谱，并从式（3.64）得出：

$$\boldsymbol{\Phi}_{pp}(|\boldsymbol{k}| = k_0, \omega) = \left[1 + \left(\frac{m_s \omega}{\rho_0 c_0}\right)^2\right] \boldsymbol{\Phi}_{pp}(|\boldsymbol{k}| \to 0, \omega) \tag{3.65}$$

或者，若板中的波在声学上一致，如 $k_p = k_0$ 或 $m_s \omega^2 = D_S k_0^4$，则出现阻尼控制的板阻抗，该阻抗可近似为 $Z_p \approx (m_s \omega \eta_T)^2$，有

$$\Phi_{pp}(|\boldsymbol{k}|=k_0=k_p,\omega)\sim\eta_T^2\left[1+\left(\frac{m_s\omega}{\rho_0c_0}\right)^2\right]\Phi_{pp}(|\boldsymbol{k}|\to 0,\omega) \tag{3.66}$$

此处 $\Phi_{pp}(|\boldsymbol{k}|=0,\omega)$ 不是在假设刚性表面上获得的值，而是阻抗边界本身的值：

$$\Phi_{pp}(|\boldsymbol{k}|=0,\omega)=[\Phi_{pp}(|\boldsymbol{k}|\to 0,\omega)]_{刚性}\frac{m_s^2\omega^2}{\rho_0^2c_0^2+m_s^2\omega^2} \tag{3.67}$$

式中：$[\Phi_{pp}(k=0,\omega)]_{刚性}$由式（2.39b）渐近给出。因此，当表面质量阻抗小于 ρ_0c_0阶时，用阻抗比的平方来减小零波数截距。在水声应用中，流体负荷系数 $\rho_0c_0/m_s\omega$ 通常为一个数量级，因此尽管可能会有 2 倍增强，在 $|\boldsymbol{k}|=k_0$ 时不会出现奇点。这是因为对于无穷大（刚性）和 ρ_0c_0（声学透明度）之间的任何 $m_s\omega$ 值，压力的谱密度最多变化 2 倍。若表面边界中的诱导波在声学上一致，但总机械阻尼较小（$\eta_T\ll 1$），则式（3.60）表示与刚性壁上的数值相比，谱级有所降低。然后，$|\boldsymbol{k}|=k_0$时质量控制阻抗边界上的壁压谱级可以用刚性边界上谱的 $k=0$ 截距来表示，以强调声学分量的相对大小：

$$\Phi_{pp}(|\boldsymbol{k}|=k_0,\omega)=\left(\frac{m_s^2\omega^2}{\rho_0^2c_0^2}\right)[\Phi_{pp}(|\boldsymbol{k}|=0,\omega)]_{刚性} \tag{3.68}$$

声阻抗 Z_a中的耗散在湍流边界层中通过作用于大尺度（低波数）压力波的细晶粒（高波数）雷诺应力产生。声音的衰减随着壁剪应力的增加而增加；对于掠射声，即当 $k=k_0$时，衰减最为明显。Howe[131] 已表明，此类效应导致式（3.64）中的 Z_a发生变化，以至

$$Z_a=\frac{\rho_0\omega}{\sqrt{k_0^2-k^2}+(k^2\kappa U_\tau/2\omega)\alpha_0}$$

式中：U_τ为摩擦速度（2.2 节）；κ 为冯 · 卡曼常数（≈ 0.4）；α_0为取决于量 $4i\nu\omega/\kappa^2U_\tau^2$的复合因子。阻抗中存在的 α_0消除了 $k=k_0$时的奇点。对于范围 $0.1<\omega\delta*/U_\infty<10$ 以及 $10^4\sim10^7$的 $R_{\delta*}$，Howe 发现解释衰减的 α_0实数部分在 0.2~3.4。刚性表面上的压力波数谱（$Z_p\to\infty$）为[131]

$$\Phi_p(|k|=k_0,\omega)=\frac{4}{\kappa^2(U_\tau/c_0)^2\mathrm{Re}(\alpha_0)}[\Phi_p(|k|=k_0,\omega)]_{刚性} \tag{3.69}$$

式中：$\mathrm{Re}(\alpha_0)$表示 α_0的实数部分。对于水声应用中典型的 $U_\tau/U_\infty\sim 0.03$ 和 $U_\infty/c_0\sim 0.01$ 值，式（3.69）表明，引入耗散不会消除 $k\to k_0$时的谱峰；即壁阻抗是式（3.63）中压力变换的主要因素。

3.5.2　湍流边界层的声四极辐射

现在我们将回顾 4 种独立的分析方法，通过刚性表面上的边界层压力来量化声辐射。我们采用方法的根本在于早期工作，该工作表明流体中任何地方的压力都是由于与平坦、光滑、刚性均匀表面相邻的大量湍流造成的。这是第 1 卷第 2 章中讨论的 Powell[33] 成像参数的结果。此处考虑的特殊情况是上面推导的一般关系在阻抗表面上的特殊应用、反射条件的应用以及表面应力表面积分趋近于零。Phillips[40-41] 得出了类似的结论，即平坦刚性表面上不可压缩均匀湍流的偶极子辐射完全为零。同样在早期的工作中，Mawardi[133] 和 Kraichman[39]、Skudzryk 和 Haddle[29] 试图以与第 1 卷 2.3.3 节中亚声速自由剪切流相同的方式估算四极区的噪声。例如，在 20 世纪 70 年代及其后，Ffowcs Williams 和 Lyon[35-36,46]、Bergeron[129]、Smol'Yakov 提出了一系列相关的论文[134-138]，这些论文得出的关系在某种程度上与四极子源中的湍流结构有关。尽管这个理论已经很成熟，即便是今天，我们仍然无法明确量化刚性平面表面或旋转刚体上光滑壁湍流边界层发出的声级。

对于第一个用于计算声音的公式，我们可以结合前几条中开发的功能来处理大（无限）平面表面上四极子的辐射声。若表面为均匀弹性表面，并且具有上述阻抗 $Z_p(k_{13},\omega)$，则采用式（2.38）和式（3.64），根据壁压的超声速波数含量确定极角 ϕ 处的辐射声压，该极角偏离区域 $R^2>A_p\gg(2\pi/k_0)^2$ 板截面的法线

$$\Phi_{rad}(\boldsymbol{r},\omega)\approx\frac{1}{4}\left(\frac{A_p}{r^2}\right)(k_0\cos\phi)^2\,|1+R(\boldsymbol{k}_{13},\omega)^2[\Phi_{pp}(x_2=0,\boldsymbol{k}_{13}<k_0,\omega)]_{\text{刚性}} \tag{3.70}$$

图 2-37 中显示了壁压 $\Phi_{pp}(x_2=0,\boldsymbol{k}_{13}<k_0,\omega)$ 的最佳值。因此，与图 2-37 所示测量值下限的曲线拟合给出

$$\Phi_{pp}(x_2=0,\boldsymbol{k}_{13}<k_0,\omega)\approx 6\times10^{-2}\tau_w^2M^2\left(\frac{\delta^{*3}}{U_\infty}\right)\left(\frac{\omega\delta^*}{U_\infty}\right)^{-3},\quad 2<\frac{\omega\delta^*}{U_\infty}<20 \tag{3.71}$$

然而，通过在开放介质中获得的数据中位数线为（见 Sevik[121]）

$$\Phi_{pp}(x_2=0,\boldsymbol{k}_{13}<k_0,\omega)\approx 5.6\tau_w^2M^2\left(\frac{\delta^{*3}}{U_\infty}\right)\left(\frac{\omega\delta^*}{U_\infty}\right)^{-4.5},\quad 2<\frac{\omega\delta^*}{U_\infty}<20 \tag{3.72}$$

我们注意到用于壁压的式（3.71）和式（3.72）的组合以及用于辐射声的式（3.70）提供了代表四极子声的 M_4 性能。

在第二种方法中，Smol'yakov[134-135] 利用对低 Mach 数射流辐射四极子声的尺寸分析，得出了直接四极子辐射的粗略估计，使用的尺寸分析形式与第 1

卷 2.3.3 节相同。这导致了一个类似于式（2.64）的公式，但针对特定的边界剪切层 am 和刚性表面反射率进行了调整。他将壁界湍流剪切层远场上立体角平均形成的声音强度表示为

$$\bar{I}(r,\omega)\propto\frac{1}{\rho_0c_0^5r^2}\iiint_V\frac{(\overline{u_1u_2})^2(\overline{u^2})^2}{\Lambda}\mathrm{d}V(\boldsymbol{y})$$

或者

$$\bar{I}(r,\omega)\frac{(2\pi r^2)}{A_{\mathrm{p}}}\propto\frac{1}{\rho_0c_0^5}\int_0^{\infty}\frac{(\overline{u_1u_2})^2(\overline{u^2})^2}{\Lambda}\mathrm{d}y_2\tag{3.73}$$

式中：$I(r,\omega)/A_{\mathrm{p}}$代表每单位面板区域的辐射声强；$a$ 是一个待定的常数；$\Lambda\sim\overline{u_1u_2}(\mathrm{d}U_1/\mathrm{d}y_2)^{-1}$，和$\overline{u_1u_2}\sim\overline{u_1^2}(y_2)$对于$\overline{u_1^2}(y_2)$以及对于边界层的 $U(y_2)$，式（3.45）中的积分是用经验关系评估的，特别是在该关系中

$$\bar{I}(r,\omega)=a\frac{\rho_0}{c_0^5}\int_0^{\infty}\left[\frac{(\overline{u_1u_2})}{\mathrm{d}U/\mathrm{d}y_2}\right]^{7/2}\left(\frac{\mathrm{d}U}{\mathrm{d}y_2}\right)^{9/2}\mathrm{d}y_2$$

对适合低速射流的参数进行了积分评估；然后使用射流噪声强度的测量值和积分值，他确定了 a。将这个 a 值应用于边界层，Smol'yakov 为该声音确定了一个半经验式的公式。后来对这些系数进行了修订[137]，以提供声音的（双边）压力谱密度（对于 $\Phi_{\mathrm{prad}}(r;\omega)=\rho_0c_0I(r;\omega)$）

$$\Phi_{p_{\mathrm{rad}}}(r,\omega)\frac{4\pi r^2}{A_{\mathrm{p}}}\sim\frac{\tau_{\mathrm{w}}^2v}{U_\tau^2}M^4\frac{A_{\mathrm{p}}}{2\pi r^2}\left(\frac{U_\tau}{U_\infty}\right)^4G\left(\frac{\omega v}{U_\tau{}^2}\right)\tag{3.74}$$

其中

$$G\left(\frac{\omega\nu}{U_\tau^2}\right)=2.208\times10^{-4}\left(\frac{\omega\nu}{U_\tau^2}\right)^{7/2}R_\tau^{9/2}\left[3.09-\ln\left(\left(\frac{\omega\nu}{U_\tau^2}\right)\cdot R_\tau\right]^{-1/2},\quad\frac{\omega\nu}{U_\tau^2}\leqslant\frac{16.0625}{R_\tau}$$

$$G\left(\frac{\omega v}{U_\tau^2}\right)=50.82\left(\frac{\omega\nu}{U_\tau^2}\right)^{5/2}R_\tau^{9/2}\left[\frac{1.23}{(\omega\nu/U_\tau^2)-1}\right]^{7/2},\quad\frac{16.0625}{R_\tau}\leqslant\frac{\omega\nu}{U_\tau^2}\leqslant1.23$$

式中：R_τ是 $U_\tau\delta/v$。这个公式本质上是对四极子的尺寸分析，因为它取决于边界层速度和应力曲线以及湍流边界层的典型 Reynolds 数-壁面剪切力。运用湍流平均剪切力的相互作用作为一种手段，使应力与边界层曲线相适应。然而，该结果取决于一个经验常数，该常数由射流测得的声音决定，并假设射流剪切层中的声学四极子与壁层中的附着物没有明显区别。

在第三种方法中，由 Gloerfelt 和 Berland[139]进行的可压缩流大涡模拟，在壁压方面得到了很好的结果（图 2-31），在声音方面也得到了很好的结果。该计算使用低波数范围内的波数谱与式（3.70）（反射系数设为 1）来获得远场声。在这种情况下，马赫数为 0.5，与其他建模，如 Chase[95]的一致性随着

频率的降低而提高，见图 2-31。

最后在第四个估计中，由 Chase[95]的式（2.70）与式（3.70）（反射系数设为 1）给出的超声速波数下的低波数壁压谱也被用来获得远场声。在这种情况下，湍流源被认为是严格不可压缩的，因为该模型的意图是计算低马赫数下的声音。

图 3-20 比较了本小节描述的从大涡流模拟的边界层中评价的四级子声的 4 种评价。使用分析公式进行 LL 计算，与 Gloerfelt 和 Berland[139]在马赫数为 0.5 时的结果进行比较。需要注意的是，大涡流模拟和 Smol'yakov[138]的估计在无尺寸频率高于 0.1 时相当接近。请注意，Smol'yakov 的公式（实际上）在某种程度上是对亚声速射流噪声的缩放。从图 2-37 中以式（3.70）的形式提取的噪声数据的下限比这两个公式计算的高约 20dB 请注意，在图 2-35 的数据中包括光滑和粗糙的壁数据，这些数据被发现在墙体剪力上有一定的比例。Chase 的壁压模型似乎产生了正确数量级的声音值，但显示了与频率不同的趋势。尽管式（2.70）与波数不可压缩范围内的物理数据一致。因此，总的来说，湍流边界层在光滑壁上辐射出的声级似乎有相当大的不确定性。大范围数值的原因是推测性的，有待于在该领域开展进一步的工作来解决。

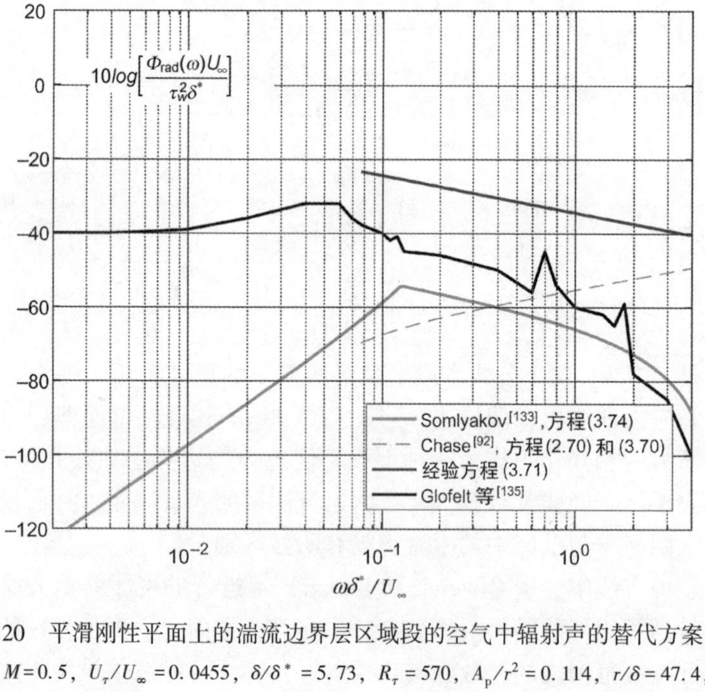

图 3-20　平滑刚性平面上的湍流边界层区域段的空气中辐射声的替代方案比较
（$M=0.5$，$U_\tau/U_\infty=0.0455$，$\delta/\delta^*=5.73$，$R_\tau=570$，$A_p/r^2=0.114$，$r/\delta=47.4$，$\delta=1.13\times10^{-3}$m）

3.6　形状不连续处的偶极子声源

增强来自表面对流壁湍流声音的最重要机制是引入与阻抗不连续体（散射体）相互作用的局部干扰：无论是流动边界的局部曲率或其他不规则性，如参考文献［140-188］；声学材料，如参考文献［190］，或刚度不连续体，或弹性阻抗节点或支撑。流动方向的曲率或其他不规则性（特别是粗糙度、空隙、阶和类似的不连续性）是本节所关注的。在这些情况下，声源是一个偶极子（见 Ffowcs Williams[46]关于这一点的论文），相对于平滑壁的四极子，其声辐射的效率提高了 M^{-2}。如果表面以尾缘为终点，声辐射也会变成偶极子。我们将在第 5 章“无空化升力部分”中研究这一机制。

针对表面曲率在流动方向上的作用，在一个不为人们了解的分析中，Meecham[189]表明，半径为 h 的局部表面曲率会导致单位面积上的偶极子强度如下：

$$I_D = \alpha \rho_0 M^3 U^3 \left(\frac{\delta}{h}\right)^2 r^{-2}$$

式中：α 为一个系数；δ 为湍流边界层的厚度；M 是马赫数。这种关系表明，刚性壁体流动引起的声音的偶极子促成作用与$(\delta/h)^2$成正比。因此，我们可以预期，通过这些散射机制以及改变流动本身，可能会增强来自弯曲体和有边缘体的辐射声。

散射机制将低效辐射的四极子转换成相对强度为 $M^3(\delta/h)^2$ 的更高效的偶极子。早期对粗糙壁体的兴趣是 Skudzryk 和 Haddle[29]、Chanaud[140]、Farabee 和 Geib[7,9,124]的主要关注点，Hersh[141]认识到壁层的声辐射可以通过表面粗糙度大大增强。从 Chanaud 的结果可以看出，声辐射可以在大于 $\omega k_g/U_\tau \approx 4.5$ 的频率下得到增强，其中 k_g 是几何粗糙度高度。然而，我们不知道这种表达方式到底有多普遍。随后，Howe[142,157-158]将粗糙表面上的声学流动的促成作用归结为空气动力源的经典散射，并扩展到表面阻抗的不连续性[190]。粗糙的壁和具有阶与间隙不连续的壁发出的声音是通过数值和物理实验系统来研究的，如 Blake 等[143]、Glegg 和 Devenport[144]、Anderson 等[145]，以及 Yang 和 Wang[146-147]。

因此，在粗糙的壁上，已经确定了 4 种来源机制：

（1）元素上方流动中的四极子对流的去相关，见图 2-37 涡度空间图，产生低波数压力和声音。这与光滑壁发生的机制相同。

（2）这个 Reynolds 应力的外场在粗糙度元素上引起的波动压力代表了

Rayleigh 散射偶极子，它在声波数上增加了声场。

(3) 元素处的黏性应力代表上层声学介质边界上的表面偶极子，直接辐射声音。

(4) 元素上的“升力”应力作为激励压力传递给任何弹性壁体基层；由此产生的壁体振动引起多极声辐射。

机制 1 将是 3.6.2 节的主题；机制 2 将是 3.6.3 节的主题；机制 3 和 4 将是 3.6.4 节的主题。

关于机制 1，适合 Chase[95,101] 表达式，式 (2.70) 和式 (2.71) 对数据的交叉频谱密度函数是用连续粗糙度图 2-21 和图 2-22 得到的结果，在表 2-1 的最后一栏中列出了系数。粗糙度的主要结果是，由于纵向对流的去相关的变化，参数 h 大约增加了 2 倍。这导致 $k=k_c$ 附近的波数谱带宽也增加了 2 倍，这在低波数时有影响。

3.6.1　有效的无边界粗糙表面的一般关系

我们在这里关注的不平坦表面的类别如图 3-21 所示；湍流边界外层在元素的平面上方通过，内部流动由元素周围和上方的应力组成，正如图 2-37 所示中的物理观测显示的那样。在本节中，我们假设表面是一个大的平面，且有一个有限大小的粗糙度补片。这些几何形状已经于近年来被多位作者从物理和数值上进行了研究 (Blake 等[143,148-149]、Glegg 和 Daevenport[144]、Anderson 等[145]、Yang 和 Wang[146-147]、Glegg 等[150]、Grissom 等[151]、Alexander 等[152-154]、Devenport 等[155]、Yang[156] 和 Smol'yakov[137])。在下文中，我们一般会认为元素在声学上是紧凑的，因此，$h/\lambda=k_0h/2\pi<1$。正如这里所描述的，我们保留以下分析结构，以适用于二维和三维系统的单个粗糙度元素、后向和前向的阶非连续，以及间隙（也见第 1 卷 3.3.3.1 节）。我们还将假设，元素周围的流动所引起的应力在元素上是局部的，与之相关的湍流，一旦对流到上层，最多只能与元素上的流动弱相关。只要元素间的间距保持稀疏，这个假设就与我们下面要讨论的数值和物理实验的结果一致。就本节的范围而言，

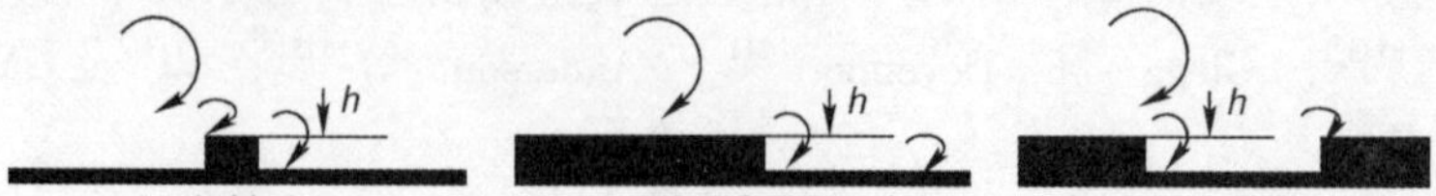

(a) 粗糙元　(b) 后向阶梯　(c) 间隙

图 3-21　内部-外部的流动

(理论所涉及的形状不连续的类型，描绘了内部-外部的流动；内部由不连续周围的局部扰流决定。另见图 2-38)

我们将比较详细地研究来自粗糙度元素和阶的声音，因为它们抓住了角部偶极子机制的许多特点，并应用于间隙的角部。第 1 卷第 3 章讨论了与空化流动本身有关的间隙流动噪声的机制。

出发点是第 1 卷式（2.71）：

$$p_{\mathrm{a}}(\boldsymbol{x},t)=\frac{\partial^2}{\partial x_i\,\partial x_j}\iiint_V\frac{[T_{ij}]}{4\pi r}\mathrm{d}V(\boldsymbol{y})-\iint_{\Sigma}\frac{l_i}{4\pi r}\left[\frac{\partial(\rho u_i)}{\partial t}\right]\mathrm{d}S(\boldsymbol{y})+$$

$$\frac{\partial}{\partial x_i}\iint_{\Sigma}\frac{l_j}{4\pi r}[\rho u_i u_j+\boldsymbol{\tau}'_{i,j}+p\boldsymbol{\delta}'_{i,j}]\mathrm{d}S(\boldsymbol{y}) \tag{3.75a}$$

式中：[ ]表示迟缓。这个评价具有 Helmholtz 积分形式，即第 1 卷的式（2.114），在此写成

$$\tilde{p}_{\mathrm{a}}(x,\boldsymbol{\omega})=\iiint_{V_0}\frac{\partial^2\tilde{T}_{ij}(\boldsymbol{y},\boldsymbol{\omega})}{\partial y_i\,\partial y_i}\frac{\mathrm{e}^{+ik_0r}}{4\pi r}\mathrm{d}V(\boldsymbol{y})+\iint_{\Sigma}\left\{\frac{\mathrm{e}^{+ik_0r}}{4\pi r}(-\mathrm{i}\omega\rho V_n(\boldsymbol{y}_{13},\boldsymbol{\omega})-\ell_i(\rho V_iV_n(\boldsymbol{y},\boldsymbol{\omega})+\right.$$

$$\left.\tilde{\boldsymbol{\tau}}'_{in}(\boldsymbol{y}_{13},\boldsymbol{\omega})+\tilde{p}_{\mathrm{a}}(\boldsymbol{y}_{13},y_2=0,\boldsymbol{\omega})\delta_{in})\frac{\partial}{\partial n}\left(\frac{\mathrm{e}^{\mathrm{i}+ik_0r}}{4\pi r}\right)\right\}\mathrm{d}S(\boldsymbol{y}_{13}) \tag{3.75b}$$

我们回顾一下 2.3 节中关于表面积分在湍流边界层应用的解释。在 2.3.1 节和 3.5.1 节中，我们将重复之前用于刚性光滑壁上的湍流边界层的成像讨论。使用式（3.75b），我们考虑图 3-22 中描述的粗糙元素的物理系统。现在表面轮廓必须在元素周围变形，但我们可以把轮廓看作由一个与基层板平行的轮廓 S_0组成，在图 3-22（a）中，我们画出一系列封闭的轮廓 S_α，包括每个元素，其中 α 代表附加在元素序列上的一个索引。现在，式（3.75b）变为

$$\tilde{p}_{\mathrm{a}}(\boldsymbol{x},\boldsymbol{\omega})=\iiint_{V_0}\frac{\partial^2\tilde{T}_{ij}(\boldsymbol{y},\boldsymbol{\omega})}{\partial y_i\,\partial y_j}\frac{\mathrm{e}^{\mathrm{i}+ik_0r}}{4\pi r}\mathrm{d}V(\boldsymbol{y})-$$

$$\sum_{\alpha}\iint_{S_\alpha}\ell_i\left\{(\tilde{\boldsymbol{\tau}}'_{in}(\boldsymbol{y},\boldsymbol{\omega})+P_{\mathrm{a}}(\boldsymbol{y},\boldsymbol{\omega})\delta_{in})_{\alpha}\frac{\partial}{\partial n}\left(\frac{\mathrm{e}^{+ik_0r}}{4\pi r}\right)\right\}\mathrm{d}S_\alpha(\boldsymbol{y})\times$$

$$\iint_{S_0}\frac{\mathrm{e}^{+ik_0r}}{4\pi r}(-\mathrm{i}\omega\rho V_n(\boldsymbol{y}_{13},\boldsymbol{\omega})\mathrm{d}S(\boldsymbol{y}_{13})-$$

$$\iint_{S_0}\ell_i\left\{(\tilde{\boldsymbol{\tau}}'_{i2}(\boldsymbol{y}_{13},\boldsymbol{\omega})+\tilde{p}_{\mathrm{a}}(\boldsymbol{y}_{13},y_2=0,\boldsymbol{\omega})\delta_{i2})\frac{\partial}{\partial y_2}\left(\frac{\mathrm{e}^{+ik_0r}}{4\pi r}\right)\right\}\mathrm{d}S(\boldsymbol{y}_{13}) \tag{3.76}$$

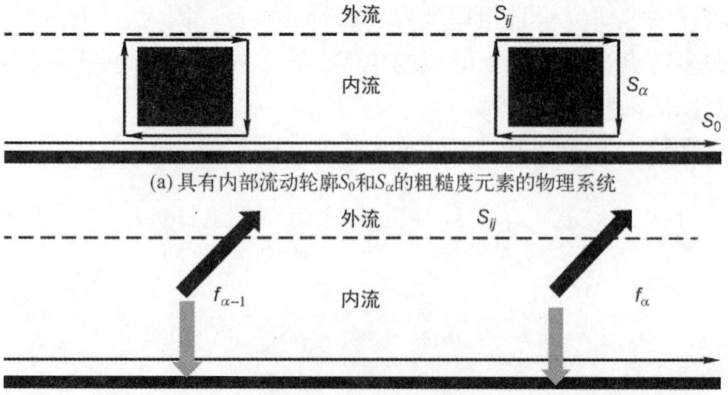

(a) 具有内部流动轮廓S_0和S_α的粗糙度元素的物理系统

(b) 内部流动偶极子的等效系统和散装外部流动中四极子下面的反作用力

图 3-22　粗糙元件系统在其他均匀表面上的示意图

（本图显示了外部流动中具有四极子应力的内部流动和外部流动，与内部流动中由元件作为流扰流板产生的偶极子体系统共存。式（2.29）和式（3.60h）的注释 $S_{ij}(y_2,\boldsymbol{k}_{13},\omega)=k_i(k_j\widetilde{T}_{ij}(y_2,\boldsymbol{k}_{13},\omega))$并注意直接施加在板上的反作用力）

式中：$(\widetilde{\tau}'_{in}(\boldsymbol{y},\omega)+\widetilde{p}_{\mathrm{a}}(\boldsymbol{y},\omega)\delta_{in})_\alpha$ 代表元素 α 上的剪切应力和法向应力；$(\widetilde{\tau}'_{i2}(\boldsymbol{y}_{13},\omega)+\widetilde{p}_{\mathrm{a}}(\boldsymbol{y}_{13},y_2=0,\omega)\delta_{i2})$代表 $y_2=0$ 基层壁边界上的应力场。元素和壁接口处的轮廓部分正好抵消，留下所需的扭曲轮廓 Σ。对于声学上紧凑的壁元素来说，该积分可简化为

$$\iint_{S_\alpha}\ell_i\left\{(\widetilde{\tau}'_{i,n}(\boldsymbol{y},\omega)+\widetilde{p}_{\mathrm{a}}(\boldsymbol{y},\omega)\delta_{in})_\alpha\frac{\partial}{\partial n}\left(\frac{\mathrm{e}^{+\mathrm{i}k_0r}}{4\pi r}\right)\right\}\mathrm{d}S_\alpha(\boldsymbol{y})\approx\boldsymbol{f}_\alpha\cdot\left(-\mathrm{i}\boldsymbol{k}\frac{\mathrm{e}^{+\mathrm{i}k_0r}}{4\pi r}\right)_\alpha$$

其中

$$\boldsymbol{f}_\alpha(\omega)\delta(y_2-h)\delta(\boldsymbol{y}_{13}-\boldsymbol{y}_{13\alpha})=\iint_{S_\alpha}\ell_i\{(\widetilde{\tau}'_{in}(\boldsymbol{y},\omega)+\widetilde{p}_{\mathrm{a}}(\boldsymbol{y},\omega)\delta_{in})_\alpha\}\mathrm{d}S_\alpha(\boldsymbol{y})\tag{3.77}$$

代表由元素上的升力（壁-法向）和拖力（横向）组成的分布式局部力。这些力作用于壁上方一定距离的流体，比如说 h，见图 3-22（b），代表物理学是一系列紧凑的偶极子，直接用流动引起的点矢量偶极子力驱动流体，其方向余弦由表面压力和几何形状决定，并直接对弹性表面施加法向力。只要表面是刚性的，施加在基层上的力就与声音无关。我们假设粗糙度不影响板的动力学或其声学特性。等高线 S_0 上的应力与光滑壁上的应力一样，位于 $y_2=0$ 上，并且与以前的分析中一样消失。等高线代表了看向板上方流体的边界，但除了该边界内包含的四极子和偶极子外，作用于板法线的反作用力也对流体边界的速度有其促成作用，这与板表面的速度是共同的。当我们将式（3.77）代入式

(3.76)，并像 3.5.1 节中那样对 $\boldsymbol{x}_{13}$ 进行傅里叶变换时，可以得

$$\widetilde{p}_{\mathrm{a}}(\boldsymbol{x},\omega)=\iiint_{v_0}\frac{\partial^2\widetilde{T}_{ij}(\boldsymbol{y},\omega)}{\partial y_i\,\partial y_j}\frac{\mathrm{e}^{\mathrm{i}+\mathrm{i}k_0r}}{4\pi r}\mathrm{d}V(\boldsymbol{y})+\sum_\alpha \mathrm{i}\boldsymbol{k}\cdot\boldsymbol{f}_\alpha(\omega)\cdot\left(\frac{\mathrm{e}^{+\mathrm{i}k_0(x_i-y_i)}}{4\pi\left|(x_i-y_i)\right|}\right)+\cdots+$$
$$\iint_{S_0}\frac{\mathrm{e}^{+\mathrm{i}k_0r}}{4\pi r}(-\mathrm{i}\omega\rho V_n(\boldsymbol{y}_{13},\omega)\,\mathrm{d}S(\boldsymbol{y}_{13})+$$
$$\iint_{S_0}\ell_i\left\{\widetilde{\tau}_{i2}(\boldsymbol{y}_{13},\omega)+\widetilde{p}_{\mathrm{a}}(\boldsymbol{y}_{13},y_2=0,\omega)\delta_{i2})\frac{\partial}{\partial y_2}\left(\frac{\mathrm{e}^{\mathrm{i}+\mathrm{i}k_0r}}{4\pi r}\right)\right\}\mathrm{d}S(\boldsymbol{y}_{13})$$

应用 3.5.1 节中的 $\boldsymbol{x}_{13}$ 变换，并引用式（2.81），我们可以找到式(3.60a) 的粗壁补充。

$$\begin{aligned}\widetilde{p}_{\mathrm{a}}(x_2,\boldsymbol{k}_{13},\omega)=\mathrm{i}\int_0^\infty&[\widetilde{S}_{ij}(y_2,\boldsymbol{k}_{13},\omega)G(x_2,y_2,\boldsymbol{k}_{13},\omega)]\mathrm{d}y_2+\\&\sum_\alpha \mathrm{i}\boldsymbol{k}_{13}\cdot[\boldsymbol{f}_\alpha(\omega)]_{13}G(x_2,h,\boldsymbol{k}_{13},\omega)\mathrm{e}^{-\mathrm{i}\boldsymbol{k}_{13}\boldsymbol{x}_{13\alpha}}+\cdots+\\&\sum_\alpha[\boldsymbol{f}_\alpha(\omega)]_2\sqrt{k_0^2-k_{13}^2}\,G(x_2,h,\boldsymbol{k}_{13},\omega)\mathrm{e}^{-\mathrm{i}\boldsymbol{k}_{13}\boldsymbol{x}_{13\alpha}}+\\&(-\mathrm{i}\omega\rho V_n(\boldsymbol{k}_{13},\omega)G(x_2,0,\boldsymbol{k}_{13},\omega)+\cdots+\\&\mathrm{i}\,\widetilde{p}_{\mathrm{a}}(0,\boldsymbol{k}_{13},\omega)\sqrt{k_0^2-k_{13}^2}\,G(x_2,0,\boldsymbol{k}_{13},\omega)\end{aligned}$$

我们使用的缩略语 $G(y_2,\boldsymbol{k}_{13},\omega)=\mathrm{i}(\mathrm{e}^{\mathrm{i}\,|x_2-y_2|k}/4\pi k)$ 和 $\boldsymbol{k}=k_1,k_2,k_3=k_1,\sqrt{k_0^2-k_{13}^2},k_3$。

由于平面下半部分的图像，平面上半部分的场给出了式（3.60b）的补数：

$$\begin{aligned}0=\mathrm{i}\int_0^\infty&[\widetilde{S}_{ij}(-y_2,\boldsymbol{k}_{13},\omega)G(x_2,-y_2,\boldsymbol{k}_{13},\omega)]\mathrm{d}y_2+\\&\sum_\alpha \mathrm{i}\boldsymbol{k}_{13}\cdot[\boldsymbol{f}_\alpha(\omega)]_{13}^iG(x_2,-h,\boldsymbol{k}_{13},\omega)\mathrm{e}^{-\mathrm{i}\boldsymbol{k}_{13}\boldsymbol{x}_{13\alpha}}+\cdots+\\&\sum_\alpha[\boldsymbol{f}_\alpha(\omega)]_2^i\sqrt{k_0^2-k_{13}^2}\,G(x_2,-h,\boldsymbol{k}_{13},\omega)\mathrm{e}^{-\mathrm{i}\boldsymbol{k}_{13}\boldsymbol{x}_{13\alpha}}-\\&(-\mathrm{i}\omega\rho V_n(\boldsymbol{k}_{13},\omega)G(x_2,0_2,\boldsymbol{k}_{13},\omega)\cdots-\mathrm{i}\,\widetilde{P}_{\mathrm{a}}(0,\boldsymbol{k}_{13},\omega)\sqrt{k_0^2-k_{13}^2}\,G(x_2,0,\boldsymbol{k}_{13},\omega)\end{aligned}$$

物理变量和图像变量之间的关系与之前在 3.5.1 节中使用的相同，元素上的力的附加图像为

$$[\boldsymbol{f}_\alpha(\omega)]_{13}=[\boldsymbol{f}_\alpha(\omega)]_{13}^i,[\boldsymbol{f}_\alpha(\omega)]_2=-[\boldsymbol{f}_\alpha(\omega)]_2^i$$

同时我们注意到，对板的驱动力是由流体上半区的源头引起的表面压力 $\widetilde{p}(0,\boldsymbol{k}_{13},\omega)$ 和由元素施加在板上的法向力 $[\boldsymbol{f}_\alpha(\omega)]_2$。因此，这些量与板的感应

垂直速度的关系由板的阻抗决定，即

$$Z_{\mathrm{p}}(\boldsymbol{k}_{13},\omega)V_n(\boldsymbol{k}_{13},\omega)=\widetilde{p}_{\mathrm{a}}(0,\boldsymbol{k}_{13},\omega)-[\boldsymbol{f}_\alpha(\omega)]_2 \tag{3.78}$$

将这个表达式代入$\widetilde{p}(0,\boldsymbol{k}_{13},\omega)$的图像式，求解速度，并将其代入物理式，我们有

$$\begin{aligned}
&\widetilde{p}_{\mathrm{a}}(x_2,\boldsymbol{k}_{13},\omega)\\
&=\mathrm{i}\int_0^\infty[\widetilde{S}_{ij}(y_2,\ \boldsymbol{k}_{13},\ \omega)+R(\boldsymbol{k}_{13},\ \omega)\widetilde{S}_{ij}(-y_2,\ \boldsymbol{k}_{13},\ \omega)]\\
&\quad G(x_2,\ y_2,\ \boldsymbol{k}_{13},\ \omega)\mathrm{d}y_2+\cdots+\\
&\quad\sum_\alpha[\mathrm{i}\boldsymbol{k}_1\cdot[\boldsymbol{f}_\alpha(\omega)]_1+\mathrm{i}\boldsymbol{k}_3\cdot[\boldsymbol{f}_\alpha(\omega)]_3](1+R(\boldsymbol{k}_{13},\ \omega))\\
&\quad G(x_2,\ 0,\ \boldsymbol{k}_{13},\ \omega)\mathrm{e}-\mathrm{i}\boldsymbol{k}_{13}\boldsymbol{x}_{13\alpha}+\cdots+\\
&\quad\sum_\alpha[\boldsymbol{f}_\alpha(\omega)]_2\sqrt{k_0^2-k_{13}^2}(G(x_2,\ h,\ \boldsymbol{k}_{13},\ \omega)-R(\boldsymbol{k}_{13},\ \omega)\\
&\quad G(x_2,-h,\ \boldsymbol{k}_{13},\ \omega))\mathrm{e}^{-\mathrm{i}\boldsymbol{k}_{13}\boldsymbol{x}_{13\alpha}}+\cdots+\\
&\quad\sum_\alpha[\boldsymbol{f}_\alpha(\omega)]_2\sqrt{k_0^2-k_{13}^2}(1-R(\boldsymbol{k}_{13},\ \omega))G(x_2,\ 0,\ \boldsymbol{k}_{13},\ \omega)\mathrm{e}^{-\mathrm{i}\boldsymbol{k}_{13}\boldsymbol{x}_{13\alpha}}
\end{aligned} \tag{3.79}$$

反射系数$R(\boldsymbol{k}_{13},\omega)$由式（3.62）给出。式（3.79）描述了来自弹性板上粗糙壁面边界层的声音是由 4 种因素造成的：四极子源（机制 1）；由于黏性和非黏性衍射相互作用的平面内拖力造成的偶极子（机制 2 和 3）；以及指向表面法线的偶极子，它引起了表面振动，当表面阻抗相对于流体阻抗来说变得很大时，它将消失（机制 4）。

在$R(\boldsymbol{k}_{13},\omega)=1$的刚性壁基层表面上，该表达式可简化为壁压力

$$\begin{aligned}
\widetilde{p}_{\mathrm{a}}(0,\boldsymbol{k}_{13},\omega)=&\ \mathrm{i}\int_0^\infty[\widetilde{S}_{ij}(y_2,\boldsymbol{k}_{13},\omega)+\widetilde{S}_{ij}(-y_2,\boldsymbol{k}_{13},\omega)]G(0,y_2,\boldsymbol{k}_{13},\omega)\mathrm{d}y_2+\cdots+\\
&\sum_\alpha 2[\mathrm{i}\,\boldsymbol{k}_1\cdot[\boldsymbol{f}_\alpha(\omega)]_1+\mathrm{i}\boldsymbol{k}_3\cdot[\boldsymbol{f}_\alpha(\omega)]_3]G(0,0,\boldsymbol{k}_{13},\omega)\mathrm{e}^{-\mathrm{i}\boldsymbol{k}_{13}\boldsymbol{x}_{13\alpha}}+\cdots+\\
&\sum_\alpha[\boldsymbol{f}_\alpha(\omega)]_2\frac{2J_1(|\boldsymbol{k}_{13}|h/2)}{|\boldsymbol{k}_{13}|h}\mathrm{e}^{-\mathrm{i}\boldsymbol{k}_{13}\boldsymbol{x}_{13\alpha}}
\end{aligned} \tag{3.80}$$

式中最后一项代表元素和结构基层之间界面上直接施加的力的波数谱，贝塞尔函数占粗糙度元素的（这里假定为圆形）接触区的孔径$\pi h^2/4$（式（3.16a）），它被添加到代表外部流动四极子和内部流动偶极子的流体路径驱动的前两项中。

3.6.2 分布式壁面粗糙度对四极声的衍射作用

Howe[112,142,157-158]和 Glegg 等[144,150]详细研究了第 2 种机制，Glegg 等[150]和 Alexander 等[153,191]在实验上也做了研究。在这个机制中，在对流波数 $k_1=k_c$ 时，主要的外流四极子源产生的压力通过散射在壁粗糙度上诱导力。这些力对声学介质来说，是以声学上的紧凑（点）力的分布出现的；在使用刚性表面时，是以拖动的方式出现的。Howe（1988）对这一现象进行了建模，就像外流在随机分布的半球形粗糙度上方运动，并通过静止介质与之隔开，如图 2-37 所示。粗糙度半径 k_g，k_g 代替 h 作为粗糙度高度，以至 $k_c k_g<1$，所以它们在整个波数范围内显得很紧凑，这也是上四极子压力的特点。这种流动的几何形状类似图 2-37 所示的槽壁上方多尺度速度场的特征。然而，该分析似乎考虑了外部流动的那部分，其特点是图中右侧描述的波数较低。

由这种机制引起的壁压的波数谱为

$$\frac{[\boldsymbol{\Phi}_{pp}(\boldsymbol{k},\omega)]_r U_\infty}{\tau_w^2\delta^3}=\left[\frac{\sigma_n\mu_n^2}{24}C_m h\right]\left[\frac{k_g}{\delta^*}\right]^4\left[\frac{\omega\delta}{U_c}\right]^2\frac{k_1^2}{|k_0^2-k_1^2|}\Psi(k_1-k_c)(1-\mathrm{e}^{-2kk_g})^2 T\left(\frac{\omega\delta}{U}\right)\tag{3.81a}$$

其中，让 $\kappa=|k_1-k_c|$，则

$$\Psi(\kappa)\approx\left(\frac{[1-\sigma_n J_1(2\kappa k_g)/(\kappa k_g)]^3}{1+\sigma_n J_1(2\kappa k_g)/(\kappa k_g)}\right)\exp(2\kappa k_g)\tag{3.81b}$$

是由元素处的衍射造成的。函数

$$T(\Omega)=\frac{\Omega^2+(hU_\tau/bU_\infty)^2}{[\Omega^2+b^{-2}\{(U_c/U_\infty)^2+(hU_\tau/U_\infty)^2\}]^{3/2}}\to\frac{1}{\Omega},\quad \Omega\gg\frac{hU_\tau}{bU_\infty}\tag{3.81c}$$

该函数来自式（2.70）中的平均剪切湍流促成作用的整合。我们定义了一个粗糙度密度填充系数，或者说粗糙度元素所占据的平面分数面积：

$$\sigma_d=(\mathrm{d}N_{元}/\mathrm{d}A)\pi k_g^2$$

它被偏置于半径为 k_g 的元素的有效圆形接触面。$\mathrm{d}N_{元}/\mathrm{d}A$ 是单位面积的元素数量，因此 $\sigma_d<1$。另一个因素 $\mu_d=1+4\sigma_d$，是衡量元素之间相互作用的指标。壁压力的净谱密度是由对流四极子引发的促成作用和由粗糙度元素对流四极子压力的衍射引起的促成作用之和（图 3-23）。

$$\boldsymbol{\Phi}_{pp}(\boldsymbol{k},\omega)=[\boldsymbol{\Phi}_{pp}(\boldsymbol{k},\omega)]_Q+[\boldsymbol{\Phi}_{pp}(\boldsymbol{k},\omega)]_r\tag{3.82}$$

式中：$[\boldsymbol{\Phi}_{pp}(\boldsymbol{k},\omega)]_Q$ 代表基线四极子促成作用，由式（2.70）给出，但其参数是代表粗糙壁流的。

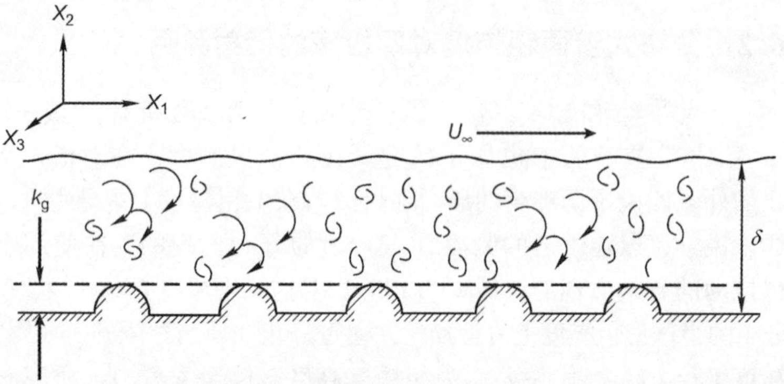

图 3-23　在一个对流四极子的边界层下有一个随机分布的半球形元素的刚性壁[157]

图 3-24 说明了这个函数，将其与本地外部流动四极子压力$[\boldsymbol{\Phi}_{pp}(\boldsymbol{k},\omega)]_q$（用式（2.70）计算）进行比较以及$[\boldsymbol{\Phi}_{pp}(\boldsymbol{k},\omega)]_Q$)的总和$\boldsymbol{\Phi}_{pp}(\boldsymbol{k},\omega)$和散射产生的偶极子。我们看到，衍射机制主要在$k=k_0$处做出贡献。从物理学上讲，这意味着仅由散射引起的声音主要是向表面掠过的方向传播，并代表元素处诱导拖力产生的偶极子。

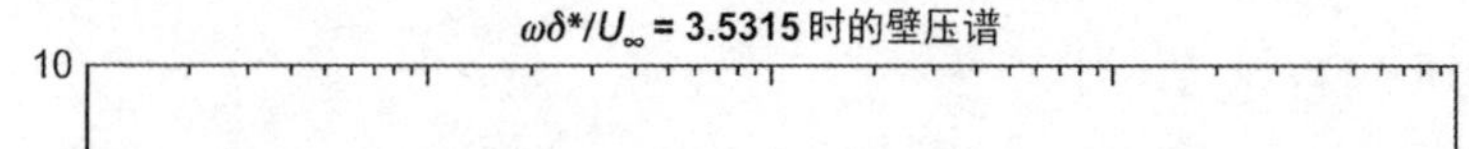

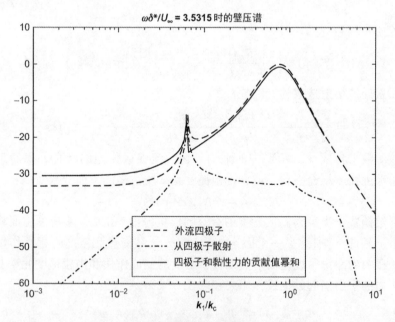

图 3-24　粗糙壁上壁压波数谱的一个例子

（用来自外部流动的源和来自粗糙元素处外部流动诱发压力的对流波无黏散射$\boldsymbol{\Phi}_{pp}(\boldsymbol{k},\omega)k_c^2/\boldsymbol{\Phi}_{pp}(\omega)$表示。$\boldsymbol{M}=0.11$，$\sigma_d=0.49$，$k^+=63$，$U_\tau/U_\infty=0.053$，$k_g/\delta=0.03$）

Howe[112,142,157-158]、Liu 和 Dowling[82]，以及 Glegg 和 Devenport[144]给出了半球形元素面积为 A 的补片在 r 处的远场辐射声的结果，即壁压的自频谱为

$$\Phi_{\mathrm{rad}}(\omega)=\frac{\sigma_d}{36}\frac{(M\sin\phi)^2 A}{\pi r^2}\left(\frac{U_\infty}{U_c}\right)^2\left(\frac{\omega k_g}{U_\infty}\right)^4\Phi_{\mathrm{pp}}(\omega),\quad \frac{\omega k_g}{U_c}<1 \tag{3.83}$$

式（3.83）与 Howe[157-158]对 Hersh[141]的测量值进行了比较，最近 Liu 和 Dowling[82]对他们自己的测量值、Glegg 和 Devenport[144]、Grissom 等[151]和 Devenport 等[155]的测量值进行了比较。一般来说，一些经验调整是必要的，尽管 Glegg 和 Devenport 在没有调整的情况下，发现对小的 k_g^+，特别是当 $\omega k_g/U_c<1$ 时，即使粗糙度尺寸大到足以成为过渡性的，也有良好的一致性。就理论建模而言，Liu 和 Dowling[82]发现其结果对入射壁压谱的模型不敏感，$\Phi_{\mathrm{pp}}(\boldsymbol{k},\omega)$ 因为该结果由对流脊散射决定。

最后，Glegg 和 Devenport[144]发现，当粗糙度形状变成棱柱形而不是上面假设的恒定半径的半球体时，声音会增加。这种增加表现为$(\omega k_g/U_\infty)^2$的幂定律，因为锐边元素提供了更有效的散射。这一点将在接下来的小节中进一步讨论。

3.6.3 粗糙壁面湍流边界层的远场声音

式（3.79）对 $\boldsymbol{k}_{13}$ 的反变换提供了辐射声及其分量的傅里叶振幅

$$\begin{aligned}p_{\mathrm{rad}}(\boldsymbol{x},\omega)=&\left[p_Q(\boldsymbol{x},\omega)+R(\omega)p_Q^i(\boldsymbol{x},\omega)\right]\mathrm{e}^{\mathrm{i}k_0 r}+\sum_\alpha k_0([\boldsymbol{f}_\alpha(\omega)]_1\cos\phi_\alpha+\\&[\boldsymbol{f}_\alpha(\omega)]_3\sin\phi_\alpha)(1+R(\boldsymbol{k}_{13},\omega))\sin\theta_\alpha\frac{\mathrm{e}^{\mathrm{i}k_0 r_\alpha}}{4\pi r_\alpha}+\cdots+\\&\sum_\alpha k_0[\boldsymbol{f}_\alpha(\omega)]_2(\mathrm{e}^{-\mathrm{i}k_0 h\cos\theta}-R(\omega)\mathrm{e}^{\mathrm{i}k_0 h\cos\theta})\cos\theta_\alpha\frac{\mathrm{e}^{\mathrm{i}k_0 r_\alpha}}{4\pi r_\alpha}+\cdots+\\&\sum_\alpha k_0[\boldsymbol{f}_\alpha(\omega)]_2(1-R(\omega))\cos\theta_\alpha\frac{\mathrm{e}^{\mathrm{i}k_0 r_\alpha}}{4\pi r_\alpha}\end{aligned} \tag{3.84}$$

声音的频谱密度可以表示为频谱分量的叠加，我们假设这些成分是相互不相关的：

$$\begin{aligned}\Phi_{\mathrm{rad}}(\boldsymbol{x},\omega)=&\Phi_Q(\boldsymbol{x},\omega)+\cdots+\\&\sum_\alpha\left[\frac{k_0^2}{r_\alpha^2}([\Phi_{\mathrm{ff}}(\omega)]_1\cos^2\phi_\alpha+[\Phi_{\mathrm{ff}}(\omega)]_3\sin^2\phi_\alpha)(1+R(\omega))^2\sin^2\theta_\alpha+\cdots+\right.\\&\left.4\frac{k_0^2}{r_\alpha^2}[\Phi_{\mathrm{ff}}(\omega)]_2(1-R(\omega))^2\cos^2\theta_\alpha\right]\end{aligned} \tag{3.85}$$

如果我们现在假设元素均匀地分布在一个区域 A 上，

$$\Phi_{\mathrm{rad}}(\boldsymbol{x},\omega)=\Phi_{\mathrm{Q}}(\boldsymbol{x},\omega)+\cdots+$$
$$\frac{\mathrm{d}N_{元}}{\mathrm{d}A}\int_{A_p}\left[\frac{k_0^2}{|x^2-y_{13}^2|}\left([\Phi_{\mathrm{ff}}(\omega)]_1\frac{(x_1-y_1)^2}{|x^2-y_{13}^2|}+[\Phi_{\mathrm{ff}}(\omega)]_3\frac{(x_3-y_3)^2}{|x^2-y_{13}^2|}\right)\right.$$
$$\left.(1+R(\theta(\boldsymbol{y}_{13}),\omega))^2+\cdots+4\frac{k_0^2}{|x^2-y_{13}^2|}[\Phi_{\mathrm{ff}}(\omega)]_2(1-R(\theta(\boldsymbol{y}_{13}),\omega))^2\frac{(x_1-y_1)^2}{|x^2-y_{13}^2|}\right]\mathrm{d}^2\boldsymbol{y}_{13}$$
$$(3.86)$$

式中：$\mathrm{d}N_{元}/\mathrm{d}A$ 为单位面积上的粗糙度元素数。粗糙度补片在刚性壁上辐射的声压，如风洞墙，从上面得出，$R(\boldsymbol{k}_{13},\omega)=1$

$$\Phi_{\mathrm{rad}}(\boldsymbol{x},\omega)=\Phi_{\mathrm{Q}}(\boldsymbol{x},\omega)+\cdots+$$
$$\frac{\mathrm{d}N_{元}}{\mathrm{d}A}\iint_A\left[\frac{4k_0^2}{|x^2-y_{13}^2|}\left([\Phi_{\mathrm{ff}}(\omega)]_1\frac{(x_1-y_1)^2}{|x^2-y_{13}^2|}+[\Phi_{\mathrm{ff}}(\omega)]_3\frac{(x_3-y_3)^2}{|x^2-y_{13}^2|}\right)\mathrm{d}y_1\mathrm{d}y_3\right.$$
$$(3.87)$$

在远场，即，$r^2\gg A_{\mathrm{p}}$，可简化为

$$\Phi_{\mathrm{rad}}(\boldsymbol{x},\omega)=\Phi_{\mathrm{Q}}(\boldsymbol{x},\omega)+\cdots+$$
$$\frac{\mathrm{d}N_{元}}{\mathrm{d}A}A_{\mathrm{p}}\left[\frac{4k_0^2\sin^2\phi}{r^2}\right]\{[\Phi_{\mathrm{ff}}(\omega)]_1\cos^2\theta+[\Phi_{\mathrm{ff}}(\omega)]_3\sin^2\theta\}\tag{3.88}$$

“阻塞压力”的波数-频率频谱，均匀分布的元素为

$$\Phi_{\mathrm{pp}}(\boldsymbol{k}_{13},\omega)=[\Phi_{\mathrm{pp}}(\boldsymbol{k}_{13},\omega)]_{\mathrm{Q}}+\frac{N_{元}}{4(2\pi)^2}\frac{(k_1^2[\Phi_{\mathrm{ff}}(\omega)]_1+k_3^2[\Phi_{\mathrm{ff}}(\omega)]_3)}{k_0^2-k_{13}^2}+$$
$$N_{元}\left[\frac{2J_1(|k_{13}|h/2)}{|k_{13}|h}\right]^2[\Phi_{\mathrm{ff}}(\omega)]_2$$
$$(3.89)$$

式中：第一项是来自外部流动四极子的促成作用；第二项是由于内部流动粗糙度偶极子；第三项是由于直接作用于表面的法向力（不是流体）。由于上述交叉项被忽略了，这个频谱是作为振动响应的强制函数的有用形式。

在 2.4.5 节中，Reynolds 应力对流场下的压力波数谱$[\Phi_{\mathrm{pp}}(\boldsymbol{k}_{13},\omega)]_{\mathrm{Q}}$是来自粗糙度元素上方外层的促成作用。因此，$\Phi_{\mathrm{Q}}(\boldsymbol{x},\omega)$代表从这些四极子的超声速波数带发出的四极子声，见式（2.34）和式（2.70）。除了下面要讨论的衍射引起的声音，强加的四极子在声学上的性能与前面讨论的光滑壁上的机制 1 类似。见图 2-40，由于粗糙度力导致的壁剪切力的增加伴随着低波数壁压力的增强，理论上该声音与式（2.34）中的超声速壁压力成正比。

3.6.4 粗糙壁的黏性力偶极子

3.6.4.1 连续粗糙表面上的粗糙度元素的偶极子强度

一系列的大涡模拟（Yang 和 Wang[146-147,156]）已经对粗糙壁的补片进行了评估，以评估粗糙度元素周围的流动和辐射声。计算域和粗糙度元素的形状如图 3-25 所示。该模拟使用不可压缩的大涡流模拟来解决域内的流动问题，然后使用 Lighthill-Curle 式来计算声音。考虑到流动的低马赫数，该方法基本上简化为计算由于元素上的表面应力而产生的声音；这些应力包括黏性表面应力和非黏性衍射应力。我们将使用这个模拟的结果来定义一般规则，以确定粗糙度元素上的黏性力的偶极强度。模拟的具体内容包括：$U_\infty=13.72\text{m/s}$，$M=0.04$，$R_\theta=3065$，$R_\tau=1307$，粗糙高度 $h=4.318\text{mm}=0.0.124\delta$，$k_g^+=168$。粗糙度密度填充系数，立方体的 $\sigma=0.1097$，半球形和圆柱体的 $\sigma=0.0862$。对于这些情况，图 3-26（a）说明了流动情况，图 3-26（b）说明了所研究的三种情况的元素力的自谱。虽然每个元素都处于上游元素的尾流处，但对于这里的元素分离来说，元素的力量只是弱相关的，可以被视为统计上的独立。图中的色标提供了流动中的 r. m. s. 压力的测量，在元素上有明显的最大值。

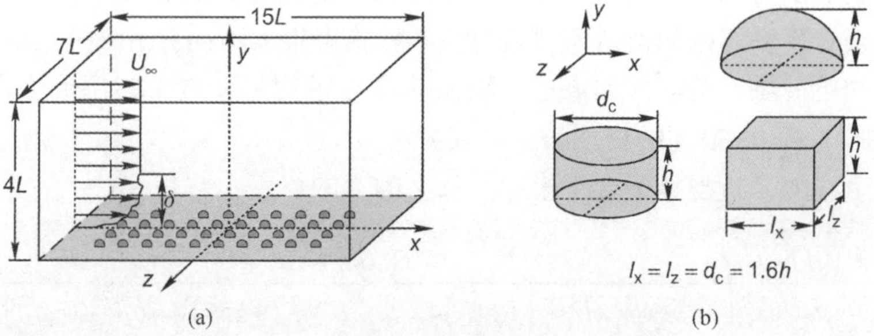

图 3-25　元素形状的说明

（（a）计算域和（b）为粗糙边界层噪声的大涡流模拟选择的元素形状的说明，$L=5.88h=0.729\delta$）

在这些表面上投射到 1、2 或 3 方向的压力整合提供了力 F_1、F_2、F_3。这些力的频谱显示在图 3-26（b）中。力谱大小的主要判别因素是元素的形状，其次是力矢量的方向。因此，为了揭示一个一般的规则，我们为一个特定的粗糙度形状分配一个频谱水平，将考虑几何形状，而不是矢量方向。因此，为了对所有形状进行估计。

$$[\Phi_{\text{ff}}(\omega)]_1=[\Phi_{\text{ff}}(\omega)]_3=\Phi_{\text{ff}}(\omega)=\frac{1}{2\pi}\Phi_{\text{ff}}(f) \tag{3.90}$$

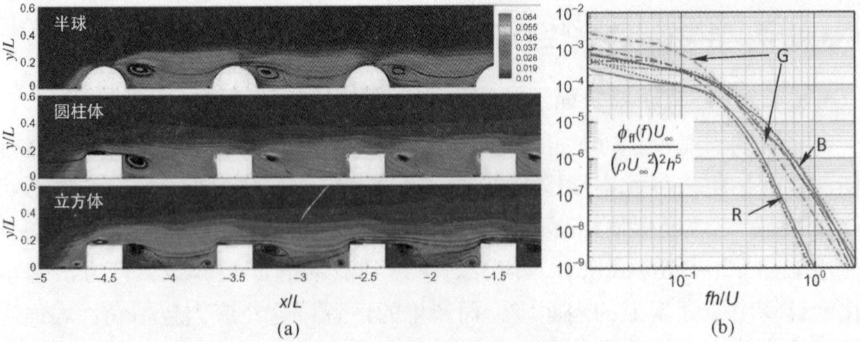

图 3-26　自动频谱（见彩插）

（图 3-25 中第 5~9 排和第 1~4 列元素上的平均流线和 r. m. s. 压力（a）和（b）自动频谱（a）平均流线和沿切过第二列元素中心的平面的 r. m. s. 压力的轮廓线。颜色（不同色调的灰色）条与 p_{rad} 有关。（b）元素上的力的自频谱；红色：（“R”）半球形；蓝色（“B”）：立方体；绿色（“G”）：圆柱体；实线：流向；虚线：壁法线向；虚线点：展向）

半球体上的力比立方体和圆柱体上的力含有较少的高频内容。这种性能也许是由于在圆柱体和立方体的尖锐边缘附近的小分离区域没有包含小规模的涡流。这显然是由于与元素的边缘有关的流动特征。请注意，图 3-26 所示的流线结构与 3. 6. 2 节中讨论的衍射模型所假设的模式有很大不同；后者描述的是在几乎静止的粗糙层上的对流湍流边界层，前者显示的是元素中的湍流生产活动，本身与图 2-38 中描述的物理图景一致。

一个好的分析模型适合于半球元素上的力的自谱，它是

$$\frac{\Phi_{\mathrm{ff}}(f)^{*}U_0/k_{\mathrm{g}}}{[\rho_0 U_0^2 k_{\mathrm{g}}^2]^2}=\frac{2.646\times10^{-4}}{\sqrt{fk_{\mathrm{g}}/U_0}\,[1+11.34\,(fk_{\mathrm{g}}/U_0)^{1.3}+559104\,(fk_{\mathrm{g}}/U_0)^{7}]} \tag{3.91}$$

而对于立方体元素，它是

$$\frac{\Phi_{\mathrm{ff}}(f)^{*}U_0/k_{\mathrm{g}}}{[\rho_0 U_0^2 k_{\mathrm{g}}^2]^2}=\frac{6.055\times10^{-4}}{1+101.3\,(fk_{\mathrm{g}}/U_0)^2+2632\,(fk_{\mathrm{g}}/U_0)^{6.15}} \tag{3.92}$$

式中：$-\infty<f<\infty$。这两个频谱最符合大涡模拟结果的法向力对这两个圆形和尖锐的边缘形状。

3. 6. 4. 2　粗糙度元素上的黏性力产生的辐射声

如前所述，辐射声是作为 Lighthill-Curle 积分式的后处理而在模拟中计算的，将该结果与使用式（3. 84a）得到的结果进行了比较，在图 3-27 中显示了半球形和立方体元素补片的情况。

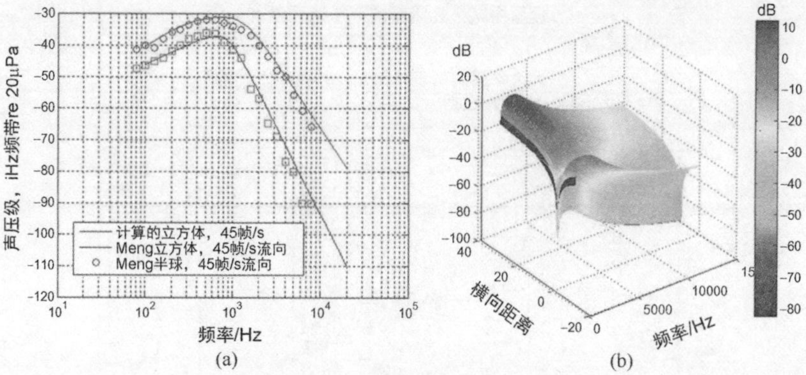

图 3-27　轮廓线辐射示意图

（图 3-25 中，用立方体和半球形元素的图案使平面变得粗糙，补片发出辐射声；这些点是用式（3.83）和式（3.89）进行的大涡模拟，线是完全分析表达，见式（3.90）和式（3.91）。右边的轮廓线显示了投射在壁上方 x_2 = 恒定平面上的声音指向性模式。（a）声压级，$\theta=\phi=\pi/2$，（b）指向性模式，$\phi=\pi/4$）

式（3.89）、式（3.90）和式（3.91）组合与精确积分相比更有优势。请注意，模拟没有区分黏性力和非黏性力，因此包括了任何可能对元素上的总声和力有促成作用的衍射压力。图 3-28 显示了在风洞壁[145,148,154]上的一块立方体元素的立体交叉平面上获得的声音测量频谱。

图 3-28 中的声音频谱水平来自图 3-25（a）中描述的类似的元素补片，但更大，包含 8×32 个元素，流速为 28m/s。所表示出的计算使用了由式（3.90）给出的力谱函数和由式（3.84b）给出的声场。在补片的立体交叉平面内，计算两条拱形线曲线，$\theta=12.58°$ 和 $33.28°$，$\phi=0°$。按照 Anderson 等[145]的描述，使用平行于壁的平面星形声学阵列来测量声音。使用这个阵列，接收框架中的声音可以通过反去卷积过程（Dougherty[159-160]）来“成像”，将二维平面阵列的声压映射回粗糙度贴片平面上的声源强度分布。补片的尺寸由图中的矩形块显示。显示了两张图片：（c）是物理测量；（b）是使用式（3.88）进行的模拟。在这两种情况下，粗糙度偶极子在前缘附近都很突出。由于风洞中开放的射流剪切层的折射，测量的图像在流动方向上略有偏移。这是用放置在补片位置的小型活塞源所获得的坐标，根据经验进行的修正。需要指出的是，力谱式（3.90）和式（3.91）与 13.7m/s 的测量结果吻合得很好，即在低雷诺数下，见参考文献［148-149，154］。

图 3-30 显示了在一些随机分布的砾石元素上获得的结果摘要，其无尺寸形式是由式（3.94）推导得出的。在创建这个摘要时，假定粗糙度的偶极子强度与元素之间的壁压有关，即

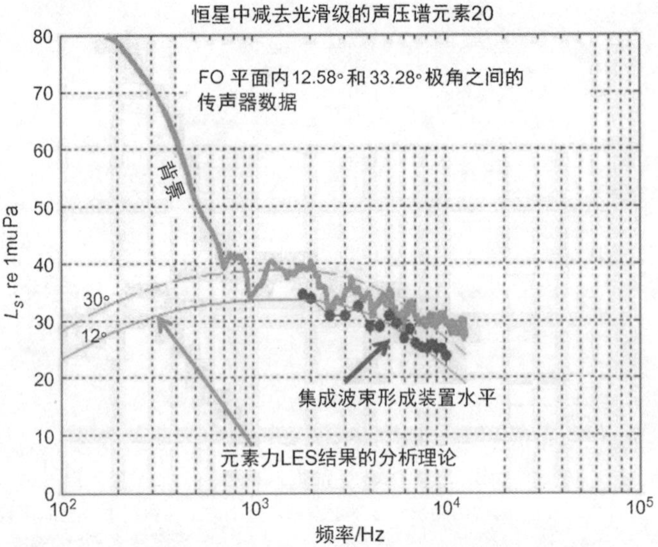

(a)

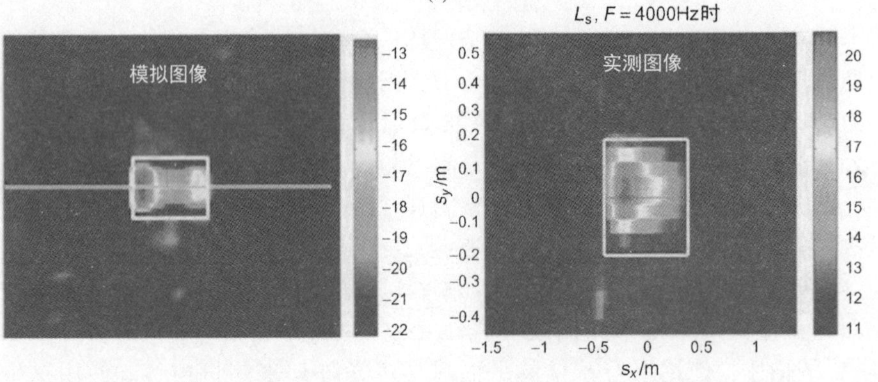

(b)　　(c)

图 3-28　对比图

（图 3-25 中，在风洞的刚性平面上，用立方体元素的图案做成粗糙的补片，测得的立体交叉平面的辐射声的自谱，1Hz 波段水平；这些点是通过整合用相控声学阵列转向补片得到的水平，得到 4000Hz 的两个重构声源图；(b) 是用式 (3.88) 模拟，(c) 是测量结果）

$$\Phi_{\mathrm{ff}}(\omega)=\alpha k_{\mathrm{g}}^{4}\Phi_{\mathrm{pp}}(\omega) \tag{3.93a}$$

其中发现，最佳拟合是在

$$\alpha=4 \tag{3.93b}$$

因此，壁压谱密度似乎是元素上的力的谱系的有效替代物，这通常无法测量。图 3-29 中归一化数据的趋势一般为 ω^2，见式（3.87）和式（3.88），对

于远场可写为

$$\Phi_{\mathrm{rad}}(\omega)=\frac{\sigma_d}{4\pi^2}\frac{(M\sin\varphi)^2A}{\pi r^2}\left(\frac{U_\infty}{U_{\mathrm{c}}}\right)^2\left(\frac{\omega k_{\mathrm{g}}}{U_\infty}\right)^2\frac{\Phi_{\mathrm{ff}}(\omega)}{k_{\mathrm{g}}^4}\tag{3.93c}$$

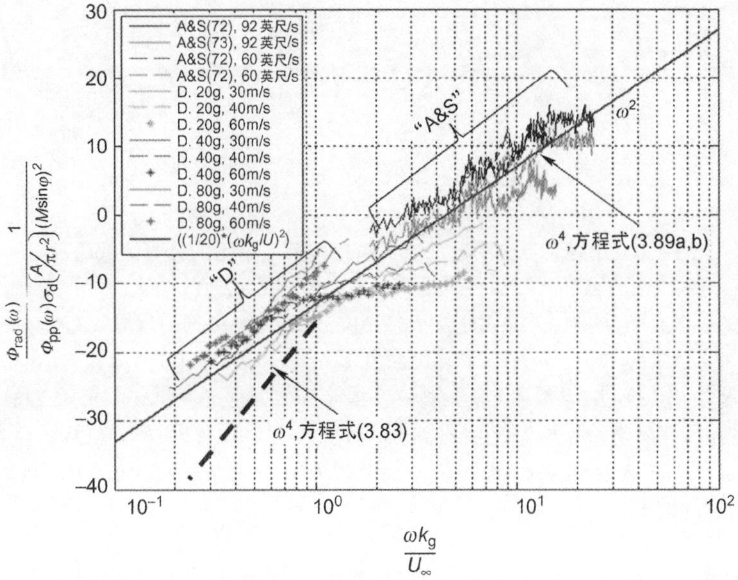

图 3-29　辐射声的非维度测量在壁压的自动频谱上进行归一化（见彩插）

（表 3-1 和表 3-2 中显示了粗糙度元素“DG”“20g”“40g”“80g ”的情况。深灰色实线是与拖曳有关的和锐边散射机制的 ω^2 性能）

如果粗糙度与表 3-1 和表 3.2 中的情况相似，那么力谱由式（3.94）给出，如果不相似，那么可由式（3.93a）、式（3.93b）大致估算。在较小的 k_{g+} 时，数据似乎也遵循 $\omega k_g/U_\infty$ 的低值的 ω^4 性能。后者的依赖性由 Howe[142] 的衍射理论表示，如图 3-29 中的式（3.83）。这里绘制的数据集来自 Grissom 等[151]、Alexander 等[153]、Anderson 等[145] 和 Blake 等[143]。

式（3.89）表示弹性板看到的受阻压力强迫的总波数频谱。它包括式（2.70）和式（2.34）提供外流四极子促成作用，$[\Phi_{\mathrm{pp}}(\boldsymbol{k}_{13},\omega)]_{\mathrm{Q}}$，以及来自内部流动粗糙度的促成作用，使用适当的力谱，即式（3.94）和表 3-2 中的一项。图 3-30 中显示了一个例子。法向力的促成作用包括由元素上的偶极子直接施加到板上的法向力和由于元素上的拖曳偶极子而产生的掠夺声压。对于 $k_1<(k_g)^{-1}$，来自法向力的这种促成作用的频谱为波数-白色。由于上面讨论的元素上的力产生来自粗糙度偶极子（$k_1<k_0$）的声压，其中也包括衍射力，与黏性力相比，衍射力预计很小。对流波数 $k=k_c$ 时，对流四极贡献最大。

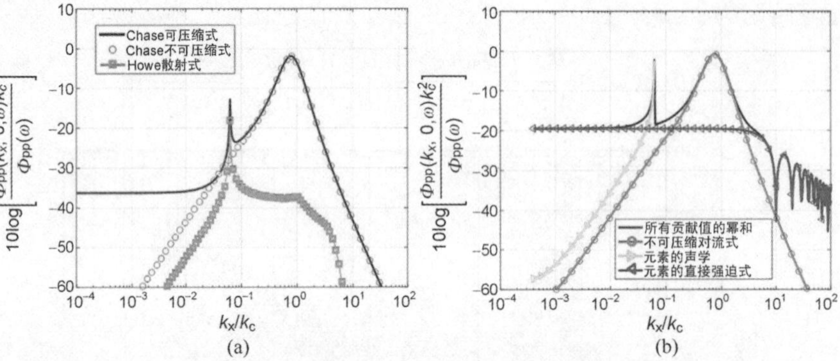

图 3-30　由各种原因引起的空气中粗糙壁上壁压的计算波数谱示例

（本图显示了 5 项贡献。(a) 分别显示式 (2.70)、式 (2.71) 和式 (3.81)：Chase 完成、Chase 流体动力和对流四极在外流中散射引起的压力。(b) 展示了式 (3.88) 的各个组成部分。式 (3.88)：Chase 壁压的流体动力分量、局部基于元素的应力偶极子引起的声流偶极子以及因向元素粗糙度传递普通应力引起的对墙面的直接作用力 (式 (3.93))。参数：表 3-2 立方体 (高 Re)，$\omega d*/U_\infty=3.59, M=0.115, \delta*=0.0076, k_g=0.18\text{mm}, k_g^+=190, U_\infty=15\text{m/s}, \sigma_d=0.12; U_c=0.55U_\infty; U_\tau=0.53U_\infty; \delta_{99}=4.1\delta*; C_{mt}=0.12; r_T=0.38; h=10; b_m=b_t=0.25$)

总的来说,用各种包装收集物理测量和数值模拟已经为图 3-31 所示的力的自功率谱和测量的声辐射提供数据其他粗糙的几何形状和更高雷诺数。在所有情况下,自功率谱都是一般形式

$$\frac{\Phi_{ff}(\omega)U_\infty/k_g}{[\rho U_\infty^2 k_g^2]^2}=\frac{A\left(\frac{fk_g}{U_\infty}\right)^a}{\left(1+B\left(\frac{fk_g}{U_\infty}\right)^b+C\left(\frac{fk_g}{U_\infty}\right)^c+D\left(\frac{fk_g}{U_\infty}\right)^d\right)} \tag{3.94}$$

式中：A、B、C、D、a、b、c 和 d 是由大涡模拟实验或物理测量确定的因子。这些因子如表 3-1 和表 3-2 所示。

3.6.4.3　粗糙弹性表面的振动和声音

粗糙弹性表面的振动和声音可以通过应用 3.2 节和 3.3 节的技术来发现，特别是通过使用式 (3.22) 和式 (3.89)。图 3-32 和图 3-33 提供了两个示例。第一个示例为空气中轻流体载荷钢板的声音 (图 3-32)。频率无量纲化为流体载荷系数的倒数，即 $1/\beta=m_s\omega=\rho_0c_0$。使用三种模型方法在场点 $\theta=\phi=45°$处计算板的声音。第一种方法是包含第 1 卷式 (5.76a)、式 (5.54)、式 (5.40b) 的模态求和，第二种方法是针对直接声辐射使用式 (3.85)，第三种方法是通过评估式 (3.53b) 和式 (3.44)、式 (3.45) 和式 (3.47) 给出的

模态平均压力谱及辐射效率，进行模式统计集合有效性。模态求和法完全适用于使用有限元方法对结构响应进行建模的应用。如此，可以使用第 1 卷式（5.40b）的波数交叉谱密度模拟，也可使用振型函数的空间积分，如第 1 卷式（5.40a）。认为流体动力重合频率，$\omega_h = U_c^2/kc_p$，和流体载荷因子极限 $\beta=1$ 决定了计算的许多特征：响应的总峰值、统计估计适用的下限频率，以及正常粗糙元素偶极子与辐射声音的相关性。流体载荷较大，即 $\beta<1$ 时，板是透声的，并且板处的垂直偶极子不会维持相消干涉。因此，来自横向偶极子的直接声辐射占主导地位，板流系统在高频时表现为刚性表面。直接辐射峰值的意义在于 $\omega k_g/U_\infty>1$ 壁压的自动频谱水平急剧下降，见图 2-38，声压也急剧下降。总之，此处所示模态平均解的结果与图 3-16 和图 3-17 所示的光滑壁的结果显示了在流体动力重合频率以上频率下，光滑或粗糙表面的统计解效用。

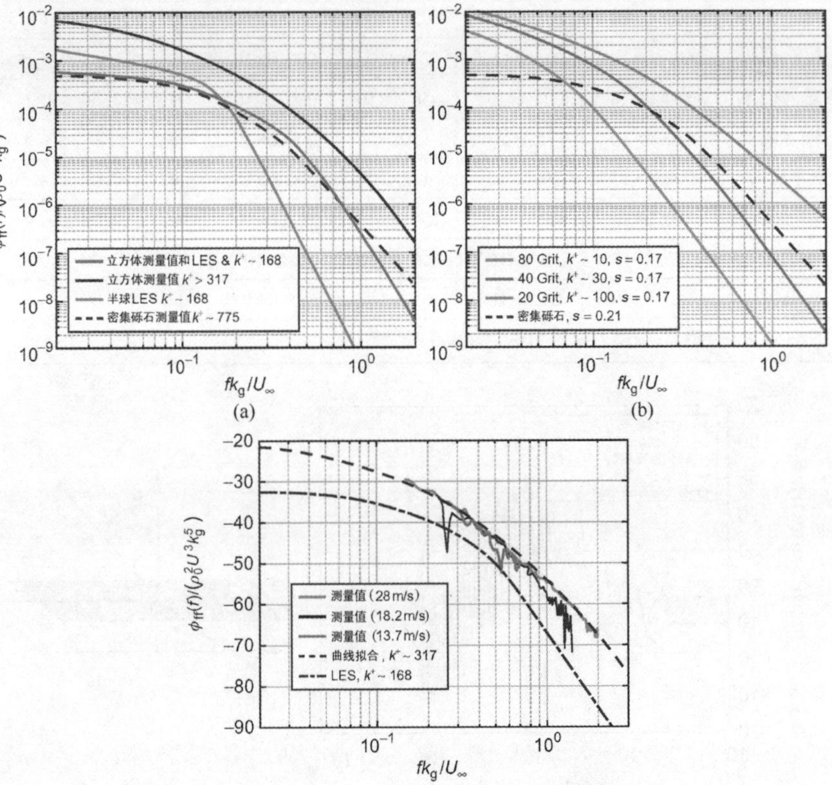

图 3-31　式（3.90）和表 3-2 中的参数及其实验数据的比较

（表 3-1 提供了 k_1 的相关值和填充因子 σ。（a）立方体和半球形状的 LES 结果和砾石测量，（b）不同砾石粗糙度的测量结果，以及（c）立方体元素的测量和计算力谱比较）

表 3-1　粗糙壁边界层研究综述

名　称	k_g^+	Σ	参考文献
立方	168[a]，210	0.11	[146-149，153]
半球	168[a]~185	0.09	[146-149，154]
密集砾石	600~1000	0.81	[149-150，155]
20 沙砾	70~100	0.17	[151]
40 沙砾	30~40	0.20	[151]
80 沙砾	10~15	0.16	[151]
注：a 较低值适用于大涡模拟；较高值适用于测量			

表 3-2　粗糙壁边界力自功率谱函数的参数

名　称	A	B	C	D	a	b	c	d
立方体（LES）	605.0×10^{-6}	101.3×10^{0}	2.6×10^{3}	000.0×10^{0}	0	2	6.15	0
圆柱体（LES）	605.0×10^{-6}	101.3×10^{0}	2.6×10^{3}	000.0×10^{0}	0	2	6.15	0
半球（LES）	264.6×10^{-6}	11.3×10^{0}	559.1×10^{3}	000.0×10^{0}	-0.5	1.30	7	0
立方体（高 *Re*）[a]	810.0×10^{-6}	375.0×10^{0}	1.6×10^{3}	000.0×10^{0}	0	2	5	0
密集砾石	504.5×10^{-6}	89.6×10^{0}	1.2×10^{3}	000.0×10^{0}	0	2.00	4.50	0
20 沙砾	750.0×10^{-3}	805.7×10^{0}	155.9×10^{3}	522.0×10^{3}	0.7	2.00	4	6
40 沙砾	710.0×10^{-3}	10.9×10^{3}	649.0×10^{3}	9.6×10^{6}	0.7	2.00	4	6
80 沙砾	710.0×10^{-3}	24.6×10^{3}	6.1×10^{6}	615.0×10^{6}	0.7	2.00	4	6
[a] $k_g^+=168$ 时得到 *LES* 频谱，测得 $210<k_g^+\leqslant850$ 时的频谱								

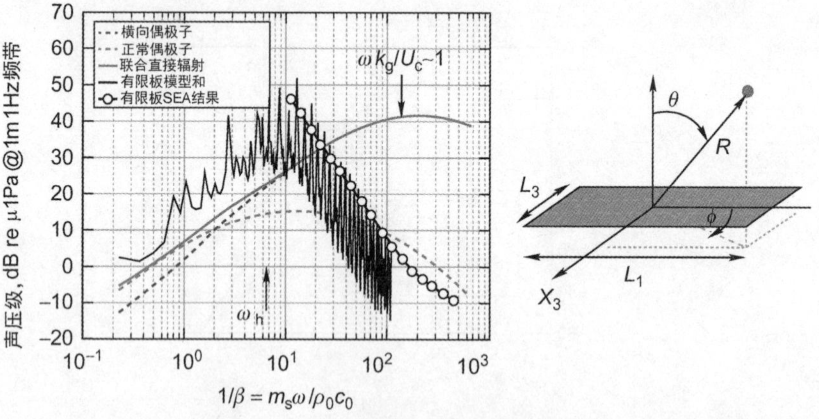

图 3-32　空气中粗糙薄钢板对声音的贡献

（$L_1=0.28$m，$L_3=0.33$m，，$h_p=0.152$mm，两侧有液体。其他参数：$M=0.0905$；$k_g^+\sim60$；$\sigma_d=0.8$；$U_c/U=0.7$，$U_\tau/U=0.05$；$\delta*/k_g=5.35$；$\eta=0.001$）

第二个例子为两边都装有水的粗糙钢板，见图 3-33。在这种情况下，除了粗糙度雷诺数因模拟水的流体介质的运动黏度较低而增加之外，流动的许多物理性质与前面的示例相比保持不变。此处的重点是通过增加板和流体在中等流体载荷的范围内的声阻抗来改变结构声学。在这种情况下，即典型的水下应用，水动力重合频率极低，因此 $\omega_h m_s/\rho_0 c_0 = 1.6\times10^{-4}$。此外，在处理板振动响应时，模态和统计方法之间的转换由流体载荷和模态密度控制。在 10 阶的无量纲频率下，鉴于板中的声学重合，由振动引起的声音的峰值和由正常偶极子引起的直接辐射声音的拐点都被轻微放大。此外，与空气中薄板的情况相比，在反射率较低的流体载荷板上，横向偶极子和法向偶极子的贡献更具可比性。这是由于板的流体载荷特性改变了其声反射特性；请注意，在大部分频率范围内，空气中的 $1/\beta$ 超过 1，当 $1/\beta$ 超过 3 时，这些区别变得很重要。对于 $k_0\sqrt{A_p}>1$ 或 $k_0\sqrt{A_p}>(1/\beta)(\rho_0/\rho_s)\sqrt{A_p/h^2}$，该板不再是绝对紧凑的。然后，就像这个示例一样，模式密度足够大，统计结果为计算的响应提供了合适的上限。这一点在图 3-34 中有说明，其显示了此示例板的辐射声和点导纳。在这种情况下，板在其中心由点力驱动，对于此示例，$1/\beta>1$ 时，板在声学上显得很大。在这种高频极限下，弯曲模式密度很大，因此模态平均解接近无限大板的模态平均解。这一结果足够普遍，既适用于板，也适用于壳体，参见第 4 章“管道和涵道系统的声辐射”。

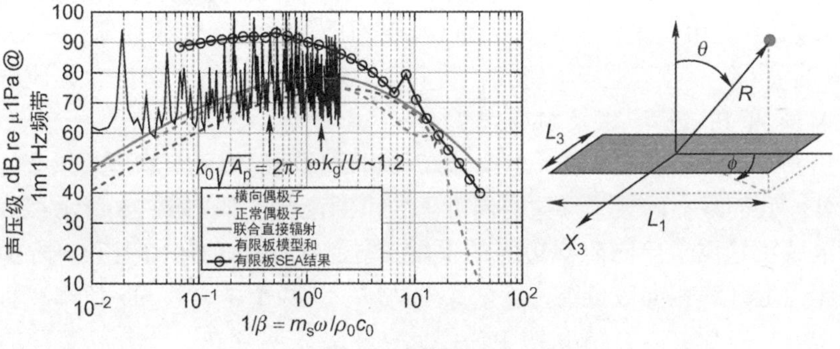

图 3-33　水中粗糙钢板对声音的贡献

（$L_1=2$m，$L_3=1$m，$h_p=12.7$mm，两侧有液体。其他参数：$M=0.0067$；$k_g^+\sim290$；$\sigma_d=0.8$；$U_c/U=0.7$，$U_\tau/U=0.05$；$\delta*/k_g=5.35$；$\eta_T=2.2/f$）

3.6.4.4　阶梯不连续墙对力偶极子的延伸

针对图 3-21（b）中描绘的阶梯不连续的流动和声音已经进行了大量研究。相关文献可追溯到 20 世纪 80 年代，包括大量带分析模型确认的测量结果[161-176]和使用混合 RANS 统计建模[177]的数值建模，直接数值模拟，如[192]，

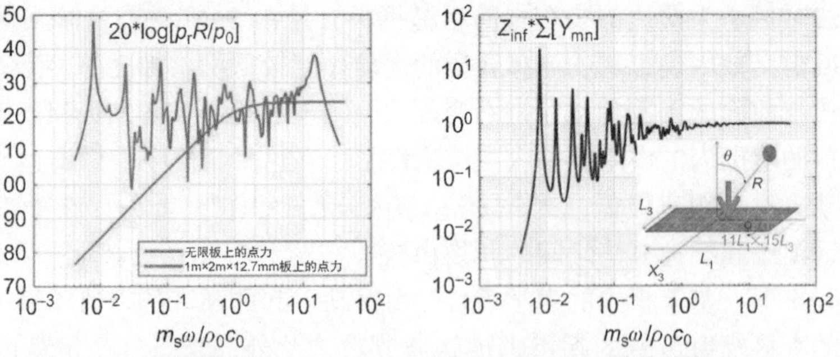

(a) 辐射声　　(b) 点流动性

图 3-34　钢板在水中的声学特性

（该板为点驱动板，尺寸为 2m×1m×12.7mm，两侧有流体。当 L_1/λ_p 和 $L_3/\lambda_p>1$ 时，结构声学特性接近无限大板行为）

或全大涡模拟。Farabee 和 Casarella[161-162] 以及 Farabee 和 Zoccola[164] 表明，前向阶梯产生的声音是宽带的，远远超过后向阶梯产生的声音。Lauchle 和 Kargus[167] 支持后向阶梯的结果，Efimtsov 等[165-166] 同时支持后向和前向阶梯的结果。例如，Howe[193] 已经研究了机身蒙皮产生的内部声音中的阶梯不连续性的相关性。前向阶梯作为声音辐射器的优势在一对系统性研究中得到进一步量化：由 Catlett 等[171] 进行了试验计算，Ji 和 Wang[179-180,182,184-185] 利用大涡模拟和 Lighthill-Curle 式进行了数值计算。他们的结果揭示了前向和后向阶梯之间的差异约为 15dB。人们对阶梯附近湍流壁压的变化也很感兴趣，Farabee 和 Casarella[162] 率先对其进行了研究，随后 Jacob 等[187] 进行了研究，其他研究还包括 Moss 和 Baker[188] 以及 Moshen[194]。

正如本节开头所提到的，这类流动与粗糙壁面的偶极声物理效果有许多共同之处。我们现在继续推导这些偶极子的声源函数。如图 3-35 所示，分离的流动区域正好位于前向阶梯边缘的下游，导致上表面的压力上升。阶梯表面上，压力上升约相同数量级，参见 Awasthi[175]，两个压力的 rms 值都在自由流动态压力 q 的 0.12～0.15 量级上。因此，测量表明存在一个分离流动的边界区域和一个（较弱的）矢量场，这个矢量场可以用一个可分离的交叉谱密度函数来表示。对于与分离流动相关的压力

$$\Phi_{pp}(\boldsymbol{x}+\boldsymbol{r},\boldsymbol{x},f)=\Phi_{pp}(f)g(x)\phi(\boldsymbol{r},x_1,f)$$

其包括对频率和流向位置依赖性弱，但对分离坐标依赖性强的单侧交叉谱密度函数 $\phi(\boldsymbol{r},x_1,f)$。因此，表面压力的相关面积取决于流向位置 $x=x_1$ 和 ω。该函数 $\Phi_{pp}(f)$ 是壁压的单侧参考自功率谱，最终决定了表面或表面顶部压力波动的净力或偶极子强度谱。让 $\boldsymbol{r}=0$，我们得到平均压力自功率谱

$$\overline{\Phi_{\text{pp}i}(f)} = \frac{1}{A_i}\int_{A_i} [\Phi_{\text{pp}}(\boldsymbol{x},f)] n_i(\boldsymbol{x}) \mathrm{d}^2\boldsymbol{x} \tag{3.95}$$

式中：i 代表阶梯的上表面，$i=2$，或正面，$i=1$。

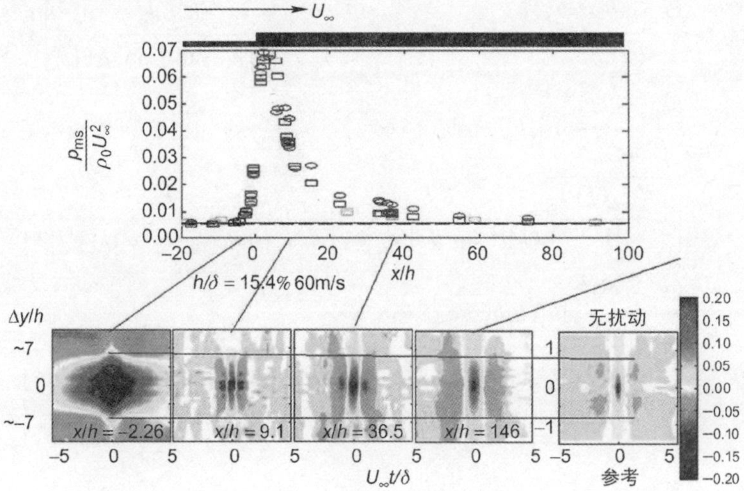

图 3-35　厚度为 3 的湍流边界层中前向阶梯的压力场

（上面是阶梯的剪影；中心位置为 r. m. s。壁压剖面；底部为空间相关函数，$\langle p(t,\boldsymbol{x}+\boldsymbol{r})p(t,\boldsymbol{x})\rangle / \sqrt{\langle p^2(t,\boldsymbol{x}+\boldsymbol{r})\rangle\langle p^2(t,\boldsymbol{x})\rangle}$ 在指示的参考流向位置，x/h 其他参数：U_∞ = 60nm/s，h/δ = 0.154，Re_h = 53200。资料来源：Data courtesy of Devenport W，Virginia Tech，see also Awasthi M. Sound radiated from turbulent flow over two and three-dimensional surface discontinuities [Ph. D. Thesis]. Blacksburg，VA：Department of Aerospace engineering，Va. Tech；2015，for experimental details.）

我们可以简化符号，让其表示表面上分离诱导压力的范围 i，即在 j 方向，表面上流向偶极子 $\xi_{12} \approx h$ 和垂直方向偶极子的上表面 $\xi_{2,1} \approx \alpha h$（图 3-35）。那么力就是

$$[\Phi_{\text{ff}}(f)]_i L = \xi_{i,j}^2 (2l_3) \overline{\Phi_{\text{pp}i}(f)} L \tag{3.96}$$

式（3.96）表明，垂直和水平表面上边界分离的面积因子在 h 上的尺度为 $A_2 \sim \alpha hL$ 或 $A_1 \sim hL$，相关面积尺度为 $dA_2 \sim \alpha h 2l_3$ 或 $dA_1 \sim h2l_3$。这里“1”和“2”分别指流向和垂直表面。函数 $g(x_1)$ 描述了 $\Phi_{\text{pp}}(\boldsymbol{x},\boldsymbol{x},f)$ 的窗口，位置 x_1 相对于阶梯角。我们假设阶梯上表面和表面的压力分布函数相似，但在表面上，压力沿其高度升高，部分与下角的边界涡旋和上角周围的加速流动有关，见 Awasthi[175] 和 Catlett 等[171]。至于由外流四极引起的对流压力，我们假设其交叉谱特性用与式（2.61）和式（2.62）相同的函数形式来描述，得到波数谱，即式（2.65）。

通过产生壁压波数谱的方法（式（3.79）），以及通过固定相位的方法来计算远场声压（式（3.80）），我们有辐射到球坐标的声音(r,θ,ϕ)，其中 θ 是从表面法线测量的极角，ϕ 是从流动方向测量的 x_1。

$$
\begin{aligned}
\Phi_{\mathrm{rad}}(\boldsymbol{x},f) \sim & \frac{(k_0\sin\theta\cos\varphi)^2}{(2\pi r)^2}\cos^2(k_0h\cos\theta)\left[\frac{\overline{\Phi}_{\mathrm{pp1}}(f)}{1}\frac{h^2L_3l_3}{(k_0^2\lambda_3^2\sin^2\theta\sin^2\varphi+1)}\right]+\cdots+\\
& \frac{(k_0\cos\theta)^2}{(2\pi r)^2}\sin^2(k_0h\cos\theta)\times\cdots\times\\
& \left[\frac{\overline{[\Phi_{\mathrm{pp2}}(f)]_{\mathrm{c}}}}{1}\frac{L_3l_3}{(k_0^2l_3^2\sin^2\theta\sin^2\varphi+1)}\frac{l_1^2}{((k_0\sin\theta\cos\varphi-(\omega/U))^2l_1^2+1)}\right]+\cdots+\\
& \frac{(k_0\cos\theta)^2}{(2\pi r)^2}\sin^2(k_0h\cos\theta)\times\cdots\times\\
& \left[\frac{\overline{[\Phi_{\mathrm{pp2}}(f)]_{\mathrm{nc}}}}{1}\frac{L_3l_3}{(k_0^2l_3^2\sin^2\theta\sin^2\varphi+1)}\frac{(ah)^2}{((k_0\sin\theta\cos\varphi)^2(ah)^2+1)}\right]
\end{aligned}
\tag{3.97}
$$

声音的这种关系对于声学上紧凑的阶梯是最有效的，为此 $k_0h\leqslant\pi$ 这些函数$\overline{[\Phi_{\mathrm{pp}i}(f)]}_{\mathrm{c}}^{\mathrm{nc}}$是单侧的，表示 $i=1$ 或 2 面上的空间平均自功率谱压力，以及压力为对流“c”还是非对流“nc”。因子 λ_1 是流向积分尺度，λ_3 是横向（翼展方向）积分尺度，ah 代表上表面分离区域的大小，我们假设其在阶梯高度 h 上成比例伸缩，且垂直面上的压力与总高度 h 相关，如图 3-33 中所示的展向相关长度 $2\lambda_3$ 约为 14h 量级。读者可以看到对于粗糙壁元素的声音和识别板坐标系中的跟踪波数，其与式（3.84）的可对比性，参见 3.5.1 节。

现有数据 Awasthi[175]、Awasthi 等[170]和 Catlett 等[171]以及数值模拟，Ji 和 Wang[180,182]提供了关于阶梯周围流动的附加细节，但 Awasthi[175]提供的经验相关在描述声学紧凑阶梯的声音方面证明是成功的，为此 $k_0h\ll\pi$。首先，我们忽略$\overline{[\Phi_{\mathrm{pp}i}(f)]_{\mathrm{c}}}$，用归一化力代替这些无量纲压力，然后假设$[\Phi_{\mathrm{ff}}(f)]_iL=\Phi_{\mathrm{ff}}(f)L$，其中 $\Phi_{\mathrm{ff}}(f)$ 表示均方力的自功率谱。为了得到合适的精确度，现在假设此力在垂直的“1”面和上侧“2”面上是相同的，这样对于展向均匀流来说

$$
\overline{F^2}=\int_0^\infty\Phi_{\mathrm{ff}}(f)\,\mathrm{d}f \tag{3.98}
$$

根据式（3.96），此力在 h 上似乎成比例，压力自功率谱函数为 $\sim h^3\,\overline{\Phi_{\mathrm{ff}}(f)}L$。这种归一化假设力的展向相关长度与阶梯高度成比例。我们如果引入这些简化，解决低频下的 $k_0\lambda_i\ll1$ 问题，忽略对流压力的贡献，就可以得到更简单的

辐射声音表达式

$$\Phi_{\text{rad}}(\boldsymbol{x},f) \approx \frac{k_0^2}{4\pi^2 r^2}\{[\overline{\Phi_{\text{ff1}}(f)}h^2 L_3\lambda_3]\cdot\sin^2\theta\cos^2\varphi\cos^2(k_0 h\cos\theta)\}+\cdots+$$
$$\frac{k_0^2}{4\pi^2 r^2}\{+[\Phi_{\text{ff2}}(f)(ah)^2 L_3\lambda_3]\cos^2\theta\sin^2(k_0 h\cos\theta)\} \tag{3.99}$$

最后，我们得到一个估算公式

$$\Phi_{\text{rad}}(\boldsymbol{x},f) \approx \left[\Phi_{\text{ff}}\left(\frac{fh}{U_\infty}\right)\right]_{\text{D无量纲}} \frac{(k_0 h)^2}{4\pi^2}\left(\frac{L_3 h}{r}\right)^2 \times$$
$$[\sin^2\theta\cos^2(k_0 h\cos\theta)+\cos^2\theta\sin^2(k_0 h\cos\theta)]\frac{h}{U_\infty} \tag{3.100}$$

其中光谱尺度可以定标为

$$\left[\Phi_{\text{ff}}\left(\frac{fh}{U_\infty}\right)\right]_{\text{D无量纲}} = \frac{\Phi_{\text{ff}}(f)U_\infty}{(2q)^2 h^4 L} \tag{3.101}$$

如图 3-36（a）所示，此函数是由 Awasthi[175] 根据经验推导出的函数的重整版本，对使用式（3.96）来表征声音有用，如图 3-36（b）所示。请注意，在这里给出的情况下，阶梯高度与未扰动边界层厚度之比 h/δ 为 0.26，阶梯具有尖锐角。

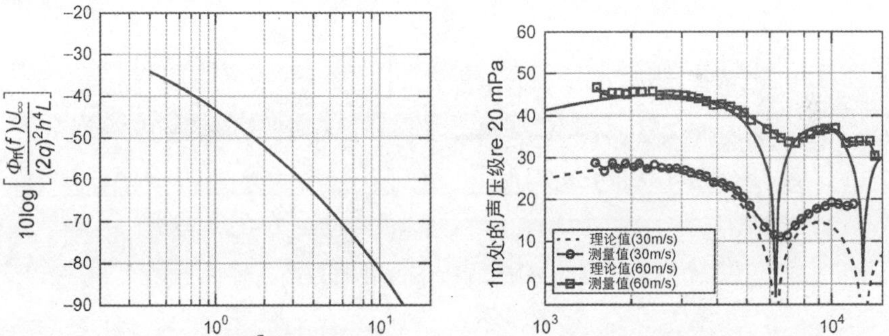

(a) 力的无量纲自功率谱　　(b) 1Hz波段声级

图 3-36　从 Catlett 等[171] 的测量中推断出等效偶极力的无量纲谱
（刚性墙壁上有一个阶梯，1m 参考范围内 1Hz 频段的声级用式（3.100）计算）

对于相对于边界层厚度不同的阶梯高度，Ji 和 Wang[180,182] 的大涡模拟和 Catlett 等[171] 的实验结果显示了对阶梯高度更复杂的依赖性。此外，Awasthi[175] 的实验和 Wang 等的模拟（对于 20mm 的阶梯高度）表明，上游角倒圆会降低声音，尤其当倒圆半径为阶梯高度的主要部分时，如占 25%。

最后，我们注意到，这一领域可能适用于检测某些心血管疾病的发作，见 Tobin 和 Chang[196]、Pitts 和 Dewey[197]，至少有一名研究者将后向阶梯上的流动与动脉阻塞联系起来，参见 Kargus[163]、Lauchle 和 Kargus[167]。

3.7　橡胶垫过滤作用

当传感器或弹性壁被弹性层的亚声速边界层流动屏蔽时，可以很好地分辨 $k=k_c$ 附近的高波数分量。这种差别可以根据 Maidanik[98,100]、Maidanik 和 Reader[99] 推导出的公式估算出来，更准确地说，可以使用 Chase[103]、Ko 和 Schloemer[108] 对橡胶垫的表达式。图 3-37 显示了流体垫基底系统的几何形状。基底可以是刚性或弹性的。弹性基底可以得到另一种流体介质的支撑。我们经常关注安装在基底上的压力传感器对外部介质中湍流边界层的响应。密度为 ρ_r、膨胀波速度为 c_1、剪切波速度为 c_r 的垫层将刚性平面上密度为 ρ_0、声速为 c_0 的运动流体与传感器系统隔开，层厚 h_b。在大多数情况下，$\rho_0 c_0$ 流体和 $\rho_r c_r$ 流体之间的界面由弹性膜维持。Maidanik[98,100] 已探讨了此情况。对于许多应用，特别是水下应用，垫层是一种弹性体，假定是流体状的，即不承受剪切波，且 $c_t=0$。在空气动力学应用中，该系统可以是位于“0”流体和“r”流体之间 $y_2=0$ 的低阻力多孔板[4]。

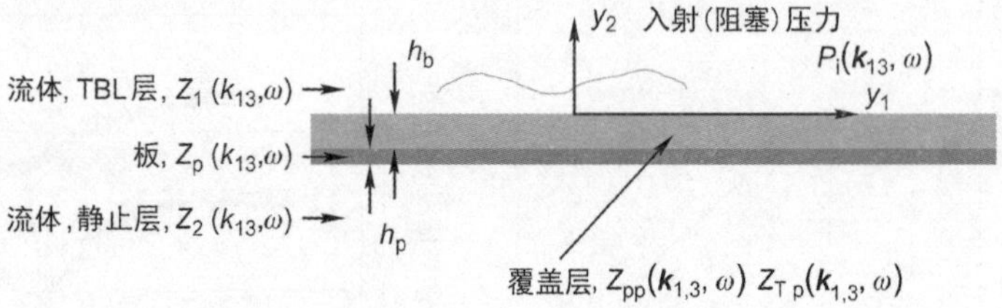

图 3-37　流体介质和板之间黏弹性层的几何形状

最简单的方法（适用于许多实际情况）是假设黏弹性层的性质 ρ_r 和 c_1 与外部流体的相应性质 ρ_0 和 c_0 足够相似，在流动流体和垫层之间的界面处不会发生反射。此外，假设运动流体中的湍流压力源，即雷诺应力张量，不受弹性体存在的影响。这样，提出的问题可以通过应用式（2.29）以直接的方式（如附录）求解。假设黏弹性层将雷诺应力从刚性表面移开 $y_2=-h_b$ 的距离。使用 2.8.3.1 节的符号，特别是式（2.29），假设

$$[\widetilde{S}_{ij}(y_2,\boldsymbol{k},\boldsymbol{\omega})]_{\text{无层}}=[\widetilde{S}_{ij}(y_2,\boldsymbol{k},\boldsymbol{\omega})]_{\text{有层}}$$

我们引入了压力传递函数，定义为层下压力与无层压力之比

$$t_p(y_2<0,\boldsymbol{k}_{13},\omega)=\frac{[\tilde{p}(y_2<0,\boldsymbol{k},\omega)]_{\text{有层}}}{[\tilde{p}(0,\boldsymbol{k},\omega)]_{\text{无层}}}$$

使用附录中的式（3.124），垫层和流体的阻抗相等，$\boldsymbol{Z}_a(\boldsymbol{k}_{13},\omega)=Z_b(\boldsymbol{k}_{13},\omega)$，刚性板基底，$Z_p(\boldsymbol{k}_{13},\omega)=\infty$，则

$$t_p(y_2=-h_b,\boldsymbol{k}_{13},\omega)=\exp(ih_b\sqrt{k_0^2-k^2}) \tag{3.102}$$

因此，表面下压力的自功率谱表现为

$$[\Phi_M(\omega)]_{\text{有层}}=\int_{-\infty}^{\infty}\int_{-\infty}^{\infty}|t_p(y_2=-h_b,\boldsymbol{k}_{13},\omega)|^2[\Phi_{pp}(\boldsymbol{k}_{1,3},\omega)]_{\text{无层}}\mathrm{d}^2\boldsymbol{k}_{13} \tag{3.103}$$

在单个小传感器（$S_T(k)=1$，见 3.1.1 节）对边界层压力做出反应的情况下，自功率谱由波数 $k_1\approx k_c\gg k_1$ 控制，因此其将通过以下方式与未覆盖的传感器相关

$$\frac{\Phi_M(\omega)}{\Phi_{pp}(\omega)}\approx\text{指数}\left(\frac{-2\omega h_b}{U_c}\right) \tag{3.104}$$

该比值在（图 3-38）中绘制为 $\omega h_b/U_c$ 和 $\omega h_b/U_\infty$ 的函数，假设 $U_c=0.7U_\infty$ 和式（2.65a）用于阻塞壁压的波数谱。

图 3-38 中的另外两条曲线为弹性层[103,108]（见本章附录）更一般表达式的运算结果，该表达式更真实地说明了弹性层中的剪切模量。在 Chase[101]、Ko 和 Schloemer[108] 的分析中，流体-弹性体表面受到法向压力和剪切应力波动的驱动。因此，层中的压力包括两个贡献因素和两个内部压力的耦合传递率，

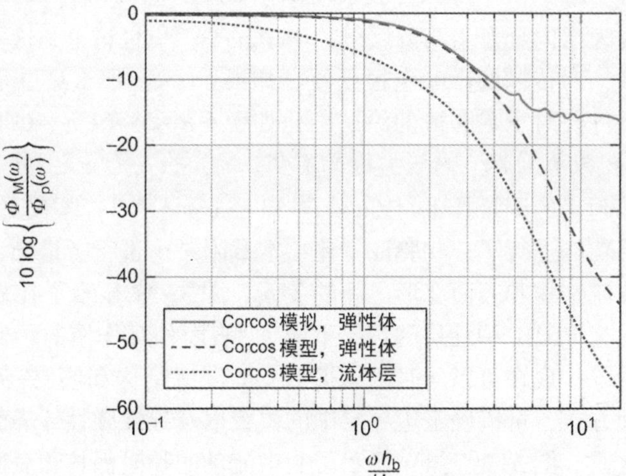

图 3-38　壁压自功率谱在覆盖有厚度为 h_r 的弹性层的刚性表面上某点处的衰减

（弹性体和流量参数：$U_c/U_\infty=0.7, c_1=124\text{m/s}, c_t=74\text{m/s}, \rho_b/\rho_0=1.25$，“流体层”模型为式（3.104））

$t_t(y_2<0,\boldsymbol{k}_{13},\omega)$涉及剪切，$t_p(y_2<0,\boldsymbol{k}_{13},\omega)$为膨胀。本章附录概述了所使用的发展情况。对 Chase[101]壁压谱和式（2.70）或式（2.71）与对经验“Corcos”频谱式（2.65a）进行积分。将根据“Chase”版本的两种计算进行比较，可以看到墙剪切在限制衰减方面的作用。将这两个结果与本章附录中的全部弹性体公式进行比较，可以看到，因为式（2.65a）中低波数情况下频谱水平高得不现实，低波数贡献有泄漏效应。

我们关注测量声音时，再一次考虑通过大尺寸传感器区分湍流边界层压力的问题。该层有自己的传播速度 c_1，代表该层的性质。对于 $k_c h_b>1$，式（2.70）表明，只要 $k_c>k_1$，壁压也会衰减，其中 $k_1=\omega/c_1$。因此，与 $kh_b<1$ 的贡献相比，涂层允许区分亚声速对流波数分量。如果外部流体和涂层界面上的压力场具有叠加在边界层压力上的声学分量 $k\leqslant k_0\sim k_1(\rho_0=\rho_r,c_0\sim c_1)$，那么涂层允许接收声场而不受湍流边界层的干扰。

本节和前面几节讨论空间滤波的结果为设计者提供了许多选择，以区分边界层的非声学伪噪声。当 $\Phi_{pp}(\boldsymbol{k},\omega)$包含频谱低波数端中的相关分量（如声学信息）时，可以成功使用设计适当的涂层传感器系统，作为声学接收器，即使其可能在物理上接近运动的湍流流体。

Maidanik 和 Reader[98-99]、Chase 和 Stren[102-103,198]、Ko 和 Schloemer[108]以及 Dowling[104-107]都考虑了简单示例更多的可能性。这些情况包括外层流体和涂层流体特性的各种组合，以及界面处板的影响[98,100,103-107]。对于简单的涂层，如果 $c_0>c_b$且 $\rho_0=\rho_b$，那么在波数范围内 $\omega/c_0=k_0<k<k_1=\omega/c_1$ 会产生共振情况，这是因为层内会发生滞留反射，Dowling[105-107]也讨论了这一点。即使 c_0 和 c_1相差 30%，对传输的影响也很重要。如果 $c_1>c_0$，那么涂层足够厚时也可以产生共振条件。对于足够薄的涂层，比如说 $k_r h_r\ll1$（$k_r h_r\sim0.1$ 也满足这个约束条件），波数范围 $k<k_r$内压力传递不变。

最近发展起来的测量技术（Zhang[97]和 Zhang 等[123]）不仅对图 3-38 所示的弹性体垫层功能进行了一些验证，还在本章附录中进行了推导，显示有希望进一步阐明湍流结构和表面变形之间的关系。图 3-39 显示了在矩形完全湍流水洞流动壁中有 PDMF 弹性层的情况下流动-表面相互作用的示例。通过使用高速摄像机系统，现在可以同时测量板上方的湍流结构和垫层-流体界面的偏转。通过这种方式，可以确定边界层中的位置以及导致弹性体表面位移的特定流动结构的性质。图 3-39（a）显示了洞中流动的瞬时涡核和表面偏转的三维图像。中心下方为归一化垂直速度的颜色轮廓。图 3-39（b）显示了表面的偏转和一个马蹄形涡度结构（瞬间造成）。图 3-39（c）为位移的波数频谱，表示壁压驱动的表面变形对流；频谱图中点 B 识别自由流速度下的对流，即

$U_c = U_\infty$ 时间相干数据采集允许将表面变形与湍流结构相关，揭示了边界层中最相关的活动与对数层底部的运动相关，这与图 2-14 中的源剖面非常一致。此外，图 3-39（b）所示的涡流结构和变形之间存在相位滞后，这表明偏转发生在涡流结构形成之后。图 3-39（a）的三维视图显示了湍流的总体上升，用 u_2 表示，其伴随着弹性体的正偏转和马蹄形结构的出现（图 3-39（b））。这一行为与 Chang 等[199] 的观察完全一致。与马蹄形结构顶部的横流涡度相关的 T23 雷诺应力在壁压中起主要作用。

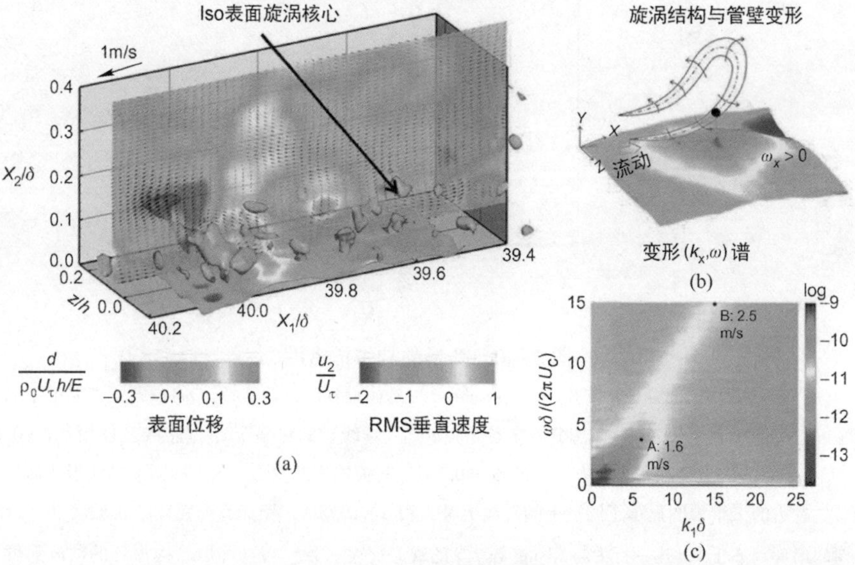

图 3-39　三维涡度瞬时图

（表面上方 $(x_1, x_2, 0)$ 垂直平面内垂直速度为 $U_\infty = 2.5\text{m/s}$ 时水洞弹性体壁的流动和变形中的三维涡度瞬时图。（a）涡度结构、壁面变形和 RMS 垂直速度的三维空间图。（b）壁面变形和与之相关的涡度结构示例。（c）变形的频率波数谱。δ 是半洞高度，h 是弹性体厚度。参考文献 Zhang 等[123]、Zhang[97]）

图 3-40 显示了弹性体表面位移的无量纲自功率谱。频率小于 $\omega\delta/U_\infty = 1$ 时，偏转会受到驻波变形的影响，驻波变形源自设施和安装的人为因素。图 3-40 和图 3-39 右下方所示的 $\omega\delta/U_\infty > 1$ 无量纲频率大致相等，在这些频率下，我们看到位移是随流动传播的行波。自功率谱的弧形线代表使用本章附录的关系计算的三种弹性体响应。“计算比例”行是使用标准化式（2.74c）计算的，指示有对流速度，但图中水平向上调整，以匹配频谱最大值处测得的变形量。“计算：测量”是指使用在弹性体表面上方一小段距离处测量的压力波数谱进行计算。此一致性说明了组合壁压和弹性体响应模型的一般效用，还显示了对

流速度中可能的不确定性的微弱影响。

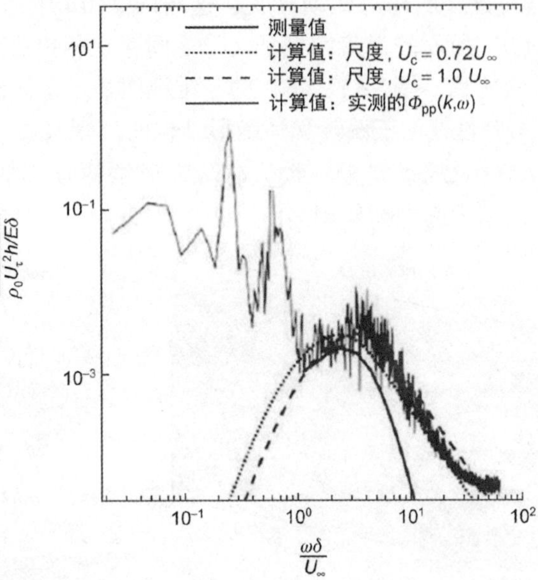

图 3-40　变形的功率谱密度

（这些行显示了 Chase[103] 或 Ko 和 Schloemer[108] 的模型预测，调整 $\Phi_{pp}(\omega)$ 以匹配位移谱中的测量峰值，还使用 $U_c=0.72U_\infty$（点线）或 $U_c=1.0U_\infty$（虚线）的对流速度。（粗线）使用 $\gamma_2 h=0.03$ 时 $\Phi_{pp}(\boldsymbol{k},\omega)$ 的测量值和图右上方所示的 $U_c=0.72U_\infty$ 对流速度及变形，这表明涡度结构形成后出现偏转。左边的三维视图显示了湍流中的总体上升，用 $u_2>0$ 表示，伴随着弹性体的正偏转和马蹄形结构的出现（右上）。这一行为与 Chang 等[199] 的观察完全一致。与马蹄形结构顶部的横流涡度相关的 T23 雷诺应力在壁压中起主要作用）

完整理论[103,108]中波动剪切引起的传输特性的可用性引发了非稳态壁面剪切及其空间特性的问题。随后的研究[200-209]揭示，在光滑壁的情况下，壁剪应力水平低于壁压水平。

3.8　边界层噪声的实际意义：插图

3.8.1　各种机制声音的定量估计

存在任何类型的散射机制（如通过肋或边缘）时，四极辐射明显由偶极声音主导。本节将对三个基本问题进行研究，来说明这种散射机制在低马赫数和高马赫数下的主导性。图 3-41 显示了三个概念辐射器的草图，其中流动仅占据板的一侧。图 3-41（a）显示了刚性板上的平面均匀边界层，图 3-41（b）显示了肋状（柔性）结构上的平面均匀边界层，图 3-41（c）显示了离开刚性半平面的平面边界层。我们将会看到，存在任何类型的散射机制（如通过肋或边缘）时，四极辐射明显由偶极声音主导。

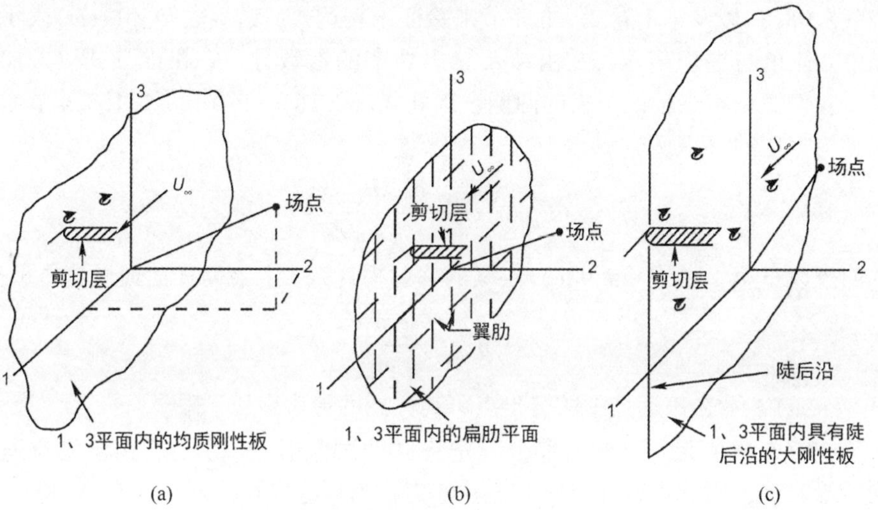

图 3-41　辐射问题的图解

（(a)、(b) 和 (c) 三个辐射问题的图解，涉及平面或近似平面表面的湍流边界层）

我们将结合式（2.34）和式（2.86）及偶极辐射来比较四极辐射的维度，预计偶极辐射来自肋状结构板，此处式（3.105）和式（3.106）适用。尽管以下示例高度理想化和人为化，但在显示相对量级时，它们仍然传达了声学机制相对重要的一般信息。

首先，图 2-37 所示的数据根据经验表明，直接辐射四极子声出现在有效刚性（高阻抗）表面上，代表可能由模态振动引起的额外声音的背景。结合式（2.34）和式（2.86），我们得

$$\frac{\Phi_{p_{\mathrm{rad}}}(r,\omega)U_\infty/\delta^*}{\tau_{\mathrm{w}}^2}\approx\frac{1}{2}\frac{A_{\mathrm{p}}}{r^2}\left(\frac{\omega\delta^*}{U_\infty}\right)^2M^4\left[\frac{\Phi_{\mathrm{pp}}(k_{13}\leqslant k_0,\omega)U_\infty}{\tau_{\mathrm{w}}^2M^2\delta^{*3}}\right]\tag{3.105a}$$

或者如图 2-37 中的数据所示。

$$\frac{\Phi_{p_{\mathrm{rad}}}(r,\omega)U_\infty/\delta^*}{\tau_{\mathrm{w}}^2}\approx\frac{1}{2}\frac{A_{\mathrm{p}}}{r^2}\left(\frac{\omega\delta^*}{U_\infty}\right)^2M^4a_{a1}\left(\frac{\omega\delta^*}{U_\infty}\right)^{-3}\tag{3.105b}$$

对于表面产生声音（由肋状表面的流致混响振动引起）的第二个额外贡献值，我们得

$$\frac{\Phi_{p_{\mathrm{rad}}}(r,\omega)}{\rho_0^2U_\tau^4}\frac{U_\infty}{\delta^*}\approx\frac{\pi}{4}\left(\frac{A_{\mathrm{p}}}{r^2}\right)\frac{\eta_\pi\rho_0c_0}{\eta_{\mathrm{T}}\rho_{\mathrm{p}}c_\ell}\frac{(\delta^{*2})}{\kappa h}\left[\frac{\Phi_{\mathrm{pp}}(k_{13}\leqslant k_{\mathrm{p}},\omega)U_\infty/\delta^*}{\rho_0^2U_\tau^4\delta^{*2}}\right]\tag{3.106}$$

式中：如前所述，$\Phi_{\mathrm{pp}}(k_{13}\leqslant k_{\mathrm{p}},\omega)$为在波数 k_{p}下所估算边界层压力的波数-频谱。读者可通过查阅式（3.37）、式（3.44）、式（3.54）以及式（2.16）和式（5.98c）以及第 1 卷 2.1.3.4 节来验证该表达式。谱函数 $\Phi_{\mathrm{prad}}(r,\omega)$表示远场中立体角的平均声压，并由涉及总声功率的参数导出。在推导式（3.106）时，我们假设声音辐射至板的两侧，因此式（2.16）和第 1 卷 2.1.3.4 节中空间平均声压的（双侧）频谱为

$$\Phi_{\mathrm{prad}}(r,\omega)=\frac{\rho_0c_0P_{\mathrm{rad}}(\omega)}{4\pi r^2}$$

并回想以下第 1 卷式（5.98c）定义的辐射损耗系数，忽略任何惯性流体负荷

$$\eta_{\mathrm{rad}}=\frac{\rho_0c_0\overline{\sigma}}{m_{\mathrm{s}}\omega}$$

$\Phi_{p_{\mathrm{rad}}}(r,\omega)$表示在声远场中的突出点可观察到的最大声压下限。

在第 5 章“无空化升力部分”中将详细讨论第三个示例，由于涡流通过尖后缘对流，因此声音被辐射。这种噪声称为后缘噪声。现在，（A）和（B）情况下的远场声压级分别为式（3.46）、式（3.51）和式（3.52）中给出的声压级。后缘噪声的声压级为偶极子类型，将由第 5 章“无空化升力部分”的式（5.88）推导出来，其公式如下：

$$\frac{\overline{(\Phi_p)}_{\mathrm{rad}}(r,\omega)U_\infty/\delta^*}{\rho_0^2U_\tau^4}\approx\frac{1}{32\pi}\left(\frac{A_{\mathrm{p}}(\delta^*/y_1)}{r^2\gamma_3}\right)\left(\frac{U_\infty}{\omega\delta^*}\right)M\left[\frac{\Phi_{\mathrm{pp}}(\omega)U_\infty/\delta^*}{\rho_0^2U_\tau^4}\right]\tag{3.107}$$

γ_3为 0.8（使用点压力谱 $\Phi_{\mathrm{pp}}(\omega)$由 2.4.1 节得出）。该系数 δ^*/y_1 为边界层的位移厚度与板的流向长度（y_1）之比。我们假设边界层从板的前缘附近开始，在许多声波长之外，而且不受任何可能产生额外前缘噪声的流入扰动的影响。因此，结合式（2.7）、式（2.10）和式（2.11）可得出 δ^*/y_1。对流速度为 $U_{\mathrm{c}}=0.7U_\infty$。由于择向性因数已被积分，式（3.107）给出了远场中各立体角的平均值；在标准坐标系中，$\phi=\pi/2$，$\theta=0$ 时，对应于流向，即

$$\begin{aligned}(\overline{\Phi_p})_{\mathrm{rad}}(r,\omega)&=(1/4\pi)4\int_0^\pi\mathrm{d}\phi\int_0^\pi\mathrm{d}\theta\,\Phi_{\mathrm{pp}}(r,\theta,\phi,\omega)\sin\phi\\&=(\pi/8)\left[\Phi_{\mathrm{pp}}(r,\omega)\right]_{\text{空间最大值}}\end{aligned}$$

图 3-42 显示了单位面板区域 A_{p} 中低速流的三个声压谱。Smol'yakov 的式（3.51）和式（3.46）均显示了四极辐射。回顾一下，所有声压级都代表

声远场中球面上的平均值，频谱之间的关系近似。然而，即使考虑到四极子声的择向性因数存在大量的不确定性，我们也发现四极子声功率不可能主导其他声音分量，除非在最高频率下。图 3-42 还表明，当有限表面处于低速流中时，声辐射将为偶极子辐射，这不仅因为这些表面可能产生其自身的额外湍流，还因为它们提供了改变（通过散射）产生基本噪声的物理机制，而此机制可将湍流能量转换为声能。图 3-42 进一步说明了为什么直接辐射测量很可能受特定实验布置所支配，以及为什么测量结果应该被视为偶极子产生，而不是四极子产生，直到明确表明不是这样。

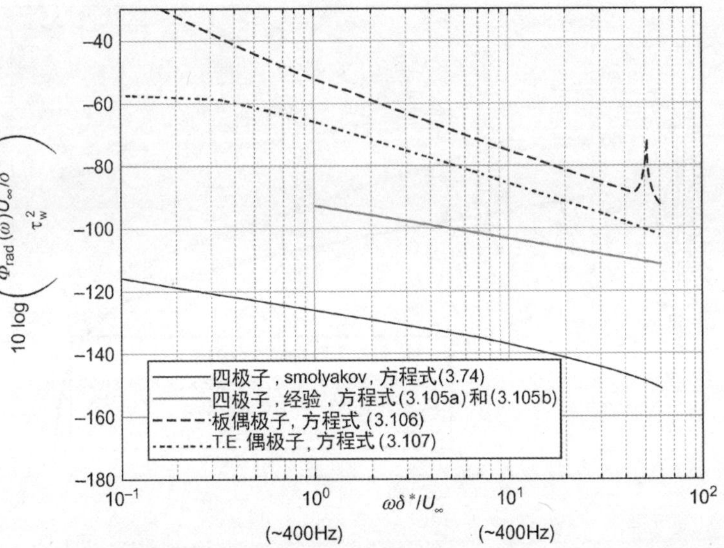

图 3-42　不同边界层流（图 3-41）在水中低马赫数下预计的远场声级估算值

（图中括号内的数字表示近似频率。参数：$M=0.01$，$\rho_p/\rho_0=8$；$\delta^*/h=0.5$；$\eta_r/\eta_T=1$；$c_1/c_0=3.33$；$h=12.7$mm；$\omega_h\delta^*/U_\infty=0.002$）

分离流和过渡流提供了一种不均匀源。这种不均匀源未包括在上述讨论中，但至少在概念上可能导致出现更高水平的直接四极辐射。然而，从这个角度来看，这些尚未得到系统研究。若忽略剪切应力脉动，则仍为四极辐射，但由于空间不均匀性增加了低波数压力，辐射有所提高。

图 3-42 中给出的示例仅用于说明，并不表示其他更实际布置中预计的实际水平。在特殊情况下，都可能导致任何噪声级的变化超过±10dB。然而，相对水平将大体上保持图中所示。除了适度的高频率，预计直接辐射仍不会产生明显的作用。

在高速流体中，四极分量的重要性会有所增加，如图 3-43 所示。在这里，对于流经刚性平面和半平面的流体，四极子和偶极子噪声源都至关重要，特别是在高频下。其重要性已在许多采用壁射流的气动声学实验中得到证明。第 5 章“无空化升力部分”（图 5-50），将给出壁射流测得的后缘噪声示例，这些噪声在低频下可能超过自由射流的四极子噪声。图 3-43 表明，当 $\omega\delta^*/U_\infty$ 约小于 1 时，可能出现这种情况。当流体受到薄柔性板限制时，振动诱导辐射在低到中等频率下可能很重要。当然，这取决于辐射阻尼相对于总阻尼的大小。图 3-43 与图 3-42 一样，仅从定性角度考虑，因为实际噪声将取决于实验条件。

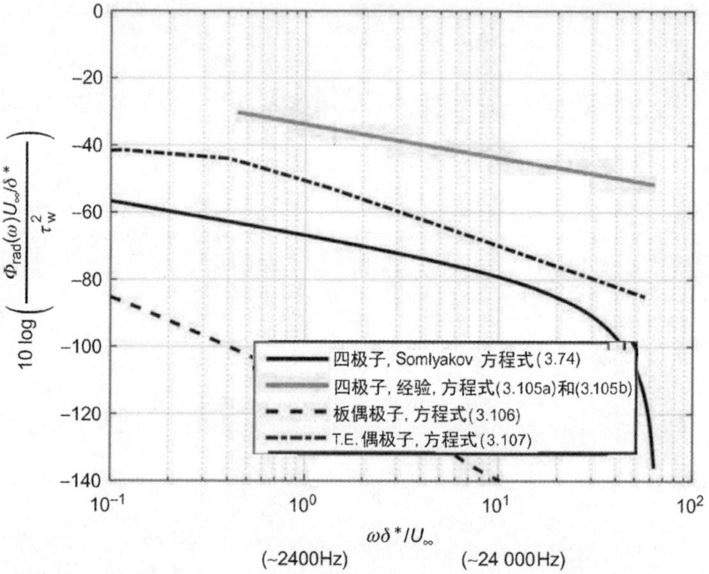

图 3-43　不同边界层流（图 3-41）在空气中中等马赫数下预计的远场声辐射估算值

（图中括号内的数字表示近似的频率。参数：$M=0.3$，$\rho_p/\rho_0=2.5$；$\delta^*/h=8$；$\eta_r/\eta_T=1$）

3.8.2　飞机噪声控制经验

在湍流与柔性壁接触的许多情况下，都会遇到振动问题。两个更重要的应用是飞机机舱噪声和管道湍流激励。后者将在第 4 章“管道和涵道系统的声辐射”中讨论，即管道和涵道系统声音的更广泛背景。在再入空间飞行器的振动控制中应用较少[79]。为了说明本章的应用，我们将研究飞机机身的边界层激励。

边界层——飞机机舱内产生的噪声是由机身结构的流动激励源引起的。这是一个铝肋结构，面板厚度约为 1mm。起飞时，机身激励源是入射到结构上的射流噪声。然而，在巡航速度下（速度 M 仅为 0.4~0.8），湍流边界层是结构的主要激励源或重要激励源。射流噪声仍然有助于喷气发动机尾部飞机蒙皮任何部分的结构激励。因此，在巡航速度下，湍流边界层的前向区域是 Wilby 和 Gloyna[210-211] 所示的相关来源。我们发现，波音 737 型飞机机身的振动水平（喷气发动机几乎为中等长度）取决于速度，大致与式（3.51）和式（3.48）相对应。飞机机身上的边界层压力与平板上的边界层压力基本相似（见参考文献［80-84］和 2.4.1 节），并且由于多种粗糙度类型[83]，这些边界层压力对粗糙度敏感。具体而言，在水动力相干频率（马赫数为 0.45 和 0.78 时，在 1～5kHz 之间）以下，发现均方加速度 $\omega^2 V^2$ 与均方壁压（$p^2 = 2\Phi_{pp}(\omega)\Delta\omega$）之比和速度无关，并且定性符合式（3.48）。此外，在低于 $\omega=\omega_h$ 的频率下，对壁面振动时空相关性的测量显示，振动对流分量大约在飞机前飞速度的 1/2～3/4。只能在环向加强筋未接触机身蒙皮的结构配置中识别这种振动对流分量；蒙皮只黏合在纵梁上。当蒙皮铆接在纵向和环向加强筋上时，在每个隔舱中都会产生混响振动，且无法识别任何对流振动。当频率大于水动力相干频率时，该比值 $\omega^2 \overline{V^2}(\omega)/\overline{p^2}$ 随速度的增加而增加，并且定性符合式（3.51）。已经发现，加强筋的布置和面板尺寸以可进行某种优化的方式影响声音，参见 Maury 等[76]、Efimtsov 和 Lazarev[86]。回顾第 2 章"壁湍流压力脉动响应"，频谱 $\Phi_{pp}(k \ll k_c, \omega)$ 至 $\Phi_{pp}(\omega)$ 之比应为 $(U_c/\omega\delta^*)^{n-1}$。式中：$n$ 至少为 4。应该注意的是，该比率的实际频率相关性与理论频率相关性不一致。无论蒙皮是否铆接在环向加强筋上，其上某一点的振动水平均相同。

发现仅在低于 500Hz 的频率下，通过巡航期间的射流噪声激励来控制机身后部蒙皮的振动。在较高频率下，宽带面板振动可归因于边界层的激励。在对应于叶片通道频率倍数的高频率下，涡轮机的辐射噪声引起蒙皮的声音激励（见第 6 章"旋转机械噪声"）。根据式（3.57），在大于 ω_h 的频率下，后舱的边界层诱导振动水平大约增加到 $55\log U$。

当噪声主要由混响蒙皮振动引起时，可通过直接应用第 1 卷 5.7 节和 3.4 节来降低飞机机舱的内部噪声。Bhat 和 Wilby[80] 报告，在 0.8～5kHz 的频率范围内，通过使用铝箔阻尼带，面板振动从 4dB 降至 9dB。根据式（3.57）预计该减少量，有

$$\Delta L_s = 20\log\frac{(m_s)_{阻尼}}{(m_s)_{裸装}} + 10\log\frac{\eta_{rad}+(\eta_m)_{阻尼}}{\eta_{rad}+(\eta_m)_{裸装}} \tag{3.108}$$

式中：$m_s=\rho_p h$ 为面板的单位面积质量。在高于 5kHz 的频率下，辐射阻尼是响应的主要因素，所以阻尼带对声辐射没有任何影响。由于增加阻尼带，单位面积质量的增加导致噪声降低约 1dB，其余部分由 η_m 的增加导致。由于蒙皮的质量负荷，安装在机舱内墙壁上的吸声楔子导致噪声降低，并通过耗散损耗降低机舱内的混响声。

必须强调的是，增加加强筋和肋通常不是有效的噪声控制措施。如第 1 卷的式（5. 90b）、式（5. 135）和式（5. 136）所示，额外的加强筋通常只增加肋板的辐射周长，因此通过式（3. 57）增加 $\sigma(\omega L/c_0, c_0/c_\ell)$ 直接增加声压级。

3. 9　混响声场激励的扩展

3. 9. 1　混响声波数谱

本章最后强调，3. 3 节和 3. 4 节的结果取决于激励场的相位或对流、速度与板中弯曲波速之间的关系。只要满足关于板平面内压力场统计均匀性的 Dyer 标准，结果对任何压力场都是通用的。对于其他压力场，必须修改该理论。此外，由于实际流动情况下的壁压通常包括声学含量，因此最好在本章中专门讨论结构的声学接收和传输之间的关系。

将本章的结果推广到柔性板与混响声场的相互作用上非常简单。本节旨在通过应用前几节中针对流致噪声所采用的方法，推导出在经典噪声控制中众所周知的关系。下面将介绍这种相互作用的一般特性。举例来说，对于存在混响声场的封闭空间外部经典的声音传播问题，将给出明确的关系，如图 3-44 所示。然而，更普遍的关系适用于许多声学工程领域。在第 4 章“管道和涵道系

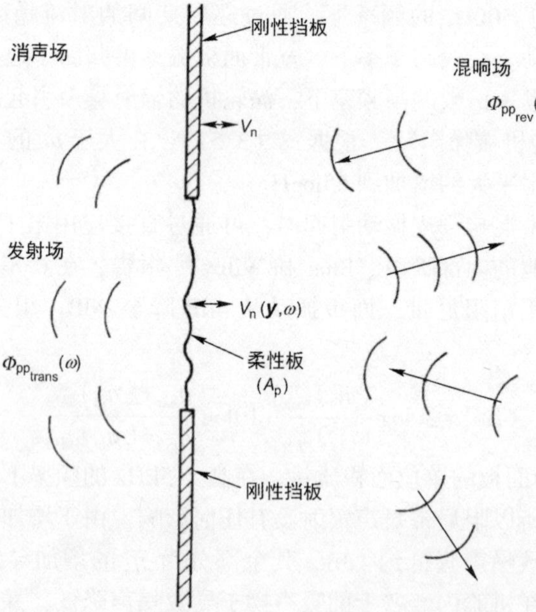

图 3-44　声音通过挡板中的柔性窗口传播

统的声辐射”中，当考虑声音通过管道和涵道壁传播时，我们将更详细地考虑这个问题。

混响声场将在板平面内产生均匀的非对流压力场。因此，驱动板的波数谱 $\Phi_{pp}(\boldsymbol{k},\omega)$ 对波数范围 $|\boldsymbol{k}|\leqslant k_0$ 的影响较大。假设声场的统计各向同性性质在表面的任何地方都相同，包括引起声音镜面反射的面板。这要求面板的 $(m_s\omega/\rho_0c_0)$ 远大于 1，通常如 3.5.1 节中的关系式所示（式（3.67）），也同样适用于这种情况。因此，3.4 节中的反射系数 R 完全相同，这样表面上的压力是场中压力的两倍。然而，当入射场各向同性时，某一点的平均自谱压力为场中该点压力的两倍[211-213]

$$\Phi_{pp}(\omega)\approx 2\Phi_{pp_{rev}}(\omega) \tag{3.109}$$

因为与非法向入射波相比，法向入射波在确定平均压力时具有更大的权重。

因此，我们的程序采用第 1 卷的式（5.53），根据输入功率（第 1 卷的式（5.52a））确定板在频带 $\Delta\omega,\overline{V^2}(\omega,\Delta\omega)$ 中的振动，然后根据第 1 卷的式（5.89b）估算辐射到消声侧的声功率。估算输入功率的关键要素是求式（3.19）的值，反过来，此式需要板二维平面内压力的波数谱。

声学混响场中 x 和 y 两点之间的空间相关函数为[214]

$$R_{pp}(x-y)=\frac{\sin(k_0r)}{k_0r}$$

式中：$r=|x-y|$。波数频谱将采用以下形式

$$\Phi_{pp}(\boldsymbol{k},\omega)=\Phi_{pp}(\omega)\phi(\boldsymbol{k})$$

其中，归一化波数谱为

$$\phi(k)=\frac{1}{(2\pi)^2}\iint_{-\infty}^{\infty}[R_{pp}(r)]_s e^{i\boldsymbol{k}_{1,3}\cdot\boldsymbol{r}_{1,3}}d^2\boldsymbol{r}_{1,3}$$

并且在表面上对相关函数 $[R_{pp}(r)]_s$ 进行求值。该表达式与前几章中使用的定义一致。假设表面上的空间统计量与场中任何地方的空间统计量相同，因此在表面或场地 1，3 平面中计算的所有 $\phi(\boldsymbol{k})$ 均为等效值。因此，我们正式得出 r_2 的互谱密度：

$$\phi(r_2,\boldsymbol{k})=\frac{1}{(2\pi)^2}\iint_{-\infty}^{\infty}\frac{\sin(k_0r)}{k_0r}e^{i\boldsymbol{k}\cdot(\boldsymbol{r}_{1,3})}d^2\boldsymbol{r}_{1,3}$$

式中：$r=\sqrt{r_2^2+r_{1,3}^2}$，因为我们只在二维空间上进行转换。

此外，回想一下

$$\sin(k_0r)=\frac{1}{2i}(e^{ik_0r}-e^{-ik_0r})$$

使用第 2 章“壁湍流压力脉动响应”附录中的两个恒等式，允许进行求值以得出互谱

$$\phi(r_2,\boldsymbol{k})=\frac{1}{4\pi k_0}\frac{\mathrm{e}^{+\mathrm{i}(k_0^2-k^2)^{1/2}r_2}+\mathrm{e}^{-\mathrm{i}(k_0^2-k^2)^{1/2}r_2}}{\sqrt{k_2^2-k^2}}$$

由于我们对单个平面中点的互谱感兴趣，因此 $r_2=0$，并得出归一化波数谱

$$\phi(\boldsymbol{k})=\frac{1}{2\pi k_0^2}\frac{1}{\sqrt{1-(k/k_0)^2}},\quad k\leqslant k_0$$

此波数谱在 $k=k_0$ 时具有熟悉的可积奇点。结合式（3.35），所需的壁压谱为

$$\Phi_{\mathrm{pp}}(\boldsymbol{k},\omega)=\frac{1}{\pi}\left[\frac{\Phi_{\mathrm{pp}_{\mathrm{rev}}}(\omega)}{k_0^2\sqrt{1-(k/k)^2}}\right]\tag{3.110}$$

此函数如图 3-45 所示。在流体负荷下，我们根据式（3.67）和式（3.68）进行了以下调整

$$[\Phi_{\mathrm{pp}}(\boldsymbol{k},\omega)]_{流体负荷}\approx[\Phi_{\mathrm{pp}}(\boldsymbol{k},\omega)]_{刚性}\left|\frac{Z_{\mathrm{p}}}{Z_{\mathrm{p}}+Z_{\mathrm{a}}}\right|^2\tag{3.111}$$

下面应假设，面板振动和传播声音由面板的共振模式控制，并且带宽 $\Delta\omega$ 足够大，可以应用第 1 卷第 5 章中的模式平均方法。此外，假设面板没有流体负荷，即 $Z_{\mathrm{p}}\gg Z_{\mathrm{a}}$。

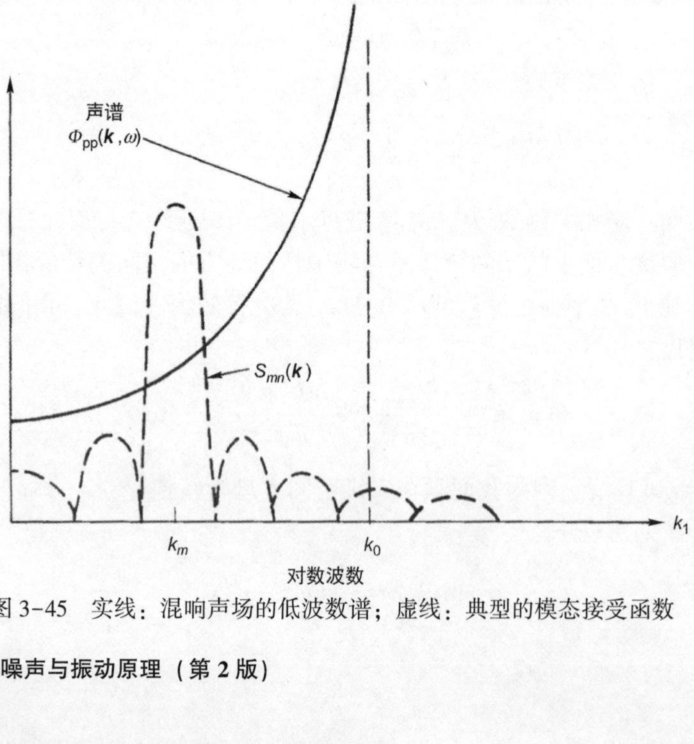

图 3-45　实线：混响声场的低波数谱；虚线：典型的模态接受函数

3.9.2　共振模式对随机入射声的响应

将式（3.110）代入式（3.19）时，所有 $\boldsymbol{k}=(k_1,k_3)$ 的积分类似于挡板矩形板辐射效率的积分（第 1 卷的式（5.83）。因此，模态压力谱只是宽带混响场（离表面）的均方压力。式（3.111）可以写成另一种形式，令

$$\frac{1}{kc_\ell}=\frac{4\pi n(\omega)}{A}$$

式中：$n(\omega)$为面板的模态密度，因此

$$\overline{V^2}\frac{2\pi^2\,\overline{p_{\text{rev}}^2}\,c_0\eta_{\text{r}}n(\omega)}{\omega^2 M\eta_{\text{T}}\rho_0} \tag{3.112}$$

式（3.112）和式（3.113）将给出暴露于假设场的结构共振模式的混响声响应。这种关系最初由 Smith[215] 利用对等原则推导出来，后来由 Lyon 和 Maidanik[216] 以不同的形式推导出来。因此，它也可以用来估算组合声场和流场中面板的声致运动。

根据第 1 卷式（5.89）的$\overline{V^2}$，得出面板另一侧辐射到环境流体中的声功率。我们假设外部流体与内部流体不同，因此传输的声功率为

$$P_{\text{trans}}(\omega,\Delta\omega)=\rho_2c_2A_{\text{p}}\overline{\sigma}_2\,\overline{V^2}$$

式中：$\overline{\sigma}_2$ 为外部流体的模态平均辐射效率。我们还假设，这种声功率的典型特征是在距离平板中心 r 处半球上平均的均方压力$\overline{P_{\text{trans}}^2}$，因此

$$p_{\text{trans}}^2=\frac{P_{\text{trans}}(\omega,\Delta\omega)\rho_2c_2}{2\pi r^2}$$

并且我们可以定义传统的传输系数

$$\frac{1}{\tau}=\frac{\overline{p_{\text{trans}}^2}\,2\pi r^2}{p_{\text{rev}}^2A_{\text{p}}}=\frac{\pi}{2}\frac{\rho_2^2c_2^2c_0^2\sigma\sigma_2}{m_{\text{s}}^2kc_\ell\eta_{\text{T}}\omega^3} \tag{3.113}$$

这与 Beranek[218] 给出（由 Crocker 和 Price[217] 推导出）的混响墙隔板的声传播损失表达式相同。当频率远大于内部流体或外部流体的声学相干频率时，则 $\overline{\sigma}=\overline{\sigma_2}=1$ 以及

$$\frac{1}{\tau}=\frac{\pi}{2}\frac{\rho_2^2c_2^2c_0^2}{m_{\text{s}}^2kc_\ell\eta_{\text{T}}\omega^3} \tag{3.114}$$

通过研究式（3.58）和式（3.59），我们发现 3.3 节中开发的所有噪声控制技术同样适用于此。通过增加单位面积质量、减小面板的周长、增加与 $\eta_{\text{T}}>\rho_0c_0/(m_{\text{s}}\omega)$ 和 $\rho_2c_2/(m_{\text{s}}\omega)$ 一样长的阻尼以及降低板的杨氏模量，可以减少传输。通过将 $\overline{\sigma}$ 从第 1 卷的式（5.90）引入式（3.113），可看出后一个结论影

响声学相干频率以下的响应，从而得出以下参数关系：

$$\frac{1}{\tau}\approx\frac{1}{6\pi}\frac{\rho_0^2}{\rho_p^3}\frac{P^2E}{A_p^2\eta_T\omega^2} \tag{3.115}$$

式中：P 为面板周长；E 为杨氏模量；ρ_p 为体积密度。因此，式（3.113）~式（3.115）为规则的正式表达式，即房间隔墙的最佳隔离是采用内部阻尼高、加强筋少的致密柔软材料。这些导则与 3.4 节中流动激励源所示的导则一致。当然，当共振板运动不再主导传输时，会达到一个点。在这种情况下，以质量控制的运动为主。

3.9.3　质量控制面板振动传输

在质量控制运动中，结构窗响应主要由低波数模式的质量控制振动控制。这是因为由于 $\bar{\sigma}\approx1$，只有那些与声学介质耦合良好的模式才有效。对于面板的所有共振模式，当高于声学相干频率时，$\bar{\sigma}\approx1$；当低于声学相干频率时，$\sigma\ll1$。因此，$k_{mn}=k_0$ 时所有模式（与介质耦合良好）的波数和共振频率均低于驱动频率。为了从数学角度来看，我们重复上述分析，但在第 1 卷式（5.34）中恢复 $M_s\omega_{mn}^2$ 的 $D_sk_{mn}^4$，使得面板和带宽 $\Delta\omega$ 中的总均方速度水平为

$$\overline{V^2}=2\int_{\Delta\omega}\sum_{mn}\frac{\omega^2\Phi_{pmn}(\omega)}{[(D_sk_{mn}^4-m_s\omega^2)^2+\eta_s^2\omega_n^2\omega^2]}\mathrm{d}\omega$$

求和适用于所有模式，但只有两个贡献值至关重要；情况见图 3-7 和图 3-8，其中 $k_p\gg k_0$。第一个贡献值来自共振模式，其中 $k_{mn}=k_p$，它们都是弱散热器，$\sigma\ll1$。但由于响应较大（受 $1/\eta_s$ 控制），可能会导致均方运动。第二个贡献值来自 $k_{mn}\leqslant k_0\ll k_p$ 圆内的模式。由此可得

$$\overline{V^2}\approx\sum_{mn(k<k_0\text{时的模式})}\frac{2\Phi_{pmn}(\omega)\Delta\omega}{m_s^2\omega^4}+\sum_{mn(\text{共振模式})}\frac{\pi\Phi_{pmn}(\omega)}{m_s^2\eta_s\omega_n} \tag{3.116}$$

这只是第 1 卷式（5.51）的一种更通用的形式，其中包含了非共振模式；已在上面讨论过第二项。第一项为质量控制响应。对于本项的求值，我们得

$$[\Phi_{pmn}]_{k<k_0\text{时的模式}}\approx\frac{4\pi\Phi_{pp_{rev}}(\omega)}{k_0^2A_p}$$

因为，对于这些模式而言 $\sigma\approx1$。使用统计方法，根据第 1 卷式（5.45）得出的 $k<k_0$ 圆内的模式数为

$$[N]_{\text{模式},k<k_0}=\frac{k_0^2A_p}{4\pi}$$

因此，我们发现

$$[\overline{V^2}]_{质量控制} = \frac{\overline{p_{\text{rev}}^2}}{m_s^2\omega^2}$$

通过上述共振传输分析，我们得出质量控制的传输损耗

$$\frac{P_{\text{red}}}{4P_{\text{inc}}} = \frac{1}{\tau} = \frac{\overline{p_{\text{rad}}^2}2\pi r^2}{\overline{p_{\text{rev}}^2}A_p} = \left(\frac{\rho_2 c_2}{m_s\omega}\right)^2, \quad \omega \ll \omega_c, f \ll f_c \tag{3.117}$$

这基本上是 Beranek[218] 或 Kinsler 等[219] 得出的结果。第 1 卷图 5-12 和图 3-18 给出了声学相干频率 $f_c = \omega_c/2\pi$。由于因素与选择 $\overline{\sigma} \approx 1$ 有关，式（3.117）不同于参考文献［216］中的对应内容。参考文献［216］中使用了无限板模型，导致辐射效率值略有不同。

我们继续分析更低的频率，式（3.117）将保持不变，直到 $k \leqslant k_0$ 圆内未出现强迫共振模式。然后，响应由低于其共振频率的最低阶模态主导。则

$$\overline{V^2} \approx \frac{2\omega^2 \Phi_{p00}(\omega)\Delta\omega}{m_s^2\omega_{00}^4}, \quad \omega < \omega_{00}$$

式中：$\omega_{00} = 2\pi f_{00}$ 为面板的基本频率。对于第 1 卷第 5 章中 L_1 和 L_3 两侧的简单支撑，给出以下关系式

$$f_{00} \approx \frac{\pi}{2}\frac{c_\ell \kappa}{A_p}\left(\frac{L_3}{L_1} + \frac{L_1}{L_3}\right)$$

则传输损耗为

$$\frac{1}{\tau} = \frac{\overline{p_{\text{rad}}^2}\pi r^2}{\overline{p_{\text{rev}}^2}A_p} \approx \frac{32}{\pi^4}\left(\frac{\rho_2^2 c_2^2}{m_s^2\omega_{00}^2}\right)\left(\frac{\omega}{\omega_{00}}\right)^2, \quad \omega < \omega_{00} \tag{3.118}$$

且视为以 ω^2 的形式增加。

3.9.4　理论与实测传输损耗的比较

式（3.113）、式（3.114）和式（3.117）如图 3-46 所示。实际上，本分析中假定的围绕板的挡板刚度存在问题。因此，在低频下，很可能整个分区都对传输起作用，使得式（3.118）的实际重要性不大。图 3-46 显示了本节的重要关系式以及 Crocker 和 Price[217] 发布的铝板测量结果。在声功率的基础上进行测量

$$10\log\frac{1}{\tau_p} = 10\log\frac{\mathbb{P}_{\text{red}}(\omega)}{\mathbb{P}_{\text{inc}}(\omega)}$$

式中[218]：对于入射到区域 A_p 表面上的混响声场

$$\mathbb{P}_{\text{inc}}(\omega) = \frac{\overline{p_{\text{inc}}^2}(\omega)A_p}{4\rho_0 c_0}$$

因此，关系为

$$10\log\tau = 10\log\tau_p - 6$$

用来转换测量结果。比较表明，低频传输主要由质量定律（如面板的非共振、声学快变和质量控制弯曲模式）控制，而高频传输则由声学重合的共振模式控制。

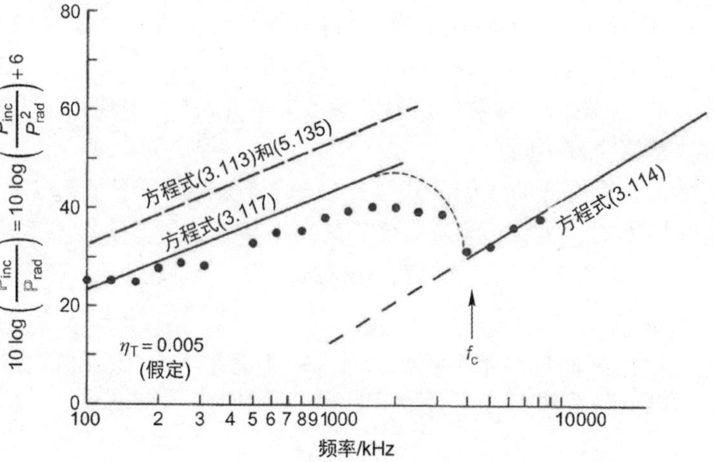

图 3-46　可分隔消声室和混响室的 1.55m×1.97m×3.18mm 铝板的传输损耗

（细虚线表示式（3.114）和式（3.117）。资料来源：Data from Crocker MJ，Price AJ. Sound transmission using statistical energy analysis. J Sound Vib 1969；9：469-86.）

图 3-46 中，共振模式传输的曲线段通过增加频率接近相干频率时的辐射效率（第 1 卷式（5.135））来控制。理论表明，在相干频率的一个或两个倍频程内，传输由两类振动模式的组合控制，并且在该范围内出现 τ 的平稳值。比较表明，通过在 $\omega=(\omega_c/4)$ 时求式（3.117）的值，可得出该值的近似值。

附录　弹性体式

1. 概述

我们将图 3-37 所示覆盖层中的变形和应力场视为板-弹性体-流体层系统。本附录讨论的式组首先由 Maidanik[98]、Maidanik 和 Reader[99] 推导，他们将该层视为三维流体介质（即无剪切刚度）；然后由 Chase 和 Stern[102] 推导，他们将该层推广到具有二维波的线性弹性体。后来，Chase[103] 公开发表了这个式组，Ko 和 Schloemer[108] 进行了证实性分析。我们应考虑流体处弹性体表面位于 $y_2=0$ 平面以及板位于 $y_2=-h_b$ 的问题，图 3-37 中，板的厚度为 h_p，单位

面积质量为 M_s，刚度为 D。现在考虑弹性体在 y_1 和 y_3 中无限延伸，平均流动与 y_1 对齐。

在以最普遍的方式求解从表面到层中点的压力传递性时，Maidanik 和 Reader[98-100] 和 Chase[103] 的结果显而易见，我们令弹性体中的位移 $d=d_1,d_2,d_3$ 由标量势 $\varphi(y_1,y_2,y_3)$ 描述，此标量势可用于描述弹性体（或流体）中的纵向波；矢量势 $\boldsymbol{y}=y_3(y_1,y_2,y_3)$（在弹性体中）描述剪切波，参见 Love（弹性理论）或固体力学的其他文本。因此，该层中的位移通常为

$$d=\nabla\varphi+\nabla\times y$$

势解的形式如下

$$\varphi(y_1,y_2)=\widetilde{\varphi}(y_2)\mathrm{e}^{ik_3y_3}\mathrm{e}^{ik_1(y_1-c_lt)},\quad y_3(y_1,y_2)=\widetilde{\psi}(y_2)\mathrm{e}^{ik_3y_3}\mathrm{e}^{ik_1(y_1-c_lt)}$$

这些势分别为相速度 c_l 和 c_t 下纵向和剪切传播的波式解。因此，当 $\boldsymbol{k}_{13}=k_1$，k_3 和 $k_{13}=|\boldsymbol{k}_{13}|$ 为传播波数及其大小时，互补的简化波式为

$$\frac{\partial^2\widetilde{\varphi}(y_2)}{\partial y_2^2}-\left(k_1^2+k_3^2-\left(\frac{\omega}{c_l}\right)^2\right)\widetilde{\varphi}(y_2)=0$$

以及

$$\frac{\partial^2\widetilde{\varphi}(y_2)}{\partial y_2^2}-\left(k_1^2+k_3^2-\left(\frac{\omega}{c_t}\right)^2\right)\widetilde{\varphi}(y_2)=0$$

2. 通过流体状层的压力传递

对于流体状层，剪切强度为零，而且层中的运动式大大简化。仍然考虑层中的三维位移，并重点关注弹性层的最终公式，覆盖层中的位移势为

$$\widetilde{\varphi}(y_2)=a_1\sinh(K_1(y_2+h_b))+b_1\cosh(K_1(y_2+h_b))$$

该层中的位移为

$$\delta_2(y_2)=\frac{\partial\widetilde{\varphi}(y_2)}{\partial y_2}$$

该层中任何地方的压力均为

$$\widetilde{p}_b(y_2,\boldsymbol{k}_{13},\omega)=-\rho_b\omega^2\varphi(y_2)$$

流体界面处的流体压力（包括“阻塞”压力驱动 $\widetilde{p}_0(y_2=0,\boldsymbol{k}_{13},\omega)$）为

$$\widetilde{p}(y_2=0,\boldsymbol{k}_{13},\omega)=-Z_a(-\mathrm{i}\omega)\delta_2(y_2=0,\boldsymbol{k}_{13},\omega)-\widetilde{p}_0(y_2=0,\boldsymbol{k}_{13},\omega)$$

或者由于在流体-覆盖层界面处，流体中的压力等于覆盖层中的压力

$$\omega^2\rho_b\varphi(y_2)\big|_{y_2=0}+Z_a(\mathrm{i}\omega)\frac{\partial\varphi(y_2)}{\partial y_2}\bigg|_{y_2=0}=\widetilde{p}_0(y_2=0,\boldsymbol{k}_{13},\omega)$$

式（3.61）中上部流体的阻抗为

$$Z_a(\boldsymbol{k}_{13},\omega)=\frac{\rho_0\omega}{\sqrt{(\omega/c_0)^2-k_{13}^2}}$$

覆盖层中阻抗为

$$Z_{\mathrm{b}}(\boldsymbol{k}_{13},\omega)=\frac{\rho_{\mathrm{b}}\omega}{\sqrt{(\omega/c_1)^2-k_{13}^2}}$$

请注意，如第 1 卷第 5 章所讨论的那样，若表面是刚性的，则存在阻塞压力。在覆盖层-板界面处，板的响应如第 1 卷的式（5.27）所示，或者根据式（3.61）得出，即

$$Z_{\mathrm{p}}(\boldsymbol{k}_{13},\omega)(-\mathrm{i}\omega\delta(y_2=-h_{\mathrm{b}},\boldsymbol{k}_{13},\omega))=\tilde{p}(-h_{\mathrm{b}},\boldsymbol{k}_{13},\omega)$$

或者

$$-\mathrm{i}\omega Z_{\mathrm{p}}(\boldsymbol{k}_{13},\omega)\frac{\partial\varphi(y_2)}{\partial y_2}\bigg|_{y_2=-h}=\omega^2\rho_{\mathrm{b}}\varphi(y_2)\big|_{y_2=-h}$$

对这些式同时求解，得出压力传递的表达式，令

$$[\tilde{p}(0,\boldsymbol{k},\omega)]_{\text{无层}}=\tilde{p}_0(y_2=0,\boldsymbol{k}_{13},\omega)=t_{\mathrm{p}}(y_2<0,\boldsymbol{k}_{13},\omega)=\frac{[\tilde{p}(y_2<0,\boldsymbol{k},\omega)]_{\text{有层}}}{[\tilde{p}(0,\boldsymbol{k},\omega)]_{\text{无层}}}$$

$$t_{\mathrm{p}}(y_2=-h_{\mathrm{b}},\boldsymbol{k}_{13},\omega)=$$

$$\frac{Z_{\mathrm{p}}(\boldsymbol{k}_{13},\omega)Z_{\mathrm{b}}(\boldsymbol{k}_{13},\omega)^2}{(Z_{\mathrm{p}}(\boldsymbol{k}_{13},\omega)Z_{\mathrm{b}}(\boldsymbol{k}_{13},\omega)+Z_{\mathrm{a}}(\boldsymbol{k}_{13},\omega)^2)\cos\mathrm{h}K_1h_{\mathrm{b}}+(Z_{\mathrm{p}}(\boldsymbol{k}_{13},\omega)-Z_{\mathrm{b}}(\boldsymbol{k}_{13},\omega))Z_{\mathrm{a}}(\boldsymbol{k}_{13},\omega)\sin\mathrm{h}K_1h_{\mathrm{b}}}\tag{3.119}$$

在覆盖层刚性背衬的极限情况下，即 $Z_{\mathrm{p}}(\boldsymbol{k}_{13},\omega)=0$，有

$$t_{\mathrm{p}}(y_2=-h_{\mathrm{b}},\boldsymbol{k}_{13},\omega)=\frac{1}{\cos\mathrm{h}K_1h_{\mathrm{b}}+((Z_{\mathrm{a}}(\boldsymbol{k}_{13},\omega))/(Z_{\mathrm{b}}(\boldsymbol{k}_{13},\omega)))\sin\mathrm{h}K_1h_{\mathrm{b}}}\tag{3.120}$$

这是 Maidanik 的结果。当流体和覆盖层中的阻抗相等时，仍需进一步简化上述式，如本章正文所述。

3. 通过弹性层的压力传递

在 Chase 和 Stern[102]、Chase[103] 以及 Ko 和 Schloemer[108] 中，处理弹性层增加了剪切刚度的复杂性，但这仅限于二维。因此，他们令 $\boldsymbol{k}_{13}=k_1$ 和

$$d_1=\frac{\partial\varphi}{\partial y_1}+\frac{\partial\psi_3}{\partial y_2},\quad d_2=\frac{\partial\varphi}{\partial y_2}-\frac{\partial\psi_3}{\partial y_1},\quad d_3=0$$

在这些项中，层中的膨胀压力和剪切应力（Love[195]）分别为

$$\tilde{p}(y_2,\boldsymbol{k}_1,\omega)=\rho_{\mathrm{b}}\left[c_1^2\frac{\partial d_2}{\partial y_2}+(c_1^2-c_t^2)\frac{\partial d_1}{\partial y_1}\right]$$

$$\tau(y_2,\boldsymbol{k}_1,\omega)=\rho_{\mathrm{b}}c_t^2\left[\frac{\partial d_1}{\partial y_2}-\frac{\partial d_2}{\partial y_1}\right]$$

这些式的解取决于弹性体表面的条件，包括 $y_2=-h_b$ 上的平面内位移为零

$$d_1(y_1,-h_b)\equiv 0$$

以及板上的垂直位移和压力，它们与板基底的阻抗相匹配

$$\tilde{p}(-h_b,\boldsymbol{k}_1,\omega)=-\mathrm{i}\omega z_p d_2(y_1,-h_b)\equiv 0$$

在弹性体-流体界面上，$y_2=0$ 时，我们得出以下满足条件的压力和剪切应力

$$\tilde{p}(0,\boldsymbol{k}_1,\omega)=\mathrm{i}\omega Z_a(\boldsymbol{k}_1,\omega)d_2(0,-h_b,y_3)+\tilde{p}_a(0,\boldsymbol{k}_1,\omega)$$

以及

$$\tilde{\tau}(0,\boldsymbol{k}_1,\omega)=\tilde{\tau}_a(0,\boldsymbol{k}_1,\omega)$$

式中：$\tilde{p}_a(0,\boldsymbol{k}_1,\omega)$ 为垂直于表面的湍流诱导流体压力，如 2.3 节和 3.51 节所述；$\tilde{\tau}_a(0,\boldsymbol{k}_1,\omega)$ 为湍流诱导壁剪应力，假设这两者均会在流体界面激发弹性体。纵向相速度的复波速度为 $c_t=c_{t0}(1-\mathrm{j}\eta_b)$，剪切波速度的复波速度为 $c_1=c_{10}(1-\mathrm{j}\eta_b)$。相位速度用 Lame 常数表示，公式为

$$c_{10}=\left[\frac{(\lambda+2\mu)}{\rho_b}\right]^{1/2},\quad c_{t0}=\left[\frac{\mu}{\rho_b}\right]^{1/2}$$

λ 和 μ 是线性各向同性材料的 Lame 常数，该常数与延伸率 E、剪切率 G、模量和泊松比 ν 相关（如 Love[195]），即

$$G=\frac{E}{2(1+\nu)}$$

$$\lambda=\frac{E\nu}{(1+\nu)(1-2\nu)}$$

$$\mu=G$$

弹性体中应变势的解形式为

$$\tilde{\varphi}(y_2)=a_1\sin\mathrm{h}(K_1(y_2+h_b))+b_1\cos\mathrm{h}(K_1(y_2+h_b))$$

$$\tilde{\varphi}(y_2)=a_t\sin\mathrm{h}(K_t(y_2+h_b))+b_t\cos\mathrm{h}(K_t(y_2+h_b))$$

我们感兴趣的因素是在弹性体中产生压力的脉动压力和壁剪应力的传输系数。层中任何地方的压力 $\tilde{p}(y_2<0,\boldsymbol{k}_1,\omega)$，用传输系数表示

$$\tilde{p}(y_2<0,\boldsymbol{k}_1,\omega)=t_p(y_2<0,\boldsymbol{k}_1,\omega)\tilde{p}_a(0,\boldsymbol{k}_1,\omega)+t_r(y_2<0,\boldsymbol{k}_1,\omega)\tilde{\tau}_a(0,\boldsymbol{k}_1,\omega)$$

我们使用以下缩写和缩略形式来表示求解 4×4 行列式的结果

$$K_1=\sqrt{k_1^2-\left(\frac{\omega}{C_1}\right)^2}$$

$$K_t=\sqrt{k_1^2-\left(\frac{\omega}{C_t}\right)^2}$$

$$K_2=\sqrt{k_1^2-\left(\frac{\omega}{C_0}\right)^2}$$

通过第 1 卷的式（5.27）或根据式（3.61）得

$$z_{\mathrm{p}}=Z_{\mathrm{p}}(\boldsymbol{k}_{13}\omega)=\mathrm{j}m_{\mathrm{s}}\omega\left[\left(\frac{k_1}{k_{\mathrm{b}}}\right)^4(1-\mathrm{j}\eta_{\mathrm{b}})-1\right]$$

适用于板基板的阻抗，以及

$$z_{\mathrm{a}}=-\frac{\mathrm{j}\rho_0\omega}{K_2}$$

适用于弹性体上方流体的阻抗。总阻抗为

$$z=z_{\mathrm{p}}+z_{\mathrm{a}}$$

$$\tilde{z}=z\,|\rho_{\mathrm{b}}/c_{\mathrm{t}}^2$$

现在，Chase[103]引入了以下缩写

$C_1=\cos\ \mathrm{h}(K_1h_{\mathrm{b}})$

$C_{\mathrm{t}}=\cos\ \mathrm{h}(K_{\mathrm{t}}h_{\mathrm{b}})$

$S_1=\sin\ \mathrm{h}(K_1h_{\mathrm{b}})$

$S_{\mathrm{t}}=\sin\ \mathrm{h}(K_{\mathrm{t}}h_{\mathrm{b}})$

$k_0=(\rho_0/\rho_{\mathrm{b}})(\omega/c_{\mathrm{t}})^2/K_2$

$a_{11}=(k_1^2+K_{\mathrm{t}}^2)S_{\mathrm{t}}-2K_1K_{\mathrm{t}}S_1+\mathrm{j}2\,(\omega/c_{\mathrm{t}})^2K_{\mathrm{t}}C_1/\omega/\tilde{z}$

$a_{22}=(k_1^2/K_1/K_{\mathrm{t}})(k_1^2+K_{\mathrm{t}}^2)S_{\mathrm{t}}-2K_1K_{\mathrm{t}}St-k_0K_1(C_1-C_{\mathrm{t}})$

$a_{12}=(k_1^2+K_{\mathrm{t}}^2)C_{\mathrm{t}}-2k_1^2C_1$

$a_{21}=(k_{13}^2+K_{\mathrm{t}}^2)C_{\mathrm{t}}-2k_{13}^2C_{\mathrm{t}}-k_0(K_1S_1-(k_{13}^2/K_{\mathrm{t}})S_{\mathrm{t}})-$
$\quad\mathrm{j}((k_{13}^2+K_{\mathrm{t}}^2)S_1-k_0K_1C_1)\dfrac{(\omega/c_{\mathrm{t}})^2}{\omega\tilde{z}K_1}$

$D_{\mathrm{e}}=a_{11}a_{22}-a_{12}a_{21}$

$a_4=\dfrac{2k_{13}K_{\mathrm{t}}-(k_{13}^2+K_{\mathrm{t}}^2)K_{\mathrm{t}}/k_{13}}{\omega\tilde{z}K_l}$

$a_5=\dfrac{\mathrm{j}k_{13}}{K_1}$

$a_6=(k_1^2+K_{\mathrm{t}}^2)a_4\sin\ \mathrm{h}(K_1(y+h_{\mathrm{b}}))(k_1^2+K_{\mathrm{t}}^2)a_3\cosh(K_1(y+h_{\mathrm{b}}))-$
$\quad\mathrm{j}2k_1K_{\mathrm{t}}\cos\ \mathrm{h}(K_{\mathrm{t}}(y+h_{\mathrm{b}}))$

$a_7=(k_1^2+K_{\mathrm{t}}^2)a_5\sin\ \mathrm{h}(K_1(y+h_{\mathrm{b}}))-\mathrm{j}2k_1K_{\mathrm{t}}\sin\ \mathrm{h}(K_{\mathrm{t}}(y+h_{\mathrm{b}}))$

最后，所需的传输系数为

$$t_{\mathrm{t}}(y_2=-h_{\mathrm{b}},\boldsymbol{k}_1,\omega)=\frac{a_6a_{22}-a_7a_{21}}{D_{\mathrm{e}}} \tag{3.121}$$

$$t_{\mathrm{p}}(y_2=h_{\mathrm{b}},\boldsymbol{k}_1,\omega)=\left[\frac{a_7a_{11}-a_6a_{12}}{D_{\mathrm{e}}}\right]\left[\frac{\mathrm{j}k_1}{K_{\mathrm{t}}}\right] \tag{3.122}$$

参考文献

[1] Maidanik G, Jorgensen DW. Boundary wave vector filters for the study of the pressure field in a turbulent boundary layer. J Acoust Soc Am 1967; 42: 494-501.

[2] Jorgensen DW, Maidanik G. Response of a system of point transducers to turbulent boundary-layer pressure field. J Acoust Soc Am 1968; 43: 1390-4.

[3] Maidanik G. Flush-mounted pressure transducer systems as spatial and spectral filters. J Acoust Soc Am 1967; 42: 1017-24.

[4] Maidanik G. System of small-size transducers as elemental unit in sonar system. J Acoust Soc Am 1968; 44: 488-96.

[5] Maidanik G. Wavevector filters designed to explore pressures induced by subsonic turbulent boundary layers. In: USA/FRG Hydroacoust. Symp., 2nd, Orlando, Florida; 1971.

[6] Blake WK, Chase DM. Wavenumber-frequency spectra of turbulent boundary layer pressure measured by microphone arrays. J Acoust Soc Am 1971; 49: 862-77.

[7] Geib FE, Jr, Farabee TM. Measurement of boundary layer pressure fluctuations at low wave-number on smooth and rough walls. David W. Taylor Naval Ship R & D Center Rep. No. 84-05/. Washington, DC; 1985.

[8] Martini KF, Leehey P, Moeller M. Comparison of techniques to measure the low wave number spectrum of a turbulent boundary layer. Mass. Inst. Tech. Acoustics and Vibration Laboratory Rep. 92828-1. Cambridge, MA; 1984.

[9] Farabee TM, Geib FE. Measurements of boundary layer pressure fluctuations at low wave numbers on smooth and rough walls. In: ASME NCA Vol 11, Flow noise modeling, measurement and control, Book No. H00713; 1991.

[10] Kudashev EB. Spatial filtering of wall pressure fluctuations. Methods of direct measurements of wave number spectra. Acoust Phys 2008; 54: 101-8.

[11] Kudashev EB. Spatial filtering of wall pressure fluctuations beneath a turbulent boundary layer. Acoust Phys 2007; 53: 628-37.

[12] Emmerling R, Meier GEA, Dinkelacker A. Investigation of the instantaneous structure of the wall pressure under a turbulent boundary layer flow. AGARD Conf. Proc. AGARDCP-131; 1973.

[13] Emmerling R. The instantaneous structure of the wall pressure under a turbulent boundary layer flow. Ber-Max-Planck-Inst Stromungsforsch No. 56/1973; 1973.

[14] Gabriel C, Müller S, Ullrich F, Lerch R. A new kind of sensor array for measuring spatial coherence of surface pressure on a car's side window. J Sound Vib 2014; 333: 901-15.

[15] Chandiramani KL, Blake WK. Low - wave number content of the spectrum of the wall pressure under a turbulent boundary layer, BBN Rep. No. 1557. Cambridge, MA: Bolt Beranek, & Newman; 1968.

[16] Corcos GM. The resolution of pressure in turbulence. J Acoust Soc Am 1963; 35: 192-9.

[17] Corcos GM, Cuthbert JW, von Winkle WA. On the measurement of turbulent pressure fluctuations with a transducer of finite size, Rep. Ser. 82, No. 12. Berkeley, CA: Inst. Eng. Res. , Univ. of California; 1959.

[18] Corcos GM. The resolution of the turbulent pressures at the wall of a boundary layer. J Sound Vib 1967; 6: 59-70.

[19] Foxwell JH. The wall pressure spectrum under a turbulent boundary layer. Tech. Note No. 218/66. Portland, England: Admiralty Underwater Weapons Establ. ; 1966.

[20] Gilchrist RB, Strawderman WA. Experimental hydrophone - size connection factor for boundary layer pressure fluctuations. J Acoust Soc Am 1965; 38: 298-302.

[21] Chase DM. Turbulent boundary layer pressure fluctuations and wave number filtering by non-uniform spatial averaging. J Acoust Soc Am 1969; 46: 1350-65.

[22] Geib Jr. FE. Measurements on the effect of transducer sizer size on the resolution of boundary layer pressure fluctuations. J Acoust Soc Am 1969; 46: 253-61.

[23] White PH. Effect of transducer size, shape, and surface sensitivity on the measurement of boundary layer pressure. J Acoust Soc Am 1967; 41: 1358-63.

[24] Kirby GJ. The effect of transducer size, shape, and orientation on the resolution of boundary layer pressure fluctuations at a rigid wall. J Sound Vib 1969; 10: 361-8.

[25] Willmarth WW, Roos FW. Resolution and structure of the wall pressure field beneath a turbulent boundary layer. J Fluid Mech 1965; 22: 81-94.

[26] Chandiramani K. L. Interpretation of wall pressure measurements under a turbulent boundary layer, BBN Rep. No. 1310. Cambridge, MA: Bolt Beranek, & Newman; 1965.

[27] Chandiramani K. Fundamentals regarding spectral representation of random fields-application to wall-pressure field beneath a turbulent boundary layer, BBN Rep. No. 1728. Cambridge, MA: Bolt Beranek, & Newman; 1968.

[28] Bull MK, Thomas ASW. High frequency wall pressure fluctuations in turbulent boundary layers. Phys Fluids 1976; 19: 597-9.

[29] Skudrzyk EJ, Haddle GP. Noise production in a turbulent boundary layer by smooth and rough surfaces. J Acoust Soc Am 1960; 32: 19-34.

[30] Bruel PV, Rasmussen G. Free-field response of condenser microphones. Bruel Kjaer Tech Rev No. 2; 1959.

[31] Kudashev EB. Suppression of acoustic noise in the measurements of wall pressure fluctuatua-

tions. Acoust Phys 2003；49，664-649.

[32] Tkachenko VM，Smol'yakov AV，Kolyshnitsyn VA，Marshov VP. Wave number-frequency spectrum of turbulent pressure fluctuations：methods of measurement and results. Acoust Phys 2008；54：109-14.

[33] Powell A. Aerodynamic noise and the plane boundary. J Acoust Soc Am 1960；32：982-90.

[34] Landahl MT. Wave mechanics of boundary layer turbulence and noise. J Acoust Soc Am 1975；57：824-31.

[35] Ffowcs Williams JE，Lyon RH. The sound from turbulent flows near flexible boundaries，Rep. 1054. 68. 57. 35. Cambridge，MA：Bolt，Beranek，& Newman；August 1963.

[36] Ffowcs Williams JE. Sound radiation from turbulent boundary layers formed on compliant surfaces. J Fluid Mech 1965；22：347-58.

[37] Ffowcs Williams JF. Surface-pressure fluctuations induced by boundary-layer flow at finite Mach number. J Fluid Mech 1965；22：507-19.

[38] Lyon RH. Propagation of correlation functions in continuous media. J Acoust Soc Am 1956；28：76-9.

[39] Kraichnan RH. Noise transmission from boundary layer pressure fluctuations. J Acoust Soc Am 1956；29：65-80.

[40] Phillips OM. On aerodynamic surface sound from a plane turbulent boundary layer. Proc R Soc 1956；A234：327-35.

[41] Phillips OM. On the general of waves by turbulent wind. J Fluid Mech 1957；2：417-45.

[42] Dyer I. Response of plates to a decaying and convecting random pressure field. J Acoust Soc Am 1959；31：922-8.

[43] Lyon RH. Response of strings to moving noise fields. J Acoust Soc Am 1961；33：1606-9.

[44] Rattayya JV，Junger MC. Flow excitation of cylindrical shells and associated coincidence effects. J Acoust Soc Am 1964；36：878-84.

[45] White PH. Transduction of boundary layer noise by a rectangular panel. J Acoust Soc Am 1966；40：1354-62.

[46] Ffowcs Williams JE. The influence of simple supports on the radiation from turbulent flow near a plane compliant surface. J Fluid Mech 1966；26：641-9.

[47] Leehey P. A review of flow noise research related to the sonar self - noise problem，Rep. No. 4110366. Cambridge，MA：Arthur D. Little；1966.

[48] Leehey P. Trends in boundary layer noise research. In：Aerodyn. Noise Proc. AFOSR-UTIAS Symp.，Toronto，May 1968；1968.

[49] Feit D. Flow-noise radiation characteristics of elastic plates excited by boundary layer turbulence. Rep. No. U-279-199. Cambridge，MA：Cambridge Acoustical Associates；1968.

[50] Crighton DG，Ffowcs Williams JE. Real space-time Green's functions applied to plate vibration induced by turbulent flow. J Fluid Mech 1969；38：305-13.

[51] Crighton DG. Radiation from turbulence near a composite flexible boundary. Proc R Soc 1970; A234: 153-73.

[52] Davies HG. Excitation of fluid - loaded rectangular plates and membranes by turbulent boundary layer flow. In: Winter ann. meet. am. soc. mech. Eng, Chicago, IL. ASME Paper 70-WA/DE-15; 1970.

[53] Leibowitz RC. Vibroacoustic response of turbulence excited thin rectangular finite plates in heavy and light fluid media. J Sound Vib 1975; 40: 441-95.

[54] Chang YM. Acoustical radiation from periodically stiffened membrane excited by turbulent boundary layer. Rep. No. 70208-11. Cambridge, MA: Acoust. Vib. Lab, MIT; 1975.

[55] Chang YM, Leehey P. Vibration of and acoustic radiation from a panel excited by adverse pressure gradient flow. Rep. No. 70208-12. Cambridge, MA: Acoust. Vib. Lab, MIT; 1976.

[56] Chandiramani KL. Vibration response of fluid loaded structures to low-speed flow noise. J Acoust Soc Am 1977; 61: 1460-70.

[57] Leehey P. Structural excitation by a turbulent boundary layer: an overview. Trans ASME 1988; vol. 110: 220-5, April 1988.

[58] Ludwig GR. An experimental investigation of the sound generated by thin steel panels excited by turbulent flow (boundary layer noise). UTIA Report 87. Toronto, Ontario: Univ. of Toronto; November 1962.

[59] Tack DH, Lambert RF. Response of bars and plates to boundary-layer turbulence. J Aero Sci 1962; 29: 311-22.

[60] elBaroudi MY, Ludwig GR, Ribner HS. An experimental investigation of turbulence-excited panel vibration and noise (boundary layer noise). In: AGARD-NATO fluid dynam. panel, Brussels, Belgium, September 1973. Rep. 465; 1963.

[61] elBaroudi MY. Turbulence-induced panel vibration. UTIAS Report No. 98. Toronto, Ontario: Univ. of Toronto; February 1964.

[62] Maestrello L. Measurement of noise radiated by boundary layer excited panels. J Sound Vib 1965; 2: 100-15.

[63] Maestrello L. Measurement and analyses of the response field of turbulent boundary layer excited panels. J Sound Vib 1965; 2: 270-92.

[64] Maestrello L. Use of turbulent model to calculate the vibration and radiation responses of a panel with practical suggestions for reducing sound level. J Sound Vib 1967; 3: 407-48.

[65] Maestrello, L. Radiation from a panel response to a supersonic turbulent boundary layer. Boeing Flight Sciences Laboratory Rep. D1 - 82 - 0719, Seattle, Washington; September 1968.

[66] Moore JA. Response of flexible panels to turbulent boundary layer excitation. Rep. No. 70208-3. Cambridge, MA: Acoust. Vib. Lab, MIT; 1969.

[67] Davies HG. Sound from turbulent-boundary layer excited panels. J Acoust Soc Am 1971;

49：878-89.

[68] Aupperle FA，Lambert RF. Acoustic radiation from plates excited by flow noise. J Sound Vib 1973；26：223-45.

[69] Jameson PW. Measurement of the low-wave number component of turbulent boundary layer pressure spectral density. In：Proc. 4th symp. turbulence in liquids，Rolla，Missouri，September 1975；1975.

[70] Leehey P，Davies HG. The direct and reverberant response of strings and membranes to convecting random pressure fields. J Sound Vib 1975；38：163-84.

[71] Martin NC. Wavenumber filtering by mechanical structures [Ph. D. Thesis]. Cambridge，MA：MIT；January 1976.

[72] Martin NC，Leehey P. Low wavenumber wall pressure measurements using a rectangular membrane as a spatial filter. J Sound Vib 1977；52：95-120.

[73] Abshagen J，Schafer I，Will Ch，Pfister G. Coherent flow noise beneath a flat plate in a water tunnel experiment. J Sound Vib 2015；340：211-20.

[74] Park J，Mongeau L，Siegmund T. An investigation of the flow-induced sound and vibration of viscoelastically supported rectangular plates：experiments and model verification. J Sound Vib 2004；275：249-65.

[75] Maury C，Gardonio P，Elliott SJ. A wave number approach to modelling the response of a randomly excited panel，part I：general theory. J Sound Vib 2002；252：82-113.

[76] Maury C，Gardonio P，Elliott SJ. A wave number approach to modelling the response of a randomly excited panel，part II：application to aircraft panels excited by a turbulent boundary layer. J Sound Vib 2002；252：115-39.

[77] Kotov AN. Wave membrane filters for estimating the wave spectra of near-wall pressure pulsations of a turbulent boundary layer in the subconvective region. Acoust Phys 2012；58：725-30.

[78] Liu B，Feng L，Nilsson A，Aversano M. Predicted and measured plate velocities induced by turbulent boundary layers. J Sound Vib 2012；331：5309-25.

[79] Chandiramani KL，Widnall SE，Lyon RH，Franken PA. Structural response to in-flight acoustic and aerodynamic environments. Cambridge，MA：Bolt，Beranek，& Newman；1966.

[80] Bhat WV，Wilby JF. Interior noise radiated by an aeroplane fuselage subjected to turbulent boundary layer excitation and evaluation of noise reduction treatments. J Sound Vib 1971；18：449-64.

[81] Palumbo D. Determining correlation and coherence lengths in turbulent boundary layer flight data. J Sound Vib 2012；331：3721-37.

[82] Liu Y，Dowling AP. Assessment of the contribution of surface roughness to airframe noise. AIAA J 2007；45：855-69.

[83] Liu B. Noise radiation of aircraft panels subjected to boundary layer pressure fluctuations. J

Sound Vib 2008; 314: 693-711.

[84] Rocha J, Palumbo D. On the sensitivity of sound power radiated by aircraft panels to turbulent boundary layer parameters. J Sound Vib 2012; 331: 4785-806.

[85] Esmialzadeh M, Lakis AA, Thomas M, Marcoullier L. Presiction of the response of a thin structure subjected to a turbulent boundary-layer induced random pressure field. J Sound Vib 2009; 328: 109-28.

[86] Efimtsov BM, Lazarev LA. The possibility of reducing the noise produced in an airplane cabin by the turbulent boundary layer by varying the fuselage stiffening set with its mass being invariant. Acoust Phys 2015; 61: 580-5.

[87] Graham WR. A comparison of models for the wave number-frequency spectrum of turbulent boundary layer pressures. J Sound Vib 1997; 206: 542-65.

[88] Mazzoni D. An efficient approximation for the vibro-acoustic response of a turbulent boundary layer excited panel. J Sound Vib 2003; 264: 951-71.

[89] Ffowcs Williams JE. Reynolds stress near a flexible surface responding to unsteady air flow. Rep. No. 1138. Cambridge, MA: Bolt, Beranek & Newman; 1964.

[90] Davis RE. On the turbulent flow over a wavy boundary. J Fluid Mech 1970; 42: 721-31.

[91] Davis RE. On prediction of the turbulent flow over a wavy boundary. J Fluid Mech 1976; 52: 287-306.

[92] Rummerman ML. Frequency-flow dependence of structural response to turbulent boundary layer pressure excitation. J Acoust Soc Am 1992; 91: 907-10.

[93] Izzo AJ. An experimental investigation of the turbulent characteristics of a boundary layer flow over a vibrating plate. Rep. No. U417-69-049. Groton, CT: General Dynamics Electric Boat Division; 1969.

[94] Hong C, Shin K-K. Modeling of wall pressure fluctuations for finite element structural analysis. J Sound Vib 2010; 329: 1673-85.

[95] Chase DM. The estimated level of low - wavenumber pressure generated by non - liner interaction of a compliant wall with a turbulent boundary layer. J Sound Vib 1987; 16: 25-32.

[96] Howe MS. The influence of an elastic coating on the diffraction of flow noise by an inhomogeneous flexible plate. J Sound Vib 1972; 116: 109-24.

[97] Zhang C. "Experimental investigation of compliant wall surface deformation in a turbulent channel flow using tomographic particle image interferometry and Mach-Zehnder interferometry", Ph. D. Dissertation. The Johns Hopkins University; 2016.

[98] Maidanik G. Domed sonar system. J Acoust Soc Am 1968; 44: 113-24.

[99] Maidanik G, Reader WT. Filtering action of a blanket dome. J Acoust Soc Am 1968; 44: 497-502.

[100] Maidanik G. Acoustic radiation from a driven infinite plate backed by a parallel infinite baf-

fle. J Acoust Soc Am 1967; 42: 27-31.
[101] Chase DM. Modeling the wave-vector frequency spectrum of turbulent boundary layer wall pressure. J Sound Vib 1980; 70: 29-68.
[102] Chase DM, Stern R. Turbulent boundary layer pressure transmitted into an elastic layer, Cambridge, MA: Bolt Bernanek and Newman, Inc., 02138, Tech Memorandum, 382; 10 November 1977.
[103] Chase DM. Generation of fluctuating normal stress in a viscoelastic layer by surface shear stress and pressure as in turbulent boundary layer flow. J Acoust Soc Am 1991; 89: 2589-96.
[104] Dowling AP. Flow-acoustic interaction near a flexible wall. J Fluid Mech 1983; 128: 181-98.
[105] Dowling AP. The low wave number wall pressure spectrum on a flexible surface" . J Sound Vib 1983; 88: 11-25.
[106] Dowling AP. Sound generation by turbulence near an elastic wall. J Sound Vib 1983; 90: 309-24.
[107] Dowling AP. Mean flow effects on the low wave number pressure spectrum on a flexible surface. In: ASME winter annual meeting; 1984.
[108] Ko SH, Schloemer HH. Calculations of turbulent boundary laye pressure fluctuations transmitted into a viscoelastic layer. J Acoust Soc Am 1989; 85 1489-1477.
[109] Zheng ZC. Effects of compliant coatings on radiated sound from a rigid-wall turbulent boundary layer. J Fluids Struct 2004; 19: 933-41.
[110] Zheng ZC. Effects of flexible walls on radiated sound from a turbulent boundary layer. J Fluids Struct 2003; 18: 93-101.
[111] Howe MS. Influence of surface compliance on boundary layer noise. In: AIAA aeroaoustics conference, Atlanta, GA. Paper AIAA-83-0738.
[112] Howe MS. On the production of sound by turbulent boundary layer flow over a compliant coating. IMA J Appl Math 1984; 33: 189-203.
[113] Birgersson F, Ferguson NS, Finnveden S. Application of the spectral finite element method to turbulent boundary layer induced vibration of plates. J Sound Vib 2003; 259: 873-91.
[114] Esmialzadeh M, Lakis AA. Response of an open curved thin shell to a random pressure field arising from a turbulent boundary layer. J Sound Vib 2012; 331: 345-64.
[115] Hambric SA, Hwang YF, Bonness WK. Vibrations of plates with clamped and free edges excired by low-speed turbulent boundary layer flow. J Fluids Struct 2004; 19: 93-110.
[116] Hambric SA. and Sung, S. H. Engineering vibroacoustic analysis methods and applications. Wiley, Falls Church, Va. 2017.
[117] Hambric SA, Boger DA, Fahnline JB, Campbell RL. Structure-and fluid-borne acoustic power sources induced by turbulent flow in 90° piping elbows. J Fluids Struct 2010; 26: 121-47.
[118] Coney WB, Her JY, Moore JA. Characterization of the wind noise loading of a production

automobile greenhouse surfaces. In: AD - Vol. 53 - 1, Fluid structure interaction, aeroelasticity, flow-induced vibration and noise, vol. 1, ASME 1997; 1997. p. 411-418.

[119] Bonness WK. Low wavenumber TBL wall pressure and shear stress measurements from vibration data on a cylinder in pipe flow [Ph. D. Thesis]. Pennsylvania State University; 2009.

[120] Bonness WK, Capone DE, Hambric SA. Low-wave number turbulent boundary layer wall-pressure measurements from vibration data on a cylinder wall in pipe flow. J Sound Vib 2010; 329: 4166-80.

[121] Sevik MM. Topics in hydroacoustics. In: IUTAM symposium on aero - hydro - acoustics, Lyon, France: Springer; 1985. p. 285-308.

[122] Mercer, A. G. Turbulent boundary layer flow over a flat plate vibrating with transverse standing waves. Rep. No. 41, Ser. B. St. Anthony Falls Hydraulic Lab., University of Minneapolis; 1962.

[123] Zhang C, Wang J, Blake WK, Katz J. Deformation of a compliant wall in a channel flow. Accepted for publication The Journal of Fluid Mechanics; 2017.

[124] Farabee TM, Geib FE. Measurements of trbuent boundary layer pressure fluctuations at low wave numbers on smoth and rough walls. In: Flow noise modeling, measurement and contro ASME, NCA-vol. 11, Book No. H000713; 1991.

[125] Han F, Bernhard RJ, Mongeau L. Prediction of flow - induced structural vibration and sound radiation using statistical energy analysis. J Sound Vib 1999; 227: 685-709.

[126] Tomko J. Fluid loaded vibration of thin structures due to turbulent excitation [Ph. D. Thesis]. University of Notre Dame; 2014.

[127] Ko SH. Performance of various shapes of hydrophones in the reduction ofturbulent flow noise. J Acoust Soc Am 1993; 93 (3): 1293-9.

[128] Allen M, Vlahopoulos N. Noise generated from a flexible and elastically supported structure subject to turbulent boundary layer low excitation. Finite Elem Anal Des 2001; 37: 687-712.

[129] Bergeron RF. Aerodynamic sound and the low - wave number wall - pressure spectrum of nearly incompressible boundary layer turbulence. J Acoust Soc Am 1973; 54: 123-33.

[130] Ffowcs Williams JE. Boundary layer pressure and the Corcos model: a development to incorporate low-wave-number constraints. J Fluid Mech 1982; 125: 9-25.

[131] Howe MS. The interaction of sound with a low mach number wall turbulence, with application to sound propagation in turbulent pipe flow. J Fluid Mech 1979; 94: 729-44.

[132] Brekhovskikh LM. Waves in layered media. 2nd ed. New York: Academic Press; 1980.

[133] Mawardi OK. On the spectrum of noise from turbulence. J Acoust Soc Am 1955; 27: 442-5.

[134] Smol'yakov AV. Quadrupole emission spectrum of a plane turbulent boundary layer. Sov Phys Acoust 1973; 19: 165-8.

[135] Smol'yakov AV. Intensity of sound radiation from a turbulent boundary layer on a plate," . Sov Phys Acoust 1973; 19: 271-3.

[136] Smol'yakov AV. Calculation of the spectra of pseudosound wall-pressure fluctuations in turbulent boundary layers. Acoust Phys 2000; 46: 342-7.

[137] Smol'yakov AV. Noise of a turbulent boundary layer flow over smooth and rough plates at low Mach numbers. Acoust Phys 2001; 47: 264-72.

[138] Smol'yakov AV. A new model for the cross spectrum and wave number-frequency spectrum of turbulent pressure fluctuations in a turbulent boundary layer. Acoust Phys 2006; 52: 331-7.

[139] Gloerfelt X, Berland J. Turbulent boundary layer noise; direct radiation at Mach number 0. 5. J Fluid Mech 2013; 723: 318-51.

[140] Chanaud RC. Experimental study of aerodynamic sound from a rotating disk. J Acoust Soc Am 1969; 45: 392-7.

[141] Hersh AS. Surface roughness generated flow noise. In: AIAA Aeroacoustics Conf. , 8th, Atlanta, Georgia, April 1983. AIAA No. 83-0786; 1983.

[142] Howe MS. On the generation of sound by turbulent boundary layer flow over a rough wall. Tech. Memo. MSH/1. England: University of Southampton; January 1984.

[143] Blake WK, Kim K-H, Goody M, Wang M, Devenport WJ, Glegg SAL. Investigation of roughness-generated TBL sound using using coupled physical-computational experiments in conjunction with theoretical development. In: ASA - Euronoise conf. "Acoustic08 - Paris"; 2008.

[144] Glegg S, Deveport W. The far field sound from rough wall boundary layers. Proc R Soc A 2009; 465: 1717-34.

[145] Anderson JM, Stewart DO, Goody M, Blake WK. Experimental investigations of sound from flow over rough surfaces. Paper No. IMECE2009-11445 in Proceedings of the ASME international mechanical engineering congress and exposition, Lake PBuena Vista, FL, 13-19 Nov. ; 2009.

[146] Yang Qin, Wang M. Computational study of boundary-layer noise due to surface roughness. AIAA J 2009; 47: 2417-29.

[147] Yang Q, Wang M. Boundary-layer noise induced by arrays of roughness elements. J Fluid Mech 2013; 727: 282-317.

[148] Blake WK, Anderson JM. Aero-structural acoustics of uneven surfaces, Part 1: General model approach to radiated sound. In: 20th AIAA aeroacoustics conference, Atlanta, GA, 16-20 June 2014. Paper 2014-2457; 2014.

[149] Blake WK, Anderson JA. In: Ciappi E, editor. The acoustics of flow over rough elastic surfaces, FLINOVI-A-flow induced noise and vibration issues and aspects. Springer; 2015.

[150] Glegg,SAL, Devenport WJ, Grissom DL. Rough wall boundary layer noise: theoretical

predictions. AIAA paper 2007-3419; 2007.

[151] Grissom, D. L., Smith, B., Devenport, W. J., Glgg, S. A. L. Rough wall boundary layer noise: an experimental investigation. In: 13th AIAA/CEAS aeroacoustics conference (28th AIAA aeroacoustics conference) Rome, Italy; 2007.

[152] Alexander WN. Sound from rough wall boundary layers [Ph. D. Dissertation]. Blacksburg, Virginia: Aerospace and Ocean Engineering Department, Virginia Polytechnic Institute and State University; 2011.

[153] Alexander NW, Devenport WJ, Glegg SAL. Predictions of sound from rough wall boundary layers. AIAA J 2013; 51: 465-75.

[154] Anderson JM, Blake WK. Aero-structural acoustics of uneven surfaces, Part 2: A specific forcing by a rough wall boundary layer. In: 20th AIAA aeroacoustics conference, Atlanta, GA, 16-20 June 2014. Paper 2014-2458; 2014.

[155] Devenport WJ, Grissom DL, Alexander NWN, Smith BS, Glegg SAL. Measurements of roughness noise. J Sound Vib 2011; 330: 4250-73.

[156] Yang Q. Computational study of sound generation by surface roughness in turbulent boundary layers [Ph. D. Thesis]. Notre Dame, Indiana: University of Notre Dame; 2012.

[157] Howe MS. On the generation of sound by turbulent boundary layer flow over a rough wall. Proc R Soc A 1984; 395: 247-63.

[158] Howe M. The influence of viscous surface stress on the production of sound by turbulent boundary layer flow over a rough wall" . J Sound Vib 1986; vol. 104: 29-39.

[159] Dougherty RP. Extensions of DAMAS and benefits and limitations of deconvolution in beamforming. In: 11th AIAA/CEAS aeroacoustics conference, Monterey, CA; 2005.

[160] Dougherty RP. Beamforming in acoustic testing. In: Mueller TJ, editor. Aeroacoustics measurements. Berlin: Springer-Verlag; 2002. p. 62-97.

[161] Farabee TM, Casarella MJ. Effects of surface irregularity on turbulent boundary layer wall pressure fluctuations. J Vib Acoust Stress Reliab Design 1984; Vol. 106: 343-50.

[162] Farabee TM, Casarella MJ. Measurements of fluctuating wall pressure for separated/reattached boundary layer flows. ASME J Vib Acoust Stress Reliab Design 1986; Vol 108: 301-7.

[163] Kargus IV WA. Flow - induced sound from turbulent boundary layer separation over a rearward facing step [Ph. D. Thesis]. The Pennsylvania State University; 1997.

[164] Farabee TM, Zoccola PJ. Experimental evaluation of noise due to flow over surface steps. Proc ASME Int Mech Eng Congr Expo 1998; 95-102.

[165] Efimtsov BM, Kozlov NM, Kravchenko SV, Andersson AO. Proc. 6th aeroacoustics conf. Exhibit. AIAA Paper 2000-2053; 2000.

[166] Efimtsov BM, Kozlov NM, Kravchenko SV, Andersson AO. Proc. 15th aerodynamic decelerator systems technology conf. AIAA Paper 991964; 1999.

[167] Lauchle GC, Kargus WA. Scaling of turbulent wall pressure fluctuations downstream of a rearward facing step. J Acoust Soc Am 2000; 107: L1-6.

[168] Glegg SAL, Bryan B, Devenport W., Awasthi M. Sound radiation from forward facing steps. In: 18th AIAA/CEAS Aeroacoustics Conference (33rd AIAA Aeroacoustics Conference). Colorado Springs, Colorado; 2012. AIAA 2012-2050.

[169] Glegg S. The tailored Greens function for a forward-facing step. J Sound Vib 2013; 332: 4037-44.

[170] Awasthi M, Devenport WJ, Glegg SAL, Forest JB. Pressure fluctuations produced by forward steps immersed in a turbulent boundary layer. J Fluid Mech 2014; Vol. 756: 384-421.

[171] Catlett MR, Devenport W, Glegg SAL. Sound from boundary layer flow over steps and gaps. J Sound Vib 2014; 4170-86.

[172] Bibko VN, Golubev AYu. Main laws of the influence of a flow angularity on the parameters of pressure fluctuation fields in front of a forward-facing step and behind a backward-facing step". Acoust Phys 2014; 60: 521-9.

[173] Golubev AYu, Zhestkov DG. Pressure fluctuation fields in front of inclined forwardfacing step and behind inclined backward-facing step. Acoust Phys 2014; 57: 388-94.

[174] Perschke RF, Ramachandran RC, Raman G. Acoustic investigation of wall jet over a backward-facing step using a microphone phased array. J Sound Vib 2015; 336: 46-61.

[175] Awasthi M. Sound radiated from turbulent flow over two and three-dimensional surface discontinuities [Ph. D. Thesis]. Blacksburg, VA: Department of Aerospace engineering, Va. Tech; 2015.

[176] Lee YT, Blake WK, Farabee TM. Modeling of wall pressure fluctuations based on time mean flow field. J Fluids Eng 2005; 127: 233-40.

[177] Ji M., Wang M. LES of turbulent flow over steps: wall pressure fluctuations ad flowinduced noise. In: 48t14th AIAA-CEAS aerocaoustics conference, 5-7 May 2008, Vancouver British Columbia, Canada. AIAA Paper 2008-3052; 2008.

[178] Ji M, Wang M. Aeroacoustics of turbulent boundary-layer flow over small steps. In: 48th AIAA aerospace sciences meeting including the new horizons forum and aerospace exposition, Orlando, Florida, 4-7 January; 2010. AIAA 2010-6.

[179] Ji M, Wang M. Sound generation by turbulent boundary layer flow over small steps. J Fluid Mech 2010; 654: 161-93.

[180] Ji M., Wang M. Aeroacoustics of turbulent boundary-layer flow over small steps. In: 48th AIAA aerospace sciences meeting including the new horizons forum and aerospace exposition, Orlando, Florida, 4-7 January; 2010. AIAA 2010-6.

[181] Slomski JF. Numerical investigation of sound from turbulent boundary layer flow over a forward-facing step. In: 17th AIAA/CEAS aeroacoustics conference, AIAA paper AIAA-

2011-2775; 2011.

[182] Ji M, Wang M. Surface pressure fluctuations on steps immersed in turbulent boundary layers. J Fluid Mech 2012; 712: 471-504.

[183] Hao J, Eltaweel A., Wang M. Sound generated by boundary-layer flow over small steps: effect of step non-compactness. In: AIAA/CEAS aeroacoustics conference (33rd AIAA Aeroacoustics Conference), Colorado Springs, Colarado, 04-06 June; 2012. AIAA 2014-2462.

[184] Ji M, Wang M. Surface pressure fluctuations on steps immersed in turbulent boundary layers". J Fluid Mech 2012; 712: 471-504.

[185] Ji M., Wang M. LES of turbulent flow over steps: wall pressure fluctuations ad flow-induced noise. In: 48t14th AIAA-CEAS aerocaoustics conference, 5-7 May 2008, Vancouver British Columbia, Canada. AIAA Paper 2008-3052; 2008.

[186] Hao J, Eltaweel A, Wang M. Sound generated by boundary-layer flow over small steps: effect of step non-compactness. In: AIAA/CEAS aeroacoustics conference (33rd AIAA Aeroacoustics Conference). Colorado Springs, Colarado, 04-06 June; 2012. AIAA 2014-2462.

[187] Jacob MC, Louisot A, Juve D, Guerrand S. Experimental study of sound generated by backward-facing steps under a wall jet. AIAA J 2001; 39: 1254-60.

[188] Moss WD, Baker S. Re-circulating flows associated with two-dimensional steps. Aeron Q 1980; 151-72.

[189] Meecham WC. Surface and volume sound from boundary layers. J Acoust Soc Am 1965; 37: 516-22.

[190] Howe MS. On the contribution from skin steps to boundary-layer generated interior noise. J Sound Vib 1998; 201: 519-30.

[191] Alexander WN, Devenport W, Glegg SAL. Predictive limits of acoustic diffraction theory for rough wall flows. AIAA J 2014; 52: 634-42.

[192] Le H, Kim J. Direct numerical simulation of tjurbulent flow over a backward-facing step. Journal of Fluid Mechanics 1997; 330: 349-74.

[193] Howe MS. On the contribution from skin steps to boundary-layer generated interior noise. J Sound Vib 1998; 201: 519-30.

[194] Moshen AM. Experimental investigation of the wall pressure fluctuations in subsonic separated flows, NASA Contractor Report D6-17094. The Boeing Company; 1968.

[195] Love AEH. A treatise on the mathematical theory of elasticity. New York: Dover; 1944.

[196] Tobin RJ, Chang I. Wall pressure spectra scaling downstream of stenoses in steady tube flow. J Biomech 1976; 9: 633-40.

[197] Pitts WH, Dewey Jr. CF. Spectral and temporal characteristics of post-senotic turbulent wall pressure fluctuations. Trans ASME J Biomech Eng 1979; 101: 89-95.

[198] Chase DM. Recent modelling of turbulent wall pressure and fluid interaction with a compliant boundary. Trans ASME J Vib Acoust Stress Reliab Des 1984; 106: 328-33.

[199] Chang PA, Piomelli U, Blake WK. Relationship between wall pressure and velocity field sources. Phys Fluids 1999; 11: 3434-48.

[200] Rybak SA. The relation between the tangential stresses on a rigid wall and the pressure fluctuations generated in a turbulent boundary layer. Acoust Phys 2001; 47: 629-31.

[201] Keith WL, Bennett JC. Low-frequency spectra of the wall shear stress and wall pressure in a turbulent boundary layer. AIAA J 1991; Vol. 29 (No. 4): 526-30 April, 1991.

[202] Chase DM. Fluctuations in wall-shear stress and pressure at low streamwise wavenumbers in turbulent boundary-layer flow. J Fluid Mech 1991; Vol. 225 (118): 545-55.

[203] Chase DM. The wavevector-frequency spectrum of pressure on a smooth plane in turbulent boundary-layer flow at low Mach number. J Acoust Soc Am 1991; Vol. 90 (No. 2, Pt. 1): 1032-40.

[204] Howe MS. The role of surface shear stress fluctuations in the generation of boundary layer noise. J Sound Vib 1979; 65: 159-64.

[205] Chase DM. A semi-empirical model for the wavevector-frequency spectrum of turbulent wall-shear stress. J Fluids Struct 1993; 7: 639-59.

[206] Chase DM. Fluctuating wall-shear stress and pressure at low streamwise wave numbers in turbulent boundary layer flow at low Mach numbers" . J Sound Vib 2003; 6: 395-413.

[207] Hespeel D, Giovannelli G, Forestier BE. Frequency-wavenumber spectrum measurement of the wall shear stress fluctuations beneath a planar turbulent boundary layer. In: Proceedings of the ASME noise control and acoustics division, NCA-vol. 25; 1998. p. 77-84.

[208] Sejeong J, Choi H, Jung YY. Space-time characteristics of the wall shear-stress fluctuations in a low-Reynolds-number channel flow. Phys Fluids 1999; Vol. 11 (No. 10): 3084-94.

[209] Colella KJ, Keith WL. Measurements and scaling of wall shear stress fluctuations. Exp Fluids 2003; Vol. 34: 253-60.

[210] Wilby JF, Gloyna FL. Vibration measurements of an airplane fuselage structure I. turbulent boundary layer excitation. J Sound Vib 1972; 23: 443-66.

[211] Wilby JF, Gloyna FL. Vibration measurements of an airplane fuselage structure II. Jet noise excitation. J Sound Vib 1972; 23: 467-86.

[212] Waterhouse RV. Interference patterns in reverberant sound fields. J Acoust Soc Am 1955; 27: 247-58.

[213] Waterhouse RV. Output of a sound source in a reverberation chamber and other reflecting environments. J Acoust Soc Am 1958; 30: 4-13.

[214] Cook RK, Waterhouse RV, Berendt RD, Edelman S, Thompson Jr. MC. Measurement of correlation coefficients in reverberant sound fields. J Acoust Soc Am 1955; 27: 1072-7.

[215] Smith PW. Reponse and radiation of structural modes excited by sound. J Acoust Soc Am 1962; 34: 640-7.

[216] Lyon RH, Maidanik G. Power flow between linearly coupled oscillators. J Acoust Soc Am 1962; 34: 623-39.

[217] Crocker MJ, Price AJ. Sound transmission using statistical energy analysis. J Sound Vib 1969; 9: 469-86.

[218] Beranek LL. Noise and vibration control. New York: McGraw-Hill; 1971.

[219] Kinsler LE, Frey AR, Coppens AB, Sanders JV. Fundamentals of acoustics. Wiley; 2000.

[220] Golubev AY. Experimental estimate of wave spectra of wall pressure fluctuations of the boundary layer in the subconvective region. Acoust Phys 2012; 58: 396-403.

第 4 章　管道和涵道系统的声辐射

管道和涵道系统的声辐射为前几章在消除工业、住宅和办公室噪声方面的想法提供了广泛的应用。在许多工程应用中，必须改变流体流动方向，必须排出高压流动流体，或者必须将一种或另一种类型的节流障碍物插入涵道或管道流中。实际上，管道或涵道边界处的流动是流致振动的来源。不同长度和终端的管道系统与涵道可能具有共同的技术要素，尽管参数差异使不同的噪声产生机制在各情况下占主导地位。本章将根据前几章的发展情况，研究这些应用中的各种噪声源。展示行业使用的许多基于经验的预测公式的根源。此外，还将用实例来说明描述管道和涵道声传输的应用。注意，涵道中风扇和鼓风机的噪声问题将在第 6 章“旋转机械噪声”中讨论。

图 4-1 给出了管道和涵道中预期声源的理想图。输送中的噪声发生器通常是风扇、鼓风机、节流装置、障碍物、弯管和隔板。由于流体相互作用，产生湍流和力。在大多数通风系统应用中，流动产生的噪声被认为是在开口端沿涵道向下传输到外部。放置在该点的格栅也可能产生声音（见第 1 卷第 4 章）。在管道系统中，相对速度和压降通常比通风系统大得多，因此噪声源通常更强烈。流动收缩处的声辐射向上下传播。这种内部声场激发管道壁中的振动，然后将声音辐射到周围的房间。此外，管道包含弯管、过渡和支管，使得沿圆柱壁的传播变得复杂。声音向外部介质的这种传输也不一定简单，因为外部声场可能由管道中的声表面模式、法兰处的声边缘模式或机械连接到管道或涵道系统的周围结构形成。

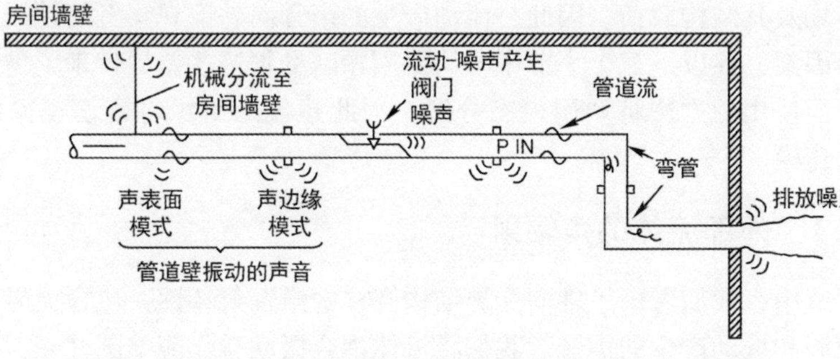

图 4-1　管道中各种声源产生和传播机制示意图（涵道类似）

在某些情况下，阀体的流动振动或鼓风机的风扇外壳也可能产生额外的声音。在将内部流体排放到外部流体的应用中，内部和外部流体的混合可能会产生额外的声音。

当内部流体为管送液体时，阀门收缩处的空化可能产生噪声。这里最重要的问题是腐蚀对阀门的损坏，而不是噪声预测。然而，在量化声辐射方面已经做了一些工作。

因此，若我们要描述管道或涵道流体系统产生的声音，则需多种成分：①封闭源，我们将其概括为局部多极分量，更多细节见其他章节；②以数学形式界定源传播、涵道壁反射和壁振动耦合的内部声场；③壁湍流对壁的内外激励源；④壁振动与外部声介质的声学耦合以辐射声。本章将介绍对以上所有因素的综合处理，以及解决这些问题的一些工程工具。回想一下，第 1 卷第 2 章中以功率为基础提供了开口刚性壁涵道声辐射的基本要素。

4.1　圆柱表面的内外声压

对于规定的壁振动，我们考虑振动圆柱壳表面向壳体（作为涵道或管道）内外辐射的声压。例如，这里讨论的空间时间（频率波数）匹配的概念最终确定了内部产生声音的传输特性。结构—从两个角度来看，声辐射效率是涵道元件声学中的一个重要参数：它决定了由内部产生的声音引起的涵道壁振动的水平，以及由于涵道（或管道）壁振动引起的外部辐射声级。封闭涵道或管道中的声学介质也考虑到了封闭在涵道内的流体的几何声学模式。实际上，壳体和涵道的结构声学包括模拟 4 个基本的流体-声学量：振动流体载荷和外部介质声辐射；振动流体在涵道内部施加内压场；涵道壁和内部声源的声激励；以及弹性壁膜的弯曲振动模式之间的适当定义耦合。这些量与旷场平面散热器的不同之处在于结构和几何曲率对结构声学的重要性，结构声学影响潜在的共振内部声场及其结构载荷。因此，流动产生的声音向外部观察者的结构声传播涉及多个因素，在以下三个小节中将简要回顾。尽管这些差异带来了少许复杂性，但下面使用的方法将调用模态分解，因此建模的组织将密切遵循第 1 卷第 5 章的建模。

4.1.1　外部流体的声辐射

在本节中，我们考虑了轴向无界结构圆柱的声辐射特性，包含无界外部介质中的声源和振动产生的声音。我们将流体耦合振动看作薄壁圆柱壳，考虑与壁振动耦合的内部流体的声压模式，局部和空间分布的驱动压力引起的壁振动

特性，以及壁运动引起的外场压力。结构振动辐射的外部产生的声功率取决于 $|S_{mn}(\boldsymbol{k})|^2$（之前在第 1 卷 5.4 节中讨论过）与涵道或管道表面内外声表面压力波数场之间的关系。

如第 1 卷 5.5 节所述，对于通过平板的特定 m,n 模式进入无界流体的辐射，第 1 卷式（5.82）和式（5.83）就辐射效率描述了这种关系。对于圆柱，如图 4-2 所示，通过类似于第 1 卷 5.5.1 节的方法（但用于圆柱坐标），可以发现由于表面速度的 m，n 模式而向圆柱外部的无界介质中辐射的声音。圆柱的径向位移用线段 $|y_3| \leqslant L_3/2$ 上的本征函数和角度 θ 的周向谐波来表示：

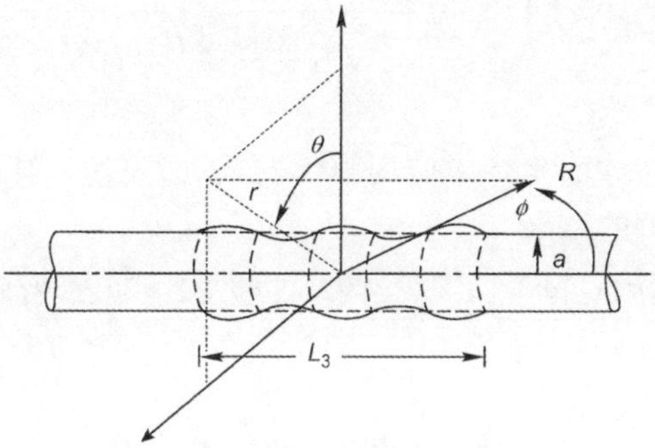

图 4-2　壁振动

（描绘了半径为 a、长度为 L_3、轴向模态为 $n=5$ 的圆柱壳的壁振动）

$$w(\theta, y_3, \omega) = \sum_{m,n}^{\infty} W_{mn}(\omega) \Psi_n(y_3) \mathrm{e}^{\mathrm{i}m\theta} \tag{4.1a}$$

或者，引用振型函数的符号，第 1 卷式（5.44）

$$w(\theta, y_3, \omega) = \sum_{m,n}^{\infty} W_{mn}(\omega) \sqrt{2} \sin\left(k_n\left(y_3 + \frac{L_3}{2}\right)\right) \mathrm{e}^{\mathrm{i}m\theta} \tag{4.1b}$$

模态谱由式（4.2a）的倒数给出。

$$W_{mn}(\omega) = \frac{1}{2\pi} \int_{-L_3/2}^{L_3/2} \int_0^{2\pi} w(\theta, y_3, \omega) \psi_n(y_3) \mathrm{e}^{-\mathrm{i}m\theta} \mathrm{d}\theta \mathrm{d}y_3 \tag{4.1c}$$

式中：y_3 表示沿轴线的位置；θ 表示绕轴线的角位置。m 和 n 阶分别表示沿圆周和沿长度方向的模式。此表示法为分析简单性提供了简单的支持，但指出我们正在使用模态扩展。引用第 1 卷式（5.39）的相应波数谱为

$$W_{mn}(\omega, k_3) = W_{mn}(\omega) S_n(k_3) = W_{mn}(\omega) \left[\frac{\sqrt{2}\left[\mathrm{e}^{\mathrm{i}k_3 L_3} - (-1)^n \mathrm{e}^{-\mathrm{i}k_3 L_3/2}\right]}{k_n(1-(k_3/k_n)^2)}\right] \tag{4.2}$$

式中：$-\mathrm{i}\omega W_{mn}(\omega)$ 为表面法线方向的模态速度谱。[ ] 中的术语为模态振型函数，见第 1 卷 5.4 节。使用相同类型的讨论，得出平板模式发出声音的表达

式，参考文献［1-3］给出了这些模式在长度为 L_3、半径为 a 的圆柱段上发出声音的相应表达式。使用球面坐标来描述远场声音是方便的，因此图 4-1 中的圆柱和场坐标表示 R、θ 和 ϕ，作为相对于圆柱轴的球面坐标，r、θ 和 x_3 是其圆柱坐标。这里可互换使用这两种方法，具体取决于是否分别对远场或近场结果感兴趣。所以，类似于第 1 卷式（5.74），我们得到了所有地方的压力（在圆柱坐标中）

$$P_{\mathrm{a}}(r,\theta,y_3,\omega)$$
$$=\sum_{mn}(2\pi)^{-1}\rho_0\omega^2 W_{mn}(\omega)\int_{-\infty}^{\infty}\frac{\mathrm{H}_n^{(1)}(\sqrt{k_0^2-k_3^2}\,r)S_n(k_3)(-1)^m\cos(m\theta)}{\sqrt{k_0^2-k_3^2}\cdot\mathrm{H}_m'(\sqrt{k_0^2-k_3^2}\,a)}\mathrm{e}^{+\mathrm{i}k_3y_3}\mathrm{d}k_3 \tag{4.3}$$

式（4.3）是在球面坐标中应用第 1 卷式（2.129）Helmholtz 方程和第 1 卷式（2.115）的解的结果。

$$\begin{aligned}&\frac{\partial^2 p(r,\theta,x_3,\omega)}{\partial r^2}+\frac{1}{r}\frac{\partial p(r,\theta,x_3,\omega)}{\partial r}+\frac{1}{r^2}\frac{\partial^2 p(r,\theta,x_3,\omega)}{\partial\theta^2}+\\&\frac{\partial^2 p(r,\theta,x_3,\omega)}{\partial x_3^2}+k_0^2 p(r,\theta,x_3,\omega)=-\delta(\boldsymbol{r}-\boldsymbol{r}_0)\end{aligned} \tag{4.4}$$

其解可以扩展为沿轴的傅里叶分解和角度的谐波序列

$$p(r,\theta,z,\omega)=\sum_m\int_{-\infty}^{\infty}\hat{P}_a(r,m,k_3,\omega)\mathrm{e}^{\mathrm{i}(m\theta+k_3z)}\mathrm{d}k_3 \tag{4.5}$$

其中

$$\hat{P}_{\mathrm{a}}(r,m,k_3,\omega)=A_{mn}\mathrm{H}_m^{(1)}(\kappa_m r) \tag{4.6}$$

并且 $\mathrm{H}_m^{(1)}(\kappa_m r)$ 选择柱面汉开尔函数，因此，在极限无界 r 中，对于 κ_m 实数，解保持有限；即

$$\lim_{r\to\infty}\mathrm{H}_m^{(1)}(\kappa_m r)=\mathrm{e}^{\mathrm{i}\kappa_m r} \tag{4.7}$$

通过在 $r=a$ 处应用边界条件，使流体速度与圆柱的位移谱相匹配，即

$$\frac{\partial\hat{P}_{\mathrm{a}}(a,m,k_3,\omega)}{\partial r}=\left.\frac{A_{mn}\kappa_m\mathrm{dH}_m^{(1)}(\mathrm{H}_m^{(1)}(\kappa_m r))}{\mathrm{d}(\kappa_m r)}\right|_{r=a}$$

以及相应地

$$\frac{\partial\hat{P}_{\mathrm{a}}(a,m,k_3,\omega)}{\partial r}=-\omega^2\rho_{\mathrm{s}}W_{mn}(\omega)S_n(k_3) \tag{4.8}$$

在远场 $R\gg L_3$，我们用定相法（第 1 卷第 5 章）和参考文献［1-2］求出辐射声压。该结果简化为（在球面坐标中）

$$P_{\mathrm{a}}(R,\theta,\phi,\omega)=\sum_{mn}(2\pi)^{-1}\rho_0\omega^2 W_{mn}(\omega)\frac{S_n(\bar{k}_3)(-1)^m\cos(m\theta)}{k_0\sin\phi\cdot\mathrm{H}'_m(k_0 a\sin\phi)}\frac{\mathrm{e}^{+\mathrm{i}k_0 r}}{r}\tag{4.9}$$

其中，参照图 4-2 有

$$\bar{k}_3=k_0\cos\phi\tag{4.10}$$

可以与第 1 卷中关于平面散热器的式（5.76）进行比较。

如 4.2.2 节所述，在描述弹性圆柱在水中的响应时，可以检查圆柱表面的模态流体阻抗，另见第 1 卷式（5.81）。为此，我们使用第 1 卷式（5.78）中的定义，形成外部流体在 $r=a$ 处施加的单位面积的振动诱导表面阻抗，从而获得

$$\begin{aligned}[z_{mn}]_0&=\frac{1}{-\mathrm{i}\omega W_{mn}(\omega)A}\int_0^{2\pi}\int_{-L_3/2}^{L_3/2}P_{\mathrm{a}}(a,\theta,x_3,\omega)^*\psi_n(x_3)\cos(m\theta)a\mathrm{d}\theta\mathrm{d}x_3\\&=\mathrm{i}\frac{\rho_0\omega\varepsilon_m}{2\pi L_3}\left\{\int_{-\infty}^{\infty}\frac{\mathrm{H}_m^{(1)}(\sqrt{k_0^2-k_3^2}\,a)\,|S_n(k_3)|^2\mathrm{d}k_3}{\sqrt{k_0^2-k_3^2}\,\mathrm{H}'_m(\sqrt{k_0^2-k_3^2}\,a)}\right\}\end{aligned}\tag{4.11}$$

我们注意到，参考第 1 卷 5.4 节，模态振型函数是一个滤波器，在 $k=k_n$，相对宽度为 $1/nL_3$，位于其最近的旁瓣之上 $(k_nL_3)^2$ 处达到强峰值。因此，同样参考第 1 卷 5.5 节末尾的狄拉克函数近似的一维形式，即

$$|S_n(k_3)|^2\approx 2\pi L_3\delta(k_n-k_3)\tag{4.12}$$

与第 1 卷式（5.55）的一维模拟相对应地归一化。将此插入式（4.11）并进行积分，得到模态流体阻抗的方便表达式。声对远场的模态阻抗是第 1 卷式（5.80）中定义的实数部分

$$[z_{mn}]_0=\mathrm{i}\rho_0\omega\varepsilon_m\frac{\mathrm{H}_m^{(1)}(\sqrt{k_0^2-k_n^2}\,a)}{\sqrt{k_0^2-k_n^2}\,\mathrm{H}'_m(\sqrt{k_0^2-k_n^2}\,a)}\tag{4.13}$$

对于所有 m，$n\geqslant 0$，其中 $\varepsilon_0=2$，且 $\varepsilon_m=1$，$m\geqslant 1$，$\mathrm{H}_m^{(1)}(x)$ 是带导数 $\mathrm{dH}_m(x)/\mathrm{d}x=\mathrm{H}'_m(x)$ 的第一类柱面汉开尔函数。根据需要，我们使用替代的渐近公式[4]

$$\mathrm{H}_m^{(1)}(x)\approx\frac{\mathrm{i}\Gamma(m)}{\pi(x/2)^m},\quad x\ll 1\tag{4.14a}$$

$$\mathrm{H}_m^{(1)}(x)\approx\sqrt{\frac{2}{\pi x}}\mathrm{e}^{\mathrm{i}(x-m\pi/2-\pi/4)},\quad x\gg 1,m\tag{4.14b}$$

$$\mathrm{H}_m^{(1)}(x)\approx\frac{1}{m!}(x/2)^n-\mathrm{i}\frac{m!}{\pi m}(x/2)^{-m},\quad 0<x/m\ll 1\tag{4.14c}$$

式（4.13）很难分析评估，但在各种工程软件包中或通过使用上述渐近表达式很容易获得。

第 1 卷 5.5 节说明了模态平均声功率辐射阻抗的几个近似值。我们可以使用 $k_n=n\pi/L_3$ 和 $k_\theta=m/a$ 作为矩形板明确推导的表达式中纵向和横向波数的模拟。当 $k_{mn}=k_0$ 时在 $[Z_{\mathrm{rad}}]/\rho_0c_0=\sigma_{\mathrm{rad}}$ 中有预期的峰值。当 $k_n\gg k_0$ 时，$[z_{mn}]_0/\rho_0c_0$ 在分析上主要是代表弱声辐射的惯性（假想惯性）。因此，当表面有 $S_{mn}(k)$ 作为边缘模式的作用时，表面会辐射，参见第 1 卷 5.5.5 节，其中第 1 卷图 5-19 说明了各种情况。在圆柱[1]渐近近似的情况下，使用式（4.14）给出模态声辐射效率函数的极限 $k_n\leqslant k_0$

$$\begin{aligned}\sigma_{m;n}&=0, && k_n>k_0\\&=\frac{2\pi k_0a}{(m!)^2}\frac{(k_0^2-k_n^2)^ma^{2m}}{2^{2m}}, && 0<(k_0^2-k_n^2)a^2\ll 2m+1\ \text{以及}\ k_n<k_0\\&=1, && (k_0^2-k_n^2)^{1/2}a\gg m^2+1\ \text{以及}\ k_n<k_0\end{aligned}\tag{4.15}$$

第 1 卷式（5.92）给出了圆柱模态平均辐射效率的实例，其他实例见 4.4 节。

4.1.2　内压场和刚性壁圆柱的固有特性

4.1.2.1　模态扩展格林函数

许多作者，特别是那些研究涵道风扇的气动声学学科的作者，使用了本征函数扩展格林函数（如参考文献［5-7］），另见第 6 章“旋转机械噪声”，了解声音在恒定半径圆柱中的传播。为了推导格林函数，我们使用与上述和第 1 卷 2.8.1 节中相同的方法来找出刚性壁圆柱形涵道的本征函数扩展。该函数由满足涵道壁上消失常压梯度边界条件的函数和涵道中心有限压力的函数构成。虽然该式的通解由第一类和第二类贝塞尔函数组成，但第二类函数在 $r=0$ 时是异常的，因此是不可接受的。压力满足圆柱坐标(r,θ,x_3)中的同类简化波动式

$$\frac{\partial^2G(\boldsymbol{r},\omega)}{\partial r^2}+\frac{1}{r}\frac{\partial G(\boldsymbol{r},\omega)}{\partial r}+\frac{1}{r^2}\frac{\partial^2G(\boldsymbol{r},\omega)}{\partial\theta^2}+\frac{\partial^2G(\boldsymbol{r},\omega)}{\partial x_3^2}+k_0^2G(\boldsymbol{r},\omega)=-\delta(\boldsymbol{r}-\boldsymbol{r}_0)\tag{4.16}$$

其解是一系列圆柱函数

$$G(\boldsymbol{r},\omega)=G(r,\theta,x_3,\omega)=\sum_{p,q}A_{pq}\mathrm{J}_{|p|}(\kappa_pr)\mathrm{e}^{\mathrm{i}(p\theta+k_3x_3)}\tag{4.17}$$

p 的绝对值出现，因此贝塞尔函数相位对于左右（即正负 p）旋转模式相同，必须找到 κ_{pq} 和 A_{pq}，且贝塞尔函数满足图 4-3

$$r^2\left[\frac{\partial\mathrm{J}_p(\kappa_{pq}r)}{\partial r}\right]+r\frac{\partial\mathrm{J}_p(\kappa_{pq}r)}{\partial r}+[(\kappa_{pq}r)^2-p^2]\mathrm{J}_\mathrm{p}(\kappa_{pq}r)=0\tag{4.18}$$

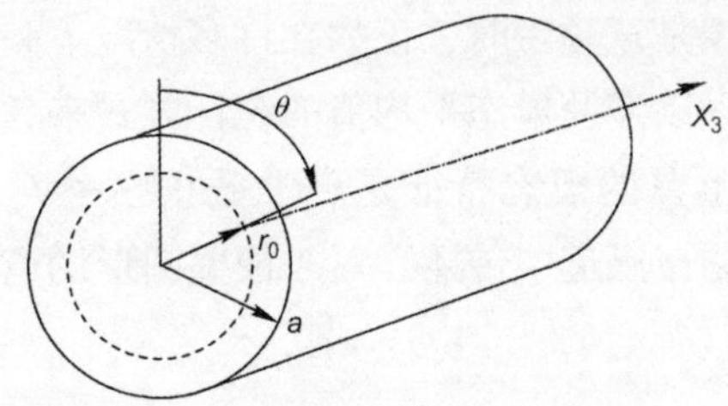

图 4-3　用于构建涵道中声音的格林函数的坐标系

波数 κ_{pq}是用于涵道的第 m 周向模式波动式的参数，即圆周上的 p 个径向节点线和与半径相交的 q 个同心模式圆

$$\kappa_{pq}^2=k_0^2-k_3^2 \tag{4.19}$$

振型函数的正交条件给出

$$\int_o^{2\pi}\int_0^a \mathrm{J}_p(\kappa_{pq}r)\mathrm{J}_{p'}(\kappa_{p'q'}r)\mathrm{e}^{\mathrm{i}(p-p')\theta}r\mathrm{d}r\mathrm{d}\theta=\begin{cases}0, & p\neq p',q\neq q'\\ A_D\Lambda_{pq}, & p=p',q=q'\end{cases} \tag{4.20a}$$

式中：现在参考文献［4，8］

$$A_{\mathrm{D}}\Lambda_{pq}=\pi\cdot a^2\left[1-\frac{p^2}{(\kappa_{pq}a)^2}\mathrm{J}_{\mathrm{p}}^2(\kappa_{pq}a)\right] \tag{4.20b}$$

或者

$$A_{\mathrm{D}}\Lambda_{pq}=-\pi\cdot a^2[\mathrm{J}_{|p|}(\kappa_{pq}a)\mathrm{J}_{|p|}(\kappa_{pq}a)] \tag{4.20c}$$

具有 Wronskian 递归关系的等效性[2,4,9]。

硬壁涵道 κ_{pq}的特定值是由壁面 $r=a$ 处压力的零径向梯度边界条件产生的，该边界条件给出了径向场压力的阶数，用 q 表示

$$\kappa_{pq}\mathrm{J}'_{|p|}(\kappa_{pq}a)=0$$

其解是第 m 阶贝塞尔函数 α_{pq}的导数的第 n 个零点：

$$\kappa_p a=\pi f_{pq}=\kappa_{pq}a \tag{4.21a}$$

即 $\pi\alpha_{pq}$是 J'_p 的第 q 个零（$q=1,2,3,\cdots$）。函数 α_{pq}具有近似值[4]

$$\begin{cases}\pi\alpha_{pq}\approx\left(q+\dfrac{1}{2}p-\dfrac{1}{4}\right)\pi-\dfrac{4p^2-1}{8\left(q+p/2-\dfrac{1}{4}\right)\pi}, & q\gg p\\ \pi\alpha_{m1}\approx p, & p\gg 1\end{cases} \tag{4.21b}$$

有特定值

$$\pi\alpha_{01}=0,\quad \pi\alpha_{11}=1.84,\quad \pi\alpha_{21}=3.04,\quad \pi\alpha_{02}=3.77,$$
$$\pi\alpha_{03}=6.91,\quad \pi\alpha_{12}=5.34,\quad \pi\alpha_{22}=6.91$$

当内部产生的噪声是宽频带时，正如在许多情况下一样，内部声音和壁振动之间的声学耦合可以以涉及模态平均值的统计方式来考虑。在宽带和窄带激励源的情况下，一个重要的模态特征是声学截止频率 $f_{co}=\omega_{co}/2\pi$，低于该频率，只有平面波声才能在涵道中传播。对于硬壁圆形涵道，此条件定义为

$$k_0 a = \pi\alpha_{11}$$

或者

$$k_0 a = \frac{\omega_{co} a}{c_0} = 1.84 \tag{4.22}$$

当 $\omega<\omega_{\infty}$ 时，涵道中的其他声交叉模式将随着离声源的轴向距离呈指数衰减。这种衰减模式不能将声能带离声源。低于这个频率，只有壁的共振结构呼吸（$n=0$）模式才能与内部声学模式有效耦合。当无此类共振结构模式与内部声波一致时，管道中的声传播基本上如第1卷2.8.1节所述。相反，所有其他结构壁模式（$n\neq0$），将无效耦合或根本不耦合，因为流体将取消半波中围绕圆周的净体积位移。在截止频率以上，涵道中的波将由声学交叉模式组成；只要两种模式类型的周向模式阶数一致，这些模式就会与结构壁模式很好地耦合。4.2节和4.4节将进一步详细研究这种结构-声学耦合的特性以及从内部产生的声音到外部介质的相关传输损耗。

涵道中单极子的格林函数采用与第1卷式（2.164）相同的方法构造。

$$G_{\mathrm{m}}(\boldsymbol{x},\boldsymbol{y},\omega) = \sum_{p=-\infty}^{p=\infty}\sum_{q=0}^{\infty} \frac{\mathrm{J}_{|p|}(\kappa_{pq} r)\mathrm{J}_{|p|}(\kappa_{pq} r_0)\mathrm{e}^{\mathrm{i}p(\theta-\theta_0)}}{\mathrm{i}2\pi\cdot a^2\left[1-\dfrac{p^2}{(\kappa_{pq}a)^2}\mathrm{J}_p^2(\kappa_{pq}a)\right]\sqrt{k_0^2-k_{pq}^2}} \times \exp(\mathrm{i}\sqrt{k_0^2-k_{pq}^2}\,|x_3-y_3|) \tag{4.23}$$

无限长圆形涵道中轴向偶极子的格林函数由第1卷式（2.168a）表示。

$$G_{\mathrm{d3}}(\boldsymbol{x},\boldsymbol{y},\omega) = \sum_{p=-\infty}^{p=\infty}\sum_{q=0}^{\infty} \frac{\mathrm{J}_{|p|}|(\kappa_{pq} r)\mathrm{J}_{|p|}(\kappa_{pq} r_0)\mathrm{e}^{\mathrm{i}p(\theta-\theta_0)}}{2\pi a^2\left[1-\dfrac{p^2}{(\kappa_{pq}a)^2}\mathrm{J}_p^2(\kappa_{pq}a)\right]}\exp(\mathrm{i}\sqrt{k_0^2-k_{pq}^2}\,|x_3-y_3|) \tag{4.24}$$

这与第1卷式（2.168b）完全相似。横向偶极子的解是通过取相应的梯度求得的

$$G_{\mathrm{d}\theta}(\boldsymbol{x},\boldsymbol{y},\omega) = \frac{1}{r_0}\frac{\partial}{\partial\theta_0}(G_m(r,\theta,x_3,r_0,\theta_0,x_{3_0},\omega))$$

或者

$$G_{d\theta}(\boldsymbol{x},\boldsymbol{y},\omega)=\sum_{p=-\infty}^{p=\infty}\sum_{q=0}^{\infty}\frac{-\mathrm{i}p}{r_0}\frac{\mathrm{J}_{|p|}(\kappa_{pq}r)\mathrm{J}_{|p|}(\kappa_{pq}r_0)\mathrm{e}^{\mathrm{i}p(\theta-\theta_0)}}{2\pi a^2\left[1-\frac{p^2}{(\kappa_{pq}a)^2}\mathrm{J}_{p^2}(\kappa_{pq}a)\right]\sqrt{k_0^2-k_{pq}^2}}\times \tag{4.25}$$

$$\exp(\mathrm{i}\sqrt{k_0^2-k_{pq}^2}\,|x_3-y_3|)$$

这与第 1 卷式（2. 169b）相似。

这些声场表达式是有用的表示，特别是当声源具有窄带宽性能的频谱密度时。式（4. 23）~式（4. 25）在声源音调处将场扩展为涵道的离散交叉模式，这些模式沿着源自声源处的(θ,z)轨迹以螺旋“旋转模式”传播；对于传播相位为$p\theta+\sqrt{k_0^2-k_{pq}^2}x_3=\omega\cdot t$，其中$-\infty<p<\infty$且$\sqrt{k_0^2-k_{pq}^2}$为大于 0 的实数的每个 p，q 模式也是如此。

4.1.2.2　积分格林函数

声学格林函数的另一种积分公式在涉及含随机或确定性时间空间分布源的弹性壁涵道结构响应的情况下非常有用[2]。在这些情况下，内部宽频带源可能诱导传播和非传播的壁压扰动，从而驱动涵道壁模式，既在源的局部，又沿涵道长度方向。上述模态公式的计算效率可能较低，因为它涉及壁面压力的全周向和径向模态阵列的双重总和（图 4-4）。

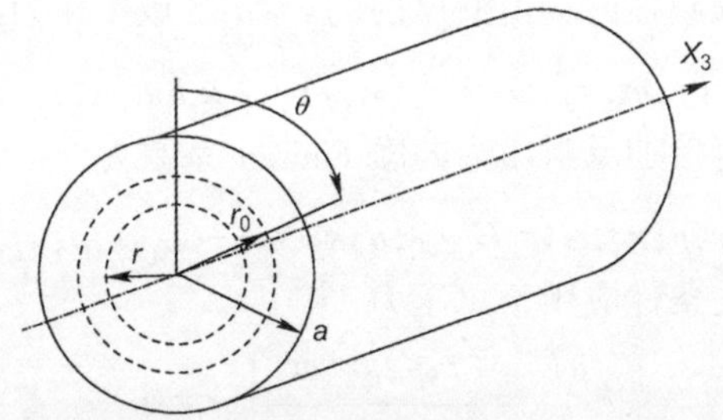

图 4-4　用于刚性壁格林函数积分公式的坐标

另一种方法用于在存在平面刚性壁的情况下，求出单极子声源的格林函数（第 1 卷式（2. 122））的图像方法。在这种情况下，我们结合入射 G_{sd} 和反射 G_{ref}，即使用从点单极子声源 G_m 总压力法向梯度消失的刚性壁边界条件的压力。因此，我们首先在圆柱坐标中找到声源的自由场分量的表达式-涵道中的直接声压（本质上是“入射”压力），该表达式满足 Helmholtz 式，即第 1 卷式（2. 117），从转换压力的倒数 $\hat{G}_{sd}(r,p,\kappa_3,\omega)$开始，这样

$$G_{sd}(r,\theta,x_3,\omega)=\sum_{p=-\infty}^{\infty}\int_{-\infty}^{\infty}\hat{G}_{sd}(r,p,\kappa_3,\omega)\mathrm{e}^{\mathrm{i}(p\theta+\kappa_3x_3)}\mathrm{d}\kappa_3 \tag{4.26}$$

式中：κ_3为轴向运行波数变量。将式（4.26）代入第 1 卷式（2.111），得出式（4.6）和式（4.16）的变形，从而得出在圆柱坐标中满足格林函数 $G_{sd}(r,\theta,x_3,\omega)$ 以及 $\hat{G}_{sd}(r,p,\kappa_3,\omega)$ 的式。

$$\frac{1}{r}\frac{\partial}{\partial r}\left(r\frac{\partial\hat{G}_{sd}(r,p,\kappa_3,\omega)}{\partial r}\right)+\kappa_r^2\hat{G}_{sd}(r,p,\kappa_3,\omega)=-\delta(r-r_0)\,\mathrm{e}^{-\mathrm{i}(p\theta_0+\kappa_3x_{e0})}\tag{4.27}$$

其中，径向波数系数是连续变量，定义为

$$\kappa_r^2=\kappa_0^2-\kappa_3^2\tag{4.28}$$

式中：κ_r为 p 和 k_3的函数。上述式的具体形式是通过在代换后，将式（4.26）的常用 Fourier 变换补码应用于第 1 卷式（2.111）的两边获得的。式（4.27）是第 1 卷式（2.112b）的圆柱坐标版本，并得出圆柱坐标中的自由空间格林函数，相当于第 1 卷式（2.112a）。该函数在声源位置 $r=r_0$ 是连续的，为[2,6,10]

$$\hat{G}_{sd}(r,p,\kappa_3,\omega)=(\mathrm{i}\pi)\mathrm{J}_p(\kappa_r\cdot r_0)\mathrm{H}_p^{(1)}(\kappa_r\cdot r)\,\mathrm{e}^{-\mathrm{i}(p\theta_0+\kappa_3x_{30})},\quad r\geqslant r_0\tag{4.29a}$$

其随着 $r\to\infty$ 减小到零，并且

$$\hat{G}_{sd}(r,p,\kappa_3,\omega)=(\mathrm{i}\pi)\mathrm{J}_p(\kappa_r\cdot r)\mathrm{H}_p^{(1)}(\kappa_r\cdot r_0)\,\mathrm{e}^{-\mathrm{i}(p\theta_0+\kappa_3x_{30})},\quad r\leqslant r_0\tag{4.29b}$$

保持有限为 $r\to 0$。

现在，在刚性壁圆柱内，由壁反射的 $r\leqslant a$ 区域中压力场的 Fourier 系数为

$$\hat{G}_{ref}(r,m,\kappa_3,\omega)=A_m(\kappa_3)\mathrm{J}_{|p|}(\kappa_r(m,\kappa_3)\cdot r)$$

因此单极子声源的直接加反射压力的净 Fourier 系数为

$$\hat{G}_m(r,p,\kappa_3,\omega)=\hat{G}_{sd}(r,p,\kappa_3,\omega)+\hat{G}_{ref}(r,p,\kappa_3,\omega)$$

将径向梯度消失条件应用于总压力

$$\left.\frac{\partial G_{|p|}(r,p,\kappa_3,\omega)}{\partial r}\right|_{r=a}=0$$

我们求出反射压力的系数 A_p，因此

$$\hat{G}_{ref}(r,r_0,p,\kappa_3,\omega)=\mathrm{i}\pi\mathrm{J}_{|p|}(\kappa_r\cdot r_0)\frac{\mathrm{J}_{|p|}(\kappa_r\cdot r)\mathrm{H}'_{|p|}(\kappa_r a)}{\mathrm{J}'_{|p|}(\kappa_r a)}\mathrm{e}^{-\mathrm{i}p(m\theta_o+\kappa_3x_{30})}\tag{4.30}$$

$r=r_0$时点单极子引起的涵道中任何地方总压力的格林函数为

$$\hat{G}(r,r_0,p,\kappa_3,\omega)=\mathrm{i}\pi\mathrm{J}_{|p|}(\kappa_r\cdot r_0)\frac{\mathrm{J}'_{|p|}(\kappa_r a)\mathrm{H}'_{|p|}(\kappa_r r)-\mathrm{J}_{|p|}((\kappa_r\cdot r)\mathrm{H}'_{|p|}(\kappa_r a)}{\mathrm{J}'_{|p|}(\kappa_r a)}\mathrm{e}^{-\mathrm{i}(p\theta_o+\kappa_3x_{30})}\tag{4.31}$$

我们将研究弹性圆柱壳壁处的流体与结构耦合，为此我们需要一个刚性壁（$r=a>r_0$）处壁压的 Fourier 系数表达式，其中模态格林函数为

$$\hat{G}_m(a,p,\kappa_3,\omega)=\frac{1}{2\pi}\frac{J_{|p|}(\kappa_r\cdot r_0)}{\kappa_r a J'_{|p|}(\kappa_r a)}e^{-i(p\theta_0+\kappa_3 z_o)} \tag{4.32}$$

在这个表达式中：我们应用了众所周知的 Wronskian 关系[2,4,9]，即 $J_p(\kappa_r r)H_p(\kappa_r r)-J'_p(\kappa_r r)H_p(\kappa_r r)=2i/\pi\kappa_r r$。最后，我们得到了作为单极子格林函数的压力的完全积分公式

$$G_m(a,\theta,z,\omega)=\sum_{p=-\infty}^{\infty}\int_{-\infty}^{\infty}\frac{1}{2\pi a^2}\frac{J_{|p|}(\kappa_r\cdot r_0)}{J'_{|p|}(\kappa_r a)\sqrt{(k_0 a)^2-(\kappa_3 a)^2}}e^{-i(p(\theta-\theta_o)+\kappa_3 x_3-x_{30})}d(\kappa_3 a) \tag{4.33}$$

将式（4.33）与其等效式（4.23）进行比较，我们看到离散径向模态的求和被轴向波数的连续积分所取代。偶极子的压力格林函数是通过使用前几节中的适当梯度得到的。该表达式失去了刚性壁壳旋转径向模态的物理意义，但在使用与壁振动频谱相同的可变结构来表示壁上的压力方面具有计算优势。下面我们讨论圆柱壁的声阻抗时，将进一步研究这些特性。

4.1.2.3　刚性壁上的声压：阻塞压力

为了考虑由圆柱内部声源产生的声场对圆柱壁振动的激励源，第一步是找出第 1 卷式（5.27）表示的由于内部声场引起的有效刚性壁上模态阻塞压力的表达式。则有

$$P_{nm}(\omega)=\frac{1}{2\pi a L_3}\int_{-L_3/2}^{L_3/2}\int_0^{2\pi}P_a(a,\theta,x_3,\omega)\psi_n(x_3)e^{-im\theta}a\,d\theta\,dx_3 \tag{4.34}$$

其中，$S_{mn}(\theta,x_3)=\psi_n(x_3)e^{-im\theta}$是壁振动的振型函数（第 1 卷式（5.54）~式（5.62）和式（4.1b））。

考虑到半径为 r_0、角度为 θ_0、轴向位置为 $y_3=0$ 的点轴向偶极子，即插入

$$f_3(r_0,\theta_0,z_3,\omega)=f_3(\omega)\delta(r-r_0,\theta-\theta_0,z_3) \tag{4.35}$$

至式（4.23），得到壁上压力，$r=a$，则

$$p_i(\boldsymbol{x},\boldsymbol{x}_0,\omega)=\sum_{m=-\infty}^{\infty}\int_{-\infty}^{\infty}\frac{(-i)f_3(\omega)}{2\pi a^2}\frac{J_{|m|}(\kappa_r\cdot r_0)S_n(\sqrt{k_0^2-\kappa_3^2 L_3})}{J'_{|m|}(\kappa_r a)}\times e^{-i(m(\theta-\theta_0+\sqrt{k_0^2-k_3^2}\,|x_3-x_{30}|)}d\kappa_3 \tag{4.36}$$

其中，$\kappa_r=\sqrt{k_0^2-\kappa_3^2}$，对于沿轴线的声传播，必须为实数。模态阻塞压力的积分公式为

$$P_{mn}(\omega)=\int_{-\infty}^{\infty}\frac{(-i)f_3(\omega)}{4\pi a L_3}\frac{J_{|m|}(\sqrt{k_0^2-\kappa_3^2}\,r_0)S_n(\kappa_3)}{\sqrt{k_0^2-k_3^2}\,J'_{|m|}(\sqrt{k_0^2-\kappa_3^2}\,a)}e^{-i(m\theta_o+\kappa_3 x_{30})}d\kappa_3 \tag{4.37}$$

或者，模态表示可以得出

$$p_{\mathrm{i}}(\boldsymbol{x},\boldsymbol{x}_0,\omega)=\sum_{m=-\infty}^{m=\infty}\sum_{n=0}^{\infty}f_z(\omega)\frac{\mathrm{J}_{|m|}(\kappa_{mn}a)\mathrm{J}_{|m|}(k_{mn}r_0)\mathrm{e}^{\mathrm{i}m(\theta-\theta_0)}}{2\pi\cdot a^2\left[1-\dfrac{p^2}{(\kappa_{mn}a)^2}J_m^2(\kappa_{mn}a)\right]}\times \tag{4.38}$$

$$\exp(\mathrm{i}\sqrt{k_0^2-k_{mn}^2}\,|x_3-x_{30}|)$$

以及

$$P_{mn}(\omega)=f_3(\omega)\frac{\mathrm{J}_{|m|}(\kappa_{mn}a)\mathrm{J}_{|m|}(\kappa_{mn}r_0)S_n(\sqrt{k_0^2-k_{mn}^2}L_3)}{a^2\left[1-\dfrac{m^2}{(\sqrt{k_0^2-k_{mn}^2})^2}\mathrm{J}_m^2(\sqrt{k_0^2-k_m^2}a)\right]} \tag{4.39}$$

其中，对于沿轴传播的径向阶数 q 和周向阶数 m 的内部模式 $\kappa_{mn}=\sqrt{k_0^2-k_{mn}^2}$ 也必须是实数。如第 1 卷 2.8 节所述，内部声场的情况包括穿过外壳横截面的声学模式以及共振结构壁振动模式的几何模式。

对于壳体内的任何声源，声音都是通过应用式（4.23）~式（4.25）提供的格林函数以及使用第 1 卷式（2.57）的声源分布给出的。根据式（4.23）~式（4.25），壳体中的声学交叉模式由径向 p 和圆形 q 控制，节点线交替使用 (m,n) 和 (p,q)，如图 4-5 所示。

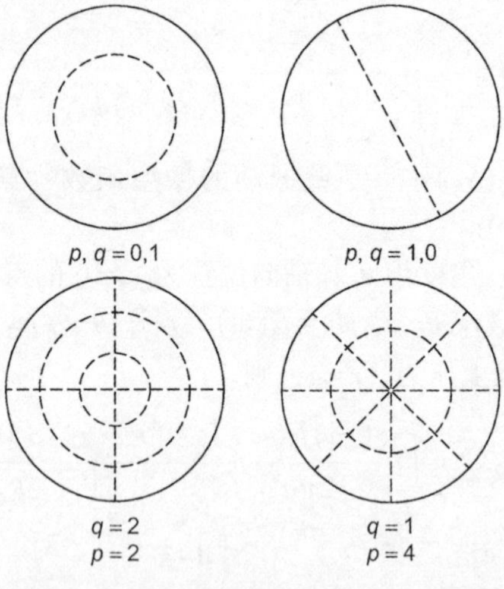

图 4-5　圆形涵道声学模式的振型图解

（q= 节点圈数，p= 节点直径数。模式 p，q=0，1 为最低阶）

因此，对于具有刚性壁和固定值为 k_0 的涵道，p，q 阶声涵道模式传播螺旋波的轴向波数 k_{3a} 由下式给出

$$k_3^2 = k_0^2 - \kappa_{pq}^2 \tag{4.40}$$

一些 κ_{pq} 由式（4.21）给出，作为示例值。对于指定节点圈数的每个值 q，都有一组 κ_{pq} 值描述周向模式 $p=0,1,2,\cdots$ 最低阶模式由 p，q 组合 $(0,1)$ 和 $(1,0)$ 表示；$\kappa_{0,1}a=3.8$ 和 $\kappa_{1,0}a=1.84$ 表示最低阶或截止交叉模式。p，q 模式传播的最低频率为 $\omega_{pq}=\kappa_{pq}c_0$。

4.1.3　内压场与壁运动的耦合

我们预计将讨论流体负荷圆柱壳以及在 4.3 节和 4.4 节所述的其湍流壁流的激励源，并考虑壁振动产生的内部声场。为此，我们扩展了基本上无限长的圆柱形涵道的声学模式中的声压，并与壁模态建立互连。因此，如前所述，内部行波声压与模态压力 $[P_{pq}(\omega)]_{\mathrm{i}}$ 相关，通过

$$p_{\mathrm{i}}(r,\theta,x_3,\omega) = \sum_{p,q} [P_{pq}(\omega)]_{\mathrm{i}} \mathrm{J}_{|p|}(\kappa_{pq}a)\mathrm{e}^{\mathrm{i}p\theta}\mathrm{e}^{\mathrm{i}k_3x_3} \tag{4.41}$$

式中：求和涉及周向模式 p 和径向模式 q；κ_{pq} 是上述壁面边界条件允许的 $\kappa_{pq}^2 = k_0^2 - k_3^2$ 特殊值。在式（4.8）的符号中

$$\left[\frac{\partial p_{\mathrm{i}}(r,\theta,x_3,\omega)}{\partial r}\right]_{r=a} = \rho_{\mathrm{i}}\omega_2 w(\theta,x_3,\omega) \tag{4.42}$$

或者壁面压力梯度，表示为 p 和 q 模式的总和

$$\left[\frac{\partial p_{\mathrm{i}}(r,\theta,x_3,\omega)}{\partial r}\right]_{r=a} = \sum_{m,n} [P_{mn}(\omega)]_{\mathrm{i}} \kappa_{mn} \mathrm{J}'_{|m|}(\kappa_{mn}a)\mathrm{e}^{\mathrm{i}m\theta}\mathrm{e}^{\mathrm{i}k_3}x_3$$

或者，如果我们使用积分公式，格林函数满足

$$\left[\frac{\partial p_{\mathrm{i}}(r,\theta,x_3,\omega)}{\partial r}\right]_{r=a} = \int_{-\infty}^{\infty} \sum_{p} [P_{mn}(\omega)]_{\mathrm{i}} \kappa_{\mathrm{r}}(m,\kappa_3) \mathrm{J}'_{|m|}(\kappa_r(m,\kappa_3)\cdot a)\mathrm{e}^{\mathrm{i}(\kappa_3x_3+m\theta)}\mathrm{d}\kappa_3 \tag{4.43}$$

在这种情况下，使用径向模式求和的公式不太方便，所以我们将使用积分公式。因此，弹性圆柱截面中的壁模式与该压力通过周向 m 模式和轴向 n 模式的总和相关

$$\left[\frac{\partial p_{\mathrm{i}}(r,\theta,x_3,\omega)}{\partial r}\right]_{r=a} = \rho_{\mathrm{i}}\omega^2 \sum_{m,n} W(\omega)_{mn}\psi_n(x_3))\mathrm{e}^{\mathrm{i}m\theta}$$

将式（4.42）和式（4.43）两边同乘以 $\psi_n(x_3)$，对 x_3 积分，取两侧的 m 变换，利用周向谐波上的正交条件，得出模态压力谱

$$\left[\frac{\partial p_{\mathrm{i}}(r,\theta,x_3,\omega)}{\partial r}\right]_{r=a} = \rho_{\mathrm{i}}\omega^2 \sum_{m,n} W(\omega)_{mn}\psi_n(x_3))\mathrm{e}^{\mathrm{i}m\theta} \tag{4.44}$$

定义了与外部流体阻抗互补的内部流体的模态流体负载阻抗

$$[z_{mn}]_{\mathrm{i}} = \frac{1}{-\mathrm{i}\omega W_{mn}(\omega)A}\int_0^{2\pi}\int_{-L_3/2}^{L_3/2} P_i(a,\theta,x_3,\omega)^*\psi_n(x_3)\cos(m\theta)a\mathrm{d}\theta\mathrm{d}x_3$$
$$= \mathrm{i}\frac{\rho_0\omega\varepsilon_m}{2\pi L_3}\left\{\int_{-\infty}^{\infty}\frac{\mathrm{J}_{|m|}(\sqrt{k_0^2-k_3^2}a)\,|S_n(k_3)|^2\mathrm{d}k_3}{\sqrt{k_0^2-k_3^2}\mathrm{J}'_{|m|}(\sqrt{k_0^2-k_3^2}a)}\right\} \tag{4.45}$$

与外部流体阻抗的情况一样，4.1.1 节的方法得出内部模态阻抗的补充表达式

$$[z_{mn}]_{\mathrm{i}} = -\mathrm{i}\omega\rho_0\varepsilon_m\frac{\mathrm{J}_{|mn|}(\sqrt{k_0^2-k_n^2a_n^2})}{\sqrt{k_0^2-k_n^2}\mathrm{J}'_{|m|}(\sqrt{k_0^2-k_n^2}a)} \tag{4.46}$$

图 4-6 显示了涵道壁声压的等值色散曲线（式（4.44））。大小变为常见的最大值，因为在该图中要指出的是，各周向阶数的截止频率由函数组合中的最大值确定

$$\frac{\mathrm{J}_{|m|}(\sqrt{k_0^2-k_n^2r_0})}{[\sqrt{k_0^2-k_n^2}a\cdot\mathrm{J}'_{|m|}(\sqrt{k_0^2-k_n^2}a)]}$$

这是式（4.44）中的共振决定函数。各周向阶数的 $k_n=0$ 截距处的值与式（4.21b）给出的模态表示中出现的值相同，这些值归因于交叉模态的径向周

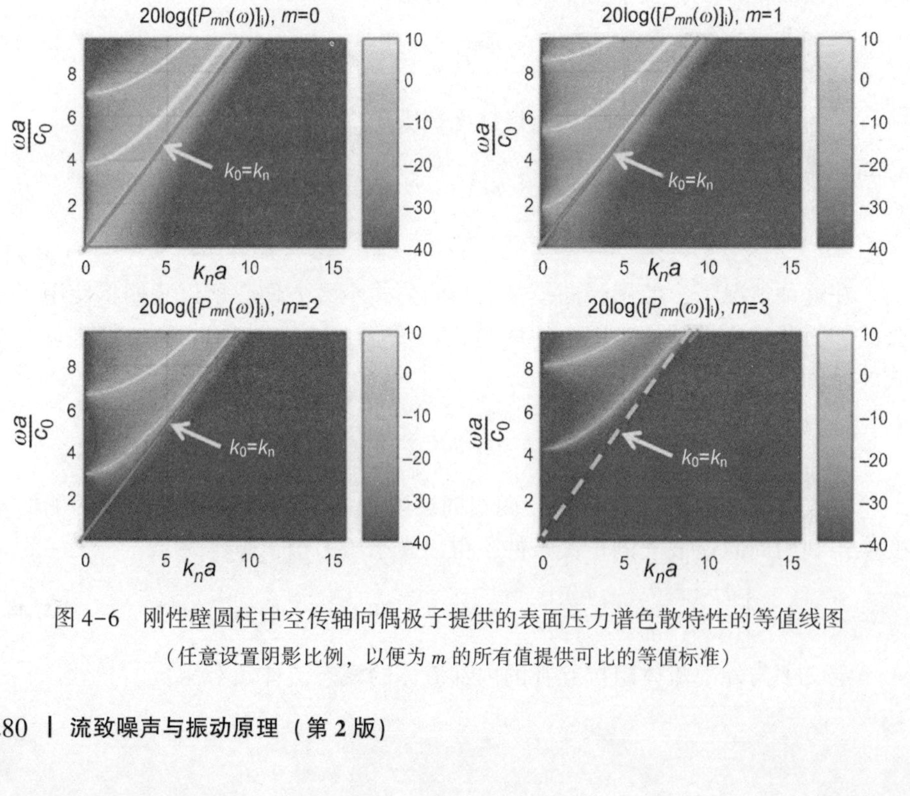

图 4-6　刚性壁圆柱中空传轴向偶极子提供的表面压力谱色散特性的等值线图
（任意设置阴影比例，以便为 m 的所有值提供可比的等值标准）

向模态阶数。对角线是轴向声波数($k_n=k_0$)的趋势，在式（4.19）给出的条件下，这些线的右侧没有传播模式。

4.2　圆柱壳的结构声学要素

4.2.1　模态压力谱

如第 1 卷第 5 章所述，涵道或管道结构接受来自相邻流体（声学或空气动力学性质）的非定常压力的输入声功率，需要表面压力和模态振型函数的波数组成相匹配。这些表面压力通常由声学和湍流共同作用组成。在第 1 卷式（5.40b）中，表示为壁压波数谱和波数上模式的空间滤波性能的乘积的积分：

$$\Phi_{pmn}(\omega)=\frac{1}{A_{\mathrm{p}}^{2}}\int\int_{-\infty}^{\infty}\Phi_{p}(\boldsymbol{k},\omega)\,|S_{mn}(\boldsymbol{k})|^{2}\mathrm{d}^{2}\boldsymbol{k} \tag{4.47}$$

式中：$\boldsymbol{k}$ 是在表面平面中定义的数值；$S_{mn}(\boldsymbol{k})$ 是第 1 卷 5.4 节中普遍定义的壁模式的形状函数，具体由第 1 卷式（5.35）和式（4.3）确定。虽然这些在这里用波数的可分离坐标系表示，但这种可分离性不一定适用于更一般的几何形状和非均匀流动，在这种情况下，更一般的空间相关形式（第 1 卷式(5.40a)）应用第 1 卷式（5.41）、式（5.52b）和式（5.52c）将表面压力的波数谱 $\Phi_{pmn}(\omega)$ 与声学激励源情况下的结构模态速度联系起来。

第 3 章"阵列与结构对壁湍流和随机噪声的响应"详细描述了如何评估对流湍流或各向同性声压场的式（4.47）。这些结果将为混响声场和局部单极子、偶极子和机械力驱动的发展诱导壁振动奠定基础。如前所述，其评估的关键是定义壁的振型 $\psi_{mn}(\boldsymbol{y})$，通过 Fourier 变换（式（4.39）和式（4.3）），我们从中获得 $S_{mn}(\boldsymbol{k})$。与第 1 卷第 5 章中讨论的矩形板的情况一样，圆柱形涵道的 $S_{mn}(\boldsymbol{k})$ 在波数上达到峰值 $k_3=k_n$，$k_\theta=k_m=m/a$。第 1 卷 5.4 节和 3.7 节中显示了声能的可接受性，有待确定，但过滤作用在大表面的情况下已经近似为(式（4.12))

$$|S_{mn}(p,k_3)|^2\approx 2\pi L_3\delta(k_n-k_3)\delta(m-p) \tag{4.48}$$

4.2.2　运动式

在本节中，我们将讨论圆柱壳的基本要素，以支持对 4.4 节中推导的传输系数的理解。需要更完整讨论的读者请参阅参考文献［1-3，11］。讨论将概括圆柱上压力和表面位移的模态匹配以及流体对壳体振动的影响。圆柱壳模态速度的确定涉及结构阻抗的计算，而对于弯曲壳体，结构阻抗包括面外弯曲和面内拉伸运动。因此，在圆柱壳膜中，扭转和弯曲应变都发生并耦合。运动式包含一个 3×3 的刚度算子矩阵，Leissa[11] 详细讨论了这个矩阵，他对精确式的各种近似值进行了综述。Skelton、James[2] 和 Scott[12]，继 Junger 和 Feit[1] 之后，使用一种与 Arnold 和 Warburton[13] 相关的形式，类似于 Timoshenko 和 Woinowski-Krieger[14] 推导的形式。这些薄壳式足以解决本书中的声学问题。这里假设壳体具有恒定的厚度、半径和材料。位移在轴向、切向和径向，分别标记为 u、v 和 w。应力可以轴向、扭转或径向施加，尽管通常只有径向应力不为零，其他应力为零。运动式为

$$\begin{cases}\dfrac{\partial^2 u}{\partial x_3^2}+\dfrac{1-\mu_p}{2a^2}\dfrac{\partial^2 u}{\partial\theta^2}+\dfrac{1+\mu_p}{2a}\dfrac{\partial^2 v}{\partial x_3\,\partial\theta}+\dfrac{\mu_p}{a}\dfrac{\partial w}{\partial x_3}-\dfrac{1}{c_l^2}\dfrac{\partial^2 u}{\partial t^2}=0\\[2ex] \dfrac{1+\mu_p}{2a}\dfrac{\partial^2 u}{\partial x_3\,\partial\theta}+\dfrac{1-\mu_p}{2}\dfrac{\partial^2 v}{\partial y_3^2}+\dfrac{1}{a^2}\dfrac{\partial^2 v}{\partial\theta^2}+\dfrac{1}{a^2}\dfrac{\partial w}{\partial\theta}-\dfrac{1}{c_l^2}\dfrac{\partial^2 v}{\partial t^2}=0\\[2ex] \dfrac{\mu_p}{a}\dfrac{\partial u}{\partial x_3}+\dfrac{1}{a^2}\dfrac{\partial v}{\partial\theta}+\dfrac{w}{a^2}+\beta^2\left(a^2\dfrac{\partial^4 w}{\partial x_3^4}+2\dfrac{\partial^4 w}{\partial x_3^2\,\partial\theta^2}+\dfrac{1}{a^2}\dfrac{\partial^4 w}{\partial\theta^4}\right)+\\[2ex] \quad\dfrac{1}{c_l^2}\dfrac{\partial^2 w}{\partial t^2}=[p_{bl}-(p_o-p_i)](1-\mu_p^2)/Eh\end{cases}\tag{4.49}$$

式中：$\beta^2=h^2/12a^2$，c_l由第 1 卷式（5.28）给出，我们遵守了第 1 卷 5.5.2 节中使用的惯例（尽管我们使用了符号 c_p），其中第 1 卷式（5.77）将圆柱上的压力描述为阻塞激励源压力 p_{bl}、内部流体反应压力 p_i和外部流体的流体反应压力 p_o的叠加。压力 p_i和 p_o异相，因为它们在圆柱壁径向运动的相对侧响应；其阻抗由式（4.4b）和式（4.13）给出。式中带下画线的项可识别为在无限壳体半径范围内考虑流体负荷平板振动的项，见第 1 卷式（5.21）。

与第 1 卷 5.3.1 节和式（4.2）一样，我们将区域 $|x_3|\leqslant L_3/2$ 的壳体的轴向（u）、切向（v）和径向（w）位移表示为简支壳体模式的总和：

$$\begin{cases}u(x_3,\theta,\omega)=\displaystyle\sum_{m,n}^{\infty}U_{mn}\sqrt{2}\cos\left[k_n\left(x_3+\frac{L_3}{2}\right)\right]\mathrm{e}^{\mathrm{i}m\theta}\\ \nu(x_3,\theta,\omega)=\displaystyle\sum_{m,n}^{\infty}V_{mn}\sqrt{2}\sin\left[k_n\left(x_3+\frac{L_3}{2}\right)\right]\mathrm{e}^{\mathrm{i}m\theta}\\ w(x_3,\theta,\omega)=\displaystyle\sum_{m,n}^{\infty}W_{mn}\sqrt{2}\sin\left[k_n\left(x_3+\frac{L_3}{2}\right)\right]\mathrm{e}^{\mathrm{i}m\theta}\end{cases}\tag{4.50}$$

引入了这些表达式中的振型函数，第 1 卷式（5.44a）和式（4.2）：

$$\psi_{mn}(x_3,\theta)=\sqrt{2}\sin\left[k_n\left(x_3+\frac{L_3}{2}\right)\right]\mathrm{e}^{\mathrm{i}m\theta} \tag{4.51a}$$

以及

$$\varphi_{mn}(x_3,\theta)=\sqrt{2}\cos\left[k_n\left(x_3+\frac{L_3}{2}\right)\right]\mathrm{e}^{\mathrm{i}m\theta} \tag{4.51b}$$

4.2.3　点驱动流体负荷圆柱壳的响应

代入运动方程，进行傅里叶时间变换，并与振型卷积，则

$$\left[k_n^2+\frac{1-\mu_{\mathrm{p}}}{2a^2}m^2-\frac{\omega^2}{c_l^2}\right]U_{mn}+\left[-\mathrm{i}mk_n\,\frac{1+\mu_{\mathrm{p}}}{2a}\right]V_{mn}+\left[-\frac{\mu_{\mathrm{p}}}{a}k_n\right]W_{mn}=0$$

$$\left[\mathrm{i}mk_n\,\frac{1+\mu_{\mathrm{p}}}{2a}\right]U_{mn}+\left[\frac{1-\mu_{\mathrm{p}}}{2}k_n^2+\frac{m}{a^2}-\frac{\omega^2}{c_l^2}\right]V_{mn}+\left[\frac{\mathrm{i}m}{a^2}\right]W_{mn}=0$$

$$\left[-\frac{\mu_{\mathrm{p}}}{a}k_n\right]U_{mn}=\left[\frac{\mathrm{i}m}{a^2}\right]V_{mn}+\left[\frac{1}{a^2}+\beta^2\left(a^2k_n^4+2m^2k_n^2+\frac{m^4}{a^2}\right)-\right.$$

$$\left.\frac{\omega^2}{c_p^2}+\frac{\mathrm{i}\omega}{\rho_pc_\ell^2h}\{[z_{mn}]_{\mathrm{i}}-[z_{mn}]_{\mathrm{o}}\}\right]W_{mn}=P_{\mathrm{bl}}(m,n,\omega)(1-\mu_{\mathrm{p}}^2)/Eh \tag{4.52}$$

在驱动为单向和径向的两种实例情况下，驱动应力函数如下。

在壳体质量阻抗上归一化的导纳：

$$Y_{rr}(m,n,\omega)*\omega^2\rho_{\mathrm{p}}h=\frac{W_{mn}(\omega)*\omega^2\rho_{\mathrm{p}}h}{P_{\mathrm{bl}}(m,n,\omega)}$$

图 4-7 中绘出了图 4-2 中描绘的圆柱，其驱动是径向的。4 个无量纲频率，$\omega a/c_l$代表低于、接近和高于环频率的情况。图中显示的是声波数(k_0,实线)和共振波数对的轨迹($k_{mn}=\sqrt{k_n^2+(m/a)^2}$,虚线)。共振的轨迹在图中显示为相对较亮的线。横坐标是周向阶数；纵坐标是圆柱半径上归一化的轴向波数。模态阻抗映射为三个最低频率，$\omega a/c_l=0.17$、0.71 和 1.37，对于这些频率，k_{p}值小于 k_{mn}；第四个频率是稍有超声速模式的频率($\omega a/c_l=2.02$)，$k_0>k_{mn}$。在最后一种情况下，特征波数的轨迹是半圆形的，表明弯曲性能类似于平板的弯曲性能。在极低频径向驱动下，壳体不能承受轴向传播的呼吸模式波。相反，对于 $\omega a/c_l$，圆柱体的偏转表示，其中 $m=1$ 是圆柱作为梁的整体横向弯曲。

这些条件在图 4-8 中进一步说明（使用 4.2.4 节中实例的结果），作为无量纲驱动点导纳

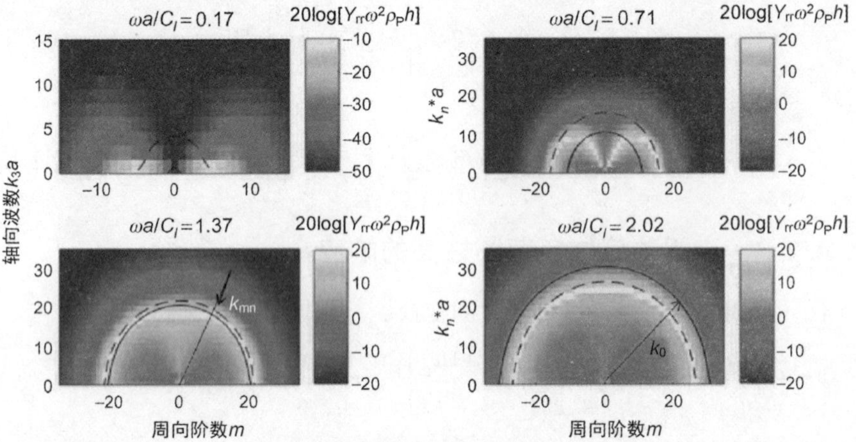

图 4-7　共振轨迹示例

（如图 4-2 所示，真空中的模态导纳函数对简支圆柱壳的单位表面积 $Y_{rr}(\omega,m,n)^*\rho_p h\omega^2$ 惯性阻抗进行无量纲化，并在其中间长度点驱动。外壳材料，钢，$h/a=0.01$，$L_3/a=4$，损耗系数 = 0.1，允许粗略的频率间隔）

$$\frac{Y_{rr}R_p}{A}=\frac{8\rho_p h\kappa c_l}{Z(y_3,\omega)}=\sum_{mm}\frac{-\mathrm{i}\omega W_{mn}(\omega)\,|\psi_n(x_{30})|^2}{F(\omega)} \tag{4.53}$$

在壳体中点，$x_{30}=0$，其中 $F(\omega)$ 是驱动力。在这种标准化中

$$R_p=8\rho_p h\kappa c_l \tag{4.54}$$

是真空中无限平板的点阻力，其厚度和材料密度与壳体相同，第 1 卷式（5.52c）频率根据半径和纵波速度 $\omega a/c_l$ 进行量纲化。

壳体的环频率出现在 $\omega a/c_l=1$ 时，超过该频率，振动特性变得非常类似板状。这表现为真空中的点阻抗变为等于 $8\rho_p h\kappa c_l(k=h/\sqrt{12})$，图 4-7 中的波数色散曲线变成圆形。低于该频率时，由于壳体的环向强度超过了弯曲刚度，在低周向阶数下，导纳和波数色散受到限制。见图 4-7，共振处每单位面积的无量纲模态导纳的近似大小为阶数 $Y_{rr}(\omega,m,n)\sim\rho_p h\omega^2/\eta$，其中 η 为损耗系数，为便于图示，在计算中假设为 0.1。

Junger 和 Feit[1]、Heckl[15]、Leissa[11] 和 Schwaenyi[16-18] 给出了半径为 a、壁厚为 $h(h\ll a)$[17] 的圆柱壳真空共振频率 ω_{mn} 的下列有用近似：

$$\omega_{mn}^2\approx\kappa^2c_l^2\,(k_3^2+k_\theta^2)^2+\frac{c_l^2}{a^2}\frac{k_3^4(1-\mu_p^2)}{(k_3^2+k_\theta^2)^2} \tag{4.55}$$

Fahy 和 Gardonio[3] 给出了类似的极限。式（4.55）适用于式（4.2）的振型，其中 $k_\theta=m/a$，c_L（由第 1 卷式（5.47）定义）；$c_L=\sqrt{E/\rho_P}=c_l\sqrt{1-\mu_p^2}$ 是纵波速度。式（4.55）是一个近似共振条件，适用于 $m\neq0$，即不适用于呼吸

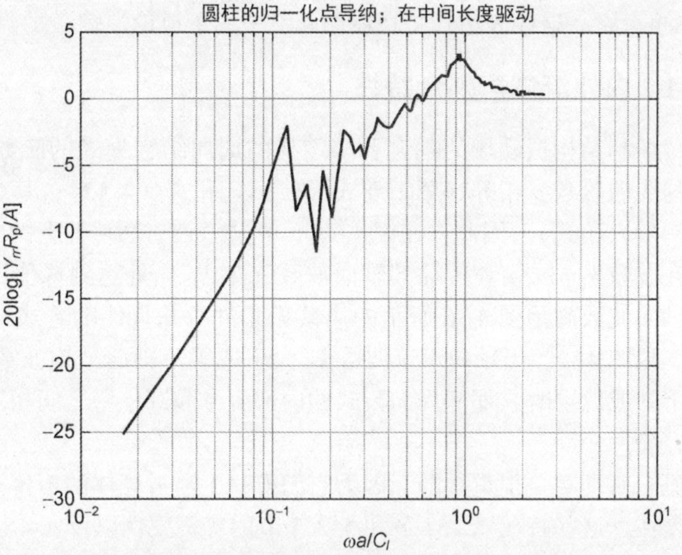

图 4-8　简支圆柱壳的无量纲驱动点导纳

（在相同厚度的无限平板的表面面积和点阻抗上无量纲化。$h/a=0.01$，$L_3/a=4$）

或周向均匀模式，并且仅当 k_3a 不小于 1 时。用“环频率”标准化这个式是很方便的，环频率是指纵波长度等于周长的频率，则

$$\omega_R = \frac{c_l}{a} \tag{4.56}$$

给出一个方便的选择

$$\left(\frac{\omega_{mn}}{\omega_R}\right)^2 \approx (\alpha_3^2+\alpha_\theta^2)^2 + \frac{\alpha_3^4}{(\alpha_3^2+\alpha_\theta^2)^2} \tag{4.57}$$

其中，$\alpha_i^2 = k_i^2\kappa a/(1-\mu_p^2)^{1/2}$ 和 k_i 代表 k_3 或 k_θ。在环频率以下，共振频率由式（4.7）的两项控制，且 k_3，k_θ 关系呈现出不同的形式。对于给定的 k_3 值，有两种周向模式是可能的，而不是平板的情况下只有一个。这意味着，对于低于环频率的给定频率，$S_n(k_\theta)$ 在 k_θ 的两个值处（而不是只有一个值）达到峰值。

应用第 1 卷第 5 章的关系式来处理包含许多模式的振动的模态平均值，需要模态密度的表达式。Heckl[15] 给出了方便的表达式 $n(\omega)=dN_s/d\omega$：

$$n(\omega)=\begin{cases} L_3/4\omega_R\kappa, & \omega>\omega_R \\ [\pi/2+\arcsin(2\omega/\omega_R-1)]L_3/4\pi\omega_R\kappa, & \omega<\omega_R \\ (1/\omega_R)(2.5|\pi)(a/h)\sqrt{\omega/\omega_R}, & \omega<0.48\omega_R \end{cases} \tag{4.58a,b,c}$$

式（4.58a）将被用于面积为 $\pi a L_3$ 的平板，即圆柱面一半的面积。式（4.58c）

来自 Szechenyi[17]。这些表达式将在后面几节中用于讨论混响激励源和响应。

4.2.4 内外流体声耦合特性

内部声场和结构振动场的耦合要求结构的周向结构模式的阶数 m 和内部声学模式的周向阶数 p 相等（第 1 卷式（5.36）和式（4.12），其中给出了模态压力的一般表达式）。因此，在模式 m 下 $\Phi_p(\boldsymbol{k},\boldsymbol{\omega})$，圆柱壁上的内部声压波的波数谱在波数 $k_\theta=m/a$ 和传播的轴向波数（如 k_{3a}）处达到峰值，这些波数和传播的轴向波数满足图 4-6 所示的声共振条件，并且伴随着式（4.44）中的最大值。见图 4-7，当轴向声迹波数 k_{3a} 大于或等于轴向结构波数 k_{3s} 时，即在声学相干处或以上时，那些周向模式的内部流体和圆柱壁之间相对较强的声耦合变得容易。

这些概念对理解是很重要的，因为它们解释了通过壳体的声传播的各种频率范围的存在。这些将在 4.2.4 节和 4.2.5 节的实例案例以及 4.4 节的相关讨论中进一步阐述。图 4-9~图 4-11 用图形说明了由参考频率确定的相关波数

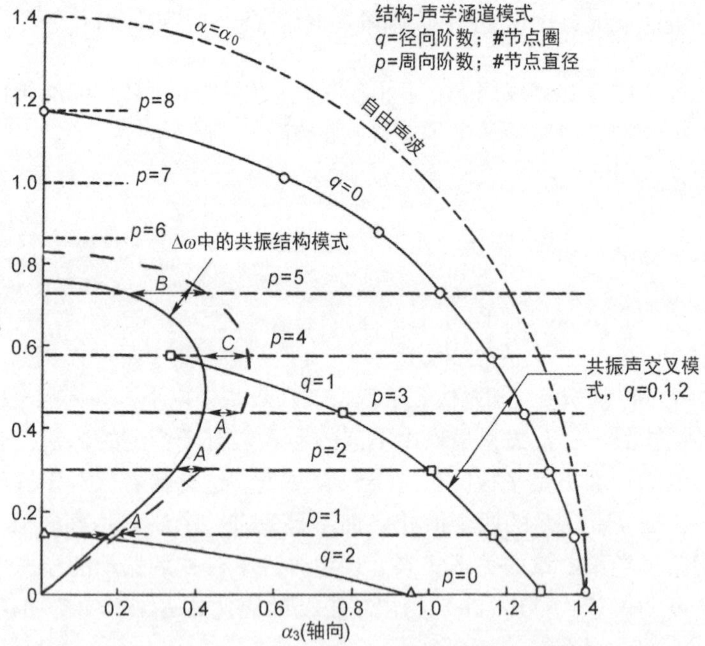

图 4-9　$f=350\text{Hz}$，12 英寸 40 商用管道的结构声波数图（实线）

（箭头对应一个频带 $\Delta v=\Delta\omega/\omega_R$。当$(\alpha_{3a})_{p,q}>(\alpha_{3s})_p$，结构和声学模式耦合良好。因此，指定为 A 的模式很好地耦合到径向模式 $q=0$，1；模式 B 耦合仅当 $q=0$；模式 C 耦合当 $q=0$，$q=1$ 时弱耦合。声学模式 $q=2$ 不与结构耦合，因为 $q\geqslant2$ 模式低于截止频率且不传播。注意在该图中，轴 k_3 和 k_q是旋转的；可与图 4-7 中使用的方向进行比较）

范围：环频率 ω_R 式（4.56）和声学相干频率 ω_c 由下式给出

$$\omega_c = \frac{c_0^2}{kc_l} \tag{4.59}$$

图中使用了无量纲波数。$\alpha_i = k_i\left[\kappa a/\sqrt{1-\mu_p^2}\right]^{1/2}$，图 4-9 所示的情况大致相当于 12 英寸，40 钢管（$2a=12.34$ 英寸，$h=0.406$ 英寸），其中 $\omega_R \ll \omega_c$。

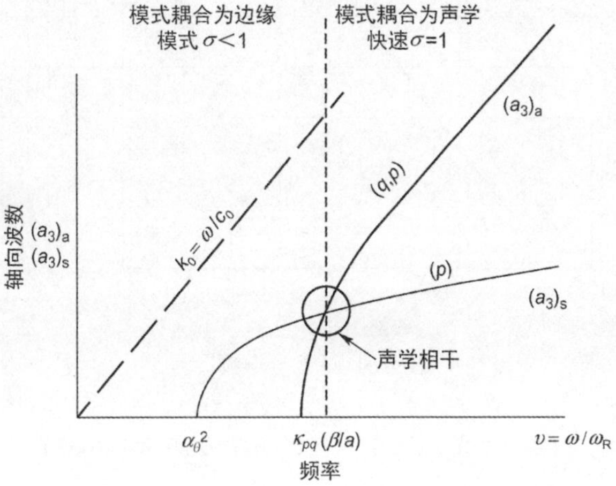

图 4-10　内部声波模式与弯曲表面模式相干时参数的频率

（对于结构波$(\alpha_3)_a$和内部声波$(\alpha_3)_s$，在特定的周向模式阶数 $p=n$ 时，轴向波数随频率的增加而增加。圆圈区域显示了 q，p，α_3 内部声波模式与 n，α_3 弯曲表面模式相干时 $n=p$ 和 α_3 波参数的频率）

在低于环频率的某个频率处共振的色散曲线弯曲模式叠加在一组色散曲线上，这些色散曲线表示对于径向阶数 $q=0$、1 和 2 以及周向阶数 $p=0\sim8$，在该频率处轴向传播的声交叉模式的允许波数。高阶模式不相关，因为它们的频率高于内部声学模式的声学截止频率。研究 k_{3a} 和 k_{3s} 在一个频带中的关系是有意义的，该频带的波数域用箭头表示。水平箭头表示在 1/3 倍频程频带内 $p=n$ 时，每个周向模式阶数 Δk_{3s}的值和范围。还有 Δk_{3a} 范围表示传播的声波实际上大于 Δk_{3s}。然而，关键是，从 $p=1$ 到 $p=5$ 的所有模式对于 $q=0$ 都有 $k_{3s}<k_{3a}$；从 $p=1$ 到 $p=3$ 的一些结构模式对于 $q=1$ 来说在声学上也是快速的。对于 $q=2$，没有结构模式在声学上是快速的（即在该频率下具有超过声学入射轨迹速度 ω/k_{3a} 的结构轴向波速度 ω/k_{3s}）。图 4-10 显示了所有的三个控制波数 α_{3a}，α_{3s}对应于 k_{3s}、k_{3a} 以及用于传播模式 $0\leqslant q\leqslant2$ 和 $0\leqslant p=n\leqslant5$ 的参考 k_0的频率性能。频率低于相干度（$\alpha_{3a}<\alpha_{3s}$），辐射效率较小，而高于相干度（$\alpha_{3a}\geqslant\alpha_{3s}$）的辐射效率 σ_{pq}为 1 阶。

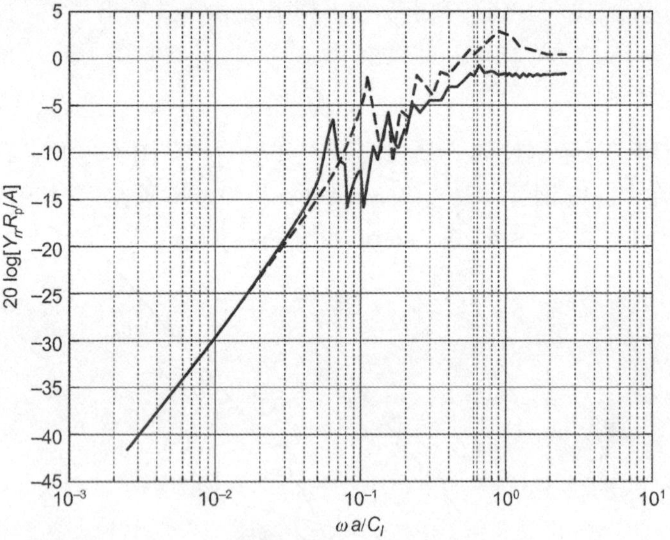

图 4-11　无量纲频率

（圆形壳的归一化点导纳，$L_3/a=4$，$h/a=0.01$，$\eta_s=0.1$，空气在内部和外部（虚线）以及空气在内部和水在外部（实线）绘制了在环频率上归一化的无量纲频率）

4.2.5　实例：点驱动涵道的空传声辐射

在本实例中，我们将研究点驱动薄壁涵道发出的声音作为相干频率响应，我们将阻塞压力第 1 卷式（5.36b）和式（5.40c）或式（5.40f）的模态谱插入式（4.52），使用

$$P_{bl}(m,n,\omega)=\frac{1}{2\pi aL_3}\int_{-L_3/2}^{L_3/2}\int_0^{2\pi}F(\omega)\delta(x_3-x_{30})\delta(a\theta-a\theta_0)\psi_n(x_3)e^{-im\theta}a\mathrm{d}\theta\mathrm{d}x_3$$

$$=\frac{1}{2\pi aL_3}F(\omega)\psi_n(x_{30})e^{-im\theta_0} \tag{4.60}$$

对于频率组成为 $F(\omega)$ 的力，施加到面积为 $2\pi aL_3$ 的圆柱的坐标 x_{30} 和 q_0。同样，我们插入式（4.13）对于外部阻抗，式（4.46）对于内部流体阻抗。得到的三个式可以同时求解，得出径向位移的模态振幅系数 $W_{mn}(\omega)$。径向点导纳（如上所述）由式（4.40g，h，i）得出，如

$$Y_{rr}(\boldsymbol{x}_0,\boldsymbol{y}_0,\omega)=\sum_{mn}\frac{-i\omega W_{mn}(\omega)\left|\psi_n(x_{30})e^{-im\theta_0}\right|^2}{F(\omega)} \tag{4.61}$$

该函数的一个实例是对无限平板的点阻力进行无量纲化，第 1 卷式（5.52c）和式（4.61），即 $Y_{rr}(\boldsymbol{x}_0,\boldsymbol{y}_0,\omega)(8m_s\kappa c_p)$。在图 4-8 中讨论了真空响应的导

纳，用内外都有空气的钢圆柱表示。结果表明，在环频率以上，圆柱的局部响应接近平板的局部响应。图 4-11 显示了另一个具有相同几何形状和结构损耗系数的点驱动圆柱，该圆柱内部为空气和外部为水（基本上流体负荷在一侧）。图中的真空情况与前面讨论的相同。这种流体负荷圆柱与真空中的圆柱具有相似的性能，但导纳受水在较高频率下的惯性负荷的影响，在较高频率下，质量阻抗变得相关。低频刚度控制响应不受流体负荷的影响。

远场声音 $P_a(R,\theta,\varphi,\omega)$ 可由式（4.9）确定，使用模态振型函数 $S_n(k_3)$，即式（4.2）。图 4-13 显示了空气中点驱动圆柱壳的结果。在这种情况下，声压级是指在 1m 的参考范围内为 1μPa，并与无限平板在水中发出的声音进行比较（第 1 卷式（5.102）），其中一侧有水。在这种受迫圆柱的情况下，当 $\omega m_s/\rho_0 c_0$ 超过大约 0.3 时，对局部驱动的声学响应就像一个无限平板。注意第 1 卷图 5-25 中简支有限平板的类似性能。在较低的频率下，响应是模态的，并且与结构的几何形状唯一相关。还要注意，比较图 4-11 和图 4-12，实际上 $\sim\omega>0.6\omega_R$，点声响应和点弹性响应在环频率以上都是板状的。在较低频率下，响应主要由单个模态响应控制。

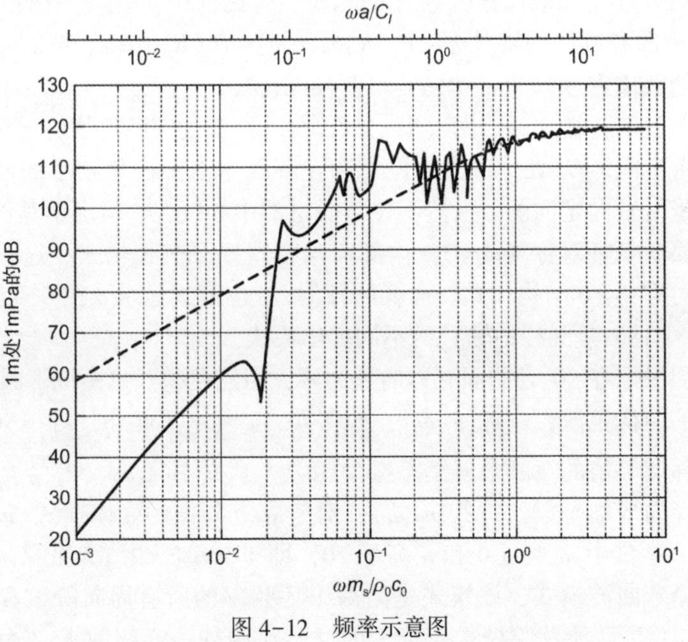

图 4-12　频率示意图

（内有空气，外有水的点驱动简支圆柱壳在刚性圆柱挡板表面的辐射声，圆柱在其中心由点力 $F(\omega)=1\text{N}$ 驱动，见图 4-2、图 4-4 和图 4-11。可选横坐标是相对于顶部环频率的频率和底部归一化为流体负荷系数的频率。声级位于圆柱（实线）和与圆柱具有相同材料和厚度的点驱动无限平板的力轴上）

4.2.6　实例：声偶极子周围涵道的空传声辐射

我们现在研究空气介质中的外场，它是由一个内点轴向偶极子在离充空气圆柱壳中心 $r_0=0.25a$ 处产生的。该壳体具有与之前讨论相同的结构几何形状。我们再次对相干频率响应感兴趣，并结合圆柱的运动式（式（4.52））与方程给出的阻塞压力 $P_{mn}(\omega)$ 的表达式（4.37）。偶极子力施加在圆柱轴外一点上，$x_0=0$，$r_0=0.25a$，$\theta=0$，如式（4.35）以及 $f_3(\omega)=1$ 表示假定的单位偶极子力驱动。壳体响应的求解很容易在谱域内完成，因为 3×3 结构行列式可以直接求解，给出径向模态位移 $W_{mn}(\omega)=W(m,k_n,\omega)$ 作为模态阻塞压力的代数函数；即 $P_{\mathrm{bl}}(m,n,w)=P_{mn}(\omega)$，形式为

$$W(m,k_n,\omega)=D_{33}(m,k_n,\omega)P_{mn}(\omega)$$

式（4.37）中阐述 $W(m,k_n,w)$ 的波数积分是用足够精细的 $\Delta\kappa_3$ 增量进行数值计算的，以解析模态振型函数 $S_n(\kappa_3)$ 上的波瓣。这些运算给出了壳体偶极子激发源模态位移的表达式。然后将该位移与外部远场空气传播声音的格林函数的稳态相位表示式（式（4.9））相结合，得到远场模态声压。声音是所有轴向模式波数 k_n 和周向角阶数 m 的总和，以提供式（4.9）中的 $P_{\mathrm{a}}(R,\theta,\varphi,\omega)$。给定声源和圆柱的轴对称，$P_{\mathrm{a}}(R,\theta,\varphi,\omega)=P_{\mathrm{a}}(R,\theta,\omega)$。然后由产品提供远场声压的频谱密度 $\Phi_{\mathrm{pp}}(\omega,R,\theta)=|P_{\mathrm{a}}(\omega,R,\theta)|^2$。图 4-13 显示了声压和声音在圆柱壁上的传播损耗。图（a）是在 $r\gg a$ 和 L_3 处实际评估的远场声级，但标绘在参考范围 $r=L_3$ 处，作为方位角和在环频率上归一化频率的函数。由于内部偶极子是轴向定向的，虽然不位于涵道的中心线上，但由于其偏离中心的位置，主要激发轴对称（$m=0$）内部声学模式以及其他模式。这些反过来主要激发轴对称 $m=0$ 结构模式。声音的频率-方位模式显示 θ 在 0°～50°和 130°～180°（0°～180°是圆柱的轴）的不同突出模式。

尽管偶极子在 90°处的固有方向性为零，但这些模式也模拟了圆柱壁 $m=0$ 径向导纳的结构色散，$1/Z_0,n(\omega)$，如图 4-14 所示。此外，对频率方位图左侧和右侧强调等值的贡献来自模态振型函数 $S_n(\sqrt{k_n^2-(k_0\cos(\theta)^2)}L_3)$ 的性能，结合模态径向导纳函数，$1/Z_0,n(\omega)$，对于靠近共振的壳体模式 $(m,n)\sim(0,n)$，即所示频带中 m 接近 0 和 n 高于 10，即 $1<\omega a/c_l<2.5$。注意，所有结构模式都遵循弯曲波模式，该模式是为高于环频率的所有周向阶数和频率建立的，$\omega a/c_l>1$ 并且涉及膜模式变形。因此，在圆柱中心线附近（而非中心线处）的轴向偶极子发出的声音通过壳体的呼吸模式传播到外部介质，壳体的呼吸模式存在共振和非共振模式，以及非轴对称弯曲模式，这有助于形成漫反射式模态声背景。图 4-13 中的图（b）和图（c）比较了偏离圆柱轴的两个极

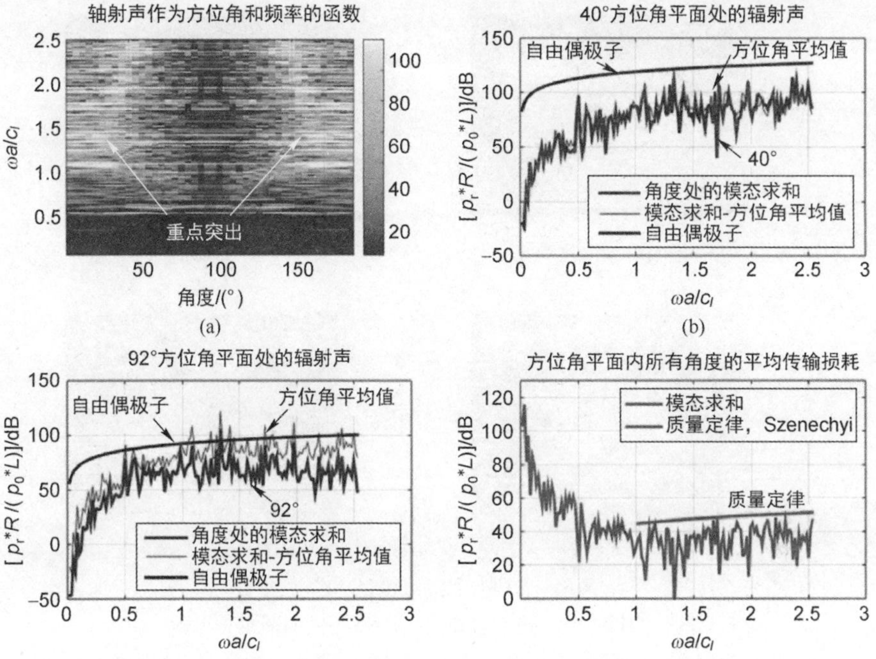

图 4-13 内部空传轴向偶极子向外部周围空气传播声音的图示

（圆柱体是钢制，$L_3/a=4$；$h/a=0.01$，$\eta=0.1$。从（a）顺时针方向是声音在圆柱方位（从圆柱轴测量）平面的极坐标图；（b）40°极角处的外部声音（在线版中为蓝色），与自由空间中从同一偶极子向该角度发出的声音（黑色）进行比较，以及管道中偶极子的方位角平均水平（在线版中为红色）；（c）相同，但单个角度为 92°；（d）传输损耗，式（4.62）（在线版中为蓝色），与 Szenechyi[16-18] 对混响内部声场式（4.83a）的声功率质量定律传播（直线）的预测进行了比较。$\omega a/c_l$ 为 ω/ω_R，声级参考 1μPa，参考范围 $=L_3/2$，单位偶极力为 1N）

角处的声音与没有壳体时的偶极子声音，以及方位角平均声级。

鉴于（主要）声学边缘和表面模式普遍存在的高模式密度，这些线图简单地展示了声音合理的、类似扩散的性质。92°时的声音几乎等于方位角平均声音水平。声传输损耗定义为

$$\mathrm{TL} = -10^{*}\log\left\{\left[\int_{-\pi/2}^{\pi/2}\Phi_{\mathrm{pp}}(\omega,R,\theta)\,\mathrm{d}\theta\right]\left(\frac{4\pi R}{k_0}\right)^2\right\} \tag{4.62}$$

是方位平均声压与其极轴上单位偶极子力的声压的比值，但不包括涵道。这种传输损耗几乎与 Szechenyi[18] 针对涵道中的混响声场推导的声功率质量控制传输损耗相同，考虑到偶极子源声学激励的壳模式的高模式密度，这是有意义的。另请参见 4.4.4 节和式（4.83a）。这些传输损耗相似的事实是涵道结构

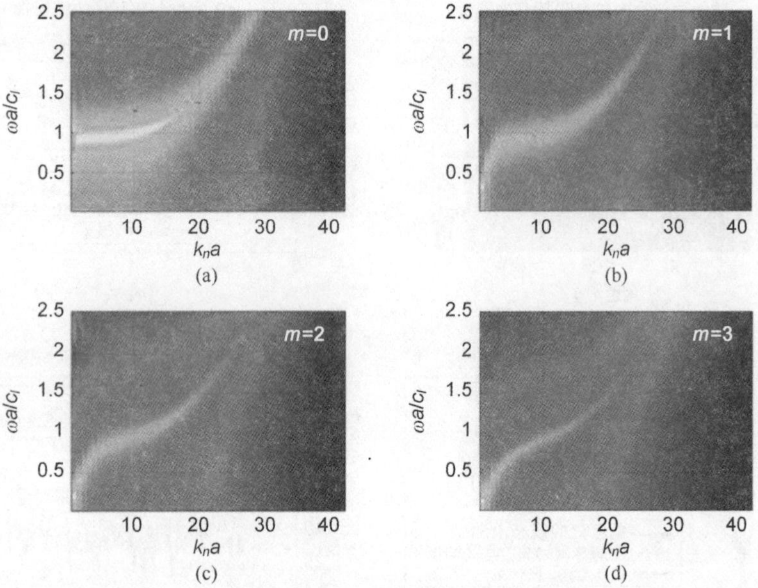

图 4-14　涵道的径向模态结构导纳图示

（$1/Zmn(\omega)$，也如图 4-3 所示，但此处为特定周向阶数 m 处轴向波数 $k_n a$ 的运行函数。使用与（图 4-7）相同的比例尺）

中的模态干扰的结果，该干扰将涵道中的声音重新辐射到外部介质。当我们讨论工业中使用的基于声功率的传输损耗预测规则时，将回到 4.4 节中声音通过管道和涵道壁传输的主题。

4.3　湍流管道流的噪声

下一个要考虑的声源是内部湍流流体引起的管道和涵道壁的流激振动，这种流激振动提供了随机的，而不是空间相干的局部驱动。本节是第 3 章“阵列与结构对壁湍流和随机噪声的响应”的结果和方法的直接延伸，应用于薄壁矩形涵道。特别重要的是圆柱壳外的管流或边界层，壳体的独特模态特性在很大程度上控制着对流激励场的波数匹配。求解方法遵循上述方法，用第 1 卷式（5.40b）、式（5.42）或式（5.53）计算振动响应，或用第 1 卷式（5.52b）计算输入功率，用第 1 卷式（5.98）计算声功率。在这两种情况下，与确定性点驱动不同的关键因素是通过在波数域中（第 1 卷式（5.40b）或式（4.47））或在物理空间域中的积分来评估模态输入压力谱，式第 1 卷式（5.40a）。这一步既需要模态振型函数，又需要表面压力的波数谱或空间交叉

谱密度。使用式（4.2）表示的符号表示的圆柱结构振型的二维振型函数（第 1 卷 5.4 节）为

$$S_{mn}(\boldsymbol{k})=\alpha_n\pi a\delta(k_\theta\pm m/a)S_n(k_3),\quad \alpha_0=2,\ \alpha_n=1,\ n\geqslant 1 \tag{4.63}$$

式中：$S_n(k_3)$可能是具有第 1 卷 5.4 节中给出的适当函数 $\psi_n(y_3)$的形式之一；式（4.2）用于简支。对于矩形涵道，$S_{mn}(\boldsymbol{k})$应具有与第 1 卷 5.4 节所述的相同类型的性能，但在涵道的拐角处进行了调整。

为计算式（4.1）中给出的导纳参数 $\Phi_{p_{mn}}(\omega)$，我们可以使用式（2.65a）、式（2.65b）、式（2.70）和式（2.82）或其修改中的任一式给出的湍流壁波数-频谱。式（2.65a）可作为对流波数附近的第一近似值，因为在 2.4.5 节中，湍流边界层产生的壁压力和湍流管道流产生的壁压力的空间统计非常相似，至少在波数 $k_3\sim\omega/U_c$处是如此，其中 U_c是湍流的对流速度。注意，在使用式（2.49）时，k_3方向现在代替 k_1方向，以与流向一致，式（2.65）中的 k_3方向现在是 θ 方向。进一步回顾，$S_n(k_3)$在式（4.2）给出的轴向 k_n（如图 4-9 和图 4-10）的结构波数上达到峰值，规定值为 ω 和 $k_\theta=m/a$。

式（4.47）的计算遵循 3.2.5 节的方案。描述模式波数 $k_3=k_m$与流动对流波数 $k_3=\omega/U_c$相干的适当波数图仍然构成一个半圆，如图 4-15 所示，尽管壳体的独特性质产生了两个半圆。由于圆柱的环向刚度，对于小于环频率的频率，$\omega/\omega_R<1$，每个 $k_n=\omega/U_c$值都有两个 k_n值，其中流动波数的轨迹与壳壁导纳的轨迹相交。因此，在频带 $\Delta\omega$ 的情况下，两个模式或模式组可能在流体动力学上相干。让 $\omega/\omega_R=v$，式（4.65）可以重新排列，得出允许相干波数的色散表达式：

$$v^2\cos^4\beta=\alpha_c^4+(\cos^4\beta)^2 \tag{4.64}$$

其中

$$\alpha_c^2=\left(\frac{\omega}{U_c}\right)\frac{a\kappa}{\sqrt{1-\mu_p^2}} \tag{4.65}$$

以及

$$\cos\beta=\frac{k_n}{\sqrt{k_n^2+k_m^2}}=\frac{\omega/U_c}{\sqrt{(m/a)^2+(\omega/U_c)^2}} \tag{4.66}$$

是波传播矢量与圆柱轴的余弦。$\cos\beta$ 的允许值由下式给出

$$\cos^4\beta=\frac{1}{2}\nu^2(1\pm\sqrt{1-B^2}) \tag{4.67}$$

其中

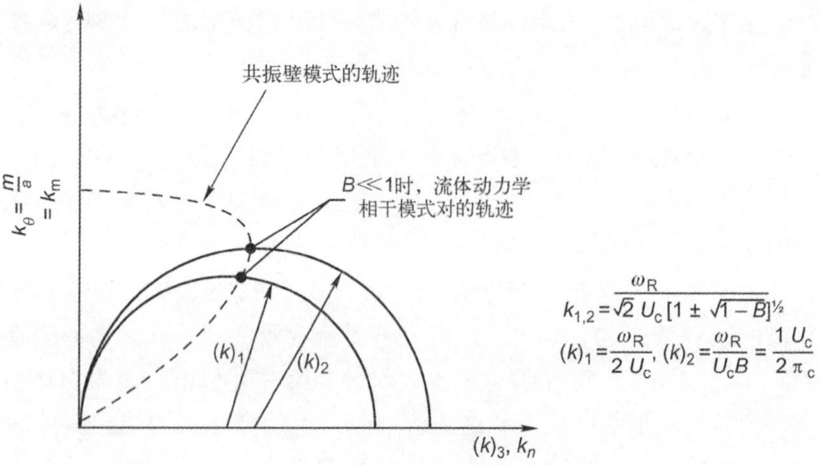

图4-15 相干壁模式波数图

（薄壁和环频率 $\omega/\omega_R<(c_\ell/U_c)^2(\pi/a)(1/\sqrt{1-\mu_p^2})$ 以下圆柱管流体动力学相干壁模式的波数图）

$$B=\left(\frac{c_l}{U_c}\right)^2\frac{\kappa}{a}\frac{2}{\sqrt{1-\mu_p^2}} \tag{4.68}$$

为了使 $\cos\beta$ 为实数，B 必须小于1；即发生相干的 U_c 的最小值为 $B=1$。式（4.67）可以被重新排列，以获得类似于式（3.24）的方程式：

$$\left[k_n-\frac{\omega_R}{\sqrt{2}\,U_c(1\pm\sqrt{1-B^2})^{1/2}}\right]^2+k_m^2=\frac{\omega_R^2}{2U_c^2(1\pm\sqrt{1-\beta^2})} \tag{4.69}$$

与式（3.46）一样，在波数空间中定义了一个半圆。现在，将式（3.24）中 $U_c/2\kappa c_\ell$ 替换为两个项（图4-15中的半径 $(k)_1$ 和 $(k)_2$），这两个项取决于所取的符号，因此描述了两个半圆。当 $\kappa/a\to0$（即平板），由于两个半径分别为0和 $U_c/2\kappa c_\ell$，式（4.69）接近式（3.24），给出平板的单个半圆。由于 $\cos\beta$ 必须小于1，根据式（4.67），这两个半圆也退化为1。

$$v\leqslant\left(\frac{2}{(1-\sqrt{1-B^2})}\right)^{1/2} \tag{4.70}$$

当 $v>1$ 时，任何相干的极限值 v 由 $v_c^2=4\alpha_c$ 设定。这一点与平板相同：

$$(k_p)_h=\frac{U_c}{\kappa c_l}$$

流体动力学的相干频率也是

$$\omega_h=\frac{U_c^2}{\kappa c_l} \tag{4.71}$$

这些关系是由 Rattayya 和 Junger[19]针对具有外部边界层的圆柱得出的，后来由 Bull 和 Rennison[20]针对内部管道流得出。鉴于与在高于环频率的频率下推导出的平面相似，3.1.4 节中推导出的式适用，唯一的修改是 $A_p = \pi a L_3$，因为圆柱表面的一半相当于第 3 章“阵列与结构对壁湍流和随机噪声的响应”推导中使用的等效平板模式密度。由于模式密度（式（4.66））减少，因此在频率低于环频率的情况下，对壁运动评估的唯一特殊处理是必要的。因此，对于足够窄的频率带宽，它们不需要为频带中的共振流体动力学相干模式。因此，我们必须考虑周向波数为 n/a 时单个模式的响应，其中 $k_3 = \omega/U_c$。根据相干模式在频带中是否共振，如式（3.11），可以给出对应于相干 1 和 2 的两个 $k_n = n/a$ 值的两种可能的模态响应，见图 4-15。然而，壳模式对管道湍流的响应必须在参数上与 3.1.2 节中讨论的响应相似。Clinch[21-22]研究了薄壁注水管道的低阶流致振动，其中式（4.64）~式（4.68）为 $\nu \ll 1$，$B \gg 1$。因此，在他的案例中，没有流体动力学相干的壁模式，管道的响应是在壁压力谱中相对较低的波数区域。事实上，如表 4-2 所列，相关频率通常高于 f_h，因此空气动力学相干效应通常不太可能有实际重要性。

实际上，我们将在 4.5.1.3 节（图 4-26）中看到，管壁振动显然更多的是由阀门和弯管的声辐射控制，而不是由壁湍流控制。至此，讨论集中在 ω 小于环频率 ω_R 的情况，这些情况在管道中通常是明显的。对于可选的 $\omega > \omega_R$，通常是直径相对较大的薄壁壳体的区域，我们已经看到响应特性接近平面的响应特性。因此，第 3 章“阵列与结构对壁湍流和随机噪声的响应”的物理讨论通常适用于这些情况，Bonness 等[23]和 Evans 等[24]已经通过实验检验了边界层激励源，并由 Efimtsov 和 Lazarev[25]、Birgersson 等[26]和 Durant 等[27]计算。最终条件的影响，如法兰，由 Finnveden[28]提出。

4.4　通过管道和涵道壁的声传输

在本节中，我们回顾了先前详细理论背景下的几种基于声功率的传输规律。表 4-1 总结了描述适当相干区域的参数范围。表 4-2 给出了 12 英寸、40 管道以及 12 英寸、薄壁涵道的参数的数值估计。简而言之，薄壁涵道振动受大部分频率范围的曲率效应的影响。4.3 节中讨论了流体动力学相干。

尽管声音在涵道外的传播通常以通过开口的直接路径泄漏为主，但通过涵道壁的传播损耗通常使得当开口存在时，直接路径辐射占主导地位。第 1 卷 2.8.3 节讨论了低频时涵道开口处的声传输。然而，当穿过房间的涵道没有开口时，通过涵道壁的传输可能是重要的。另外，在管道中存在噪声源的情况下，传输通常通过管壁进行。这种传输实际上是阀门噪声预测和控制的主要考虑因素。通过适当选择壁厚（管道标号），传输损耗可更改 10dB 以上。这个主题在 4.2.6 节中以内部轴向偶极子为例进行了研究，在机械工程文献中受到了相当大的关注。这是一个宽泛的主题，完全报道远远超出了本书的范围。本节将介绍基础知识并给出渐近预测公式，细化见参考文献［1-3］。Loh 和 Reethof[29] 提出了管道内部声学模式与结构壁模式的耦合响应的工程计算方法，进而计算外部辐射声。关于管道流应用的进一步讨论，请参见 Baumann 等[30-31]。

表 4-1　管道和涵道声学的临界频率

环频率	声学截止	声学相干	流体动力学相干
$f_R=c_l/\pi(2a)$：横截面	$f_{co}=1.84c_0/2\pi a$（圆形）$=c_0/2L_1$，$L_1>L_2$（矩形）	$f_c=c_0^2/2\pi kc_\ell$	$f_h=(0.6U)^2/2\pi\kappa c_\ell$
式（4.6b）	式（4.5a）	式（4.10a）	式（4.19a）
$f<f_R$：周向收缩控制刚度；有效结构波速度>自由弯曲波速度	$f<f_{co}$：横截面上只有声平面波；c_0 下行涵道传播	$f=f_c$：自由弯曲波的传播速度等于声波速度	$f=f_h$：自由弯曲波的传播速度等于沿管道或涵道壁的流体动力学扰动的对流速度
$f>f_R$：周向弯曲驻波；结构波速度等于自由弯曲波的速度	$f>f_{co}$：穿过涵道的声波；壁上波痕速度≥c_0	$f>f_c$：$\sigma_{rad}\sim 1$ $f<f_c$：$\sigma_{rad}<1$：σ_{rad} 取决于频率（f 或 $\sqrt{f}$）和 h/a	$f\leqslant f_h$：对于相干的弯曲模式，结构的振动响应相对更大
$f\gg f_R$：混响弯曲波；结构波速度等于声学相干模式的自由弯曲波的速度	$f\gg f_{co}$：接近高频混响	$f>f_c$：$\sigma_{rad}\sim 1$ $f<f_c$：$\sigma_{rad}<1$：σ_{rad} 取决于频率（f 或 $\sqrt{f}$）和 h/a	$f>f_h$：通常情况下，对于相对较厚的壁，没有特别的模式被很好地激发，所有模式共享平均响应
注：$\omega=2\pi f$			

表 4-2　两个结构圆柱的特征水声频率

参数	12 英寸标号 40 管道	12 英寸金属板涵道
h/D（壁厚/直径）	0.050	0.0015
f_R（环频率，式（4.6b））	4960Hz	4960Hz
f_{co}（截止频率，式（4.5a））	645Hz	645Hz
f_c（声学相干频率，式（4.10a））	729Hz	24310Hz
f_h（水声相干频率，式（4.19a））	54Hz	9.7Hz

续表

参　数	12 英寸标号 40 管道	12 英寸金属板涵道
典型速度 U	300 英尺/s	33 英尺/s
		2000 英尺/min
f_{co}/f_R	0.13	0.13
f_c/f_R	0.147	4.9
f_h/f_R	9.5×10^{-3}	2×10^{-3}
c_0/c_1（空气/钢）	0.065	0.065

同样，传输取决于频率是否高于或低于涵道中声学模式的截止频率，以及目标频率是否高于或低于结构环频率。如果高于截止频率，那么如果环频率也低于声学相干频率，则通过声学驱动质量控制的壁的非共振运动来限制低于环频率的传输。另外，如果声学相干频率远低于环频率，那么限制传输将由声学驱动的共振壁模式控制。

4.4.1　共振壳模式的高频声传输：$\omega>\omega_{co}$一般分析

对于高于声学交叉模式截止频率的频率，即对于矩形涵道 $\omega L/c_0>\pi$ 和对于圆形涵道 $\omega a/c_0>1.84$，可以假设涵道中的声场是混响。在某些方面，该频域的考虑是 3.9 节结果的直接应用。声音在涵道外的传输需要将墙壁激发成共振弯曲运动；这种振动将声音从涵道中传出。如式（4.36）和式（4.38）所述，入射到壁上的声场压力由共振声模式的集合组成，在波数 $k_3=(k_3)_r$ 为轴向声驻波的情况下，由指数 p、q 和（现在）r 表示。在涵道或其表面上的某个点，这种声学模式组合产生入射角分布相对均匀的压力。考虑到潜在的多模态激励和响应，每个都被认为是近似混响的，因此在统计能量的基础上研究传输主题是有用的。我们之前在式（3.57b）中遇到过这种情况，该式给出了暴露于类似混响声场的波数-白色压力谱的面板的结构响应，因此当 $\omega>\omega_{co}$，适用于当前问题。在更普遍的处理中，Smith[32] 利用对等原则表明，涵道壁单一柔性模式对内部声音的响应为

$$m_s\langle V^2\rangle_{模式\ell}=4\pi^2\left(\frac{c_i}{\rho_i}\right)\frac{\Phi_{p_i}(\omega_\ell)}{A_i\omega_\ell^2}\frac{(\eta_{rad})_i}{\eta_T}\tag{4.72}$$

式中：$m_s=p_ph$ 是涵道壁单位面积的质量；$\langle V^2\rangle_{模式\ell}$是表面平均的均方壁速；$\Phi_{p_i}(\omega_\ell)$是频率为$[\omega_1]$时涵道中声压的自谱密度；$A_i$是涵道内表面面积（对于圆形涵道 $A_i=\pi a_iL_3$）；

$$\eta_{r_i}=\frac{\rho_i c_i \sigma_i}{m_s \omega_\ell} \tag{4.73}$$

是辐射损耗系数，其中 σ_i 是壁运动进入涵道的声功率辐射效率（见 4.2.2 节）；$\eta_T=(\eta_{rad})_i+\eta_s+(\eta_{rad})_o$（见第 1 卷 5.6.1 节），其中$(\eta_{rad})_o$是对外部流体的辐射阻尼。在下面的式中，下标 i 和 o 分别指内部和外部流体。按照第 1 卷 5.3.2 节的方法，我们假设所激发的结构模式数量为 $N_s(\omega)=n(\omega)\Delta\omega$，因此，由于带宽 $\Delta\omega$ 内的所有模式，涵道或管道壁的总模态响应为

$$m_s\langle V^2\rangle=4\pi^2 N_s(\omega)\left(\frac{c_i}{\rho_i}\right)\frac{\Phi_{p_i}(\omega)}{A_i\omega^2}\frac{(\eta_{rad})_i}{\eta_T} \tag{4.74}$$

这与式（3.112）相同，注意频带中的均方混响压力为 $2\Phi_{p_i}(\omega)(\Delta\omega)$。必须注意的是，对于内部介质的 $\overline{\sigma}_i$ 和外部介质的 $\overline{\sigma}_o$，在所有共振结构模式下取平均值，如第 1 卷式（5.92）。这些推导使用了从更通用的统计能量分析技术[33]中得出的关系，该技术表明，管道内的声功率与管壁振动的动能动态平衡。

为了使式（4.72）和式（4.73）有效，运动必须是线性的，声压的频率带宽必须大于 $\eta_T\omega$，结构模式必须是非耦合和独立的，任何由壁重新辐射的声音必须在没有任何吸收的情况下传输出去。

从圆柱涵道或管道向外辐射的声功率被证明[34]辐射在涵道周围的圆柱表面 $2\pi RL_3$上；这是因为场点通常离圆柱体不远，$R\leqslant L_3$。因此，声场具有一定的准二维几何传播特性。因此，周围流体中的均方声压与声功率有关

$$\mathbb{P}(\omega)_{rad}=\frac{\overline{p^2_{rad}(\omega)}}{\rho_0 c_0}2\pi RL_3 \tag{4.75}$$

式中：$\overline{\mathbb{P}^2_{rad}}(\omega)$是流体圆柱 $2\pi RL_3$上压力的空间平均值。

使用附录中的第 1 卷式（5.99）以及

$$\overline{p^2_i}(\omega)\approx 2\Phi_{p_i}(\omega)\Delta\omega$$

我们复习涵道内部混响声压与辐射声压之比的表达式：

$$\frac{\overline{p^2_{rad}}(\omega,R)}{\overline{p^2_i}(\omega)}=\pi\left(\frac{\rho_0}{\rho_i}\right)\left(\frac{A_0}{A_i}\right)\frac{N_s(\omega)}{\Delta\omega}\frac{c_0 c_i}{\omega RL_3}\frac{(\eta_{rad})_i(\eta_{rad})_0}{\eta_T},\quad R\leqslant L_3 \tag{4.76}$$

在这个表达式中：已经认识到，较大的壁厚（如在大壁厚管道中）可能导致外表面面积 A_o和内表面面积 A_i分别不同。利用式（4.73），可将其重新安排为（假设 $a=\sqrt{A_0/\pi}$为矩形管道的实际半径或等效半径）

$$\frac{\overline{p^2_i}(\omega)}{\overline{p^2_{rad}}(\omega,R)}=\frac{1}{\pi}\left(\frac{\rho_P}{\rho_0}\right)^2\frac{h^2 a\omega^3 L_3}{(c_0 c_i)^2}\left[\frac{N_s(\omega)}{\Delta\omega}\right]^{-1}\frac{\eta_T}{\overline{\sigma}_i\overline{\sigma}_o}\left(\frac{A_i}{A_o}\right)\left(\frac{R}{a}\right) \tag{4.77}$$

系数 $N_s(\omega)$、$\overline{\sigma}_i$ 和 $\overline{\sigma}_o$ 将作为频率和几何参数的函数在后面几条中确定。上述表达式将基本确认为式（3.113）和式（3.114）。

从内部声压到涵道外部辐射压力的传输损耗定义为

$$(\mathrm{TL})_p = 10\log\left[\frac{\overline{p_i^2}(\omega)}{\overline{p_{rad}^2}(\omega,a)}\right] = 10\log\frac{1}{\tau_p} \tag{4.78}$$

式中：$\overline{p_{rad}^2}(\omega,a)$为使用式（4.23）中的圆柱传播损耗，校正为等于涵道半径的等效半径的均方辐射声压，即$\overline{p_{rad}^2}(\omega,a)=(R/a)\overline{p_{rad}^2}(\omega,R)$这种传输损耗几乎等同于基于内部流体和外部流体相同的声学强度的传输损耗。

当计算以声功率为基础时，上述传输损耗可替换为

$$\mathrm{TL} = 10\log\left[\frac{\mathbb{P}_i(\omega)}{\mathbb{P}_{rad}(\omega)}\right] = (\mathrm{TL})_p + 10\log\frac{\rho_0 c_0}{\rho_i c_i} + 10\log\frac{a_i}{2L_3} \tag{4.79}$$

由于（如参见参考文献［33］），$\mathbb{P}_i(\omega)=\overline{p_i^2}(\pi a_i^2)/\rho_i c_i$ 和$\mathbb{P}_{rad}(\omega)=\overline{p_{rad}^2}(\omega,a)(2aL_3)/\rho_0 c_0$，其中 $a_i \approx a = \sqrt{A_0/\pi}$。

管道特殊情况下的传输损耗评估取决于对 $\overline{\sigma}_i$、$\overline{\sigma}_o$、η_T和 N_s的估算。使用 4.2.1 节和 4.2.2 节的思路推导参数 $\overline{\sigma}_i$、$\overline{\sigma}_o$、N_s的估算方法。损耗系数通常未知，但通常假设[35-36]为 10^{-3}。Holmer 和 Heymann[37]测量了实验室管道的损耗系数，发现它们通常介于 0.5×10^{-3}和 10^{-3}之间。由于我们关注的是截止频率以上的频率，$\omega>\omega_{co}$（式（4.22）），我们还必须区分高于和低于环频率的频率（式（4.64）），以及弯曲的声学相干频率（式（4.67））。在所有注释中，应假定管道或管道的流体负荷可忽略不计。因此，所给出的结果仅严格适用于含有气相流体的涵道和管道。

在考虑声辐射效率时，有必要研究图 4-16，其中说明了某些薄壁圆形涵道的这些关系的波数域。在图 4-16（a）中，声学相干频率足够大，$\omega_c<\omega_R$ 并且 $\omega<\omega_R$。在这种情况下，只有某些声学快速的低周向-阶数弯曲模式才能与内部或外部声波场很好地耦合。阴影区域表示在声学上耦合良好的波数范围，即相干。在该频率下，通过涵道壁的内部和外部流体之间的声学耦合相对较弱。当 $\omega<\omega_R$ 时，声耦合类似于简单的共振平板（图 4-16（b））。注意，术语“在声学方面传播很慢”适用于结构波数，其中$(k_3)>(k_3)_a$，且声耦合较弱，意味着 $\sigma_{rad}\ll1$。这种情况也是图 4-9 中在 C 点相交模式 p，$q=1$，4 的情况。

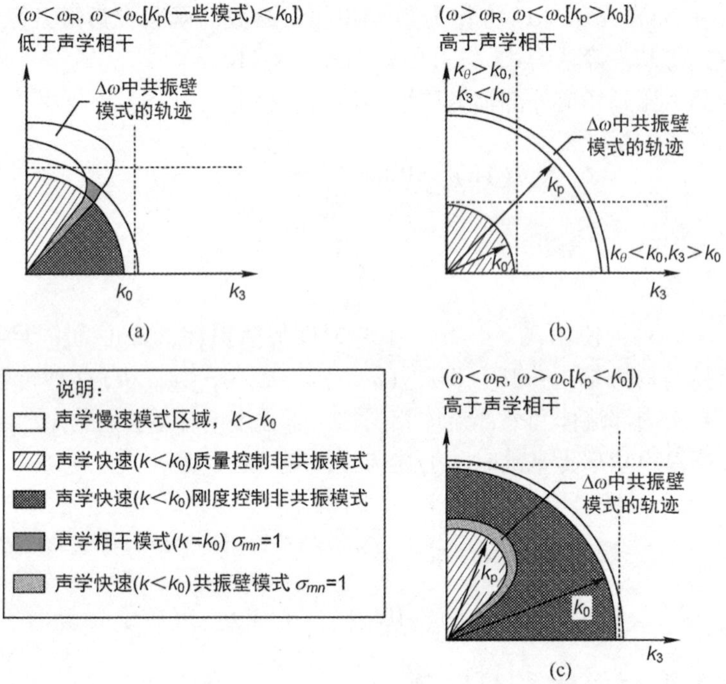

图 4-16　共振壁模式轨迹

（如图 4-9 所示圆柱壳结构-声学耦合类型的注释波数图，假设 $\omega>\omega_{co}$ 在内部声学介质中。(a) 低于环频率，某些模式 AF、AS 和相干；(b) 和 (c) 所有模式均为 AF 或 AS 的更常规的示意图）

我们将在以下几节中看到，管道内部的声传输是由壁的有效声辐射弯曲模式控制的，耦合到两侧。由于有限管道或涵道壁的振动是混响的，类似的要求是一组离散的共振相干轴向波数 $k_{3s}=k_m$，以允许每个周向阶数 m 的内部声场耦合。在 $k_p<k_0$ 的相反极限和 $\omega<\omega_R$ 中，两个圆弧与平板互换。图 4-11 (c) 特别适用于低于环频率的圆柱壳。在 k_3，k_θ 或结构都小于 k_0 的情况下；因此 $\sigma_{rad}\approx1$。顺便说一下，这种情况也需要一个声学较大($k_0a\gg1$)的刚性壁圆柱($c_l\gg c_0$)。因此，对于与满足上述条件 $m=p$ 且 $k_{3s}<k_{3a}$ 的有限长管道的 m，n 模式的相干声耦合，我们将得到 $\sigma_{mn}\approx1$。

4.4.2　共振壁振动的高频声传输：$\omega<\omega_R$，$\omega>\omega_{co}$

对于 $\omega<\omega_R$，$\omega>\omega_{co}$，圆柱的动力学类似于一半表面积的平板的动力学。因此，可以直接从式 (4.58a) 写出 $n(\omega)=N_s(\omega)/\Delta\omega$。此外，若自由弯曲波的波数 k_p 小于声波数 (图 4-16 (b))，则 $\overline{\sigma_i}\approx\overline{\sigma_o}\approx1$ (如 4.2.2 节末尾所述)。

式（4.77）的结果形式与 Fagerlund 的结果[36]相同（取 $A_o \approx A_i$）：

$$(\mathrm{TL})_{\mathrm{p}} = 10\log\left[2\left(\frac{\omega}{\omega_{\mathrm{R}}}\frac{h}{D}\right)^3\left(\frac{\rho_{\mathrm{P}}c_\ell^2}{\rho_0 c_{\mathrm{i}} c_0}\right)^2 \eta_{\mathrm{T}}\right] \tag{4.80}$$

高于声学相干频率，即对于 $\omega = 2\pi f < \omega_c = c_0^2/\kappa c_l^2$ 以及上述条件。式（4.80）表明 $(\mathrm{TL})_{\mathrm{p}}$ 增加为 $30\log\omega$（或 $30\log f$）。

对于小于声学相干频率（即 $k_{\mathrm{p}} < k_o$）且在图 4-16（a）所示范围内的频率，但仍然使得 $k_0 a \gg 1$，则推导出 σ_{i} 和 σ_{o} 的其他关系[38-40]，见第 1 卷图 4-16（b）和图 5-19。对于周向长波 $k_\theta/k_0 = m/(k_0 a) < 1$ 但 $k_3/k_0 > 1$，辐射类似于平面边缘模式。见第 1 卷式（5.92b），忽略角模式影响，给出此类边缘模式的平均辐射效率（有 $A_{\mathrm{p}} = 2\pi a L_3$，$L_1 + L_3 \sim L_3$）：

$$\overline{\sigma}_{\mathrm{o}} = \frac{2}{\pi^2}\left(\frac{k_0}{k_{\mathrm{p}}}\right)^2 \frac{1}{k_{\mathrm{p}} a} < 1, \quad \omega > \omega_{\mathrm{R}}, \quad \omega < \omega_{\mathrm{c}} \tag{4.81a}$$

同样，对于长度远大于其周长的涵道，其内部流体的辐射效率也是如此。在这些式中，k_{p} 是由曲率效应加强的“等效板”的弯曲波数。我们从式（4.63）中可以看到这一点，并给出共振波束

$$k_{mn} = k_{\mathrm{p}} = \sqrt[4]{\left(\frac{\omega_{mn}}{\kappa c_1}\right)^2 - \left(\frac{k_{3m}}{k_{mn}}\right)^4 \frac{(1-\mu^2)}{(\kappa a)^2}}$$

波数比真实平板的波数小（第 1 卷式（5.25））约

$$\frac{1}{4}\left(\frac{c_l}{\omega a}\right)^2\left(\frac{k_{3m}}{k_{mn}}\right)^4$$

式（4.81a）可写入（忽略曲率效应）

$$\overline{\sigma}_{\mathrm{o}} \approx \frac{1}{6}\left(\frac{c_l}{c_0}\right)^2 \frac{h}{D}\sqrt{\frac{\omega h}{c_l}}, \quad \omega > \omega_{\mathrm{R}}, \quad \omega < \omega_{\mathrm{c}} \tag{4.81b}$$

同样，对于内部流体也是如此。

在另一个频率范围内，仍然高于截止频率，Fahy[40]给出了平均辐射效率

$$\overline{\sigma} = \frac{4}{5\pi^2}\left(\frac{h}{a}\right)\left(\frac{c_l}{c_0}\right)\left(\frac{f}{f_{\mathrm{R}}}\right), \quad \omega > \omega_{\mathrm{co}}, \quad \omega < 0.8\omega_{\mathrm{R}}, \quad \omega < \omega_{\mathrm{c}} \tag{4.81c}$$

无论 $\omega_{\mathrm{c}} > \omega_{\mathrm{R}}$ 或 $\omega_{\mathrm{c}} < \omega_{\mathrm{R}}$，此表达式都适用。在这种情况下，模式密度写成式（4.58）。这种关系适用于涉及相对薄壁涵道的情况。

最后，在第四个频率范围内，其中 $\omega > \omega_{\mathrm{c}} > \omega_{\mathrm{co}}$（$k_{\mathrm{p}} > k_{\mathrm{o}}$ 且 $\omega > \omega_{\mathrm{co}}$），但 $\omega < \omega_{\mathrm{R}}$，只有一些模式和 $\sigma_{mn} = 1$ 相干，如 4.2.3 节所述，而其他模式耦合较差，$\sigma_{mn} \ll 1$。读者可以在图 4-16（a）中的小声学相干贴片中看到波数空间中的这个区域。这种情况需要特殊处理[38]，以确定该区域良好辐射模式的适当值 $N_{\mathrm{s}}(\omega)$。

因此，少数相干模式控制的平均辐射效率将是总模式密度的一部分

$$\overline{\sigma} \approx \frac{N_s(\omega)_{\text{coin}}}{N_s(\omega)} \tag{4.81d}$$

式中：$(N_s(\omega))_{\text{coin}}$是带中所有相干的模式（图4-10），并且$\overline{\sigma}\approx 1$和$N_s(\omega)$都是带中的结构模式。

4.4.3　共振壁振动的高频声传输：$\omega>\omega_{co}$，$\omega<\omega_R$

图4-9和图4-16（c）的波数图涵盖了辐射范围$\omega>\omega_{co}$，$\omega<\omega_R$。对于径向模式阶数q的特定值，式（4.10）给出了k_0给定值的传播值k_3，$k_\theta=p/a$。即使$k_0^2=\sqrt{k_3^2+k_\theta^2}$小于管道中自由弯曲波的波数（即$k_0<k_p$），如果管道振动低于环频率，低阶周向模式的一部分将作为弱束边缘模式辐射，见图4-16（a）。此外，还有一小部分声学相干模式，其中弯曲波的波数($\sqrt{k_3^2+k_n^2}$)等于声波数k_0，其中$\sigma_i\approx 1$，而这些区域之外的模式的σ_i值要小得多。相干声学涵道模式阶数q与式（4.36）或式（4.39）允许的$k_\theta=p/a$，k_3组合一样多。对于向外部流体的辐射，存在类似的相干区。如果k_0足够大，以致共振模式的整个k_3，k_θ轨迹都与k_0弧内拟合，那么所有结构模式都与外部介质一致。图4-16（c）显示了这种情况。Szechenyi[17]、Fagerlund和Chou[36,41]制定了计算程序，用于确定与频带$\Delta\omega$相对应的轴向声波数的总范围Δk_3，该频带包括满足条件$k_3<\sqrt{k_0^2-\kappa_{pq}^2}$的所有同时相干的内部周向和径向模式。他假设对于这个范围内的每个重合模式$\sigma_i=\sigma_o=1$。现在，该带中相干模式的数量不是由式（4.66）给出的，而是根据特殊值给出；即$N_s(\omega)=\Delta k_3 L_3/\pi$。因此，Fagerlund计算的传输损耗与标准管道标号测量的传输损耗相比是有利的，并确认了对h/D的立方依赖性。图4-17（a）和图4-17（b）显示了公称直径为12英寸和4英寸的管道的三个实例，说明了具有不同f_R和f_c组合的TL关系的一般特征。在整个频率范围$\omega_{co}<\omega<\omega_R$内，Fagerlund[35]发现传输损耗可以用一个常数值近似得出

$$(\text{TL})_p \approx 10\log\left[2\left(\frac{h}{D}\right)^3\left(\frac{\rho_P c_l^2}{\rho_0 c_i c_0}\right)^2 \eta_T\right],\quad \omega_c<\omega_R,\quad \omega_{co}<\omega<\omega_R \tag{4.82}$$

该公式似乎近似地预测了普通管道标号的传输损耗。Holmer和Heymann[37]对通过管壁的传输损耗进行了经验分析，发现h/D依赖性通常小于式（4.30）中的值；例如，他们发现，如$(h/D)^2$，对于薄壁管道来说更弱。

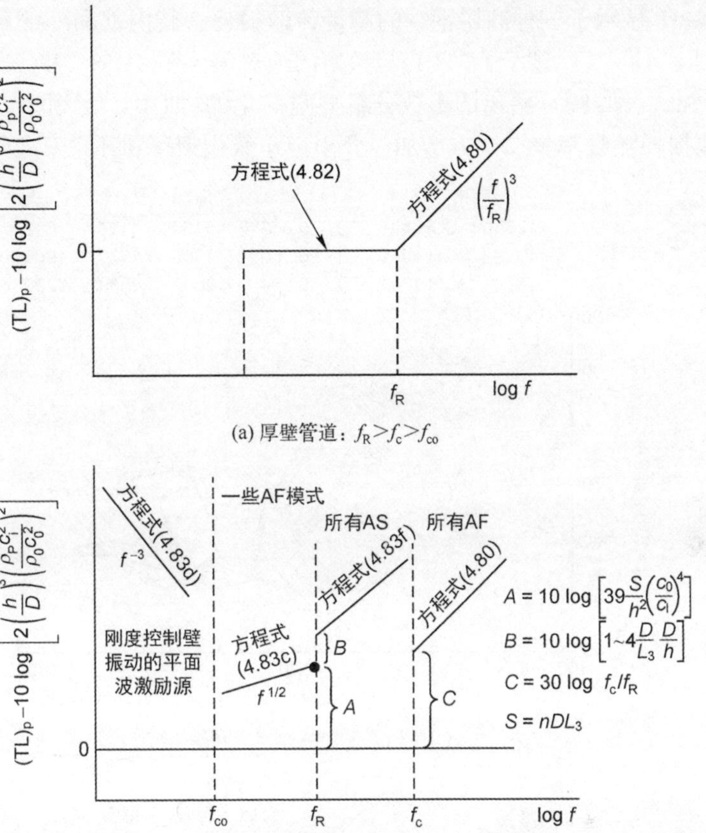

(a) 厚壁管道：$f_R>f_c>f_{co}$

(b) 薄壁涵道：$f_c>f_R>f_{co}$

图 4-17　通过圆柱涵道共振壁模式的理论传输损耗

薄壁管道可能属于这一类，$\omega>\omega_R$ 但 $\omega<\omega_c$。因此，使用式（4.81b）并假设 $\bar{\sigma}_o=\bar{\sigma}_i$，我们可以得出结论，传输损耗式应该完全不依赖于 h/D。因此，应预期一个级数，其中 TL 作为 h/D 的函数变化缓慢，对于较厚壁圆柱，当 $\omega>\omega_R$，$\omega>\omega_c$ 时变化更加明显。

在本节中，假设辐射是由圆柱上相干的表面模式产生的。然而，如 Smith[42] 所示，大量的声辐射可能是法兰处声学缓慢边缘模式（$k_0<k_p$ 的模式）的结果。这是由沿管道表面安装吸声处理的部分有效性得出的。因此，噪声控制必须考虑法兰的边缘模式。Bull 和 Norton[43] 的测量结果（见 4.5.2 节图 4-26）表明，对于大于管道截止频率的频率，壁振动水平和传输的声音都显著增加。这也是 4.2.5 节示例问题中提出的情况，尽管在偏离中心的轴向偶极子源的情况下，对于 $f>f_{co}$ 传输的声音显著增加。

图 4-18 显示了三种商用钢管的测量传输损耗，其内部和外部声学介质为空气。图 4-18（a）显示了$(TL)_p$与频率的绝对值，图 4-18（b）显示了在式（4.80）和式（4.82）给出的参数分组上归一化的$(TL)_p$。当频率大于环频率时，传输损耗随频率呈二次方增加，介于声学截止频率和环频率之间，归一化

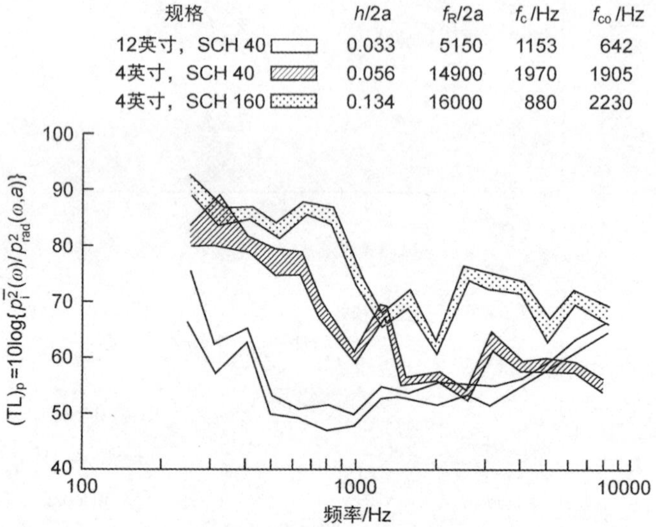

(a) 零通流商用钢管的实测传输损耗

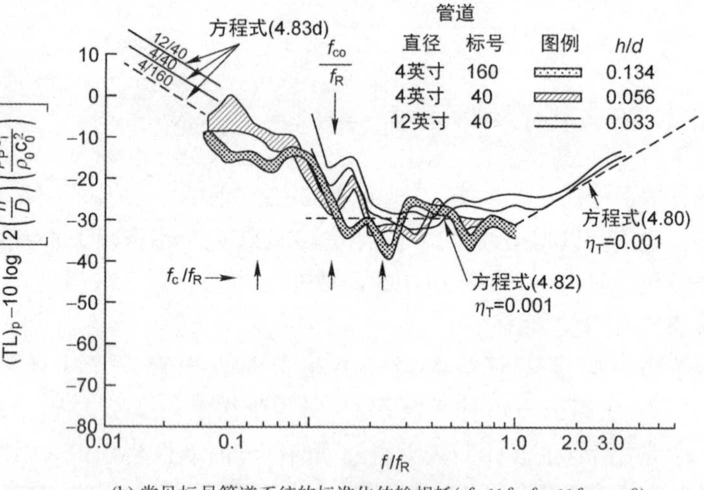

(b) 常见标号管道系统的标准化传输损耗($f_c \ll f_R, f_{co} \ll f_R, \eta_T=0$)

图 4-18　传输损耗示意图

（(a)：来自 Fagerlund AC。通过圆柱管道壁的声传播。Winter Annu. Meet. Am. Soc. Mech. Eng.，Chicago，Ill，ASME Pap. 80-WA/NC-3；1980 以及（b）：使用 Fagerlund AC 的数据。通过圆柱管道壁的声传播。Winter Annu. Meet. Am. Soc. Mech. Eng.，Chicago，Ill，ASME Pap. 80-WA/NC-3；1980.）

传输损耗似乎是恒定的。如式（4.82）所示，$(TL)_p$ 随着管道阻尼的增加而增加，在实验室装置中观察到典型值[37]为 10^{-3}。较低频率下的传输损耗增加 $(\omega_R/\omega)^{-3}$，将在下面推导出来。图 4-18（b）和所示式可用于计算 $\omega>\omega_R>\omega_{co}$，$\omega_R>\omega>\omega_c$，$\omega_{co}$ 和 $\omega<\omega_{co}<\omega_R$ 三个区域的其他管道结构和气体的 $(LT)_p$。

4.4.4　质量控制传输损耗

在远低于声学相干频率但远高于声学涵道截止频率（$\omega>\omega_{co}$）的频率下，涵道中的声音相对扩散。根据式（4.81a）和式（4.81c），共振壁模式的辐射效率相对较小。因此，这种机制在这些频率下的声音传输可能会有所减少。图 4-16（a）表明，在低于圆柱环频率的频率下，声学相干模式仅包含与声场耦合的总模式的一小部分。其他模式为非共振模式，当 $k_p<k_0$ 时，由圆柱的刚度控制，当 $k_p>k_0$ 时，由圆柱的质量响应控制。与质量控制的非共振响应相比，刚度响应相对较小。如果频率高于环频率但仍低于相干频率（图 4-16（b）），该结构可被视为由波数范围 $0<k<k_0$ 的扩散声场激发，所有波数都小于弯曲波数 k_p。因此，所有这些模式都是非共振模式，其响应受到质量控制。

在实际应用中，总质量控制的传输将在薄壁涵道中遇到。图 4-16（b）适用的由于扩散声入射到圆柱上而引起的非共振传输损耗，类似于未弯曲平板的传输损耗（见参考文献［10］和 3.7 节），大约为[18]

$$(TL)_p \approx 8.33\log\left[\frac{1}{2}\left(\frac{\rho_P h\omega}{2\rho_0 c_0}\right)^2\right],\quad \omega\ll\omega_c,\quad \omega\geqslant\omega_R \tag{4.83a}$$

对于 $\rho_P h\omega/2\rho_0 c_0>1$。该式类似于式（3.117），适用于未弯曲板的情况。Szechenyi[18] 对此进行了修改，使其适用于由于扩散声而在低于环频率的圆形涵道壁上的传输：

$$(TL)_p \approx 8.33\log\left[\frac{1}{2}\left(\frac{\rho_P h\omega}{\rho_0 c_0}\right)^2\right]+20\log\left[\frac{\pi}{2}\left(\frac{\omega}{\omega_R}\right)^{1/2}\right],\quad \omega_R<\omega_c \tag{4.83b}$$

附加系数解释了图 4-16（a）中的弧分数，该分数构成了质量控制对圆柱整体响应的贡献。这个分数增加为 $\omega/\omega_R=f/f_R$。

4.4.5　低频声传输

对于频域 $\omega<\omega_{co},\omega<\omega_R$，即截止频率以下，只有与式（4.36）和式（4.38）中 $p=0$ 模式相关的波才能传播，因此涵道不受扩散声场的驱动。对于圆柱管道，图 4-16（a）显示，在低于环频率的频率下没有共振 $m=0$ 壁模式。从物理上讲，这意味着高壁阻抗和增加传输损耗。如图 4-18（a）和图 4-18（b）所示的测量

结果支持这一点。第 1 卷 2.7 节中推导的式适用于该范围内的硬壁涵道。

质量控制传输损耗的另一个较老的表达式是由 Cremer[44] 给出的，一种适用于小于 $0.8\omega_R$，$\omega \gg \omega_{co}$ 和 $\omega_c > 2\omega_R$ 的频率的近似值

$$(\mathrm{TL})_p = 10\log\left(\frac{\rho_P c_1}{\rho_0 c_0}\frac{h}{D}\right) + 5\log\left[\frac{\omega}{\omega_R} - \left(\frac{\omega}{\omega_R}\right)^2\right] + 1.5 \tag{4.83c}$$

在这种情况下，假设圆柱壁两侧的流体相同。

简单的分析适用于频率范围内的声传输损耗，其中 $\omega < \omega_{co}$ 以及 $\omega \ll \omega_R$。在这种极限情况下，圆柱壁的运动由圆周周围的薄膜应力控制。轴对称声波($n=0$)沿管道向下传播，轴向波长足够长，以致 $k_{3a}a \ll 1$。这些压力波在轴对称($p=0$)结构模式中引起壁速。Junger 和 Feit[1] 给出径向壁速 $u_r(t)$ 为

$$u_r(t) = \frac{i\omega a^2}{Eh} p_i(\omega)\left(\frac{e^{-i\omega t}}{\Omega^2 - 1}\right)$$

其中，$\Omega = \omega D/(2c_l)$，$D = 2a$；$p_i(\omega)$ 是圆柱壁内压力的频率相关振幅。由这种周向和轴向均匀径向变形运动辐射的声功率为

$$P_{rad}(\omega) = \rho_0 c_0 (\pi DL)(k_0 a)\overline{u_r^2}$$

通过式（4.75）和式（4.78），我们发现基于压力的传输损耗为

$$\frac{\overline{p_{rad}^2}(\omega, a)}{\overline{p_i^2}} = \frac{1}{16}\frac{\rho_0^2 c_0^2}{\rho_p^2 c_l^2}\left(\frac{\omega^2 D^2}{c_l^2}\right)\left(\frac{D}{h}\right)^2 (k_0 a)(\Omega^2 + 1)^2$$

$$(\mathrm{TL})_p = 10\log\left[4\frac{\rho_p^2 c_l}{\rho_0^2 c_0}\left(\frac{\omega}{\omega_R}\right)^{-3}\left(\frac{h}{D}\right)^2\right] \tag{4.83d}$$

式中：$\Omega = \omega/\omega_R \ll 1$，$\omega/\omega_{co} < 1$。

图 4-18（b）的归一化形式说明的这种传输损耗表明，对壳体和流体参数的轻微依赖性，最重要的是，随着频率的降低，传输损耗显著增加。

式（4.83d）给出的传输损耗仅在理想情况下通过实验实现。Kuhn 和 Morfey[45] 已表明，由于实际和实验涵道系统的非轴对称性，涵道壁中的非轴对称弯曲波是造成额外辐射声的原因。这些模式可能是由直接结构连接到风扇、弯管周围的声传播或声源场附近局部施加的非传播壁压力引起的。

4.4.6　通过矩形涵道壁的声传播

矩形涵道缺乏圆形对称性，使其在低频时无法与圆柱的性能相同。Cummings[46-48] 从理论上分析了薄壁矩形涵道的低阶振动模式。当频率小于任何侧壁的基本共振频率时，整个涵道可以在宽度或高度方向上进行总弯曲运动。在稍高的频率下，侧壁进行自己的弯曲模式。在这种运动中，每个侧壁以其弯曲

模式振动，但在涵道的拐角处耦合。拐角连接着侧壁的运动；在 Cummings 的分析[46-47]中，允许拐角围绕其固定顶点摇摆，同时保持直角。最宽涵道壁 $(f_{a})_{1}=(\omega_{0})_{2}/2\pi$ 的基本结构共振频率近似由下式给出

$$(f_0)_1=\frac{9\pi c_l h}{8\sqrt{12}L_1^2(1-\mu_p^2)}$$

式中：L_1是涵道横截面最长尺寸的长度。该频率适用于波长等于$2L_1$的弯曲波。涵道中的声音，即使是 $2(f_0)_1L_1/c_0<1$ 的平面波，也会与这些低阶模式耦合，因此传输损耗可能小于 10dB。当频率低于$(f_0)_1$时，作为箱形梁的涵道的振动提供更高的传输损耗，但是在任何特定情况下，其值的限制方式与 4.4.4 节所述的方式基本相同。

现在，当频率大于声学截止频率时，用表示较短尺寸的 L_2 推导的频率 $(f_0)_2$仍然小于声学相干频率，传输受到质量控制。对于圆形截面的涵道，这将在第 1 卷 4.4.7 节中进行说明。通过矩形涵道的质量控制传输由式（4.83a）控制，若在特殊情况下怀疑共振模式传输会影响传输，则可以使用式（4.77）计算，其中 $N_s(\omega)/\Delta\omega$ 由第 1 卷式（5.47）给出，辐射效率由式（4.81a）给出。这之所以成立，是因为式（4.74）适用于$(f_0)_2$和 f_{co} 以上的频率，而不考虑横截面的几何形状。见表 4-2，声学相干频率f_c如此高，以至尽管控制$f>f_c$，但通过共振壁运动的传输没有实际意义。基于声功率比的传输损耗可以根据式（4.83a）和式（4.79）计算，但

$$10\log\frac{L_1L_2}{2(L_1+L_2)L_3}=10\log\frac{a_i}{2L_3}$$

式中：L_1L_2为涵道的内部横截面积；$2(L_1+L_2)L_3$为辐射面积。

4.4.7　传输损耗计算实例；圆形涵道

在 ω_{co}和 ω_c的传输损耗几乎相同的情况下，图 4-17（a）和图 4-18 适用于大多数商用管道。在这些情况下，声学相干频率足够低，以至共振壁模式的辐射效率接近 1。因此，传输主要由共振声激发的弯曲波控制。在薄壁涵道的情况下，由于共振壁振动引起的传输损耗见图 4-17（b），声学相干频率大，共振壁模式的辐射效率小。

正如我们所看到的，当 $\omega_{co}<\omega<\omega_c$ 时，质量控制的非共振壁响应占主导地位。对于 $\omega<\omega_{co}$，式（4.83d）给出了理想$(\mathrm{TL})_p$极限；对于 $\omega>\omega_c$，ω_R，式（4.82）适用。在中频区域，$(\mathrm{TL})_p$由 4.4.3 节式的适当组合给出。在下文中，将假设涵道内外的流体相同。

对于涵道内外相同的流体以及 $\omega>\omega_{co}$，$\omega<0.8\omega_R$ 和 $\omega<\omega_{co}$，式（4.58c）、式（4.77）和式（4.81c）给出

$$(\mathrm{TL})_p = 10\log\left[243\left(\frac{\rho_P}{\rho_0}\right)^2\left(\frac{L_3}{D}\frac{h}{D}\right)\left(\frac{\omega}{\omega_R}\right)^{1/2}\eta_T\right] \tag{4.83e}$$

长度 L_3 代表法兰或涵道接头之间的轴向距离。对于频率范围 $\omega_{co}<\omega<\omega_c<\omega_R$，式（4.66c）、式（4.77）和式（4.81b）给出

$$(\mathrm{TL})_p = 10\log\left[332\left(\frac{\rho_p}{\rho_0}\right)^2\left(\frac{D_i}{D_0}\right)^2\left(\frac{\omega}{\omega_R}\right)^2\eta_T\right] \tag{4.83f}$$

式中：$\omega>\omega_R$，$\omega>\omega_c$，式（4.80）不变。

应该注意的是，总阻尼包括结构阻尼和材料阻尼以及声辐射损耗系数

$$\eta_T = \eta_m + \frac{2\rho_0 c_0}{\rho_P h\omega} = \eta_m + \frac{\rho_0}{\rho_P}\frac{c_0}{c_l}\frac{D}{h}\frac{\omega_R}{\omega} \tag{4.83g}$$

式中：$n_m \sim 10^{-3}$ 已在管道系统[36-37,41]中观察到或推导出。在涉及管道或涵道的大多数实际情况中，关于 η_m 的信息实际上很少。

图 4-19 对壁厚 $h/D=0.0015$ 的钢制通风涵道的这些关系进行了估算；因此，$\omega_c/f_R=4.9$，$\omega_{co}/\omega_R=0.13$ 假设损耗系数为 $n_m=10^{-3}$，对于 $D=12$ 英寸管道，长径比 $L_3/D=10$，$\omega_{co}/2\pi=f_{co}=645\mathrm{Hz}$。

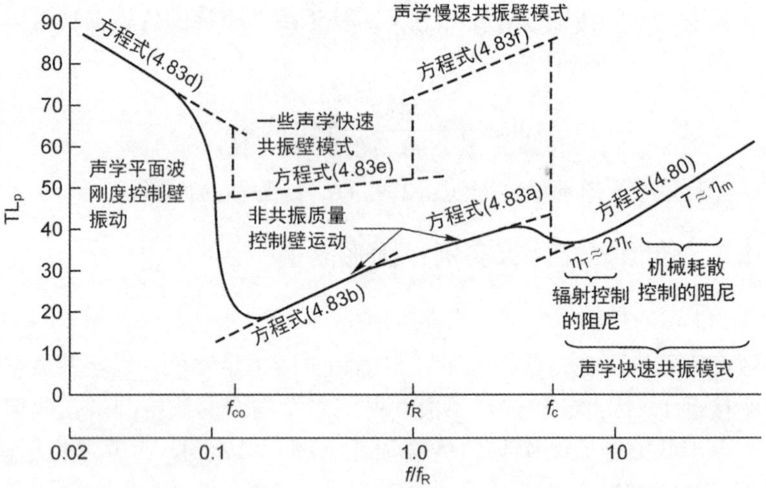

图 4-19　$h/D=0.0015$ 的薄壁圆柱涵道的理论传输损耗

（实线表示 TL 的极限值。虚线表示所示式的趋势，$f_{co}<f_R<f_c$）

据观察，质量控制传输在 $\omega_{co}<\omega<\omega_c$ 始终占主导地位。在 $\omega_r<\omega<\omega_c$ 区域中，与共振壁模式的唯一声学耦合是通过低效边缘模式。因此，共振模式的传

输损耗增加，但是质量控制的非共振模式的传输损耗却小得多。由于辐射压力是共振和非共振模式贡献的总和，即

$$\frac{\overline{p_{\text{rad}}^2}}{\overline{p_{\text{i}}^2}}=\left(\frac{\overline{p_{\text{rad}}^2}}{\overline{p_{\text{i}}^2}}\right)_{\text{共振}}+\left(\frac{\overline{p_{\text{rad}}^2}}{\overline{p_{\text{i}}^2}}\right)_{\text{非共振}}=\left(\frac{1}{\tau}\right)_{\text{共振}}+\left(\frac{1}{\tau}\right)_{\text{非共振}}$$

$(\text{TL})_{\text{p}}$的极限值是下限，见图 4-19。

4.4.8　有限马赫数涵道流的影响

在较高的流动马赫数下，第 1 卷式（2.2）中的平均对流项变得相关。实际上，这改变了轴向的波速。Reed[49] 测量了标准标号管道中流量对传输损耗的影响，发现传输损耗的降低与频率无关（大致 $\omega_{\text{co}}<\omega<\omega_{\text{r}}$）。Fagerlund 和 Chou[36,41] 后来分析预测了 Reed 的观察结果。Holmer 和 Heymann[37] 后来的测量表明，在更高的频率下，对流动的依赖性更大。

常规标号管道传输损耗的 Reed-Fagerlund 调整值可通过下式近似控制在 1dB 以内

$$(\text{TL})_{U\neq 0}=(\text{TL})_{U=0}-10\log(7\overline{M}^{1.4}+1) \tag{4.84}$$

对于 $\omega>\omega_{\text{co}}$ 和 $\overline{M}=\overline{U}/c_{\text{i}}$，其中 $\overline{U}$ 是管道中的平均流速。

4.5　阀门和节流装置产生的空气动力声

到目前为止，在本章中，我们讨论了局部机械驱动的激励，表现为径向施加的点力；局部流动偶极子，表现为轴向偶极子实例；和湍流边界（或壁）层产生的激励源。现在，我们转向阀门和阀门元件（空化和非空化）的声源机制，假设这些声源对管道施加局部单极子、偶极子和力的某种组合。注意，此处不考虑由于流经分支而产生的声源。

4.5.1　减压阀中的空气动力流动

4.5.1.1　可压缩流动关系

调节管道中气流最常用的装置是减压阀。这些阀门在管道中提供机械收缩，就像孔板减少横截面流动面积，从而影响了流动中的局部压降。商用减压阀比孔板更为复杂，但其工作原理基本相同。阀座和结构的内件以及几何结构，称为阀内件，如今通常设计为比老式、更传统的截止阀和闸阀操作更安静。图 4-20 是一些市售控制阀的示意图，图 4-21 是相同阀门类型的示意图，显示了可能发生的不稳定流动过程的理想化情况。

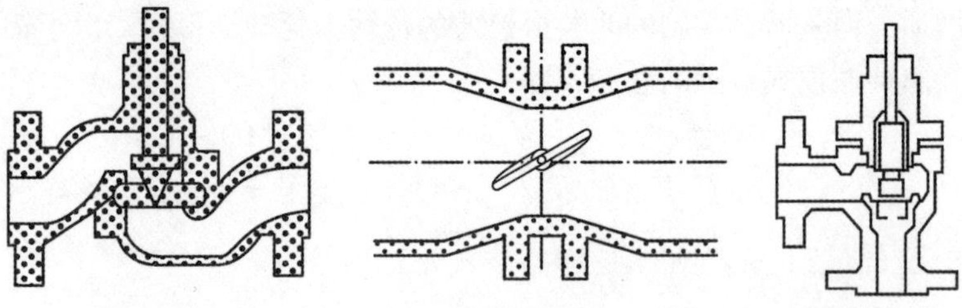

(a) 分体式截止阀　(b) 蝶阀　(c) 蝶阀结构

图 4-20　一些常用类型的阀门示意图

（改编自 Bogar HW 调节控制阀尺寸的最新趋势。仪表控制系统 1968；41：117-21.）

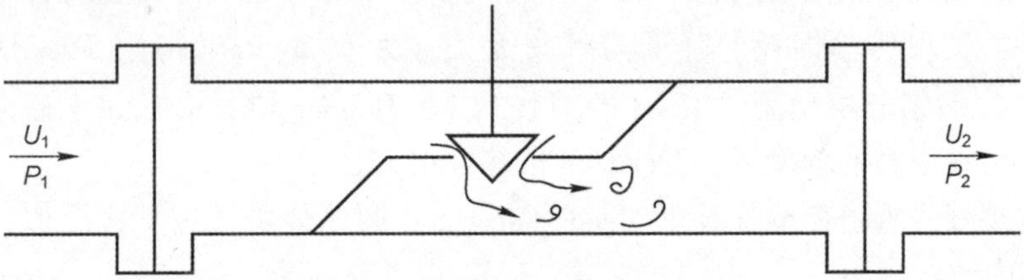

图 4-21　控制阀的理想视图

由于阀门颈部缩小区域的收缩，流速增加到最大值，等于气体局部压力和温度下的声速。湍流在收缩段下游形成，就像射流一样。此类阀门中产生扰动的流体动力学很可能取决于以下参数：上游管道流中的湍流强度、阀内件的几何结构、阀内件流的雷诺数以及阀内件下游结构表面的性质。下游阀门表面很重要，因为如果离开结构的高速流体撞击到固体表面上，就会产生偶极子噪声源，并且流致力将直接施加到阀门部件上。在某些情况下，阀门上的压力降较大时，可能会由于阀内件中形成了阻流冲击，而发出音调[50-51]。对于双原子气体，当通过阀门的压力比（上游流体的滞止压力除以下游流体的环境压力）超过 1. 89 时，就会发生这种情况。

阀内件中流动结构的细节很复杂，多年来，阀门制造商一直在探索许多噪声控制方法。在工程环境中，用性能变量来描述流动产生的噪声的任何方法都应该用维度模型来表达[29-31,52-53,39,54]。本章将讨论阀门和管道系统静音设计的基本原理以及声音预测。预测公式可用于为估算压降、气体温度、质量流量和阀门尺寸系数（如某些制造商使用的）等变量产生的声音提供指南。想要更完整地讨论阀门尺寸式的读者可以参见 Driskell[55] 和 Bogar[56] 的论文；Reethoff 和 Ward[57] 提供了一种使用阀门尺寸参数的最新噪声预测方法。本节的目的是提供各种预测方法的基础。

从根本上说，阀门性能类似于孔板。如图 4-22 所示，上游静压为 P_1，远离孔口的下游压力为 P_2。由于在阀门下游产生湍流，原本在流体平均运动中的能量转化为热量，并代表失去的动量。因此，尽管上游和下游管径相同，但 P_2 与 P_1 不同。由于流体的最小横截面，流线在孔口的下游汇聚，这就是缩脉。

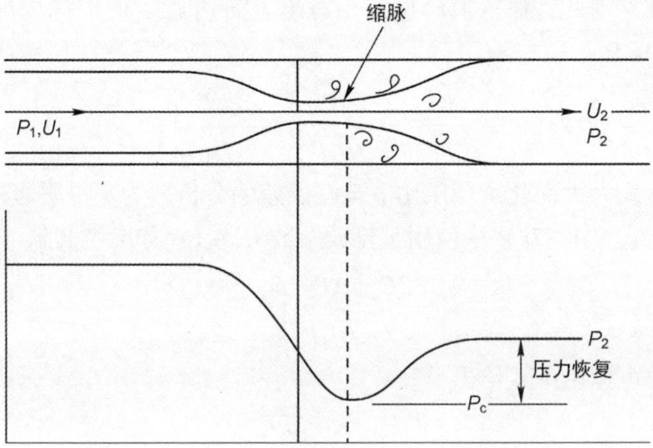

图 4-22　通过管道节流收缩段的流量和相关静压

流体的最小静压和最大平均速度是在缩脉中获得的。为了确定阀门尺寸，通过阀门的压降为 $P_1-P_2=\Delta P$。该系数是平均流速 U_1 和产生的湍流混合量的函数。该过程中产生的声功率随着平均流速和产生的湍流混合量的增加而增加。系数

$$F_{\mathrm{L}}^2=\frac{P_1-P_2}{P_1-P_{\mathrm{c}}} \tag{4.85}$$

称为压力恢复系数，由阀门设计者用来解释由于湍流产生的压力损失。对于截止阀，其范围[55]为 0.7～0.9。对于某些其他类型的阀门，如蝶阀，其小至 0.5。

如果假设上游区域和缩脉之间发生无损流动，那么我们可以将稳态运动式（第 1 卷式（2.2））与气体状态式（遵循第 1 卷式（6.1），下标 1 表示上游状态，下标 2 表示下游状态）结合起来

$$\frac{P_1}{P_2}=\left(\frac{\rho_1}{\rho_2}\right)^{\gamma}$$

式中：ρ_1 是压力 P_1 下的密度；ρ_2 是压力 P_2 下的压力，以获得

$$\mathrm{d}\left(\frac{u^2}{2}\right)=-\frac{\mathrm{d}P}{\rho}=\left(\frac{P_1}{\rho_1^{\gamma}}\right)\gamma\rho^{\gamma-2}\mathrm{d}\rho$$

所以在点 1 和点 c 之间，有

$$\frac{1}{2}U_c^2-\frac{1}{2}U_1^2=\frac{P_1}{\rho_1}\left(\frac{\gamma}{\gamma-1}\right)\left[1-\left(\frac{P_c}{P_1}\right)^{(\gamma-1)/\gamma}\right] \tag{4.86}$$

对于高压比下的节流 $U_c \gg U_1$，$P_1 \gg P_c$，因此方括号中的项可以在二项式展开式中展开。因此，保留前两项，相对于上游声速 c_1 的缩脉中的速度是近似的，使 $\Delta P_c = P_1 - P_c$，则

$$\frac{U_c^2}{c_1^2}=\frac{2}{\gamma}\frac{\Delta P_c}{\sqrt{P_1 P_c}}\left(1-\frac{\gamma\Delta P_c}{P_1}\right) \tag{4.87a}$$

利用该表达式大大简化了低压比下某些误差的分析。为了说明通过阀内件产生的损失，在式（4.87a）中使用了排放系数 $C_d \leqslant 1$（如参考文献［58］）：

$$\frac{U_c^2}{c_1^2}=\frac{2C_d^2}{\gamma}\frac{\Delta P_c}{\sqrt{P_1 P_c}}\left(1-\frac{\gamma\Delta P_c}{P_1}\right) \tag{4.87b}$$

理想气体的声速由下式给出

$$c_1=\sqrt{\frac{\gamma P_1}{\rho_1}}$$

因此上游 c_1 和缩脉 c_c 中的值的关系为

$$\left(\frac{c_c}{c_1}\right)^2=\left(\frac{P_c}{P_1}\right)^{(\gamma-1)/\gamma}$$

使用式（4.85）得出 ΔP_c 与 ΔP 的关系，且对于较大的 F_L 值，P_c 可近似于 P_2。因此，体积流量 Q 的表达式为

$$Q^2 \approx \frac{2C_d^2A_c^2}{F_L^2}\frac{\Delta P}{\rho_1}\left(\frac{P_1}{P_2}\right)^{1/2}\left(1-\frac{\gamma\Delta P}{F_L^2P_1}\right),\quad \frac{\Delta P}{P_1}<0.5 \tag{4.88}$$

式中：Q 是通过阀门的体积流量；A_c 是缩脉面积。式（4.87）和式（4.88）可用于根据压降以及上下游流动条件来近似流动条件，它们类似于制造商的阀门尺寸。F_L 和 C_d 是阀门类型的函数，取决于湍流的产生。阀内件中产生的湍流将具有一个积分标度，该标度将假定为与 $(A_c)^{1/2}$ 成比例。

式（4.88）显示 Q 随 $\sqrt{\Delta P}$ 的增加而增加。如图 4-23 所示，这种增加受到压降的限制，使得 U_c 变成声速；更大的 ΔP 值不会进一步增加体积流量。就缩脉处的参数而言，该值的临界值（如参考文献［59］）为

$$\left(\frac{\Delta P_c}{P_1}\right)_{crit}=1-\left(\frac{2}{\gamma+1}\right)^{\gamma/(\gamma-1)}=0.47 \tag{4.89}$$

或者

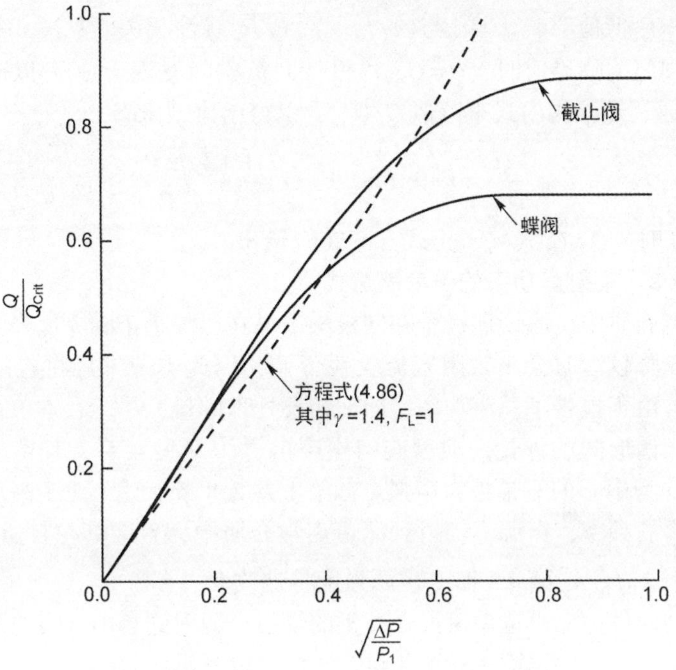

图 4-23　常见阀门类型的流量与临界值之比

（根据 $\sqrt{\Delta P/P_1}$ 的函数以及式（4.86）和式（4.91）给出的理论，两种常见阀门类型的流量与临界值之比（摘自参考文献［60］））

$$\left(\frac{\Delta P}{P_1}\right)_{\text{crit}} = 0.47F_L^2$$

或者对于双原子气体（如空气）

$$\frac{P_1}{P_c} = 1.89$$

其中，一个表达式中存在 F_L 表示 $(\Delta P)_{\text{crit}}$ 取决于阀门类型。对于大于 1.89 的压力比，在阀门出口会形成冲击波，如第 1 卷 3.4.4 节所述，这种流动会产生尖锐音调。事实上，在传统阀门中，在 1~10kHz 的频率范围内已经观察到了这些音调。通过阀门的极限或临界体积流量为

$$Q_{\text{crit}}^2 = C_d^2 A_c^2 \left(\frac{P_1}{\rho_1}\right)\left(\frac{2\gamma}{(\gamma+1)}\right) \tag{4.90}$$

式（4.87）和式（4.90）给出了 Q 的临界值 Q_{crit} 的简化表达式：

$$\frac{Q}{Q_{\text{crit}}} = \frac{1}{F_L}\sqrt{\frac{\Delta P}{P_1}}\left[\frac{\gamma+1}{\gamma}\right]^{1/2}\left[\frac{1-(\gamma\Delta P/F_L^2 P_1)}{1-(\Delta P/P)}\right]^{1/2} \tag{4.91}$$

在 $\Delta P/P_1$ 低值时，Q/Q_{crit} 与 $(1/F_L)\sqrt{\Delta P/P_1}$ 线性相关。见图 4-23，当 ΔP 接近给定阀门的临界值时，$Q=Q_{crit}$。设计人员实际发现[56]，可以使用类似式(4.91)，通过经验阀门式来近似 Q/Q_{crit}，以得出典型压降。

$$\frac{Q}{Q_{crit}}=Y-0.148Y^3,\quad Y=\frac{1.63}{F_L}\sqrt{\frac{\Delta P}{P_1}}$$

当 $Y=1.50$ 时，$Q=Q_{crit}$，Q_{crit} 由式（4.90）给出。

4.5.1.2　辐射声功率的维度表达式

在气流介质中，假设偶极子和四极噪声源在压降小于临界压降时占主导地位，而在压降较大时会出现阻塞流尖锐音调，因此本节末尾将包括这些噪声源。此外，由于报告了总声功率，即最初要处理的量，尽管在本节末尾给出了一些关于频谱形式的评论。典型阀门噪声谱[43,57]（见 4.5.2.1 节）显示了以 1.0~10kHz 为中心的宽带最大声强。如第 1 卷 2.8 节所述，对于高于管道或涵道截止频率的频率，声源应辐射到涵道声学介质中，就像其在自由场中一样；在频率低于 $2\pi f\sqrt{A_p}/c_0\ll 1$ 时，声源强度将被改变。

对于阀内件中亚声速湍流混合产生的辐射，辐射到自由空间的声功率是四极射流噪声形式；根据第 1 卷第 3 章，我们可以写出

$$(\mathbb{P}_i)_T=\alpha_T\frac{\rho_c^2A_c}{\rho_2c_2^5}U_c^8\left(\frac{\Lambda^2}{A_c}\right)$$

或者，假设缩脉中的气体性质与下游流动中的气体性质基本相同，则

$$(\mathbb{P}_i)_T=\frac{\alpha_T\rho_2A_c}{c_2^5}U_c^8\left(\frac{\Lambda^2}{A_c}\right)\tag{4.92}$$

系数 Λ 代表湍流的积分长度尺度。系数 α_T 代表取决于雷诺数的几何系数。式（4.87a）的线性化形式得出（其中 $P_2=\rho_2c_2^2/\gamma$）

$$(\mathbb{P}_i)_T=\rho_2c_1^3\left(\frac{\alpha_TC_d^8}{F_t^8}\right)\frac{A_c}{\rho_2c_2}\left(\frac{c_1}{c_2}\right)^8\left(\frac{2\Delta P}{\sqrt{\gamma}\sqrt{P_1}}\right)^4\left(\frac{\Lambda^2}{A_c}\right)\tag{4.93a}$$

$$=\rho_2c_1^3A_c\left(\frac{c_1}{c_2}\right)^5\left(\frac{P_1}{P_2}\right)^2\left(\frac{2}{\gamma}\frac{\Delta P}{P_1}\right)^4\left(\frac{\alpha_TC_d^8}{F_L^8}\right)\left(\frac{\Lambda^2}{A_c}\right)\tag{4.93b}$$

系数 α_T 是说明湍流产生过程的辐射效率的经验系数；因此，该系数取决于几何结构和雷诺数。系数 A_c 表示阀门尺寸系数。如第 1 卷 2.3.3 节所示，系数 Λ^2/A_c 可视为给定阀门的阀门湍流相对相关面积的测量值。阀门中的噪声控制措施通常利用这一事实，即通过使用阀内件设计，以在更大的流动距离上产生更小的湍流和压降，从而降低 α_T 和 Λ。

亚声速流扰流板和收缩段产生的偶极声与第 1 卷 4.7.4 节中描述的参数有

很大的相关性，在较低的压降下，偶极声将支配四极湍流混合分量，即 $P_1/P_c \ll 1.89$。使用 Λ/d 作为相对于阀门开口尺寸的湍流标度，我们可以写出

$$(\mathbb{P}_i)_0 = \alpha_P \frac{\rho_2 A_c U_c^6}{c_2^3}\left(\frac{\Lambda^2}{A_c}\right)$$

形式上

$$(\mathbb{P}_i)_D = \rho_2 c_1^3 A_c \left(\frac{c_1}{c_2}\right)^3\left(\frac{\Lambda}{d}\right)\left(\frac{P_1}{P_2}\right)^{3/2}\left(\frac{2\Delta P}{\gamma P_1}\right)^3\left(\frac{\alpha_D C_d^6}{F_L^6}\right) \tag{4.94}$$

相当于式（4.93b）（来自某些组合声源的总辐射声功率为 $(\mathbb{P}_i) = (\mathbb{P}_i)_T + (\mathbb{P})_D$，其中

$$\mathbb{P}_i = \rho_2 c_1^3 A_c \left(\frac{c_1}{c_2}\right)^3\left(\frac{\Lambda}{d}\right)\left(\frac{2\Delta P}{\gamma P_1}\right)^3\left(\frac{P_1}{P_2}\right)^{3/2}\frac{\alpha_D C_d^6}{F_L^6}\times$$
$$\left[1+\left\{\frac{\alpha_T C_d^2}{\alpha_D F_L^2}\right\}\frac{c_1^2}{c_2^2}\left(\frac{P_1}{P_2}\right)^{1/2}\frac{\Lambda}{d}\left(\frac{2\Delta P}{\gamma P_1}\right)\right] \tag{4.95a}$$

因此，辐射声功率取决于波形括号中两个经验系数的相对值。式（4.95a）表明，由于面积加倍，声功率也加倍，除非系数 α_T、α_D 和相关长度 Λ/d 改变。声功率对压降的相关性与 $(\Delta P/P_1)^3$ 对于 $(\Delta P/P_1)^4$ 对一阶相同。

辐射的声功率或辐射到外部介质的声压用式（4.78）计算。假设向下游传播的声音是有限的（条件2），则单独偶极子的贡献为距离 r 的外部压力（假设圆柱形传播如式（4.82）所示，且内部和外部流体相同），则

$$\overline{p_{rad}^2}(\omega, r) = \alpha \frac{D}{2r}\left[\left(\frac{D}{h}\right)^3\left(\frac{\rho_0^2}{\rho_p^2}\frac{c_0^4}{c_1^4}\right)\left(\frac{D}{D_i}\right)\right]\frac{1}{\eta_T}\frac{A_c}{D^2}\left(\frac{\Lambda}{d}\right)\times$$
$$\left(\frac{c_1}{c_2}\right)^4\left(\frac{c_1}{c_0}\right)^3(\Delta P)^2\left(\frac{\Delta P}{P_1\sqrt{1-\frac{\Delta P}{P_1}}}\right) \tag{4.95b}$$

式中：α 表示式（4.95a）中括号内的系数。还假设内部声压的大部分频谱包含在图4-17（a）所示的 $f_c \sim f_R$ 的频带中。

4.5.1.3　阀门产生声音的实用公式

第1卷4.7.4节中已经给出了一些支持证据，至少用于节流障碍物中对偶极辐射的标度。Jenvey[61]测量了管道中的小孔板在管道外辐射的总声功率。对于从0.064到0.254的孔口直径与管径之比，他发现可以写出经验表达式

$$\mathbb{P}_i \sim \left(\frac{\Delta P}{P_2}\right)^2\left(\frac{\Delta P}{P_1}\right)^2\frac{A_j^{2.4}}{A_p^{1.4}}\frac{\rho_i c_1^8}{\rho_0 c_0^5} \tag{4.96}$$

对于亚声速孔口流以及

$$\mathbb{P}_{i} \sim \left(\frac{\Delta P}{P_{2}}\right)^{2}\left(\frac{\Delta P}{P_{1}}\right)\frac{A_{j}^{2.4}}{A_{p}^{1.4}}\frac{c_{1}^{6}}{\rho_{0}c_{0}^{5}} \tag{4.97}$$

对于阻塞流，即 $\Delta P \geqslant \Delta P_{crit}$。系数 A_p、ρ_0和 c_0是面积、密度和声速参考量。压力比 P_1/P_2范围为 1.14～6.78。式（4.96）给出的 ΔP 和 $\Delta P/P_1$ 的相关性与式（4.93b）所示的相关性一致，因此表明与湍流混合噪声相关的机制；然而，与面积的相关性是理论给出的两倍。由于 Jenvey 的孔板与管道同轴且开口较小，亚临界 ΔP 处的噪声机制很可能是由射流混合湍流控制的。第 1 卷（图 4-36）中引用的 Gordon 测量情况中，不存在流动-表面冲击。Chow 和 Reethoff[51] 还证明，当自由射流以四极分布形式辐射时，由于流体相互作用，管道中被轴对称圆柱环约束的射流以偶极子形式辐射。在其演示中，从喷嘴下游测量，环直径约为 $3D_j$，长度约为 $12D_j$，其中 D_j是射流直径。声压是在自由场中测量的。

制造商测得的阀门噪声级通常与式（4.95a）在低压比下和式（4.97）在高压比下描述的性能一致。观察到面积的相关性与 Jenvey 的观察结果一致。特别是，一个制造商[52,62] 提供了函数上类似于式（4.96）和式（4.97）的设计规则，即

$$\overline{p_{rad}^{2}} \sim (\Delta P)^{2} f\left(\frac{\Delta P}{P_{1}}\right)\left(\frac{A_{c}^{2}}{A_{p}^{2}}\right)\frac{1}{\tau_{p}} \tag{4.98}$$

对于 $0<\Delta P/P_1<1$，其中，τ_p描述了式（4.78）中的传输损耗，且 $f(\Delta P/P_1)$代表经验确定的函数。根据管道外部辐射和阀门产生的总声压级，等效关系为

$$L_{s}=L_{v}+20\log\Delta P+10\log\left[f\left(\frac{\Delta P}{P}\right)\right]+20\log\left(\frac{A_{c}}{A_{p}}\right)-(\mathrm{TL})_{p} \tag{4.99}$$

其中，L_s是指管壁（式（4.78））。系数 $20\log A_c/A_p$表示与阀门尺寸系数 A_c的相关性。

虽然与$(\Delta P)^2 A_c^2$ 的相关性似乎与许多阀门辐射的噪声一致，但与 $\Delta P/P_1$ 和系数 L_v值的相关性始终受到阀内件的强烈影响[53]。在实际计算中，尽管没有对管道阻尼进行调整，但利用式（4.82）调整传输损耗，以考虑管道标号的差异。因此

$$(\mathrm{TL})_{p} \sim 10\log\left[\left(\frac{\rho_{0}^{2}c_{0}^{4}}{\rho_{p}^{2}c_{l}^{4}}\right)\left(\frac{D}{h}\right)^{3}\left(\frac{D_{0}}{D_{i}}\right)\right]$$

即在式（4.95a）中，$\Delta P/P_1$函数采用亚临界流的形式

$$f\left(\frac{\Delta P}{P_{1}}\right)=\frac{\Delta P}{P_{1}}\sqrt{1-\frac{\Delta P}{P_{1}}}\left(1+\beta\frac{\Delta P/P_{1}}{\sqrt{1-\Delta P/P_{1}}}\right)$$

这表明，根据β值，$\Delta P/P_1$从线性到二次方的逐渐过渡。对于标准截止阀，在

$0.02<\Delta P/P_1<0.6$ 范围内，$\Delta P/P_1$ 几乎呈线性相关（图 4-24）。如式（4.95a）所示，β 取决于将受阀内件影响的许多系数。对于给定的阀门设计，L_v 和 $f(\Delta P/P_1)$ 的值是根据标准配置的管道经验确定的。

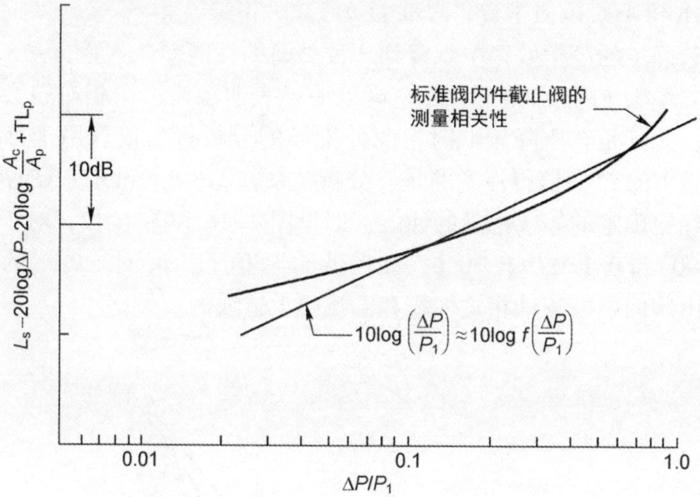

图 4-24　制造商测量值[52]表示的 $L_v+10\log(f(\Delta P/P_1))$ 与理论值的相关性
（显示为任意引用的值）

阀门噪声的预测方案也是基于辐射声功率与阀门内平均流量的三次方成正比的假设。基本上，这意味着

$$\mathbb{P}_{rad}=\eta_{ac}\frac{1}{2}\rho_1 U_c^3 A_c$$

式中：η_{ac} 是根据经验确定的各阀门声辐射效率，作为压降的函数。在临界压降以上，缩脉的速度 U_c 被节流流体中声速的典型值所代替。根据这些假设，可以写出声功率

$$\mathbb{P}_i=\rho_1 c_1^3 A_c \eta_{ac} \tag{4.100}$$

以及

$$10\log\mathbb{P}_{rad}=10\log\mathbb{P}_i-\text{TL}$$

其中 TL 由式（4.79）和式（4.82）给出，且归一化变量是上游条件下的变量。因此，将式（4.89a）除以式（4.100），我们发现理想情况下，辐射效率在临界压降以下的函数形式为

$$\eta_{ac}=A_1\left(\frac{\Delta P}{P_1}\right)^3\left(1-\frac{\Delta P}{P_1}\right)^{-1/2},\quad \frac{\Delta P}{P_1}<\left(\frac{\Delta P}{P_1}\right)_{ctit}<0.47 \tag{4.101}$$

使 $f(\Delta P/P_1)\sim\Delta P/P_1$，这种相关性与式（4.98）一致，如前所述。对于

超过临界值的压降，Jenvey 的结果提出了一种形式

$$\eta_{ac}=A_2\left(\frac{\Delta P}{P_1}\right)^3\left(1-\frac{\Delta P}{P_1}\right)^{-2}\left(\frac{A_c}{A_p}\right)^{1.4},\quad \frac{\Delta P}{P_1}>\left(\frac{\Delta P}{P_1}\right)_{ctit} \tag{4.102}$$

系数 A_1 和 A_2 是数值系数，可能与 ΔP 二阶相关。

在经验确定的声学效率中观察到这种类型的性能[53,63]，图 4-25 显示了三个压力恢复系数 F_L 值的例子。当 F_L 降低时，表明湍流产生相对较大，声功率辐射增加，尤其是在压降较低时。此处推导的分析行为仅适用于 $\Delta P/P_1$ 中间范围内接近 1 的 F_L。值得注意的是，分析关系 $f(\Delta P/P_1)$ 和 $\eta_{ac}(\Delta P/P_1)$ 最好近似于根据经验确定的等效范围的性能；即见图 4-16 和图 4-17，对于标准截止阀（$F\approx0.90$）和 $0.1<\Delta P/P_1<0.6$。在较低的 F_L 值下，η_{ac} 对 $\Delta P/P_1$ 的不同相关性可能是由阀门中与流动相关体积和湍流强度造成的。

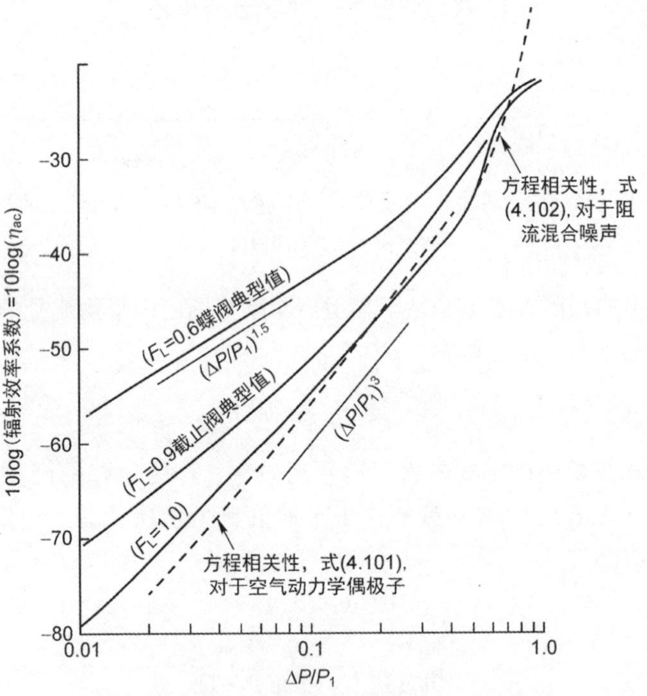

图 4-25　阀门节流空气的声辐射效率系数图解

（实线：已公布的数据，参考文献［53］；虚线：式（4.101）和式（4.102）使用任意乘法系数 A_1 和 A_2。η_{ac} 表示噪声的完全流速相关性）

所有常用的阀门预测方案都是经验预测方案，因为在实践中没有足够的关于声音产生机制的信息来量化所有未知的经验系数，并应用理想化的理论。因

此，给定的理论关系 $f(\Delta P/P_1)$ 和 $\eta_{ac}(\Delta P/P_1)$ 仅用于说明和表示一般性能。声辐射的实际计算必须依赖于这些参数的测量值。为此，已经研发了计算方法[64-65]。在一种源自使用式（4.100）标度阀门噪声的技术[63]中，速度 U_c 仅被视为声速，这是合理的假设，因为在许多应用中节流可能被阻塞。

其他阀门噪声预测技术[3,66-67,81]是基于使用传输损耗式（4.4节），其中辐射声功率可以根据管壁上壁压的测量值来计算（已发现管壁上的压力[43,66-67,81]主要由阀门产生的声音控制，而不是由第2章中讨论的湍流壁压力控制，特别是[67]当测量位置在阀门下游至少10倍管时）。最后，用管壁振动和第1卷的式（5.89b）以及式（4.75）[68]解释自由场外部辐射声。作为参数，Bull 和 Norton[43]测量的壁面加速度和辐射声压是中心线马赫数 $M_0=U_0/c_0$ 频率的函数，见图4-26。这些结果证实，安装在管道中的各种流动噪声发生器的管壁振动和辐射声之间存在几乎一对一的关系。

Reethoff[50]为常规阀门类型提供了预测方法，该方法使用类似于式（4.95）的 $\mathbb{P}_i$ 表达式，但不使用式（4.87a）中引入的近似值。这些预测适用于从亚临界流井到超临界（阻塞流）范围的压力比 P_1/P_c。

范围（a）：在临界压力以下，偶极声占主导地位

$$\mathbb{P}_i=1.6\times10^{-7}c_2^2M_c^5[M_c c_0 C_v F_L \rho_1 (P_c/P_1)^{1/\gamma}],\quad P_1/P_c<\mathrm{ctit}$$

其中，括号中的表达式表示质量流。

范围（b）：在临界压力比以上，$P_1>P_c$，但颈部射流马赫数<2时，主要有两种机制：第一种是亚临界偶极机制的延续，但 $P_c=(P_c)_{crit}$，即 $M_c=1$，因此

$$\mathbb{P}_i=1.6\times10^{-7}c_2^2M_j^5\left[c_c C_v F_L\rho_1\left(\frac{2}{\gamma+1}\right)^{(\gamma+1)/[2(\gamma-1)]}\right],\quad \frac{P_1}{P_c}>\mathrm{ctit}$$

第二种是激波室-湍流相互作用

$$\mathbb{P}_i=1.7\times10^{-6}c_2^2\ (M_j^2-1)^2\left[c_2 C_v F_L\rho_1\left(\frac{2}{\gamma+1}\right)^{(\gamma+1)/[2(\gamma-1)]}\right],\quad \frac{P_1}{P_c}>\mathrm{ctit}$$

中 M_j 是完全膨胀射流中的马赫数：

$$M_j=\sqrt{\frac{2}{\gamma-1}\left[\left(\frac{p_1}{p_2\alpha}\right)^{(\gamma-1)/\gamma}-1\right]}$$

以及

$$\alpha=\left(\frac{2}{\gamma+1}\right)^{\gamma/(\gamma-1)}\left[1-F_L^2\left[1-\left(\frac{2}{\gamma+1}\right)^{\gamma(\gamma-1)}\right]\right]^{-1}$$

声功率由这两个 $\mathbb{P}_i$ 值中较大的值控制。

范围（c）：在高压比下，$M_j\geqslant2$（如对于空气 $P_1/P_c>25$），冲击结构改

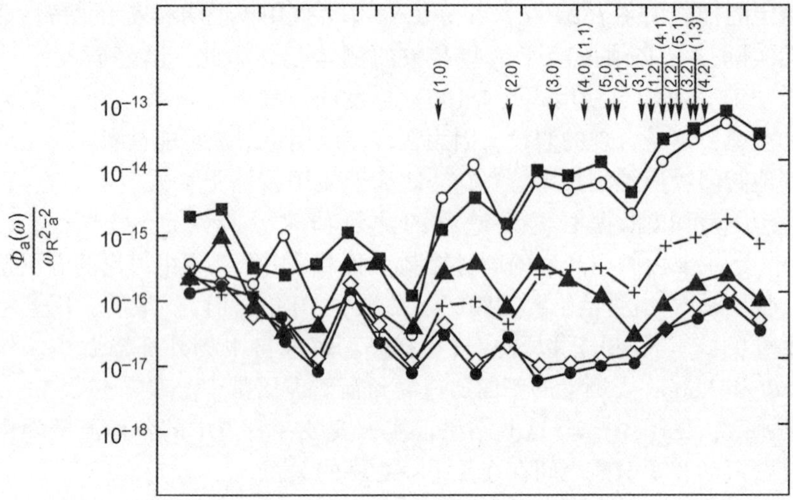

(a) 管壁加速度M_0~0.40

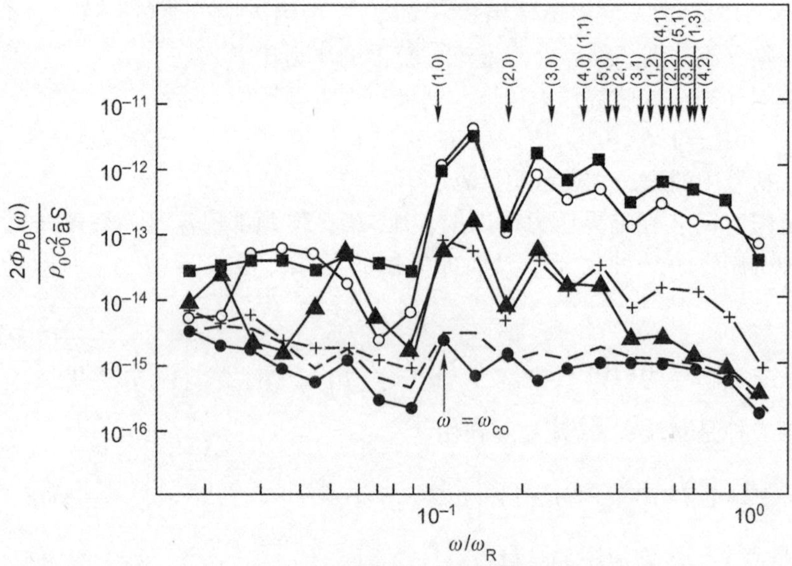

(b) 声辐射M_0~0.40的无量纲谱密度

图 4-26　无量纲谱密度

（蝶阀，阀，$M_0=0.41$；■，90°斜接弯管，$M_0=0.40$；+，45°斜接弯管，$M_0=0.41$；▲，闸阀，$M_0=0.41$；◇，90°半径弯管（$R/r=6.4$）；$M_0=0.40$；●，直管，$M_0=0.41$，+，90°半径弯管（$R/r=3.0$）；$M_0=0.40$。也显示了高阶声学模式的截止频率。$S=\pi D_0 L_3$以及$\bar{a}=(D_i 4+D_0)/4$上游 74.4 直径处的流扰动。资料来源：Bull MK，Norton MP. The proximity of coincidence and acoustic cut-off frequencies in relation to acoustic radiation from pipes with disturbed internal turbulent flow. J Sound Vib 1980；69：1-11.）

变，管道中内部功率为

$$\mathbb{P}_{\mathrm{i}}=1.7\times10^{-6}c_2^2\,(M_{\mathrm{j}}^2-1)^{1/2}\left[c_2C_{\mathrm{v}}F_{\mathrm{L}}\rho_1\left(\frac{2}{\gamma+1}\right)^{(\gamma+1)/[2(\gamma-1)]}\right]$$

在上述公式中：所有的数值系数都是由 Chow 和 Reethoff[51] 利用测量值根据经验确定的，所有的功率值都以瓦特为单位。

相对于频率综合总声功率级，1/3 倍频程频带的声功率级可近似为[57]

$$\frac{\mathbb{P}_{\mathrm{i}}(f,\Delta f)}{\mathbb{P}_{\mathrm{i}}}=0.29\left[1+\left(\frac{f}{2f_{\mathrm{p}}}\right)^2\right]^{-1}\left[1+\left(\frac{f_{\mathrm{p}}}{2f}\right)^4\right]^{-1}$$

式中：$\omega/\omega_{\mathrm{p}}=f/f_{\mathrm{p}}$，$f_{\mathrm{p}}$是频谱中的频率峰值，由下式给出

$$f_{\mathrm{p}}=0.2\,\frac{M_{\mathrm{c}}c_2}{D_{\mathrm{j}}}$$

式中：对于在亚临界压力下降范围内操作的常规阀门 $D_{\mathrm{j}}=0.015\,(C_{\mathrm{v}}F_{\mathrm{L}}/n_0)^{1/2}$。系数 n_0是产生噪声的孔口表观数量，反过来又取决于阀门的类型：对于蝶阀，$n_0=2$，对于环形孔截止阀，$n_0=1$。在临界压降以上，声音的频率由激波室结构的几何形状和通过室的涡流的对流速度控制，因此可以从第 1 卷 3. 4. 4 节的关系中推导

$$f_p=\frac{0.4c_2}{1.25D_{\mathrm{j}}\,(M_{\mathrm{j}}^2-1)^{1/2}},\quad \frac{P_1}{P_{\mathrm{c}}}>\left(\frac{\gamma+1}{2}\right)^{\gamma/(\gamma-1)}$$

上式中 D_{j}的尺寸为英尺，C_{v}为通用形式的标准阀门流量系数

$$C_{\mathrm{v}}\propto Q\sqrt{\frac{\rho}{\Delta P}}$$

尺寸 gal/min/$\sqrt{\mathrm{psi}}$ 必须从制造商的尺寸图表中确定。其他符号与前面章节相同。

图 4－27 说明作为 P_1/P_2 函数的总声压（$L_{\mathrm{s}}=10\log\overline{p_{\mathrm{rad}}^2}/P_0^2$，其中 $P_0=20\mu\mathrm{Pa}$）的计算，以及 1/3 倍频程频带水平的典型频谱。使用上述公式给出的 $\mathbb{P}_{\mathrm{i}}$值和使用与 4. 4 节中所述分析密切相关的圆柱壳理论数值计算的传输损耗，获得频谱水平。作为理论结果的一部分，通过数值计算得到的传输损耗与图 4－10（b）所示的结果非常一致，尤其是 $f>f_{\mathrm{R}}$时。

4. 5. 2　管道和涵道弯管的声辐射

4. 5. 2. 1　管道系统发出的声音

在用充气管道进行简单比较测量时，Bull 和 Norton[43] 报告称，90°斜接弯管产生的声音与管线中的蝶阀一样多。见图 4－26。闸阀和 45°斜接弯管辐射的

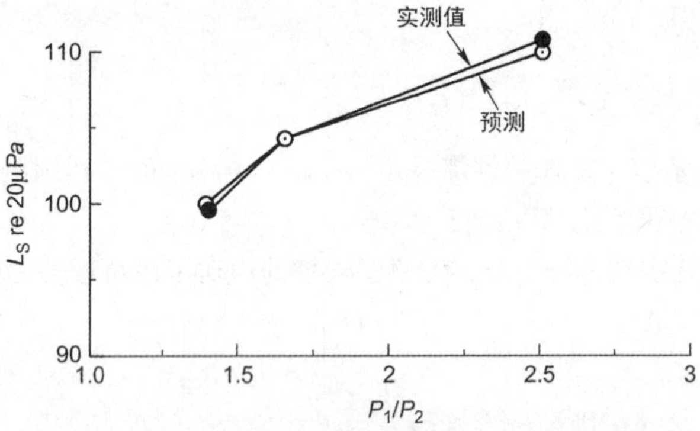

(a) 总声压级

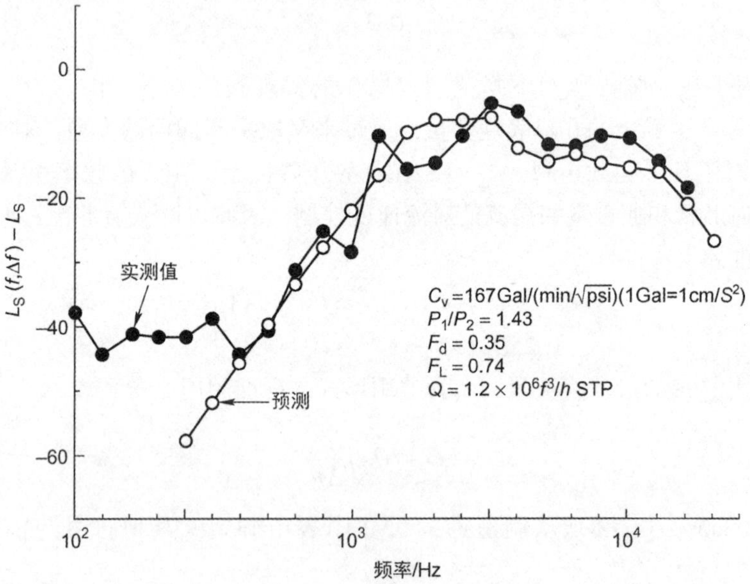

(b) P_1/P_2=1.43时的1/3倍频程频带

图 4-27　6 英寸 40 号长直钢管中 6 英寸截止阀的声压级

（流动介质为空气；这些预测是基于参考文献［57］中的 $\mathbb{P}_i$）

噪声降低了 10dB 左右。通过使用半径弯管，声压级几乎与无弯管或阀门的直管相同。直管仅受其湍流激励，辐射的声音比闸阀或蝶阀低 20～30dB。在高于截至模式的频率下，管道外辐射的声功率显著增加。

Kuhn 和 Morfey[69] 测量了由于排放管流动而在混响室中产生的声音。他们发现直管发出的声音遵循 U^8 射流噪声规则。事实上测得的声功率级与第 1 卷式（3.102c）一致。当 90°斜接弯管安装在出口上游 80 直径处时，管道发出的声音增加，并遵循 U^6 规则。管道的直径很小，所以声音产生低于截止频率。

半径弯曲不会增强管道辐射的声音。Graf 和 Zaida[70] 研究了由于流体通过侧支管而产生的声音。

4.5.2.2　通风系统发出的声音

Bullock[71] 使用与 Kuhn 和 Morfey[45] 相同的技术测量了通风管道中弯管和接头产生的声音，并将其简化为第 1 卷第 4 章中所述的相关性。也就是说，将涵道放入混响室，并且使用标准末端校正来计算涵道内声功率的等效值。对于通风系统，声音可能高于截止频率。发现涵道中的声功率级（$L_{Ni}=10\log\mathbb{P}_i/\mathbb{P}_0$，其中$\mathbb{P}_0=10^{-12}$W）由归一化频谱函数 $F(f)$ 确定

$$L_{Ni}(f,\Delta f)=F(f)+10\log\Delta f+10\log A+50\log U+180 \tag{4.103}$$

式中：A 为涵道的横截面积（英尺）；U 为空气速度（英尺/min）。

可以看出，在弯管拐弯处增加导向叶片可以降低低频和高频下的声功率谱密度。对于每种类型的涵道元件，发现函数 $F(f)$ 取决于降低频率 fD/U，其中 D 是涵道的直径或等效直径$[(4/\pi)A]^{1/2}$。一般来说，斜接弯管产生的噪声最大。图 4-28 总结了三个涵道弯管的归一化声功率谱 $F(f)$。空调元件的支管三通也会产生类似的噪声级。Bullock[71] 根据上游流量变量（支路 1）找到了适当的功率谱。由于支路 1 的流入，下游支路 $i=2$ 或 3 中任一声功率级由下式给出

$$L_{Ni}(f,\Delta f)=F(f)+10\log\Delta f+10\log A_i+G \tag{4.104}$$

式中：G 取决于分支整流罩的配置，如图 4-29 所示。对于 90°直角边缘收边，有

$$G=10\log(6.72\times10^{-10}U_2^{4.5}+2.78U_3^{2.4})-80 \tag{4.105a}$$

对于 90°圆形边缘收边，有

$$G=10\log(2.16\times10^{-3}U_2^{2.0}+5.78U_3^{1.4})-50 \tag{4.105b}$$

图 4-29 显示了式（4.105a）中 G 的选定值。当支管流被阻塞时（$U_3=0$），涵道 2 中的声功率增加为 $45\log U_2$。

随着流速 $Q_3=U_3A_3$的增加，上游流动 U_1给定值的声功率迅速增加。对于图 4-29 中的直角边缘支管，如满足连续性式的常数 U_1的等高线 G 与 U_2所示，则

$$\frac{U_3}{U_1}=\frac{A_1}{A_3}\left(1-\frac{U_3}{U_1}\right)$$

常数 U_1的 U_2、U_3值代表恒定流入体积流量时支管的逐渐打开。

在 0.05~0.1 的低值 $Q_3/Q_1=A_3U_3/A_1U_1$下，圆形边缘涵道支管通常比直角边缘收边噪声更大。在 $U_3>2500$ 英尺/min 的较大值下，圆形边缘支管的函数 G 可能比直角边缘支管低 3dB。

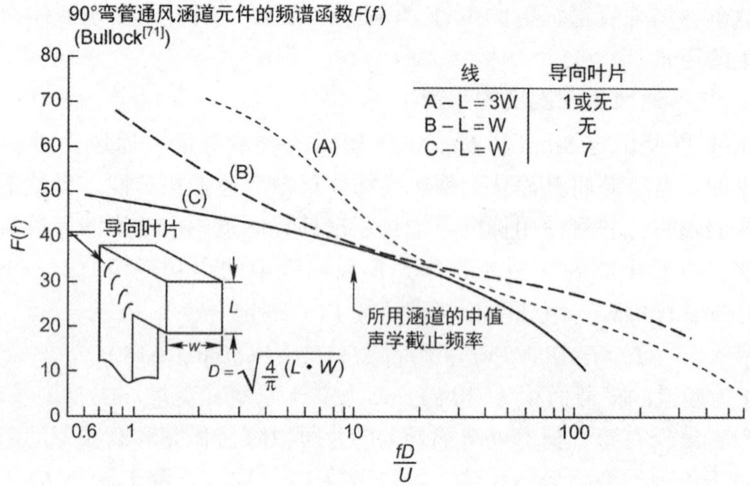

图 4-28　90°弯管通风涵道元件的频谱函数 $F(f)$（Bullock[71]）

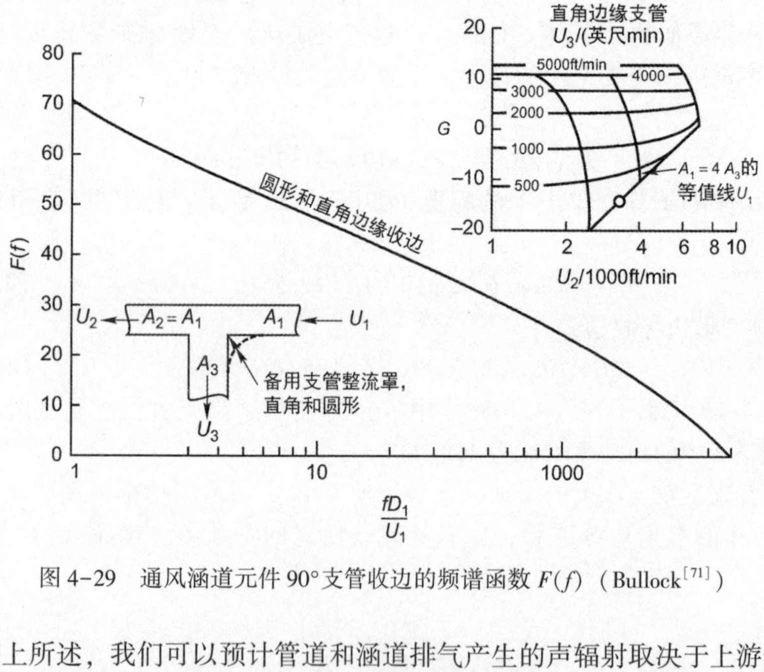

图 4-29　通风涵道元件 90°支管收边的频谱函数 $F(f)$（Bullock[71]）

综上所述，我们可以预计管道和涵道排气产生的声辐射取决于上游干扰的存在。若管道低于截止点，$k_0a<1.84$，则声音可能是由于经典射流噪声所致，也可能是源于上游的弯管或阀门。对于 $k_0a>1.84$ 的涵道或管道，湍流边缘噪声可能会产生额外的声音（见第 5 章“无空化升力部分”），或者声音可能来自上游弯管、隔板或阻尼器。

4.5.2.3 空气动力学噪声控制的最终说明

通过阀门和管道系统控制外部环境噪声可以采取一些替代形式。方案包括直接静音阀门噪声产生机制，增加通过管壁的传输损耗，以及通过使用扩散器减少气体排放的声音。

通过修改阀内件，制造商已经降低了阀门噪声，本节的一个最新实例是参考文献［72］。这只能在一定程度上实现，因为阀门中的压力降低取决于能量耗散。在高雷诺数下，基本上需要产生湍流，这是当前技术固有的噪声过程。在保持管道系统适当的 ΔP，Q 关系的同时，实现这一点的常用方法是通过改变路径来代替标准的阀门限制。参考式（4.96）和式（4.97），将一个较大的流动区域分成 N 个独立的较小区域，其总和等于原始区域，从而使噪声降低

$$\frac{N}{N^{2.4}}=N^{-1.4}$$

因此，构成 N 开口的开槽阀内件或穿孔阀内件可降低噪声；如果 $N=10$，噪声降低 14dB。其方案如图 4-30 和图 4-31 所示。在商用阀门中，这些方法使式（4.99）中的 L_v 从 10dB 降低到 15dB。通过改变阀内件，在较长的流动路径上产生给定的压降 ΔP，也可以降低噪声。通过完全重新设计阀内件，总降幅高达 20dB。这些技术面临的挑战是，在不严重损害标准阀门性能或因阀体尺寸增大而面临严重空间损失的情况下，实现所需的降噪。

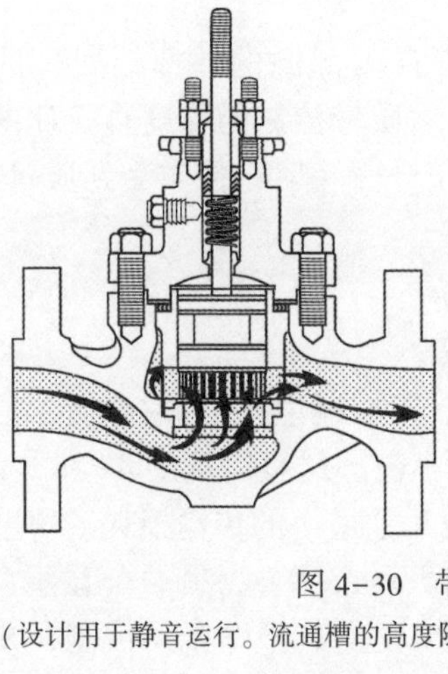

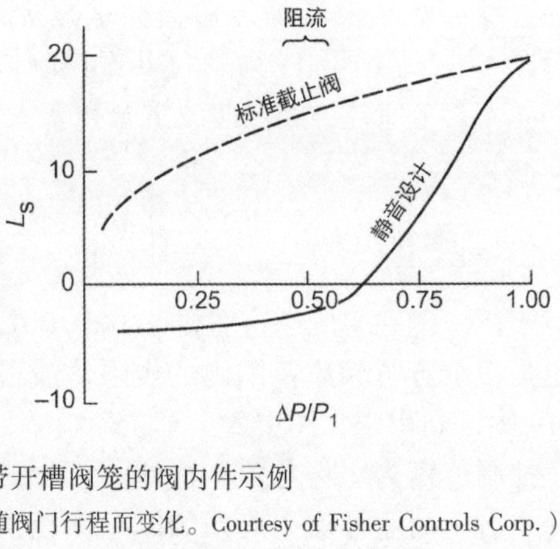

图 4-30　带开槽阀笼的阀内件示例

（设计用于静音运行。流通槽的高度随阀门行程而变化。Courtesy of Fisher Controls Corp.）

在某些条件下，使用给定设计的大容量阀门也可以降低噪声。选择较大的阀门来维持给定的 Q（ΔP 较小）可以实现降噪。见图 4-25，声辐射效率可

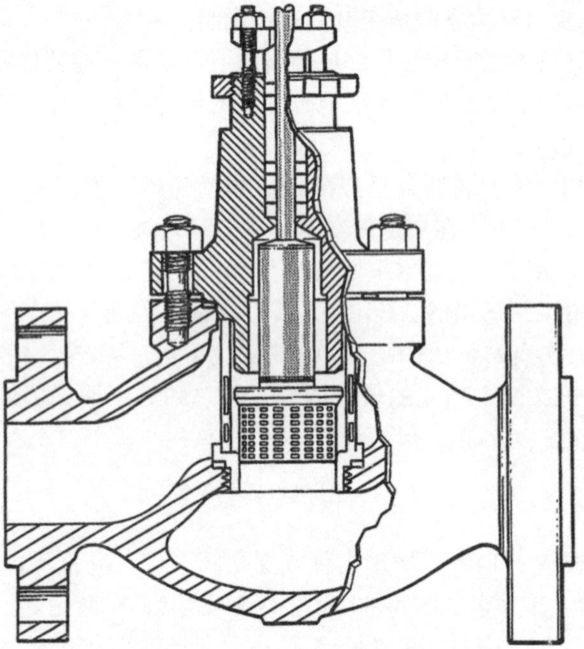

图 4-31　带有穿孔阀笼的静音阀内件

（孔口数量随着阀门行程的增加而增加。Courtesy of Masoneilan International.）

降低约 $30\log\Delta P/P_1$；同样，在两个阶段提供给定压降，将噪声降低 $20\log2=6\text{dB}$。

通过增加壁厚来增加传输损耗是减少来自内部源的外部辐射声的有效手段。图 4-32 总结了 TL 对通过共振控制传输质量控制的厚度直径比的相关性。如 4.4.4 节所述，当弯曲波重合频率大于环频率时，传输受到质量控制，即当

$$\frac{f_{\mathrm{R}}}{f_{\mathrm{c}}}=\left(\frac{c_l}{c_0}\right)^2\sqrt{\frac{2}{3}}\frac{h}{D}<1$$

对于铝、钢和空气，这需要 $h/D<0.007$。近似地说，图 4-32 所示的传输损耗也是整个可听频率范围内的极限值或最小值。这可以从图 4-18（b）和图 4-19 中推断出来，图中显示了在环频率处几乎最小的传输损耗。薄壁圆柱以质量控制传输为主；有两个估计值：一个显示 $(h/D)^2$，另一个显示 (h/D) 相关性。对于商业管道中典型的厚壁圆柱，传输由共振壁振动控制，并增加 $(h/D)^3$。

通常，当钢或铝和空气的 $f_{\mathrm{R}}>f_{\mathrm{c}}$，或 $h/D>0.007$ 时，通过增加滞后阻尼可以增加共振传输损耗。若机械损耗超过式（4.30g）给出的辐射损耗，则阻尼

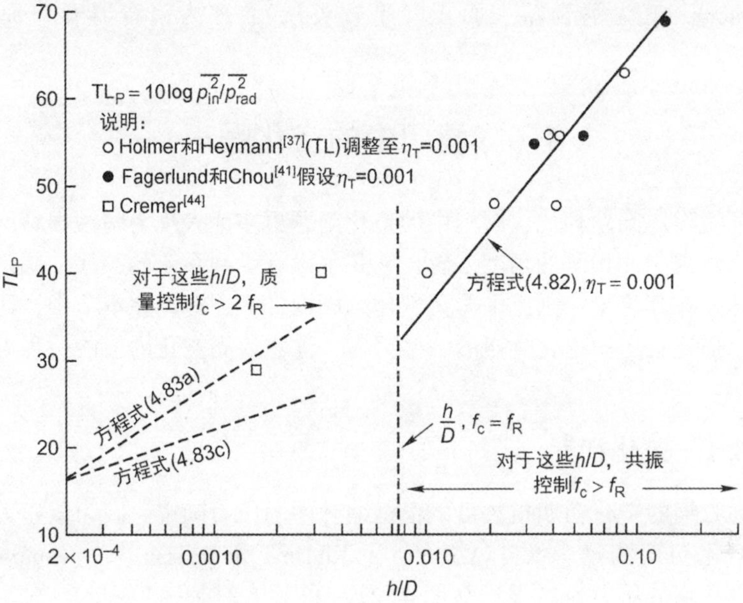

图 4-32　空气中钢或铝圆柱壳的极限传输损耗（或 $f=f_R$时的 TL）

是有效的。

只要法兰也被覆盖，在管道周围添加吸声材料或质量负荷材料就行之有效。因此，通过增加管道布置、减少法兰数量、增加结构阻尼处理以及用吸声和质量负荷材料包覆，可能会增加声传输损耗。

扩散器和消音器由阀门公司开发。这些装置是直列式通流扩散器，有助于分配阀门下游的压降。使气流通过充满孔的大面积区域，形成大量的微射流。这提供了大量的低速小直径射流，这些射流比简单收缩阀中的噪声源更安静。通风扩散器的设计也类似。

消音器也用于管道和涵道噪声源下游，以影响管道下方的传输损耗。尽管直列式消音器可能是反应式的[60,65]，由谐振器和调谐到特定频率的腔室组成，但其他消音器是吸收式的。这种吸收式消声器或者放置在气流中，或者放置在涵道内衬中。流动中使用的消音器通常由吸声材料构成，这些材料配置为与涵道轴线对齐的分流板，流体流经这些分流板。这些元件限制了流动，产生了额外的湍流，因此产生了自噪声[73]。Ver[74]表明，125Hz<f<8000Hz 频率范围内的自噪声具有近似形式

$$L_{Ni}(f,\Delta f) = -155+10\log A_F+55\log U-45\log P \mid 100\pm5 \tag{4.106}$$

式中：$L_{Ni}(f,\Delta f)$是 1/3 倍频程带（$\Delta f=0.23f$）的涵道声功率；U 为通流速度

(英尺/min)；A_F为消音器表面积（平方英尺）；P 为消音器开口面积的百分比。

4.6　阀门中的空化噪声

与环境噪声问题相比，阀门中的空化问题更多地表现为腐蚀损坏问题。因此，从噪声控制和预测的角度来看，它几乎没有受到系统的关注。阀门设计的重点是开发在其流量控制范围内无空化的阀内件。因此，在本节中，我们仅简要地介绍描述管道中空化噪声的一些努力，注意检测空化阈值的一种方法是声学方法。

4.6.1　空化初期

流动收缩的空化初期指数可以根据缩脉中的压力确定，因为该压力是最小压力；空化初期测量来源于 Wilby[75]、Kudzma 和 Stosiak[76]、Kimura 等[77]。因此，空化临界压力为（根据（图 4-22）和 1.2.2 节中的变量）

$$\frac{(P_c-P_v)_{ctit}}{\frac{1}{2}\rho_0 U_1^2}=f_{vap}\left(\frac{P_{g0}}{\frac{1}{2}\rho_0 U_c^2},\frac{4S}{\rho_0 R_0 U_c^2}\right)$$

为简单起见，我们可以取$f_{vap}=0$，以便要求缩脉中的压力小于发生空化的液体蒸汽压力。本节引入了基于 U_1和 P_1上游条件的空化指数，使得空化条件简单化为

$$K_i+(C_p)_c=f_{vap}\approx 0$$

其中

$$K=\frac{P_1-P_v}{\frac{1}{2}\rho_0 U_1^2},\quad (C_p)_c=\frac{P_c-P_1}{\frac{1}{2}\rho_0 U_1^2} \tag{4.107}$$

阀门上的静压不是上游速度，而是工程参数中可用的流量变量。因此，对于给定的阀门类型，我们可以用压降代替基于 U_1的动压（在流线型文丘里管中的替换相同），因此空化指数

$$K_1=\frac{P_1-P_v}{\Delta P} \tag{4.108}$$

可以定义。相反，阀门制造商发现考虑 K_1的倒数并使用变量

$$K_c=\frac{\Delta P}{P_1-P_v}$$

要发生空化，必须有 $K_c>(K_c)_i$。该变量的优点是它平行于式（4.85）给出的流量系数 F_L^2。当 $P_c=P_v$时，则 $F_L^2=(K_c)_{crit}$；在 P_c临界值下，P_2的进一步降低不会导致体积流量 Q 的进一步增加；相反，会产生更多的蒸汽，并且流速保持不变。

需要注意的是，当$(P_c-P_v)\Big/\frac{1}{2}\rho_0U_1^2$在 1～2.5 时，孔板内会发生空化（表 1-2）。对于孔板 $\Delta P=C_d^2\left(\frac{1}{2}\rho_0U_1^2\right)$，因此 K_c的指示值为

$$(K_c)_i=\frac{1}{(1-2.5)C_d^2+1}=\begin{cases}0.5\sim1.7, & C_d=0.6(\text{对于孔板})\\ 0.3\sim0.5, & C_d=1.0(\text{对于更流线型的收缩})\end{cases}$$

根据特定阀内件的设计，当 K_c增加到 0.3～0.7 时，阀门中会发生空化。各种类型阀门的初期指数如图 4-33 所示。

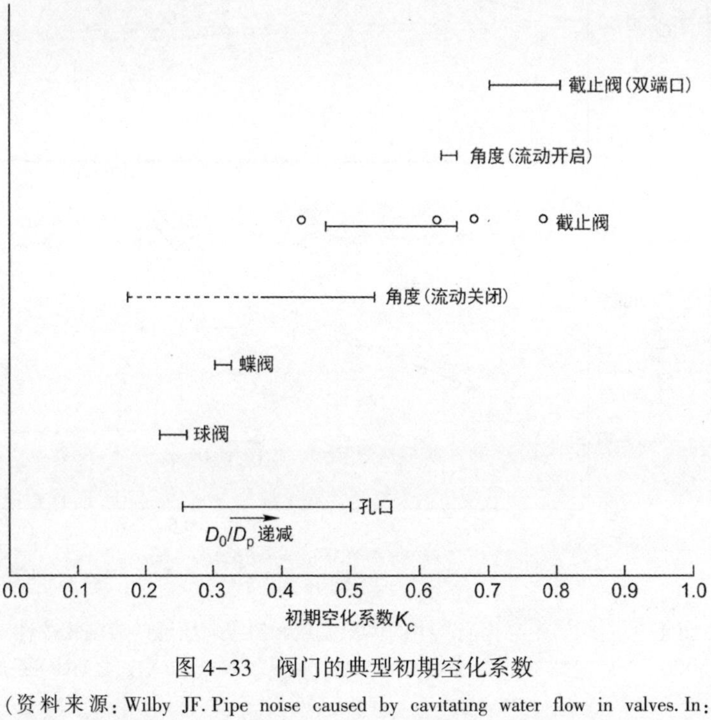

图 4-33　阀门的典型初期空化系数

（资料来源：Wilby JF. Pipe noise caused by cavitating water flow in valves. In：Instrum. Soc. Am.，ISA Pap. 7833；1974.）

4.6.2　空化噪声行为

监测空化噪声或其噪声引起的管壁振动，可以有效检测空化初期。阀门中

的空化噪声可以在阀门和管道系统外部的空气中测量,也可以使用管道壁上的嵌入式水听器测量,或者可以通过管道壁振动级的提高来推断。如上所述,当 K_c 增加超过 $(K_c)_{crit}=F_L^2$ 时，流量-流速-ΔP 关系变为非线性，最终变平，与图 4-33 所示的阀门中的气流一样。图 4-34 说明了阀门中预期的体积流量和总声功率级的性能类型。L_N 在 $K_c=(K_c)_m$ 时达到最大值，但很快对 K_c 的进一步增加变得不敏感，甚至可能随着 ΔP 的进一步增加而降低。因此，声压成为破坏条件出现的早期警告，因为引起最多噪声的闪光空化也造成最多损坏。在 $K_c>(K_c)_{crit}$ 时，声压级随 ΔP 的突然增加是空化噪声的典型特征。K_c、$(K_c)_i$、$(K_c)_{crit}$ 和 $(K_c)_m$ 的有效值随阀门设计而变化，但大致保持图 4-34 所示的关系。

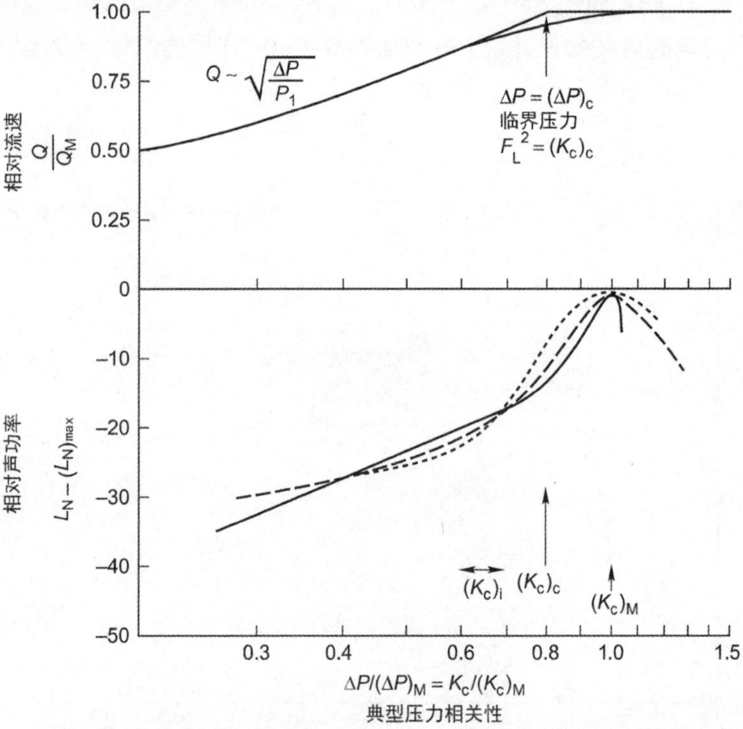

图 4-34　阀门中空化流产生的体积流量和声级对压降的典型相关性

（Q_m、SPL_m、$(K_c)_m$ 是 SPL 最大值时的所有值，$(K_c)_i$、$(K_c)_c$ 和 $(K_c)_m$ 之间的关系近似）

在 Wilby[75] 的测量程序中，结果表明，对于给定类型的阀门或孔板，在管道内壁上测量的空化噪声的频谱形式和水平并不强烈取决于阀门或孔板的尺寸，而是由 K_c 确定的空化程度决定。对于充分发展的空化，管道中的声压和管壁的加速度水平均为宽带。

管道中的声压低于截止值，因此由平面波组成，这使得声音向环境的传播变得复杂。由于管壁的流体负荷，低频传输损耗的分析预测比 4.4.5 节的预测更复杂，即使对于无限管道也是如此。然而，流体-结构耦合和最终的声辐射总是受到该节所讨论的这种实际效应的限制，因此实际管道系统的激励源被增强到高于理想的无限长直管道的激励源。例如，管道中的弯管将一个管段的内部液体和管壁中的纵波转换为另一个管段中的弯曲波。这种耦合导致管道产生类似波束的振动，发出的声音可能来自管道、管道吊架或周围结构[78-80]。

参考文献

[1] Junger M, Feit D. Sound, structure and their interaction. Cambridge, MA: MIT Press; 1972.

[2] Skelton EA, James JH. Theoretical acoustics of underwater structures. UK: Imperial College Press; 1997.

[3] Fahy F, Gardonio P. Sound and structural vibration (2nd Ed.). Orlando: Imperial College Press; 2007.

[4] Abramowitz M, Stegun IA. Handbook of mathematical functions, Publ. No. 55. Washington, D. C.: Natl. Bur. Stand.; 1965.

[5] Goldstein ME. Aeroacoustics. New York: McGraw-Hill; 1976.

[6] Morse P, Ingard KU. Theoretical acoustics. New York: McGraw-Hill; 1968.

[7] Howe MS. Acoustics of fluid - structure interactions. Cambridge: Cambridge University Press; 1998.

[8] Morse PM, Feshbach H. Methods of theoretical physics. New York: McGraw Hill; 1953.

[9] Watson GN. Theory of bessel functions. Cambridge: Cambridge University Press; 1952.

[10] Jones DS. Generalized functions. New York: McGraw Hill; 1966.

[11] Leissa AW. Vibration of shells, NASA SP-288; 1973.

[12] Scott JFM. The free modes of propagation of an infinite fluid-loaded thin cylindrical shell. J Sound Vib 1988; 125: 241-80.

[13] Arnold N, Warburton B. Flexural vibrations of the walls of thin cylindrical shells having freely supported ends. Proc R Soc (London), Ser A June 1949; 197: 238-56.

[14] Timoshenko S, Woinowsky-Krieger S. Theory of plates and shells. New York: McGraw Hill; 1958.

[15] Heckl M. Vibrations of point-driven cylindrical shells. J Acoust Soc Am 1962; 34: 1553-7.

[16] Szechenyi E. Approximate methods for the determination of the natural frequencies of stiffened and curved plates. J Sound Vib 1971; 14: 401-18.

[17] Szechenyi E. Modal densities and radiation efficiencies of unstiffened cylinders using

statistical methods. J Sound Vib 1971; 19: 65-81.

[18] Szechenyi E. Sound transmission through cylinder walls using statistical considerations. J Sound Vib 1971; 19: 83-94.

[19] Rattayya JV, Junger MC. Flow-excitation of cylindrical shells and associated coincidence effects. J Acoust Soc Am 1964; 36: 878-84.

[20] Bull MK, Rennison DC. Acoustic radiation from pipes with internal turbulent gas flows. In: Noise, Shock Vib. Conf., Monash Univ., Melbourne, Aust.; 1974.

[21] Clinch JM. Prediction and measurement of the vibrations induced in thin-walled pipes by the passage of internal turbulent water flow. J Sound Vib 1970; 12: 429-51.

[22] Clinch JM. Measurements of the wall pressure field at the surface of a smooth-walled pipe containing turbulent water flow. J Sound Vib 1968; 91: 398-419.

[23] Bonness WK, Capone DE, Hambric SA. Low-wave number turbulent boundary layer wall-pressure measurements from vibration data on a cylinder in pipe flow. J Sound Vib 2010; 329: 4166-80.

[24] Evans ND, Capone DE, Bonness WK. Low wave number turbulent boundary layer wall pressure measurements from vibration data over smooth and rough surfaces in a pipe flow. J Sound Vib 2013; 332: 3463-73.

[25] Efimtsov BM, Lazarev LA. Sound pressure in cylindrical shells with regular orthogonal system of stiffeners excited by random fields of forces. J Sound Vib 2011; 330: 3684-33697.

[26] Birgersson F, Finnveden S, Robert G. Modelling turbulence-induced vibration of pipes with a spectral finite element method. J Sound Vib 2004; 278: 749-72.

[27] Durant C, Robert G, Filipi PJT, Mattei P-O. Vibroacoustic response of a thin cylindrical shell excited by a turbulent internal flow: comparison between numerical prediction and experimentation. J Sound Vib 2000; 229: 1115-55.

[28] Finnveden S. Spectral finite element analysis of the vibration of straight fluid-filled pipes with flanges. J Sound Vib 1997; 199: 125-54.

[29] Loh HT, Reethof G. On circular pipe wall vibratory response excited by internal acoustic fields. In: Winter Annu. Meet. Am. Soc. Mech. Eng., Chicago, Ill., ASME Pap. 80-WA/NC-13; 1980.

[30] Baumann HD, Hoffmann H. Method for the estimation of frequency-dependent sound pressures at the pipe exterior of throttling valves. Noise Control Eng J March-April 1999; 47.

[31] Baumann HD, Page Jr. GW. A method to predict sound levels from hydrodynamic sources associated with flow through throttling valves. Noise Control Eng J September - October, 1995; 43.

[32] Smith PW. Response and radiation of structural modes excited by sound. J Acoust Soc Am 1962; 34: 640-7.

[33] Lyon RH. Statistical analysis of dynamical systems: theory and applications. Cambridge,

MA: MIT Press; 1975.

[34] Sawley RJ, White PH. The influence of pressure recovery on the development of gas valve noise descriptions. In: Instrum. Soc. Am., 1SA Pap. 74-834; 1974.

[35] Fagerlund AC. Transmission of sound through a cylindrical pipe wall. In: Winter Annu. Meet. Am. Soc. Mech. Eng., Detroit, Michigan, ASME Pap. 73-WA/Pid-4; 1973.

[36] Fagerlund AC. A theoretical and experimental investigation on the effects of the interac-tion between an acoustic field and cylindrical structure on sound transmission loss [Ph. D. Thesis]. Iowa City: Univ. of Iowa; 1979.

[37] Holmer CI, Heymann FJ. Transmission of sound through pipe walls in the presence of flow. J Sound Vib 1980; 70: 275-301.

[38] Manning JE, Maidanik G. Radiation properties of cylindrical shells. J Acoust Soc Am 1964; 36: 1691-8.

[39] White PH. Sound transmission through a finite closed cylindrical shell. J Acoust Soc Am 1966; 40: 1124-30.

[40] Fahy FJ. Response of a cylinder to random sound in the contained fluid. J Sound Vib 1970; 13: 171-94.

[41] Fagerlund AC, Chou DC. Sound transmission through a cylindrical pipe wall. J Eng Ind 1981; 103: 355-60.

[42] Smith T. Pipe lagging——an effective method of noise control? Appl Acoust 1980; 13: 393-404.

[43] Bull MK, Norton MP. The proximity of coincidence and acoustic cut-off frequencies in relation to acoustic radiation from pipes with disturbed internal turbulent flow. J Sound Vib 1980; 69: 1-11.

[44] Cremer L. Theorie Der Luftschalldammung Zylindrischer Schalen. Acustica 1955; 5: 245-56.

[45] Kuhn GF, Morfey CL. Transmission of low-frequency internal sound through pipe walls. J Sound Vib 1976; 47: 147-61.

[46] Cummings A. Low frequency acoustic transmission through the walls of rectangular ducts. J Sound Vib 1978; 61: 327-45.

[47] Cummings A. Low frequency sound transmission through the walls of rectangular ducts: further comments. J Sound Vib 1979; 63: 463-5.

[48] Cummings A. Low frequency acoustic radiation from duct walls. J Sound Vib 1980; 71: 201-26.

[49] Reed CL. Sound transmission characteristics of steel piping. Instrum Soc Am, ISA Pap 1976; 76-836.

[50] Reethoff G. Turbulence - generated noise in pipe flow. Annu Rev Fluid Mech 1978; 10: 333-67.

[51] Chow GC, Reethoff G. A study of valve noise generation processes for compressible

fluids. In: Winter Annu. Meet. Am. Soc. Mech. Eng., Chicago, Ill. ASME Pap. 80/WA/NC-15; 1980.

[52] Noise data catalog. Marshalltown, Iowa: Fisher Controls Co.; 1977.

[53] Masoneilan noise control manual. Norwood, MA: Masoneilan International, Inc.; 1977.

[54] Ng KW. Control valve noise. ISA Trans 1994; 33: 275-86.

[55] Driskall L. Control valve sizing with ISA formulas··· how to apply the new standards. Inst Technol 1974; 21: 33-48.

[56] Bogar HW. Recent trends in sizing control valves. Instrum Control Syst 1968; 41: 11721.

[57] Reethof G, Ward WC. A theoretically based valve noise prediction method for Compressible Fluids. J Vib Acoust Stress Reliab Des 1986; 108: 329-38.

[58] Badger WL, Banchero JT. Introduction to chemical engineering. New York: McGraw-Hill; 1955.

[59] Keenan JH. Thermodynamics. New York: Wiley; 1963.

[60] Beranek L. Noise and vibration control. New York: McGraw-Hill; 1971.

[61] Jenvey PL. Gas pressure reducing valve noise. J Sound Vib 1975; 41: 506-9.

[62] Schuder CB. Control valve noise——prediction and abatement. In: Noise Vib. Control Eng., Proc. Purdue Noise Control Conf.; 1971.

[63] Reed CL. Noise created by control valves in compressible service. In: Control valve symp., 3rd, Instrum. Soc. Am., 3rd, Anaheim, Calif.; 1977.

[64] Small DJ, Davies POAL. A computerized valve noise prediction system. Noise Control Eng J 1975; 7: 124-8.

[65] Reethoff G. Control valve and regulator noise generation, propagation, and reduction. Noise Control Eng J 1977; 9: 74-85.

[66] Karvelis AV, Reethoff G. Valve noise research using internal wall pressure fluctuations. In: Internoise 74, int. noise control conf., Washington, D. C.; 1974.

[67] Izmit A, McDaniel OH, Reethof G. The nature of noise sources in control valves. In: Internoise 77, Zurich; 1977.

[68] Reed C. Predicting control valve noise from pipe vibrations. Inst Technol 1976; 23: 43-6.

[69] Kuhn GF, Morfey CL. Noise due to fully developed turbulent flow exhausting from straight and bent pipes. J Sound Vib 1976; 44: 27-35.

[70] Graf HR, Zaida S. Excitation source of a side branch shear layer. J Sound Vib 2010; 329: 2825-42.

[71] Bullock CE. Aerodynamic sound generation by duct elements. ASHRAE Trans 1970; 76: 97-108.

[72] Berestovitskiy E, Ermilov MA, Kizilov PI, Kryuchokov AN. Research of an influence of throttle element performance on hydrodynamic noise in control valves of hydraulic systems. Proc Eng 2015; 106: 284-95.

[73] Ingard U. Attenuation and regeneration of sound in ducts and jet diffusers. J Acoust Soc Am 1969; 31: 1202-12.

[74] Ver IL. Prediction scheme for the self-generated noise of silencers. In: Proc. Inter-Noise '72; 1972.

[75] Wilby JF. Pipe noise caused by cavitating water flow in valves. In: Instrum. Soc. Am., ISA Pap. 7833; 1974.

[76] Kudzma Z, Stosiak M. Studies of flow and cavitation in hydraulic lift valve. Arch Civil Mech Eng 2015; 15: 951-61.

[77] Kimura T, Tanaka T, Fujimoto K, Ogawa K. Hydrodynamic characteristics of a butterfly valve-prediction of pressure loss characteristics. ISA Transactions 1995; 34: 319-26.

[78] Callaway DB, Tyzzes FG, Hardy HC. Resonant vibrations in a water-filled piping system. J Acoust Soc Am 1951; 23: 550-3.

[79] Davidson LC, Smith JE. Liquid-structure coupling in curved pipes. Shock Vib Bull 1970; 40: 197-207.

[80] Davidson LC, Samsury DR. Liquid-structure coupling in curved pipes—Ⅱ. Shock Vib Bull 1972; 42: 123-36.

[81] Reethof G, Karvelis AV. Internal wall pressure field studies downstream from orificial type valves. In: Instrum. Soc. Am., Conf. New York: ISA Pap; 1974. p. 74-827.

第 5 章　无空化升力部分

5.1 引　　言

在许多工程应用中，升力面产生的噪声和振动为所有其他结构声源的主要组成部分。旋转机械（风扇、螺旋桨、涡轮机等）的噪声产生中，适当固体表面的相对速度是主导变量。本章提供了处理风扇和转子中单相流产生声音的所有重要机制基础，将应用于第 6 章“旋转机械噪声”。

与前面讨论的壳体内和沿平面的流动噪声情况相反，升力面在流体动力学和声学上并不均匀。因此，表面的流体动力学可能因表面不同部分多种流动状态共存而变得复杂。通常，升力面提供重要的边缘效应，影响表面的流体动力学和声辐射效率。升力面无须在声学上紧凑；即和弦与声波数的乘积可能比统一的情况大得多。在这种情况下，第 1 卷第 2 章和第 4 章中使用简单的点偶极子辐射公式估算和换算噪声的简单式不再有效。该面作为一种结构，可以是悬臂叶片，该叶片在尖端处以及沿着前缘和后缘具有极低的输入阻抗，使得这种结构容易受到振动疲劳的影响。最后，离开后缘的剪切流的非稳态性可能导致形成相关的离散涡结构，这也是噪声和升力面振动的来源。

本章将讨论所有类型无空化升力面所共有的一般声音和振动机理。读者将在 5.2.2 节中找到关于气动噪声理论的讨论，该理论通过经过半平面湍流的理想化问题统一了所有流动形式——边缘相互作用。对其余部分进行组织，是为了提供机翼和水动力旋翼部分的声音与振动的系统性发展。首先从升力面的传统空气动力学的角度来讨论此问题（5.3 节），然后再考虑更现代的黏性流——边缘相互作用的问题（5.4~5.6 节）。流致振动问题将在 5.7 节中进行讨论。

5.2　流致噪声源综述

5.2.1　概要

典型升力面的流动环境如图 5-1 所示。上述情况具有普遍性：湍流从上游入射到表面上，升力面上形成湍流边界层，湍流通过后缘对流。鉴于剪切流的非稳态性，后缘尾流中出现新的扰动，这使产生额外噪声的可能性增高。在真实情况下，可能会出现所描述的所有或部分来源的任何组合。图 5-2 说明了流源对声音频谱的可能贡献的一般特征。流场大致平行于叶片表面，上游湍流被视为振幅 u_0 和长度尺度 Λ 的波谐波的线性叠加，其中 Λ 也表示摄入涡旋的相关半径，假设涡旋以速度 $U_c \approx 0.9U_\infty$ 对流。大致上，通常认为入射湍流的统计量在时间和空间上是平稳的，并且当水动力旋翼穿过湍流场时，对涡旋进行泰勒冻结对流假设（第 1 卷第 3 章）。表 5-1 总结了重要声源极其重要的频率范围。

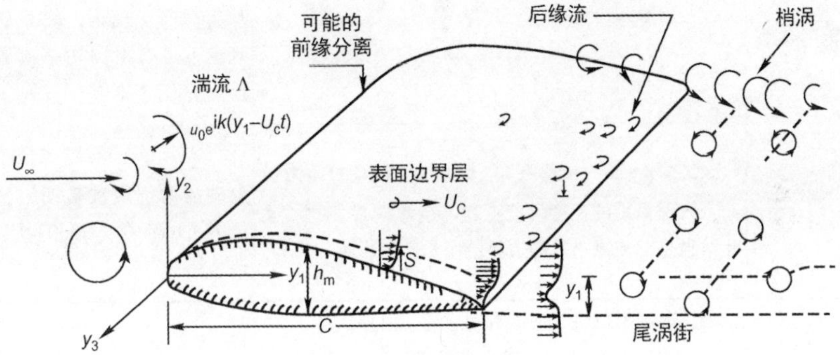

图 5-1　升力面噪声的流体动力源示意图

（部分(y_1, y_3, 0)是沿跨度存在的典型）

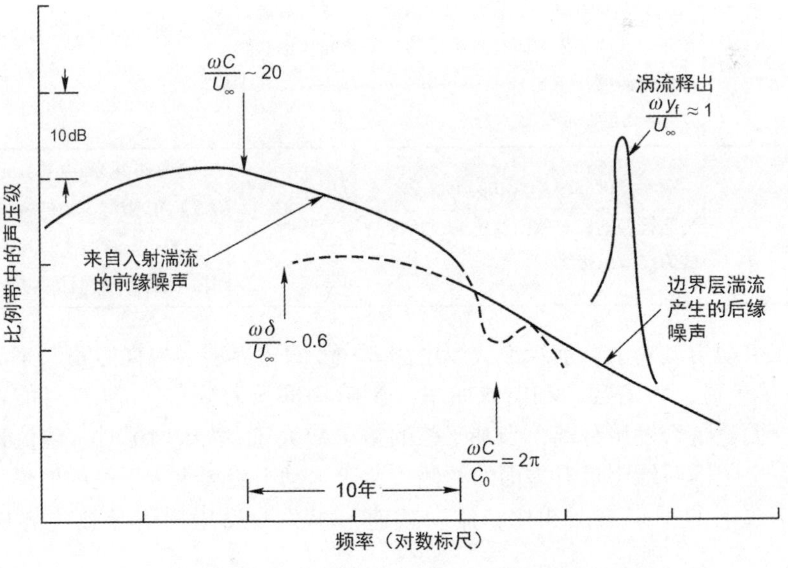

图 5-2　亚声速时升力面推进到湍流中的流致噪声示意图

表 5-1　平移升力面的主要水声源

流动扰动	水动力特性	声学限制
刚性水动力旋翼		
上游湍流	$\omega C/2U_\infty<20$：流动引起振荡迎角，水动力旋翼艇对此作出反应；前缘和后缘为流动耦合，扰动导致总升力系数扰动（5.4 节）	$\omega C/c_0<2\pi$：带声波长的前缘和后缘；紧凑偶极辐射的简单理论适用； $I\propto\omega^2F^2$
		$\omega C/c_0<2\pi$：压力的表面分布作为分布源辐射；简单偶极子理论不足以预测功率或方向性 $I\propto<\omega F^2$
	$\omega C/2U_\infty>20$：振荡迎角引起前缘局部的压力波动；入射涡旋的长度尺度变得与前缘厚度相当；实际结果是对前缘附近的边界层增长产生影响	$\omega C/c_0>2\pi$：前缘半径小于入射湍流的倒数波数时，鉴于前缘力的存在，辐射是可能的；$I\propto U^5$
后缘涡旋脱落	很大程度上取决于雷诺数和边缘几何形状： （1）$R_C<O(10^6)$：大部分表面层流；广泛认为音调产生的机制包括表面层流和尾流中的耦合非稳态性； （2）$R_C>O(10^6)$：箔片上的湍流；尾缘的近尾流在建立音调特征方面是最重要的，尾缘几何形状影响尾流涡度形成的强度和频率；$\omega y_f/U_\infty\sim1$，其中 y_f 与剪切层厚度有关，大致为后缘厚度级	通常，力集中在后缘；对于 $\omega C/c_0>2\pi$，应用紧致理论，$I\propto U_\infty^6$。对于 $\omega C/c_0>2\pi$，边缘噪声
边界层湍流	频率宽带($\omega\delta/U_\infty<100$)和波数，靠近中弦，仅作为结构振动源有效；湍流通过后缘进行对流时，其成为有效的边缘	作为边缘噪声源，$\omega\delta/U_\infty>0.5$，$\omega C/2U_\infty>10$，$\omega C/c_0>2\pi$；否则鉴于上游湍流与其他源无区别，此处 $I\propto U^5$ 且为宽带

在水动力旋翼上，前缘形成厚度为 $\delta(y_1)$ 的边界层。根据迎角、来流速度（更具体地说，雷诺数）和前缘曲率（影响局部压力分布），气流可能在那里分离。无论是否发生分离，当基于弦的雷诺数大于，如约 10^6 时，湍流边界层流将完全包围后缘附近升力面的两侧。鉴于水动力旋翼上、下侧的汇聚，与相同雷诺数下的平坦表面相比，流动减速，相关的反压梯度导致边界层总体增厚。

这种增厚取决于后缘附近部分厚度的曲率；流动可能分离并向尾流脱落涡

旋。通常会出现某种形式的涡旋脱落，除非升力面两侧的气流完全为湍流，后缘形状为带有小夹角的尖楔，且表面是刚性的。定性地说，升力面的涡街尾流类似于圆柱后面的尾流，其中脱落频率f_s与平均速度U_s成比例，尾流比例y_f比叶片弦小得多。同样，定性而言，涡旋脱落斯特劳哈尔数和流致力取决于许多流体动力和声学因素，包括雷诺数、边缘几何形状、马赫数、流体动力降低频率$2\pi fC/U_\infty$，以及以$fC/c_0=C/\lambda_0$测量的翼型声学紧凑度。5.5 节对这些特征进行了讨论；C 是弦，U_∞ 是该部分的平均来流速度。

如果水动力旋翼的末端未嵌入端板，也有可能出现尖涡。涡旋的非稳态性和强度取决于水动力旋翼及其边界层产生的升力。

前面的概述强调了升力面产生的噪声来自流体相互作用的力和流致振动。我们在第 1 卷的 4.5 节和 5.7 节中看到了一个非常简单的示例，即声音来自一个受流动相关力激励的圆柱体。鉴于圆柱体的声学紧凑性（即其在流动方向上的尺寸比声学波长小得多）和极有限的控制流动参数数量，这个问题被大大简化了。第 1 卷第 2 章中导出的一个一般结果给出了从刚性紧凑体上的声源分布传播的声辐射强度，仅与施加在此紧凑体上的波动力的均方值成正比。在刚性小圆柱体的情况下，这种波动力只是施加在流体上的非稳态力，集中在一个比声波波长小得多的区域。然而，在升力面的情况下，这一结果只有在频率足够低，使得升力面的弦小于声波长时，才能直接应用。在有实际利益的典型频率下，声波波长比升力面的弦短，必须使用一些其他的传播函数。刚性升力面的声学不紧凑性最深远的基本结果是，声强对流速的依赖性从六次方降低到五次方。

紧凑升力面和非紧凑升力面之间的区别将被视为由弦的长度 C 与声波波长 λ_0的比值决定。如果 $C/\lambda_0<1$，即

$$\frac{\omega C}{c_0}<2\pi$$

那么表面被认为在声学上是紧凑的。紧凑问题则简化为类似于第 1 卷 4.5.2 节的问题，因此只需提供一个表面和流动之间的非稳态净相互作用力的表达式（第 1 卷的式（2.73）、式（4.25）和式（5.127））。这种力的波动可能源于来流中湍流的摄入或后缘涡旋脱落。

在高频的交替极限中：

$$\frac{\omega C}{c_0}>2\pi$$

前缘和后缘至少相隔一个声学波长，在这种情况下，前缘和后缘噪声的声学干扰可能出现在特定的场点，并改变声音的方向性及其对马赫数的依赖性。

$\omega C/U_\infty>1$ 且 $\omega C/c_0>2\pi$ 时，前缘和后缘的流致噪声源在流体动力学和声学上都接近独立，因此可以将前缘噪声与后缘噪声分开考虑，除前缘-后缘相互声衍射外。后者可能由经过边缘的边界层涡旋场的对流和新尾流涡度的产生引起。如果流致振动未被复杂化，那么来自表面段上的更接近均匀边界层的噪声将是最小的，该表面段为来自任一边缘的一个声学波长或更大波长。这是因为表面对来自涡旋场的四极辐射起着反射器的作用（根据 Powell 反射定理；见第 1 卷 2.4.4 节）。为了量化这些非紧凑性的影响，我们将研究一片湍流与前缘或后缘的相互作用。

5.2.2　大弦表面的声辐射

5.2.2.1　基本半平面问题

因尖锐前缘与上游湍流的相互作用或后缘与表面边界层湍流的相互作用产生的高频声音本质上是一种散射现象，其中入射在边缘上的高波数扰动产生声学上的低波数传播压力。作为一个具有历史意义的观点，Powell[1] 首先认识到了流动中边缘对于将湍流源转换成偶极子辐射源的重要性，随后由 Ffowcs Williams 和 Hall[2] 进行了分析处理。后来许多研究者在 20 世纪 70 年代对分析工作进行了改进，并在本章的后面部分进行了讨论。本节中，我们将较为详细地讨论数学基础，以便在后面的章节中，可以用有限的数学讨论来建立解析推导的预测公式。随着 Ffowcs Williams 和 Hall[2] 的工作纳入物理上真实的声学和空气动力学相互作用，流动-边缘相互作用分析模型的复杂性和数学复杂性也在发展。Olsen[3] 的实验计划值得注意，它考察了各种湍流-钝体相互作用和分别产生的前缘与后缘噪声的声发射特性。

我们首先假设湍流通过边缘（前缘或后缘）进行对流，唯一重要的相互作用是声学作用。也就是说，流动-边缘相互作用产生的扰动绝不会反馈到湍流上，因此不会产生新的气动扰动，下方提到的除外。此表面是一个半平面，如图 5-3 所示，流动占据图 5-4 所示的区域。湍流的平均流动与 y_1，y_3 平面平行，但其平均方向与后缘成角度 α。湍流区的垂直范围被限制在 $0<y_2<\delta$ 的区域。图中描绘了涡度矢量 $\boldsymbol{\omega}$ 的可能方向，图 5-3 显示了垂直于边缘平面的 $(\boldsymbol{\omega}\times\boldsymbol{u})$ 的向量积分量。这一分量将在下面显示，其在声音生成中特别重要。正如我们将在 5.2.2.3 节中讨论的那样，在前缘和后缘可以气动耦合时的低频情况下，或者在后缘情况下，气动涡面可以脱落至 $y_2=0$ 平面，增加入射场的涡度。这种贡献不影响此处讨论的声衍射，除此之外，还可能增加一个空气动力附加源，如 5.2.2.3 节所讨论的。

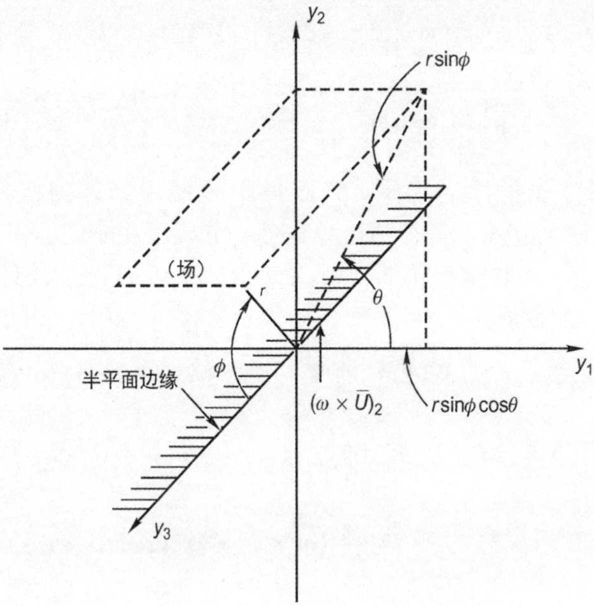

图 5-3　刚性半平面附近点偶极子源的几何形状

（这是 $\omega Cc_0>\pi$ 的后缘声源的理想化情况）

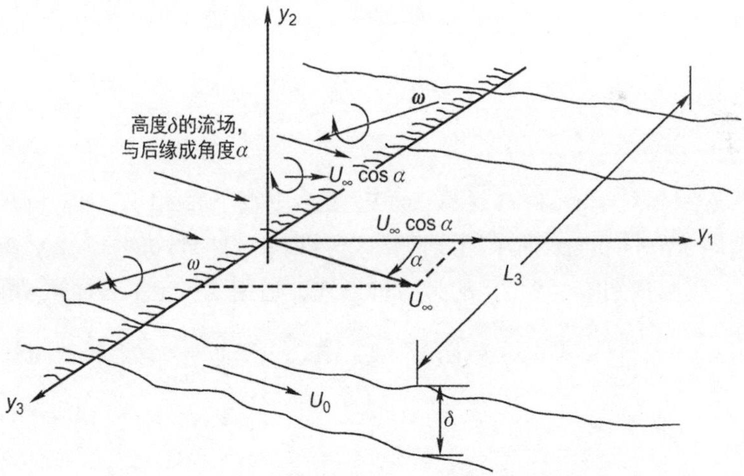

图 5-4　入射到半无限半平面后缘的壁面射流的几何形状

分析的起点是简化的波动式，即等熵流式。(2.96)：

$$\nabla^2 B+k_0^2 B=-\nabla\cdot(\omega\times u) \tag{5.1}$$

式中：$B=p/\rho_0+\mu^2/2$。B 的亥姆霍兹式为

$$B(\boldsymbol{x},\omega)=\iiint_V[\nabla\cdot(\omega\times u)]G(\boldsymbol{x},\boldsymbol{y},\omega)\mathrm{d}V(\boldsymbol{y})+$$
$$+\iint_S\left[G(\boldsymbol{x},\boldsymbol{y},\omega)\frac{\partial B}{\partial n}-B(\boldsymbol{y},\omega)\frac{\partial G(\boldsymbol{x},\boldsymbol{y},\omega)}{\partial n}\right]\mathrm{d}S(\boldsymbol{y}) \tag{5.2}$$

式中：表面积分在物体上延伸。无限声学介质中物体的格林函数满足式（2.108）和表面上$\partial G/\partial n$或G的边界条件，分别取决于问题中指定的为p还是$\partial p/\partial n$。通过分次取体积积分，引入动量式（2.92），人们发现（类似于（式（2.107a）的发展）

$$\begin{aligned}\iiint_V[\nabla\cdot(\omega\times u)]G(\boldsymbol{x},\boldsymbol{y},\omega)\mathrm{d}V(\boldsymbol{y})=&\iiint_V\nabla\cdot[(\omega\times u)G(\boldsymbol{x},\boldsymbol{y},\omega)]\mathrm{d}V(\boldsymbol{y})-\\&\iiint_V(\omega\times u)\cdot\nabla_yG(\boldsymbol{x},\boldsymbol{y},\omega)\mathrm{d}V(\boldsymbol{y})\\=&\iint_S(\omega\times u)_nG(\boldsymbol{x},\boldsymbol{y},\omega)\mathrm{d}S(\boldsymbol{y})-\\&\iiint_V(\omega\times u)\cdot\nabla_yG(\boldsymbol{x},\boldsymbol{y},\omega)\mathrm{d}V(\boldsymbol{y})\\=&-\iint_S\frac{1}{\rho}\left(\nabla_n\left(p+\frac{\rho u^2}{2}\right)+\frac{\partial u_n}{\partial t}G(\boldsymbol{x},\boldsymbol{y},\omega)\right)\mathrm{d}S(\boldsymbol{y})-\\&\iiint_V(\omega\times u)\cdot\nabla_yG(\boldsymbol{x},\boldsymbol{y},\omega)\mathrm{d}V(\boldsymbol{y})\end{aligned} \tag{5.3}$$

式中：∇_y表示相对于$\boldsymbol{y}$的 del 运算；而∇_n表示垂直于表面的方向上的梯度。维持一个忽略统一性p/p_0c^2阶项的线性化式，即$(1/p)[\nabla y(p+pu^2/2)]\approx\nabla y(p/p+u^2/2)$，我们找到式（5.2）的另一种形式，适用于规定了表面运动的情况：

$$B(x,\omega)=-\iiint_V(\omega\times u)\cdot\nabla_yG(\boldsymbol{x},\boldsymbol{y},\omega)\mathrm{d}V(\boldsymbol{y})-\iint_S\frac{\partial u_n}{\partial t}G(\boldsymbol{x},\boldsymbol{y},\omega)\mathrm{d}S(\boldsymbol{y}) \tag{5.4}$$

$$\left.\frac{\partial G}{\partial n}(\boldsymbol{x},\boldsymbol{y},\omega)\right|_y=0 \tag{5.5}$$

由于指定了表面$\boldsymbol{u}_n(\boldsymbol{y},\omega)$的运动，因此$S$上$G(\boldsymbol{x},\boldsymbol{y},\omega)$的适当边界条件是$B(\boldsymbol{x},\omega)$然后由源区域上的体积积分和表面运动的贡献之和给出。在振动圆柱体的情况下，已经讨论了由表面附近的偶极子源引起的表面运动的含义（第1卷的式（5.105））。

目前，我们假设表面是一个刚性的半平面。因此，作为一个实际问题，我们的分析将适用于大弦和无流体诱发振动的升力面。这种情况下的格林函数满足式（5.5），由 Ffowcs Williams 和 Hall[2] 针对图 5-3 和图 5-4 所示的半平面边缘附近的偶极子源的特殊情况计算得出。偶极子源的坐标是(r_0,θ_0,ϕ_0)，观察者位于(r,θ,ϕ)。单极格林函数由两部分组成：描述来自偶极子源的入射波的函数（如 G_0）和散射场（如 $G_{1\infty}$）。从流致声音的角度来看，散射场分量控制着相关行为。对于 $\boldsymbol{y}$ 处的源靠近边缘而 $\boldsymbol{x}$ 处的场点远离边缘的情况，此处提供其他形式的函数[4]（也参见 Crighton 和 Leppington[5]、Howe[6] 和 Bowman 等[7]，查看相关方法），以供以后使用。

$$G(\boldsymbol{x},\boldsymbol{y},\omega)=\frac{\mathrm{e}^{\mathrm{i}k_0r}}{4\pi r}\left[1-\frac{2\mathrm{e}^{-\mathrm{i}\pi/4}}{\sqrt{\pi}}\sqrt{2k_0r_0\sin\phi_0}\sin\left(\frac{\theta_0}{2}\right)\sqrt{\sin\phi}\sin\left(\frac{\theta}{2}\right)\right] \tag{5.6a}$$

$$G(\boldsymbol{x},\boldsymbol{y},\omega)=\frac{\mathrm{e}^{\mathrm{i}k_0r}}{4\pi r}-\frac{\mathrm{e}^{\mathrm{i}(k_0r-\pi/4)}}{2\pi\sqrt{\pi}\,r}\sqrt{2k_0r_0\sin\phi_0}\sin\left(\frac{\theta_0}{2}\right)\sqrt{\sin\phi}\sin\left(\frac{\theta}{2}\right) \tag{5.6b}$$

或者

$$G(\boldsymbol{x},\boldsymbol{y},\omega)=G_0(\boldsymbol{x},\boldsymbol{y},\omega)+G_{1\infty}(\boldsymbol{x},\boldsymbol{y},\omega) \tag{5.6c}$$

稍后用于半无限平面的后缘附近$[k_0r_0\ll 1,(|\boldsymbol{y}|=r_0)$ 和远场 $k_0r\gg 1,(|\boldsymbol{x}|=r)]$的源。坐标系见图 5-3。第一项为单极源；第二项描述边缘的散射场。

图 5-3 或图 5-4 中，假设流动中的源沿半平面对流。平均流速矢量 $\overline{\boldsymbol{U}}$ 与 y_1、y_3平面中的边缘形成角度 α。我们继续处理前缘或后缘，因为我们假设流动和边缘之间没有流体力学相互作用。这仅仅意味着，当气流通过半平面的边缘时，不会产生额外的流动扰动，这可以被认为流动缺乏升力面“润湿”的情况，或者是库塔条件未应用于边缘的情况。平均流动矢量 $\overline{\boldsymbol{U}}$ 位于 1，3 平面内，源矢量 $\boldsymbol{\omega}\times\boldsymbol{u}$ 可稍微简化，仅保留扰动量中的线性项；也就是说，我们重写 $\boldsymbol{u}=\overline{\boldsymbol{U}}+\boldsymbol{u}$，其中$\langle\boldsymbol{u}\rangle=0$，所有波动都将体现在 $\boldsymbol{\omega}$ 中，因此，在式（5.4）中，如式（2.108），则

$$\begin{aligned}\boldsymbol{\omega}\times\boldsymbol{u}&=(\omega_2\overline{U}_3)\hat{i}+(\overline{U}_1\omega_3-\overline{U}_3\omega_1)\hat{j}+(-\omega_2\overline{U}_1)\hat{k}\\&=\boldsymbol{\omega}\times\overline{\boldsymbol{U}}\end{aligned} \tag{5.7}$$

式中：$\overline{U}=(\overline{U}_1,0,\overline{U}_3)$，$\overline{U}_1$ 是穿过边缘的速度分量。对于遭遇边缘的一般涡度片，$\boldsymbol{\omega}$ 有三个可能的分量，因此这些量 $\hat{i},\hat{j},\hat{k}$ 分别代表 y_1、y_2、y_3方向的单位矢量。在式（5.7）中，我们还假设平均涡度$\nabla\times\overline{U}$ 为零。所需的 $y_2=0$ 平面上 $G_{1\mathrm{N}}(\boldsymbol{x},\boldsymbol{y},\omega)$的梯度为

$$\frac{\partial G_{1\mathrm{N}}}{\partial y_1}=\frac{-\mathrm{e}^{\mathrm{i}k_0r}}{4\pi r}\frac{\mathrm{e}^{-\mathrm{i}\pi/4}}{2\sqrt{\pi}}\left[\frac{2k_0}{r_0\sin\phi_0}\right]^{1/2}\sin\left(\frac{\theta_0}{2}\right)\sqrt{\sin\phi}\sin\left(\frac{\theta}{2}\right) \tag{5.8a}$$

$$\frac{\partial G_{1N}}{\partial y_2}=\frac{-e^{ik_0 r}}{4\pi r}\frac{e^{-i\pi/4}}{2\sqrt{\pi}}\left[\frac{2k_0}{r_0\sin\phi_0}\right]^{1/2}\cos\left(\frac{\theta_0}{2}\right)\sqrt{\sin\phi}\sin\left(\frac{\theta}{2}\right) \tag{5.8b}$$

$$\frac{\partial G_{1N}}{\partial y_3}=0 \tag{5.8c}$$

5.2.2.2　湍流遭遇半平面时的声辐射

注意 $G(\boldsymbol{x},\boldsymbol{y},\omega)$ 与源 y_3 的展向位置无关；$r_0\sin\phi_0$ 是圆柱坐标系中源到边缘的径向距离，也不是 y_3 的函数。因此，平行于边缘的源分量的任何贡献都为零，即 $(\boldsymbol{\omega}\times\boldsymbol{u})_3$。平行于边缘的源分量 a，即 $(\boldsymbol{\omega}\times\boldsymbol{u})_1\approx\omega_2\overline{U}_3$，代表一个轴垂直于边缘平面的涡丝，并以 α 展向速度 $\overline{U}_3=U_\infty\sin a$ 与其相互作用，见图 5-4。此分量可以显示为趋近于零。在本节中，假设平均速度 $|\boldsymbol{U}|=U_\infty$ 与 y 无关。在表面平面上引入 $\boldsymbol{w}(\boldsymbol{y},w)$ 的波矢分解 $\widetilde{w}(\boldsymbol{k}_{13},y_2)$ 是有用的，即

$$m(\boldsymbol{x},\boldsymbol{\omega})=\iint_{-\infty}^{\infty}e^{ik_{13}\cdot y}\omega(\boldsymbol{k}_{13},y_2)\delta(\omega-\overline{U}_3k_3-\overline{U}_1k_1)\mathrm{d}k_1\mathrm{d}k_3 \tag{5.9}$$

式中：$\delta(\omega-\boldsymbol{U}\cdot\boldsymbol{k})$ 代表经过边缘的涡度的局部冻结对流；$\widetilde{\boldsymbol{\omega}}(\boldsymbol{k}_{13},y_2)$ 代表涡度片的波数谱（见第 1 卷 3.6.3.2 节，特别是式（3.74））。将式（5.8a）和式（5.9）替换为式（5.4），得出 y_3 上的一个积分，该积分仅包含

$$\begin{aligned}&\iint_{-\infty}^{\infty}e^{ik_3y_3}\widetilde{\omega}_2(k_1,k_3,y_2)\delta(\omega-\overline{U}_3k_3-\overline{U}_1k_1)\overline{U}_3\mathrm{d}k_3\mathrm{d}y_3\\&=\int_{-\infty}^{\infty}\widetilde{\omega}_2\left(k_1,\frac{\omega}{\overline{U}_3}-\frac{U_1k_1}{\overline{U}_3},y_2\right)U_3\exp\left[-iy_3\left(\frac{\omega}{\overline{U}_3}-\frac{\overline{U}_1}{\overline{U}_3}k_1\right)\right]\mathrm{d}y_3\\&=(1/2\pi)\delta(\omega-\overline{U}_1k_1)\widetilde{\omega}_2(k_1,0,y_2)\overline{U}_3\end{aligned}$$

只要沿边缘跨度没有速度或涡度的净变化，$k_3=0$ 时的分量 $\omega_2(k_1,k_3,y_2)$ 必须趋近于零。我们从这个二维表面的简单分析模型中得出结论，$\boldsymbol{\omega}\times\boldsymbol{u}$ 对偶极声辐射有贡献的唯一分量垂直于升力面平面。同样，可以从积分的角度（式（5.9））来考察 y_3 上的积分。y_3 和 k_3 上的积分产生一个函数：

$$\frac{\delta(\omega-\overline{U}_1k_1)}{2\pi}[\overline{U}_1\widetilde{\omega}_3(k_1,k_3=0,y_2)-\overline{U}_3\widetilde{\omega},(k_1,k_3=0,y_2)]$$

这表明特定标度 k_1 的遭遇频率 ω 是 $\overline{U}_1k_1$ 流向涡度项为

$$\omega_1=\frac{\partial u_3}{\partial y_2}-\frac{\partial u_2}{\partial y_3}$$

和相应的傅里叶变换，由式（5.9）定义，为

$$\widetilde{\omega}_1(k,y_2)=\frac{\partial \widetilde{u}_3(k,y_2)}{\partial y_2}-\mathrm{i}k_3\,\widetilde{u}_2(k,y_2)$$

$\widetilde{\omega}_1(k_1,k_3=0,y_2)$趋近于零，因为代表沿跨度 $u_3(\boldsymbol{y},t)$ 的扰动速度平均值 $\widetilde{u}_3(k_1,0,y_2)$按照定义趋近于零，因为根据式（3.30a），展向平均速度已经分离出来$\overline{U}_3$。

$$\omega_3=\frac{\partial u_2}{\partial y_1}-\frac{\partial u_1}{\partial y_2}$$

无论是从对称性还是运动学的角度来看，都不能认为展向涡度趋近于零，因此其提供唯一的偶极子源。式（5.4）对于刚性表面，减少至

$$P_{\mathrm{a}}(\boldsymbol{x},\omega)=-\rho_0\iiint(\omega_3\times U_\infty\cos\alpha)\frac{\partial G}{\partial y_2}(x,y,\omega)\,\mathrm{d}V(y)\tag{5.10}$$

式中：如图 5-3 和图 5-4 所示，α 是边缘的偏航角。给定波数分量 k_1 的遭遇频率为 $\omega=(U\cos\alpha)\mid k_1$。若片中湍流的均方速度为$\overline{u^2}$，则均方涡度的度量为

$$\overline{\omega_i^2}\sim\overline{u^2}/\lambda^2=\int\Phi_{uu}(\omega)\,\mathrm{d}\omega/\lambda^2$$

式中：λ 是湍流微尺度。通过结合式（5.8a）和（5.10），得到声压谱：

$$\Phi_{p_{\mathrm{rad}}}(\boldsymbol{x},\omega)\propto\frac{\rho_0^2U_\infty^3}{r^2c_0\delta}\,\frac{\Phi_{uu}(\omega)}{\lambda^3}\cos^3\alpha\,|\sin\phi|\sin^2\theta/2V_{\mathrm{c}}V$$

注意到 $k_0=\omega/c_0=U_\infty\cos\alpha/\lambda c_0$，其中遭遇频率为 $U_\infty\cos\alpha/\lambda$。$V_{\mathrm{c}}$是湍流的相关体积，$V$ 代表湍流区域的有效体积，δ 是湍流体积的长度标度，并被假设为 r_0 典型值的度量。如果 V_{c}、λ^3和 V 都与 δ^3 成正比，那么影响声压的相似参数在组合

$$\Phi_{p_{\mathrm{rad}}}(\boldsymbol{x},\omega)\propto\rho_0^2U_\infty^4\left(\frac{U_\infty}{c_0}\right)\left(\frac{\delta}{r}\right)^2\frac{\Phi_{uu}(\omega)}{U_\infty^2}\cos^3\alpha\,|\sin\phi|\sin^2\frac{\theta}{2}\tag{5.11a}$$

中或者相对于 p_{ref}成比例的频带 $\Delta\omega\propto\omega$ 中的声压级（第 1 卷 1.5.1 节）为

$$\begin{aligned}L_{\mathrm{s}}=&A+L_{\mathrm{q}}+10\log M+20\log(\delta/r)+30\log\cos\alpha+\\&10\log[\,|\sin\phi|\sin^2\theta/2]+10\log[\omega\Phi_{uu}(\omega)/U_\infty^2]\end{aligned}\tag{5.11b}$$

式中：$L_{\mathrm{q}}=20\log\dfrac{1}{2}p_0U_\infty^2/p_{\mathrm{ref}}$ 在图 1-12 列线图中给出，A 是经验常数。式（5.11a）表明，比例带中的声压级与湍流谱级 $\omega\Phi_{uu}(\omega)$、湍流区域长度尺度的平方和 U_∞^5 成正比。其还表明，可以通过偏航或使边缘与来流成角度 α 来降低声压。偏航角为 45°且无偏航时，声谱水平降低到近 1/3（-5dB）。式（5.11a）和式（5.11b）适用于前缘或后缘噪声，这取决于气流方向，但式（5.11b）中的比例系数取决于流动的细节和流动-边缘相互作用的空气动力

学机制，包括库塔条件适用或不适用于边缘的程度。式（5.11a）和式（5.11b）最显著的特点是声压对速度的五次方依赖性。回想来自紧凑体的偶极子声音（第 1 卷第 4 章）随着速度的六次方而增加。这种关系适用于极限 $k_0C=1$ 的翼型，通过 Hersh 和 Meecham[8] 及 Siddon[9] 的测量结果得到验证。扩展刚性表面的效果是将声压对马赫数的依赖性降低一个数量级，因为该表面在偶极子的一侧阻挡了流体抵消。式（5.11a）和式（5.11b）的变体早在 1978 年就被频繁地用作半经验预测技术的基础，用于来自吹气襟翼[10] 和翼型[11] 的声音。如图 5-5 所示，总声压级的方向性和速度相关性可能会逐渐变化。$\omega U_\infty/\delta\sim1$，其中 δ 是流动扰动尺度，因此，因子 U_c/c_0 与 MC/δ 成正比。相应地，随着马赫数的增加，U_∞^6 和 U_∞^5 之间的断裂（紧和非紧）行为可能发生在 $M\sim\delta/C$ 的区域。因为，特别是对于后缘流动，$d/C=1$，这种断裂可能发生在相对低的亚声速上。这种方向性的转变和对马赫数的依赖将在 5.3.3 节中详细讨论。

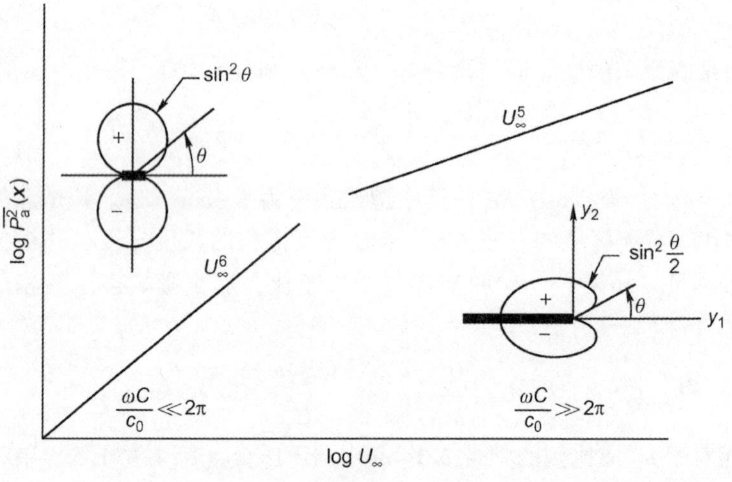

图 5-5　噪声的速度相关性

（本图说明了当声波波长随着速度相关频率的增加而减小时，刚性表面上的局部力产生的噪声的速度相关性；即当 $k_0C=C/\ell_0.M$，也示出了理论问题的自由空间和半平面方向性函数）

5.2.2.3　式（5.6）的一般适用性：库塔条件

式（5.6）也可以解释为(r_0,ϕ_0,δ_0)处因(r,ϕ,θ)处的源引起的压力。在 $y_1<0$（即 $r_0\sin\phi_0>0$ 且 $\theta_0=\pm\pi$）区域的刚性平面表面上，由$\partial G/\partial y_2$表示的流体的法向速度为零。然而，接近边缘时，即 $y_1\to0$，因 $y_1^{-1/2}$（或因（$r_0\sin\phi_0)^{-1/2}$），尾流中的这种速度（$\theta_0=0$）变为奇异值。随着 $y_1\to0$，$\partial G/\partial y_2$中

的奇异性意味着上表面和下表面之间的压差也变为奇异值。当在分析中应用库塔条件时，通过添加函数来消除该奇异性，当 $y_1 \to 0$，这些函数可精确地消除增长的奇异性。相应地，库塔条件可用于将边缘下游的涡旋脱落到尾流中，从而在边缘保持物理上合理的压差。这种涡度的大小取决于这样一个要求，即尾流在表面上引起的压差刚好完全抵消接近的上游涡旋引起的奇异压差。因此，流动“浸湿”边缘，并对其存在做出反应。尾流中的脱落涡旋以速度 U_w 进行对流。图 5-6 示意性地显示了边界条件之间的区别。在分析中没有应用库塔条件时，允许在边缘有一个奇异压力，且相对两侧的压力为异相 π。应用库塔条件时，奇异性被去除。“完全”的库塔或库塔-儒科夫斯基条件完全消除了压差。5.3 节和 5.4 节中讨论的测量压力表明，上表面和下表面之间的表面压力差在两种物理环境下以 $y_1^{-1/2}$ 增加：在响应于上游流动不均匀性（前缘噪声）的升力面前缘及其钝后缘下游，尾流中形成涡街。

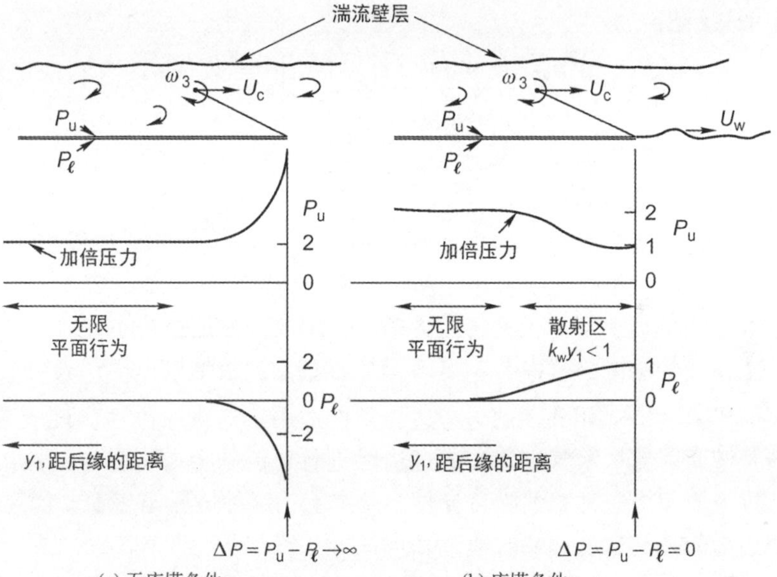

图 5-6　表面压力行为

（由涡旋-边缘相互作用引起的以及与边缘处替代压力边界条件相关的表面压力行为。所示情况为通过边缘的单侧壁流，如吹气襟翼或壁面射流。压力 p_u 和 p_ℓ 指远离边缘的湿润侧的值 2）

这些结果表明，相关分析中不应采用库塔条件。这种明显的奇点并非在上游边界流为湍流的壁面射流表面或高雷诺数下一些锐缘翼型上形成，这表明库塔条件在这些情况下是合适的。因此，应用库塔条件必须小心，一个数学形式可能不能普遍适用于所有类型的流动。

对于轴平行于边缘 y_3 且从表面侧（$y_1<0$）接近后缘（以速度 U_c 沿 y_1 方向移动）的无限长涡丝的二维问题，Howe[12] 研究了数学后缘库塔条件的影响。几何形状见图 5-6。分析中允许后缘奇异性时，即对于无库塔条件，辐射压力由下式给出

$$p_a(\boldsymbol{x},t)=\frac{\rho_0\Gamma_3 U_c\sin(\theta/2)}{2\pi\sqrt{r}}\left[\frac{\cos(\theta_0/2)}{r_0^{1/2}}\right]_{t-r/C_0} \tag{5.12}$$

式中：括号表示旋涡的位置在较早的时间 $t-r/c_0$，Γ_3 是旋涡环流。这种形式非常类似于用式（5.10）代替式（5.8b）得到的三维结果。但其具有 $1/\sqrt{r}$ 二维声学问题特有的几何传播损耗（见第 1 卷 4.8 节附录）。应用完整的库塔条件时，即当 $y_1=0$ 处的压差为零时，鉴于所需的脱落涡旋，发出的声压相较于无库塔条件的情况降低了一定量 $(1-U_w/U_c)$。因此，在应用库塔条件的情况下，声压由下式给出

$$p_a(\boldsymbol{x},t)=\frac{\rho_0\Gamma_3 U_c\sin(\theta/2)}{2\pi\sqrt{r}}\left(1-\frac{U_w}{U_c}\right)\left[\frac{\cos(\theta_0/2)}{r_0^{1/2}}\right]_{t-r/C_0} \tag{5.13}$$

因此，如果对流速度 U_c 等于 U_w，辐射的声音同样为零。Yu 和 Tam[11] 对壁面射流中涡旋结构的观察表明，在上游涡旋的作用下，尾涡以 $U_w\approx 0.6U_c$ 的速度脱落。这一结果表明，库塔条件应适用于这种涉及上游边界层湍流的流动，辐射声压的大小可能明显小于基于经典声衍射理论（如 5.2.2.2 节中使用的理论）给出的值。但对于两种边界条件，函数行为是相同的。

总之，这些结果，就像 5.3~5.6 节中描述的测量结果一样，表明 $y_1\to 0$ 时允许表面压差 $1/\sqrt{y_1}$ 相关性的边缘边界条件适用于前缘噪声和涡旋脱落噪声。对于涉及壁面射流、吹气襟翼和通过边缘进行对流的上游边界层湍流的情况，必须通过应用库塔条件来消除奇异性。基本上，这种情况相当于要求气流相对于紧邻边缘的平均速度和瞬时速度切向离开边缘。无论是前缘还是后缘流动，声音对流动参数的本质依赖仍然由式（5.11a）和式（5.11b）给出，但比例系数不同。

5.3 来流非稳态性引起的力和声音

特别是在旋转机械的情况下，升力面的来流相对于表面是非稳态的。这种扰动产生的阵风导致表面升力波动，且这些力产生噪声。如 5.2 节所述，当表面的弦小于声波长时，可以认为其是紧凑的，确定气动力后，就可以估算出声

音。在非紧凑表面的情况下，必须使用稍微不同的技术来估计辐射声，从而产生类似于式（5.11a）和式（5.11b）的关系。

在本节中，我们确定了估算刚性升力面的非稳态升力、表面压力和辐射声的封闭表达式，以响应平移翼型来流的不均匀性。需要注意的是，这些关系都考虑了具有尖锐前缘的薄表面的潜在流动响应。与这一理想的偏差（如表面的黏性流效应、大波动攻角和厚前缘）都限制了结果的适用性。结果表明，这些结果已经在实际几何形状的升力面上进行了实验验证，其结果将应用于第6章“旋转机械噪声”中的旋转风扇叶片。

5.3.1　非稳态翼型理论的要素

5.3.1.1　一般理论概述

此主题涉及广泛的海军和航空领域，且处理方法是经典的，如 Bisplinghoff 等[13]和 Newman[14]的书，以了解基础理论的发展。Sevik[15]给出了非稳态流中任意几何形状体上升力波动的一般处理方法。本节将概述与非稳态升力面有关的预备知识，以便修正这些观点并说明理论局限性。读者可以参考引用的参考文献，了解得出最终解的积分式解。实际上，理论上的问题是确定升力面上的动压分布，这是由来流迎角随时间变化而产生的。可以通过稳态流中表面的起伏或俯仰运动来改变此迎角（通常称为 Theodorsen[16]问题）。对弦向运动或阵风也有反应[17-20]，但当伴随垂直或横向运动时，这种反应较小。在任一种情况下，初始扰动都是升力面和来流之间的相对垂直速度。在图 5-7 提出的数学问题中，翼型的厚度极小，在三维问题中表示$-C/2<y_1<C/2$ 中 y_1，y_3平面中的平面不连续，在二维问题中表示线不连续。假设流动是无黏性且不可压缩的；$C/2<y_1<\infty$ 平面中的尾流涡面响应流体通过与表面相切的后缘的要求，即在后缘应用库塔条件，而前缘条件没有规定。此处所说的库塔条件适用于对上游湍流的潜在流动响应。现在，作为一个复杂点，我们必须假设这些非稳态的黏性和势流不是完全独立的。因此，“非稳态”和“部分”库塔条件经常出现在文献中。这仅仅意味着在后沿指定了某种有界条件。如图 5-8 所示，Meyers[21]、Greenway 和 Wood[22]的可视化实验有助于说明内部和外部流动区域的概念；靠近表面的 Meyers 烟雾模式被吸入黏性涡旋尾流，而距离只有一个后缘厚度的流线通过翼型表面，无扭曲。成形后缘的尾流，如图 5-8（c），通常会产生类似的结构。因此，只要外部势流不受内部黏性尾流的影响，就有可能保持这些动态流型在分析上的分离。我们将在 5.6 节中看到其他类似的例子。

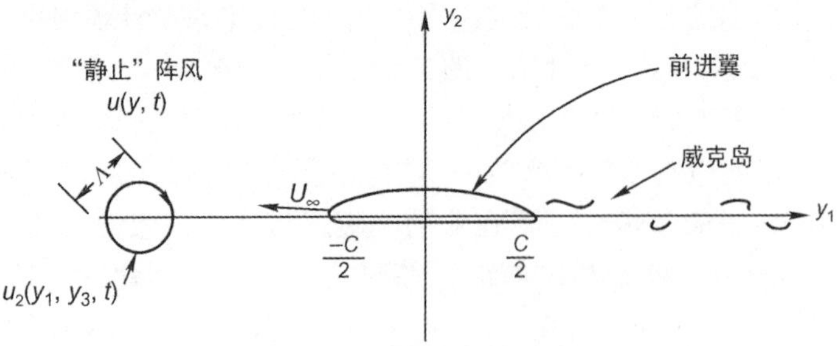

(a) 非稳态流的物理问题

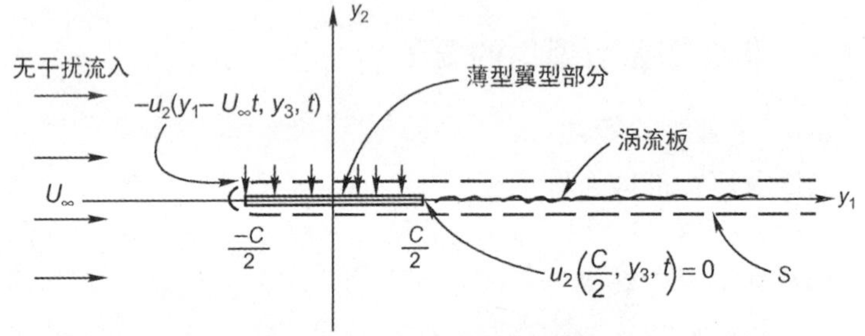

(b) y_1，y_3平面上切口的数学理想化

图 5-7　响应非稳态但统计上稳定的来流的翼型的物理和理想化透视图

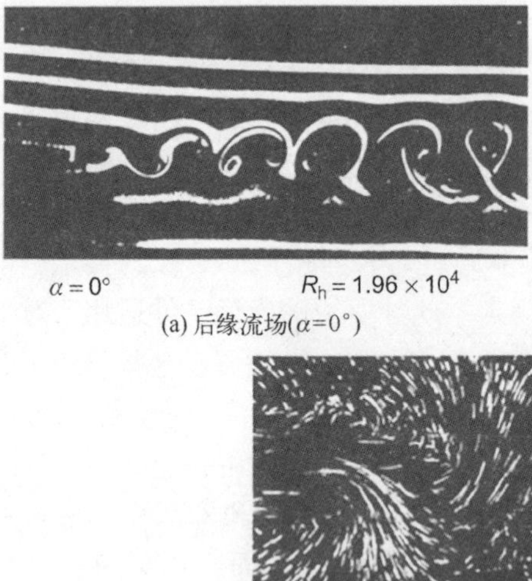

(a) 后缘流场(α=0°)

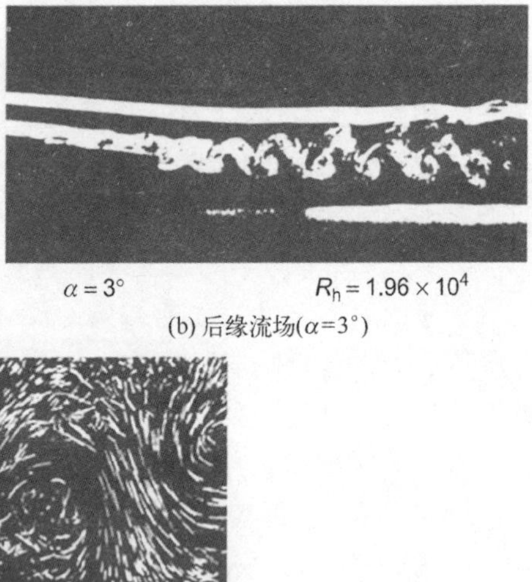

(b) 后缘流场(α=3°)

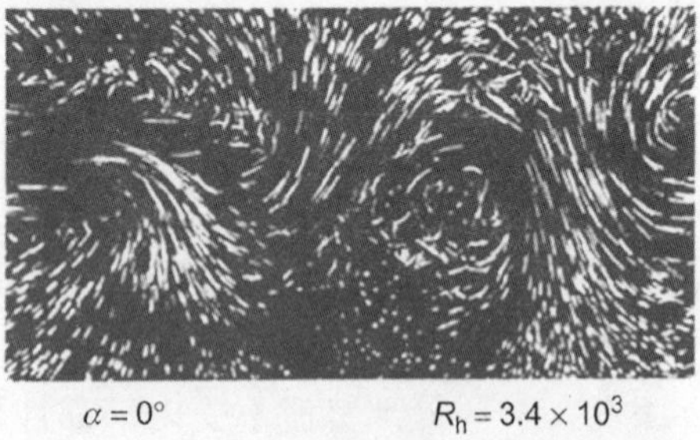

(c) 平支柱

图 5-8　后缘流场和平支柱

（参考文献［21］，NACA 65A-008，$R_c=2.3\times10^5$，$h/c=0.028$；参考文献［22］，$h/c=0.24$）

在这些可视化的指导下，非稳态流的数学问题以下列方式建立。平面$-C/2<y_1<\infty$是我们包括在表面 S 内的一个不连续点。在此平面上，我们必须允许涡量存在，因为升力面周围如无环流，就不可能有升力。S 外的流动是无黏无旋的。所以式（2.92）是有用的，因为其显示了涡度的直接影响。将假定不可压缩流，所有的涡度（入射、边界和尾）将限制在一个薄板中；即

$$\omega(\boldsymbol{y},t)=\begin{cases}\omega(y_1,y_3)\delta(y_2), & -C/2<y_1<\infty\\ 0, & y_1<-C/2\end{cases} \tag{5.14}$$

涡度是$\boldsymbol{w}=\nabla\times\boldsymbol{u}$，我们可以定义一个流函数$u=\nabla\times\psi$，因此

$$\nabla^2\psi_3=-\omega_3(y_1,y_3,t)\delta(y_2) \tag{5.15}$$

在写式（5.15）时，假设$U=(U_\infty,0,0)$，所以ψ只有一个分量是重要的，并且$\nabla\cdot\psi=0$。后一个条件显然在二维问题中得到满足，因为$\partial\psi_3/\partial y_3=0$。式（5.15)的解决方案直接来自第 1 卷第 2 章的方法，如式（2.53）所示，且延迟条件下降（对于这个流体动力学问题，其中$U_\infty/c_0\to0$），因此

$$\psi_3(\boldsymbol{y},t)=\frac{\pm1}{4\pi}\iiint\frac{\omega_3(Y_1,Y_3,t)\delta(Y_2)}{|y-Y|}\mathrm{d}V(\boldsymbol{Y}) \tag{5.16}$$

自

$$u_2=\frac{\partial\psi_1}{\partial y_3}-\frac{\partial\psi_3}{\partial y_1}$$

式（5.16）给出了垂直方向上切割的速度：（注意，对于有限翼展的翼型，会有一个梢涡，$\psi_1\neq0$，给下洗增加另一个分量[23]）

$$u_2(y_1,0,y_3,t)=\frac{1}{4\pi}\iint_{Y_1>-C/2}\frac{\omega_3(Y_1,Y_3,t)(y_1-Y_1)}{[(y_1-Y_1)^2+(y_3-Y_3)^2]^{3/2}}\mathrm{d}Y_1\mathrm{d}Y_3 \tag{5.17}$$

如果现在取$\omega_3(y_1,y_3)=\omega_3(y_1)$来假设两个维度，我们发现，$-\infty<Y_3<\infty$的积分上，

$$u_2(y_1,t)=\frac{1}{2\pi}\int_{-C/2}^{\infty}\frac{\omega_3(Y_1,t)\mathrm{d}Y_1}{y_1-Y_1} \tag{5.18}$$

类似地，对于二维问题，流向速度是分阶段的：

$$u_1(y_1,y_2,0,t)=\frac{1}{4\pi}\iiint\frac{\omega_3(Y,t)(y_2-Y_2)}{[(y_1-Y_1)^2+(y_2-Y_2)^2+Y_3^2]^{3/2}}\mathrm{d}V(Y)$$
$$=\frac{1}{2\pi}\iint\frac{\omega_3(Y_1,t)\delta(Y_2)(y_2-Y_2)\mathrm{d}Y_2\mathrm{d}Y_1}{(y_1-Y_1)^2+(y_2-Y_2)^2}$$

由此得出

$$\begin{cases} u_1(y_1,0^+,0,t)=\dfrac{1}{2}\omega_3(y_1), & y_2\to 0^+, \quad -C/2<y_1<C/2 \\ u_1(y_1,0^-,0,t)=-\dfrac{1}{2}\omega_3(y_1), & y_2\to 0^-, \quad -C/2<y_1<C/2 \end{cases} \tag{5.19}$$

式（5.19）是通过将 y_1 积分变形为上下复合 $Y_1+\mathrm{i}Y_2$ 平面中的轮廓并评估 $Y_1=y_1\pm\mathrm{i}|y_2|$ 的残差来确定的。

式（5.18）和式（5.19）给出了 $-C/2<y_1<\infty$ 平面上围绕宽涡面的表面上的速度，构成了薄翼型大多数分析处理的起点。为了找到升力，我们必须找到翼型表面的压力跃变。应重写式（2.83），适用于狭缝外的区域，即使用 $\nabla_{1,3}$ 来表示关于 y_1 和 y_3 的 del 运算：

$$\nabla_{1,3}\left[p(\boldsymbol{y},t)+\frac{1}{2}\rho_0 u^2+\rho_0\frac{\partial\phi(\boldsymbol{y},t)}{\partial t}\right]=0$$

在积分时，这给出了上表面或下表面上的伯努利方程即，分别在狭缝 $-C/2<y_1<\infty$ 的上方或下方。例如，在上侧

$$\frac{p_{\mathrm{u}}}{\rho_0}+\frac{1}{2}u_{\mathrm{u}}^2+\frac{\partial\phi_{\mathrm{u}}}{\partial t}=\frac{P_\infty}{\rho_0}+\frac{1}{2}U_\infty^2 \tag{5.20}$$

式中：$u_{\mathrm{u}}=u_1(y_1,0^+,0,t)$，在较低一侧，$u_1=u(y_1,0^-,0,t)$，且其中 P_∞ 和 U_∞ 为自由流动条件。狭缝外的涡度为零，因此狭缝的表面 $y_2=0^+$ 和 $y_2=0^-$ 上的速度以势跃的形式写出：

$$u=\pm\nabla\phi$$

这已经在前面的式中介绍过了。

现在的问题是找到机翼上施加的下洗 $u_2(y_1,0,t)$ 和由此产生的尾流涡度 $\omega_3(y_1,0,t)$ 之间的关系。为此，我们注意到 $y_1=C/2$ 时的边界条件是 $u_2(C/2,0,t)=0$。这是一个库塔条件，其在尾流中建立了零压力梯度，即

$$-\frac{1}{\rho_0}\frac{\partial p(y_1=C/2)}{\partial y_2}=U_\infty\frac{\partial u_2}{\partial y_1}+\frac{\partial u_2}{\partial t}=0$$

所以根据式（5.20）（让 $u^2\approx 2uU_\infty+U_\infty^2$）

$$U_\infty\frac{\partial u_1(C/2,0,t)}{\partial y_1}+\frac{\partial u_1(C/2,0,t)}{\partial t}=0$$

因此，利用式（5.19），我们可以把尾流中产生涡度的运动学条件写成

$$\omega_3(y_1,t)=\omega_3(y_1-U_\infty t),\quad -C/2<y_1<\infty \tag{5.21}$$

线段剩余部分上已知 $u_2(y_1,t)$ 的边界条件对 $\omega_3(y_1,t)$ 提出了另一个要求。要合并此条件，展开式（5.18）分为两个积分：

$$u_2(y_1,t)+\frac{1}{2\pi}\int_{-C/2}^{C2}\frac{\omega_3(Y_1,t)}{(y_1-Y_1)}\mathrm{d}Y_1=\frac{-1}{2\pi}\int_{C/2}^{\infty}\frac{\omega_3(Y_1-U_\infty t)}{(y_1-Y_1)}\mathrm{d}Y_1 \quad (5.22)$$

对于$-C/2<y_1<C/2$。速度 $u_2(y_1,t)$是翼型上规定的垂直速度（下洗）。翼型上的压力分布可以从式（5.20）得到：

$$\Delta p=-\rho_0 U_\infty(u_u-U_1)-\rho_0\,\partial(\phi_u-\phi_1)/\partial t$$

其中

$$\phi_u-\phi_1=\int_{-\infty}^{y_1}(u_u-u_1)\,\mathrm{d}y_1$$

因此，从式（5.19）：

$$\Delta p=-\rho_0 U_\infty\omega_3(y_1,t)-\rho_0\frac{\partial}{\partial t}\int_{-C/2}^{y_1}\omega_3(y_1,t)\,\mathrm{d}y_1 \quad (5.23)$$

可知，单位跨度的非稳态升力为

$$\frac{\mathrm{d}L}{\mathrm{d}y_3}=\int_{-C/2}^{C/2}\Delta p(y_1,t)\,\mathrm{d}y_1 \quad (5.24)$$

式（5.21）~式（5.23）（或涉及式（5.17）的三维等效物）为非稳态翼型理论的一般式。求解的数学过程涉及式（5.22）的反演，这是一个奇异积分式。其求解现在需要入射速度 $u_2(y_1,0,t)$的具体公式。Howe[12,24]给出了通过入射涡旋确定 $\omega_3(y_1,t)$的声学问题的一种方法。

5.3.1.2　空气动力学影响函数

将式（5.22）进行反演，发现 ω_3 取决于对切片$-C/2<y_1<C/2$ 和$-\frac{1}{2}L_3<y_3<\frac{1}{2}L_3$ 上的下洗 $u_2(y_1,y_3,t)$性质的认知，其中 L_3 是升力面的跨度。现在假设在图 5-7 所示的情况下，阵风流进刚性翼型的前缘，我们可以用其傅里叶变换写出湍流 $u_2(y_1,y_3,t)$：

$$\widetilde{u}_2(k_1,k_3,\omega)=\frac{1}{(2\pi)^3}\iiint_{-\infty}^{\infty}u_2(y_1,y_3,t)\,\mathrm{e}^{-\mathrm{i}(k\cdot y_{13}-\omega t)}\,\mathrm{d}y_{13}\,\mathrm{d}t \quad (5.25)$$

每个波数的下洗相对于翼型固定表面的时空变化为

$$-u_2(y_1,y_3,t)=-\widetilde{u}_2(k_1,k_3,\omega)\,\mathrm{e}^{+\mathrm{i}k_1(y_1-U_\infty t)+\mathrm{i}k_3y_3} \quad (5.26)$$

式中我们使用 U_∞ 来表示相对于阵风对流的表面速度。

针对一维湍流场[13-14]，求解式（5.22）与式（5.26），$k_3L_3\ll1$ 和 $L_3/C\gg1$ 产生标准二维 Sears[25]函数，该函数将单位跨度的升力与入射下洗振幅联系起来：

$$\frac{\mathrm{d}L(k_1)}{\mathrm{d}y_3}=\pi\rho_0 CU_\infty\widetilde{u}_2(k_1,\omega)S_e\left(\frac{k_1C}{2}\right)\mathrm{e}^{-\mathrm{i}\omega t} \quad (5.27)$$

式中：$k_1 C/2=\omega C/2U_\infty$。Sears 函数给出振幅和相位（相对于中弦处的扰动）：

$$S_e(k_1 C/2)=\frac{(2i/\pi)(2/k_1 C)}{H_1^{(2)}(k_1 C/2)+iH_0^{(2)}(k_1 C/2)} \tag{5.28}$$

式中：$H_1^{(2)}$ 和 $H_0^{(2)}$ 为圆柱形汉开尔函数[26]，其渐近行为由第 1 卷式（4.4）给出。注意 $H_n^{(2)}(k_1 C/2)$ 为 $H_n^{(1)}(k_1 C/2)$ 的复共轭。该函数的阿尔冈图在图 5-9 中表示为实线螺旋。对于波数 $k_1 C=\omega C/U_\infty>2$，该函数大致为圆形，但随着 $k_1 C$ 增加，半径缓慢减小。下面讨论的重点是振幅的平方，由 Liepmann[27] 近似为

$$\left|S_e\left(\frac{k_1 C}{2}\right)\right|^2=\frac{1}{1+\pi k_1 C} \tag{5.29}$$

这与贯穿 $k_1 C>0$ 的精确函数非常相似。对应于此湍流波数分量的升力系数定义为

$$\begin{aligned} C_L(k_1) &= \frac{1}{\frac{1}{2}\rho_0 U_\infty^2 C}\frac{dL(k_1)}{dy_3}e^{i\omega t} \\ &= 2\pi\frac{\tilde{u}_2(k_1,\omega)}{U_\infty}S_e\left(\frac{k_1 C}{2}\right) \end{aligned} \tag{5.30}$$

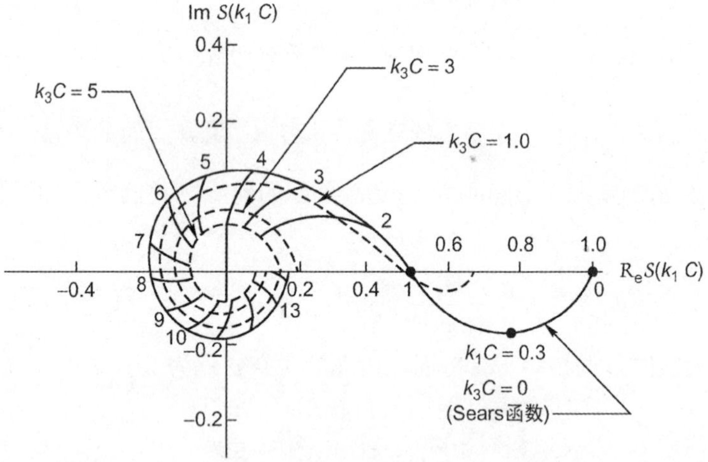

图 5-9　一维和二维阵风的非稳态气动载荷函数

（改编自 Graham JMR。Lifting surface theory for the problem of an arbitrarily yawed sinusoidal gust incident on a thin aerofoil in incompressible flow. Aeronaut Q 1969；21：182-98.）

对于翼型跨度和入射湍流的展向波长相对于弦长都不是有效无穷大的情

况，已经进行了各种尝试来反演式（5.22）。Reissner 和 Stevens[28-29]的一个早期尝试得出了数值计算的响应函数。Mugridge[30-31]根据传统 Sears 函数的修正系数，确定了升力系数的近似封闭表达式。

在式（5.30）的符号中，结果为

$$|C_L(k_1,k_3)|=2\pi\left|\frac{\widetilde{u}_2(k_1,k_3,\omega)}{U_\infty}\right|\left|S_e\left(\frac{k_1C}{2}\right)\right||F(k_1,k_3)| \tag{5.31a}$$

式中校正函数为

$$|F(k_1,k_3)|^2=\frac{2/\pi^2+(k_1C/2)^2}{(k_3C/2)^2+(k_1C/2)^2+2/\pi^2} \tag{5.31b}$$

Filotas[32-34]的近似给出了二维升力函数：

$$|C_L(k_1,k_3)|=2\pi\left|\frac{\widetilde{u}_2(k_1,k_3,\omega)}{U_\infty}\right|\left|S_{2D}\left(\frac{k_1C}{2},\frac{k_3C}{2}\right)\right| \tag{5.32}$$

式中

$$S_{2D}\left(\frac{k_1C}{2},\frac{k_3C}{2}\right)=\exp\left\{-\frac{1}{2}\mathrm{i}k_1C\left[\sin\beta-\frac{\pi\beta\left(1+\frac{1}{2}\cos\beta\right)}{1+(\pi kC)\left(1+\frac{1}{2}\cos\beta\right)}\right]\right\}\times$$
$$[1+(\pi kC/2)(1+\sin^2\beta+(\pi kC/2)\cos\beta)]^{-1/2} \tag{5.33}$$

式中：$k^2=k_1^2+k_3^2$且 $\sin\beta=k_1/k$。针对无限翼展的翼型导出该公式。Graham[35]数值计算出针对带无限翼展的翼型和变化 k_3C 的精确载荷函数。对于 k_3C 的选定值，这些结果在图 5-9 中用虚线表示。在 $k_3\to 0$ 极限，其函数与 Sears 函数相匹配。为了在近似中使用，封闭表达式是必要的，以下适合 Graham 的精确计算：

$$|S_{2D}(k_1C,k_3C)|=|S_e(k_1C)|\frac{1+3.2\,(k_1C)^{1/2}}{1+2.4\,(k_3C)^2+3.2\,(k_1C)^{1/2}} \tag{5.34}$$

$k_1C>\frac{1}{2}k_3C$ 时，该函数与 20%以内的精确值一致。入射到有限翼展翼型上的二维阵风气动影响函数由 Chu 和 Windall[23]导出。他们的结果可以用数值来评估，特别是检查尖端的载荷。

本节还确定了可压缩流的影响函数。尽管流体动力马赫数通常可以忽略不计，但除了两相流动区域，当马赫数和降低频率 k_1C 的乘积接近统一时，压缩性效应变得很重要。本质上，这意味着延迟效应必须包含在式（5.16）和后续积分中。$k_1=\omega/U_\infty$，因此这个乘积就是 $\omega C/c_0$；它在高频时可能很大，即使在低马赫数下也是不可忽略的。式（5.34）在 $k_1C<1$ 的极限内严格有效。更多表达式见 Graham[36]、Osborne[37]、Chu 和 Widnall[23,38]、Amiet[39-40]、Adamczyk[41]、Kemp 和 Homicz[42]以及 Miles[43-44]。出于粗略声学近似的目的，Adamczyk[41]的结果（后来由 Amiet[40]证实）可以简化为近似封闭形式，即

$$S_{2D}(k_1C,k_3C=0)\approx\frac{e^{-i\pi/2}}{\pi\sqrt{(\omega C/2U_\infty)(\omega C/2c_0)}}\tag{5.35}$$

对于$(\omega C/c_0)(1-U_\infty/c_0)\geqslant 1.5$。$\omega C/c_0$ 的下限由误差函数[26]确定，当其自变数超过 1.5 时，误差函数在式（5.35）中使用的其渐近值的 5%以内。

上表面和下表面之间的压力差已由许多研究者给出（原点在中弦处），形式为

$$\Delta p(y_1,y_3,k_1,k_3,\omega)=2\rho_0U_\infty\tilde{u}_2(k_1,k_3\omega)\sqrt{\frac{C/2-y_1}{C/2+y_1}}\times \qquad ,Mk_1<1$$
$$S_{2D}(k_1C,k_3C)e^{+ik_3y_3}\tag{5.36}$$

（如参考文献［23，32，37-39，41-42，45-46］）。该形式反映了稳态和非稳态升力分布的经典弦向特性，即前缘 $y_1=-C/2$ 处为平方根奇异值，后缘 $y_1=C/2$ 处为零。整合式（5.36）产生升力，而 $\Delta\tilde{P}$乘以 y_1，然后积分产生力矩。这些操作表明，（稳态和非稳态）升力中心出现在 $y_1=-C/4$，即前缘下游弦的 1/4 处。

对于高频，$\omega C/U_\infty>1$ 和 $\omega C/c_0>1$ 有效的压力跃变的渐近式可以从 Amiet[40]给出的表达式导出；此表达式为

$$\Delta\tilde{P}(y_1,y_3,k_1,k_3,\omega)=-\rho_0U_\infty\tilde{u}_2(k_1,k_3\omega)\frac{e^{ik_3y_3}}{\sqrt{\pi y_1(k_3-ik_1)}}\times$$
$$\exp(-iMk_0y_1-\sqrt{k_3^2-k_0^2}\,y_1),\sqrt{-1}=i\tag{5.37}$$

对于 $M\to 0$，但 $Mk_1\ C/2=\omega C/2c_0>1.5$。该式显示，$k_3>k_0$时从前缘发出倏逝波，但 $k_3<k_0$时为声波。

5.3.2　摄入湍流的振荡升力谱

为了估算声辐射和流致振动，我们需要合适的力系数。$C_L(k_1,k_3)$和 ΔP 的表达式可用于确定升力和表面压力的振荡谱。由所有波数分量 k_1，k_3引起的与时间有关的总升力由式（5.36）的积分得到

$$L(t)=\pi\rho_0U_\infty C\int_{-L_3/2}^{L_3/2}\iiint_{-\infty}^{\infty}\tilde{u}_2(k_1,k_3,\omega)S_{2D}(k_1C/2,k_3C/2)\times$$
$$e^{+i(k_3y_3-\omega t)}dk_1dk_3d\omega dy_3$$
$$=\pi\rho_0U_\infty CL_3\iiint_{-\infty}^{\infty}\tilde{u}_2(k_1,k_3,\omega)S_{2D}(k_1C/2,k_3C/2)\times$$

$$\left(\frac{\sin\frac{1}{2}k_3L_3}{\frac{1}{2}k_3L_3}\right)\mathrm{e}^{-\mathrm{i}\omega t}\mathrm{d}k_1\mathrm{d}k_3\mathrm{d}\omega \tag{5.38}$$

结果基本上是式（5.32）的形式，除了其包括入射湍流的跨度变化相位的平均值。事实上，随着 L_3增加，对积分的唯一重要贡献来自 k_3的值，远小于 $1/L_3$。另外，式（5.38）是完全通用的；$S_{2D}(k_1,C,k_3C)$理论上可以表示任何升力面响应函数。式（5.38）中的通性包括一项规定，即泰勒假设不必严格适用于整个弦的范围，因为我们在$\widetilde{u}_2(K_i,k_3,w)$中保持了分离 K_i和 ω 相关性的可能性。提升函数的频谱与时间相关函数的关系如下：

$$\int_{-\infty}^{\infty}\Phi_1(\omega)\mathrm{e}^{-\mathrm{i}\omega\tau}\mathrm{d}\omega = \lim_{T\to\infty}\frac{1}{2T}\int_{-T}^{T}L(t)L(t+\tau)\mathrm{d}t$$

因此，继续推导式（2.133），我们发现在空间和时间上静止阵风的情况下，升力波动的频谱为

$$\Phi_1(\omega)=\pi^2\rho_0^2U_\infty^2C^2L_3^2\overline{u_2^2}\iint_{-\infty}^{\infty}\phi_{22}(k_1,k_3,\omega)\left|S_{2D}\left(\frac{1}{2}k_1C,\frac{1}{2}k_3C\right)\right|^2\cdots\times$$

$$\left(\frac{\sin\frac{1}{2}k_3L_3}{\frac{1}{2}k_3L_3}\right)\mathrm{d}k_1\mathrm{d}k_3 \tag{5.39}$$

式中：$\overline{u_2^2}$是垂直于跨度的速度的均方分量。这是根据上游湍流的波数-频谱 $\phi22(K_i,k_3,k_3,\omega)$对振荡升力的陈述，其定性行为见第 1 卷 3.6.3 节中对射流湍流的讨论。Howe[24]已经推导出此式和一些相关的式。

Liepmann[27]首先导出了这种关系，但他的考虑仅限于 $k_3=0$ 和 $L_3\to\infty$ 的阵风。在特殊的二维情况下，结果直接来自式（5.30），因为不需要考虑展向相位变化。Liepmann 的结果为用结构阻抗表示的形式，与此处描述的方式非常相似。Diederich[47]将这种方法应用于飞机表面，后来 Liepmann[48]通过假设局部诱导压力分布与翼型和阵风都具有无限翼展时的分布相同，推导出有限翼展翼型的更通用情况。因此，翼型沿翼展、在宽度为 k_3^{-1}的切片中局部响应。总响应只是考虑到各切片之间的相位时，各切片上载荷的合力。结果可以从式（5.37）得到，即简单地让 $S_{2D}(k_1C/2,k_3C/2)=S_e(K_i\ C/2)$。Liepmann 考虑了式（5.44）的两个极限情况，即 $L_3/\Lambda_3\gg1$ 和 $L_3/\Lambda_3\ll1$ 时，其中 Λ_3是翼展方向上湍流的积分长度标度。

应用于三维上变化的湍流问题的一个更通用形式来自 Ribner[49]。此响应

被写成所有三个波数分量的积分：

$$\Phi_1(\omega)=\iiint \Phi_{22}(k,\omega)S(k)\mathrm{d}^3k$$

对于极小厚度的表面，可以写出响应函数

$$S(k)=S_{2D}(k_1,k_3)$$

且式（5.39）被检索，但现在允许响应核仅仅是表面平面中的方向波数的函数。Miles[50] 提出的另一个通用性为，阵风的对流速度不等于流体的平移速度。这使阵风遭遇速度和平均流速不同。速度差影响下洗和升力之间的相位，但不影响升力的大小。此外，从计算中可以看出，对于 $0.9U_\infty$ 量级的阵风对流速度，这种影响很小。Verdon 和 Steiner[51] 已经用数值方法计算更一般的非静态湍流情况下的响应函数。

通过引入湍流的谱函数，可以很容易地推导出升力与湍流长度尺度之间的工程关系，如第 1 卷 3.6.3 节和 3.6.4 节，第 1 卷式（3.41）和式（3.71b）中所用的那样（用“2”代替“v”），或第 1 卷 3.7.2.2 节，第 1 卷式（3.95b）中所用的那样（如果想得到一个简单的经验分离形式）。如果假设，跨度比该方向上的积分相关尺度大得多，则升力谱为此形式，使用式（3.41）

$$\Phi_1(\omega)\approx \pi^2\rho_0^2U_\infty^2\ (CL_3)^2\ \overline{u_2^2}\frac{\Lambda_3}{\pi}\int_{-\infty}^{\infty}\left(\frac{\sin\frac{1}{2}k_3L_3}{\frac{1}{2}k_3L_3}\right)^2\mathrm{d}k_3\cdots\times \tag{5.40}$$

$$\int_{-\infty}^{\infty}\phi_1(k_1)\phi_{\mathrm{m}}(k_1U-\omega)\ |S_{2D}(k_1C/2,0)|^2\mathrm{d}k_1$$

用于 $\Lambda_3/L_3<1$。在垂直于表面的方向上，湍流的相互关系被假定为统一的；即相关函数取 $R_{22}(r_2,y_2)=1$，与薄翼型假设一致。此外，波数谱的最简单形式为“类冯·卡曼”，见第 1 卷式（3.53b）

$$\phi_j(k_i)=\frac{1}{\pi}\frac{\Lambda_i}{1+(\Lambda_ik_i)^2} \tag{5.41}$$

式中：j 与垂直于边缘的上洗速度分量相关；u_2 和 i 与波矢流动方向相关。这个函数是第 1 卷的图 3-23 和图 3-25 中描绘的 $\exp(-|r|/\Lambda_i)$ 类型的相关函数的变换。正弦积分正好是 $2p/L_3$，在冻结对流假设下，$\phi_{\mathrm{m}}(k_{\mathrm{i}}U_\infty-\omega)$ 可由 $\mathrm{d}(K_{\mathrm{i}}U_\infty-w)$ 代替；参见式（3.42）。结合这两个值，式（5.40）变为

$$\frac{\Phi_1(\omega)}{\left(\frac{1}{2}\rho_0U_\infty^2\right)^2(CL_3)^2}\equiv\overline{C_{\mathrm{L}}^2}(\omega)$$

$$=4\pi^2\frac{\overline{u_2^2}}{U_\infty^2}\left(\frac{1}{U_\infty}\phi_{22}\left(\frac{\omega}{U_\infty}\right)\right)\frac{2\Lambda_3}{L_3}\left|S_e\left(\frac{\omega C}{2U_\infty}\right)\right|^2 \tag{5.42a}$$

或更概括而言

$$\overline{C_L^2}(\omega)=4\pi^2\left(\frac{\overline{u_2^2}}{U_\infty^2}\right)(\phi_{22}(\omega))\left|A\left(\frac{\omega C}{2U}\right)\right|^2 \tag{5.42b}$$

其中

$$\left|A\left(\frac{\omega C}{2U_\infty}\right)\right|^2=\frac{2\Lambda_3(\omega)}{L_3}\left|s_e\left(\frac{\omega C}{2U_\infty}\right)\right|^2 \tag{5.43}$$

此结果基本上是一个使用 Sears 函数的切片理论。函数 $A(\omega C/2U_\infty)$ 称为气动导纳函数（图 5-10）。此形式由式（5.43）给出，虽然为近似形式，但其已经过实验验证（正如我们将看到的），并且很容易用于获得涡轮机械中非稳态载荷或转子的封闭表达式，这将在第 6 章“旋转机械噪声”中讨论。光谱函数

$$\phi_{22}(k_1)=U_\infty\phi_{22}(\omega)$$

为随升力面运动的参考系中，对流的下洗波的波数谱，无相干性衰减或损失。展向积分长度尺度是波数 $K_i=\omega/U_\infty$ 的函数；在这方面，$k_3\to0$ 时（参见式（3.72）），根据 ϕ_{22} 极限(K_i,k_3,ω)，讨论 Λ_3 是合适的，所以

$$\lim_{k_3\to0}\int_{-\infty}^{\infty}\phi_{22}(k_1,k_3,\omega)\,\mathrm{d}k_1=\left[\frac{\Lambda_3(\omega)}{\pi}\right]\phi_2\left(k_1=\frac{\omega}{U_\infty}\right)$$

对于固定单个翼型，已通过实验验证式（5.40）、式（5.42a）、式（5.42b）以及式（5.43），由 Jackson 等[52] 的测量结果提供。在他们的实验中，测量了由入射网格湍流引起的升力波动的频谱，即湍流的 Λ_1 和 Λ_3。机翼为 NACA 0015 截面部分，展弦比 $L_3/C=2.68$；翼弦雷诺数为 1.6×10^4 时，在有无端板的构型中进行测量。图 5-10 显示了导纳的测量值：

$$\left|A\left(\frac{\omega C}{2U_\infty}\right)\right|^2=[\phi_{22}(\omega)]^{-1}\iint_{-\infty}^{\infty}\phi_{22}(k_1,k_3\omega)\left|S_{2D}\left(\frac{k_1C}{2},\frac{k_3C}{2}\right)\right|^2\times\left(\frac{\sin\frac{1}{2}k_3L_3}{\frac{1}{2}k_3L_3}\right)^2\mathrm{d}k_1\mathrm{d}k_3 \tag{5.44}$$

湍流光谱

$$\phi_2(\omega)=\iint_{-\infty}^{\infty}\phi_{22}(k_1,k_3,\omega)\,\mathrm{d}k_1\mathrm{d}k_3$$

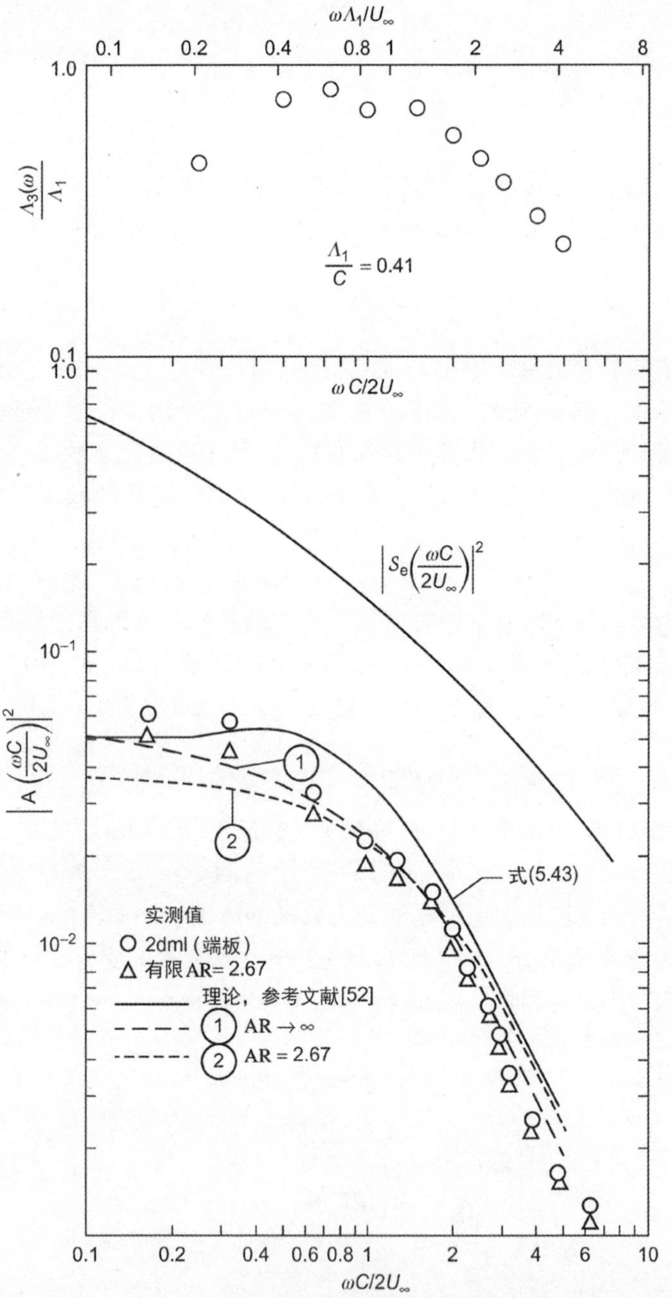

图 5-10　非稳态气动载荷函数，所示积分尺度的实验和理论比较

（$L_3/C=2.68$ 使 $2\Lambda_1/L_3\approx0.31$ 用于式（5.43）；第 1 行和第 2 行来自 Jackson 等[52]）

通过热线风速计测量确定。在实验中，跨度大于 Λ_3，所以显然端板的安装没有影响$\overline{C_L^2}$。在其计划中，Jackson 等[52]还测量了各种频率下湍流的展向相关函数。根据其相关性，计算 $\Lambda 3(\omega)$值；这些已经包含在图 5-10 的顶部。利用这些 $\Lambda 3(\omega)$值，式（5.42a）和式（5.42b）中给出的导纳函数近似值得到使用。图 5-10 中标记为 1 和 2 的线由 Jackson 等用数值计算得出[53]。他们利用 Graham[35]的影响函数，将分析函数拟合到测得的流向和展向湍流特性，以获得 $\Phi_{22}(k_i, k_3, \omega)$。Jackson 等假设湍流的冻结对流。在随后的工作中发现[53]，低频时，$A(\omega C/2U_\infty)$对适度的迎角略微敏感。作为参考，一维阵风的 Sears 函数，式（5.30），远远超过实测导纳。

式（5.42a）和式（5.42b）可由 Filotas 的结果[33]替代，其具有近似形式

$$\left|A\left(\frac{\omega C}{2U_\infty}\right)\right|^2 \approx \begin{cases} \dfrac{\ln[1.2+\pi^2(\omega C/U_\infty)^2]}{\ln 1.2+3\pi^2(\omega C/2U_\infty)^2}, & \dfrac{\omega C}{2U_\infty} \gg \dfrac{C}{2\Lambda_3} \\ \dfrac{\ln[1.2+\pi^2(C/\Lambda_3)^2]}{\ln 1.2+3\pi^2(C/2\Lambda_3)^2}, & \dfrac{\omega C}{2U_\infty} \ll \dfrac{C}{2\Lambda_3} \end{cases} \tag{5.45}$$

这里指的是自然对数。如果假设 $2\Lambda_3/C \approx 0.7$，这和图 5-10 中 Graham 的测量值相符。该函数给出了低频下的与频率无关的导纳函数，该函数随着横向积分尺度的增加而单调增加。在较高的频率 $\omega/U_\infty > 1/\Lambda_3$下，导纳函数与尺度无关。

Paterson 和 Amiet[54-55]测量了湍流中 NACA 0012 翼型的表面压力波动。基于弦的雷诺数（$R_c = U_\infty C/v$）在 $5\times10^5 \sim 26\times10^5$ 的大致范围内变化，$0.1<M<0.5$。图 5-11 显示了对所示参数进行无量纲化的测量结果的选择。在他们的测量计划中，如 Jackson 等[52]的结果，得到了湍流波数谱和展向关联。其在理论上确定的压力由得到式（5.37）的全部关系得到，但其式在高频和马赫数下是有效的，即没有 $Mk_1C<1$ 的限制。完全不可压缩流的表面压力的简化关系可以用这种方法从式（5.36）导出。上下表面之间的压差实际上为这样的压差，即 $p_s(y, \text{“}\boldsymbol{k}\text{”}, \omega)$是翼型一侧的表面压力。

$$\Delta P(y_1, y_3, k_1, k_3\omega) = 2p_s(y_1, y_3, k_3, k_3\omega)$$

表面压力的自动光谱密度可由式（5.36）获得：

$$\Phi_{pp}(y_1, \omega) = \rho_0^2 U_\infty^2 \ \overline{u_2^2}\left(\frac{C/2 - y_1}{C/2 + y_1}\right) \cdots \times \iint_{-\infty}^{\infty} \phi_2(k_1, k_3, \omega) \mid S_{2D}(k_1 C/2, k_3 C/2) \mid^2 \mathrm{d}k_1 \mathrm{d}k_3 \tag{5.46}$$

利用式（5.41），用于计算展向波数谱和冻结对流近似值式（5.43），给出

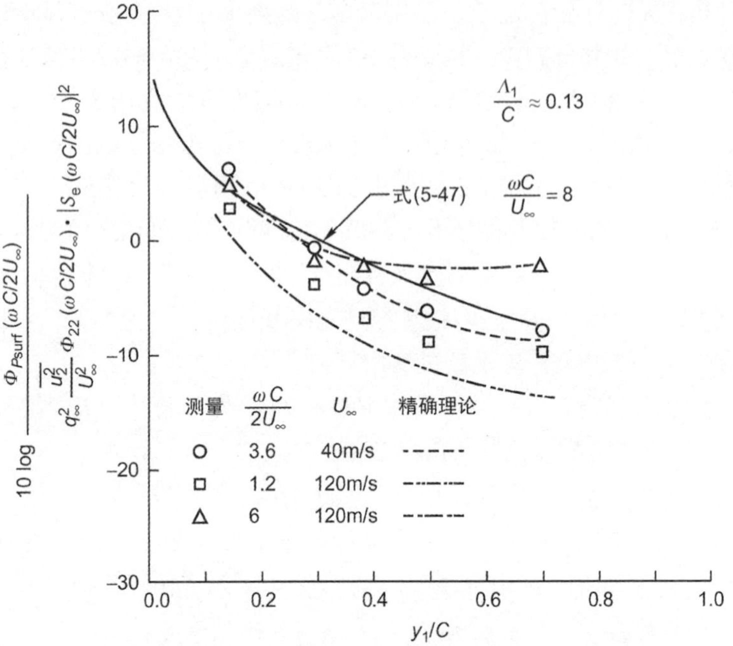

图 5-11　翼型上吸入湍流引起的表面压力的光谱密度

$$\frac{\Phi_{pp}(y_1,\omega)}{q_\infty^2} = 4\frac{\overline{u_2^2}\phi_2(\omega)}{U_\infty^2}\left(\frac{C/2-y_1}{C/2+y_1}\right)\int_{-\infty}^{\infty}\left|S_{2D}\left(\frac{\omega C}{2U_\infty},\frac{k_3C}{2}\right)\right|^2\cdots\times$$
$$\frac{\Lambda_3(\omega)}{\pi\{1+[\Lambda_3(\omega)k_3]^2\}}\mathrm{d}k_3$$

为了确定这个积分的封闭形式近似值，不能简单地引入 Sears 函数，因为必须对所有展向波数进行积分。为此，我们引入了对 Graham 二维影响函数的近似值，即式（5.34），这需要整合

$$I_3 = \int_{-\infty}^{\infty}\frac{1+3.2\,(\omega C/U_\infty)^{1/2}}{1+3.2\,(\omega C/U_\infty)^{1/2}+2.4\,(k_3C)^2}\,\frac{\Lambda_3(\omega)}{\pi\{1+[\Lambda_3(\omega)k_3]^2\}}\mathrm{d}k_3$$

$k_3C>(\omega C/U_\infty)^{1/4}>1$ 时，横向波数响应函数开始减小，而当 $k_3>\Lambda_3^{-1}$ 时，湍流谱衰减进行积分[56]，得到

$$I_3=\left[\frac{2.4}{1+3.2(\omega C/U_\infty)^{1/2}}\right]^{1/2}\frac{C}{\Lambda_3(\omega)}-1\times$$
$$\left[\frac{2.4}{1+3.2\,(\omega C/U_\infty)^{1/2}}\left(\frac{C}{\Lambda_3(\omega)}\right)^2-1\right]^{-1}$$

这可以被简化，只要

$$C>\Lambda_3(w)(wC/U_\infty)^{1/2}>\Lambda_3(w)$$

所以第一项占主导。通过式（5.46）中 I_3 的简化，得到了表面压力的自功率谱：

$$\frac{\Phi_{pp}(y_1,\omega C/U_\infty)}{q_\infty^2(\overline{u_2^2}/U_\infty^2)\phi_2(\omega C/U_\infty)\,|S_e(\omega C/U_\infty)|^2} \approx 4\left(\frac{C/2-y_1}{C/2+y_1}\right)\left[\frac{2.4}{1+3.2\,(\omega C/U_\infty)^{1/2}}\right]^{-1/2}\frac{\Lambda_3(\omega)}{C} \tag{5.47}$$

这种近似值与 Paterson 和 Amiet[54] 的测量结果相当一致；但 Amiet 更精确的数值评估更准确地预测了观察到的相对趋势（图 5-2）。

5.3.3　来流不均匀性的噪声观测

第 1 卷的式（4.23）和式（4.27a）可以重新排列，以提供声学紧凑翼型的表达式，在本章中使用，即当 $k_0C<2\pi$ 时。在无量纲形式中为

$$\frac{\Phi_{p_{\rm rad}}(r,\theta,\omega)}{q_\infty^2M_\infty^2}=\frac{\sin^2\theta}{4\pi^2}\left[\left(\frac{L_3}{r}\right)^2\left(\frac{\omega C}{2U_\infty}\right)^2\overline{C_L^2(\omega)}\right],\quad \frac{\omega C}{c_0}<2\pi \tag{5.48}$$

式中：$\overline{C_L^2(\omega)}$ 是净振荡升力的频谱，其定义方式与式（5.42a）和式（5.42b）相同。此处，矢量 $(r,\theta)=(r,0)$ 指向流动的方向，而矢量 $(r,\theta)=(r,\pi)$ 指向下游，由此用 $\sin\theta$ 代替 $\cos\theta$。在更高的频率下，即弦不再被认为是小的，Paterson 和 Amiet[54] 的表达式可以近似为

$$\frac{\Phi_{p_{\rm rad}}(r,\theta,\omega)}{q_\infty^2M_\infty}\approx\frac{2\sin^2\theta}{\pi^2}\left(\frac{L_3}{r}\right)^2\left[\frac{2\Lambda_3}{L_3}\frac{\overline{u_2^2}}{U_\infty^2}\phi_2(\omega)\right],\quad \frac{\omega C}{c_0}<2\pi \tag{5.49}$$

用于 $2\Lambda_3/L_3\ll1$；式（5.49）在参数形式上与式（5.11a）相同。这两种关系可以与测量值进行比较。用式（5.48）和式（5.49）的比值来表示有限弦的声学效应很方便。为此，式（5.42a）可用于升力谱，获得

$$\frac{[\Phi_{p_{\rm rad}}(r,\theta,\phi,\omega)]_{有限弦}}{[\Phi_{p_{\rm rad}}(r,\theta,\phi,\omega)]_{点偶极子}}\approx\frac{8}{\pi(\omega C/c_0)} \tag{5.50}$$

若忽略方向性的差异，则为点偶极子。

Howe[57] 提出了一个更精确的理论，其更具体，包括衍射干涉（来自任意弦的翼型的场为 3 个贡献值的叠加）：

$$G_{边缘}(r,\theta,\phi,\omega)=G_\infty(r,\theta,\phi,\omega)[1+G_{LE}(r,\theta,\phi,\omega)+G_{TE}(r,\theta,\phi,\omega)] \tag{5.51}$$

式中：$G_\infty(r,\theta,\phi,\omega)$ 是格林函数；$k_0C\to\infty$；$G_{LE}(r,\theta,\phi,\omega)$ 和 $G_{TE}(r,\theta,\phi,\omega)$ 是分别考虑前缘和后缘声波散射的校正项。紧密度效应用比率表示为

$$\frac{[\Phi_{p_{\mathrm{rad}}}(r,\theta,\phi,\omega)]_{有限弦}}{[\Phi_{p_{\mathrm{rad}}}(r,\theta,\phi,\omega)]_{点偶极子}} \approx \frac{G_{边缘}(r,\theta,\phi,\omega)}{G_{点偶极子}(r,\theta,\phi,\omega)} \tag{5.52}$$

Howe 用式（5.6a）~式（5.6c）对格林函数进行了扩展。

$$G(\boldsymbol{r},\boldsymbol{r}',\omega)=G_0(\boldsymbol{r},\boldsymbol{r}',\omega)+G_{边缘}(\boldsymbol{r},\boldsymbol{r}',\omega)$$

现在我们将 $G_{边缘}(\boldsymbol{r},\boldsymbol{r}',\omega)$ 展开为原始的半无限曲面加上前缘和后缘的修正项，即

$$G_{边缘}(\boldsymbol{r},\boldsymbol{r}',\omega)=G_{1\infty}(\boldsymbol{r},\boldsymbol{r}',\omega)+G_{\mathrm{LE}}(\boldsymbol{r},\boldsymbol{r}',\omega)+G_{\mathrm{TE}}(\boldsymbol{r},\boldsymbol{r}',\omega) \tag{5.53}$$

此处第一项是式（5.6b）的第二项

$$G_{1\infty}(\boldsymbol{r},\boldsymbol{r}',\omega)=\frac{\mathrm{e}^{\mathrm{i}(k_0r-\pi/4)}}{2\pi\sqrt{\pi r}}\sqrt{2k_0r_0\sin\phi_0}\sin(\theta_0/2)\sqrt{\sin\phi}\sin(\theta/2) \tag{5.53a}$$

调用半平面几何形状的格林函数，对于该几何形状，偶极子源位于距假定前缘的坐标(r_0,θ_0,ϕ_0)处。Howe[57] 假设翼型声源是后缘偶极子；但为了我们的直接目的，把声源移到前缘，这样其对边缘衍射的修正为

$$G_{\mathrm{TE}}(\boldsymbol{r},\boldsymbol{r}',\omega)=\frac{\sqrt{k_0r_0}\sin(\theta_0/2)\sqrt{\sin\phi}\exp(\mathrm{i}k_0(r+C\sin\phi)-\pi/2)}{\sqrt{\pi^3}r(1+\mathrm{e}^{\mathrm{i}2k_0C\sin\phi}/(2\pi\mathrm{i}k_0C\sin\phi))}\mathcal{F}(2\mathcal{X}_{\mathrm{TE}}) \tag{5.53b}$$

以及

$$G_{\mathrm{LE}}(\boldsymbol{r},\boldsymbol{r}',\omega)=\frac{-\sqrt{r_0}\sin(\theta_0/2)\exp(\mathrm{i}k_0(r+2C\sin\phi)-\pi/4)}{\pi^2\sqrt{2C}r(1+\mathrm{e}^{\mathrm{i}2k_0C\sin\phi}/(2\pi\mathrm{i}k_0C\sin\phi))}\mathcal{F}(2\mathcal{X}_{\mathrm{LE}}) \tag{5.53c}$$

式中

$$\mathcal{X}_{\mathrm{LE}}=\sqrt{\frac{k_0\sin\phi\sin^2\left(\frac{\theta}{2}\right)}{\pi}}$$

$$\mathcal{X}_{\mathrm{TE}}=\sqrt{\frac{k_0\sin\phi\cos^2\left(\frac{\theta}{2}\right)}{\pi}}$$

$$\mathscr{F}(\xi)=g(\xi)+\mathrm{i}f(\xi)$$

让 ξ 为 $2\mathcal{X}_{\mathrm{LE}}$ 或 $2\mathcal{X}_{\mathrm{TE}}$

$$g(\xi)=\frac{1}{2+4.142\xi+3.492\xi^2+6.670\xi^3}$$

$$f(\xi)=\frac{1+0.926\xi}{2+1.792\xi+3.104\xi^2}$$

圆柱坐标中紧凑点（即偶极子）的对应式，该偶极子隐含在圆柱偶极子

式 (4.23) 中，为

$$G_{点偶极子}(\boldsymbol{r},\boldsymbol{r}',\omega)=\frac{k_0\sqrt{Cr_0}\sin(\theta_0/2)\sin\theta\sin\phi\exp(\mathrm{i}k_0r+\pi/2)}{4\pi r} \tag{5.54}$$

将其用于式 (5.52)，我们注意到，源位置的坐标（初始坐标）完全取消。如上所述，理论[57]最初是为后缘处的源导出的。要在这种情况下使用这些关系，只需互换“LE”和“TE”函数。这使函数恢复到 Howe[57]的初始值。

Clark 和 Ribner[58]、Dean[59]、Fink[60]、Amiet[61]、Paterson 和 Amiet[54-55]、Ross[62]对来自入射到固定翼型的流动的辐射声进行了测量，适用于响应入射湍流的翼型，Fujita 和 Kovasznay[46]的测量适用于响应时变尾流缺陷的翼型。Clark 和 Ribner[58]没有给出辐射噪声的频谱密度，但通过振荡升力和辐射声压的相互关系，证实了式 (5.48) 和式 (5.49) 的普遍有效性。Paterson 和 Amiet[55]的测量结果以无量纲形式显示在图 5-12 中。获得图 5-11 所示的表面压力数据同时获得这些测量值。标记的点表示 $\omega C/c_0>2$ 的频率和式 (5.48) 预计不成立时的频率。注意式 (5.48) 对于紧凑型偶极子，虚线是降低频率乘以振荡升力频谱的平方，即 $(\omega C/2U_\infty)^2\ \overline{C_{\mathrm{L}}^2(\omega)}$，后者由式 (5.42a) 计算。实线是 Paterson 和 Amiet[54-55]为声学非紧凑翼型计算的更精确的理论值，适用于所有 $M\omega C/U_\infty=\omega C/c_0$ 的值。在足够低的频率下，声学效应不显著，通过式 (5.49)的简单偶极子关系非常精确地预测无量纲声压。

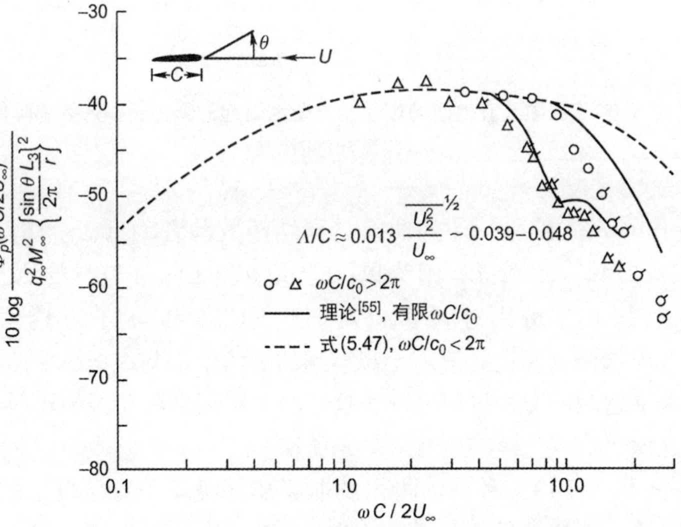

图 5-12　响应入射湍流的刚性翼型的辐射声压级

（测量值 0 取自参考文献 [63]。$\Lambda_1/C=0.07$，$\Lambda_3/L_3=0.036$）

Fink[60,63] 对湍流中翼型声压的测量与理论完全一致；其在图 5-13 中以一种有助于与各种预测公式比较的形式示出。坐标为 1/3 倍频带的无量纲压力水平。如果结合式（5.41）、式（5.42a）、式（5.42b）和式（5.48），所使用的形式可以用影响函数来表示：

$$\overline{p^2}(f,\Delta f)\left[q_\infty^2 M_\infty^2 \frac{\overline{u^2}}{U_0^2}\left(\frac{L_3}{r}\right)^2\left(0.233\frac{\Lambda_1}{C}\right)(\pi\sin\phi)^2\right]^{-1}$$

$$=\left(\frac{\omega C}{U_\infty}\right)^3\left|A\left(\frac{\omega C}{U_\infty}\right)^2\right|\left[\frac{4}{1+(\omega\Lambda_1/U_\infty)}\right]$$

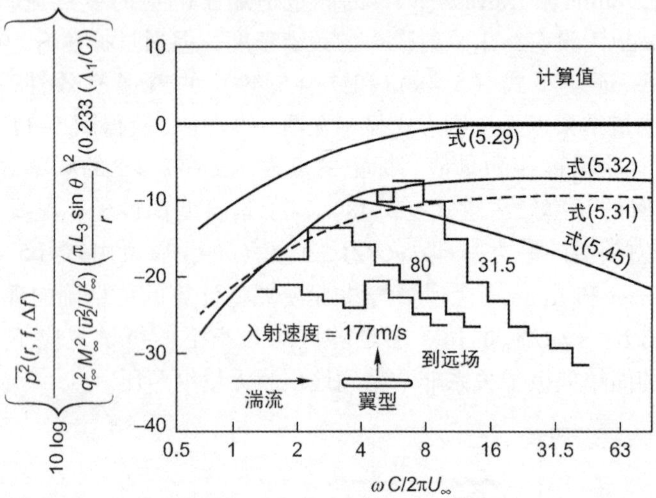

图 5-13　有限弦升力面的声学非紧凑性引起的偶极子辐射效率降低
（声源为上游湍流）

图 5-13 中用式编号标注的曲线是导纳函数的各种近似。注意当 $\omega C/c_0>2\pi$ 时，式（5.48）不成立，因为以 31.5m/s 和 80m/s 进行的测量未出现塌陷。$\omega C/c_0=2\pi$ 时，分别对应于 $\omega C/2\pi U_\infty=10.5$ 和 4.1，在这两种速度下，会出现与紧凑偶极子理论的偏离。观察到的噪声水平与根据简单偶极子理论计算的噪声水平之间的差异可以看出，这反映了扩展偶极子源的辐射与点偶极子源的辐射之比。

图 5-14 显示了由三种方法得出的非紧凑偶极子与点偶极子的声音比值：测量结果和两个理论结果。图 5-12 所示的 Paterson 和 Amiet[54-55] 对于完全模拟的有限弦翼型的理论值与频率范围 $2\pi<\omega C/c_0<4\pi$ 内的测量值非常一致。这些值在图 5-14 中再次出现，但现在是作为与声压的比值，声压将从具有相同

升力波动的极小翼弦的翼型辐射出来，升力波动可表示为点偶极子。式（5.50）给出的渐近高频行为似乎是这个比率的一个极好的展开。图 5-14 中的实线为 Howe[57] 的实线。Shannon 等[65] 和 Bilka 等[66] 发现，这一理论与后缘声音自功率谱中观察到的衍射致特征一致。其他与翼型-湍流相互作用噪声相关的研究人员可见参考文献［67-70］。这种行为在数值上大于 Hayden[64] 提出的旧的基于经验的非紧凑性函数（对于湍流后缘噪声），即

$$\frac{[\Phi_{p_{\text{rad}}}(r,\omega)]_{\text{有限}}}{[\Phi_{p_{\text{rad}}}(r,\omega)]_{\text{紧凑}}}\approx\frac{1}{1+(\omega C/2c_0)^2} \tag{5.55}$$

并且在高频下似乎与后面由式（5.51）~式（5.54）给出的更基于理论的频率依赖性不一致。

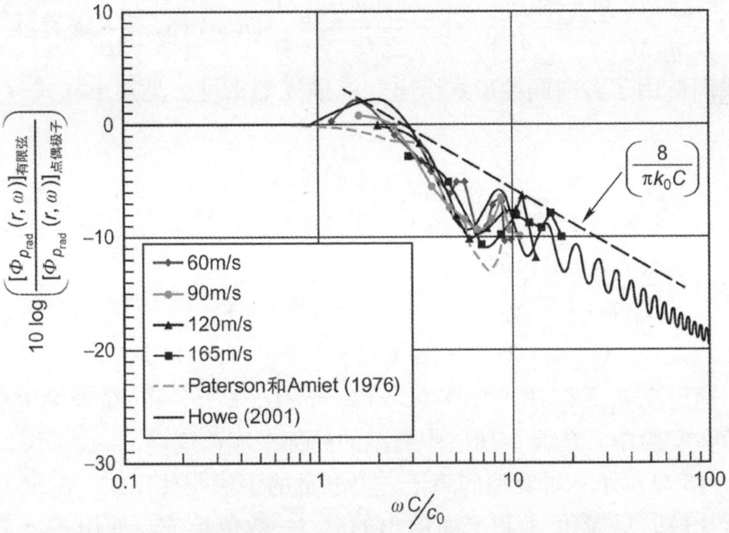

图 5-14　弦的声学非紧凑性引起的翼型湍流摄入的声音偶极辐射效率降低

（点线（——•——）来自 Paterson 和 Amiet[55]，实线（——）是式（5.52）~式（5.54）的精确理论，来自 Howe[57]，虚线（————）为渐近线，来自式（5.50））

5.3.4　薄翼型理论和各向同性的不同

5.3.4.1　部分厚度对湍流吸入噪声的影响

Ross[62] 提供了湍流中不同厚度翼型辐射声的实验研究。在这种情况下，三个不同厚度的翼型被放置在开喷式消声风洞的厚剪切层中，因此翼型被放置在最大湍流强度的位置。剪切层有一个双曲正切型剖面，足够厚，因此插入试

验翼型对剪切层几乎没有影响。使用了三种翼型：前两种是平板，椭圆前缘和尖锐后缘（$C=101.6$mm，$h/C=0.003$ 和 0.006）为 5∶1，第三种是 NACA 0015 形状，$C=127$mm，$h_{max}/C=0.019$。所有翼型的跨度为 610mm。使用相控阵进行声学测量，相控阵位于外部静止空气中，主要声学响应直接垂直于翼型。用传统的热线风速计测量气流中的湍流。虽然剪切层中的流动是各向异性的，但在与声学行为相关的频率（波数）范围内，湍流可以近似为各向同性的，积分尺度约为 30mm，湍流强度相对于局部平均速度约为 18%。在该测量速度下，较小弦的弦向雷诺数为 2.7×10^5。

给定非稳态升力偶极子的声学紧凑特性，结合式（5.42b）、式（5.43）和式（5.48），得

$$\frac{\Phi_{p_{\mathrm{rad}}}(r,\theta,\omega)}{q_\infty^2 M^2}=\frac{\sin^2\theta}{4}\left(\frac{L_3}{r}\right)^2\frac{2\Lambda_3(\omega)\mid_2}{L_3}\frac{\overline{u_2^2}}{U^2}\phi(\omega)\left|S_{2\mathrm{D}}\left(\frac{\omega C}{2U},k_3C\right)\right|^2 \tag{5.56}$$

其中，我们使用了各向同性形式给出的标准光谱密度，见第 1 卷式（3.71b），3.6.4 节

$$\phi_2(\omega)=\frac{\Lambda_f}{2\pi U_1}\frac{1+3(\omega\Lambda_f/U_1)^2}{(1+(\omega\Lambda_f/U_1)^2)^2} \tag{5.57}$$

和第 1 卷式（3.72b）给出的$(\Lambda_3)_2$

$$\frac{\Lambda_3(\omega)\mid_2}{\Lambda_f}=\frac{3\pi}{2}\frac{(\omega\Lambda_f/U_1)^2}{[1+(\omega\Lambda_f/U_1)^2]^{1/2}[1+3(\omega\Lambda_f/U_1)^2]} \tag{5.58}$$

请回想，通过在 k_2 上积分三维谱 $\Phi_{22}=(k_1=\omega/U_1,k_2,k_3\to0)$ 精确给出这些函数的乘积。在实验中，U_1 是剪切层中翼型的局部来流速度。

图 5-15 显示了三种翼型的声谱，将测量的谱值与使用式（5.56）计算的谱值进行比较，后者用 Λ_f 和上面给出的 $\overline{u_2^2}/U_2$ 数值填充。使用式（5.56）上的乘法校正因子来估计计算的厚度影响，或使用

$$T(\omega)=\exp\left(-\frac{k_1h}{2}-\frac{(k_1h)^2}{10.125}\right) \tag{5.59}$$

$k_i=\omega/U_1$ 或

$$T(\omega)\sim\exp\left(-\frac{k_1h}{2}\right) \tag{5.60}$$

第一个因子由 Howe[24] 推导，用于弯曲后缘，并由 Ross[62] 和 Gershfeld[71] 解释为边缘偶极子上厚度的一般衍射效应。因此，Ross 将其应用于湍流吸入声的计算，该计算在图 5-15 中显示为前缘声的乘法修正函数。计算还使用了上洗自动谱密度和展向相关长度的测量结果，如图 5-16 所示。Devenport

等[72]提供了其他测量方法。Anderson 等最近描述了一种确定厚度分布以控制湍流吸入噪声的方法[235]。

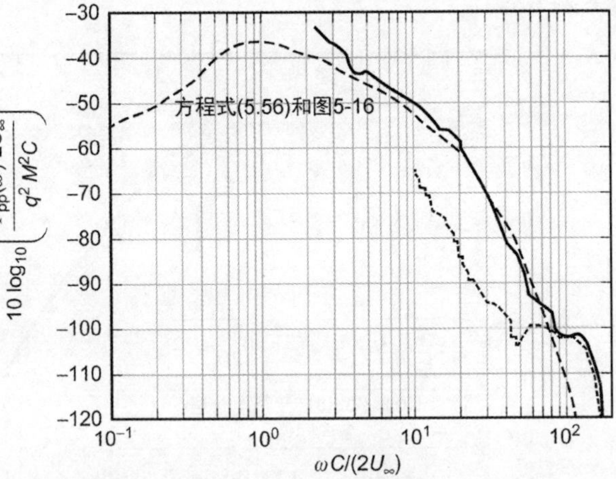

(a) 计算声音

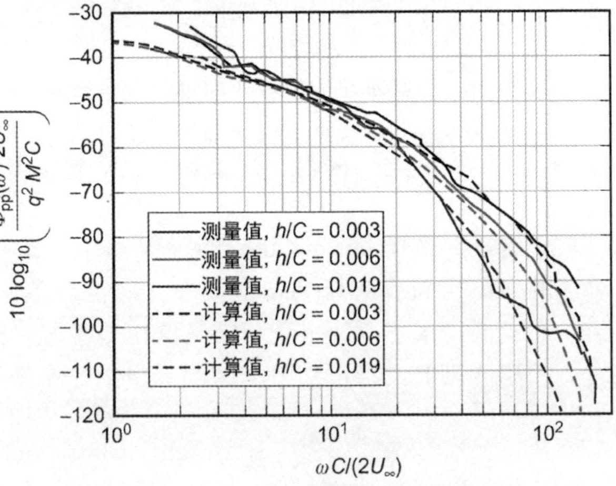

(b) 各种翼型的比较

图 5-15　翼型厚度对湍流吸入噪声的测量影响

((a)：式（5.56)，与翼型 $h/C=0.019$ 的测量声音和隧道背景相比，虚线。在 30m/s 的隧道中心线速度下进行测量)

5.3.4.2　湍流各向异性对湍流摄入噪声的影响

撰写本章时，湍流各向异性的主题尚未得到很好的理解。但 Ross[62] 的测量确实指出了最容易观察到这些影响的地方。图 5-16 比较了用热线对测量得到的积分展向交叉谱密度和用式表示的各向同性流的预测值，见式（5.57)

和式（5.58）。此综合的交叉频谱密度为气流的湍流驱动特性，其决定了声音的频谱水平，见图 5-15。显示了两个无量纲频率标度：一个基于湍流积分标度，另一个基于翼型弦。

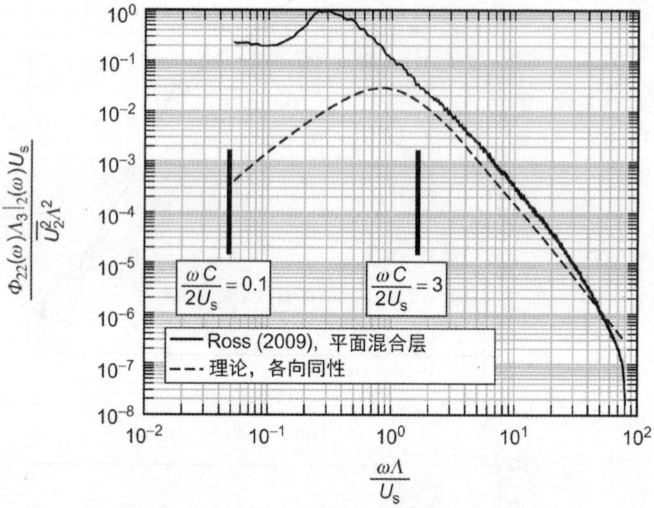

图 5-16　机翼阵风上洗的综合展向交叉谱密度

（实线使用湍流混合层中 Ross[62] 的数据，虚线是各向同性流的理论结果，即式（5.57）和式（5.58）的乘积。U_s 是第 1 卷图 3-18（a）所示的未扰动流中的自由流速度）

比较表明，对于这里的涡度 ω，$\omega\times\Lambda/U_s$ 的乘积>1.0，翼型上的力谱基本上与各向同性湍流的力谱相同。这与更高维频率（对流波数）所指示的较小空间尺度相一致。在较低频率下，两个积分交叉谱相差很大；这是由于自由混合层通常具有较大的湍流尺度。指定基于翼弦的无量纲频率便于与图 5-15 进行比较。

5.4　影响后缘噪声的流态

5.4.1　简介

5.2.2 节中已经研究了通过流过边缘产生声音的基本原理。我们现在研究刚性翼型后缘附近的流动特性，这些特性是产生声音所必需的。这是风力涡轮机中常见的噪声源（如参考文献［73-75］）。后缘产生声音的能力明显不同于前缘，因为后缘可能存在不同形式的黏性流动活动，而前缘可能不存在。适当设计的升力面在没有来流湍流的情况下具有无扰动的前缘流动，因为边界层随着沿弦距离的增加而逐渐发展。简而言之，后缘的重要 $\omega\times U$ 亚声速气动声源通常由升力面本身产生的湍流边界层和尾流引起，而非上游湍流引起。还要注意的是，当 $\omega C/2U_\infty<\pi$ 时，前缘和后缘噪声源合并成单个集成的时间相关载荷偶极子，因为两个边缘都是流体动态耦合，并且在低频时为声学耦合。根据其空气动力学原因，后缘噪声可能为音调的或连续频谱的。一类实用的后缘噪声问题与复杂的射流-边缘相互作用有关，特别是带有吹气襟翼和升力增强操纵面的升力控制装置。因此，和襟翼一样，可以存在多个射流和边缘。在壁面射流、飞机机翼的吹气襟翼、升力增强装置和某些工业射流等布置中，后缘通过撞击射流进行局部擦洗。特别在低马赫数时，产生的气动噪声由边缘流产生，而非射流本身。这种噪声本质上通常为连续频谱。

5.4.2　声谱的一般特征

图 5-17 显示了基本无扰动来流中，翼型产生的声音示例。在标称弦长为 61cm 的 NACA 0012 翼型的远场中测量了翼型上方 1.2m 处的远场声音，湍流边界层在前缘两侧脱落[76]。如果基底厚度 h 增加超过 $\delta^*/4$，声音频谱中出现明显的二次峰；随着 h/δ^* 比值增加，这种涡旋诱导声音的带宽减小。最终，如在其他几何图形中观察到的，可以生成音调。频谱的连续特征基本上保持与锐边相同。连续频谱声音是由边界层湍流的气动声学散射引起的，因为其通过边缘进行对流，且即使不存在涡旋脱落噪声，也会在某种程度上发生。后面的章节中将推导出两个预测公式，其与实测频谱一致。注意，Wang 和 Moin[77] 以及 Lee 和 Cheong[78] 组合了大涡模拟和分析，以计算音调和宽带声音的类似组合流动和声音。对于有限的 h 值，后缘处的涡旋脱落是造成窄带峰的原因，其结构类似于第 1 卷第 4 章中讨论的，见图 5-8。随着交替标记涡旋的形成，流体循环发生变化，在翼型表面产生压差，该压差在后缘最大。图 5-18 显示了周期性涡旋脱落产生的表面压力谱的轮廓。这些频谱是在图示的简单翼型后缘上游的不同位置测量的，并在边缘附近达到最大值，这是涡旋脱落引起的压力的特征。Blake[79-80]、Brooks 和 Hodgeson[76] 以及 Archibald[81] 的测量显示了这种性质的弦向依赖性。在这种情况下，后缘的边界层相当薄，$h/\delta^*=5$。

在刚刚描述的涡旋脱落示例中，周期性或准周期性扰动最终由后缘的钝度所控制。在这种情况下，当边缘的边界层是湍流的，后缘是尖锐的，在这些翼型后面未观察到涡旋脱落。Chevray 和 Kovasznay[82] 在薄平板尾流中也观察到缺乏这种涡旋脱落。两个来源的综合结果[76,82]表明，一般来说，当 $h/\delta^*\leqslant 0.3$ 时，刚性湍流翼型不会产生涡衔声。

湍流翼型和水翼产生音调时，声强取决于后缘的几何形状和雷诺数。鉴于

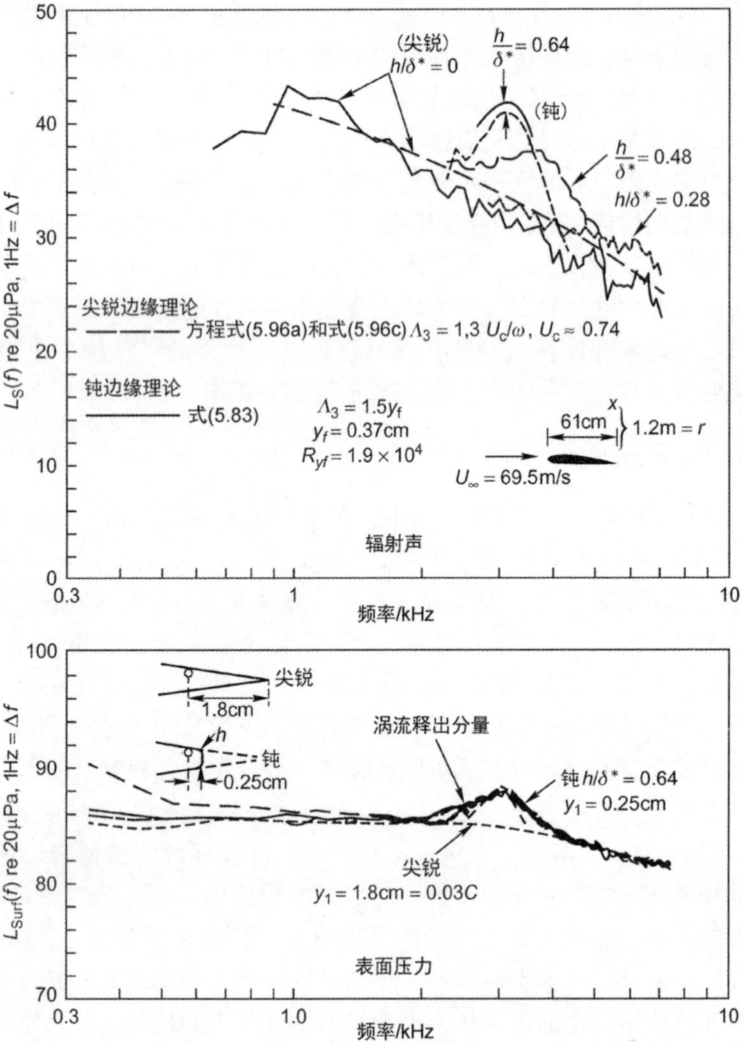

图 5-17　前缘脱落的 NACA 0012 翼型尖钝后缘的辐射声和表面压力

（$U_\infty = 62$m/s。数据来自 Brooks TF，Hodgeson TH。用测量的表面压力预测后缘噪声 J Sound Vibe 1981；78：69-117.）

量化这种相关性已进行的实验项目的数量和种类，以及可能影响结果的各种条件，存在一个显著的系统行为，如表 5-2 所示。该表由 Cumming[83] 修改，相对于平齐钝边上的结果，结合了流体弹性[83-88] 和空气动力学试验[8] 的结果，以力或振动幅度的形式表示。5.7 节图 5-51 给出了两种边缘几何形状的比较示例。尽管图中所示的相对振幅被视为定性的，但表 5-2 显示了各种后缘形

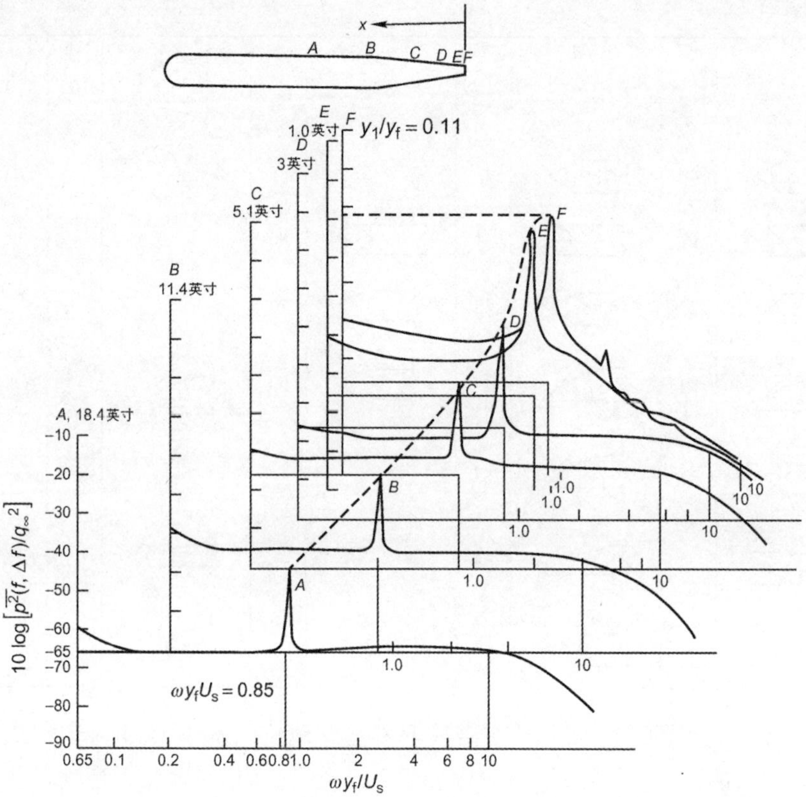

图 5-18　带有钝后缘的简单翼型在距后缘不同距离处的气动压力水平

(y_f=0.56 英寸；U_s/U_∞=1.1)

状在对自持振荡（也称为振鸣）的敏感度量级中的显著一致性。这种自持振荡行为在性质上与流动激励的圆柱体（第1卷5.7节）相同，但正如5.7节所讨论的，升力面的自激振动幅度可能比圆柱体的振动小得多，但仍然与辐射声和疲劳寿命相关。

表 5-2　后缘形状、其对振鸣的相对敏感度以及其缩放参数

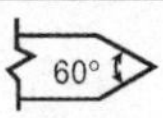	360%	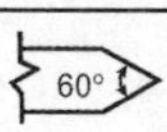	380%	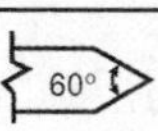	320%				
	260				230				
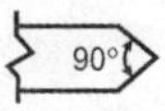	230	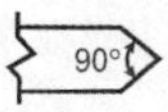	190						
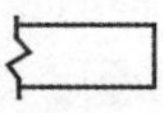	100	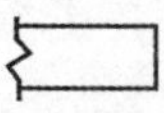	100	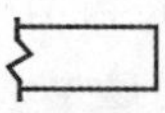	100	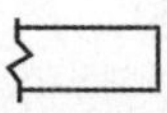	100	0.9	1.25

续表

						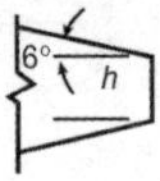	100	1.0	1.05
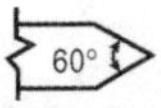	48	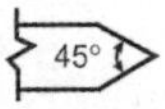	43						
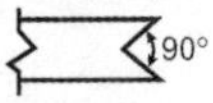	22	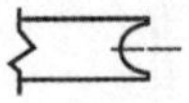	31	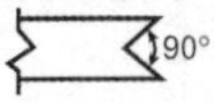	80				
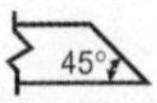	20	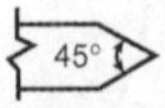	38		70				
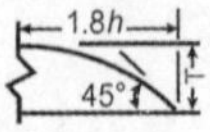	>1	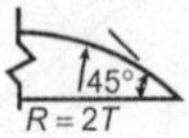	3	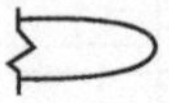	60	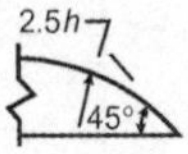	0.3–1.5	0.5	1.05
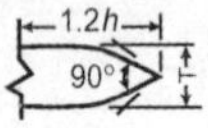	>1	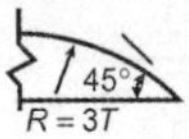	<1						
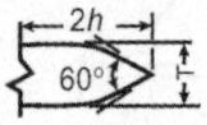	>1	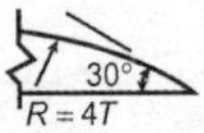	<1			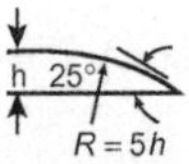	1.0	0.5	1.03
		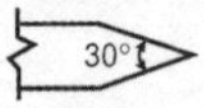	<1			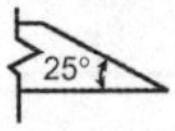	0.5–1.7	0.8	1.2

层流在光滑的升力面上、雷诺数下占主导地位，基于大约小于[89] $R_c = U_\infty C/v = 2\times10^6$的弦。从图 2-1 中可以回想到，在平面上（以及无弯度的无阻碍薄翼型上），这个 R_c 值对应于自然发展的边界层从层流到湍流转变的阈值。雷诺数较大时，后缘上游可能会出现湍流，随着雷诺数的增加，湍流向前推进，直到达到与最大厚度点（或最小压力系数）一致的点。曲面上高雷诺数时向湍流的转变发生在最小压力系数的下游，因为该点前方有利的压力梯度稳定了层流边界层。图 5-19 显示了 NACA 0012 翼型上测得的[90]边界层发展，这种形状通常用于后缘噪声的气动声学研究。根据第 2 章“壁湍流压力脉动响应”的关系估算的动量厚度与测量值基本一致，除后缘附近外，那里的测量值要大得多。随着翼片上、下侧会聚，静压增加的梯度导致边界层增长增强，边缘附近的边界层比简单关系预测得更厚。

根据迎角，带尖锐或钝后缘的层流翼型在雷诺数小于 2×10^6时产生音调，对于 $10^6<R_c<2\times10^6$的大致范围，可能存在音调最强的最佳迎角。层流翼型后尾流发展的机理类似于低雷诺数下圆柱体后的尾流发展机理。实际上，图 5-8 是低雷诺数涡街尾流的流动可视化显示，与第 1 卷图 4-1 所示的照片非常相似。Sato 和 Kuroki[91]计算了发展成涡街的层流尾流的非稳态水动力模式的波数和速度，其与测量值一致性高。这是最近研究的一个关于预测和减缓以及钝

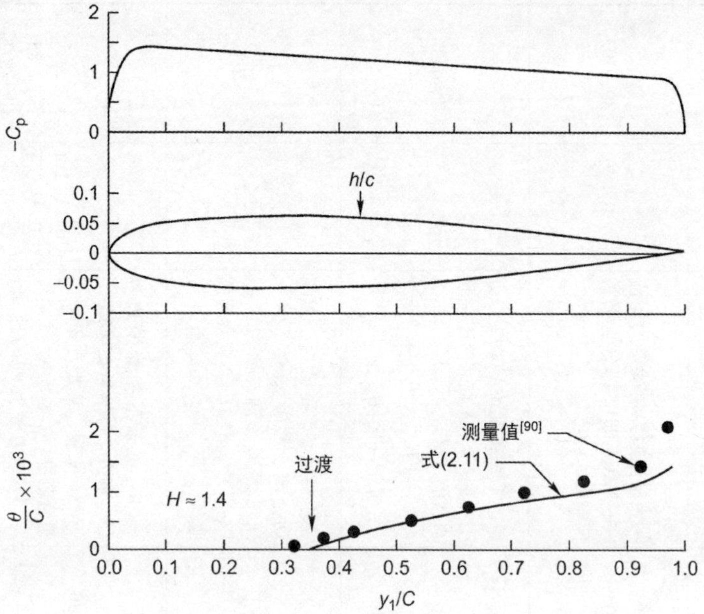

图 5-19　$R_c=7.6\times10^6$时 NACA 0012 部分上的边界层增长特征

(von Doenhoff[90])

后缘行为的领域，如 Sandberga 等[92]、Garcia-Sargrado 和 Hynes[93]、Takagi 等[94-95]、Jones 和 Sandberg[96]、Nakano 等[97]、Probsting 等[98]、Inasawa 等[99]、Wygnanski 等[100]、Masali 等[101-102]均为示例。

5.4.3　涡旋脱落压力

现在将检查涡旋脱落的频率、诱导力和表面压力的量化，并将讨论控制旋涡脱落的流态。

5.4.3.1　涡旋的形成及其频率

尽管圆柱后面涡旋形成的频率f_s可以被描述为仅作为雷诺数函数的简单斯特劳哈尔数，

$$\frac{f_s d}{U_\infty}=F\left(\frac{U_\infty d}{v}\right)$$

但升力面的问题要复杂得多，包括表面上的黏性边界区域以及后缘的几何形状细节。表 5-3[22,103-109]列出了各种表面边缘几何形状和雷诺数范围的斯特劳哈尔数的最常用定义，并给出了有利于每个涡街出现的条件。7 排中的每一排都

表 5-3　升力面的斯特劳哈尔数定义

流　　态	后　　缘[a]	斯特劳哈尔数 S	观察到的雷诺数范围 $R_c\times 10^{-4}$	备　　注	“钝度参数” δ^*/H	参考文献
层流 $-100<\mathcal{R}_u<2\times10^6$	尖锐	$\frac{2f_s\delta}{U_\infty}=0.11\sim0.16$ $\frac{\delta}{C}=\frac{5}{\sqrt{R_c}}$	8～150	由层流边界层确定的尾流——NACA 0012 部分上测量的频率 $f_s\sim U_\infty^{3/2}$	0	［89，103］
C	钝	$\frac{f_s(h+2\delta^*)}{U_s}=0.2\sim0.26$ $\delta^*=\frac{1}{2.9}\delta$ $U_s=U_\infty\sqrt{1-C_{P_b}}$	3～30	在平板和 NACA 0012 部分上测量，δ^*/h 较大值下一些自激的证据 $C_{P_b}\cong-0.3$ $f_s\sim U_\infty$	0.1～3	［104］
湍流 $R_C>2\times10^6$ 对$\frac{hU_\infty}{\gamma}$，$\frac{\delta^*}{h}$ 和几何形状敏感	尖锐	未观察到脱落	脱落的充分发展的流	小夹角<15°的边缘，无流动分离。参考文献［64］，未观察到音调，参考文献［44］中，$\delta^*/h=2$ 观察到的脱落	≥2.0 ≥3.6	［82］ ［76］
	钝 5	$\frac{f_s(h+2\delta^*)}{U_\infty\cos\gamma}=0.18$ $=0.23\sim0.24$ $\frac{\delta^*}{C}\sim0.046R_c^{-1/5}$	150～780 1.4（脱落）～200	（1）对于不相等的边界层，将 $2\delta^*$ 替换为 $\delta_u^*+\delta_l^*$。 （2）水翼、翼型和平板的组合范围。 （3）γ 为掠叶片的掠角。适用。分离点定义明确。$f_s\sim U_\infty$	～0.13～1.1 ～0.05 或以下	［105］ ［22，85，106-107］

续表

流　态	后　缘[a]	斯特劳哈尔数 S	观察到的雷诺数范围 $R_c \times 10^{-4}$	备　注	"钝度参数" δ^* / H	参考文献
	钝的和斜角的 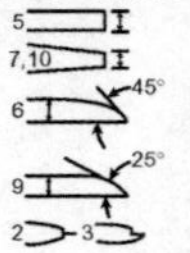	$\frac{2\pi f_s y_f}{U_s} \cong 0.085 \sim 1.1$ $U_s = U_\infty \sqrt{1 - C_{ps}}$	$\frac{U_\infty h}{v}$范围，见图 5-3	基于近尾流剪切层分离的斯特劳哈尔数。表 5-4 中的 y_f 和 u_s 是涡旋形成区末端脱落体近尾流中的剪切层间距，必须测量 y_f，$f_s \sim U_\infty$	$\frac{\delta_u^* + \delta_L^*}{2h}$ # 5：~0.03 #7，10：0.17，1.1 #9：0.14	[79]
	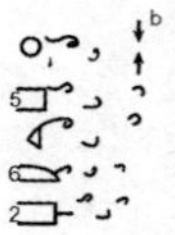	$\frac{2\pi f_s y_f}{U_s} \cong F_B\left(\frac{U_s}{U_\infty}\right)$ $\cong 1.1$ 对于 $1.1 < \frac{U_s}{U_\infty} < 1.5$	钝体和边缘的范围	基于远尾流的斯特劳哈尔数。a 是涡旋脱落体远尾流中的旋涡间距。最普遍的定义提出，并基于最小阻力的假设。A 未列表		[79，105]
	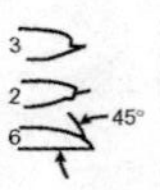	$\frac{f_s \theta^2 w}{v} \cong 0.0728\left[\frac{U_s \theta_w}{v} - 1038\right]$ θ_w = 近尾流动量厚度	$0.3 < \frac{\theta_w U_\infty}{v} < 1.2$	基于 Rosko[109] 的类似定义；似乎与方形边缘的频率不一致，但很好地解释了圆形、凹口和分裂板边缘。如果没有特殊测量值，θ_w 一般未知。$f_s \sim U_\infty$		[109]

注：U_s 是有效局部速度与基础压力系数 C_{pb} 或分离区系数 C_{ps} 之比。

a　编号边缘与表 5-4 中使用的名称相关

给出了层流或湍流上游的一类几何形状。这些列提供了每列的参数、定义和注释。表 5-4[110-111] 给出了图 5-12 中钝边的许多涡旋尾流参数。这些参数包括各种后缘的长度标度、斯特劳哈尔频率和相关长度。随后将讨论展向积分标度 Λ_3，但其是以标准方式定义的（式（3.71）和式（3.72））。

我们首先处理层流表面。涡旋脱落频率取决于边缘层流边界层厚度的值。对于锐边，斯特劳哈尔数 S 是 $f_s\delta/U_\infty$，其中 S 是边缘的边界层厚度，在列出的参考文献中未测量，但在每种情况下都使用柏拉修斯速度剖面所示的公式进行计算。

为了正确识别 S 定义适用的钝边上的基底高度 h 的范围，表 5-3 中确定了一个“钝度参数”，该参数是边缘每侧边界层位移厚度的平均值除以基底高度。因此，表 5-3 第 2 行中的关系适用于相对于底部高度相当薄的边界层。雷诺数的指示范围为已经进行观察的范围，不一定是所示关系的整个应用范围。总的应用范围为表面弦上层流或过渡流的预期范围，即 $100< R_c<2\times10^6$ 量级，但这还没有得到实验验证。下边界近似对应于 Sato 和 Kuroki[91] 计算的典型尾流的水动力稳定性的理论极限。请注意，对于锐边表面，鉴于 δ 的速度依赖于 $U_\infty^{-1/2}$，涡旋形成频率随着速度的 3/2 次方而增加。当速度在一个很大的范围内增加时，频率-速度关系中出现跳跃，和在射流-边缘相互作用音调中观察到的很像。已经观察到这些跳跃，且假设[112-115] 源于边界层中 Tollmien-Schlichting 波和尾流中不稳定波之间的声反馈。跳跃源于水动力不稳定的两个位置之间的声波波长倍数促进的耦合。

在湍流翼型的情况下，只要边缘足够尖锐，未发生气流分离，就没有观察到音调，只要 $R_c>2\times10^6$，预测可观察。现有数据表明，$h/\delta^*\leqslant0.3$（当然<0.05）时，刚性翼型不脱落的条件得到满足。当翼型具有必要的钝度，即 $h/\delta^*>0.3$（当然>0.5）时，在某个临界雷诺数以上会出现离散或准离散的脱落。如果存在关于该阈值的数据，则在表 5-4 标有星号 R_h^* 的列中给出。否则，表 5-4 中所示的雷诺数仅指引用的参考文献中的观测范围。

第 4 行给出的关系源于 Gongwer[105] 对振鸣水翼的观察，并且只对出现清晰分离点的钝边给出有效估计。对于其他边缘，可以粗略地描述为不对称倾斜边缘（如表 5-3 和表 5-4 中的边缘 6 和 9），在其上，湍流分离发生在斜面上游的一侧，Gongwer 定义不适用。第 5 行和第 6 行给出的关系似乎确实将涡旋脱落频率降低到了±10%以内，Bearman[116] 定义给出了更接近的公差。这两个定义均基于图 5-20 所示的尾流参数。第 5 行中使用的定义基于这样一种信念[79]，即涡旋由一系列非线性流体运动产生，随着剪切层向下游发展，剪切层在边缘形成小的波状变形。Abernathy 和 Kronauer[117] 及 Boldman 等[118] 的数

表 5-4　后缘流动参数

边缘形状[a]	观察 $R_h \times 10^4$	$\omega_s Y_f / U_s$	$2\theta_b / h$	Y_f / h	$\frac{U_s}{U_\infty}$	ℓ_f / h	$\hat{s}/y_f$	$\mathscr{R}_h^* \times 10^{-4}$	参考文献
1 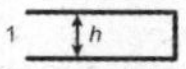	2.4[b,c]	0.97	~0.05	0.7	1.25	1.0	—	—	[113]
2  $\ell_{s/h}=1$	2.4[b,c]	0.92	~0.05	0.5	—	2.2	—	—	[113]
3 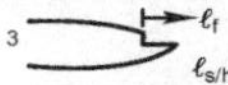 ℓ_f $\ell_{s/h}=1$	1.7~2.8[b]	0.83	—	0.56	1.06	~4.7	—	—	[112]
4 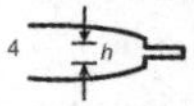 $\ell_{s/h}=1$	2~3[b]	0.94	—	0.6~1		~2.2	—	—	[112]
5 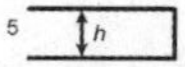	2.6~21	1.0	0.06	0.8	1.25	0.75	3.5[f]	0.3[e]	[81, 114]
6 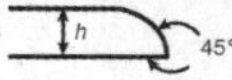 45°	5~21	1.0	0.05	0.5	1.05	1.0	3.5[f]	2.6[e]	[81, 114]
7 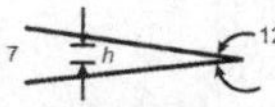 12.5°	0.4~7	0.85	0.26	1.0	1.05	0.9	—	0.4[e]	[81, 85]
8 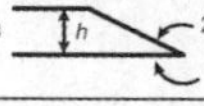 25°	2.6~21[d]	1.0	0.05	0.8	1.1	2.5	1.0[f]	> 16[e]	[81, 85]
9 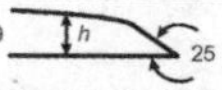 25	2.6~21	~1.0	—	0.4	—	—	—	8~20[e]	[81, 114]
10  Naca 0012 t/h_m= 0.026, 0.034	0.8, 1.1	1.0[g]	2.2	~1.5	—	—	1.5[f]	0.8[e]	[80]

注：a　入射边界层都是湍流的，表面都是刚性的。

b　y_f值是根据参考文献中公布的结果近似得到的[103,105]。

c　边缘 1 和 2 的边界层厚度为 $0.5h$，估计 $\theta_b \approx 1/10\delta$。

d　$R_h = 5.2\times10^4$ 时，且仅当该边缘被给予 $0.019h$ 均方根位移的强迫振荡时，才观察到周期性尾流，在 $R_h \leqslant 20\times10^4$ 时未观察到尾流。

e　R_h 值是下限，低于该值，刚性表面上的周期性涡旋脱落压力是随机或无序的。

f　除了图 5-33 中描述的边缘 8 之外，Λ_3/y_f 值仅用于周期性涡旋脱落。

g　这是一个假设值，因为 y_f 不是测量的，而是从 ω_s 得到的值计算显示了一对平行涡面的理想化序列，类似于带有薄上游边界层的方形钝后缘的早期尾流。最终产生的流向涡间距与引发小振幅不稳定性的波长有紧密关系。反过来，这个初始波长由平均速度曲线的拐点决定，该拐点也决定速度波动的最大值 $u_1(y_2,t)=u_1(y_2)\exp(-\mathrm{i}\omega_s t)$，如图 5-20 所示。在尾流的中心线，由尾流相对两侧的涡旋引起的 $u_1(y_2,t)$ 完全抵消（如时间平均值 $\overline{u_1^2(y_2,t)}$）的测量结果所示，根据 Schaefer 和 Eskinaz[119] 的模型，尾流两侧 $u_1(y_2)$ 的最大值由上部和下部涡旋的核心决定。因此，特征尾流尺寸为平均速度剖面中拐点之间的距离（或 $u_1(y_2)$ 最大值之间的距离）。

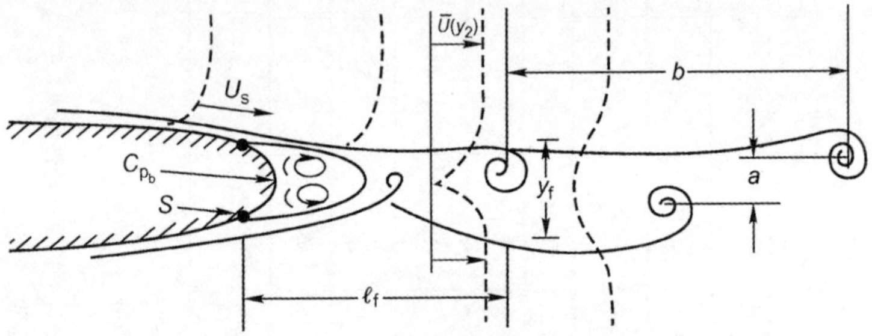

(a) 升力面后缘下游的典型尾流结构

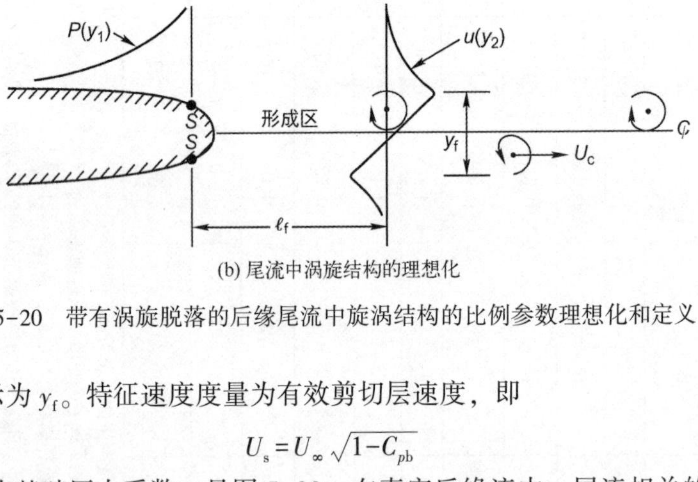

(b) 尾流中涡旋结构的理想化

图 5-20　带有涡旋脱落的后缘尾流中旋涡结构的比例参数理想化和定义

此距离表示为 y_f。特征速度度量为有效剪切层速度，即

$$U_s=U_\infty\sqrt{1-C_{pb}} \tag{5.61}$$

式中：C_{pb}为基础压力系数，见图 5-20。在真实后缘流中，尾流相关的速度波动在后缘下游的距离处达到最大值，假设尾流缺陷中线上下 y_2点处的 $y_1=\ell_f$。这些点相距 y_f。因此，参数 ℓ_f和 y_f定义了第一个完全形成涡旋的虚拟位置，见图 5-20（b）。

第 6 行中的定义是由 Bearman[116] 提出的，基于类似的概念；然而，它在远尾流中涡旋分离的使用中不同，在图 5-18 中用 a 表示。这种分离必须在下游足够远的地方进行测量，以使涡街充分形成。Bearman 的定义基于这样一个概念，即涡街间距比 a/b 由底部阻力最小值（或最大底部压力）的条件决定。因此，比率 a/b 的控制参数可以表示为 C_{pb} 的函数。Bearman 根据 $f_s b = U_c$ 的关系（其中 U_c 是相对于物体的涡旋对流速度）以及 U_s 和 U_c 的比例，推导出一个通用的斯特劳哈尔数，可以定义为

$$\frac{f_s a}{U_s} = F_B\left(\frac{U_s}{U_\infty}\right)$$

式中：$F_B(U_s/U_\infty)$ 为与脱落体几何形状无关的通用函数。$F_B(U_s/U_\infty)$ 虽然变化不大，但当 $U_s/U_\infty > 1.1$ 时，似乎达到了 $1.1/2\pi \approx 0.18$ 的渐近值。

第 7 行中最后的定义由 Hansen[108] 提出，采用了 Roshko[109] 对圆柱体的类似表述。尽管所示式在很宽的范围内降低了边缘 2、3 和 6 的涡旋脱落频率[79,108]，但其并没有描述来自钝边（具有极小的 δ^*/h）的涡旋脱落，如边缘 5 和 10。

因此，为了预测升力面的涡旋脱落频率，必须首先建立层流或湍流态。然后，如果给出了 S 的相悖定义，f_s 的相关预测应给出可预计实际 f_s 的界限。在设置这些界限时，还应注意确定斯特劳哈尔数的实验参数范围。在表 5-3 的定义行 5 的情况下，应该从表 5-4 中选择适当的 U_s 和 y_f 值。在第 7 排的情况下，可以从动量式估算薄翼型的 θ_w 值

$$\frac{2\theta_w}{h_m} \approx C_D$$

式中：C_D 为表面阻力系数；h_m 为最大厚度。

5.4.4　高频下涡致表面压力公式

5.4.4.1　二维尾流的理论建模

涡旋脱落声音的综合理论必须包括近场流体动力表面压力和辐射声音的描述。见图 5-18，涡致表面压差在后缘处最大，任何理论处理都必须考虑这一行为。在 5.2.2.3 节中，讨论了边缘速度的分析奇异性对此处建立压差最大值的影响。承认这种奇异性的分析模型适用于 $\omega C/2U_\infty > \pi$ 的情况，且包含尾流结构的典型理想化，如图 5-21 所示。我们关注低马赫数下的近场表面压力（这种压力本质上主要为流体动力压力），因此，一旦找到尾流引起的流体动力势的表达式，就可以确定表面压力。此外，涡旋具有高相关性，且我们关注边缘附近的压力，因此二维分析是适用的。离边缘更远的地方出现三维维度，我们将在测量中揭示这一行为。Blake[79,120]、Howe[121] 和 Davis[122] 也给出了如下所示类型的解，但 Davis 的分析早于给出边缘压力最大值的测量。因此，

Davis 考查了库塔条件和无库塔条件的两种选择。

分析中使用的相关几何形状是图 5-20 和图 5-21 所示实际尾流结构的理想化：

$$\omega_3(\xi_1,\xi_2,\xi_3,t)=\gamma_0(k_w,\xi_3,\omega)\delta(\xi_2)e^{+ik_w(\xi_1-U_c t)}d\xi_1 \tag{5.62a}$$

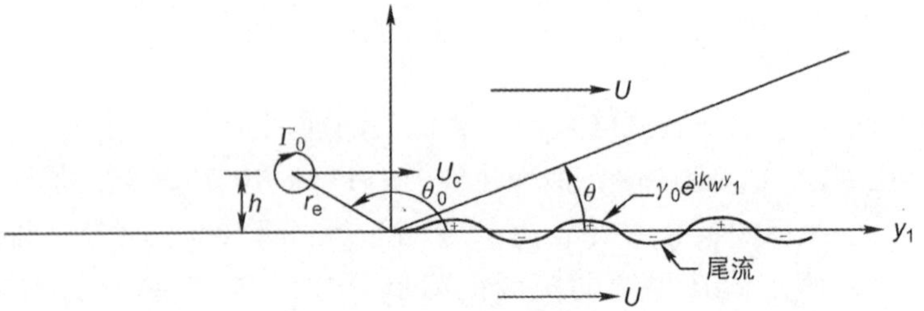

(a) 对流涡流和后缘散射

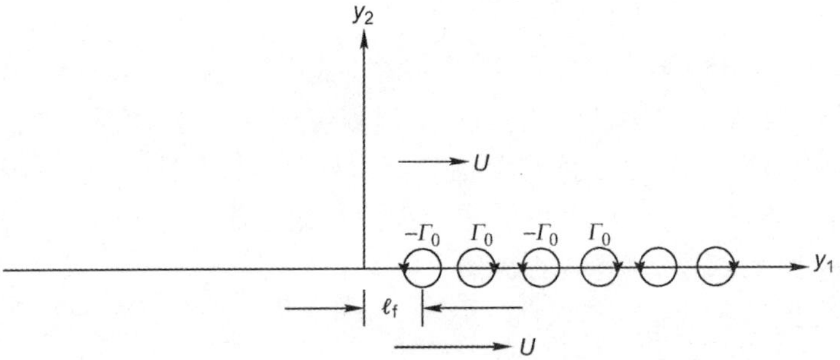

(b) 离散涡旋的脱落

图 5-21　两个后缘流动问题的理想化

约化为

$$\omega_3(\xi_1,\xi_2,t)=\gamma_0\delta(\xi_2)e^{+ik_w(\xi_1-U_c t)}d\xi_1,\quad \xi_1\geqslant l_f \tag{5.62b}$$

对于二维周期性尾流。ξ_1和ξ_2是引入来识别尾流中坐标的虚拟变量。因子γ_0是尾流中的环流分布，与涡旋Γ_0的环流有关，这可以通过实验确定。涡旋环流只是$\omega_3(\xi_1,\xi_2,t)$在半波长π/k_w上的积分：

$$\Gamma_0=\int_{y_1-\pi/2k_w}^{y_1+\pi/2k_w}\gamma_0 e^{ik_w(\xi_1)}d\xi_1=\frac{2\gamma_0}{k_w}=\frac{2\gamma_0 U_c}{\omega} \tag{5.63}$$

对尾涡进行建模（沿$\xi_1>l_f$而非$\xi_1>0$产生波状结构）时，保持了灵活性，以考虑延迟涡旋增长的影响，这种情况可能在后缘安装分流板时发生。

只要没有应用完整的库塔条件，涡街产生的表面压力在后缘处在分析上就是奇异的。涡街产生一个势场$\phi_h(y_1,y_2,t)$，其产生的压力由非稳态伯努利式给出，第 1 卷式（2.85）和式（2.94）：

$$\frac{-p(y_1,0^+,t)}{\rho_0}=\frac{\partial\phi_h(y_1,0^+,t)}{\partial t}+U_c\frac{\partial\phi_h(y_1,0^+,t)}{\partial y_1} \tag{5.64}$$

式中：$\phi_i(y_1,0^+,t)$在半平面 $y_1\leqslant 0$，$y_2=0^+$的上表面上进行评估（图 5-32）。相反两侧的压力是异相的；即 $p(y_1, 0^+,t)=-p(y_1, 0^-,t)$。所需势能是复合值的实数部分

$$\phi_h(y_1,y_2)=\mathrm{Re}_j[\Phi_h(Z_1,Z_0)]$$

式中：Re_j是 $\phi_h(Z_1,Z_0)$相对于复数记法 j 的实数部分通过将表面上的涡旋像附近的涡旋场解析地映射到半平面附近的场，最容易得到势能。在关于势流的标准教科书中广泛讨论了这种做法的理论和技术（如参考文献［123］）。根据位于 Z_0的点涡，在物理平面 Z 上产生的二维复势为

$$\Phi(Z,Z_0)=\mathrm{j}\frac{\Gamma_0}{2\pi}\ln\frac{\mathrm{j}Z^{1/2}-\mathrm{j}Z_0^{1/2}}{\mathrm{j}Z^{1/2}+\mathrm{j}Z_0^{*\,1/2}} \tag{5.65}$$

我们已经定义了 $Z=Z_1+\mathrm{j}Z_2$，使用 j 而不是 i，以便在此处和下面的分析中突出复变理论的使用，使其不同于复合时变性。此涡旋引起的后缘附近的复合速度在 $Z_0\gg Z$ 极限内，

$$u_1-\mathrm{j}u_2=\frac{\mathrm{d}\Phi}{\mathrm{d}Z}\approx-\frac{\mathrm{j}\Gamma_0}{2\pi}\frac{1}{ZZ_0} \tag{5.66}$$

后缘奇点无效，因为这正是应用库塔条件必须消除的速度。

为了将这种势能应用于图 5-21 所示的问题，我们引入式（5.65），以获得

$$\Phi_h(y_1,0^+,t)=\frac{-\mathrm{j}\gamma_0}{2\pi}\int_{l_f}^{\infty}\ln\left(\frac{\sqrt{|y_1|}-\mathrm{j}\sqrt{\xi_1}}{\sqrt{|y_1|}+\mathrm{j}\sqrt{\xi_1}}\right)\mathrm{e}^{\mathrm{i}k_w(\xi_1-U_ct)}\mathrm{d}\xi_1 \tag{5.67}$$

这里，式（5.53）用于建模一个连续的涡度分布，该分布从 $\xi=l_f$开始，并在下游无限地以周期性方式继续。表面上的位置在 $\xi_1=-y_1$。

在极限 $\xi_1\to\infty$ 中，尾流必须衰减到零；即 $\exp(+\mathrm{i}k_w\xi_1)\to 0$。从数学上讲，这是通过给波数赋予一个可忽略不计的虚数（如 ε）来实现的，因此 $k_w\approx k_w+\mathrm{i}\varepsilon$。因此，即使 $\varepsilon\to 0$，$\varepsilon\xi_1\to\infty$，$\xi_1\to\infty$。$\varepsilon$ 足够小，在分析的其他方面可以忽略不计。部分积分使整个周期尾流诱发的电势为

$$\Phi_h(y_1,0^+,t)=\frac{-\gamma_0}{2\pi}\int_{l_f}^{\infty}\frac{\mathrm{e}^{+\mathrm{i}k_w\xi_1}}{+\mathrm{i}k_w}\sqrt{\frac{|y_1|}{\xi_1}}\frac{\mathrm{d}\xi_1}{|y_1|+\xi_1}+$$
$$\frac{\mathrm{j}\gamma_0}{2\pi}\left[\frac{\mathrm{e}^{+\mathrm{i}k_w\mathrm{lf}}|}{+\mathrm{i}k_w}\ln\left(\frac{\sqrt{|y_1|}-\mathrm{j}\sqrt{l_f}}{\sqrt{|y_1|}+\mathrm{j}\sqrt{l_f}}\right)\right] \tag{5.68}$$

式中：l_f是边缘下游涡旋的形成距离。根据$|y_1|$和 l_f的相对大小，积分可简化

为不同的形式。在$|y_1|\gg l_f$的情况下，近似值

$$\ln\left(\frac{|y_1^{1/2}|-\mathrm{j}l_f^{1/2}}{|y_1^{1/2}|+\mathrm{j}l_f^{1/2}}\right)\approx -2\mathrm{j}\left(\frac{l_f}{|y_1|}\right)^{1/2},\quad \frac{|y_1|}{l_f}\gg 1$$

成立。积分将[56]简化为（对于$|y_1|>l_f$）

$$\frac{\sqrt{|y_1|}}{-\mathrm{i}k_w}\int_{l_f}^{\infty}\frac{\mathrm{e}^{\mathrm{i}k_w\xi_1}}{(\xi_1)^{1/2}}\frac{\mathrm{d}\xi_1}{|y_1|+\xi_1}=\frac{\sqrt{|y_1|}}{-\mathrm{i}k_w}\left(\int_0^{\infty}\frac{\mathrm{e}^{\mathrm{i}k_w\xi_1}}{\sqrt{\xi_1}}\frac{\mathrm{d}\xi_1}{|y_1|+\xi_1}-\int_0^{l_f}\frac{\mathrm{e}^{\mathrm{i}k_w\xi_1}}{\sqrt{\xi_1}}\frac{\mathrm{d}\xi_1}{|y_1|+\xi_1}\right)$$

$$=\frac{\pi}{-\mathrm{i}k_w}\{\mathrm{e}^{\mathrm{i}k_w|y_1|}[1-\mathrm{erf}(\sqrt{\mathrm{i}k_w|y_1|})]-(-\mathrm{i}\pi k_w|y_1|)^{-1/2}\mathrm{erf}(\sqrt{-\mathrm{i}k_w l_f})\}$$

函数 $\mathrm{erf}(\sqrt{-\mathrm{i}k_w l_f})$ 是误差函数，由[26]渐近给出

$$\mathrm{erf}[(\mathrm{i}k_w l_f)^{1/2}]\approx\begin{cases}1-\dfrac{\mathrm{e}^{-\mathrm{i}(k_w l_f+\pi/4)}}{(\pi k_w l_f)^{1/2}}, & k_w l_f>1\\ \sqrt{k_w l_f}\,\mathrm{e}^{-\mathrm{i}(k_w l_f+\pi/2)}, & k_w l_f<1\end{cases}\tag{5.69}$$

对于 $\mathrm{erf}(\sqrt{\mathrm{i}k_w|y_1|})$也类似。当$k_w l_f$和$k_w|y_1|$为一个数量级时，两个式都不适用。因此，根据相对于 1 的$k_w y_1$和$k_w l_f$的幅度，表面压力均方振幅的最重要替代一阶封闭表达式成立：

$$\frac{\overline{p^2}(y_1)}{\rho_0^2U_s^2(\Gamma_0/2\pi y_f)^2}\approx\frac{\pi^2}{16}\frac{U_c}{U_s}\frac{y_f}{|y_1|},\quad 1>k_w|y_1|\gg k_w l_f\tag{5.70a}$$

其中，唯一重要的长度标度是y_1和y_f，以及

$$\frac{\overline{p^2}(y_1)}{\rho_0^2U_s^2(\Gamma_0/2\pi y_f)^2}\approx\frac{\pi}{4}\left(\frac{U_c}{U_s}\right)\frac{y_f}{|y_1|}\tag{5.70b}$$

对于$k_w|y_1|\gg 1\gg k_w l_f$。式（5.70a）适用于比尾流波长更靠近边缘的地方，并且需要非常短的形成区域。式（5.70b）适用于远离边缘的地方，但仍需要一个较短的形成区域。

在$l_f\gg|y_1|$的另一个极限中，式（5.67）中 ln 项的y_1相关部分对于整个积分区域简化为$2\mathrm{j}\sqrt{|y_1|/\xi_1}$，得到的积分为$1-\mathrm{erf}(\sqrt{\mathrm{i}k_w l_f})$。$y_1$无关项积分为零，因为尾流无净强度。因此，当$k_w l_f\gg 1$时，压力表达式变为

$$\frac{\overline{p^2}(y_1)}{\rho_0^2U_s^2(\Gamma_0/2\pi y_f)^2}\approx\frac{1}{4}\left(\frac{U_c}{U_s}\right)^2\frac{y_f}{|y_1|}\frac{y_f}{l_f},\quad k_w l_f\gg k_w|y_1|\tag{5.70c}$$

当$k_w|y_1|\approx k_w l_f>1$，合适的表达式是一样的

$$\frac{\overline{p^2}(y_1)}{\rho_0^2U_s^2(\Gamma_0/2\pi y_f)^2}\approx\frac{1}{4}\left(\frac{U_c}{U_s}\right)^2\frac{y_f}{|y_1|}\frac{y_f}{l_f},\quad k_w|y_1|\approx k_w l_f\gg 1\tag{5.70d}$$

在压力的所有表达式中：可以看出，形成长度和尾流厚度都是相关的长度尺度，这取决于依赖域。式（5.70a）和式（5.70b）表明，当 $k_w l_f$≪为 1 时，压力很大程度上与 l_f 无关。式（5.70c）和（5.70d）表明，当 $k_w l_f$ 减小时，所有 $k_w|y_1|$ 值的压力增加。

5.4.4.2　涡街尾流表面压力的测量

为了将这些理论关系与表面压力测量进行比较，必须对均方根环流 Γ_0 进行量化。为了做到这一点，我们采图 5-20 中的理想化方法，其将测量的涡核尺寸描述为以 $u_1(y_2)$ 的均方根最大值 u_m 为界。因此，

$$\Gamma_0 = 2\pi r_0 u_m$$

式中：r_0 是核半径。由于 $4r_0 = y_f$，均方差环流为

$$\Gamma_0^2 = \left(\frac{\pi^2}{4}\right)\overline{u_m^2} y_f^2$$

式（5.70a）~式（5.70d）中的无量纲因子写为

$$\frac{\rho_0^2 U_s^2 \Gamma_0^2}{q_\infty^2 (2\pi y_f)^2} = \frac{1}{4}\left(\frac{U_s}{U_\infty}\right)^2 \frac{\overline{u_m^2}}{U_\infty^2} \tag{5.71}$$

$\overline{u_m^2} \mid U_\infty^2$ 可以通过形成区域的尾流测量获得。

图 5-22 显示了从表 5-4 中选择的边缘测量值。这些数据为测量值的形式，见图 5-18。对于 $k_w l_f>1$，可以看到与二维理论一致性高。变量 y_1-y_s 用于测量倾斜后缘上后缘驻点前方的距离。在钝边上，这一点固定在边缘底部。在构成图 5-22 的情况下，$y_1-y_s>6y_f$ 时，三维变得明显，由此均方压力取决于 y_1-y_s 的平方倒数。

图 5-23 汇集了这些和其他后缘的 Γ_0^2 值，显示了每个边缘形状对雷诺数的显著依赖性。更尖锐的边缘具有开始形成涡旋的更高阈值，Γ_0^2 值更低。在这方面，图 5-23 提供了表 5-3 的详细说明。在足够大的雷诺数下，甚至观察到薄后缘表 5-4 中的 9，其产生了宽频带但明显有序的涡旋结构。对于方形和圆形边缘，Γ_0 取决于低 R_h 值下的 R_h。图 5-23 中的数字表示当确定在单一频率下不再发生脱落时压力谱的带宽。这些带宽显示为质量因子 $Q_s=f_s/\Delta f_s$，其中 Δ_f 是压力谱在距离最大值-3dB 点处的带宽。通常，$Q_s<40$ 的值可以通过测量来确定。因此，当 Q_s 较小时，这些涡旋强度代表均方值，分布在以 f_s 为中心的拱形频谱上，带宽为 f_s/Q_s。随着 R_h 增加，音调的强度和质量都以类似于圆柱体尾流的方式增加（第 1 卷第 4 章图 4-13），在雷诺数下达到最大值 R_h，大于 10^4。如果 R_h 在 $10^5 10^6$ 时，这种平行性继续存在，那么钝后缘脱落的涡旋强度会再次降低，就像圆柱体一样。然而，在如此大的 R_h 值下还未观察到涡旋脱落。

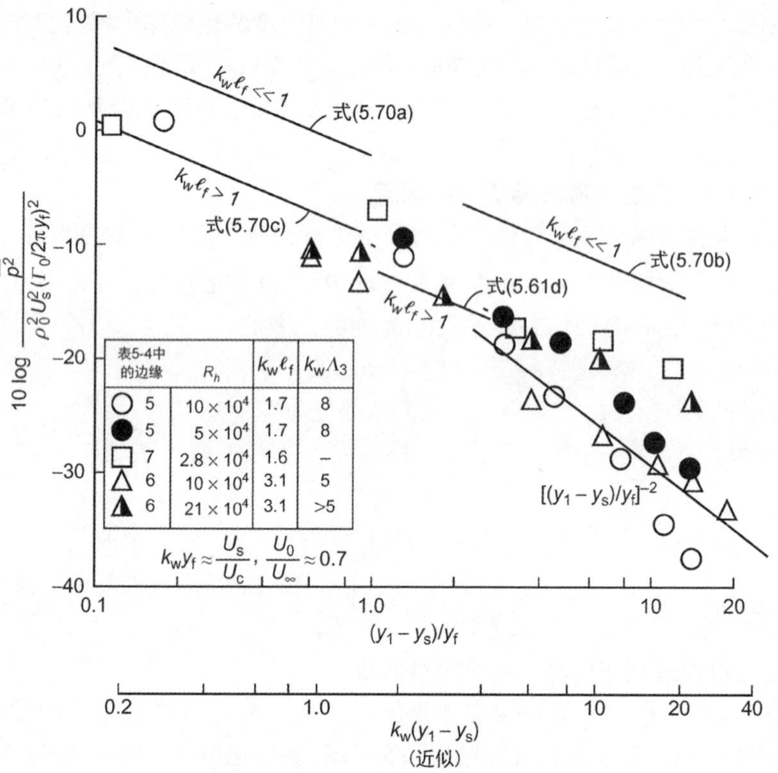

图 5-22　翼型后缘上的涡致表面压力

(标准化基于尾流变量：环流、剪切层厚度和 U_s。见表 5-4)

钝边的涡旋脱落也适用于同轴喷嘴和带分流板的喷嘴的声辐射。特别是，对于雷诺数，Olsen 和 Karchmer[124] 根据平板或喷嘴内部的厚度（范围从 2×10^4 到 6×10^4），已经对这些装置辐射的声音进行了测量。在其计划中，Olsen 和 Karchmer[124] 只改变了平板上下表面或喷嘴内部的流速。速度相差超过 2 倍时（即 $U_{upper}/U_{lower} \geqslant 2$），音调压力完全停止。$U_{upper}/U_{lower}$ 从 1 增加时，声压级系统地降低，对于 $U_{upper}/U_{lower} \approx 1.3$，降低 10dB。

压力对 $1/\sqrt{y_1}$ 的依赖性似乎受两个极限的限制。对于 y_1/y_f 的较大值，这种依赖性似乎仅限于 Λ_3 量级的 y_1，其中 Λ_3 是压力沿跨度的积分相关长度。当距离大于 $y_1=\Lambda_3$ 时，人们会认为二维分析不成立。当 y_1 的较小值接近 $y_1=0$ 时，压力受一个最大值的限制，对此我们没有实际的测量；这在图 5-18 中显示得很清楚，见图中的位置 E 和 F。对于钝边，极限压力可以通过拐角处的局部黏性效应来设定，而对于斜边，这个最大值可以通过驻点附近的局部湍流混

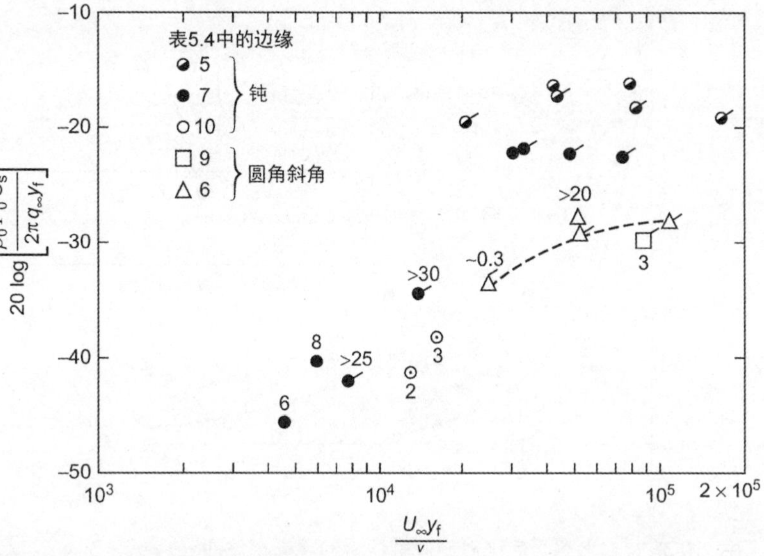

图 5-23　各种后缘的均方涡旋强度，涡旋脱落为尾流厚度雷诺数 R_{yf}的函数

（用尾流强度测量值和式（5.71）获得的未标记点。通过表面压力测量和式（5.70c）获得的标记点。$Q<30$ 时，数字表示质量因数 $f_s/\Delta f_s=Q$）

合来设定。

5.4.4.3　涡旋脱落的展向相关和升力系数

展向相关长度的测量只针对钝边湍流翼型。图 5-24 显示了表 5-4 后缘附近音调压力的展向相关性。读者可以看到这些相关与第 1 卷图 4-15 所示的刚性圆柱涡旋脱落的定性相似性。对于两种后缘几何形状，在雷诺数较大时，相同的指数拟合似乎适用；这给出了翼展方向的积分标度（式（3.71））：

$$\Lambda_3\approx3.8y_f \tag{5.72a}$$

图 5-24 所示的相关值是观察到的时空相关的最大值，据了解，这些值不受翼型振动的影响。鉴于涡旋相对于支柱后缘的轻微偏航，时间延迟值较小时，常常观察到最大的时空相关性。对于钝边，这种行为是最小的，但是在圆边的情况下，通常观察到显著的时间延迟。在 $2.8\times10^4<R_h<8.3\times10^4$时，Graham[125] 报告称，在较低雷诺数和较厚的上游边界层条件下，NACA 0012 翼型（表 5-4 中的 10 号边缘）上的展向相关测量给出了平方钝边涡街尾流速度的展向相关测量值。

$$\Lambda_3\approx1.5y_f \tag{5.72b}$$

正方形构型后的钝边产生的涡街尾迹沿翼展方向的速度参数测量结果在 Graham 的报告中给出，结果是 $2.8\times10^4<R_h<8.3\times10^4$。相关函数类似于

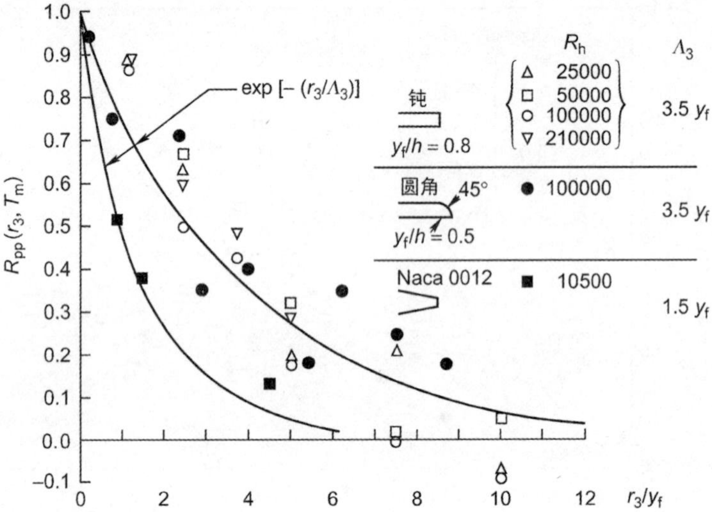

图 5-24　平翼型后缘涡旋脱落压力的展向相关性（另见表 5-4）

图 5-24 所示的函数。但在 $5<r_3/h<11$，Graham 观察到相关函数一般为负值，达到-0.05。

表面上的涡致力可以通过对压力进行积分得

$$f(t)\iint_S p(y,t)\,\mathrm{d}^2y \tag{5.73}$$

力的自功率谱可以写成表面压力的时空相关：

$$\Phi_f(\omega)=\iint_S\int_{-\infty}^{\infty}\mathrm{d}^2y_1\iint_S\mathrm{d}^2y_2\,\overline{p(y_1,t)p(y_2,t+t)}^{\,t}\mathrm{e}^{\mathrm{i}\omega\tau}\,\mathrm{d}t \tag{5.74}$$

虽然这种关系是普遍的，但其在特定表面压力方面的评估目前仅适用于钝边湍流翼型。层流翼型的升力系数必须从辐射偶极子声音中推导出来，这将在下一节介绍。时间和空间的变化将沿着以前使用的线分开；即将从空间行为中排除自功率谱函数。周期性涡街形成引起的压力在 y_1 方向上是确定的，在上下表面上是相位相反的。两者都具有位置的展向随机函数，积分标度为 Λ_3。从此处给出的测量数据可以明显看出，y_1 和 y_3 的函数遵循二维行为，并且在分析上是可分离的（遵循式（5.70）和式（5.71））。图 5-22 表明表面压力具有以下形式

$$p(y_1,t)=p_0g\left(\frac{y_1}{y_f}\right)\mathrm{e}^{\mathrm{i}\phi(y_3,t)}\,\mathrm{e}^{-\mathrm{i}\omega_s t} \tag{5.75}$$

其中

$$p_0=\frac{\rho_0 U_s \Gamma_0}{2\pi y_f},\quad g\left(\frac{y_1}{y_f}\right)=\left[\frac{|y_1|y_f}{0.12}\right]^{-1/2}$$

例如，$|y_1|/y_f<m$，其中 $m\approx 6$。如上所述，在距离边缘的这个距离之外，有三个维度集。因此，可看到

$$\Phi_f(\omega)=\frac{1}{2}\langle F^2(t)\rangle[\delta(\omega+\omega_s)+\delta(\omega-\omega_s)]$$

其中

$$\langle F^2(t)\rangle=4\left(\frac{\rho_0\Gamma_0 U_s}{2\pi y_f}\right)^2\left(2y_f\sqrt{0.12m}\right)^2 2\Lambda_3 L_3 \tag{5.76a}$$

如果 $my_f<C$，或

$$\langle F^2(t)\rangle=4\left(\frac{\rho_0\Gamma_0 U_s}{2\pi y_f}\right)^2\left[2y_f\left(\frac{0.12C}{y_f}\right)^{1/2}\right]2\Lambda_3 L_3 \tag{5.76b}$$

如果弦长比 my_f 小很多。假设在 $g(y_1/y_f)$ 上的积分被限制在（$\sqrt{|y_1|}^{-1}$区域），并且跨度足够长，$L_3\gg 2\Lambda_3$。

可以定义与 5.3 节中使用的升力系数一致的升力系数：

$$C_L=\int\frac{(\mathrm{d}F_2/\mathrm{d}y_3)\mathrm{d}y_3}{\frac{1}{2}\rho_0 U_\infty^2 CL_3}$$

其中，积分在长度 L_3 上展开，给出均方结果

$$\overline{C_L^2}=\frac{\langle F^2(t)\rangle}{q_\infty^2 C^2 L_3^2}=\frac{\langle(f_2')\rangle^2 L_3 2\Lambda_3}{q_\infty^2 C^2 L_3^2} \tag{5.76c}$$

或者，使用式（5.76a），有

$$\overline{C_L^2}\approx 1.92m\left(\frac{y_f}{C}\right)^2\left(\frac{\rho_0^2 U_s^2\Gamma_0^2}{(2\pi q_\infty y_f)^2}\right)\frac{2\Lambda_3}{L_3} \tag{5.77}$$

对于足够大以具有实际意义的弦，即对于 $m=6$，因此

$$C>my_f\approx 6y_f$$

这些表达式都类似于第 1 卷第 4 章中的表达式。

5.5　刚性表面涡旋脱落的声音音调

5.5.1　分析说明

应用式（5.10）和式（5.8b），$\cos\alpha=1$，使用式（5.62a）给出的 u_3，其

给出了远场辐射声压的傅里叶系数表达式：

$$P_{\mathrm{a}}(\boldsymbol{r},\omega)=\frac{\mathrm{e}^{\mathrm{i}k_0r}}{4\pi r}\frac{\mathrm{e}^{-\mathrm{i}\pi/4}}{\sqrt{2\pi}}(k_0)^{1/2}\sin^{1/2}\phi\sin\frac{\theta}{2}\times$$

$$\int_{-L_3/2}^{L_3/2}[\rho_0\gamma_0(k_{\mathrm{w}},\xi_3,\omega)U_{\mathrm{c}}]\int_0^{\infty}\frac{1}{\sqrt{\xi_1}}\mathrm{e}^{\mathrm{i}k_{\mathrm{w}}\xi_1}\mathrm{d}\xi_1\mathrm{d}\xi_3 \tag{5.78}$$

其中，尾流的几何形状如图 5-21 所示。为了简化讨论，假设 $l_{\mathrm{f}}\approx 0$，但很快会有人提出这样做确实不失普遍性。式（5.78）中 ξ_1 上的积分得到直接评估，以给出

$$P_{\mathrm{a}}(\boldsymbol{r},\omega)=\frac{\mathrm{e}^{\mathrm{i}k_0r}}{4\pi r}\frac{1}{\sqrt{2}}\sqrt{\frac{k_0}{k_{\mathrm{w}}}}\sin^{1/2}\phi\sin\frac{\theta}{2}\rho_0U_c\int_{-L_3/2}^{L_3/2}\gamma_0(k_{\mathrm{w}},\varepsilon_3,\omega)\mathrm{d}\varepsilon_3 \tag{5.79}$$

鉴于 $\gamma_0(k_{\mathrm{w}},\xi_3,\omega)$ 在跨度上积分的随机性质，$P_{\mathrm{a}}(\boldsymbol{r},\omega)$ 是随机变量。通过同样可得到式（4.27）和式（4.28）的步骤，远场声压的频谱密度由下式给出

$$\Phi_{p_{\mathrm{rad}}}(\boldsymbol{r},\omega)=\frac{1}{32\pi^2}\left(\frac{k_0}{k_{\mathrm{w}}}\right)|\sin\phi|\sin^2\frac{\theta}{2}\rho_0^2\gamma_0^2\left(\frac{l_{\mathrm{c}}L_3}{r^2}\right)U_{\mathrm{c}}^2\phi_{\gamma}(\omega-\omega_{\mathrm{s}}) \tag{5.80}$$

此处，$\phi(\omega\pm\omega_{\mathrm{s}})$ 是尾流扰动的双侧标准频谱函数，因此

$$\int_{-\infty}^{\infty}\phi_{\gamma}(\omega\pm\omega_{\mathrm{s}})\mathrm{d}\omega=1$$

峰值在 $\omega=\pm\omega_{\mathrm{s}}$ 附近，其中

$$\frac{\omega_{\mathrm{s}}y_{\mathrm{f}}}{U_{\mathrm{s}}}\approx 1 \tag{5.81}$$

根据式（5.63）：

$$\overline{\gamma_0^2}=\frac{\Gamma_0^2k_{\mathrm{w}}^2}{4} \tag{5.82}$$

是近尾流中某点的均方涡度。在式（5.80）相关函数的第一个矩，由式（4.28）中的因子 γ_{c} 表示，与 $2\Lambda_3$ 相比可忽略不计。式（5.70a）可用于将边缘附近的表面压力与以下 $\overline{\gamma_0^2}\phi(\omega\pm\omega_{\mathrm{s}})$ 数量联系起来：

$$\frac{\Phi_{p_{\mathrm{rad}}}(\boldsymbol{r},\omega)}{\Phi_{p_{\mathrm{s}}}(y_1-y_{\mathrm{s}},\omega)}=\frac{1}{2\pi^2}\frac{U_{\mathrm{s}}}{c_0}\frac{2\Lambda_3}{y_{\mathrm{f}}}\frac{|y_1-y_{\mathrm{s}}|L_3}{r^2}|\sin\phi|\sin^2\frac{\theta}{2} \tag{5.83}$$

式（5.83）包括 y_1-y_{s} 取代 y_1 的泛化，结合图 5-22 对其进行讨论。这种泛化试图使结果适用于非方形边缘。使用依赖于假设 $l_{\mathrm{f}}\approx 0$ 的函数得出结果。但辐射压力与表面压力之比并不取决于这一假设。$k_{\mathrm{w}}l_{\mathrm{f}}>0$ 的效果是减少辐射压力和表面压力的大小，减少值与 y_{f}/l_f 成比例，而不改变最终控制该比值的后缘

压力奇异值的空间分布。必须在距离边缘足够近的位置测量表面压力，使其在 $(y_1-y_s)^{-1}$ 范围内。

图 5-17 显示了使用式（5.83）预测的 $L_s(f)$ 值，测得的表面压力和 $\Lambda_3=1.5y_f$ 的测量值（与测得的 NACA 0012 钝边翼型声压相比较）。表 5-4 列出了翼型的条件。尾流环流参数，用式（5.70c）从表面压力推导而出，假设 $l_f\approx y_f$，见图 5-23。该图显示了伴随翼型后缘逐渐变钝的自功率谱的渐进。

要预测高频时的总声压级，可将式（5.80）和图 5-23 中的数据组合成以下形式

$$\overline{p_a^2}(\boldsymbol{r})=\frac{1}{32}q_\infty^2 M_\infty\left(\frac{U_c}{U_\infty}\right)|\sin\phi|\sin^2\frac{\theta}{2}\,\frac{2\Lambda_3 L_3}{r^2}\left[\frac{\rho_0^2\Gamma_0^2U_s^2}{(2\pi)^2q_\infty^2y_f^2}\right] \tag{5.84a}$$

或者

$$L_s(f,r)=-20+L_q+\frac{1}{2}L_{Mc}+10\log(2\Lambda_3L_3/r^2)+$$
$$10\log\frac{\rho_0^2\Gamma_0^2U_s^2}{(2\pi)^2q^2y_f^2},\quad \frac{\omega C}{c_0}>2\pi \tag{5.84b}$$

式中：$L_s(f,r)$ 为音调的平均远场声级，即压力 p_{ref}。这个声级在半径为 r 的球面上进行平均，可以从表 5-4 中得到 $2\Lambda_3$，$L_{Mc}=20\log M_c$，$L_q=20\log q_\infty/p_{ref}$。可以借助第 1 卷图 1-12 列线图得出 L_q。

5.5.2　钝后缘的涡旋声

在使 $\omega C/c_0<2\pi$ 的低频下，可以调整前述分析，以允许使用低频格林函数。Howe 针对圆柱体[126]和有限薄翼型[12]推导出此类函数。得到的结果与式（5.70a）~式（5.70d）相似，但数值系数不同，用 k_0/k_w 代替 $(k_0/k_w)^{1/2}$。圆柱体上的相关力是根据类似于式（4.27a）的关系给出的。但从升力面辐射的均方声压仍然基本上由式（5.48）给出。此处对其进行了重新排列，将频率和未知 $\overline{C_L^2}$ 归为同一术语：

$$\overline{p_a^2}(\boldsymbol{r})=q_\infty^2M_\infty^2\left(\frac{\sin\theta}{4\pi}\right)^2\frac{y_fL_3}{r^2}\left[\left(\frac{\omega C}{U_s}\right)^2\frac{L_3}{y_f}\overline{C_L^2}\right] \tag{5.85}$$

式中：$\theta=0$ 与尾流重合；为了与式（5.42a）和式（5.42b）一致，$\overline{C_L^2}$ 是基于翼型弦长的均方升力系数，y_f 代表估计的长度尺度，使其符合式（5.81）。对于钝边气流和湍流气流，括号中的术语相当于

$$\left(\frac{\omega C}{U_s}\right)^2\frac{L_3}{y_f}\overline{C_L^2}=2m\frac{2\Lambda_3}{y_f}\frac{\rho_0^3U_f^2\Gamma_0^2}{(2\pi)^2q_\infty^2y_f^2}$$

式中：$m\approx6$，如式（5.75）所讨论，适用于 $my_f<C$，因此该术语与长度和弦均无关。

对于紧凑的湍流表面，式（5.85）和式（5.68）可结合使用，从图 5-23 和表 5-4 中获得右边括号内的整个术语。因此，可以写出均方差远场压力

$$\overline{p_a^2}(\boldsymbol{r})\approx\frac{2m}{16\pi^2}q_\infty^2 M_\infty^2\sin^2\theta\,|\sin\phi|\,\frac{2\Lambda_3 L_3}{r^2}\frac{\rho_0^2\Gamma_0^2U_s^2}{(2\pi q_\infty y_f)^2}\tag{5.85a}$$

对于 $\omega C/c_0<2\pi$ 和 $C>6y_f$ 或

$$L_s(f_s,r)=-16+L_q+L_M+10\log\frac{2\Lambda_3L_3}{r^2}+10\log\frac{\rho_0^2\Gamma_0^2U_s^2}{(2\pi q y_f)^2}\tag{5.85b}$$

式中：$L_q=20\log q_\infty/p_{ref}$ 可以从图 1-12 中得出。

5.5.3　层流翼型的纯音

具有历史意义的是，对假设的具有涡旋脱落的层流翼型声音的最早测量为 Yudin[127] 做出，结合了其在旋转杆方面的工作（已经在第 1 卷第 4 章中描述过）。这些测量是在低雷诺数下的钝边表面上进行的。本节描述了在均匀流中使用固定翼型的最新测量结果。测量是在适度低的雷诺数下进行的，因此假定层流在弦的大部分上成立。

Clark[128]、Paterson 等[89] 和 Sunyach 等[129] 针对 $R_c<1.5\times10^6$，对辐射噪声进行了测量。在这些测量中，弦在声学上是紧凑的，因此辐射噪声可以被认为是以与圆柱体相同的方式诱发，因此式（5.85）适用。我们注意到，$\overline{C_L^2}$ 代表一个积分谱函数，如式（5.80）所提供；即积分升力系数为

$$\overline{C_L^2}=\int_{-\infty}^{\infty}\overline{C_L^2}(\omega)\,d\omega$$

我们处理的是锐边层流翼型，表 5-3 行定义的斯特劳哈尔数适用，所以我们在式（5.85）中让 $2\delta\approx y_f$。

Clark[128] 和 Paterson 等[89] 的噪声水平，按照式（5.84a）的方式进行无量纲化，如图 5-25 所示。在后缘非常尖锐的翼型上进行实验；Clark[128] 翼型为受阻和弧面 NACA 65-010 部分，Paterson 等[89] 使用的翼型为受阻尖锐边缘 NACA 0012。图 5-25 中给出的声压级具有很高的音质。

无量纲噪声水平在低 R_c 值下大致恒定，这表明振荡升力仅通过其对 δ 的依赖性而成为雷诺数的函数。在 6°迎角和 $R_c>7\times10^4$ 时，Paterson 等[89] 报告的数值。突然下降，可能是由于湍流附面层流对尾流动力学的影响。Sunyach 等的实验中也显示了类似的行为[129]。在这种情况下，在 $R_c\approx10^5$ 处观察到窄带

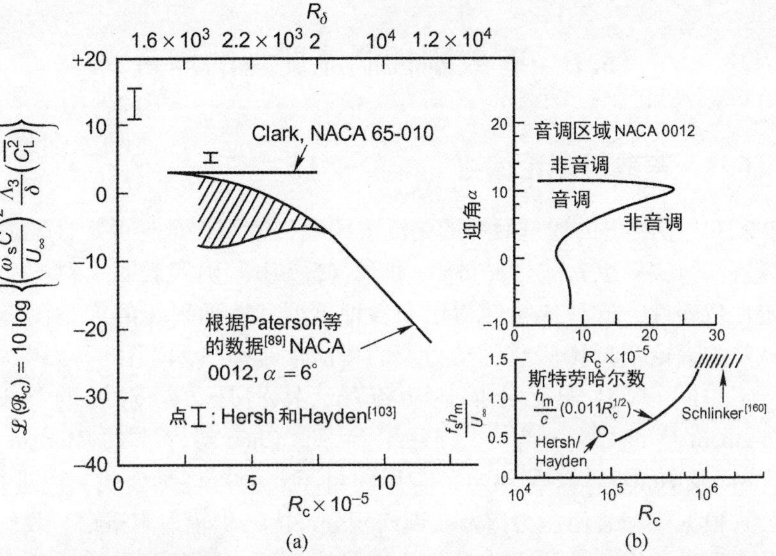

图 5-25　根据测得的偶极子声音推导出的小迎角下锐边翼型的涡致升力系数

（注意，当 $R_y>4\times10^6$ 时，边界层转换通常发生在平板上；参见第 2 章，湍流壁压波动的要点）

辐射，在 $R_c\approx2\times10^5$ 处消失。Paterson 等[89]、Hersh 和 Hayden[103] 进一步证实了上游湍流刺激在抑制音调产生方面的作用。他们发现将层流边界层脱落到湍流可以消除音调。音调的存在也取决于迎角，见图 5-25（b）。

图 5-25 可用于预测频率 f_s 下的平均声级，只要 $R_c<2\times10^6$，就可以通过重写式（5.85）来实现，形式为

$$L_s(f_s,r)\approx-27+L_q+L_M+10\log\frac{2\delta L_3}{r^2}+L(R_c) \tag{5.86}$$

其中

$$L(R_c)=10\log\left(\frac{\omega_s C}{U_\infty}\right)^2\frac{\Lambda_3}{\delta}\overline{C_L^2}$$

其中，包括所有依赖于雷诺数 R_c 的量，见图 5-25；δ 和 f_s 可根据表 5-3 中的参数进行估算。不应出现这些音调，除非可以假定在空气箔片的两个表面上有层流。如果迎角过大，如果存在表面粗糙度，如果前缘足够尖锐以促进流动分离，从而使边界层脱落（如在许多风扇叶片上那样），或者如果前缘锯齿使边界层脱落[103]，那么不应出现层流音调，式（5.86）不适用。

5.6　有效刚性湍流翼型的声音

5.6.1　声散射理论综述

5.2.2.1 节给出的通过后缘的湍流声压理论适用，至少可定性地适用于实际后缘流动。实际上，式（5.11a）和式（5.11b）确实表明了对流动声学参数的定性依赖性，这种依赖性适用于各种翼型和壁面射流的大量测得的声压级。从基本理论定量预测空气动力声的可能性是另一回事，因为式（5.11a）和式（5.11b）等式未充分描述湍流场，特别是边缘附近的涡度分布。Chandiramani[130]、Chase[131-132]、Amiet[133-134]、Zhou 等[135,144]、Moreau 和 Roger[136-138]以及 Howe[24,139-140]给出了有用的封闭式分析理论公式，以进行预测，这些公式根据气动表面压力谱及其展向积分尺度产生辐射声压谱。我们将首先关注分析方法，因为这些方法是与我们对该主题的不断了解同时发展的。现在，使用大涡数值模拟来预测后缘声音已经变得可行；这些低马赫数流动的示例也将在下面的章节中讨论。所有这些结果都说明了后缘散射机制产生的亚声速湍流声辐射，该机制将亚声速对流波数分量转换成声源。作为高波数表面压力场或高波数 $\boldsymbol{\omega}\times\boldsymbol{U}$ 源分布的小空间尺度湍流遭遇边缘时，相对长的波长声压波被辐射出去。散射效率取决于边缘的曲率、马赫数、湍流的展向积分尺度和表面阻抗。边缘的声学效应类似于涡旋脱落时的声学效应，但从空气动力学的角度来看，后缘流动有极大不同。如 5.6.2 节所示，这种机制产生的表面压力不会随着靠近边缘而增加，相反，其与涡旋脱落产生的压力相比变化相对较小。本节涵盖的流动包括锐边湍流翼型、壁面射流和吹气襟翼。在发生流动分离的钝后缘情况下，表面压力由对流涡和静止涡的组合引起。

升力面尖部周围和襟翼边缘周围的流动也会产生超过后缘噪声的声音[141-142]和 Howe[143]。虽然声音产生的机理与这里所考虑的基本相同，但由流尖相互作用产生的气动力源强度可能大于后缘-流动相互作用产生的气动力源强度，特别是在大迎角时。根据 George 等[144]，叶尖涡旋声可由转子叶尖的分离流动在高频下产生。使用以前公布的翼型尖端表面压力测量值，将后缘噪声模型用于尖端区域，从而得出结论。

与 5.2.2 节的初步分析相比，通过空气声散射对后缘噪声进行的更详细的理论处理有三种一般方法。第一类问题[131-132]是将辐射噪声场作为由刚性边界上的已知压力场确定的边值问题来处理。假设边界压力场由边缘湍流边界层的流体动压决定。这些结果仅适用于边缘和入射涡旋之间无流体动力相互作用，且后缘尾流中未形成额外涡源的情况。尖锐后缘的作用是将能量从相对较短的流体动力（倏逝）波散射到较长的声波中。

第二类问题[122,145]涉及边缘尾流中刚性板、流体和剪切层之间的水声相互作用的处理。假设板-剪切层相互作用由不可压缩的流体运动式控制，引起流动不稳定性，但半平面的声散射效应引起远场声辐射。

根据 Lighthill 类比，第三类问题[5-6,12,146-151]将入射在边缘和尾流中的流场视为分布式源 T_{ij}。这组研究中考虑了涡旋运动[6,12,148-150]和表面阻抗[5,147]的各种组合。考虑有限弦但 $\omega C/U_\infty \geqslant 1$ 的相关工作包括 Amiet[133-134]（这是 Paterson 和 Amiet[54]、Clark[128]导出关系的直接应用）以及 Tam[150]、Tam 和 Reddy[152]（基于根据尾流中速度统计的表面压力的类似 Kraichnan 的模型，提出了表面压力为边界条件的声学边界值问题）。

正如 5.2.2.3 节所讨论，库塔条件的使用只影响辐射声音的大小，而不影响其对马赫数的依赖。Crighton[145,153]和 Davis[122]（对于板下游的半无限涡街）、Jones[151]（对于具有谐波时间依赖性的静止涡旋）和 Howe[6,12,24,139-140,148-149]（对于平移经过后缘的湍流）已经针对特定情况考察了这些条件，所有这些条件都涉及半平面刃状边缘。Orsag 和 Crow[154]还用流体动力稳定性理论分析了各种类型的库塔条件对非稳态气动条件的影响。

在后缘噪声的倏逝波理论中，表面上的以及因通过边缘进行对流的边界层湍流引起的流体动压，在数学上表示为由边缘衍射的入射波场[130,132]。实际上，这些衍射波构成了边缘与湍流场的散射相互作用所辐射的声音。Chandiramani[130]和 Chase[132]使用这种方法来发展辐射声音和近场表面压力之间的关系。该理论阐释了辐射声音和边缘上游湍流引起的表面压力之间的封闭关系。分析假设入射压力场是从平面正上方施加在表面上，但不接触刚性半平面。

Howe 的一系列论文[24,139-140,143,148-149]对锐边引起的后缘噪声问题进行了综合分析。该方法有助于求解式（2.95）或式（2.96），由此，线性化源项代表入射涡度波，即耦合成亚声速流的平均速度矢量。假设湍流源位于锐缘板上方和附近的区域以及边缘下游的尾流中。问题求解包括边缘流相互作用产生的远场和表面压力。图 5-3 和图 5-4 显示了合适的几何形状。

Howe[6,139]在后缘应用了一个库塔条件，通过以与 5.2.2.3 节中描述的完全相同的方式使涡旋脱落来减轻奇异压力。假设对于表面一侧的流动，边缘上方和下游的源区构成了一个非趋近于零的区域 $\hat{\nabla}\cdot(\boldsymbol{\omega}\times\boldsymbol{U})$，Howe 得到了表面压力的表达式：

$$p_s(\boldsymbol{y}_{1,3},t) = -\frac{1}{2}\rho_0\iiint_{-\infty}^{\infty}\mathrm{d}k_1\mathrm{d}k_3\mathrm{d}\omega\int_0^{\infty}\mathrm{d}y_2\times$$

$$\{1+\mathrm{sgn}(y_2)\mathrm{erf}[\sqrt{\mathrm{i}y_1(k_1+k_3)}]\}\times$$
$$\left[\left(1-\frac{U_{\mathrm{w}}}{U_{\mathrm{c}}}\right)\boldsymbol{\mu}\cdot(\boldsymbol{\omega}\times\boldsymbol{U}_{\mathrm{c}})\frac{\mathrm{e}^{\mathrm{i}(k_0^2-k^2)^{1/2}y_2}}{(k_0^2-k^2)^{1/2}}\mathrm{e}^{\mathrm{i}(\boldsymbol{k}\cdot\boldsymbol{y}_{13}-\omega t)}\right] \tag{5.87}$$

式中：U_{c}是距离表面 y_2处涡旋的局部对流速度；sgn y_2=+1 表示与流动相同的表面一侧的压力；-1 表示相反一侧的压力，且

$$\boldsymbol{\mu}=(k_1,-(k_0^2-k^2)^{1/2},k_3),\quad \boldsymbol{k}=(k_1,k_3)$$

$\widetilde{\omega}$是源涡的广义傅里叶变换：

$$\widetilde{\boldsymbol{\omega}}(\boldsymbol{k}_{13},Z,\omega)=\frac{1}{(2\pi)^3}\iiint_{-\infty}^{\infty}\mathrm{e}^{-\mathrm{i}(\boldsymbol{k}_{13}\cdot\boldsymbol{y}_{13}-\omega t)}\boldsymbol{\omega}(y,t)\mathrm{d}^2\boldsymbol{y}_{13}\mathrm{d}t \tag{5.88}$$

入射涡度与锐边相互作用，产生局部二维奇异速度，见式（5.66）。涡旋以精确的强度和对流速度 U_{w}脱落进入尾流，以相同的方式抵消由入射涡度产生的奇异性。Yu 和 Tam[11]的流动可视化实验首次证明了这种应用中的涡旋脱落现象，他们观察到了一个单侧壁面射流尾流中的旋涡脱落现象，该涡旋脱落是对流经过边缘的主要上游旋涡的响应。这种可视化现在很常见，如 Probsting 等[155]、Guan 等[156]。除了流动可视化之外，声学波束成形技术也很有帮助，如 Dougherty[157]开发的技术。理论中涡旋脱落的出现解释了误差函数和尾流中涡流对流速度 U_{w}的存在。在式（5.87）中，已经说明了垂直于边缘的流动矢量和远小于 1 的涡流对流马赫数，估算半平面表面上的压力。式（5.87）中出现的误差函数前面式（5.69）给出的渐近值。式（5.87）对尖锐后缘附近的压力的适用性已通过锐缘翼型相对侧上的测量得到验证[76,158]。

与前述一致的远场声压的对应关系为

$$p_{\mathrm{a}}(r,\theta,\phi,\omega)=\frac{-\mathrm{i}\rho_0\sin(\theta/2)\sqrt{\sin\phi}}{r}\int_{-\infty}^{\infty}\frac{\mathrm{d}k_1}{k_1}\int_0^{\infty}\mathrm{d}y_2\left(1-\frac{U_{\mathrm{w}}}{U_{\mathrm{c}}}\right)\left(\frac{U_{\mathrm{c}}}{c_0}\right)^{1/2}\times$$
$$(\overline{\boldsymbol{\mu}}\cdot(\widetilde{\boldsymbol{\omega}}\times\boldsymbol{U}_{\mathrm{c}}))\mathrm{e}^{-|k_1|y_2}\mathrm{e}^{\mathrm{i}(k_0r-\omega t)} \tag{5.89}$$

式中：U_{c}仍然是 y_2的函数，并且

$$\overline{\boldsymbol{\mu}}=(k_1,-\mathrm{i}\,|\,k_1\,|\,,k_0\cos\phi)$$

因子 $U_{\mathrm{c}}-U_{\mathrm{w}}$来自库塔条件的应用。如果尾涡以与入射涡相同的速度对流，那么 $U_{\mathrm{c}}=U_{\mathrm{w}}$，式（5.89）说明根本不会有声音。典型来说，$U_{\mathrm{c}}>U_{\mathrm{w}}$，所以预期将产生声音。若库塔条件未被应用，则 $1-U_{\mathrm{w}}/U_{\mathrm{c}}$被 1 取代。

式（5.87）在亚声速湍流边界层下的表面压力方面，与式（2.28）具有很大的相似性。此变换

$$\overline{\boldsymbol{\mu}}\times(\widetilde{\boldsymbol{\omega}}\times\boldsymbol{U}_{\mathrm{c}})$$

取代了之前使用的变换，即

$$\widetilde{T}_{ij}(\boldsymbol{k}_{13},y_2,\omega)[(k_0^2-k^2)^{1/2}\delta_{i2}+k_i][(k_0^2-k^2)^{1/2}\delta_{j2}+k_j]$$

通过 $y_2=z$ 上的部分积分得到后一种变换。这种等价性可以通过重复式（2.28）和式（2.66）的演变来推导，但源项由第 1 卷式（2.95）给出。后缘附近的表面压力和前缘上游的表面压力之间的显著区别由式（5.87）中包含误差函数的项给出。如式（5.69）显示，当 $y_1(k_1+k_3)$ 变得远大于 1 时，$[\mathrm{i}\sqrt{y_1(k_1+k_3)}]$ 接近 1。因此，只要 $\boldsymbol{\omega}\times\boldsymbol{U}$ 的波数谱在 $k_1=k_c=\omega/U_c$ 附近达到峰值（图 8.5 或图 8.25），式（5.87）的解化简为式（8.28）的形式，此时 $y_1\gg k_c^{-1}$；即误差函数给出了远离边缘的表面上常见的压力加倍。如果流动只限于层区域 $0<y_2<\delta$ 的上侧，那么上游压力 $p(\boldsymbol{y}_{13},0^+,t)$ 将是有限的，基本上与没有边缘的无限刚性表面的情况相同。在流动的相反一侧，$p(\boldsymbol{y}_{13},0^-,t)$ 为有限的，仅在紧邻边缘处非零，但 $(k_c y_1)^{-1/2}$ 时上游压力趋近于零。图 5-6（b）说明了“库塔条件”情况下的这种行为。

或者，式（5.69）表明当 $y_1=0$ 时，即在边缘的顶点处，$\mathrm{erf}\ \mathrm{i}\sqrt{y_1(k_1+k_3)}$ 同样为零。这是在边缘应用库塔条件的结果。鉴于 $\mathrm{sgn}\ y_2$ 项的存在，表面边缘相对侧的分散压力的相差为 180°。

式（5.87）和式（5.89）演变的其他假设如下：

（1）涡流场在平移通过边缘时冻结；即根据移动轴相关时间常数 θ_τ（例如图 3-23），我们要求

$$\theta_\tau U_c\gg\delta$$

式中：δ 是边界层的厚度。

（2）涡流对流速度 $U_c(y_2)$ 等于边界层中的局部平均速度。

（3）在 $U_2(y_2)$ 的不同值下平移的涡流之间没有相关性。

（4）通过施加库塔条件响应涡流-边缘相互作用而产生的尾涡集中在薄板 $\delta(y_2)$ 中，并以冻结方式以速度 U_w 对流。速度 $U_c(y_2)$ 和 U_w 平行于墙面。该板极薄，平均滑动流速（临近黏性亚层外的速度）也为 U_w。

（5）涡度源项 $\boldsymbol{\omega}\times\boldsymbol{u}$ 被线性化，因此 $\boldsymbol{\omega}\times\boldsymbol{u}\approx\boldsymbol{\omega}\times\overline{\boldsymbol{U}}$ 这要求

$$\nabla\cdot(\boldsymbol{\omega}\times\overline{\boldsymbol{U}})\gg\nabla\cdot[(\mathrm{d}\,\overline{U}_1/\mathrm{d}y_2)\hat{\boldsymbol{k}}\times\boldsymbol{u}]$$

式中：$\hat{\boldsymbol{k}}$ 为平行于边缘的单位矢量；$\boldsymbol{u}$ 为波动速度矢量。如果此不等式不成立，结果将受到因施加库塔条件而产生的脱落涡度形式的影响。

5.6.2　根据表面压力的辐射声压

根据上述结果，我们可以发现辐射声音的频谱和终止于刚性刃状边缘的平面上表面压力的频谱之间的有用关系。我们将应用扩展到更一般的钝后缘

问题。

远场中某点辐射声压的频谱密度现在可以用表面压力来表示。我们考虑仅在一侧有流动的扁平刚性半平面，其构造类似于图 5-6 顶部所示。辐射声音的频谱

$$\Phi_{p_{\mathrm{rad}}}(\boldsymbol{r},\omega)=\frac{1}{8\pi^2}\sin^2\frac{\theta}{2}\mid\sin\phi\mid M_{\mathrm{c}}\frac{L_3 2\Lambda_3}{r^2}P(\omega) \tag{5.90}$$

式中：此处使用的 $P(\omega)$ 代表整个涡源区域的综合影响；M_{c} 代表通过边缘的湍流的平均对流马赫数。见图 5-6，板向左延伸；尾流向右，流动在上方。函数 $P(\omega)$ 为

$$P(\omega)=\int_0^{\infty}\mathrm{d}y_2\int_0^{\infty}\mathrm{d}y_2'\rho_0^2\left(1-\frac{U_{\mathrm{w}}}{U_{\mathrm{c}}}\right)^2\frac{U_{\mathrm{c}}}{U_{\mathrm{c}}}U_{\mathrm{c}_{\mathrm{c}}}^2\times$$

$$\int_{-\infty}^{\infty}\mathrm{e}^{-(l(Z+Z'))}\frac{2\pi}{2\Lambda_3}\Phi_{\omega_3\omega_3}(k_1,k_3=k_0\cos\phi,\omega;y_2,y_2')\mathrm{d}k_1 \tag{5.91}$$

其中，我们选择了源函数 $\boldsymbol{\omega}_3\times\overline{U}_{\mathrm{c}}$；即平行于边缘的涡度被认为是低马赫数下最重要的辐射源，因为 $k_{\mathrm{c}}\omega_3\gg k_0\omega_2$。频谱函数 $\Phi\omega_3\omega_3(k_{13},\omega;y_2,y_2')$ 表示在板上方的平面 y_2 和 y_2' 中的涡度交叉谱。在式（5.91）推导中，假设边缘 L_3 的有限跨度大大超过湍流的展向积分尺度 Λ_3，并且假设 L_3 内的湍流是均匀的。对于沿 L_3 均匀随机分布的涡度，可写出上面使用的涡度的谱函数，

$$\langle\widetilde{\omega}_3(k_1',k_3',\omega',y_2')\widetilde{\omega}_3(k_1,k_3,\omega,y_2)\rangle$$

$$=\Phi_{\omega_3\omega_3}(k_1,k_3,\omega,y_2',y_2)\frac{\sin(k_3-k_3')L_3/2}{(k_3-k_3')}\delta(k_1-k_1')\delta(\omega-\omega')$$

式中：$\Phi\omega_3\omega_3(k_1,k_3,\omega,y_2',y_2)$ 是边缘上方均匀且有效无界涡度场的波矢频谱。在式（5.91）中，$k_3=k_3'=k_0\cos\phi$。很明显，如果 $P(\omega)$ 与物理上确定的参数相关，那么这种关系最好根据交叉流（y_3）方向的光谱特性来确定。因此，我们定义

$$\Phi_{\mathrm{pp}}(y_1,k_3,\omega)=\frac{1}{(2\pi)^2}\int_{-\infty}^{\infty}\int_{-\infty}^{\infty}\mathrm{e}^{-\mathrm{i}(k_3r_3-\omega t)}\times$$

$$\langle p_{\mathrm{s}}(y_1,y_3,t)p_{\mathrm{s}}(y_1,y_3+r_3,t+t)\rangle\mathrm{d}r_3\mathrm{d}\tau$$

因为 $\Lambda_3\ll L_3$。相应地，我们根据式（5.87）发现

$$\Phi_{\mathrm{pp}}(y_1,k_3,\omega)=\frac{1}{4}\int_0^{\infty}\mathrm{d}y_2\int_0^{\infty}\mathrm{d}y_2'\rho_0^2\left(1-\frac{U_{\mathrm{w}}}{U_{\mathrm{c}}}\right)^2U_{\mathrm{c}}^2\times$$

$$\int_{-\infty}^{\infty}\mathrm{e}^{\mathrm{i}k(Z+Z')}\{1+\mathrm{sgn}(y_2)\mathrm{erf}[\mathrm{i}\sqrt{y_1(k_1+k_3)}]\}^2\times$$

$$\Phi_{\omega_3\omega_3}(k_1,k_3,\omega,y_2,y_2')\mathrm{d}k_1 \tag{5.92}$$

涡度的谱函数 $\Phi\omega_3\omega_3(k_1,k_3,\omega;y_2,y_2')$ 峰值出现在 $k_1=k_c=\omega/U_c$ 和 $k_3=0$ 时；k_1 中峰值的宽度为 $2/\theta_\tau U_c$ 的量级，其中 θ_τ 是移动轴涡流时间常数（也可参见图 5-1）。因此，k_1 上的积分在 k_1 轴上的波数附近占主导，即 $k_{13}=(\omega/U_c,0)$，我们可以通过其在 wy_2/U_c，wy_2'/U_c 等处的相应值来近似推导出 ky_2、ky_2' 和 $(k_1+k_3)y_1$ 的组合函数。现在，如果 $\omega y_1/U_c\gg1$ 且 $y_1(\theta_\tau U_c)^{-1}\gg1$，则误差函数项可以从频谱函数 $\Phi\omega_3\omega_3(\boldsymbol{k}_{13},\omega;y_2,y_2')$ 分离，因为对于 $\omega y_1/U_c\gg1$ 时 $\mathrm{erf}[\mathrm{i}\sqrt{(k_c y_1/U_c)}]=1$。因此，在远离边缘的距离上，波数上的积分减为 $\Phi\omega_3\omega_3(k_1,k_3,\omega;y_2,y_2')$ 上的积分，误差函数项的平方在数值上接近 4.0。或者，如果 $y_1=0$，那么 $\mathrm{erf}[\mathrm{i}\sqrt{(k_c y_1)}]=0$，因此波形括号中的项是 1.0，$k_1$ 上的积分由涡度频谱确定。

表面压力的横波数谱的表达式相应地简化为一个简单形式：

$$\Phi_{pp}(y_1,k_3,\omega)\approx\alpha(y_1)\int_{-\infty}^{\infty}\mathrm{d}y_2\int_{-\infty}^{\infty}\mathrm{d}y_2'\rho_0^2\left(1-\frac{U_w}{U_c}\right)^2U_c^2\mathrm{e}^{-k_c(y_2+y_2')}\times\int_{-\infty}^{\infty}\Phi_{\omega_3\omega_3}(k_1,k_3,\omega;y_2,y_2')\mathrm{d}k_1\tag{5.93a}$$

其中

$$\alpha(y_1)=4\left|1+\mathrm{sgn}(y_2)\,\mathrm{erf}\left[\mathrm{i}\sqrt{\frac{\omega y_1}{U_c}}\right]\right|^2\tag{5.93b}$$

带极限

$$\alpha(y_1)=\begin{cases}1, & \dfrac{\omega y_1}{U_c}\ \text{或}\ \dfrac{y_1}{\theta_\tau U_c}\gg1\\[2ex]\dfrac{1}{4}, & y_1\to0\ \text{或}\ \dfrac{\omega y_1}{U_c}\ll1\end{cases}\tag{5.93c}$$

将其与 $P(\omega)$ 的表达式相比较，我们发现只要 $U_c\approx\overline{U}_c$（即涡旋对流速度在边界层的所有水平 Z 上基本上是均匀的），并且只要 k_3 上的谱分布对于所有 Z 是相同的（即基本上只要 Λ_3 在 Z 上是常数），那么

$$P(\omega)\approx2\pi\Phi_{pp}(y_1,k_3=k_0\cos\phi,\omega)(2\Lambda_3\alpha(y_1))^{-1}\tag{5.94}$$

式中：y_1 必须满足任一规定条件。在大多数实际情况下，$k_0\Lambda_3\to0$，因此波数可以有效地取为 $k_3=0$。因此，低马赫数的另一个表达式为

$$P(\omega)=\frac{\Phi_{pp}(y_1,\omega)}{\alpha(y_1)},\quad k_0\Lambda_3\ll1\tag{5.95}$$

式中：$\Phi_{pp}(y_1,\omega)$ 是 y_1 点的压力谱密度。这个表达式在估计辐射声对壁压统计变化的依赖性时特别方便。这些关系同样适用于板平面内均匀和不均匀湍流的

情况，只需满足 5.6.1 节的 5 个条件。

对于气流为双侧的情况，净辐射声强只是边缘每一侧的贡献之和。在零攻角时薄后缘薄翼型的情况下，可以合理地假设，每一侧的边界层是相同的，并且在统计上是不相关的。在可能带钝后缘或倾斜后缘的（升力）非对称翼型部分情况下，翼型侧面的湍流压力可能是相关的。因此，鉴于形状的广泛范围，以及相应的后缘流动地形，存在多种可能性。在过去的 40 多年里，许多学者对这些问题进行了实验研究，如 Schlinker 和 Amiet[160]、Blake[111,161]、Brooks 和 Hodgeson[76]、Gershfeld 等[162]、Moreau 和 Roger[163]、Shannon[164]、Shannon 和 Morris[165]、Bilka 等[66]、Guan 等[156]以及下一小节中将介绍的其他人。这里要指出的一点是，这些研究已经阐明了后缘流作为声偶极子源的重要领域。

根据前面的式（5.90）、式（5.94）和式（5.95），考虑到表面两侧参与具有尖锐后缘的翼型产生宽带后缘声音，表面压力的声压频谱项的一般无量纲形式为

$$\Phi_{p_{\mathrm{rad}}}(\boldsymbol{r}\quad\omega)=\frac{M_{\mathrm{c}}L_3\sin^2(\theta/2)\,|\sin\phi|}{4\alpha(y_1)\pi^2r^2}[\{\Phi_{\mathrm{pp}}(y_1,\omega)\Lambda_3\}_{ss}+\{\Phi_{\mathrm{pp}}(y_1,\omega)\Lambda_3\}_{\mathrm{pp}}+\{\Phi_{\mathrm{pp}}(y_1,\omega)\Lambda_3\}_{ps}] \tag{5.96a}$$

或者，以无量纲形式

$$\frac{\Phi_{p_{\mathrm{rad}}}(\boldsymbol{r}\quad\omega)}{q_\infty^2M_{\mathrm{c}}(L_3y_{\mathrm{f}}/r^2)\sin^2(\theta/2)\,|\sin\phi|}=\frac{1}{4\alpha(y_1)\pi^2}\,\frac{\{\Phi_{\mathrm{pp}}(y_1,\omega)\Lambda_3\}_{ss}+\{\Phi_{\mathrm{pp}}(y_1,\omega)\Lambda_3\}_{\mathrm{pp}}+\{\Phi_{\mathrm{pp}}(y_1,\omega)\Lambda_3\}_{ps}}{q_\infty^2y_{\mathrm{f}}} \tag{5.96b}$$

且在上下表面上的压力不相关的情况下

$$\{\Phi_{\mathrm{pp}}(y_1,\omega)\Lambda_3\}_{ps}=0 \tag{5.96c}$$

对于任一流动表面函数$\{\Phi_{\mathrm{pp}}(y_1,\omega)\Lambda_3\}$，积分壁压交叉谱定义为展向分离矢量上的积分

$$\{\Phi_{\mathrm{pp}}(y_1,y_3,\omega)\Lambda_3]_{\mathrm{pp}}=\int_0^\infty\Phi_{\mathrm{pp}}(y_1,y_3,y_3',\omega)\,\mathrm{d}(y_3-y_3') \tag{5.97}$$

在局部展向均匀流中，即在展向段上，其流动在与展向积分尺度相当的距离上是均匀的

$$\{\Phi_{\mathrm{pp}}(y_1,\omega)\Lambda_3\}_{\mathrm{pp}}=\int_0^\infty\Phi_{\mathrm{pp}}(y_1,r_3,\omega)\,\mathrm{d}r_3 \tag{5.98}$$

最后

$$\{\Phi_{pp}(y_1,\omega)\Lambda_3\}_{pp}=\Phi_{pp}(y_1,\omega)\Lambda_3 \tag{5.99}$$

其在小迎角时的薄（锐边）翼型上成立。$\{\Phi_{pp}(y_1,\omega)\}$中积分壁压谱 y_1 的弦向位置决定了式（5.93a）~式（5.93c）中给出的 $a(y_1)$值，y_f是波长标度，其含义与5.4.3节基本相同（将在下一节中使用）。

在空间均匀对流压力场的情况下，如平面两侧相等的非分离湍流边界层，$\Lambda_3=U_c/\gamma_3\omega=U_c/2\pi\gamma_3 f$，以与第 2 章“壁湍流压力脉动响应”兼容的替代形式重写式（5.86）很方便：

$$\frac{\Phi_{p_{rad}}(\boldsymbol{r}\quad\omega)U_\infty/\delta^*}{q_\infty^2 M_c(L_3\delta^*/r^2)\sin^2(\theta/2)\,|\sin\phi|}=\frac{2C_f^2}{4\pi^2\gamma_3}\left(\frac{U_c}{U_\infty}\right)^2\left[\frac{\Phi_{pp}(\omega\delta^*/U_\infty)(\omega\delta^*/U_\infty)^{-1}}{\tau_w^2}\right] \tag{5.100}$$

式中：因子 2 表示由不相关的涡旋场驱动的来自两侧贡献的幂和。括号中的频谱几乎是通用的（图 5-26），并且在边缘上游评估良好，$y_1\omega/U_c>1$，其中 $\alpha(y_1)=1$。如第 2 章“壁湍流压力脉动响应”所述，参数的典型值为 $\gamma_3=0.8$ 和 $U_c/U_\infty\approx0.7$。式（5.96）和式（5.10）在形式上与式（5.11）相同。

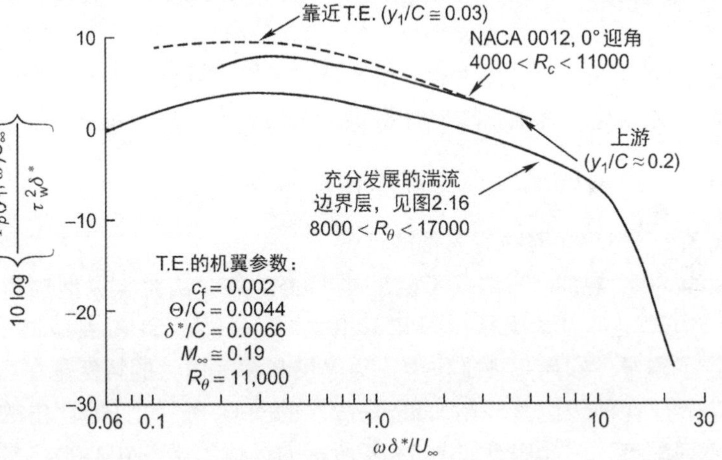

图 5-26　前缘脱落的 NACA 0012 翼型上的表面压力谱与平表面上获得的压力谱比较

式（5.96a）更一般形式在某些情况下可能有用，根据全波数谱 Howe[24] 给出，其中我们保留了式（5.96c）所表示的相对侧不相关压力的假设。

$$\Phi_{p_{rad}}(\boldsymbol{r}\quad\omega)=\frac{M_c L_3\sin^2(\theta/2)\,|\sin\phi|}{4\alpha(y_1)\pi^2 r^2}\times\cdots\times \tag{5.101}$$

$$\int_{-\infty}^{\infty}\frac{[\Phi_{pp}(k_1,k_0\sin\theta\sin\phi,\omega)_{ss}+[\Phi_{pp}(k_1,k_0\sin\theta\sin\phi,\omega)]_{pp}]}{|k_1|}\mathrm{d}k_1$$

可保证将这个表达式简化为式（5.96a），即通过简单地注意到 $k_1=\omega/U_c$ 时壁压的波数谱集中在对流波数周围；我们的关注点在 $M_c\ll 1$。式（5.96a）~式（5.96c）和式（5.101）都适用于壁压波数谱的评估。

计算后缘声音的一个相关方法是使用 RANS 统计方法评估特定表面和边界层的壁压，参见 2.3.2.3 节。Chen 和 MacGillvray[166] 以及 Glegg 等[167] 发表了后缘噪声说明。这两种尝试都使用了类似于 Lee 等提出的 RANS 统计方法[168]，并提供壁压和辐射声音（使用式（5.86）），这与图 5-17 中 Brooks 和 Hodgeson[76] 的测量结果非常一致。有限弦的影响可以通过将半平面理论得到的任何结果乘以类似于式（5.52）中给出的比率的修正来抵消，见 5.3.3 节。在这种情况下，基谱适用于半平面，因此合适的比值为

$$\frac{[\Phi_{p_{\mathrm{rad}}}(r,\theta,\phi,\omega)]_{\text{有限弦}}}{[\Phi_{p_{\mathrm{rad}}}(r,\theta,\phi,\omega)]_{\text{半平面}}}\approx\frac{\exp[\mathrm{i}k_0C\sin\phi-\pi/4]F(2\chi_{\mathrm{TE}})}{1+\dfrac{\exp[\mathrm{i}2k_0C\sin\phi]}{2\pi\mathrm{i}k_0C\sin\phi}\sin(\theta/2)} \tag{5.102}$$

Bilka 等[66]、Shannon[164]、Shannon 等[165,169]、Roger 和 Moreau[136,138] 使用了这种形式的修正。Moreau 和 Roger[137]、Zhou 和 Joseph[135] 使用了类似的和扩展的方法。

Caspera 和 Farrasat[171]、Ewert 和 Schroder[172] 通过分析发展了时域分析和大涡模拟，分别针对有限弦翼型（提供详细的声音方向性图）。

5.6.3　测量的刚性翼型连续谱后缘噪声

5.6.3.1　小攻角时锐缘翼型的声音

Schlinker 和 Amiet[160] 测量了在足够小的迎角下从锐缘翼型辐射的湍流后缘噪声，边界层可以认为是相同和不相关的，Brooks 和 Hodgeson[76] 对 NACA 翼型进行了测量。在后一项工作中，边界层和表面压力的特性是在后缘附近测量的，边界层在前缘脱落。在 Schlinker[160] 的实验中，允许零攻角的边界层自然地过渡到湍流，因此假设如图 5-19 所示的量适用于 NACA 0012 翼型。对于 NACA 0018 翼型（$h_m C=0.18$，其中 h_m 是翼型的最大厚度），假设比率 δ^*/h_m 具有与 NACA 0012 翼相同的值。

相应地，图 5-17 和图 5-27 比较了两组 NACA 翼型的辐射声谱，使用式（5.100）或式（5.96b）和式（5.99）进行估算，用于测量表面压力。式（5.88）的无量纲形式在图 5-27 中使用，以便于参考第 2 章“壁湍流压力脉动响应”中讨论的边界层特性，见图 5-26。用 Brooks 和 Hodgeson[76] 表面压力估算的声级比式（5.100）给出的声级稍高，因为 $\Phi_{pp}(y_1,\omega)$ 实际测量值比平板上的典型压力约大 5dB，见图 5-26。Schlinker[160] 未提供表面压力测量值，

因此无法进行比较。

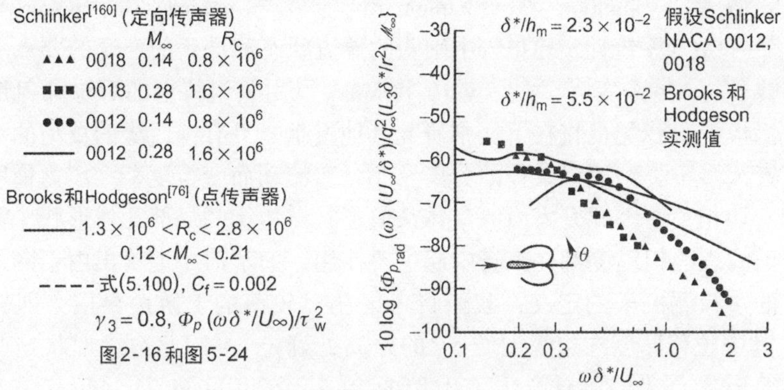

图 5-27　均匀流动的 NACA 翼型后缘噪声频谱

（方向性图在参考文献［76］中得到验证）

在测程序中，翼型产生的噪声很难与其他设施的背景噪声区分开来。因此，Schlinker[160]使用定向传声器来区分其他来源。Brooks 和 Hodgeson[76]使用了一系列自由场传声器，这些传声器位于 9 平面内的一个弧线上，垂直于 $\phi=0$ 表面。方向性 $\sin^2\theta/2$ 在设施允许的范围内得到验证；即 $45°<\theta<135°$，其中 $\theta=0°$与流动方向一致。Brooks 和 Hodgeson[76]的辐射声测量值与式（5.100）给出的估计值非常一致，但 Schlinker[159-160]的测量值在低频时与其不一致。在缺乏关于这些翼型边界层信息的情况下，其原因仍是未知的。然而，Schlinker[159-160]的测量值也显示，对于 12°的翼型迎角（边界层脱落），低频 $\omega\delta/U<2$ 时的声音级别略有提高。正如第 2 章“壁湍流压力脉冲响应”所讨论，已知低频边界层壁压对上游历史敏感。这是可能的原因。然而，一般来说，式（5.100）给出 δ^* 的缩放，适用于 δ^*/C 从 0.018 增加到 0.045，从 0°增加到 12°的情况。

这些结果仅适用于标称尖锐的后缘，其两侧的湍流边界层仍然附着在后缘上，并且在统计上是相似的。在其他情况下，当湍流分离发生但离散涡旋脱落不发生时，可使用下一小节讨论的程序进行预测。

5.6.3.2　后缘成形（倾斜）翼型的声音

在分离的流动边缘[79,111,120,160,175]上，产生了涡旋结构，非常类似于涡旋脱落中产生的结构，但是尾流具有产生声音和表面压力的近似周期性，该声音和表面压力具有以频率为中心的宽频带，如果形成强周期性尾流，就会出现该宽频带。钝后缘流动的现象学已经断断续续地研究了许多年，现在已能很好理解和描述。在本节中，我们将总结湍流态的要点和由 Blake[79,111,120,161,175]、Gershfeld 等[162]、Shannon[164]、Shannon 等[165,169,176]、Morris[173]、Roger 和 Moreau[163]在一系列系统性实验报告中阐明的湍流状态和产生的声音的要点（具体应用于转子），Guan 等[156]以及 Wang 和 Moin[77]用一组特定的后缘几何形状进行的大涡模拟。我们也将在下文中研究其他贡献。具有钝后缘的翼型的流动和诱导声音因多重类型可以共存的分离及非分离流动而变得复杂。压力梯度与几何形状密切相关，因此升力面的整体几何形状、边缘的局部几何形状、雷诺数和升力面的表面粗糙度都在声音中起主要作用。为了清楚地给出由不同边缘钝度决定的边缘偶极子的定义，我们将考虑相对较薄的上游边界层，即较大的 h/δ^*（其中位移厚度在边缘上游 $5h$ 的距离处确定），因此边缘形状是产生涡旋的主要因素。我们将结合上面引用的 Blake、Gershfeld 等、Shannon、Guan 等以及 Wang 和 Moin 的研究结果，他们均考查了大 C/h 和 h/δ^* 的平板翼型，其中 C 是弦，h 为厚度。

对于这类后缘，在平壁翼型前体后缘端部，锐斜角与下侧成 45°（Blake[79,111] 和 Shannon[164]）或 25°（Blake[79,161]、Gershfeld 等[162]、Guan 等[156]、Wang 和 Moin[77]。母翼型有一个椭圆形或圆形的前缘，否则是厚度为 h 的平前缘，后缘上游的边界层参数如表 5-5 所列。斜面与上表面的角度以 25°向相对侧逐渐变细，在尖锐的顶点处与相对边缘相遇。斜面与上表面的接合处为尖角（零曲率半径），或曲率半径为 R 的倒圆，使倒圆曲率半径 R/h= 0、1、2、2.5、4、6、8 和 10。安装的翼型在自由射流消声风洞中，但翼型之间细节不同。在这些研究中，Gershfeld 等能够获得设置在翼型相对两侧的两个传声器的交叉功率谱来测量声音；Shannon 和 Morris[164,176]、Guan[156]等使用传声器的平面螺旋阵列和波束成形，Dougherty[157,177] 测量远场声音。Blake[79,111,161]无法测量声音。此外，Gershfeld 等，尤其是 Guan 等，能够测量相较于 Blake[79,111,161]测量值更接近边缘顶点的壁压。Moreau 等[178]研究了类似的几何形状，其研究了边界后过渡对钝后缘声音的影响。

表 5-5　边缘上游的边界层特性（$x_1/h\approx6$）

参　数	Guan 等（2016）	Blake（1975，1984）
$U/$（m/s）	18~35	18~30.5
C/h	18	~19~21
$Re_h\times10^{-4}$	6.1~11.7	6~10.5
前缘	5∶1 椭圆	1∶1 椭圆
h/mm	50.8	50.8

续表

参　数	Guan 等 (2016)	Blake (1975, 1984)
δ/mm	8.6	16
δ^*/mm	1.3	1.85
θ/mm	0.97	1.49
$C_f \times 10^3$	3.7	3.2

就上游湍流边界层而言，这两种翼型最显著的区别可能在于前缘的形状。Blake[79,111,120,161,175]的圆形前缘实质上为边界层脱落，在后缘上游形成较厚的湍流边界层。后缘倾斜也不对称，因此通过轻微的弯度产生了一些升力。这是后来与 Wang 和 Moin[77]进行合作时发现的，后者展示了 $R/h=6$ 的翼型对未测量的气动迎角的轻微不确定性的敏感度。

粒子图像速度测量学已经成为理解后缘流动噪声的有用工具，参见 Shannon[164]、Shannon 和 Dorris[176]、Probsting 等[179-180]和 Morris[173]等（图 5-28）说明了 Guan 等[156]研究的一系列边缘上存在的近尾流类型。对于 25°斜面，$R/h=0$（尖关节）、4 和 10。图 5-28 显示了两个单独的 PIV 测量值的综合结果，旨在提供靠近边缘（图 5-28（b）虚线）和远离边缘的流动映射。插图将厚度雷诺数为 $R_h=6.1\times10^4$和 12.3×10^4时的测量值缝合在一起。

图 5-28（a）为无量纲展向涡度的等值线 $\omega_z h/U_\infty$，顶部的色标定义了图中的数值。请注意，这些数值大约是图 2-38 中粗糙壁上边界层数值的两倍。涡旋在所有情况下都表现出结构化的空间模式，但在 $R/h=0$ 时，涡旋明显卷起形成结构化的涡街，$R/h=4$ 时涡度减弱，而在 $R/h=10$ 时则不明显。

图 5-29 中显示了边缘周围位置选择的平板翼型上侧（斜面）和下侧的波动壁压自功率谱，$R/h=4$。图（a）侧的自功率谱靠近上侧分离的流动区域。在分离“气泡”中，光谱显示一个中心 fh/U_∞ 在 ~0.2~0.4 的“峰值”。尾流尺度 y_f在边缘的下游确定，如 5.4.3.1 节和（图 5-20）中的图表所示，也在图 5-30 的底部标出。图 5-31 为所有这些研究的 y_f值集合。考虑到定义该长度标度的实际不确定性，该边缘的 y_f/h 值似乎在 0.3~0.4 的范围内，使得该后缘斯特劳哈尔数 $\omega y_f/U_\infty\approx0.8$，这与表 5-3 中这些类型后缘的斯特劳哈尔数条目 5 一致。当观察点 x_1的位置向边缘曲率半径的前方移动时，自功率谱逐渐接近图 5-29（a）所示的未扰动湍流边界层的自功率谱。在图 5-29（b）所示的较低一侧，壁压基本上是未扰动流的壁压，但在 fh/U_∞ ~0.2~0.4 附近，频谱随着观察点接近边缘而上升，这是因为涡旋脱落开始提高这些压力，正如我们在 5.4.4.2 节讨论涡旋脱落音调时所讨论的那样。

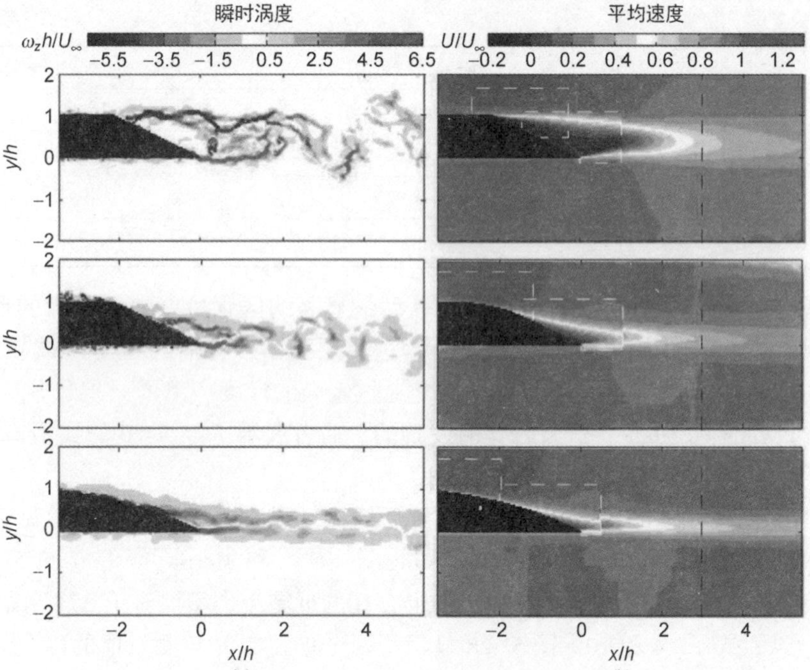

(a)　　(b)

图 5-28　瞬时涡度和平均速度

（第一排、第二排和第三排瞬时涡度（a）和平均等速度等值线，以及 25°斜角边缘的湍流强度（b）（阴影）剖面，$R/h=0$，4，10。$R_h=6.13\times10^4$ 和 12.33×10^4，Guan[156] 等）

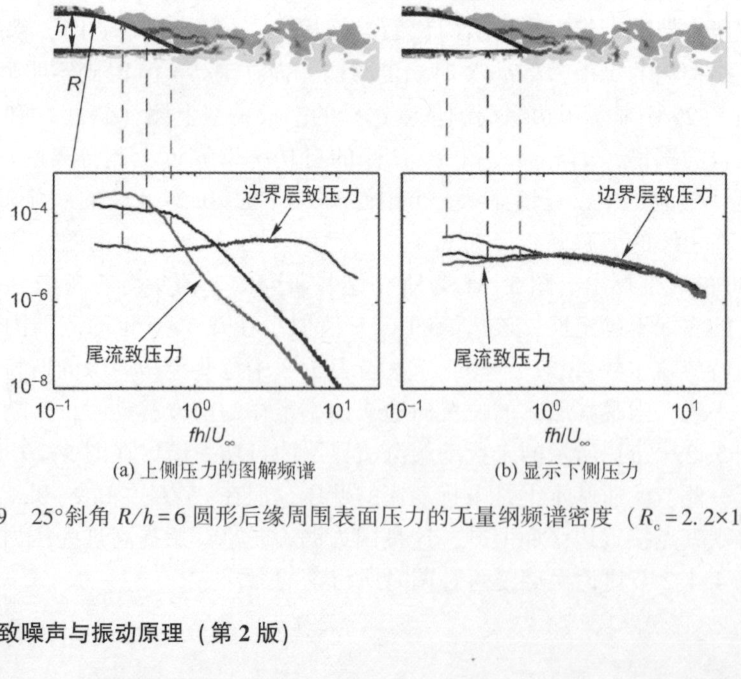

(a) 上侧压力的图解频谱　　(b) 显示下侧压力

图 5-29　25°斜角 $R/h=6$ 圆形后缘周围表面压力的无量纲频谱密度（$R_c=2.2\times10^6$）

该边缘 $R/h=4$ 位于表 5-4 的边缘 8 和 9 之间，这些压力是在雷诺数小于离散涡旋脱落开始的临界值（$R_h\approx 2\times 10^5$）时获得的。因此，发生在曲率半径下游上边缘的流动分离产生了表面压力，频谱特征进一步向下游朝着顶点发生突然改变，成为分离的流动区域。如图 5.17 所示，曲率半径上游的压力由完全发展的湍流边界层和 τ_w 上的标度确定。

图 5-30 需要进一步说明。这是 Blake[111,161] 两组结果（其提供了近尾流结构的初始定义）和 Guan 等[156]（其再次提供了近尾流结构以及相应的辐射声音）的汇总。长度参数 Δy_{sl} 和 y_f 在下文中用于描述可用于估算辐射声的壁压的一般函数。长度 Δy_{sl} 是从流动分离区域内（在此对壁压进行评估）表面上的点到流向位置正上方剪切层中最大湍流强度 $[\overline{u_1^2}]_{max}$ 位置的距离。这些分离流区内壁压的交叉谱密度的综合结果揭示了一个基本相关的同相压力场，该压力场沿流向延伸穿过整个流动分离区。这种程度的统一相关在频率范围内延伸到 $\omega y_f/U_\infty \sim 1$。

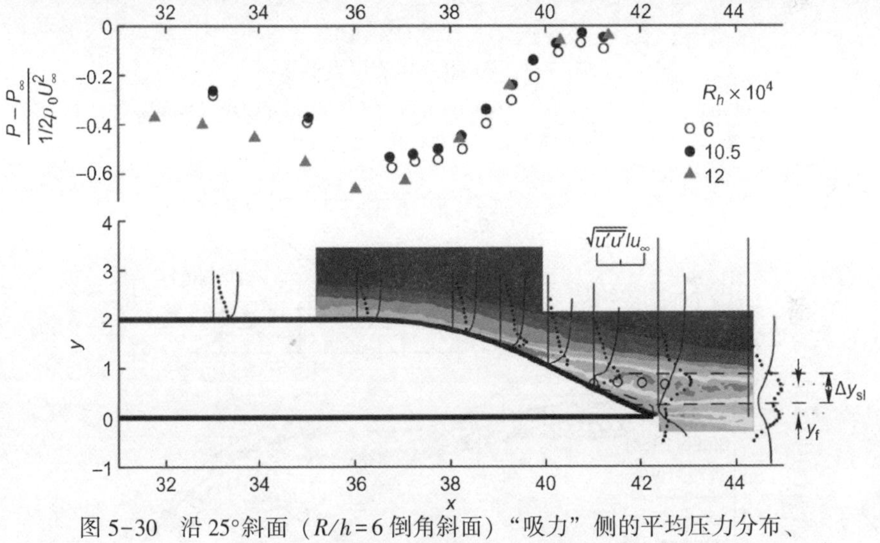

图 5-30　沿 25°斜面（$R/h=6$ 倒角斜面）“吸力”侧的平均压力分布、等速度等值线和湍流强度剖面

（此图为 Blake[111,161,175] 对平均速度流线和 u_1 湍流强度进行的静压（圆形点）和热线测量与 Guan 等[156] 对湍流强度进行的静压测量（三角形点）和 PIV 观测的叠加。对两次测量 $R_h=1.1\times 10^5$）

图 5-32 显示了沿该后缘的壁压自功率谱的更多细节，对应于图 5-30 的左边，但现在 y_f 上而非厚度 h 上无量纲化，注意到对于 $R/h=6$ 的边缘报告 $y_f/h\sim 0.4$[161]。图 5-30 和图 5-32 使用同样的传声器位置标记。这些自功率谱图共同显示了物理测量值[79,111,156,161] 和大涡模拟（Wang 和 Moin[77]）对流动分离

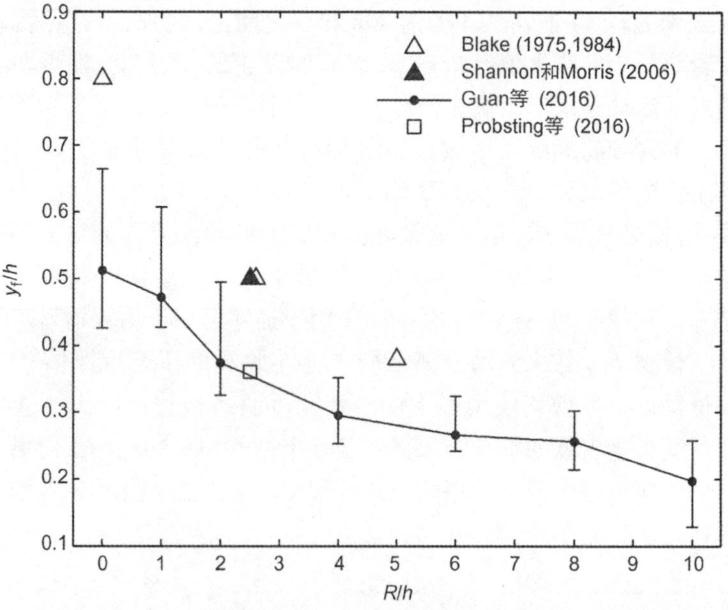

图 5-31　无量纲尾流厚度参数

（由 Blake[161,175]、Shannon[164] 和 Guan 等[156] 测量的无量纲尾流厚度参数 y_f/h，为半径 R/h 的函数。对所有参数 R_h 为 $6.1\times10^4\sim12.3\times10^4$）

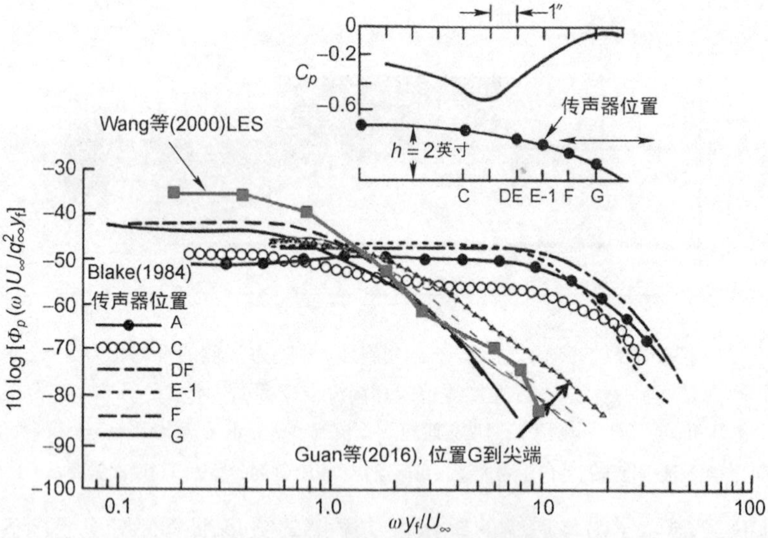

图 5-32　壁压无量纲自功率谱

（Blake[161,175]（实线条）和 Guan 等[156]（浅色线条）提出的“吸力”壁压无量纲自功率谱，上侧为 25°，$R_h=6$，斜边。带正方形点的实线是 Wang 和 Moin[77] 对 G 位置附近的 Blake[161] 构型进行大涡模拟的结果）

中壁压的一致性。Howe[140,149]表明，流动分离区壁压谱水平的降低与形成分离上边界的剪切层中亚声速对流涡度的倏逝格林函数有关。这个距离在图 5-30 中用 Δy_{sl}表示。总的来说，该图说明了上侧分离流动的壁压由两种明显不同的结构引起：与尾流发展有关的弱周期性涡旋脱落结构和湍流边界层引起的宽带随机结构。

图 5-33 和表 5-6 显示了因子和无量纲量的集合，提供了结果的总结概括。其也被用来根据式（5.96a）~式（5.96c）计算辐射声。显然，翼型下（吸力）侧的壁压波动通常与使用 Goody[182]回归计算的数值很好地匹配，图 5-33（a）（也可参见第 2 章“壁湍流压力脉动响应”和式（2.51）。频谱的低频端为例外情况，此处尾流致压力（如 5.5 节所述）很重要。这一侧的中高频宽带压力由附加的湍流边界层壁面剪切和上游边界层的边界层厚度（或等效的位移厚度，其中 $h/\delta^*=39.1$）决定。此处，为了便于与上“吸力”侧的压力进行比较，其在翼型厚度上显示为无量纲，但是下侧附着边界层下方的压力基本上与本卷第 2 章中讨论的相同。Guan 等[156]所有边缘上“吸力”侧的壁压和图 5-33（c）由图示的局部分离流动和近尾流确定，在局部均方湍流强度及其与翼型壁的距离上表现出良好的比例关系。这些因子由 Guan 等[156]找到，在表 5-6 中列出。其通常与 Blake[161,175]针对相似的后缘曲率半径 R 得到的结果一致。注意，将 $\rho_0\left[\overline{u_1^2}\right]_{max}$作为标准压力标度类似于我们在 5.4.4.1 节、图 5-22 和式 5.71 中将涡旋脱落压力进行标准化而使用湍流强度。

展向相关长度，同样如式（5.98）和式（5.99）所定义，适用于流动分离区内的压力，见图 5-31（b）。所有后缘显示相同的一般行为，较小的曲率半径与低频时的较大相关性相关。在低于 $\omega y_f/U_s\approx 1$ 的频率下，相关性似乎只是 y_f的函数，而不是频率的函数；这种行为类似于图 5-24 所示的涡旋脱落压力，但积分尺度小于离散涡旋脱落。对于涡街尾流，该图显示 Λ_3值为（1.5~3.5）y_f量级。在高频下，$\omega y_f/U_s>1$，相关长度基本上是附着的湍流边界层的长度，遵循式（2.62）~式（2.65b）中使用的趋势，即 $\Lambda_3\approx 1.2U_c/\omega$。

表 5-6　图 5-34 中用于计算声级的参数

边缘半径，R/h	平坦部分（上下）侧		斜边部分（上）侧	
	C_f	δ/mm	u_{rms}/U_∞	$\Delta y_{sl}/h$
0	0.0037	8.6	0.2276	0.802
1	0.0037	8.6	0.2231	0.6537
2	0.0037	8.6	0.2325	0.5297
4	0.0037	8.6	0.1978	0.3868

续表

边缘半径，R/h	平坦部分（上下）侧		斜边部分（上）侧	
	C_f	δ/mm	u_{rms}/U_∞	$\Delta y_{sl}/h$
6	0.0037	8.6	0.1596	0.3209
8	0.0037	8.6	0.1428	0.2988
10	0.0037	8.6	0.1026	0.1714

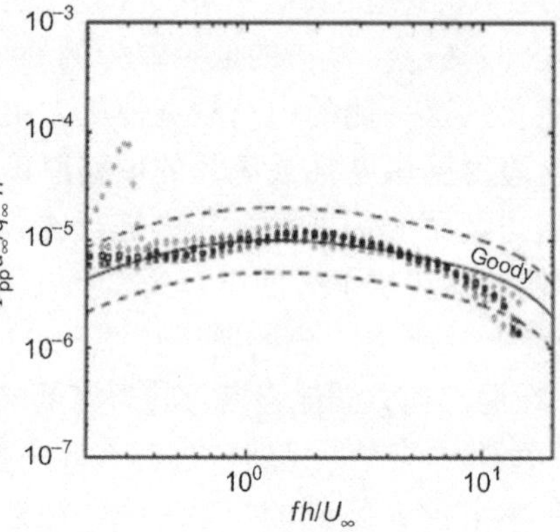

(a) 壁压，式（5.96a）中下侧$[\Phi_{pp}(\omega)]_{pp}$以及用Goody回归汇编

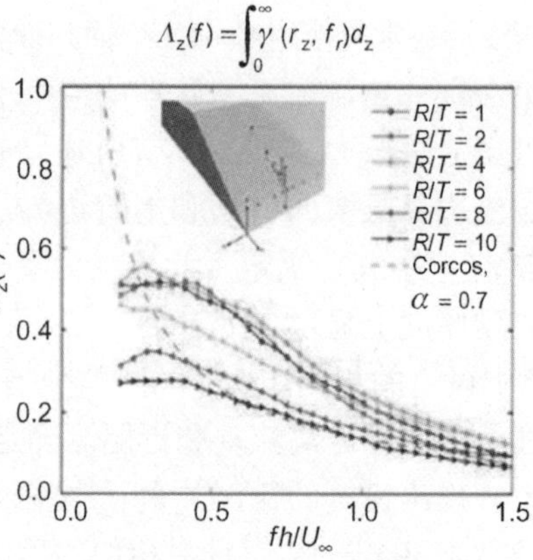

(b) 分离区域上表面的展向相关长度

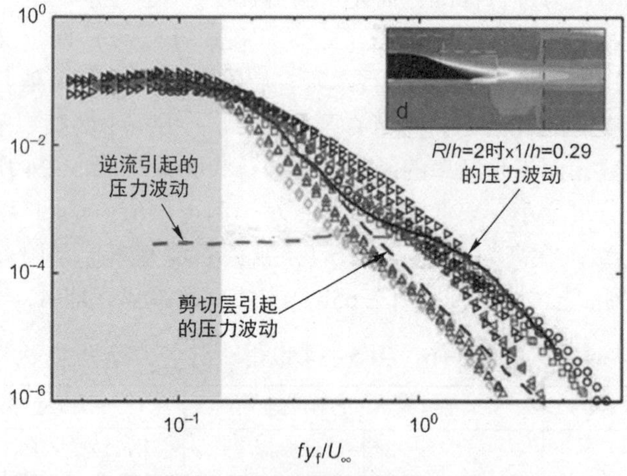

(c) 带斜面的上侧壁压

即式（5.96a）中分离流动中不同位置的$[\Phi_{pp}(\omega)]_{ss}$

图 5-33　不同圆角程度条件下后缘表面压力谱的无量纲母自功率谱

图 5-35 显示了使用上述图表、数据集和式（5.96b）和式（5.96c）的测量及计算声压的比较。该比较确定了上侧和下侧的分量计算，且为了便于比较，所使用的无量纲化与图 5-27 中的相同。对于无量纲频率基本上小于 $\omega\delta * /U_\infty$ ~ 0.5，后缘分离流动在支配声音方面的作用是清楚的；鉴于附着的掠射，越过边缘尖锐顶点的流动主导着高频率。

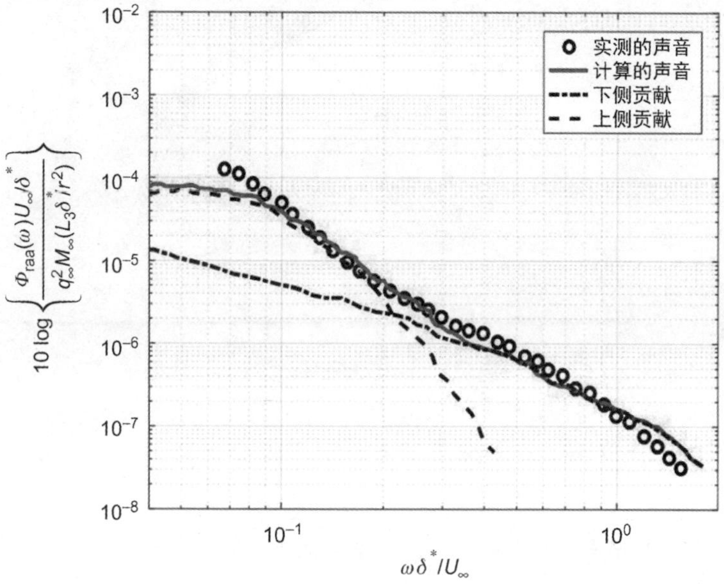

图 5-34　带有 25°$R/h=6$ 斜后缘的平板翼型的测量和计算声级的比较
（$\theta=\pi/2$，$\phi=0$，$R_h=12.3\times10^4$，Guan 等[156]）

图 5-35 显示了另一个例子，Gershfeld 等[162]使用与上述类似的翼型，然后与 Wang 和 Moin[77]使用早期大涡模拟得到的结果进行比较，另见[184]。用不可压缩大涡模拟得到流动和表面压力；利用低马赫数 Lighthill-Curle 式计算声音。高频大涡模拟给出的频谱峰值是由实验上未观察到的涡卷引起的。最后一个例子比如今成立的理解更早，在某种意义上，其推动了后来的工作，澄清了升力面两个流动面的作用。这种大涡模拟实验的成功有助于实现基于模拟的声音预测，参见 Wang 等[185]以及 Wang 等[77,183]、Manoha 等[186]、Marsden 等[183,187-188]的形状优化研究以及 Wolf 等[189]和 Marsden 等[190]的可压缩流大涡模拟；后者提供了辐射声音的直接计算。

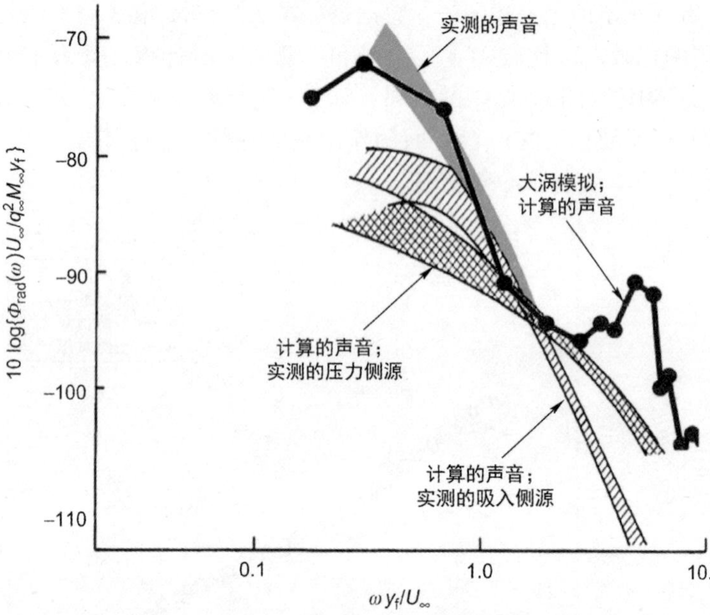

图 5-35　Gershfeld 等[162]的平板翼型在距离/h=33 时测得的声音的比较

（计算由 Gershfeld 等[162]使用式（5.96b）和式（5.96c）完成，Wang 和 Moin 进行大涡模拟[77]）

5.6.4　湍流壁射流和吹气襟翼的宽带噪声测量

来自单侧流动几何形状的噪声与来自经过锐后缘的湍流边界层流的噪声具有相同的物理来源。但吹气襟翼和壁面射流会产生更强的声压。本节中考虑的这些声源也有望出现在速度差大于 2∶1 的双侧流中[124]。现有的实验结果分为两类。首先，对复合或开槽吹气襟翼进行了测量。所研究的构型[191-194]包括转进或离开射流的襟翼布局。Fink 和 Schlinker[10,195]已经详细研究了这些襟翼的测量结果，还给出了预测方案。其次，测量值构成了大部分可用数据，从图 5-36 所示的简单构型上获得。Hayden[196]的测量值（Hayden[64]和 Hayden 等[181]发表了测量细节）和 Grosche[197]的测量值是使用轴线平行于壁面的壁面射流获得的。他们的支持性测量值包括平均速度和板边缘的壁层厚度。

Yu 和 Tam[11]用类似的配置获得了更新的表面压力和远场压力之间的相关测量结果。在 Hayden[196]的程序中，被测试的构型包括比值 L/D，因此还有 U_m和 δ。Scharton 等[200]和 Olsen 等[191]研究了一系列代表翼型襟翼压力侧吹气的构型。射流入射到汇聚表面，可能产生有利的壁压梯度；测量值包括边缘附近压力波动的统计。汇聚流中的湍流场量由 Olsen 和 Boldman[192]确定，但仅适

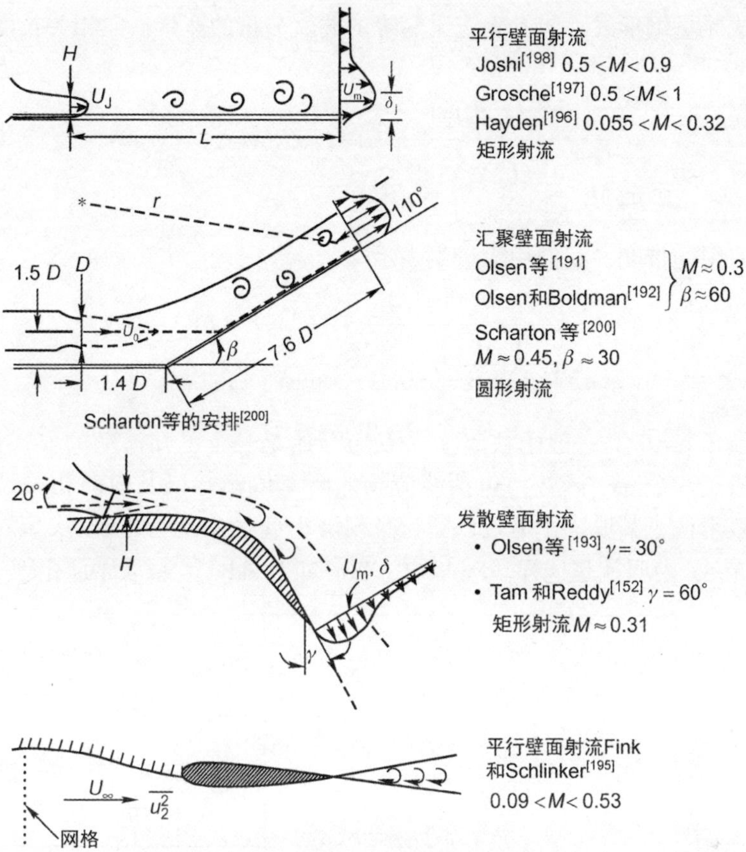

图 5-36　后缘噪声测量的实验构型

用于类似 Olsen 等[193]的情况。Tam 和 Reddy[152]的程序关注的是相反的情况，即上（吸力）表面吹气。在这种情况下，壁面射流转过 60°，代表更严重的不利静壁面压力梯度。他们测量了辐射噪声和边缘湍流场的统计数据，但无测量表面压力波动。Fink[60]的测量是在翼型部分上进行的，前缘与风洞开放射流导管适配。使用湍流网格在翼型上游形成湍流。入射湍流的强度和宏观尺度各不相同。当湍流射流撞击表面的锐边时，其辐射效率会增加。流动-边缘相互作用产生的附加偶极声在 U^5时增加，而自由射流的噪声在 U^8 时是四极声，取决于速度。Olsen 等[191,193]证明了这一点。

在频带宽度 Δf 中测量的辐射声压的各种测量值在式（5.11a）和式（5.11b）的格式中进行比较。

$$\overline{p_a^2}(r,f,\Delta f) = 2\int_{\Delta\omega} \Phi_{p_{rad}}(r,\omega)\,d\omega$$

可以写成无量纲形式，包括垂直于后缘的湍流分量的宽带横向相关长度。重写式（5.49）

$$\frac{\Phi_{p_{\text{rad}}}(r,\theta,\omega)}{q_{\infty}^{2}M_{\infty}\frac{\overline{u_{2}^{2}}}{U_{\infty}^{2}}\left(\frac{L_{3}\Lambda_{3}}{r}\right)^{2}\sin^{2}\theta/2}\approx\frac{4}{\pi^{2}}\phi_{2}(\omega),\quad \frac{\omega C}{c_{0}}>2\pi \tag{5.103}$$

考虑到有限的带宽，我们用无量纲表示

$$\frac{\overline{p_{\text{a}}^{2}}(\boldsymbol{r},f,\Delta f)}{\left(q_{\infty}^{2}M_{\infty}\frac{L_{3}\Lambda_{3}}{r^{2}}\frac{\overline{u_{2}^{2}}}{U_{\infty}^{2}}\sin^{2}\frac{\theta}{2}\mid\sin\phi\mid\right)}=F\left(\frac{f\Lambda_{3}}{U}\right) \tag{5.104}$$

对于偏航角 $\alpha=0°$。一般函数 $F(f\Lambda_3/U_\infty)$ 开始是一个已知流动的显式谱函数，现在代表了一个 mre 函数，包括湍流场的频率依赖性以及横向相关尺度。因此，一般来说，其取决于通过该流自身频谱 $\phi_2(\omega)$ 所研究的流动类型周围的环境。图 5-37 表明就是这样。Fink[60]、Tam 和 Reddy[152] 以及 Olsen 等[191] 的噪

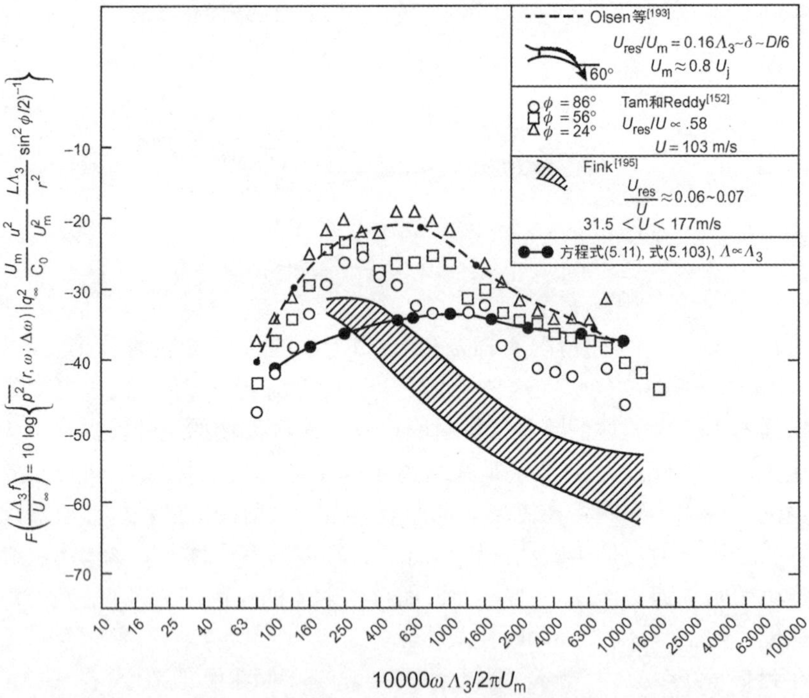

图 5-37　无量纲后缘噪声谱

（从 Fink[60]、Tam 和 Reddy[152] 和 Olsen 等[193] 的程序中以 1/3 倍频带测量）

声水平似乎属于单独的无量纲频谱组，每组大约 8dB 宽。在没有涡旋脱落的情况下，在与湍流相互作用的边缘应用库塔条件时，前缘和后缘噪声在理论上大小是无法区分的。然而，正如我们所见，涡旋脱落似乎发生了，值得注意的是，式（5.49)和式（5.41）给出的湍流谱高估了噪声，如 Fink[60] 实验所示。

另一种无量纲形式，如图 5-38 所示，采用式（5.96a）或式（5.101）无量纲形式的后缘壁面射流厚度 δ_j：

$$\frac{\overline{p_{\mathrm{a}}^2}(\boldsymbol{r},f,\Delta f)}{q_\infty^2 M_\infty \dfrac{\delta_j L_3}{r^2}\left(\sin^2\dfrac{\theta}{2}\right)|\sin\phi|}=G\left(\frac{f\delta_j}{U_\infty}\right) \tag{5.105}$$

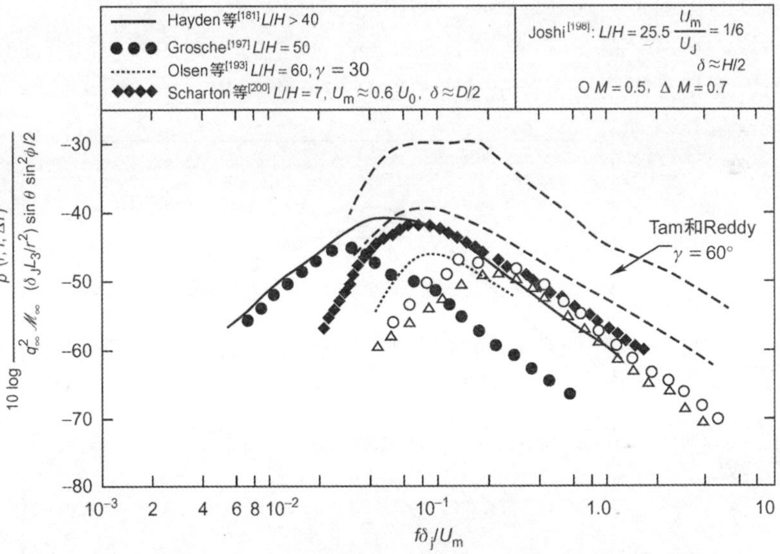

图 5-38　用壁面射流模拟单侧边缘噪声

（在 1/3 倍频带中测量，并用边缘流动参数进行无量纲化；γ 是图 5-36 所示的发散角）

这种流动厚度由 Hayden[64]、Grosche[197]、Tam 和 Reddy[152] 以及 Olsen 等[193] 测量。同样，来自 Hayden[60] 和 Grosche[197] 的同轴壁面射流以及 Olsen 等[193] 的测量值形成一个系列，独立于在发散壁面射流上获得的 Tam 和 Reddy[152] 的值。Scharton 等[200] 的噪声水平也包括在内，尺度因子估计如下：(Joshi[198] 报告，对于 $L/H<15$，平行壁面射流的混合特性与自由射流的混合特性非常相似。因此，假定射流势流心的长度为 $4D$，根据 Hinze[199] 引用的 Forstall 和 Shapiro 关系，速度 U_{m} 可以粗略估计为 $U_{\mathrm{m}}/U_0\approx 4H/L$ 或 $4D/L$）$U_{\mathrm{m}}\approx 0.6U_0$，$L_3\approx 2D$ 和 $\delta_2\approx D/2$，其中 D 是圆形射流的直径。收集数据表明，三种

壁面射流的无量纲噪声水平似乎随着表面发散角的增加而增加。然而，这种依赖性应该得到进一步证实。Joshi[198] 证实了 Hayden[64] 的发现，即声压级随着 L/H 增加而普遍增加，Joshi 表明，总声压级随着 L/H 的增加而增加，从自由射流值达到最大值（$L/H \approx 10$）。对于较大的 L/H，声音功率下降非常缓慢，这可能是因为对于较大的 L/H，通过边缘的涡流对流速度降低。在 $L/H \approx 10$ 时观察到的声级最大值归因于与势流心末端相关的相对强烈的湍流场。Joshi[198] 的声压也在 $f\delta_j/U_m \approx 0.15$ 附近显示最大值，据估计，$H/L = 25$ 时，$\delta_j \approx H$ 和 $U_m \approx (1/6)U_0$。Olsen 等[191] 还测量了增强的噪声水平。适用于襟翼角 $\beta = 60°$ 时的收敛射流。较高的水平可归因于由射流-壁面相互作用在边缘产生的大强度湍流水平。式（5.96a）可用于使用边缘附近测得的表面压力谱预测壁面射流的噪声。图 5-39 显示了 Scharton 等[200] 的构型比较。值得注意的是，射流与壁面相互作用的声音超过自由射流的声音 10dB。

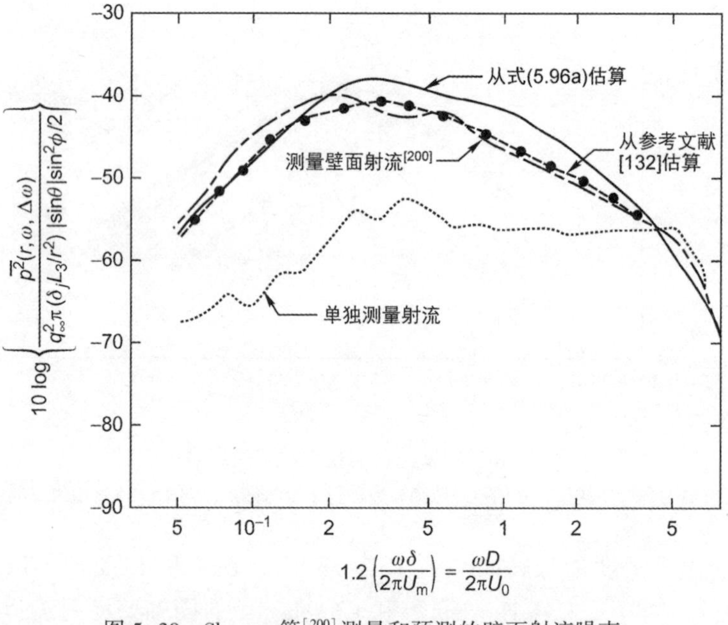

图 5-39　Sharton 等[200] 测量和预测的壁面射流噪声

（改编自 Chase DM。Noise radiated from an edge in turbulent flow. AIAA J 1975；13：1041-7）

5.6.5　具有有限厚度和阻抗的表面的气动散射理论修正

前面的理论结果以及大多数其他结果都是针对薄刚性边缘表面获得的。然而，在一些实际情况下，边缘既非刚性，也不锋利或薄。因此，针对有限阻抗表面和水动力波散射成声波的楔形体（见 Howe[24]），需要对标准理论进行修正。Crighton 和 Leppington[5] 首次考虑了对边缘（前缘或后缘）水声散射问题的这种修正，以说明非刚性平面和有限楔角等特征。他们的结果通过引入额外的系数修改了本章前面几节中给出的结果。穿过刚性半平面的湍流的辐射声压频谱 $\Phi_{\mathrm{rp}}(\omega)$已经由式（5.11）和式（5.96a）给出（除方向性因子外）：

$$\Phi_{\mathrm{rp}}(\omega) \propto q_\infty^2 M_\infty \left(\frac{L_3\delta}{r^2}\right)\left(\frac{\omega\delta}{U_\infty}\right)\frac{V_c}{\delta^3}\frac{\overline{u^2}}{U_\infty^2}\phi_{uu}(\omega) \tag{5.106}$$

式中：$\overline{u^2}$为边缘附近的均方湍流速度的大小；δ 为边缘处的边界层厚度；$\phi_{uu}(\omega)$为$\overline{u^2}$归一化的$\overline{u^2}$频谱，如参见第 1 卷式（3.71a）；V_{c}为速度的相关量。

Crighton 和 Leppington[5] 针对有限弯曲表面阻抗效应的结果给出了一个柔性平面的表达式，该表达式与刚性平面的表达式相差一个乘积因子：

$$\begin{aligned}\Phi_{\mathrm{cp}}(\omega) &= \Phi_{\mathrm{rp}}(4\beta)^{-1} \\ &\propto q_\infty^2 \frac{M_\infty}{\beta}\left(\frac{L_3\delta}{r^2}\right)\left(\frac{\omega\delta}{U_\infty}\right)\frac{V_c}{\delta^3}\frac{\overline{u^2}}{U_\infty^2}\phi_{uu}(\omega)\end{aligned} \tag{5.107}$$

式中：β 是第 1 卷第 5 章中引入的流体载荷因子。式（5.107）仅适用于$\beta\leqslant 1$；即随着板变得更像流体，这种形式的辐射减小为 $1/\beta$。当表面阻抗足够大，$\beta\leqslant 1$时，式（5.106）成立。式（5.107）中流体载荷因子的存在意味着噪声的附加马赫数依赖性；即复合边缘 p_{cp}的总声压将表现出以下依赖性：

$$\begin{aligned}\overline{p_{\mathrm{cp}}^2} &= \int_{-\infty}^{\infty}\Phi_{\mathrm{cp}}(\omega)\,\mathrm{d}\omega \\ &\propto q_\infty^2 \frac{M_\infty}{\beta}\left(\frac{\rho_{\mathrm{p}}}{\rho_0}\right)\frac{h}{\delta}\left(\frac{L_3\delta}{r^2}\right)\left(\frac{V_{\mathrm{c}}}{\delta^3}\right)\frac{\overline{u^2}}{U_\infty^2}\phi_{uu}(\omega)\end{aligned} \tag{5.108}$$

紧凑力（即偶极子）的对应关系为

$$\overline{p_{\text{偶极子}}^2} \propto q_\infty^2 M_\infty^2 \left(\frac{L_3\delta}{r^2}\frac{V_{\mathrm{c}}}{\delta^3}\frac{\overline{u^2}}{U_\infty^2}\right) \tag{5.109}$$

显示出与式（5.108）中相同的参数依赖性；这两个表达式都表现出 U_∞^6 行为。这意味着柔软面板仅为流动提供相对适度的阻抗不连续性。相比之下，刚性边缘的总强度来自式（5.106）：

$$\overline{p_{\mathrm{rp}}^2} \propto U_\infty^5 \tag{5.110}$$

当表面是楔形而不是薄半平面，且楔形的外角是弧形时，其中

$$1<\delta\leqslant 2$$

（对于半平面问题，$\alpha=2$；对于全平面问题，$\alpha=1$；对于直角拐角，$\alpha=\frac{3}{2}$），对式（5.106）的调整是另一个乘积因子

$$\Phi_{\text{楔型}}(\omega) \propto \Phi_{\text{rp}}(\omega)\left(\frac{\omega\delta}{U_\infty}M_\infty\right)^{2/\alpha-1} \tag{5.111}$$

楔形体上对流湍流产生的声音总声压的速度依赖性为

$$\overline{p^2_{\text{楔型}}} \approx U_\infty^{4+2/\alpha}$$

保留（式（5.106）中）对其他变量的依赖。

前面的理论适用于极小厚度的表面或到达某一点的楔形面。当声波波长超过表面厚度和边缘曲率半径，且当涡流长度尺度比边缘半径大时，结果也适用[11]于后缘为倒角的有限厚度表面。当涡流长度尺度小于边缘半径，但 $M\ll1$ 时，马赫数的依赖性仍由式（5.110）给出，但声音的大小将小于边缘尖锐时的大小，见倾斜后缘的讨论。除此之外，边缘变圆和变厚的声散射效应有效地减少了嵌入表面上方剪切层中涡面中的对流波源数的散射，参见 Howe[24,139-140,149]。已经发现锯齿边缘，可通过引入局部偏航角来降低高频下的后缘声音，参见 Howe[174,201]、Chong 等[202-204]、Vathylakis[205]、Inasawa 和 Ninomiya[99]、Clair 等[206]和 Sandberg 和 Jones[203]。最后，多孔性通过降低边缘的阻抗来减少声音，从而减轻决定偶极强度的压差，如参见 Sarradj 和 Geyer[207]。

5.7　流致振动和振鸣

在本节中，我们考虑由各个激励机制引起的升力面的流致振动。一般来说，为了使第 1 卷第 5 章的方法适用，必须对所讨论的流动类型估算模态力谱。必要的附加信息是对结构阻抗的估计，这需要对振型和损耗因子进行估计。第 1 卷 5.7 节中讨论的振弦为一个简单的示例。作为第一个粗略近似值，由紧凑刚性翼型上各自的流动源所支配的频率范围大致具有图 5-2 所示的关系。但必须强调的是，振动引起的声音将影响不同流动源的相对重要性，因为结构的辐射效率随频率的增加可能比紧凑流动偶极子的 ω^2 依赖性增加更快，至少在低于声学相干的频率下。水声应用中经常出现的另一个复杂问题是流体结构反馈。这种反馈由表面运动引起，从而改变了力的大小。第 1 卷 5.7 节中给出了一个风成音调产生的简单示例。同样的行为也可能发生在水动力旋翼的涡旋脱落中，从而产生一种名为振鸣的现象。振鸣螺旋桨仍然是设计中的关注点[208-209]。

这一部分将分为线性流致振动的讨论（不受流体弹性反馈的支配）以及与涡旋脱落相关的相同现象的讨论。通常不会特别考虑 $\omega C/U_\infty<1$ 时出现的颤振现象，但可以几乎相同的方式进行处理（如参见 Bisplinghoff 等[13]）。一旦模态振幅已知，针对线性或非线性流动激励，振动辐射的声音问题可以用第 1

卷第 5 章的方法来处理。

5.7.1　升力面的线性流动激励

5.7.1.1　模态响应和激励力谱

作为升力面共振模式的振动响应可由式（5.41）近似表示。这可以写成给出第 n 个模式的均方弯曲振动速度：

$$\overline{V_n^2}=\frac{\pi\Phi_{fn}(\omega_n)}{M^2\eta_T\omega_n} \tag{5.112}$$

式中：均方速度是根据其共振行为来定义的，即

$$\overline{V_n^2}=2\Phi_{vv}(\omega_n)\left[\frac{(\eta_T\omega_n)\pi}{2}\right] \tag{5.113a}$$

式中：$\Phi_{fn}(\omega_n)$是施加在表面上的模态力的双侧自功率谱，在 ω_n 处计算（考虑主导因子为 2）该模态力是压力分布与振型函数的卷积（式（5.40））。损耗因子 η_T 是总损耗因子（见第 1 卷 5.3 节和 5.6 节），包括声辐射损耗和流致流体动力阻尼；质量 M 包括附加质量，因为对于这个主题，我们将忽略任何流体辐射载荷。对于包括足够多模式的足够宽频带 $\Delta\omega$，允许取一个模式平均值，式（5.112）或式（5.41）由式（5.51）代替：

$$\overline{V^2}(\omega_0,\Delta\omega)=\frac{\pi\Phi_{fn}(\omega)}{M^2\eta_T}\frac{1}{4\pi kc_\ell A_p}\frac{\Delta\omega}{\omega}$$

对于边界层流动引起的流体激励，模态力由式（5.40）直接给出。已经在 3.2 节中讨论过某些示例。由于翼型相对两侧的边界层是不相关的，净均方速度只是遵循得出式（5.96）的方法的单个响应的幂和：

$$\overline{V^2}(\omega_0,\Delta\omega)=[\overline{V^2}(\omega_0,\Delta\omega)]_{上}+[\overline{V^2}(\omega_0,\Delta\omega)]_{下}$$

在其他方面，对反应的预测是相同的。将参考文献［210-211］给出的一个例子与图 5-40 中测量的边界层湍流响应进行比较。但对于升力面，当流体激励由来流非稳态性或涡旋脱落（或同时由两者）引起时，则必须考虑非稳态压力的确定性弦向变化（图 5-11 为前缘作用力，图 5-22 为后缘作用力），与振型变化$\psi_{mn}(y_1,y_3)$相比较；目前这将得到发展。由这些机制中的任何一个产生的激励沿着升力面的每个面产生相等和相反的压力；这些压力在表面的相对侧有关，构成了一个非稳态净升力。非稳态弦向压力分布由式（5.36）和式（5.46）给出（（在低频下）当激励来自上游入射湍流时）或式（5.75）给出（当激励来自涡旋脱落时）。在这两种情况的任一情况下，我们都有随机展向变化和确定性弦向变化。压力是升力面上下表面上连续频率谐波的叠加。这些都可以写为

$$\begin{cases}\Delta p(y_1,y_3,y_T)=p_u(y_1,y_3,t)-p_1(y_1,y_3,t)\\ \Delta p(y_1,y_3,t)=\int_{-\infty}^{\infty}\Delta P(y_1,y_3,\omega)e^{-i\omega t}d\omega\end{cases} \tag{5.113b}$$

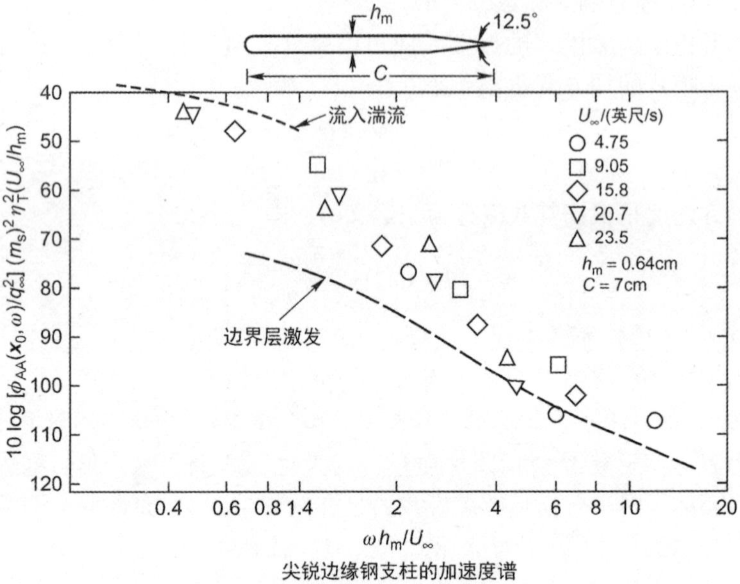

图 5-40　加速度谱

（开喷式水洞中具有尖锐后缘的流动激励悬臂水动力旋翼的无量纲模态加速度：$10^5<R_c<4.9\times10^5$；$1.7\times10^4<R_{2\delta}<7.5\times10^4$；$2\delta$ 为离开后缘的边界层厚度的两倍）

根据式（5.27），流动施加的模态力傅里叶变换为

$$f_{mn}(\omega)=\int_{A_p}\Delta P(y_1,y_3,\omega)\psi_{mn}(y_1,y_3)dy_1dy_3 \tag{5.114}$$

流致压力可分为确定性弦向函数 $g(y_1)$ 和沿 y_3 在统计上均匀地随机展向变化 $\Delta P(y_3,\omega)$

$$\Delta P(y_1,y_3,\omega)=\Delta P(y_3,\omega)g(y_1) \tag{5.115}$$

式中：$\Delta P(y_3,\omega)=2p_0\exp[i\phi(y_3)]$，见式（5.66），因为表面压力具有特殊相关性质。升力面是悬臂结构，Leissa[212] 已经表明，作为粗略近似，悬臂板的振型函数可以用分离的形式表示为（也可参见第 1 卷 5.3 节）

$$\psi_{mn}(y_1,y_3)\approx\psi_m(y_1)\psi_n(y_3) \tag{5.116}$$

所以在评价式（5.114）时，对于 $g(y_1)$ 和 $\psi_m(y_1)$ 互补的模式，可以预期得到相对明显的响应。图 5-41 说明，对于由来流湍流或涡旋脱落提供的不对称载荷函数（相对于中弦），扭转模式（如 $\psi_1(y_1)$）是最敏感的。但由于

$g_L(y_1)$和$g_T(y_1)$在不受限制的边缘附近达到峰值，并且由于$\psi_1(y_1)$在边缘上是非零的，所以似乎所有振型都将对这些类型的流动激励做出响应。

图 5-40 所示的悬臂梁对来流湍流的弯曲响应已经用此处所述的方法进行了估算，针对升力系数使用了 Mugridge[30]表达方程式（5.31a）和式（5.31b），针对低频窄带共振模态响应使用了式（5.112）：

$$\frac{\Phi_{AA}(\omega)M^2\eta_T^2}{q_\infty^2 A_p^2}=\frac{\Phi_{fn}(\omega)}{q_\infty^2 A_p^2}\approx\overline{C_L^2(\omega)} \tag{5.117}$$

且$\overline{C_L^2(\omega)}$定义见式（5.42）或式（5.76a），$\Phi_{AA}(\omega)$是面积A_p上平均的表面加速度谱密度，$\Phi_{fn}(\omega)$是模态力谱，等于$A_p^2\Phi_{pn}(\omega)$，见第 1 卷式（5.34），得到图 5-41 中$\psi_0(y_1)$型弦向升沉模式的计算响应。

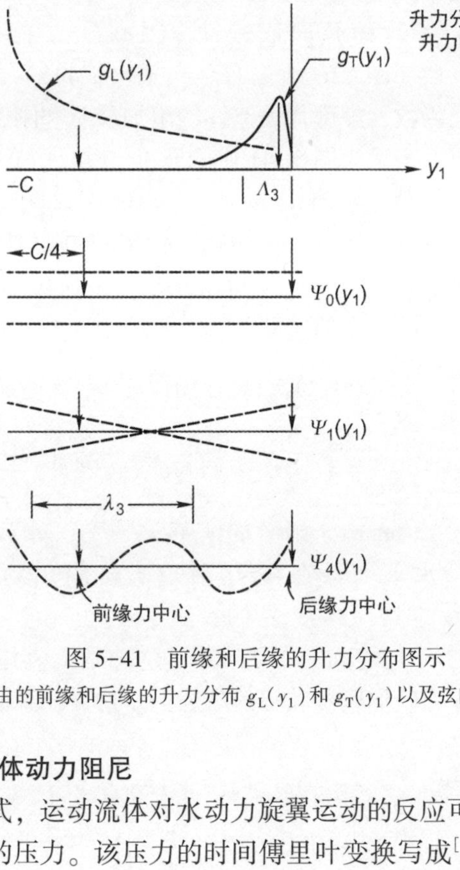

图 5-41　前缘和后缘的升力分布图示

（结构自由的前缘和后缘的升力分布$g_L(y_1)$和$g_T(y_1)$以及弦向振型的图示）

5.7.1.2　流体动力阻尼

对于每种模式，运动流体对水动力旋翼运动的反应可以表示为取决于水动力旋翼振幅分布的压力。该压力的时间傅里叶变换写成[210]，为每个模式的贡献之和：

$$P_h(\boldsymbol{y},\omega) = \sum_{m,n} C_{mn}\left(\frac{\omega C}{2U_\infty}\right) 2\pi\rho_0 U_\infty V_{mn}(\omega) \times \iint_{A_p} l_{mn}(\boldsymbol{y}-\boldsymbol{y}_0)\psi_{mn}(\boldsymbol{y}_0)\mathrm{d}^2\boldsymbol{y}_0 \tag{5.118}$$

式中：$V_{mn}(\omega)$为模态振幅，函数$l_{mn}(\boldsymbol{y})$描述了压力的弦向依赖性，以响应特定形式的$\psi_{mn}(\boldsymbol{y})$。若$\psi_m(y_1)=1$，则$l_{mn}(\boldsymbol{y})$具有与$g_L(y_1)$相同的形式（另可参见式（5.75），并且$C_{mn}(\omega C/2U_\infty)$与非稳态翼型理论的 Theodorsen 函数有关[13,14,16]

$$C_T\left(\frac{\omega C}{2U_\infty}\right)=\frac{H_1^{(2)}(\omega C/2U_\infty)}{H_1^{(2)}(\omega C/2U_\infty)+\mathrm{i}H_0^{(2)}(\omega C/2U_\infty)}$$

式（5.118）是直接应用非稳态翼型理论的结果，如 5.3.1 节所述，但下洗分布具有类似于$\psi_{mn}(y)$的弦向依赖性。因此，式（5.118）的形式与式（5.36）相同。鉴于$C_{mn}(\omega C/2U_\infty)$的存在，式（5.118）包括实部和虚部。实部代表流体动力阻尼函数，虚部代表流体的附加质量和刚度阻抗的组合。此处两种弦向振型很重要，表示为图 5-41 中的$\psi_0(y_1)$和$\psi_1(y_1)$。

在所讨论的降低频率值下，有$1<\omega C/2U_\infty<100$。式（5.118）可以简化，以允许质量和阻尼贡献分离；$P_h(\boldsymbol{y},\omega)$的虚部为传统的附加质量项，其实部考虑了速度相关阻尼。对于$\psi_0(y_1)=1$，弯曲沿弦是均匀的，所以在长跨距波长的情况下，写出每单位跨距的力的实部

$$\left(\frac{\mathrm{d}L(\omega)}{\mathrm{d}y_3}\right)_{\text{阻尼}}=\int_{-c}^{0}\Delta P_h(\boldsymbol{y},\omega)\mathrm{d}y_1 = \pi C\rho_0 U_\infty V_n(\omega)\psi_n(y_3)C_T\left(\frac{\omega C}{2U_\infty}\right)$$

式中：$C_T(\omega C/2U_\infty)$是 Theodorsen 函数的实部[13-14,16]。对于$\omega C/2U_\infty=\Omega>1$，$C_T(\Omega)\approx 1/2$。现在，水动力载荷压力$-P_1(\boldsymbol{y},\omega)$包含在结构响应函数式（5.27）或式（5.93a）~式（5.93c）的右侧。因此，由于$\psi_{mn}(\boldsymbol{y})=\psi_n(\boldsymbol{y}_3)$，我们可以修改式（5.93a）~式（5.93c），对于这种纳入流体动力反作用的梁模式，其叠加在流体静力附加质量和辐射阻尼上。这样，我们获得了一个修正的阻抗关系：

$$\left[-(m_s+m_{mn})\omega^2-\mathrm{i}\omega(m_s+m_{mn})\omega_{mn}(\eta_s+\eta_r)+\omega_{mn}^2(m_s+m_{mn})\right]V_{mn}(\omega) = +\mathrm{i}\omega\Delta P_{1mn}(\omega)-\mathrm{i}\omega\left[-\pi C\rho_0 U_\infty C_T\left(\frac{\omega C}{2U_\infty}\right)V_{mn}(\omega)\right]$$

式中：ω_{mn}是水载共振频率；$\Delta P_{1mn}=f_{mn}(\omega)/A_p$来自式（5.114），$m_s$是单位面积的干质量，$m_{mn}$是单位面积的模态附加质量。可以定义流体动力损失因子

$$\eta_h = \frac{\pi C \rho_0 U_\infty}{2(m_s + m_{mn})\omega_{mn} C}, \quad \frac{\omega C}{2U_\infty} > 1$$

其基于水动力旋翼前进速度而线性增加。流体动力阻尼一个更方便和通用的表达式为根据附加质量定义的损耗因子：

$$\eta_h' = \frac{\pi \rho_0 U_\infty}{2m_{mn}\omega_{mn}}$$

因为根据第1卷式（5.91a），低频时的附加质量由 $m_{mn} \approx \pi\rho_0 C/4$ 给出，该流体动力损失因子由简单函数给出

$$\eta_h' = 2\left(\frac{\omega C}{U_\infty}\right)^{-1} \tag{5.119}$$

以及

$$\eta_h = \eta_h' \left[\frac{m_{mn}}{m_s + m_{mn}}\right] \tag{5.120}$$

式（5.119）适用于弦小于展向波长的情况。对于弦长可能超过 λ_3 的高阶模态，类似于5.4节中讨论的其他升力面函数必须取代二维 Theodorsen 函数[13-14,16]。Lawrence 和 Gerber[213]已经为小展弦比机翼导出了适合于此目的的函数，Laidlaw 和 Halfman[215]进行了实验验证。流体动力阻尼的最终表达式为

$$\eta_h' = \left(\frac{\omega C}{U_\infty}\right)^{-1}$$

图5-42显示了多个模态(m,n)的 η_h' 测量值，其中 k_m 为弦向波数，k_n 为展向波数。式（5.119）已被包括在内，以代表“二维”理论或模式阶$(0,n)$。根据 Lawrence 和 Gerber[213]推导出的替代表达式，在 $\Lambda_3/C \to 0$ 的情况下，趋近于零的纵横比数值是基于大纵横比二维理论数值的一半。对于具有“弦向俯仰”的模式阶$(1,n)$，还导出了一个包含力矩反作用的表达式[210]，该表达式给出的水动力损失因子是式（5.119）得出的因子的两倍。图5-42中 η_h' 的实验值显然与频率无关，但实际上由试验设计中的其他滞后损失决定。Glegg[214]已经讨论了将这些考虑应用于螺旋桨。

5.7.1.3 黏滞阻尼

当振动表面周围的流动停滞，振动产生稳态涡旋时，认为这些损失是重要的[215-217]。对于具有振型$(0,1)$的悬臂梁，发现这种类型的阻尼[215]由下式给出

$$\eta_v \approx \frac{4.9}{m_s}\rho_0 \sqrt{\frac{2\nu}{\omega}}\left(\frac{m_s}{m_s + m_m}\right) \tag{5.121}$$

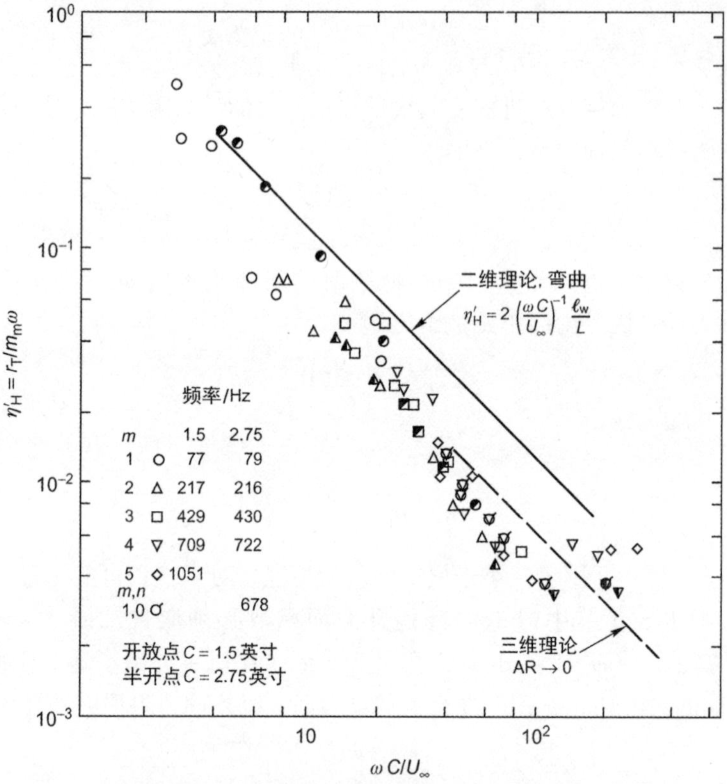

图 5-42　水动力损失因子作为降低频率的函数

（参考文献［210］。测量时，长度为 L 的梁伸出 l_w 的长度，进入开喷式水洞的射流中。因子 l_w/L 表示暴露在流动中的润湿长度的分数）

5.7.2　升力面涡旋脱落引起的振动

5.7.2.1　一般特性

涡旋脱落力激励的固定水动力旋翼的水弹性行为由 Ippen 等[87]、Eagelson 等[218]、Blake[80] 和 Blake 等[84] 进行了详细测量。涡旋脱落问题表现为当共振频率与涡旋脱落频率一致时出现的大振幅振动水平，如图 5-43 所示，水洞中的悬臂水动力旋翼[80,84]。图中显示了同一个水动力旋翼的两条曲线：一条带有尖锐后缘，另一条带有钝后缘。在 $y_1 = -0.66C$，$y_3 = 0.285L_3$ 时监测加速度（原点取水动力旋翼后缘与根部的交点）。使用的两个边缘为表 5-4 的后缘 7 和一个尖锐后缘。该模式的锐边响应是湍流边界层引起的简单随机流动激励。对于相同的模式，当后缘稍微变钝时，在共振频率和涡旋脱落频率重合时出现的涡致振动水平比相同速度下尖锐后缘的振动水平大 50dB 左右。图 5-44 显示了具有各个后缘和几种不同模式的水动力旋翼在窄频谱频带内的加速度水平。所选择的情况是，钝边处的涡旋脱落频率与任何共振频率（即 $f_s \neq f_{mn}$）不重合，因此，由钝边水动力旋翼的涡旋脱落引起的强迫非共振振动会产生一个可识别的低水平峰值。钝边水动力旋翼的某些模式的共振频率略有不同，认为这源于钝边导致弦减小。在其他地方也观察到类似的反应特征（如参考文献［84-88，218］）。

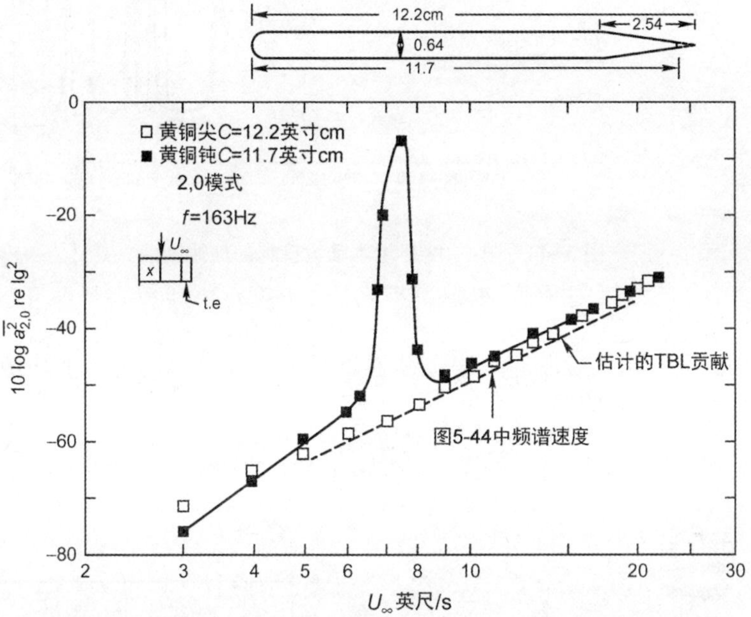

图 5-43　装有尖钝后缘的简单悬臂水动力旋翼 2.0 模式的水弹性响应

（$L_3=50.8$cm。重合时（$\omega_s=\omega_2$，0），$R_c=2.8\times10^5$；$R_h=4\times10^3$；见参考文献［84］）

当频率速度的线性依赖性由涡旋脱落“锁定”后缘振动而中断时，自持振动发生，如第 1 卷 5.7 节讨论和图 5-43 所示。当固有振动频率和固有剪切层频率重合时，就会出现这种情况。在极端情况下，如图 5-43、图 5-45 和图 5-46 所示，在小速度范围内，表面涡旋脱落频率可能变得固定且等于固有振动频率。这种行为是导致自持振荡的剪切层-体相互作用的另一示例，如第 1 卷第 3 章和第 5 章所讨论。图 5-45 中包含通过组合式（5.77）和式（5.112）得到的水动力旋翼受迫响应的理论预测，使用图 5-23 中的涡旋强度和长度以及 $\Lambda_3=3y_f$的积分长度。在这种情况下，测量带宽 Δf 小于涡旋脱落压力的带宽 f_s/Q_s，因为 Q_s约为 8，见图 5-23。该估算使用了从测量的尾流谱[80]推导出的实

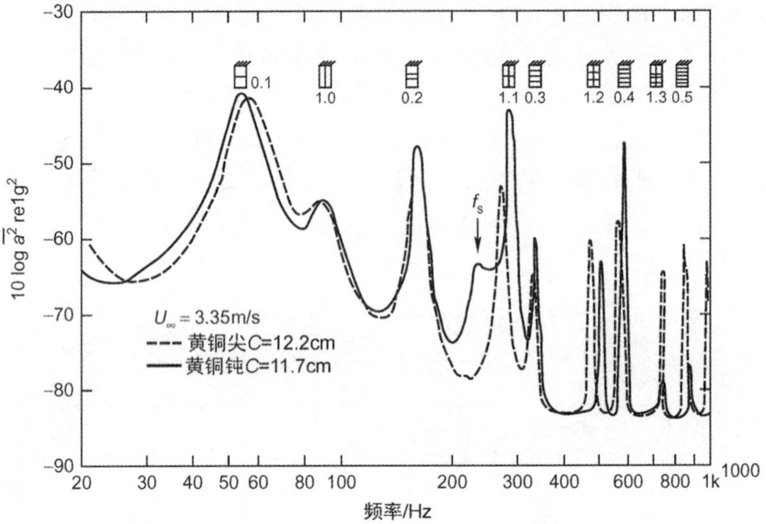

图 5-44　图 5-43 所示水动力旋翼的加速度谱

（在 5Hz 波段中测量。$R_c = 4.1\times10^4$；$R_c = 5.9\times10^3$；见参考文献［84］）

际压力谱函数。当涡旋脱落频率连续通过每个模式时，观察到平均函数（见下式）对速度的逐步依赖：

$$\frac{\omega_s y_f}{U_s} \approx 1$$

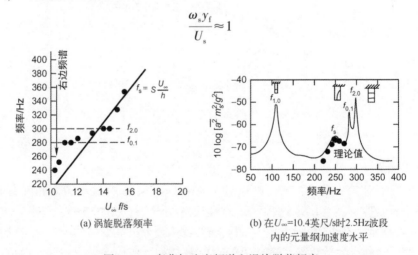

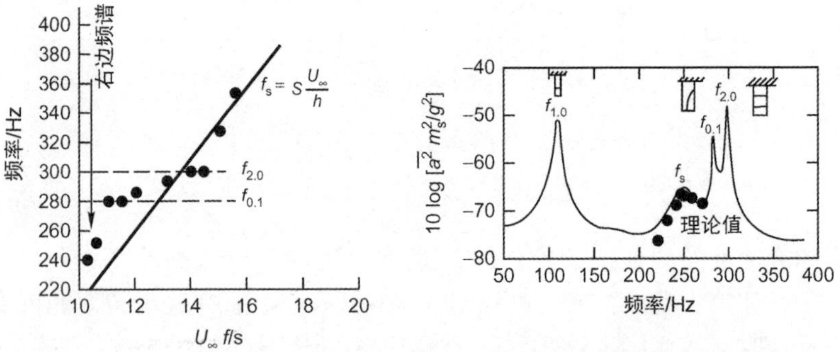

(a) 涡旋脱落频率　　(b) 在U_∞=10.4英尺/s时2.5Hz波段内的元量纲加速度水平

图 5-45　弯曲加速度频谱和涡旋脱落频率

（后缘厚度 h=0.072 英寸的钢制水动力旋翼（横截面见图 5-43）的弯曲加速度频谱和涡旋脱落频率。测量特征包括接近(0,1)和(2,0)节点重合的行为。频谱显示了共振模式响应和 $f=f_s$ 时的强迫振动）

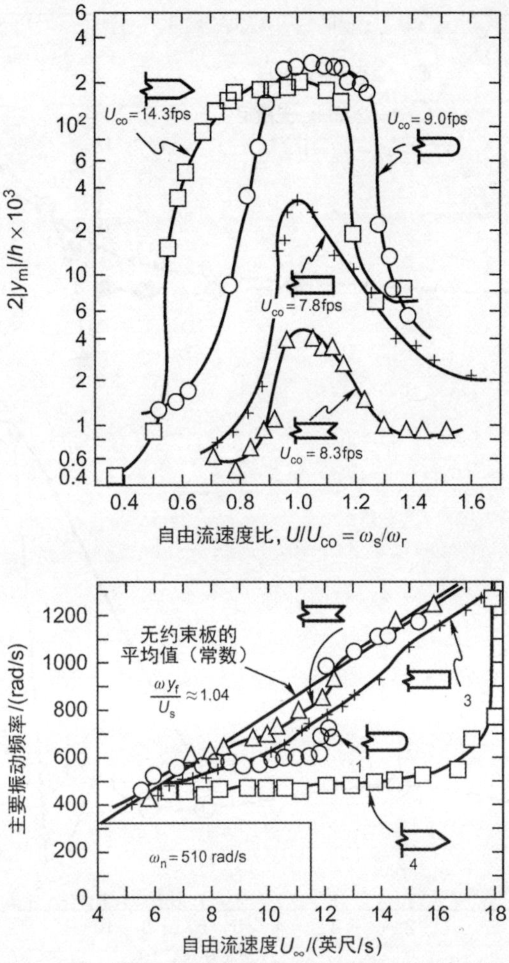

图 5-46 绕前缘摆动的弹簧加载试验板的比较动态响应

($R_c=1.5\times10^5$，$R_h=1.9\times10^4$；来自参考文献［87］)

此行为在图 5-45 所示的测量中很明显。如图 5-47 所示，在“重合”速度下，观察到的模式阻尼值减小到小于未出现涡旋脱落时观察到的阻尼值。靠近重合速度 $U_\infty=U_{co}$ 时观察到的损失因子明显小于边缘尖锐时观察到的损失因子，在相同速度下，流体动力阻尼基本上被与耦合涡旋脱落相关的负阻尼抵消。这种行为虽然在后缘变钝和涡旋脱落为高音调性时很明显，但在边缘通过斜切变尖时不太明显。5.4.2 节已经讨论了通过修改水动力旋翼后缘来减小水弹性响应的一般趋势（也可参见表 5-2）。

涡旋脱落频率与导管声交叉模式的频率重合时，在级联中也观察到自持振

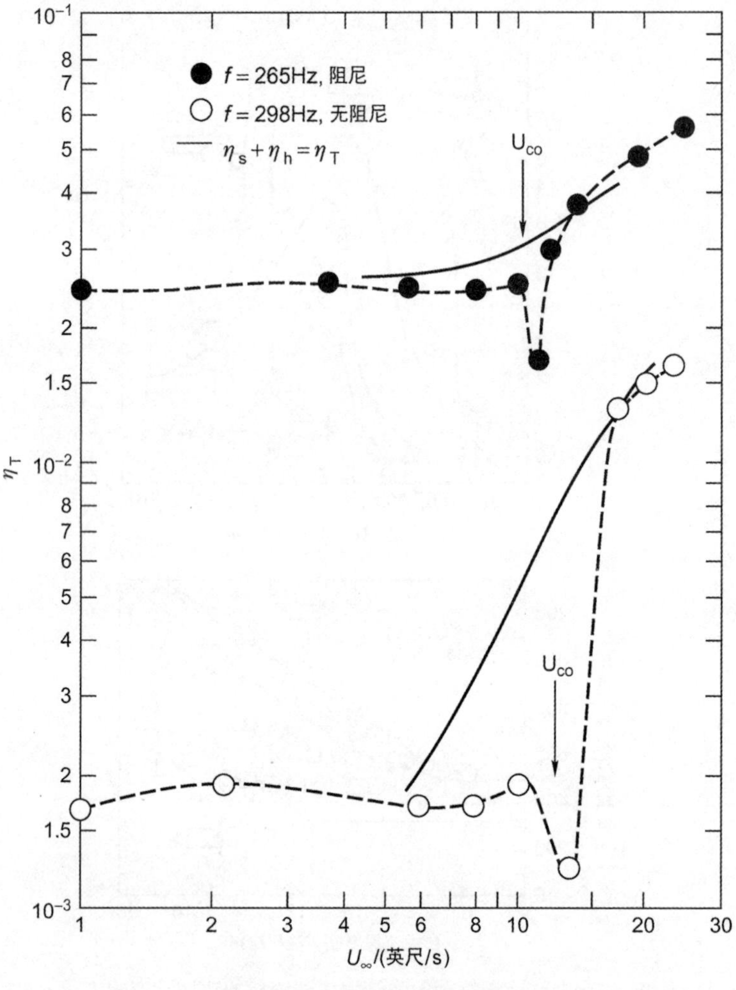

图 5-47　带有尖钝后缘的水动力旋翼的损失因子

（作为速度的函数。10<U∞<20 英尺/s 时阻尼降低源于自激效应。随着锐边水动力旋翼的速度增加的阻尼源于水动力阻尼。资料来源：Blake WK，Maga LJ，Finkelstein G。Hydroelastic variables influencing propeller and hydrofoil singing. In：Proc. ASME symp. noise fluids eng.，Atlanta，GA.；1977. p. 191-200.）

动[219-223]。将导管和脱落结构的声学模式进行组合时，也会发生[224]。涡致力 $f(\boldsymbol{y})$ 或 $\boldsymbol{\omega}\times\boldsymbol{U}$ 与管道声学交叉模式中的模式重合时，提供声学增强。在 Parker[220]研究的情况下，如升力面横跨一个导管，当表面位置与 $\partial S_{mn}(y)/\partial y_2$ 的最大值相重合时（其中 $S_{mn}(y)$ 是声学振型（第 1 卷 2.8.1 节）），且当涡旋脱落频率大致满足下式时，就会发生增强。

$$2\pi f_{s}=\omega=C_{0}k_{n}$$

式中：k_n是 $\pi n/L_2$，$n=0,1,2,\cdots$，L_2是垂直于翼型平面的导管宽度（见第 1 卷 2.8.1 节）。声压振型与声源的乘积$[\partial S_{mn}(y_0)/\partial y_2]$ $(\boldsymbol{\omega}_3\times\boldsymbol{U}_c)$表示源函数和导管格林函数的耦合，如式（5.4）的体积积分所要求。自持振荡的发生，源于管道的声学粒子速度驱动后缘剪切层。

5.7.2.2　流致振动模型及滞变阻尼控制

结构阻尼控制流动激励升力面的线性共振响应以及非线性自激振动，其方式与第 1 卷 5.7 节中描述的圆柱体几乎一样。为了推导后缘流动的控制式，我们采用式（5.109），获得

$$\left[1-\left(\frac{\omega}{\omega_{mn}}\right)^{2}-\mathrm{i}\eta_{\mathrm{T}}\frac{\omega}{\omega_{mn}}\right]\frac{Y_{mn}(\omega)}{y_{\mathrm{f}}}=\left[\frac{\rho_{0}y_{\mathrm{f}}}{2(m_{mn}+m_{\mathrm{s}})}\right]\left(\frac{\omega_{\mathrm{s}}}{\omega_{mn}}\right)^{2}\left(\frac{\omega y_{\mathrm{f}}}{U_{\infty}}\right)^{-2}C_{\mathrm{L}}(\omega)\mathrm{e}^{\mathrm{i}\phi} \tag{5.122}$$

式中 η_{T}包括机械、流体动力和辐射阻尼：$\eta=\eta_{s}+\eta_{r}+\eta_{h}$。模式升力系数是作为模型的扩展而形成的，该模型作为式（5.75）引入，得到式（5.77）。根据我们的定义，模态压力式（5.25），对于涡旋脱落压力的情况

$$P_{mn}(\omega)=\frac{1}{L_{3}C}\int_{0}^{L_{3}}\int_{0}^{C}2\rho_{0}g_{\mathrm{T}}(y_{1})\mathrm{e}^{\mathrm{i}\phi(y_{3})}\psi_{m}(y_{1})\psi_{m}(y_{3})\mathrm{d}y_{1}\mathrm{d}y_{3}$$

式中引入了振型和压差函数的可分离形式（分别为式（5.114）和式（5.115））。$g_{\mathrm{T}}(y_1)$是确定性的，并且压力被限制在后缘，y_1中的坐标表示为 y_{10}，因此可以使用与式（5.76a）~式（5.76c）中相同的函数来找出模态压力的近似值。

$$P_{mn}(\omega)\approx\frac{1}{L_{3}C}\int_{0}^{L_{3}}f_{2}'(y_{3})\psi_{m}(y_{10})\psi_{n}(y_{3})\mathrm{d}y_{3}$$

式中质数表示相对于 y_3的微分。现在我们可以定义该形式的模态升力系数谱

$$C_{\mathrm{L}mn}(\omega)\mathrm{e}^{\mathrm{i}\phi}=\frac{P_{mn}(\omega)}{q_{\infty}}$$

因此

$$\langle C_{\mathrm{L}mn}^{2}(\omega)\rangle=\frac{\langle P_{mn}(\omega)P_{mn}^{*}(\omega)\rangle}{q_{\infty}^{2}} \tag{5.123}$$

通过两个积分的近似，均方模态升力系数为

$$\langle C_{\mathrm{L}_{mn}}^{2}(\omega)\rangle\approx\frac{(\langle(f_{2}')^{2}\rangle L_{3}2\Lambda_{3})\psi_{m}^{2}(y_{10})}{q_{\infty}^{2}C^{2}L_{3}^{2}} \tag{5.124}$$

如果展向相关长度 $2\Lambda_3$ 远小于 $y_n(y_3)$的波长。此形式与式（5.76c）一样。

根据式（5.122），重合条件 $\omega=\omega_{mn}$和 $\omega_{mn}=\omega_{s}$下的模态振幅 $Y_{mn}(\omega_{mn})$可以

无量纲形式写出

$$\frac{Y_{mn}(\omega_{mn})}{y_{\mathrm{f}}}=\mathrm{i}\left[\frac{\rho_0 y_{\mathrm{f}}/2}{(m_{mn}+m_{\mathrm{s}})\eta_{\mathrm{T}}}\right]\left(\frac{\omega_{mn}y_{\mathrm{f}}}{U_\infty}\right)^{-2}C_{\mathrm{L}}(\omega_{mn})\mathrm{e}^{\mathrm{i}\phi} \tag{5.125}$$

其说明了阻尼参数的重要性，该阻尼参数可以被定义

$$\mathscr{D}_{\mathrm{a}}=\frac{(m_m+m_{\mathrm{s}})C\eta_{\mathrm{T}}}{\rho_0 y_{\mathrm{f}}^2/2} \tag{5.126}$$

控制自激响应。该参数完全类似于第 1 卷 5.7.3 节中导出的参数。相应地，线性激励的均方模态振幅（其中振动不会反馈到涡旋脱落）为

$$\frac{\langle Y_{mn}^2(\omega_{mn})\rangle}{y_{\mathrm{f}}^2}=\mathscr{D}_{\mathrm{a}}^{-2}\left(\frac{\omega_{mn}y_{\mathrm{f}}}{U_\infty}\right)^{-4}\langle C_{\mathrm{L}}^2(\omega_{mn})\rangle \tag{5.127}$$

这是具有给定后缘和给定损失因子的表面预期的最小响应幅度，因为其不包括（通过$\overline{C_{\mathrm{L}}^2}$）反馈效果。比较式（5.124）、式（5.127）和式（5.77），表明此有限$\langle C_{\mathrm{L}}^2(\omega_{mn})\rangle$可以用表 5-4 中的变量来表示，因此

$$\langle C_{\mathrm{L}}^2(\omega_{mn}=\omega_{\mathrm{s}})\rangle\approx\overline{C_{\mathrm{L}}^2}\psi_m^2(y_{10}) \tag{5.128}$$

对于 $2\Lambda_3$ 比 $f_n(y_3)$ 的波长小得多的情况，且其中$\overline{C_{\mathrm{L}}^2}$是式（5.77）给出的刚性表面的数值。

式（5.122）适用于自持振动或线性振动。当线性振动发生时，即当翼型振动和涡旋脱落保持不耦合时，钝湍流表面的升力系数自功率谱可以用表 5-4 中所列的参数来表示，如前所述。由此，根据式（5.128），可以看出线性激励运动依赖于经典意义上的阻尼，即 $Y_{mn}(\omega_{mn})\sim\eta_{\mathrm{T}}^{-1}$。

后缘振动的影响是改变 $C_{\mathrm{L}}(\omega)$的大小，并将其相位 ϕ 锁定为与 $Y_{mn}(\omega)$的固定关系中。因此，通过阻尼来限制 $Y_{mn}(\omega)$有两个目的，即减少 $Y_{mn}(\omega)$和保持刚性表面上存在 $C_{\mathrm{L}}(\omega)$值。这种耦合的量化和分析建模的现有方法将是接下来两节的主题。现在我们将只研究阻尼增加对弹性水动力旋翼和圆柱体的线性与自持振荡的影响。

图 5-48 显示了一系列钝边水动力旋翼的实测振动水平，如表 5-4 中的边缘 7，来自 Blake 等[84]均方位移代表运动的时间平均值和面积平均值。振鸣会产生音调行为，因此这些$\overline{y^2}$值代表均方频谱水平。弯曲$(0,n)$模式和板模式(m,n)的无量纲振幅涉及沿弦（标记点）的俯仰运动，表现出相同的行为。对于小于 100 的阻尼参数，与线性激励振动的 η_{T}^{-2} 行为相比，振幅平方大致减小为 η_{T}^{-4}。在这方面，行为类似于图 5-25 所示的圆柱体。应该注意的是，这项工作中使用的所有水动力旋翼都具有与结构质量相比较小的附加质量。对于附加质量相对较大的结构，其行为可能会有所改变。图 5-48 中的虚线显示了

使用 Hartlen 和 Currie[225] 的升力振荡器模型改编版的计算结果（见第 1 卷 5.7 节和 5.7.2.4 节）。图 5-48 中的实线描述了对涡旋脱落的线性共振响应，由式（5.127）和式（5.77）给出，以及来自图 5-23 的涡旋强度。该估算使用了图 5-23 中给出的 r_0 全均方值，因为假设阻尼足够大，涡旋脱落压力的带宽超过共振带宽，即 $\eta_T>1/Q_s$。Blake 等[226] 提供了更多示例，使用非线性升力振子模型来研究尾流-水动力旋翼耦合动力学，也可参见 5.7.2.4 节。

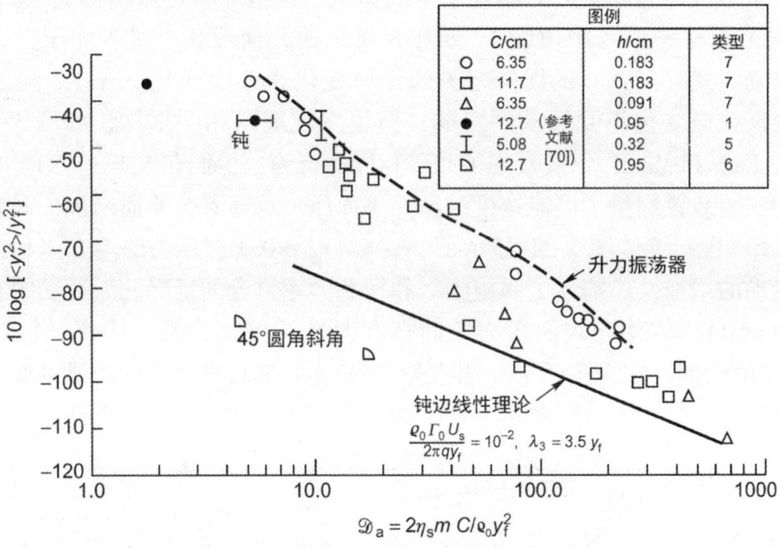

图 5-48　涡旋脱落激发的水动力旋翼弯曲振动的均方振幅

（变量包括机械损失因子、板密度、弦后缘厚度和振动阶；参考文献［84］）

5.7.2.3　后缘振动对涡旋脱落和涡致力的影响：自激测量结果

我们已经讨论过（见第 1 卷 5.7 节）圆柱体的横向运动对涡街结构的影响以及对涡致力的相关影响。这个课题与振鸣螺旋桨的控制有很大的关系，后者可能遭受裂纹形式的低循环疲劳[208-209]。为了理解从 5.7.4 节中的圆柱尾流行为推导出的横向振动的预期效果，Wood[107]、Greenway 和 Wood[22]、Blake 等[84,226-227]、Graham 和 Maull[228] 以及 Wood 和 Kirmani[229] 对后缘振荡对流动的影响进行了实验研究。Greenway 和 Wood[22]、Wood 和 Kirmani[229] 的测量主要为水洞表面进行的流动可视化表示（图 5-8（c））。水动力旋翼从一辆拖车穿过表面。在拖曳过程中，水动力旋翼周围的流动结构通过悬浮在表面上的反光颗粒变得清晰可见。根据测量的粒子轨迹，可以计算环流分布。测量结果[22] 表明，当起伏幅度小于 0.10h 时，钝边尾流的几何形状几乎没有变化，其中 h

为基础高度。Greenway 和 Wood[22] 发现（$R_h=3.4\times10^3$），对于类似于表 5-4 中边缘 8 但具有不同夹角的一般类型倾斜后缘，尽管夹角为 20°~30°边缘的运动通常会形成尾流，但涡旋强度仅受到轻微影响。从上（钝）角脱落的涡旋强度弱于从下（锐）角脱落的涡旋强度。对于大于 45°的顶角，Greenway 和 Wood 发现强度随着运动而显著增加（振幅为 $0.123h$）。

在装有可机械振荡的襟翼的翼型上测量表面压力及其相关特性。使用不同的襟翼来考查钝边和斜边对涡旋脱落的影响。钝边和斜边振荡襟翼[84,227] 都有 $3h$ 弦向范围与表 5-4 中边缘 1、5 和 8 所示的几何形状。对表面压力进行测量，以确定式（5.75）的展向相关的任何变化和弦向变化 $g(y_1)$。对于钝后缘，发现弦向变化不受振动的影响，但也发现展向相关增加，如图 5-49 所示。Graham 和 Maull[228] 观察到了几乎相同的行为，他们在 $R_h=3.5\times10^4$时使用类似的实验装置测量了尾流速度波动。表面压力也随着位移而增加，涡旋强度 r_0表现出匹配行为。图 5-50 显示了 $|y_1-y_s|/l_f\approx0.1$ 时压力的均方值和相关长度随运动的增加，还描述了涡旋频率和振荡频率重合的情况。无运动的实测压力记为 $p(0)$。位移和表面压力之间也有明显的相位关系（图 5-51）。随着 ω_v/ω_s 比值增加，在振荡频率 ω_v 和脱落频率 ω_s 处都观察到两种明显可检测到的压力贡献。

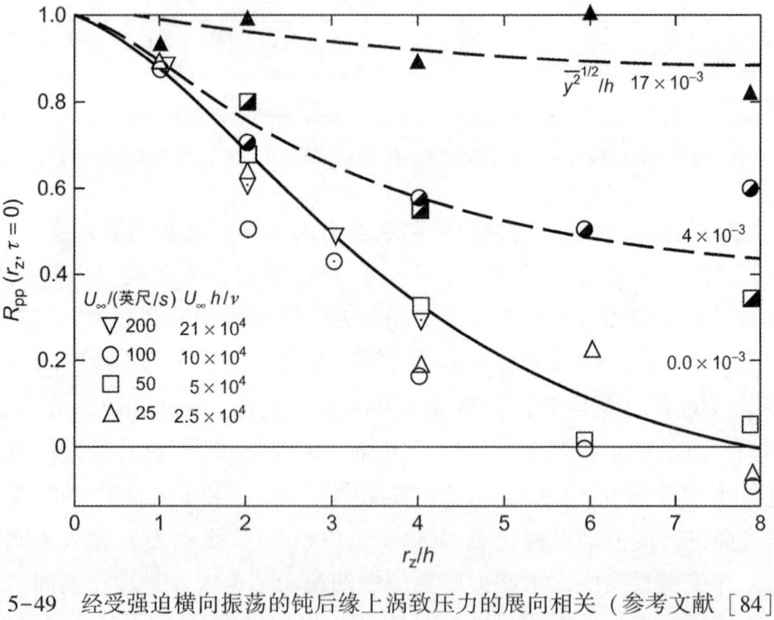

图 5-49　经受强迫横向振荡的钝后缘上涡致压力的展向相关（参考文献［84］）

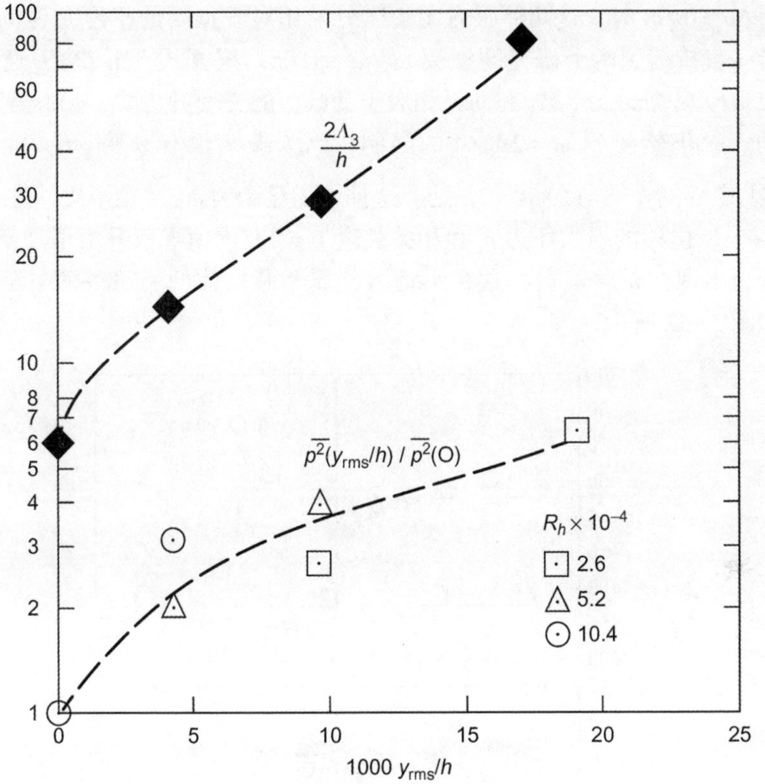

图 5-50　位移和长度的关系

（当横向位移相对于钝后缘的 $h \approx y_f$ 增加时，涡致压力和展向相关长度增加；参考文献［84］）

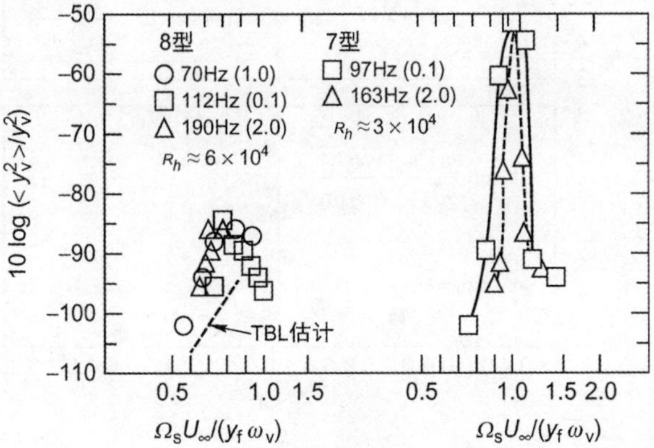

图 5-51　频率、位移对升力的影响

（振动频率和横向位移对相位、压力和空气中边缘 5 的合成升力的影响（表 5-4）；参考文献［84］）

$\omega_v/\omega_s>0.98$ 时，这两种压力无法区分，相对于振幅的相位变为负值。这种夹带一直持续到两个研究的振幅 $\omega_v/\omega_s>1.05$。根据式（5.77），通过改变 $p_0=p_0\Gamma_0U_s/(y_f2\pi q_\infty)$、$\Lambda_3$ 和 m，相对于其数值的交变升力 $C_L(w)$ 幅度增加且无运动。m 仍然受到 $m=2\Lambda_3/y_f$ 的限制，因为振荡没有改变 $g(y_1)$ 的形式。图 5-51 底部的 $\overline{y_v^2}^{1/2}=(9\times10^{-3})h$ 处，这种增加显示为 ω_v/ω_s 的函数。在 $\omega_v/\omega_s\approx1.02$ 时，该位移的增大压力 p_0 和相关长度 $l_c=2\Lambda_3$ 的值导致升力增加至 25dB。最大升力出现在 $\omega_v\neq\omega_s$ 处，这在水动力旋翼和圆柱体的流动激励中经常观察到，如图 5-52 所示。

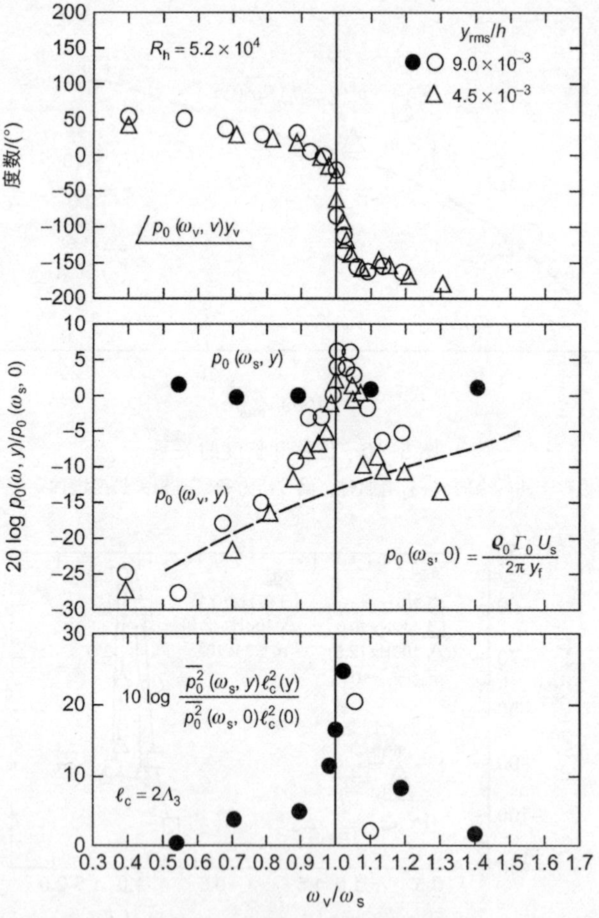

图 5-52　升力与位移的关系

（对于边缘 7 和 8 的各种模式，横向模态位移作为 U_∞、w 和 y_f 的函数（表 5-4）；$\Omega_s=\omega_sy_f/U_\infty$，参考文献［84］）

图 5-51 中，运动的影响是升力波动的增加，这是由于压力 p_0 和相关长度 $l_c=2\Lambda_3$ 在对应于图 5-48 所示或 $\overline{y_v^2}^{1/2}/y_f=(y_v)_{rms}/y_f<20\times10^{-3}$ 时观察到的流致数值的范围 $\overline{y_v^2}^{1/2}/y_f(y_f\approx h)$ 内增加。$C_L^2(\omega)$ 的增强与观察到的图 5-48 所示线性受迫运动上的非线性耦合运动水弹性响应增强是一致的。可以通过一个简单的练习看出。例如，对于 $D_a=8$，测量的非线性振幅 $\overline{y_v^2}^{1/2}/y_f\approx10^{-2}$；该振幅的升力增量为 25dB，当加到图 5-48 中实线所示的线性响应的期望值上时，就说明了观察到的振动水平。见图 5-50，对于 $y_{rms}<0.001y_f$，预计升力增加可以忽略不计。对于 $D_a>40$ 和 $\langle y_a^2\rangle/y_f^2<70$，图 5-48 的数据中出现的散射与这种行为一致。

5.7.2.4　作为非线性振子的半经验建模

从理论上预测水弹性行为的尝试多种多样。一些早期的尝试基于通过直接应用非稳态升力面理论来量化尾流环流 Γ 和振荡升力以及表面平移之间的关系。这是 Shiori[230]、Tsakonas 和 Jacobs[231] 以及 Arnold 等[232] 使用的方法。现在看来其有两个缺点。

首先，假设水动力旋翼表面边界层的平均剪切层所脱落的平均涡度与周期性涡街中涡度夹带速度之间存在一对一的关系。即使在圆柱体的情况下（第 1 卷 4.2 节），在涡旋形成的过程中，已知涡旋的强度会受到自由流湍流和雷诺数值的影响。此外，这种方法忽略了涡面稳定性的基本原理，其在尾流产生过程中被广泛认为是重要的。

其次，这些理论主要为二维层面。其应用需要比水动力旋翼弦大许多倍的旋涡展向相关长度。通常不会出现这种情况。因此，这些理论倾向于过高估计水弹性响应的幅度，同时适当考虑观察到的自激行为的定性方面。

Ippen 等[87] 和 Eagleson 等[218] 提出了类似的半经验分析，但依赖于更多的启发式推理。利用适用于二维流动的 Theodorsen 函数确定涡街在水动力旋翼上引起的升力和力矩。假设涡街产生的激励和力矩与水动力旋翼面积、前进速度的平方 U_∞ 和后缘厚度成正比。同样，尽管可以描述一般的水弹性行为，但不能预测运动的幅度。然而，可以明确定义增加的滞后结构阻尼在限制水弹性响应中的作用。根据发现[218]，η_T 防止水弹性自激的最佳阻尼为 0.06~0.08。从图 5-48 所示的测量值来看，这些数值似乎有些大。

Hartley 和 Currie[225] 以及 Blake 等[226] 的方法见第 1 卷 5.7.4 节，已经被用来[80,226] 预测水动力旋翼阻尼对减少振鸣的影响。自激的发生取决于升力系数 $C_L(\omega)e^{i\phi}$ 和振幅 $Y_m(\omega)/y_f$ 之间关系的存在。相位角 $-\pi<\phi<0$ 范围内的升力波动作为负阻尼，其最小值受到尾流某些特性的限制。第 1 卷 5.7.4 节末尾的关系适用，但用 y_f 代替气缸直径 d，升力系数定义见式（5.123）。

图 5-53 显示了振鸣钢制水动力旋翼的计算示例[80]，该水动力旋翼在几何形状上与具有图 5-43~图 5-45 所示的测得响应特性的水动力旋翼相似。使用式（5.77）计算振动振幅为零 $C_{L0} \approx \sqrt{2C_L^2}^{1/2}$ 时极限升力系数的近似值，式（5.77）来自空气动力学测量且理想化为纯音（$R_h = 5 \times 10^3$ 时 $p_0 \Gamma_0 U_s / 2\pi q_\infty y_f \approx 10^{-2}$）；$C_{L0} = 2.2 \times 10^{-3}$ 时来自实验参数。对于其他应用，升力振幅 C_{L0} 可以从式（5.77）中估算出来，使用表 5-4 中的参数。式（5.115）和式（5.117）中的系数为 $\gamma = 59$，$b = 1.58$，通过对作为水动力旋翼 ω_s/ω 函数的 $y_{mn}(\omega)$ 测量值进行试错拟合来确定。计算随后的曲线，以确定附加阻尼的影响，产生的趋势也可见图 5-47。为了进行这样的计算，需要结构中具有初始阻尼，通常在 $3\times10^{-3} \sim 10^{-2}$。

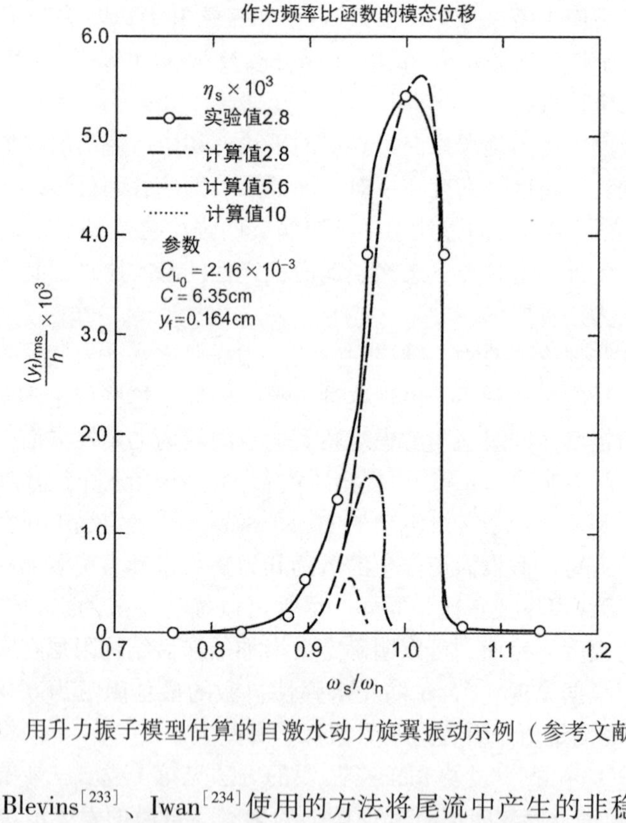

图 5-53　用升力振子模型估算的自激水动力旋翼振动示例（参考文献［80］）

Iwan 和 Blevins[233]、Iwan[234]使用的方法将尾流中产生的非稳态动量建模为横向于流动平面的非稳态流体位移 Z 的时间导数的幂级数。使用这个变量而非升力系数来描述非线性流体动力学。流体作用在圆柱体上的力表示为

$$f(\dot{Z}, \dot{y}) = a_4 \rho_0 y_f U_s (\dot{Z} - \dot{y})$$

式中：$\dot{Z}-\dot{y}$是流体相对于后缘（分离点）的速度。此力等于转移到圆柱体周围流体控制体积的动量速率，Iwan 和 Blevins 将

$$\frac{\mathrm{d}M_2}{\mathrm{d}t}=\rho_0 y_f^2\omega_s^2\omega_s^2 Z-a_1\rho_0 U_s y_f\dot{Z}+a_2\rho_0\frac{y_f}{U_s}(\dot{Z})^3$$

加上控制体积中动量的增加速率，即

$$\dot{M}_z=a_0\rho_0 y_f^2 Z$$

这些定义与 Hartley 和 Currie[225]公式中的定义一样具有启发性，其可导出类似于式（5.115）流体运动的非线性式。关于舰船螺旋桨振鸣的进一步讨论，见 6.5.5 节。

参考文献

[1] Powell A. On the aerodynamic noise of a rigid flat plate moving at zero incidence. J Acoust Soc Am 1959; 31: 1649-53.

[2] Ffowcs Williams JE, Hall LH. Aerodynamics sound generation by turbulent flow in the vicinity of a scattering half-plane. J Fluid Mech 1970; 40: 657-70.

[3] Olsen WA. Noise generated by impigement of turbulent flow on airfoils of varied chord, cylinders, and other flow obstructions. NASA Tech. Memo. NASA TM-X-73464; 1976.

[4] MacDonald HM. A class of diffraction problems. Proc London Math Soc 1915; 14: 410-27.

[5] Crighton DG, Leppington FG. Scattering of aerodynamic noise by a semi-infinite complaint plate. J Fluid Mech 1970; 43: 721-36.

[6] Howe MS. Contributions to the theory of aerodynamic sound with application to excess jet noise and the theory of the flute. J Fluid Mech 1975; 71: 625-73.

[7] Bowman JJ, Senior TBA, Uslenghi PLE. Electromagnetic and acoustic scattering by simple shapes. Amsterdam: North-Holland Publ; 1969.

[8] Hersh AS, Meecham WC. Sound directivity radiated from small airfoils. J Acoust Soc Am 1973; 53: 602-6.

[9] Siddon T. Surface dipole strength by cross-correlation method. J Acoust Soc Am 1973; 53: 619-33.

[10] Fink MR. A method for calculating externally blown flap noise. NASA [Contract. Rep.] CR NASA-CR-2954; 1978.

[11] Yu JC, Tam CKW. An experimental investigation of the trailing-edge noise mechanism. AIAA J 1978; 16: 1048-52.

[12] Howe MS. The influence of vortex shedding on the generation of sound by convected turbulence. J Fluid Mech 1976; 76: 711-40.

[13] Bisplinghoff RL, Ashley H, Halfman RL. Aeroelasticity. MA:Addison-Wesley,Reading;1955.

[14] Newman JN. Marine hydrodynamics. Cambridge, MA: MIT Press; 1977.

[15] Sevik M. Lift in an oscillating body of revolution. AIAA J 1964; 2: 302-5.

[16] Theordorsen T. General theory of aerodynamic instability and the mechanism of flutter. Natl. Advis. Comm. Aeronaut., Rep. No. 496; 1935.

[17] Sears WR, von Karman T. Airfoil theory for non-uniform motion. J Aeronaut Sci 1938; 5: 379-90.

[18] Horlock JH. Fluctuating lift forces on airfoils moving through transverse and chordwise gusts. J Basic Eng 1968; 90: 494-500.

[19] Holmes DW. Experimental pressure distributions on airfoils in transverse and streamwise gusts. Rep. 8-181 CUED/A-Turbo/TR 21. Cambridge, England: Dep. Eng., Univ. of Cambridge; 1970.

[20] Morfey CL. Lift fluctuations associated with unsteady chordwise flow past an airfoil. J Basic Eng 1970; 92: 663-9.

[21] Meyers WG. The effects of three trailing edge modifications on the vortex shedding frequency and the lift and drag characteristics of an NACA 65A-008 Airfoil [M. S. Thesis]. Notre Dame, Indiana: Univ. of Notre Dame; 1964.

[22] Greenway ME, Wood CJ. The effect of a beveled trailing edge on vortex shedding and vibration. J Fluid Mech 1975; 61: 322-35.

[23] Chu S, Widnall S. Lifting surface theory for a semi-infinite wind in oblique gust. AIAA J 1974; 12: 1672-8.

[24] Howe MS. Acoustics of fluid structure interaction. Cambridge: Cambridge University Press; 1998.

[25] Sears WR. Some aspects of non-stationary airfoil theory and its practical application. J Aeronaut Sci 1940; 8: 104-8.

[26] Abramowitz M, Stegun IA. Handbook of mathematical functions. Publ. No. 55. Washington, D. C.: Natl. Bur. Stand.; 1965.

[27] Liepmann HW. On the application of statistical concepts to the buffeting problem. J Aeronaut Sci 1965; 19: 793-801.

[28] Reissner E. Effect of finite span on the air load distribution for oscillating wings, I-Aerodynamic theory of oscillating wings of finite span. Natl. Advis. Comm. Aeronaut., Tech. Note No. 1194; 1947.

[29] Reissner E, Stevens JE. Effect of finite span on the air load distributions for oscillating wings, II-Methods of calculation and examples of application. Natl. Advis. Comm. Aeronaut., Tech. Note No. 1196; 1947.

[30] Mugridge BD. The generation and radiation of acoustic energy by the blades of a subsonic axial flow fan due to unsteady flow interaction [Ph. D. Thesis]. Univ. of Southampton; 1970.

[31] Mugridge BP. Sound radiation from airfoils in turbulent flow. J Sound Vib 1970; 13 362-263.

[32] Filotas LT. Response of an infinite wing to an oblique sinusoida gust: a generalization of sears' problem. Conf. Basic Aerodyn. Noise Res. NASA [Spec. Publ.] SP NASA SP-207; 1969. p. 231-46.

[33] Filotas LT. Theory of airfoil response in a gusty atmosphere, Part I—Aerodynamic transfer function. UTIAS Rep. No. 139; 1969.

[34] Filotas LT. Theory of airfoil response in a gusty atmosphere, Part II-Response to discrete gusts or continuous turbulence. UTIAS Rep. No. 141; 1969.

[35] Graham JMR. Lifting surface theory for the problem of an arbitrarily yawed sinusoidal gust incident on a thin aerofoil in incompressible flow. Aeronaut Q 1969; 21: 182-98.

[36] Graham JMR. Similarity rules for thin aerofoils in nonstationary subsonic flows. J Fluid Mech 1970; 43: 753-66.

[37] Osborne C. Unsteady thin airfoil theory for subsonic flow. AIAA J 1973; 11: 205-9.

[38] Chu S, Widnall SE. Prediction of unsteady airloads oblique blade-gust interaction in compressible flow. AIAA J 1974; 12: 1228-35.

[39] Amiet RK. Compressibility effects in unsteady thin airfoil theory. AIAA J 1974; 14: 252-5.

[40] Amiet RK. High frequency thin-airfoil theory for subsonic flow. AIAA J 1976; 14: 1076-82.

[41] Adamczyk JJ. Passage of a swept airfoil through an oblique gust. J Aircraft 1974; 11: 281-7.

[42] Kemp NH, Homicz G. Approximate unsteady thin-airfoil theory for subsonic flow. AIAA J 1976; 14: 1083-9.

[43] Miles JW. On the compressibility correction for subsonic unsteady flow. J Aeronaut Sci 1950; 17: 181.

[44] Miles JW. Quasi-stationary airfoil theory in subsonic compressible flow. Q Appl Math 1950; 8: 350-8.

[45] Amiet RK. Airfoil response to an incompressible skewed gust of small spanwise wave number. AIAA J 1976; 14: 541-2.

[46] Fujita H, Kovasznay LSG. Unsteady lift and radiated sound from a wake cutting airfoil. AIAA J 1974; 12: 1216-21.

[47] Diederich FW. The dynamic response of a large airplane to continuous random atmospheric disturbance. J Aeronaut Sci 1956; 23: 917-30.

[48] Liepmann HW. Extension of the statistical approach to buffeting and gust response of wings of finite span. J Aeronaut Sci 1955; 22: 197-200.

[49] Ribner HS. Spectral theory of buffeting and gust response: unification and extension. J Aero-

naut Sci 1956; 23 (1075-1077): 1118.

[50] Miles JW. The aerodynamic force on an airfoil in a moving gust. J Aeronaut Sci 1956; 23: 1044-50.

[51] Verdon JM, Steiner R. Response of a rigid aircraft to nonstationary atmospheric turbulence. AIAA J 1973; 17: 1086-92.

[52] Jackson R, Graham JMR, Maull DJ. The lift on a wing in a turbulent flow. Aeronaut Q 1973; 24: 155-66.

[53] McKeough PJ, Graham JMR. The effect of mean loading on the fluctuating loads induced on airfoils by a turbulent stream. Aeronaut Q 1980; 31: 56-69.

[54] Paterson RW, Amiet RK. Noise and surface pressure response of an airfoil to incident turbulence. J Aircraft 1977; 14: 729-36.

[55] Paterson RW, Amiet RK. Acoustic radiation and surface pressure characteristics of an airfoil due to incident turbulence. NASA [Contract. Rep.] CR NASA-CR-2733; 1976.

[56] Gradshteyn IS, Ryzhik IM. Table of integrals series and products. New York, NY: Academic Press; 1965.

[57] Howe MS. Edge-source acoustic Green's function for an airfoil of arbitrary chord, with application to trailing edge noise. Q J Appl Math 2001; 54: 139-55.

[58] Clark PJF, Ribner HS. Direct correlation of fluctuating lift with radiated sound for an airport in turbulent flow. J Acoust Soc Am 1969; 46: 802-5.

[59] Dean LW. Broadband noise generation by airfoils in turbulent flow. AIAA Pap 1971; 71-587.

[60] Fink MR. Experimental evaluation of theories for trailing edge and incidence fluctuation noise. AIAA J 1975; 13: 1472-7.

[61] Amiet RK. Acoustic radiation from an airfoil in a turbulent stream. J Sound Vib 1975; 41: 407-20.

[62] Ross MH. Radiated sound generated by airfoils in a single stream shear layer [M. S. Thesis]. Notre Dame, Indiana: Department of Aerospace and Mechanical Engineering, University of Notre Dame; 2009.

[63] Fink MR. A method for calculating strut and splitter plate noise in exit ducts-theory and verification. NASA [Contract. Rep.] CR NASA-CR-2955; 1978.

[64] Hayden RE. Noise from interaction of flow with rigid surfaces: a review of current statics of prediction techniques. NASA [Contract. Rep.] CR NASA-CR-2126; 1972.

[65] Shannon DW, Morris SC, Blake WK. Trailing edge noise from blunt and sharp edge geometries. In: Proceedings of NCAD2008, NoiseCon - ASME, NCAD July 28 - 30, 2008, NCAD2008-73052; 2008.

[66] Bilka MJ, Morris SC, Berntsen C, Silver JC, Shannon DW. Flowfield and sound from a blunt trailing edge with varied thickness. AIAA J 2014; 52 (1): 52-61.

[67] Kim D, Lee G-S, Cheong C. Inflow broadband noise from an isolated symmetric airfoil interacting with incident turbulence. J Fluids Struct 2015; 55: 428-50.

[68] Massaro M, Graham JMR. The effect of three-dimensionality on the aerodynamic admittance of thin sections in free stream turbulence. J Fluids Struct 2015; 57: 81-90 Analytical, wave number, Sears.

[69] Howe MS. Unsteady lift and sound produced by an airfoil in a turbulent boundary layer. J Fluids Struct 2001; 15: 207-25.

[70] Howe MS. Unsteady lift produced by a streamwise vortex impinging on an airfoil. J Fluids Struct 2002; 16: 761-72.

[71] Gershfeld J. Leading edge noise from thick foils in turbulent flows. J Acoust Soc Am 2004; 119: 1416-26.

[72] Devenport WJ, Staubs JK, Glegg SAL. Sound radiation from real airfoils in turbulence. J Sound Vib 2010; 329: 3470-83.

[73] Oerlemans S, Sijtsma P, Lopez Mendez B. Location and quantification of noise sources on a wind turbine. J Sound Vib 2007; 299: 869-83.

[74] Lee S, Soogab Lee S, Ryi J, Cho J-S. Design optimization of wind turbine blades for reduction of airfoil self-noise. J Mech Sci Technol 2013; 27: 413-20.

[75] Bertagnolio F, Madsen HA, Bak C. Trailing edge noise model validation and application to airfoil optimization. ASME J Solar Energy Eng 2010; 132: 1-9.

[76] Brooks TF, Hodgeson TH. Trailing edge noise prediction using measured surface pressures. J Sound Vib 1981; 78: 69-117.

[77] Wang M, Moin P. Computation of trailing-edge flow and noise using large-eddy simulation. AIAA J December 2000; 38: 2201-9.

[78] Lee G-S, Cheong C. Frequency-domain prediction of broadband trailing edge noise from a blunt flat plate. J Sound Vib 2013; 332: 5322-44.

[79] Blake WK. Structure of trailing edge flow related to sound generation, Part I-Tonal pressure and velocity fluctuations. DTNSRDC Report No. 83/113. Washington, D. C.: David Taylor Naval Ship R & D Center; 1985.

[80] Blake WK. Periodic and random excitations of streamlined structures by trailing edge flows. Turbul Liq 1977; 4: 167-78.

[81] Archibald FS. Unsteady Kutta condition at high values of the reduced frequency parameter. J Aircraft 1975; 12: 545-50.

[82] Chevray R, Kovasznay LSG. Turbulence measurements in the wake of a thin flat plate. AIAA J 1969; 7: 1041-3.

[83] Cumming RA. A preliminary study of vortex-induced propeller blade vibrations and singing. DTMB Rep. No. 1838. Washington, D.C.: David Taylor Naval Ship R & D Center; 1965.

[84] Blake WK, Maga LJ, Finkelstein G. Hydroelastic variables influencing propeller and hydrofoil singing. In: Proc. ASME symp. noise fluids eng., Atlanta, GA.; 1977. p. 191-200.

[85] Donaldson RM. Hydraulic turbine runner vibration. J Eng Power 1956; 78: 1141-7.

[86] Heskestad F, Olberts DR. Influence of trailing edge feometry on hydraulic-turbine blade vibration. J Eng Power 1960; 82: 103-10.

[87] Ippen AT, Toebs GH, Eagleson PS. The hydroelastic behavior of flat plates as influenced by trailing edge geometry. Cambridge, MA: Rep. No. Hydrodyn. Lab., Dep. Civ. Eng., MIT; 1960.

[88] Toebs GH, Eagleson PS. Hydroelastic vibrations of flat plates related to trailing edge geometry. J Basic Eng 1961; 83: 671-8.

[89] Paterson RW, Vogt PG, Fink MR, Munch CL. Vortex noise of isolated airfoils. J Aircraft 1973; 10: 296-302.

[90] von Doehhoff AE. Investigation of the boundary layer about a symmetrical airfoil in a wind tunnel of low turbulence. Natl. Advis. Comm. Aeronaut., Wartime Rep. L-507; 1940.

[91] Sato H, Kuriki K. The mechanism of transition in the wake of a thin flat plate placed parallel to a uniform flow. J Fluid Mech 1961; 11: 321.

[92] Sandberga RD, Jonesa LE, Sandhama ND, Joseph PF. Direct numerical simulations of tonal noise generated by laminar flow past airfoils. J Sound Vib 2009; 320: 838-58.

[93] Garcia-Sagrado A, Hynes T. Wall-pressure sources near an airfoil trailing edge under separated laminar boundary layers. AIAA J 2011; 49: 1841-56.

[94] Takagi S, Konishi Y. Frequency selection mechanism of airfoil trailing-edge noise. J Aircraft 2010; 47 (July-August).

[95] Takagi Y, Fujisawa N, Nakano T, Nashimoto A. Cylinder wake influence on the tonal noise and aerodynamic characteristics of a NACA0018 airfoil. J Sound Vib 2006; 297: 563-77.

[96] Jones LE, Sandberg RD. Numerical analysis of tonal airfoil self-noise and acoustic feedback-loops. J Sound Vib 2011; 330: 6137-52.

[97] Nakano T, Fujisawa N, Lee S. Measurement of tonal-noise characteristics and periodic flow structure around naca0018 airfoil. Exp Fluids 2006; 40 (3): 482-90.

[98] Pröbsting S, Scarano F, Morris SC. Regimes of tonal noise on an airfoil at moderate Reynolds. J Fluid Mech 2015; 780: 407-38.

[99] Inasawa A, Ninomiya C, Asa M. Suppression of tonal trailing-edge noise from an airfoil using a plasma actuator. AIAA J July 2013; 51: 1695-702.

[100] Wygnanski I, Champagne F, Marasli B. On the large-scale structures in two-dimensional, small-deficit, turbulent wakes. J Fluid Mech 1986; 168: 31-71.

[101] Marasli B, Champagne F, Wygnanski I. Modal decomposition of velocity signals in a

plane, turbulent wake. J Fluid Mech 1989; 198: 255-73.
[102] Marasli B, Champagne F, Wygnanski I. Effect of travelling waves on the growth of a plane turbulent wake. J Fluid Mech 1992; 235: 511-28.
[103] Hersh AS, Hayden RE Aerodynamic sound radiation from lifting surfaces with and without leading-edge serration. NASA [Contract. Rep.] CR NASA-CR-114370; 1971.
[104] Bauer AB. Vortex shedding from thin flat plates parallel to the free stream. J Aeronaut Sci 1961; 28: 340-1.
[105] Gongwer CA. A study of vanes singing in water. J Appl Mech 1952; 19: 432-8.
[106] Seshagiri BV. The effect of yaw on the vortex shedding frequency of NACA 65A-008 Airfoil [M.S. Thesis]. Notre Dame, Indiana: Dep. Aeronaut. Eng., Univ. of Notre Dame; 1964.
[107] Wood CJ. The effect of lateral vibrations on vortex shedding from blunt-based aerofoils. J Sound Vib 1971; 14: 91-102.
[108] Hansen CE. An investigation of the near wake properties associated with periodic vortex shedding from airfoils. Rep. No. 76234-5. Cambridge, MA: Acoust. Vib. Lab., MIT; 1970.
[109] Roshko A. On the drag and shedding frequency of two-dimensional bluff bodies. Natl. Advis. Comm. Aeronaut., Tech. Note No. 3969; 1954.
[110] Bearman PW. Investigation of the flow behind a two-dimensional model with a blunt trailing edge and fitted with splitter plates. J Fluid Mech 1965; 21: 241-55.
[111] Blake WK. A statistical description of pressure and velocity fields at the trailing edge of a flat strut. NSRDC Rep. No. 4241. Washington, D. C.: David Taylor Naval Ship R & D Center; 1975.
[112] Tam CKW. Discrete tones of isolated airfoils. J Acoust Soc Am 1974; 55: 1173-7.
[113] Longhouse R. E. Noise mechanisms in automotive cooling fans. In: Proc. ASME symp. noise fluids eng. Atlanta, GA; 1977. p. 183-91.
[114] Archibald FS. The laminar boundary layer instability excitation of an acoustic resonance. J Sound Vib 1977; 38: 387-402.
[115] Fink MR. Fine structure of airfoil tone frequency. In: Meet. Acoust. Soc. Am. 95th, Providence, Rhode Island (1918). Abstr. J. Acoust. Soc. Am. 63, Suppl. PS-22, May; 1978.
[116] Bearman RW. On the vortex street wakes. J Fluid Mech 1967; 28: 625-41.
[117] Abernathy FH, Kronauer RE. The formation of vortex streets. J Fluid Mech 1962; 13: 1-20.
[118] Boldman DR, Brinich PE, Goldstein ME. Vortex shedding from a blunt trailing edge with equal and unequal external mean velocities. J Fluid Mech 1976; 75: 721-35.
[119] Schaefer JW, Eskinazi S. An analysis of the vortex street generated in a viscous fluid. J Fluid Mech 1959; 6: 241-60.

[120] Blake WK. A near-wake model for the aerodynamic pressures exerted on singing trailing edges. J Acoust Soc Am 1976; 60: 594-8.

[121] Howe MS. Aerodynamic sound generated by a slotted trailing edge. BBN Tech. Memo. AS6. Cambridge, MA: Bolt, Beranek, & Newman; 1979.

[122] Davis S. Theory of discrete vortex noise. AIAA J 1974; 13: 375-80.

[123] Milne-Thompson LM. Theoretical hydrodynamics. New York, NY: Macmillan; 1960.

[124] Olsen W, Karchmer A. Lip noise generated by flow separation from nozzle sufaces. NASA Tech. Memo. NASA TM-X-71859; 1976.

[125] Graham JMR. The effect of end plates on the two-dimensionality of a vortex wake. Aeronaut Q 1969; 20: 237-47.

[126] Howe MS. The generation of sound by aerodynamic sources in an inhomogeneous steady flow. J Fluid Mech 1975; 67: 597-610.

[127] Yudin EY. On the vortex sound from rotating rods. Zh Tekh Fiz 1944; 14: 561 Transl.: NACA Tech. Memo. No. 1136 (1947).

[128] Clark LT. The radiation of sound from an airfoil immersed in a laminar flow. J Eng Power 1971; 93: 366-76.

[129] Sunyach M, Arbey H, Robert D, Bataille J, Compte-Bellot G. Correlations between far field acoustic pressure and flow characteristics for a single airfoil. NATO AGARD Conf. Noise Mech., Pap. No. 131; 1973.

[130] Chandiramani KL. Diffraction of evanescent waves with applications to aerodynamically scattered sound and radiation from unbaffled plates. J Acoust Soc Am 1974; 55: 19-29.

[131] Chase DM. Sound radiated by turbulent flow off a rigid half-plane as obtained from a wave vector spectrum of hydrodynamic pressure. J Acoust Soc Am 1972; 52: 1011-23.

[132] Chase DM. Noise radiated from an edge in turbulent flow. AIAA J 1975; 13: 1041-7.

[133] Amiet RK. Noise due to turbulent flow past a trailing edge. J Sound Vib 1976; 47: 387-93.

[134] Amiet RK. Effect of the incident surface pressure field on noise due to turbulent flow past a trailing edge. J Sound Vib 1978; 57: 305-6.

[135] Zhou Q, Joseph J. A frequency domain numerical method for airfoil broadband selfnoise prediction. J Sound Vib 2007; 299: 504-19.

[136] Roger M, Moreau S. Back-scattering correction and further extensions of Amiet's trailing-edge noise model. Part 1: theory. J Sound Vibe 2005; 286: 477-506.

[137] Moreaua S, Roger M. Back-scattering correction and further extensions of Amiet's trailing-edge noise model. Part II: Application. J Sound Vibr 2009; 323: 397-425.

[138] Roger M, Moreau S. Extensions and limitations of analytical airfoil broadband noise models. Int J Aeroacoust 2010; 9 (3): 273-305.

[139] Howe MS. A review of the theory of trailing edge noise. J Sound Vib 1978; 61: 437-65.

[140] Howe MS. Trailing edge noise at low Mach numbers. J Sound Vib 1999; 225: 211-38.

[141] Kendall JM. Measurements of noise produced by flow past lifting surfaces. AIAA Pap 1978; 78-239.

[142] Harden JC. On noise radiation from the side edges of flaps. AIAA J 1980; 18: 549-52.

[143] Howe MS. On the hydroacoustics of a trailing edge with a detached flap. J Sound Vib 2001; 239: 801-17.

[144] George AR, Najjar FE, Kim VN. Noise due to tip vortex formation on lifting rotors. In: AIAA aeroacoust. conf., 6th, Hartford, CT, Pap. 80—1010; 1980.

[145] Crighton DG. Radiation properties of the semi-infinite vortex sheet. Proc R Soc London, Ser A 1972; 330: 185-98.

[146] Crighton DG, Leppington FG. Radiation properties of the semi-infinite vortex sheet: the initial-value problem. J Fluid Mech 1974; 64: 393-414.

[147] Crighton DG, Leppington FG. On the scattering of aerodynamic noise. J Fluid Mech 1971; 46: 577-97.

[148] Howe MS. The effect of forward flight on the diffraction radiation of a high speed jet. J Sound Vib 1977; 50: 183-93.

[149] Howe MS. Trailing edge noise at low mach numbers, part 2: attached and separated edge flows. J Sound Vib 2000; 234: 761-75.

[150] Tam CKW. Intensity, spectrum, and directivity of turbulent boundary layer noise. J Acoust Soc Am 1975; 57: 25-34.

[151] Jones DS. Aerodynamic sound due to a source near a half-plane. IMA J Appl Math 1972; 9: 114-22.

[152] Tam CKW, Reddy NN. Sound generated in the vicinity of the trailing edge of an upper surface blown flap. J Sound Vib 1977; 52: 211-32.

[153] Crighton DG. Radiation from vortex filament motion near a half-plane. J Fluid Mech 1972; 51: 357-62.

[154] Orsag SA, Crow SC. Instability of a vortex sheet leaving a semi-infinite plate. Stud Appl Math 1970; 44: 167-81.

[155] Pröbsting S, Zamponi M, Ronconi S, Guan Y, Morris SC, Scarano F. Vortex shedding noise from a beveled trailing edge. Int J Aeroacoust 2016; 15: 712-33.

[156] Guan Y, Pröbsting S, Stephens D, Gupta A, Morris S. On the wake flow of asymmetrically beveled trailing edges. Exp Fluids 2016; 57-78.

[157] Dougherty RP. Beamforming in acoustic testing. In: Mueller T, editor. Aeroacoustic Testing. Berlin: Springer-Verlag; 2002.

[158] Brooks TF, Hodgeson TH. An experimental investigation of trailing edge noise. In: Proc. IUTAM/ICA/AIAA symp. mech. sound gener. flows, Goe Hingen, Spring-Verlag, Berlin; 1979.

[159] Schlinker, R. Airfoil trailing edge noise measurements with a directional microphone. In: AIAA aeroacoust. conf., 9th Atlanta, GA. Pap. 77-1269; 1977.

[160] Schlinker RH, Amiet RK. Helicopter rotor trailing edge noise. In: AIAA acoust. conf., 7th, Palo Alto, CA. Pap. 81-2001; 1981.

[161] Blake WK. Trailing edge flow and aerodynamic sound. Part Ⅱ-Random disturbances. DT-NSRDC No. 83/113. Washington, D. C.: David Taylor Naval Ship, R & D Center; 1985.

[162] Gershfeld J, Blake WK, Knisely CW. Trailing edge flows and aerodynamic sound. In: Proceedings of the 1st national fluid dynamics conference, Cincinnati, USA; 1988. p. 2133-40. AIAA.

[163] Roger M, Moreau S. Broadband self-noise from loaded fan blades. AIAA Journal 2004; 42 (3): 536-44.

[164] Shannon DW. Flow field and acoustic measurements of a blunt trailing edge [Ph. D. Thesis]. Notre Dame, Indiana: University of Notre Dame; 2007.

[165] Shannon DW, Morris SC. Trailing edge noise measurements using a large aperture phased array. Int J Aeroacoust 2008; 7 (2): 147-76.

[166] Chen L, MacGillivray IR. Prediction of trailing-edge noise based on Reynolds-averaged Navier-Stokes solution. AIAA J December 2014; 52: 2673-82.

[167] Glegg S, Morin B, Atassi O, Reba R. Reynolds-averaged Navier-Stokes calculations to predict trailing-edge noise. AIAA J July 2010; 48: 1290-301.

[168] Lee YT, Blake WK, Farabee TM. Modeling of wall pressure fluctuations based on time mean flow field. J Fluids Eng 2005; 127: 233-40.

[169] Shannon DW, Morris SC, Mueller TJ. Radiated sound and turbulent motions in a blunt trailing edge flow field. Int J Heat Fluid Flow 2006; 27 (4): 730-6.

[170] van der Velden WCP, Probsting S, van Zuijlen AH, de Jong A, T, Guan Y, Morris SC. Numerical and experimental investigation of a beveled trailing edge flow and noise field. J Sound Vib 2016; 384: 113-29.

[171] Caspera J, Farassat F. Broadband trailing edge noise predictions in the time domain. J Sound Vib 2004; 271: 159-76.

[172] Ewert R, Schroder W. On the simulation of trailing edge noise with a hybrid LES/APE method. J Sound Vib 2004; 270: 509-24.

[173] Morris SC. Shear-layer instabilities: particle image velocimetry measurements and implications for acoustics. Annu Rev Fluid Mech 2011; 43: 529-50.

[174] Howe MS. Noise produced by a saw tooth trailing edge. J Acoust Soc Am 1991; 90: 482-7.

[175] Blake WK. Aerohydroacoustics for ships, DTNSRDC Report 1984.

[176] Shannon DW, Morris SC. Experimental investigation of a blunt trailing edge flow field with application to sound generation. Exp Fluids 2006; 41: 777-88.

[177] Dougherty RP. Advanced time-domain beamforming techniques. In 10th AIAA/CAES

aeroacoustics conference, Manchester, UK; 2004. AIAA.

[178] Moreau DJ, Brooks LA, Doolan CJ. The effect of boundary layer type on trailing edge noise from sharp-edged flat plates at low-to-moderate Reynolds number. J Sound Vib 2012; 331: 3976-88.

[179] Probsting S, Serpieri J, Scarano F. Experimental investigation of aerofoil tonal noise generation. J Fluid Mech 2014; 747: 656-87.

[180] Probsting S, Tuinstra M, Scarano F. Trailing edge noise estimation by tomographic particle image velocimetry. J Sound Vibe 2015; 346: 117-38.

[181] Hayden RE, Fox HL, Chanaud RE. Some factors influencing radiation of sound from flow interaction with edges of finite surfaces. NASA [Contract. Rep.] CR NASA-CR-145073; 1976.

[182] Goody M. Empirical spectral model of surface pressure fluctuations. AIAA J 2004; 42: 1788-94.

[183] Marsden AL, Wang M, Dennis Jr JE, Moin P. Suppression of vortex-shedding noise via derivative-free shape optimization. Phys Fluids 2004; 16: L84-6 suppression of blunt te noise.

[184] Wang M, Moin P. Dynamic wall modeling for large-eddy simulation of complex turbulent flows. Phys Fluids 2002; 14: 2043-51.

[185] Wang M, Moreau S, Iaccarino G, Roger M. LES prediction of wall-pressure fluctuations and noise of a low-speed airfoil. Int J Aeroacoust 2009; 8: 177-97.

[186] Manoha E, Troff B, Sagaut P. Trailing-edge noise prediction using large-eddy simulation and acoustic analogy. AIAA J 2000; 38: 575-83.

[187] Marsden AL, Wang M, Dennis Jr JE, Moin P. Optimal aeroacoustic shape design using the surrogate management framework. Optim Eng 2004; 5: 235-62.

[188] Marsden AL, Wang M, Dennis Jr JE, Moin P. Trailing-edge noise reduction using derivative-free optimization and large-eddy simulation. J Fluid Mech 2007; 572: 13-36.

[189] Wolf WR, Azevedo JF, Lele S. Effects of mean flow convection, quadrupole sources and vortex shedding on airfoil overall sound pressure level. J Sound Vib 2013; 332: 6905-12.

[190] Marsden O, Bogey C, Bailly C. Direct noise computation of the turbulent flow around a zero-incidence airfoil. AIAA J April 2008; 46: 874-83.

[191] Olsen WA, Dorsch RG, Miles JH. Noise produced by a small-scale externally blown flap. NASA Tech. Note NASA TN D-6636; 1972.

[192] Olsen WA, Boldman D. Preliminary study of the effect of the turbulent flow field around complex surfaces on their acoustic characteristics. In: AIAA fluid plasma dyn. conf., 11th, Seattle, WA. Pap. 78-1123; 1978.

[193] Olsen W, Burns R, Groesbeck D. Flap noise and aerodynamic results for model QCSEE over-the-wing configurations. NASA Tech. Memo. NASA TM-X-73588; 1977.

[194] Goodykoontz JH, Dorsch RG, Olsen WA. Effect of simulated forward aero-speed on small-scale model externally blown flap noise. NASA Tech. Note NASA TN D-8305; 1976.

[195] Fink MR, Schlinker RH. Airframe component interaction studies. In: AIAA aeroacoust. conf., 5th, Seattle, WA. Pap. 79-0668; 1979.

[196] Hayden RE. Sound generated by turbulent wall jet flow over a trailing edge [M.S. Thesis]. Lafayette, Indiana: Purdue Univ.; 1969.

[197] Grosche FR. Libr. Transl. No. 1460 On the generation of sound resulting from the passage of a turbulent air jet over a flat plate of finite dimensions. Royal Aircraft Establishment; 1970.

[198] Joshi MC. Acoustic investigation of upper surface blown flaps [Ph. D. Thesis]. Knoxville, TN: Univ. of Tennessee; 1977.

[199] Hinze JO. Turbulence. New York, NY: McGraw-Hill; 1975.

[200] Scharton TD, Pinkel B, Wilby JF. A study of trailing edge blowing as a means of reducing noise generated by the interaction of flow with a surface. NASA [Contract. Rep.] CR NASA-CR-132270; 1973.

[201] Howe MS. Aerodynamic noise of a serrated trailing edge. J Fluids Struct 1991; 5: 33-45.

[202] Chong TP, Vathylakis A, Joseph PF, Gruber M. Self-noise produced by an airfoil with nonflat plate trailing-edge serrations. AIAA J 2013; 51: 2665-77.

[203] Sandberg R, Jones LE. Direct numerical simulations of low Reynolds number flow over airfoils with trailing-edge serrations. J Sound Vib 2011; 330: 3818-31.

[204] Chong TP, Vathylakis A. On the aeroacoustic and flow structures developed on a flat plate with a serrated saw tooth trailing edge. J Sound Vib 2015; 354: 65-90.

[205] Vathylakis A, Chong TP, Joseph PF. Poro-serrated trailing-edge devices for airfoil self-noise reduction. AIAA J 2015; 53: 3379-94.

[206] Clair V, Polacsek C, Le Garrec T, Reboul G, Gruber M, Joseph P. Experimental and numerical investigation of turbulence-airfoil noise reduction using wavy edges. AIAA J 2013; 51: 2695-713.

[207] Sarradj E, Geyer T. Symbolic regression modeling of noise generation at porousairfoils. J Sound Vibe" 2014; 333: 3189-202.

[208] Carlton J. Marine propellers and propulsion. Elsevier; 2012.

[209] Blake WK, Friesch J, Kerwin JE, Meyne K, Weitendorf E. Design of the APL C-10 propeller with full scale measurements and observations under service conditions. SNAME Trans 1990; 77-111.

[210] Blake WK, Maga LJ. On the flow-excited vibrations of cantilever struts in water. I-Flow induced damping and vibration. J Acoust Soc Am 1975; 57: 610-25.

[211] Blake WK, Maga LJ. On the flow-excited vibrations of cantilever struts in water. II-Surface pressure fluctuations and analytical predictions. J Acoust Soc Am 1975; 57: 144-8-64.

[212] Leissa AQ. Vibration of plates. Natl. Advis. Comm. Aeronaut., Rep. No. SP-160; 1969.

[213] Lawrence HR, Gerber EH. The aerodynamic forces on low aspect ratio wings oscillating in an incompressible flow. J Aeronaut Sci 1952; 19: 769-81.

[214] Glegg SAL. Sound radiation from flexible blades. J. Sound Vib. 1985; Vol. 98: 171—82.

[215] Laidlaw WR, Halfman RL. Experimental pressure distributions in oscillating low aspect ratio wings. J Aeronaut Sci 1956; 23: 117-76.

[216] Blake WK. On the damping of transverse motion of free-free beams in dense, stagnant fluids. Shock Vib Bull 1972; 42 (Pt 4): 41-55.

[217] Baker WE, Woolam WE, Young D. Air internal damping of thin cantilever beams. Inst J Mech Sci 1967; 143 -66.

[218] Eagleson PS, Daily JW, Grace RA. Turbulence in the early wake of a fixed flat plate. Mass. Inst. Tech. Hydrodyn. Lab. Rep. No. 46, February. Cambridge, MA: Mass Inst. Tech.; 1961.

[219] Parker R. Resonance effects in wake shedding from parallel plates: some experimental observations. J Sound Vib 1967; 4: 62-72.

[220] Parker R. Resonance effects in wake shedding from parallel plates: calculation of resonant frequencies. J Sound Vib 1967; 5: 330-43.

[221] Parker R. Resonance effects in wake shedding from compresser blading. J Sound Vib 1967; 6: 302-9.

[222] Archibald FS. Self-excitation of an acoustic resonance by vortex shedding. J Sound Vib 1975; 38: 81-103.

[223] Cumsty NA, Whitehead DS. The excitation of acoustic resonances by vortex shedding. J Sound Vib 1971; 18: 353-69.

[224] Parker R, Lhewelyn D. Flow induced vibration of cantilever mounted flat plates in an enclosed passage: an experimental investigation. J Sound Vib 1972; 25: 451-63.

[225] Hartlin RT, Currie IG. Lift-oscillator model of vortex induced vibration. Proc J Eng Mech Div, Am Soc Civ Eng 1970; 96: 577-91.

[226] Blake WK, Gershfeld JL, Maga LJ. Modeling trailing edge flow tones in elastic structures. In: Proceedings of IUTAM symposium on aero-and hydro-acoustics, Lyon, France, Springer.

[227] Blake WK, Maga LJ. Near wake structure and unsteady pressures at trailing edges of airfoils. In: Proc. IUTAM | ICA | AIAA symp. mech. sound gener. Flows; 1979. p. 69-75

[228] Graham JMR, Maull DJ. The effects of an oscillating flap and an acoustic resonance on vortex shedding. J Sound Vib 1971; 18: 371-80.

[229] Wood CJ, Kirmani SFA. Visualization of heaving aerofoil wakes including the effect of jet flap. J Fluid Mech 1970; 41: 627-40.

[230] Shiori J. An aspect of the propeller-singing phenomenon as a self-excited oscillation. Davidson Lab. Rep. No. R-1059. Hoboken, NJ: Stevens Inst. Technol.; 1965.

[231] Tsakonas S, Jacobs WR. Propeller singing. Davidson Lab. Rep., No. R-1353. Hoboken, NJ: Stevens Inst. Technol.; 1969.

[232] Arnold L, Lane F, Slutsky S. Propeller singing analysis. Rep. No. 221. New York, NY: General Applied Science Lab.; 1961.

[233] Iwan WD, Blevins RD. A model for vortex-induced oscillation of structures. J Appl Mech 1974; 41: 581-6.

[234] Iwan WD. The vortex induced oscillation of elastic structural elements. J Eng Ind 1975; 97: 1378-82.

[235] Anderson, J., DiPerna, D., "A Conformal Mapping Model for Force Response of Arbitrarily Shaped Thick Foils to Incident Turbulence," AIAA Paper No. AIAA-2017-3532, Presented at the 23rd AIAA/CEAS Aeroacoustics Conference, Denver, CO, 5-9 June 2017.

第 6 章　旋转机械噪声

6.1 引　　言

涡轮机械中发生的流致噪声与振动的来源与前面几章介绍的几乎相同。我们的讨论将集中在轴流机械的流动声学上。旋转机械的声学之所以足以引起人们的兴趣，值得我们用单独的一章来讨论这个问题，是因为：

（1）叶片相对于声学介质的旋转运动所带来的特殊声学考虑。

（2）多种流动激励可以共存，在不同的频率范围内提供不同的频谱质量。

（3）由于旋翼中的叶片相互作用和与其他叶片排相互作用而引起的叶片力的变化。

（4）旋翼的频率波数匹配，一方面是吸收干扰，另一方面是与外壳的声学模式匹配。

正如 5.1 节所指出的那样，旋转叶片产生的噪声往往会支配机械其他部件产生的声音，因为叶片尖端相对于流体的旋转速度比任何其他部件的旋转速度要大。因此，本章适用的机械范围从直升机叶片到汽车冷却风扇。虽然我们将主要处理轴流式机械，但我们将看到，许多理论和许多降噪措施都适用于离心式机械。在船舶应用中，重要的是由不稳定的螺旋桨载荷引起的升力；这些将在这里作为声学问题的低马赫数极限进行讨论。同样重要的是位于旋翼下游的固定定子叶片的声场。在 6.7.2 节中，我们将只简单地考虑这个问题，因为它通常是旋翼问题的延伸。

本章将仅限于非空化亚声速噪声，螺旋桨的空化噪声已在第 1 章“水动力诱导的空化和空化噪声”中介绍，超声速尖端的噪声不在本书范围内。限制在亚声速的尖端速度，极大地简化了旋翼噪声的数学处理，同时也没有严重限制对该主题的基本原理或它的实际应用范围（从船用螺旋桨到发动机压缩机风扇）的讨论，如上所述，我们的兴趣将专门放在亚声速马赫数上，但有几个例外，即关于厚度噪声的说明。本章所遵循的程序将是研究旋翼系统的重要声学特性，然后应用前几章的各种要素，以便于估计辐射声。在这里，和以前一样，我们将在适当的时候区分水平的明确预测和测试规划与模型缩放的方法发展。大体上，已经建立的自由空间内轴流风机声场的声学模型是相当完整的，剩下的许多声辐射预测问题涉及不稳定叶片力和有效偶极子源强度的预测。在涵道轴流机械的情况下，声学问题（对于这些问题，广泛的理论分析一般不在本书的范围内）已经得到合理的理解。离心风机的声辐射只是在最近才得到相当程度的处理，而且主要还是一个经验性的课题。

关于涡轮机噪声的调查论文时有出现。在本章中，有很多论文，一些早期的有 Sharland[1]、Mugridge 和 Morfey[2]、Morfey[3-4]、Cumpsty[5]、Wright[6]、Niese[7]、Brooks[8]的。这些早期的论文涉及对源头类型的系统实验调查，现在为当代研究提供了基础知识。Morse 和 Ingard[9]以及 Goldstein[10]对涵道中的风扇和自由场中风扇的理论声学进行了广泛的、更现代的处理。Hanson[11]、Amiet[12]和 Hanson 等[13]对飞机高速螺旋桨噪声进行了大范围的分析，包括附近机翼或机身散射的影响，并参考了当时的情况（1991 年）。关于现代涵道压缩机风扇声学的调查论文包括 Envia 等[14]，以及参考文献［15］第 5 章中的 Envia 和 Tweedt，专门论述了计算空气声学的新兴能力（c. 2012）。此后，用于压缩机噪声实际预测的三维环形级联理论的发展随之而来，如 Verdon[16]、Atassi[17]、Atassi 等[18]和 Logue 等[19]的调查。在船舶应用中，叶片数量通常较少，流体压缩性的影响无关紧要，Kerwin[20]、Breslin 和 Anderson[21]、Carleton[22]提供了与无涵道螺旋桨有关的静态设计和不稳定力原理的概述，而 Kerwin 等[23-24]则提供了涵道螺旋桨的调查。Boswell 等[25]概述了从势场理论估计非稳态力的方法之一。本章所使用的方法专门针对轴流机，对于这种机械，我们将叶片展开成叶片排，速度解析成与叶片固定的坐标。这种方法普遍被认为是切片理论（或者说，局部二维阶段性能）的核心，是涡轮机、压缩机和螺旋桨设计的传统方法，参见 Shepherd[26]、Brennan[27]、Hill 和 Peterson[28]、Carleton[22]，以及本章过程中提到的其他方法。在这里还提供了一种有用的方法，将装置基于动力的特性应用于其声偶极子分布的相容模型。

本章首先研究不稳定载荷和旋转叶片噪声的基本特性。这个介绍性的讨论将基于几何学的考虑和旋转对称的概念。6.3 节讨论了旋转机械的重要性能特征，因为这些特征有时必须与噪声控制措施竞争。6.4 节将讨论自由场旋翼噪声的理论，然后是一些测量噪声的例子和估计不稳定相互作用力的方法。6.5 节涵盖了叶片的自噪声，它由后缘、厚度和静载引起的黏性声源组成，6.6 节研究了非均匀来流引起的湍流和确定性叶片相互作用声音，6.7 节研究了涵道旋翼和离心风扇的基本声学。

需要指出的是，本章将不单独考虑螺旋桨、风扇、直升机等的噪声，而是从现象学的角度来组织，考虑升力-表面动力、叶片（轮叶）相互作用和黏性流（自）噪声的一般特征。然后，通过借鉴现有的一种或另一种旋翼配置的噪声数据，对每种噪声产生现象进行应用。

6.2　旋转机械的基本声学原理

6.2.1　噪声源

旋翼发出的声音，既可以作为单个元件使用（如螺旋桨、风扇和直升机旋翼），也可以与复合机械中的其他固定或移动叶片布置（如涡轮机、涡轮风扇等）结合使用，可以有效地分为相互作用噪声和自噪声。我们所说的相互作用噪声是指在随叶片元件移动的参考框架中，旋转叶片与时间变化的干扰相遇所产生的所有声音。为了清楚起见，最好注意到分析中使用了两个参考框架；一个是随叶片移动，另一个是随轴流机移动。回想一下，图 5-2 显示了由入射的不稳定流动引起的升力面的时变载荷和噪声。自噪声是指流过叶片本身产生的声音，不需要任何不稳定的来流。后一种旋翼噪声源一般是由于叶片上的黏性流动造成的，而相互作用噪声一般认为是由于叶片对局部交变迎角的潜在反应造成的。这两类噪声可能经常是相互独立的，尽管黏性流动的一些变化会受到来流不稳定的影响。潜在叶片流产生的一种自噪声形式是旋转（Gutin）噪声[29]（因第一个对其水平进行量化的研究者而命名，见 6.5.1 节），它以叶片通过频率的倍数出现，与旋翼上的稳定载荷成正比，其重要性一般体验在接近声速的尖端速度和较小的叶片数量时。这种噪声是由叶片元件上的力造成的，由于叶片的旋转，叶片元件相对于声学介质是不稳定的，尽管它们在随叶片移动的参考框架中是稳定的。衡量该声源的声辐射效率是叶片间的声传播时间与叶片间的旋转时间之比，这个比值就是旋转马赫数。

造成交互噪声的重要原因有：

（1）复合式涡轮机械的旋翼-定子相互作用。

（2）叶片-叶片尖端涡旋相互作用（直升机声学中的叶片拍击），由穿过旋翼轴的气流引起，迫使前叶片的尖端涡旋被后叶片超越。

（3）由二次涡流和前定子、旋翼和格栅中的大尺度湍流引起的进流干扰。

（4）旋翼叶片与环形边界层的相互作用，如在涵道旋翼中。

引起自噪声的原因有：

（1）边界层湍流连续通过后缘。

（2）在旋翼上的任何一点发生层状分离，从而导致叶片压力不稳定，在加重的状态下，造成升力破坏。

（3）后尾流中的层流涡发展情况。

（4）钝后缘的周期性涡流发展。

（5）由于稳定的推力和扭矩而产生的旋转噪声。

（6）由于叶片部分厚度有限，旋转单极子噪声。

在所有类型的流动激励中，叶片的弹性非常重要。特别是在涉及后缘涡流脱落的情况下（无论是层流型还是湍流型），水弹性相互作用会引起旋翼叶片的振鸣，第 5 章“无空化升力部分”中的所有原理都适用。由此产生的声调常出现在脱落的基频 f_s（顺便说一下，$f_s \gg n_s B$，其中 B 为叶片数，n_s 为轴的转速），在 $f=f_s$ 周围间隔着边带，间隔 Δf 等于 $n_s B$ 的倍数。

图 6-1 显示了发展时变推力的直升机旋翼噪声的许多特征。数据来自 Leverton[30]，插图取自 Wright[6]。在低频时，在叶片通过频率（$n_s B$）的倍数 m 处出现音调；这些音调在图 6-1（d）中可以识别，直到 $m=25$ 谐波。叶片上的稳定升力和扭矩矢量旋转产生的 Gutin 声音将在叶片频率和谐波（$f_m = mBn_s$）下发生，它的预期水平用标有 G 的包络线表示。在这个频率范围内观察到的噪声水平超过了预期的 Gutin 旋转噪声，特别是在较高的谐波和低推力下。扇形包络线所表示的多余噪声，是由于叶片与相邻叶片的尖端涡流的瞬时相互作用所致。当没有推力，且通过旋翼盘的轴向均流很小时，这种相互作用最为突出。这种轴向流动将迫使尖端涡旋成螺旋状（（图 1-3）显示了这种涡旋在空化舰船螺旋桨后面可见的位置）远离旋翼。应该注意的是，在这种情况下，直升机旋翼被固定在一个旋翼塔上，所以叶片的相互作用类似于盘旋而不是平移的飞行器。相互作用噪声的扇形包络的水平和一般频率依赖性是由相互作用的冲动性质决定的，扇形之间的频率间隔是由冲动发生期间的圆周 $2\pi R$ 的分数决定的。这种类型的噪声将在 6.6.1.2 节中讨论。

在图 6-1 中可以看到两种形式的宽带噪声。以 $f=f_t$ 为中心的宽驼峰出现在许多旋翼信号中，这种噪声的来源尚未确定；它被归因于叶片上的湍流[6,30-32]和叶片与其他叶片的湍流尾流的相互作用[14]。在这个频率范围内的噪声也被[4,33]归结为叶片部分的停滞。这种噪声与各种轴流机械旋翼性能参数[6]，特别是直升机[30]的经验相关性表明，随着总推力或有效叶片桨距的增加，这些宽带噪声水平普遍增加。这种相关性似乎至少符合 Morfey[33] 的建议，即叶片失速或叶片上其他形式的湍流边界层增厚可能会增强这些水平（见 6.5.6 节）。在更高的频率，图 6-1 中 f_s 附近，能够观察到宽带噪声和音调。这些噪声是后缘流动噪声，与第 5 章“无空化升力部分”中讨论的噪声很相似。这两种宽带噪声源将在 6.5.3 节和 6.5.4 节中更详细地讨论。

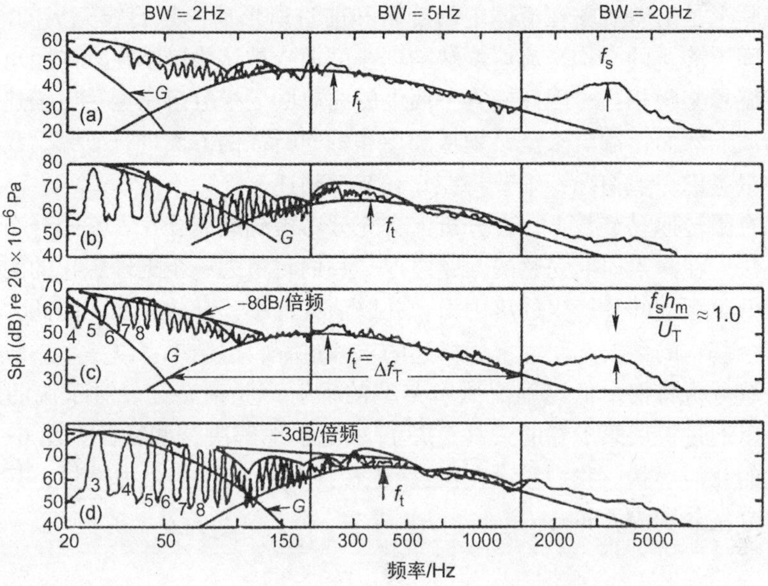

情况	升力N	r/min
(a)	0	160
(b)	0	260
(c)	13567	160
(d)	22241	260

图 6-1　16.7m 直升机旋翼在旋翼塔上产生的噪声

（在 76.2m 距离，盘下 11.5°处进行测量。条件（a）、（b）、（c）、（d）在下面确定。滤波器带宽：20~200Hz 为 2Hz；200~1500Hz 为 5Hz；1500~5000Hz 为 20Hz。改编自 Wright SE. The acoustic spectrum of axial flow machines. J Sound Vib 1976；45：165-223 from measurements of Leverton JW. The noise characteristics of a large "clean" rotor. J Sound Vib 1973；27：357-76.）

6.2.2　风扇旋翼声音辐射的基本运动学

旋转机械发出的噪声音质的许多重要特征，可以简单地从叶片与声学介质相互作用的运动学来确定。这样的论点在许多早期的噪声谱分析中都得到了应用（如 Griffiths[34] 和 Cumpsty[35] 的分析）。旋翼-定子（或旋翼-旋翼）相互作用噪声的一般性质可以被认为是由周向空间滤波产生的，其中来自上游分量的尾流谐波样本由下游叶片系统以下游叶片数的整数倍产生。通过这样的过滤，下游的叶片有选择地对其来流的特定圆周谐波做出反应，这些谐波由产生尾流的体或另一叶片排在上游产生。局部来流速度的周向变化可称为速度"缺陷"。叶片排的相关响应可以由风扇轴上各个叶片反作用力响应的总和组成，或者由于单个叶片的声相压力贡献，其可能包括远场产生的声压。这种性能的发生实际上是沿着旋翼在流体中的旋转和前进所形成的螺旋线完成的。然而，对于时间上静止的平均来流速度缺陷，速度模式被认为冻结在轴向距离上，其大小与旋翼桨距相当，因此旋翼平面上的简单圆周模分解完全足以描述来流的圆周谐波。然而，湍流来流必须从圆周和轴向特征两方面进行研究。我们将在本节中只考虑一般情况；细节将在 6.6 节中阐述。

在有限转速马赫数下，在分析上会充分考虑到旋翼叶片力完全分布的声场解决办法。在深入研究完整的问题之前，我们将考虑一个更理想化的问题，即由一个低桨距的叶片产生的集中力，并以消失的小马赫数运动。因此，现在将针对一个基本的情况来研究上面概述的求和过程，但结果将以一个一般的形式呈现。该分析将揭示低速轴流风扇典型的辐射声频谱特征。对于源的旋转分布，可以通过扩展第 1 卷的式（2.73）来简单地解决这些特征。图 6-2 给出了合适的几何形状。我们假设在位置$(R,\theta_s,y_s=0)$处有一个力增量，其轴向和切向力分量分别为f_1和f_θ。

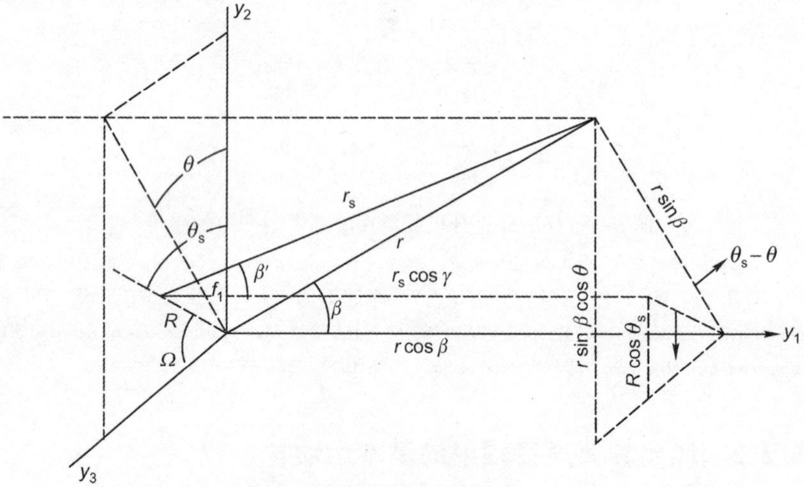

(a) 旋转系统的源点和场点的投影

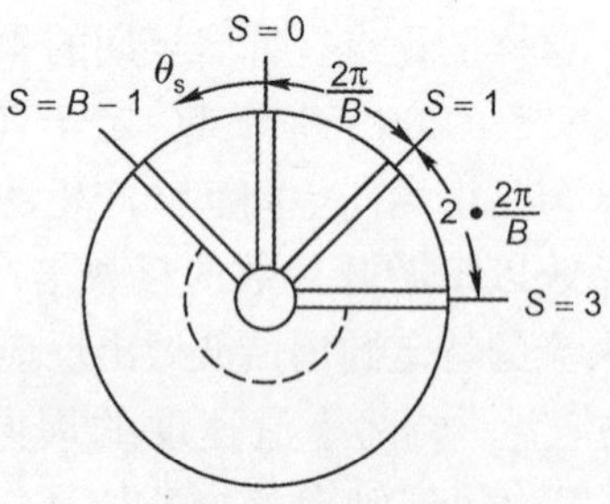

(b) 旋翼的叶片分度

图 6-2　几何投影和叶片转换角度旋翼叶片系统

这些力与结果力 f_1 有关，切向力 f_θ 可进一步解析为旋翼平面上的分量 f_2 和 f_3。因此，组成力由以下公式给出

$$f_1 = f\cos\gamma$$

$$f_2 = -f\sin\theta\sin\theta_s$$

$$f_3 = f\sin\gamma\cos\theta_s$$

式中：θ_s 为源极在 $(\boldsymbol{R},\theta)$ 或 $(2,3)$ 平面上的角度，$\boldsymbol{R}$ 为旋转半径；γ 为在垂直于 R 轴的平面上测得的力的角度；它相当于舰船技术中的液压动力桨距角，也是压缩机设计中交错角的补充。

源极-观察者矢量 $\boldsymbol{r}_s$ 也可以被解析成其组成分量：

$$(r_s)_1 = r\cos\beta$$

$$(r_s)_2 = r\sin\beta\cos\theta - R\cos\theta_s$$

$$(r_s)_3 = r\sin\beta\sin\theta - R\sin\theta_s$$

$\boldsymbol{r}_s$ 是瞬时变化的，因为 θ_s 随源极的旋转而变化。音调及其谐波的产生是由这种旋转决定的。在分析中，重要的是用从旋转轴测量的固定半径 r 来表示变量 r_s。假设 $r \gg R$，从几何学上看 $\boldsymbol{r}_s$ 为

$$r_s = \sqrt{r^2 + R^2 - 2Rr\sin\beta\cos(\theta - \theta_s)} \tag{6.1}$$

其可以近似地表示为

$$r_s \approx r - R\sin\beta\cos(\theta - \theta_2) \tag{6.2}$$

当 $r \gg R$ 时，请注意，源角 θ_s 是随时间变化的；即

$$\theta_s = \theta_0 + \Omega t \tag{6.3}$$

式中：Ω 为叶片的旋转速度。在本节的简化问题中，我们假设力 f 在空间上是集中的，但与声学波长相比，旋转半径 R 不一定要小，即 k_0R 仍然是任意的。式第 1 卷的式（2.73）可写为

$$p_a(\boldsymbol{x},t) = -\frac{1}{4\pi}\frac{\partial}{\partial x_i}\left[\frac{f_i(t - r_s/c_0)}{r_s}\right] \tag{6.4a}$$

式中分化是相对于力的方向的场坐标而言的。代入力分量时，该表达式通过进行微分（如引出第 1 卷式（2.73）的微分）来扩展，以给出远场压力

$$\frac{\partial}{\partial x_i}\left(\frac{f_i}{r_s}\right) \approx \frac{-1}{c_0}\left(\frac{1}{r}\frac{\partial f_i}{\partial t}\right)\frac{\partial r_s}{\partial x_i}$$

为此

$$\frac{\partial r_s}{\partial x_i} = \frac{r_{si}}{r_s}$$

因此

$$p_a(\boldsymbol{x},t)=\frac{1}{4\pi c_0}\left\{\frac{\dot{f}\,(t-r_s/c_0)}{r_s}\cdot\left(\frac{r_{s1}}{r_s}\cos\gamma+\frac{r_{s2}}{r_s}\sin\gamma\sin\theta_s+\frac{r_{s3}}{r_s}\sin\gamma\cos\theta_s\right)\right\}$$

或该力增量造成的压力为

$$p_a(\boldsymbol{x},t)=\frac{1}{4\pi c_0}\left\{\frac{\dot{f}\,(t-r_s/c_0)}{r_s}\cdot(\cos\beta\cos\gamma+\sin\gamma\sin\beta\sin(\theta-\theta_s)\right\}\quad(6.4\text{b})$$

对于 $r\gg R$。瞬时角 θ_s 为

$$\theta_s=\theta_0+\Omega t$$

式中：θ_0为参考角；Ω 为旋转角速度，暂且忽略瞬时角中的迟缓效应。在本节的后续章节中，我们将考虑分析描述各种类型力场的声场的各种方法。我们目前感兴趣的是研究低速旋转叶片的一些运动学特征，这一点最明显的是只强调轴向力。就小的叶片桨距和角度 β 而言，当与螺旋桨平面有足够的距离时，结果就变得准确了，即对于

$$0\leqslant\beta<\frac{\pi}{2}-\frac{R}{r}$$

然后，叶片力增量减少到 $f(t)=f_1(t)$，它的方向是轴向的，r 与一轴平行。

为了继续研究基础知识，我们将假设在叶片的参考框架中，力在频率 ω_s 处是谐波的，也就是

$$\dot{f}_1(t-r_s/c_0)=-\mathrm{i}\omega F_1(\omega_s)\,\mathrm{e}^{-\mathrm{i}(\omega_s t-k_0 r_s)}\quad(6.5)$$

更普遍的时间依赖性将在 6.4 节中讨论。式（6.4a）中括号内的项因此为

$$\frac{f_1(t-r_s/c_0)}{r_s};\frac{F_1(\omega_s)\,\mathrm{e}^{-\mathrm{i}(\omega_s t-k_0 r)}}{r}\mathrm{e}^{-\mathrm{i}k_0 R\sin\beta\cos(\theta-\theta_s)}\quad(6.6)$$

对于 $r\gg R$。此时引入一个求和公式[36]是很有用的

$$\mathrm{e}^{-\mathrm{i}k_0 R\sin\beta\cos(\theta-\theta_s)}=\sum_{n=-\infty}^{\infty}(-\mathrm{i})^n\mathrm{e}^{\mathrm{i}n(\theta-\theta_s)}\mathrm{J}_n(k_0 R\sin\beta)\quad(6.7)$$

式中：$\mathrm{J}_n(x)$ 是 nth 阶的圆柱贝塞尔函数[36]，进一步的描述将在 6.4 节中给出。代入方程式（6.6）中，可得

$$\frac{f_1(t-r_s/c_0)}{r_s}=\frac{1}{r}\sum_{n=-\infty}^{\infty}(-\mathrm{i})^n\mathrm{e}^{-\mathrm{i}(\omega_s+n\Omega)t}F_1(\omega_s)\,\mathrm{e}^{\mathrm{i}(k_0 r+n(\theta-\theta_0))}\mathrm{J}_n(k_0 R\sin\beta)$$

(6.8)

式（6.8）表明，对于频率为 ω_s 的旋转音源，辐射声在该频率任意一侧的间隔 $\pm n\Omega$ 处具有无限数量的边带。这种行为是由于主频的多普勒频移造成的，而无限组谐波的出现是由于周期性的多普勒频移造成的。

因此重复远场微分过程，我们得到了

$$p_a(\boldsymbol{x},t)=\frac{1}{4\pi}\frac{\cos\beta}{r}\sum_{n=-\infty}^{\infty}(-\mathrm{i})^{n+1}k_0F_1(\omega_s)\mathrm{e}^{-\mathrm{i}(\omega_s+n\Omega)t}\mathrm{e}^{\mathrm{i}(k_0r+n\theta)}\mathrm{J}_n(k_0R\sin\beta) \tag{6.9}$$

这只是对式（6.4b）第一项的重述，但现在是根据我们的圆柱坐标系统量身定做的。

回顾在 4.6 节中，对旋转杆的声场处理忽略了这些旋转效应。只要有以下情况，这些边带在主导频率 ω_s 两侧的产生可以忽略：

（1）$\sin\beta=0$，即在轴上，因为对于 $n\neq0$，$\mathrm{J}_n(0)=0$，$\mathrm{J}_0(0)=1$。

（2）当能量在频率 $\Delta\omega>\Omega$ 上的任何分布都遮蔽了边带。

在旋转杆的情况下，源极并不是定位在尖端，而是沿着杆的半径幅度和频率分布。连续的分布表现为没有边带证据的频谱。

6.2.3　不均匀来流声的特点

我们继续调查旋转声的基本方面，现在考虑由叶片与来流变化的时间不变的空间谐波相互作用产生的紧凑力。在 6.5 节和 6.6 节之前，我们将放弃讨论具体的流体动力原因，但在本节中，我们将假设叶片上的力的频率依赖性是叶片遇到扭曲的平均流的来流空间波形式的结果，而且这些速度的扭曲是不加修改地在叶片的弦上对流的。因此，与声学波长相比，叶片弦被认为是小的，但旋翼直径却不是。另外，目前认为叶片荷载集中在一个径向范围内，而这个范围在声学上也很小。假设来流旋翼的流量为圆周谐波性质，如

$$u(\theta)=U_w\mathrm{e}^{\mathrm{i}w\theta} \tag{6.10}$$

式中：w 为一个整数。转动的叶片遇到这种速度波动的速率为

$$\frac{\mathrm{d}\theta}{\mathrm{d}t}=\Omega$$

进一步假设，见图 6-2（b），在旋翼轴线周围以 $2\pi/B$ 的角度等距布置 B 叶片。因此，s_{th} 叶片处的速度 $u(\theta)$ 为

$$u(\theta_s)=u\left(\theta_0+s\left(\frac{2\pi}{B}\right)-\Omega t\right)$$

正如第 5 章“无空化升力部分”所讨论的那样，每个叶片对这种速度波动的力响应取决于相遇频率、叶片弦、叶片的长宽比和叶片载荷的展向均匀性。无论叶片响应的细节如何，来自 w_{th} 来流谐波的 s_{th} 叶片力的形式都将为

$$[F(t)]_{s,w}=|F|_{s,w}\mathrm{e}^{\mathrm{i}w(\theta_0+s(2\pi)/B-\Omega t)} \tag{6.11}$$

相遇频率 $\omega\Omega=\omega s$。为了简单进行当前的分析，我们仍应假定这个力是轴向作用，即 $F=F_1$。系数 $s(2\pi/B)$ 简单地将旋翼圆盘周围的每个叶片进行指数化。

现在，有三个求和指数：指数 n，它与叶片运动引起的声相位有关；指数 $0<s<B-1$，用于求和所有叶片的促成作用；指数 w，用于来流对旋翼施加的谐波。因此，将式（6.6）、式（6.7）和式（6.11）合并得出单次来流的谐波 w。

$$\left(\frac{f_1(t-r_s/c_0)}{r_s}\right)_w \approx \sum_{s=0}^{B-1}\sum_{n=-\infty}^{\infty}\frac{|F_1|_{s,\omega}}{r}e^{iw(\theta_0+s2\pi/B-\Omega t)}\times (-i)^n e^{ik_0 r}e^{in(\theta_0-\theta+s2\pi/B-\Omega t)}J_n(k_0 R\sin\beta) \tag{6.12}$$

如果注意到其涉及的两个项，这对看起来相当复杂的求和就会被简化：

$$e^{+i(w+n)(2\pi/B)s} \text{和 } e^{-i(w+n)\Omega t}$$

所有 B 叶片的求和为

$$\sum_{s=0}^{B-1} e^{iw(2\pi/B)s} = \sum_{m=-\infty}^{\infty} B\delta(w-mB) \tag{6.13}$$

它是基于 $e^{+iw(2\pi/B)s}$ 部分相加，这是一个几何级数，$a_0+a_0^2+\cdots+a_0^s$。式（6.12）简化为辐射声压为

$$p_a(\boldsymbol{x},t) = \sum_{m=-\infty}^{\infty}\frac{B}{4\pi}\frac{|F_1|_w}{r}k_0\cos\phi e^{-imB\Omega t}e^{ik_0 r}(-i)^{mB-w+1}\times e^{i(mB-w)\theta}J_{mB-w}\left(\frac{mB\Omega R}{c_0}\sin\beta\right) \tag{6.14}$$

式中：对 s 的求和得到 $B\delta(w+n-mB)$ 和 $k_0=mB\Omega/c_0$。假设每个叶片上的非稳定载荷的振幅相同，使得 $|F_1|_{s,w}=|F_1|_w$。这个式的形式是本章讨论的所有源机制的根本。从此，我们将研究各种类型的谐波和非谐波失真场的声音。

式（6.14）显示了由来流谐波引起的轴向定向力所产生的声音的一些重要特性：

（1）发出声音的频率是叶片通过频率 $\omega=B\Omega$ 的倍数。对于每个谐波 w，最强的谐波在 $mB=w$ 处，在低尖端速度马赫数下，这个谐波变得比其他谐波更重要，因为 $(mBU_T/c_0)\sin\beta\to 0$，其中 $U_T=\Omega R$。

（2）对于高阶 m，使 $mBM_T\sin\beta$ 是非负数，会出现额外的辐射模态，这些模态沿着恒定的相位轨迹向外传播，其旋转速度为 $(mB\pm w)\theta=mB\Omega t$，或角速度

$$\frac{\partial\theta}{\partial t}=\left(\frac{mB}{mB\pm w}\right)\Omega$$

这些称为旋转模式，在 $\beta=0$ 时不明显。这些模式将在 6.6.1.1 节中进一步讨论。

（3）在低尖端速度马赫数下，对于 $n\neq 0$ 的 $J_n(mBM_T\sin\beta)\approx 0$，唯一能辐射声音的来流谐波 w（或者，同等地，在流体上产生一个净时变的轴向力）

是那些 $mB=w$ 的谐波。因此，B 叶片的旋翼主要响应于那些来流的谐波，这些谐波是旋翼叶片数的倍数。.

（4）对于均匀来流，$w=0$，辐射声也存在，但式（6.14）表明，其强度在高尖端速度下占主导地位。在马赫数上，如 $J_{mB}(mBM_T \sin\beta)$ 是不可忽略的，这样的声音称为 Gutin 声[29]。

在与旋翼叶片一起旋转的参考框架中，来流因此被看作以旋翼的转速旋转。每个叶片对不稳定的响应由翼型接纳函数乘以入射干扰的强度给出，如第 5 章“无空化升力部分”中讨论的那样。见图 6-2，离散的空间滤波来自叶片排列对来流的扫描。在低尖端马赫数下，发出的声信号与各个叶片的响应之和成正比，时间延迟（或相对相位）由叶片间距与发出声音的波长之比给出。在足够低的马赫数下，声音的波长大于旋翼圆周，旋翼只是作为一个求和装置，给出的声音与旋翼上感应的力分量（推力和扭矩）成正比。在这种情况下，对于所有圆周波长，即叶片间距的整数，都会出现旋翼的最大总和响应。这可以通过注意观察到，式（6.12）和式（6.13）给出了合成轴向力，经过叶片通过频率的所有谐波 m 的总和得出

$$(F_1)_w = B\sum_{m=-\infty}^{\infty}(F_1)_{s,w=mB}\mathrm{e}^{-\mathrm{i}mB\Omega t} \tag{6.15}$$

而 $(F_1)s_{,w=mB}$ 是指任何叶片上的力，它具有特定的振幅和相位，取决于尾流谐波 w。

与这些结果类似的是空间滤波器的情况，在 2.5.1 节中讨论。旋翼作为均匀分布的叶片反应的连续分布，起到了周向空间滤波器的作用。来流速度缺陷的周波数为 $k_\theta=w/R$，其中 w 为整数，旋翼叶片相位响应波数 $k_\theta=mB/R$，$m=0,1,\cdots$叶片旋转的作用是将 θ 中的非均匀性转化为时间上的非均匀性，使叶片与 w/R 波矢量分量相遇的频率为

$$\omega=k_\theta U_\theta=\left(\frac{W}{R}\right)\Omega R=w\Omega$$

图 6-3 以各种方式说明了 8 片叶片的旋翼在来流 V 周期中的这种性能，其中 $V=2B=16$。周向接受波数如图 6-3（a）所示。旋翼的响应集中在周向谐波处，周向谐波是来流周期数的倍数，在这种情况下是 V。响应由 Sears 函数渐变，它是弦和周向阶数的函数。图 6-3（b）显示了来流的特征；由于旋转，来流的频谱内容位于谐波频率线上。图 6-3（b）在其右侧还展示了一个随机分量，它是圆周波数的连续频谱；也就是说，它是非谐波的。这条线表示来流的湍流的连续谱。在 $k_\theta R=w=V$，$2V$，$3V$，…处发生的离散谐波是均流失真的谐波阶数。

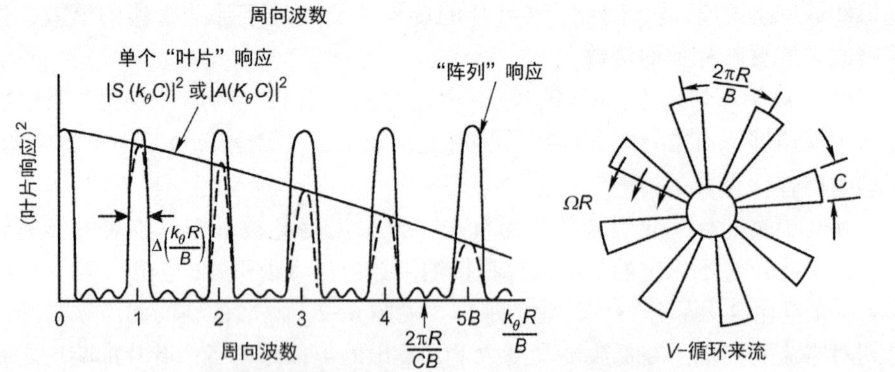

(a) 载荷响应作为圆周阶数函数的分量（右边是旋翼的简图）

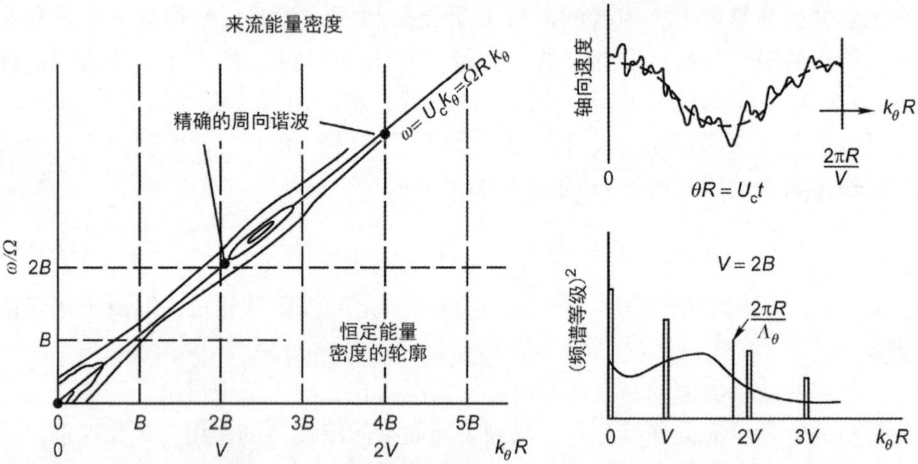

(b) 来流能量密度作为圆周阶数函数的特征（右边是来流及其圆周阶数谱的表示）

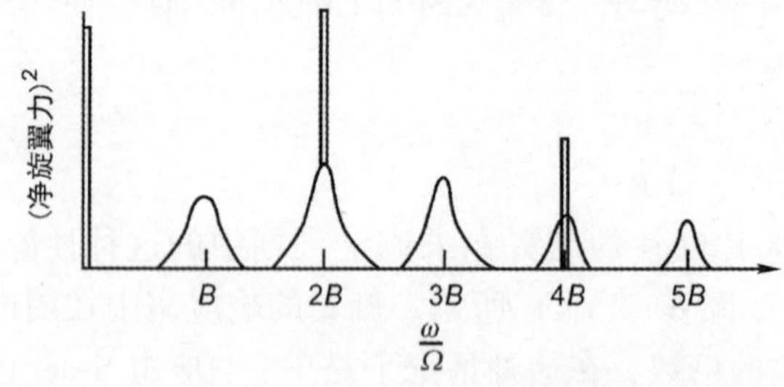

(c) 叶片排净力响应作为空间阵列

图 6-3　圆周阶数函数特征及叶片空间阵列图

（将旋翼对来流非均匀性的响应解释为滤波器对信号加噪声的响应。湍流作为噪声，是因为它是宽频带，而且其宏观尺度大于叶片间距）

图 6-3（b）右上角的小草图说明了在周期为 $2\pi R/V$ 的时间均值失真上的

随机湍流。图 6-3（c）表示了作为图 6-3（a）和图 6-3（b）的乘积形成的旋翼推力波动的频率谱，按谐波阶数求和，并绘制了与频率与轴速比的关系，在所有的 $mB=nV$，即在 $2B=V$，$4B=2V$ 等处都有谐波。$\omega=B\Omega$，$3B\Omega$，…时不存在谐波，因为没有与旋翼接受波数相吻合的 w 谐波。在这些频率上，由于湍流与叶片的相互作用，出现了较低水平的驼峰，其带宽由来流湍流的统计数字和叶片的响应决定。这些特点将在 6.6.2 节讨论。

对于平行于螺旋桨轴线的力，其声辐射由式（6.9）或者式（6.14）给出，取决于旋转力的物理性质。除了这里介绍的频谱形状的一般描述，声音的量化取决于预测的力和$(F_1)_{s,w}$的具体功能形式，将在 6.6 节讨论。此外，虽然叶片的偶极子被压缩到旋翼的平面上，但对力的产生机制进行更复杂的分析建模，还可以说明其沿旋翼半径的分布情况。本章余下的部分将把旋翼叶片作为升力面和分析方法，这些方法是在第 5 章“无空化升力部分”中拓展的。

6.3　旋翼作为升力面的设计参数

为了在其他性能要求的背景下制定噪声控制参数，有必要了解旋翼动力的基本原理。许多出版物都在讨论设计的基本和高级方面。我们在这里采用切片理论，既保持讨论的基本性，又能直接允许应用作为旋转系统元素的升力面的声学。将推导出旋翼性能的关系，在确定净声场或桨毂力时考虑叶片间力的相位，而不考虑其流动声学耦合，超出了 6.3.2 节探讨的简单准静态近似的范围。因此，本节将用于定义术语，识别出与将旋翼视为独立响应的叶片阵列相关的局限性，并使读者熟悉一般的性能质量。

一般和详细的文章已经写了很多关于螺旋桨的设计理论；可以在舰船建造专著[20-22,37-38]、von Mises 的 Theory of Flight[39] 以及泵喷气机、压缩机等轴流机械的设计专著[26,28,40-42]中找到很多关于动力和相似的指导材料。传统上，各种类型的涡轮机的性能估计都是以长期发展的经验数据为基础的，而且往往采用系统设计的旋翼和级联的叶片系列。这方面值得注意的是 Wageningen-B 舰船用螺旋桨系列[43-44]，以及 NACA-65 系列级联试验[45]。动力估计往往是基于整个机械的动量和能量平衡，并没有特别考虑到叶片流体动力学的细节。

虽然现在的设计方法往往是基于第一原理的计算机方法，但早期基于经验的理论导致的设计专著和图表给声学设计者提供了一个关于功率性能的现成观点，而功率性能必须与声学设计相平衡，为了进一步提高给定设计条件下的效率，在偏离设计点的条件下保持足够的效率，并促进各种类型的噪声消减，叶片的细节已成为人们的兴趣。所有这些目标都需要结合叶片作为升力面的流体力学细节的设计方法，即使初步设计可能仍然涉及更传统的系列数据和功率平衡。通过回顾第 5 章“无空化升力部分”，可以认识到考虑叶片细节对噪声控制的重要性，在这一章中，噪声辐射和振动受到表面光洁度、扫掠和边缘几何形状等细节的影响。现在我们将回顾轴流机的基本性能参数，研究一些升力面流动的基本原理；至少对性能参数的浅显知识是必不可少的，因为它们可能加强或与合理的降噪程序竞争。

6.3.1　涡轮机械的动力性能相似性

图 6-4 和图 6-5 说明了轴流机械的两个基本动力概念；一般的处理，作为一个促动盘（图 6-4），以及叶片流动的解析（图 6-5）形成其速度三角图。虽然本节的目的不是教育读者设计方法，但其目的是将设计概念与决定叶片处声源的因素联系起来。总的来说，在螺旋桨的稳态运行中，虚线（图 6-4）所围成的流动被一个假定均匀地施加在圆盘上的推力 T 加速了一个速度增量 v_a。假设推力的应用是无摩擦的，而且，假设下游流体没有旋转或其他运动。在这些情况下，动量和连续性平衡穿过促动盘（Morfey[33]、Griffiths[34]、Cumpsty[35]、Barnaby[37]、Russell 和 Chapman[38]、Sheperd[26]，或许多介绍涡轮机械动量理论的基本流体动力学文本）产生压力降 $T/A_D=\frac{1}{2}\rho_0[(V_a+v_a)^2-V_a^2]$，其中 A_D 是盘面积，装置的理想螺旋桨效率，定义为

$$\begin{aligned}\eta_i&=\frac{\text{有效工作}}{\text{流体的实际工作}}=\frac{TV_a}{TV_p}\\&=\frac{V_a}{V_p}=\frac{V_a}{\frac{1}{2}(V_a+v_a)}\\&=\frac{2}{1+\sqrt{1+C_T}}\end{aligned}\tag{6.16}$$

式中：C_T 为无尺寸推力系数，

$$C_T=\frac{T}{\frac{1}{2}\rho_0(\pi D^2/4)V_a^2}=\frac{T}{\frac{1}{2}\rho_0V_a^2(\text{磁盘面积})}\tag{6.17}$$

V_p 为螺旋桨盘处的轴向速度，根据动量平衡，为 $V_a+\frac{1}{2}v_a$。对流体所做的有用功或有效功是指在推力 T 下以速度 V_a 移动来流的流体所需的功；实际做的功是 T 与盘实际速度 V_p 的乘积。

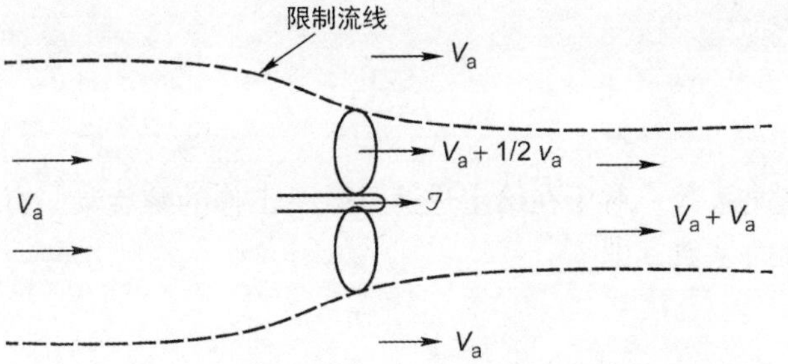

图 6-4　用于功率和动量平衡的螺旋桨的促动盘模型

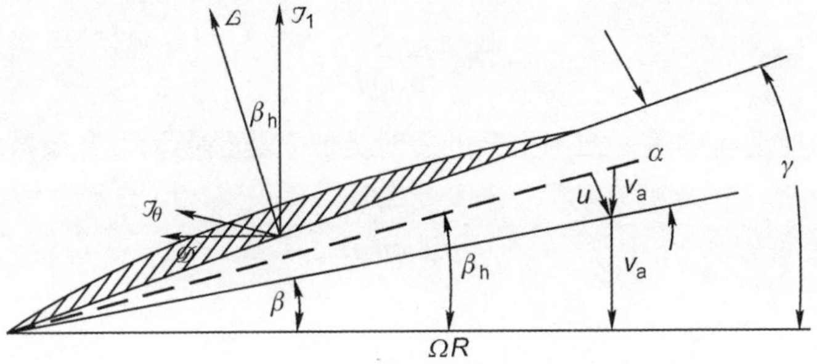

图 6-5　叶片部分运动学的解析

从图 6-5 的受力图中可以看出，将轴上的旋转动力传递给流体的转化能量的力学原理要复杂一些。推力伴随着相对于叶片的结果速度方向上的拖力；这种拖力一部分是黏性拖力，一部分是形式拖力，还有一部分是推动流体所必需的有限叶片角引起的升力。因此，推力和轴向速度的参数实际上是与扭矩和轴速相关联的，它提供了一个与轴功率和推力相关的流体动力效率。下面将比较详细地研究力和工作参数之间的关系，以使读者了解叶片设计中一些更微妙的成分，这些成分对螺旋桨的性能具有第一级的重要性。这是在舰船螺旋桨的背景下完成的，尽管其原理适用于所有的轴流旋翼。

在飞机和舰船螺旋桨技术中，将螺旋桨直径 D 和轴转速 n_s 视为独立参数，将推力 T 和转矩 Q 视为依赖性性能变量，已成为公认的做法。螺旋桨的平均尖端速度只是

$$U(R_T)=\sqrt{(\Omega R_T)^2+V_a^2} \tag{6.18}$$

式中：$\Omega=2\pi n_s$ 为叶片的角速度；R_T 为尖端半径。从图 6-5 可以看出，尖端处角度 β 的割线为

$$\sec\beta_T=\frac{U_T}{\Omega R_T}\sqrt{1+\frac{1}{\pi^2}\left(\frac{V_a}{n_s D}\right)^2}=\sqrt{1+\left(\frac{1}{\pi^2}\right)J^2}$$

其中

$$J=\frac{V_a}{n_s D} \tag{6.19}$$

称为螺旋桨进速系数。对于在给定进速系数下工作的螺旋桨，有一个无尺寸的推力，称为推力系数，即

$$k_T=\frac{T}{\rho_0 n_s^2 D^4} \tag{6.20}$$

和一个无尺寸的扭矩，称为扭矩系数：

$$k_Q=\frac{Q}{\rho_0 n_s^2 D^5} \tag{6.21}$$

从泵的促动盘动量平衡中上升的一对类似系数是扬程上升系数

$$\psi=\frac{\Delta P}{\rho_0(\pi n_s D)^2}$$

和流动系数

$$\phi=\frac{Q}{A\pi n_s D}$$

式中：D 为泵的直径；A 为旋翼处的流道横截面积，$A=\frac{\pi}{4}(D^2-D_H^2)$；$Q$ 为容积流量；ΔP 为跨泵的压力上升。

推力系数 k_T 与促动盘公式中的系数有关

$$C_T=\left(\frac{8}{\pi}\right)\left(\frac{k_T}{J^2}\right) \tag{6.22}$$

因此，理想的（促动盘）效率可以改写为

$$\eta_i=\frac{2J}{J+\sqrt{J^2+(8/\pi)k_T}} \tag{6.23}$$

为了推断 η_i 对进速系数的依赖性，我们必须探究 k_T 对 J 的依赖性。图 6-6 显示了模型舰船螺旋桨的地表水特性[43]，其投影图（平面图）如右上角的草图所示。$J=0.5$ 时，工作提前系数由箭头表示。推力系数随 J 的减小而近乎线性增加。参考图 6-5 可以看出，随着 J 的减小，典型叶片部分的角度 β 减小，但迎角 α 增大。暂且假设螺旋桨叶片具有线性升力系数迎角特性；那么，随着 $\alpha=\gamma-\beta$ 的增加，升力（或推力）也会增加。

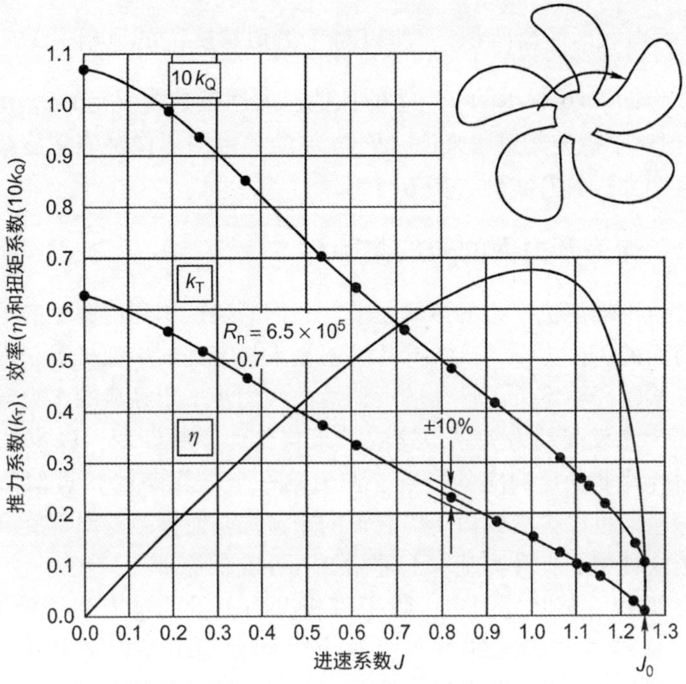

图 6-6　36 度扫掠 $(R_c)_{0.7}=7\times10^5$ 的螺旋桨的开放式水特性

（资料来源：Cumming RA，Morgan WB，Boswell RJ. Highly skewed propellers. Soc Nav Archit Mar Eng，Trans 1972；80：98-135.）

这从质上说明了 k_T、J 的依赖性。式（6.23）表明，$\eta_i\to0$ 为 $J\to0$。随着 J 的增大，β 增大，所以迎角减小，直到达到某点 J_0，对于该点，再次 $k_T=0$。这时式（6.23）表明 $\eta_i=1$。图 6-6 显示了本例的推力和扭矩系数以及实际的螺旋桨效率 η。典型的螺旋桨特性表明，在 $J=J_0$ 的某个数值上，k_T 和 η 均为零。然而，当 J 刚好小于 J_0 时，就会达到最高效率。事实上，到了这个效率最高的点，式（6.23）粗略地近似于实际效率。在 $J=J_0$ 附近，实际效率和理想效率之间出现的差异是由于黏性部分拖力大，而升力诱导拖力小，所以即使推力为零，但仅仅为了克服摩擦，仍然需要有限的扭矩。

在进一步处理摩擦损失和叶片部分的实际性能之前，我们注意到，推进器的促动盘（或动量）分析适用于所有轴流风扇。离心式风机和轴流式风机的动力特性通常用机械效率和通过机械或穿过风扇盘的压力上升来表示（如参考文献［28，42-43］），它们是给定轴速下通过风扇的体积流量的函数。由于螺旋桨风扇的压力上升为 $\Delta P=T/$(盘面积)，体积流量 $Q_0=(V_a+v_a/2)$(盘面积) $= V_a\left(\frac{3}{2}+\sqrt{1+C_T}\right)$(盘面积)，所以对于类似螺旋桨的风扇，$\Delta P$ 与 Q_0 的特性会出现很像图 6-6 所示的 k_T、J 的性能。所用参数为 $\Psi=\Delta P/p_0 n_s^2 D^2$ 和 $\phi=Q_0/n_s D^3$；但对于螺旋桨风扇来说，Ψ 与 ϕ 的关系图不像舰船螺旋桨的 k_T 与 J 之间的关系图那样具有线性（图 6-19）。

6.3.2 作为升力面的螺旋桨叶片

在继续讨论轴流机产生的声场之前，我们必须认识到旋翼上的不稳定载荷取决于升力面的流体力学。旋翼叶片并不是大长宽比的单独机翼，因此我们必须研究螺旋桨叶片稳定推力性能的近似值。我们将采用经典的水力升力部分切片理论[46,36-37]来发展动力关系。这些结果将作为零频渐变，以定性评估叶片相互作用对叶片非稳定响应的影响。作为第一个（粗略的）近似值，本节所探讨的概念应该可以扩展到由于等温流的来流失真而导致的扇形旋翼上的不稳定力，对于这种情况，升力基本上遵循 Bernoulli 的原理。

图 6-5 的螺旋桨叶片图中，除了解析升力矢量的推力和诱导拖力分量，还显示了与旋转方向相反的力 T_θ。这个附加力是由黏性部分拖力决定的。将研究叶片的径向元件 dR 上的力和扭矩。由于叶片部分力而施加于轴上的基本扭矩由 $T_\theta R$ 给出。与有限长宽比的任何升力面相关联的是垂直于合成流入矢量的诱导速度。这个速度，在图 6-5 中显示为 u，导致实际迎角小于几何迎角。旋转速度 $\Omega R(\Omega=2\pi ns)$ 与净合成速度之间的夹角为 β_h，称为水动力桨距角；几何桨距角为 γ。那么，增量的诱导前进速度就是 $v_a=u\cos\beta_h$。升力矢量垂直于净合成来流速度；升力引起的拖力矢量平行于该速度，黏性部分拖力矢量平行于机体。诱导速度是 5.3.1 节中描述的场的结果（见式（5.16）和相关讨论），并且由于叶片上的升力分布；在式（5.16）中，由于叶片上的升力分布，如 $\omega_3\delta(y_2)\,dy_1dy_2$ 表示升力面上的元素循环分布。诱导速度使升力矢量的方向从由几何桨距角决定转变为由 β_h 决定。为简化起见，我们将阻力的两个分量都与实际来流矢量平行。叶片部分的元素力就会解析成。

$$T_1(R)=L(R)\cos\beta_h-D(R)\sin\beta_h \tag{6.24}$$

以及

$$T_\theta(R)=L(R)\sin\beta_h+D(R)\cos\beta_h \tag{6.25}$$

其中，我们可以将升力写成合成速度 $U(R)$ 的一个升力系数 C_L，和一个弦 C。

$$L(R)=L'(R)\,dR=\frac{1}{2}\rho_0 U^2(R)\,C_L C dR \tag{6.26}$$

拖力可分为两个分量：一个是由下洗 U 引起的，如 D_i；另一个是由黏性和从拖力引起的，如 D_v，因此

$$D=D_i+D_v$$

假定这两种作用都沿叶片表面定向。对于椭圆加载箔，诱导分量为[39]

$$D_i=\frac{2}{\pi}\frac{L^2}{\rho_0 U_\infty^2 L_3^2}$$

式中：L_3为叶片的跨度；U_∞为局部叶片速度。因此，诱导拖力系数为

$$C_{D_i}=\frac{C_L^2}{\pi}\frac{C}{L_3}$$

除此以外，还有几个因素使分析更加复杂：叶片有不同的弦，流线位于螺旋曲面上，叶片表面的长宽比有限，给定叶片上每一点的诱导速度受到相邻叶片上每一点环流的影响。出于这些原因，已经开发了计算机程序[47-49]，以准确计算和完善高掠船舶螺旋桨叶片上的载荷。对于我们建立声源强度的分析目的来说，这种极端情况是不必要的，我们将把叶片的流动声学看成局部二维提升面的径向分布。我们不关心产生升力的叶片涡度的详细表面分布，而是将叶片视为一个具有几何迎角的切片系统

$$\begin{aligned}\alpha&=\gamma-\beta\\&=\arctan\left(\frac{P_i}{2\pi R}\right)-\arctan\left(\frac{V_a}{2\pi n_s R}\right)\end{aligned}\tag{6.27}$$

式中：P_i为叶片部分的桨距。桨距是指叶片部分在一次完整的旋转中理想的几何前进距离。若叶片部分为有弯度的，则当 $\alpha=0$ 时，有一个有限升力系数，如 C_{L0}。

由于螺旋桨叶片的有限长宽比 $AR=L_3/C$，升力与迎角的斜率从二维流（即 2π）的值减少，减少系数取决于长宽比[39]

$$\frac{dL}{d\alpha}=\frac{2\pi}{(1+2/AR)}\tag{6.28}$$

这对于有限长宽比的椭圆叶片来说是精确的。螺旋桨叶片的平均长宽比为桨毂到顶端的距离除以平均叶片弦长$\overline{C}$，则 B 叶片的总面积为

$$B\overline{C}(R_T-R_H)\equiv EAR\cdot\pi R_T^2$$

式中：EAR 称为扩大面积比。长宽比可近似为

$$AR=(R_T-R_H)\overline{C}\approx 0.8R_T\overline{C}$$

对于 $R_H\approx R_T$来说，其可以进一步近似地表示为

$$AR\approx\frac{0.64B}{\pi\cdot EAR}\approx\frac{2B}{3\pi\cdot EAR}\tag{6.29}$$

为了保持分析的简单性，假设升力系数是标准半径下的升力系数，$R=0.7R_T$，并且角度 γ 和 β 仍然很小，因而

$$\begin{aligned} C_L &\approx C_{L_0}+\left(\frac{dC_L}{d\alpha}\right)\frac{1}{0.7\pi}\left(\frac{P_i}{D}-J\right) \\ &\approx \left(\frac{dC_L}{d\alpha}\right)\left[\alpha_0+\frac{1}{0.7\pi}\left(\frac{P_i}{D}-J\right)\right] \end{aligned} \tag{6.30}$$

$$C_L \approx \frac{2\pi}{(1+3\pi\cdot \mathrm{EAR}/B)}\left[\alpha_0+\frac{1}{0.7\pi}\left(\frac{P_i}{D}-J\right)\right] \tag{6.31}$$

式中：α_0表示叶片部分有一个有限弯度。这并不是严格意义上的所有半径都是如此，因为正确设计的螺旋桨在尖端处卸载，要求 $C_L\to 0$，因为 $R\to R_T$。由此产生的来流速度为

$$U(R)=\Omega R\left[1+\left(\frac{V_a}{\Omega R}\right)^2\right]^{1/2} \tag{6.32}$$

在任何半径处，都有

$$\cos\beta_h \approx \frac{1}{\sqrt{1+(J/0.7\pi)^2}} \tag{6.33}$$

在标准半径（$0.7R_T$）处。整合式（6.24）和式（6.25），以获得整个叶片在不同转速（ΩR）下的总和，但 C_L、J 和β_H的代表值，得到$\left[T=B\int_0^{R_T}T'(R)\mathrm{d}R\right]$

$$\frac{k_T}{\mathrm{EAR}}\left(1+\frac{3\pi \mathrm{EAR}}{B}\right)\approx \frac{\pi^3}{24}\,\frac{1+\dfrac{J^2}{\pi^2}}{1+\left(\dfrac{J}{0.7\pi}\right)^2} \tag{6.34}$$

$$\{(C_{L0})_{2D}+(2\pi/0.7\pi)[(P_i/D)_{0.7}-J]\}\cos\left(\frac{J+P/D}{0.7\pi}\right)$$

式中：$(C_{L0})_{2D}$为 $\alpha=0$ 时弯度部分的二维升力系数。式（6.34）表达了螺旋桨推力的许多重要特征：在给定 J 值时，当 J 略大于 P_i/D 时，推力几乎线性消失，k_T随 P/D 的增加而增加，斜率$(\Delta k_T)/\Delta J$ 对 P_iD 的变化仅有微弱的敏感性。对于 EAR/B 的小值，式（6.34）表明，k_T随 EAR 的增大而增大；即对于细长的叶片，推力随叶片面积的增大而增大。这只是部分正确的，因为随着叶片数量的增加，叶片之间的距离越来越近，促进了叶片与叶片之间的干涉，这将在下文中进行评估。

式（6.34）是在忽略这种干扰的情况下得出的，它是几何形状和载荷的函数。重要的几何变量是弦间距比，或称牢固度 C/S，如图 6-7 所示。就螺旋

桨参数而言，$\overline{C}$和 S 的平均值之比表明，超出式（6.34）给出的面积比，存在对扩大面积比的额外依赖性。

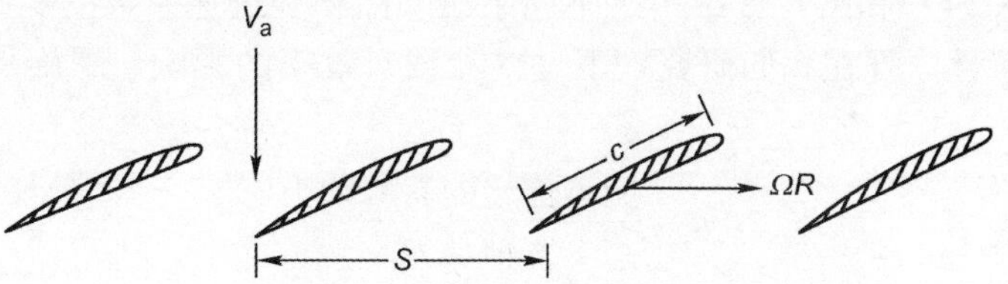

图 6-7　叶片排的流动图

$$\frac{\overline{C}}{S} \approx \frac{\pi R \cdot \mathrm{EAR}/B}{(\pi R/B)\times 2\times 0.7} = \frac{\mathrm{EAR}}{1.4} \tag{6.35}$$

这种依赖性只适用于低频下的稳定螺旋桨力和螺旋桨上的非稳定力（见 6.6.1.3 节）。为了说明这种额外的性能，这里重现了一些开放水域螺旋桨的数据，在 $J-J_0 \approx 0.26$ 的数值下，桨距直径比从 1.0 到 1.2 不等：测量的[44,50-51] k_T值在 EAR 函数上归一化，出现在式（6.34）中，如图 6-8 所示，无论叶片数量或扫描角度（skew）如何，几乎都可以描述为 EAR 的函数。虚线是由 Thompson[52] 利用实验级联数据[45] 进行的计算提取出来的，展示了静态

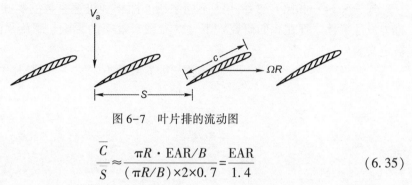

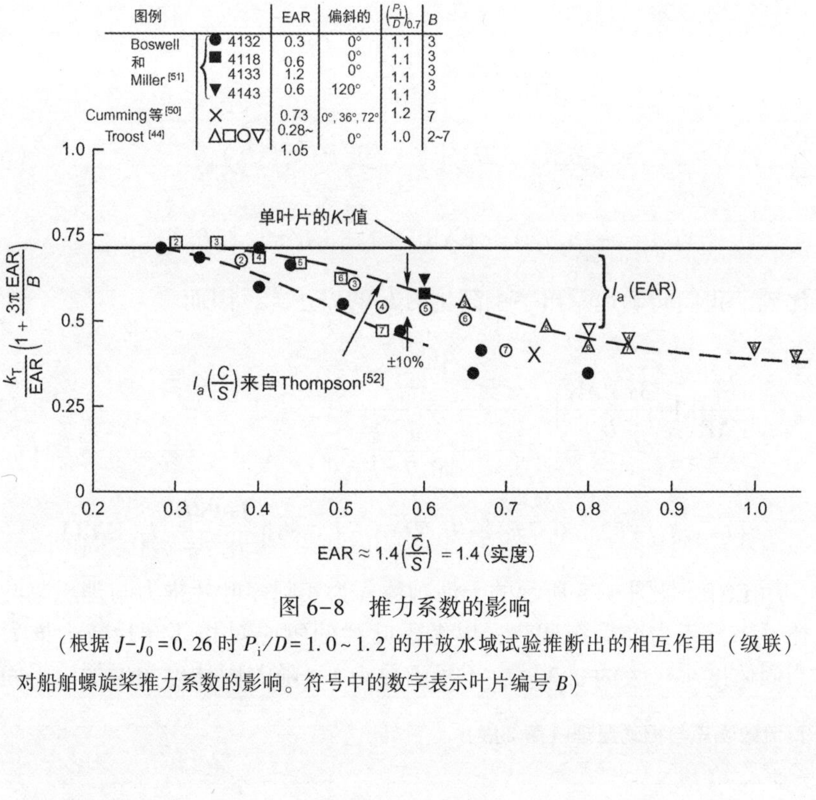

图 6-8　推力系数的影响

（根据 $J-J_0=0.26$ 时 $P_i/D=1.0\sim1.2$ 的开放水域试验推断出的相互作用（级联）对船舶螺旋桨推力系数的影响。符号中的数字表示叶片编号 B）

叶片干扰导致的推力减小的数量级。在低频准静态极限中，相对于用二维切片理论计算叶片的不稳定力而言，这些减少也适用于叶片上的不稳定力[52]。

式（6.34）和图 6-8 给出了不同桨距、面积和进速系数的螺旋桨的近似推力设计特性。现在我们研究一下这些参数对效率的影响。螺旋桨的效率 η_p 被定义为

$$\eta_p = \frac{\text{流体传递的有效动力}}{\text{轴马力}} \tag{6.36a}$$

$$= \frac{TU_a}{2\pi L n_s}$$

或者

$$= \left(\frac{k_T}{k_Q}\right)\left(\frac{J}{2\pi}\right) \tag{6.36b}$$

如前所述，我们评估 β_h，C_L 和在标准部分（$R=0.7R_T$）的桨距，但从 $R=0$ 到 $R=R_T$ 的重量 $(\Omega R)^2$，在式（6.24）和式（6.25）可以改写成近似的形式，即

$$(T_1)_{0.7} = L\cos\beta_h - D\sin\beta_h \tag{6.37a}$$

$$(T_\theta)_{0.7} R_T \approx R_T(L\sin\beta_h + D\cos\beta_h) \tag{6.37b}$$

式中：黏性拖力为

$$\begin{aligned} D_v &\approx B\int_0^{R_T} \frac{1}{2}\rho_0 U^2(R) C_D C \mathrm{d}R \\ &\approx \frac{\pi^2}{6}\rho_0 A_B (n_s D)^2 [1 + (J/\pi)^2](C_D)_{0.7} \\ &\approx \frac{\pi^3}{24}\rho_0 n_s^2 D^4 \cdot \mathrm{EAR} \cdot [1 + (J/\pi)^2](C_D)_{0.7} \end{aligned} \tag{6.38}$$

为了比较，我们明确地写出一个简化的 k_T 的表达式，因而

$$\begin{aligned} \frac{k_T}{\mathrm{EAR}}\left(1+\frac{3\pi \mathrm{EAR}}{B}\right) &\approx \frac{\pi^3}{24}\frac{1+\dfrac{J^2}{\pi^2}}{1+\left(\dfrac{J}{0.7\pi}\right)^2}\times \\ &\quad \{(C_{L0})_{2D} + (2\pi/0.7\pi)[(P_i/D)_{0.7} - J]\}\cos\left(\frac{J+P/D}{0.7\pi}\right) I_a(\mathrm{EAR}) \end{aligned} \tag{6.39a}$$

式中：$I_a(\mathrm{EAR})$ 是图 6-8 所示的干涉函数，为实际多叶片推力与理想单叶片推力之比。该校正为准静态调整，以考虑叶片间感应对相邻叶片减少推力的影响。当固体度小于大约 0.3 时，干扰函数为 1。随着固体度的增加，当固体度

高于大约 0.7 时，干涉函数出现渐变，大约为 0.6。如参考文献［52］所示，该校正似乎也适用于螺旋桨叶片上的水动力非稳定叶片频率力。从实际情况来看，叶片上的升力 L 只是 EAR 的弱函数，因此我们有以下关系的扩展

$$L=L_0\left(1+\frac{J^2}{\pi^2}\right)(J_0-J) \tag{6.39b}$$

将式（6.39a）换成式（6.36a），就以特别简单的形式给出了效率

$$\eta_p=\left(\frac{\tan\beta}{\tan\beta_h}\right)\left[\frac{1-(D/L)\tan\beta_h}{1+(D/L)\cot\beta_h}\right] \tag{6.40}$$

检查图 6-6 可以看出，式（6.40）中的第一项为 V_a 与 V_a+v_a 的比值，与促动盘的理想效率相同。第二项是由于表面的黏性加诱导拖力。由于 $J\to J_0$，k_T 和 L 也趋近于零（式（6.39b）），因而，(D/L) 正切 β_h 与 1 的性能决定了 η_p 随进速系数的变化；实际上，随着 D/L 的增加，效率必须通过零。从诱导拖力和黏性拖力的定义来看，拖力与升力之比为

$$\frac{D}{L}=\frac{C_D}{C_L}+\frac{C_L}{\pi}\frac{C}{L_3}$$

当 $C_L\to 0$ 或长宽比变大（即 $C/L_3\to 0$）时，它将被 C_D/C_L 控制，从而在低频率下施加非稳定力。因此，一个普遍的规则是，对螺旋桨叶片部分的修改，如果倾向于增加黏性拖力系数 C_D，那么在效率最大的 J 值下，将显著降低叶片效率。这个 J 值大约等于中跨度处的桨距与直径比，$(P_i/D)_{0.7}$。

必须使用详细的升力表面计算或仔细检查螺旋桨特性-系列数据，如船舶螺旋桨[53]，以确定最大螺旋桨效率随设计参数变化的性能。然而，从系列数据中可以得出一些一般性的陈述[53]。当原动机受到扭矩限制时，如规定的轴马力和轴转速，通常必须确定直径、展开面积比和叶片厚度等变量。在这些参数中，效率对螺旋桨直径最为敏感，可以找到一个最佳值，设计者一般会朝这个值或船舶几何形状所能容纳的最大值努力。相反，如果直径是固定的，可以找到一个最佳的轴转速。对于给定的螺旋桨直径，一般通过增加扩大面积比来降低最佳效率，因为叶片面积越大，摩擦损失越大，这一点可以通过注意到式（6.38）和式（6.39b）中与 EAR 成比例的比值来推断。较大的叶片面积往往会通过增加叶片表面的平均压力来减少空化的可能性。增加叶片厚度也会降低最佳效率，因为较大的厚度-弦比会增加式（6.38）中的形式拖力 C_D 对于靠近尖端的部分也是如此[54]。

对于螺旋桨，增加的最大厚度 h_m 会影响旋翼的强度，因为叶片应力 τ_b 随着 h_m^{-2} 的减小而减小；叶片应力的适当相似公式为

$$\tau_b \propto \frac{TD}{Ch_m^2} \propto \frac{T}{\mathrm{EAR}} h_m^2$$

具有较大 h_m/C 的叶片可能具有较大的局部最小压力，因此可能具有最小压力，其大小不易受来流扰动引起的局部迎角变化的影响。在给定 P_i、D、EAR、J 的情况下，随着叶片数量的减少，螺旋桨效率有一定的提高，而且随着叶片数量的减少，最佳直径也会增加。叶片耙（扫掠）在适当应用时，不会强烈影响船舶螺旋桨的效率[50]。

6.4　旋翼的理论自由场声学

6.4.1　基本分析

6.2.2 节的讨论现在概括为将旋翼发展成一个旋转升力面的阵列。具体来说，将形成径向分布的叶片力对辐射的旋转效应以及叶片与气流相互作用的噪声。图 6-9 说明了适用于旋翼或定子的几何形状，尽管定子问题将在 6.4.2 节中讨论。从式（6.4）的展开可以看出，源相对于场点的旋转，通过引入源-接收器距离的变化以及多普勒频移来改变声音，而多普勒频移会给音源的辐射场引入边带，其频率不一定等于旋转率。即使叶片力在旋翼叶片的参考框架中是时间不变的（即仅包括稳定载荷），产生的声音也构成了 Gutin 问题[29]。我们对旋转效应的研究实际上是对 Ffowcs Williams 和 Hawkings[55] 在任意运动中对流源声音的更普遍问题的专门研究。这里要考虑的问题相当于 Lowson[56] 问题的一个变体，它解释了紧凑源的旋转效应。

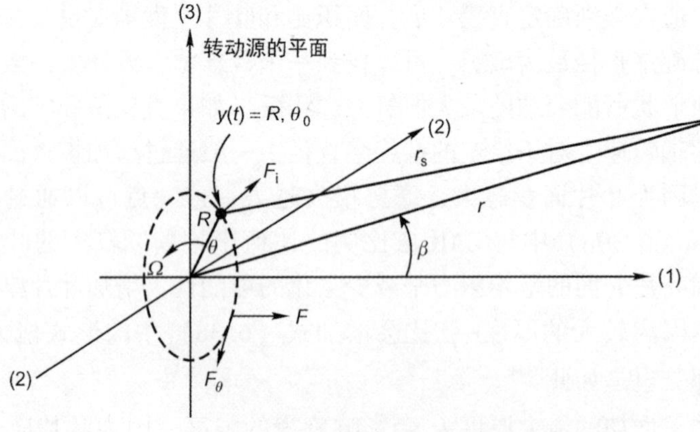

图 6-9　旋转源和声场的几何形状

我们面临的挑战是如何适当地解释迟缓效应，以得出 Curle 式的类比（第 1 卷的式（2.70））。单极子、偶极子和四极子源系统在 $\boldsymbol{x}$ 和时间 t 处的声压，同样是第 1 卷的式（2.71）的积分形式。

$$p_{\mathrm{a}}(\boldsymbol{x},t)=\frac{1}{4\pi}\iiint_{V(\tau)}\left[\frac{1}{r}\left(\dot{q}-\frac{\partial F'''_i}{\partial y_i}+\frac{\partial^2 T_{ij}}{\partial y_i\,\partial y_j}\right)\right]\mathrm{d}V(\boldsymbol{y},\boldsymbol{\tau}) \tag{6.41a}$$

式中：$\dot{q}$，F'''_i，T_{ij}代表单位体积内的波动质量、力和雷诺应力的分布。在本节中，我们将 F'''_i 和 F_i 分别区分为单位体积力和净体积整合力。整体积分都是在迟缓的时间内评估的 $\tau=t-|r|/c_0$。这意味着此时也要对时变的源位置 $\boldsymbol{y}$ 和范围矢量 $\boldsymbol{r}$ 进行评估。积分量包含源区域，随着源的移动，也是在迟缓的时间进行评估。如果我们假设在等温低马赫数流动中没有质量注入或没有四极声（典型的无空化螺旋桨），那么我们只保留偶极力分布 F_{i}。见图 6-2 和图 6-9，源点 $\boldsymbol{y}(t)$ 以恒定的角速度 Ω 旋转，半径为 R。由于迟缓效应，即使随叶片旋转的参考框架中体积-整合力 F_{i} 恒定，变化 $\boldsymbol{y}(t)$ 将产生振荡远场声。Lowson[56]、Majumbdar 和 Peake[57] 在时域中研究了这些效应，并得出了旋转力的表达式，该表达式是

$$p_{\mathrm{a}}(\boldsymbol{x},t)=\left[\frac{x_i-y_i}{4\pi r c_0(1-M_{\mathrm{r}})}\frac{\partial}{\partial t}\left(\frac{F_{\mathrm{i}}}{r(1-M_{\mathrm{r}})}\right)\right] \tag{6.41b}$$

式中：M_{r}是源在观察者方向上的瞬时马赫数；F_i是现在 i 方向上的净力；括号表示常见的迟缓效应。将 Lowson 的结果用于风机噪声的问题，涉及将 M_{r}扩展为旋转谐波。正是循环运动引起了多普勒频移，并将边带引入声音的频谱中，而这种谐波运动要求 Lowson 解释源旋转一整圈的延缓运转。请注意，式（6.4a）在M_{r}消失的极限下，等同于式（6.41b），它与第 1 卷中有限马赫数稳定平均前进速度的式（2.84）相同。

由于我们对声音的频谱感兴趣，所以在开始时处理式（6.41）在频谱空间中的解比直接使用 Lowson 的结果更简单。首先注意，式（6.41）中的项都与体积积分有共性

$$I(\boldsymbol{x},t)=\frac{1}{4\pi}\iiint_V\left[\frac{a}{r}\right]\mathrm{d}V(y(t)) \tag{6.42}$$

式中：$[a(\boldsymbol{y},t)]$代表任何一个源项的迟缓值。

旋转系统声远场式（6.42）评估的第一阶段是，根据与旋转源固定的参考系中的源的傅里叶变换 $a(\boldsymbol{y},\omega')$，重写 $a(\boldsymbol{y},t)$：

$$a(\boldsymbol{y},t)=\int_{-\infty}^{\infty}a(\boldsymbol{y},\omega')\mathrm{e}^{-\mathrm{i}\omega' t}\mathrm{d}\omega' \tag{6.43}$$

因此，迟缓源函数为

$$[a(\boldsymbol{y},t)]=\int_{-\infty}^{\infty}a(\boldsymbol{y},\omega')\mathrm{e}^{-\mathrm{i}\omega'(t-r_s c_0)}\mathrm{d}\omega' \tag{6.44}$$

现在的形式为式（6.5）。通过式（6.2）近似时间变源到接收器的距离，并采用恒等式（6.7），可以得到迟缓源

$$[a(\boldsymbol{y},t)]=\sum_{n=-\infty}^{\infty}(-\mathrm{i})^n\int_{-\infty}^{\infty}a(\boldsymbol{y},\omega')\mathrm{e}^{-\mathrm{i}\omega' t}\mathrm{J}_n(k_0' R\sin\beta)\mathrm{e}^{\mathrm{i}k_0' r}\mathrm{e}^{-\mathrm{i}n(\theta_0'-\theta)}\mathrm{d}\omega' \tag{6.45}$$

式中：角度 θ_0 因旋转而有时间变化，使 $\theta_0=\theta_b+\Omega t$。通过对 $[a(\boldsymbol{y},t)]$ 进行傅里叶变换，利用式（2.120）得到 $I(\boldsymbol{x},\omega)$ 的结果值，并对源区进行积分处理：

$$I(\boldsymbol{x},\omega)=\sum_{n=-\infty}^{\infty}\frac{\mathrm{e}^{+\mathrm{i}k_0 r_0}}{4\pi r}\int_0^{2\pi}\int_{R_H}^{R_T}\int_{-\infty}^{\infty}a(R,\theta_b,y_1,\omega-n\Omega)\mathrm{J}_n(k_0 R\sin\beta)\times \mathrm{e}^{-\mathrm{i}n(\pi 2+\theta_b-\theta)}R\mathrm{d}R\mathrm{d}\theta_b\mathrm{d}y_1 \tag{6.46a}$$

式中：$\boldsymbol{x}=(r,\theta,\beta)$；$a(R,\theta,t)$ 随旋翼叶片移动，且积分延伸到整个旋翼盘上。如果源密度 $a(R,\theta,\omega)$ 包括多个紧凑叶片的影响，则指数因子 $\exp(-\mathrm{i}n\theta_b)$ 以 $2\pi/B$ 的倍数将叶片依次围绕旋翼盘进行指数化。式（6.46）可以用来评估由式（6.41）产生的声压变换 $p(\boldsymbol{x},\omega)$，取适当的导数。源函数 $a(\boldsymbol{y},\omega')=a(\boldsymbol{y},\omega-n\Omega)$ 表示叶片上体积速度和力分量的傅里叶时间变换，并在与叶片固定的参考框架中定义。使用这个定义可以在叶片处评估声源系数，然后直接调整得到固定框架的远场声压。对于厚度噪声，$a(\boldsymbol{y},\omega)$ 是一个标量（$i=0$），它代表声学介质的体积加速度。式（6.46）也代表了旋转单位源的自由空间格林函数的定义，我们可以写成[10,58]

$$g(\boldsymbol{x},\boldsymbol{y},\omega')=\sum_{n=-\infty}^{\infty}\frac{\mathrm{e}^{\mathrm{i}k_0 r}}{4\pi r}\mathrm{J}_n(k_0 R\sin\beta)\times\mathrm{e}^{-\mathrm{i}n(\pi/2+\theta_b-\theta)}\delta(\omega'-\omega+n\Omega) \tag{6.46b}$$

可用第 1 卷 2.6 节的方法，将式（6.41）定义的源分布纳入亥姆霍兹积分式。在这个格林函数的定义中，不同的频率 ω 和 ω' 来自旋转效应。对于自由场中的声学区域，综合使用该格林函数和多极源分布所产生的被积函数涉及与源变量有关的差值，这些差值可以很容易地重新排列。比如说

$$\iiint_V \frac{\partial F_i^{\infty}}{\partial y_i} \cdot g(\boldsymbol{x},\boldsymbol{y},\omega')\mathrm{d}V(\boldsymbol{y})$$

$$= \iiint_V \left[\frac{\partial}{\partial y_i}(F'''_i(\boldsymbol{y})g(\boldsymbol{x},\boldsymbol{y},\omega')) - F'''_i(\boldsymbol{y}) \frac{\partial g(\boldsymbol{x},\boldsymbol{y},\omega')}{\partial y_i}\right]\mathrm{d}V(\boldsymbol{y})$$

$$= -\iiint_V F'''_i(\boldsymbol{y}) \frac{\partial g(\boldsymbol{x},\boldsymbol{y},\omega')}{\partial y_i}\mathrm{d}V(\boldsymbol{y})$$

自

$$\iiint_V \frac{\partial}{\partial y_i}(F'''_i(\boldsymbol{y})g(\boldsymbol{x},\boldsymbol{y},\omega'))\mathrm{d}V(\boldsymbol{y}) = \iint_S F'''_n(\boldsymbol{y})g(\boldsymbol{x},\boldsymbol{y},\omega')\mathrm{d}S(\boldsymbol{y}) = 0$$

式中：$S(\boldsymbol{y})$是声场中位于源区域外并环绕源区域的任意表面，在该表面上单位体积的法向力 $F_n(\boldsymbol{y})'''$为零。因此，这个促成作用就消失了。辐射声压的傅里叶振幅的玄姆霍兹积分式的适当形式为

$$P_{\mathrm{a}}(\boldsymbol{x},\omega) = \int_{-\infty}^{\infty} \mathrm{d}\omega' \iiint_V \Big\{\dot{q}(\boldsymbol{y},\omega')g(\boldsymbol{x},\boldsymbol{y};\omega') +$$

$$F_i(\boldsymbol{y},\omega') \frac{\partial g}{\partial y_i}(\boldsymbol{x},\boldsymbol{y};\omega') + T_{ij}(\boldsymbol{y},\omega') \frac{\partial^2 g}{\partial y_i \partial y_j}(\boldsymbol{x},\boldsymbol{y};\omega')\Big\} \mathrm{d}V(\boldsymbol{y}) \tag{6.47}$$

式中：对 ω'的积分已正式保留。

圆柱形贝塞尔函数 $\mathrm{J}_n(\xi)$具有以下对称关系：$\mathrm{J}_{-n}(\xi) = (-1)^n\mathrm{J}_n(\xi)$和 $\mathrm{J}_n(\xi) = \mathrm{J}_{-n}(-\xi)$。它有两个渐近公式[33]，将用于这里。一个是

$$\lim_{\xi \to 0}\mathrm{J}_n(\xi) = \frac{(\xi/2)^n}{\Gamma(n+1)} \tag{6.48a}$$

其中

$$\Gamma(n+1) = 1\times2\times3\times\cdots\times(n-1)n = n!$$
$$\approx \{2\pi/(n+1)\}^{1/2}(n+1)^{n+1}\mathrm{e}^{-(n+1)}, n+1>1 \tag{6.48b}$$
$$\Gamma(1) = 1$$

式（6.48a）适用于 $\xi<1$ 时。对于大的论证而言

$$\lim_{\xi \to \infty}\mathrm{J}_n(\xi) = \sqrt{\frac{2}{\pi\xi}}\cos\left(\xi - \frac{n\pi}{2} - \frac{\pi}{4}\right) \tag{6.48c}$$

当$|\xi| > |n|$时，适用。另一个是

$$\mathrm{J}_{n-1}(\xi) + \mathrm{J}_{n+1}(\xi) = \frac{2n}{\xi}\mathrm{J}_n(\xi) \tag{6.48d}$$

在不明确提及特定源类型（如偶极子或单极子）的情况下，我们在下文

中注意到式（6.46）的两个重要限制形式可以立即写下来。这些形式是叶片上源的频率特性的结果，即带宽或音调。无论哪种情况，我们都假设源分布 $a(\boldsymbol{y},t)$ 集中在 y_1 = 常数的平面上；即

$$a(\boldsymbol{y},t)=a(\boldsymbol{y}_{2,3},t)\delta(y_1)$$

只要旋翼的轴向尺寸，比如说 $C\sin\gamma$，其中 γ 是桨距角，C 是叶片弦，小于一个声学波长，则有效。

首先，若源头是宽带，即 $a(\boldsymbol{z},\omega-r\Omega)\approx a(\boldsymbol{z})$ 在 n 的许多谐波上，则

$$I(\boldsymbol{x},\omega)=\frac{1}{4\pi r}\mathrm{e}^{\mathrm{i}k_0 r}\int_{R_\mathrm{H}}^{R_\mathrm{T}}\int_0^{2\pi}a(R,\theta_0)\times$$

$$\sum_{n=-\infty}^{\infty}\mathrm{J}_n(k_0R\sin\beta)\mathrm{e}^{-\mathrm{i}n(\pi/2+\theta_0-\theta)}R\mathrm{d}R\mathrm{d}\theta_0$$

根据式（6.47）远场声压谱与 $I_i(\boldsymbol{x},\omega)$ 的幅值的平方成正比：

$$\Phi_{\mathrm{prad}}(\boldsymbol{x},\omega)=|I(\boldsymbol{x},\omega)|^2$$

现在，在假设源强具有较小的相关面积的情况下，可将其视为旋转点源，其交谱密度可写成

$$\Phi_{aa}(R,R',\theta_\mathrm{b},\theta'_\mathrm{b},\omega)=\Phi_{aa}(\omega)\delta(R)\delta(R')\delta(\theta_\mathrm{b})\delta(\theta'_\mathrm{b})\delta(\omega-\omega')$$

因而

$$\Phi_{\mathrm{prad}}(\boldsymbol{x},\omega)=\frac{1}{16\pi^2r^2}\Phi_{aa}(\omega)\tag{6.49a}$$

因为[33]

$$\sum_{n=-\infty}^{\infty}J_n^2(\xi)=1$$

这个结果是旋转源的远场辐射声压谱的表达式，与忽略多普勒频移后得出的结果相同。这个结论对于偶极子的声场也是成立的，即当 $i=1,2,3$。这就是为什么在第 1 卷第 4 章研究旋转杆的涡流声时，可以忽略这种影响。

其次，如果源是频率 ω_t 位于半径 r_1 的音调，旋翼叶片框架的傅里叶系数为

$$a(\boldsymbol{z},\omega')=a(\boldsymbol{z})\delta(\omega'-\omega_t)$$

然后

$$a(\boldsymbol{z},\omega-n\Omega)=a(R_1)\delta(\omega-n\Omega-\omega_\mathrm{t})$$

和远场的声谱给出了一系列频率 $\omega=\omega_\mathrm{t}\pm n\Omega$ 的线，最大强度出现在 $\omega=\omega_\mathrm{T}$ 处。我们可以通过假设源是空间定位的方法来推断这种性能。然后我们发现辐射声的频谱为

$$\Phi_{p_{\mathrm{rad}}}(\boldsymbol{x},\omega)=\frac{1}{16\pi^2r^2}\sum_0^{\infty}\Phi_{aa}(\omega_{\mathrm{t}}\ \pm n\Omega)\left|\mathrm{J}_n\left(\frac{\omega_{\mathrm{t}}\pm n\Omega}{c_0}\right)R_1\sin\beta\right|^2 \quad (6.49\mathrm{b})$$

函数

$$\mathrm{J}_n(k_0R_1\sin\beta)=\mathrm{J}_n\left(\frac{\omega_{\mathrm{t}}\pm n\Omega}{c_0}R_1\sin\beta\right)$$

在音幅周围形成一个包络线，包络线的幅度取决于角度 β。在旋转轴上，即当 $\beta=0$ 时，则只能听到基音，而在较大的角度下，随着正弦 β 的增大，许多谐波都能听到。如图 6-10 所示，当 $\beta>10°$时，可能的边带数量变得很大。如上所述，对于偶极源来说，结论是一样的。我们从图 6-10 中注意到旋转源的两个重要特征。首先，对于任何一个极角，都有一个旋模旋转谐波，在这个旋模旋转谐波之下，不可能有声传播，而在这个旋模旋转谐波之上，则有一系列的辐射谐波。这些谐波的值取决于旋转马赫数 $\Omega R/c_0$。其次，直接作用于螺旋桨轴的声音只是平面波。

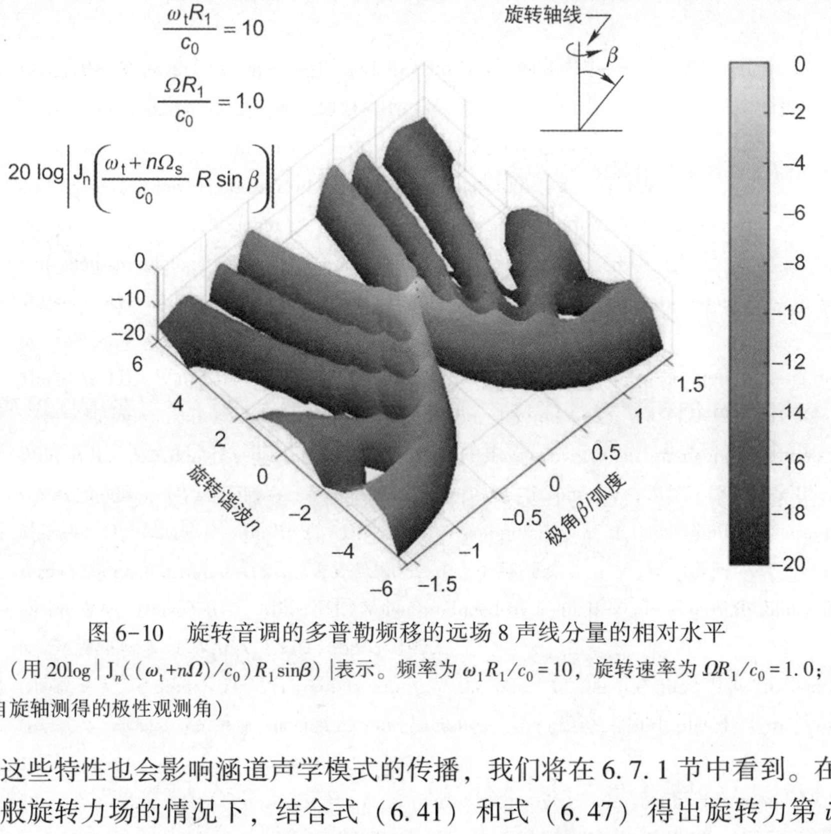

图 6-10　旋转音调的多普勒频移的远场 8 声线分量的相对水平

（用 $20\log|\mathrm{J}_n((\omega_{\mathrm{t}}+n\Omega)/c_0)R_1\sin\beta)|$表示。频率为 $\omega_1R_1/c_0=10$，旋转速率为 $\Omega R_1/c_0=1.0$；β 为自旋轴测得的极性观测角）

这些特性也会影响涵道声学模式的传播，我们将在 6.7.1 节中看到。在解决一般旋转力场的情况下，结合式（6.41）和式（6.47）得出旋转力第 i 个方向分量的噪声谱，从而得出场压。设叶片上单位面积的力为 $F''(R,\theta_b,t)$，单位体积的力为 $F'''_i(R,\theta_b,y_1,t)$；则单位体积的轴向力为

$$F'''_1(R,\theta_b,y_1,t)=F'''(R,\theta_b,y_1,t)\cos\gamma$$

式中：$\gamma\approx\beta_n$，见图 6-5，单位体积的切向力为

$$F'''_\theta(R,\theta_b,y_1,t)=F'''(R,\theta_b,y_1,t)\sin\gamma$$

这些力将被假定为集中在旋翼的平面上，即假定位于 $y_1=0$ 处。因此，单位体积的力为

$$F'''(R,\theta_b,y_1,t)=F''(R,\theta_b,t)\delta(y_1)$$

现在 $F''(R,\theta_b,t)$ 表示旋翼盘在位置 R，θ_b 处的瞬时压差。压力的傅里叶系数在式（6.47）中。

$$P_a(\boldsymbol{x},\omega)=\int_{-\infty}^{\infty}\mathrm{d}\omega'\int_0^{2\pi}\int_{R_H}^{R_T}\int_{-\infty}^{\infty}\left\{F'''_1(R,\theta_b,\omega')\frac{\partial g(\boldsymbol{x},\boldsymbol{y},\omega')}{\partial y_i}+F'''_\theta(R,\theta_b,\omega')\frac{1}{R}\frac{\partial g(\boldsymbol{x},\boldsymbol{y},\omega')}{\partial\theta_b}\right\}\delta(y_1)\mathrm{d}y_1R\mathrm{d}R\mathrm{d}\theta_b \tag{6.50a}$$

其中 $g(\boldsymbol{x},\boldsymbol{y},\omega)$ 由式（6.46a）给出。进一步代入力和格林函数，得到整个圆盘面积 $R_H\leqslant R\leqslant R_T$ 的积分，$0\leqslant\theta_b\leqslant2\pi$。

$$P_a(\boldsymbol{x},\omega)=\sum_{n=-\infty}^{\infty}\frac{\mathrm{i}k_0\mathrm{e}^{\mathrm{i}k_0r}}{4\pi r}\int_0^{2\pi}\int_{R_H}^{R_T}F''(R,\theta_b,\omega-n\Omega)\times\left[\cos\gamma\cos\beta+\frac{n}{k_0R}\sin\gamma\right]\times \mathrm{J}_n(k_0R\sin\beta)\mathrm{e}^{in(\pi/2+\theta_b-\theta)}R\mathrm{d}R\mathrm{d}\theta_b \tag{6.50b}$$

式中：y_1 和 ω' 的积分均已执行。旋翼有 B 个叶片，平均分布在角位置 $2\pi s/B$ 处，每个叶片占据的扇形角宽度由叶片弦决定，即 $-C/2R<\theta_c<C/2R$。因此，在 θ_b 上的积分可以表示为在 B 个叶片上和在叶片的扇形角上的总和

$$P_a(\boldsymbol{x},\omega)=\sum_{n=-\infty}^{\infty}\sum_{s=0}^{B-1}\frac{\mathrm{i}k_0\mathrm{e}^{\mathrm{i}k_0}}{4\pi r}\int_{-C/2R}^{C/2R}\int_{R_n}^{R_T}F''(R,\theta_c,\omega-n\Omega)\mathrm{e}^{in\theta_c}R\mathrm{d}\theta_c\times\left[\cos\gamma\cos\beta+\frac{n}{k_0R}\sin\gamma\right]\times\mathrm{J}_n(k_0R\sin\beta)\mathrm{e}^{\mathrm{i}n(\pi/2+2\pi s/B+\Omega t-\theta)} \tag{6.51}$$

而叶片 s 上的升力随半径的梯度，即 $L'_s(\omega-n\Omega)=\mathrm{d}L_s(R,\omega-n\Omega)/\mathrm{d}R$，为

$$L'_s(R,\omega-n\Omega)=\int_{-C/2R}^{C/2R}F''(R,\theta_c,\omega-n\Omega)\mathrm{e}^{in\theta_c}R\mathrm{d}\theta_c \tag{6.52}$$

因此

$$P_a(\boldsymbol{x},\omega)=\sum_{n=-\infty}^{\infty}\sum_{s=0}^{B-1}\frac{\mathrm{i}k_0\mathrm{e}^{\mathrm{i}k_0r}}{4\pi r}\int_{R_H}^{R_T}L_s'(R,\omega-n\Omega)\left[\cos\gamma\cos\beta+\frac{n}{k_0R}\sin\gamma\right]\times$$
$$\mathrm{J}_n(k_0R\sin\beta)\mathrm{e}^{\mathrm{i}n(\pi/2+2\pi s/B+\Omega t-\theta)}\mathrm{d}R \tag{6.53}$$

在时域里，有

$$P_a(\boldsymbol{x},t)=\int_{-\infty}^{\infty}\mathrm{e}^{-\omega t}P_a(\boldsymbol{x},\omega)\mathrm{d}\omega$$

由于 n 是压力波的圆周阶数，那么乘积 $2\pi n/B$ 表示声叶间相位角与声场模式的关系。类似地，在 6.4.2 节中，来流失真的谐波阶数为 w，因此系数 $2\pi w/B$ 是相对于来流失真谐波的气动相间角。所有的响应都代表了声学和空气动力学模式的总和，声学和空气动力学叶片间相角决定了结果的声学水平。方括号内的第一个项（即 $\cos\gamma\cos\beta$）给出了旋转轴向力的促成作用，而第二个项（即 $n\sin\gamma/k_0R$）给出了旋转切向力的贡献。谱

$$[F(\omega)]_n\mathrm{e}^{\mathrm{i}n2\pi s/B}$$

代表结果叶片力的圆周波数谱。若力分布由点轴向力组成，则式（6.49）减小到式（6.9），因此式（6.51）代表分布旋翼力场的式（6.46）规范。

接下来的两个部分将给出用于各种叶片激励的式（6.53）的评估。

6.4.2　从不均匀来流的旋翼叶片力中获得的声谱

本节下讨论的声辐射主要是由于上游叶片的黏性（主要）和潜在（次要）波浪冲击在下游叶片中引起的移动叶片的相互作用力。对于直升机而言，这是由于前进叶片与另一叶片的叶尖涡流相互作用产生的，而对于风力涡轮机而言，是由于叶片在塔形尾流后的通道产生的[59]。每种情况下的具体叶片载荷函数将在 6.5～6.7 节中得出。本节制定了通用公式，将提供与式（6.49）中出现的声音相关的 $F'''(R,\theta_b,\omega)$ 的特定函数关系，我们的分析结构是这样的：在给定的半径 R 下，通过“展开”叶片部分，最容易得出力谱，如图 6-11 所示。叶片排被视为相对于迸发静止，显示为间隔为 $b=2\pi R/B$ 的升力面阵列。入射迸发速度 $v(R,\theta)$ 的波长为 $2\pi R/w$，并以 $U(R)$ 的速度在叶片排中前进。在 6.2 节中，上游一排涡流的周向谐波 n，$w=nV$。一般来说，这种入射流由一个稳定的分量组成，上面叠加了随机（湍流）成分。问题是确定半径 R 处叶片力增量在旋翼盘上的时间和位置的函数表达式。对于确定性来流扰动，我们将进行此操作，叶片各自线性独立地响应。在 6.6.2 节中，该结果将被推广到湍流来流，并在 6.6.1.3 节中探讨假设独立叶片响应的影响。

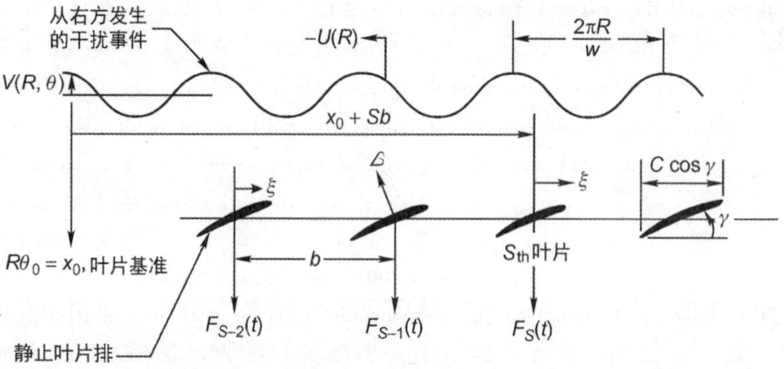

图 6-11　响应影响示意图

（在桨距角 γ 处的升力部分阵列的几何形状，对以合成速度 $U(R)$ 和 $U(R)\cos\gamma$ 在旋翼旋转平面内吸收的正弦入射迸发做出响应）

根据 5.4.1 节，单位跨度叶片的升力响应 s，来流速度失真谐波 w，为

$$\frac{\mathrm{d}L_{s,w}(R,t)}{\mathrm{d}R}=\rho_0\pi\,|\,V(w,R)\,|\,U(R)\,CS_{2\mathrm{D}}\left(\frac{wC}{2R},\frac{k_{\mathrm{R}}C}{2}\right)\times \exp\{\mathrm{i}w[\,\theta_{\mathrm{w}}-U(R)\cos\gamma t/R+sb/R\,]\}\tag{6.54}$$

式中：$S_{2D}(wC/2R)$ 表示由式（5.29）中明确给出的 2D Sears 函数。此处以其存在为例，但该分析也可以推广到 3D 的情况。其中，$(\mathrm{d}L_{s,w}(R,\ t)/\mathrm{d}R)$ 表示 s_{th} 叶片上单位半径的局部力和 s_{th} 叶片上单位跨度的升力，即 $L_s'(R,t)=\mathrm{d}L_{s,w}(R,t)/\mathrm{d}R$，为

$$L_s'(R,t)=\sum_{w}\frac{\mathrm{d}L_{s,w}(R,t)}{\mathrm{d}R}$$

从 $v(\theta,R)$ 中可得出垂直于合成叶片运动方向的速度周向谐波 $V(w,R)$：

$$V(w,R)=\frac{1}{2\pi}\int_0^{2\pi}\mathrm{e}^{-\mathrm{i}w\theta}v(\theta,R)\,\mathrm{d}\theta,\quad v(\theta,R)=\sum_{-\infty}^{\infty}V(w,R)\,\mathrm{e}^{\mathrm{i}w\theta}\tag{6.55}$$

来流扰动见式（5.26）（波数 k_1 替换为 $k_\theta=w/R$，k_3 替换为 k_{R}）。因此，在叶片 s 的参考框架内，来流的谐波 w 为

$$\begin{aligned}&[\,V(\theta,R,t)\,]_{w,s}\exp\left\{\mathrm{i}w\left[\theta-\frac{U(R)\cos\gamma t}{R}\right]\right\}\\&=|\,V(w,R)\,|\exp\left\{\mathrm{i}w\left[\left(\theta_{\mathrm{w}}+s\,\frac{b}{R}+\frac{\xi}{R}\right)-\frac{U(R)\cos\gamma t}{R}\right]\right\}\end{aligned}\tag{6.56}$$

式中：$w\theta_w$ 为半径 R 处来流的 w_{th} 波数的相位，包括迸发相位的所有径向变化，$\xi=\theta_{\mathrm{c}}R$ 为从弦线中点测得的弦向坐标。在第 5 章“无空化升力部分”中介绍

的广义空气动力响应函数（如式（5.28）或 5.33）也包括在内。

$$S_{2D}(k_1C,k_3C)=S_{2D}\left(\frac{wC}{2R},\frac{C}{2R}\right)$$

由式（6.54）给出的来流谐波 w 表示的 s_{th} 叶片每单位跨度随时间变化的升力响应可以方便地表示为

$$\frac{\mathrm{d}L_{s,w}(R,t)}{\mathrm{d}R}=L'_w\left(R,\frac{wC}{R}\right)\mathrm{e}^{\mathrm{i}w\theta_w}\mathrm{e}^{\mathrm{i}w\left(\frac{sb}{R}-\frac{U(R)\cos\gamma}{R}t\right)} \tag{6.57}$$

由式（6.53）中出现的 w_{th} 进发谐波得到的单位跨距升力的傅里叶变换为

$$L'_{s,w}(R,\omega)=\pi\rho_0C\,|V(w,R)|\,U(R)S_{2D}\left(\frac{wC}{2R},\frac{C}{2R}\right)\mathrm{e}^{\mathrm{i}w\theta_w}\mathrm{e}^{\mathrm{i}w\left(\theta_w+\frac{sb}{R}\right)}\times \delta\left(\omega-\frac{wU(R)\cos\gamma}{R}\right) \tag{6.58}$$

相位角 θ_w 说明了相对于来流失真的径向变化扫描角的可能性。式（6.58）是升力面 s 对入射进发波长 $2\pi R/w$ 的线性进发响应，平均轴向速度为 $(V_a/\Omega R_T)^2\ll1$。除了由于叶片间相角 swb/R 的继承而引起的相位偏移外，所有叶片上的升力响应在式（6.58）中都是相同的。就上述推导而言

$$\frac{\mathrm{d}L_{s,w}}{\mathrm{d}R}=\int_{-C/2R}^{C/2R}\left[F''(R,\theta_0,\omega)\right]_{s,w}R\mathrm{d}\theta_0 \tag{6.59}$$

式中：$F'''(R,\theta_0,\omega)$ 为单位面积荷载。表面的响应将是半径和降低频率 wC/R 的函数。相遇进发的频率是

$$\omega_e=2\pi\left[\frac{U(R)\cos\gamma}{2\pi R/w}\right]=w\Omega \tag{6.60a}$$

因而，导纳函数所依赖的降低频率由进发相遇谐波和半径决定。

$$k_1C=\frac{\omega_eC}{U(R)}=\frac{wC}{R} \tag{6.60b}$$

由于指数 w 是入射扰动场的周向模阶数，因此 $\omega_eC/U(R)$ 或 $\sim wC/R$ 在低桨距角时，随着从叶尖到桨毂半径的减小而增大，响应减小，如 Sears 函数所示。因此，不同叶片部分响应的相对相位取决于半径。

产生声音的“驱动力”是失真的来流速度，它是谐波的叠加 w。

对于黏性尾流，6.6.1.1 节将介绍基于实测来流特性的 $V(w,R)$ 示例。由于速度波动 $v(\theta,R)$ 必须垂直于叶片表面，以使式（6.58）有效，并且由于螺旋桨扇叶的桨距角通常很小，所以波动 $v(\theta,R)$ 通常是局部平均速度缺陷；如

$$v(\theta,R)=V(\theta,R)-\bar{V}(R)$$

式中：$\bar{V}(R)$是$V(\theta,R)$的周向平均值，以前称为旋翼的前进速度。当然，$v(\theta,R)$可以采取其他形式，可能是时间和地点的函数，这将在 6.6.1.1 节讨论。图 6-12 显示了各种图表，描述了各种形式的圆周速度缺陷和每种情况下的谐波序列。尾流缺陷模式和选通噪声曲线可能是实践中遇到的最广泛适用的脉冲系列类型。其他速度缺陷及其谐波分析将在其余章节中介绍。

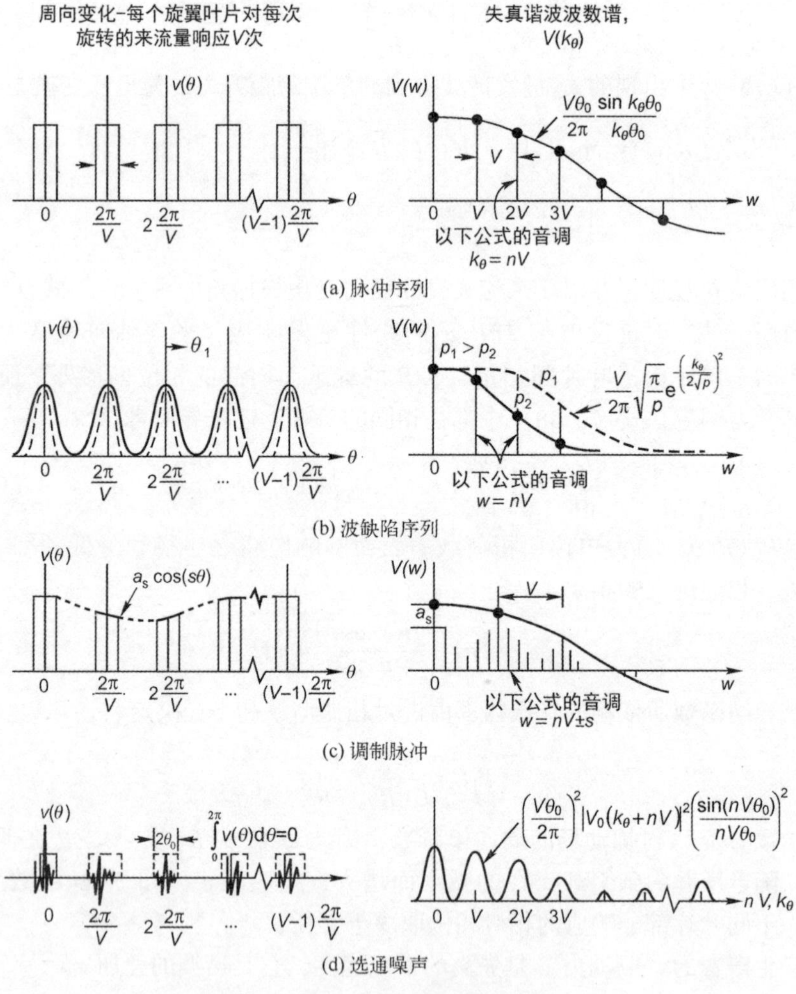

图 6-12　重复信号的圆周波数谱图示

（角度 θ 从 0 到 2π；谐波阶 w 和指数 n 从 $-\infty$ 到 ∞）

我们现在开始构建叶片负载谐波对整体辐射声的促成作用的谐波序列。对于叶片桨距角 γ，式（6.52）中的轴向力谐波$[F_1(\omega)]_n$现在由下式给出

$$[F_1\omega]_n = \sum_{s=0}^{B-1}[F_1(\omega)]_{n,s}$$

其中

$$[F_1(\omega)]_{n,s} = \int_{R_R}^{R_T} L'_w\left(R, \frac{wC}{R}\right)\cos\gamma\, e^{i\omega\theta_w} e^{iw(s2\pi/B)} e^{-in(s2\pi/B)} \times \delta(\omega + w\Omega - n\Omega) J_n(k_0 R\sin\beta)\, dr \tag{6.61}$$

弦向分布载荷的积分由单位跨度 $L'_w(R, wC/R)$，以角位置 $\theta_b = sb/R$ 为中心的升力代替。因此，B 叶片的净声压是所有 w 来流谐波和所有 m 叶片谐波的双重总和。旋翼声的各次谐波由式（6.53）给出，即

$$[P_a(\boldsymbol{x},\omega)]_{w,m} = \frac{-ik_0 B e^{ik_0 r}}{4\pi r}\int_{R_H}^{R_T} J_{mB-w}(k_0 R\sin\beta) \times L'_w(R, wC/R) e^{iw\theta_w}\left\{\cos\gamma\cos\beta + \left(\frac{mB-w}{k_0 R}\right)\sin\gamma\right\} dR \times e^{-i(mB-w)(\pi/2-\theta)}\delta(\omega - mB\Omega) \tag{6.62}$$

其中，利用式（6.13）求 B 旋翼叶片之和。净声压由所有叶片通道谐波和所有来流失真谐波之和给出：

$$p_a(\boldsymbol{x},t) = \sum_{m=-\infty}^{\infty}\sum_{w-\infty}^{\infty}[P_a(x,\omega)]_{w,m} e^{-imB\Omega t} \tag{6.63}$$

式（6.62）可以通过引入典型半径 r_1（如 $r_1 = 0.7R_T$）的概念来代表贝塞尔函数的综合影响，从而在一定程度上简化。然后，每个谐波为

$$[P_a(\boldsymbol{x},\omega)]_{w,m} = \frac{-im\Omega B^2}{4\pi r c_0}\left[f_{1,w}\cos\beta + \frac{mB-w}{mBM_1} f_{\theta,w}\right] \times J_{mB-w}(mBM_1\sin\beta) e^{i[mB\Omega r\, c_0 + (mB-w)(\theta-\pi 2)]}\delta(\omega - mB\Omega) \tag{6.64}$$

其中，$k_0 = \omega/c_0 = mB\Omega/c_0$ 和 $M_1 = \Omega R_1/c_0$。

函数 $f_{1,w}$ 和 $f_{\theta,w}$ 分别为由 w_{th} 来流谐波在单个叶片上诱导的合成升力的轴向和切向分量。它们通过以下式给出

$$f_{1,w} = \int_{R_H}^{R_T} L'_w\left(R, \frac{wc}{R}\right)\cos\gamma\, e^{iw\theta_w} dR \tag{6.65a}$$

以及

$$f_{\theta,w} = \int_{R_H}^{R_T} L'_w\left(R, \frac{wc}{R}\right)\sin\gamma\, e^{iw\theta_w} dR \tag{6.65b}$$

分别为 $L'_w(R, wc/R)$，如式（6.58），这些函数是轴力和切向力对 w_{th} 尾流分量响应的叶片系数。它们不包含叶片到叶片的相位信息，因为这已经用总数表示。

式（6.49）~式（6.59）共同给出了刚性螺旋桨在未扰动流体或扰动流体中发出的完整声场。结果取决于尖端马赫数，仅当向前速度马赫数必须略小于1时，观测点必须位于远场，$r >> R_T$。结果最初是由 Ffowcs Williams 和 Hawkins[60] 按照这里的思路推导出来的，Morse 和 Ingard[9] 给出了一个在推导和一些细节上不同的表达式。在 Ffowcs Williams 和 Hawkings 之前的结果相当相似的是 Lowson[56,61-62]、Lowson 和 Ollerhead[63] 的结果。Morfey 和 Tanna[64] 也给出了类似的分析，Wright[65-66] 和 Morfey[3] 利用式（6.66）的变化推导出了各种来流扰动的旋翼噪声的谱形式。式（6.57）被 Hanson[67-68] 应用于一个设计方案，还包括向前飞行的影响。Hawkings 和 Lowson[69]、Hanson 和 Fink[70]、Farassat 和 Succi[71] 以及 Schulten[72] 等已经将分析扩展到声速。在接下来的章节中，当我们讨论该理论在特定类型问题上的应用时，将引用许多最新的参考文献。

Lowson[62] 和 Hanson[67] 已经对置于旋翼下游的定子的声辐射进行了分析。其几何形状见图 6-9（b）。上游旋翼有等间距的 B 叶片，并在下游向定子叶片中排出一组黏性尾流缺陷。该来流以相对于定子（由 V 静态叶片组成）的速度 Ω 旋转。来流由一个轴向分量 U_1 和一个角度分量 U_θ 组成，其数量级与 ΩR 相同。假设旋翼和定子的半径相同。由于定子叶片相对于声学介质是静止的，所以没有源旋转对声音的影响。这里的问题是确定定子叶片力的相对相位，其解决方法与旋翼噪声问题中使用的方法相同，旋翼叶片排出一排以 $2\pi/B$ 为间隔等距分布的 B 尾流，因而在旋转来流定子的旋转参考框架中，速度波动为

$$U(R,\theta_r,d') = \sum_{-\infty}^{\infty} e^{imB\theta_r} U_m(R,d')$$

式中：θ_r 为旋翼框架中的角坐标；$U_m(R,d')$ 为谐波幅值；系数 d' 为沿流动螺旋测得的旋翼-定子间距。在定子的框架中，定子框架中的角坐标 θ_v 与动态框架中的角坐标关系为 $\theta_v = \theta_r + \Omega t = \theta_0 + 2\pi v/V$，其中 θ_0 为参考相位，u 为定子叶片的指数，$0 \leqslant v \leqslant V-1$。由此可得

$$\theta_r = \theta_0 + \frac{2\pi v}{V} - \Omega t$$

并且来流扰动对定子的每个谐波为

$$U(R,\theta_r,d') = \sum_{-\infty}^{\infty} e^{imB(\theta_0 + 2\pi v V - \Omega t)} U_m(R,d')$$

v_{th} 定子上每单位跨度的升力与式（6.57）和式（6.58）为同一形式，也就是说

$$\frac{\mathrm{d}L_{v,m}}{\mathrm{d}R}=L'_{\mathrm{m}}\left(R,\frac{mBC}{R}\right)\mathrm{e}^{\mathrm{i}mB\theta_{mB}}\mathrm{e}^{\mathrm{i}mB(2\pi r/V-\Omega t)}$$

$$L'_{\mathrm{m}}\left(R,\frac{mBC}{R}\right)=\rho_0\pi CU(R)U_{\mathrm{m}}(d')S_{2\mathrm{D}}\left(\frac{C}{R},\frac{mBC}{R}\right)$$

式中：$U(R)=\sqrt{U_1^2+U_\theta^2}$是半径 R 处定子叶片的合成来流速度。请注意，该速度取代了式（6.58）中出现的转子负载的 ΩR 转速。

与式（6.58）类似的远场声压谐波，用于由上游旋翼尾流的 mB_{th}谐波引起的 kV 定子叶片谐波，现在

$$[P_{\mathrm{a}}(\boldsymbol{x},\omega)]_{k,m}=\frac{-\mathrm{i}mBV}{4\pi c_0 r}\left[f_{1,m}\cos\beta+\left(\frac{mB-kV}{mBM_1}\right)f_{\theta,m}\right]\times$$
$$J_{mB-kV}(mBM_1\sin\beta)\,\mathrm{e}^{\mathrm{i}[mB\Omega r_i c_0+(mB-kV)(\theta-\pi/2)]}\delta(\omega-mB\Omega) \tag{6.66}$$

式中：$f_{1,mB}$和f_θ，$\boldsymbol{m}_B$是单个叶片上的力的振幅，见式（6.59），并由旋翼的 mB 来流谐波产生。压力的谐波可以按式（6.63）求和。

因此，远场声压的形式类似于式（6.51）（让γ_v为叶片桨距，见式（6.51））

$$p_{\mathrm{a}}(\boldsymbol{x},t)=\sum_{m=-\infty}^{m=-\infty}\sum_{k=-\infty}^{k=\infty}[P_{\mathrm{a}}(x,\omega)]_{k,m}\mathrm{e}^{\mathrm{i}(mB-kV)\theta}\mathrm{e}^{\mathrm{i}mB\Omega t} \tag{6.67a}$$

以上分析的作用是表达涵道风机响应建模中遇到的一些复杂源。Ventres 等[73-74]、Hanson[67]、Elhididi[75]、Elhididi 和 Atassi[76]、Verdon[16]、Montgomery 和 Verdon[77]、Kerrebrock[78]、Fang 和 Atassi[79]做出了对涵道中二维和三维流动较完整的理论建模的大量贡献。总的来说，这些都有助于模拟观察到的涵道风扇/定子相互作用音调和压缩机风扇的宽带噪声性能。虽然这些贡献可能在方法途径和目标上有所不同，但他们都在不同程度上研究了叶片载荷、三维性、流动可压缩性和叶片干涉，并使用了遵循这里使用的一般架构的流动变形的谐波定义。

Hanson[67]使用式（6.66）和式（6.67a）的类似结果来检查定子来流调幅产生的噪声谐波。除了主 $mB\Omega$ 频率的谐波外，他发现在频率 $mB\Omega\pm n\Omega$ 处还可能产生额外的边带，见图 6-12。还考虑了位置调制，其导致尾流缺陷之间的周向间隔不同于 $2\pi/B$，并推断与所考虑的无涵道涡轮风扇中的调幅相比，其物理重要性较低[67]。叶片对叶片的随机性，无论是在尾流缺陷振幅还是其位置，都会产生低频连续频谱声。

图 6-10 与式（6.49b）、式（6.58）和式（6.64）之间可以共同绘制出重要的比较。对于 w 周向循环的来流，每个叶片上的力发生在频率 $w\Omega$ 处，这是叶片与迸发谐波的相遇频率。但声压和轴向力，只有当来流谐波为叶片数的倍数时，才会产生音调。图 6-10 也适用于式（6.64）中出现的贝塞尔函数，

指出 n 现在被 $mB-w$ 或 $mB-kV$ 代替。当 $mB=w=kV$ 时的平面波声。所有其他谐波组合（当 $mB\neq w\neq kV$ 时）都以螺旋波的形式传播，要求 $mB-kV$ 大于图 6-10 所示的某个最小值。这是该模式的一个切入条件。叶片的所有其他来流响应均取消且不传播声音。在小尖端速度马赫数下，$M_T=\Omega R_T/c_0=k_0R_T/m<1$，式（6.47）表明，最小阶 $n=mB-w$ 贝塞尔函数对噪声的贡献最大，因为 $\xi\approx k_0R_T$ 小于 1。这解释了式（6.58c）的非常简单的形式。

Heller 和 Widnall[80] 提供了来流和叶片倍数匹配的良好实验示例，如图 6-13 所示。此处，在 9 叶片定子（$V=9$，$w=kV$）下游运行 10 叶片（$B=10$）的旋翼。旋翼的一个叶片上装有仪器，可以给出整个叶片表面的交变压差，而一个传声器则可以接收到远场声音。辐射模式顺序为

$$n=mB-kV=10m-9k$$

和辐射音发生在

$$\omega=m(10\Omega)$$

但叶片的相遇频率是

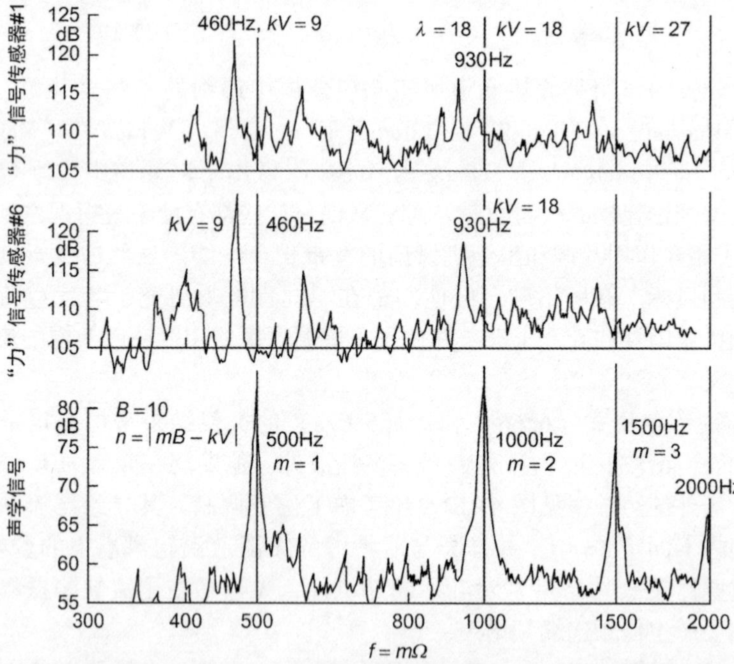

图 6-13　9 叶片定子排后的 10 叶片旋翼的旋转叶片上测得的力和声谱

（改编自 Heller HH，Widnall SE。The role of fluctuating forces in the generation of compressor noise. NASA［Contract Rep］CR NASA-CR-2012；1972.）

$$\omega_e = k(9\Omega)$$

旋翼-定子相互作用产生的辐射声模式发生在 $n=1,2,3,\cdots$时，见图 6-13。在相对较大的尖端速度马赫数下，除 $w=B$ 外的模态阶数可以有效辐射。为了研究这个问题，我们注意到贝塞尔函数代表了一个偶极子辐射效率因子。对于分布在尖端附近的轴向力，比如说，式（6.64）给出了

$$\frac{|p_{w,m}(\boldsymbol{x},t)|^2}{(Bk_0 f_{1,w}\cos\beta)^2}(4\pi r)^2 = \mathrm{J}^2_{mB\pm w}(mBM_\mathrm{T}\sin\beta)$$

其中，±表示 m 和 w 的各种符号组合。左边的项其实相当于经典的偶极子辐射公式，在马赫数消失时为 1。在该限制中，当叶片力处于相位时，净力为 $Bf_{1,w}$。辐射的表达式与第 1 卷式（2.73）中给出的声学压缩力的表达式相同。有限马赫数和非紧凑旋翼的旋转效应体现在右边的贝塞尔函数的平方上，并且总是小于或等于 1。如果 $mB-w\neq0$，那么，在给定的来流谐波和叶片速率谐波的情况下，当马赫数 M_T从 1 开始增加时，贝塞尔函数从零开始增加，然后以缓慢的衰减振荡。这种性能在图 6-14 中对 $mB-kV=3$ 的情况进行了说明，其中 w_th阶已表示为 k 基数 V 的谐波。粗略地讲，当 $mBM_\mathrm{T}\sin\beta$ 达到 $mB-kV=3$ 的值时（即使在 M_T的中等低值时，对于大的 mB 值也是可能的），那么模式 kV 开始辐射或切入。切入规则，即给定 mB 下给定模式 kV 有效辐射到离轴角 3 的马赫数，为

$$M_\mathrm{T} \approx \frac{mB-kV}{mB\sin\beta}$$

或者，在给定的尖端速度马赫数和给定的叶片频率谐波 mB 下，所有模式 kV 都将辐射，除非，大体上，$kV>mB(1-M_\mathrm{T}\sin\beta)$。对于 $mBM_\mathrm{T}\sin\beta$ 的各种整数值，该性能也见图 6-14。请注意，由于不同叶片的声发射不会沿该轴发生多普勒频移，因此不会沿轴 $\beta=0$ 产生谐波。

6.4.3　相互作用音调的水动力极限

随着尖端速度马赫数，$M_\mathrm{T}=\Omega R_\mathrm{T}/c_0$接近零，$k_0R=mBM_\mathrm{T}$，式（6.62）中的贝塞尔函数接近

$$\lim_{mBM_\mathrm{T}\to0} J_{mB-w}(mBM_\mathrm{T}\sin\beta) = \frac{(mBM_\mathrm{T}/2)^{|mB-w|}}{\Gamma(|mB-w+1|)}$$

所以 $mB=w=kV$ 和 $mB=w\pm1=kV\pm1$ 项的总和为

$$P_\mathrm{a}(\boldsymbol{x},\omega) = \frac{-\mathrm{i}k_0 B \mathrm{e}^{\mathrm{i}k_0 r}}{4\pi r}\int_{R_\mathrm{H}}^{R_\mathrm{T}} L'_w\left(R,\frac{wC}{R}\right)\mathrm{e}^{\mathrm{i}w\theta_w}\{\cos\gamma\cos\beta + \sin\gamma\sin\beta\}\,\mathrm{d}R \tag{6.67b}$$

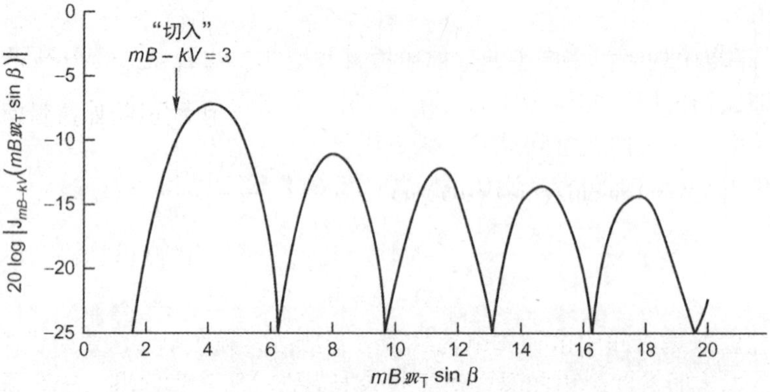

(a)

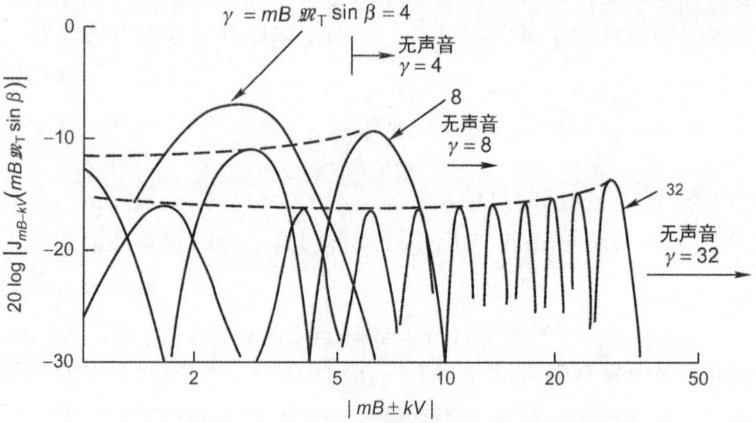

(b)

图 6-14　均匀流中旋翼叶片的自由场截止特性说明

((a) $mB-kV=3$ 模式的“切入”，若 $B=4$，$m=2$（叶片通过的二次谐波）切入发生在 $B=90°$ 的 $M_T\sim0.375$ 处；(b) 各种固定马赫数和 mB 的高阶旋转模式的截止)

它以轴向力和横向力的形式，将来流谐波产生的所有力压缩到施加在螺旋桨轴上的净力，频率等于轴速的倍数，即 $\omega=mB\Omega$。另见式（6.4b）和式（6.41a）。轴向力是所有 $mB=kV$ 来流谐波的叠加，而横向力则是由于 $mB=kV\pm1$ 来流谐波。这个原理是设计测量叶片通过频率的声学方法的基础[81]。Subramanian 和 Mueller[82] 已经证明了偶极子声的指向性模式实际上如式（6.58c）所示。

对于 w 尾流分量之和，在与旋翼一起旋转的框架内，波动升力在旋翼叶片上的周向径向分布的为式（6.54）或式（6.56）。

$$\frac{\mathrm{d}L(R,\theta,t)}{\mathrm{d}R}=\sum_{s=0}^{B-1}\sum_{w=-\infty}^{w=\infty}L'_w\left(R,\frac{wC}{R}\right)\mathrm{e}^{-\mathrm{i}w\Omega t}\mathrm{e}^{\mathrm{i}w(\theta+\theta_w)}\delta\left(\theta-s\frac{2\pi}{B}\right)\qquad(6.68)$$

其表示一系列 B 线力，位于外围 $2n/B$ 的规则间隔处，并垂直于合成来流速度。各半径处的 L'_{w} 相（由式（6.68）中的 $w\theta_{\mathrm{w}}(R)$ 给出）考虑了叶片或入射迸发中的偏斜（倾斜）影响。类似的表达式可以写在切向力上，用 $\sin\gamma$ 代替 $\cos\gamma$。因此，通过积分半径和引入水动力桨距角，利用式（6.13）计算总稳定态加非稳定态推力：

$$F_z(t) = \sum_{m=-\infty}^{\infty} B\int_{R_{\mathrm{H}}}^{R_{\mathrm{T}}} L'_{mB}\left(R, \frac{mBC}{R}\right)\cos\gamma \mathrm{e}^{\mathrm{i}(mB\theta_{mB}+k_R R)}\mathrm{d}R\mathrm{e}^{-\mathrm{i}mB\Omega t} \tag{6.69}$$

相位角 $k_{\mathrm{R}}R$ 代表一个半径（展向）相关的相位角，表达了叶片偏斜（倾斜）的作用。以最简单的形式为例，$k_{\mathrm{R}}R = w\cos\theta_{\mathrm{s}}$，其中 θ_{s} 是径向相关的前缘偏斜角。

该结果只是式（6.15）的泛化，与式（6.58c）的第一分量相同，但具有规定的力；这表明 $m=0$ 的促成作用是由于稳定叶片力的旋转，而 $m\neq 0$ 分量是由于对来流扰动 $u(w)=u(mB)$ 的响应，如 6.2.2 节所述。

横向（侧向）力可以从以下方面找到

$$F_x(t) = \int_{R_{\mathrm{H}}}^{R_{\mathrm{T}}}\left[\frac{\mathrm{d}L(R,\theta,t)}{\mathrm{d}R}\sin\gamma\right]\cos\theta_{\mathrm{f}}\mathrm{d}R$$

以及

$$F_y(t) = \int_{R_{\mathrm{H}}}^{R_{\mathrm{T}}}\left[\frac{\mathrm{d}L(R,\theta,t)}{\mathrm{d}R}\sin\gamma\right]\sin\theta_{\mathrm{f}}\mathrm{d}R$$

式中：θ_{f}是图 6-9 中 2，3 平面上不旋转或固定参照框架的角度。这些结果的力可以很容易地被评估；例如，将式（6.60）代入这些表达式中可以得到横向力 F_2。我们发现，利用对固定框架的转换，$\theta=\theta_{\mathrm{f}}-\Omega t$，则

$$F_2(t) = \sum_{s=0}^{B-1}\sum_{w}\int_{R_{\mathrm{H}}}^{R_{\mathrm{T}}} L'_{\mathrm{w}}\left(R, \frac{wc}{R}\right)\sin\gamma \mathrm{e}^{\mathrm{i}(w\theta_{\mathrm{f}}+w\theta_{\mathrm{w}}+k_{\mathrm{R}}R)} \times \frac{\mathrm{e}^{\mathrm{i}\theta_{\mathrm{f}}} + \mathrm{e}^{-\mathrm{i}\theta_{\mathrm{f}}}}{2}\delta\left(\theta_{\mathrm{f}} - \Omega t - \frac{s2\pi}{B}\right)\mathrm{d}R$$

根据式（6.13）

$$F_2(t) = \sum_{m=-\infty}^{\infty}\frac{B}{2}\int_{R_{\mathrm{H}}}^{R_{\mathrm{T}}} L'_{mB+1}\left(R, \frac{(mB\ \pm 1)C}{R}\right)\sin\gamma \mathrm{e}^{\mathrm{i}(mB\pm 1)\theta_{mB\pm 1}}\mathrm{e}^{+\mathrm{i}k_{\mathrm{R}}R}\mathrm{d}R \times \mathrm{e}^{-\mathrm{i}mB\Omega t}\mathrm{e}^{\mathrm{i}(mB\pm 1)\theta_{mB\pm 1}}\mathrm{d}R \tag{6.70}$$

与轴向力相反，mB_{th}叶片-频率谐波的横向力由 $w=mB+1$ 来流谐波产生。这一事实与（$mB-w$）系数的存在一致，该系数包含在式（6.64）中，用于切向力的辐射。

这些力在水动力极限 $k_0R\gg 1$ 中的声辐射可以直接通过将式（6.69）和式（6.70）代入第 1 卷的偶极子声式（2.73）来计算。当然，也可以简单地通过 $k_0r_1\to 0$ 从式（6.64）中获得该结果，在这种情况下，仅保留 $w=mB$ 项，因为对所有 $n\neq 0$ 来说，$J_n(0)=0$。式（6.64）表明，在水动力极限中，由于 $f_{\theta,w}$ 上的系数，每当 $mB=w$ 时，来自切向力的辐射为零。因此，当 $mB=w\pm 1$ 时，最强的辐射切向模态就会出现，符合平面内力的表达式（式（6.70）），需要 $mBM_1\sin\beta$ 的有限值。但两种力分量的偶极子声的指向性不同。由于 $\cos\beta$ 的指向性，在旋翼的平面上，轴向力偶极子为零，而切向偶极子在该平面上是有限的。在其他角度，轴向和切向偶极子强度的相对大小应粗略地（至少对于各来流谐波处的相同扰动大小）与相对于稳定扭矩的稳定推力除以半径成比例。因此，根据式（6.37），轴力与侧力之比是水动力桨距角的正切。

$$\frac{F_1}{F_2}\sim\frac{TR_{\mathrm{T}}}{Q}\sim\cot\beta_{\mathrm{h}}\sim\cot\gamma$$

这对于桨距直径比为 1 的情况下，大概是 3。

6.5 轴流式机械的自噪声

虽然在 Gutin 噪声和厚度噪声方面已有广泛的研究工作，但对自噪声的黏性源方面却很少有研究工作。前面几章的结果可以用来对观察到的来自单独的旋翼的自噪声做出最好的解释。

6.5.1 来自稳定载荷的声音：Gutin 声

当 $w=0$ 时，入口流量均匀，式（6.53）和式（6.64）的 $F_i''(R,\theta_0,\omega)$ 减小到叶片上的稳定载荷（式（6.24）和式（6.25））。式（6.58）给出的谐波力的傅里叶振幅变为

$$Bf_{1,0}=T$$

对于轴向力和

$$Bf_{\theta,0}=T_\theta=\frac{Q}{R_{\mathrm{T}}}$$

对于切向力。这些力的分量在旋转框架中是稳定的，但在声学介质中的某一固定点的基本频率 $B\Omega$ 处是不稳定的，从而发出声音。式（6.58）对 $w=0$ 进行评价，得到每个谐波 $p_{0,m}(\boldsymbol{x},t)$（基于转速的动压归一化）：

$$\frac{p_{0,m}(\boldsymbol{x},t)}{q_T}=\frac{-\mathrm{i}}{\pi^3}k_T\frac{mBM_T}{1+(J/\pi)^2}\left(\frac{D}{r}\right)\left\{\cos\beta+2\left[\frac{\Omega(0.35D)}{c_0}\right]^{-1}\frac{k_Q}{k_T}\right\}\times$$
$$J_{mB}\left(\frac{mB\Omega(0.35D)}{c_0}\sin\beta\right)\times \tag{6.71}$$
$$\exp\left\{\mathrm{i}\left[\frac{mB\Omega r}{c_0}+mB\left(\theta-\frac{\pi}{2}\right)-mB\Omega t\right]\right\},-\infty<m<\infty$$

式中：$M_T=\Omega R_T/c_0$，有

$$q_T=\frac{1}{2}\rho_0(\Omega^2R_T^2+V_a^2)$$

而 k_T、k_Q、J 为 6.2 节介绍的螺旋桨参数。由于螺旋桨的设计使 $L(R)$ 的最大值出现在中跨度附近（$0.7R_T$），所以我们有 $r_1=0.7R_T=0.35D$。总压力是所有模式的总和 $-\infty<m<\infty$。式（6.71）是一个经典的结果，它是由 Gutin[29] 在 1936 年首次推导出的。后来 Merbt 和 Billing[83] 对该理论进行了详细的阐述，以更精确地说明螺旋桨的设计参数，他们还考虑了向前飞行的影响，当前进马赫数接近 1 时，向前飞行的影响就变得很重要。Ernsthausen[84]（$0.6<M_T<9$）和 Deming[85]（$0.7<M_T<0.9$）首先对式（6.71）进行了实验验证，后来 Hubbard 和 Lassiter[86] 也对其进行了验证，他们的验证范围是 $0.75\leqslant M_T\leqslant 1.3$。

由于 $m=0$ 模式只是非辐射稳定载荷，因此式（6.71）的第一个重要模式为 $m=1$，即，$\omega=B\Omega$ 时的音调。使用式（6.48a）和式（6.48b），可以简化式（6.71）。由 $\langle p_{0,m}(\boldsymbol{x},\omega)p_{0,m}^*(\boldsymbol{x},\omega)\rangle$ 可以创建一个谱密度函数（第 1 卷的式（2.121）），所以辐射声压的自谱密度为

$$\frac{\Phi_{p_{rad}}(x,\omega)}{q_T^2}=\frac{1}{4\pi^6}\frac{k_T^2(mB)M_T^2}{[1+(J/\pi)^2]^2}\left[\frac{\mathrm{e}}{\sqrt{2\pi}}\left(\frac{mB}{mB+1}\right)^{mB+1/2}\right]^2\left(\frac{D}{r}\right)^2\times$$
$$\left[\frac{1}{2}\times 0.7\mathrm{e}M_T\sin\beta\right]^{2mB}\left[\cos\beta+\frac{2}{0.7M_T}\frac{k_Q}{k_T}\right]^2[\delta(\omega\pm mB\Omega)],\quad m>0 \tag{6.72}$$

式中：$(\mathrm{e}/2)\times 0.7M_T<1$，$\mathrm{e}=2.71828$。该表达式易于解释，以给出马赫数依赖性、叶片数依赖性和指向性的一般特征。括号中涉及 $mB/(mB+1)$ 的函数，对于大量叶片来说几乎是接近为 1 的，可以忽略。首先观察到的是，频谱的绝对值是由一系列离散的音调组成的，其电平随着 U_T^{2mB+6} 增加而增加，这是因为旋转声主要来自高速声源（如图 6-1 和图 6-15）。此外，由于 $M_T<1$，M_T^{2mB} 性能表明，在给定的轴速下，叶片数较大的螺旋桨产生的声音较小，而且只要尖端速度保持亚声速，随着谐波阶数 m 的增加，声级会迅速下降。噪声也是有方

向性的（图 6-15），在螺旋桨的轴线上为零，在螺旋桨的平面上相对较小（除了很低的马赫数）。那么，随着 mB 的增加，声音会向接近螺旋桨平面的中间角度发展。

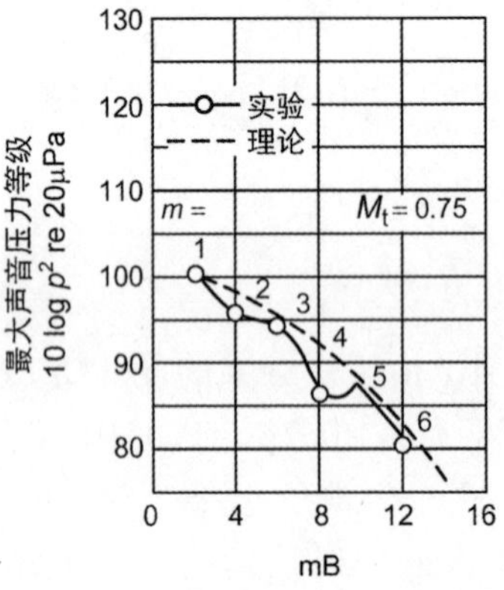

(a) M_T=0.75时随谐波阶数的变化

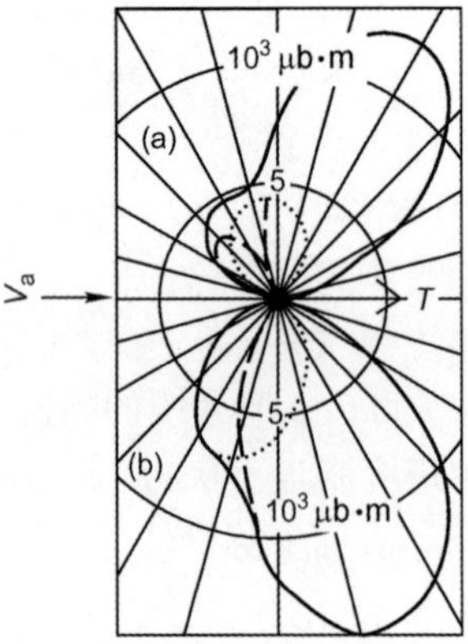

(b) 方向性

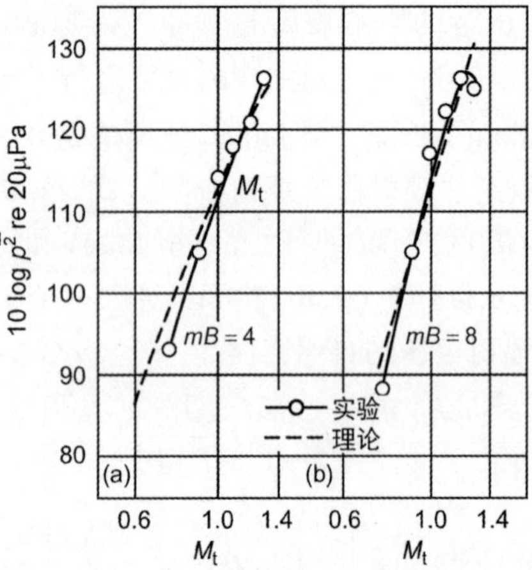

(c) mB=4,8时随M_r的变化

图 6-15　稳定载荷（Gutin）和厚度旋转声的说明

（(a) 和 (c) Hubbard 和 Lassiter[86] 的测量；$B=2$，$D/R=0.13$，$k_T\approx0.09$，$k_Q\approx0.01$，$\gamma=15°$，$D=2$ 英尺；(b) Merbt 和 Billing[83] 的典型方向性理论；$mB=B=2$，$M_T=0.8$；…，Gutin 声；…，厚度声）

6.5.2　层流表面

基于弦的雷诺数小于 10^6 和 2×10^6 时，涡脱落音调出现在平动翼型的锐后

缘。音调的频率大致随着 $U^{1.5}$ 的增加而增加。这种性能在 5.5.3 节中讨论过（图 5-25），人们期望它以类似的方式发生在螺旋桨上。在第 1 卷 4.6 节中处理了旋转杆后面的涡流脱落所产生的相关声音，现在将使用该结果。从 6.4 节的分析来看，涡流-极点力，比如说 F_v，其径向分布为 $F'_v(R,\omega)$，应该发生在叶片的法线上，因此，轴向的分量应该是 $F_v\cos\gamma$，切向的分量是 $F_v\sin\gamma$。F_v 的频率和强度将随着半径的增加而增加，因为每个叶片截面的速度来流随着截面半径的增加而增加。层状脱落的频率随半径的增加大致为 $r^{1.5}$。如 6.2 节所讨论的，这种噪声的分析建模沿用了 4.6 节的思路，因为涡流声谱被证明是连续的，即使涡流脱落是局部离散的。沿着这些思路对层状脱落进行精确的再分析，会稍有不同，以说明频率对速度的 $U^{1.5}$ 依赖性。为了利用第 1 卷第 4 章的成果，我们将忽略这一效应；将其包括在内只会使频率小于 $\omega y_f/U_T=1$ 时的噪声频谱形状发生轻微变化，其中 $y_f=2\delta$ 是在 5.5.3 节和表 5-3 中讨论的具有尖锐后缘翼型的涡流脱落长度尺度。然后，可用第 1 卷的式（4.48）来近似计算声谱，但 $y_f\approx 2\delta$ 代替图 5-25 所示的缸径 $\overline{C_L^2}=2C_L^2(\omega)\Delta\omega$，$2L$ 代表旋翼直径。为了说明叶片的数量，第 1 卷的式（4.48）必须乘以系数 $B/2$，因为该式适用于两个不相关的杆或叶片。

在 6.4 节中介绍的旋转效应并不重要，因为第 1 卷图 4-26 的声谱具有分布性，是由脱落频率随半径持续增加引起的。式（6.52）中出现的力函数 $F''_1(R,\theta_0,\omega)$ 径向分布和沿半径的积分分布，与第 1 卷式（4.47）得出的式（4.41）的旋转力谱分布方式大致相同。因此，很明显，由沿半径连续的涡流脱落组成的噪声源基本上是宽频带的，直接应用第 1 卷 4.6 节的结果，包括图 5-25 中给出的升力系数或归一化源强度是合适的。

Grosche 和 Stiewitt[87] 以及 Hersh 和 Hayden[88] 已经提供了对螺旋桨“层状”脱落声音的测量。图 6-16 是测量的无尺寸声压谱密度的一个例子。声音是由一个带有两个叶片的螺旋桨产生的，该螺旋桨为 NACA 0012 型，叶片（桨距）角恒定为 22.5°。在测量的大部分频率范围内，$\omega C/c_0$ 都超过了 π，因此在归一化中使用了马赫数的单次幂（式（5.11））。如图 6-16 所示的实验结果与 Grosche 和 Stiewitt[57] 的实验结果一致。

当采用第 1 卷式（4.41）预测声压谱时，必须乘以图 5-14 中绘制的非压缩系数 $D(\omega C/c_0)$，以大致说明有限弦对声辐射的影响。该操作将叶片弦的实际积分替换为各半径处的有效值。光谱密度的合适式是 $\Phi_{p_{rad}}(\boldsymbol{r},\omega)$，其中我们遵循本章概述的方案（用 $\omega_s\propto R$ 而不是 $\omega_s\propto r^{1.5}$）：

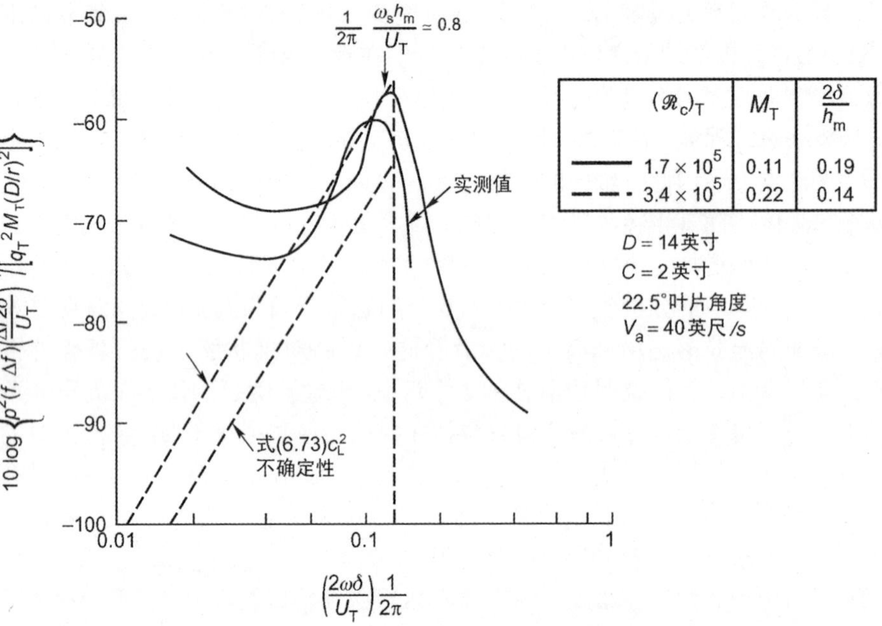

图 6-16　Hersh 和 Hayden[88] 测量的双叶螺旋桨的“层状”涡流脱落噪声

（利用式（6.73）计算。δ 为尖端处估计的层状边界层厚度。M_T 为尖端速度马赫数）

$$\frac{\Phi_{p_{\text{rad}}}(\boldsymbol{r},\omega)U_T/2\delta}{q_T^2 M_T(D/r)^2}=\frac{B}{2}\ \frac{\cos^2\beta}{32\pi^3}\left(\frac{8}{\pi}\right)\left(\frac{2\delta}{C}\right)\left(\frac{2\omega\delta}{2\pi U_T}\right)\left[\left(\frac{\omega C}{U_T}\right)^2\frac{2\Lambda_3}{2\delta}\overline{C_L}^2\right]$$

$$=\begin{cases}\frac{1}{2}\left(\frac{1}{2\pi S}\right)\left|\frac{2\omega\delta}{2\pi U_T}\right|^4, & \frac{2\omega\delta}{U_T}<2\pi\delta\approx 1\\ 0, & \frac{2\omega\delta}{U_r}>2\pi\end{cases}\qquad(6.73)$$

关于式（6.73）的一些评论是有序的。因子 8/π 来自图 5-14 所示的 $D(\omega C/c_0)$ 的线性近似。方括号内的 $\overline{C_L^2}$ 项的值可以直接从图 5-25 中获取，并对尖端雷诺数取适当的值。图 5-25 中 Hersh 和 Hayden[88] 测得的两个值用于图 6-16 所示的计算中。使用式（2.72）计算尖端速度的值为 δ，S 为 Paterson 等[89] 结果。斯特劳哈尔数定义见表 5-3 第 1 行。圆柱体的测量光谱和理论光谱之间的差异在第 1 卷的 4.6 节中讨论过，它们同样适用于这种情况。

6.5.3　湍流后缘噪声

5.6 节详细讨论了湍流对流经过尖锐后缘时产生的噪声，5.6.3 节特别重视无尺寸测量。在螺旋桨的情况下，预计物理过程是相同的，直接引入切片理论。由于引起噪声的最大涡流的跨度相关长度仅在局部边界层厚度的数量级上，因此噪声是在每个半径段局部产生的。在第 5 章“无空化升力部分”中，该噪声是两个翼型（式（5.27））的推导结果。由于这是真正的连续谱源，可以忽略 6.4.1 节所述的旋转效应，并且我们简单地用径向速度加权的 B 不相关翼型叶片的合成声。如 5.6 节所示，我们发现，径向位置 $R \leqslant R_T$ 处的跨度 dR 的元素辐射到螺旋桨轴上场点 $\boldsymbol{r}$ 的 1/3 倍频带声压级由下式给出

$$d(\overline{p_a^2}(\boldsymbol{r},\omega;\Delta\omega)) = q_T^2 M_T \left(\frac{R}{R_T}\right)^5 \frac{\delta^* dR}{r^2} f\left(\frac{\omega\delta^*}{U(R)}\right)\left\{2\Delta\left[\frac{\omega\delta^*}{U(R)}\right]\right\} \tag{6.74}$$

式中：δ^* 是后缘湍流边界层位移厚度的估计值（见 2.2 节和 5.6.2 节），$f(\omega\delta^*/U)$ 是一个无尺寸谱函数，图 5-27 是一个例子。这里可以使用，如式（5.88），或者更通用的式（5.86b）重新排列。声音将是偶极子样的，对于观察者的小极角 β，在螺旋桨轴线附近有最大强度，对于小桨距角 γ，在螺旋桨平面上应该有相对较小的声音。一般来说，频谱函数 $f(\omega\delta^*/U)$ 取决于流动的细节，是其参数的平稳函数。为了便于说明，它对频率的依赖性可以粗略地表示为

$$f(\Omega) \sim A\Omega^{-2} \tag{6.75}$$

尽管图 5-27 表明并非所有测量都遵循这一简单规则。引入式（6.75）的目的只是为源谱提供简单的幂律近似，以解释沿半径 $U(R)$ 的增加。考虑到其他参数的不确定性，这种权重对 Ω 的指数不是很敏感。

通过积分 $R_H/R_T<R/R_T<1$，然后重新引入 $f(\Omega)$，但 $\Omega=\Omega\delta^*/U_T$（基于尖端变量），可以近似地得到 B 叶片的总声压

$$\overline{p_a^2}(\boldsymbol{r},\omega;\Delta\omega) = 2\Phi_{p_{rad}}(\boldsymbol{r},\omega)\Delta\omega = \frac{B}{7} q_T^2 M_T \frac{\delta^*(R_T-R_H)}{r^2} f\left(\frac{\omega\delta^*}{U_T}\right)\left\{\frac{2(\Delta\omega)\delta^*}{U_T}\right\} \tag{6.76a}$$

或者，对于 1/3 倍频段：

$$L_s(\boldsymbol{r},f,\Delta f) = L_{q_T} + \frac{1}{2}L_{M_T} + 10\log\frac{\delta^*(R_T-R_H)}{r^2} + 10\log\frac{B}{7} + L\left(\frac{f\delta^*}{U_T}\right) + 10\log\left(\frac{\Delta f\delta^*}{U_T}\right) \tag{6.76b}$$

式中：$L(f\delta^*/U_T)$ 是后缘的单侧谱（见第 1 卷 1.4.4.1 节）源函数，如偶极，可通过（图 5-27）计算。

本节余下部分提供了一个简单的例子，说明如何构造这个频谱函数。正如我们将进一步讨论的那样，位移厚度可以用最大叶片厚度代替，以便从动态和

几何相似的螺旋桨中调整声级。图 6-17 绘制了备选函数 $L(f\delta^*/U_T)$；这些函数是通过将图 5-27 中出现的数据转换为单侧频谱函数而构建的。由于边界层位移厚度可能无法确定，该函数也显示为最大截面叶片厚度的函数。在这种情况下，式（6.76）被替换成

$$L_s(\boldsymbol{r},f,\Delta f)=L_{q_T}+\frac{1}{2}L_{M_T}+10\log\frac{h_m R_T}{r^2}+10\log\frac{B}{7}+$$
$$L\left(\frac{fh_m}{U_T}\right)+10\log\left(\frac{\Delta f h_m}{U_T}\right)$$

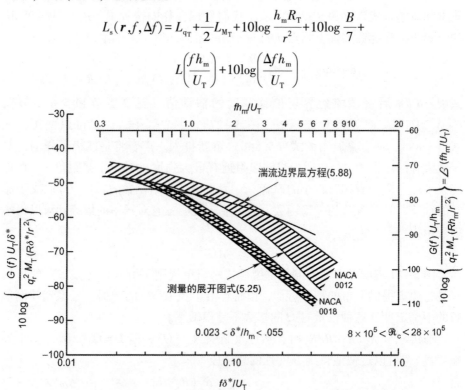

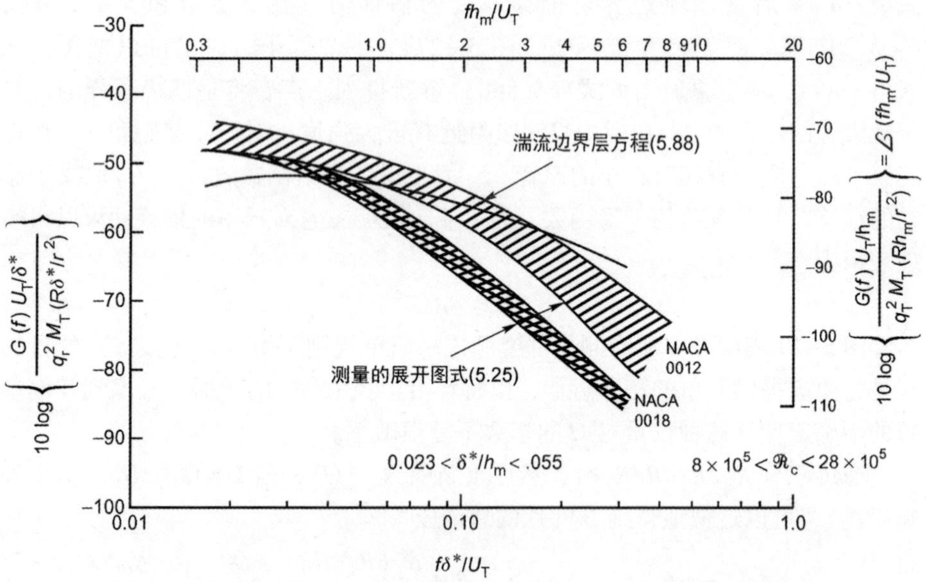

图 6-17　用于式（6.68）中的后缘噪声的非维（单侧）频谱水平

（替代尺度使用 δ^* 和 h_m）

所有具有特征的翼型都有锋利的后缘。对于钝边，估算需要使用式（6.68）和式（5.87），并估算表面压力谱函数。更精确的源函数估算将从式（5.96b）或式（5.100）开始，并计算 5.6.2 节和 5.6.3 节所述的壁压谱。

使用式（6.68）预测的声音与图 6-18 中旋翼的可用测量值进行比较。这些测量组是针对各种直升机旋翼叶片、螺旋桨风扇和恒定桨距比的旋转双叶叶片获得的。接近 $fC/U_T=1$ 的光谱水平与载荷有关，如 6.5.4 节所述。Leverton 和 Pollard[90] 以及 Lowson 等[91] 数据中 $fh_m/U_T=1$ 处的窄峰可能是叶片尖端附近某些区域局部周期性旋涡脱落所致，其影响见图 5-13。Lowson 风扇包含 7 个叶片。在 NACA 16 系列的旋转叶片上获得 DTNSRDC 数据[92]，后缘见

图 5-32。使用图 6-17 所示的 NACA 0012 截面测量值，与式（6.68）的结果进行比较。由于螺旋桨都使用 NACA 截面形式，而不是使用位移厚度 δ^*，因此翼型的最大厚度已用于缩放，以避免比较过于依赖于 δ^* 的粗略估计。一般来说，旋翼噪声水平比预测的要高，在较低的雷诺数下，差异会增大。Hersh 和 Hayden[88] 的测量是在图 6-16 所示的相同旋翼上进行的，但边界层释放。式（6.76）给出的预测似乎与 Kim 和 George[93] 的类似理论一致，该理论用于通过附着的湍流边界层激发旋翼叶片。式（6.76）也与 Schlinker 和 Amiet[94] 推导出的相同，他们还表明，只要 δ^* 已知，它对高达 12°的叶片迎角是成立的。

说明：		$R_c \times 10^{-5}$	B	hm/c	M_T	D/ft	来源
NACA 0012	•••••••	1.7-3.4	2	0.12	0.4-0.7	1.2	Hersh/Hayden[88]（释放）
直升机	——	74	2	0.08	0.7	55	Leverton[30, 90]
NACA 16	ΔΔΔΔΔ	6	2	0.12	0.3	2	Blake[92]（释放）
螺旋桨风扇	——	2	7	0.05	0.11	2.16	Lowson[91]

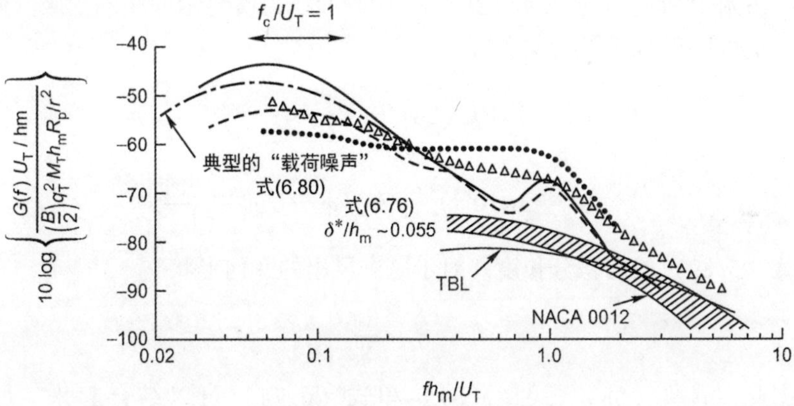

图 6-18　各种旋翼在轴上的非维声级（$\beta=0$）

（与使用两种理论（式（5.88））和图 6-17 的预测进行比较。所有旋翼叶片的断面较薄，$h_m/C \leqslant 0.12$）

因此，当 $R_c \lesssim 10^6$ 时，出现在粗糙或释放的螺旋桨叶片上或光滑叶片上的湍流后缘噪声，影响频率约高于 $fh_m/U_T > 0.1$。对于所检查的情况，$\delta/h_m \sim 0.2$，使相应的条件 $f\delta/U_T > 0.02$，其中 δ 为湍流边界层厚度。频率的下限与图 5-27 中观察到的固定翼型声音的下限相对应。需要注意的是，与流动释放时相比，具有大量层流区域的同一螺旋桨产生的音调水平更强烈（增加

10dB)。将前者中的数据向下调整 $10\log 2\delta/h_{\mathrm{m}}\approx -7$，且通过比较图 6-16 和图 6-18，可以推断出上述内容，以说明归一化的差异。

如 5.6.3.2 节所述，与不尖锐但具有曲率半径的后缘的流动有关的噪声，因此会发生湍流涡流脱落，预计是表面压力造成的。通过推导 5.5.2 节中的截面升力系数。声学估算应采用式（6.65）中的方法。在这些高雷诺数下，可能发生湍流涡旋的局部周期性脱落，导致声音频谱中的主导频率在 $\omega y_{\mathrm{f}}/U_{\mathrm{T}}\approx 1$ 处，类似于如第 1 卷的图 4-26 和图 6-16 所示，对于各种后缘形状，其中 y_{f} 可以在表 5-4 中找到。这种流动现象无疑是图 6-1 中看到的 $f=f_{\mathrm{s}}$ 时 Leverton 螺旋桨噪声凸起的原因。噪声不可能是由于层状脱落造成的，因为尖端雷诺数太高；$(R_{\mathrm{c}})_{\mathrm{T}}\approx 7.4\times 10^{6}$。湍流涡流脱落和湍流边界层的噪声都有一个共同点，即峰值的频率图 6-16 和图 6-18 中拐点频率发生在 $wh_{\mathrm{m}}/w\pi U_{\mathrm{T}}\approx 1$ 处（另见图 5-33，它显示了分离区内下方表面压力的这种性能）。然而，与在层流翼型上所做的工作相比，很少有关于湍流和钝化的后缘实际辐射声的工作发表。

可以说明性地估计与旋翼叶片斜后缘分离的湍流相关的声音。图 6-18 的 NACA 16 旋翼所使用的后缘与图 5-32 中表面压力所显示的相同。吸气侧的表面压力谱可以粗略近似地表示为

$$\Phi_{\mathrm{pp}}(\omega)\approx 3\times 10^{-5}q_{\infty}^{2}y_{\mathrm{f}}/U_{\infty},\ \frac{\omega y_{\mathrm{f}}}{U_{\infty}}<1$$

$$\approx 3\times 10^{-3}q_{\infty}^{2}y_{\mathrm{f}}/U_{\infty}(\omega y_{\mathrm{f}}/U_{\infty})^{-4},\ \frac{\omega y_{\mathrm{f}}}{U_{\infty}}>1$$

以及式（5.89）展向积分长度。对于这个风扇的几何形状

$$y_{\mathrm{f}}\approx\frac{h_{\mathrm{m}}}{8}$$

据此，式（5.88）、式（5.89）和式（6.74）可以结合起来，得出该风扇

$$10\log L\left(\frac{fh_{\mathrm{m}}}{U_{\mathrm{T}}}\right)\approx 10\log\left\{\frac{4}{\pi}\left(\frac{y_{\mathrm{f}}}{h_{\mathrm{m}}}\right)^{2}\times(3\times 10^{-5})\right\}\ \left(\frac{fh_{\mathrm{m}}}{U_{\mathrm{T}}}<\frac{8}{2\pi}\right)$$

$$\approx 10\log\left\{\frac{4}{\pi}\left(\frac{y_{\mathrm{f}}}{h_{\mathrm{m}}}\right)^{2}\times(3\times 10^{-3})\right\}-50\log\left(\frac{2\pi fh_{\mathrm{m}}}{8U_{\mathrm{T}}}\right),\quad \frac{fh_{\mathrm{m}}}{U_{\mathrm{T}}}>\frac{8}{2\pi}$$

或者

$$10\log L\left(\frac{fh_{\mathrm{m}}}{U_{\mathrm{T}}}\right)\approx-62,\frac{fh_{\mathrm{m}}}{U}<1.3$$

$$\approx-62-50\log\left(\frac{fh_{\mathrm{m}}}{1.3U_{\mathrm{T}}}\right),\quad\frac{fh_{\mathrm{m}}}{U_{\mathrm{T}}}>1.3$$

这些水平略大于图 6-18 中所附湍流边界层所示水平，并导致来自旋翼的辐射声的单侧频谱估计值

$$10\log\frac{G(f)U_{\mathrm{T}}/h_{\mathrm{m}}}{(B/2)q_{\mathrm{T}}^{2}M_{\mathrm{T}}h_{\mathrm{m}}R_{\mathrm{T}}/r^{2}}\approx-67,\quad\frac{fh_{\mathrm{m}}}{U_{\mathrm{T}}}<1.3$$

$$\approx-67-50\log\left(\frac{fh_{\mathrm{m}}}{1.3U_{\mathrm{T}}}\right),\quad fh_{\mathrm{m}}/U_{\mathrm{T}}>1.3$$

因此，这个估计的光谱水平与实验确定的 NACA 16 旋翼叶片的光谱水平大致一致。请注意，当$fh_{\mathrm{m}}/U_{\mathrm{T}}$超过 2 时，测得的声级符合使用完全附流的对侧表面压力波动的声级，式（5.68）后缘噪声是风力发电机的主要声源，形状优化已被用于控制叶片上的边界层，见参考文献［95-99］。

6.5.4　与稳定载荷相关的宽带噪声

前面的讨论是针对中等厚度的薄型翼型（如 $h_{\mathrm{m}}/C\leqslant0.2$），在小迎角（即轻静态载荷）下仅略微弯曲。较高迎角的情况下，可能会使湍流的叶片流变厚、变强，从而增加宽带辐射的声音，特别是在低频时。Brooks 和 Hodgeson[100]的测量结果表明了这一点，其中低频噪声随着不弯曲的 NACA 0012 翼型的迎角增加到 6°而增加。工业螺旋桨风机和 Stephens 等[101]在叶片较薄的旋翼上指出了类似的性能。图 6-19 显示了 Mellin[102]测量的轴流风机效率和总辐射声功率。在接近最佳效率点时，总的声功率是最小的，这大概是因为叶片流产生的湍流拖力最小，如 6.3 节所述。整体声功率级 L_{N}与压力系数（或推力系数，因为 $\Delta p/q_{\mathrm{T}}\approx T/A_{\mathrm{p}}q_{\mathrm{T}}$，其中 A_{p}为风扇的盘面面积）的关系图，会显示出一条 U 形的噪声曲线，在压降的最佳推力下，噪声曲线最小。正是这种明显的声辐射和风扇载荷之间的相关性，使本节的结果与众不同。

在另一个例子中，图 6-20 给出了单独的轴流风机旋翼的声音频谱，该图显示了以频率f_{t}为中心的连续频谱驼峰，并且由弧形曲线近似的驼峰。（图 6-1 中也画出了这样的弧线）。在高频下，有一个以$f=f_{\mathrm{s}}$为中心的次级驼峰；这个频谱函数被认为是由叶片后缘的涡流脱落引起的，如 6.5.3 节所讨论的。我们在本节中关注的是 $f=f_{\mathrm{t}}$处的低频宽驼峰，它主导着风扇辐射的整体声功率水平。

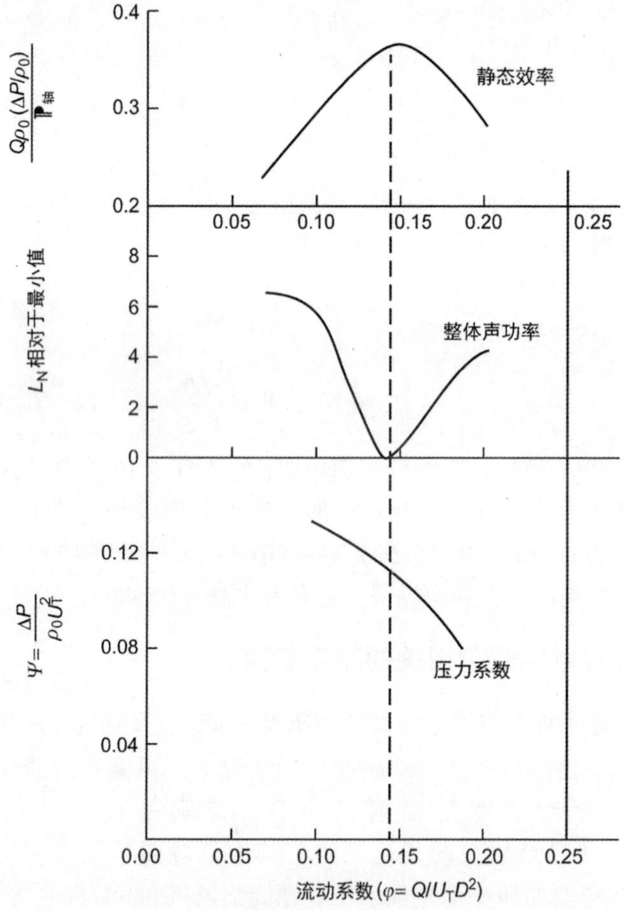

图 6-19　典型轴流风机的声学和功率特性

（资料来源：Mellin RC. Selection of minimum noise fans for a given pumping requirement. Noise Control Eng 1974；4：35-45.）

Wright[6] 和 Widnall[31] 都认为这种以频率 f_t 为中心的宽频带能量是由于与载荷相关的叶片流动产生的涡流声。两位研究者在辐射声和其他运行参数之间建立了经验性的关联。然而，已经表明[103]，在这种频率范围内，由于旋翼与夹带湍流的相互作用产生的声音，在直升机[103]的情况下，也可能产生相当大的贡献，因此不能说存在这种噪声发生的一般理论。尽管如此，Widnall 和 Wright 的经验关系式为各种轴流式风机提供了有效的声辐射工程表征，即使加载函数的精确性质仍有待商榷。这些相关性，特别是 Wright 研究的相关性，是建立在大量的自由运行旋翼的数据基础上的，其通常假设声音本质上是偶极子。低频连续频谱声的典型 20dB 下行带宽 Δf_T，且阶 $\Delta f_T \approx 8f_t$，如参考文献

[6]。这种声音的中心频率似乎随着叶片大小和尖端速度的增加而增加，大约从

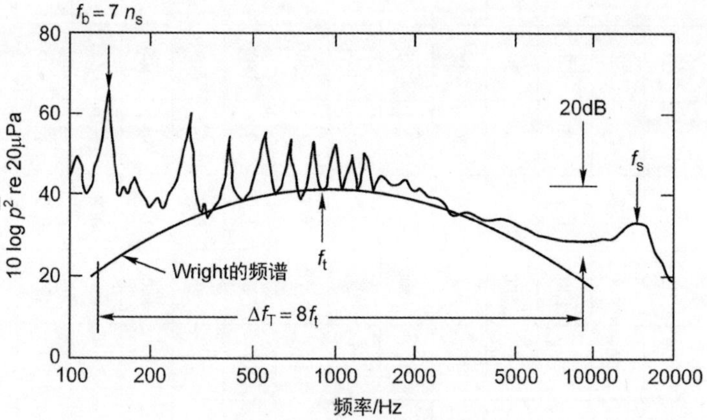

图 6-20　开放式风扇的声谱

（U_T=140 英尺/s，B=7，D=2.25 英尺，h_m=0.13 英寸，C=2.6 英寸，r=7.5 英尺，β=0，Δf=3.16Hz；$f_t C/U_T$=1.0，$f_s h_m/U_T$=1，R_{cT}=1.5×10^5。改编自 Wright SE. The acoustic spectrum of axial flow machines. J Sound Vib 1976；45：165-223：数据来自 Lowson MV，Whatmore A，Whitfield CE. Source mechanisms for rotor noise radiation. NASA [Contract Rep] CR NASA-CR-2077；1973.）

$$\frac{f_t C}{U_T} \approx 0.6 \sim \frac{f_1 C}{U_T} = 1.1 \tag{6.77a}$$

根据 Wright[6] 的说法，该名专家研究了一个包括风扇、直升机和螺旋桨的大型数据库。在一些单独的情况下，如直升机噪声（Stuckey 和 Goddard[32] 的报告），缩放频率可能会超出这些限制，在这种情况下

$$\frac{f_t C}{U_T} \approx 0.45 \tag{6.77b}$$

Widnall[31] 只处理直升机噪声，Wright[6] 则以更多的数据为基础，提出了这种噪声的另一种经验相关性，但都是基于涡旋-偶极机制的想法。两位调查者都对源空气动力学的规范保持开放。Widnall 只解决了直升机旋翼噪声在悬停（或旋翼塔）条件下的总声压问题，而 Wright 则研究了频谱峰值处的 1Hz 频段水平，即式（6.77a）中的无尺寸频率。Wright 对 12 个单叶片排轴流机械样品进行了数据分析，包括直升机旋翼、螺旋桨和汽车冷却风扇（表 6-1）。尽管 Wright 的分析是严格的实证分析，但他能够很好地推翻各种测量。

表 6-1　图 6-22 中 SPL_{sb} 的旋翼参数

旋翼/英尺		参考文献	V_t/(英尺/s)	α	B	D/英尺	C/英寸	r/英尺	Δf/Hz	SPL 旋翼	SPL 标准叶片	f_t/Hz	S_t^a	$1/Q$	f_b/Hz	n_s/Hz
4	VGR	[6]	210	5	2	4	3.15	10	1	33	−9	600	0.7	10	32	16
1.625	自动风扇	[100]	228	4^b	20	1.6	2.4	5	300	68	−6	1200	1.1	12	870	43
9	直升机	[86]	284	6	3	9	4	28	5	45	−4	500	0.6	11	30	10
2	自动风扇	[100]	345	4^b	9	2	5	6	300	78	3	800	1.0	8	495	55
4	螺旋桨	[101]	450	16	2	4	3	12	25	68	6	1500	0.8	7	70	35
55	直升机	[106]	465	6	2	55	16	250	5	54	5	250	0.7	6	5.4	2.7
1.5	航空风扇	[107]	599	3	12	1.5	2.86	25	100	69	17	2800	1.1	8	1500	125
1.75	航空风扇	[107]	700	6	12	1.75	2.8	10	100	86	19	3000	1.0	9	1500	125
60	直升机	[108]	850	7	3	60	25	60	1	90	28	300	0.7	6	15	5
7.2	扇形喷射器	[6]	900	4	33	7.2	10	140	16	85	32	1400	1.0	10	400	42
7	螺旋桨	[109]	910	8	2	7	6	100	121	80	29	1500	0.8	6	84	42
3	升力电扇	[110]	950	4^b	42	3	2.5	250	50	71	30	4000	0.9	6	4200	100

注：a α 为叶片桨距角或有效力角，C 为弦长，S_t 为旋翼尖端速度，V_t（不指旋翼有效转速），$1/Q=\Delta f_t/f_{pt}$ 和 f_{bff} 为叶片通过频率。
b 估计的

图 6-21 显示了 Widnall[31] 对总体压力水平的关联性，以及自最初分析以来可以得到的一些附加点，见参考文献 [104] 和 [105]。它不是一个无尺寸的表示，但可以通过以下式解释为尖端速度 V_T、马赫数 M_T、叶片面积 A_B 和推力系数 k_T 的函数

$$\overline{p_{\mathrm{TOT}}^2}=q_{\mathrm{T}}^2\frac{A_{\mathrm{B}}}{r^2}M_{\mathrm{T}}^2 f\left(\frac{T_1}{A_{\mathrm{B}}U_{\mathrm{T}}^2}=\frac{k_{\mathrm{T}}}{\mathrm{EAR}}\right) \tag{6.78}$$

式中：k_T/EAR 的函数是无维的，由图 6-21 中阴影区域表示的数据分布给出。Widnall 的分析表明，$f(k_T/\mathrm{EAR})$ 对于低推力系数是一个常数，但对于转子上较大的载荷，归一化声压大致以 $(k_T/\mathrm{EAR})^2$ 的形式增加。相应地，在低推力系数时，偶极子强度似乎变得微弱地依赖于载荷，就像在小迎角时的后缘噪声那样。当 k_T/EAR 值很低时，水平又开始上升。这可能是由于旋翼流中的诱导湍流水平增强，因为在低推力水平下，旋翼的轴向速度太小，无法将叶片尾流冲离旋翼盘平面。需要注意的是，大部分数据的一般槽状性能与之前图 6-19 所示的 U 形相似。

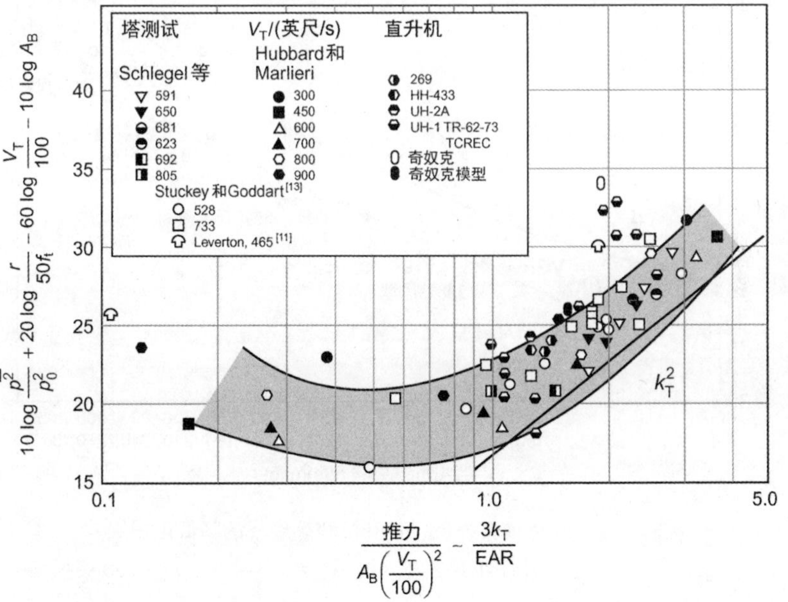

图 6-21　旋翼塔和直升机噪声测量中直升机旋翼的低频宽带噪声

（等级是 OASPL re $p_0=20\mu\mathrm{Pa}$，由 Widnall[31] 降低旋翼参数。T(磅（1 磅≈0.45kg））；U_T(英尺/s)；A_B(英尺^2)。改编自 Widnall SE. A correlation of vortex noise data from helicopter main rotors. J Aircraft 1969；6：279-81.）

Wright[6]通过加入叶片角度的函数，说明了噪声随稳定载荷变化的变化。回想一下，线性翼型理论的升力与迎角成正比；因此，当推进系数较小时，叶片角度与载荷大致相关。函数形式的选择是基于偶极子类声音的假设，为了整理数据，还加入了额外的操作参数。图 6-22 显示了减少到标准旋翼的 1Hz 峰值频段水平。这些参数在图例中给出，并用下标 sb 表示。L_{sb}只是

$$10\log\left[\frac{\overline{p_a^2}(f_s,\Delta f)}{\Delta f}\left(\frac{r}{r_{sb}}\right)^2\left(\frac{D_{sb}}{D}\right)^2\frac{B_{sb}}{B}\frac{C_{sb}}{C}\right]-2|\alpha|=(L_s)_{sb} \tag{6.79}$$

式中：f_t是峰值电平的频率式（6.77a），$|\alpha|$ 是叶片角度（°）。数据中 11 个样本的风扇叶片角度$|\alpha|$ 从 3°到 8°不等（平均 5°），4 英尺的螺旋桨为 16°。因此，不同情况下与 α 的相关性变化一般不超过±5dB。这一点很重要，只是因为在归一化中引入 α 是一种经验性的尝试，以解释可能的载荷变化。表 6-1 显示了旋翼参数的其余部分。图 6-1 和图 6-20（来自 Lowson 等[91]的数据）显示了 Wright[6]相关性和测量声级的一致示例。

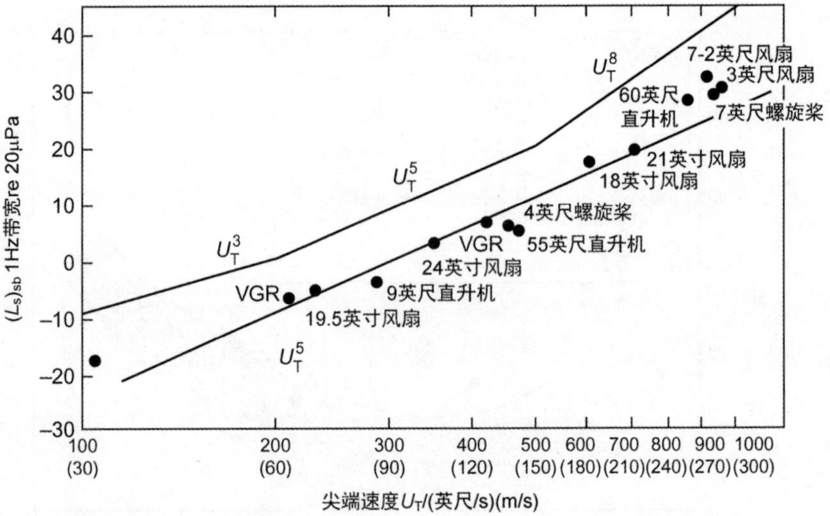

图 6-22　各种轴流风机、直升机和螺旋桨的降低声压级

((见式（6.79）。$D_{sb}=1$ 英尺，$B_{sb}=1$，$C_{sb}=1/3$ 英尺，$r_{sb}=100$ 英尺）

式（6.79）的归一化可通过以下参数得到理论支持。偶极子诱导的声压可以用一般的无尺寸谱密度 $G(fC/U_T)$、载荷函数 $P(\alpha)$或 $P(\mathrm{EAR}/k_T)$等熟悉的参数来写：

$$\overline{p_a^2}(f,\Delta f)=Bq_T^2\left(\frac{D}{r}\right)^2 M_T^2 G\left(\frac{fC}{U_T}\right)p(\alpha)\frac{\Delta fC}{U_B}=\overline{p_a^2}(\omega,\Delta\omega) \tag{6.80}$$

函数 $G(fC/U_T)$ 只是收集数据给出的频谱形状，它在 $G(1)$ 时达到最大值。它出现的是一条带有 20dB 下行点的弧形曲线，对于 $Q=1/10$，其例子如图 6-23 所示。函数 $P(\alpha)$ 由 Wright 根据恒等式推导出来

$$2|\alpha| = 10\log e^{0.46|\alpha|}$$

使 $P(\alpha)=\exp(0.46|\alpha|)$。式（6.80）规定，对于给定的 α 和 Δf 的值，峰值声压 $\overline{p_a^2}(f=f_t=U_T/C,\Delta f)$ 一定随着 U_T^5、C、D^2、r^{-2} 和 B 的增加而增加，这也符合 Wright[6] 使用的形式（式（6.79））。图 6-22 所示的降低值清楚地显示了 U_T^5 的速度依赖性。从式（6.80）可以推导出 Widnall[31] 的形式。为此，我们将总均方声压作为无尺寸频率上的积分。

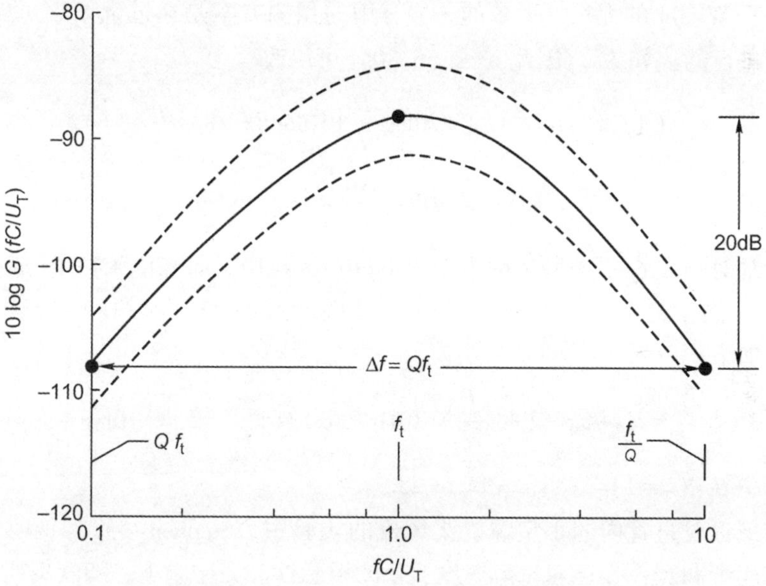

图 6-23　用平滑曲线连接点（·）画出的 Wright 相关的光谱函数 $G(fC/U_T)$ $\left(\text{为说明，}Q=\dfrac{1}{10}\right)$

装置的推力与叶片角度 a 和叶片面积 A_B 成正比，即

$$\overline{p_{TOT}^2}=\int_0^\infty[\overline{p_a^2}(f,\Delta f)/\Delta f]\mathrm{d}f,\quad T_1\infty\ \frac{1}{2}\rho_0U_T^2A_B\alpha$$

通过这些替换，总均方压力 $\overline{p_{TOT}^2}$ 可以看出服从比例关系

$$\frac{\overline{p_{\mathrm{TOT}}^2} r^2}{A_{\mathrm{B}} U_{\mathrm{T}}^6} \propto B\left(\frac{T_1}{A_{\mathrm{B}} U_{\mathrm{T}}^2}\right)^2 \left(\frac{D^2}{A_{\mathrm{B}}}\right) \frac{p(\alpha)}{\alpha^2}$$

这显示了与$(T|A_{\mathrm{B}}U_{\mathrm{T}}^2)$一致的一般行为，至少对于较大的推力值而言，与图 6-21 一致。请注意，对于表 6-1 中 11 种情况所覆盖的$|\alpha|$（3°~8°）范围，$p(\alpha)/\alpha^2$表现出显著的恒定性，变化幅度小于±0.5dB。因此，在 Widnall[31] 和 Wright[6] 相关性的散点波段内，这两种方法似乎是等同的，都表明中频噪声和载荷之间有直接的关系。对于在小迎角下工作的舰船螺旋桨和空气螺旋桨，k_{T}一般不超过 0.2。这个数值似乎相当于 Widnall 曲线中的归一化推力约为 1.2 或更小。因此，对于螺旋桨来说，与载荷相关的噪声可能不如来自悬停的直升机、风扇和其他固定的低 J 高（k_{T}/EAR）空气流动装置的噪声重要，因为这类机械的流动角度很大。

基于 Wright 的无尺寸参数的一般有用的预测方案是通过记录 L_{sb} 的一般依赖性来进行的，如 U_{T}^5。因此，式（6.80）可以改写为

$$\begin{aligned} L_{\mathrm{s}}(f,\Delta f) = L_{q_{\mathrm{T}}} + L_{M_{\mathrm{T}}} + 20\log\frac{D}{r} + 10\log B + 10\log P(\alpha) + \\ G\left(\frac{fC}{U_{\mathrm{T}}}\right) + 10\log\left(\frac{\Delta f C}{U_{\mathrm{T}}}\right) \end{aligned} \tag{6.81}$$

通常对于表 6-1 中所示的数值 $10\log P(\alpha) \approx 10$；而光谱函数 $G(fC/U\mathrm{r})$ 见图 6-23。图中关于 U_{T}^5的分布与图 6-21 有关。图 6-22 所示的声级与这些声级的关系如下：

$$(L_{\mathrm{s}})_{\mathrm{sb}} = L_{q_{\mathrm{T}}} + L_{M_{\mathrm{T}}} + 20\log\frac{D_{\mathrm{sb}}}{r_{\mathrm{sb}}} + 10\log P(\alpha) + G\left(\frac{fC}{U_{\mathrm{T}}} = 1\right) + \left(10\log\frac{C_{\mathrm{sb}}}{U_{\mathrm{T}}}\right)$$

其中，$G(fC/U_{\mathrm{T}}=1) = -88$，见图 6-23。

在最近对直管内的小型螺旋桨风机的实验中，Stephens 等[101] 证明了叶片相互作用音和宽带噪声对来流速度变化的敏感性。在中频下，随着旋翼流动系数的减小（增加旋翼的平均载荷），宽带噪声和叶片相互作用音调都有所增加。这种趋势与图 6-19 中流动系数轴左侧所示的整体声功率级的行为一致。流动测量和声音计算[111-112] 揭示了在更高的叶片载荷下，叶片尖端与端壁湍流边界层的相互作用无疑导致叶片音调升高。

6.5.5　螺旋桨振鸣

螺旋桨振鸣是一个老问题，如[19,104,115]，它是由后缘涡流脱落引起的，在现象上与水动力旋翼振鸣非常相似（5.7.2 节），两者的参数相同。因此，这

里的评论将限于对螺旋桨的额外经验。读者可参考 5.7.2 节的基础知识。此外，由于振鸣是特定旋转叶片模式的强音激励的结果，所以声音的窄带频谱会出现一系列的线条，见图 6-11。

螺旋桨振鸣的来源在这里认为是后缘涡旋的形成。然而，在早期文献中，尚不清楚前缘流或后缘流是否对音调的产生负责。在早期的一篇论文中，Hunter[113]提出了一系列全尺寸的案例研究，他由此得出结论，一些螺旋桨前缘表面点蚀（由于空化）的水力学原因与引起嗡嗡声、拍击声和振鸣声的原因是一样的。他还认识到，这种噪声可能与叶片的结构共振有关，而且铸铁螺旋桨比青铜螺旋桨更不容易引起振鸣音调，因为前者的阻尼更大。在随后的该主题的相关论文中[114-117]，前缘激励的概念一直存在，因为反复的经验表明，前缘的加厚往往能缓解这个问题。然而，越来越多的证据[118-119]表明有一个后缘源。同时，继续推荐增加结构阻尼[116]作为补救措施。前缘激励的想法似乎至少一直持续到 1951 年[118]，尽管人们越来越认识到后缘流的重要性。问题是大多数推理都是基于假设和猜想；观察完全是全尺寸的。

继 1952 年 Gongwer[120]的经典实验之后，Lankester 和 Wallace[121]进行了一系列模型和全尺寸螺旋桨实验，无可辩驳地表明了后缘厚度和形式对振鸣的重要影响。此外，通过成功应用表 5-3 第 2 行所示的关系，他们阐明了后缘扫掠和厚度在决定螺旋桨振鸣频率中的重要性。他们观察到当叶片通过船舶尾流时，音调信号的振幅调制，他们建议表面光洁度和边缘细节的制造变化是导致一些螺旋桨振鸣而另一些螺旋桨不振鸣的原因。前缘流作为噪声和振动源的概念显然已经从文献中消失了；然而，很容易看到，某些分离的前缘流可能会激发叶片振动，就像它们影响空化初期一样。

随后 Krivtsov 和 Pernik[122]以及后来 Cumming[123]的实验工作发现，当叶片部分工作在其（小）设计迎角（或进速系数）附近时，螺旋桨最容易发生振鸣，当“同步跟踪”最明显时，振鸣频率-轴速关系中可能出现滞后效应[123]。van de Voorde[124]研究了使用楔形后缘来减少螺旋桨的振鸣倾向，他认为楔形角小于 25°才能防止振鸣。这种性能已经在第 5 章“无空化升力部分”中进行了广泛的讨论。Ross[125]对 1964 年以前的这项工作和其他工作进行了回顾。

Burrill[126-127]专门对叶片振动模式进行了研究，他确定了空气和水中的模式形状与共振频率[127]。

在空气和水中观察到的模态通常有详细差异，共振频率所指示的附加质量在第 1 卷式（5.91）估算的质量的 2 倍以内。Blake[128]根据涡流脱落的基本参数，给出了舰船螺旋桨的振鸣弯曲幅度的经验关系，并且根据如第 1 卷中的图 5-48 和图 5-30 所示，叶片 y_f^2 的尖端 $\overline{y_t^2}$ 相对于尾流厚度-平方的均方幅度已

显示为 D_a 的函数，如图 6-24 所示。参数

$$D_a = \frac{2\eta_s \rho_p \bar{h}\bar{C}}{\rho_0 y_f^2}$$

式中：$\bar{h}$ 为叶片的平均厚度；$\bar{C}$ 为平均弦数；η_s 为损耗系数。在最近的工作中，Young[129] 利用大涡模拟对结构进行时域模态分解，数值模拟了一个耦合的流体-结构相互作用。希望这一领域的进一步发展能够为螺旋桨振鸣提供预测能力。

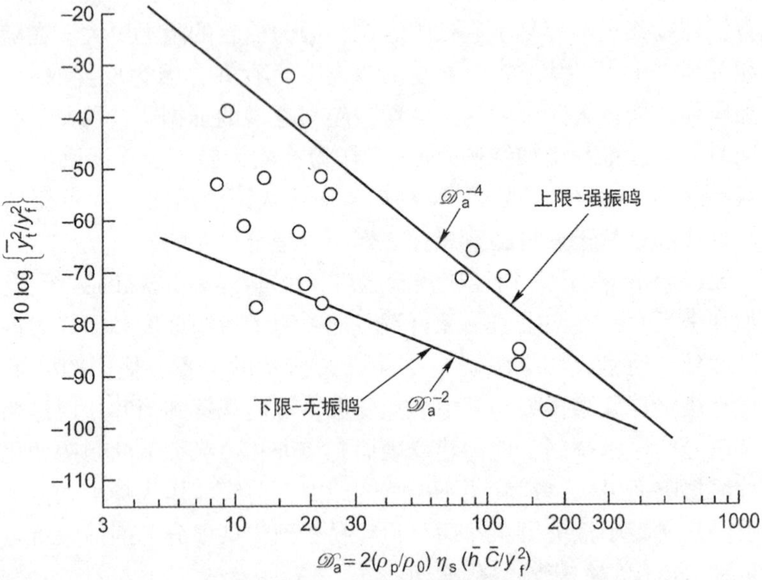

图 6-24　螺旋桨叶片尖端的振鸣诱导弯曲振幅作为结构参数、厚度和弦的函数

（资料来源：Blake[128]，以及 Burrill LC. Underwater propeller vibration tests. Trans-North East Coast Inst Eng Shipbuild 1949；65：301-14.）

6.5.6　厚度噪声

空气螺旋桨会出现厚度噪声。最早对这个问题进行分析的是 Deming[130] 以及后来的 Merbt 和 Billing[83]。

最近，Lyon 等[131-132] 和 Hanson[68] 研究了通过适当选择叶片厚度和轮廓来系统控制这种噪声。这里只给出分析的要点，具体内容应参见参考文献。

噪声是由于叶片通过升力面时，局部的流体膨胀造成的。如果流动是均匀的，也就是我们后面要考虑的一种情况，流体关于叶片轮廓的膨胀在旋翼坐标上是稳定的，但相对于静止的声学介质来说是不稳定的。有必要确定

式（6.45）和式（6.46）中 $\rho_0 \dot{q} = a_0$ 的表达式，与式（6.53）中使用的式（6.61）相类似。

在 B 叶片的旋翼框架中，图 6-25 所示叶片截面扫掠空气质量的速度为

$$\dot{M} = \frac{\partial}{\partial t}\iint_S \rho_0 h(\xi(t), R)\,\mathrm{d}R\mathrm{d}\xi = \iint_S \rho_0 U h'(\xi_0')\,\mathrm{d}R\mathrm{d}\xi_0'$$

式中：S 为旋翼台周围的封闭面；$h(\xi(t))$ 为与叶片固定的叶片厚度函数；$\xi(t) = \xi_0' + Ut$，其中 ξ_0' 为叶片固定坐标。在式（6.41）的背景下，我们需要二次时间导数：

$$\dot{M} = \iint_{AB} \rho_0 U^2 h''(\xi_0', R)\,\mathrm{d}R\mathrm{d}\xi_0'$$

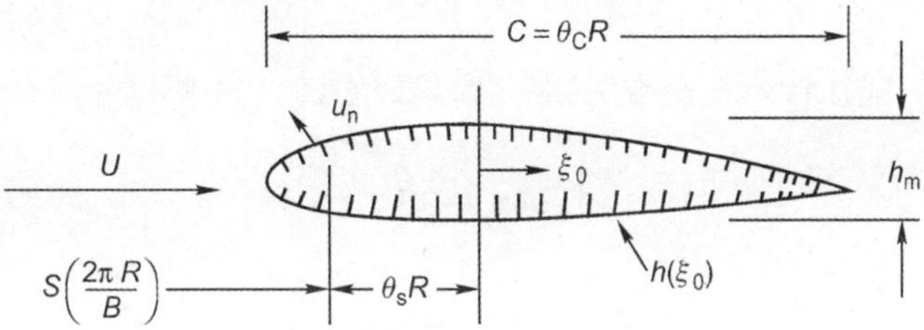

图 6-25　厚度噪声理论的叶片截面几何形状

式（6.41）中的 q 是单位体积的局部压缩率，可通过将被积函数重写为体积密度来确定：

$$\ddot{M} = \iiint \rho_0 U^2 h''(\xi_0', R)\delta(\xi_n)\,\mathrm{d}\xi_n \mathrm{d}\xi_0' \mathrm{d}R \tag{6.82}$$

这里我们已将有效体积密度折叠成叶片的平均表面，并考虑到叶片表面法向坐标的三角函数 $\delta(\xi_n)$。式（6.74）中的积分是在区块周围的控制体积上。半径 R 处的 s_{th} 叶片的体积源强度可以写成

$$\dot{q}_s = \rho_0 U^2 h''(\xi_0, R)\delta(\xi_n) \tag{6.83}$$

它对应于式（6.46）的形式。引入下标 s 只是为了正式表示第五叶片参数。由于流动是稳定的，因此式（6.46）中对应于源项 $a_i(R, \theta_{\mathrm{b}}, \omega)$ 的傅里叶时间变换为

$$\dot{Q}_s(\xi_0, R, \omega) = \rho_0 U^2 h''(\xi_0', R)\delta(\omega) \tag{6.84}$$

并假定它集中在一个平面 $\xi_n = 0$。为了评估式（6.46），用这个源项来表示 B 叶片，我们将叶片位置坐标替换为

$$\xi_0' = \frac{2\pi s}{B}R + R\theta_{\mathrm{s}} + \xi_0$$

式中：$2\pi/B$ 标识叶片的角位置；θ_s 代表叶片的偏斜角或扫掠角；ξ 只在单片叶片的弦上延伸。在 ξ_0 上的积分只涉及 $h''(\xi_0,R)$，因为其他因素在叶片的弦上都是不变的。因此，由于式（6.46）中 $\theta_b=\xi_0/R$，我们要求

$$\int_{\xi_0} h''(\xi'_0,R)\mathrm{e}^{\mathrm{i}n\xi_0/R}\mathrm{d}\xi'_0=\sum_{S=0}^{B-1}\mathrm{e}^{\mathrm{i}n(2\pi s/B+0)}\int_0^C h''(\xi_0,R)\mathrm{e}^{\mathrm{i}n\xi_0/R}\mathrm{d}\xi_0$$

这个等积和式（6.13）得出远场声压的形式为

$$p_a(\boldsymbol{x},\omega)=B\rho_0U_T^2\sum_{n=-\infty}^{\infty}\frac{\mathrm{e}^{\mathrm{i}k_0r}}{4\pi r}\mathrm{e}^{\mathrm{i}n(\pi/2-\theta)}\mathrm{J}_n(k_0R_1\sin\beta)\delta(mB\pm n)\delta(\omega-n\Omega)\times$$
$$\int_{R_H}^{R_T}\int_{-C/2}^{C/2}\left(\frac{R}{R_T}\right)^2 h''(\xi_0R)\mathrm{e}^{-\mathrm{i}[(n/R)\xi_0+n\varphi_s]}\mathrm{d}\xi_0\mathrm{d}R \tag{6.85}$$

如果我们现在让厚度函数为归一化波数谱[131]上的傅里叶求和，即让

$$h(\xi_0,R)=h_m\sum_{a=-\infty}^{\infty}H(k_aC)\mathrm{e}^{\mathrm{i}k_a\xi_0}$$

式中：$k_a=2\pi a/C$ 以及

$$h_mH(k_aC)=\frac{1}{C}\int_{-C/2}^{C/2}h(\xi_0,R)\mathrm{e}^{-\mathrm{i}k_0\xi_0}\mathrm{d}\xi_0 \tag{6.86}$$

然后

$$\int_{-C/2}^{C/2}h''(\xi_0,R)\mathrm{e}^{-\mathrm{i}[(n/R)\xi_0]}=\sum_{a=-\infty}^{\infty}\frac{-h_m}{C^2}(k_aC)^2H(k_aC,R)\times$$
$$\int_{-C/2}^{C/2}\mathrm{e}^{\mathrm{i}(k_a-n/R)}\xi_0\mathrm{d}\xi_0$$

等于

$$\frac{-h_m}{C}\left(\frac{nC}{R}\right)^2H\left(\frac{nC}{R},R\right)$$

代入式（6.85），最后得出

$$p_a(\boldsymbol{x},\omega)=-B\rho_0U_T^2\sum_{m=-\infty}^{\infty}\frac{\mathrm{e}^{\mathrm{i}k_0r}}{4\pi r}\mathrm{e}^{\mathrm{i}mB(\pi2-\theta)}\mathrm{J}_{mB}(k_0R_1\sin\beta)\delta(\omega-mB\Omega)\times$$
$$\int_{R_H}^{R_T}\left(\frac{R}{R_T}\right)^2\frac{h_m}{C}\left(\frac{mBC}{R}\right)^2H\left(\frac{mBC}{R},R\right)\mathrm{e}^{\mathrm{i}mB\phi_s}\mathrm{d}R \tag{6.87}$$

式中：$k_0=\omega/c_0=mB\Omega/c_0$。

领先的噪声控制技术源自检查条款。$H(mBC/R)$ 在 $mB=0$ 时最大，等于平均厚度除以该部分的最大厚度。$(mB)^2$ 的系数表明，在 $m=0$ 时，声谱从零

开始增加，但由式（6.48a）评估近似的贝塞尔函数，对于小的论证，若尖端马赫数小于 1，则显示 M_T^{mB} 的强度相应降低。因此，这种噪声表现为高阶离散谐波，只有当 $M_T \to 1$ 时才是重要的。由于频谱中含有丰富的高阶谐波，所以可听的时域信号呈现脉冲状。通过选择厚度函数来控制噪声，以便在 mB 的较大数值下使 $H(mBC/R, R)$ 最小化。这是通过减少前缘的钝化来实现的；即减少厚度函数的低阶和弦导数的相对重要性。Lyon[131]、Lyon 等[132]和 Hanson[68]展示了一些前缘形状的例子。由于波数谱函数的 $(R/R_T)^2$ 加权，声压也随截面积 Ch_m 线性增加，特别是在尖端附近。

见图 6-15（b），来自 Merbt 和 Billing[83]，显示了 $M_T = 0.8$ 时厚度和 Gutin 声的相对大小。需要注意的是，虽然厚度噪声对这种情况下的声功率并不占优势，但它确实填补了声音的指向性。

6.6　轴流机的交互噪声和载荷功能

6.6.1　确定性不稳定载荷

对于亚声速的尖端速度 Gutin 声（6.5.1 节），几乎总是被圆周非均匀来流的叶片力产生的声音所超过。在多叶片排轴流机中，由于上游旋翼或静止地进入导流叶片（由于其自身的升力特性）产生潜在的下冲（由于它们的拖力），会产生尾流速度缺陷，在旋翼注入的下游流量上留下印迹，从而出现这种不稳定的载荷。由于上游格栅和翼面产生的尾流，单级机、风扇、螺旋桨等也会出现这种载荷；直升机在前飞时，由于叶片与尖端涡流的相互作用而“冲”回旋翼盘。对这些声音的数学分析，一般来说，涉及以下几大类的预测：

（1）由于规定的速度缺陷，单个不稳定的叶片载荷可以用式（6.50）进行声学预测。

（2）与相邻排的潜在和黏性相互作用引起的叶片排响应，包括响应排中的叶片-叶片干扰。

（3）利用叶片力和场压的完整计算公式，计算自由声场中或外壳中叶片排的潜在和黏性相互作用的声发射。

在前两类问题中，结果可以解释为给出了声学偶极子源强度的角度扩展，但当每个叶片都是声学紧凑时，这种技术是强大的。对于高频和高轴向流量与尖端马赫数，沿着第三种分类的思路得到的数值解是最有力的。由 Cumpsty[5]、Morfey[133]和 Mani[134]最早对这一主题进行分析并使用。正如以下各节所显示的那样，这一领域在今后几年里将有显著的增长。

6.6.1.1　旋翼一阶声压估计的单叶片元素分析

对于足够低的频率，单个叶片可以被认为声学上是紧凑的，级联中叶片力的一阶估计认为响应排中的每个叶片与相邻叶片是分开的。经典的 Kemp-Sears 分析[135-136,138]确定了静止叶片在移动叶片排下游和移动叶片在固定叶片排下游的波动载荷。上游的升力面被建模为平板升力面的层叠，下游的响应叶片也被建模为平面二维面。图 6-26 是由定子排之后的旋翼排组成的级联几何形状和速度图。在第一级中转动推进流量 V_a，使进入第二级的有效推进流量为 V_{a1}。势能相互作用的发现[138]是通过在每个叶片上相对于上游相邻阶段运动，通过约束环流 Γ_s（在定子级的情况下）或 Γ_r（在旋翼级的情况下）在叶片上感应的场来近似的。对响应叶片进行分析时，不考虑级内相邻叶片的相互作用。局部点环流的阵列会引起圆周模的总和（类似于式（6.54）中的 w），根据线性非稳态二维提升理论，叶片对其进行响应。旋翼叶片上单位跨度对上游潜在入射定子行扰动的第 w 次模式的升力，$(L'_r)_p$ 取决于排的几何形状，根据

$$(L_r^s)_p \infty \exp\left(-\pi\sigma_{rs}\left\{\frac{S_r}{S_s}\left[\frac{2d'}{C_r}+\frac{1}{2}\left(1+\frac{C_s}{C_r}\right)\right]\right\}\right) \tag{6.88}$$

式中：$\sigma_{rs}=C_r/S_r$ 称为旋翼的实度，在图 6-8 中，它由扩大面积比近似。与式（6.88）的比例常数类似于非稳态翼面理论的 Sears 函数。该式表明，对于给定的旋翼-定子几何形状，非稳态升力随行距 d' 呈指数级衰减。当间距从可忽略不计增加到与旋翼半弦同阶时，即 $d'\sim\frac{1}{2}C_r$ 时，就会出现主要影响。Heatherington[137]也得到了一个适用于均方旋翼力的类似结果。类似的关系也适用于旋翼之后的定子。

当下游叶片对入射速度缺陷的“迸发”响应与 5.3 节中确定的方式完全相同时，黏性相互作用就显得更加重要了（式（6.50）），其中忽略了响应排的级联效应。定子对上游旋翼的响应问题与这里所考虑的问题完全类似，所以不作具体论述。叠加在 V_a 上并在旋翼处感应的扰动速度 $u(R,\theta)$ 进行圆周分解，因此，相对于旋转叶片，与 $\theta_f=\theta_w+\theta+\Omega t$

$$u(R,\theta(t))=u(R,t)=\sum_{w=-\infty}^{\infty}|U(w,R)|e^{iw[\theta_w(R)+\theta+\Omega t]} \tag{6.89}$$

其中

$$\begin{aligned}U(w,R)&=\frac{1}{2\pi}\int_0^{2\pi}e^{-iw\theta}u(R,\theta)\,d\theta\\&=|U(w,R)|e^{iw\theta_w(R)}\end{aligned} \tag{6.90}$$

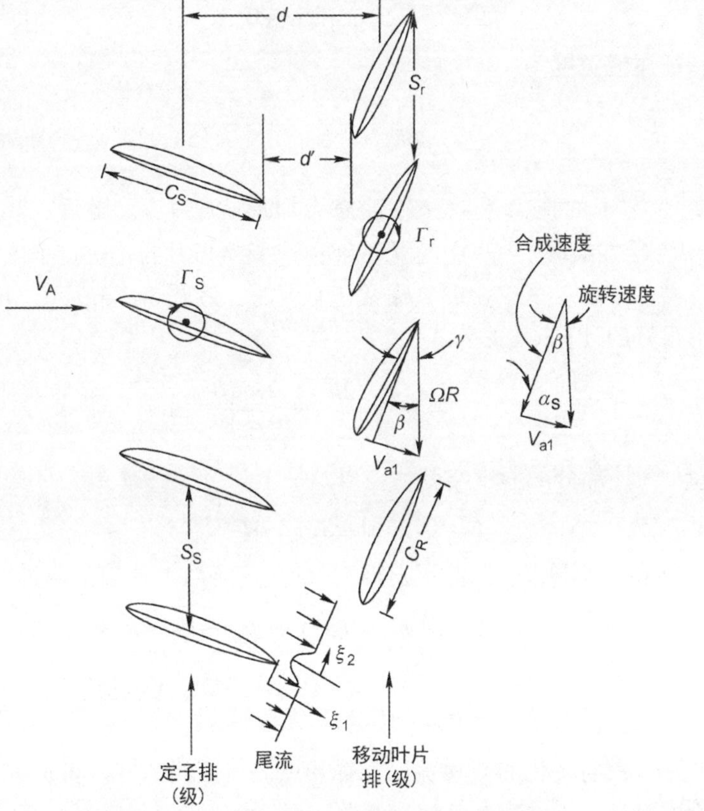

图 6-26　两级级联的几何形状

（Γ_s 和 Γ_r 为定子和旋翼叶片的约束循环，ΩR 为旋翼排的转速，S_s 和 S_r 为各排的叶片间距，β 为水力桨距角，α_s 为错角，γ 为叶片桨距角）

和相位角 $\theta_w(R)$ 说明速度缺陷并非都是径向排列的可能性。因此，θ_w 允许谐波沿叶片跨度的径向相移。然后将 $|U(w,R)|e^{iw\theta_w(R)}$ 插入式（6.50）代替 $|V(w,R)|e^{iw\theta_w}$。

Kemp 和 Sears[136] 以及后续的其他学者（如最近的 Morfey[139]、Kaji 和 Okazaki[140]、Majigi 和 Gliebe[141]、Ventres 等[73-74]）已经将每一个二维个体尾流近似为局部变量(ξ_1,ξ_2)的 Gaussian 函数，其中 ξ_1 在流动方向上

$$u(\xi_1,\xi_2)=u_m(\xi_1)\exp\left[-\left(\frac{\xi_2}{\gamma_w}\right)^2\right] \tag{6.91}$$

其中[143]，中心线速度扰动为

$$\frac{u_{\mathrm{m}}(\xi_1)}{V_{\mathrm{a1}}}=\frac{-1.21C_{\mathrm{Ds}}^{1/2}}{\xi_1/C_{\mathrm{s}}+0.3} \tag{6.92}$$

而特征尾流宽度为

$$\frac{y_{\mathrm{w}}}{C_{\mathrm{s}}}=0.68\sqrt{C_{\mathrm{Ds}}(\xi_1/C_{\mathrm{s}}+0.15)} \tag{6.93}$$

式中：C_{Ds}为定子的拖力系数（黏性拖力加形式拖力）。随后，Muench[145] 和 Lynch 等[146-149] 在级联[143-144] 中的翼型和定子-旋翼叶片排内进行了尾流测量，他们指出，式（6.91）~式（6.93）通常是有效的。另见 6.6.3.2 节。Horner[150] 给出了一个很好的计算 C_{Ds}的公式

$$\frac{C_{\mathrm{Ds}}}{2C_{\mathrm{f}}}=1+\frac{2h}{C}+60\left(\frac{h}{C}\right)^4$$

式中：h/C 为该部分的厚度与弦比，以及

$$C_{\mathrm{f}}=0.43[\log R_{\mathrm{c}}-0.41]^{-2.64}$$

如图 6-27 所示，引起定子盘周围连续扰动速度函数 V 尾流的脉冲序列为

$$u(R,\theta)=u_{\mathrm{m}}(\xi_1)\sum_{l=1}^{V-1}\exp\left(-\pi\left\{\frac{R[\theta-\theta_{\mathrm{w}}-l(2\pi R/V)]}{y_{\mathrm{w}}}\right\}\right)^2\times \delta[R(\theta-\theta_{\mathrm{w}})-l(2\pi R/V)-\xi_2] \tag{6.94}$$

式中：θ_{w}为（径向变化的）尾流的扫掠角度。将其代入式（6.82），并将 ξ_1与翼型的跨度对齐，得到出现在式（6.50）的第 w 次尾流谐波一个指数 k 上的傅里叶求和

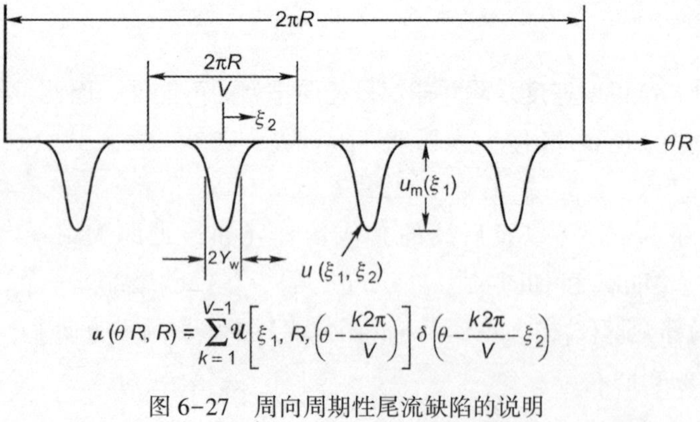

图 6-27　周向周期性尾流缺陷的说明

$$U(k,w,R)=\frac{1}{2\pi}\sum_{l=1}^{v-1}\mathrm{e}^{\mathrm{i}w[\theta_w+l(2\pi/V)]}\frac{1}{R}\int_{\xi_w}u_m(\xi_1)\mathrm{e}^{-\pi(\xi_2/y_w)^2}\mathrm{e}^{-\mathrm{i}(w/R)\xi_2}\mathrm{d}\xi_2$$

$$=u_m(\xi_1)\mathrm{e}^{\mathrm{i}\nu\theta_w}\frac{V}{2\pi R}\int_{-\infty}^{\infty}\mathrm{e}^{-\pi(\xi_2/y_w)^2}\mathrm{e}^{-\mathrm{i}(w/R)\xi_2}\mathrm{d}\xi_2\delta(kV\pm w) \tag{6.95}$$

速度缺陷上的积分限制已从总宽度 ξ_w 改为无穷大，因此可以使用闭式积分。只要尾流很薄，即 $2y_w \gg S_s=2\pi R/V$，这在形式上是正确的。结果为（参数文献［152］，第 480 页）

$$U(k,w,R)=u_m(\xi_1)\mathrm{e}^{\mathrm{i}w\theta_w}\left(\frac{Vy_w}{2\pi R}\right)\exp\left[-\frac{1}{\pi}\left(\frac{1}{2}\frac{wy_w}{R}\right)^2\right]\delta(kV\pm w) \tag{6.96}$$

这种关系，见图 6-12，随着尾流变细，y_w/R 减小，高阶谐波增强。从式（6.85）中可以看出，y_w^2 随叶片拖力系数的减小而减小。这意味着辐射声对 C_{Ds} 的依赖性很强（接近指数）。

由出现在式（6.58）和式（6.59）的 $f_{1,w}$ 和 $f_{\theta,w}$ 项中的 w_{th} 迸发谐波 $L'_w(R, wC/R,k)$ 引起的单位跨度升力，由式（6.53）和式（6.59）给出，即

$$L'_w\left(R,\frac{wC}{R},k\right)=\rho_0\pi C(\Omega R)u_m(d')\mathrm{e}^{\mathrm{i}w\theta_w}W(w)\delta(kV\pm w)S\left(\frac{wC}{2R}\right) \tag{6.97}$$

式中：$u_m(d')$ 在流向间距 d' 处进行评价，且指数范围为 $-\infty<k<\infty$ 和 $-\infty<w<\infty$。$S(wC/R)$ 是通常的升力响应函数（无限长宽比下的 Sears 函数），以及

$$W(w)=\frac{Vy_w}{2\pi R}\exp\left(-\frac{1}{\pi}\left(\frac{1}{2}\frac{wy_w}{R}\right)^2\right) \tag{6.98}$$

是尾流缺陷的波数谱。将式（6.97）代入式（6.55），我们发现 V 入口导流叶片的 k_{th} 谐波所产生的偶极子声压，每一个单独的尾流处都有一个 w_{th} 谐波，因此

$$[P(\boldsymbol{x},\omega)]_{m,w,k}=\frac{-\mathrm{i}wB}{4\pi c_0 r}J_{mB-w}(mBM_1\sin\beta)\exp\left[\mathrm{i}\left(k_0 r+(mB-w)\left(\theta-\frac{\pi}{2}\right)\right)\right]\times$$

$$[\rho_0 u_m(d')\Omega R_T C R_T \pi]\left\{\cos\gamma\cos\beta+\sin\gamma\left(\frac{mB-w}{mBM_1}\right)\right\}\times$$

$$\mathrm{e}^{\mathrm{i}w\theta(R_1)}W(w)S(wC/2R_1)\delta(\omega-mB\Omega)\delta(kV\pm w) \tag{6.99}$$

式中：$\omega=mB\Omega$，$M_1=\Omega r_1/c_0$。净压力 $P_a(\boldsymbol{x},\omega)$ 由上述展开式中的所有叶片阶数 $-\infty<m<\infty$ 和所有尾流阶数 $-\infty<k<\infty$ 相加而得（式（6.63））。这就给出了一个频率上的谐波阶数序列。圆周速度和半径上的积分已经被典型半径（通常在中跨附近取 $r_1=0.7R_T$）的积分值所取代。函数 $W(k)$ 由式（6.98）给出

或者若使用了式（6.83）的替代性尾流缺陷，则采用等效关系。

根据式（6.85）的参数，式（6.99）表明，最低阶声压 $k=mB$ 可以取决于定子拖力系数和间距弦比，如

$$p_{mB,m}(\boldsymbol{x},\omega)\propto C_{\mathrm{Ds}}\frac{(2d'/C_{\mathrm{s}}+0.15)^{1/2}}{2d'/C_{\mathrm{s}}+0.3}\exp\left[-\left(\frac{0.16C_{\mathrm{s}}}{R_{\mathrm{T}}}\right)^2C_{\mathrm{Ds}}\left(\frac{2d'}{C_{\mathrm{s}}}+0.15\right)(mB)^2\right] \tag{6.100}$$

这表明压力谐波 $p_{mB,\mathrm{m}}$ 直接减小，上游叶片的拖力系数减小，且对间距 d'/C_{s} 的依赖性稍弱。与式（6.88）比较，由于式（6.100）中系数 $(0.16)BC_{\mathrm{s}}/R_{\mathrm{T}}(C_{\mathrm{Ds}}^{1/2})<1$，与 $\pi\sigma_{\mathrm{rs}}\approx\pi$ 相比，因为 $S_{\mathrm{r}}\approx S_{\mathrm{s}}$（式（6.88））潜在相互作用对轴向间距的依赖性更强；对于 $d'>C_{\mathrm{r}}/2$，黏性相互作用的声音占主导地位。

图 6-28 是理论上确定的叶片排中单个叶片对黏性尾流和上游定子组势场的响应比。它表明，当间隙增加到定子弦的 1/2 时，相互作用变得主要受黏性尾流的影响。这一结果在众多的实验结果与 Kaji 和 Okazaki[140] 对一对叶片排的数值分析结果中也得到了证实，如图 6-29 所示。他们计算了二维旋翼-定子组合上下游辐射的远场声压，并考虑了偶极子与旋翼和定子叶片表面之间的空气动力与声学干扰。注意，由于旋翼-定子力分量的部分干扰，上游辐射和

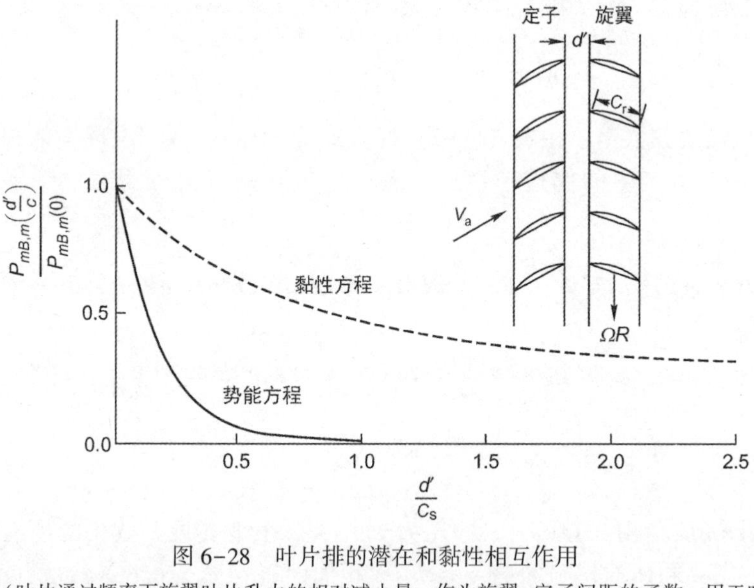

图 6-28　叶片排的潜在和黏性相互作用

（叶片通过频率下旋翼叶片升力的相对减小量，作为旋翼-定子间距的函数，用于叶片排的潜在和黏性相互作用。$C_{\mathrm{s}}=C_{\mathrm{r}}=S_{\mathrm{r}}=S_{\mathrm{s}}$，$m=1$，$B=10$，$C_{\mathrm{Ds}}=0.02$，$D=R_{\mathrm{T}}/6$）

下游辐射是不同的。Heatherington[137] 也发现了流体上游和下游净力的类似区别。从这些比较中得出结论，当 $S>C/2$ 时，声学预测可能只包括一级的黏性相互作用。

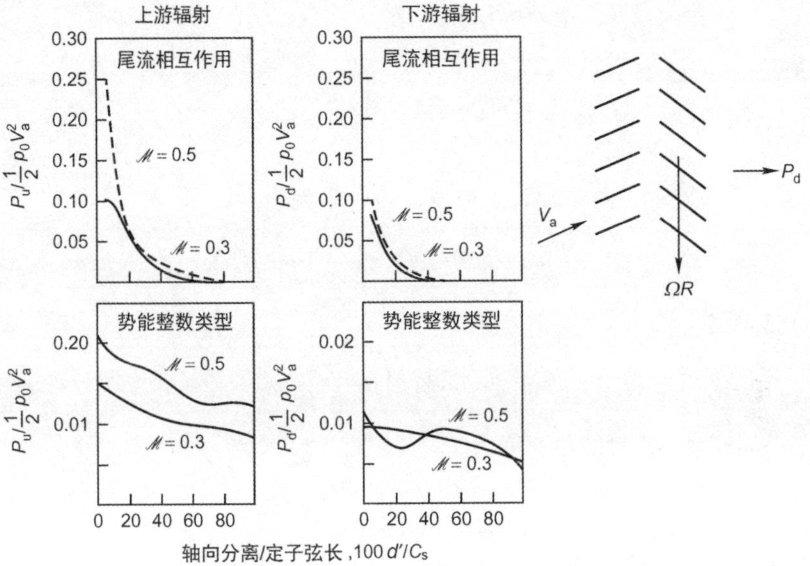

图 6-29　轴向分离（$S_s=S_r=1.0$，$m=n=1$）对旋翼-定子组合上下游辐射声的影响（$-C_s=0.02$，$\theta=30°$。资料来源：Kaji S，Okazaki T. Generation of sound by rotor-stator interaction. J Sound Vib 1970；13：281-307[140].）

如式（6.99）表明，正如 6.4.2 节所讨论的那样，对声场最重要的贡献来自 $n=mB=kV=0$ 的所有声模式，特别是在低马赫数时。即使当 $n=mB\pm kV\neq 0$ 时，见图 6-14，也会有大量的辐射。然而，这种辐射表现为

$$|k_0R_1\sin\beta|^{mB\pm kV}=|mB(R_1/R_T)M_T\sin\beta|^{mB+kV}$$

对于 $k_0R_T<1$，其中 r_1 为有效源半径。

对式（6.99）的检查揭示了除 6.2.3 节和 6.42 节以及图 6-10 所示模式的切入特征，还有旋转模式的存在。每个模式的声压时间变化，比如说 $p_{mB,kV}(\boldsymbol{x},t)$ 的行为就像有两个角旋转的模式。在这种情况下，可以通过 $\mathrm{J}_n(\xi)=\mathrm{J}_{-n}(-\xi)$ 来量化声辐射的这些旋转模式，因此，式（6.99）可以重新排列，将 m，$w>0$ 和 m，$w<0$ 的项与 m 和 w 符号相反的项分别合并。这允许重新排列式，得出总声压（简化小桨距 $\gamma\approx 0$）

$$\frac{p_{\mathrm{a}}(\boldsymbol{x},t)}{\rho_0(\Omega R_{\mathrm{T}})^2R_{\mathrm{T}}^2}=\sum_{m=1}^{\infty}\frac{BR_{\mathrm{T}}}{2\pi r}\left[\frac{u_{\mathrm{m}}(d')}{\Omega R_{\mathrm{T}}}\right]\left(\frac{R_1}{R_{\mathrm{T}}}\right)^2\frac{C}{R_{\mathrm{T}}}mB_{\mathrm{T}}\sum_{k=0}^{\infty}W(kV)S\left(\frac{kVC}{2R_1}\right)\times$$
$$\{\sin[k_0r+(mB-kV)(\theta-\pi/2)-mB\Omega t+k\theta_{\mathrm{k}}]\times$$
$$J_{mB-kV}(mBM_1\sin\beta)+$$
$$\sin[k_0r+(mB+kV)(\theta-\pi/2)-mB\Omega t+k\theta_{\mathrm{k}}]\times$$
$$J_{mB+kV}(mBM_1\sin\beta)\}$$
(6.101)

这个结果显示了两个旋转的声波，一个表现为

$$\sin\left[(mB-kV)\left(\theta-\frac{\pi}{2}\right)-\omega t\right]$$

另一个表现为

$$\sin\left[(mB+kV)\left(\theta-\frac{\pi}{2}\right)-\omega t\right]$$

其中，$\omega=mB\Omega$。各自的角速度为

$$\frac{mB\Omega}{mB-kV}\text{和}\frac{mB\Omega}{mB+kV}$$

因此，一个波的转速比 Ω 快，另一个波的转速比 Ω 慢。根据数字 mB 和 $kV(=w)$，较快的旋转模式 $mB\Omega(mB-kV)^{-1}$可以以与旋翼相反的方向旋转。

除黏性上游尾流与叶片排之间的相互作用形式与本节问题有些类似。其中一种这样的相互作用是由于下游旋翼通过上游定子的约束性二次流涡旋结构（如 Lakshminarayana 等[152]和 Trunzo 等[153]）在单级螺旋桨风机和多级涡轮风机中都很重要的。第二种相互作用是上游旋翼的尖端涡流对下游定子的冲击[154-156]。在自动冷却风扇的叶片尖端周围放置一个条带，在这种情况下，这种相互作用被抑制了[157]。旋转带可以防止在旋翼和静止护罩之间的间隙中产生涡流。在应用于涵道风扇时，Sutliff 等[158]探讨了尾缘吹扫，Kota 和 Wright[159]利用上行尾流失真加入取消谐波，选择性地去除交互音调。

6.6.1.2　直升机噪声中的叶片-涡流相互作用

如图 6-30 所示，当叶片通过靠近前叶片的尖端涡流时，在向前飞行中会发生相关的叶片拍击或斩击。迸发是由近似涡旋的感应场引起的，如图 6-30（b）所示。在给定的旋翼半径下，入射的迸发以短而明确的时间间隔发生，作为一系列脉冲，这就在圆周波数谱中产生了谐波内容（图 6-31）。该扰动场的响应 $L'_{\mathrm{w}}(R,wC/R)$是由式（6.61）和式（6.63）计算所必需的力系数，可按上一节的规定确定。许多人对此进行过复杂程度不一的分析，利用圆周模式分解作为

起点，其中有 Leverton 和 Taylor[160]、Widnall[161]、Filotas[162]、Hosier 和 Ramakrishnan[163]、Koshnik 和 Schmitz[164]、Bres 等[165]，以及 Glegg 等[166-167]也研究了叶片-涡旋相互作用引起的宽带噪声。Widnall[161]的分析也包括有限叶片马赫数的影响和声音指向性与功率的测定，但它不包括有限叶片长宽比的影响。Filotas[162]虽包括这些影响，但发现相对于叶片弦，与涡旋倾角的影响相比，这些影响相对较小。由于直升机的坚固性较低，每个叶片的载荷可分别考虑。涡旋-叶片黏性相互作用已被 Paterson 等[168]单独作为当涡旋和升力面都静止时的噪声源。需要注意的是，旋翼叶片的存在会改变遇到的涡流强度。参考的分析不包含任何前进叶片对涡流强度的修改。

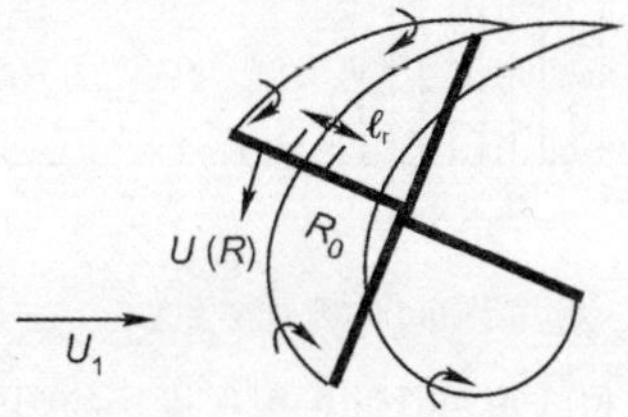

(a) 叶片拍打时的叶片-涡流相互作用

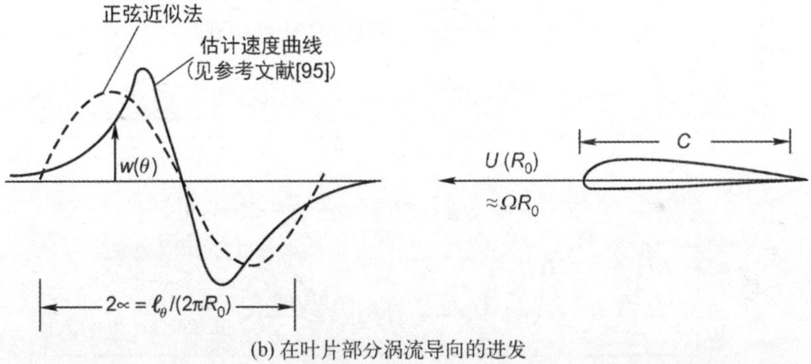

(b) 在叶片部分涡流导向的迸发

图 6-30　引起旋翼叶片冲击载荷的叶片-旋涡相互作用的理想化状态

Leverton 和 Taylor[160]测量了旋翼塔中的叶片拍击噪声，其中涡流的下冲是由两个方向相反、方向垂直于旋翼平面的平行空气射流的速度场模拟的。叶片在通过稳速缺陷时，经历了一次次的瞬时加载，并产生了拍击声，密切模拟了直升机发出的声音。迸发的弦向变化类似于单周期正弦波，见图 6-31（a）。测得的噪声谱如图 6-32 所示。

为了说明这类噪声的显著特征，我们采用了入射流的简化模型，尽管更精确的分析必须考虑到涡流的前进速度和相对于前进叶片的实际倾角。入射周期性迸发场的圆周波数变换是一系列每转的 V 脉冲，其中 V 随后将被设为等于 1：

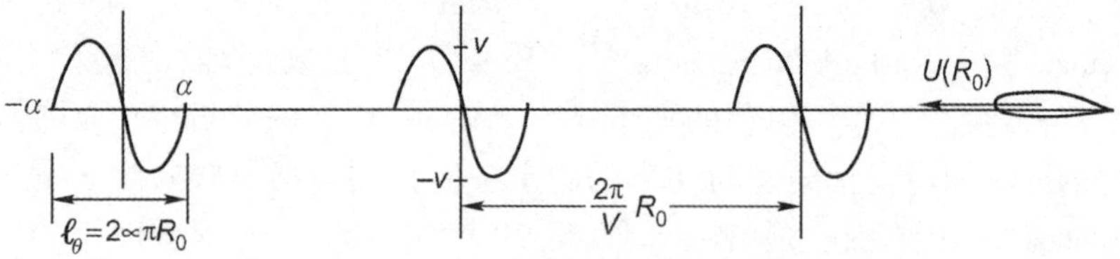

(a) 由 ± v 的单周期正弦扰动载荷的迸发配置

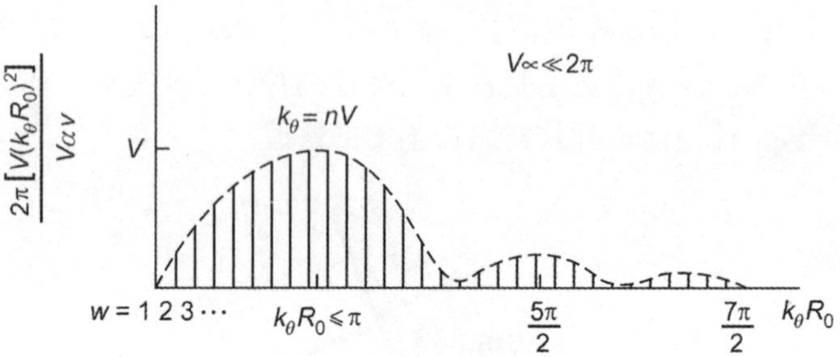

(b) 用于图(a)的圆周波数谱

图 6-31　单独的正弦脉冲入射速度场的圆周谐波

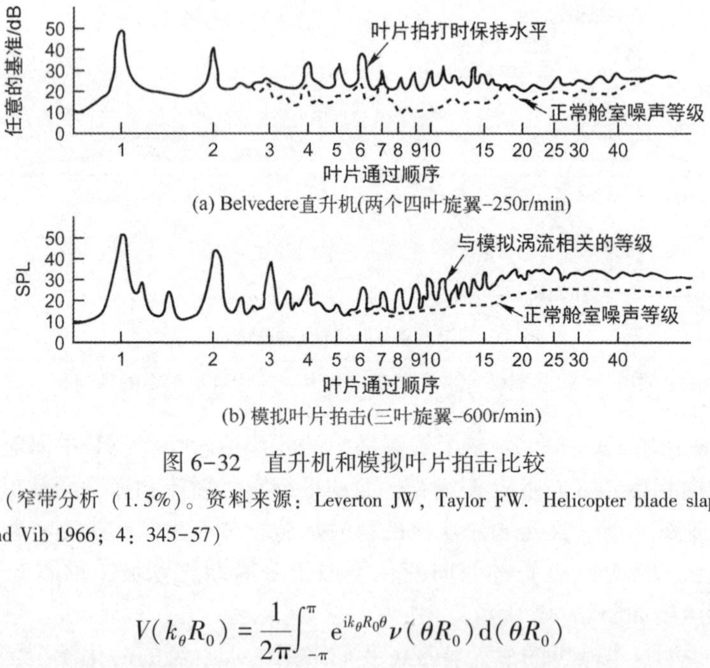

(a) Belvedere直升机(两个四叶旋翼–250r/min)

(b) 模拟叶片拍击(三叶旋翼–600r/min)

图 6-32　直升机和模拟叶片拍击比较

（窄带分析（1.5%）。资料来源：Leverton JW，Taylor FW. Helicopter blade slap. J Sound Vib 1966；4：345-57）

$$V(k_\theta R_0)=\frac{1}{2\pi}\int_{-\pi}^{\pi}\mathrm{e}^{\mathrm{i}k_\theta R_0\theta}\nu(\theta R_0)\,\mathrm{d}(\theta R_0)$$

其中，我们著述，代替式（6.94），如图 6-31 所示的脉冲，

$$V(\theta R_0)=\sum_{l=-\infty}^{\infty}\nu\sin\left[\left(\frac{\pi}{a}\right)\theta'\right]\delta\left(\theta-\frac{12\pi}{V}-\theta'\right),\quad -\alpha<\theta'<\alpha \tag{6.102a}$$

见图 6-30（a），迸发场是以 R_0 为半径，以 ℓ_r 为增量半径的。取代式（6.96）的波数谱为

$$V(k_\theta R_0)=\sum_{l=-\infty}^{l=\infty}\frac{V\alpha v}{2\pi}\delta(k_\theta R_0-lV)\left[\frac{\sin(k_\theta R_0\alpha-\pi)}{k_\theta R_0\alpha-\pi}-\frac{\sin(k_\theta R_0\alpha+\pi)}{k_\theta R_0\alpha+\pi}\right] \tag{6.102b}$$

式中：l 为整数，见图 6-31，平均升流为零，这就说明了 $k_\theta R_0=lV=0$ 处的消失脉冲。当 $k_\theta R_0 a=lV$，$\alpha\approx\pi$，$5\pi/2$，$7\pi/2$ 时，出现幅度最大的谐波。

让 $lV=w$，我们可以用式（6.102b）代替式（6.50）中的 $U(w,R)$，以给出叶片上每单位跨度的相关升力。如果遇到旋涡叶片的展向段为 $\ell_r\gg R_0$（图 6-30（a）），那么我们可以通过 $R=R_0$ 处的积分值乘以区间 $dR=l_r$，近似于式（6.61）中的积分。准确地说，相关的声场由式（6.58）给出，但为了保持简单性，我们继续采用 Sears 函数响应，并检查当 B 叶片每转遇到一个涡旋（$V=1$）时，远离直升机旋翼中心的轴上（$\beta=0$）辐射（$R_H\ll R_0\leqslant R_T$）。因此，我们只对 $mB=w$ 的分量感兴趣，其 mB 谐波的声压为

$$\overline{p_a^2}(r,\beta=0,mB)=\frac{(mB)^2}{16}\rho_0^2\left(\frac{C}{r}\right)^2\left(\frac{\ell_r}{R_0}\right)^2\frac{U^4v^2}{c_0^2}\left|\frac{V(mB)}{v}\right|^2 \tag{6.103}$$

或在频率 $\omega=mB$。降低的频率 $k_1C=mBC/2R_0$ 远小于 1，所以可以给 Sears 函数取值为 1。

式（6.103）和图 6-31 表明，由于瞬态性能，高频率下的声强（$mB\gg1$）明显，与旋转周期 Ω^{-1} 相比，持续时间较短。利用数量级值，设 $\alpha\approx2\pi/20$，每转一圈有一个脉冲，即 $V=1$；因此对于 $R_0k_\theta\alpha=lV\alpha=\pi$ 的条件，我们有 $lVa=2\pi(l/20)=\pi l/10$。然后，声级峰值在 $l=10$ 附近的谐波附近。在图 6-1 和图 6-32 中，我们看到高阶叶片频率谐波的声级，随着谐波阶数的增加，其声级超过了旋转噪声（Gutin 声）。

若扰动速度 v 随速度 $U(R_0)$ 的增加而增加，则式（6.103）显示了众所周知的 $[U(R_0)]^6$ 速度对给定谐波阶的偶极子声的依赖性。随着叶片的弦线或旋涡的跨度 ℓ_r 的减小，声级也会降低。对于给定的旋转速度 $U(R_0)$，可以通过减小 v 或乘积 va 来减小声音。后一个噪声控制参数与尖端涡旋的强度变化相同，因为涡旋中的环流与最大环流速度 v 和核心尺寸 l_θ 或 vl_θ 的乘积成正比。

6.6.1.3 相邻叶片的影响，不可压缩的级联效应

虽然上述分析给出了叶片排级发出的交互音的许多显著特征，但许多细节被忽略了。如前所述，一排叶片之间和相邻排叶片之间会发生声学与空气动力学干扰。已经开发了许多无形流数值方法来全面处理这些相互作用（如参考文献［19，169-176］）。具体内容远远超出了本书的范围，这里只提供一些描述性的说明。几乎所有这些数值方法都涉及二维级联模型，由于航空声学界对多级轴流机感兴趣，所以工作主要由航空声学界开展。

由于相邻叶片上的不稳定载荷而引起的诱导不稳定速度场对叶片的影响，对不可压缩理论的第一次改进涉及在二维级联中。Sisto[177] 和 Whitehead[170,178-179] 最早的工作是应用于振动和颤动问题。流动被认为是二维的，叶片被认为是零迎角零厚度的无凹槽平板。相邻叶片的影响被模拟为代表相邻叶片的线涡阵列对控制叶片产生的速度。该方法后来被 Henderson 和 Daneshyar[180] 应用于迸发响应问题，Henderson[181] 也考虑了小迎角下倾角对薄型翼型的影响。Horlock 等[182] 给出了低频下各种级联预测方法的比较。

随后，对计算的迸发响应进行了实验验证，得到了一个由尾流屏产生的周向周期性扰动下游的旋翼[120-122]。第一次确认[181] 是利用下游平均总压力的测量间接推导出叶片环流；在随后的测量中[183-184] 确定了旋翼叶片上的总平均波动升力和力矩。从图 6-33 可以看出叶片干涉的重要特征，来自 Henderson[184]。第一种效应发生在零附近降低频率，$\omega C_r/2U_T\to 0$（其中 U_r 为叶片的平均速度）。随着间距与弦比 S_r/C_r 的减小，不稳定的升力系数变得小于绝缘表面情况下的预测值（$S_r/C_r\to\infty$）。为了将其与图 6-8 中旋翼实度对稳定载荷的影响联系起来，我们注意到 $S_r/C_r=1.35$ 大致对应于 $\mathrm{EAR}\approx 1.4\times(1.35)^{-1}\approx 1$。这就导致了在低降低频率时升力的降低，这样 $|C_L(S_r/C_r=1.35)|\approx 0.4\,|C_L(S_r=\infty)|$。这与图 6-8 所示的稳定推力减少的幅度相当，即 $k_T\sim 0.4(k_T)_\infty$。因此，似乎观察到的和计算的极低频率的叶片干扰与独立观察到的稳定螺旋桨载荷的减少是一致的。因此，当 $\omega C/2U_T>1$ 时，基于单独叶片的表面响应预测显然是对级联响应的合理粗略近似。

在叶片排的动态重合时，可以出现这种独立性的例外情况，也就是说，当干扰波长的整数 p，λ_s 变得等于响应排叶片间距时，在图 6-26 的术语中，这个条件是 $p\lambda_s=S_r$。相遇频率等于结果叶片速度 U_T 除以沿弦的轨迹波长 λ_{sc}，且 $\lambda_{sc}\sin\alpha_s=\lambda_s$，其中 α_s 为交错角。因此，减少的重合频率为

$$\frac{\omega C}{2U_T}=\frac{\omega C}{2\Omega R_T}\approx p\left(\frac{C}{2\Omega R_T}\right)2\pi\left(\frac{\Omega R_T}{\lambda_{sc}}\right)\approx \pi p\left(\frac{C}{S_r}\right)\sin\alpha_s$$

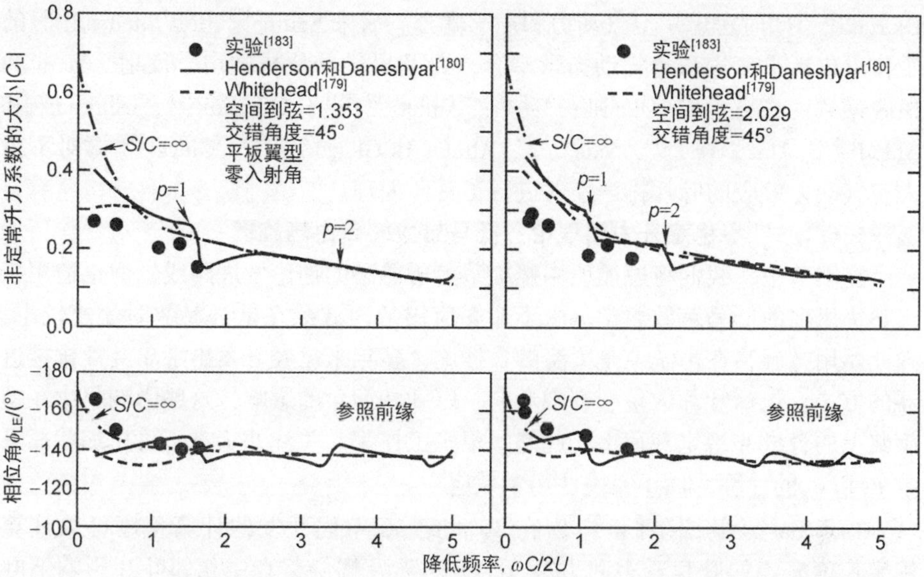

图 6-33　二维级联的不稳定升力系数与降低频率关系的预测和实验

（资料来源：Bruce EP, Henderson RE. Axial flow rotor unsteady response to circumferential inflow distortions. Proj Squid Tech Rep No PSU-13-P. Lafayette, Indiana: Proj Squid Headquarters, Therm Sci Propul Cent, Purdue Univ; 1975.）

这些频率对应于图 6-33 中的箭头 $p=1$，2，在这些点上，存在着 Kemp-Sears 理论无法估计的升力幅度和相位的扰动。因此，级联中的升力面不再单独响应（如前面所有章节中的假设），反而变得略微耦合。然而，这种影响对于 $\omega C/2U_T<1$ 时最为重要。

对亚声速马赫数的二维理论进行了额外的改进，考虑了有限厚度和弧度、重载荷和有限迎角、扫掠、Atassi 和 Hamed[189]、Peake[190]的影响，考虑了迸发的跨度非均匀性和声散射。例如，见 Goldstein 和 Atassi[185-186]、Atassi 和 Akai[187-188]、Glegg[158]、Atassi 和 Hamed[189]、Peake[190]。Montgomery 和 Verdon[77]、Verdon[16]、Elhadidi 和 Atassi[76]以及 Atassi 等[191]已经将三维级联分析制定为 Euler 求解器。Logue[16,193-194]、Atassi 和 Logue[169,195,18]等也对线性二维和三维环形级联进行了比较研究。三维度的一个重要影响是平滑了叶片排在重合频率处的荷载响应峰值，$\omega C/2U_T=\pi p(C/S_r)\sin\alpha_s$，这些出现的原因是图 6-33 的迸发响应曲线的撞击。大涡流模拟结果已由 Golubev 等发表[20,196,21,197]。

6.6.1.4　叶片排的声学干扰

前面的研究只考虑了叶片和排间不可压缩的耦合。如前所述，Kaji 和

Okazaki[140]同时考虑了空气动力和声学耦合。后来Smith[197]和Whitehead[198]的工作也包括了声学和空气动力学耦合，以及提供叶片排的声学反射。Mani和Horvay[199]、Kaji和Okazaki[200-201]、Amiet[202-203]、Elhididi[75]、Elhididi和Atassi[76]、Atassi等[191]、Amiet[12]、Attalla和Glegg[204-205]、Glegg[206]等对不考虑空气动力效应的叶片排声反射进行了具体处理。

6.6.1.5 不稳定升力面理论：低马赫数的自由场旋翼

在本节中，我们将遵循船用螺旋桨界所熟悉的理论发展路线，但也适用于声学小风扇的低马赫数声学。由于船舶应用的声波数在低马赫数时流速较小，因此船用螺旋桨在声学上是紧凑的。据此，多年来已经开发出了单叶片排推进器的方法，包括叶片数量、有限弯曲、厚度和迎角的影响，这些影响集中在螺旋桨上的合成非稳定载荷上。此外，很多工作都是关注非稳态不可压缩载荷系数F_1和F_θ的计算，而不是关注声学效应。

Tsakonas及其同事们[207-211]在20世纪60年代开发的计算程序可以计算规定速度来流的叶片升力和力矩。该方法涉及螺旋桨盘中相邻叶片影响下叶片的三维迸发响应。多年来，随着数值方法的进步，主要是通过Kerwin和他的许多同事（参考下文）的努力，对更高的频率和来流的谐波产生了兴趣。这些方法所得到的结果，一般来说，与对一系列降低频率（$\omega C_0 75/2\Omega R_{075}$，其中$C_{0.75}$和$R_{0.75}$为$0.75R_T$时的螺旋桨叶片弦和半径）和扩大面积比达到0.6时的非稳态轴向力和横向力的测量结果有良好的一致性。Boswell和Miller[51]对三叶螺旋桨在三周期和四周期尾流屏进行了实验。此外，Brown[211]还利用四叶螺旋桨的四周期来流进行了测量。用专用的流量调节器产生了来流谐波。

Kerwin及其同事们[20-25,212-213]开发的数值方法、Boswell等[25]，以及Breslin等[214]计算螺旋桨叶片上的非稳态压力分布，这是Kerwin和同事们[48,215-217]在20世纪60年代开发的数值技术的延伸。最近的发展[216-217]允许在计算螺旋桨非稳定力时包括涵道。Breslin等[214]描述的数值方法解释了可能发生在舰船螺旋桨叶片上的任何片状空化的不稳定动态（见1.4.2节）。这些升力面的计算包括了三维流动中有限凸度和厚度的影响。在随后的发展中，该理论已经扩展到计算叶片上的时变空化模式。

如图6-34所示是一个早期的经典例子，说明了升力面理论对预测不稳定力的功效，特别是对低长宽比叶片（大EAR）。在EAR=0.3、0.6和1.2的情况下，还给出了三叶螺旋桨上叶片通过频率（$m=1$）的不稳定轴向力的测量结果。来流的是三周期的速度缺陷，是用上游的尾流产生屏生成的。尾流和螺旋桨都没有被扫到。相应地，非稳定推力的振幅是稳定推力的重要部分。非稳态推力系数表示为$(\widetilde{k}_T)_{mB}$，与稳态推力系数 k_T 的比值。与 Tsakonas 及其同事们[208-209]利用测量时正在发展的三维提升面理论（1968 年）计算的数值有良好的一致性。Kerwin 及其同事们最近的一个发展结果（Kerwin 和 Lee[213]、Breslin 等[214]）也与测量结果非常一致。这些数值方法需要输入螺旋桨的几何形状、从模型船体后面的尾流调查中获得的进入螺旋桨的三维速度矢量，以及螺旋桨的工作特性。也许在实际情况下计算不稳定力的能力中，最重要的限制是来流谐波的评价。这些都必须在模型试验中获得，并且会受到测量误差以及模型尺寸对全尺寸缩放调整的不确定性。模型一般都是按全尺寸的 1/30 来计算的。世界上各舰船螺旋桨设计和试验机构还开发了其他数值方法。最近，Boswell 等[218]对舰船应用的各种升力面数值技术进行了严格的审查和比较。在航空预测技术中，Euler 优于势能流动技术[19,77,169,173,175]，以便最终计算高速下涵道和开放旋翼的声音。

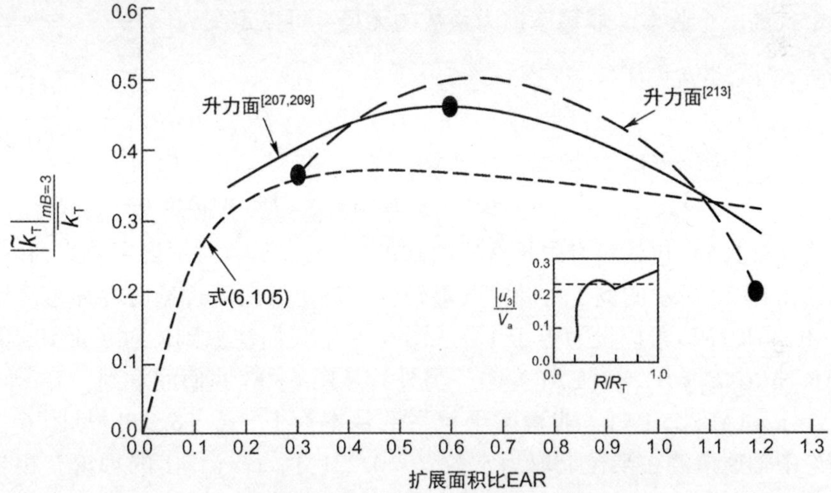

图 6-34 升力面比较

（根据近似二维失稳理论和全三维升力面理论计算的三叶片螺旋桨在叶片通道处的失稳推力（$m=1$），均与螺旋桨在三周期来流中的测量值（点）进行了比较。$P_i/D=1.07$，$J=0.83$，尖端处 $u_3/V_a=0.24$，$k_T=0.13$）

一些升力面技术既需要投入大量的计算资源，又需要大量的来流谐波数据的获取。但往往需要对设计参数变化的影响进行粗略的数量级估计，并计算湍流摄动噪声。进行估算的方法之一是采用二维带状理论的非稳态推力系数闭式表达式，但带状理论结果必须对叶片-叶片感应作用进行调整。鉴于切片理论在计算宽带湍流摄噪方面的效用，我们将在本章中研究这种方法。让不稳定轴

力的 m_{th} 谐波为 $T_m(t)$，则结合式（6.28）、式（6.57）和式（6.69），然后从 $0<R<R_T$ 进行积分，可以得到

$$T_m(t) \approx \frac{\pi^2}{2}\rho_0 \Omega R_T \overline{U}(mB) R_T^2 \cos\overline{\gamma}\cos[mB(\theta_w - \Omega t)] \times \frac{\mathrm{EAR}}{(1+mB\pi^2 \cdot \mathrm{EAR}/B)^{1/2}} \times \frac{1}{1+3\pi \mathrm{EAR}/B} \times I_a(\mathrm{EAR}, mBC/R_T) \tag{6.104}$$

对于 $mBC/R_T<1$，其中 $I_a(\mathrm{EAR}, mBC/R_T)$ 代表叶片-叶片相互作用引起的 $T_m(t)$ 的减少（图 6-8），以及 $\overline{\gamma}$ 和 $\overline{U}(mB)$ 代表径向平均叶片桨距和速度谐波。第二行的第一项是 6.3.2 节的二维 Sears 函数。已经使用了式（6.28）和式（6.29）来表示由式（5.29）给出的 Sears 函数的论证，以表示有限长宽比的影响。近似关系，如式（6.104）在目前的数值方法发展之前已经被使用[208,219-220]。在 6.3.3.3 节中，当我们举例说明这个理论的工业应用时，将使用这个式的一个版本。非稳态推力系数的无尺寸可以定义为

$$|\widetilde{k}_T|_m = |T_m|/\rho_0 n^2 D^4$$

$$\approx \frac{\pi^3}{8}\frac{\overline{U}(mB)}{V_a} J\cos\overline{\gamma}\frac{\mathrm{EAR}}{(1+mB\pi^2 \cdot \mathrm{EAR}/B)^{1/2}} \times \frac{I_a\left(\mathrm{EAR}, \dfrac{mBC}{R_T}\right)}{1+3\pi\mathrm{EAR}/B} \tag{6.105}$$

式（6.105）包括对有限长宽比的修正和 Sears 函数对不稳定效应的表达。考虑到图 6-34 所示的例子中叶片数量较少，对于低实度含量的叶片干涉系数 $I_a(\mathrm{EAR}, mBC/R_T)$ 可以设为等于 1。从图 6-8 中我们注意到，对于 $\mathrm{EAR}<0.3$，$I(\mathrm{EAR}, mBC/R_T=0) \approx I(\mathrm{EAR}) = 1$。另外，从图 6-33 我们注意到，对于 $\omega C/(2U) \approx \pi m\mathrm{EAR}/2>1$ 时，非稳态干扰系数基本为 1。式（6.97）见图 6-34，与理论中轴速谐波在半径上取为常数（$=0.22V_a$），$\cos\overline{\gamma}_T = 1$ 的理论有相当好的一致性。

6.6.2　湍流来流

确定性载荷的分析处理可以扩展到研究对湍流场的响应。在本节中，我们将考虑在湍流中的无涵道旋翼的声音，在 6.7.1 节中应用于涵道风扇。用于预测的理论模型的结构可以通过将 5.3.2 节的结果应用到随机来流失真中。Sevik[221] 已经进行了这样的应用，他考虑了湍流尺度小于叶片间距的情况，因此认为叶片单独对湍流做出反应；Chandrashekhara[222] 只研究了圆周相关长度大于叶片间距的情况；Mani[223]、Homicz 和 George[224] 以及 Amiet[225] 都考虑了旋翼力和湍流波数谱辐射的声音。现在用于模拟叶片行对湍流摄动响应的各种理

论方法和公式主要是单叶片或级联理论[57,226-248]。这些都是为无涵道风扇[226-235]、涵道风扇和定子[236-238,193-195,18,240-241]开发的，并通过旋翼[241-245]和单个叶片[246-248]的实验结果进行了验证。各向异性湍流来流是 Glegg 和各种同事的兴趣所在[235,249-251]。这里展示的理论或与之类似的理论也被 Aravamudan 和 Harris[103]、Homicz 和 George[224]以及 George 和 Kim[252]应用于直升机旋翼噪声。大气湍流喷射到涡轮风扇的噪声问题和湍流入口流动失真问题，Pickett[253]、Hanson[254]和 Clark[255]都以同样的方式进行了探讨。旋翼与二次入口流动扰动[256-257]和管壁边界层[256,258,97,102-103]相互作用产生的噪声也可以用这种方式进行检查。通过去除风道壁上的边界层[258]，在涵道风扇中显著降低了离散和随机水平的噪声。

旋翼响应的分析公式如下，考虑湍流波数的三维连续体，使我们的一个坐标轴与结果流入叶片的方向一致，如图 6-35 所示。因此，代替式（6.81）我们得到

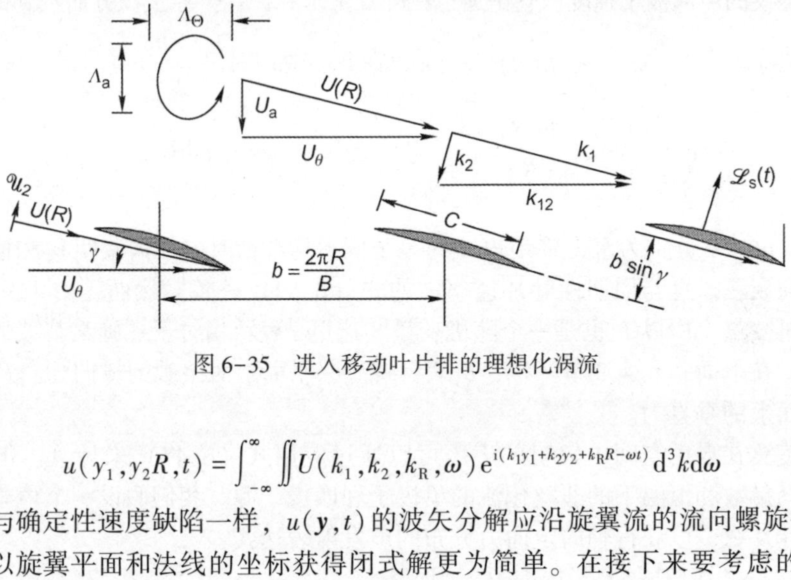

图 6-35　进入移动叶片排的理想化涡流

$$u(y_1, y_2R, t) = \int_{-\infty}^{\infty}\iint U(k_1, k_2, k_R, \omega)\,\mathrm{e}^{\mathrm{i}(k_1y_1+k_2y_2+k_RR-\omega t)}\,\mathrm{d}^3k\mathrm{d}\omega$$

与确定性速度缺陷一样，$u(\boldsymbol{y},t)$的波矢分解应沿旋翼流的流向螺旋排列，尽管以旋翼平面和法线的坐标获得闭式解更为简单。在接下来要考虑的情况下，假定扰动以冷冻方式对流经过叶片排，因此 $U(R)$是进入叶片排的合成速度。对于小桨距角 $\boldsymbol{\gamma}$，y_1方向与 θ 方向几乎重合。每个波数的促成作用可以参考 5th 叶片的前缘，通过重新排列，使得

$$u(\boldsymbol{y}, t; \boldsymbol{k}, \omega) = u(\boldsymbol{k}, \omega)\,\mathrm{e}^{\mathrm{i}(k_1\xi_1+k_RR-\omega t)}\,\mathrm{e}^{\mathrm{i}sb(k_1\cos\gamma+k_2\sin\gamma)}$$

根据切片理论，s_{th} 叶片单位半径的升力完全可以写成稍加概括的式（5.38）和用 $u_2(\boldsymbol{k},\omega)$代替$|U(w,R)|\mathrm{e}^{ik\theta w}$对式（6.57）的明显修改。

$$\frac{\mathrm{d}L_s(\boldsymbol{k},\omega,R)}{\mathrm{d}R}=\pi\rho_0 U(R)C(R)u_2(\boldsymbol{k},\omega,R)S_{2D}\left(\frac{k_1C(R)}{2},\frac{k_RC(R)}{2}\right)\times \mathrm{e}^{\mathrm{i}(k_RR-\omega t)}\mathrm{e}^{\mathrm{i}(k_\theta sb-s\theta_s(R))} \tag{6.106}$$

二维Sears函数由式（5.28），或式（5.29），或由式（5.33）的近似值或式（5.34）给出以适应局部偏斜（倾斜），k_1、k_2、k_R分别为与叶片在平均流、横流和径向上固定的波数，见图6-35。$\theta_s(R)$是螺旋桨叶片的径向相关偏斜角。这个式不同于式（5.38）和式（6.53），在横流波数的存在下，横流波数是决定螺旋桨盘周围叶片序列上升力矢量相位的一个因素。波数k_0在定格切向，$k_\theta b$代表前缘和半径R的叶片间相角，k_1和k_2在k_θ上的投影为$k_\theta=k_1\cos\gamma-k_2\sin\gamma$。式（6.106）与式（6.50）相同，除了存在叶片间相角。在式（6.106）中，进入叶片排的矢量流入速度为$U(R)$，合成速度为

$$U(R)=\sqrt{V_a^2+(\Omega R)^2}$$

由于$u_2(\boldsymbol{k},\omega)$湍流的促成作用，在半径$R$处叶片部分上的净轴向力$F_z$支配着螺旋桨的声偶极子强度。它是通过在叶片上求和，在半径上积分而找到的：

$$F_z(\boldsymbol{k},\omega)=\sum_{s=0}^{B-1}\int_{R_H}^{R_T}\pi_0 U(R)C(R)u_2(k,\omega,R)n_z(\gamma\cdot R)S_{2D}\left(\frac{k_1C(R)}{2},\frac{k_RC(R)}{2}\right)\times\cdots\times \exp\left(\mathrm{i}\cdot\left[k_\theta R\left(\frac{sb(R)}{R}-\theta_s(R)\right)+k_RR-\omega t\right]\right)\mathrm{d}R \tag{6.107}$$

式中：n_z和θ_s分别为水力桨距角（约等于低平均载荷时的几何桨距）和偏斜度的径向余弦。这与周期性叶片速率力的式（6.69）一致。然而，由于u_2是一个随机变量，所以F_z也是一个随机变量。这里z表示相对于螺旋桨桨毂的轴向坐标；在下面和6.4.3节一样，F_x表示螺旋桨平面上对桨毂的横向力，F_y表示该平面上的垂直力。

旋翼在自由空间中辐射的声压可以通过应用式（6.47）来计算，但忽略了低马赫数和恒温下的非空化流的单极子和四极子源。我们假设一个声学上紧凑的叶片弦，以获得轴向定向力分布的声发射表达式：

$$P_a(\boldsymbol{r},\omega)=\sum_{s=0}^{B-1}\int_{R_H}^{R_T}\left[\frac{\mathrm{i}\omega\cos\beta_s}{4\pi c_0|\boldsymbol{r}-\boldsymbol{R}_s|}\right]\pi\rho_0U(R)C(R)\times u_2(k,\omega,R)n_x(\gamma\cdot R)S_{2D}\left(\frac{k_1C(R)}{2},\frac{k_RC(R)}{2}\right)\times\cdots\times \exp\left(\mathrm{i}\cdot\left[k_\theta R\left(\frac{sb(R)}{R}-\theta_s(R)\right)+k_RR+k_0|\boldsymbol{r}-\boldsymbol{R}_S|-\omega t\right]\right)\mathrm{d}R \tag{6.108}$$

其中，螺旋桨盘平面上的$(R,\theta_s,0)$与观测场点$\boldsymbol{r}=(x,y,z)$之间的位置矢量为

$$|\boldsymbol{r}-\boldsymbol{R}_s|=\sqrt{(x-R\cos\theta_s)^2+(y-R\sin\theta_s)^2+z^2} \tag{6.109a}$$

而对观察者的余弦方向为

$$\cos\beta_z=\frac{z}{\sqrt{(x-R\cos\theta_s)^2+(y-R\sin\theta_s)^2+z^2}} \tag{6.109b}$$

在确定性载荷的情况下，非紧凑性（即$k_0R>1$）的影响已经在前面关于谐波失真声音的章节中详细讨论过。在湍流的情况下，这些非紧凑性的影响将平均自由空间格林函数中旋转模式的影响（这也是涵道风扇的情况，其中宽带波数平均了涵道的空间旋转模式，见 Elhadidi 和 Atassi[76] 及 6.6.4 节）。然而，随着旋转马赫数的降低，这些模式并不持续，因此，非紧凑性的影响大大简化了（参见 Anderson 等[231]）。因此，对一阶来说，这些效应仅限于相对于旋翼半径的对流空间尺度。假设一个声学上紧凑的旋翼，对于$k_0R<1$的情况下，式（6.108）还原成一个声学上紧凑的偶极子，并在旋翼桨毂上施加一个力，参见第 1 卷的式（2.75）：

$$P_a(\boldsymbol{r},\omega)=\left[\frac{\mathrm{i}\omega(F_z(\boldsymbol{k},\omega)n_z+F_x(\boldsymbol{k},\omega)n_x+F_y(\boldsymbol{k},\omega)n_y)}{4\pi c_0|\boldsymbol{r}|}\right]\mathrm{e}^{\mathrm{i}k_0r} \tag{6.110}$$

在这个表达式中：其他矢量力的影响现在被明确包括在内，其中方向余弦为

$$n_x=\frac{x}{r},\quad n_y=\frac{y}{r},\quad n_z=\frac{z}{r} \tag{6.111}$$

Subramania 和 Mueller[82] 已经通过实验证明了附着在这些方向余弦上和在这些分量下的噪声指向性，如 6.4.3 节所述。

对于声学紧凑型旋翼来说，表达式的简化使我们能够关注作为声源的非定常力特性。旋翼系统的基本特性在于旋翼叶片几乎与湍流尺度连续相互作用的方式。在旋转均匀的介质中，对B相同叶片阵列的求和只涉及指数函数，我们将其称为

$$A_z(k_\theta b)=\sum_{s=0}^{B-1}\mathrm{e}^{\mathrm{i}(k_\theta sb)} \tag{6.112}$$

其补充了确定性载荷情况下的求和，式（6.69）是具有解的几何级数之和

$$A_z(k_\theta b)=\frac{\sin\left(\dfrac{R}{2}k_\theta b(R)\right)\exp\left(\mathrm{i}(B-1)\left(\dfrac{1}{2}k_\theta b(R)\right)\right)}{\sin\left(\dfrac{1}{2}k_\theta b(R)\right)} \tag{6.113}$$

可以看出，式（6.113）可以视作式（2.53），该式如图 2-36 所示，并在图 6-36 中再次出现。在式（2.53）中使$N=B$且$b=L$时，可以看出等积。函

数 $|A_i(k_\theta b)|^2$ 表示旋翼几何参数在螺旋桨平面上旋转波数的空间滤波函数，是 k_θ 的连续函数。这种比较凸显了叶片采用入射湍流的影响作为连续“采样”的方式，并通过叶片的“空间滤波”作为圆形阵列，以此来揭示湍流的空间特征。在 $|A_z(k_\theta b)|^2$ 的情况下，B^2 级的波峰出现在波数 $k_\theta R=mB$ 处；在 $|A_x(k_\theta b)|^2$ 和 $|A_y(k_\theta b)|^2$ 的情况下，这些波峰出现在 $k_\theta R=mB\pm1$ 处。每个波峰的宽度为 $\Delta k_\theta=1/R$。在轴向力的情况下，在 $k_\theta b=\pi(2m-1)/B$ 的中间值处发现了小的峰值，在横向力和轴向力发现了类似的峰值。如果 $k_\theta R$ 取离散值，比如说入射速度缺陷的 w 次谐波，那么式（6.115）还原为式（6.69）。另外，$k_\theta R$ 是来流的周向阶数，在冻结周期来流失真的情况下，它等于 w。因此 $k_\theta b=2\pi w/B$ 或 $k_\theta R(2\pi/B)$ 是 6.4.1 节中讨论的连续变化的叶间相位角。

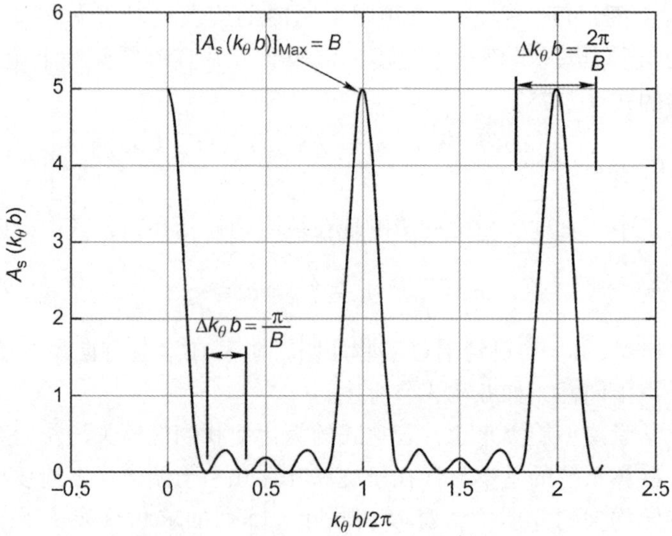

图 6-36　旋翼上的轴向力滤波函数示意图

（b 为叶片间距 $2\pi R/B$。在这个例子中，叶片的数量是 5）

现在处理其他矢量方向，分解到坐标方向 x 和 y 上的螺旋桨平面上的力为

$$F_x(\boldsymbol{k},\omega)=\sum_{s=0}^{B-R}\int_{R_H}^{R_T}\pi\rho_0 U(R)C(R)u_2(k,\omega,R)n_x(\gamma\cdot R)S_{2D}\left(\frac{k_1C(R)}{2},\frac{k_RC(R)}{2}\right)\times$$
$$\cos\left(s\frac{2\pi}{B}\right)\exp\left(\mathrm{i}\cdot\left[k_\theta R\left(\frac{sb(R)}{R}-\theta_s(R)\right)+k_RR-\omega t\right]\right)\mathrm{d}R \tag{6.114}$$

$$F_\gamma(\boldsymbol{k},\omega)=\sum_{s=0}^{B-1}\int_{R_H}^{R_T}\pi\rho_0 U(R)C(R)u_2(k,\omega,R)n_x(\gamma\cdot R)S_{2D}\left(\frac{k_1C(R)}{2},\frac{k_RC(R)}{2}\right)\times$$
$$\sin\left(s\frac{2\pi}{B}\right)\exp\left(\mathrm{i}\cdot\left[k_\theta R\left(\frac{sb(R)}{R}-\theta_s(R)\right)+k_RR-\omega t\right]\right)\mathrm{d}R \tag{6.115}$$

同理，横向力谱的滤波函数为

$$A_x(k_\theta b)=\frac{\sin\left(\frac{B}{2}\left[k_\theta b(R)+\frac{2\pi}{B}\right]\right)\exp\left(\mathrm{i}(B-1)\left(\frac{1}{2}\left[k_\theta b(R)+\frac{2\pi}{B}\right]\right)\right)}{2\sin\left(\frac{1}{2}\left[k_\theta b(R)+\frac{2\pi}{B}\right]\right)}+\cdots+$$
$$\frac{\sin\left(\frac{B}{2}\left[k_\theta b(R)-\frac{2\pi}{B}\right]\right)\exp\left(\mathrm{i}(B-1)\left(\frac{1}{2}\left[k_\theta b(R)-\frac{2\pi}{B}\right]\right)\right)}{2\sin\left(\frac{1}{2}\left[k_\theta b(R)-\frac{2\pi}{B}\right]\right)} \tag{6.116}$$

而对于垂向力谱，则是

$$A_y(k_\theta b)=\frac{\sin\left(\frac{B}{2}\left[k_\theta b(R)+\frac{2\pi}{B}\right]\right)\exp\left(\mathrm{i}(B-1)\left(\frac{1}{2}\left[k_\theta b(R)+\frac{2\pi}{B}\right]\right)\right)}{2\mathrm{i}\sin\left(\frac{1}{2}\left[k_\theta b(R)+\frac{2\pi}{B}\right]\right)}+\cdots+$$
$$\frac{\sin\left(\frac{B}{2}\left[k_\theta b(R)-\frac{2\pi}{B}\right]\right)\exp\left(\mathrm{i}(B-1)\left(\frac{1}{2}\left[k_\theta b(R)-\frac{2\pi}{B}\right]\right)\right)}{2\mathrm{i}\sin\left(\frac{1}{2}\left[k_\theta b(R)-\frac{2\pi}{B}\right]\right)} \tag{6.117}$$

通过 2.7.3 节的方法，我们可以找到螺旋桨上波动净力的频谱 $\Theta_{ij}(\omega)$，与随机力的平均值一样：

$$\Theta_{zz'}(\omega)=\int_{R_H}^{R_T}\int_{R_H}^{R_T}(\pi\rho_0)^2U(R)C(R)U(R')C(R')\cos(\gamma(R))\cos(\gamma'(R'))\times\cdots\times$$
$$\int_{-\infty}^{\infty}\int_{-\infty}^{\infty}\int_{-\infty}^{\infty}\Phi_{22}(\boldsymbol{k},\omega,R,R')S_{2D}\left(\frac{k_1C(R)}{2},\frac{k_RC(R)}{2}\right)\times$$

$$S_{2D}\left(\frac{k_1 C(R')}{2},\frac{k_R C(R')}{2}\right)^* dk_R dR dR' \times \cdots \times$$
$$A_z(k_\theta, b) A_z(k'_\theta, b')^* dk_1 dk_2 \tag{6.118}$$

$$\Theta_{xx}(\omega) = \int_{R_H}^{R_T}\int_{R_H}^{R_T} (\pi\rho_0)^2 U(R) C(R) U(R') C(R') \sin(\gamma(R)) \sin(\gamma'(R')) \times \cdots \times$$
$$\int_{-\infty}^{\infty}\int_{-\infty}^{\infty}\int_{-\infty}^{\infty} \Phi_{22}(\boldsymbol{k},\omega,R,R') S_{2D}\left(\frac{k_1 C(R)}{2},\frac{k_R C(R)}{2}\right) \times$$
$$S_{2D}\left(\frac{k_1 C(R')}{2},\frac{k_R C(R')}{2}\right)^* dk_R dR dR' \times \cdots \times$$
$$A_x(k_\theta, b) A_x(k'_\theta, b')^* dk_1 dk_2 \tag{6.119}$$

并且垂直方向 y 也一样，将式（6.119）中来流框架中频谱进行适当的替换。水动力桨距角的余弦和正弦分别出现在轴向力和横向力的式中，通过假设突发升流与增量半径 dR 不相关，来对这些式进行简化。这种相关尺度的假设在一般情况下不是真实的，特别是在来流的较大旋涡被诱导而导致低频情况下。合力指的是螺旋桨上的方形轴向力为

$$\overline{F_i^2} = \int_{-\infty}^{\infty} \Theta_{ii}(\omega) d\omega \tag{6.120}$$

式中：$i=x$，y，z，用 Cartesian 坐标表示旋翼桨毂上的受力方向，z 轴。在上述假设下，关于湍流场应用的时空静止性的标准假设适用，因此，湍流的波数谱有按照各半径螺旋桨水流的局部特性缩放的波谱内容。

自由空间中的声谱现在很容易从式（6.110）中得出。

$$\Phi_{pp}(\boldsymbol{r},\omega) = \left[\frac{\omega}{4\pi c_0 |\boldsymbol{r}|}\right]^2 \left[\Theta_{zz}(\omega) n_z^2 + \Theta_{xx}(\omega) n_x^2 + \Theta_{yy}(\omega) n_y^2\right] \tag{6.121}$$

我们忽略了源强度平方和中的交叉项，因为对于各向同性湍流来说，非对角雷诺应力消失了。此外，当桨距角较小时，与 z 分量相比，力的 x 和 y 分量相对较小，并且相对于保留项而言，交叉项涉及加权力的乘积变小的极角（从旋翼轴进行测量）的正弦和余弦的乘积。

升流是速度波动 u_z、u_θ 和 u_r 在圆柱坐标中投射到垂直于叶片部分出流方向的局部平面上的合力。这些都是沿着围绕螺旋桨（z）轴的恒定半径的圆进行评估的。湍流速度的展向 u_R 分量对升力没有促进作用，除非有可能在顶端，因此升流为

$$\langle u_2(\boldsymbol{x},t)^2\rangle=\langle u_\theta(\boldsymbol{x},t)^2\rangle\sin^2\gamma+\langle u_z(\boldsymbol{x},t)^2\rangle\cos^2\gamma+2\langle u_\theta(\boldsymbol{x},t)u_z(\boldsymbol{x},t)\rangle\cos\gamma\sin\gamma$$

使升流的频谱密度如第 1 卷 3.6 节所述被归一化为

$$\Phi_{ii}(\boldsymbol{k},\omega)=\overline{u_i^2}\phi_{ii}(\boldsymbol{k},\omega)$$

因此来流迸发为

$$\overline{u_2^2}\phi_{22}(\boldsymbol{k},\omega)=\overline{u_\theta^2}\phi_{\theta\theta}(\boldsymbol{k},\omega)\sin^2\gamma+\overline{u_z^2}\phi_{zz}(\boldsymbol{k},\omega)\cos^2\gamma-2\left|\overline{u_\theta u_z}\right|\phi_{\theta z}(\boldsymbol{k},\omega)\cos\gamma\sin\gamma \tag{6.122}$$

请注意，湍流切变是负的，$\overline{u_\theta u_z}$在上述表达式中给出了负号；在各向同性湍流中，它是零。所有的频谱都进行了归一化处理，所以它们的积分值都是一。轴向和切向速度自谱及其交叉谱满足 Taylor 假设的附近局部冷冻对流，所以上述每个张量谱函数都与平均入射流向 $U(R)$一致。以第 1 卷中的式（3.41）的形式：

$$\phi_{ij}(\boldsymbol{k},\omega)=\phi_{ij}(\boldsymbol{k})\delta(\omega-U(R)k_1) \tag{6.123}$$

在 3.6 节中，我们研究了波数谱 $\Phi_{ij}(\boldsymbol{k})$的几个经典表达式，将在下面的分析中引用式（3.62）~式（3.67）。圆柱坐标系(z,θ,R)通过 z 的惯性轴向来流量与螺旋桨线重合来确定的。固定在叶片上的坐标系中，“1”在合力来流方向上，相应地，“2”在法线方向上，“3”与半径对齐。现在，展向波数上的积分 k_R也可以像式（5.42）的小偏斜角的大径向跨度 R_T-R_H一样，对其进行简化，所以谱函数的积分可以作为 $k_R\to0$ 的渐近线。在这些假设和简化的集合下，我们现在表示湍流诱导的轴向力频谱作为

$$\begin{aligned}\Theta_{zz}(\omega)=&\int_{R_H}^{R_T}(\pi\rho_0U(R)C(R)\cos(\gamma(R)))^2\,\overline{u_2^2}(R)\times\cdots\times\\&\frac{\Lambda_R(R)}{\pi}\int_{-\infty}^{\infty}\int_{-\infty}^{\infty}\phi_{22}(k_z(k_1,k_2),k_\theta(k_1,k_2);R)\delta[\omega-U_1k_1]\times\cdots\times\\&\left|S_{2D}\left(\frac{k_1C(R)}{2},\frac{k_1C(R)}{2}\right)\right|\times|A_z(k_\theta,b)|^2\mathrm{d}k_1\mathrm{d}k_2\mathrm{d}R\end{aligned}$$

来流平面$(\boldsymbol{k}_z,\boldsymbol{k}_\theta)$的波数投射到叶片平面$(\boldsymbol{k}_1,\boldsymbol{k}_2)$的波数中，并进行积分。最后，在 k_1上的积分可化为

$$\begin{aligned}\Theta_{zz}(\omega)=&\int_{R_H}^{R_T}(\pi\rho_0U(R)C(R)\cos(\gamma(R)))^2\,\overline{u_2^2}(R)\,\frac{\Lambda_R(R)}{\pi}\left|S_{2D}\left(\frac{\omega C(R)}{2U}\right)\right|^2\times\cdots\times\\&\int_{-\infty}^{\infty}\phi_{22}\left(k_z\left(\frac{\omega}{U},k_2\right),k_\theta\left(\frac{\omega}{U},k_2\right);R\right)\times\\&\left|A_z\left(\frac{\omega}{U}\cos\gamma-k_2\sin\gamma,b\right)\right|^2\mathrm{d}k_2\mathrm{d}R'\end{aligned} \tag{6.124}$$

其中，我们引入了湍流的展向（~径向）积分尺度。

$$\phi_{zz}\left(k_z\left(\frac{\omega}{U_T},k_2\right),k_\theta\left(\frac{\omega}{U_T},k_2\right),k_3=0\right)=\frac{\Lambda_{\mathrm{R}}(R)}{\pi}\phi_{22}\left(k_z\left(\frac{\omega}{U_T},k_2\right),k_\theta\left(\frac{\omega}{U_T},k_{\mathrm{R}}\right)\right)$$

在第 2 卷第 3 章和 5.3.4.1 节中的符号中，$\Lambda_{\mathrm{R}}(R)=\Lambda_3(R)|_2$，令 $\gamma(R)\to 0$，因为在此极限中，$(z)\to(2)$ 和（3）成为非偏斜（倾斜）、径向排列的叶片的径向坐标。

局部流向波数为 $k_1=\omega/U$，因为流过叶片的速度足够快，对流被冻结，式（6.16）之所以出现是因为式（6.115）中出现 delta 函数近似的结果。在此使用或表示的来流坐标系的投影为

$$k_z\left(\frac{\omega}{U},k_2\right)=\frac{\omega}{U}\sin\gamma+k_2\cos\gamma \tag{6.125a}$$

$$k_\theta\left(\frac{\omega}{U},k_2\right)=\frac{\omega}{U}\cos\gamma-k_2\sin\gamma \tag{6.125b}$$

当投影波数 k_θ 成为 $1/b$ 的倍数时，叶片的反应会加强。

在下文中，值得注意的是，$U(R)$ 的二次元条目将所有函数加权到顶端附近；相应地，当相关长度与跨度 $R_{\mathrm{T}}-R_{\mathrm{H}}$ 相比较小时，我们得到半径上的积分近似值：

$$\begin{aligned}\Theta_{zz}(\omega)=&\int_{R_{\mathrm{H}}}^{R_{\mathrm{T}}}\left[\pi\rho_0U(R)C(R)\cos\gamma(R)\right]^2\overline{u_2^2}(R)\left|S_{2\mathrm{D}}\left(\frac{\omega C(R)}{2R}\right)\right|^2\frac{\Lambda_{\mathrm{R}}(R)}{\pi}\times\cdots\times\\&\int_{-\infty}^{\infty}\phi_{22}\left(k_z\left(\frac{\omega}{U(R)},k_2\right)k_\theta\left(\frac{\omega}{U(R)},k_2\right);R\right)\times\\&\left|A_z\left(\left(\frac{\omega}{U_{\mathrm{T}}}\cos\gamma(R)-k_2\sin\gamma(R)\right)b(R)\right)\right|^2\mathrm{d}k_2\mathrm{d}R\end{aligned} \tag{6.126}$$

而对于力的 x 和 y 分量也是如此。所有的“T”下标都表示顶端评估的变量，U_{T} 是合力尖端速度，对于小桨距来说，旋翼的桨距为 $2\pi R\tan\gamma\approx2\pi\sin\gamma$。式（6.126）中的许多分量函数也在图 6-3 中给出了图示。

在相关长度较小的情况下，A_{s} 函数的多个峰值是由湍流的波数谱的宽频带集成的。本质上，由于力加在均方，因此物理学要求相邻叶片上的力是不相关的。如果我们要使 $A_{\mathrm{s}}(k_\theta b)$ 中的波峰均匀化，那么 $\phi_2(k_2)$ 的波数带宽，即 $\Delta k_2=\pi/\Lambda_2$，必须延伸到滤波函数的带宽上，$\Delta k_\theta=2\pi/b$，见图 6-36。由于 $k_\theta=k_2\cos\gamma+(\omega/U)\sin\gamma$，所以此条件要求

$$\frac{\pi}{\Lambda_{\mathrm{R}}}>\frac{2\pi}{b\cos\gamma}$$

或者说，$\Lambda_R<(b\cos\gamma)/2$。物理学上，这意味着轴向相关长度 $2\Lambda_R$ 必须小于轴向投影的叶片间距。在这些条件下，我们对式（6.113）中的波数积分进行评估，即

$$I=\int_{-\infty}^{\infty}\left|A_z\left(\left(\frac{\omega}{U_T}\cos\gamma(R)-k_2\sin\gamma(R)\right)b(R)\right)\right|^2\times$$
$$\phi_{22}\left(k_z\left(\frac{\omega}{U(R)},k_2\right),k_\theta\left(\frac{\omega}{U(R)},k_2\right);R\right)\mathrm{d}k_2$$

A_s^2 的峰数由谱的有效波数带除以峰间波数间距的比值决定，即 $2\pi/b$，见图 6-36。如果我们用第 1 卷中的式（3.45）中定义的积分尺度和第 1 卷中的式（3.68）中法向积分尺度以及第 1 卷中的式（3.71）之间给出的积分等积来考虑，我们可以定义在 k_θ 接近零的极限下沿 θ 方向的积分尺度。

$$\int_{-\infty}^{\infty}\int_{-\infty}^{\infty}\phi_{22}(k_z,k_\theta=0,k_R;R)\,\mathrm{d}k_z\mathrm{d}k_R=\frac{\Lambda_\theta(R)}{\pi}$$

积分法向频谱函数为 1，即

$$\int_{-\infty}^{\infty}\int_{-\infty}^{\infty}\int_{-\infty}^{\infty}\phi_{22}(k_z,k_\theta,k_R;R)\,\mathrm{d}k_z\mathrm{d}k_\theta\mathrm{d}k_R=1$$

三次元频谱函数的表达式的验证，比如说，第 1 卷中的式（3.65），表明与动轴谱不同，函数 $\varphi_m(w-\boldsymbol{U}_c\cdot\boldsymbol{k})$，$\varphi_{22}(k_z,k_\theta,k_R;R)$ 随 k_θ 平稳变化。因此，I 的近似值为

$$I\approx(A_s^2\text{的最大值})(A_s^2\text{的带宽})\times$$
$$[\phi_2(k_2)\text{的幅度}](A_s^2\text{的峰数})$$

$$I\approx[B^2]\left[\frac{2\pi}{Bb}\right]\left[\frac{\Lambda_z}{\pi}\right]^2\left(\frac{\pi/2\Lambda_z}{2\pi/b}\right)$$

$$I\approx B$$

式中：系数 2 占 k_θ 中的两侧函数。最终，式（6.118）减少到叶片跨度上的简单积分

$$\Theta_{zz}(\omega)\approx B\int_{R_H}^{R_T}[\pi\rho_0U(R)^2C(R)]^2\frac{\overline{u_2^2}(R_T)}{U(R)^2}\left|S_{2D}\left(\frac{\omega C(R)}{2U(R)}\right)\right|^2$$
$$2\Lambda_R(R)\varphi_{zz}\left(\frac{\omega}{U(R)}\right)\cos^2\gamma(R)\,\mathrm{d}R\tag{6.127a}$$

式（6.127a）表明，B 叶片的净轴向偶极力谱只是各个叶片上的均方力的合力值幂和。进一步的近似值是假设一个小的前进速度，使 $U(R)$ 与 R 成正比，并假设桨距角、弦和湍流强度随半径的变化而不变，那么我们就可以得

$$\Theta_{zz}(\omega)\approx B\frac{\pi^2}{3}[C_{\mathrm{T}}(R_{\mathrm{T}}-R_{\mathrm{H}})][\rho_{\mathrm{T}}U_{\mathrm{T}}^2]^2\frac{\overline{u_2^2}(R_{\mathrm{T}})}{U_{\mathrm{T}}^2}\frac{2\Lambda_{\mathrm{RT}}}{R_{\mathrm{T}}-R_{\mathrm{H}}}\left|S_{2\mathrm{D}}\left(\frac{\omega C(R_{\mathrm{T}})}{2U_{\mathrm{T}}}\right)\right|^2\phi_{zz}\left(\frac{\omega}{U_{\mathrm{T}}}\right)\cos^2\gamma_{\mathrm{T}} \tag{6.127b}$$

我们现在可以根据第 1 卷中的式（2.173）近似地得出小尺度湍流中噪声密旋翼的辐射声功率谱密度，即

$$[\mathbb{P}(\omega)]_{\text{自由流}}=\frac{\omega^2}{12\pi\rho_0c_0^3}[\Theta_{zz}[\omega]+\Theta_{xx}[\omega]+\Theta_{yy}[\omega]] \tag{6.128a}$$

在涵道风扇的情况下，噪声功率是利用对第 1 卷中的式（2.174）给出的涵道在低频时的影响进行调整来进行计算的。Logue 和 Atassi 的计算强调，涵道风扇中的噪声功率是由 $m=0$ 模式传播进行控制的。由此可得

$$[\mathbb{P}(\omega)]_{\text{涵道}}=\frac{A_{\mathrm{D}}}{36\pi_2\rho_0c_0}[\Theta_{zz}[\omega]] \tag{6.128b}$$

并适用于 $k_0\sqrt{A_{\mathrm{D}}}<1$ 的任何情况。这个说法是 Sharland[1]很早以前给出的另一种形式，并与式（6.121）一致。

考虑到相关长度较长，只要 $\Phi_{zz}(k_1=\omega/U_{\mathrm{T}},k_2,k_3=0)=\pi/\Lambda_z$ 的带宽小于或与 $A_z(k_\theta b)$ 主叶瓣带宽相同，$A_z(k_\theta b)$ 的峰值在 $\Theta_{ij}(\omega)$ 的频谱中可见。可以得

$$\Lambda_z>\frac{Bb\sin\gamma}{2}$$

当来流失真的轴向相关长度超过叶片间距时，就会发生这种情况，正如静止的平均速度来流失真的情况下，旋翼的桨距为 $2\pi R\tan\gamma\approx2\pi\sin\gamma$；相应地，条件变成 $\Lambda_z>\frac{1}{2}$（桨距），或者，典型地

$$\frac{\Lambda_z}{R}>1$$

在这些情况下，除了式（6.127）或式（6.118），我们得

$$\Theta_z(\omega)=\frac{\pi^2}{3}(\rho_0U_{\mathrm{T}}C(R_{\mathrm{T}})(R_{\mathrm{T}}-R_{\mathrm{H}})\cos(\gamma(R_{\mathrm{T}})))^2\,\overline{u_2^2}(R_{\mathrm{T}})\left|S_{2\mathrm{D}}\left(\frac{\omega C(R_{\mathrm{T}})}{2U_{\mathrm{T}}}\right)\right|^2\times\cdots\times\left[\frac{2\Lambda_{\mathrm{R}}}{R_{\mathrm{T}}-R_{\mathrm{H}}}\right]\left|A_z\left(\frac{2\pi\omega}{B\Omega}\right)\right|^2\frac{1}{U_{\mathrm{T}}}\phi_2(\omega/U_{\mathrm{T}},R_{\mathrm{T}}) \tag{6.129}$$

式中：$\Phi_{22}(\omega/U_{\mathrm{T}})$ 由第 1 卷中的式（3.64）或式（3.71a）给出，因为当 $\gamma=1$ 时，“2”坐标横向于叶片速度坐标 θ。噪声可以在频率谐波周围有一连串的宽

带峰，但在宽带音的右边稍有偏移，这就是 Stephens 等[259]实验观察到的，并在理论上得到 Logue 和 Atassi[236]证实的一个案例。

Carolus 等[260]发表了湍流中螺旋桨的大湍流仿真，其与测量结果以及 Morfey[3]和 Sharland[1]的经典半经验公式具有良好的一致性。Kim 和 Cheong[261]和 Glegg 等[98]也已经实现了旋翼叶片遇到高度不均匀来流的时域方法。

6.6.3　案例研究：从湍流吸入到涵道风扇的宽带声音

本节给出从湍流的旋翼中计算噪声压的三个案例，代表了旋翼/定子相互作用的具体类型。第一个案例代表均质流中的自由旋翼。它本质上是一个验证研究小螺旋桨位于下游的湍流生成的丝网。第二个案例是第一个的复杂变体，由一个旋翼组成，该旋翼在定子的下游，都在一个机体后面的尾流中。这个问题要求我们考虑上游叶片对被旋翼诱导的机体湍流边界层结构的影响。第三个案例是一个工业实例，由自动冷却风扇诱导湍流在发动机周围流动并通过冷却散热器而发出的噪声辐射。

6.6.3.1　均质湍流中的螺旋桨风扇

这些表达式中的第一个例证，是由 Sevik[221]在 1974 年做的一个旋翼诱导湍流的实验研究，该实验是在水下隧道中使用 10 叶螺旋桨旋翼控制下游的一个湍流产生屏。Sevik 用空间设计的非稳态力测功机测量了非稳态推力的频谱 $\Phi_{zz}(\omega)$，但没有测量到湍流的细节。这些数据揭示了窄带频谱中的宽带“驼峰”，促进了后来对旋翼-湍流相互作用的研究。Wojno 等[241-243]在消声风洞中重复了 Sevik 的实验，这次测量的是噪声而不是非稳定的轴向力。表 6-2 列出了 Wojno 实验中湍流的相关特征。螺旋桨在丝网下游运行并在远声场中测量噪声，$r \gg R_T$。在 Wojno 的实验中，既得到了来流湍流的统计资料，又得到了噪声频谱，以保证对湍流的频谱内容及其多方向的相关尺度的了解。来流确认几乎是各向同性的，因此本卷和第 1 卷 3.62 节中建立的关系适用于 Wojno 的数据。图 6-37 显示的是螺旋桨平面正前方流速的无维谱。第 1 卷中的式（3.52b）流向分量的一维 von Karman 波数谱，即

表 6-2　Wojno[241-243]验证实验中使用的 Sevik[221]螺旋桨的参数

轴转速（RPM）	2880	3287
前进速度 V_a/(m/s)	12.70	12.70
理论湍流强度/(u_{rms}/V_a)	0.06	0.06
网格尺寸/cm	7.61	7.61

续表

网格杆直径/cm	0.95	0.95
湍流积分尺寸 Λ/M	0.25	0.25
叶片数量	10.00	10.00
弦（R 的常数）/cm	2.54	2.54
尖端半径 R_T/cm	10.15	10.15
桨毂半径 R_H/cm	2.54	2.54
进速系数 J	1.30	1.14
前进速度/(合力尖端速度)/V_a/U_T	0.38	0.34
尖端桨距/(°)	23.00	23.00
近似迎角/(°)	0.51	3.04
与螺旋桨轴的测量角度/(°)	45.00	45.00
从螺旋桨桨毂开始的测量范围/m	0.91	0.91

$$E_1(k_1)=\frac{4\overline{u_1^2}/k_e}{1+\frac{9}{16}\left(\frac{k_1}{k_e}\right)^2} \tag{6.130}$$

适用于这些测量。请注意，这个频谱与 Liepmann soectrum，第 1 卷中的式（3.51）和式（3.52）相似。所有内半径处的叶片间距与转速（半径）成正比，以保持整个半径上恒定的空气动力桨距和迎角（$=\gamma(R)-\arctan(V_a/\Omega R)$）。表中给出的桨距值是指顶端半径。测量是在恒定的前进速度下进行的，以保持湍流生成的网格处的雷诺数，并在轴速率在小范围内保持变化，以保持该部分迎角的小变化，根据水力推进和几何桨距角估计为 1/2°～3.5°。由式（6.121）给出的辐射噪声是通过结合 $A_z(k_\theta b)$ 的式（6.113）、式（3.62）、式（6.118）和式（6.122），使用式（6.123）对 k_1 进行积分，得出对 ω/U_T 和 k_2 的依赖性，以覆盖整个频谱范围。图 6-38 显示了两种旋转速度的测量噪声与匹配计算结果，用式（6.121）和式（6.116）~式（6.118）表示力谱。这些力谱被改变为每个分量均符合式（6.126），但是，在这两幅图中还显示了 Stephens 等[259]在没有金属丝网的情况下，在自由流（湍流强度为 0.15%）中运行时旋翼的“自发”噪声。另外，在图 6-37（b）中是利用 Martinez[227-230]分析得到的结果。虽然 Martinez 的方法与这里使用的方法不同，他使用的是空间相关而不是波数谱函数，当这两种方法按叶片跨度和更大跨度阶数时，Martinez 处理相关长度的方式是两种方法的主要区别。Stevens 等[259]、Glegg

等[234-235]、Wisda 等[249]、Anderson 等[231]、Majigi 和 Gliebe[141]以及 Atassi 和 Logue[237-238]也使用了基于旋翼盘上空间相关函数积分的公式，而不是像这里那样使用波数域的数学运算。Logue 和 Atassi[236]研究了严格的各向异性的偏离并对 Batchelor 和 Proudman[262]型各向异性进行了研究。此外，Graham[263]还研究了上游叶片排对湍流同向性的影响。在所有这些工作中，用于湍流的相关函数都遵循第 1 卷中的式（3.43）、式（3.62）或其他基于经验的函数。当然，无论是基于分离的相关函数，还是基于波数谱的公式，在数学上都是等积的，但各有优势。基于相关性的模型在涉及非均质剪切流中高度非各向异性湍流的情况下是有利的。这里使用的基于波数分解的方法，对于激发空间耦合的基本物理学原理和特定空间尺度的介入很有帮助。如何在设计中使用这些方法的一个例子是 Greeley[264]。

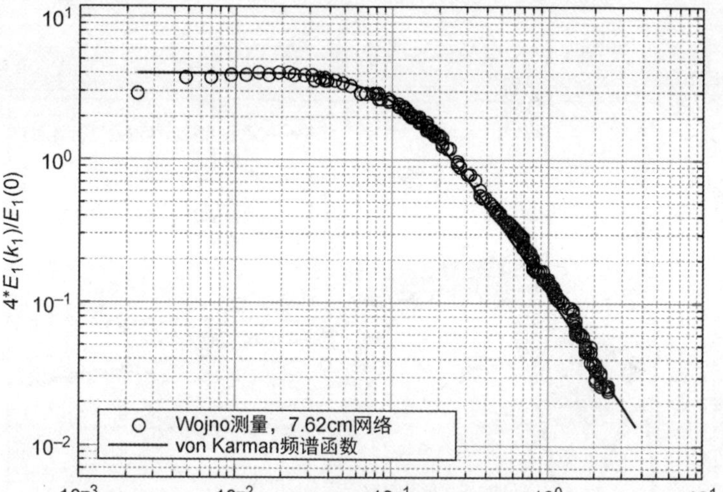

图 6-37　流速波动的非维谱作为非维化流速波数的函数

（比较 Wojno 等[242]在 $U_0=12.7$m/s 时 7.62cm 下游 61cm 处的频谱与 von Karman 频谱函数）

6.6.3.2　湍流来流中叶片排的相互作用

第二个例证是研究由“推进器”产生的湍流诱导噪声，该推进器由一个旋翼组成，在旋转体尾部的定子排下游运行[134]。本案例将分两步。首先，我们利用 Lynch[149]和 Lynch 等[146-148]的工作建立了旋翼来流湍流谱的模型。他们研究了图 6-39 所示的配置，结果数据如图 6-39 和图 6-40 所示。图 6-39（a）显示了一个旋翼控制一个径向支柱的上游，下游是刚才讨论过的 Wojno[241,243]工作中使用的同一网格。为了计算湍流中一排叶片去流面的湍流，我们需要

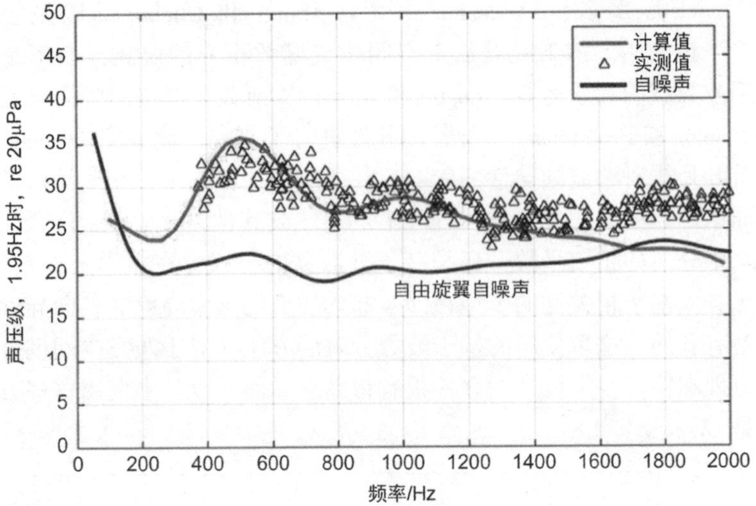

(a) 2880r/min

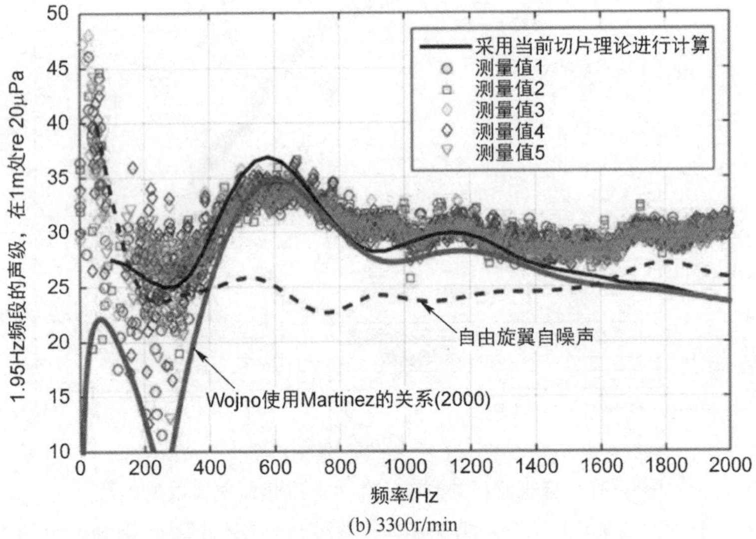

(b) 3300r/min

图 6-38　B-10 螺旋桨在网格下游均匀湍流中产生的噪声在 $\Delta f = 1.95\text{Hz}$ 频段的频谱

（Wojno[241-243] 的数据）

一个湍流频谱的分析叠加模型，该模型既包括旋翼叶片黏性尾流的分量，也包括旋翼叶片通过中流动的湍流分量。我们假设不论是旋翼还是定子，当湍流用附加在对湍流生成叶片排的平均载荷具体参数上的参考变量来进行描述时，合力函数就代表旋翼或定子的合力出口湍流。那么这个净流量就代表了来流的湍流到下游旋翼诱导湍流或者定子排。图 6-41 给出了第二部分的说明，由一个旋转体尾部的定子排下游的尾翼组成。研究[134]得到了宽带湍流诱导噪声和定子叶片下游的平均速度与湍流速度谱的样本。Lynch 实验中的两个湍流分量按比例提供了一个分析模型，将 Munch 实验中 Munch 定子的去流作为旋翼的来流。

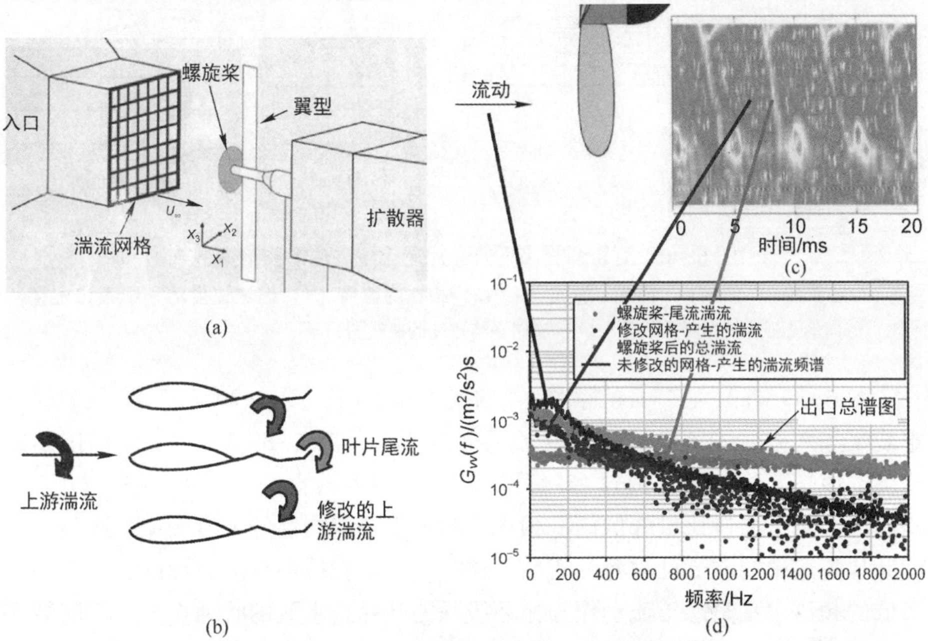

图 6-39　理解叶片尾流对涡轮机宽带噪声的作用

((a) 是实验布置简图；(b) 是识别频谱函数位置的颜色（不同灰度）代码；(c) 是螺旋桨下游约两个弦长的流向湍流强度等值线图；(d) 是螺旋桨上游的叶片尾流和叶片通过中的选定频率频谱。资料来源：LynchHI DA 的数据。An experimental investigation of the response of a stator located downstream of a propeller ingesting broadband turbulence [PhD Thesis]. Notre Dame, IN: University of Notre Dame; 2001 and Lynch DA, Blake WK, Mueller TJ. Turbulence correlation length scale relationships for the prediction of aeroacoustic response, AIAAJ2005; 43: 1187-97.)

在 Lynch[149]和 Lynch 等[146,148]的旋翼叶片的尾流速度场的特征是建立在早期二维级联得出的结果之上的。如 6.6.1.1 节所述该实验工作由 Majigi 和 Gliebe[141]完成，他们超越 Raj 和 Lakshminarayana[143]以及 Satyanarayana[144]与其他人对二维线性级联中叶片的尾流时间-平均速度曲线的经验相关性进行了扩展。

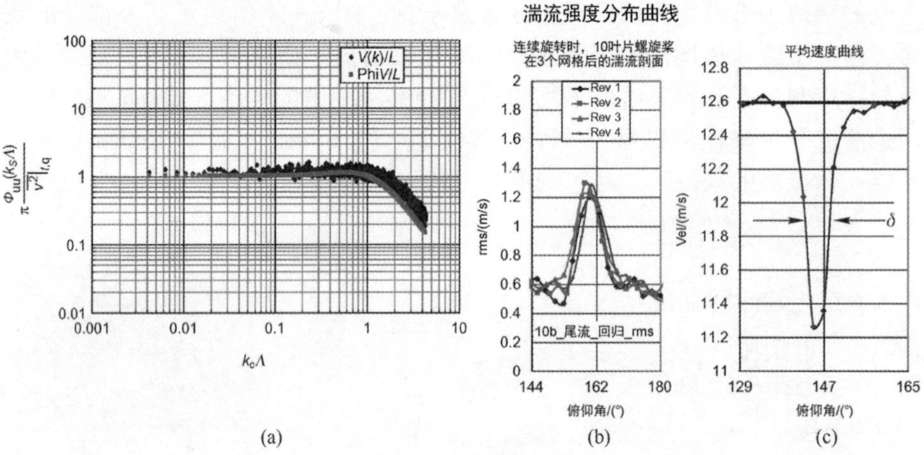

图 6-40 简易螺旋桨下游叶片尾流中湍流的频谱函数

（Lynch 等[147]。（a）与第 1 卷式（3.71a）相比的流向（1）涡流速度的一维频谱密度；（b）流向涡流强度的试样曲线图；（c）流向平均速度的曲线图）

图 6-39（a）是 Lynch 等[147,149]的实验布置图；图 6-39（c）是一个四叶螺旋桨和网格后的流向均方根湍流的曲线样本；图 6-39（b）是与相位锁定相关的该螺旋桨的叶片通过和叶片尾流中的湍流的自谱图；图 6-39（d）是谱图的图例。通过比较降低的低频水平和近乎各向同性的上游湍流的频谱，表明叶片流道中的湍流已被叶片扭曲。这些代表了较低的对流波数的、在低频下降低的频谱水平是源于流动作为循环级联的叶片排水流的收缩作为。当安装了叶片数较多的螺旋桨，即通过较小的螺旋桨时，这种效应就会加剧，参见 Lynch 等[147-149]，他们用 Hunt 和 Graham[266]、Graham[263]的理论来解读测量。对于本节所考虑的定子叶片的频率和数量，我们将忽略这些失真。因此，上游流入下游旋翼的湍流构成了一个近乎各向同性且嵌入了由旋翼叶片产生的局部尾流湍流影响的场背景。各向同性背景湍流可以用前面提供的 α_R，α_θ，$\alpha_z=1$ 的式（参见第 1 卷 3.6.3 节）来描述，使用表 6-2 提供的船体边界层的湍流强度和积分长度尺度。对于近似分析，可以使用迸发频谱密度（第 1 卷的式（3.71b）给出的 $\Phi_{22}(\omega/(U(R_T)))$ 和由第 1 卷的式（3.72b）给出的 Λ_{RT}）的净均方根推力式（6.127b）。

应用于图 6-41 所示构型中的叶片排尾流的湍流频谱评估是以下列方式 Lynch 等[146]、依靠基于图 6-39 和图 6-40 所示构型的测量结果的分析回归函数。从他的数据中推导出的均方根湍流强度的表达式应用于定子叶片间距上平均的尾流湍流：

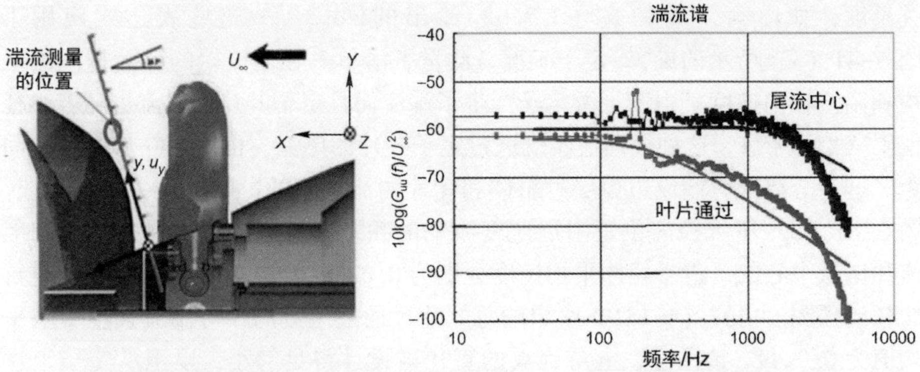

(a) 螺旋桨构型的侧视图　　(b) 惯性框架中的湍流

图 6-41　Muench[145]使用的整体螺旋桨几何形状和他在所示位置测量的湍流

（此外，还显示了在惯性框架内根据 Lynch 等[146-148]的单独测量值计算的湍流频谱。Lynch 等的测量湍流已按比例给出了 Muench 螺旋桨的叶片通过和定子叶片尾流涡流的预测频谱）

$$\sqrt{\overline{v^2}}=\frac{U_x(901x_1C_{\mathrm{ds}}^{1.5}+0.38)}{U_{\mathrm{s}}(12500x_1C_{\mathrm{ds}}^{1.5}+1)}\left(\frac{y_{\mathrm{w}}}{S_{\mathrm{s}}}\right)^{1/2} \tag{6.131}$$

右边的乘法平方根项是尾流厚度与叶片间距的比值；此项是由一个完整的叶片通过上尾流的平均平方涡流速度的能量平均值得出的。

这个平均值是以动能为基础的，说明了在表达式中出现的尾流宽度 y_{w} 和间距 S_{s} 的比值。尾流宽度使用的表达式是源于 Majigi 和 Gliebe[141]的相关性：

$$y_{\mathrm{w}}=\left(\frac{C_{\mathrm{s}}}{2}\right)\frac{(0.235x_1C_{\mathrm{ds}}^{0.125})+0.3412}{(0.357x_1C_{\mathrm{ds}}^{0.125})+1} \tag{6.132}$$

其中，叶片部分的形状拖力和表面摩擦力的拖力系数为 Hoerner 系数，为了方便读者，这里重复一下：

$$C_{\mathrm{ds}}=2C_{\mathrm{df}}\left((1+2\left(\frac{t_{\mathrm{s}}}{C_{\mathrm{s}}}\right)+60\left(\frac{t_{\mathrm{s}}}{C_{\mathrm{s}}}\right)^4\right) \tag{6.133a}$$

$$C_{\mathrm{df}}=\frac{1}{\left(3.46\log\left(\frac{UG_{\mathrm{s}}}{\nu}\right)-5.6\right)^2} \tag{6.133b}$$

各向异性的系数任意选择为 $\alpha_{\mathrm{R}}=1.29$，$\alpha_\theta=0.6$ 和 $\alpha_z=1.0$，以提供相对于轴向值的径向伸长率和切向压实度。

回溯一下第 1 卷的式（3.57），它规定了 α_{R}，α_θ 和 α_z 的乘积为 1。尾流中湍流的频谱，如第 1 卷的式（3.71b）给出的 $\Phi_{22}(\omega/U)$。尾流产生的湍流的积分尺度达到 $\Lambda_{\mathrm{w}}=\delta_{\mathrm{w}}$，其中式（6.132）中 $\Lambda_{\mathrm{w}}=y_{\mathrm{w}}$ 和尾流诱导的湍流的展向相

关长度，如由第 1 卷的式（3.72b）给出的$[\Lambda_{3|2}]_w$。这些表达式应用于图 6-41（a）所示的旋翼-定子工况。测量了沿单一径向流轨的叶片排间的平均和湍流轴向速度。由于上游定子产生了湍流而且定子叶片的尾流也随着半径偏斜（“倾斜”），这种径向流轨既通过定子叶片的尾流，也通过叶片之间的间距。这为分离上游湍流边界层对船体和叶片湍流尾流的影响提供了一种手段。图 6-41（b）所示径向位置附近速度波动的频谱密度，其中的线条是使用船体和尾流中心的、进入船体平均速度分别为 0.02 和 0.17 的相对湍流强度进行的频谱预测。由式（6.131）给出的总的叶片通过尾流的相对湍流强度影响平均值为 0.0249。请注意，上游旋翼的直径被设计得足够小，以至从定子上携带对流尖端涡流的流线没有通过旋翼。这一特征已包括在声传播的预测中。表 6-3 给出了在此用来提供传播声的频谱预测的主要定子-旋翼特征的参数。

表 6-3　Muench[145] 实验中使用的双排叶片的参数

分　量	定　子	旋　翼
船体前进速度 V_a/(m/s)	29.30	29.30
进速系数 J	—	2.34
尖端半径 R_T/cm	36.83	22.86
桨毂半径 R_H/cm	16.20	2.29
叶片数量	8.00	6.00
定子 t.e. 和旋翼 I.e. 之间的离距 X_1/cm	—	15.40
弦（尖端）、C_s和 C_r/cm	8.12	12.94
叶片尖端的最大厚度 t_s/mm	5.10	—
定子叶片之间的间隙 S_s/cm	9.90	—
尖端桨距/(°)	—	40.00
尖端偏斜角/(°)	—	55.00
叶片排入口的局部前进速度（约 m/s）	31.937	32.23
反应湍流强度，船体，u_{rms}/V_a	0.02	0.02
船体取代厚度 b.I.，δ^*/cm	1.25	1.25
湍流积分尺度，船体 b.I.，Λ/δ^*	1.00	1.00

由湍流吸入引起的旋翼偶极强度的计算需要叠加两种影响：船体边界层产生的湍流和上游定子排的尾流影响。有关叶片几何形状和流动细节的缺失削弱了旨在说明上述关系的使用和说明边界层与叶片的尾流在确定声音中的作用本例的效果。

使用附录中的式（6.121），假设$\gamma=1$，则

$$\Phi_{\mathrm{pp}}(\boldsymbol{r},\omega)=\left[\frac{\omega}{4\pi c_0\,|\boldsymbol{r}|}\right]^2\left[\Theta_{zz}^2(\omega)_{\mathrm{B}}+\Theta_{zz}(\omega)_{\mathrm{W}}\right]\cdot\cos^2\beta \tag{6.134}$$

式中：下标 B 和 W 分别表示来自主体边界层和尾流的偶极力的影响。利用式（6.127b）和上述湍流强度与长度尺度值：

$$\Theta_{zz}(\omega)_{\mathrm{B}}+\Theta_{zz}(\omega)_{\mathrm{W}}\approx B\frac{\pi^2}{3}\left[C_{\mathrm{T}}(R_{\mathrm{T}}-R_{\mathrm{H}})\right]^2\left[\rho_0U_{\mathrm{T}}^2\right]^2\frac{2}{U_{\mathrm{T}}^2(R_{\mathrm{T}}-R_{\mathrm{H}})}\left|S_{\mathrm{2D}}\left(\frac{\omega C(R_{\mathrm{T}})}{2U_{\mathrm{T}}}\right)\right|^2\times\cdots\times$$
$$\left[\left\{\overline{u_2^2}(R_{\mathrm{T}})\Lambda_3\Big|_2(R_{\mathrm{T}})\phi_{22}\left(\frac{\omega}{U_{\mathrm{T}}}\right)\right\}_{\mathrm{B}}+\left\{\overline{u_2^2}(R_{\mathrm{T}})\Lambda_3\Big|_2(R_{\mathrm{T}})\phi_{22}\left(\frac{\omega}{U_{\mathrm{T}}}\right)\right\}_{\mathrm{W}}\right] \tag{6.135}$$

相应地，在 $f=\omega/2\pi$ 时，用 $G_{\mathrm{pp}}(\boldsymbol{r},f)=4\pi\Phi_{\mathrm{pp}}(\boldsymbol{r},\omega)$ 计算单侧频谱。

每一个从船体诱导和尾流诱导分量的频谱与图 6-42 中测量的声音频谱进

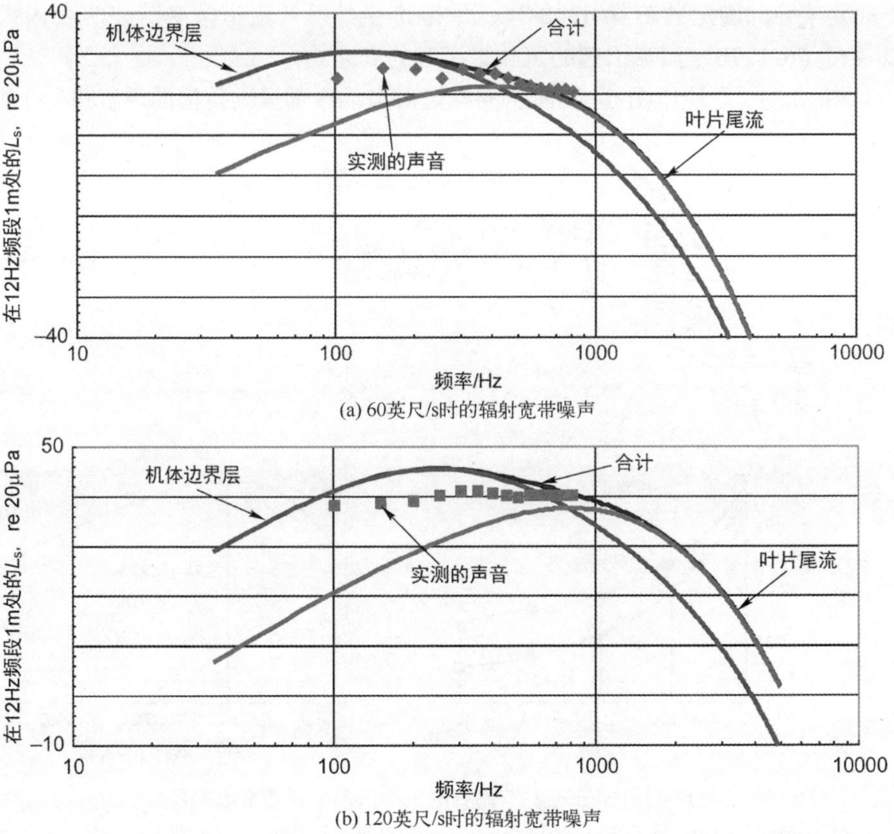

(a) 60英尺/s时的辐射宽带噪声

(b) 120英尺/s时的辐射宽带噪声

图 6-42　与计算值相比较的、由 Muench[145] 旋翼散发到空气中的湍流吸入噪声频谱

行比较。鉴于之前 Wojno 的验证实验中显示的结果，测量与计算相比的总体趋势是可以预期的。在这个例子中，很明显的是，船体的边界层决定了低频时的偶极强度，而定子叶片尾流中的湍流控制了高频。另外，这里分析的薄型涡流尾流未产生大规模的涡流波动，所以边界层或定子叶片的积分尺度与叶片间距的比值 Λ/S_s 很小；这就避免了图 6-38 前期所示的频谱中的宽频带驼峰。Klingan[267] 提供了一个旋翼吸入另一个旋翼在螺旋架上的涡流出口流的一般类似应用。

6.6.3.3　散热器后面的自动风扇案例

上面讨论的案例是由研究程序产生的，其中详细的流量数据以及关于流量和旋翼几何形状的知识是众所周知的或者是受控的。然而，对于第三类例子，我们考虑可能的工业应用，对于这些应用，没有详细的数据，而且风扇和附近结构的几何形状允许对理论进行最简单的解读。例如，使用式（6.134）以及下面要推导的固定散热器引起的尾流缺陷产生的叶片流道频率谐波的表达式，以及式（6.127b）湍流引起的宽频带声音的表达式。

Mugridge[268] 使用图 6-43 所示的配置对自动冷却风扇传播的声音进行了测

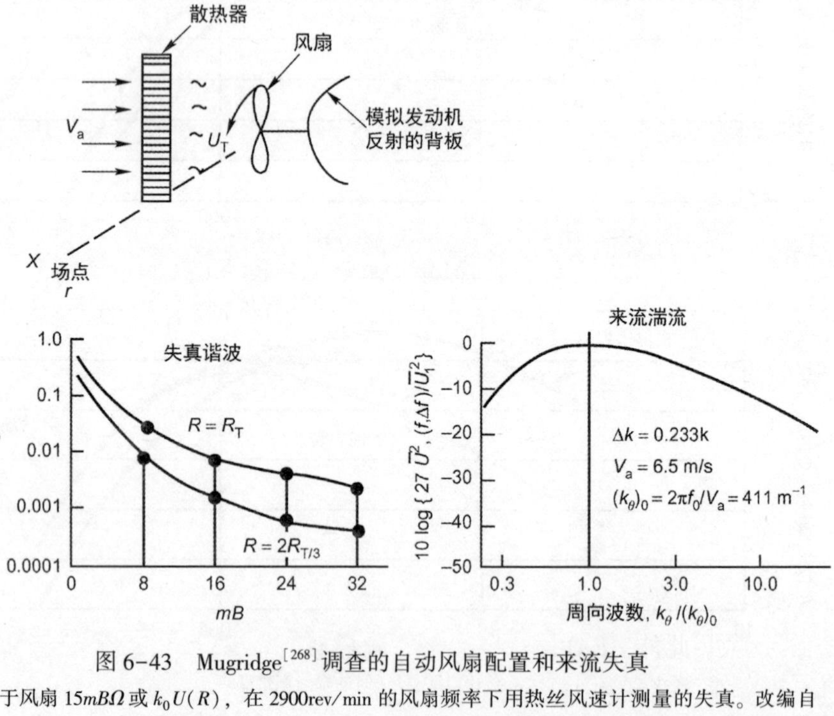

图 6-43　Mugridge[268] 调查的自动风扇配置和来流失真

（对于风扇 $15mB\Omega$ 或 $k_0U(R)$，在 2900rev/min 的风扇频率下用热丝风速计测量的失真。改编自 Mugridge BD. The noise of cooling fans used in heavy automotive vehicles. J Sound Vib 1976；44：349-67.）

量。图中给出了一些关键信息的测量值。未报告叶片弦。如果我们假设叶片弦至少为 0.1 倍的直径，除了如下所述声学上的非紧凑性，那么减少的空气动力频率很大，使得声音对弦的依赖很弱。据此可知，计算对弦的依赖不强。用安装在旋转风机上的热丝风速计测量了来流失真谐波。图 6-44 所示为具有上述特性的风扇的谐波和宽带噪声水平测量结果。因此，对音质和宽带噪声的附带计算是必要的。未报告叶片弦。然而，如果我们假设叶片弦至少是 0.1 倍直径，那么减少的空气动力频率足够大，除了下文所述的声学非紧凑性，声音应该只会弱依赖于弦。据此可知，计算对弦的依赖不强。

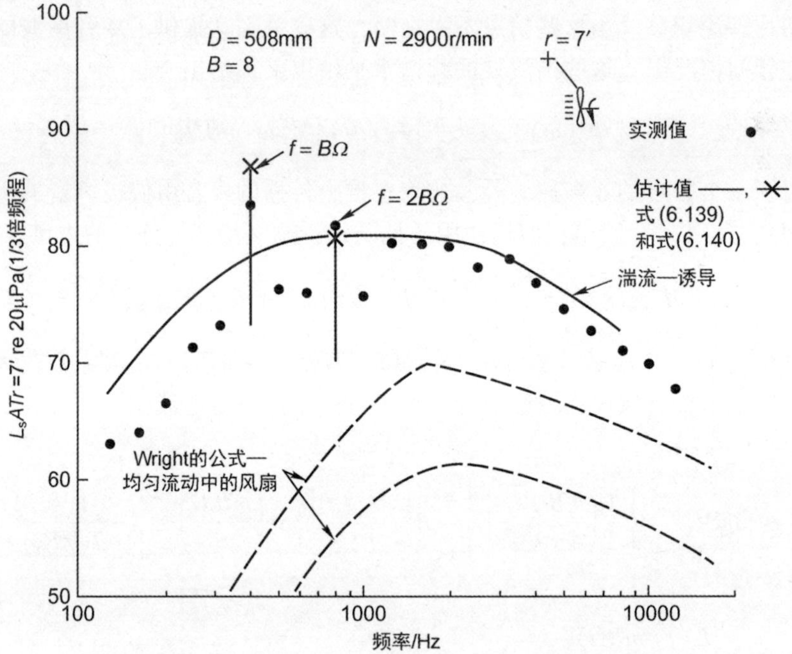

图 6-44　图 6-43 所示的散热器后面自动冷却风扇的噪声

由于上游流动障碍物对风机的时间均值尾流而引起的确定性非稳态推力谐波已由式（6.104）给出，并将在下面改写。为此，我们放弃了舰船螺旋桨特有的符号，用等效的表达式（6.28）、式（6.31）、图 6-8 和式（5.49）表示 Sears 函数。此外，$\mathrm{EAR}=B\overline{C}\,|\,\pi R_{\mathrm{T}}$，$k_1\overline{C}=mB\overline{C}/2R_{\mathrm{T}}$，$\overline{C}$是半径上的弦平均值。我们假设桨毂半径很小，可以忽略不计，$R_{\mathrm{T}}-R_{\mathrm{H}}\sim R_{\mathrm{T}}$。

$$|T(mB)|\approx\frac{\pi^2}{2}\times R_{\mathrm{T}}^2\mathrm{EAR}\times\rho_0\Omega R_{\mathrm{T}}|\overline{U}(mB)|\cos\overline{\gamma}\times$$

$$|S_{\mathrm{e}}(mB\overline{C}/2R_{\mathrm{T}})|\times\left[\frac{1}{1+\frac{2R_{\mathrm{T}}}{\overline{C}}}\right]\times I_A(B\overline{C}/\pi R_{\mathrm{T}},mBC/R_{\mathrm{T}}) \tag{6.136}$$

因此，净周期性推力 mB 谐波的幅值 $T(mB)$ 为 $mB\overline{C}/R_{\mathrm{T}}<1$，其中 $I_A(B\overline{C}/\pi R_{\mathrm{T}},mBC/R_{\mathrm{T}})$ 代表叶片间相互作用引起的 $T(mB)$ 的准静态降低（参见图 6-8），$\overline{\gamma}$ 以及 $\overline{U}(mB)$ 代表径向平均叶片桨距和速度失真的谐波。若存在沿半径的失真谐波相位的信息；则更适合在半径上进行如式（6.54）和式（6.69）中所述的切片理论积分。当这些信息不存在时，这些关系就提供了声音谐波的近似值。在任何情况下，这些谐波处的频谱水平由以下式给出

$$[\Phi_{zz}(\omega)]_{\text{声音}}=\frac{1}{2}|T(mB)|^2\delta[\omega\pm mB\Omega] \tag{6.137}$$

对于一个紧凑的亚声速旋翼，非稳态推力传播的声音由偶极声音的标准关系方程式（6.134）给出，但现在用的是既是音调又是宽带分量的力谱：

$$\Phi_{\mathrm{prad}}(r,\omega)=\frac{k_0^2\cos^2\beta}{16\pi^2r^2}\{[\Phi_{zz}(\omega)]_{\text{声音}}+[\Phi_{zz}(\omega)]_{\text{宽}}\} \tag{6.138}$$

结合式（6.136）~式（6.138），并如第 1 卷表 2-1 所示将 $\cos^2\beta$ 系数改为 1/3，我们可以求出旋翼风扇在球面上的平均平方远场声压音谐波

$$\overline{p_{\mathrm{rad}}^2}(f=mB\Omega)$$

$$\approx[q_{\mathrm{T}}M_{\mathrm{T}}]^2\times\left\{\frac{1}{3}\left(\frac{mB}{4\pi}\right)^2\frac{\overline{C}^2}{r^2}\left[\left|\frac{\pi^2}{2}B^2\frac{|U_{mB}|^2}{U_{\mathrm{T}}^2}\right|\left|\mathrm{Se}\left(\frac{mB\overline{C}}{2R_{\mathrm{T}}}\right)\right|^2\right]\frac{1}{1+2C/R_{\mathrm{T}}}\right\} \tag{6.139a}$$

$$L_{\mathrm{s}}(f=mB\Omega)$$

$$\approx L_{q_{\mathrm{T}}}+20\log(M_{\mathrm{T}})+10\log$$

$$\left\{\frac{1}{3}\left(\frac{mB}{4\pi}\right)^2\frac{\overline{C}^2}{r^2}\left[\left|\frac{\pi^2}{2}B^2\frac{|U_{mB}|^2}{U_{\mathrm{T}}^2}\right|\left|\mathrm{Se}\left(\frac{mB\overline{C}}{2R_{\mathrm{T}}}\right)\right|^2\right]\frac{1}{1+2C/R_{\mathrm{T}}}\right\} \tag{6.139b}$$

式中：$|U_{mB}|^2$ 是 mB 来流谐波的平方振幅，如式（6.96）和图 6-31，其中 q_{T} 和 M_{T} 是基于尖端速度的。

对于旋翼与湍流的相互作用，在 $\Delta\omega=2\pi\Delta f$ 频段内的宽带噪声可用式（6.127b）或式（6.135）得到，来确定 $[\Phi_{zz}(\omega)]_{\mathrm{Broad}}$，则带宽 Δf 内的预期均方声压为

$$\overline{p_{\mathrm{rad}}^{2}}(f,\Delta f)$$

$$\approx[q_{\mathrm{T}}M_{\mathrm{T}}]^{2}\times\left\{\frac{1}{3}\times\frac{B}{12}\left(\frac{2\pi fR_{\mathrm{T}}}{U_{\mathrm{T}}}\right)^{2}\frac{\overline{C}^{2}}{r^{2}}\left[\frac{2\Lambda_{3}}{r^{2}}\frac{\overline{u_{2}^{2}}(f,\Delta f)}{U_{\mathrm{T}}^{2}}\left|Se\left(\frac{fC}{2U_{\mathrm{T}}}\right)\right|^{2}\right]\right\} \tag{6.140a}$$

或声压级

$$L_{\mathrm{s}}(f,\Delta f)\approx L_{q_{\mathrm{T}}}+L_{M_{\mathrm{T}}}+$$

$$10\log\left\{\frac{1}{3}\times\frac{B}{12}\left(\frac{2\pi fR_{\mathrm{T}}}{U_{\mathrm{T}}}\right)^{2}\frac{\overline{C}^{2}}{r^{2}}\left[\frac{2\Lambda_{3}}{R_{\mathrm{T}}}\frac{\overline{u_{2}^{2}}(f,\Delta f)}{U_{\mathrm{T}}^{2}}\right]\left|\mathrm{Se}\left(\frac{fC}{2U_{\mathrm{T}}}\right)\right|^{2}\right\} \tag{6.140b}$$

式中：带宽内的湍流水平为

$$\overline{u_{z}^{2}}(f,\Delta f)=\overline{u_{z}^{2}}\times 2\int_{\Delta\omega}\frac{1}{U_{\mathrm{T}}}\phi_{11}\left(\frac{\omega}{U_{\mathrm{T}}}\right)\mathrm{d}\omega \tag{6.141}$$

这是与波数区间 $\omega/U_{\mathrm{T}}=2\pi f/U_{\mathrm{T}}$ 相关的速度波动增量。在这两个式中都包含了 1/3 的系数，以提供远场区域平均声压级。

与测量的声谱一道，图 6-44 中显示了叶片通过音调和宽带声的计算值。计算中使用的第 1 和第 2 个叶片流道频率的失真谐波 U_8 和 U_{16} 的值是在尖端处测得的。还应注意的是，对于超过 2500Hz 的频率，旋翼叶片弦在声学上并不紧凑。因此假设 0.1 倍直径弦长，对于 $f>2500$Hz 的频率，式（6.140）给出了声级，根据式（5.55）减少了 $-10\log[1+(\pi fC/c_0)^2]$。如 5.3.3 节所述，这种“修正”功能与新近的建模不一致，但一般在 $\omega C/c_0$ 小于 10 左右时约为 3dB。考虑到 C 的不确定性，这就足够了。图 6-44 中还显示了根据 Wright 式（6.80）预测的声级，这种声音将由旋翼在自由的“净”流动中测量，没有任何边界存在。稳定的和随机的来流失真主要来自风扇与发动机和罩子的空气动力相互作用以及通过散热器的流动。

6.6.4　反演旋翼叶片上的前缘压力来推导升流

至少有三种测量旋转的螺旋叶片上的流动诱导压力的尝试。第一项研究是 Bushnell 等[248]为了了解新概念高速螺旋桨上的叶片压力。这项工作由 Minniti 等[244-245]和 Muench[145]跟进，目的是研究湍流来流的影响。实践证明，本节的切片理论在利用旋翼叶片的流动诱导迸发响应来推断升流的大小方面是有用的。测量背后的原理是，在靠近前缘，最好是在叶片的压力侧，入口迸发会形成一个局部的时间依赖性压力，这个压力与图 5-11 所示的升流有关。在该图中我们看到，只要压力的位置比 $C/4$ 更接近前缘，压力就由作为一个薄的升力面的叶片跳跃不连续性引起的。假设入射迸发的相关长度 u_2 足够长，这样 Λ_3 至少与弦相当，或大于弦，则压力差由式（5.46）的渐近版本给出。对于

长相关长度，假设局部冻结对流

$$\Phi_{\mathrm{pp}}(y_1,\omega)=[\rho_0 U(R)]\Phi_{22}(\omega)\left|S_{2\mathrm{D}}\left(\frac{k_1 C(R)}{2}\right)\right|^2\left[\frac{C-2y_1}{C+2y_1}\right] \tag{6.142}$$

重新排列我们可以得出所需的一维频谱作为局部对流的函数：

$$\frac{U(R)\Phi_{22}(\omega)}{U_\infty^2 M}=\frac{U(R)}{U_\infty^2 M}\frac{\Phi_{\mathrm{pp}}(y_1,\omega)}{[\rho_0 U(R)]^2\left|S_{2\mathrm{D}}\left(\frac{k_1 C(R)}{2}\right)\right|^2\left[\frac{C-2y_1}{C+2y_1}\right]}=\frac{\Phi_{22}(k_c M)}{U_\infty^2} \tag{6.143}$$

式中：$y_1 \leqslant C/4$。

可能使用在螺旋桨上的仪器在图 6-45 的概念里予以了说明。每个叶片都应在前缘相对于桨毂的同一位置（y_1,R）安装压力传感器。补充这些 B 压力的应该是一个相对于前缘的相同值 y_1/C 的径向阵列以及一个固定半径的弦向阵列。该阵列提供了压力分布接近空气动力响应的潜在流量值的保证，径向阵列通过整合相关函数的标准方法提供了展向相关长度，多个叶片上的阵列提供了叶片之间的相关性。

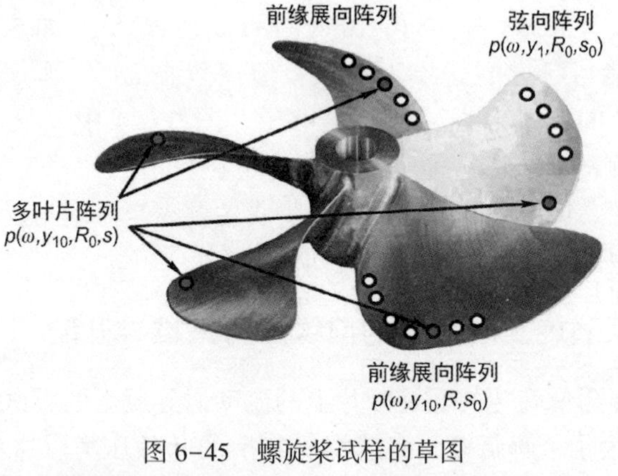

图 6-45　螺旋桨试样的草图

（一个带有测量由非均匀来流引起的叶片表面压力的仪器方案位置的螺旋桨试样的草图；这个试样是一个舰船螺旋桨，尽管该方法并不限于该应用）

Minniti 等[244-245]的第一次测量是在一个每个叶片上都装有一个压力传感器的四叶螺旋桨上进行的。螺旋桨是在后来 Wojno 等[241-243]使用的同型丝网格栅的下游操作的。图 6-46 显示了与使用常规测风仪进行的两个独立测量相比的结果：流向螺旋桨气流中的固定风速计和连接到螺旋桨上一个叶片上的风速计。除了在 $k_1M\sim6$ 附近发生了一次（由叶片振动引起）回动，其他的符合一致性都是支持该技术的。请注意，入射湍流的相关长度是与叶片的弦相类似的。

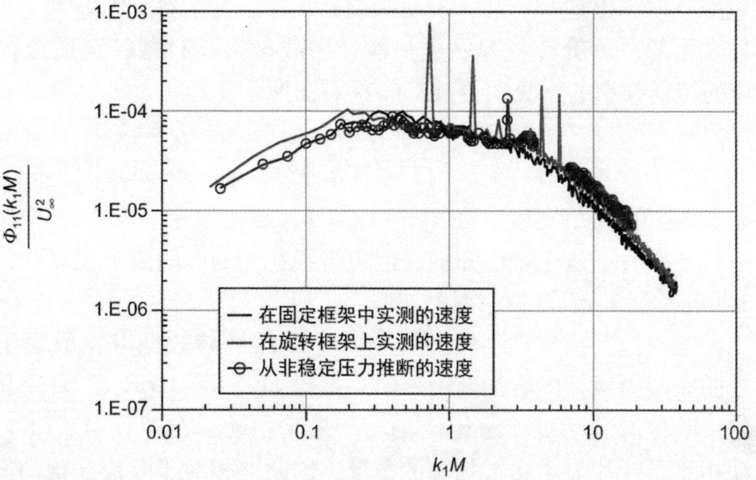

图 6-46　波数频谱的比较

（在按图 6-39（a）安装、但没有下游翼型的湍流发生网下游测得的一维波数频谱的比较；旋转叶片表面压力转化方法的验证。M 为上游屏的网目尺寸。见 Minniti 等[245]）

本节使用了一套不那么繁复、但类似于图 6-45 所示的仪器，再次在 Muench[145] 的螺旋桨上实施了测量。在这种情况下，压力被用来推导包括叶片间相的叶片上的尾流诱导压力分布。通过对压力分布进行积分，Muench 推导出了叶片流道频率处的声学偶极音的大小，以保证与远场传声器测量的音调相比时的精度。影响这些早期测量精度的限制性实际因素包括嵌入叶片的传声器的压力校准和叶片振动对传声器信号的污染。

6.6.5　轴流式风扇的声源控制

多年来，我们已经知道，图 6-3 中看到的低速无涵道轴流风机最基本的噪声控制探查之一是旋翼叶片 B 的数量和来流脉冲数 V 不匹配，因为只有当 $mB=nV$ 时才能产生净轴向力。当来流缺陷的振幅发生圆周调制时，那么即使 $nV\neq mB$，mB 和模式 $mV\pm s$ 之间的对应关系也是可能的。这可以从图 6-12（c）中看出。任何的脉冲不规则化，比如说，来自定子尾部湍流的脉冲，都会引起圆周频谱的拓宽，比如说式（6.20）的 U_w 或式（6.135）的 $[\varphi22(\omega)]_w$，相应地，叶片响应的 mB 接受区域和来流的 nV 频谱之间有可能出现重叠。要想成为一种可行的技术，就需要环形对称。

图 6-12 显示，（在我们可以忽略声学并发症、足够低的马赫数下的）合成力谱的包络线反映了来流的圆周波数频谱。在图 6-1 中频谱的低频峰上画出扇形包络，以突出这一特征，表明圆周叶片加载是由每一圈叶片上近乎阶梯状的脉冲发生的，每旋转一圈发生一次；加载包络具有与特定尾流模式阶数 n_0 相对应的特征频率 f_w，见图 6-12（a）右图所示，即

$$\frac{2\pi f_w}{\Omega}=n_0V=\frac{\pi}{\theta_0}$$

式中：θ_0 为脉冲的视角宽度。在图 6-12（d）的频谱中，$n_0V\approx7$ 和 $\theta_0/2\pi\approx0.07$；虽然频率 f_w 不是先验已知的，但包络线在 f_w 的区间内呈尖峰状，以匹配 $\omega=mB\pi$ 时叶片通过谐波的视在模式。

第二种噪声控制措施是利用旋翼净力（和低马赫数噪声）取决于不同径向元件处的净圆周载荷的叠加这一事实。假设如图 6-47 所示，来流和叶片都是同轴的。叶片沿发动机前缘相位相交于来流扰动。在图 6-47（b）中，与来流扰动相比，叶片显示出被扫掠的情况，因此，相对于叶片，扰动显示为斜向迸发。正如线性非稳态翼型理论（式 5.36）所规定的，高长宽比翼型相对于正常迸发的压力响应为 $e^{ik\theta R\cos\theta_s}$ 之比，其中 k_θ 为入射迸发的圆周波数，R 为跨度坐标对应的半径，θ_s 为扫掠（或偏移）角。

$$L_T=\int_{R_H}^{R_T}\left(\frac{dL}{dR}\right)_s e^{ik_\theta R\cos\theta_s(R)}dR$$

相比于

$$L_T=\int_{R_H}^{R_T}\left(\frac{dL}{dR}\right)dR$$

因此，扫掠叶片相对于径向叶片的总失稳载荷响应 L_T 为

$$L_T=\int_{R_H}^{R_T}\left(\frac{dL}{dR}\right)_s e^{ik_\theta R\cos\theta_s(R)}dR$$

式中：dL/dR 和 $(dL/dR)_s$ 是未扫掠和扫掠叶片的径向失稳载荷分布，R_H 和 R_T 又分别为桨毂和尖端半径。由于 dL/dR 一般随着局部切向速度 ΩR 乘以扰动 u 而增加，因此单位半径的升力理想地表现为

$$\frac{dL}{dR}=\rho_0(\Omega R)uCS_{2D}(k_\theta B\cos\theta_s,k_\theta R\sin\theta_s)$$

式中：ρ_0 为流体密度；C 为局部弦长。如前所述，$S_{2D}(k_1,k_3)$ 为表面响应函数。为便于讨论，对于径向对准的速度缺陷系统中旋翼的小扫掠，我们可以考虑 $|S_{2D}(k_1,k_3)|\leqslant|Se(k_1)|$。由于系数 ΩR，积分对旋翼尖端进行了加权。因此，在轴流机中，旋翼尖端的扫掠一直是一种有效的噪声控制措施（如 Nemec[269]

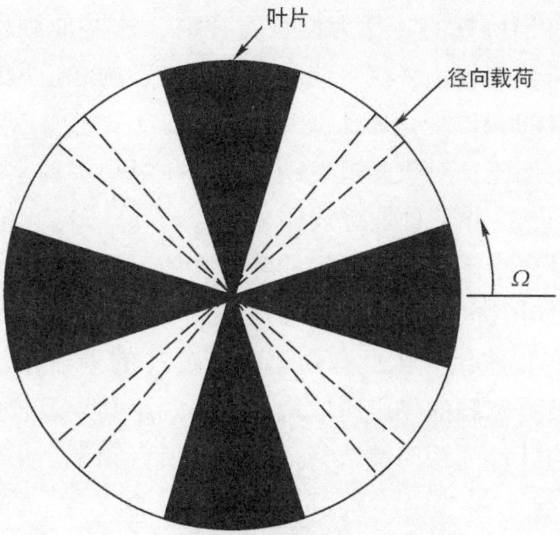

(a) 未扫掠风扇叶片和未扫掠来流扰动（虚线）

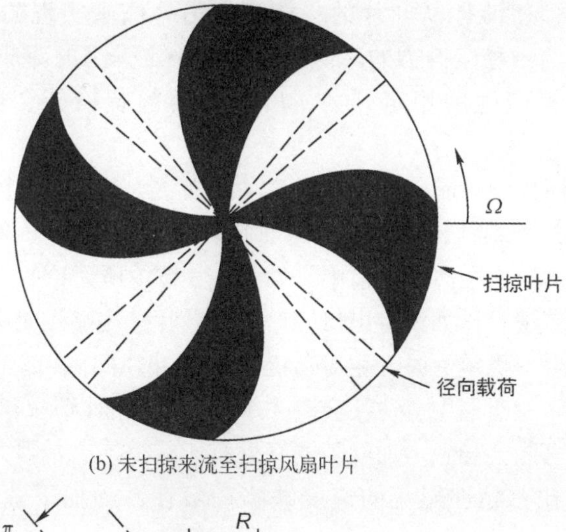

(b) 未扫掠来流至扫掠风扇叶片

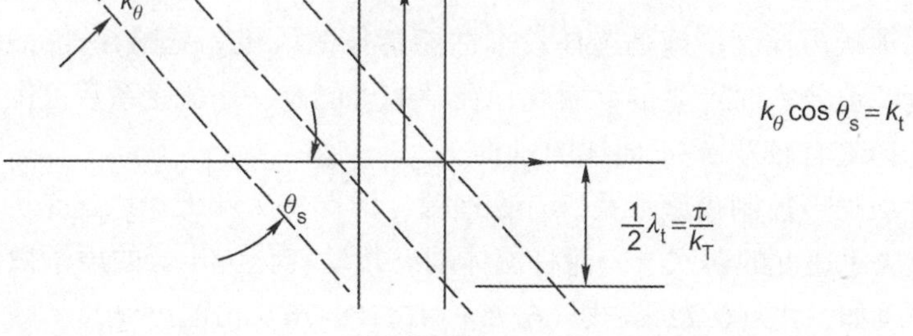

(c) 跟踪波数

图 6-47　扫掠和未扫掠旋翼叶片的几何形状

和 Brown[270-271]）。当旋翼的叶片为低长宽比时，这些原则仍然适用，但也必须考虑三维响应函数的相位。在一些叶片数量较多的涵道风扇中也是如此，因为这些风机沿流道的相位变化不大。Elhadidi 和 Atassi[76] 以及 Elhadidi[75] 已经展示了复杂涡流的例子，对于涵道发动机压缩机风扇中的某些谐波阶数，倾斜（偏斜）和扫掠（耙）并不总是有效。

第三种控制噪声措施是采用不等的叶片间距，可有效地使自动风扇安静下来。通过这种测量叶片间相位角，相应地，图 6-12（c）和图 6-36 中的阵列响应在 $k_\theta R>0$ 时变得平滑。因此，由于响应叶片的平滑化，叶片通过频率谐波处烦人的音调被更宽频的噪声所取代。不等间距会导致较宽的低电势导纳驼峰，其间距为平均叶片间距的整数倍。不过，所有频率上集成的整体声功率可能不会受到影响。

第四项噪声控制措施是降低叶片部分的个别迸发响应。该措施通过使用多孔叶片材料，使流体从叶片的一侧流向另一侧来实现的。然而，可惜的是，随之而来的不稳定升力的降低也会影响稳定升力的降低。由于旋翼的稳定性能取决于其产生的稳定升力，所以此类静音措施会造成相关性能的下降。

第五项噪声控制措施是降低摄入扰动的强度。在轴流风机中，该措施可以通过将旋翼叶片相对于流扰动源进行轴向位移来实现。Sutliff 等[158] 提供了使用尾缘吹洗的例子。在离心风扇中，如 6.7.3 节中所讨论的，可以通过改变硬件几何形状来实现，比如说将出口端口从旋转叶片尖端径向移开。当潜在的流动相互作用产生不稳定力时，相对适度地增加叶片间隙可能会带来巨大好处。然而，增加的间隙泄漏中，往往会有一个抵消的性能损失。当与黏性尾流发生相互作用时，可能会导致增加间隙的好处有所减少。这是因为与潜在扰动造成的速度缺陷相比，黏性尾流的速度缺陷一般在升力面下游更远的地方持续存在。

第六项噪声控制措施是选择效率性能最佳的风机。见图 6-19，最低声级是在接近峰值效率时产生的。因此，在某些可能有一定流量系数范围的应用场合，应选择具有较宽 $\psi-\phi$ 曲线的风机。

第七项噪声控制措施涉及所有物理源，即保持尖端低速。这是因为产生声强的力取决于速度的四次方，而将流体动态扰动转化为声音的声学效率取决于马赫数。例如，式（6.72）、式（6.75）、式（6.76）、式（6.80）、式（6.139）和式（6.140）。因此，对于其他性能品质相当的风扇，最小化的 $Dn_s=D\Omega/2\pi$，应该可以得到最小噪声的候选。

6.7　封闭式旋翼和离心式风扇的基本考虑因素

6.7.1　涵道风扇的声模态传播

当旋翼在隔声罩中产生声音时，辐射声强取决于隔声罩的声模态和旋转偶极子模态的耦合。这种耦合指引了现今科学基本原理，最早的研究是 Tyler 和 Sofrin[272-273] 的研究，Morfey[274-275]、Mugridge[276] 和 Wright[277] 进行了后续工作和更多的完善；Cumpsty[5] 对其他工作进行了描述。Ventres 等[73-74] 提供了一些算法，这些算法构成了近代描述涵道航空器发动机压缩机风扇声音的工作基础。后来许多研究者提供了理论上的进展，如[57,76,173,189-190,236,278-284]。本节中，我们讨论了与涵道风扇噪声有关的基本考虑因素，因为它适用于低平均轴流马赫数和“冷”介质。通过这种方式，我们可以专注于在旋翼或定子叶片处采用旋转源阵列激励涵道本征模态的基本模态特性。高速流动的工程分析应用，特别是发动机压缩机的工程分析，涉及更高的马赫数、涵道流动的平均旋涡和升高的温度。本节最后将给出一些相关的参考资料。

我们采用与第 1 卷 2.7.1 节相同的方法。一个无限长的圆形管道（图 6-48）的偶极子格林函数作为径向和圆周模上的模态与规定在式（4.25）中，我们在这里重写为

$$G_{d3}(r,\theta;r_0,\theta_0)=\sum_{pq}\frac{1}{\pi a^2\Lambda_{pq}}J_{|p|}(k_{pq}r_0)J_{|p|}(k_{pq}r)\,\mathrm{e}^{\mathrm{i}p(\theta-\theta_0)}\,\mathrm{e}^{\mathrm{i}k_3|x_3-x_{30}|}\tag{6.144}$$

其中

$$\Lambda_{mn}=\frac{1}{\epsilon_{pq}}\left(1-\frac{p^2}{k_{pq}^2a^2}\right)J_p^2(k_{pq}a),\quad k_z(\omega)^2=k_0^2-k_{pq}^2\tag{6.145}$$

式中：对于 $p=0$，$\epsilon_{pq}=1$；对于 $p\neq0$，$\epsilon_{pq}=2$。这个格林函数的构造是假设涵道轴线下没有桨毂，否则我们将包括满足管道壁和内壁边界条件的函数。该解包括第一种和第二种贝塞尔函数。在没有中心机体的情况下，第二种函数在 $r=0$ 时是异常的，因此是不允许的。任何情况下，涵道中的声压潜能都可以用模态膨胀来描述，如式（6.144）。我们注意到 Atassi 和 Hamad[189]、Ventres 等[73] 包括了中心体和平均轴向流体速度，基本上此类所有方法都是如此；后来的 Golubev[278]、Golubev 和 Atassi[279-280] 除了平均轴向流，还包括了平均旋涡分布。高速旋涡的作用是改变涵道的特征模式，产生涡度和压力模式。下面我们假设叶片都具有相同的空气动力学响应，并且是等距的。

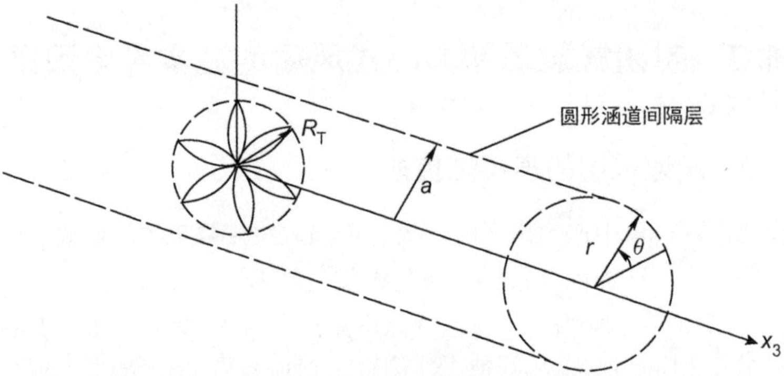

图 6-48　圆形涵道中旋翼的几何形状

为了找到辐射压的表达式，首先要找到旋转轴对应 y_3 的涵道风扇的偶极子源强度，y_3 类似于式（4.36）~式（4.39），是固定在涵道上的参考框架。通过将 $\theta=\theta_0+\Omega t$ 代入式（6.60）并在 B 叶片上求和来实现。单位面积的源强度是以式（6.146）开始的形式。

$$f_3(r_0,\theta_0,z_3,\omega)=f_3(r_0,\theta_0,\omega)\delta(z-z_0) \tag{6.146}$$

并用经典切片理论甚至是二维单独翼型理论处理旋翼的升力径向分布，并按式（6.106）进行修正。然而，大量的叶片和小叶片通过旋涡和其他复杂性表明，至少使用一个经典的二维的级联理论，如 Ventres 等[73-74]，或三维理论，如 Logue 等[19]、Atassi 和 Logue[169]。

$f_3(r_0,\theta_0,z_3,\omega)$ 是单位径向长度上对流体施加的第 i 个方向的力，假设该方向包含在涵道的 $z=z_0$ 平面内。偶极子强度分量 f_i，在式（6.60）中是谐波系列中 s_{th} 叶片响应 w_{th} 尾流谐波的一个项。

$$f_i(r_0,\theta_0,\omega;s,w)r_0=\frac{\mathrm{d}L(r_0,\theta_0,\omega,s,w)}{\mathrm{d}r_0}n_i$$

式中：n_i 为 r_0 处叶片部分桨距的方向余弦；$\mathrm{d}L/\mathrm{d}r_0$ 为 w_{th} 谐波来流失真引起的单位半径升力。式（6.50）和式（6.53）是先写出升力分布的结果。

$$f_i(r_0,\theta_0,\omega;s,w)r_0=L'_{\mathrm{w}}\left(r_0,\frac{wC}{r_0}\right)\mathrm{e}^{\mathrm{i}w(\theta_w+s2\pi/B)}\delta\left(\omega-\frac{wU(r_0)}{r_0}\right)$$

式中我们引入 θ_{w} 来定义失真谐波的相位，以 $\theta_0=S\dfrac{2\pi}{B}$ 定义等距叶片和，当 $U_{\mathrm{a}}/r_0=0$ 时，$\dfrac{wU(r_0)}{r_0}=w\Omega$。

我们可以开发一个公式，使其类似于式（4.36），通过引用第 1 卷式（2.70），推导出涵道内任何地方的声压，作为所有矢量叶片偶极子 f_i 的驱动。这里给出的只是轴向偶极子，以及适当的梯度，式（4.24）和式（4.25）的格林函数来获得 s_{th} 叶片的辐射声傅里叶系数

$$[p_{\text{rad}}(\boldsymbol{x},\boldsymbol{x}_0,\omega,p,q)]_{s,w}^{i}=\left[\rho_0\pi CU(r_0)S_{2\text{D}}\left(\frac{wBC}{r_0},\frac{C}{2r_0}\right)\right]n_i\,|U_m(r_0,w)|\times\cdots\times$$
$$\left[\frac{\text{J}_{|p|}(k_{pq}r_0)\text{J}_{|p|}(k_{pq}r)}{\pi a^2\Lambda_{pq}}\right]\text{e}^{\text{i}w(\theta_w+s2\pi/B)}\times$$
$$\text{e}^{\text{i}p(\theta-s2\pi/B)}\,\text{e}^{-\text{i}\sqrt{k_0^2-k_{pq}^2}\,|x_3-x_{30}|}\tag{6.147}$$

这个表达式有一个常规解释；[ ]中的第一个项代表叶片对单位入射迸发的空气动力迸发响应；n_i 为方向余弦，只要叶片位于 z = 恒定平面，则等于 $\cos\gamma$ 或 $\sin\gamma$，$|U_{\text{m}}(r_0,w)|$ 为升力波动半径 r_0 处 w_{th} 来流谐波的傅里叶振幅。[ ]中的第二项表示涵道模式的单位偶极子模式响应函数；指数中的相位捕捉了所有由（依次）尾部倾斜（偏斜）、叶片通过中对流波在旋翼平面上的数量 $w\times s$，以及叶片通过中涵道模式的径向节点线数量 $m\times s$ 引起的相位平面行为；传播相位及其波数规定在式（6.121）涵道中的压力由 $[p_{\text{rad}}(\boldsymbol{x},\boldsymbol{x}_0,\omega,\ p,\ q)]_{\text{s,w}}^{i}$ 整体偶极子方向、模式以及旋转和尾流谐波之和决定，即在 i、m、n、p 和 q 上。现在出现了相当大的简化，给出

$$[p_{\text{rad}}(\boldsymbol{x},\boldsymbol{x}_0,\omega,p,q)]=\sum_{-\infty}^{\infty}\left[\rho_0\pi CU(r_0)S_{2\text{D}}\left(\frac{wBC}{2r_0},\frac{C}{r_0}\right)\right]|\cos(\gamma)U_{\text{m}}(r_0,w)|\times\cdots\times$$
$$\left[\frac{\text{J}_{|p|}(k_{pq}r_0)\text{J}_{|p|}(k_{pq}r)}{\pi a^2\Lambda_{pq}}\right]A_z\left(\frac{2\pi}{B}(p-w)\right)\text{e}^{\text{i}w\theta_w}\times$$
$$\text{e}^{\text{i}p\theta}\,\text{e}^{-\text{i}\sqrt{k_0^2-k_{mn}^2}\,|x_3-x_{30}|}\tag{6.148}$$

回顾第 4 章“管道和涵道系统的声辐射”，式中 $\infty\leqslant n\leqslant\infty$ 为径向模式（节点圆），$-\infty\leqslant m\leqslant\infty$ 为周向模态（径向节点线）。A_z 由式（6.113）给出。允许辐射模式的条件与自由场旋翼的条件类似 6.4.2 节。

我们可以很简单地检测旋翼叶片阶数与涵道模式的重合条件和传播条件，注意到图 6-37 中的滤波函数 $A_z(k_\theta b)=A_z(2\pi w/B)$，对于大量叶片数，可以近似为

$$A_z(2\pi w/B)\approx B\delta((p-w)-mB)$$

为了揭示传播模式的基本条件，重新安排了式（6.121）的波数条件：

$$k_{pq}=\pi f_{pq}/a<k_0$$

$$k_w \pm mB,\quad n=\pi f_w \pm mB,\quad q/a<k_0$$

由于 w 可能是正数也可能是负数，所以贝塞尔函数的阶数将写成 $mB\pm w$。对于贝塞尔函数足够大的阶数，式（6.123）成立，即对于 $mB\pm\omega=m\gg1$，我们有

$$k_{pq}=\frac{p}{a}=\frac{mB\pm w}{a}$$

$$k_0=\frac{\omega}{c_0}=\frac{mB\Omega}{c_0}$$

辐射模式的条件是

$$\frac{\Omega a}{c_0}>\frac{mB\pm w}{lB}$$

假设旋翼半径为 $R_{\mathrm{T}}=a$，我们对尖端速度马赫数有一个必要条件

$$M_{\mathrm{T}}>\frac{mB\pm w}{lB} \tag{6.149}$$

条件（6.150）意味着两种辐射模式是可能的：一种要求超声速的尖端速度发生在 $mB+w$ 上，另一种要求亚声速的尖端速度发生在 $mB-w$ 上。此外，对于叶片频率力，如 $mB=w$，旋翼总是辐射的；因为 $p=w-mB=0$，即涵道截面上的平面波。如果来流旋翼的气流是均匀稳定的，即对于 $w=0$，只有 Gutin 声才能在涵道中产生，但根据条件（6.150），只有当尖端速度变成超声速时，才能传播。因此，传播 Gutin 声的条件是 $M_{\mathrm{T}}>1$。

最后，式（6.117）表明，θ、t 相位组合给出了螺旋波峰：

$$p\theta-mB\Omega t=(mB\pm w)\theta-mB\Omega t$$

这表明存在两个旋转波：一个旋转速度比轴的角速度 Ω 快，另一个旋转速度慢。因此，旋转模式的转速为

$$\frac{\Omega_{\mathrm{r}}}{\Omega}=\frac{mB}{mB\pm w}$$

与式（6.150）一起，该表达式意味着 Gutin 或辐射模式，是那些 Ω（轴速率）比声模式的旋转速率快的模式。

当来流失真，$U_{\mathrm{m}}(r_0,w)$ 是波数和频率的随机函数时，如 6.6.2 节 $U_{\mathrm{m}}(\boldsymbol{k}_z,\theta,\omega,r_0)$ 在式（6.106）中，其中我们的案例是 k_z，$\theta=k_\theta$，k_z。所以在上文中使 $k_\theta=w/r_0$ 进行替换，得到涵道内声压的自谱，类似于式（6.150a）结合式（6.121），则

$$[\Phi_{\mathrm{rad}}(\boldsymbol{x},\omega,p,q)] = \int_{R_{\mathrm{H}}}^{R_{\mathrm{T}}} \left| \rho_0 \pi C U(r_0) S_{\mathrm{2D}}\left(\frac{\omega C}{U(r_0)}\right)\cos(\gamma) \right|^2 \times \cdots \times$$

$$\left| \frac{\mathrm{J}_{|p|}(k_{pq}P_0)\mathrm{J}_{|m|}(K_{pq}r)}{\pi a^2 \Lambda_{pq}} \right|^2 \left[\frac{\Lambda_{\mathrm{r}}}{\pi} \int_{-\infty}^{\infty}\int_{-\infty}^{\infty} |A_z(k_\theta b(p-w))|^2 \Phi_{zz}(k'_\theta,k'_z,r_0)\mathrm{d}k'_\theta \mathrm{d}k'_z \right] \mathrm{d}r_0 \tag{6.150a}$$

这种表达方式表达了涵道叶片排的宽频湍流摄声中三个独立的物理过程。[ ]中的第一项表示常见的单位迸发响应；第二项表示涵道截面的模形函数，包括涵道的原生切割属性；第三项包括积分表示湍流升流的综合波数模态激励函数。这类似于在获得式（6.150a）中使用的波数限制和积分的步骤。虽然我们用简化的流声低马赫数流导出了这个表达式，但它或其对环形涵道的类似形式，已被频繁地应用于涵道风扇和压缩机的噪声问题。积分中的波数在旋翼处的坐标系中。

有了这样的解释，我们可以将三分量模态辐射声表示为

$$[\Phi_{\mathrm{rad}}(\boldsymbol{x},\omega,m,n)] = \int_{R_{\mathrm{H}}}^{R_{\mathrm{T}}} |A(\omega,r_0)|^2 |Y_{pq}(\boldsymbol{x},\omega,r_0,k_0)|^2 \Phi_{pq}(r_0,\omega) \tag{6.150b}$$

最后，涵道所有模式中包含的总声压由下式给出

$$\Phi_{\mathrm{rad}}(\boldsymbol{x},\omega) = \sum_{pq} \Phi_{\mathrm{rad}}(\boldsymbol{x},\omega,p,q) \tag{6.150c}$$

请注意，在以这种方式表达声音的自谱时，我们在概念上确定了三个关键模型发展领域的交叉作用，包括级联升力面对单位振幅入射湍流场的响应 $|A(\omega,r_0)|$，涵道模式的传播特性 $|Y_{pq}(\boldsymbol{x},\omega,r_0,k_0)|$，以及来流的湍流特征 $\Phi_{pq}(r_0,\omega)$。

6.7.2　案例研究：来自高旁路发动机压缩机风扇的声音

现代涡扇发动机的压缩机风扇为交互音和宽带噪声机构在多叶片排推进器中的应用提供了一个很好的例子。自 20 世纪 90 年代末以来，NASA 投资于多物理尺度模型的空气声学测量，为发展中的计算航空声学代码提供了验证数据，见参考文献［285］。我们注意到，这里有 4 种公认的压缩机风扇流量诱导噪声源的贡献，见 Ganz 等[286]、Envia 等[285]、Envia 和 Nallasmy[287]，这些都是由叶片气声控制的。

（1）即使在来流干净、无涵道边界层的情况下，也有明显的旋翼自噪声，包括 Gutin 音调、厚度噪声、旋翼与上游流变形相互作用产生的音调和宽带声，以及旋翼尾流与下游体相互作用产生的音调和宽带声，以及尾缘宽带噪声。

(2) 旋翼与入口边界层的相互作用受旋翼尖端间隙的影响。

(3) 风机转速的小部分旋转的尖端-涵道间隙存在不稳定的非均匀性，至少当尖端间隙和载荷都很大时。

(4) 定子产生的噪声，受上游旋翼风扇传播的显著影响，包括与发出的旋翼湍流尾流的相互作用音调和宽带噪声以及定子后缘噪声。

在本节中，我们将研究定子在排气方向发出的旋翼-定子宽带相互作用声的预测；正是这个方向受上游旋翼的声学阻塞影响最小，见 Nallasamy 和 Envia[288]。我们正在研究的配置如图 6-49 所示，图中顶部所示的两种备选定子叶片扫描角度。定子叶片的倾斜和扫度以复杂的方式影响音调和宽带噪声。在音调的情况下，对流波在涵道模式的反节点区域上的投射被旋涡和涵道中前向和后向旋转的 Tyler-Sofrin 模式的力学所复杂化，见 Envia 和 Nallasamy[287]、Elhadidi 和 Atassi[76]。因此，这些影响将取决于旋翼和定子叶片的数量。如前所述，涡流不仅影响空气动力和声波前沿的几何形状，而且还影响某些圆周和径向阶涡度模式在旋翼叶片发出的尾流中的轴向传播，如 Kerrebrock[78]、Golubev 和 Atassi[279-280]、Golubev[278]的理论工作所指出的。在宽带湍流摄取噪声的情况下，这些影响被模态求和所抑制，但尽管如此，扫度（即类比舰船应用中的螺旋桨耙）被发现比倾斜（即类比舰船应用中的螺旋桨偏斜）更能有效地控制噪声。分析表明，这是因为倾斜可以影响更高的折合频率（Eldadidi 和 Atassi[76]），因为在定子大折合频率下，构成声场的涵道模式数量较多，尤其是宽带。

叶片相互作用音的计算取决于尾流、旋涡和模式对准的细节，这对叶片行间涵道模式传播的适当计算建模很敏感（见 Elhadidi 和 Atassi[76]），Logue 和 Atassi[193]以及涵道入口和出口处近似边界条件的应用，如参考文献 [18，191-192]。所提出的理论过于简化，无法准确地做到这一点，因此在此不再赘述，但发现这种发动机风扇模型所发出的音调水平（见 Envia 和 Nallasamy[287]），在扫掠和倾斜对降低发出的声功率的总体有利影响方面，完整的理论一般都能很好地体现。

然而，Nallasmany 和 Envia[288]、Elhaddidi 和 Atassi[76]、Logue 和 Atassi[236,239-240]以及 Atassi 和 Logue[237-238]所研究的旋翼下游涵道定子的湍流摄入噪声的物理学原理，可以通过引用最后几条的结果来获得。这是因为通过类比高模密度结构模式的统计行为，如第 1 卷第 5 章，模态响应的宽带强制可以比涉及离散频率波数激励的情况对建模细节不那么敏感。还应该注意的是，Nallasmany 和 Envia[288]所做的计算是从 Ventres[73-74]的著作中采用的，所以读者应该认识到，这些方法的核心已经发展了很多年。

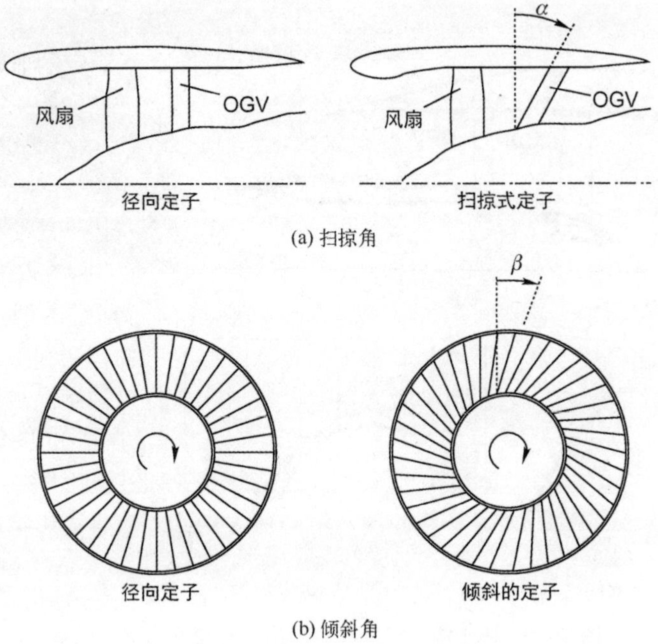

图 6-49　定子叶片扫掠图示

（NASA 的 22 英寸压缩机风扇的总体布置和叶片排配置（参考文献［287-288］）显示了旋翼和涵道位置以及定子叶片扫掠角和倾斜角的图示。从出口方向看，风扇顺时针旋转；流入方向来自左侧）

我们讨论的主题是 NASA 建造的一个研究用压缩机风扇的物理模型的辐射声，如图 6-50 所示。我们将从 Podboy 等[289]的流动建模和 Woodward 等[290]以及 Nallasamy 和 Envia[288]的声学角度，讨论直径为 22 英寸（0.558m）的试验风机中的宽带声音行为。由于测量是在非载荷的正向速度马赫数下进行的，所以必须考虑有限马赫数的强度。声音是在压缩机的排气端测量的，因此受出口导流叶片处的声源控制。声功率是通过对涵道环形出口平面上的声压进行综合计算得出的。为此，在马赫数为 M 的均匀轴向流的涵道中，Goldstein[10] 和（间接地）Pierce[291] 以及 Howe[292] 对流声压与粒子速度的线性化一阶和二阶项 u 写成以下形式

$$I(x,\omega)=(p(x,\omega)+\rho_0 U_z u(x,\omega))(u(x,\omega)+Mu(x,\omega))^*$$

式中：压力项由一维线性化动量式设定，速度为马赫数展开的一阶和二阶项给出。第 1 卷 2.1.2 节的等熵线性声学性能的其他方面仍然成立，我们有

$$I=\langle(p+\rho_0 U_z u)(u+Mu)^*\rangle$$

$$I(x,\omega)=(1+M^2)\langle pu\rangle(x,\omega)+\frac{M}{\rho_0 c_0}\langle p^2\rangle(x,\omega)+\rho_0 c_0 M\langle u^2\rangle(x,\omega)$$

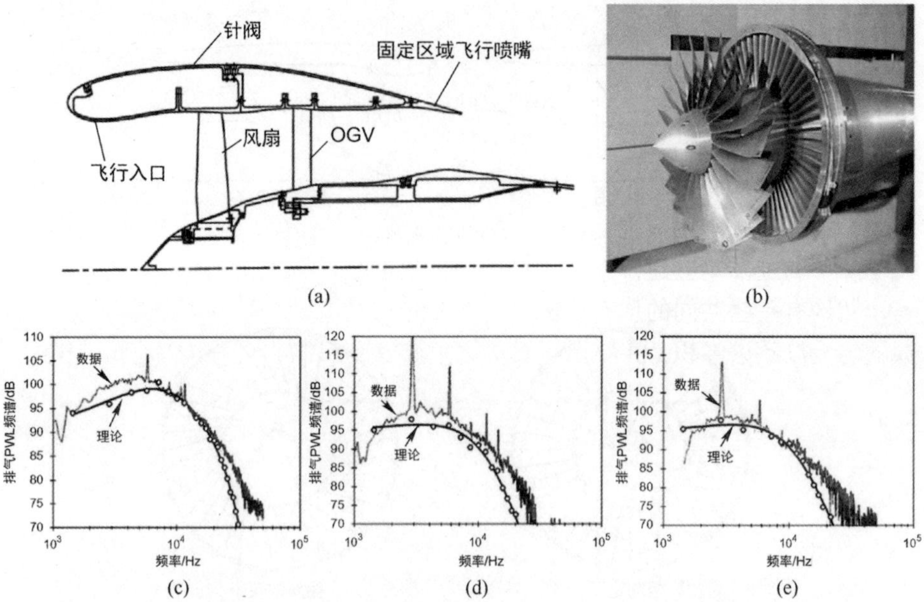

图 6-50　用于源诊断测试的 NASA 22 英寸压缩机风扇

（图（a）为径向出口（定子）导向叶片图；图（b）为拆除涵道后的照片，显示基准 54 径向出口导向叶片。理论和测量的声谱为 1Hz 频段的声功率级 re 10^{-12}W 均在近进条件下从涵道的排气端发出。图（e）是 54 个径向叶片；图（d）是 26 个径向叶片；图（c）是 26 个扫掠叶片）

涵道中，模态声压和粒子速度由动量式相关联

$$u(x,\omega)=\frac{k_{mn}}{\omega u(x,\omega)\pm k_{mm}U_z}\frac{p(x,\omega)}{\rho_0}$$

其中的+和−适用于上下游的平均流动。所以整个涵道的平均强度为

$$I(\omega)=\frac{\mp M(1-M^2)^2(\omega/\overline{U}_z)k_z}{[\omega/c_0\pm Mk_z]^2}\frac{\Phi_{\mathrm{rad}}(\boldsymbol{x},\omega)}{\rho_0 c_0} \tag{6.151}$$

式中：$\Phi_{\mathrm{rad}}(\boldsymbol{x},\omega)$为式（6.150b）；$k_z$为式（6.121）。Atassi[293]提出了一种适用于管道内非均匀流动的更加完整的解决方案。

图 6-50（a），显示了 NASA 涵道式压缩机的侧视图，配置成 Nallasamy 和 Envia[288]所述的物理模型，用于测量进入风洞的宽带声音。用沿边线扫描的传声器来测量声音。拆下涵道后的压缩机照片显示，图 6-50（b）是 22 个叶片旋翼，带有 26 个径向叶片的定子。为了证明上述推导公式，我们考虑了向排气方向发出的声音，因为前进方向的声音部分被旋翼叶片阻挡。在这些图片中，进近条件是下降过程中气门向后的状态，起飞是全推力状态，回落是到达高度后的巡航状态。

图 6-50 底部和图 6-51 内提供了 54 个径向定子叶片、26 个径向定子叶片和 26 个扫掠定子叶片的计算与测量声功率级 $\pi(R_T^2-R_H^2)\overline{I(\omega)}$。测量结果表明，随着叶片数量的减少（中频~5dB）和叶片扫掠的增加（~2dB），测量结果有小幅下降。理论结果显示出大致相似的趋势，但存在明显差异，理论和测量结果在预测 54 个叶片的既定（基线）配置随速度增加方面却是一致的。这些图中使用的理论比本章中介绍的理论更全面，包括管道模式内有限平均速度，以及将叶片的迸发响应建模为级联而不是单个叶片。不过，它确实与此处使用的建模结构有一些共同的重要特征。具体来说，该公式使用了与管道模式形状相同的湍流波数谱卷积，并使用了相似的湍流模型。

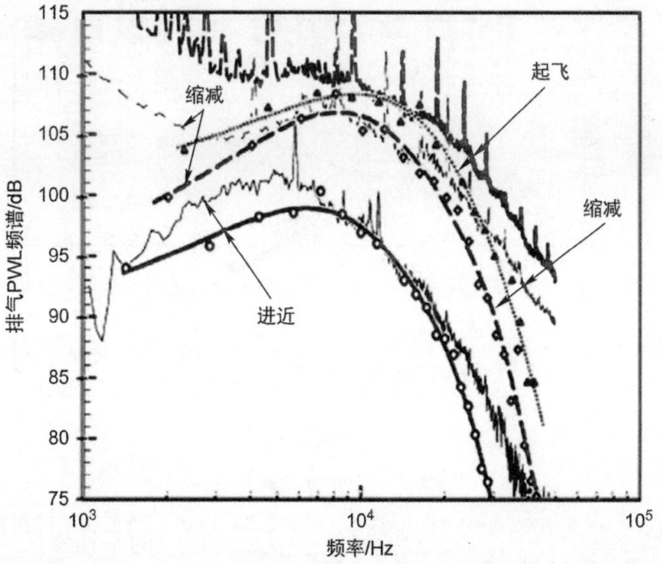

图 6-51　声功率率带频谱水平

（起飞（12,656r/min，m=1.09）、进近（1060r/min，m=0.95）和回落（750r/min，m=0.672）条件下，涵道出口处宽带辐射声功率 1Hz 带频谱水平 Re 10^{-12} W。带点的线是利用二维级联理论进行的理论计算，无点的线是测量的。配置的是 54 个叶片的径向定子。Nallasamy 和 Envia[288]）

Atassi 和 Logue[237-238]、Posson 等[294]进行了一系列的计算，其中湍流谱为 Gaussan 或 Liepmann 谱，并使用不同程度的向异性。两者均发现，Gaussian 波数频谱在功率频谱上产生了较窄的整体带宽，而 Liepmann 频谱与测量的频谱形状有较好的匹配。由于测量没有提供长度尺度测量，因此，Nallasamay 和 Envia[288]以及 Atassi 和 Logue[237-238]进行的所有计算都假定以各向同性湍流为基线，他们使用的是三维环形级联。Posson 等[294]使用的是由 Glegg 和 Walker[235]开发的切片理论。然而，通过各向异性的测试发现，在 Liepmann 波谱模型中假定 Batchelor-Proudman 拉伸度（见第 1 卷第 3 章），计算的声音对各向异性非常敏感。在低频时尤其如此；这与 5.3.4.2 节中关于翼型湍流摄入噪声的观察一致。Posson 等[294]发现，计算的声音对径向载荷分布较为敏感，这是通过使用三维（3D）校正所呈现出来的，3D 校正调整了最初用于解释实际径向载荷分布的严格 2D 切片理论，如图 6-52 所示，这种影响显得很小。

综上所述，湍流摄声计算中最大、最重要的不确定因素显然是对流入湍流的波数谱的认识。这种不确定性只能通过物理测量或通过模拟相关类型的流量来降低。

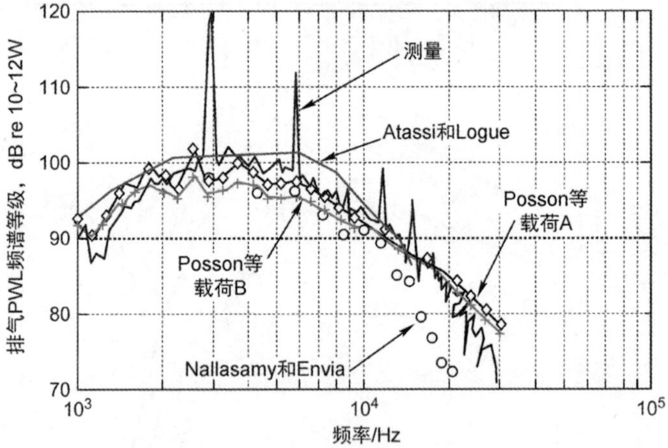

图 6-52　声功率带频谱水平

（在进近（1060r/min，$m=0.95$）条件下，从涵道出口处 26 个径向 OGV 的宽带辐射声功率 1Hz 带频谱水平 re 10^{-12} W。本图对比了各种理论计算：其中有 Nallasamy 和 Envia[288]、Atassi 和 Logue[237]以及 Posson 等[294]，就文中提到的双叶片载荷情况，“A”表示二维基线切片理论，“B”表示使用三维校正进行径向载荷分布）

6.7.3　离心风扇的声学特性

离心风扇的声学特性既受叶轮空气动力学的影响，也受到蜗壳声学特性的影响。图 6-53 说明了离心风扇的主要部件，图 6-54 说明了各种类型的风扇。相对于轴流风扇的研究和测量程度，离心风扇受到很少关注。Neise[7,58]的综述文章概述了离心风扇的主要噪声控制措施，Harris[295]的文章则讨论了设计考虑因素。离心风扇比轴流风扇在空气声学上更为复杂，涡壳内的声学共振会影响声谱。

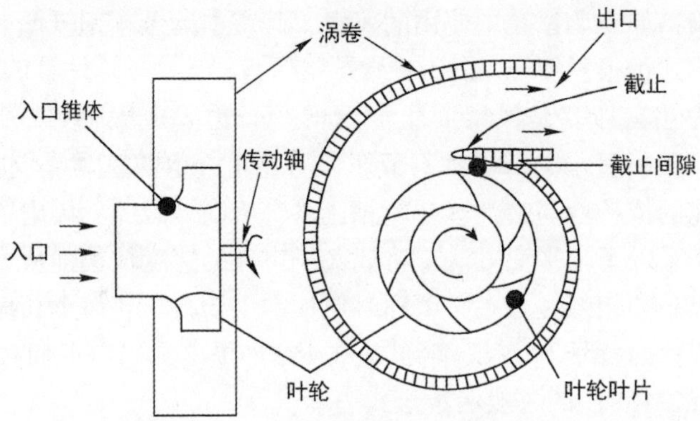

图 6-53　离心式鼓风机的重要部件

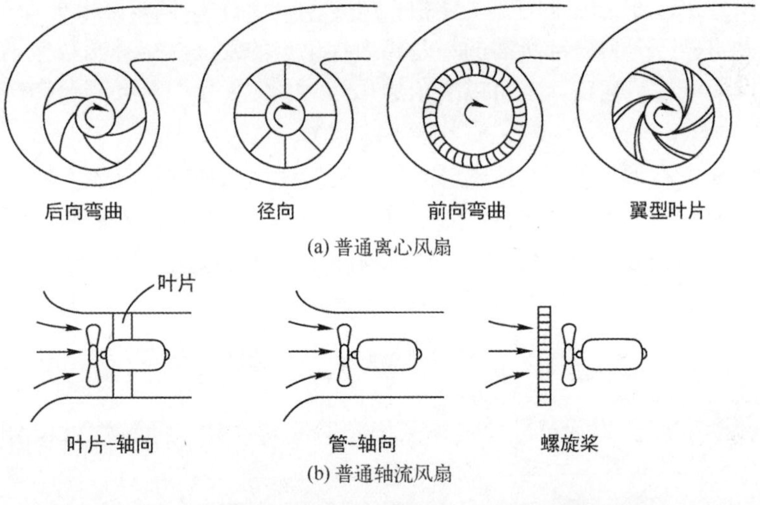

图 6-54　工业和家用的重要风扇类型（其声功率级见图 6-56）

离心风扇通过旋转叶轮在涡壳内产生循环而工作。空气从中心进入，从叶片的外周离开。风扇的效率受叶轮与涡壳之间以及叶轮与截止点之间的环形间隙影响。根据叶轮的配置，叶轮中的叶片数量为 6~60 多个不等。最简单的布置是少量的径向叶片，但空调系统和小型通风装置中常用的叶轮具有大量在旋转方向弯曲的小叶片。噪声的主要来源发生在叶片通过频率上，因为叶轮叶片经过截止点。宽带噪声是由通过叶轮的气流、壳体壁上的气流以及壳体的肋和加强筋上的气流产生的。

已经进行了实验来隔离外壳中声共振的重要性，Moreland[296] 已经表明，小风扇（风扇直径小于 10 英寸）在 100~1000Hz 的频率范围内有 Helmholtz 共振。大型风扇，如空调系统中使用的风扇，其基本谐振频率较低，但外壳容积的高阶声学模式仍很重要。

人们认为叶轮外套是风扇产生声音的一个重要放大器[296]，而且，正如 Chanaud[297] 测量所显示的那样，不带外套的叶轮产生的基本是偶极子的声音，尽管它对转速的依赖性与带外套叶轮相比略有不同。因此，风扇罩可以改变声辐射，类似于采取了半平面方法，将偶极子声音的速度依赖性从 U^6 改到了 U^5。因此，离心风扇的相似性考虑必须同时包括空气动力学和声学共振因素。

在一般理论的背景下，第 1 卷式（2.153）提出，出口平面处的声压可以用第 1 卷式（2.138）的一般函数形式表示：

$$\boldsymbol{\Phi}_{\text{prad}}(\boldsymbol{x},\omega)=\int_{V_1}\int_{V_2}|G_{\text{d}}(\boldsymbol{x},\boldsymbol{y},\omega)|^2 < f_{\text{d}}^2(\boldsymbol{y}_1,\boldsymbol{y}_2,\omega) > \mathrm{d}^3\boldsymbol{y}_1\mathrm{d}^3\boldsymbol{y}_2$$

式中：积分超过外壳内部的整个体积，$f_{\text{d}}^2(\boldsymbol{y}_1,\boldsymbol{y}_2,\omega)$ 表示偶极强度分布的横谱。细节不太明显，因为全部所需的只是相似性论点的发展。格林函数包括了外壳的所有声学模态，在尺寸上可以表示为

$$G_{\text{d}}(\boldsymbol{x},\boldsymbol{y},\omega)\sim(1/L^2)G(\boldsymbol{x},k_0\boldsymbol{y})$$

式中：$G(\boldsymbol{x},k_0\boldsymbol{y})$ 无尺寸；L 是风扇的尺寸尺度，比如其旋翼直径。

偶极子强度取决于叶轮的尖端速度，恰当定义的雷诺数 $\mathfrak{R}$ 和流动系数 ϕ（在 6.3.1 节末尾定义，并在图 6–19 说明），产生可以用一般形式来表示的交叉谱密度

$$\langle f_{\text{d}}^2\rangle\sim\left(\rho_0\frac{U_{\text{T}}^2}{L}\right)^2 f\left(\mathfrak{R},\phi,\frac{fL}{U_{\text{T}}},\frac{\boldsymbol{y}_1}{L},\frac{\boldsymbol{y}_2}{L}\right)\frac{L}{U_{\text{T}}}$$

式中：频率在 L/U_{T} 上无尺寸化。如果假定时间特性和空间特性可以分开，也就是说

$$\langle f_{\text{d}}^2\rangle\sim\left(\rho_0\frac{U_{\text{T}}^2}{L}\right)f_1\left(\mathfrak{R},\phi,\frac{fL}{U_{\text{T}}}\right)f_2\left(\mathfrak{R},\phi,\frac{\boldsymbol{y}_1}{L},\frac{\boldsymbol{y}_2}{L}\right)\frac{L}{U_{\text{T}}}$$

那么辐射声谱可以写成

$$\boldsymbol{\Phi}_{\text{prad}}(\boldsymbol{x},\omega)\sim(\rho_0U_{\text{T}}^2)^2G\left(\frac{\omega L}{c_0},\frac{\omega\Lambda}{c_0}\right)F\left(\frac{\omega L}{U_{\text{T}}},\mathfrak{R},\phi\right)\frac{L}{U_{\text{T}}}$$

式中：Λ 表示空间相关性尺度，乘积 $k_0\Lambda=\omega\Lambda/c_0$ 表示偶极子场和壳体声学之间的气动声学耦合。由于 Λ/L 是 ϕ 和 $\mathfrak{R}$ 的函数，气动声学耦合函数可以表示为 $G(\omega L/c_0,\phi,\mathfrak{R})$。最后，比例带 $\Delta f\sim f$ 的声压可用稍微修改的形式来表示：

$$\overline{p^2}(\boldsymbol{x},\omega)\sim(\rho_0U_{\text{T}}^2)^2G\left(\frac{fD}{c_0},\mathfrak{R},\phi\right)F\left(\frac{fD}{BU_{\text{T}}},\mathfrak{R},\phi\right)\tag{6.152}$$

式中：选取测量点 x 与 L 成比例，$L=D$。

函数 $G(fL/c_0, \Re, \phi)$ 包含了所有的声学共振效应，但表达式（6.151）不允许有气声反馈。Neise[298]、Neise 等[299-300]采用这种可分离的形式，对不同尺寸的风扇单独生成了相似函数；如图 6-56 所示范例。为了产生这些函数，必须注意到 $G(fL/c_0)$ 函数的频谱特性是由壳体中的声共振决定的，这些共振在所有速度下都以相同的频率发生。但是，在叶片通过频率各谐波处的偶极源函数会随速度平稳增加。请注意，如图 6-56 中所定义的，斯特劳哈尔数是指叶片通过频率的整数倍。因此，函数 F 等同于函数 $F(m,\Re,\phi)$，其中 $m=1,2,\cdots$ 是叶片谐波数。已经发现气声耦合函数 $G(fD/c_0,\Re,\phi)$ 是雷诺数和流动系数的弱函数。因此，式（6.151）代表了声辐射的一个线性化模型。对离心式鼓风机的流场和声学感兴趣的读者有 Denger 等[300]以及 Yeager[301]。

6.7.4 离心风扇的相似性规则和噪声控制：风扇法则

本节总结了通过修改风扇设计来降低风扇声音的最有效手段。同时总结了不同类型风扇声学估算的基本风扇法则。

6.7.4.1 离心风扇的噪声控制方法

Neise[7,58]的研究论文总结了许多最有效的措施。声学和空气动力学的双重影响，增加了噪声控制的选择。虽然文献普遍关注经验方法，但正如 Jeon 等[302]和 Scheit 等[303]的研究所表明的那样，数值方法现在正变得有用。

本节首先论述通过几何改造控制源强度的方法。一般来说，这些方法包括建立叶轮叶片与截止点交互的模型；表 6-4 对它们进行了总结。Embleton[304]发现，将叶轮的叶片（带向前弯曲叶片）相对于截止点倾斜 20°，叶片通过音调可降低约 10dB。倾斜的叶片像一个 V 字形，顶点在鼓筒中心，指向旋转方向。观察到输送的空气量略有减少。这种方法完全类似于轴流风扇中使用叶片扫掠。Lyons 和 Platter[305]发现，通过使截止点相对于叶轮叶片倾斜，可以在不降低鼓风机的情况下降低 10dB 的音调水平效率。另一种相关的方法是将叶轮构造为两轮，使其中一个相对于另一个半叶片间距错开。理想情况下，这会导致沿叶轮轴线发生 180°相移动并产生净取消。在不降低效率的情况下，观察到 10dB 的最大降噪。Neise[7]报道的这种方法的一个变体是，在叶轮叶片间距的一半对半之间错开，以分开截止点。遗憾的是，这些有前途的建议并没有任何细节可用。Neise 审查的一种方法是，在叶轮鼓筒周围安装丝网，以降低由于叶片分离而产生的叶轮叶片的连续频谱噪声。丝网产生的湍流会使叶片流动释放，从而避免层流分离。虽然宽带噪声降低了，但对于向前弯曲的叶片来说，效率也降低了，尽管不是针对径向叶片。需要注意的是，对叶轮截止点改造所产生的很多有益效果只有在接近效率峰值时才能观察到。其他方法，如对外壳几何形状的某些修改，可能只有在空气动力学性能较差的风扇中才比较重要。另外，要认识到，噪声的降低不一定是相加效应。例如，增加尖端间隙和倾斜叶片的结果不一定是每个单独的噪声控制措施结果之和。

表 6-4　离心风扇的噪声控制措施：近似降噪量[a]

方法	BFP 音调			连续频谱			电力损失
	向前弯曲叶片	径向叶片	向后弯曲叶片	向前弯曲叶片	径向叶片	向后弯曲叶片	
叶片相对于截止点的倾斜度	10	10	<3	0	—	0	略微
一个叶片间距的截止点倾斜	10	10	—	0	—	—	略微
带入口湍流的叶片流动释放	<3	<3	—	10	—	—	由于网格拖力很明显
增加截止点间隙[b] $\varepsilon \Delta L_s \approx 20\log(\varepsilon/0.06)$	—	10	10	—	—	<3	在大间隙上很明显
带槽的叶片放气	—	—	<3	—	—	0	很明显
增加截止点半径	—	—	5	—	—	0	无
叶片间距不规则	—	—	减少	增加	—	—	略微

注：a　列中的数字按量值顺序，无输入表示没有数据报告。
　　b　ε 为转子截止点间隙与叶轮半径之比。ΔL_s 是指从 $\varepsilon = 0.06$ 开始的相对声级变化

控制噪声的声学方法包括用吸声物衬托套管壁，如用多孔金属板和无纺布覆盖的岩棉来保持体积形状。已发现宽带和音调辐射的降低超过 10dB，效率损失最小。遗憾的是，加衬可能会被气流破坏，或被腐蚀性或灰尘液体侵蚀。

6.7.4.2　风扇的一般声学法规

本节所推导的声学关系是以控制移动风扇叶片上气流的基本参数为基础的，它们是基于亚声速航空声学原理的，使用需依靠声功率平衡。使用这些公式，从基本原理上预测声音的前提是这些参数是已知的，至少定性上是流偶极子。一般来说，它们的定义并不明确，因为它们是在相对理想化的试验配置中进行测量的，而这些试验配置是为测量程序设计的；并不是在实际应用中进行的。如 6.7.2 节所述，通常会使用声音产生的一般理论来开发基于声功率的方法，以缩放几何上相似的离心风扇的声学性能，从而说明空气动力学和声学的影响。也可以为轴流风扇推导出类似的缩放公式。在最近的研究中，已经调查了在涡壳中使用传感器的技术，详见 Velarde-Suarez 等[306]。

空气动力学声音产生机制的式（6.57）、式（6.68）、式（6.80）、式（6.118）和式（6.119）均与比例频带 $\Delta f \propto f$ 内的声压有一个共同关系，所以

$$\overline{p_a^2}(\boldsymbol{x},f)=q_T^2\left(\frac{U_T}{c_0}\right)^2\left(\frac{D}{r}\right)^2 F\left(\frac{fD}{U_T}\right)A\left(\frac{fD}{c_0}\right) \tag{6.153}$$

式中：D 为风扇的直径；$F(fD/U_T)$ 为无尺寸频谱偶极子源强度；$A(fD/c_0)$ 表示声响应函数。可以用这种关系来缩放任何动态上以及几何上相似的风扇性能，因其相似性，空气动力源保持固定关系。当 $A(fD/c_0)$ 为常数或最多为频率的弱函数时，这个过程就变得简单了；对于无边界介质的风扇，它类似于图 5-14 所示的紧凑性函数，往往具有将 U_T/c_0 上的指数从 2 向下调整到 1 的效果。对于风扇产生的随机宽带噪声，人们还可以考虑叶片数量 B 的差异，因为 $\overline{p_a^2}$ 一般与 B 成比例。等式简化为式（6.151），当测量点与叶轮或转子保持固定距离时，在这种情况下，$r \propto D$，对于几何上和动态上相似的风扇，进一步 $U_T/c_0 \propto n_s D/c_0 \propto fD/c_0$。

通过扩展，1/3 倍频程比例带中的声功率可以写成如下形式：

$$\mathbb{P}_{rad}(f,\Delta f)=\rho_0 U_T^3\left(\frac{U_T}{c_0}\right)^3 D^2 F\left(\frac{fD}{U_T}\right)A\left(\frac{fD}{c_0}\right) \tag{6.154}$$

如果假设风扇足够大，其固体表面和边缘在声学上不是紧凑的，那么可以明确表示不引用气声耦合系数 $A(fD/c_0)$，尖端马赫数的指数可以减少到 2，考虑到

$$\mathbb{P}_{rad}(f,\Delta f)=\rho_0 U_T^3\left(\frac{U_T}{c_0}\right)^2 D^2 F\left(\frac{fD}{U_T}\right) \tag{6.155}$$

总的声功率由下式给出

$$\mathbb{P}_{rad}=a\rho_0 U_T^3\left(\frac{U_T}{c_0}\right)^2 D^2 \tag{6.156}$$

在风扇或鼓风机内，各尺寸参数之间适用以下关系：尖端速度 $U_T \propto Dn_s$、风扇压降 $\Delta P \propto \rho_0 D^2 n_s^2$ 和通过风扇的体积流量 $Q \propto D^3 n_s$，其中 n_s 是轴转速。因此，对于给定的工作流体（如空气），总辐射声功率对压降和流速具有以下依赖性：

$$\mathbb{P}_{rad}=a_F(\Delta p)^2 Q \tag{6.157}$$

比例带水平为

$$\mathbb{P}_{rad}(f,\Delta f)=a_F(\Delta p)^2 QF\left(\frac{fD}{U_T}\right)$$

式中：a_F 是一个常数，取决于风扇的类型。归一化的带光谱水平为

$$\frac{\mathbb{P}_{\mathrm{rad}}(f,\Delta f)}{\mathbb{P}_{\mathrm{rad}}}=F\left(\frac{fD}{U_{\mathrm{T}}}\right) \tag{6.158}$$

它表现出对风扇类型和频率带宽的依赖性。

为粗略估计定径过程中确定的声功率输出，$\mathbb{P}_{\mathrm{rad}}$、$\Delta p$ 和 Q 均为工作参数[305,307]。简单的公式，如式（6.156）和式（6.158），用给定的 a_{F} 和 $F(fD/U_{\mathrm{T}})$ 值来估算不同类型风扇的声功率。图 6-55 给出了一个可用的预测数据的例子，它显示了从 Barrie Graham[307] 得到的值。适用于这些参数的各类风扇类型在图 6-54 中已说明。没有给出具体的尺寸信息，但所显示的数值一般适用于直径为 1m 阶的大型叶轮，式（6.158）在估算法则里进一步简化为 $F(fD/U_{\mathrm{T}})\sim F(f)$。为其他尺寸等级的风扇提供了不同的函数 $F(f)$，这些预测数据可以在参考文献［295］中找到。式（6.156）的发展作为一种设计工具，可以追溯到 Allen[308]。

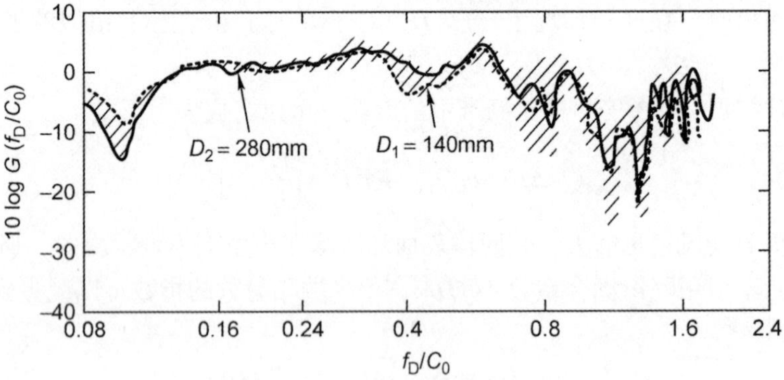

(a)

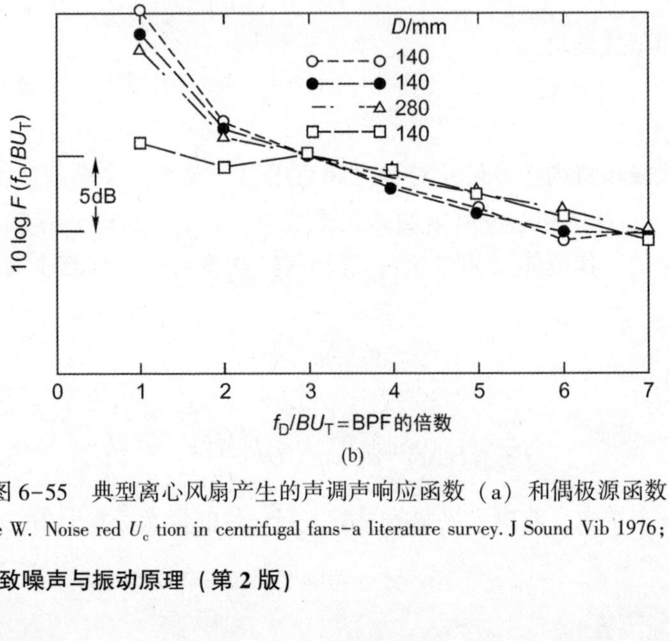

(b)

图 6-55　典型离心风扇产生的声调声响应函数（a）和偶极源函数（b）

（源自 Neise W. Noise red U_{c} tion in centrifugal fans-a literature survey. J Sound Vib 1976；45：375-403.）

图 6-56 显示了轴流风扇和离心风扇[308]在总功率水平上归一化的连续频谱噪声的倍频程级。对于每种风扇，其声功谱都非常接近频段，离心风扇在高频时系统地显示低值。K 因子给出了整体的声功水平。这些连续的频谱水平必须加上叶片通过频率的贡献。因此，为了对给定 Δp、Q 和 n_s 预测叶片通过音调水平，就要计算叶片通过频率 $f=n_sB$，并增加声级 FB 为该频带内的基本倍频程谱。FB 的数值范围为 2~7dB。对于给定 Δp 和 Q，最安静的风扇是叶片向后弯曲的离心风扇，其次是叶片向前弯曲的离心风扇。对于给定的 Q 和 Δp，噪声最大是简单的、成本最低的轴流式螺旋桨风扇，它比最安静的离心风扇多产生 15dB 的声功率，并产生强烈的叶率音。请注意，图 6-56 中表示的功率水平均不适用于具有倾斜或扫掠叶片消声功能的风扇。

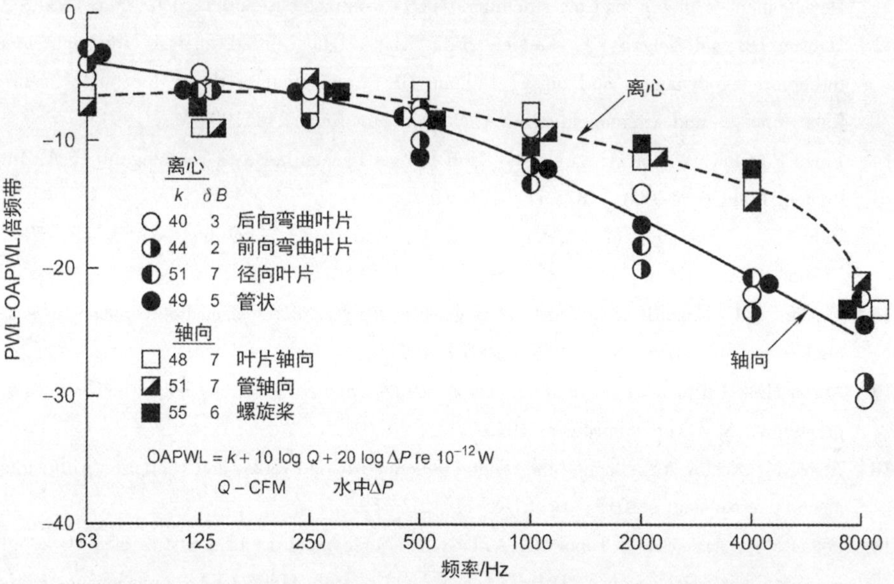

图 6-56　各种类型风扇的入口和出口组合辐射的倍频带声功率级

参考文献

[1] Sharland IJ. Sources of noise in axial flow fans. J Sound Vib 1964; 1: 302-22.

[2] Mugridge BD, Morfey CL. Sources of noise in axial flow fans. J Acoust Soc Am 1972; 51: 1411-26.

[3] Morfey CL. The acoustics of axial flow machines. J Sound Vib 1972; 22: 445-66.

[4] Morfey CL. Rotating blades and aerodynamic sound. J Sound Vib 1973; 28: 587-617.

[5] Cumpsty NA. A critical review of turbo machinery noise. J Fluids Eng 1977; 99: 278-93.

[6] Wright SE. The acoustic spectrum of axial flow machines. J Sound Vib 1976; 45: 165-223.

[7] Neise W. Noise reduction in centrifugal fans-a literature survey. J Sound Vib 1976; 45: 375-403.

[8] Brooks TF. Progress in rotor broadband noise research. Vertica 1983; 7: 287-307.

[9] Morse PM, Ingard KU. Theoretical acoustics. New York: McGraw-Hill; 1968.

[10] Goldstein ME. Aeroacoustics. New York: McGraw-Hill; 1976.

[11] Hanson DB. Unified analysis for high speed turboprop aerodynamics and noise. Volume I. Development of theory for bade loading, wakes, and noise. NASA Contractor Report 4329; March 1991.

[12] Amiet RK. Unified analysis for high speed turboprop aerodynamics and noise. Volume II. Development of theory for wing shielding. NASA Contractor Report 185192; May 1991.

[13] Hanson DB, McColgan CJ, Ladden RM, Klatte RJ. Unified analysis for high speed turboprop aerodynamics and noise. Volume III. Application of theory for blade loading, wakes, noise, and wing shielding. NASA Contractor Report 185193; May 1991.

[14] Envia Edmane, Wilson Alexander G, Huff Dennis L. Fan noise: a challenge to CAA. Int J Comput Fluid Dyn 2004; 18 (6): 471-80.

[15] Dahl MD. Assessment of NASA's aircraft noise prediction capability, NASA/TP-2012-215653. NASA Glenn Research Center 2012; 115-56.

[16] Verdon, JM, Linearized unsteady aerodynamic analysis of the acoustic response to wake/blade-row interaction. NASA/CR—2001-210713, 2001.

[17] Atassi HM. Unsteady aerodynamics, aeroacoustics, and aeroelasticity nof turbomachines and propellers. New York: Springer; 1993.

[18] Atassi M, Kozlov AV, Logue MM. Sound generated by fan wakes and validation with experiments. Aeroacoustics 2015; 14 (1 & 2): 257-79.

[19] Logue MM, Atassi HM, Topol DA, Gilson JJ. Aerodynamics and acoustics of a 3D annular cascade: comparison with a 2D linear cascade. In: 16th AIAA/CEAS aeroacoustics conference, Stockholm, Sweden, Paper AIAA 2010-3870.

[20] Kerwin JE. Marine propellers. Ann Rev Fluid Mech 1986; 18: 367-403.

[21] Breslin JP, Anderson P. The hydrodynamics of ship propellers. Cambridge: Cambridge Uiversity Press; 1994.

[22] Carleton JS. Marine propellers and propulsion. 2nd ed. Elsevier; 2007.

[23] Kerwin JE, Kinnas SA, Lee J, Shih W. Surface panel method for the hydrodynamic analysis of ducted propellers. In: Transactions TRANS; January 01, 1987.

[24] Kerwin JE, Black SD, Taylor TE, Warren CL. A design procedure for marine vehicles with integrated propulsors. In: Society of Naval Architects and Marine Engineers, Propellers/Shafting'97 Symposium, Virginia Beach; 1997.

[25] Boswell RJ, Jessup SD, Kim, K. Periodic blade roads on propellers in tangential and longitudinal wakes. In: Propellers'81 symp., SNAME, Virginia Beach, Virginia; 1981. p. 181-202.

[26] Shepherd DG. Principles of turbomachinery. New York: Macmillan; 1956.

[27] Brennan CE. Hydrodynamics of pumps. Oxford: Oxford Science Publications; 1994.

[28] Hill P, Peterson C. Mechanics and thermodynamics of propulsion. 2nd ed. Reading, MA: Addison Wesley; 1992.

[29] Gutin L. On the sound field of a rotating propeller. NACA Tech. Memo. No. 1195 (1948); transl. of Uber das Schallfeld einer rotierenden Luftschraube. Phys Z Sowjetunion 1936; 9.

[30] Leverton JW. The noise characteristics of a large "clean" rotor. J Sound Vib 1973; 27: 357-76.

[31] Widnall SE. A correlation of vortex noise data from helicopter main rotors. J Aircraft 1969; 6: 279-81.

[32] Stuckey TJ, Goddard JO. Investigation and prediction of helicopter rotor noise, Part I-Wessex Whirl Tower results. J Sound Vib 1967; 5: 50-80.

[33] Morfey CL. Broadband sound radiated from subsonic rotors. In: Int. symp. fluid mech. des. Turbomach., Pennsylvania State Univ., University Park; NASA [Spec. Publ.] SP NASA SP-304, Part II; 1974.

[34] Griffiths JWR. The spectrum of compressor noise of a jet engine. J Sound Vib 1964; 1: 127-40.

[35] Cumpsty NA. Sum and difference tones from turbomachines. J Sound Vib 1974; 32: 383-6.

[36] Abramowitz M, Stegun LA. Handbook of mathematical functions with formulas, graphs, and mathematical tables, Publ. No. 55. Natl. Bur. Stand., Washington, D. C., 1964.

[37] Barnaby KC. Basic naval architecture. London: Hutchinson; 1963.

[38] Rossell HE, Chapman LB. Principles of naval architecture. New York: Soc. Nav. Archit. Mar. Eng.; 1939.

[39] von Mises R. Theory of flight. New York: Dover; 1945.

[40] Dixon SL. Thermodynamics and mechanics of turbomachinery. 3rd ed. Oxford: Pergamon; 1978.

[41] Horlock JH. Axial flow compressors. London: Butterworth; 1966.

[42] Wislicenus GF. Fluid mechanics of turbomachinery, vols. 1 and 2. New York: Dover; 1965.

[43] vanLammeren WPA, Van Manen JD, Oosterveld MWC. The Wageningen B-Screw Series. Soc Nav Archit Mar Eng, Trans 1969; 77: 269-343.

[44] Troost L. Open water test series with modern propeller forms, 3 parts. Trans. -North East Coast Inst. Eng. Shipbuild. Part 1: 54, 321-326 plus 8 figures, 1937-1938; part 2: 56, 91-96 plus 5 figures, 1939-1940; part 3: 67, 89-130, 1951.

[45] Emery JC, Herrig LJ, Erwin JR, Felic AR. Systematic two-dimensional cascade tests of NACA-65 Series compressor blades at low speeds. Natl Advis Comm Aeronaut, Rep No. 1368; 1958.

[46] Eckhardt MR, Morgan WB. A propeller design method. Soc Nav Archit Mar Eng, Trans 1955; 63: 325-74.

[47] Kerwin JE, Leopold R. Propeller-incidence correction due to blade thickness. J Ship Res 1963; 7: 1-6.

[48] Kerwin JE, Leopold R. A design theory for sub-cavitating propellers. Soc Nav Archit Mar Eng, Trans 1964; 72: 294-335.

[49] Morgan WB, Silovic V, Denny SB. Propeller lifting surface corrections. Soc Nav Archit Mar Eng, Trans 1968; 76: 309-47.

[50] Cumming RA, Morgan WB, Boswell RJ. Highly skewed propellers. Soc Nav Archit Mar Eng, Trans 1972; 80: 98-135.

[51] Boswell RJ, Miller ML. Unsteady propeller loading-measurement correlation with theory, and parametric study. Nav. Ship R & D Cent., Rep. No. 2625. Washington, D. C.: U. S. Dep. Navy; 1968.

[52] Thompson DE. Propeller time-dependent forces due to non-uniform flow ARL-PSU Tech Memo No 76-48. University Park: Applied Research Laboratory, Pennsylvania State University; 1976.

[53] vanManen JD. Fundamentals of ship resistance and propulsion. Int Shipbuild Prog 1957; 4: 107-24. 155-183, 229-238, 271-288, 317-391, 436-452, 495-502.

[54] Denney SB, Themak HA, Nelka JJ. Hydrodynamic design considerations for the controllable-pitch propeller for the guided missile frigate. Nav Eng J 1975; 87: 72-81.

[55] Ffowcs Williams JE, Hawkings DL. Sound generation by turbulence and surfaces in arbitrary motion. Philos Trans R Soc (Lon) A 1969; 264: 321-42.

[56] Lowson MV. The sound field for singularities in motion. Proc R Soc London A 1965; 286: 559-72.

[57] Majumbdar SJ, Peake N. Noise generation by the interaction between ingested turbulence and a rotating fan. J Fluid Mech 1998; 359: 181-216.

[58] Neise W. Review of noise reduction methods for centrifugal fans. Am Soc Mech Eng [Pap] B1-WA/NCA-2; 1982.

[59] Martinez R, Widnall SE, Harris WL. Predictions of low-frequency and impulsive sound radiation from horizontal-axis wind turbines. ASME Trans J Solar Energy Eng 1982; 104: 124-30.

[60] Ffowcs Williams JE, Hawkings DL. Theory relating to the noise of rotating machinery. J Sound Vib 1969; 10: 10-21.

[61] Lowson MV. Basic mechanisms of noise generation by helicopters, V/Stol aircraft and ground

effect machines. J Sound Vib 1966; 3: 454-66.

[62] Lowson MV. Theoretical analysis of compressor noise. J Acoust Soc Am 1970; 47: 371-85.

[63] Lowson MV, Ollerhead JB. A theoretical study of helicopter rotor noise. J Sound Vib 1969; 9: 197-222.

[64] Morfey CL, Tanna HK. Sound radiation from a point force in circular motion. J Sound Vib 1971; 13: 325-51.

[65] Wright SE. Sound radiation from a lifting rotor generated by asymmetric disk loading. J Sound Vib 1969; 9: 223-40.

[66] Wright SE. Discrete radiation from rotating periodic sources. J Sound Vib 1971; 17: 437-98.

[67] Hanson DB. Unified analysis of fan stator noise. J Acoust Soc Am 1973; 54: 1571-91.

[68] Hanson DB. The influence of propeller design parameters on far field harmonic noise in forward flight. In: AIAA aeroacoust. conf., 5th, Seattle, WA; 1979.

[69] Hawkings DL, Lowson MV. Theory of open supersonic rotor noise. J Sound Vib 1974; 36: 1-20.

[70] Hanson DB, Fink MR. The importance of quadrupole sources in prediction of transonic tip speed propeller noise. J Sound Vib 1979; 62: 19-38.

[71] Farassat F, Succi GP. Review of propeller discrete frequency noise prediction technology with emphasis on two current models for time domain calculations. J Sound Vib 1980; 71: 399-420.

[72] Schulten JBHM. Frequency-domain method for the computation of propeller acoustics. AIAA J 1988; 26: 1027-35.

[73] Ventres CS, Theobald MA, Mark WD. Turbofan noise generation: volume 1: analysis. NASA Contractor Report 167952; 1982.

[74] Ventres CS, Theobald MA, Mark WD. Turbofan noise generation: volume 2: computer programs. NASA Contractor Report 167952; 1982.

[75] Elhadidi BM. Sound generation and propagation in annular cascades with swirling flows [Ph. D. Thesis]. University of Notre Dame; 2002.

[76] Elhadidi BM, Atassi HM. Passive control of turbofan tonal noise. AIAA J 2005; 43: 2279-92.

[77] Montgomery MD, Verdon JM. A three-dimensional linearized unsteady euler analysis for turbomachinery blade rows. NASA CR-4770; 1997.

[78] Kerrebrock JL. Small disturbances in turvbomachine annuli with swirl. AIAA J 1977; 15: 794-803.

[79] Fang J, Atassi H. In: Atassi HM, editor. Compressible flows with vortical disturbances around a cascade of loaded airfoils, unsteady aerodynamics, aeroacoustics, and aeroelasticity of turbomachines and propellers, 176. Springer-Verlag; 1993. p. 149.

[80] Heller HH, Widnall SE. The role of fluctuating forces in the generation of compressor noise. NASA [Contract Rep] CR NASA-CR-2012; 1972.

[81] Strasberg M. An acoustic procedure for measuring blade frequency forces generated by model ship propellers. Naval Surface Warfare Center TR-NSWCCD-70-TR-2002/135, West Bethesda, MD; December 2002.

[82] Subramanian S, Mueller TJ. An experimental study of propeller noise due to cyclic flow distortion. J Sound Vib 1995; 183: 907-23.

[83] Merbt H, Billing H. Der Propeller als rotierende Schallquelle. Z Angew Math Mech 1949; 29: 301-11.

[84] Ernsthausen W. Der Einfluss aerodynamischer Eigenschaften auf Schallfeld und Struhlungsleistung einer Luftschraube. Akust Z 1941; 6: 245.

[85] Deming AF. Propeller rotation noise due to torque and thrust. J Acoust Soc Am 1940; 12: 173-81.

[86] Hubbard HH, Lassiter LW. Sound from a two blade propeller at supersonic tip speeds. Natl Advis Comm Aeronaut, Rep. No. 1079; 1932.

[87] Grosche FR, Stiewitt H. Investigation of rotor noise source mechanisms with forward speed simulation. AIAA J 1978; 16: 1255-61.

[88] Hersh AS, Hayden RE. Aerodynamic sound radiation with and without leading edge serrations. NASA [Contract Rep] CR NASA-CR-114370; 1971.

[89] Paterson RW, Vogt PG, Fink MR, Munch CL. Vortex noise of isolated airfoils. J Aircraft 1975; 10: 296-302.

[90] Leverton JW, Pollard JS. A comparison of the noise characteristics of full scale and model helicopter rotors, Res Pap No 428. Westland Helicopters, Ltd; 1972.

[91] Lowson MV, Whatmore A, Whitfield CE. Source mechanisms for rotor noise radiation. NASA [Contract Rep] CR NASA-CR-2077; 1973.

[92] Blake WK. Aero-hydrodynamics for ships, 2 volumes DTNSRDC Rep 80-010. Washington, D. C. : David Taylor Naval Ship R & D Center; 1984.

[93] Kim YN, George AR. Trailing-edge noise from hovering rotors. AIAA J 1982; 20: 1167-74.

[94] Schlinker RH, Amiet RK. Helicopter rotor trailing edge noise. In: 7th AIAA aeroacoustics conf. , Pap. 81-2001, Palo Alto, CA; October 1981.

[95] Lee S, Lee S, Ryi J, Choi J-S. Design optimization of wind turbine blades for reduction of airfoil self-noise. J Mech Sci Technol 2013; 27 (2): 413-20.

[96] Bertagnolio F, Aa Madsen H, Bak C. Trailing edge noise model validation and application to airfoil optimization. J Solar Energy Eng August 2010; 132. 031010-1-9.

[97] Glegg SAL, Baxter SM, Glendinning AG. Broadband noise from wind turbines. J Sound Vib 1987; 118 (2): 217-39.

[98] Glegg SAL, Devenport WJ, Alexander N. Broadband rotor noise predictions using a time domain approach. J Sound Vib 2015; 335: 115-24.

[99] Kuester M, Brown KA, Meyers TW, Intaratep N, Borgoltz A, Devenport WJ. Wind tunnel testing of airfoils for wind turbine applications. J Wind Eng 2015; 39 (6).

[100] Brooks R, Hodgeson T. Trailing edge noise prediction from measured surface pressures. J Sound Vib 1981; 78: 69-117.

[101] Stephens DB, Morris S, Blake WK. The effect of flow coefficient on the self noise generated by a ducted rotor. In: Proceedings of NCAD2008, NoiseCon2008-ASME NCAD, July 28-30, 2008, Dearborn, Michigan, USA, NCAD2008-73029.

[102] Mellin RC. Selection of minimum noise fans for a given pumping requirement. Noise Control Eng 1974; 4: 35-45.

[103] Aravamudan KS, Harris WL. Low frequency broadband noise generated by a model rotor. J Acoust Soc Am 1979; 66: 522-33.

[104] Filleul NLS. An investigation of noise in axial flow fans [Ph. D. Thesis]. London Univ.; 1966.

[105] Brown D, Ollerhead JB. Propeller noise at low tip speeds. Tech Rep No AFAPL-TR-71-55. Hampton, VA: Wyle Laboratories; 1971.

[106] Stowell EZ, Deming AF. Vortex noise from rotating cylindrical rods. J Acoust Soc Am 1936; 7: 190-8.

[107] Metzger FB. Personal communication. Windsor Locks, CT: Hamilton Standard Co.; 1974.

[108] Sternfield H, Spencer RH, Schairer JO, Bobo C, Carmichael D, Eukushima T. An investigation of noise generation on a hovering rotor-Parts I and II. Boeing Vertol Rep for US Army Res Off, Contract DAHC04-69-C-0087; 1973.

[109] Trillo RL. An empirical study of hovercraft propeller noise. J Sound Vib 1966; 3: 476-509.

[110] Kazin, S. B., and Volk, L. J., "Lift Fan Modification and test Program", NASA CR NASA-CR-1934 LF 336 (1976).

[111] Stephens DB. Sound sources in a low speed ducted rotor [PhD Thesis]. University of Notre Dame; 2008.

[112] Stephens DB, Morris S. Sound generation by a rotor interacting with a casing turbulent boundary layer. AIAA J 2009; 47: 2698-708.

[113] Hunter H. Singing propeller. Trans-North East Coast Inst Eng Shipbuild 1936-7; 53: 189-222.

[114] Shannon JF. Statistical and experimental investigations of the singing propeller problem. Trans Inst Eng Shipbuild Scotl 1939; 82: 256-89.

[115] Blake WK, Friesch J, Kerwin JE, Meyne K, Weitendorf E. Design of the APL C-10 Propeller with full scale measurements and observations under service conditions. SNAME Trans 1990; 77-111.

[116] Hughes G. On singing propellers. Trans Inst Nav Archit 1945; 87: 185-216.

[117] Work CE. Singing propellers. J Soc Nav Eng 1951; 63: 319-31.

[118] Kerr W, Shannon JF, Arnold RN. The problems of the singing propeller. Proc-Inst Mech Eng 1940; 144: 54-90.

[119] Conn JFC. Marine propeller blade vibration. Trans Inst Eng Shipbuild Scotl 1939; 82: 225-55.

[120] Gongwer CA. A study of vanes singing in water. J Appl Mech 1952; 19: 432-8.

[121] Lankester SG, Wallace WD. Some investigations into singing propellers. Trans-North East Coast Inst Eng Shipbuild 1954-5; 71: 291-318.

[122] Krivtsov YV, Pernik AJ. The singing of propellers. David Taylor Model Basin, Transl No 281. Washington, D. C.: David Taylor Naval R & D Center; 1958.

[123] Cumming RA. A preliminary study of vortex-induced propeller blade vibrations and singing. David Taylor Model Basin, Rep No 1838. Washington, D. C.: David Taylor Naval R & D Center; 1965.

[124] van de Voorde CB. The singing of ship propellers. Int Shipbuild Prog 1969; 7: 451-5.

[125] Ross D. Vortex shedding sounds of propellers. BBN Rep No 1115. Cambridge, MA: Bolt Beranek, & Newman; 1964.

[126] Burrill LC. Marine propeller blade vibrations: Full scale tests. Trans-North East Coast Inst Eng Shipbuild 1945; 62: 249-70.

[127] Burrill LC. Underwater propeller vibration tests. Trans-North East Coast Inst Eng Shipbuild 1949; 65: 301-14.

[128] Blake WK. Excitation of plates and hydrofoils by trailing edge flows. In; ASME symp. on turbulence induced vibrations and noise of structures, Boston, MA; 1983. p. 45-80.

[129] Chae EJ, Akcabay DT, Lelong A, Astolfi JA, Young YL. Numerical and experimental investigation of natural flow-induced vibrations of flexible hydrofoils. Phys Fluids 2016; 28: 075102.

[130] Deming AF. Noise from propellers with symmetrical sections at zero blade angle II. Natl Advis Comm Aeronaut, Tech Note No. 679; 1938.

[131] Lyon RH. Radiation of sound by airfoils that accelerate near the speed of sound. J Acoust Soc Am 1971; 3: 894-905.

[132] Lyon RH, Mark WD, Pyle Jr. RW. Synthesis of helicopter rotor tips for less noise. J Acoust Soc Am 1973; 53: 607-18.

[133] Morfey CL. Sound generation in subsonic turbomachinery. J Basic Eng 1970; 92: 450-8.

[134] Mani R. Discrete frequency noise generation from an axial flow fan blade row. J Basic Eng 1970; 92: 37-43.

[135] Kemp NH. On the lift and circulation of airfoils in some unsteady-flow problem. J Aeronaut Sci 1952; 3: 713-14.

[136] Kemp NH, Sears WR. The unsteady forces due to viscous wakes in turbomachines. J Aero-

naut Sci 1955; 22: 478-83.

[137] Heatherington R. Compressor noise generated by fluctuating lift resulting from rotor stator interaction. AIAA J 1963; 1: 473-4.

[138] Kemp NH, Sears WR. Aerodynamic interference between moving blade rows. J Aeronaut Sci 1953; 20: 585-97, 612.

[139] Morfey CL. Sound generation in subsonic turbomachinery. J Basic Eng 1970; 92: 450-8.

[140] Kaji S, Okazaki T. Generation of sound by rotor-stator interaction. J Sound Vib 1970; 13: 281-307.

[141] Majigi RK, Gliebe PR. Development of a rotor wake/vortex model, volume 1-final report. NASA Contractor Report, NASA-CR-174849; June 21, 1984.

[142] Silverstein A, Katzoff A, Bullivant WK. Downwash and wake behind plain and flapped airfoils. Natl Advis Comm Aeronaut, Rep No. 651; 1939.

[143] Raj R, Lakshminarayana B. Characteristics of the wake behind a cascade of airfoils. J Fluid Mech 1973; 61: 707-30.

[144] Satyanarayana B. Unsteady wake measurements of airfoils and cascades. AIAA J 1977; 15: 613-18.

[145] Muench JD. Periodic acoustic radiation from a low aspect ratio propeller [Ph. D. Thesis]. Univ. Rhode Island; 2001.

[146] Lynch DA, Blake WK, Mueller TJ. Turbulence correlation length scale relationships for the prediction of aeroacoustic response. AIAA J 2005; 43: 1187-97.

[147] Lynch DA, Blake WK, Mueller TJ. Turbulent flow downstream of a propeller. Part 1. Wake turbulence. AIAA J 2005; 43: 1198-210.

[148] Lynch DA, Blake WK, Mueller TJ. Turbulent flow downstream of a propeller. Part 2. Ingested, propeller modified turbulence. AIAA J 2005; 43: 1211-20.

[149] Lynch III DA. An experimental investigation of the response of a stator located downstream of a propeller ingesting broadband turbulence [PhD Thesis]. Notre Dame, IN: University of Notre Dame; 2001.

[150] Hoerner SF. Fluid dynamic drag. New Jersey: Hoerner Midland Park; 1958.

[151] Gradshteyn IS, Ryzhik IM. Table of integrals series and products. New York, NY: Academic Press; 1965.

[152] Lakshminarayana B, Thompson DE, Trunzo R. Nature of strut and inlet guide vane secondary flows and their effect on turbomachinery noise. AIAA Pap 1982; 82-0125.

[153] Trunzo R, Lakshminarayana B, Thompson DE. Nature of inlet turbulence and secondary flow disturbances and their effect on turbomachinery rotor noise. J Sound Vib 1981; 76: 233-59.

[154] Longhouse RE. Noise mechanism separation and design considerations for low tip-speed axial flow fans. J Sound Vib 1976; 48: 461-74.

[155] Dillmar JB. Interaction of rotor tip flow irregularities with stator vanes as a source of noise. NASA Tech Memo NASA TM-73706; 1977.

[156] Longhouse RE. Control of tip vortex noise of axial flow fans by rotating shrouds. J Sound Vib 1978; 58: 201-14.

[157] Lowrie B. Personal communication to S E Wright [6]. Derby, England: Rolls-Royce, Ltd.; 1974.

[158] Sutliff DL, Tweedt DL, Fite EB, Envia E. Low-speed fan noise reduction with trailing edge blowing. NASA/TM—2002-211559; May 2002.

[159] Kota V, Wright MCM. Wake generator control of inlet flow to cancel flow distortion noise. J Sound Vib 2006; 295: 94-113.

[160] Leverton JW, Taylor FW. Helicopter blade slap. J Sound Vib 1966; 4: 345-57.

[161] Widnall S. Helicopter noise due to blade vortex interaction. J Acoust Soc Am 1971; 50: 354-65.

[162] Filotas LT. Vortex-induced helicopter blade loads and noise. J Sound Vib 1973; 27: 387-98.

[163] Hosier RN, Ramakrishnan R. Helicopter rotor rotational noise predictions based on measured high frequency blade loads. NASA Tech Note NASA TN D-7624; 1974.

[164] Koushik SN, Schmitz FH. An experimental and theoretical study of blade-vortex interaction noise. J Am Helicop Soc 2013; 58, 032006-1 to 032006-11.

[165] Bres GA, Brentner KS, Pereza G, Jones HE. Maneuvering rotorcraft noise prediction. J Sound Vib 2004; 275: 719-38.

[166] Glegg SAL. The prediction of blade wake interaction noise using a turbulent vortex model. AIAA J October 1991; 29 (10): 1545-51.

[167] Glegg SAL, Wittmer KS, Devenport WJ, Pope DS. Broadband helicopter noise generated by blade wake interactions. J Am Helicop Soc October 1999; 44 (4): 293-301.

[168] Paterson RW, Amiet RK, Munch CL. Isolated airfoil-tip vortex interaction noise. J Aircraft 1975; 12: 34-40.

[169] Atassi HM, Logue MM. Aerodynamics and interaction noise of streamlined bodies in nonuniform flows. J Sound Vib 2011; 330: 3787-800.

[170] Whitehead DS. Vibration and sound generation in a cascade of flat plates in subsonic flow. NACA TN 4136; 1958.

[171] Hall KC, Verdon JM. Gust response analysis for cascades operating in nonuniform mean flows. AIAA J 1991; 29 (9): 1463-71.

[172] Fang J, Atassi H. In: Atassi HM, editor. Compressible flows with vortical disturbances around a cascade of loaded airfoils, unsteady aerodynamics, aeroacoustics, and aeroelasticity of turbomachines and propellers. New York: Springer-Verlag; 1993. p. 149-76.

[173] Evers I, Peake N. On sound generation by the interaction between turbulence and a cascade

of airfoils with non-uniform mean flow. J Fluid Mech 2002; 463: 25-52.
[174] Montgomery MD, Verdon JM. A three-dimensional linearized unsteady euler analysis for turbomachinery blade rows. NASA CR-4770; 1997.
[175] Elhadidi B, Atassi HM. Sound generation and scattering from radial vanes in uniform flow. In: Proceedings of ICFDP seventh international conference of fluid dynamics and propulsion, December 19-21, 2001, Sharm El-Sheikh, Sinai, Egypt.
[176] Glegg SAL. The response of a swept blade row to a three-dimensional gust. J Sound Vib 1999; 277 (1): 29-64.
[177] Sisto F. Unsteady aerodynamic reactions on airfoils in a cascade. J Aeronaut Sci 1955; 22: 297-302.
[178] Whitehead MA. Force and moment coefficients for vibrating aerofoils in cascade ARC R & M No 3254. Aeronautical Research Council (British); 1962.
[179] Whitehead MA. Bending flutter of unstalled cascade blades at finite deflection ARC R & M No 3386. Aeronautical Research Council (British); 1965.
[180] Henderson RE, Daneshyar H. Theoretical analysis of fluctuating lift on the rotor of an axial turbomachine ARC R & M No 3684. Aeronautical Research Council (British); 1972.
[181] Henderson RE. The unsteady response of an axial flow turbomachine to an upstream disturbance [Ph. D. Thesis]. Churchill Coll., Cambridge Univ.; 1973.
[182] Horlock JH, Greitzer EM, Henderson RE. The response of turbomachine blades to low frequency inlet distortions. J Eng Power 1977; 99: 195-203.
[183] Bruce EP, Henderson RE. Axial flow rotor unsteady response to circumferential inflow distortions. Proj Squid Tech Rep No PSU-13-P. Lafayette, Indiana: Proj Squid Headquarters, Therm Sci Propul Cent, Purdue Univ; 1975.
[184] Henderson RE. The unsteady design of axial flow turbomachines. In: ASCE, IAHR/AIAR, ASME Jt. Symp. Des. Oper. Fluid Mech., 1978, Fort Collins, Colorado.
[185] Atassi H, Goldstein ME. Unsteady lift forces on highly cambered airfoils moving through a gust. AIAA Pap 1974; 74-88.
[186] Goldstein ME, Atassi J. A complete second-order theory for the unsteady flow about an airfoil due to a periodic gust. J Fluid Mech 1976; 74: 741-65.
[187] Atassi H, Akai TJ. Effect of blade loading and thickness on the aerodynamics of oscillating cascades. AIAA Pap 1978; 78-227.
[188] Atassi H, Akai TJ. Aerodynamic force and moment on oscillating airfoils in cascade. AIAA Pap 1979; 78-GT-181.
[189] Atassi H., Hamad G. Sound generated in a cascade by three-dimensional disturbances convected in a subsonic flow, AIAA-81-2046. In: 7th AIAA aero-acoustics conference; 1981.
[190] Peake N. The scattering of vorticity waves by an infinite cascade of at plates in subsonic ow. Wave Motion 1993; 18 (271): 255.

[191] Atassi HM, Ali AA, Atassi OV, Vinogradov IV. Scattering of incident disturbances by an annular cascade in a swirling ow. J Fluid Mech 2004; 499: 111-38.
[192] Logue MM, Atassi HM. Modeling tonal and broadband interaction noise, modeling tonal and broadband interaction noise. Proc Eng 2010; 1: 214-23.
[193] Logue MM, Atassi HM, "Sound Generation and Scattering From a Rotor in a Nonuniform Flow", AIAA-2010-3743, 16th AIAA/CEAS Aeroacoustics Conference, 2010.
[194] Atassi HM, Logue MM. Aerodynamics and interaction noise of streamlined bodies in nonuniform flows. J Sound Vibr 2011; 330: 3787-800.
[195] Golubev V, Dreyer B, Hollenshade T, Visbal M, High-accuracy viscous analysis of unsteady flexible airfoil response to impinging gust, AIAA 2009-3271, 15th AIAA/CEAS aeroacoustics conference, Miami, Florida, 2009.
[196] Golubev V, Hollenshade T, Nguyen L, Visbal M, Parametric viscous analysis of gust interaction with sd7003 airfoil, AIAA 2010-0928, 48th AIAA aerospace sciences meeting, Orlando, Florida, 2010.
[197] Smith SN. Discrete frequency sound generation in axial flow turbomachines. ARC R & M No. 3709; 1973.
[198] Whitehead DS. Vibration and sound generation in a cascade of flat plates in subsonic flow. ARC R & M No. 3685; 1972.
[199] Mani R, Horvay G. Sound transmission through blade rows. J Sound Vib 1970; 12: 59-83.
[200] Kaji S, Okazaki T. Propagation of sound waves through a blade row, 1. Analysis based on the semi-actuator disk theory. J Sound Vib 1970; 11: 339-53.
[201] Kaji S, Okazaki T. Propagation of sound waves through a blade row, 11. Analysis based on the acceleration potential method. J Sound Vib 1970; 11: 355-75.
[202] Amiet R. Transmission and reflection of sound by a blade row. AIAA J 1971; 9: 1893-4.
[203] Amiet R. Transmission and reflection of sound by two blade rows. J Sound Vib 1974; 74: 399-412.
[204] Attalla N, Glegg SAL. A ray acoustics approach to the fuselage scattering of rotor noise. J Am Helicop Soc July 1993; 38 (3): 56-63.
[205] Attalla N, Glegg SAL. A geometrical acoustics approach for calculating the effects of flow on acoustic scattering. J Sound Vib 1994; 171 (5): 681-94.
[206] Glegg SAL. The effect of centerbody scattering on propeller noise. AIAA J 1991; 29 (4).
[207] Tsakonas S, Jacobs WR. Unsteady lifting surface theory for a marine propeller of low pitch angle with chordwise loading distribution. J Ship Res 1965; 8: 79-101.
[208] Tsakonas S, et al. Correlation and application of an unsteady flow theory for propeller forces. Soc Nav Archit Mar Eng, Trans 1967; 75: 158-93.
[209] Tsakonas S, Jacobs WR, Ali MR. An "exact" linear lifting-surface theory for a marine propeller in a nonuniform flow field. J Ship Res 1973; 17: 196-207.

[210] Shioiri J, Tsakonas S. Three dimensional approach to the gust problem for a screw propeller. J Ship Res 1964; 7: 29-53.

[211] Brown NA. Periodic propeller forces in non-uniform flow. Rep. No. 64-7. Cambridge, Massachusetts: Dep Nav Archit Mar Eng. , MIT; 1964.

[212] Frydenlund O, Kerwin JE. The development of numerical methods for the computation of unsteady propeller forces. Norw Marit Res 1977; 5: 17-28.

[213] Kerwin JE, Lee C. Prediction of steady and unsteady marine propeller performance by numerical lifting surface theory. Soc Nav Archit Mar Eng, Trans 1978; 86: 218-53.

[214] Breslin JP, van Houten RJ, Kerwin JE, Johnson C-A. Theoretical and experimental propeller-induced hull pressures arising from intermittent blade cavitation, loading and thickness. Soc Nav Archit Mar Eng Trans 1982; 90: 111-51.

[215] Kerwin JE. Computer techniques for propeller blade section design. Int Shipbuild Prog 1973; 29: 227-51.

[216] Kerwin JE, Kinnas SA, Lee J, Shih W. Surface panel method for the hydrodynamic analysis of ducted propellers, Transactions TRANS; January 01, 1987.

[217] Kerwin JE, Black SD, Taylor TE, Warren CL. A design procedure for marine vehicles with integrated propulsors. In: Propellers/shafting'97 symposium. Virginia Beach: Society of Naval Architects and Marine Engineers; 1997.

[218] Boswell RJ, Jessup SD, Kim K-H. Periodic blade loads on propellers in tangential and longitudinal wakes. In: Society of naval architecture and marine engineering, propellers'81 symposium; 1981.

[219] Cumming DE. Numerical prediction of propeller characteristics. J Ship Res1973; 17: 12-18.

[220] Lewis FM. Propeller vibration forces. SocNav Archit Mar Eng, Trans 1963; 71: 293-326.

[221] Sevik M. Sound radiation from a subsonic rotor subjected to turbulence. In: Int. symp. fluid mech. des. turbomach. , Pennsylvania State Univ. , University Park; NASA [Spec. Publ] SP NASA SP-304, Part11; 1974.

[222] Chandrashekhara N. Tone radiation from axial flow fans running in turbulent flow. J Sound Vib 1971; 18: 533-43.

[223] Mani R. Noise due to interaction of inlet turbulence with isolated stators and rotors. J Sound Vib 1971; 17: 251-60.

[224] Homicz GF, George AR. Broadband and discrete frequency radiation from subsonic rotors. J Sound Vib 1974; 36: 151-77.

[225] Amiet R. Noise produced by turbulent flow into a propeller or helicopter rotor. AIAA J 1977; 15: 307-8.

[226] Jaing CW, Chang MS, Liu YN. The effect of turbulence ingestion on propeller broadband

thrust. David Taylor Research Center Report, SHD-1355-02, West Bethesda, MD; 1991.

[227] Martinez R. Analysis of the right shift of the blade rate "hump" in broadband spectra of propeller thrust. Cambridge Acoustical Associates report U-1993-381.9; 1991.

[228] Martinez R. Asymptotic theory of broadband rotor thrust, part 1: manipulations of flow probabilities for high number of blades. J Appl Mech 1996; 63: 136-42.

[229] Martinez R. Asymptotic theory of broadband rotor thrust, part 2: analysis of the rightfrequency shift of the maximum response. J Appl Mech 1996; 63: 143-8.

[230] Martinez R. Broadband sources of structure-borne noise for propulsors in: haystacked turbulence. J Comput Struct 1997; 65 (3): 175-90.

[231] Anderson JM, Catlett MR, Stewart DO. Modeling rotor unsteady forces and sound due to homogeneous turbulence ingestion. AIAA J 2015; 53 (1): 81-92.

[232] Lysak P. A model for the broadband unsteady forces on a marine propulsor due to inflow turbulence [MS Thesis]. Pennsylvania State University; 2001.

[233] Catlett MR, Anderson JM, Stewart DO. Aeroacoustic response of propellers to sheared turbulent inflow. In: 18th AIAA/CEAS aeroacoustics conference, AIAA Paper 2012-2137; June 2012.

[234] Glegg SAL, Broadband fan noise generated by small scale turbulence. Contractor Report CR-207752, NASA; 1998.

[235] Glegg SAL, Walker N. Fan noise from blades moving through boundary layer turbulence. In: 5th AIAA/CEAS aeroacoustics conference and exhibit, Bellevue, WA, no. AIAA Paper 1999-1888; 1999.

[236] Logue M., Atassi HM. Passive control of fan broadband noise. In: 15th AIAA/CEAS aeroacoustics conference, Miami, FL, Paper 2009-3149; 2009.

[237] Atassi HM, Logue M. Effect of turbulence structure on broadband fan noise. In: 14th CEAS/AIAA aeroacoustics conference, Vancouver, BC, AIAA Paper 2008-2842.

[238] Atassi HM, Logue MM. Fan broadband noise in anisotropic turbulence. In: 15th AIAA CEAS aeroaoustics conference, Maimi, FL, AIAA paper 2009-3148; 2009.

[239] Logue MM, Atassi HM, Effect of turbulence structure on broadband fan noise, AIAA 2008-2842, 14th AIAA/CEAS aeroacoustics conference (29th AIAA aeroacoustics conference) May 5-7, 2008, Vancouver, British Columbia Canada.

[240] Logue MM, Atassi HM, Modeling broadband rotor interaction noise, 17th AIAA/CEAS aeroacoustics conference (31th AIAA aeroacoustics conference), Portland, Oregon, AIAA-2011-2877, June 6-8, 2011.

[241] Wojno JP, An experimental investigation of the aeroacoustic response of a 10-bladed rottor ingesting grid-generated turbulence [Ph. D. Thesis]. Univ. Notre Dame; 1999.

[242] Wojno JP, Mueller TJ, Blake WK. Turbulence ingestion noise, part 1: Experimental characterization of grid-generated turbulence. AIAA J 2002; 40 (1): 16-25.

[243] Wojno JP, Mueller TJ, Blake WK. Turbulence ingestion noise, part 2: rotor-acoustic response to grid-generated turbulence. AIAA J 2002; 40 (1): 26-32.

[244] Minniti RJ, Blake WK, Mueller TJ. Inferring propeller inflow and radiation from nearfield response, part 1: analytic development. AIAA J 2001; 39 (6): 1030-6.

[245] Minniti RJ, Blake WK, Mueller TJ. Inferring propeller inflow and radiation from nearfield response, part 2: empirical application. AIAA J 2001; 39 (6): 1037-46.

[246] Mish PF, Devenport WJ. An experimental investigation of unsteady surface pressure on an airfoil in turbulence-part 1: effects of mean loading. J Sound Vib September 2006; 296 (3): 417-46.

[247] Mish PF, Devenport WJ. An experimental investigation of unsteady surface pressure on an airfoil in turbulence-part 2: sources and prediction of mean loading effects. J Sound Vib September 2006; 296 (3): 447-60.

[248] Bushnell P, Gruber M, Parzych D. Measurement of unsteady blade pressure on a single rotation large scale advanced prop-fan with angular and wake inflow at Mach numbers from 0.02 to 0.70. NASA Contractor report 182123; October 1988.

[249] Wisda DM, Murray H, Alexander WN, Nelson M, Devenport WJ, Glegg SA. Flow distortion and noise produced by a thrusting rotor ingesting a planar turbulent boundary layer. In: Presented at AVIATION 15 Dallas, TX, AIAA paper number, 2015-2981; June 2015.

[250] Murray H, Wisda DM, Alexander WN, Nelson M, Devenport WJ, Glegg SA. Sound and distortion produced by a braking rotor operating in a planar boundary layer with application to wind turbines. In: Presented at AVIATION 15 Dallas, TX, AIAA paper number 2015-2682; June 2015.

[251] Glegg S, Buono A, Grant J, Lachowski F, Devenport WJ, Alexander WN. Sound radiation from a rotor partially immersed in a turbulent boundary layer. In: Presented at Aviation 15 Dallas, TX, AIAA paper number 2015-2361; June 2015.

[252] George AR, Kim YM. High frequency broadband rotor noise. AIAA J 1977; 15: 538-45.

[253] Pickett GF. Effects of non-uniform inflow on fan noise. Meet. Acoust. Soc. Am., 87th, New York, United Aircraft Corp., Publ. (1974). Abstr. J Acoust Soc Am 1974; 55 (Suppl): 54.

[254] Hanson DB. The spectrum of rotor noise caused by atmospheric turbulence. J Acoust Soc Am 1974; 56: 110-26.

[255] Clark LT. Sources of unsteady flow in subsonic aircraft inlets. In: Meet. acoust. soc. am., 97th, Boeing Airplane Co., Publ., Pap.; 1974.

[256] Moiseev N, Lakshminarayana B, Thompson DE. Noise due to interaction of boundarylayer turbulence with a compressor rotor. J Aircraft 1978; 15: 53-61.

[257] Trunzo R, Lakshminarayana B, Thompson DE. The effect of inlet guide vane distributions on turbomachinery noise. In: AIAA aeroacoust. conf., 5th, Seattle, WA; 1979.

[258] Moore CJ. Reduction of fan noise by annulus boundary layer removal. J Sound Vib 1975; 43: 671-81.

[259] Stephens DB, Morris S, Blake WK. The effect of flow coefficient on the self noise generated by a ducted rotor. In: Proceedings of NCAD2008, NoiseCon2008 - ASME NCAD, Dearborn, MI, USA, NCAD2008-73029; July 28-30, 2008.

[260] Carolus T, Schneider M, Reese H. Axial flow fan broad-band noise and prediction. J Sound Vib 2007; 300: 50-70.

[261] Kim D, Cheong C. Time-and frequency-domain computations of broadband noise due to interaction between incident turbulence and rectilinear cascade of flat plates. J Sound Vib 2012; 331: 4729-53.

[262] Batchelor GK, Proudman I. The effect of rapid distortion of a fluid in turbulent motion. Q J Mech Appl Math 1954; 7 (1): 83-103.

[263] Graham JMR. The effect of a two-dimensional cascade of thin streamwise plates on homogeneous turbulence. J Fluid Mech 1994; 356: 125-47.

[264] Greeley D. Prediction and control of broadband rotor noise. In: ASME Winter annual meeting, symposium on active/passive control of flow-induced noise and vibration; 1994.

[265] Kornilov VI, Pailhas G, Aupoix B. Airfoil-boundary layer subjected to a twodimensional asymmetrical turbulent wake. AIAA J August 2002; 40 (8).

[266] Hunt JCR, Graham JMR. Free stream turbulence near plane boundaries. J Fluid Mech 1974; 84: 209-35.

[267] Kingan MJ. Open rotor broadband interaction noise. J Sound Vib 2013; 332: 3956-70.

[268] Mugridge BD. The noise of cooling fans used in heavy automotive vehicles. J Sound Vib 1976; 44: 349-67.

[269] Nemec J. Noise of axial flow fans and compressors: study of its radiation and reduction. J Sound Vib 1967; 6: 230-6.

[270] Brown NA. The use of skewed blades for ship propellers and truck fans. In: Proc. ASME symp. noise fluids eng., Atlanta, GA; 1977.

[271] Brown NA. Minimization of unsteady propeller forces that excite vibration of the propulsion system. In: Propellers'81 symp., SNAME, Virginia Beach, VA; 1981. p. 203-32.

[272] Tyler JM, Sofrin TG. Axial flow compressor noise studies. SAE Trans 1962; 70: 60-87.

[273] Tyler JM, Sofrin TG. Stop compressor noise. SAE J 1962; 70: 54-60.

[274] Morfey CL. Rotating pressure patterns in ducts-their generation and transmission. J Sound Vib 1964; 1: 60-87.

[275] Morfey CL. Sound transmission and generation in ducts with flow. J Sound Vib 1971; 14: 37-55.

[276] Mugridge BD. The measurement of spinning acoustic modes generated in an axial flow fan. J Sound Vib 1969; 10: 227-46.

[277] Wright SE. Wave guides and rotating sources. J Sound Vib 1972; 25: 163-78.

[278] Golubev VV. Propagation and scattering of acoustic-vorticity waves in annular swirling flows [Ph. D. Thesis]. University of Notre Dame; 1997.

[279] Golubev VV, Atassi HM. Sound propagation in an annular duct with mean swirling flow. J Sound Vib 1996; 209: 203-22.

[280] Golubev VV, Atassi HM. Acoustic-vorticity waves in swirling flows. J Sound Vib 1998; 209: 203-22.

[281] Glegg SAL, Jochault C. Broadband self noise from a ducted fan. AIAA Paper 97-1612; 1997.

[282] Gouville B, Roger M, Cailleau JM. Prediction of fan broadband noise. AIAA Paper 98-2317; 1998.

[283] Morin BL. Broadband fan noise prediction system for gas turbine engines. AIAA Paper 99-1889; 1999.

[284] Hanson DB. Broadband noise of fans-with unsteady coupling theory to account rotor and stator reflection/transmission effects. NASA-CR-2001-21136; 2000.

[285] Envia E, Wilson AG, Huff DL. Fan noise: a challenge to CAA. Int J Comput Fluid Dyn 2004; 18 (6): 471-80.

[286] Ganz UW, Joppa PD, Patten TJ, Scharpf DF. Boeing 18-inch fan rig broadband noise test. NASA/CR-1998-208704; 1998.

[287] Envia E, Nallasamy M. Design selection and analysis of a swept and leaned stator concept. J Sound Vib 1999; 228 (4): 793-836.

[288] Nallasamy M, Envia E. Computation of rotor wake turbulence noise. J Sound Vib 2005; 282: 649-78.

[289] Podboy GG, Krupar MJ, Helland SM, Hughes CE. Steady and unsteady flow field measurements within a NASA 22-inch fan model NASA/TM-2003-212329. AIAA-2002-1033; July 2003.

[290] Woodward, R. P., Hughes, C. E., Jeracki, R. J., and Miller, C. J., Fan noise source diagnostic test-far field acoustic results. AIAA 2002-2427, 8th AIAA/CEAS aeroacoustics conference, 2002.

[291] Pierce, A. D. "Acoustics: An Introduction to Its Physical Principles and Applications." American Institute of Physics, New York, 1989.

[292] Howe MS. Acoustics of fluid structure interactions. New York: Cambridge University Press; 1998.

[293] Atassi OV. Computing the sound power in non-uniform flow. J Sound Vib 2003; 266: 75-92.

[294] Posson H, Moreau S, Roger M. Broadband noise prediction of fan outlet guide vane using a cascade response function. J Sound Vib 2011; 330: 6153-83.

[295] Harris CM. Handbook of noise control. New York: McGraw-Hill; 1957.

[296] Moreland JB. Housing effects on centrifugal blower noise. J Sound Vib 1974; 36: 191-205.

[297] Chanaud RC. Aerodynamic sound from centrifugal-fan rotors. J Acoust Soc Am 1965; 37: 969-74.

[298] Neise W. Application of similarity lows to the blade passage sound of centrifugal fans. J Sound Vib 1975; 43: 61-75.

[299] Neise W, Barsikow B. Acoustic similarity laws for fans. Am Soc Mech Eng [Pap] WA/NCA-1; 1982.

[300] Denger GR, McBride MW, Lauchle GC. An experimental study of the internal flow field of an automotive heating, ventilating, and air conditioning system. Applied Research Lab, Penn State University, Technical Report TR 90-011; July 1990.

[301] Yeager DM. Measurement and analysis of the noise radiated by low Mach number centrifugal blowers [Ph. D. Thesis]. Penn State University; Aug. 1987.

[302] Jeon W-H, Baek S-J, Kim C-J. Analysis of the aeroacoustic characteristics of the centrifugal fan in a vacuum cleaner. J Sound Vib 2003; 268: 1025-35.

[303] Scheit C, Karic B, Becker S. Effect of blade wrap angle on efficiency and noise of small radial fan impellers—a computational and experimental study. J Sound Vib 2012; 331: 996-1010.

[304] Embleton TW. Experimental study of noise reduction in centrifugal blowers. J Acoust Soc Am 1963; 35: 700-5.

[305] Lyons LA, Platter S. Effect of cutoff configuration on pulse tones generated by small centrifugal blowers. J Acoust Soc Am 1963; 35: 1455-6.

[306] Velarde-Suárez S, Ballesteros-Tajadura R, Hurtado-ruz JP, Santolaria-Morros C. Experimental determination of the tonal noise sources in a centrifugal fan. J Sound Vib 2006; 295: 781-96.

[307] Barrie-Graham J. How to estimate fan noise. Sound Vib 1972; 6: 24-7.

[308] Allen CH. Noise from air conditioning fans. Noise Control 1957; 3: 28-34.

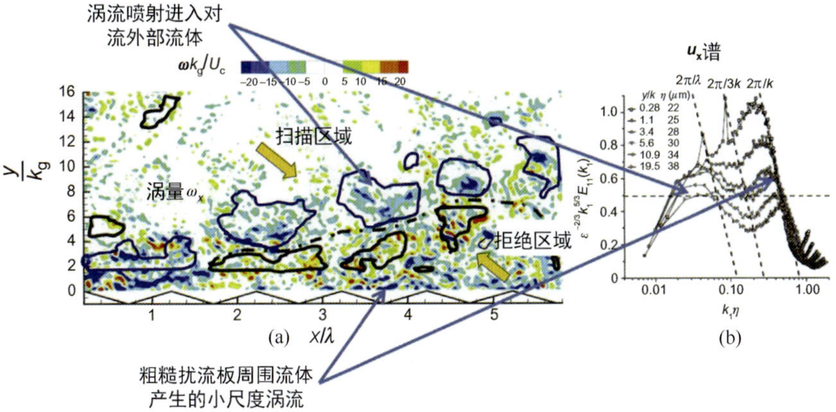

图 2-39 粗糙壁边界层（在凹槽板上形成）中流向速度涡度 $\boldsymbol{\omega}$ 和波数谱的空间图

（蓝色和黑色轮廓序列表示 $\pm 3k_g$ 带中低通空间滤波涡度区域的边界，蓝色轮廓表示 $-6<\boldsymbol{\omega}k_g/U_c<-2$ 的区域，黑色轮廓表示 $+2<\boldsymbol{\omega}k_g/U_c<+4$ 的区域，黑线（—·—·—）表示边界层喷射和扫描区域之间的分界线。Hong 等[142-143]高频变量）

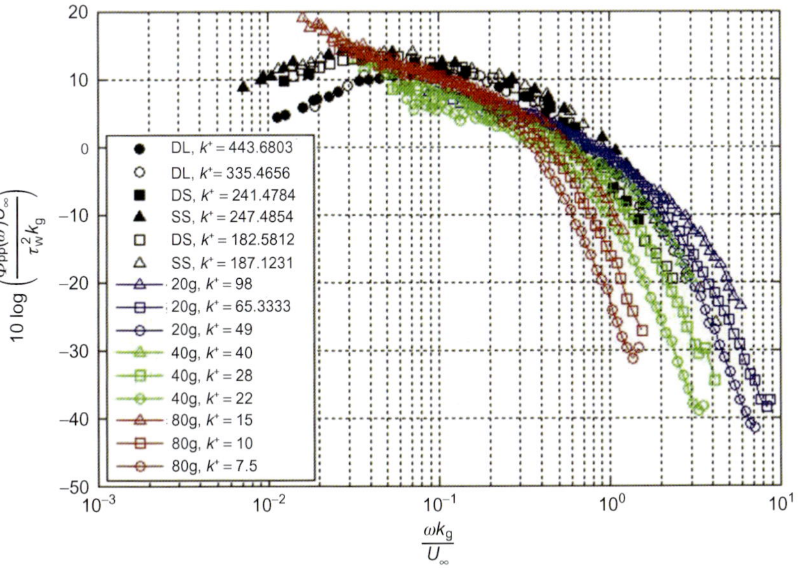

图 2-40 粗糙度雷诺数

（粗糙壁压自功率谱密度根据粗糙度大小、自由流速度和壁剪应力进行归一化，以获得粗糙度雷诺数。$7.5<k^+<443$ 时的系统变异性；$187<k^+<443$ 时的黑点，Blake[28,79]；$7.5<k^+<98$ 时的彩色点，Grissom 等[150]、Grissom[146]、Smith[147]、Forest[148]）

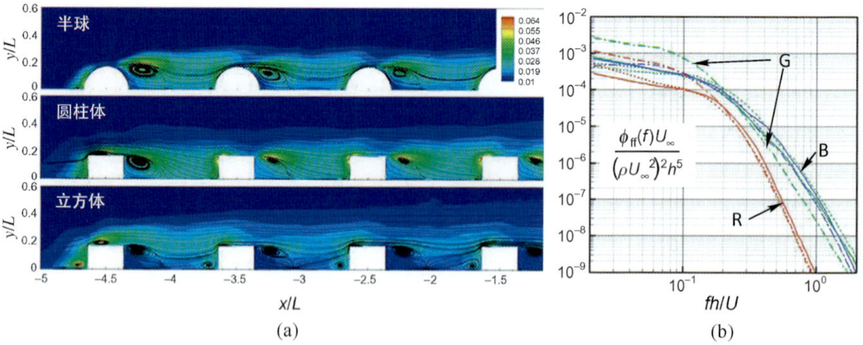

(a) (b)

图 3-26 自动频谱

（图 3-25 中第 5~9 排和第 1~4 列元素上的平均流线和 r. m. s. 压力（a）和（b）自动频谱（a）平均流线和沿切过第二列元素中心的平面的 r. m. s. 压力的轮廓线。颜色（不同色调的灰色）条与 p_{rad} 有关。（b）元素上的力的自频谱；红色：（“R”）半球形；蓝色（“B”）：立方体；绿色（“G”）：圆柱体；实线：流向；虚线：壁法线向；虚线点：展向）

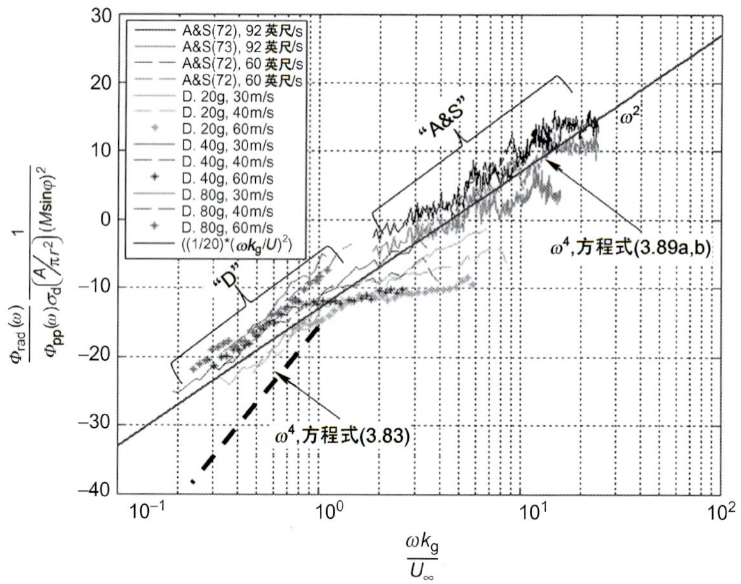

图 3-29 辐射声的非维度测量在壁压的自动频谱上进行归一化

（表 3-1 和表 3-2 中显示了粗糙度元素“DG”“20g”“40g”“80g ”的情况。深灰色实线是与拖曳有关的和锐边散射机制的 ω^2 性能）